中药大品种二次开发研究丛书

张伯礼　刘昌孝　总主编

疏风解毒胶囊二次开发研究

刘昌孝　张铁军　彭代银　朱　强　主编

科　学　出　版　社
北　京

内 容 简 介

本书是对中药大品种疏风解毒胶囊进行系统二次开发研究的成果，通过对疏风解毒胶囊的原料药材、制剂、入血成分及其代谢产物的化学物质组的系统辨识，明确了疏风解毒胶囊的化学物质基础及其传递规律；在此基础上，以炎症为切入点，通过体外筛选实验，明确了疏风解毒胶囊的抗炎活性物质。利用网络药理学方法，对筛选出的抗炎活性物质进行了反向对接，阐述了其抗炎作用机制；并基于G蛋白偶联受体和相关酶进行实验验证。最后，又通过"谱-效"分析方法，从"疏风解表"和"清热解毒"两个方面，筛选和确定了疏风解毒胶囊的药效物质基础；进一步，基于传统功效，以整体动物模型、基因组学等方法，从抗炎免疫、解热等方面阐释其作用机制，并阐明主要成分的药代动力学及组织分布规律；采用大鼠急性肺炎模型及网络药理学等方法，通过拆方研究并与同类中药及化学药比较，阐释了该药的组方特点和配伍规律，提炼和发现了其作用特点、比较优势和临床核心价值；通过对疏风解毒胶囊8味原料药材和成品的质量标准的系统研究，建立完整的质量标准体系，对原有的质量标准进行了全面的提升。研究成果为该品种的临床应用推广和指导临床实践提供了重要的理论和实验依据。

本书适合从事中药研究、教学、生产和临床工作者使用。

图书在版编目（CIP）数据

疏风解毒胶囊二次开发研究 / 刘昌孝等主编. —北京：科学出版社，2021.4
（中药大品种二次开发研究丛书 / 张伯礼，刘昌孝总主编）
ISBN 978-7-03-068509-4

Ⅰ. ①疏… Ⅱ. ①刘… Ⅲ. ①硬胶囊-产品开发 Ⅳ. ①TQ461

中国版本图书馆CIP数据核字（2021）第057683号

责任编辑：鲍 燕 / 责任校对：王晓茜
责任印制：李 彤 / 封面设计：陈 敬

科学出版社 出版
北京东黄城根北街16号
邮政编码：100717
http://www.sciencep.com
北京厚诚则铭印刷科技有限公司 印刷
科学出版社发行 各地新华书店经销
*
2021年4月第 一 版 开本：787×1092 1/16
2023年1月第二次印刷 印张：40 3/4
字数：967 000

定价：218.00元

（如有印装质量问题，我社负责调换）

《疏风解毒胶囊二次开发研究》编委会

主　　编　刘昌孝　张铁军　彭代银　朱　强

副 主 编　许　浚　申秀萍　朱月健　俞年军　曹　勇

编　　者　（按姓氏笔画排序）

丁连峰　马　莉　尹　磊　申秀萍

田成旺　白　钢　邢丽花　朱　强

朱月健　刘　静　刘　毅　刘守金

刘劲松　刘昌孝　刘岱林　刘素香

许　浚　李翔宇　杨青山　张　伟

张洪兵　张铁军　俞年军　曹　勇

龚苏晓　彭　灿　彭代银　葛德助

韩荣春　韩彦琪　谢冬梅　潘　君

前　言

中药大品种是中医药理论的载体，是中医临床用药的主要形式，是支撑中医药工业的重要内容。以确有疗效的中药大品种为载体进行系统研究，是继承和发展中医药理论，突破制约中医药理论和中药产业发展瓶颈的重要路径。长期以来，由于缺乏系统的基础研究，许多临床确有疗效的中药大品种的临床价值未能充分挖掘，制约了中药大品种的临床应用和推广。针对影响中药品种做大做强的共性问题，张伯礼院士率先提出了对名优中成药进行二次开发的理念和策略，并在天津市率先开展中药大品种二次开发研究，取得了良好的成效。科学技术部、国家发展和改革委员会、国家中医药管理局等对中药大品种的二次开发给予高度重视，并列入国家重要科技规划和专项之中，中药大品种二次开发研究将是当前乃至今后一个时期中药创新研究的重要任务。通过中药大品种的二次开发研究，以现代化学生物学模型方法和客观指标，阐释中医药针对疾病的治法原理、配伍理论和方剂的配伍规律，发展和完善中医药理论；以现代科学方法、客观指标和实验证据阐明中药复杂体系的药效物质基础和作用机制；发现和提炼中药大品种的作用特点和比较优势，挖掘其临床核心价值，指导临床实践，提高临床疗效；并建立科学、有效的质量控制方法，保证药品的质量均一、稳定、可控。

本书作者长期从事中药大品种二次开发研究，自 2006 年起，承担天津市中药大品种二次开发的重大专项及企业委托二次开发研究项目多项，对“麻仁软胶囊”“清咽滴丸”“牛黄降压片”“疏风解毒胶囊”“六经头痛片”“元胡止痛滴丸”“强肝胶囊”“丹红化瘀口服液”“海马补肾片”“活血止痛胶囊”“复方鱼腥草合剂”等进行大品种二次开发研究，主编出版了《中药大品种质量标准提升研究》（科学出版社，2016 年 6 月）、《元胡止痛滴丸二次开发研究》、《六经头痛片二次开发研究》等中药大品种二次开发研究专著，通过这些课题的系统研究，形成了较为成熟的研究思路和模式。

疏风解毒胶囊为安徽济人药业生产的中药大品种，由虎杖、连翘、败酱草、柴胡、马鞭草、板蓝根、芦根、甘草等药味组成。具有疏风清热，解毒利咽之功，用于治疗急性上呼吸道感染属风热证，症见发热、恶风、咽痛、头痛、鼻塞、流浊涕、咳嗽等，临床应用多年，疗效确切。本品被列为国家卫生健康委员会《甲型 H1N1 流感诊疗方案》（2009 年第二版、第三版，2010 年版）治疗风热犯卫首选中成药、《流行性感冒诊断与治疗指南（2011 年版）》、国家中医药管理局《外感发热（上呼吸道感染）诊疗方案》（2017 年）和《时行感冒（甲型 H1N1 流感）诊疗方案》（2017 年）推荐用药，并纳入 2009 年版国家医保目录。2011 年获得国家现代中药高技术产业发展专项支持，先后荣获“国家重点新产品”“安徽省自主创新产品”“呼吸系统疾病类中药十强”等一系列荣誉称号。该药组方精练，疗效确切，临床应用广泛。

天津药物研究院针对疏风解毒胶囊的临床应用与市场推广的需求，自 2013 年起持续对该品种进行系统的二次开发研究，研究项目获得国家中医药管理局中药标准化建设项目“疏风解毒胶囊标准化建设”、国家自然科学基金青年项目“基于效构量导向的疏风解毒胶囊体内过程研究”等的支持，研究成果获得 2017 年安徽省科技进步奖一等奖，2020 年疏风解毒胶囊被《新型冠状病毒肺炎诊疗方案》（试行第四、五、六、七、八版）列为推荐用药。

本书为疏风解毒胶囊二次开发研究的系统总结，全书共八章，分为绪论和上、中、下三篇，绪论部分介绍了疏风解毒胶囊品种概况及研究背景，分析了存在问题，提出二次开发研究的总体思路，概述和总结了疏风解毒胶囊二次开发研究成果。上篇为药效物质基础与作用机制研究，分为三章论述，分别论述了疏风解毒胶囊原料药材、制剂化学物质组及血中移行成分研究、疏风解毒胶囊药效物质基础研究和疏风解毒胶囊作用机制研究内容，筛选和明确了该药的主要药效物质基础，阐释其作用机制。中篇为作用特点及配伍规律研究，采用整体动物模型和网络药理学方法，通过拆方研究，阐释了该药的组方特点和配伍规律，提炼和发现了其作用特点、比较优势和临床核心价值。下篇为质量标准提升研究，分别对疏风解毒胶囊 8 味原料药材和成品的质量标准进行了研究，建立完整的质量标准体系，对原有的质量标准进行了全面的提升，保证了产品的质量均一、稳定、可控。

本书作为中药大品种二次开发研究系列的第三个单品种专著，可为其他中药大品种的二次开发研究提供可参考的思路与模式。适合从事中药研究、教学、生产和临床工作者使用。

编　者

2021 年 4 月

目　　录

下篇 疏风解毒胶囊质量标准提升研究

绪　　论

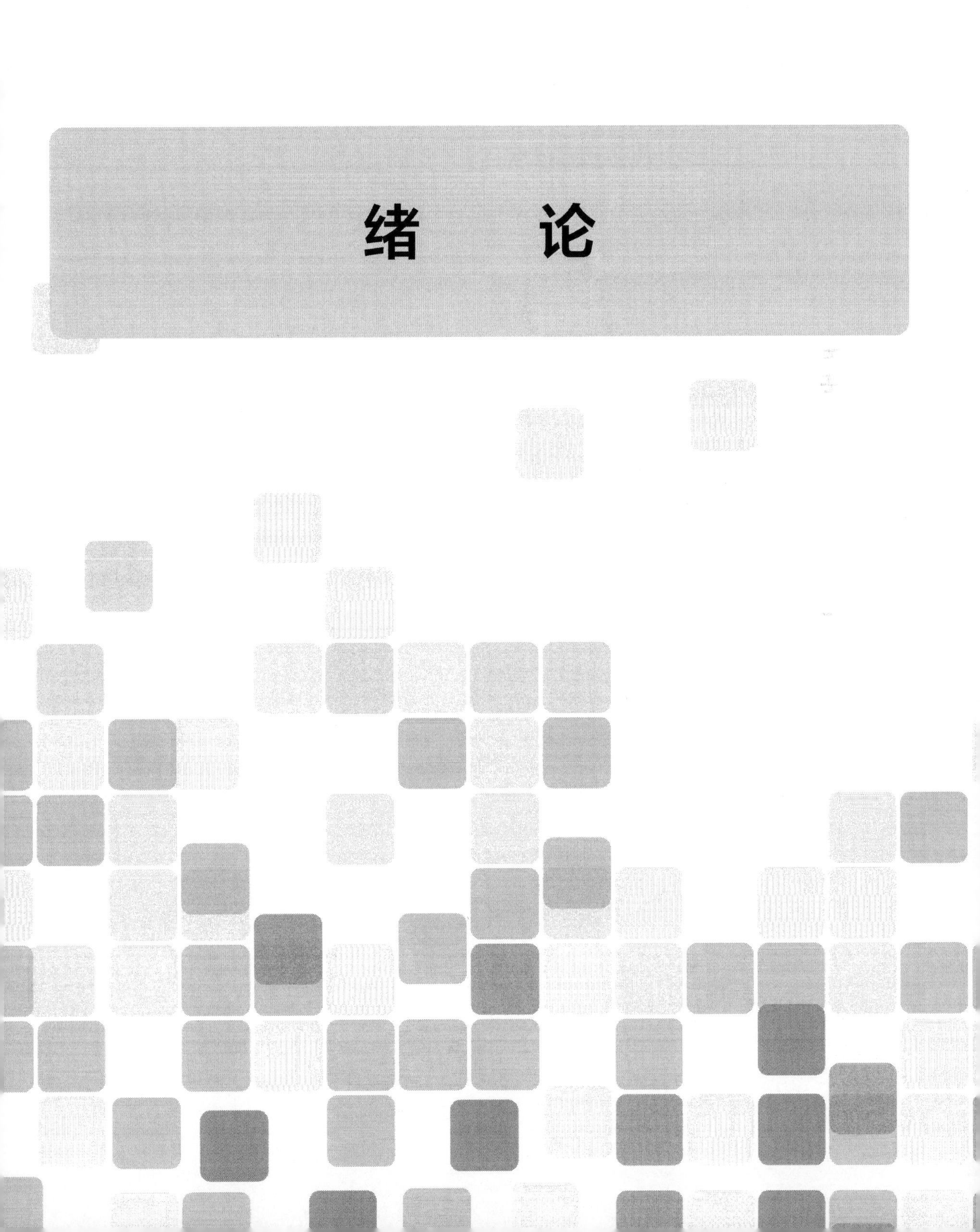

第一章　疏风解毒胶囊品种概况及研究背景

中药大品种二次开发研究是中药创新研究的重要内容，也是中药现代化的重要任务之一，是产业技术升级的最有效的举措，是实现中药科研成果向产业化应用转化的可行途径。自“十一五”以来，科学技术部、国家发展和改革委员会、国家中医药管理局等对中药大品种的二次开发给予高度重视，并列入国家重要科技规划和专项之中，在2014年科技奖励大会上，“中药二次开发核心技术体系创研及产业化”项目获国家科技进步奖一等奖。

中药大品种二次开发研究就是要选择临床上疗效确切的中药品种，针对其主要的理论问题、技术问题与临床问题，开展系统研究，阐释其作用的特点、临床优势及组方配伍的科学内涵，全面提升产品的科技含量，挖掘其临床价值，为临床合理用药提供理论依据和实验证据，为产品取得更大的经济社会效益提供强有力的技术支撑。

第一节　品种概况及现代研究进展

一、品 种 概 况

1. 处方来源

疏风解毒胶囊是根据我国著名老中医向楚贤的祖传秘方（原名祛毒散）研制的中药新药，由虎杖、连翘、败酱草、柴胡、马鞭草、板蓝根、芦根、甘草等药味组成。具有疏风清热，解毒利咽之功，用于治疗急性上呼吸道感染属风热证，症见发热、恶风、咽痛、头痛、鼻塞、流浊涕、咳嗽等，临床应用多年，疗效确切。本品被列为国家卫生健康委员会《甲型H1N1流感诊疗方案》（2009年第二版、第三版，2010年版）治疗风热犯卫首选中成药、《流行性感冒诊断与治疗指南（2011年版）》、国家中医药管理局《外感发热（上呼吸道感染）诊疗方案》（2017年）和《时行感冒（甲型H1N1流感）诊疗方案》（2017年）推荐用药，并纳入2009年版国家医保目录。本品为安徽济人药业的拳头产品，年产值过亿。2011年获得国家现代中药高技术产业发展专项支持，先后荣获“国家重点新产品”“安徽省自主创新产品”“呼吸系统疾病类中药十强”等一系列荣誉称号。该产品具有自主知识产权（专利授权ZL200510117119.8），在治疗急性上呼吸道感染方面有着较好的疗效。

2. 方解

急性上呼吸道感染属于中医的伤风、伤寒范畴，致病原因以风邪为主，肺卫不足，卫外功能未全，抵抗力差，遇到气候骤变，感受外邪而发病。《素问·骨空论》说：“风者，百病之始也，……风从外入，令人振寒汗出，头痛，身重，恶寒。”北宋《仁斋直指方·诸风》在伤风方论中论述《和剂局方》参苏饮时指出：“治感冒风邪，发热头疼，咳嗽声重，涕唾稠粘”，首次提出“感冒”一词。元代《丹溪心法·中寒附录》说：“伤风属肺者多，宜辛温或辛凉之剂散之。”朱氏提出治疗本病，立辛温、辛凉两则，对后世有深远影响。及至清代，随着温病学的发展，辨证论治多从温热病着手，采用疏风解表、清热解毒的方药，从而使感冒、时行感冒的理法方药更加完善。

方中虎杖苦微涩、微寒，功能祛风、除湿、解表、攻诸肿毒，止咽喉疼痛，为君药。连翘性凉味苦，功能清热、解毒、散结、消肿，具有升浮宣散之力，能透肌解表，清热祛风，为治疗风热的要药。板蓝根味苦性寒，功能清热解毒，为近代抗病毒常用品，二药共为臣药。柴胡性味苦凉，功能和解表里。败酱草味辛苦，微寒，功能清热、解毒、善除痈肿结热。马鞭草性味凉苦，功能清热解毒、活血散瘀，能治外感发热、喉痹。芦根味甘寒，能清降肺胃，生津止渴，治喉痛。四药共为佐药。甘草养胃气助行药，并调和诸药，为使。诸药配伍能直达上焦肺卫，祛风清热，解毒散结，切合病毒性上呼吸道感染风热证风热袭表，肺卫失宣，热毒结聚之病机。

二、化学成分及药理作用

1. 疏风解毒胶囊的化学成分及药理作用

疏风解毒胶囊化学成分的研究尚未见报道。

疏风解毒胶囊抗菌抗病毒动物体内药效学试验研究结果表明，疏风解毒胶囊对多种呼吸道致病菌和病毒有抑制作用，能显著降低感染小鼠的死亡率[1]。采用甲型H1N1流感病毒FM1株和PR8株病毒感染正常小鼠造成肺炎模型后，无论是感染当天开始给予疏风解毒胶囊连续4d后，还是感染前预防性给予疏风解毒胶囊4d，3个剂量组肺指数均显著降低，其中FM1株的大、中剂量组及PR8株的3个剂量组与模型对照组比较有显著性差异（$P<0.01$，$P<0.05$）；对感染了甲型H1N1流感病毒FM1株病毒正常小鼠，感染前预防性给予疏风解毒胶囊4d，疏风解毒胶囊大、中、小剂量组动物的死亡数均显著降低，且平均存活天数显著增加，与模型对照组比较有显著性差异（$P<0.01$）；由此表明疏风解毒胶囊可改善流感病毒引起的小鼠肺炎症状，降低H1N1感染小鼠的肺指数，对H1N1流感有较好的治疗和预防作用；并可明显降低感染动物的死亡率[2]。在致免疫低下小鼠肺炎模型实验中，治疗性给予疏风解毒胶囊4d后，3个剂量组肺指数、肺组织中的病毒载量均明显降低；FM1株3个剂量组动物的死亡数均显著降低，PR8株中剂量组动物的存活天数显著增加；致正常小鼠肺炎模型实验中，治疗性给药可明显降低肺组织中的病毒载量；提高小鼠肺组织γ干扰素（IFN-γ）含量，增加血清中超氧化物歧化酶（SOD）活力；并降低血清中肿瘤坏死因子-α（TNF-α）的含量，疏风解毒胶囊可通过影响小鼠免疫功能，改善流感病毒引起的小鼠肺炎症状；降低H1N1感染小鼠的肺指数，对病毒性感冒有较好的治疗作用[3]。

2. 组成药材的化学成分与药理作用研究概况

2.1 虎杖

本品为蓼科植物虎杖 *Polygonum cuspidatum* Sieb. et Zucc. 的干燥根茎和根。含蒽醌类衍生物，其中以游离型为主（含量约1.4%），结合型的含量较低（约0.6%）。游离蒽醌衍生物有大黄素、大黄素甲醚、大黄酚等；结合型的有大黄素甲醚-8-葡萄糖苷等。此外，还含有芪类化合物白藜芦醇及白藜芦醇苷。还含有数种多聚糖及缩合型鞣酸[4]。

虎杖具有良好的抗菌作用。研究报道，虎杖水煎剂体外对临床分离的 252 株金黄色葡萄球菌、表皮葡萄球菌、肠球菌抑菌情况尚好，50%最低抑菌浓度（MIC_{50}）分别为 25mg/ml、12.5mg/ml、25mg/ml，并与大黄相比较，对金黄色葡萄球菌的抑菌作用虎杖较弱，对肠球菌虎杖略强[5]。虎杖水煎剂采用琼脂平板法进行抑菌实验，结果表明对表皮葡萄球菌作用最强，其次为枯草杆菌和甲型链球菌，再次为金黄色葡萄球菌，对铜绿假单胞菌（绿脓杆菌）和变形杆菌抑制作用最弱，最低抑菌浓度（MIC）分别为 12.5mg/ml、25mg/ml、50mg/ml、100mg/ml[6]。虎杖中大黄素、大黄素葡萄糖苷和白藜芦醇苷对金黄色葡萄球菌和肺炎双球菌有抑菌作用[7]。

虎杖还具有良好的抗病毒作用。虎杖水煎剂细胞外显著抑制 ECHO19 病毒 Burke 株和 Coxsackieβ3 病毒（COXβ3V）Nancy 株（$P<0.05$），但对细胞生长没有明显的促进作用，也没有提高细胞本身抗病毒感染的作用，1mg/ml 对人胚肾和人胚肺细胞无毒性[8]，体外实验研究表明虎杖水提液在 MT-4 细胞和 HIV-1 培养体系中可以有效抑制病毒复制；作用于增殖早期病毒的表面，以阻止其吸附于细胞[7, 9]。虎杖提取液阻断 CVB3 吸附敏感细胞的能力较低，其治疗指数（TI）<1.25；虎杖直接灭活 CVB3 的 MIC_{50} 为 20.1μg/ml，TI 为 3.0；虎杖抗 CVB3 的主要作用环节在于抑制 CVB3 生物合成，TI 为 8.6，随着药物浓度升高，病毒核酸稀释度降低，细胞皱缩、变圆、脱落、破裂等病毒感染所致的细胞病变程度逐渐降低，浓度在 24μg/ml 时，无明显细胞病变出现，同时感染性病毒滴度降低为零[10]。水提醇沉法处理虎杖，经理化性质分析认为晶Ⅰ是大黄素，晶Ⅲ不是蒽醌类化合物，晶Ⅳ可能是蒽醌类化合物。在 HEP-2 细胞系统中，通过病毒所致细胞病变的抑制以及空斑减数实验研究表明晶Ⅰ、晶Ⅳ对人疱疹病毒 HSV-1F 株、HSV-2333 株、柯萨奇病毒 CVB3 株具有明显的直接杀灭、增殖抑制及感染阻断作用；ED_{50}、ED_{90} 都较阳性药阿昔洛韦（ACV）、利巴韦林小；晶Ⅰ、晶Ⅳ细胞毒作用较低，0.2861g/L 的晶Ⅳ对 HEP-2 细胞没有明显的细胞毒作用；晶Ⅲ无抗病毒作用[11-14]。

2.2　连翘

本品为木犀科植物连翘 *Forsythia suspense*（Thunb.）Vahl 的干燥果实。连翘主含木脂体及其苷、苯乙醇苷、五环三萜、黄酮及挥发油等多类成分[15]。

连翘具有良好的抗菌作用。连翘属植物中的咖啡酰糖苷类成分连翘酯苷、连翘种苷等均有很强的抗菌活性[16]，其乙醇提取物抗菌谱广，对多种革兰氏阳性菌、阴性菌均有抑制作用。其煎剂的 MIC 分别为：志贺氏痢疾杆菌、史氏痢疾杆菌、鼠疫杆菌、人型结核杆菌 1：640；金黄色葡萄球菌、伤寒杆菌、霍乱弧菌 1：320；肺炎双球菌、副伤寒杆菌 1：160；溶血性链球菌、福氏痢疾杆菌、大肠埃希菌、变形杆菌、白喉杆菌 1：80。连翘酚为其抗菌的主要成分，对金黄色葡萄球菌及志贺氏痢疾杆菌的 MIC 分别为 1：5120 及 1：1280。连翘子挥发油在体外对金黄色葡萄球菌也有明显的抗菌作用，MIC 为 1：1024，其抗菌作用稳定而彻底[17, 18]。

连翘还具有抗病毒作用。连翘属植物提取物有抗柯萨奇 B5 病毒及埃柯病毒的作用。柯萨奇 B 组病毒是引起心肌炎的病因之一；连翘在先加药后加病毒组、感染病毒同时加药组、感染病毒后加药组中，均有一定的抗病毒作用。鸡胚体外试验证明连翘对亚洲甲型流感病毒、鼻病毒等也有抑制作用[19, 20]。

研究还发现，连翘还具有一定抗炎作用。大鼠巴豆油性肉芽囊实验证明，连翘醇提取物的水溶液腹腔注射有非常明显的抗渗出作用及降低炎性部位血管壁脆性作用，而对炎性屏障的形成无抑制作用。用 ^{32}P 标记红细胞实验也观察到其渗入已注射连翘提取物水溶液的大鼠巴豆油性肉芽囊内的数量明显减少，表明连翘尚能促进炎性屏障的形成[21, 22]。

2.3 板蓝根

本品为十字花科植物菘蓝 *Isatis indigotica* Fort. 的干燥根。主要成分为生物碱类、喹唑酮类生物碱、芥子苷类化合物、含硫类化合物、有机酸、甾体化合物等[23]。

板蓝根具有抗病毒作用。板蓝根对柯萨奇 B3 病毒、肾综合征出血热病毒、乙型脑炎病毒、腮腺炎病毒、单纯疱疹病毒及乙型肝炎病毒均有抑制作用。以 M1Tr 法检测 50%中药板蓝根煎剂对人巨细胞病毒（HCMV）的抗病毒效应，发现板蓝根煎剂在 1：200 稀释度时即有显著的抗病毒效应，是一种较为理想的抗 HCMV 中药。此外，采用血凝滴法证明板蓝根对流感病毒在直接作用、治疗作用及预防作用上的有效率分别为 100%、60%、70%[24]。

板蓝根具有抗炎作用。板蓝根 70%乙醇提取液经实验证实有抗炎作用，表现在对二甲苯致小鼠耳肿胀、角叉菜胶致大鼠足跖肿、大鼠棉球肉芽组织增生及乙酸致小鼠毛细血管通透性增加的抑制作用[25]。从板蓝根中分离出的依靛蓝双酮经实验证明有清除次黄嘌呤与黄嘌呤氧化酶系统产生的过氧化物、刺激嗜中性粒细胞、抑制 5-脂氧化酶的活性和降低细胞分泌白三烯 B（4）水平的作用[26]。

板蓝根具有抗内毒素作用。刘石海等提取分离并筛选出 F022 部位为抗内毒素活性部位，初步确认 F02207 成分为活性指标成分，并且证实 F022 部位对于内毒素诱生炎性介质（TNF-α，IL-6）有抑制作用。板蓝根中分离出的 31 个化合物，其中丁香酸具有抗内毒素作用[27]。

2.4 柴胡

本品为伞形科植物柴胡 *Bupleurum Chinense* DC. 的干燥根。柴胡皂苷为柴胡的主要有效成分，属三萜皂苷，为齐墩果烷衍生物。挥发油是柴胡的有效成分之一，主要成分为 γ-庚酸内酯、棕榈酸乙酯等[28]。柴胡中还含有柴胡多糖、黄酮类、植物甾醇和有机酸等成分。

柴胡具有抗炎作用。柴胡皂苷对角叉菜胶、右旋糖酐、5-羟色胺、巴豆油或乙酸引起的鼠足部浮肿有明显抑制作用，在小鼠去除双侧肾上腺后，柴胡皂苷对腹腔注射乙酸造成的腹腔渗出有明显的抑制作用。柴胡皂苷对许多炎症过程包括渗出、毛细血管通透性增高、炎症介质释放、白细胞游走和结缔组织增生等都有影响[29]。血栓素、白三烯是主要的炎症介质，可引起血小板聚集，研究发现：柴胡皂苷 a 显著抑制三磷酸腺苷诱发的血小板聚集，与阿司匹林作用相当，且以剂量依赖方式抑制内源性花生四烯酸生成血栓素[30]。

柴胡具有解热作用。于大鼠腹腔注射柴胡挥发油、皂苷、皂苷元，实验结果表明柴胡挥发油、皂苷、皂苷元都有解热作用[31]。柴胡不能直接抑制由致热物质引起的体温中枢调节点所产生的热效应，但能抑制病毒对机体的损伤，增加机体对抗原的处理能力[32]。

柴胡具有镇痛作用。50%柴胡煎剂小鼠灌胃 0.2ml/kg，3h 内有显著镇痛作用[33]。以镇痛药效为指标研究柴胡药动学的结果发现，柴胡的最低起效剂量为 0.11g/kg[34]。

2.5 败酱草

本品为败酱科植物败酱 *Patrinia scabiosaefolia* Fisch. ex Trev. 的干燥全草。含有齐墩果酸、常春藤皂苷元等三萜类成分。另含以齐墩果酸和常春藤皂苷元为苷元的皂苷类成分[35]。

败酱草具有抗菌、抗炎、抗病毒作用。败酱制剂对多种感染性疾病有一定疗效，可用于治疗消化道炎症（阑尾炎、肠炎、胃炎等），呼吸道炎症（咽炎、扁桃体炎等），妇科炎症（阴道炎、宫颈炎、慢性盆腔炎及宫颈糜烂等）[35]。

临床白花败酱及其制剂常用于治疗流感和流行性腮腺炎，有学者以其在鸡胚内对流感病毒的抑制作用为指标对白花败酱草抗病毒作用的有效部位进行了初筛，从黄花败酱种子中分离得到的 sulfapatrinoside 被用于控制艾滋病病毒（HIV）[35]。

2.6　马鞭草

本品为马鞭草科植物马鞭草 *Verbena officinalis* L. 的干燥地上部分。主要含有环烯醚萜糖苷类、苯丙酸糖苷类、黄酮类成分、有机酸类成分、糖类、甾醇类、挥发性化学成分。

马鞭草具有消炎止痛作用。马鞭草的水及醇提取物对滴入家兔结膜囊内的芥子油引起的炎症都有消炎作用。家兔齿髓电刺激法表明，马鞭草水提物在给药后 1h 有镇痛作用，3h 后作用消失，醇提取物的镇痛作用 6h 后仍未消失，水溶性部分作用更久，而水不溶部分则无镇痛作用[36]。

马鞭草具有抗菌、抗病毒作用。马鞭草全草煎剂对金黄色葡萄球菌、福氏痢疾杆菌、白喉杆菌有抑制作用。马鞭草苷对金黄色葡萄球菌、表皮葡萄球菌、溶血链球菌、卡他球菌、大肠埃希菌、铜绿假单胞菌、普通变形杆菌、伤寒杆菌、福氏痢疾杆菌、志贺氏痢疾杆菌、流感杆菌、斯密兹氏痢疾杆菌、炭疽杆菌、白喉杆菌有抑制作用。此外，马鞭草对甲型流感病毒（68-1 株）、副流感病毒仙台株有抑制作用[37]。

马鞭草还具有镇咳作用。马鞭草水煎剂有镇咳作用，其镇咳的有效成分为 β-谷甾醇和马鞭草苷。

2.7　芦根

本品为禾本科植物芦苇 *Phragmites communis* Trin. 的干燥根茎。芦根含氨基酸、脂肪酸、甾醇、维生素 E、多元酚。含有一定量的二噁烷木脂素、丁香醛、松柏醛、香草酸、阿魏酸等。

芦根具有解热作用。芦根对 TTG（*Pseudomonas fluorescens* 菌体的精制复合多糖类）性发热有较好的解热作用。芦根还具有抗菌作用。体外实验证明，芦根水煎剂（100%）对乙型溶血性链球菌有抑制作用。

2.8　甘草

本品为豆科植物甘草 *Glycyrrhiza uralensis* Fisch. 的干燥根和根茎。主要含有三萜皂苷类、黄酮类、生物碱类、多糖类、萜类化合物、醛、酸及其同系物等。

甘草具有抗炎作用。甘草酸铵对巴豆油、乙酸所致的急性炎症，棉球所诱发的慢性炎症均有抑制作用，能减轻急性炎症的红肿反应，以及抑制慢性炎症所致的肉芽组织增生[38]。甘草酸铵对角叉菜胶所致大鼠胸膜炎症渗出及炎症细胞浸润有抑制作用，并可抑制豚鼠过敏性哮喘时支气管肺泡灌洗液中嗜酸性粒细胞的趋化和浸润[39]。

甘草具有镇咳祛痰作用。给小鼠灌服甘草黄酮（FG，100mg/kg、150mg/kg 和 250mg/kg）、甘草流浸膏（EG，250mg/kg 和 500mg/kg）及甘草次酸（GA，20mg/kg），对氨水和二氧化硫引起的小鼠咳嗽均有镇咳作用[40]。甘草次酸钠（SGA）对抗组胺或乙酰胆碱引起的离体豚鼠气管收缩及肺溢流量减少，其抗组胺作用强于抗胆碱作用。结果表明 SGA 有镇咳、消痰及降低气管阻力的作用[41]。

甘草还具有抗病毒作用。研究者给小鼠接种甲型 H2N2 流感病毒后，观察了皮下注射甘草甜素的治疗效果，结果发现实验组小鼠存活率明显高于对照组，组织病理学观察发现实验组小鼠肺部损伤明显轻于对照组。研究者还将实验组小鼠脾淋巴细胞转移给正常小鼠后使其暴露于感染环境，结果发现小鼠 100%生存，而未接种者均感染流感病毒后死亡[42]。

三、临 床 应 用

1. 呼吸系统疾病

1.1 上呼吸道感染

徐艳玲等[43]对疏风解毒胶囊治疗急性上呼吸道感染风热证随机对照双盲试验中，相对于模拟剂组，疏风解毒胶囊可以快速降低患者体温，改善临床症状。赵建兰等[44]在常规治疗中加用疏风解毒胶囊后，不仅有效改善患者体温异常、咳嗽、眼部红肿、鼻塞流涕等临床症状，还发现患者的疾病总积分和中医证候积分较低，说明患者预后残存病毒和机体残留药物较少，药物代谢动力学符合人体生理基础。同时患者体内的炎症因子 IL-1、IL-6、TNF-α 均达到正常水平。徐艳玲等[45]在疏风解毒胶囊治疗急性上呼吸道感染（风热证）2031 例Ⅳ期临床观察中，采用多中心、开放性的大样本试验，结果表明，疏风解毒胶囊对急性上呼吸道感染在疾病疗效、中医证候疗效及起效时间方面均疗效显著，有较好的解表、退热功效，且用药方便、安全，未发生明显与使用该药有关的不良反应。奚肇庆等[46]在病毒性上呼吸道感染发热的临床观察中发现，使用疏风解毒胶囊治疗，能够起到较好的解热和即刻退热作用。

1.2 支气管炎

孟健等[47]使用疏风解毒胶囊联合头孢他啶治疗慢性支气管炎急性发作发热患者，发现二者可以缩短患者退热时间，咳嗽、咳痰缓解时间和肺部啰音消失时间，患者痰液、血液中 TNF-α、丙二醛（MDA）水平显著降低，减少患者急性发作次数。韩亚辉等[48]发现疏风解毒胶囊联合西药可以有效改善慢性支气管炎急性发作患者的肺功能各项指标，提高临床整体有效率。临床研究发现，疏风解毒胶囊在联合左氧氟沙星治疗慢性支气管炎急性加重期患者后，可以有效改善 C 反应蛋白（CRP）、TNF-α、白细胞介素-8（IL-8）、IL-6、降钙素原（PCT）水平[49, 50]。

1.3 社区获得性肺炎

临床研究发现疏风解毒胶囊联合抗生素治疗社区获得性肺炎（CAP），能够快速灭杀细菌，促进 CAP 患者临床症状的改善，加快白细胞（WBC）、中性粒细胞（N）、PCT、CRP 指标的恢复，且 CT 检查发现联合疏风解毒胶囊治疗，可提高患者肺部炎症病灶吸收率[51, 52]。而通过疏风解毒胶囊联合抗生素治疗社区获得性肺炎的临床观察，发现观察组患者的临床体征中的发热、咳嗽、咳痰、肺部啰音消失的时间明显短于对照组（$P<0.05$）[53]。周文博等[54]发现在退热方面，观察组的疗效更为显著（$P<0.01$）。

魏兵等[55]在疏风解毒胶囊联合莫西沙星治疗 CAP 临床观察中发现，患者在退热起效时间和咳嗽起效时间方面均明显短于单用抗生素。朱东全等[56]观察到疏风解毒胶囊能够缩短 CAP 患者住院时间。李颖等[57]采用中医证候积分和临床肺部感染评分（CPIS）在临床评价疏风解毒胶囊联合抗生素治疗 CAP 患者，结果显示治疗组患者中医症状的壮热、咳嗽、喘促、痰黄稠、口干以及 CPIS 积分改善显著，且优于对照组。而通过 X 线片示炎性反应吸收程度，发现治疗组的总有效率高达 93.3%，患者满意程度达到 96.0%，且研究发现通过疏风解毒胶囊治疗 CAP 患者，可以减少临床抗生素的使用。

1.4　慢性阻塞性肺疾病

李捷等[58]在常规治疗下加用疏风解毒胶囊治疗慢性阻塞性肺疾病（COPD）急性加重期（AECOPD）的疗效评价中，发现使用疏风解毒胶囊能够明显降低呼吸道合胞病毒（RSV）及鼻病毒（HRV）的检出率。姚欣等[59]发现加用疏风解毒胶囊治疗 AECOPD 患者一周后，患者血清 WBC、N%及高敏 C 反应蛋白（hs-CRP）水平显著下降，同时减少患者的住院时间。研究发现，气道炎症反应和氧化应激反应参与了 AECOPD 的发生、发展过程。临床发现疏风解毒胶囊联合常规治疗 AECOPD 患者后，可有效改善患者血清中 MDA、一氧化氮（NO）含量及过氧化氢酶（CAT）、SOD、谷胱甘肽（GSH）过氧化物酶活性，显著逆转 COPD 引起的氧化应激反应，同时疏风解毒胶囊能显著抑制内皮型一氧化氮合酶（eNOS）活性，改善患者的肺功能，有效抑制患者气道炎症，从而使急性加重期患者获益[60]。同时疏风解毒胶囊可有效降低 AECOPD 患者血清中的 PCT、血清淀粉样蛋白 A（SAA）、α_1 抗胰蛋白酶（α_1-AT）、IL-8、IL-17、TNF-α 水平[61-63]。

王长海等[64]采用西医常规方案合并疏风解毒胶囊治疗 AECOPD 患者，患者的 PaO_2、$PaCO_2$ 指标改善程度显著提高，血液丙二醛水平降低，患者 FEV_1 和 FEV_1/FVC 指标均显著改善，说明联合疏风解毒胶囊治疗能改善患者肺通气功能，其有可能减轻机体呼气阻力，并通过抑制气道、肺脏的炎症反应，改善顺应性。赵勇等[65]发现联合疏风解毒胶囊治疗 COPD，患者 CT 气道重塑指标中平均管壁厚度（mean WT）、气道面积/总横截面积（WA%）、气道壁厚度/外径（TDR%）以及 CAT 评分均显著下降，证明疏风解毒胶囊治疗 COPD 能够显著扩张患者血管，使患者血管壁变薄。

张亚平等[66]在常规治疗基础上联合疏风解毒胶囊治疗慢性阻塞性肺疾病急性加重期痰热壅肺证，结果显示试验组 SAA、hs-CRP 及 IL-6 的下降速度明显快于对照组。可见疏风解毒胶囊发挥了抗炎、减少炎症介质产生的作用，从而减少了抗生素的使用，缩短病程，加快恢复。朱春冬等[67]以西医基础方案联合疏风解毒胶囊治疗慢性阻塞性肺疾病急性加重期风热犯肺证，发现疏风解毒胶囊在缓解咳嗽、咳痰、发热气短、咽痛、口渴、汗出等症状和体征方面疗效较佳，同时也可以明显改善 AECOPD 患者炎症反应。同时通过 Meta 分析结果证实，疏风解毒胶囊在提高 AECOPD 患者临床有效率、改善 PaO_2 与 $PaCO_2$、降低血清 CRP 水平等方面都优于单纯的西医对照治疗，且差别具有统计学意义，敏感性较好[68]。

1.5　流感

牛洁等[69]使用疏风解毒胶囊治疗北京地区季节性流行性感冒（流感）观察中，与磷酸奥司他韦治疗组比较，其治疗流感疗效无明显差异，且在咽痛缓解上疏风解毒胶囊优于磷酸奥司他韦。李有跃等[70]将疏风解毒胶囊联合阿昔洛韦治疗流感的临床研究中，二者可以提高患者发热、咳嗽、咽痛、头痛、鼻塞、流鼻涕、全身酸痛、乏力等症状缓解率，提高临床整体治疗效率。

疏风解毒胶囊治疗流感疗效确切，被纳入多版流感诊疗方案，包括国家卫生健康委员会《甲型 H1N1 流感诊疗方案》（2009 年第二、三版，2010 年版），《流行性感冒诊断与治疗指南（2011 年版）》、《外感发热（上呼吸道感染）诊疗方案》（2017 年）、《时行感冒（甲型 H1N1 流感）诊疗方案》（2017 年）、《2012 年时行感冒（乙型流感）中医药防治方案》、《人感染 H7N9 禽流感诊疗方案》（2013 年第一、二版，2014 年版，2017 年版）、《人禽流感中西医结合诊疗专家共识》、《流行性感冒诊疗方案》（2018 年版、2019 年版）等。

1.6 新型冠状病毒肺炎

瞿香坤等[71]在疏风解毒胶囊联合阿比多尔治疗新型冠状病毒肺炎的回顾性研究中发现，疏风解毒胶囊可以有效缩短患者的退热时间以及干咳、鼻塞、流涕、咽痛、乏力、腹泻等症状消失时间，新型冠状病毒转阴时间。在肖琦等[72]的临床观察中，发现疏风解毒胶囊可显著提升新型冠状病毒肺炎患者血常规白细胞、淋巴细胞百分比水平，使胸部 CT 感染灶明显吸收。

同时，疏风解毒胶囊入选国家卫生健康委员会《新型冠状病毒肺炎诊疗方案》（试行第四、五、六、七版）。

2. 耳鼻喉科

2.1 咽喉炎

胡蓉等[73]在疏风解毒胶囊治疗急性咽炎风热证的临床观察中发现，患者咽痛、咽部黏膜充血程度及咽干、灼热等主次症及视觉模拟评分（visual analog scale，VAS）减分的改善程度，均优于清开灵软胶囊，且疏风解毒胶囊不良反应低于清开灵软胶囊，其安全性较高。王丽华等[74]用疏风解毒胶囊联合天突穴穴位注射疗法治疗风热型急性咽炎，可以有效改善患者咽痛、咽干、咽部灼热、咽黏膜充血等症状体征，且具有较好安全性。黄萍芳等[75]用疏风解毒胶囊联合雾化吸入治疗慢性喉炎，患者喉部黏膜组织红肿及声音嘶哑症状改善明显，部分患者喉部血瘀症状很快改善，但喉部分泌物改善情况较缓慢。而在疏风解毒胶囊对慢性咽炎患者血清炎性细胞因子及 T 淋巴细胞亚群的影响观察中，疏风解毒胶囊有较好的抗炎和增强细胞免疫作用，可以有效缓解慢性咽炎症状[76]。

2.2 鼻炎、鼻窦炎

李颖等[77]使用疏风解毒胶囊治疗外感风热型急性鼻炎患者后，可将中医证候中的鼻塞、头晕、头痛、口干等症状积分降低，提高临床中医证候疗效。邱录斌等[78]用疏风解毒胶囊治疗急性鼻窦炎的疗效评价中，可使患者鼻塞、流涕、鼻腔黏膜增厚症状评分、头痛 VAS 评分显著减小，有效改善了临床症状，同时使白细胞计数明显降低。

2.3 扁桃体炎

临床观察发现，使用疏风解毒胶囊联合阿莫西林克拉维酸钾治疗急性扁桃体炎，可有效缩短患者体温恢复时间、咽痛消失时间、扁桃体红肿消退时间，患者血液 WBC、CRP 等指标显著降低，说明联合疏风解毒胶囊治疗较单纯西医抗感染治疗能较快杀灭病原菌，减轻感染程度[79]。而疏风解毒胶囊在治疗慢性扁桃体炎中，不仅能有效改善急性发作临床症状，同时可以降低患者急性发作次数[80]。

2.4 中耳炎

赵宇等[81]使用常规治疗联合疏风解毒胶囊治疗急性分泌性中耳炎（风热外袭证）患者，能改善患者纯音听阈测听检查指标、声导抗检查指标，使患者更快恢复至正常听力，并且治疗组患者中医证候积分显著降低，患者耳痛、鼓膜充血等症状也缓解较快。

而疏风解毒胶囊联合阿奇霉素治疗急性化脓性中耳炎能够更加明显地促进病原菌的清除，较快地缓解患者的耳痛、耳鸣等症状，提高临床治疗效果。同时，疏风解毒胶囊能够提高组织的 SOD 水平，对局部组织具有保护作用[82]。

3. 儿科疾病

毕明远等[83]使用热毒宁注射液联合疏风解毒胶囊治疗小儿上呼吸道感染的临床疗效观察中显示，疏风解毒胶囊能够将患者咳嗽、发热、鼻塞、流涕及咽喉肿痛消失时间缩短，同时疗效确切，不良反应少。李文[84]使用疏风解毒胶囊治疗小儿急性上呼吸道感染可有效改善患者肺部啰音、体温、咳嗽、咽部红肿情况，降低白细胞或中性粒细胞及改善胸部 X 线异常。赵志远[85]在常规治疗上加用疏风解毒胶囊，小儿急性扁桃体炎患儿退热时间、咽痛消失时间、咳嗽消失时间、扁桃体红肿消退时间均优于常规治疗，加快患儿症状好转，提高临床治疗效果。陈宏等[86]使用疏风解毒胶囊联合西咪替丁治疗小儿流行性腮腺炎，可以缓解患儿腮腺疼痛，缩短肿胀消失时间和尿淀粉酶恢复正常时间。而在疏风解毒胶囊治疗小儿疱疹性咽峡炎中，患儿退热时间、恢复进食时间、疱疹及溃疡消失时间均明显缩短[87]。

疏风解毒胶囊联合利巴韦林治疗小儿手足口病，可将患儿皮疹消退时间、口腔疱疹消退时间及退热时间缩短，同时在治疗小儿手足口病的退热和退疹上疏风解毒胶囊疗效优于蓝芩口服液[88, 89]。谢宏基等[90]使用疏风解毒胶囊联合更昔洛韦注射液治疗小儿咽结膜热时发现，能够有效退热，缓解咽喉疼痛疗效确切，并能改善患者的眼结膜炎症。疏风解毒胶囊联合阿莫西林克拉维酸钾混悬液能缩短小儿急性细菌性支气管炎病程，改善咳嗽症状，加快患儿康复，安全性高，提高临床疗效，且有较好的退热疗效[91]。

4. 皮肤科疾病

杜红霞等[92]联合疏风解毒胶囊和异维 A 酸软胶囊治疗中重度痤疮，皮损数与皮肤病生活质量指数（dermatology life quality index，DLQI）评分改善情况显著，提高了临床治疗效果。同时疏风解毒胶囊对于轻、中度痤疮具有良好的治疗效果[93]。赵扬等[94]在常规治疗方案中加用疏风解毒胶囊治疗带状疱疹，可以明显地缩短患者止疱时间和结痂时间，有助于患者的恢复。陈惠阳等[95]将疏风解毒胶囊联合环丙沙星与维生素 C 治疗肺风粉刺，在治疗两周后，治疗组患者口渴、便秘等系统症状减轻例数、皮损处红肿消退例数明显多于对照组，且两周后治疗组新发皮损数明显少于对照组。梁占捧等[96]发现疏风解毒胶囊联合盐酸米诺环素治疗红斑毛细血管扩张型及丘疹脓疱型的玫瑰痤疮疗效优于单用盐酸米诺环素，患者丘疹、血管扩张及脓疱等症状均减轻明显。

贾丽莹[97]用疏风解毒胶囊联合阿昔洛韦片治疗成人水痘，可有效缩短退热时间、止疱时间、水疱结痂时间，且疗效肯定。蔡玲玲等[98]采用多中心完全随机阳性药物平行对照的研究方法观察发现，疏风解毒胶囊治疗点滴状银屑病血热内蕴证伴上呼吸道感染的临床疗效确切，综合疗效与复方青黛胶囊相当，但是在中医证候的改善、瘙痒、咽喉疼痛等临床症状缓解等方面均优于复方青黛胶囊。庞利涛等[99]发现疏风解毒胶囊治疗寻常型银屑病，银屑病面积和严重程度指数（PASI）评分较好，疗效确切。同时临床研究证实疏风解毒胶囊联合喷昔洛韦乳膏外用治疗复发性单纯疱疹，能显著增强疗效，缩短病程，降低复发率[100]。

5. 其他

刘晓霞[101]在传统阿昔洛韦滴眼液治疗的基础上加用疏风解毒胶囊治疗单纯疱疹病毒性角膜炎，可以明显地缩短疗程，提高治愈率及总有效率。姚锋[102]在常规治疗上加用疏风解毒胶囊治疗流行性角结膜炎，显著缩短自觉症状、红肿和分泌物及滤泡、淋巴结肿大等阳性体征消失时间。

郝建志等[103]联合疏风解毒胶囊治疗登革热，通过临床观察发现联合疏风解毒胶囊治疗能够加快患者体温恢复，能够减少皮疹及出血的发生，加快登革热患者恢复。

6. 总结

传统中医药在临床的应用发展，需要通过完善的基础研究和系统性的临床证据来为临床的应用提供依据。而疏风解毒胶囊具有良好的抗细菌、抗病毒、抗炎作用，临床中使用疏风解毒胶囊在呼吸道疾病、鼻咽喉疾病、皮肤科疾病等众多领域均有良好的临床疗效，值得推广。

四、质量标准研究现状

国家药品监督管理局疏风解毒胶囊质量标准（YBZ00652009）仅从性状、鉴别和薄层扫描法测定大黄素含量等方面对本品进行质量控制，而本品为8味中药组成复方，成分复杂，质控指标单一，未与其安全性和有效性相关联，不利于保证产品质量及疗效。未见有关本品的质量控制研究的文献报道。因此，为了保证疏风解毒胶囊品质功效，扩大临床应用和市场拓展，进一步推进该品种的现代化与国际化，迫切需要以质量标准为技术壁垒，对疏风解毒胶囊质量标准进行全面提升，以期建立符合中医用药特点、体现中药复杂体系作用原理、保证产品质量稳定均一的质量评价方法和质量控制体系。

第二节　存在问题及二次开发研究总体思路

虽然疏风解毒胶囊临床疗效确切，但作为复方中药，其基础研究尚显薄弱，需要进行系统的研究，阐释其治疗疾病的科学原理，挖掘其临床核心价值，指导临床用药，提高疗效，更好地为患者服务。

一、疏风解毒胶囊存在的问题

1. 药效物质基础不清楚

疏风解毒胶囊是由8味药材组成的复方制剂，目前，仅见其处方中原料药材化学成分的报道，尚无制剂化学物质基础的研究报道，亦未见疏风解毒胶囊的药效物质基础研究。

2. 作用机制不明确

虽然疏风解毒胶囊临床疗效确切，但迄今尚不明确其治疗疾病的科学原理，不能提炼其临床核心价值和指导临床合理用药，特别是没有开展过系统的器官、细胞及分子水平的作用机制的研究。

3. 缺乏配伍合理性研究

疏风解毒胶囊是中药复方制剂，是按中医理论配伍组方和临床用药，一方面中医药理论需要用现代科学诠释，同时，中药复方的临床特点和优势需要用现代技术手段表征。目前，尚未能从中医理论-现代化学生物学角度阐明疏风解毒胶囊配伍协同作用原理和临床优势。

4. 质量标准简单

疏风解毒胶囊的现行标准较为简单粗泛，不能体现中药多组分整体功效的特点，难以满足对该品种安全性有效控制的要求，未能建立技术壁垒。

二、疏风解毒胶囊二次开发的必要性和意义

疏风解毒胶囊临床疗效确切，特别是在重大感染性疾病的防治中发挥重大作用。但其基础研究薄弱，临床价值不能充分发挥。

为了进一步发掘疏风解毒胶囊的临床价值，系统阐释该药的作用特点、临床优势及组方配伍的科学内涵，全面提升该产品的科技含量，扩大市场占有率，有必要对该产品进行系统研究。根据疏风解毒胶囊的品种情况，拟开展以下方面研究：

（1）系统辨识疏风解毒胶囊原料药材、制剂的化学物质组成及其口服入血成分和代谢产物，明确各成分的来源归属及其传递过程，为其药效物质基础研究、作用机制研究及质量标准提升研究奠定基础。

（2）基于中医理论和该药的功能主治，应用现代化学-生物学方法，研究和阐明该药的药效物质基础。

（3）系统阐释该药的作用特点、临床优势及组方配伍的科学内涵，挖掘和提高该药的临床核心价值。

（4）建立有效的质量控制方法和技术壁垒，全面提升该产品的质量标准和质量控制水平。

通过二次开发系统研究，挖掘和提炼疏风解毒胶囊的科学价值、技术价值、临床价值和经济价值，打造药效物质基础清楚、作用机制明确、临床定位合理、作用特点突出、制造技术先进、质量控制全面的中药大品种；实现创新理论体系，构建关键技术体系，提升临床核心价值，促进产业发展的最终目的，见图 1-2-1 和图 1-2-2。

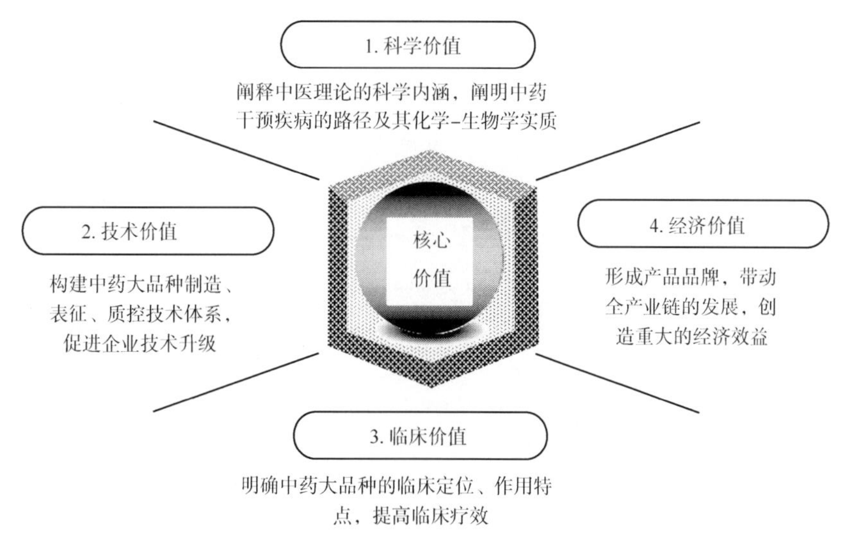

图 1-2-1　中药大品种二次开发研究的内容

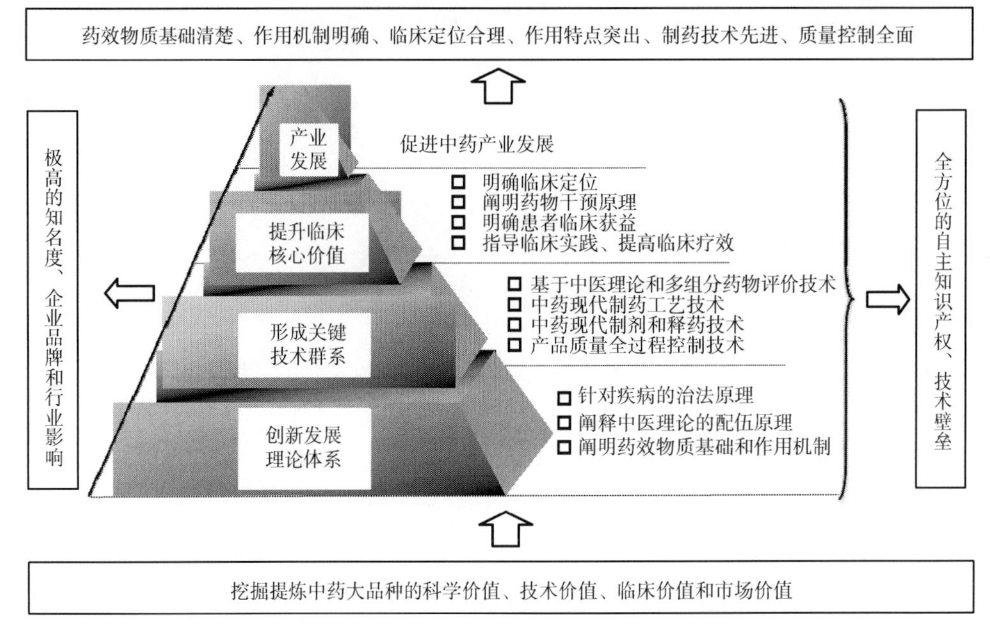

图 1-2-2 中药大品种二次开发研究目的与价值体现

三、疏风解毒胶囊二次开发研究思路和技术路线

1. 整体研究和实施流程

虽然中药大品种二次开发研究具有普遍适用的研究模式，但针对具体品种更应具体分析，制订个性化的研究方案。因此，对具体品种潜在的临床核心价值和存在问题的诊断是研究的第一步，是二次开发研究科研设计的基础；二次开发研究的科研设计是整个研究工作的灵魂，决定整个研究工作的合理性和价值，二次开发研究必须基于中医理论，同时注重现代科学方法和实验证据，其关键点是二者的相关性。同时，方案的设计还要体现对具体品种的针对性和整个工作的系统性；在研究方案的实施环节，更宜体现多学科的整合研究。为了避免研究工作的重复化和碎片化，应以统一设计和分步实施的方式进行方案的落实；最后，也是最重要的环节是研究结果的应用，笔者主张只有二次开发研究结果必须实现产业或临床应用之后，才能变“结果”为“成果”，体现二次开发研究的价值。二次开发研究的技术成果可以用于提升质量标准、提高制造水平、指导临床实践、拓展市场应用等，见图 1-2-3。

2. 研究路径

2.1 处方分析

处方是中医理论及制剂有效性的载体，中药大品种二次开发研究一切均应以处方为核心层层展开。中药复方的配伍原则、功能主治均以中医理论为基础，以中医术语进行描述，但二次开发研究需要以现代科学技术方法和实验证据阐释中药的作用原理，因此，必须建立“中医理论”与“现代研究”的关联关系，为实验研究建立合理、可行的路径。处方分析是基于中医对于适应证的“病因病机与疾病现代病理机制”的对应分析，层层剖析，递进式建立“治法治则-化药干预”“处方药味-化学成分”“药效表达-作用机制”的对应关系，探索和建立从中医理论到现代研究证据、从复方系统到分子靶标的研究线索和路径。处方分析和科研设计总体上从系统论思想出发，以还原论的方法入手，最后回归中医药理论。体现处方的“有制之师，各司其用”“系统调理，效有偏重”“协同配合，整体效应”的特点，见图 1-2-4。

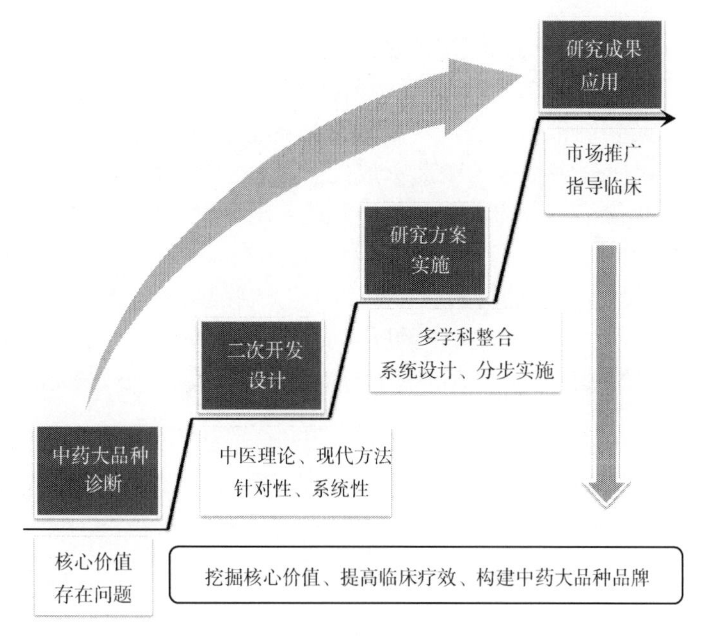

图 1-2-3 整体研究和实施流程

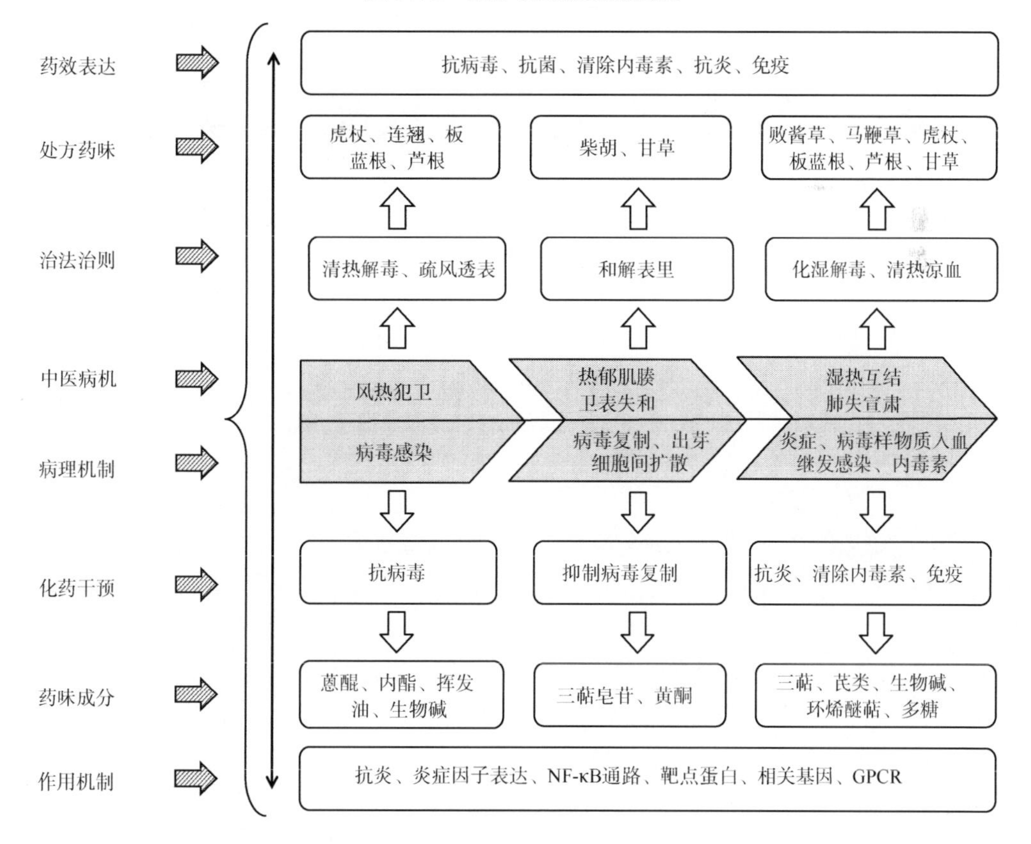

图 1-2-4 处方分析示意图

2.2 主要研究内容

2.2.1 化学物质组的获取、表征和传递规律——物质基础系统辨识研究

中药的化学成分是其功效表达的物质基础，是反映中药质量的客观实质。中药不同于化学药物，其原料来源于生物有机体，并且，经历药材采收、饮片炮制、提取纯化等制备工艺及制剂成型工艺等复杂的药物制备过程，药物传输及体内过程也具有多组分的交互作用的特点。因此，中药化学物质组研究应着眼于中药形成的全过程，辨析和阐释中药形成全过程的化学物质基础的传递与变化规律，为确定药效物质基础、阐释作用机制和建立全程质量控制体系奠定基础。

根据中药的基源植物生长、药材采收、饮片炮制、制剂制备、体内过程等中药形成全生命周期，从植物中的生物合成成分、药材中的原有成分、饮片中的转化成分、制剂中的原型成分和血中的移行成分及最终效应成分等环节系统辨识中药化学物质组，阐释其传递与变化规律，见图 1-2-5。

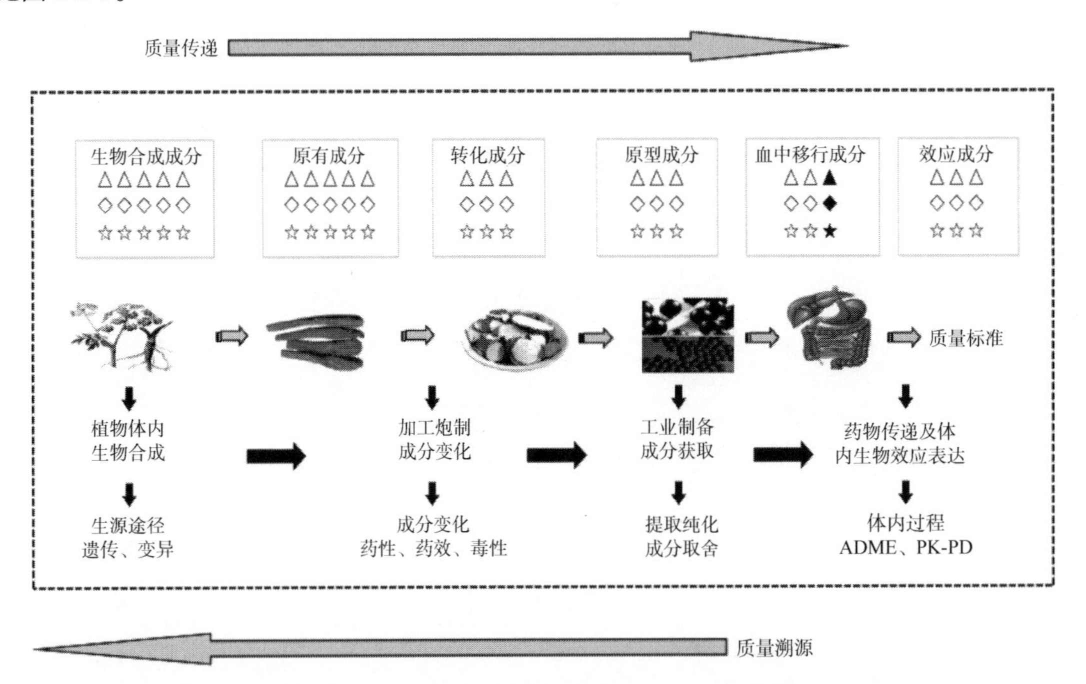

图 1-2-5 中药化学物质基础形成、传递与变化规律

（1）植物中的生物合成成分：中药原料为天然生物有机体，其中绝大多数来源于植物（约占 87%），中药的有效成分多为植物的次生代谢产物，不同植物具有不同遗传物质基础和生物合成途径，因而形成特异的次生代谢产物，故称为植物中的生物合成成分。次生代谢产物的种类、含量及各成分之间的相对比例是决定中药有效性和质量优劣的核心内涵。从质量要素的传递与溯源角度，植物中的生物合成成分是第一环节，是优质药材选育、产地选择及栽培技术规范化重点关注的环节，因此，又有中药生产“第一车间”之称，是“药材好，药才好”的根本保证。

（2）药材中的原有成分：根据药用目的，对植物的器官（根、茎、叶、花、果实、种子等）进行采收和产地加工，才能形成药材，相对于加工炮制后的饮片和提取制备后的制剂，药材是

初始原料，故将药材中的成分称为“原有成分”。植物的不同物候期其次生代谢产物的合成与积累差异很大，采收时间直接决定成分的含量；产地、加工方式方法、干燥方式等都会影响药材中的成分种类和含量。大多数含挥发性成分的药材，在干燥晾晒过程中有效成分会挥发散失；根茎类药材切制时需浸润，水溶性成分容易损失；一些苷类成分在适当的条件下（如一定的温度、湿度）会酶解成苷元。

（3）饮片中的转化成分：饮片是中药临床运用的原料，药材通常需要一定的加工炮制形成饮片后才能用于临床或作为制药工业原料投料生产，饮片加工炮制后成分发生变化，产生减毒增效、改变药性、有助煎出等作用，使其更能符合配伍的需要，达到临床治疗疾病的目的。炮制过程中成分的变化非常普遍，相对于药材，饮片中的成分称为“转化成分”。

（4）制剂中的原型成分：中药材经提取纯化等制备工艺制成中药复方制剂，因此，中药制备过程中既有有效性（药效物质基础）的获取，又有去粗取精、去伪存真的过程，是中药质量传递与溯源的重要环节。制剂中的成分既是饮片原料化学成分的获取和传递的结果，又是入血成分及其代谢产物的来源，故称为“原型成分”。制剂中的原型成分是质量控制的主要指标，其上溯药材源头，下延体内的最终效应物质。

（5）血中的效应成分：药物经一定的传输途径，入血、代谢、分布并产生特异性的生物效应，因此，入血成分及其代谢产物才是最终的“效应成分”。从质量传递与溯源的角度，血中的效应成分是质量传递体系的最终环节，也是质量标志物确定的重要依据。

2.2.2　有效性的完整表达——药效物质基础及作用机制研究

有效性及其作用机制研究和阐释是中药大品种二次开发核心内容。中药的多成分、多靶点的特点决定其有效性表现复杂多样，“一药多效”“一药多性”现象非常普遍。加之复方配伍各药味、成分之间交互作用，使之有效性的表达规律更为复杂。中药大品种的药效物质基础和作用机制研究应以中医理论为基础，在中医药理论体系中，“药性”与“药效”（功效）均是中医药理论的核心概念，是中药特有的功效属性，是从不同侧面、不同角度对中药治疗疾病性能的客观描述，反映中药有效性的本质特征，并作为临证治法、遣药组方的重要依据。“药味（性）”和“药效”体现中药的“物质基础”作用人体疾病主体的不同层面、不同方式的生物效应表达形式，二者呈现复杂的离合关系[104-109]。“性-效-物”的表征、相关性规律研究是阐释中药的药效物质基础、作用原理及配伍规律、指导临床实践的重要依据和研究路径，见图 1-2-6。

从方法论上，中药的药效物质基础及作用机制研究可分为还原论的成分-靶点的“要素-要素”化学-生物学的筛选方式和系统论的化学复杂体系-生命复杂体系的“系统-系统”的筛选模式。主要基于成分-靶点对应性分析、成分的敲出（敲入）及谱-效关系分析及系统生物学方法和网络药理学预测等不同角度和手段进行分析和预测。基于还原论的化学生物学方法提供了诸多成分-靶点的筛选方法，有利于建立成分-靶点的直接对应关系和研究路径；基于系统论的系统生物学方法则着眼于中药复杂体系整体作用的客观模式，并再现生命病理过程的生物学背景，更符合中医药的特点和生命运动规律。在中药药效物质基础研究中应进行合理的整合、结合和融合，提高研究的科学性与合理性。

2.2.3　临床价值——作用特点、配伍规律和比较优势研究

中药大品种二次开发研究的重要目的是对该品种临床价值的挖掘。应针对疾病临床干预手段，中、西药的干预路径和比较优势，与同类中药的差异性和组方作用特点等方面开展基础研

究，通过研究，发现作用特点、比较优势，提升临床核心价值，指导临床实践，促进市场推广，见图 1-2-7。

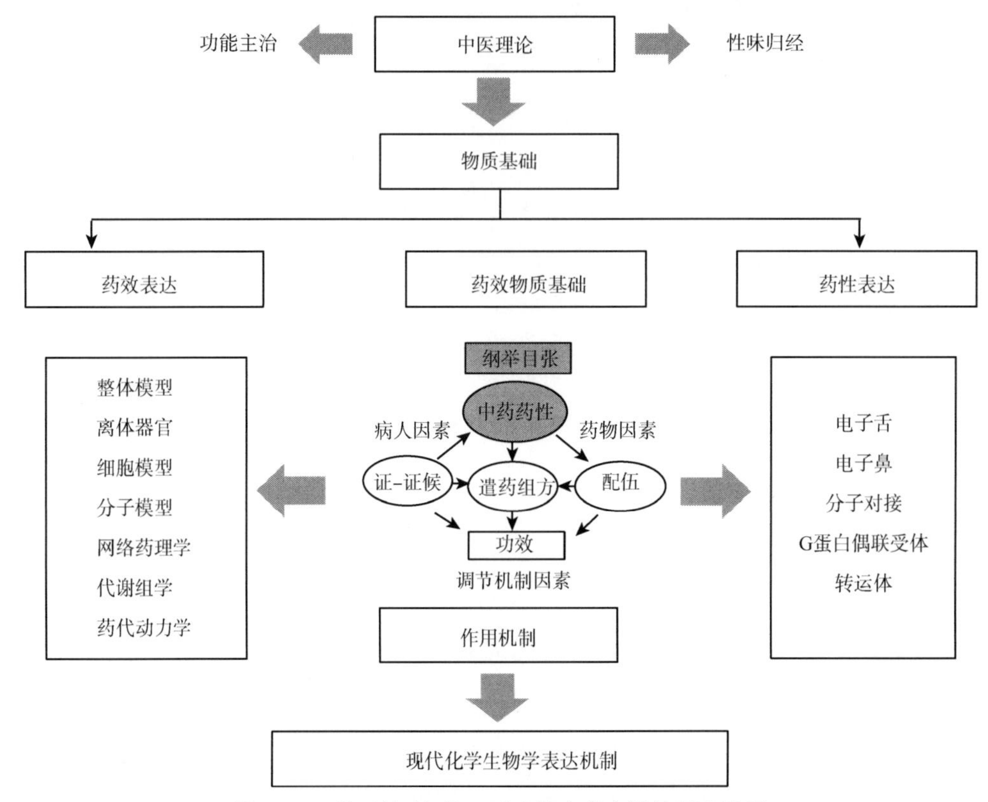

图 1-2-6 基于性-效-物三元论的中药有效性研究路径

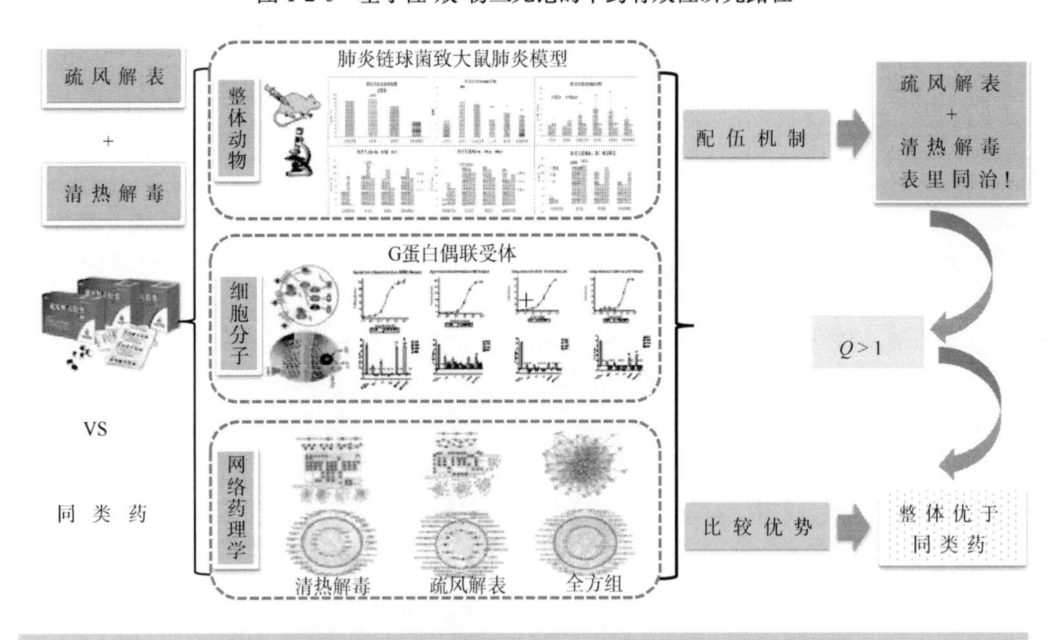

图 1-2-7 配伍规律、作用特点和比较优势研究

2.2.4　质量标准提升研究

质量控制方法简单粗泛是许多中药大品种的共性问题，原有质量标准已不能满足对中药大品种安全、有效和质量一致性的有效控制。因此，质量标准提升研究是中药大品种二次开发研究的重要内容。中药质量与本草学、生物学、化学物质、生物效应表达等诸多因素相关，质量标准提升研究首先应针对性地对该品种的质量要素进行系统认识；在此基础上，对其质量属性进行辨识和表征，实现质量属性的完整表达。中药质量标志物（Q-Marker）是刘昌孝院士提出的中药质量新概念，整合了中药质量要素，聚焦了中药质量控制指标，是实现中药质量属性完整表达和建立可溯源的全程质量控制体系的有效路径；进一步，开展质量研究与评价，建立科学的质量评价方法。由于中药质量具有多重、多维、多元的特点，完整的质量评价方法也应力求满足多方面的质量特征，笔者提出针对性的分主次、分层级，以“指标成分”、“指示性成分”、“类成分”和“全息成分”点-线-面-体结合的多元化学质量评价方法，力求反映质量要素的完整性和质量控制的全面性；最后，基于大量样本的分析测定和针对生产过程关键质量节点，在质量传递与溯源规律的基础上，建立合理的质量标准和全程质量控制体系，见图 1-2-8～图 1-2-11。

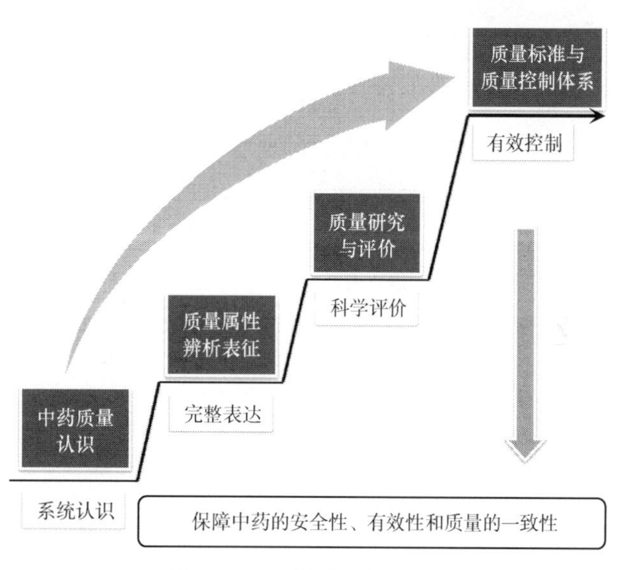

图 1-2-8　中药质量研究过程

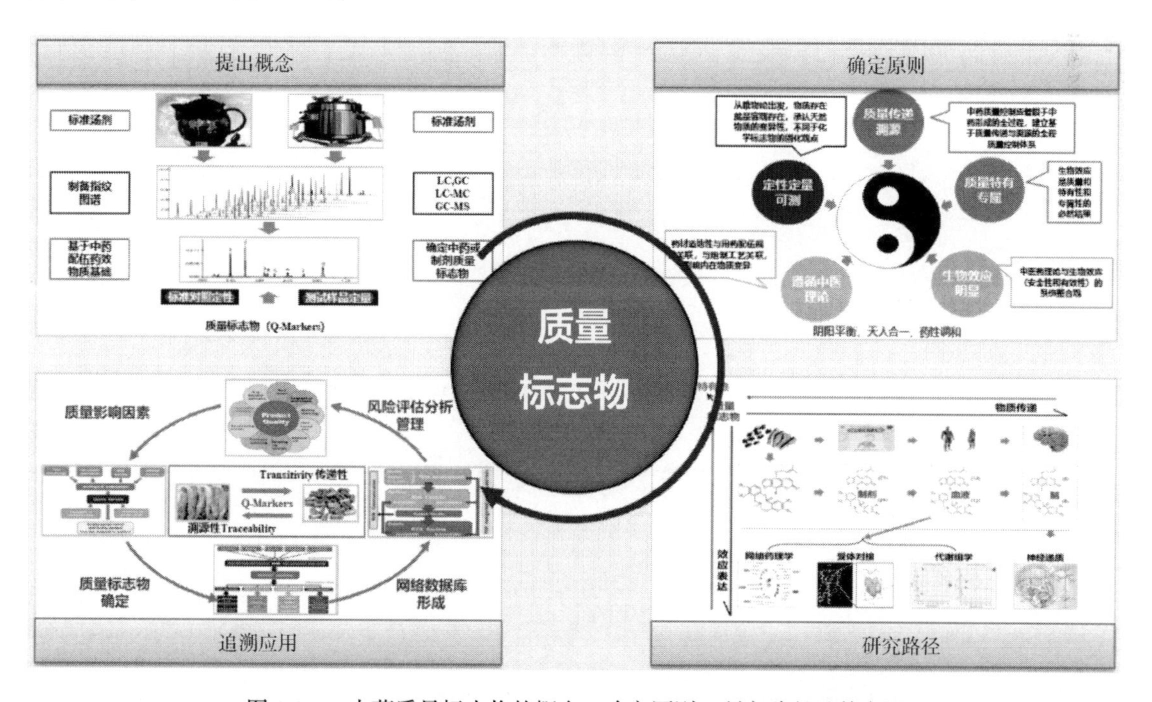

图 1-2-9　中药质量标志物的概念、确定原则、研究路径及其应用

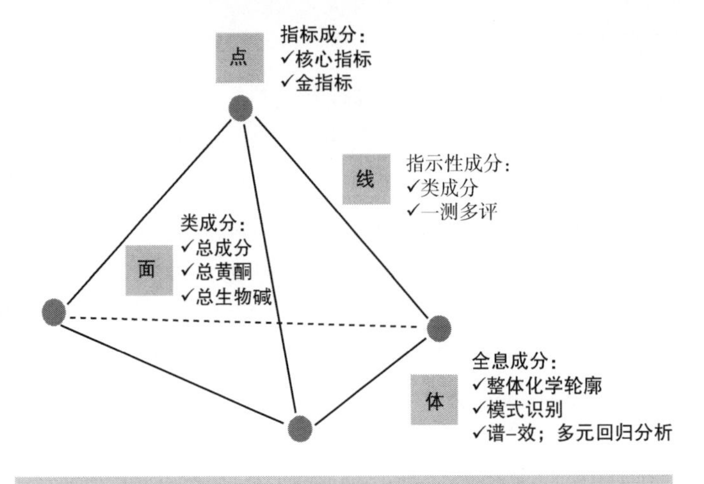

图 1-2-10　点-线-面-体结合的多元质量控制方法

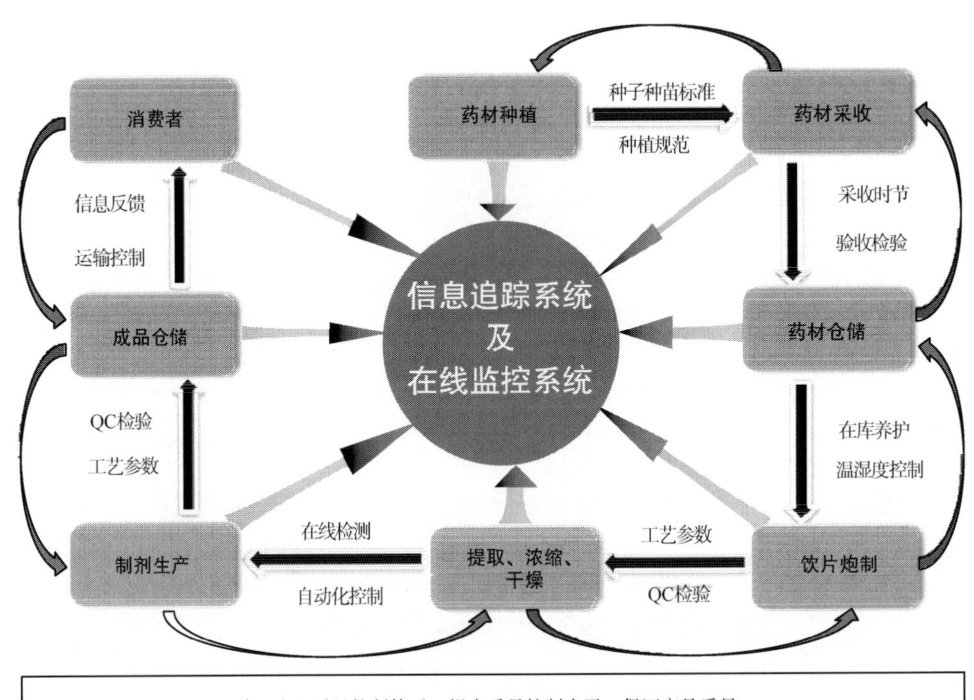

图 1-2-11　全程质量控制体系建设

第三节　疏风解毒胶囊二次开发研究成果概述

一、技术研究成果总结

1. 化学物质组的系统辨识研究

本课题组基于化学物质组的“传递与溯源”的特点，对疏风解毒胶囊的原料药材、制剂、入血成分及其代谢产物的化学物质组进行了系统的表征和辨识，明确了疏风解毒胶囊的化学物质基础及其传递规律[110-113]。为阐释该药的药效物质基础与作用机制及制订科学的质量控制方法和质量控制体系提供了前提和依据。

1.1　原料药材化学物质组研究

疏风解毒胶囊共由 8 味药材组成，本课题组采用 HPLC-TOF/MS 方法，分别对虎杖、连翘、板蓝根、柴胡、败酱草、马鞭草、芦根、甘草等 8 味药材的化学物质组进行了辨识研究[111-113]。从虎杖药材共检测出 13 种化合物，包括 4 个二苯乙烯类化合物，5 个蒽醌类化合物，1 个黄酮类成分，1 个儿茶素类酚酸类成分，2 个决明松类成分；从连翘中识别了 25 种化合物，包括 12 个苯乙醇苷类成分，8 个木脂素类成分，5 个黄酮类化合物；从板蓝根中识别了 22 个化合物，包括 8 个氨基酸类成分，1 个生物碱类成分，3 个糖类成分，3 个木脂素类成分，3 个黄酮类成分和 4 个小分子酚酸类成分；从柴胡中辨识了 19 个成分，分别是绿原酸、芦丁、异绿原酸 A、异绿原酸 B、7-甲氧基异鼠李素、草柴胡皂苷Ⅰ、柴胡皂苷 a、柴胡皂苷 b_2、3″-乙酰化柴胡皂苷 a、3″-乙酰化柴胡皂苷 b_2、丙二酰基柴胡皂苷、2″-乙酰化柴胡皂苷 a、柴胡皂苷 d、6″-乙酰化柴胡皂苷 a、6″-乙酰化柴胡皂苷 b_2、丙二酰基柴胡皂苷 d、2″，3″-乙酰化柴胡皂苷 a、2″，3″-乙酰化柴胡皂苷 b_2、4-羟基-7-乙酰氧基黄酮；从马鞭草中鉴定了 22 个化合物，包括 5 个环烯醚萜类成分，7 个苯丙素类成分，9 个黄酮类成分和 1 个小分子酸性成分；从败酱草中鉴定了 21 个化合物，其中包括 4 个环烯醚萜类成分，2 个香豆素类成分，5 个黄酮苷类成分，6 个木脂素类成分和 4 个三萜类成分；从芦根药材中共辨识出 9 个化合物，包括 3 个生物碱类成分，2 个酚酸类成分，1 个木脂素类成分，3 个其他类成分；从甘草中鉴定了 40 种化合物，包括 26 个黄酮类成分，11 个三萜皂苷类成分，2 个香豆素类成分和 1 个其他类成分。

1.2　疏风解毒胶囊化学物质组研究[110]

通过 HPLC-Q-TOF-MS/MS 法共识别了 96 个离子流色谱峰，分析确定了其中 94 个化合物，其中氨基酸 7 个、糖类 1 个、环烯醚萜类化合物 7 个、苯乙醇苷类化合物 11 个、二苯乙烯类化合物 2 个、黄酮类化合物 25 个、木脂素类化合物 5 个、蒽醌类化合物 6 个、三萜类化合物 18 个、香豆素类化合物 1 个、酚酸类化合物 4 个、生物碱类化合物 5 个、其他小分子化合物 2 个。对所有化合物分别进行了药材来源归属，结果分别来源于处方中的虎杖（12 个）、连翘（18 个）、板蓝根（14 个）、柴胡（8 个）、败酱草（14 个）、马鞭草（11 个）、芦根（5 个）、甘草（21 个）。

1.3　疏风解毒胶囊入血成分及其代谢产物研究

运用 UPLC-Q/TOF-MS 的技术方法，对口服给予疏风解毒胶囊后大鼠血浆中的吸收原型成分及其代谢产物进行辨识研究，结果在大鼠血浆中共鉴定得到 46 个疏风解毒胶囊相关的外源性化合物，包括 27 个吸收原型药物成分和 19 个代谢产物。在给药大鼠血浆中检测到的吸收原型成分及其代谢产物，可能是复方潜在真正的活性成分，并与疏风解毒胶囊的药理作用直接相关。

2. 药效物质基础研究

疏风解毒胶囊治疗急性上呼吸道感染，本课题组首先以炎症为切入点，通过体外筛选实验，明确了疏风解毒胶囊的抗炎活性物质。进一步利用网络药理学方法，对筛选出的抗炎活性物质进行了反向对接，得到其抗炎网络药理图，阐述了其抗炎作用机制；并基于 G 蛋白偶联受体和相关酶进行实验验证。最后，又通过“谱-效”分析方法，从“疏风解表”和“清热解毒”两个方面。筛选和确定了疏风解毒胶囊的药效物质基础。

2.1 基于 UPLC/Q-TOF-MS 整合 NF-κB 双荧光素酶报告基因系统的抗炎药效物质基础的筛选[114]

利用 UPLC/Q-TOF-MS 整合 NF-κB 双荧光素酶报告基因系统的筛选体系，来快速准确地筛选鉴定疏风解毒胶囊中潜在的抗炎活性成分，明确了其抗炎药效物质基础。通过活性筛选实验，我们确定了样品中 10 个活性单体，按照结构类型分类，主要有苯乙醇苷类（连翘酯苷 E、连翘酯苷 A、异连翘酯苷 A、毛蕊花糖苷）、环烯醚萜苷类（戟叶马鞭草苷、马鞭草苷）、木脂素类（连翘苷）、黄酮类（3-羟基光甘草酚、牡荆苷）和蒽醌类（大黄素）化合物。

2.2 基于网络药理学的抗炎活性成分作用靶点、通路预测分析[114]

对筛选鉴定出的 10 个抗炎活性单体（连翘酯苷 E、连翘酯苷 A、异连翘酯苷 A、毛蕊花糖苷、戟叶马鞭草苷、马鞭草苷、连翘苷、3-羟基光甘草酚、牡荆苷、大黄素）利用 PharmMapper 和 KEGG 等生物信息学手段进行靶点及作用通路的预测分析，预测 10 种成分可能通过 GTP 酶 HRAS、3-磷酸肌醇依赖性蛋白激酶 1（PDPK1）、双特异性丝裂原活化蛋白激酶等 31 个靶点作用于炎症反应的黏着斑（Focal adhesion）、丝裂原活化蛋白激酶（MAPK）、Fc epsilon RI、过氧化物酶体增殖体激活受体（PPAR）、Toll-like 受体、NK 细胞介导的细胞毒作用、血管内皮生长因子（VEGF）、B 细胞受体和 T 细胞受体信号等 19 条通路，最后利用 Cytoscape 软件构建了疏风解毒胶囊抗炎活性成分的“分子-靶点-通路”的网络预测图。

2.3 基于 G 蛋白偶联受体的药效物质基础验证研究

为进一步研究和阐明疏风解毒胶囊的药效物质基础，在化学物质组、抗炎活性筛选及网络药理研究的基础上，结合相关文献报道[115-117]，选取了与发汗、抗炎和免疫调节作用密切相关的多个受体[乙酰胆碱受体中 M_3 受体、β_2 肾上腺素受体（$ADRB_2$）、α_{1B} 肾上腺素受体（$ADRA_{1B}$）]及磷酸二酯酶 PDE4B 为研究对象，通过运用胞内钙离子荧光检测技术和酶抑制剂检测技术，评价了疏风解毒胶囊及 14 个代表性单体，即虎杖苷、大黄酸、大黄素、白藜芦醇（虎杖）；连翘酯苷 A、松脂素-4-*O*-*β*-*D*-葡萄糖苷、连翘苷（连翘）；马鞭草苷、戟叶马鞭草苷、毛蕊花糖苷（马鞭草）；柴胡皂苷 a、柴胡皂苷 d（柴胡）和甘草酸、甘草苷（甘草）给药后对 M_3 受体和 $ADRB_2$ 受体的激动作用，对 $ADRA_{1B}$ 受体的抑制作用及对 PDE4B 受体的抑制活性，从而揭示了疏风解毒胶囊的药效物质基础及作用机制。

实验选取了与“发汗”密切相关的 M_3、$ADRB_2$ 和 $ADRA_{1B}$ 受体为研究载体，评价了疏风解毒胶囊及代表性化合物对 3 个受体的激动或拮抗作用。结果显示，疏风解毒胶囊对 M_3、$ADRB_2$ 受体有显著的激动作用，对 $ADRA_{1B}$ 受体也显示出显著抑制活性；方中大黄酸、柴胡皂苷 a 及柴胡皂苷 d 对 M_3、$ADRB_2$ 受体激动作用明显，大黄素、白藜芦醇、松脂素-4-*O*-*β*-*D*-葡萄糖苷、柴胡皂苷 a 和柴胡皂苷 d 对 $ADRA_{1B}$ 受体有显著抑制作用，初步揭示了疏风解毒胶囊发挥发汗解热作用的物质基础可能为虎杖药材中的大黄酸、大黄素、白藜芦醇，连翘药材中的松脂素-4-*O*-*β*-*D*-葡萄糖苷及柴胡药材中的柴胡皂苷 a 和柴胡皂苷 d。

在抗炎作用方面，选择与抗炎作用可能密切相关的磷酸二酯酶 PDE4B 亚型，研究考察了疏风解毒胶囊和 14 个代表性化合物对 PDE4B 的抑制活性。结果显示，疏风解毒胶囊对 PDE4B

抑制率达到 75.11%，显示出较强的抑制活性，并且在化合物对该酶抑制作用的进一步实验中发现，大黄酸、大黄素、连翘酯苷 A、松脂素-4-*O*-*β*-*D*-葡萄糖苷、毛蕊花糖苷对该酶都显示出显著的抑制活性。由此推断，疏风解毒胶囊可能是通过抑制 PDE4B 的活性，阻断细胞内 cAMP 的降解，从而抑制炎症反应，发挥治疗作用。其药效物质基础可能为虎杖药材中的大黄酸、大黄素，连翘药材中的连翘酯苷 A、松脂素-4-*O*-*β*-*D*-葡萄糖苷，以及马鞭草药材中的毛蕊花糖苷。

2.4　基于谱-效筛选方法的疏风解毒胶囊药效物质基础研究

基于疏风解毒胶囊的传统功效，选择与传统功效密切相关的药效表达模型进行“谱-效”关联分析。运用均匀设计对疏风解毒胶囊的 8 味药材进行配比，以配比的 22 个组合为研究对象，选择与疏风解表、清热解毒相关的体外药效模型（如乙酰胆碱受体、脂多糖诱导的炎症模型），采用“谱-效”关系研究方法，对不同组合的疏风解毒胶囊进行 LC-MS 谱分析和体外细胞活性实验。然后利用人工神经网络分析（ANN）等数理统计方法对获取的图谱数据和体外活性数据进行整合分析，建立其“谱-效”关系，筛选得到与发汗、抗炎作用密切相关成分，从“疏风解表”和“清热解毒”两方面，阐释疏风解毒胶囊的药效物质基础。

结果表明：M_3 受体控制由副交感神经节后纤维所支配的效应器细胞所在器官的平滑肌收缩和腺体分泌，与发汗密切相关。M_3 模型所识别的 15 个化学成分为三萜皂苷类（甘草酸、二氢败酱苷、柴胡皂苷 d）、苯乙醇苷类（连翘酯苷 E、连翘酯苷 I、毛蕊花糖苷、异毛蕊花糖苷）、木脂素（连翘苷、松脂素-4-*O*-*β*-*D*-葡萄糖苷）、蒽醌类（大黄素、大黄素-1-*O*-葡萄糖苷、大黄酸）、二苯乙烯类（反式虎杖苷）、黄酮类（甘草素、甘草苷、7-甲氧基异鼠李素），以上成分可能是疏风解毒胶囊的“疏风解表”作用的物质基础。

抗炎模型所识别的 13 个化学成分为环烯醚萜类（马鞭草苷）、黄酮类（甘草素、异甘草苷、芹糖基-异甘草苷）、木脂素（松脂素-*β*-*D*-葡萄糖苷）、二苯乙烯类（反式虎杖苷）、三萜皂苷类（羟基甘草酸、柴胡皂苷 d）、蒽醌类（大黄素、大黄酸）、苯乙醇苷类（毛蕊花糖苷、连翘酯苷 A、连翘酯苷 E）、蒽酮类（决明酮-8-*O*-葡萄糖苷）。以上成分可能是疏风解毒胶囊“清热解毒”作用的物质基础。

3. 作用机制研究

疏风解毒胶囊具有清热解毒、疏风解表的作用，临床用于治疗急性上呼吸道感染风温肺热证。基于传统功效，以整体动物模型、基因组学等方法，从抗炎免疫、解热等方面阐释其作用机制，并阐明主要成分的药代动力学及组织分布规律。

3.1　抗炎免疫作用机制研究

3.1.1　基于大鼠肺炎模型的抗炎作用机制研究[118]

采用肺炎链球菌致肺炎模型，观察疏风解毒胶囊给药后对免疫反应相关因子：淋巴细胞分类，细胞因子白介素-1α（IL-1α）、白介素-1β（IL-1β）、白介素-2（IL-2）、白介素-4（IL-4）、白介素-6（IL-6）、白介素-10（IL-10）、肿瘤坏死因子-α（TNF-α）、α 干扰素（IFN-α）、γ 干扰素（IFN-γ）含量，免疫球蛋白 A（IgA）、免疫球蛋白 M（IgM）、免疫球蛋白 G（IgG）含量，胸腺、脾脏、肺脏重量的影响。结果显示：疏风解毒胶囊能显著降低模型组大鼠外周血 B 细胞（%）、$CD8^+$（%）水平，降低血清 IL-1α、IL-1β、IL-2、IL-10、TNF-α、IFN-α、IFN-γ、IgM、

IgG 水平，降低胸腺、脾脏、肺脏重量，升高外周血 $CD4^+/CD8^+$及 NK 细胞（%）。由此表明疏风解毒胶囊有显著的免疫调节作用，其通过降低 B 细胞（%）、$CD8^+$（%）、IL-1α、IL-1β、IL-2、IL-10、TNF-α、IFN-α、IFN-γ、IgM、IgG 水平，胸腺、脾脏、肺脏重量，升高 $CD4^+/CD8^+$及 NK 细胞（%），对肺炎模型大鼠有显著的治疗作用。

3.1.2 基于小鼠急性肺炎模型基因组学研究[119]

通过建立小鼠肺炎模型，并给予疏风解毒胶囊干预，首先考察了疏风解毒胶囊对肺损伤小鼠的保护作用。进一步选取空白组、阳性药组和疏风解毒胶囊给药组小鼠的肺样本，采用基因芯片技术对其进行分析，得到显著差异表达基因和相关作用通路。然后利用 PharmMapper 和 KEGG 等生物信息学手段对疏风解毒胶囊的抗炎活性化合物进行反向分子对接，与预测到的靶点蛋白和相关作用通路进行比对，分析疏风解毒胶囊可能的作用通路及相关机制。并结合前期化学物质组研究结果和虚拟评价等方法，系统阐释其治疗肺炎的物质作用基础及作用机制。

结果显示，疏风解毒胶囊中源自连翘的连翘酯苷 A、连翘酯苷 E、连翘苷，源自虎杖的大黄素，源自马鞭草的戟叶马鞭草苷、马鞭草苷等成分均能不同程度、多渠道地发挥抗炎、调节免疫作用。其中连翘中活性成分与 MAPK10、HRAS、SRC、PDPK1 等受体结合能力较强，上述受体作用广泛，为 MAPK、B 细胞受体（B cell receptor）、PPAR、Fc epsilon RI、Focal adhesion、缝隙连接（Gap junction）、酪氨酸激酶受体（ErbB）、哺乳动物类雷帕霉素靶蛋白（mTOR）、VEGF 等信号通路中关键蛋白；虎杖中活性成分与 BRAF 受体结合能力较强，此受体为 ErbB、mTOR 信号通路中关键蛋白；马鞭草中活性成分与 HRAS 受体结合能力较强，此受体为 MAPK、B cell receptor、Fc epsilon RI、Focal adhesion、Gap junction、ErbB、VEGF 等信号通路中关键蛋白。MAPK、B cell receptor、PPAR、Fc epsilon RI、Focal adhesion、Gap junction、ErbB、VEGF、mTOR 等信号通路均为炎症反应、免疫调节中的关键通路。

结果表明：疏风解毒胶囊中连翘酯苷 A、连翘酯苷 E、连翘苷、大黄素、戟叶马鞭草苷、马鞭草苷等成分为其抗炎、调节免疫作用的主要物质基础，其多种成分可以通过多靶点、多通路的模式共同调控炎症与免疫反应，进而发挥治疗风热上感作用。另外，基因组学研究显示，疏风解毒胶囊作用也与调节能量代谢、微循环等方面有一定关联，可能还在不同途径发挥治疗作用。

3.2 解热作用机制研究[120]

采用酵母致发热大鼠模型评价疏风解毒胶囊的解热作用及作用机制，结果显示：疏风解毒胶囊能显著降低体温，有显著的解热作用。疏风解毒胶囊能显著降低炎症因子前列腺素 E_2（PGE_2）及细胞因子 TNF-α、IL-6、IL-1α、IL-1β 水平，显著降低致热介质 cAMP 及 cAMP/cGMP 水平，显著降低 Na^+-K^+-ATPase，减少产热，显著升高内源性解热介质精氨加压素（AVP）的含量。

PGE_2 是与体温调节有关的最主要介质，尤其是在感染性发热中。发热时动物脑脊液内 PGE_2 水平增高。解热镇痛药物可抑制酶系统，和体温调节有关的其他中枢介质也和 PGE_2 有关。PGE_2 与其受体结合后，通过信号转导通路改变体温调节中枢体温调节点水平，从而引起机体产热和散热变化，使体温升高。本研究结果显示，模型组大鼠血清及下丘脑 PGE_2 显著升高，而疏风解毒胶囊能降低 PGE_2 含量，发挥解热作用。

肿瘤坏死因子是一个重要的内源性致热原，TNF-α 作为一个内源性致热原是不同病因所致发热机制中的一个共同环节。模型组大鼠血清及下丘脑 TNF-α 显著升高，从而导致动物体温升高，而疏风解毒胶囊能显著降低 TNF-α 含量，表明疏风解毒胶囊能通过降低 TNF-α 含量从而发挥解热作用。

IL-1 是重要的致热细胞因子，分为 IL-1α 和 IL-1β 两种类型，其中 IL-1β 是目前公认的内生致热原之一，其机制是通过与终板血管器的血管内皮细胞及其周围的巨噬细胞、小胶质细胞胞膜上的 IL-1 受体结合，促进靶细胞内 PGE_2 的合成，生成的 PGE_2 以旁分泌形式诱导下丘脑温度敏感神经元细胞膜上的 PGE_2 受体与之结合，进而引起后续细胞信号的转导。实验结果显示，模型组大鼠下丘脑 IL-1α、IL-1β 均显著升高，从而导致动物体温升高，而疏风解毒胶囊能降低 IL-1α、IL-1β 含量，发挥解热作用。

IL-6 是多种发热的中间物质，目前已知多种细胞可以自发或在不同刺激后产生 IL-6，其生物学效应呈现多样性，在发热机制中具有举足轻重的作用。本研究结果显示，模型组大鼠血清及下丘脑 IL-6 显著升高，从而导致动物体温升高，而疏风解毒胶囊能显著降低 IL-6 含量，从而发挥解热作用。

AVP 是一种 9 肽神经递质，分布于中枢神经系统（CNS）的细胞体、轴突和神经末梢，包括其作用部位腹中膈区（VSA）和中杏仁核的神经末梢，机体发热时其含量增多。众多研究表明，AVP 具有明显的抑热作用，AVP 被认为是一种内源性解热物质。其在中枢作用于 VSA 的 V1 亚型受体，从而发挥解热或限热作用。AVP 可能是通过影响位于 POAH 区的温度敏感神经元的放电频率而影响体温，VSA 中 AVP 含量下降，表明 AVP 释放增多，刺激 AVP 的内源性释放可抑制发热。模型组大鼠下丘脑 AVP 显著升高，提示发热模型动物体温升高，激活了机体自身体温调节系统，引起内源性解热物质 AVP 分泌增加，但其增加幅度不足以抵抗致热因子引起的发热，而疏风解毒胶囊能进一步促进 AVP 分泌，发挥解热作用。阳性药阿司匹林组 AVP 含量降低可能是由于阿司匹林发挥解热作用，引起大鼠体温降低，从而使内源性解热物质 AVP 分泌减少。

cAMP 是接近体温调节终末环节的发热介质[121]，大多数学者认为 Na^+/Ca^{2+} 上升诱导下丘脑内 cAMP 的含量上升是多种致热原引起发热的共同中介环节。发热动物模型脑脊液及下丘脑组织中，cAMP 含量增多与体温升高呈显著正相关。cAMP 和 cGMP 是公认的生物控制的关键因子，对细胞的内调节起正负影响。一般认为 cAMP 和 cGMP 的比值比两者任何一种的实际浓度更为重要，体温随 cAMP 和 cGMP 比值的变化而变化。Na^+-K^+-ATPase，也称钠泵，负责维持细胞内外 Na^+、K^+浓度，在机体产热过程中占非常重要的地位。模型组大鼠下丘脑 cAMP、cAMP/cGMP、Na^+-K^+-ATPase 均显著升高，疏风解毒胶囊能显著降低 cAMP 含量及 cAMP/cGMP 值，降低 Na^+-K^+-ATPase，减少产热，从而发挥解热作用。

3.3 主要成分药代动力学及组织分布研究

药物的体内暴露、组织分布及其动力学规律是其发挥疗效的重要依据。为了系统阐释疏风解毒胶囊的作用规律，本课题组又对其主要成分的药代动力学及组织分布进行了研究。药代动力学研究结果显示，大鼠血浆中大黄素药物浓度的达峰时间 T_{max} 为 8.82h，峰浓度 C_{max} 为 76.70μg/L，消除半衰期 $t_{1/2}$ 为 6.88h，MRT $_{(0-t)}$ 为 11.27h，AUC $_{(0-t)}$ 为 985.47μg·h/L；马鞭草苷药物浓度的达峰时间 T_{max} 为 4.20h，峰浓度 C_{max} 为 92.15μg/L，消除半衰期 $t_{1/2}$ 为 3.47h，MRT $_{(0-t)}$ 为 5.22h，AUC $_{(0-t)}$ 为 649.49μg·h/L。灌胃给予疏风解毒胶囊供试药溶液后，大黄素吸收较快，在 15min 内即达到较高浓度，血药浓度-时间曲线呈现双吸收峰，它在体内可能存在肝肠循环，体内滞留时间较长；马鞭草苷的吸收相对较慢，与大黄素相比，其半衰期较小，体内滞留时间较短，不存在药物肝肠循环现象。

肺组织分布研究结果显示，大鼠肺组织中大黄素药物浓度的达峰时间 T_{max} 为 2.05h，峰浓度 C_{max} 为 66.37ng/g，消除半衰期 $t_{1/2}$ 为 3.14h，$MRT_{(0\text{-}t)}$ 为 4.40h，$AUC_{(0\text{-}t)}$ 为 386.43ng・h/g。

蒽醌类成分大黄素为疏风解毒胶囊的主要活性成分，且在体内具有较大暴露量。本实验通过测定给药后不同时间点肺组织中的药物浓度，对大黄素的肺组织分布特性进行研究，反映了疏风解毒胶囊在肺靶器官的组织分布过程，为阐明其药效作用机制和促进临床应用提供了科学依据。

4. 配伍规律研究

4.1 基于大鼠急性肺炎模型的配伍规律研究

中药的配伍理论是中医药理论的精华，是体现方证对应、临证治法的核心内容。疏风解毒胶囊具有疏风解表、清热解毒的作用，故从功能配伍进行拆方研究，研究清热解毒组分、解表组分及其配伍组合分别对急性肺炎模型大鼠血清细胞因子含量的影响，从而分析疏风解毒胶囊配伍合理性。结果显示：疏风解毒胶囊全方、解表组分、清热解毒组分均能显著降低 IL-1α、IL-1β、IL-2、IL-4、IL-10 含量，且全方组大鼠在 IL-1β 含量这个指标上 Q 值＞1；疏风解毒胶囊全方、解表组分、清热解毒组分均能显著降低 TNF-α、IFN-γ 含量，疏风解毒胶囊全方、解表组分能显著降低 IFN-α 含量；且全方组大鼠在 TNF-α、IFN-α 含量这 2 个指标上 Q 值＞1。

细胞因子全程参与肺炎的发生发展过程，承接固有免疫反应及适应性免疫应答反应，肺炎急性期 IL-1α、IL-1β、TNF-α 等致炎性细胞因子含量显著增加[122]。解表组分虎杖含羟基大黄素与白藜芦醇，可通过抑制蛋白激酶 B（Akt）和氨基末端激酶（JNK）通路抑制炎症细胞分化增殖，降低核转录因子（NF-κB）表达[123]；连翘主要活性成分连翘苷、连翘酯苷等均有报道其抗炎活性，连翘主要通过影响 NF-κB 信号转导通路（NF-κB 通路）、酪氨酸激酶/信号转导和转录激活因子通路（JAK-STAT 通路）和丝裂原活化蛋白激酶信号转导通路（MAPK 通路）三条信号通路，调控着炎症过程中的多种酶及炎症介质的产生，发挥抗炎功效[124]；板蓝根中总苯丙素、总有机酸、总生物碱等有机成分均有抑菌和解热药效，板蓝根多糖可抑制脂多糖（LPS）刺激引起的 NF-κB 与 DNA 结合活性的升高[125]。本实验中，疏风解毒胶囊解表组分和清热解毒组分有显著的协同作用，两组分配伍用药能显著降低细胞因子 IL-1β、TNF-α、IFN-α 含量，抑制肺炎发展进程，这与两组分配伍后通过多靶点、多途径、多环节发挥协同抗炎及多成分作用有关，从而在抗菌、抗炎症、增强免疫等方面发挥治疗效果。

4.2 基于网络药理学方法的配伍规律研究

采用网络药理学的方法，对疏风解毒胶囊中“清热解毒组”、“解表组”和“甘草组”的 32 个化合物的作用靶点和通路进行预测和筛选，通过数据整合分析，剖析该方的作用特点及配伍规律。结果显示：32 个化合物可作用于 94 个相关靶点和 34 条相关通路，主要涉及炎症反应、细菌脂多糖反应、免疫反应等相关过程。三组既有共同的作用靶点群及通路群，又各有偏重，协同发挥治疗作用。

“清热解毒组”涉及 58 个靶点蛋白，主要与免疫反应、防御反应、细菌脂多糖反应和炎症反应等过程相关。其中 34 个蛋白与“免疫反应”相关，包括一氧化氮合酶 2（NOS2）、转化生长因子-β1（TGF-β1）、粒细胞巨噬细胞集落刺激因子（GM-CSF2）、白介素-4（IL-4）等；33 个蛋白与“防御反应”相关，包括酪氨酸蛋白激酶（BTK）、转录因子 p56（HCK）、半胱天冬酶 9（CASP9）等；32 个蛋白与“细菌脂多糖反应”相关，包括白介素-8（IL-8）、白介素-1β（IL-1β）、前列腺素内过氧化物酶 2（PTGS2）、一氧化氮合酶 3（NOS3）等；21 个蛋白与“炎症反应”相关，包括白介素-6（IL-6）、前列腺素 E 合酶（PTGES）、胞间黏附分子 1（ICAM1）、环前列腺素合酶（PTGIS）等。

“解表组”12 个化合物的 43 个作用靶点，其中包括连翘药材中 5 个化合物的 22 个作用靶点，柴胡药材中 5 个化合物的 24 个作用靶点，芦根药材中 3 个化合物的 18 个作用靶点。43 个靶点蛋白主要与防御反应、细菌脂多糖反应、炎症反应和发汗解热等过程相关。其中 23 个靶点蛋白与“防御反应”相关；20 个靶点蛋白与“细菌脂多糖反应”相关；16 个靶点蛋白与“炎症反应”相关；13 个靶点蛋白与“发汗解热”相关，包括乙酰胆碱酯酶（AChE）抑制剂、白介素-1β（IL-1β）、α_{1A} 肾上腺素受体（$ADRA_{1A}$）、转录因子 AP-1（JUN）、3-磷酸肌醇依赖性蛋白激酶 1（PDPK1）等。

“甘草组”19 个靶点蛋白主要与免疫反应、糖皮质激素反应、细菌脂多糖反应等生理过程相关。其中在 19 个靶点蛋白中，有 14 个蛋白与“免疫反应”相关；7 个蛋白与“糖皮质激素反应”有关，包括糖皮质激素受体（NR3C1）、糖皮质激素 11β-脱氢酶同工酶 2（HSD11B2）、白介素-6（IL-6）等；6 个蛋白与“细菌脂多糖反应”有关。

分析发现，“清热解毒组”可作用于与炎症反应、细菌脂多糖反应、防御反应和免疫反应相关的蛋白靶点，表明“清热解毒组”药材可以通过直接干预细菌脂多糖等的入侵，起到解毒、阻止炎症过程发展的作用，同时通过激发机体防御体系，增强机体免疫力进而起到辅助治疗的作用。“解表组”药材同样可作用于与炎症反应、细菌脂多糖反应和防御反应相关的蛋白靶点，与“清热解毒组”药材协同发挥治疗作用。另外，“解表组”亦可通过参与多条途径作用于发汗解热过程。例如，通过间接作用于中枢性发热正向调节介质——环核苷酸（cAMP），抑制其产生与释放，抑制体温调定点的上移，使体温下降，干预机体发热过程；通过胆碱酯酶（AChE）抑制剂，使胆碱能神经末梢释放的乙酰胆碱（ACh）堆积，表现 M 样作用增强而发挥兴奋胆碱受体，起到发汗作用；通过作用于主要分布在血管平滑肌（如皮肤、黏膜血管，以及部分内脏血管）的 α_1 肾上腺素受体，扩张血管，增强皮肤血液循环，促进发汗。“甘草组”可作用于与免疫反应、糖皮质激素反应、脂多糖反应等过程相关的靶点，从抗炎、增强机体免疫等方面起到辅助治疗作用。

“清热解毒组”、“解表组”和“甘草组”既有共同的作用靶点群及通路群，又各有偏重，作用靶点涉及炎症反应、免疫反应、细菌脂多糖反应、防御反应、发汗解热、糖皮质激素反应等各个环节，各通路群间通过共有靶点连接，显示出不同成分间的多靶点、多途径的协同作用。

5. 质量标准提升研究

为了全面提升疏风解毒胶囊的质量控制水平，本课题基于原料药材到成品的质量传递、溯源及全程质量控制理念，从多指标成分的含量测定、指纹图谱共有模式的建立及多批样品测定等方面进行系统研究，建立疏风解毒胶囊的药材与成品的质量控制体系，对原有的质量标准进行了全面的提升[126]。

5.1 疏风解毒胶囊主要组成药材质量研究

5.1.1 指纹图谱研究[127, 128]

建立了虎杖、连翘、柴胡、板蓝根、马鞭草、败酱草、芦根和甘草 8 味原料药材/饮片的指纹图谱质量控制方法，并通过系统聚类分析、主成分分析和相似度评价系统建立了各个药材/饮片对照指纹图谱共有模式；分别对虎杖等 8 味原料药材/饮片的 112 个批次药材/饮片样品采用建立的指纹图谱方法进行质量评价。

采用化学对照品法及 HPLC-MS 方法分别对虎杖、连翘、柴胡、板蓝根、马鞭草、败酱草、芦根和甘草 8 味原料药材/饮片指纹图谱中的主要特征峰进行了指认。

5.1.2 多指标成分含量测定研究

建立了 HPLC 同时测定马鞭草中戟叶马鞭草苷、马鞭草苷、毛蕊花糖苷 3 个成分的定量测定方法。进行了系统的方法学研究，包括色谱条件优化、供试品溶液制备方法考察、专属性研究、线性、精密度、稳定性、重现性和加样回收率实验，结果均符合要求。所建立的方法简便、准确，重复性好，能够有效控制马鞭草的质量。采用建立的方法对 14 批马鞭草饮片进行了含量测定。

依据《中国药典》(2015 年版)一部虎杖、连翘、甘草、柴胡、板蓝根的含量测定方法，测定了 5 味药材共 70 批次的含量。

5.2 疏风解毒胶囊质量标准提升研究

疏风解毒胶囊原质量标准较为粗泛，只有马鞭草、连翘及柴胡 TLC 鉴别及 TLCS 法测定大黄素含量，方法简单，难以全面控制产品的质量，本课题对其质量标准进行系统提升研究。

5.2.1 指纹图谱研究[129]

建立了疏风解毒胶囊指纹图谱质量控制分析方法，采用所建立的方法对 14 批疏风解毒胶囊样品进行了指纹图谱测定，采用相似度、聚类分析及主成分分析等数据处理方法对指纹图谱的模式识别研究，确定 22 个共有峰，以 21 号峰为参照物峰计算其相对保留时间和相对峰面积，稳定性试验、重现性试验和精密度试验 RSD 值均在 5%以下；该方法稳定、可靠、专属性强、重现性好。

5.2.2 多指标成分含量测定[130]

建立了疏风解毒胶囊 HPLC 多指标成分含量测定的方法，以及测定虎杖苷、大黄素、连翘酯苷 A、戟叶马鞭草苷、马鞭草苷、毛蕊花糖苷、甘草酸 7 个有效成分的方法，该方法简便、快捷、重复性好，可同时测定 7 种成分。建立了基于“有效性”的本品定量控制标准，以保证本品的有效性及其稳定均一性，为本品质量控制提供了保障。对 14 批疏风解毒胶囊中的 7 种成分进行了含量测定。

综上，本课题从全过程质量控制的角度，通过化学成分研究及质控指标的确定、多指标成分含量测定、指纹图谱技术等质控手段和方法，建立了从原料药材到成品的全过程的质量控制体系，对疏风解毒胶囊质量研究进行了全面的提升。

二、二次开发产生的社会经济效益情况

疏风解毒胶囊通过二次开发研究获得授权发明专利 2 项、国家专利金奖 1 项，提升后的产品质量标准已被《中国药典》(2015 年增补版) 收载。疏风解毒胶囊被列为国家卫生健康委员会的 12 项重大疾病的推荐用药、列入多项诊疗指南，包括《风温肺热病(病毒性肺炎) (轻症) 中医诊疗方案》(2017 年)、《外感发热 (上呼吸道感染) 诊疗方案》(2017 年)、《时行感冒 (甲型 H1N1 流感) 诊疗方案》(2017 年)、《人感染 H7N9 禽流感诊疗方案》(2013 年第一、二版，2017 年版)、《寨卡病毒病中西医结合诊疗专家共识》、《人禽流感中西医结合诊疗专家共识》、《中东呼吸综合征病例诊疗方案》(2015 年版)、《社区获得性肺炎中西医综合治疗指南》(2015 年上海市基层版)、《普通感冒中医诊疗指南》(2015 版)、《中东呼吸综合征诊疗方案及防控指南》(2015 年版)、《中医药治疗埃博拉出血热专家指导意见 (第一版)》(2014 年)，并且为 2020 年《新型冠状病毒肺炎诊疗方案》(试行第四、五、六、七版) 推荐用药。入选《中药大品种科技竞争力报告》(2017 版)，科技影响因子 41.096，为全国呼吸系统用药第一名；全面扩大了临床应用，超过 5000 万患者使用获益，覆盖 29 个省、自治区、直辖市；产品年销售额由二次开发前 5000 余万元增长至 2019 年约 6 亿元，取得了显著的经济效益和社会效益；研究成果"疏风解毒胶囊的二次开发研究"获得 2017 年安徽省科技进步奖一等奖。获得多项国家自然科学基金项目和标准化建设项目立项资助。

三、结　　语

对临床确有疗效的中药大品种进行二次开发研究，是继承和发展中医药理论、突破制约中医药理论和中药产业发展瓶颈的重要路径。通过二次开发研究，以现代科学方法、客观指标和实验证据阐明中药复杂体系的药效物质基础和作用机制，发现和提炼中药大品种的作用特点和优势，挖掘其临床核心价值，指导临床实践，提高临床疗效；并建立科学、有效的质量控制方法，保证药品的质量均一、稳定、可控。

化学物质组研究是中药大品种二次开发研究的基础工作，基于中药复杂体系及其产业链长的特点，应对原料药材、制剂、入血成分及其代谢产物的化学物质组进行系统的表征和辨识，阐明化学物质基础在整个药物形成过程的传递规律。为阐释药效物质基础与作用机制及制订科学的质量控制方法和质量控制体系提供了前提和依据。

药效物质基础的确定是认识中药有效性表达方式的前提条件，基于"系统—系统"的系统生物学方法和"成分—靶点"的化学生物学方法都是行之有效的方法；"谱-效"分析方法基于处方背景，又通过数学模型统计分析，关联谱 (成分) —功效的对应关系，也是药效物质基础筛选的可行路径。

作用机制研究是打开中药功效"黑箱"的钥匙。作用机制研究应紧紧围绕研究对象组成、功效及其适应证，特别是基于配伍环境，以方证对应的角度，阐释中药治疗疾病的科学内涵。

本课题对疏风解毒胶囊进行了系统的二次开发研究，系统辨识了其化学物质组，筛选和明确了主要药效物质基础；阐明了作用机制；通过拆方研究阐释了该药的组方特点和配伍规律，提炼和发现了其作用特点、比较优势和临床核心价值；并对原有的质量标准进行了全面的提升，保证了产品的质量均一、稳定、可控。本课题研究为该品种的临床推广应用和指导临床实践提供了重要的理论和实验依据，并为其他中药大品种的二次开发研究提供了可参考的思路与模式。

参 考 文 献

[1] 邱欢，李振兴，朱童娜，等. 疏风解毒胶囊体内抗病毒作用的实验研究[J]. 中药新药与临床药理，2014，25（1）：14-17.
[2] 刘颖，崔晓兰，时瀚，等. 疏风解毒胶囊防治流感体内药效学实验研究[J]. 世界中西医结合杂志，2010，5（1）：35.
[3] 刘颖，时瀚，金亚宏，等. 疏风解毒胶囊防治流感体内药效学研究[J]. 世界中西医结合杂志，2010，5（2）：107.
[4] 时圣明，潘明佳，王文倩，等. 虎杖的化学成分及药理作用研究进展[J]. 药物评价研究，2016，39（2）：317-321.
[5] 李仲兴，王秀华. 虎杖对252株临床菌株的体外抗菌活性的研究[J]. 中国中医药科技，2000，7（6）：390.
[6] 吴开云，黄雪芳，彭宣宪. 冰片、虎杖、地榆抑菌作用的实验研究[J]. 江西医学院学报，1996，36（2）：53.
[7] 夏婷婷，杨珺超，刘清源，等.虎杖药理作用研究进展[J]. 浙江中西医结合杂志，2016，26（3）：294-297.
[8] 董杰德，陈晨华. 四种中草药抗柯萨奇及埃柯病毒的实验研究[J]. 山东中医学院学报，1993，17（4）：46.
[9] 金航. 虎杖抗HIV-1活性的体外实验研究[J]. 国外医学・中医中药分册，1995，17（3）：32.
[10] 王卫华，肖红，陈科力. 虎杖提取液抗柯萨奇病毒B3的实验研究[J]. 湖北中医杂志，2001，23（9）：47.
[11] 王志洁，程仲敏. 虎杖中蒽醌化合物部分分离晶体抗Ⅰ型人疱疹病毒的实验研究[J]. 山东中医药大学学报，1998，22（6）：458.
[12] 王志洁，方学韫，程仲敏. 虎杖乙酸乙酯萃取部分抗人疱疹病毒研究[J]. 中国现代应用药学，1999，16（5）：27.
[13] 王志洁. 虎杖蒽醌化合物抗CVB3病毒的实验研究[J]. 成都中医药大学学报，1999，22（2）：41.
[14] 王志洁. 虎杖大黄素抗HSV-2、CVB3病毒的作用初探[J]. 安徽中医学院学报，1999，18（3）：41.
[15] 孟祥乐，李俊平，李丹，等. 连翘的化学成分及其药理活性研究进展[J]. 中国药房，2010，（43）：91-93.
[16] 丁岗，刘延泽. 中药连翘及其同属植物的研究近况[J]. 中药材，1994，17（10）：42.
[17] 李晓燕. 中药连翘抗菌活性的考察[J]. 山东医药工业，1997，16（2）：46.
[18] 侯晓薇，杨更森，刘春梅. 7种中药对龋病主要致病菌的体外抑菌作用[J]. 中国医刊，1998，33（8）：55.
[19] 潘曌曌，王雪峰. 连翘体外、体内抗甲型流感病毒的实验研究[J]. 西部中医药，2016，29（12）：5-8.
[20] 于起福，孙非. 四种中草药水煎剂抗柯萨奇B5病毒的细胞学实验研究[J]. 吉林中医药，1995，（1）：35.
[21] 芮菁，尾崎幸，唐元泰. 连翘提取物的抗炎镇痛作用[J]. 中草药，1999，30（1）：43.
[22] 陈祥银，赵青，赵磊. 中药制剂对烟雾刺激所致地鼠呼吸道炎症的保护作用[J]. 基础医学与临床，1999，19（1）：69.
[23] 彭爱红. 板蓝根药理活性成分及临床应用进展[J]. 研究进展，2010，17（12）：13.
[24] 黄家娣. 板蓝根化学成分和药理作用综述[J]. 中国现代药物应用，2009，8（3）：197.
[25] 卫琮玲，闫杏莲. 板蓝根的抗炎作用[J]. 开封医专学报，2000，19（4）：53-54.
[26] Molina P，Tarrange A，Gonzalez-teijero A，et al. Inhibition of leukocyte functions by the alkaloid isaindigotone from Isatis indigotica Fort. and some new synthetic derivatives[J]. J N at Prod，2001，64（10）：1297.
[27] 王晓丹，李慧庆. 板蓝根药理作用研究进展[J]. 黑龙江医药，2010，23（2）：241.
[28] 郭继贤，潘胜利. 中国柴胡属19种植物挥发油化学成分的研究[J]. 上海医科大学学报，2009，17（4）：278.
[29] 阴健，郭力弓. 中药现代研究与临床应用[M]. 北京：学苑出版社，2008：542.
[30] 周秋丽，张志强. 柴胡皂苷和甘草甜素抑制 Na^+-K^+-ATP 酶活性的构效关系[J]. 药学学报，2007，31（7）：496.
[31] 薛燕，白金叶. 柴胡解热成分的比较研究[J]. 中药药理与临床，2008，19（1）：11.
[32] 王胜春，赵慧乎. 柴胡的清热与抗病毒作用[J]. 时珍国医国药，2007，9（5）：418.
[33] 王晖. 薄荷醇对柴胡镇痛作用的影响[J]. 时珍国药研究，1996，7（4）：215.
[34] 王晖，许卫铭，王宗锐. 以镇痛效应为指标研究柴胡的药动学[J]. 广东医学院学报，1996，14（3）：229.
[35] 万新，石晋丽，刘勇，等. 败酱属植物化学成分与药理作用[J]. 国外医药・植物药分册，2006，21（2）：53.
[36] Deepak M，Hand SS. Antiinflammatory activity and chemical composition of extracts of verbena offcinalis[J]. Phytotherapy Res，2000，14：463-465.
[37] 陈兴丽，孟岩，张兰桐. 马鞭草化学成分和药理作用的研究进展[J]. 河北医药，2010，32（15）：2089.
[38] 黄能慧，李诚秀. 甘草酸铵的抗炎作用[J]. 贵阳医学院学报，1995，20（1）：26.
[39] 唐法娣，王砚. 甘草酸铵对胸膜炎和支气管肺泡灌洗液中炎症细胞的影响[J]. 中药药理与临床，1999，15（5）：17.
[40] 俞腾飞，李仁. 甘草黄酮、甘草浸膏及甘草次酸的镇咳祛痰作用[J]. 中成药，1993，15（3）：32.
[41] 吴勇杰. 甘草次酸钠的镇咳，消痰，降低气道阻力作用的研究[J]. 兰州医学院学报，1996，22（2）：23-26.
[42] Utsunomiya T，Kobayashi M，Pollard RB，et al. Glycyrrhizin，an active component of licorice roots，reduces morbidity and mortality of mice infected with lethal doses of influenza virus.[J]. Antimicrobial Agents & Chemotherapy，1997，41（3）：551-556.
[43] 徐艳玲，张会红，薛云丽，等. 疏风解毒胶囊治疗急性上呼吸道感染（风热证）2031例Ⅳ期临床研究[J]. 中华中医药杂志，2017，32（1）：356-360.
[44] 赵建兰，许东风，李成勇. 疏风解毒胶囊治疗急性上呼吸道感染的疗效观察[J]. 中华中医药学刊，2018，36（5）：1222-1225.
[45] 徐艳玲，薛云丽，张会红，等. 疏风解毒胶囊治疗急性上呼吸道感染风热证随机对照双盲试验[J]. 中医杂志，2015，56（8）：676-679.
[46] 奚肇庆，周建中，梅建强，等. 疏风解毒胶囊治疗病毒性上呼吸道感染发热的临床观察[J]. 中国中医药，2010，8（17）：162-164.
[47] 孟健，胡烜翀. 疏风解毒胶囊联合头孢他啶治疗慢性支气管炎急性发作发热患者90例观察[J]. 世界中西医结合杂志，2017，12（7）：997-1000.

[48] 韩亚辉，武凯歌，张薇薇，等. 疏风解毒胶囊联合西药治疗慢性支气管炎急性发作期临床观察[J]. 中国中医急症，2016，25（12）：2373-2375.
[49] 尹照萍，孙帅. 疏风解毒胶囊联合左氧氟沙星治疗慢性支气管炎急性加重期的临床研究[J]. 现代药物与临床，2018，33（11）：2880-2883.
[50] 尹建威，杨亮，张王锋. 联合疏风解毒胶囊治疗慢性支气管炎急性发作患者临床效果及对肺功能、血气指标、血清炎性因子等影响[J]. 临床误诊误治，2020，33（2）：32-35.
[51] 瞿香坤，王其凯，唐超，等. 疏风解毒胶囊联合抗生素治疗社区获得性肺炎的临床观察[J]. 中国中医急症，2019，28（6）：1059-1061.
[52] 张连国，滕国杰，周玉涛. 疏风解毒胶囊治疗老年社区获得性肺炎患者的疗效评价[J]. 中国医药导刊，2014，16（12）：1471-1473.
[53] 汪周华. 疏风解毒胶囊治疗社区获得性肺炎的疗效分析[J]. 世界中医药，2016，11（8）：1510-1516.
[54] 周文博，饶娟，陈玲. 疏风解毒胶囊联合莫西沙星治疗社区获得性肺炎的临床观察[J]. 中国中医急症，2019，28（8）：1460-1462.
[55] 魏兵，周玉涛，陈玉，等. 疏风解毒胶囊联合抗生素治疗社区获得性肺炎的临床疗效[J]. 中国中医急症，2016，25（9）：1818-1820.
[56] 朱东全，李清贤. 疏风解毒胶囊治疗社区获得性肺炎的效果观察[J].. 中国当代医药，2016，23（27）：134-136.
[57] 李颖，贾明月，张静，等. 疏风解毒胶囊治疗社区获得性肺炎临床疗效及对抗生素使用时间的影响[J]. 中华中医药杂志，2015，30（6）：2239-2242.
[58] 李捷，杨进，赵磊. 疏风解毒胶囊对慢性阻塞性肺疾病急性加重期的疗效评价[J]. 中华中医药杂志，2017，32（11）：5243-5245.
[59] 姚欣，曹林峰，杨进，等. 疏风解毒胶囊对慢性阻塞性肺疾病急性加重期的疗效评价[J]. 中华中医药杂志，2017，32（1）：347-350.
[60] 朱静，徐维国. 中西医辨证治疗对慢性阻塞性肺疾病急性加重期患者气道炎症、氧化应激反应的影响[J]. 中国医学创新，2020，17（3）：8-12.
[61] 杨添文，李梅华，任朝凤，等. 疏风解毒胶囊对慢性阻塞性肺疾病急性加重期患者炎症因子的影响及安全性评价[J]. 中国中医急症，2019，28（10）：1824-1826.
[62] 王发辉，林石宁，吴达会，等. 疏风解毒胶囊对慢性阻塞性肺疾病急性加重期患者 IL-8 和 TNF-α 的影响[J]. 中国中医急症，2016，25（11）：2171-2173.
[63] 田图磊，荣令，瞿香坤，等. 疏风解毒胶囊对慢性阻塞性肺疾病急性加重期炎性调节作用及疗效观察[J]. 中国中医急症，2018，27（10）：1814-1816.
[64] 王长海，王明银. 评价疏风解毒胶囊联合西医治疗对慢性阻塞性肺疾病急性加重期患者肺功能的影响[J]. 药物评价研究，2018，41（10）：1867-1870.
[65] 赵勇，郑水洁. 疏风解毒胶囊对慢性阻塞性肺疾病患者气道重塑指标的影响[J]. 长春中医药大学学报，2020，36（1）：127-131.
[66] 张亚平，童朝阳，闵珉. 疏风解毒胶囊治疗慢性阻塞性肺疾病急性加重期痰热壅肺证疗效观察[J]. 北京中医药，2015，34（8）：625-628.
[67] 朱春冬，邓雪，王胜. 疏风解毒胶囊联合西医基础方案治疗慢性阻塞性肺疾病急性加重期风热犯肺证临床观察[J]. 中华中医药杂志，2018，33（9）：4227-4230.
[68] 张康，王憓瑶，李宣霖，等. 疏风解毒胶囊治疗慢性阻塞性肺疾病急性加重的有效性与安全性 Meta 分析[J]. 中医研究，2019，32（6）：35-39.
[69] 牛洁，李国栋，吴志松，等. 疏风解毒胶囊治疗北京地区季节性流行性感冒 100 例临床观察[J]. 北京中医药，2019，38（3）：263-266.
[70] 李有跃，谭光林，朱福君. 疏风解毒胶囊治疗流行性感冒的临床研究[J]. 中国中医急症，2018，27（10）：1734-1736.
[71] 瞿香坤，郝树立，马景贺，等. 疏风解毒胶囊联合阿比多尔治疗新型冠状病毒肺炎的回顾性研究[J]. 中草药，2020，51（5）：1167-1170.
[72] 肖琦，蒋茵婕，吴思思，等. 中药疏风解毒胶囊联合阿比多尔治疗轻症新型冠状病毒肺炎的价值分析[J]. 中国中医急症，2020，29（5）：756-758.
[73] 胡蓉，王丽华，张珺珺，等. 疏风解毒胶囊治疗急性咽炎风热证的临床观察[J]. 药物评价研究，2014，37（5）：460-462.
[74] 王丽华，李文华，沙一飞，等. 疏风解毒胶囊联合天突穴穴位注射疗法治疗风热型急性咽炎 180 例临床研究[J]. 中华中医药杂志，2017，32（1）：376-379.
[75] 黄萍芳，张爱春. 疏风解毒胶囊联合雾化吸入治疗慢性喉炎的临床观察[J]. 北京中医药，2017，36（2）：162-164.
[76] 宁惠明，欧强. 疏风解毒胶囊对慢性咽炎患者血清炎性细胞因子及 T 淋巴细胞亚群的影响[J]. 解放军医药杂志，2018，30（3）：58-61.
[77] 李颖，王雪京. 疏风解毒胶囊治疗外感风热型急性鼻炎的临床疗效评价[J]. 中医药导报，2015，21（21）：49-51.
[78] 邱录斌，杨见明，梅金玉，等. 疏风解毒胶囊治疗急性鼻窦炎 55 例疗效评价[J]. 中国药业，2015，24（20）：58-60.
[79] 徐春祥，何四君. 疏风解毒胶囊联合阿莫西林克拉维酸钾治疗急性扁桃体炎的临床观察[J]. 中医药临床杂志，2016，28（2）：224-226.
[80] 张金阳. 疏风解毒胶囊治疗慢性扁桃体炎急性发作疗效观察[J]. 中国中医急症，2015，24（12）：2230-2232.
[81] 赵宇，陈剑，韩军. 中西医结合治疗急性分泌性中耳炎（风热外袭证）临床观察[J]. 中国中医急症，2017，26（3）：475-477.
[82] 王建，谭林. 疏风解毒胶囊治疗急性化脓性中耳炎的临床观察[J]. 中华中医药杂志，2017，32（1）：386-388.
[83] 毕明远，冯伟伟. 热毒宁注射液联合疏风解毒胶囊治疗小儿上呼吸道感染的临床疗效观察[J]. 实用心脑肺血管病杂志，2015，23（7）：118-120.
[84] 李文. 疏风解毒胶囊治疗小儿急性上呼吸道感染的疗效观察[J]. 现代药物与临床，2015，30（9）：1140-1143.

[85] 赵志远. 疏风解毒胶囊治疗小儿急性扁桃体炎 58 例[J]. 河南中医，2015，35（7）：1690-1691.
[86] 陈宏，苏玉明，祝金华. 疏风解毒胶囊联合西咪替丁治疗小儿流行性腮腺炎的临床观察[J]. 中国中医急症，2016，25（5）：937-938.
[87] 杨梅莲. 疏风解毒胶囊治疗小儿疱疹性咽峡炎 123 例疗效观察[J]. 中国中医急症，2016，25（12）：2364-2365.
[88] 张文忠. 疏风解毒胶囊联合利巴韦林治疗手足口病的临床效果观察[J]. 中国当代医药，2016，23（31）：110-112.
[89] 黄敬之，林甦. 疏风解毒胶囊与蓝芩口服液治疗小儿手足口病疗效比较[J]. 福建中医药，2015，46（5）：70-71.
[90] 谢宏基，吴建辉. 疏风解毒胶囊联合更昔洛韦注射液治疗小儿咽结膜热临床观察[J]. 新中医，2016，48（2）：159-160.
[91] 陈玉琴. 疏风解毒胶囊联合阿莫西林克拉维酸钾混悬液治疗小儿急性细菌性支气管炎的临床疗效观察[J]. 实用心脑肺血管病杂志，2015，23（5）：118-120.
[92] 杜红霞，孙玉宝. 疏风解毒胶囊联合异维 A 酸软胶囊治疗中重度痤疮的效果分析[J]. 皮肤病与性病，2018，40（5）：754-755.
[93] 徐素美，陈瑜，殷瑛，等. 疏风解毒胶囊治疗轻、中度痤疮临床疗效观察[J]. 北京中医药，2016，35（11）：1074-1075.
[94] 赵扬，谢志宏，葛蒙梁，等. 疏风解毒胶囊治疗带状疱疹的临床评价[J]. 药物评价研究，2015，38（2）：198-199.
[95] 陈惠阳，周星，何浺博，等. 疏风解毒胶囊联合环丙沙星与维生素 C 治疗肺风粉刺的临床观察[J]. 药物评价研究，2017，40（12）：1787-1789.
[96] 梁占捧. 疏风解毒胶囊联合盐酸米诺环素治疗玫瑰痤疮患者 62 例临床观察[J]. 世界中西医结合杂志，2018，13（9）：1298-1300.
[97] 贾丽莹. 疏风解毒胶囊联合阿昔洛韦片治疗成人水痘临床观察[J]. 中华中医药杂志，2016，31（12）：5393-5394.
[98] 蔡玲玲，张丰川，胡博，等. 疏风解毒胶囊治疗点滴状银屑病血热内蕴证伴上呼吸道感染的临床研究[J]. 北京中医药，2019，38（7）：683-686.
[99] 庞利涛，王丰莲，薛峰. 疏风解毒胶囊治疗寻常型银屑病 37 例[J]. 河南中医，2015，35（12）：3075-3077.
[100] 周琳. 疏风解毒胶囊治疗复发性单纯疱疹 60 例临床观察[J]. 深圳中西医结合杂志，2015，25（24）：60-61.
[101] 刘晓霞，孟晶. 疏风解毒胶囊联合阿昔洛韦滴眼液治疗单纯疱疹病毒性角膜炎 100 例临床分析[J]. 岭南急诊医学杂志，2017，22（2）：185-186.
[102] 姚锋. 疏风解毒胶囊治疗流行性角结膜炎临床观察[J]. 中国中医急症，2017，26（10）：1865-1866.
[103] 郝建志，叶泽兵，曾毓，等. 疏风解毒胶囊治疗登革热 200 例临床观察[J]. 中国中医急症，2015，24（12）：2261-2263.
[104] 刘昌孝，张铁军，何新，等. 活血化瘀中药五味药性功效的化学及生物学基础研究的思考[J]. 中草药，2015，46（5）：615-624.
[105] 张铁军，刘昌孝. 中药五味药性理论辨识及其化学生物学实质表征路径[J]. 中草药，2015，46（1）：1-6.
[106] 曹煌，张静雅，龚苏晓，等. 中药酸味的药性表达及在临证配伍中的应用[J]. 中草药，2015，46（24）：3617-3622.
[107] 张静雅，曹煌，龚苏晓，等. 中药甘味的药性表达及在临证配伍中的应用[J]. 中草药，2016，47（4）：533-539.
[108] 张静雅，曹煌，许浚，等. 中药苦味药性表达及在临证配伍中的应用[J]. 中草药，2016，47（2）：187-193.
[109] 孙玉平，张铁军，曹煌，等. 中药辛味药性表达及在临证配伍中的应用[J]. 中草药，2015，46（6）：785-790.
[110] 张铁军，朱月信，刘岱琳，等. 疏风解毒胶囊药效物质基础及作用机制研究[J]. 中草药，2016，47（12）：2019-2026.
[111] 郭敏娜，刘素香，赵艳敏，等. 基于 HPLC-Q-TOF-MS 技术的柴胡化学成分分析[J]. 中草药，2016，47（12）：2044-2052.
[112] 张晨曦，刘素香，赵艳敏，等. 基于液质联用技术的连翘化学成分分析[J]. 中草药，2016，47（12）：2053-2060.
[113] 赵艳敏，刘素香，张晨曦，等. 基于 HPLC-Q-TOF-MS 技术的甘草化学成分分析[J]. 中草药，2016，47（12）：2061-2068.
[114] Tao Z G, Meng X, Han Y Q, et al. Therapeutic Mechanistic Studies of ShuFengJieDu Capsule in an Acute Lung Injury Animal Model Using Quantitative Proteomics Technology[J]. Journal of Proteome Research，2017，16（11）：4009-4019.
[115] 刘国清，王涛，余林中，等. 麻黄汤的发汗作用与 M 受体的关系研究[J]. 中国药房，2006，17（16）：1210-1211.
[116] Bovell DL，Holub BS，Odusanwo O，et al. Galanin is a modulator of eccrine sweat gland secretion[J]. Experimental Dermatology，2013，22（2）：141-143.
[117] Souness JE，Aldous D，Sargent C. Immunosuppressive and anti-inflammatory effects of cyclic AMP phosphodiesterase（PDE）type 4 inhibitors[J]. Immunopharmacology，2000，47（2-3）：127-162.
[118] 马莉，黄妍，侯衍豹，等. 疏风解毒胶囊对大鼠肺炎模型的抗炎机制研究[J]. 中草药，2018，49（19）：4591-4595.
[119] Li Y M, Chang N W, Han Y Q, et al. Anti-inflammatory effects of Shufengjiedu capsule for upper respiratory infection via the ERK pathway[J]. Biomedicine & Pharmacotherapy，2017，94：758-766.
[120] 刘静，马莉，陆洁，等. 疏风解毒胶囊解热作用机制研究[J]. 中草药，2016，47（12）：2040-2043.
[121] 谢新华，董军. 细胞因子与发热机制研究进展[J]. 广东医学，2005，26（8）：1156-1158.
[122] 姜小丽，杨宝辉，杨婷，等. 肺炎链球菌感染小鼠早期肺组织细胞因子变化研究[J]. 免疫学杂志，2013，29（6）：484-489.
[123] 肖文渊，王思芦，郝应芬，等. 虎杖乙醇提取物的抗炎及免疫活性初探[J]. 中兽医医药杂志，2018，37（6）：34-36.
[124] 龚莉虹，余琳媛，胡乃华，等. 连翘抗炎药效物质基础及其作用机制研究进展[J]. 中药与临床，2019，10（1）：43-49.
[125] 文飞翔. 板蓝根抗炎活性部位抗炎作用的药理机制研究[J]. 中国医药指南，2013，11（30）：41-42.
[126] 张铁军，朱月信，刘素香，等. 疏风解毒胶囊的系统质量标准提升研究[J]. 中草药，2016，47（12）：2027-2033.
[127] 刘素香，刘毅，白雪，等. 败酱草指纹图谱研究[J]. 中草药，2016，47（12）：2074- 2077.
[128] 刘素香，白雪，刘毅，等. 马鞭草 HPLC 指纹图谱建立及指标性成分的测定[J]. 中草药，2016，47（12）：2069-2073.
[129] 曹勇，郭倩，田成旺，等. 疏风解毒胶囊 HPLC 指纹图谱研究[J]. 中草药，2016，47（12）：2034-2039.
[130] 郭倩，田成旺，朱月信，等. HPLC 法同时测定疏风解毒胶囊中 7 种活性成分[J]. 中草药，2015，46（8）：1174-1177.

上篇　疏风解毒胶囊药效物质基础与作用机制研究

第二章 疏风解毒胶囊化学物质组研究

第一节 疏风解毒胶囊原料药材和制剂化学物质组研究

疏风解毒胶囊为治疗急性上呼吸道感染中药大品种，由虎杖、连翘、柴胡、板蓝根、马鞭草等8味药材组成，具有清热解毒、疏风解表的作用，临床用于治疗急性上呼吸道感染风温肺热证。该方源于湘西土家族名老中医向楚贤的祖传经验方，疗效显著，得到业内专家的高度认可，被推荐列入《风温肺热病（病毒性肺炎）（轻症）中医诊疗方案》（2017 年）、《外感发热（上呼吸道感染）诊疗方案》（2017 年）等12个重大疾病的治疗指南，并作为推荐用药，对流感等重大公共健康事件做出贡献。疏风解毒胶囊为《国家医保目录》和《基本药物目录》收载品种。然而，同大多数中药品种一样，该品种存在基础研究薄弱、药效物质基础与作用机制不清楚、质量控制水平低等问题，制约了其进一步的临床推广和市场拓展。

液质联用技术因具有快速分离、鉴定能力，被广泛用于复杂体系的化学组成表征和辨识，已经成为中药复方物质基础研究中的重要工具。本课题采用高效液相–四极杆-高分辨飞行时间质谱质谱联用技术（HPLC-Q-TOF-MS），对疏风解毒胶囊及其原料药材的化学物质组进行了系统的表征和辨识，为疏风解毒胶囊的进一步深入研究奠定了基础。

1. 仪器与材料

1.1 实验仪器

Agilent 1200 Series HPLC	美国 Agilent Technologies 公司
microTOF-QⅡ	德国 BRUKER Corporation 公司
AB204-N 电子天平	德国 Mettler Toledo 公司
AS3120 超声仪	奥特赛恩斯仪器有限公司

1.2 试剂与试药

色谱纯乙腈	Merck 公司
色谱纯甲醇	Merck 公司
甲酸	Merck 公司
纯净水	杭州娃哈哈集团有限公司
虎杖苷	南京春秋生物工程有限公司（批号：HZG20150228）
大黄酸	成都曼思特生物科技有限公司（批号：MUST-14111905）
大黄素	南京春秋生物工程有限公司（批号：DHS20150614）
连翘苷	成都曼思特生物科技有限公司（批号：MUST-16041519）
连翘酯苷 A	成都曼思特生物科技有限公司（批号：MUST-16062001）

马鞭草苷	成都曼思特生物科技有限公司（批号：MUST-16062001）
戟叶马鞭草苷	上海再启生物技术有限公司（批号：ZQ17120408）
毛蕊花糖苷	成都瑞芬思生物科技有限公司（批号：M-011-170629）
甘草次酸	成都曼思特生物科技有限公司（批号：MUST-16032217）
（+）-松脂素-*β*-*D*-吡喃葡萄糖苷	成都曼思特生物科技有限公司（批号：MUST-16011707）
白藜芦醇	南京春秋生物工程有限公司（批号：BLLC20150520）
决明酮-8-*O*-葡萄糖苷	ChemFaces 公司（批号：CFN97101）
芒柄花黄素	成都曼思特生物科技有限公司（批号：MUST-14091205）
柴胡皂苷 a	成都曼思特生物科技有限公司（批号：MUST-16060105）
常春藤皂苷元	成都曼思特生物科技有限公司（批号：MUST-16101502）
齐墩果酸	中国食品药品检定研究院（批号：110709-200505）
表告依春	成都曼思特生物科技有限公司（批号：MUST-16012010）
疏风解毒胶囊	安徽济人药业有限公司
虎杖、连翘、柴胡、板蓝根、马鞭草、败酱草、芦根、甘草	安徽济人药业有限公司

2. 实验方法

2.1 对照品溶液制备

准确称取虎杖苷、大黄酸、大黄素、连翘苷、连翘酯苷 A、马鞭草苷、戟叶马鞭草苷、毛蕊花糖苷、甘草次酸、（+）-松脂素-*β*-*D*-吡喃葡萄糖苷、白藜芦醇、决明酮-8-*O*-葡萄糖苷、芒柄花黄素、柴胡皂苷 a、常春藤皂苷元、齐墩果酸、表告依春对照品各约 2.00mg，分别置于 10ml 容量瓶中，加入 50%甲醇溶解至刻度，得到质量浓度为 200μg/ml 对照品贮备液。进样前将对照品贮备液用 50%甲醇稀释 10 倍。

2.2 供试品溶液制备

疏风解毒胶囊供试品溶液制备：称取疏风解毒胶囊内容物细粉 1g，加 70%乙醇 25ml 置圆底烧瓶中，称定重量，回流提取 1h，放冷后，再次称定重量，并用 70%乙醇补足减失的重量，摇匀，经 0.45μm 滤膜滤过，取滤液备用。

各单味药材供试品溶液制备：分别称取虎杖、连翘、马鞭草、芦根、柴胡、败酱草、板蓝根、甘草药材粉末各 1g，同疏风解毒胶囊供试品方法制备各味药材供试品溶液。

2.3 色谱-质谱条件

色谱条件：迪马 Diamonsil C_{18} 色谱柱（4.6mm×250mm，5μm）；流动相为 A（0.1% 甲酸）-B（乙腈），线性梯度洗脱如表 2-1-1 所示。体积流量为 1.0ml/min；柱温 30℃；进行 200～600nm 全波长扫描；进样量 10μl。

表 2-1-1　色谱条件的洗脱梯度表

时间（min）	乙腈（%）	0.1%甲酸（%）
0	5	95
10	15	85
35	30	70
60	80	20
70	100	0
85	100	0

质谱条件：使用 Waters Premier 质谱仪，正、负两种模式扫描测定。仪器参数如下：采用电喷雾离子源；V 模式；毛细管电压正模式 3.0kV，负模式 2.5kV；锥孔电压 30V；离子源温度 110℃；脱溶剂气温度 350℃；脱溶剂氮气流量 600L/h；锥孔气流量 50L/h；检测器电压正模式 1900V，负模式 2000V；采样频率 0.1s，间隔 0.02s；质量数检测范围 100～1500Da；内参校准液采用亮氨酸脑啡肽醋酸盐（$[M+H]^+ = 555.2931$，$[M-H]^- = 553.2775$）。

3. 实验结果

3.1　疏风解毒胶囊液质分析

图 2-1-1 分别为疏风解毒胶囊供试品 HPLC-Q-TOF-MS 正负总离子流色谱图。表 2-1-2 是从复方中识别的化合物的数据列表。

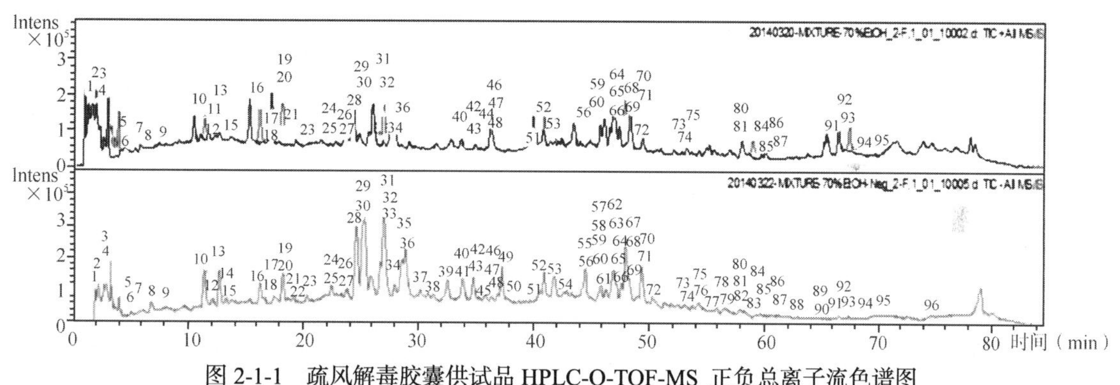

图 2-1-1　疏风解毒胶囊供试品 HPLC-Q-TOF-MS 正负总离子流色谱图

通过 HPLC-Q-TOF-MS 共识别了 96 个离子流色谱峰，分析确定了其中 94 个化合物，包括黄酮类化合物 25 个，苯乙醇苷类化合物 11 个，环烯醚萜类化合物 7 个，蒽醌类化合物 6 个，三萜类化合物 18 个，二苯乙烯类化合物 2 个，木脂素类化合物 5 个，香豆素类化合物 1 个，酚酸类化合物 4 个，生物碱类化合物 5 个，氨基酸 7 个，糖类 1 个，其他小分子化合物 2 个，其中 15 种化合物采用对照品进行确认。

3.1.1　环烯醚萜类化合物

从疏风解毒胶囊的总离子流图谱中辨识出 7 个环烯醚萜类化合物，其中有 4 个化合物来源于药材马鞭草，另外 3 个化合物来源于药材败酱草。来源于马鞭草的 4 个环烯醚萜类化合物都表现出了相似的裂解规律。如丢失 Glucose（Glu，162Da），H_2O（18Da），CH_2（14Da），CO（28Da），CO_2（44Da）或其组合。以化合物 19 的裂解过程为例，可以清楚地看到该类化合物在阳离子质谱中可以观察到$[M+Na]^+$、$[M+H]^+$、$[M+H-Glu]^+$、$[M+H-Glu-H_2O]^+$、

表 2-1-2　疏风解毒胶囊的 HPLC-Q-TOF-MS 鉴定结果

序号	保留时间（min）	$[M-H]^-$（m/z）	$[M+H]^+$（m/z）	MS/MS（m/z）	分子式	化合物名	来源
1	2.2	173.1033	175.1190		$C_6H_{14}N_4O_2$	Arginine（精氨酸）	I
2	2.6	242.0777	244.0934	$487[2M+H]^+$，$112[M+H-rib]^+$	$C_9H_{13}N_3O_5$	Cytidine（胞苷）	I
3	3.0	341.1084	$365.1052[M+Na]^+$	$203[M+Na-Glc]^+$	$C_{12}H_{22}O_{11}$	Sucrose and its isomer（蔗糖及其异构体）	I
4	3.2	179.0344	$203.0521[M+Na]^+$		$C_9H_8O_4$	Cafferic acid（咖啡酸）	PT
5	5.2	128.0170	130.0498	$152[M+Na]^+$	C_5H_7NOS	Epigoitrin/Goitrin（表告依春/告依春）	I，F
6	5.4	266.0890	268.1035	$136[M+H-rib]^+$	$C_{10}H_{13}N_5O_4$	Adenosine（腺苷）	I
7	5.5	243.0617	245.0631		$C_9H_{12}N_2O_6$	Uridine（尿苷）	I
8	6.9	282.0839	284.0983	$152[M+H-rib]^+$	$C_{10}H_{13}N_5O_5$	Guanosine（鸟苷）	I
9	8.2	164.0712	166.0872	$120[M+H-HCOOH]^+$	$C_{10}H_{13}NO_2$	Phenylalanine（苯丙氨酸）	I
10	11.4	375.1328	$399.1285[M+Na]^+$	$215[M+H-Glu]^+$，$197[M+H-Glu-H_2O]^+$，$179[M+H-Glu-H_2O\times 2]^+$	$C_{16}H_{24}O_{10}$	2-methoxy-3，4，5-trihydroxyphenylethanoid glycoside（2-甲氧基-3，4，5-三羟基苯乙醇苷）	F
11	12.0	325.1102			—	unknown	P
12	12.0	461.1694	$485.1668[M+Na]^+$	$317[M+H-Rham]^+$，$155[M+H-Rham-Glu]^+$	$C_{20}H_{30}O_{12}$	Forsythoside E（连翘酯苷 E）	F
13	12.7	461.1659	$485.1668[M+Na]^+$	$317[M+H-Rham]^+$，$155[M+H-Rham-Glu]^+$	$C_{20}H_{30}O_{12}$	Forsythoside E isomer（连翘酯苷 E 异构体）	F
14	13.1		$385.1402[M+Na]^+$	$747[2M+Na]^+$，$223[M+Na-Glu]^+$	$C_{16}H_{26}O_9$	Scabroside J	PS
15	13.7	487.1241	489.1403	$325[M+H-164]^+$，$163[M+H-164-Glu]^+$	$C_{24}H_{24}O_{11}$	*p*-Coumaroyl-（6-*O*-caffeoyl）-glucoside [对-香豆酰-（6-氧-咖啡酰基）-葡萄糖苷]	F
16	16.2	$449.1333[M+HCOO]^-$	$427.1387[M+Na]^+$	$405[M+H]^+$，$243[M+H-Glu]^+$，$225[M+H-Glu-H_2O]^+$，$207[M+H-Glu-2H_2O]^+$，$193[M+H-Glu-2H_2O-14]^+$	$C_{17}H_{24}O_{11}$	Hastatoside*（戟叶马鞭草苷*）	V
17	17.4	353.0873	$377.0985[M+Na]^+$	$163[M+H-quinine\ acyl]^+$	$C_{16}H_{18}O_9$	Chlorogenic acid（绿原酸）	B
18	17.4	389.1448	$413.1397[M+Na]^+$	$391[M+H]^+$，$211[M+H-Glu-H_2O]^+$，$179[M+H-Glu-2H_2O-14]^+$	$C_{17}H_{26}O_{10}$	3，4-dihydroverbenalin（3，4-二氢马鞭草苷）	V
19	18.2	$433.1380[M+HCOO]^-$	389.1435	$227[M+H-Glu]^+$，$195[M+H-Glu-2H_2O-14]^+$	$C_{17}H_{24}O_{10}$	Verbenalin*（马鞭草苷*）	V
20	18.3	433.1346	$457.1373[M+Na]^+$	$273[M+H-Glu]^+$	$C_{18}H_{26}O_{12}$	9-methyl-10-hydrohastatoside（9-甲基-10-羟基戟叶马鞭草苷）	V
21	19.0	425.2176	427.2276	$449[M+Na]^+$	$C_{24}H_{36}O_8$	Patridoid Ⅱ	PS
22	19.6		381.2137	$219[M+H-Glu]^+$	$C_{16}H_{28}O_{10}$	Scabroside B derivative	PS

续表

序号	保留时间（min）	[M−H]$^-$（m/z）	[M+H]$^+$（m/z）	MS/MS（m/z）	分子式	化合物名	来源
23	20.3	639.1925	663.1914[M+Na]$^+$	679[M+Na]$^+$，477[M+H−H_2O−Rham]$^+$，325[477−152]$^+$，163[325−Glu]$^+$	$C_{29}H_{36}O_{16}$	*β*-hydroxyforsythoside A（*β*-羟基连翘酯苷 A）	F
24	22.3	637.1041	639.1126	463[M+H−GlcA]$^+$，287[M+H−GlcA×2]$^+$	$C_{27}H_{26}O_{18}$	Luteolin-7-*O*-diglucuronide（木犀草素-7-*O*-二葡萄糖醛酸苷）	V
25	22.4	389.1236	391.1386	229[M+H−Glu]$^+$	$C_{20}H_{22}O_8$	Polydatin*（虎杖苷*）	P
26	23.8	609.1456	633.1775[M+Na]$^+$	479[M+H−Xyl]$^+$，325[479−154]$^+$，163[325−Glu]$^+$	$C_{20}H_{23}O_9$	Forsythoside J（连翘酯苷 J）	F
27	24.5	623.1976	647.2002[M+Na]$^+$	479[M+H−Xyl]$^+$，325[479−154]$^+$，163[325−Glu]$^+$	$C_{29}H_{36}O_{15}$	Forsythoside A*（连翘酯苷 A*）	F
28	25.2	623.1976	647.2002[M+Na]$^+$	479[M+H−Xyl]$^+$，325[479−154]$^+$，163[325−Glu]$^+$	$C_{29}H_{36}O_{15}$	Forsythoside I（连翘酯苷 I）	F
29	25.8	609.1456	611.1589	465[M+H−Rham]$^+$，303[M+H−Rham−Glu]$^+$	$C_{27}H_{30}O_{16}$	Lutin（芦丁）	F、P、B
30	25.8	549.1608	573.1637[M+Na]$^+$	551[M+H]$^+$，419[M+H−Api]$^+$，257[M+H−Api−Glu]$^+$，	$C_{26}H_{30}O_{13}$	Apiosyl-isoliquiritin（芹糖基-异甘草苷）	G
31	26.7	623.1976	625.2083	477[M+H−Rham]$^+$，325[M+H−Rham−152]$^+$	$C_{29}H_{36}O_{15}$	Verbascoside*（毛蕊花糖苷*）	V
32	27.0	417.1186	419.1322	257[M+H−Glu]$^+$	$C_{21}H_{22}O_9$	Liquiritin（甘草苷）	G
33	27.0		781.2829	391[M+H−390]$^+$，229[M+H−390−Glu]$^+$	$C_{40}H_{44}O_{16}$	Dimer piceid（虎杖苷二聚体）	P
34	27.9	477.1438	479.1536	325[479−154]$^+$，163[325−Glu]$^+$	$C_{23}H_{26}O_{11}$	Calceolarioside A（木通苯乙醇苷 A）	F
35	28.4		443.0949	273[M+H−GlcA]$^+$	$C_{21}H_{20}O_{11}$	Naringenin 7-*O*-*β*-*D*-GlcA（柚皮素-7-*O*-*β*-*D*-葡萄糖醛酸苷）	P
36	28.9	623.1976	625.2096	647[M+Na]$^+$，477[M+H−Rham]$^+$，325[M+H−Rham−152]$^+$	$C_{29}H_{36}O_{15}$	Isoverbascoside（异毛蕊花糖苷）	V
37	30.2		567.1956	405[M+H−Glu]$^+$，387[M+H−Glu−H_2O]$^+$	$C_{26}H_{34}O_{11}$	dihydroxyphillyrin（二羟基连翘苷）	F
38	31.0		903.2095	757[M+H−Rham]$^+$，595[M+H−Rham×2]$^+$，449[M+H−Rham×2−Glu]$^+$，303[M+H−Rham×2−Glu−Rham]$^+$	$C_{36}H_{47}O_{26}$	Quercetin 7-*O*-rhamnosyl-(1→3)-*O*-glucosyl-（1→6）-rhamninosyl-（1→3）-rhamnoside（槲皮素 7-*O*-鼠李糖基（1→3）-*O*-葡萄糖基（1→6）鼠李糖基（1→3）鼠李糖苷）	PS
39	33.5		539.2041	499[M+H−CH_2O]$^+$，337[M+H−Glu]$^+$，319[337−H_2O]$^+$，163[327−156]$^+$	$C_{26}H_{34}O_{12}$	Hydroxydihydromatairesinoside（羟基二氢罗汉松树脂苷）	PS
40	33.8	445.0771	447.0915	271[M+H−GlcA]$^+$	$C_{27}H_{26}O_{18}$	Apigenin-7-*O*-glucuronide（芹菜素-7-*O*-葡萄糖醛酸苷）	V
41	33.8		517.1298	539[M+Na]$^+$，499[M+H−H_2O]$^+$，355[M+H−caffeic acyl]$^+$	$C_{25}H_{24}O_{12}$	Isochlorogenic acid B（异绿原酸 B）	B
42	34.7	431.1015	455.0926[M+Na]$^+$	271[M+H−Glu]$^+$	$C_{21}H_{20}O_{10}$	Emodin-8-*O*-glucoside（大黄素-8-*O*-葡萄糖苷）	P

续表

序号	保留时间（min）	[M–H]⁻（m/z）	[M+H]⁺（m/z）	MS/MS（m/z）	分子式	化合物名	来源
43	34.7	549.1608	551.1677	419[M+H–Api]⁺，257[M+H–Api–Glu]⁺	$C_{26}H_{30}O_{13}$	Apiosylliquiritin（芹糖基甘草苷）	G
44	35.9	541.2213			—	Unknown	P
45	35.9		431.1318	269[M+H–Glu]⁺	$C_{22}H_{22}O_9$	7-methoxyflavone-4′-glucoside（7-甲氧基黄酮-4′-葡萄糖苷）	G
46	36.4	651.2289	675.2193[M+Na]⁺	653[M+H]⁺，485[M+H–168]⁺，339[M+H–168–Rham]⁺，177[M+H–168–Rham–Glu]⁺	$C_{31}H_{40}O_{15}$	Epimeridinoside A（广防风苷 A）	V
47	36.4	521.2023	523.1799	343[M+H–Glu–H₂O]⁺，219[M+H–Glu–H₂O–124]⁺	$C_{26}H_{34}O_{11}$	Isolariciresinol-6-*O*-*β*-glucoside（异落叶松脂素-6-*O*-*β*-葡萄糖苷）	F、PS
48	36.8		147.0484[M+Na]⁺		$C_7H_8O_2$	5-hydroxymethylfurfural（5-羟甲基糠醛）	PT
49	37.8		239.0787	146[M+H–C₆H₅OH]⁺	$C_{14}H_{10}N_2O_2$	3-（2′-hydroxyphenyl）-4（3*H*）-quinazolinone[3-（2′-羟苯基）-4（3*H*）-喹唑酮]	I
50	38.2		177.0359[M+Na]⁺	145[M+Na–2H₂O]⁺	$C_7H_6O_4$	Trihydroxybenzaldehyde（间苯三酚甲醛）	PT
51	40.2	445.1135	469.2012[M+Na]⁺	301[M+H–Rham]⁺	$C_{22}H_{22}O_{10}$	Kaempferide-3-*O*-rhamninoside（山柰素-3-*O*-鼠李糖苷）	PS
52	40.9	407.1342	409.1073	247[M+H–Glu]⁺	$C_{19}H_{20}O_{10}$	2-methoxy-6-acetyljuglone-glucoside（2-甲氧基-6-乙酰基胡桃醌葡萄糖苷）	P
53	41.7	431.0978	433.1112	271[M+H–Glu]⁺	$C_{21}H_{20}O_{10}$	Emodin-1-*O*-glucoside（大黄素-1-*O*-葡萄糖苷）	P
54	42.4		257.0727	137[M+H–120]⁺	$C_{15}H_{12}O_4$	Isoliquiritigenin（异甘草素）	G
55	44.4		839.3951	663[M+H– GlcA]⁺，487[M+H–GlcA×2]⁺，469[487–H₂O]⁺	$C_{42}H_{62}O_{17}$	Hydroxy glycyrrhizic acid and its isomer（羟基甘草酸及其异构体）	G
56	44.4	283.0243	285.0765		$C_{15}H_8O_6$	Rhein*（大黄酸）	P
57	45.8		839.3954	663[M+H– GlcA]⁺，487[M+H–GlcA×2]⁺，469[487–H₂O]⁺	$C_{42}H_{62}O_{17}$	Hydroxy glycyrrhizic acid and its isomer（羟基甘草酸及其异构体）	G
58	45.8		353.2275	295[M+H– H₂O×2]⁺，231[M+H– H₂O×2–64]⁺	$C_{17}H_{16}O_7$	7-methoxyisohamnetin（7-甲氧基异鼠李素）	B
59	45.8	269.0483	271.0666		$C_{15}H_{10}O_5$	Emodin*（大黄素）	P
60	45.8	269.0450	271.0651		$C_{15}H_{10}O_5$	Apigenin（芹菜素）	V
61	46.3		353.0724[M+Na]⁺		$C_{19}H_{22}O_5$	Demethoxy-Indigoticalignane A（去甲氧基-板蓝根木质素 A）	I、PT
62	46.7		301.0699		$C_{16}H_{12}O_6$	4′-hydroxywogonin（4′-羟基汉黄芩素）	V

续表

序号	保留时间（min）	[M−H]⁻（m/z）	[M+H]⁺（m/z）	MS/MS（m/z）	分子式	化合物名	来源
63	46.9		839.3954	663[M+H− GlcA]⁺，487[M+H−GlcA×2]⁺，469[487−H_2O]⁺	$C_{42}H_{62}O_{17}$	Hydroxy glycyrrhizic acid and its isomer（羟基甘草酸及其异构体）	G
64	47.0	825.4699[M+HCOO]⁻	781.4639	763[M+H−H_2O]⁺，745[M+H−H_2O×2]⁺，619[M+H−Glu]⁺，473[M+H−Glu−Fuc]⁺	$C_{42}H_{68}O_{13}$	Saikosaponin a*（柴胡皂苷 a）	B
65	47.5	821.3957	823.4057	647[M+H− GlcA]⁺，471[M+H−GlcA×2]⁺	$C_{42}H_{62}O_{16}$	glycyrrhizic acid and its isomer（甘草酸及其异构体）	G
66	47.9	821.3953	823.3992	647[M+H− GlcA]⁺，471[M+H−GlcA×2]⁺	$C_{42}H_{62}O_{16}$	glycyrrhizic acid and its isomer（甘草酸及其异构体）	G
67	48.1		304.0993			2-[（2′-hydroxy-2′，3′-dihydro-3′-indole）cyano-methylene]-3-indolinone（2-[(2′-羟基-2′，3′-二氢-3′-吲哚）腈基亚甲基]-3-吲哚酮）	I、PT
68	48.4	821.4677	823.4053	619[M+H−Glu−acetyl]⁺，473[M+H−Glu−Fuc]⁺	$C_{44}H_{70}O_{14}$	3″-*O*-acetylsaikosaponin a and its isomer（3″-*O*-乙酰基柴胡皂苷 a 及其异构体）	B
69	48.7	821.3958	823.4090		$C_{42}H_{62}O_{16}$	glycyrrhizic acid and its isomer（甘草酸及其异构体）	G、PS
70	49.3	821.4685	823.4040	619[M+H−Glu−acetyl]⁺，473[M+H−Glu−Fuc]⁺	$C_{44}H_{70}O_{14}$	3″-*O*-acetylsaikosaponin a and its isomer（3″-*O*-乙酰基柴胡皂苷 a 及其异构体）	B
71	49.3	371.1492	373.1558	355[M+H−H_2O]⁺，337[M+H−H_2O×2]⁺，137[3−hydroxy−4−methoxy benzyl]⁺	$C_{21}H_{24}O_6$	Phillygenin（连翘脂素）	F
72	50.3	865.4582	867.4571	705[M+H−Glu]⁺，473[M+H−Glu−Fuc−malonyl]⁺	$C_{45}H_{70}O_{16}$	Malonylsaikosaponin d and its isomer（丙二酰基柴胡皂苷 d 及其异构体）	B
73	53.0	367.1179	369.1254		$C_{21}H_{20}O_6$	Hydroxy Gancaonin M and its isomer（羟基甘草宁 M 及其异构体）	G
74	53.7	353.1021	357.1258		$C_{20}H_{20}O_6$	Uralenin（乌拉尔宁）	G
75	54.6	351.1227	353.1049		$C_{21}H_{20}O_5$	Gancaonin M and its isomer（甘草宁 M 及其异构体）	G
76	54.8		327.1382	223[M+Na−126]，201[M+H−126]⁺	$C_{18}H_{18}N_2O_4$	Isaindigodione（依靛蓝酮）	I
77	55.6		797.4653	819[M+Na]⁺，635[797−Glu]⁺，473[635−2Glu]⁺，455[aglycone−H_2O]⁺	$C_{42}H_{68}O_{14}$	Hederagenin28-*O*-*β*-*D*-glucopyranosyl-（1→6）-*β*-*D*-glucopyranosyl ester（常春藤皂苷元-28-*O*-*β*-*D*-葡萄糖-（1→6）-*β*-*D*-葡萄糖酯苷）	PS
78	57.2		757.4459[M+Na]⁺	735[889−Ara]⁺，586[735−Rham]⁺，457[586−Xyl]⁺，439[M+H−Rham−Xyl−H_2O]⁺	$C_{41}H_{66}O_{11}$	3-*O*-*α*-L-rhamnosyl-1-2-arabinosyl- oleanicaside	PS
79	57.7		757.4485[M+Na]⁺	735[889−Ara]⁺，586[735−Rham]⁺，457[586−Xyl]⁺，439[M+H−Rham−Xyl−H_2O]⁺	$C_{41}H_{66}O_{11}$	3-*O*-*α*-L-rhamnosyl-1-2-arabinosyl- ursolicaside	PS

续表

序号	保留时间（min）	[M−H]⁻（*m/z*）	[M+H]⁺（*m/z*）	MS/MS（*m/z*）	分子式	化合物名	来源
80	57.8	353.1017	355.1188		$C_{20}H_{18}O_6$	Licoflavonol（甘草黄酮醇）	G
81	57.8	353.1021	355.1167		$C_{20}H_{18}O_6$	Isolicoflavonol（异甘草黄酮醇）	G
82	57.8		357.0380[M+Na]⁺	335[M+H]⁺，303[M+H−32]⁺	$C_{15}H_{10}O_8$	4′，6-dihydroxyquercetin（4′，6-二羟基槲皮素）	F
83	58.2		303.9485		$C_{15}H_{14}O_9$	Quercetin（槲皮素）	F
84	59.2	283.0241	285.0967		$C_{15}H_8O_6$	Rhein and its isomer（大黄酸及其异构体）	P
85	59.6	351.1239	353 .1018		$C_{20}H_{16}O_6$	Gancaonin N and its isomer（甘草宁 N 及其异构体）	G
86	60.6	369.0968	371.1735		$C_{20}H_{18}O_7$	Uralenol（乌拉尔醇）	G
87	60.8	317.0292	319.0257	341[M+Na]⁺，301[M+H−H₂O]⁺	$C_{15}H_{10}O_3$	6-hydroxyquercetin（6-羟基槲皮素）	F
88	62.2		297.0391	319[M+Na]⁺，297[M+H]⁺	$C_{17}H_{12}O_5$	5-hydroxy-7-acetoxyflavone（5-羟基-7-乙酰氧基黄酮）	F、G
89	65.7		301.1398[M+Na]⁺		$C_{16}H_{20}N_2O_3$	Hydroxyindirubin（羟基靛玉红）	I
90	65.8		149.0240[M]⁺		$C_8H_7NO_2$	2，5-dihydroxy-indole（2，5-二羟基吲哚）	I
91	66.5	469.3311	471.3450	493[M+Na]⁺，453[M+H−H₂O]⁺，427[471−44]⁺	$C_{30}H_{46}O_4$	Glycyrrhetic acid*（甘草次酸）	G
92	67.4	469.3321	471.3450	493[M+Na]⁺，453[M+H−H₂O]⁺，427[471−44]⁺	$C_{30}H_{46}O_4$	Glycyrrhetic acid and its isomer（甘草次酸及其异构体）	G
93	67.6	471.3471	473.3422		$C_{30}H_{48}O_4$	Hederagenin（常春藤皂苷元）	PS
94	68.2	455.3521	457.3487		$C_{30}H_{48}O_3$	Ursolic Acid（熊果酸）	PS
95	70.1	453.3361	455.3418		$C_{30}H_{48}O_3$	Oleanonic acid*（齐墩果酸）	PS
96	74.5		381.1156		$C_{21}H_{18}O_6$	5-*O*-methyl-glycyrol（5-*O*-甲基甘草醇）	G

注：P：虎杖；F：连翘；I：板蓝根；B：柴胡；V：马鞭草；PS：败酱草；PT：芦根；G：甘草。*通过对照品指认

$[M+H-Glu-H_2O-CH_2]^+$等一系列的碎片峰，从而判断这 4 个化合物的基本骨架都是相同的（图 2-1-2）。而化合物 18 比化合物 19 多出两个质子，根据其极性并且对比文献确定其为 3, 4-二氢马鞭草苷；化合物 16 比化合物 19 多丢失一个 H_2O 碎片，与标准品比对确定为戟叶马鞭草苷；化合物 20 比化合物 16 多出一个甲基和一个羟基的结构，结合文献数据确定该化合物为 9-甲基-10-羟基戟叶马鞭草苷。

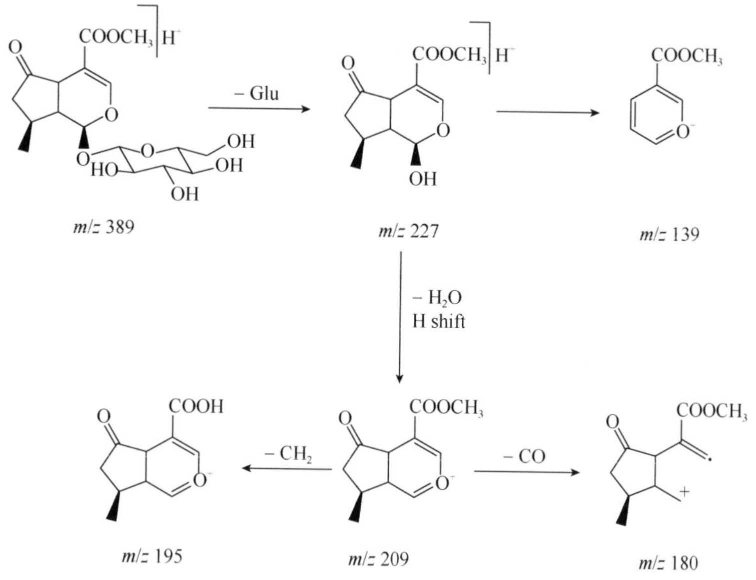

m/z 389 — Glu → m/z 227 → m/z 139

m/z 227 — H_2O, H shift → m/z 209

m/z 209 — CH_2 → m/z 195

m/z 209 — CO → m/z 180

图 2-1-2 化合物 19（马鞭草苷）的裂解过程

而来自败酱草中的化合物 14（t_R=13.1min，m/z362）与文献报道的 Scabroside J 的性质和极性非常相近，其裂解碎片也基本一致，因此比对文献数据可以确定化合物 14 为 Scabroside J。另一个化合物 22（t_R=19.6min，m/z380）与文献报道的 Scabroside B 的性质和极性非常相近，且与化合物 Scabroside B 相比分子质量相差 2，通过文献比对和数据分析确定化合物 22 的结构比 Scabroside B 缺少一个甲基而多出了一个羟基结构，因此确定化合物 22 为 Scabroside B 的衍生物，即 Scabroside B derivative。化合物 21（t_R=19.0min，m/z426）与文献报道的黄花败酱中分离得到的 PatridoidⅡ的性质和极性非常相近，从质谱的裂解过滤比较确定其为 PatridoidⅡ（图 2-1-3）。

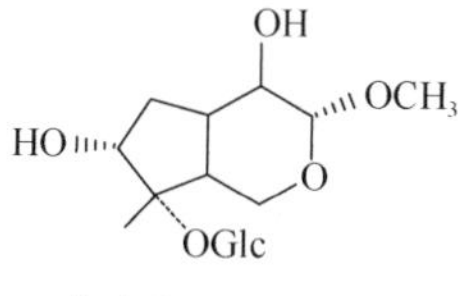

化合物 22 结构式

3.1.2 黄酮类化合物

黄酮类化合物是疏风解毒胶囊的主要物质组成，在分析确定结构的 96 个化合物中有 25 个化合物都是黄酮类化合物。除板蓝根和芦根药材中没有黄酮类化合物的贡献，其他的 6 味药材中都有黄酮类化合物的贡献。

化合物 24 的质谱数据与文献的质谱数据进行比对确定其为木犀草素-7-*O*-二葡萄糖醛酸苷。具体裂解过程如图 2-1-4 所示。

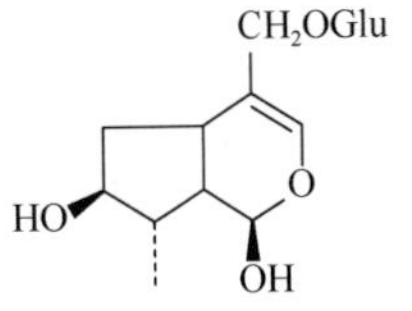

CH_2OGlu
HO
OH
O
14

$COOCH_3$
O
R_1
O
R_2
R_3
O
O
HO
OH
OH
OH

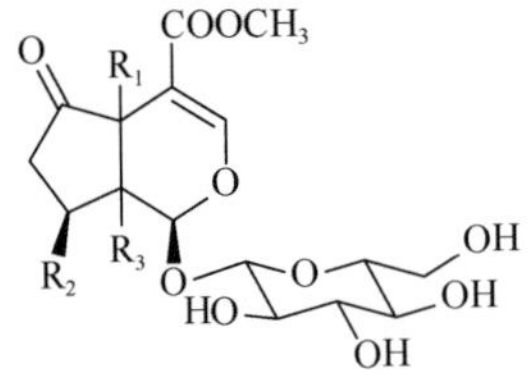

	R_1	R_2	R_3
16	OH	CH_3	H
19	H	CH_3	H
20	OH	CH_2OH	CH_3

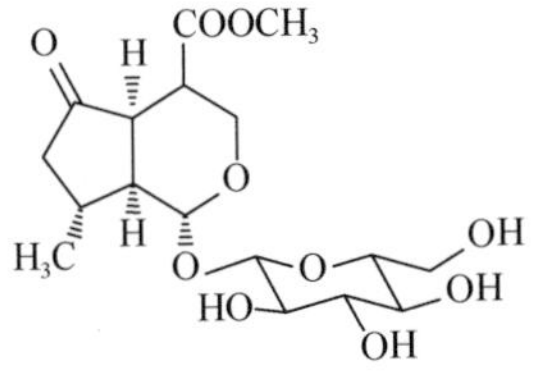

O
H
$COOCH_3$
O
H_3C
H
O
O
HO
OH
OH
OH
18

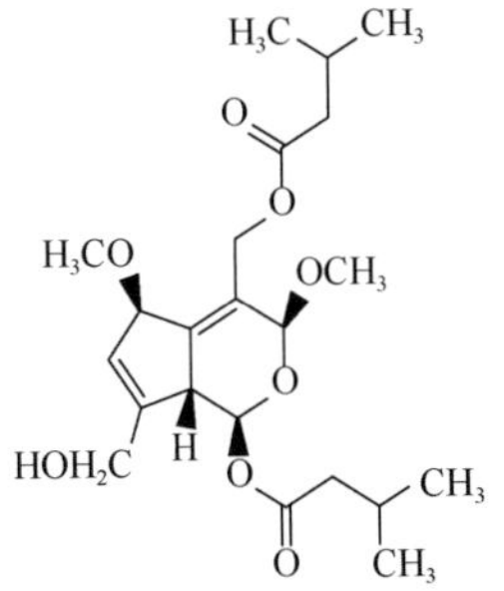

H_3C CH_3
O
O
H_3CO
OCH_3
O
HOH_2C
H
O
O
CH_3
CH_3
21

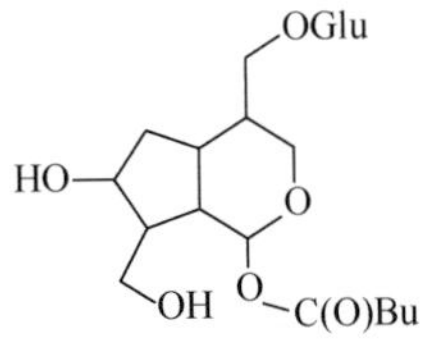

OGlu
HO
O
OH
O
C(O)Bu
22

图 2-1-3　疏风解毒胶囊中环烯醚萜类化学成分结构式

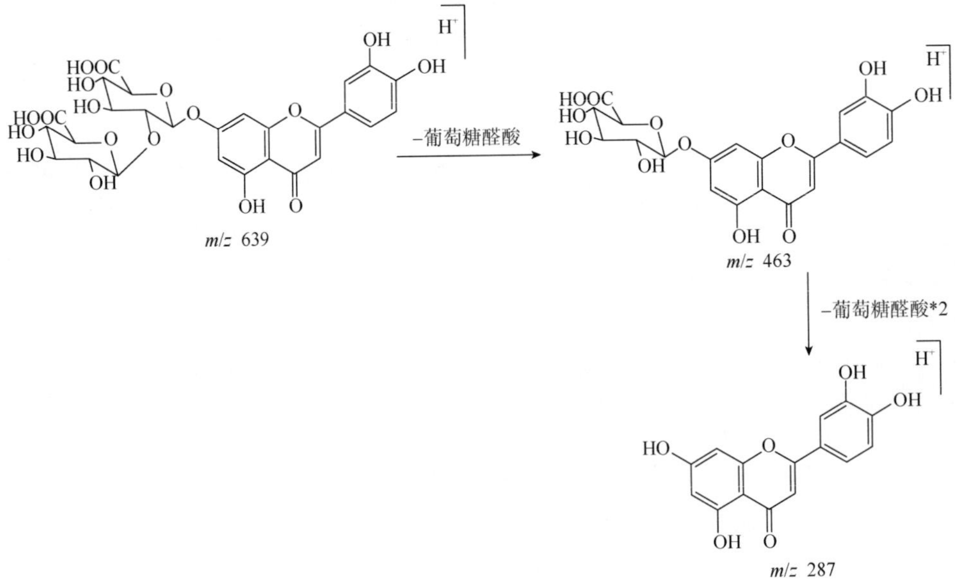

H^+
OH
OH
HOOC
HO
O
HO
HOOC
HO
O
HO
OH
O
O
O
OH
O
m/z 639

–葡萄糖醛酸

H^+
OH
OH
HOOC
HO
O
HO
OH
O
O
OH
O
m/z 463

–葡萄糖醛酸*2

H^+
OH
OH
HO
O
OH
O
m/z 287

图 2-1-4　化合物 24 可能的裂解过程

化合物 29 脱去了一分子鼠李糖基和一分子葡萄糖基得到苷元碎片（*m/z* 303），这是槲皮素苷元的特征离子峰，结合对照品对比确定其为芦丁（图 2-1-5）。

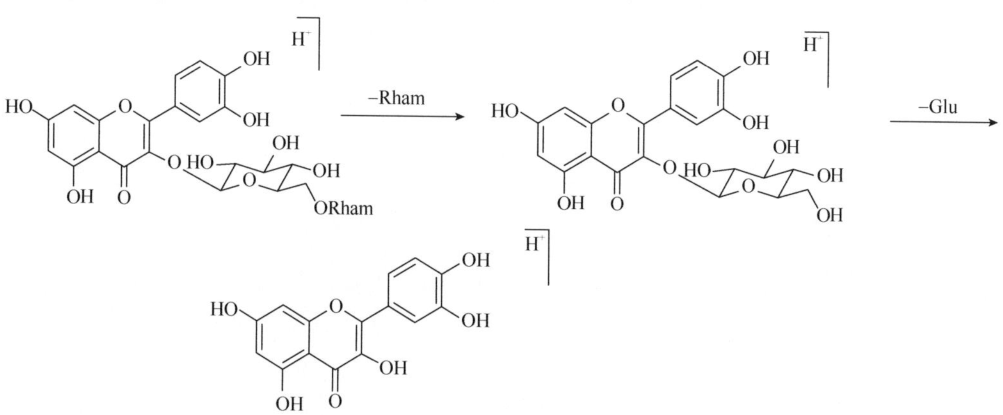

图 2-1-5　化合物 29 可能的裂解过程

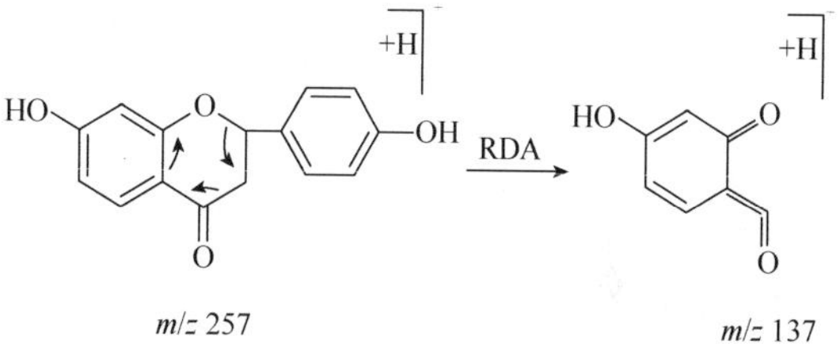

峰 32 的阳离子质谱中可以观察到 441.1208[M+Na]+, 419.1367[M+H]+, 403[M+H−Glu]+，271[M+H−Glu−Ara]+，阴离子质谱中观察到 417.1275 的[M−H]−，根据元素分析结果综合分析确定分子式为 $C_{21}H_{22}O_9$。根据其裂解规律可以判断结构中存在两个糖取代基。此外苷元部分的裂解规律符合黄酮类化合物的裂解规律（如图 2-1-6、图 2-1-7 所示），且与标准品甘草苷的质谱裂解规律完全一致，因此将峰 32 鉴定为甘草苷。而峰 54 就是其苷元的结构，为异甘草素。峰 30 的质谱信息分析确定其分子式为 $C_{26}H_{30}O_{13}$。根据其裂解碎片可以判断其与峰 32 相比较仅多出了一个丢失芹糖基 132Da 的碎片峰，检索文献确定峰 30 为芹糖基-异甘草苷。

图 2-1-6　峰 32 的苷元部分裂解过程推断

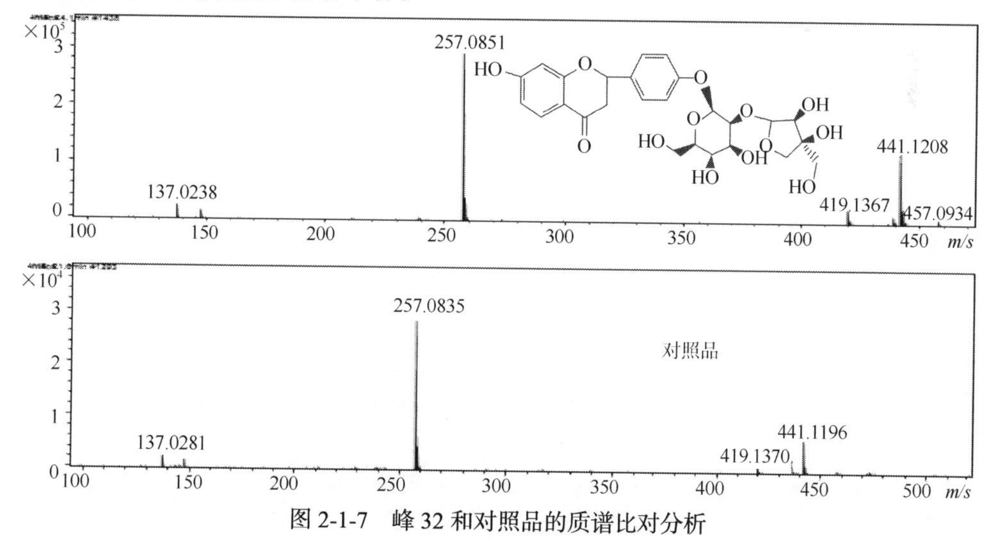

图 2-1-7　峰 32 和对照品的质谱比对分析

化合物 38（t_R=31.0min，m/z 902）的阳离子质谱中有一系列的脱糖碎片 903[M+H]+，757[M+H−Rham]+，611[M+H−Rham×2]+，449[M+H−Rham×2−Glu]+，303[M+H−Rham×2−Glu−Rham]+，因此确定其是糖苷类化合物（图 2-1-8）。与文献数据对照其核质比、MS 谱和紫外最大吸收波长，可以确定化合物 38 为槲皮素 7-*O*-鼠李糖基-（1→3）-*O*-葡萄糖基-（1→6）-鼠李糖基-（1→3）-鼠李糖苷。

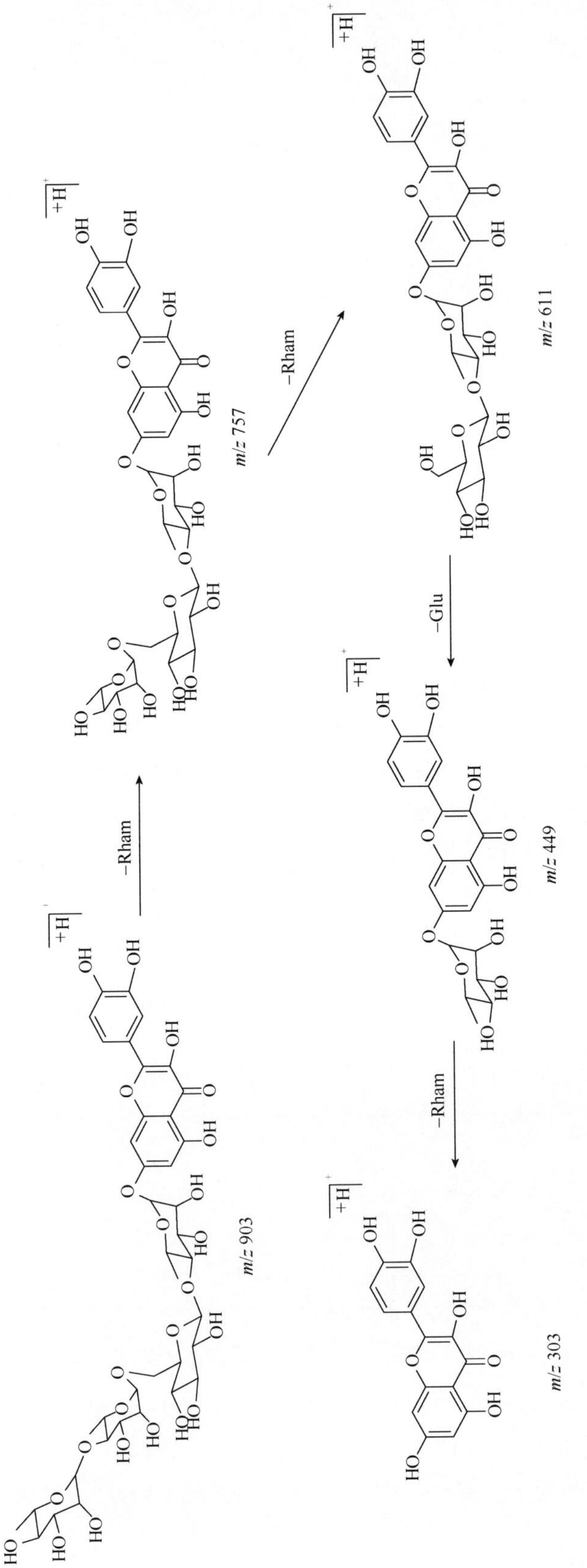

图2-1-8 化合物38的裂解过程

峰 40 的苷元碎片峰（*m/z* 271，芹菜素），根据其裂解脱掉的葡萄糖醛酸的个数，参考峰 24 的解析过程，结合文献的数据对照，确定了峰 40 为芹菜素-7-*O*-葡萄糖醛酸苷（图 2-1-9）。

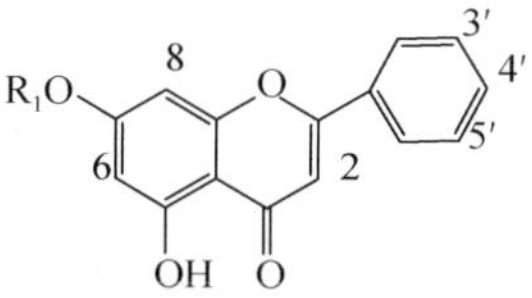

24 R_1=GlcA-GlcA　6=8=3′=4′=OH
40 R_1= GlcA　4′=OH
45 R_1=Me　4′=—O—Glu
60 R_1=H　4′=OH
75 R_1= Me　4′=OH　6=C_5H_9
80 R_1=H　6=C_5H_9　3′=4′=OH
88 R_1=—C(=O)—CH_3

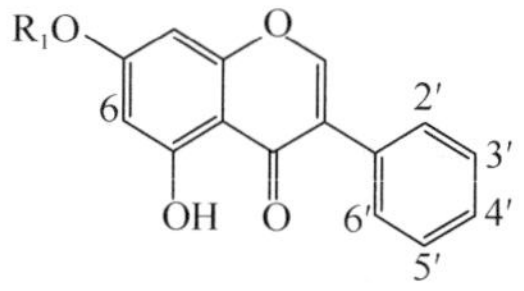

73　R_1=H　4′= MeO　6′=OH　6=C_5H_9
81　R_1=H　3′=4′=OH　6=C_5H_9

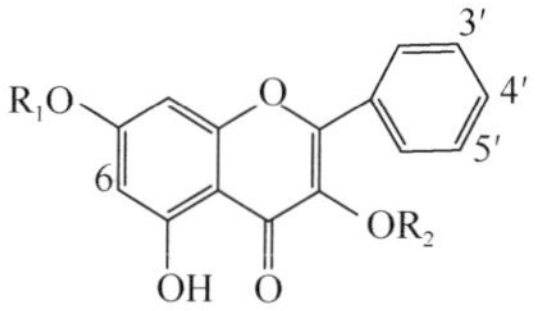

29　R_1=H　3′=4′=OH　R_2=Glu-Rham
38　R_1= Glu　3′=4′=OH R_2= Glu-Rham-Rham
51　R_1=H　4′=OCH_3　R_2= Rham
58　R_1=CH_3　R_2=H　3′= OCH_3　4′=OH
82　R_1=R_2=H　6=3′=4′=5′=OH
83　R_1=R_2=H　3′=4′=OH
86　R_1=R_2=H　3′=4′=OH　5′=C_5H_9
87　R_1=R_2=H　6=3′=4′=OH

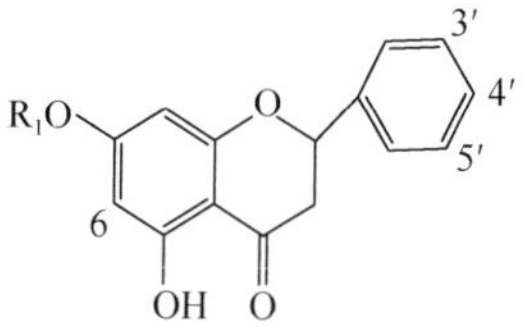

32　R_1=H　4′= —O—Glu
35　R_1=GlcA　4′=OH′
74　R_1=H　4′=5′=OH　3′=C_5H_9

图 2-1-9　疏风解毒胶囊中黄酮类化学成分结构式

峰 43 的阳离子质谱结合元素分析确定分子式为 $C_{26}H_{30}O_{13}$。其裂解碎片与化合物异甘草苷相比多出一个芹糖基碎片，且结合文献分析确定峰 43 是甘草苷的芹糖基化产物，确定为芹糖基甘草苷。

峰 45 的质谱信息分析确定分子式为 $C_{22}H_{22}O_9$，与峰 32 比较峰 45 是黄酮类化合物，且结构中多出一个甲氧基结构，由于 4′位被羰基取代，因此甲氧基位置确定为 7 位，故峰 45 确定为 7-甲氧基黄酮-4′-葡萄糖苷。

化合物 51（t_R=40.2min，*m/z* 446）的阳离子质谱中有一系列的离子碎片 469[M+Na]$^+$，301[M+H–Rham]$^+$，断裂碎片为苷元丢失了一个 146 的六碳糖碎片。因此与文献数据对照其核质比、MS 谱和紫外最大吸收波长，可以确定化合物 51 为山柰素-3-*O*-鼠李糖苷。

峰 74 的阳离子质谱给出了 *m/z* 357.1258[M+H]$^+$，阴离子质谱中观察到 *m/z* 353.1021[M–H]$^-$，根据元素分析结果综合分析确定分子式为 $C_{20}H_{20}O_6$。在其质谱的裂解碎片中有丢失 56Da 的碎片峰 *m/z* 301，说明结构中 B 环存在异戊烯基结构，检索文献对比化合物信息确定峰 74 为乌拉尔宁。

峰 80 的阳离子质谱中可以观察到 355.1188[M+H]$^+$，阴离子质谱中观察到 353.1017[M–H]$^-$，确定分子式为 $C_{20}H_{18}O_6$。在质谱信息中可以观察到脱去 68Da 的碎片峰和发生 RDA 裂解的 221

的碎片峰，因此可以确定异戊烯基连接在A环，结合文献信息分析，确定峰80为Licoflavonol。峰81的质谱裂解信息与峰80基本一致，因此81被确定为Licoflavonol的同分异构体。

峰73和75的质谱信息与峰80非常接近，峰75其A环裂解碎片可以分析成存在一个甲氧基的碎片信息，只是丢失了两个氢原子，结合文献确定峰75为Gancaonin M（甘草宁M）。峰85的质谱信息与峰75非常接近，给出的分子式是一致的，但是峰85的极性比峰75降低很多，推断其为峰75的同分异构体。峰73比峰75的极性偏大，且质谱信息中发现其比峰75多出一个16Da，检索文献确定峰73为Hydroxy gancaonin M（羟基甘草宁M）。

峰86的质谱信息分析与峰74比较丢失了2个氢原子，但是多出了一个羟基取代，结合文献确定峰86为黄酮醇类化合物，结构鉴定为Uralenol（乌拉尔醇）。

峰96的质谱信息与文献报道的化合物5-*O*-甲基甘草醇相一致，对比结构和极性也吻合，确定峰96为5-*O*-甲基甘草醇。

峰58、82、83和87均为苷元，根据其分子离子峰和裂解的碎片信息结合文献分别进行鉴定。分别鉴别为7-甲氧基异鼠李素、4′，6-二羟基槲皮素、槲皮素和6-羟基槲皮素。峰88也是苷元，结构的裂解碎片中有明显的脱去乙酰基的碎片，核对文献确定峰88的结构为5-羟基-7-乙酰氧基黄酮。化合物60为化合物40的苷元部分，是芹菜素，而化合物62的离子碎片峰为*m/z* 301.0699$[M+H]^+$，可以确定其为黄酮苷元。根据其阴离子裂解碎片信息结合文献数据确定峰62为4′-羟基汉黄芩素。

3.1.3 二苯乙烯类化合物

峰25的裂解碎片与虎杖苷对照品一致，其阳离子质谱中可以观察到413$[M+Na]^+$，391$[M+H]^+$，229$[M+H-Glu]^+$，135$[M+H-Glu-92]^+$（详细裂解规律如图2-1-10所示），在其阴离子质谱中可以观察到的*m/z* 435经分析为虎杖苷$[M-H]^-$离子在ESI负离子模式下与流动相中甲酸分子形成的加合物 435.1$[M+HCOO]^-$，其他的离子碎片分别归属为 389.1$[M-H]^-$，227.1[M–H–Glu]，与虎杖苷标准品一致。

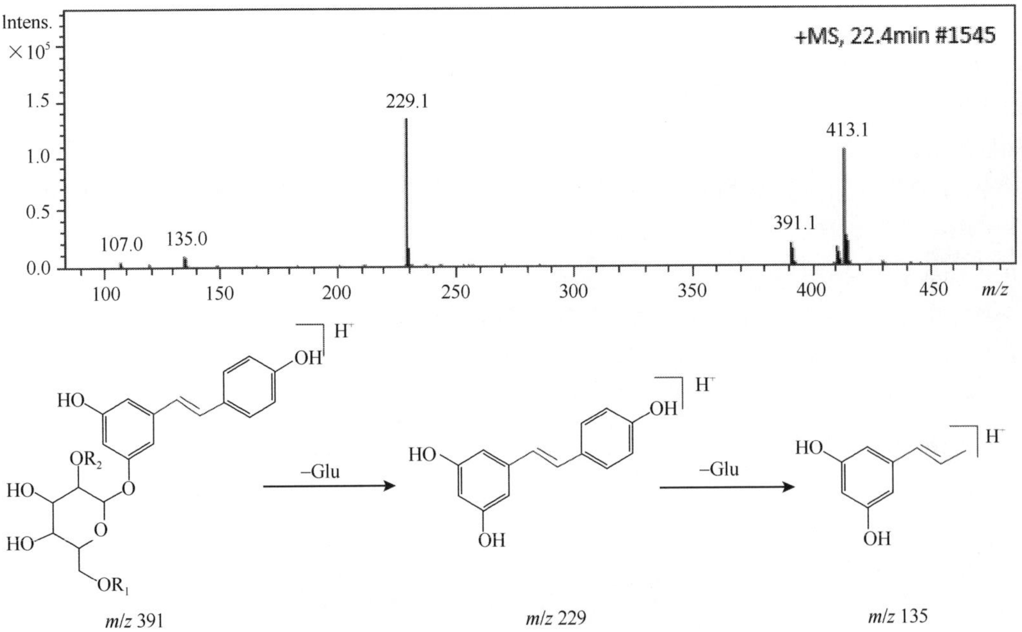

图2-1-10 化合物25的质谱和裂解过程

峰 33 分子量为 780。其裂解碎片中均是先断裂一个 *m/z* 390 的碎片，后续的裂解规律和峰 25 虎杖苷一致。检索文献[4]，确定 *m/z*390 的碎片可能为另一个虎杖苷的裂解碎片。峰 33 是两个虎杖苷形成的聚合物。因此鉴定为峰 33 为虎杖苷二聚体。

3.1.4　三萜皂苷类化合物

三萜皂苷类成分是疏风解毒胶囊中的另一类重要成分。本文利用 HPLC-Q-TOF 在指纹图谱体系下共识别了 18 个三萜皂苷类化合物，主要来自甘草、柴胡和败酱草三味药材。

以化合物 65 为例阐述三萜皂苷类成分的裂解规律。该化合物的阳离子质谱中可以观察到 *m/z* 823.4057 为$[M+H]^+$，阴离子质谱中给出了 *m/z* 821.3957 为$[M-H]^-$，综合分析确定了其分子量为 822.4038，且元素分析确定分子式为 $C_{42}H_{62}O_{16}$。在阳离子质谱的碎片峰中可以观察到 *m/z* 647$[M+H-GlcA]^+$ 和 *m/z* 471$[M+H-GlcA\times 2]^+$，确定结构中连接两个葡萄糖醛酸的结构。470 应该为苷元的分子量。此外还观察到 *m/z* 304、262、206 和 175 的碎片峰。分析结构可能是由于发生了麦氏重排和 RDA 裂解产生的碎片。详细裂解过程如图 2-1-11 所示。苷元的结构中由于 C_{11} 位羰基的存在，C_1 上又具有可转移的 γH 原子，容易发生麦氏重排，并伴随烯丙（C_7-C_8 之间）键均裂，生成 *m/z* 303 碎片离子；麦氏重排伴随 C_1 上 1 个 H 原子转移也引起烯丙（C_7-C_8 之间）键均裂，生成的 *m/z* 304 离子也具有相当的丰度，继续丢失 CH_3 及中性分子 $C_9H_{14}O_2$ 生成 *m/z* 135（有时为基峰）。由于具有以上特征的裂解碎片峰，并和标准品对比，将峰 65 鉴定为甘草酸及其异构体。

峰 55、57、63 的分子离子峰均比 65 号峰多出 16Da，且在离子碎片中脱糖的碎片峰是相同的，都具有脱去两分子糖醛酸的碎片峰，仅比苷元碎片多出一个脱掉一分子水（18Da）的碎片峰。因此可以确定苷元在甘草酸苷元的基础上进行了羟基化。因此离子流中 55、57、63 两个峰均为甘草酸的羟基化产物。

峰 66、69 的质谱中可以观察到其阳离子质谱和阴离子质谱数据与化合物 65 是一致的。说明其为化合物 65 的同分异构体，而且结构中糖链的断裂碎片也是一致的。说明其只是苷元的结构存在差异，苷元是同分异构体类结构。

峰 91 的阳离子质谱中可以观察到 493$[M+Na]^+$，471$[M+H]^+$ 和 453$[M+H-H_2O]^+$，在阴离子质谱中可以观察到 469$[M-H]^-$，从而确定化合物的分子量为 470，其质谱信息与标准品甘草次酸是完全一致的。因此确定峰 91 是甘草次酸的结构，而峰 92 的质谱信息与峰 91 非常接近，说明峰 92 是 91 的同分异构体，即化合物 92 是甘草次酸的同分异构体。

在 HPLC-ESI-MS/MS 条件下，峰 11 以 *m/z* 781$[M+H]^+$为准分子离子峰，丢失一个葡萄糖基（−162）形成 *m/z* 619$[M+H-Glu]^+$碎片离子；丢失一个葡萄糖基和一个海藻糖基（−162−146）形成 *m/z* 473$[M+H-Glu-Fuc]^+$碎片离子。结合标准品的质谱图进行比对确定峰 64 为柴胡皂苷 a（图 2-1-12）。

峰 68 和 70 是在峰 64 基础上不同位置进行了乙酰化得到一系列柴胡皂苷产物，这也是文献报道的一类主要的柴胡皂苷化合物。而且其质谱的裂解过程中都可以首先观察到丢失 42Da 的碎片峰，因此将这两个化合物进行了鉴别归属。

峰 72 的质谱裂解过程中可以观察到脱落 Malonyl 基团 86Da 的碎片，其他的与峰 64 裂解过程非常相近，结合文献归属了峰 72。峰 72 被分析鉴定为 Malonylsaikosaponin D and its isomer。

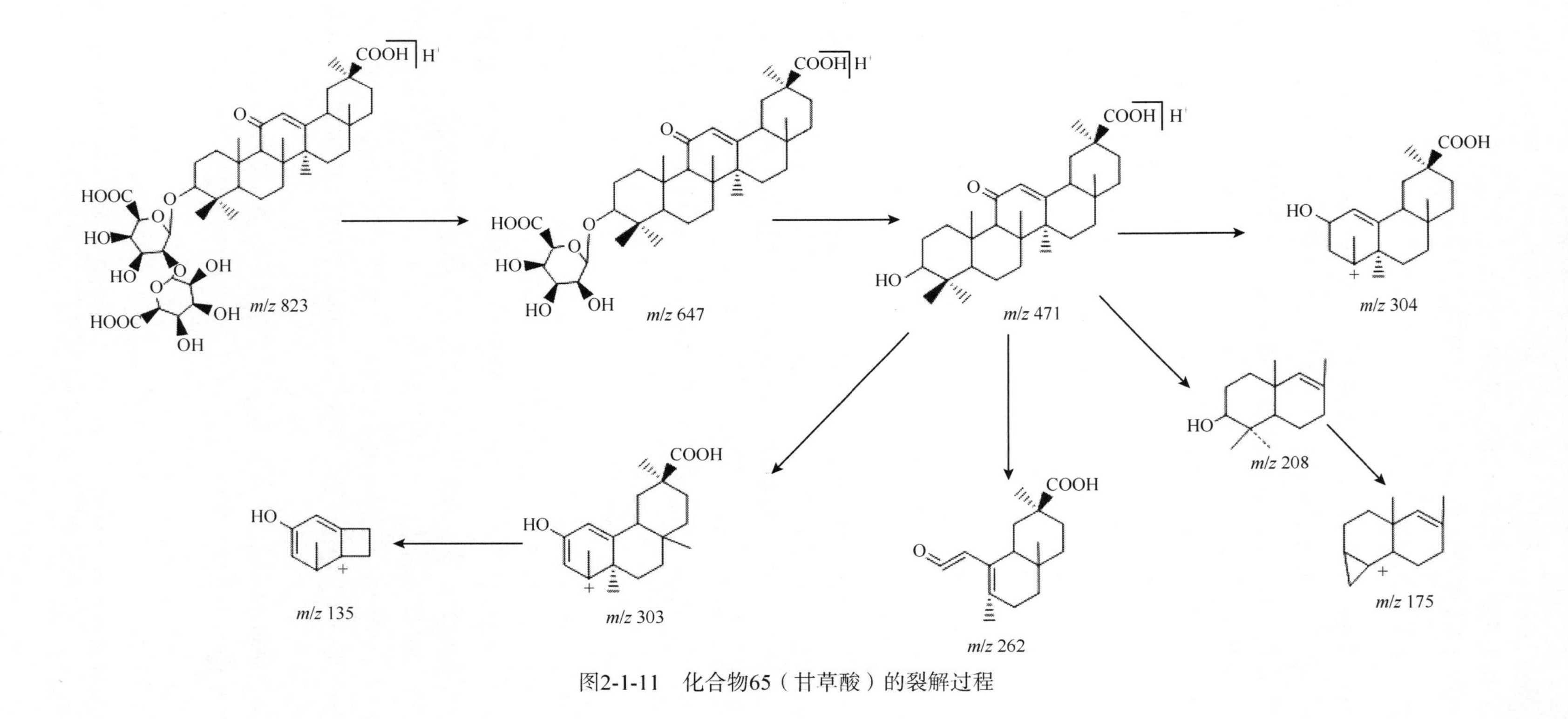

图2-1-11 化合物65（甘草酸）的裂解过程

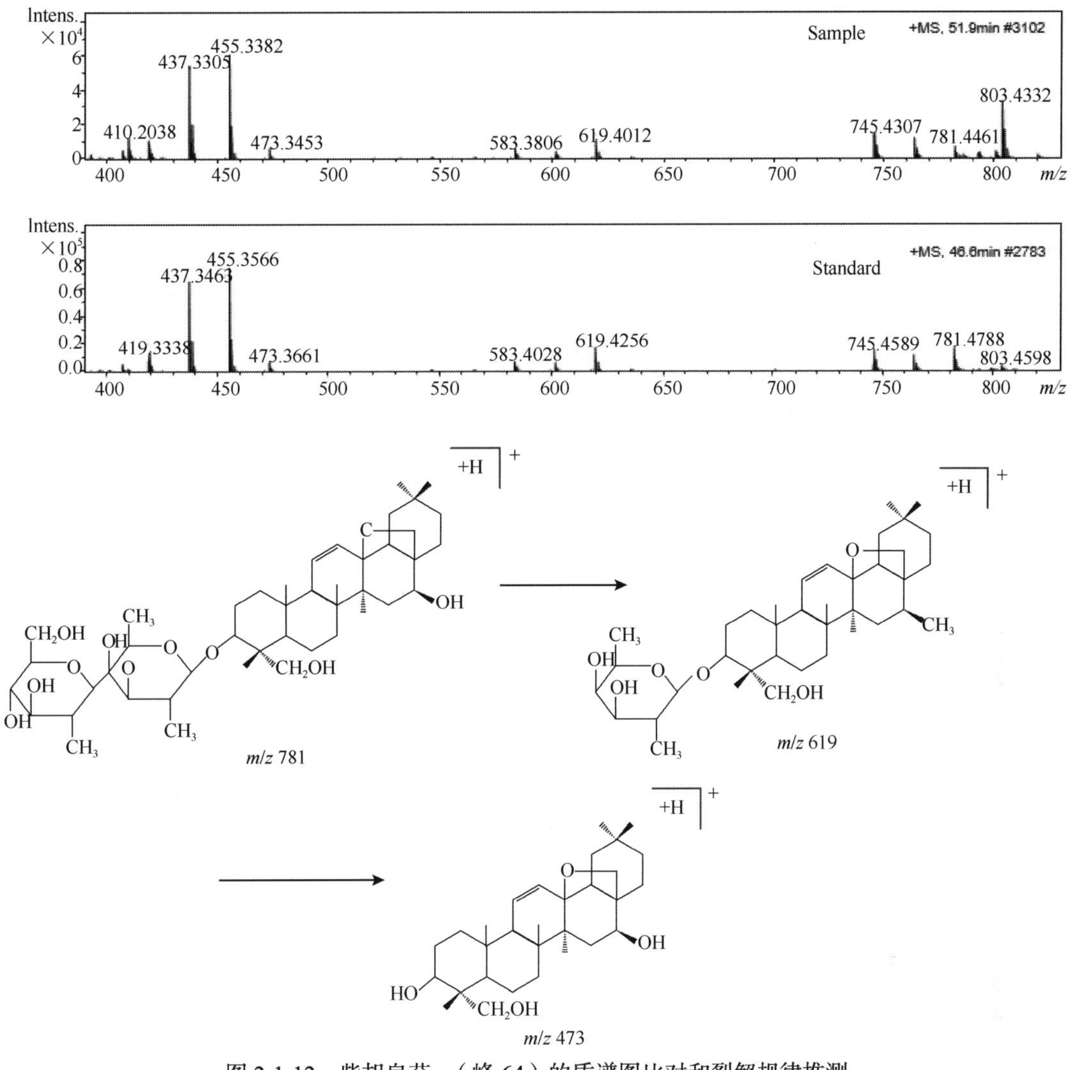

图 2-1-12　柴胡皂苷 a（峰 64）的质谱图比对和裂解规律推测

化合物 77（t_R=55.6min，m/z796）的阳离子 MS 谱中 819[M+Na]$^+$，797[M+H]$^+$，751[M+H–Rham]$^+$，635[M+H–Glu]$^+$，473[M+H–Glu×2]$^+$，观察到脱去两分子葡萄糖的碎片峰，说明结构中存在二糖片段。与文献数据对照其核质比、MS 谱和紫外最大吸收波长，可以确定其为 hederagin 28-*O*-*β*-*D*-glucopynanosyl-（1→6）-*β*-*D*-glucopynanosyl ester。同样比对文献确定了化合物 78 和 79 的结构，为齐墩果酸或者乌苏酸的衍生物。而通过质谱数据结合极性分析，并参考文献，确定化合物 93、94 和 95 是化合物 77、78 和 79 的苷元结构（图 2-1-13）。

3.1.5　蒽醌类化合物

疏风解毒胶囊中的 6 个蒽醌类成分全部来源于药材虎杖。蒽醌类化合物在 ESI 负离子模式下均有良好的信号，生成较强的[M–H]$^-$准分子离子峰，适于进行裂解碎片的规律研究；而正离子模式下蒽醌类化合物的[M+H]$^+$准分子离子峰较弱，特别是大黄酸在正离子模式下无法产生相应的[M+H]$^+$准分子离子峰。因此，选择 ESI 负离子模式进行蒽醌类化合物裂解规律的研究。

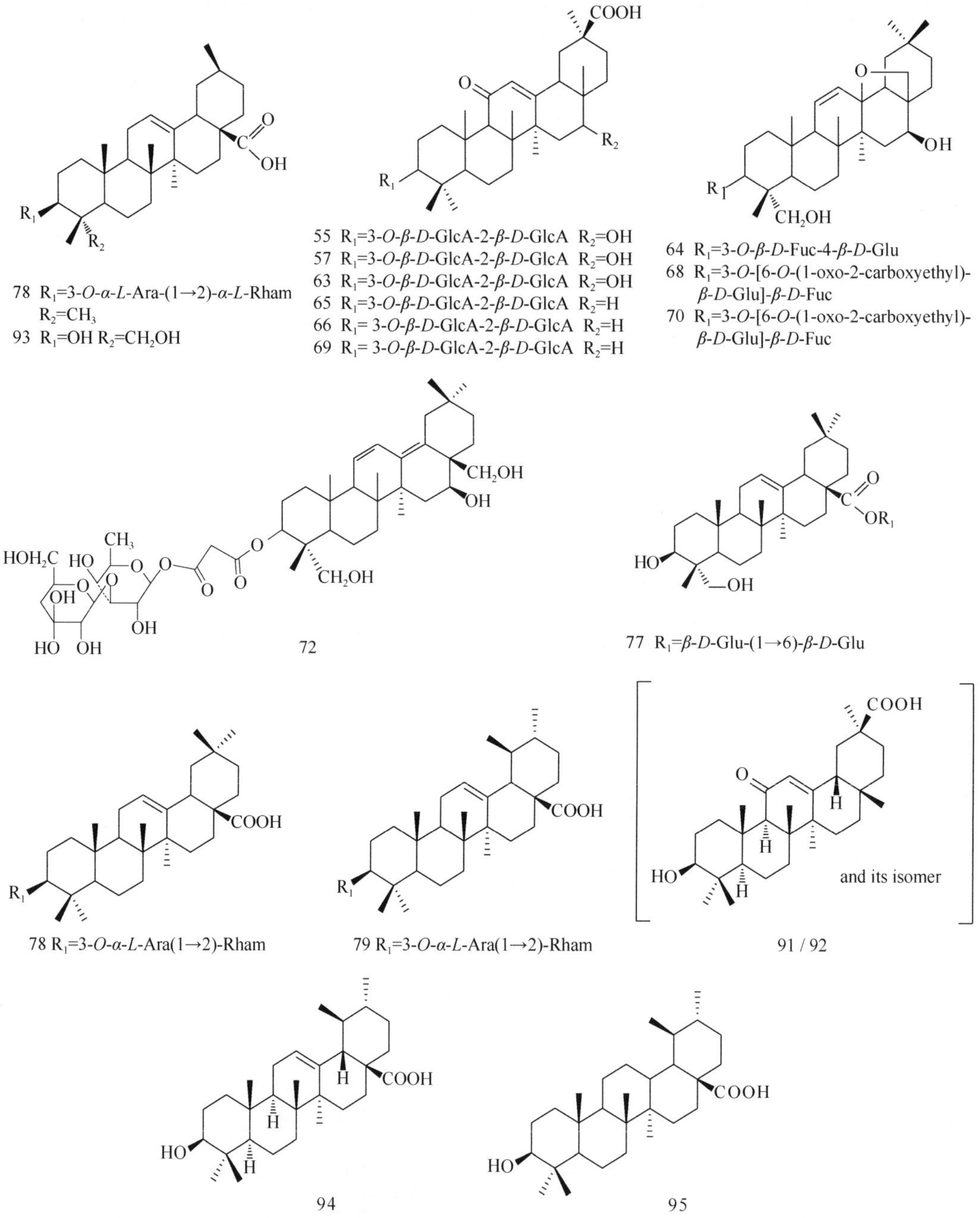

78 R_1=3-*O*-*α*-*L*-Ara-(1→2)-*α*-*L*-Rham R_2=CH_3
93 R_1=OH R_2=CH_2OH

55 R_1=3-*O*-*β*-*D*-GlcA-2-*β*-*D*-GlcA R_2=OH
57 R_1=3-*O*-*β*-*D*-GlcA-2-*β*-*D*-GlcA R_2=OH
63 R_1=3-*O*-*β*-*D*-GlcA-2-*β*-*D*-GlcA R_2=OH
65 R_1=3-*O*-*β*-*D*-GlcA-2-*β*-*D*-GlcA R_2=H
66 R_1= 3-*O*-*β*-*D*-GlcA-2-*β*-*D*-GlcA R_2=H
69 R_1= 3-*O*-*β*-*D*-GlcA-2-*β*-*D*-GlcA R_2=H

64 R_1=3-*O*-*β*-*D*-Fuc-4-*β*-*D*-Glu
68 R_1=3-*O*-[6-*O*-(1-oxo-2-carboxyethyl)-*β*-*D*-Glu]-*β*-*D*-Fuc
70 R_1=3-*O*-[6-*O*-(1-oxo-2-carboxyethyl)-*β*-*D*-Glu]-*β*-*D*-Fuc

72

77 R_1=*β*-*D*-Glu-(1→6)-*β*-*D*-Glu

78 R_1=3-*O*-*α*-*L*-Ara(1→2)-Rham

79 R_1=3-*O*-*α*-*L*-Ara(1→2)-Rham

and its isomer

91 / 92

94

95

图 2-1-13 疏风解毒胶囊中三萜皂苷类化学成分结构式

在多级质谱中，共有 5 个组分的质谱裂解方式符合蒽醌类化合物的碎裂特征。图 2-1-1 中的峰 42、峰 53、峰 56、峰 59 和峰 84 都是蒽醌类成分。其中峰 42 的阳离子质谱中的能够观察到准分子离子峰为 *m/z* 455$[M+Na]^+$和 *m/z* 271$[M+H-Glu]^+$，而在阴离子质谱中可以观察到 *m/z* 431$[M-H]^-$、*m/z* 269$[M+H-Glu]^+$和 *m/z* 241$[M+H-Glu-CO]^+$，其碎裂过程中出现六碳糖中性丢失，后续丢失 CO 碎片为大黄素的典型碎片（图 2-1-14）。虎杖中糖苷类成分所含糖基一般为葡萄糖[5-10]，且多在 8 位取代，且与标准品对照，判断峰 42 为大黄素-8-*O*-葡萄糖苷。峰 53 与峰 42 的主要碎裂途径一致，判断峰 53 为大黄素葡萄糖苷。峰 53 与峰 42 保留时间的差

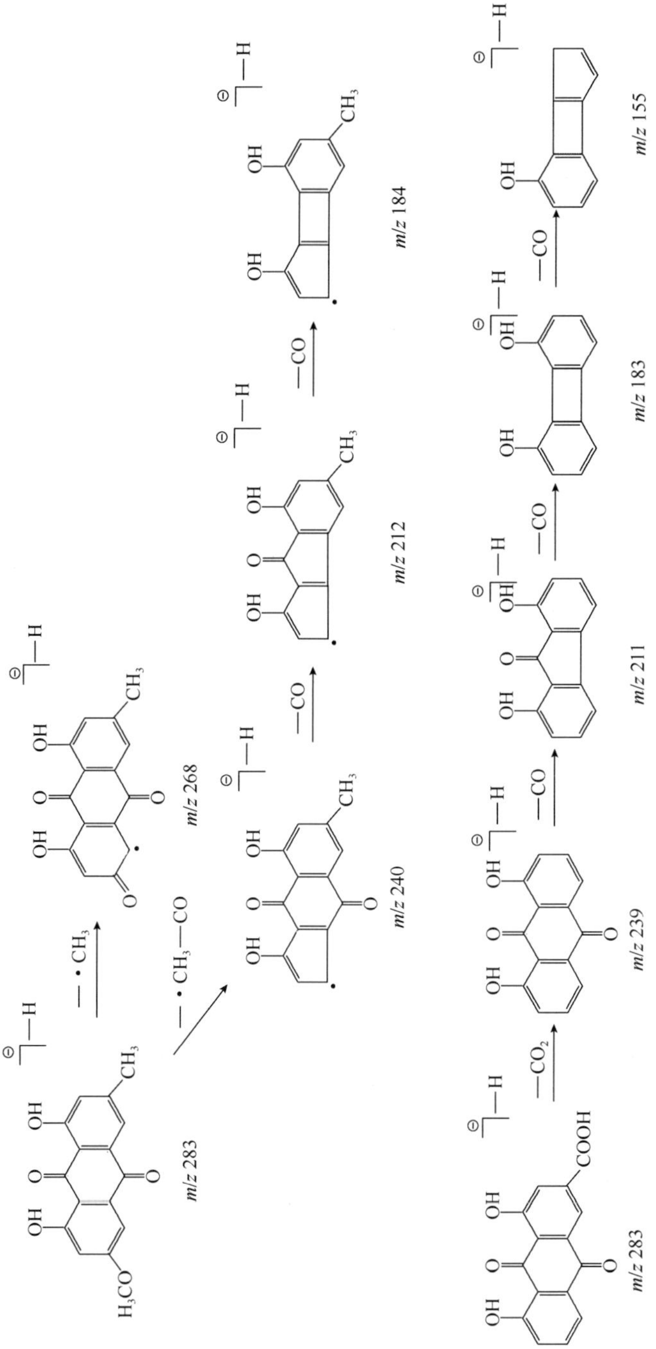

图2-1-14　大黄素甲醚和大黄酸的裂解过程

异显示峰 53 极性较小，说明峰 53 与峰 42 糖基化位点不同。根据文献[10]报道，在虎杖活性成分的研究过程中，鉴别得到大黄素-1-*O*-葡萄糖苷。当葡萄糖在 1 位取代时，葡萄糖上的羟基可与大黄素 9 位羰基及 3 位羟基形成分子内氢键，从而降低了化合物的极性，延长了保留时间。因此根据以上分析，推测峰 53 为大黄素-1-*O*-葡萄糖苷。

峰 52 的阳离子质谱中可以观察到 431.1[M+Na]$^+$，409[M+H]$^+$，247[M+H−Glu]$^+$，205[M+H−Glu−CH_3CO]$^+$。阴离子质谱中给出 407[M−H]$^-$，结合文献确定该化合物为 $C_{19}H_{20}O_{10}$。结合文献对比确定化合物 52 为 2-甲氧基-6-乙酰基胡桃醌葡萄糖苷。

峰 56 和峰 59 的裂解规律分别与大黄酸和大黄素一致，且色谱行为与标准品一致，确定其分别为大黄酸和大黄素。峰 84 的裂解碎片和峰 56 的信息相近，分子量相同，极性降低很多，因此确定峰 84 为峰 56 的同分异构体（图 2-1-15）。

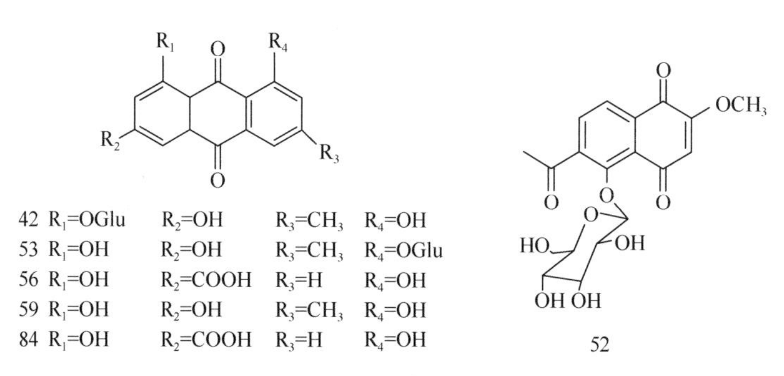

图 2-1-15 疏风解毒胶囊中蒽醌类化学成分结构式

3.1.6 香豆素类化合物

峰 85 的阳离子质谱中给出了 353.1018[M+H]$^+$，阴离子质谱给出了 351.1239[M−H]$^-$，根据元素分析确定了分子式为 $C_{20}H_{16}O_6$。该化合物的极性小于峰 15，且阳离子质谱中出现了明显的脱去 68Da 的 285 的碎片峰，阴离子质谱中可以观察到脱去 58Da 的碎片峰 *m/z* 293，说明结构中存在异戊烯基结构，且还可以观察到明显的香豆素特征峰 *m/z* 146.9，对比文献确定峰 85 为甘草宁 N（Gancaonin N）及其异构体。

3.1.7 苯乙醇苷类化合物

从疏风解毒胶囊中共识别了 11 个苯乙醇苷类成分，其中有 8 个成分来源于药材连翘，而苯乙醇苷类成分也是连翘药材中的特征性成分。化合物 27 是该药材中的标志性成分，通过与标准品进行比对，鉴定为连翘酯苷 A。其他化合物通过与参考文献比较分析进行鉴定。

化合物在阳离子质谱中可以清楚地看到其[M+Na]$^+$、[M+H]$^+$，在阴离子质谱中可以观察到相应的[M−H]$^-$，比对后确定该化合物的分子量。同时根据获得的碎片峰鉴定化合物的结构。液质分析图谱中 11 个苯乙醇苷类化合物，表现出了相似的裂解规律，如丢失 Rham（146Da），H_2O（18Da），Caffic acyl（162Da），这类化合物都存在很多相似的裂解碎片峰，如 479，325，163 等。以化合物 27（连翘酯苷 A）的质谱裂解规律为例（如图 2-1-16 所示）阐述苯乙醇苷类化合物的裂解规律。

如图 2-1-16 所示，[M+H]$^+$离子（*m/z* 625）首先发生丢失 146Da 的裂解反应，产生 *m/z* 479 离子，这是由于一个鼠李糖基位于结构的外侧，易于脱落；在此基础上，结构再次脱落苯乙醇部分片段，丢失 152Da 的碎片，产生了 *m/z* 325 的离子；最后该离子脱去葡萄糖基碎片，丢失

162Da 的碎片，得到咖啡酰基的片段碎片，产生 *m/z* 163 的离子。由此可以判断出该类化合物中丢失鼠李糖基片段、苯乙醇基片段、葡萄糖基片段之后获得的 *m/z* 479，325，163 的离子是该类化合物鉴定的特征信号离子。因此从连翘中鉴定的其他该类化合物都可以清楚地看到该类化合物在阳离子质谱中可以观察到$[M+Na]^+$、$[M+H]^+$、$[M+H-146（Rham）]^+$、$[M+H-132（Xylose）]^+$、$[M+H-146（Rham）-152]^+$、$[M+H-146（Rham）-152-162]^+$等一系列的碎片峰。从而判断其他的 10 个化合物的基本骨架都是相同的。

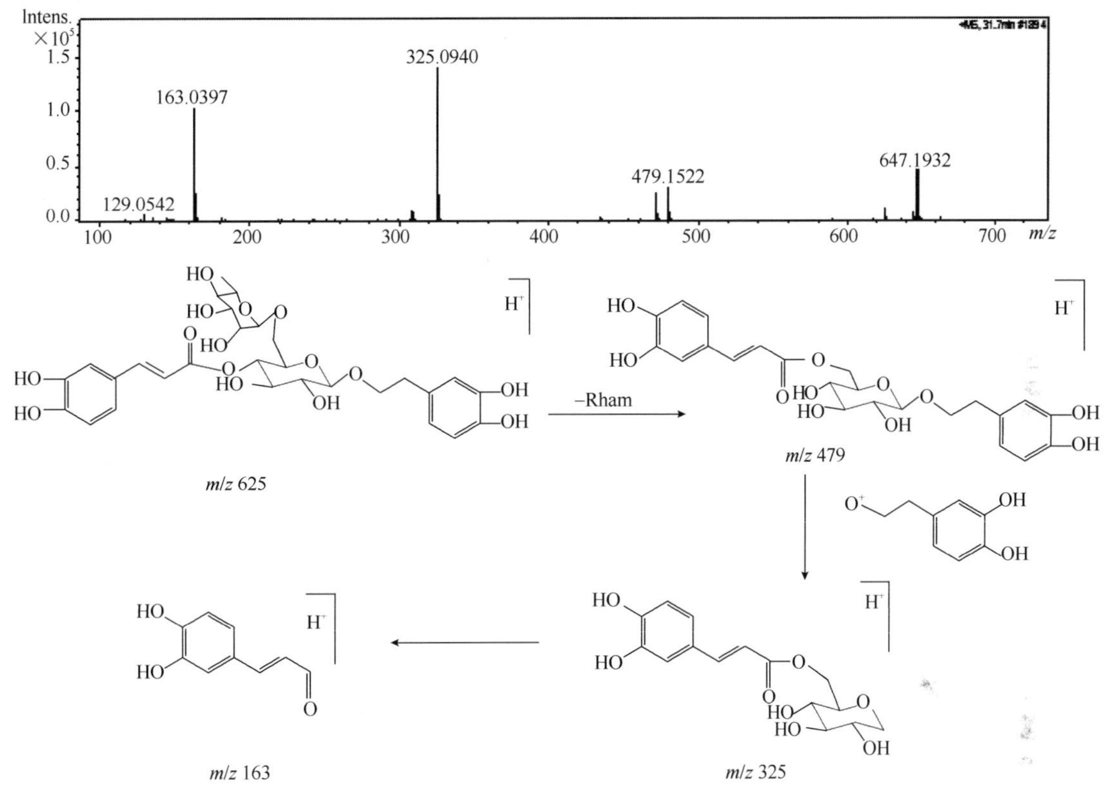

图 2-1-16 化合物 27（连翘酯苷 A）的裂解过程

化合物 12 与化合物 27 相比，分子量给出未连接咖啡酰基的信息，质谱裂解碎片段中未见到 163 的特征峰，只看到了 155 的苯乙醇片段碎片，结合文献和化合物的极性确定该化合物为连翘酯苷 E。同样化合物 13 与化合物 12 分子量相同，表现出了相同的裂解过程，因此可以确定化合物 13 是化合物 12 的同分异构体。

化合物 26、28 与化合物 27 的分子量信息和质谱裂解规律完全相同。检索文献，其为连翘酯苷 A 的同分异构体，就是咖啡酰基在葡萄糖基上的连接位置存在差异，通过文献调研，化合物极性分析和标准品比对，确定化合物 26 为连翘酯苷 J，化合物 28 为连翘酯苷 I。此外化合物 23 与化合物 27 相比多出一个酚羟基。同时在质谱裂解碎片中可以观察到丢失一分子水 18Da 的信息，说明三者也是连翘酯苷 A 的羟基化产物，互为同分异构体。检索文献对比，确定化合物 23 为β-羟基连翘酯苷 A。

化合物 15 的结构与化合物 10 相比较，苯乙醇基结构发生了变化，变成了香豆酰基的结构，而且未连接鼠李糖的结构。对比文献鉴定为对-香豆酰-（6-氧-咖啡酰基）-葡萄糖苷（p-coumaroyl-（6-*O*-caffeoyl）-glucoside）。

化合物 34 与化合物 27 比较，在裂解碎片中减少了一个 162Da 的质子碎片的脱落，说明结构中个丢失了一个葡萄糖，因此检索文献确定化合物 34 是化合物 27 脱去一分子葡萄糖获得的产物，鉴定其结构为木通苯乙醇苷 A（Calceolarioside A）。

峰 31 通过阴阳离子图谱 *m/z* 647$[M+Na]^+$，625$[M+H]^+$，623$[M-H]^-$的对比，确定其分子量为 *m/z* 624，并与标准品相对照，确定 31 号峰为毛蕊花糖苷。而 36 号峰，其阳离子质谱中可以获得 *m/z* 647$[M+Na]^+$，625$[M+H]^+$，477$[M+H-Rham]^+$，325$[M+H-Rham-152]^+$，163$[325-Glu]^+$，该化合物的一系列裂解碎片与 31 号峰完全相同，且 *m/z* 152 和 *m/z* 163 的碎片是毛蕊花糖苷类的苯丙素类成分的特征碎片，结合文献将 36 号峰确定为异毛蕊花糖苷。46 号峰与 31 号峰比较又多出了 2 个 14Da，也具有 177 的碎片离子峰，结合文献确定其为广防风苷 A（EpimeridinosideA）（图 2-1-17）。

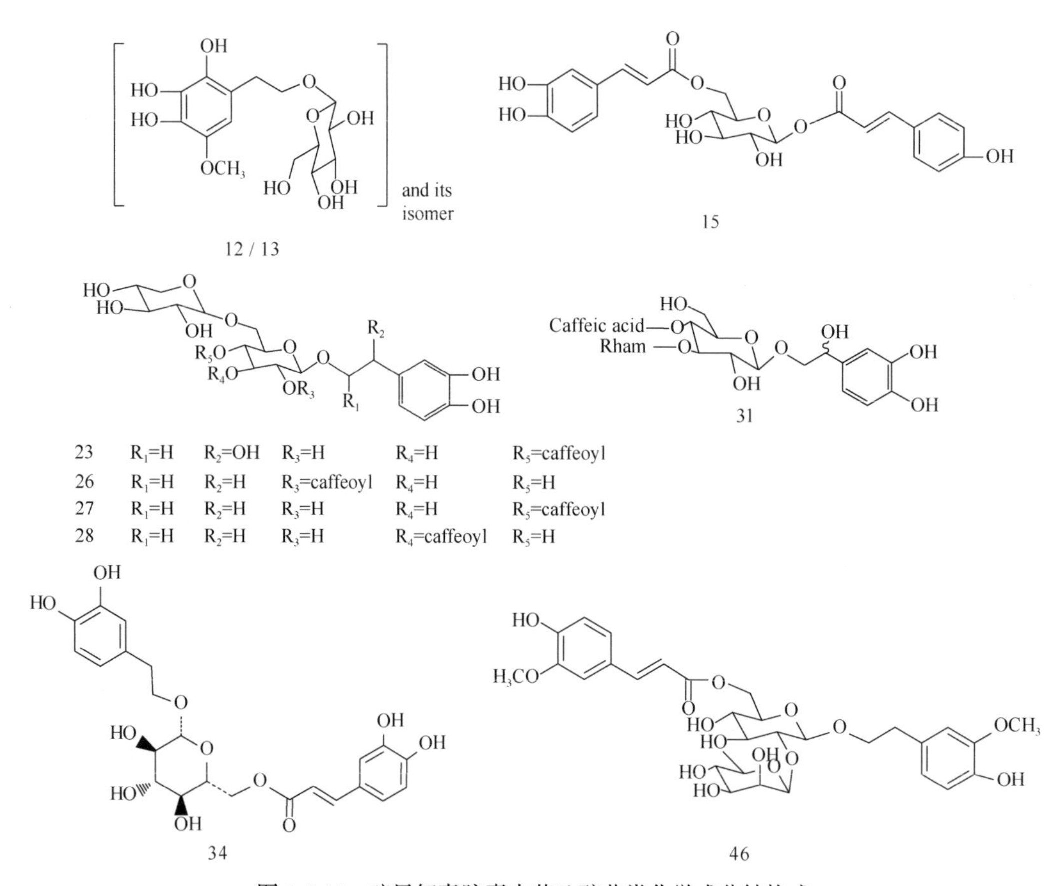

图 2-1-17 疏风解毒胶囊中苯乙醇苷类化学成分结构式

3.1.8 木脂素类化合物

木脂素类是疏风解毒胶囊中的另一类重要成分，主要来源于连翘和败酱草。其中相对含量较高一些的木脂素类成分就是连翘苷和（+）-表松脂素-4-*O*-*β*-*D*-葡萄糖苷，（+）-松脂素-4-*O*-*β*-*D*-葡萄糖苷成分。本文利用 HPLC-Q-TOF-MS 在指纹图谱体系下共识别了 5 个木脂素类化合物。木脂素类成分的解析主要采用标准样品比对结合图谱分析。

木脂素结构相对比较稳定，结构中连有糖苷类成分，因此都有脱去一个葡萄糖基 162Da 的裂解碎片。化合物 47 的质谱中有脱去 1 分子 162Da 的碎片峰，同时还有 124Da 的裂解碎片。与标准品比较确定化合物 47 为异落叶松脂素-6-*O*-*β*-葡萄糖苷（Isolariciresinol-

6-*O*-*β*-glucoside）。化合物 37 的质谱碎片中有脱去 1 分子 162Da 的碎片峰，此外与连翘苷的结构相比较多出两个 16Da，且能够观察到丢失 2 分子水峰。可以确定化合物 37 是羟基化的连翘苷，结合文献鉴定化合物 37 是二羟基连翘苷。而化合物 71 的质谱信息与连翘苷标准品的质谱信息相比较丢失了一分子葡萄糖基碎片，是其苷元连翘脂素的结构。

化合物 39（t_R=33.5min，*m/z* 539）的阳离子质谱中可以观察到一系列的碎片 *m/z* 539[M+H]$^+$，*m/z* 499[M+H–CH_2O]$^+$，*m/z* 337[M+H–Glu]$^+$，*m/z* 319[337–H_2O]$^+$，*m/z* 163[327–156]$^+$，与文献数据对照其核质比、MS 谱和紫外最大吸收波长，可以确定化合物 39 为羟基二氢罗汉松树脂苷。

化合物 61（t_R=46.3min，*m/z*330）的阳离子质谱中可以观察到 *m/z* 353[M+Na]$^+$，阴离子可以观察到 *m/z* 329[M–H]$^-$，从而确定化合物分子量为 330。该化合物来源于板蓝根，和板蓝根的特征木脂素——板蓝根木脂苷 A 相比缺少一个葡萄糖片段，与其苷元板蓝根木脂素 A 相比，极性小，且结构中相差一个 30Da 的结构，再和文献对比确定化合物 61 为去甲氧基-板蓝根木脂素 A（图 2-1-18）。

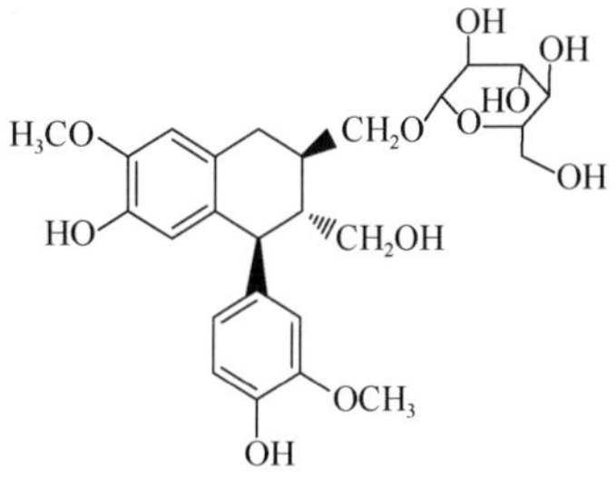

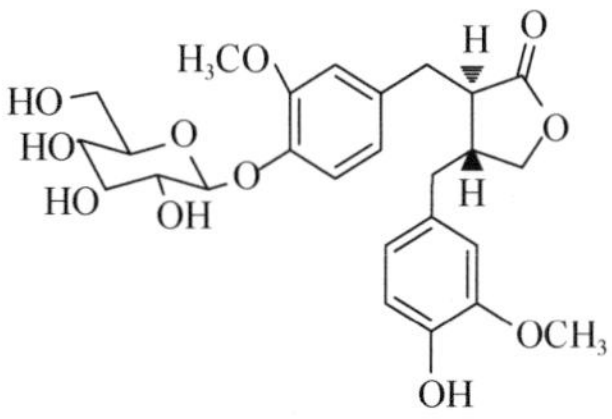

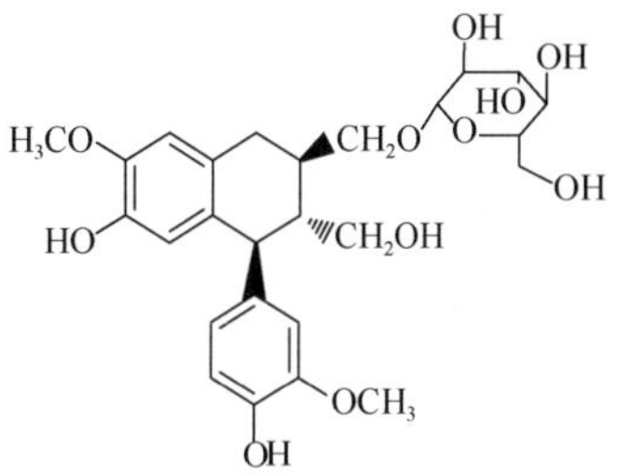

图 2-1-18　疏风解毒胶囊中木脂素类化学成分结构式

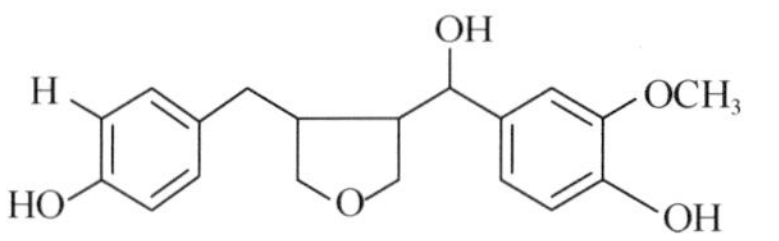

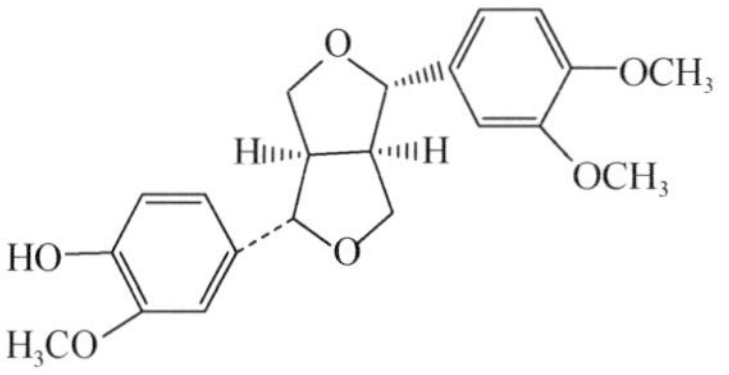

3.1.9　酚酸类化合物

疏风解毒胶囊中的酚酸类化合物主要为小分子酚酸类成分和绿原酸类成分。绿原酸类化合物在阳离子质谱中可以清楚地看到[M+Na]$^+$、[M+H]$^+$，在阴离子质谱中可以观察到相应的[M–H]$^-$，比对分析后可以确定该化合物的分子量。同时根据获得的碎片峰鉴定化合物的结构。峰 4 是小分子化合物，结合阴阳离子质谱信息，确定了分子量为 180。结合文献和化合物的极性确定峰 4 为咖啡酸。另一个小分子化合物峰 50 的分子量为 154。结合文献和化合物极性确定峰 50 为间苯三酚甲醛。绿原酸类化合物在质谱解析中表现出了相似的裂解规律。如图 2-1-19 所示，[M+H]$^+$离子（*m/z* 517）首先发生丢失 163Da 的裂解反应，分别产生 *m/z* 355 离子，这是由于一个咖啡酰基位于结构的外侧，易于脱落；在此基础上，结构再次脱落奎宁酸基团部分片段，丢失 192Da 的碎片，剩余一个咖啡酰基的片段碎片，产生 *m/z* 163 的离子。因此结合文献对照确定该类化合物为绿原酸类化合物，为异绿原酸类化合物，结合标准品对照确定峰 41 为异绿原酸 B（图 2-1-20）。在此基础上，我们发现峰 17 的裂解碎片中只有一个奎宁酸片段和一个咖啡酰基片段，结合标准品的裂解规律对比，确定峰 17 为绿原酸。

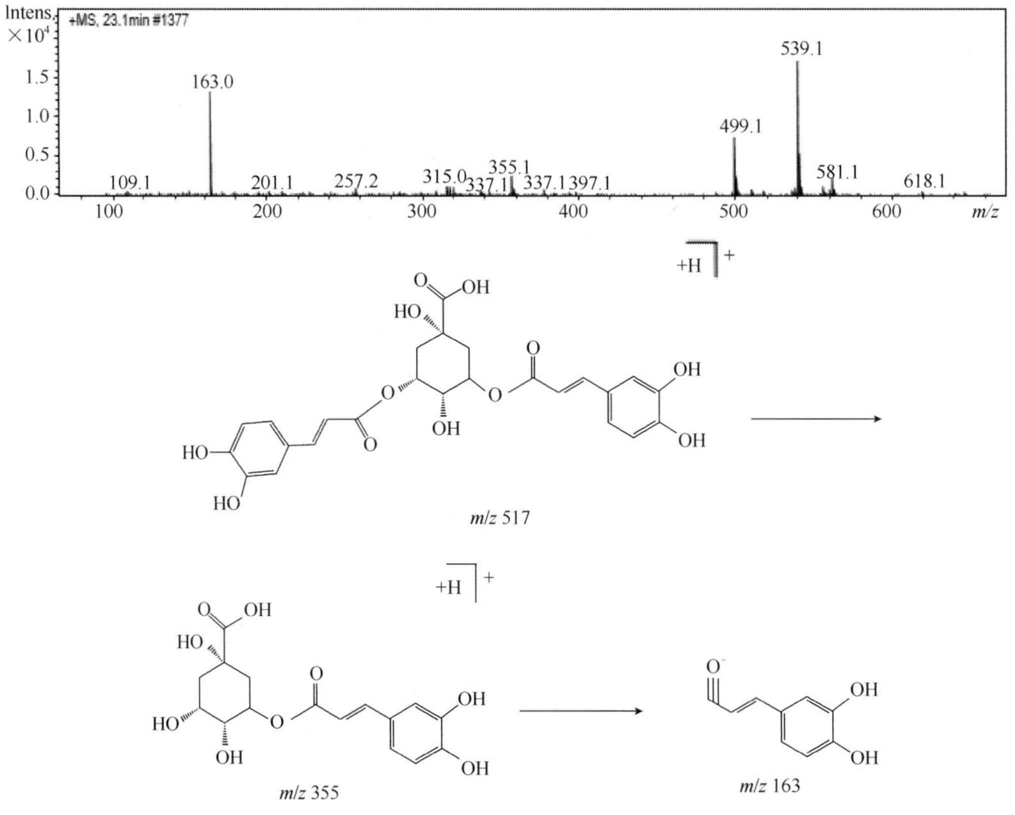

图 2-1-19 峰 41 的阳离子质谱及其可能的裂解过程

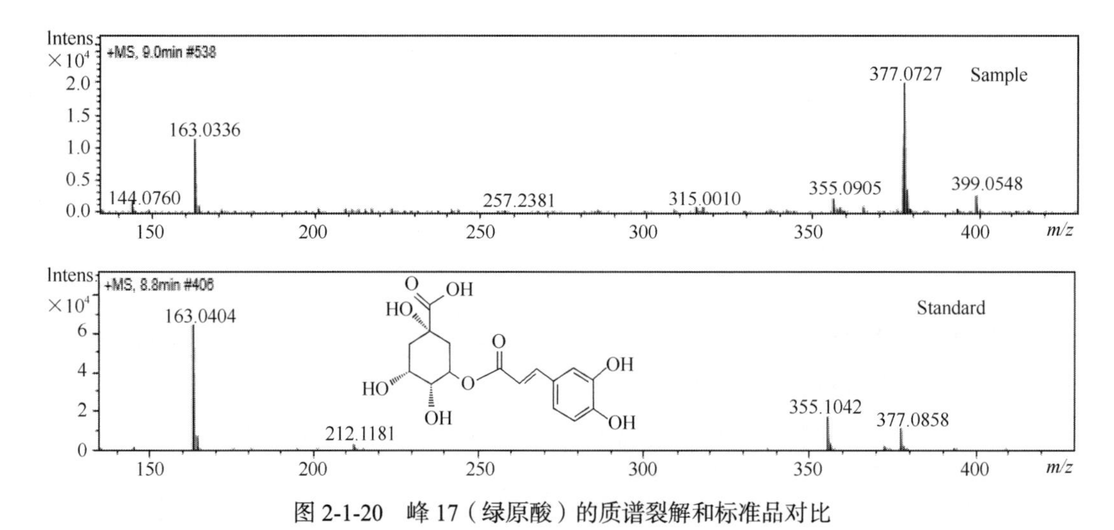

图 2-1-20 峰 17（绿原酸）的质谱裂解和标准品对比

3.1.10 生物碱类化合物

化合物 49、67、76、89、90 为含氮的生物碱类化合物。全部来自药材板蓝根。化合物 76 和化合物 89 的质谱裂解数据和标准品比对完全一致。因此将化合物 76 的结构确定为依靛蓝酮，化合物 89 鉴定为羟基靛玉红。另外化合物 49、67 和化合物 90 也是从板蓝根中分离鉴定的化合物。结合文献数据对比确定化合物 49 为 3-（2′-羟苯基）-4（3*H*）-喹唑酮，化合物 67 为 2-[（2′-羟基-2′，3′-二氢-3′-吲哚）腈基亚甲基]-3-吲哚酮，化合物 90 为 2，5-二羟基吲哚。

3.1.11　其他类化合物

化合物 48 的阴阳离子质谱数据对比确定化合物的分子量 124。该化合物来自药材芦根，根据文献对比和芦根药材中的化合物特点，确定化合物 48 为糠醛类化合物。结合文献数据确定化合物 48 为 5-羟甲基糠醛（5-hydroxymethylfurfural）。

3.2　疏风解毒胶囊原料药材液质分析

3.2.1　虎杖药材液质分析结果

图 2-1-21 为虎杖药材的供试品 HPLC-TOF-MS 正负总离子流色谱图。共检测出 13 种化合物，包括 4 个二苯乙烯类化合物，5 个蒽醌类化合物，1 个黄酮类成分，1 个酚酸类成分，2 个决明松类成分（图 2-1-22）。各化合物的分子质量、多级质谱信息见表 2-1-3。

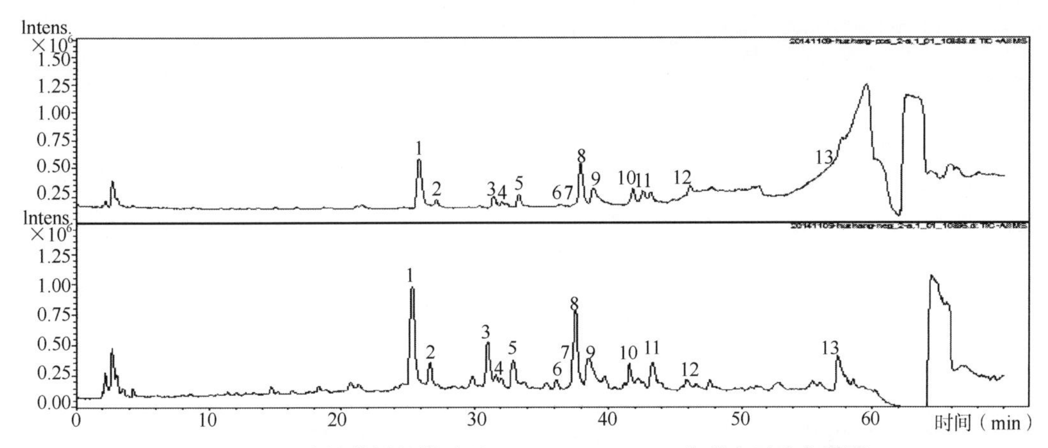

图 2-1-21　虎杖药材的供试品 HPLC-TOF-MS 正负总离子流色谱图

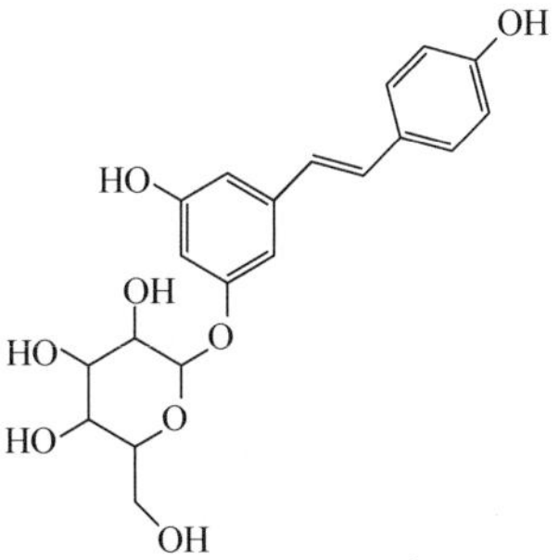

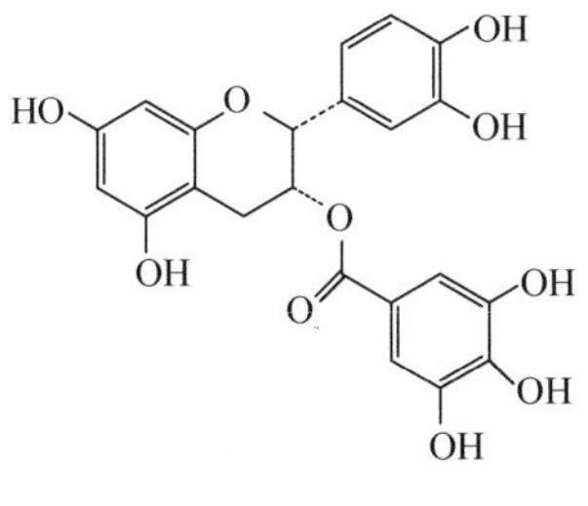

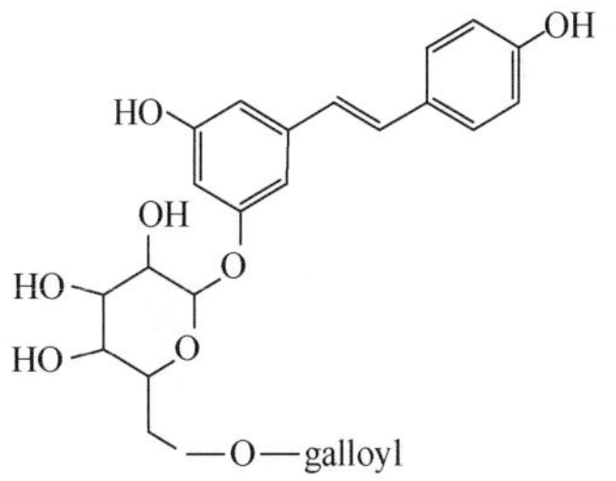

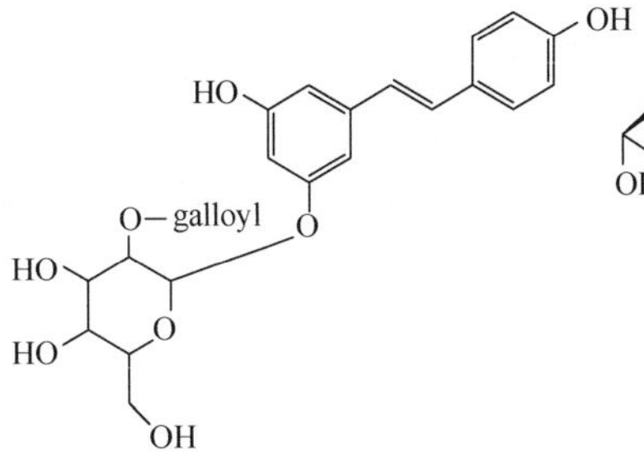

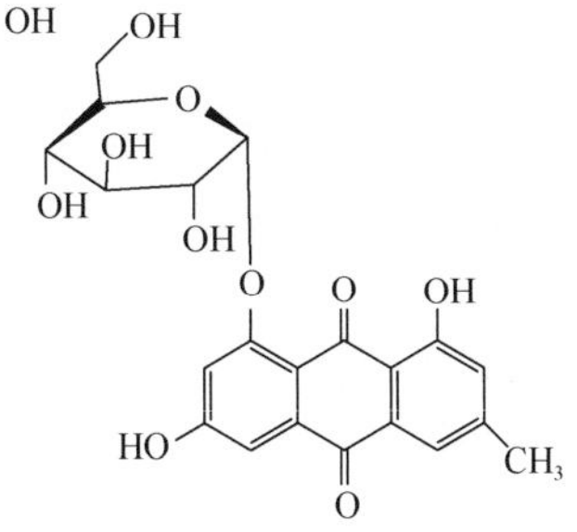

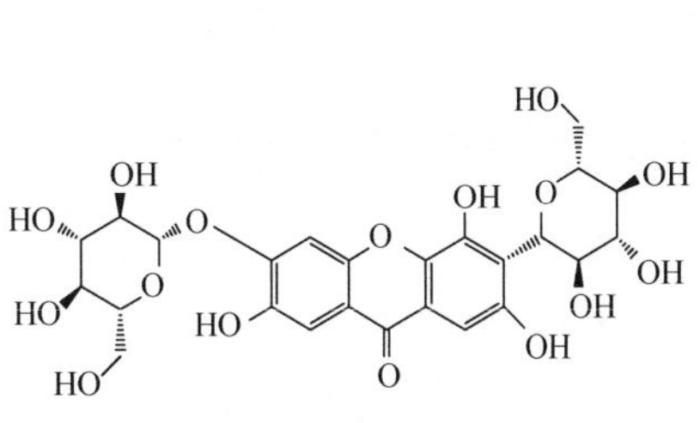

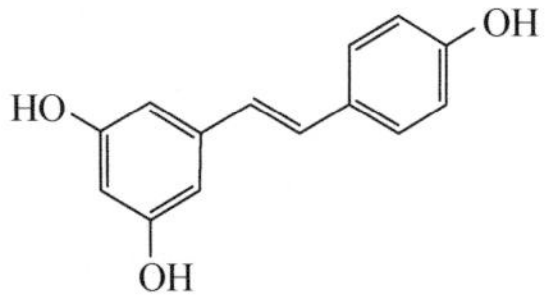

图 2-1-22　虎杖药材中化学成分结构式

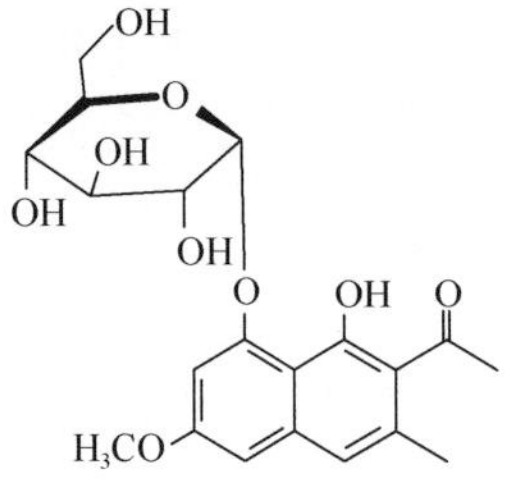

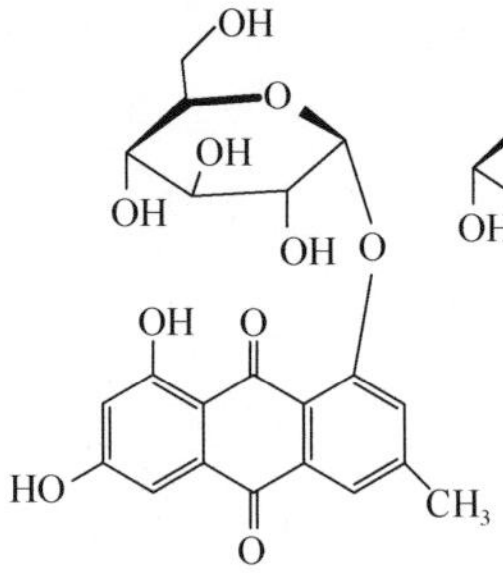

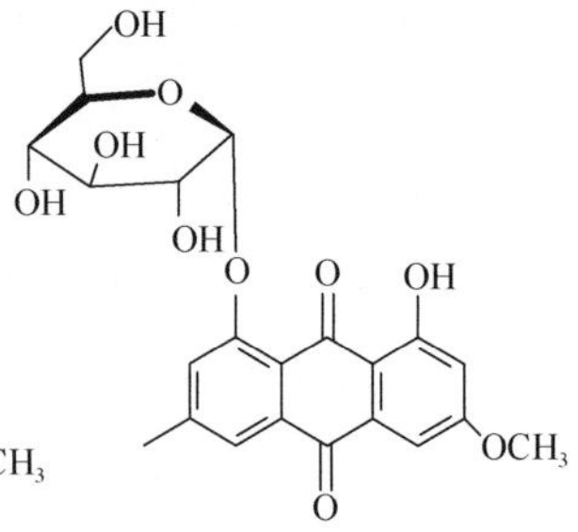

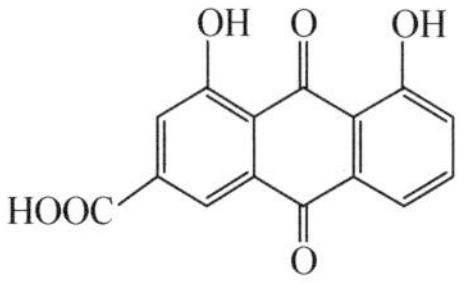

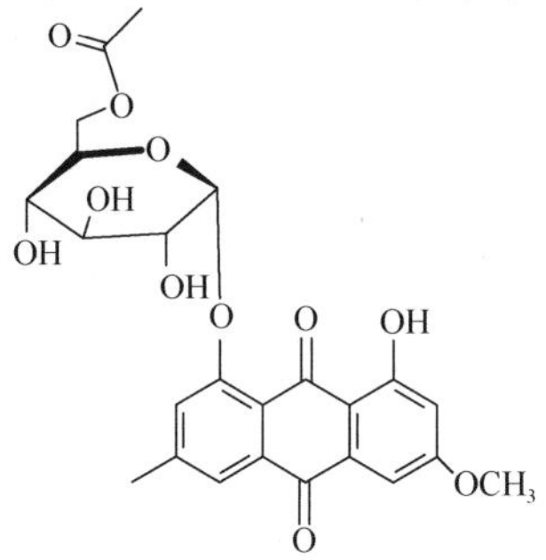

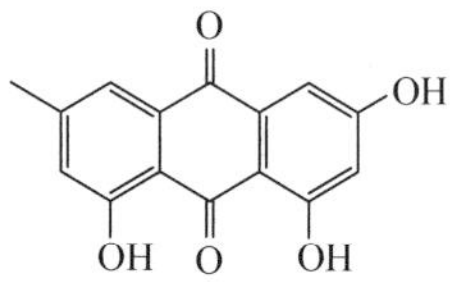

表 2-1-3　虎杖药材中化学成分的结构鉴定

序号	保留时间（min）	$[M-H]^-$（*m/z*）	$[M+H]^+$（*m/z*）	MS/MS（*m/z*）	分子式	化合物
1	25.9	389.1236	391.1438$[M+H]^+$	229$[M-H-Glu]^-$	$C_{20}H_{22}O_8$	Polydatin（虎杖苷）*
2	27.2	441.0826	465.0792$[M+Na]^+$	273.0753$[M+H-GlcA]^+$	$C_{22}H_{18}O_{10}$	(–)-Epicatechin gallate（表儿茶素没食子酸酯）
3	30.3	541.1359	565.1320$[M+Na]^+$	313$[M-H-resveratrol]^-$，227$[M-H-resveratrol-88]^-$，169	$C_{27}H_{26}O_{12}$	6′-galloyl- polydatin（6′-没食子酰基-虎杖苷）
4	31.4	541.1364	565.1322$[M+Na]^+$	313$[M-H-resveratrol]^-$，227$[M-H-resveratrol-88]^-$，169	$C_{27}H_{26}O_{12}$	2′-galloyl-polydatin（2′-没食子酰基-虎杖苷）
5	33.3	431.0987	455.0962$[M+Na]^+$	269$[M-H-Glu]^-$	$C_{21}H_{20}O_{10}$	Emodin-8-*O*-glucoside（大黄素-8-*O*-葡萄糖苷）
6	36.3	583.1108	607.1045$[M+Na]^+$	423$[M+H-Glu]^+$，259$[M+H-Glu\times 2]^+$	$C_{28}H_{24}O_{14}$	Neomangiferin（新芒果苷）
7	37.3	227.0704	229.2111		$C_{14}H_{12}O_3$	Resveratrol（白藜芦醇）*
8	37.9	407.1342	431.1338$[M+Na]^+$	245$[M-H-Glu]^-$，230	$C_{20}H_{24}O_9$	Torachryson-8-*O*-glucoside（决明松-8-*O*-葡萄糖苷）
9	38.8	431.0978	455.0960$[M+Na]^+$	269$[M-H-Glu]^-$	$C_{21}H_{20}O_{10}$	Emodin-1-*O*-glucoside（大黄素-1-*O*-葡萄糖苷）
10	41.8	445.1135		283$[M-H-Glu]^-$	$C_{22}H_{22}O_{10}$	Physcion-8-*O*-glucoside（大黄素甲醚-8-*O*-葡萄糖苷）
11	42.5	283.0660	285.0760		$C_{17}H_{12}O_5$	Rhein（大黄酸）*
12	46.1	487.1260	469.1119$[M+Na]^+$	285.0758$[M+H-Glu]^+$	$C_{24}H_{24}O_{11}$	Physcion-8-*O*-（6′-acetyl）-glucoside [大黄素甲醚-8-*O*-（6-乙酰基）-葡萄糖苷]
13	57.3	269.049	271.0735		$C_{15}H_{10}O_5$	Emodin（大黄素）*

*通过对照品指认

3.2.2　连翘药材液质分析结果

图 2-1-23 为连翘药材的供试品 HPLC-TOF-MS 正负总离子流色谱图，共检测出 25 种化合物，包括 12 个苯乙醇苷类成分，8 个木脂素类成分，5 个黄酮类化合物（图 2-1-24）。各化合物的精确分子质量、多级质谱信息见表 2-1-4。

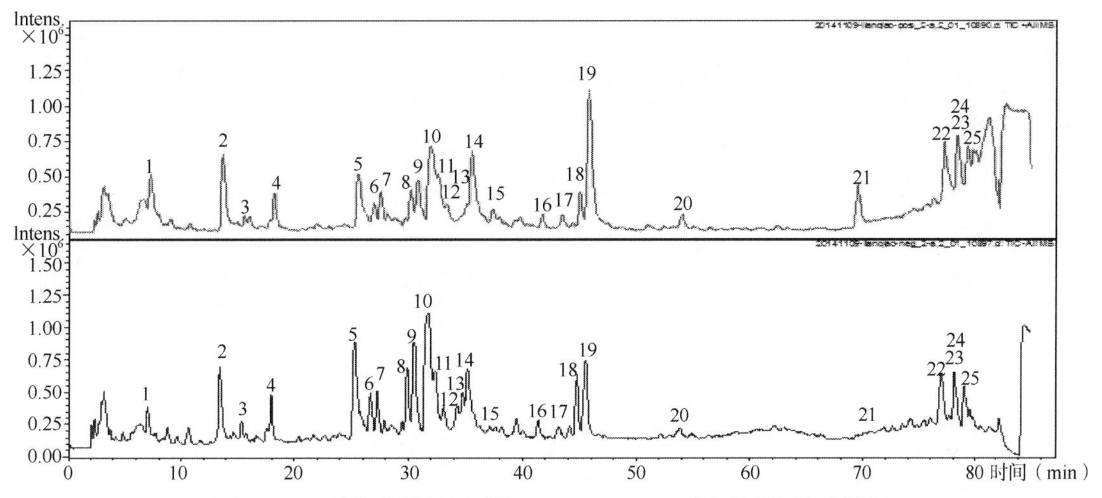

图 2-1-23　连翘药材的供试品 HPLC-TOF-MS 正负总离子流色谱图

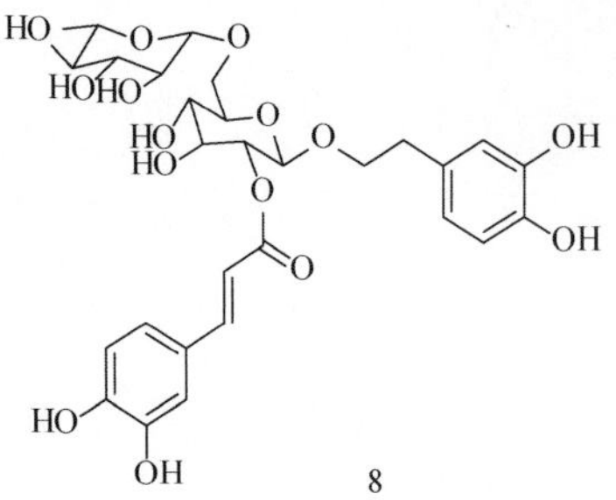

8 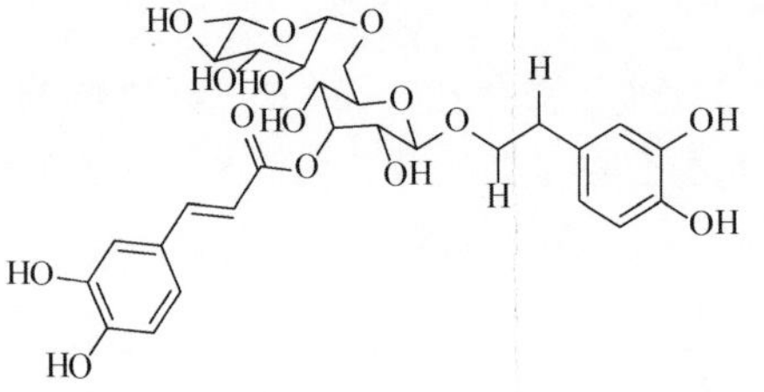 9

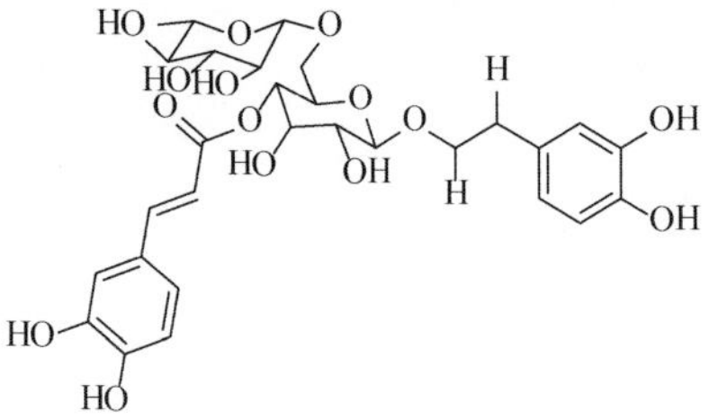

10 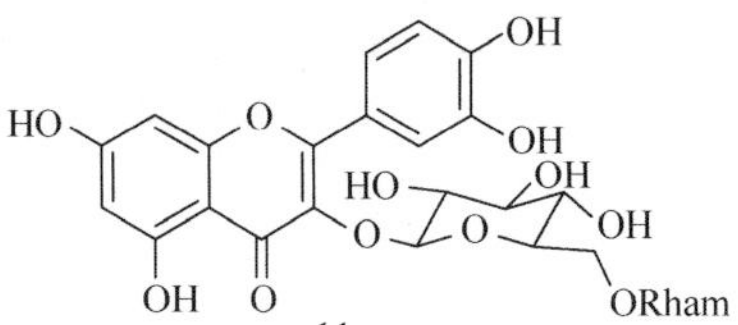 11 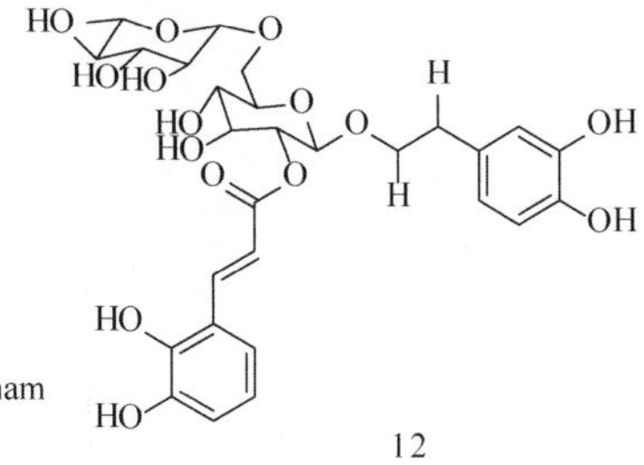 12

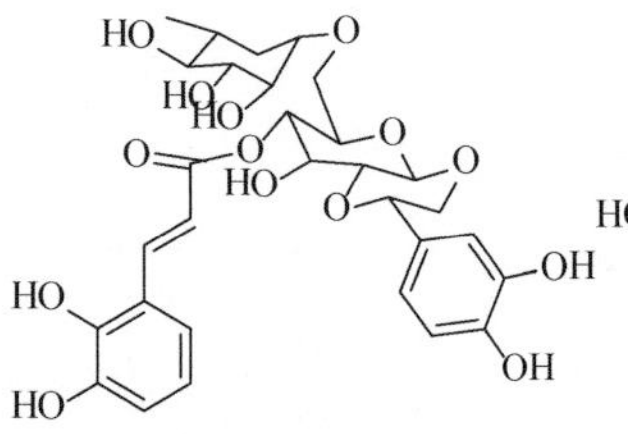

13 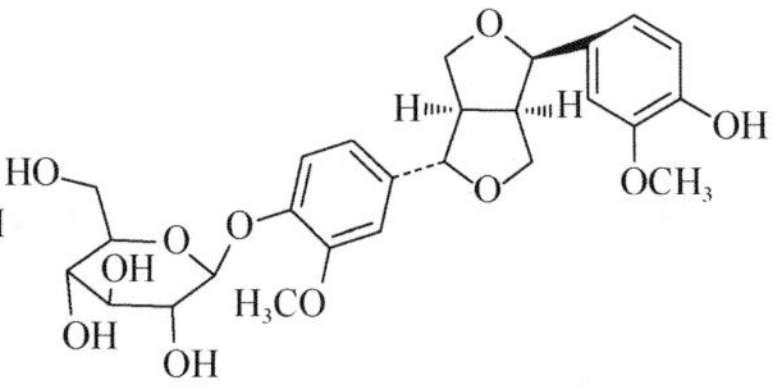 14 15 and 16 及其衍生物

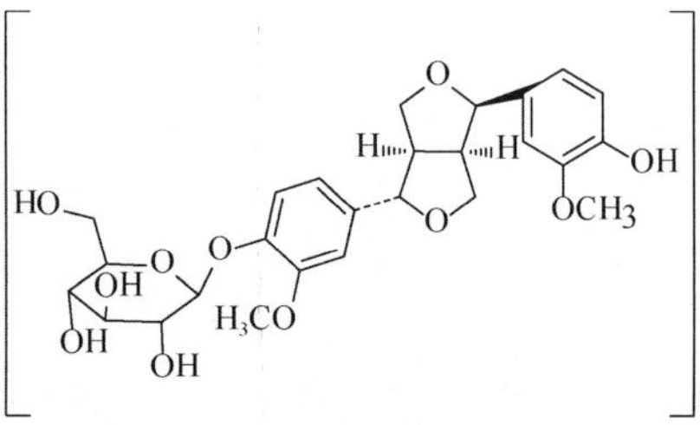

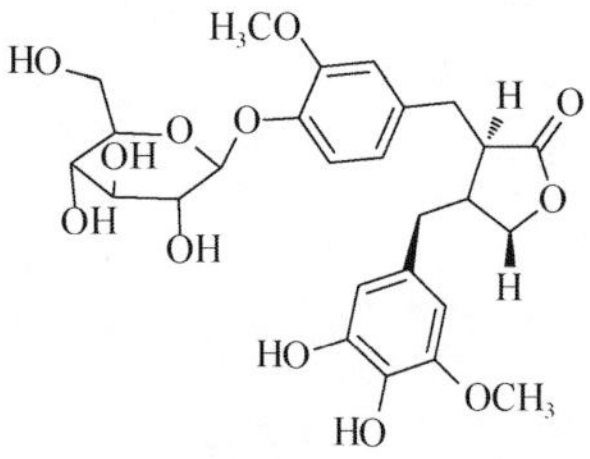

18 17 and 19 及其衍生物 20

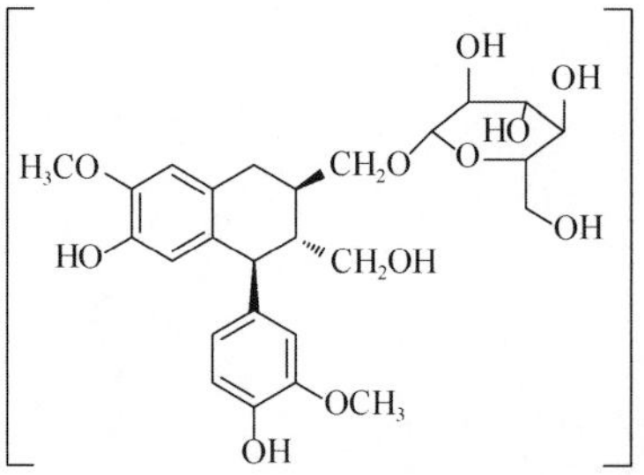

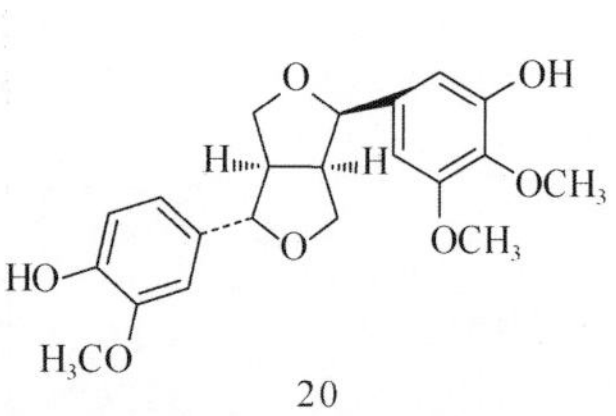

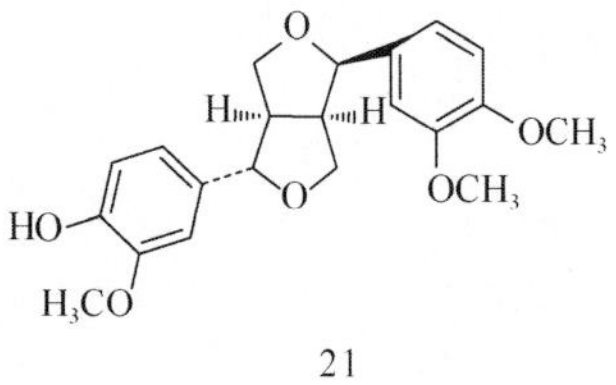

21 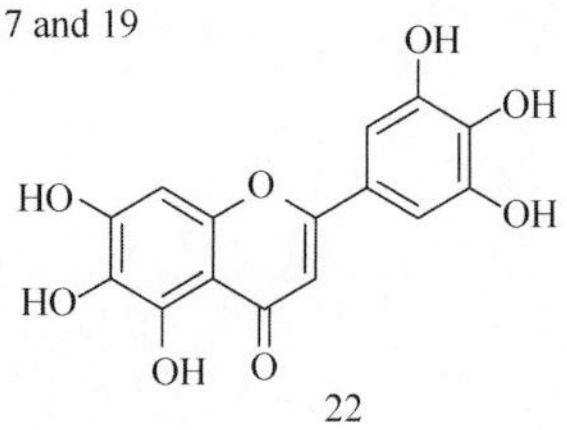 22 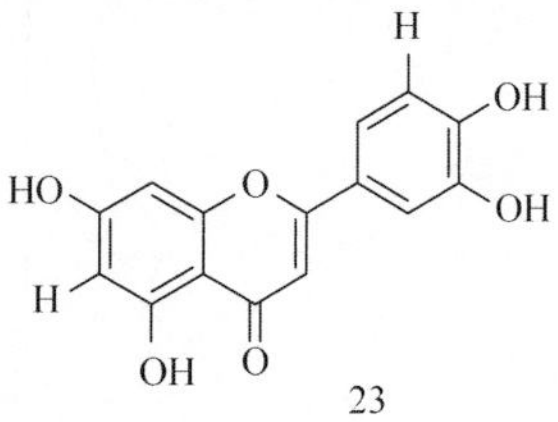 23

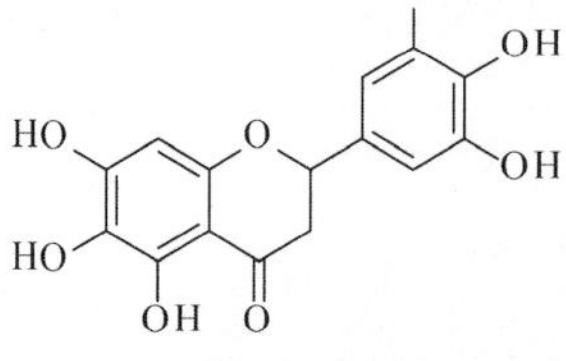

24 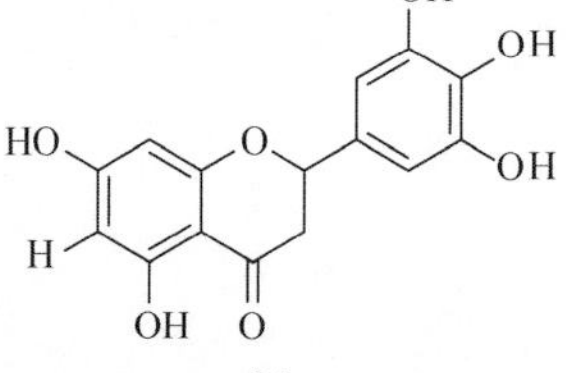 25

图 2-1-24 连翘药材中化学成分结构式

表 2-1-4　连翘药材化学成分的结构鉴定

序号	保留时间（min）	[M–H]$^-$（*m/z*）	[M+Na]$^+$（*m/z*）	MS/MS（*m/z*）	分子式	化合物
1	7.3	315.1086	339.1122	137[M+H–Glu]$^+$	$C_{14}H_{20}O_8$	3，4-dihydroxyphenylethanoid glycoside（3，4-二羟基苯乙醇苷）
2	13.6	375.1303	399.1285	215[M+H–Glu]$^+$，197[M+H–Glu–H_2O]$^+$，179[M+H–Glu–H_2O×2]$^+$	$C_{16}H_{24}O_{10}$	2-methoxy-3，4，5-trihydroxyphenylethanoid glycoside（2-甲氧基-3，4，5-三羟基苯乙醇苷）
3	15.6	461.1664	485.1668	317[M+H–Rham]$^+$，155[M+H–Rham–Glu]$^+$	$C_{20}H_{30}O_{12}$	Forsythoside E（连翘酯苷 E）
4	18.2	487.1357	489.1403[M+H]$^+$	325[M+H–164]$^+$，163[M+H–164–Glu]$^+$	$C_{24}H_{24}O_{11}$	*p*-Coumaroyl-（6-*O*-caffeoyl）-glucoside（对-香豆酰-（6-*O*-咖啡酰基）-葡萄糖苷）
5	25.5	639.2126	663.2079	479[M+H–H_2O–Rham]$^+$，325[477–152]$^+$，163[325–Glu]$^+$	$C_{29}H_{36}O_{16}$	*β*-hydroxyforsythoside A（*β*-羟基连翘酯苷 A）
6	26.8	639.2074	663.191	479[M+H–H_2O–Rham]$^+$，325[477–152]$^+$，163[325–Glu]$^+$	$C_{29}H_{36}O_{16}$	*β*-hydroxyforsythoside I（*β*-羟基连翘酯苷 I）
7	27.5	639.2074	663.1926	479[M+H–H_2O–Rham]$^+$，325[477–152]$^+$，163[325–Glu]$^+$	$C_{29}H_{36}O_{16}$	*β*-hydroxyforsythoside H（*β*-羟基连翘酯苷 H）
8	30.2	609.1829	633.1842	479[M+H–Xyl]$^+$，325[479–154]$^+$，163[325–Glu]$^+$	$C_{27}H_{30}O_{16}$	Forsythoside J（连翘酯苷 J）
9	30.8	623.1999	647.2002	479[M+H–Rham]$^+$，325[479–154]$^+$，163[325–Glu]$^+$	$C_{29}H_{36}O_{15}$	Forsythoside I（连翘酯苷 I）
10	31.9	623.2007	647.2003	479[M+H–Rham]$^+$，325[479–154]$^+$，163[325–Glu]$^+$	$C_{29}H_{36}O_{15}$	Forsythoside A（连翘酯苷 A）*
11	32.6	609.1471	611.1539[M+H]$^+$	465[M+H–Rham]$^+$，303[M+H–Rham–Glu]$^+$	$C_{27}H_{30}O_{16}$	Lutin（芦丁）
12	33.3	623.1996	647.2004	501[M+Na–Rham]$^+$，325[501–176]$^+$，163[325–Glu]$^+$	$C_{29}H_{36}O_{15}$	Forsythoside H（连翘酯苷 H）
13	34.2	621.1841	645.1791	477[M+H–Rham]$^+$，325[479–152]$^+$，163[325–Glu]$^+$	$C_{29}H_{34}O_{15}$	Suspensaside A（连翘种苷 A）
14	35.5	565.1942	543.1877	359[M+H–Glu]$^+$，341[M+H–Glu–H_2O]$^+$	$C_{26}H_{32}O_{11}$	Pinoresinol-4′-*β*-glucoside（松脂素-4′-*β*-葡萄糖苷）
15	37.3	519.1891	543.1840	359[M+H–Glu]$^+$，341[M+H–Glu–H_2O]$^+$	$C_{26}H_{32}O_{11}$	Epipinoresinol-4-*O*-*β*-*D*-glucoside（松脂素-4-*O*-*β*-*D*-葡萄糖苷）
16	41.7	565.1952	543.1843	359[M+H–Glu]$^+$，341[M+H–Glu–H_2O]$^+$	$C_{26}H_{32}O_{11}$	Epipinoresinol-4′-*O*-*β*-*D*-glucoside（表松脂素-4′-*O*-*β*-*D*-葡萄糖苷）
17	43.5	579.2103 [M+HCOO]$^-$	557.2002	355[M+H–H_2O–Glu]$^+$	$C_{27}H_{34}O_{11}$	Isomer of Phillyrin（异连翘苷）
18	45.0	521.1681	523.1799[M+H]$^+$	343[M+H–Glu–H_2O]$^+$，219[M+H–Glu–H_2O–124]$^+$	$C_{25}H_{30}O_{12}$	Isolariciresinol-6-*O*-*β*-glucoside（异落叶松树脂醇-6-*O*-*β*-葡萄糖苷）
19	45.8	579.2101	557.2040	355[M+H–Glu–H_2O]$^+$	$C_{27}H_{34}O_{11}$	Phillyrin（连翘苷）*

续表

序号	保留时间（min）	$[M-H]^-$（m/z）	$[M+Na]^+$（m/z）	MS/MS（m/z）	分子式	化合物
20	53.9	387.1544	411.1548	389$[M+H]^+$, 371$[M+H-H_2O]^+$, 418$[M+H-H_2O\times2]^+$, 217$[M+H-H_2O\times2-136]^+$	$C_{21}H_{24}O_7$	Hydroxyphillygenin（羟基连翘脂素）
21	69.5	371.1609	373.1558$[M+H]^+$	355$[M+H-H_2O]^+$，337$[M+H-H_2O\times2]^+$，137[3-hydroxy-4-methoxy benzyl]$^+$	$C_{21}H_{24}O_6$	Phillygenin（连翘脂素）
22	77.2	333.0365	357.0380	335$[M+H]^+$，303$[M+H-32]^+$	$C_{15}H_{10}O_9$	3′，6-dihydroxyquercetin（3′，6-二羟基槲皮素）
23	78.3	301.0417	303.0485$[M+H]^+$		$C_{15}H_{10}O_7$	Quercetin（槲皮素）
24	78.3	319.0535	343.0523	321$[M+H]^+$，303$[M+H-H_2O]^+$	$C_{15}H_{12}O_8$	6-hydroxy-dihydroquercetin（6-羟基二氢槲皮素）
25	79.2	319.0535	343.0523	321$[M+H]^+$，303$[M+H-H_2O]^+$	$C_{15}H_{12}O_8$	Dihydromyricetin（二氢杨梅素）

3.2.3　板蓝根药材液质分析结果

图 2-1-25 为板蓝根药材的 HPLC-TOF-MS 正负总离子流色谱图，共检测出 23 个离子流峰，识别了其中 22 个化合物。包括 8 个氨基酸类成分，1 个生物碱类成分，3 个糖类成分，3 个木脂素类成分，3 个黄酮类成分和 4 个小分子酚酸类成分（图 2-1-26）。各化合物的精确分子质量和多级质谱见表 2-1-5。

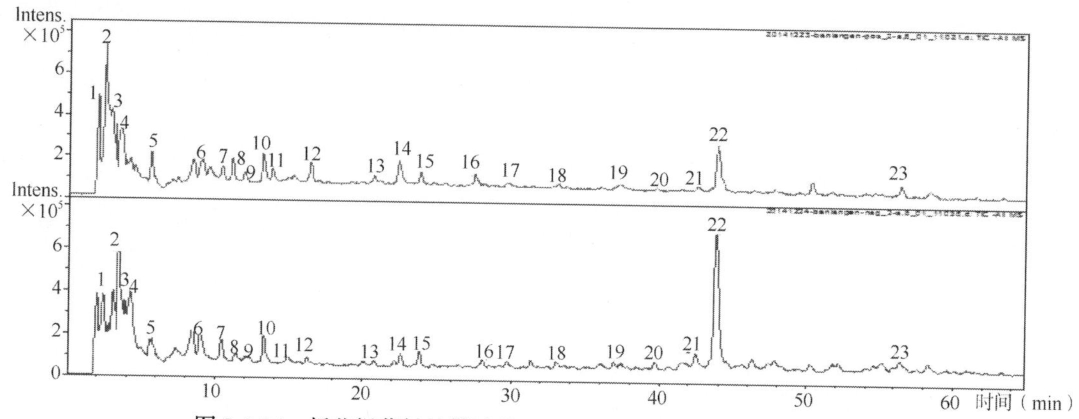

图 2-1-25　板蓝根药材的供试品 HPLC-TOF-MS 正负总离子流色谱图

1

2和4 and its isomer

5

6

3

9

7

11

8

10

14

15

17

23

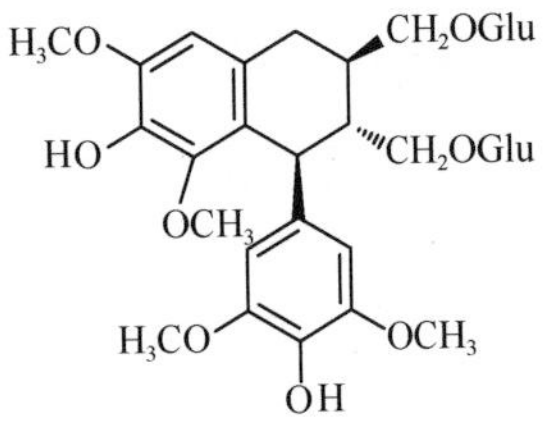

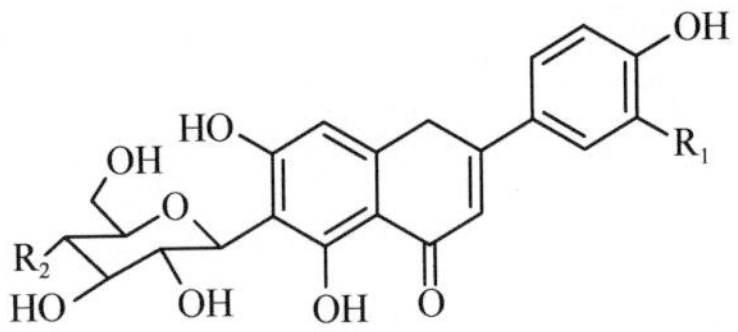

R_1	R_2
19 OH	Rham-Glu
20 H	Rham-Glu

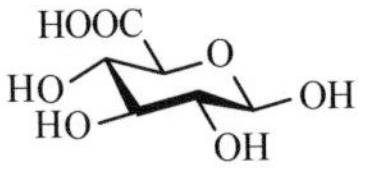

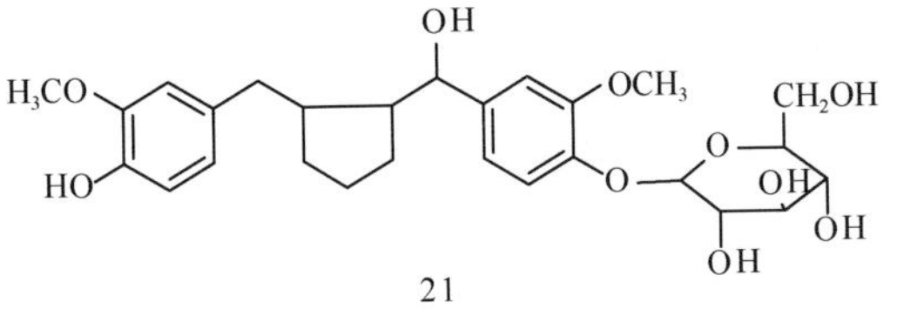

图 2-1-26 板蓝根药材中化学成分结构式

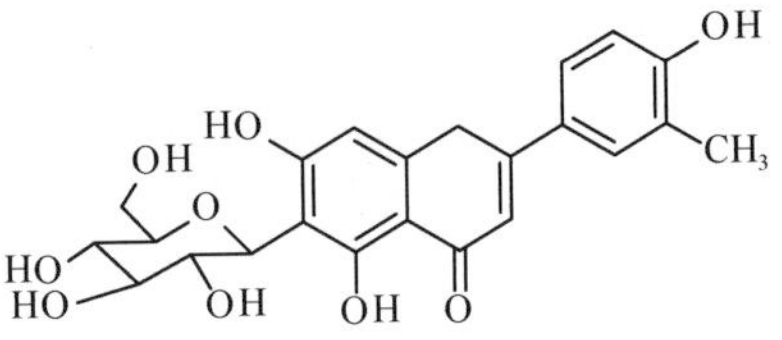

表 2-1-5 板蓝根药材化学成分的结构鉴定

序号	保留时间（min）	$[M-H]^-$（m/z）	$[M+H]^+$（m/z）	MS/MS（m/z）	分子式	化合物
1	2.5	173.1033	175.1225		$C_6H_{14}N_4O_2$	Arginine（精氨酸）
2	3.5	341.1121		$203[M+Na-Glc]^+$		Sucrose and its isomer（蔗糖及其异构体）
3	3.6	242.0771	244.0949	$487[2M+H]^+$，$112[M+H-rib]^+$	$C_9H_{13}N_3O_5$	Cytidine（胞苷）
4	4.4	341.1213		$203[M+Na-Glc]^+$		Sucrose and its isomer（蔗糖及其异构体）
5	5.6	133.0131			$C_4H_6O_5$	Malic acid（苹果酸）
6	8.4	128.0177	130.0538	$152[M+Na]^+$, $113[M+H-NH_3]^+$	C_5H_7NOS	Epigoitrin/Goitrin（表告依春/告伊春）
7	10.4	243.0611			$C_9H_{12}N_2O_6$	Uridine（尿苷）
8	11.1	266.0883	268.1059	$136[M+H-rib]^+$	$C_{10}H_{13}N_5O_4$	Adenosine（腺苷）
9	11.3	134.0509	136.0648		$C_5H_4N_4O$	Hypoxanthine（次黄嘌呤）
10	13.2	282.0837	284.1018	$152[M+H-rib]^+$	$C_{10}H_{13}N_5O_5$	Guanosine（鸟苷）
11	13.8	164.0734	166.0832	$120[M+H-HCOOH]^+$	$C_{10}H_{13}NO_2$	Phenylalanine（苯丙氨酸）
12	16.4	224.0630	226.0727			Guanine derivative（鸟嘌呤衍生物）
13	20.7	382.1128		$252[M-H_2O-132]^+$	–	Unknown
14	22.3	315.1077	317.1171	$155[M+H-Glu]^+$	$C_{14}H_{20}O_8$	3, 4-dihydroxyphenethyl alcohol glucoside（3, 4-二羟基苯乙醇苷）
15	23.8	361.1127	363.1579	$201[M+H-Glu]^+$	$C_{15}H_{22}O_{10}$	2, 3, 4-trihydroxy-5-methoxyphenethyl alcohol glucoside（2, 3, 4-三羟基-5-甲氧基苯乙醇苷）
16	27.5	193.0405	195.0922	$146[M-H_2O-CH_2O]^+$，$129[M-2H_2O-CH_2O]^+$	$C_6H_{10}O_7$	Glucuronic acid（葡萄糖醛酸）
17	29.7	353.1008	355.1045	$377[M+Na]^+$，$193[M+H-Glu]^+$	$C_{12}H_{18}O_{12}$	Citric acid glycoside（柠檬酸苷）
18	31.3	683.2576	685.3099	$707[M+Na]^+$, $523[M+H-Glu]^+$，$427[M+H-Glu\times 2]^+$	$C_{34}H_{50}O_{20}$	Lariciresinol-4, 4′-bis-*O*-*β*-*D*-glucoside（落叶松树脂素-4, 4′-二葡萄糖苷）

续表

序号	保留时间（min）	[M−H]⁻（m/z）	[M+H]⁺（m/z）	MS/MS（m/z）	分子式	化合物
19	37.2	755.2343	757.2301	611[M+H−Rham]⁺，449[M+H−Rham−Glu]⁺	$C_{34}H_{44}O_{20}$	Lsoorientin-6″-*O*-rhampyranose-（1→2）-glucopyranoside[异荭草苷-6″-*O*-鼠李糖（1→2）葡萄糖苷]
20	39.7	739.2397	741.2382	595[M+H−Rham]⁺，433[M+H−Rham−Glu]⁺	$C_{34}H_{44}O_{19}$	Isovitexin-6″-*O*-rhampyranose-（1→2）-glucopyranoside[异牡荆苷-6″-*O*-鼠李糖（1→2）葡萄糖苷]
21	42.5	521.2019	545.2071 [M+Na]⁺	361[M+H−162]⁺	$C_{26}H_{34}O_{11}$	Indigoticalignanoside A and its isomer（板蓝根木脂苷 A 及其异构体）
22	43.8	461.1077	463.2621	485[M+Na]⁺	$C_{22}H_{22}O_{11}$	Isoscoparin（异金雀花素）
23	56.4	359.1612	383.1506 [M+Na]⁺	329[M+Na−CH₃O]⁺	$C_{20}H_{24}O_6$	Indigoticalignane A（板蓝根木脂素 A）

3.2.4　柴胡药材液质分析结果

图 2-1-27 为柴胡药材的供试品 HPLC-TOF-MS 正负总离子流色谱图。共检测出 24 个离子流峰，分析其质谱裂解规律，并参考文献结合标准品对照，共识别了其中的 22 个峰，包括 3 个酚酸类化合物，4 个黄酮类成分，15 个三萜皂苷类化合物（图 2-1-28）。各化合物的分子质量、多级质谱信息及结构式见表 2-1-6。其中 4 种化合物采用对照品进行确认。

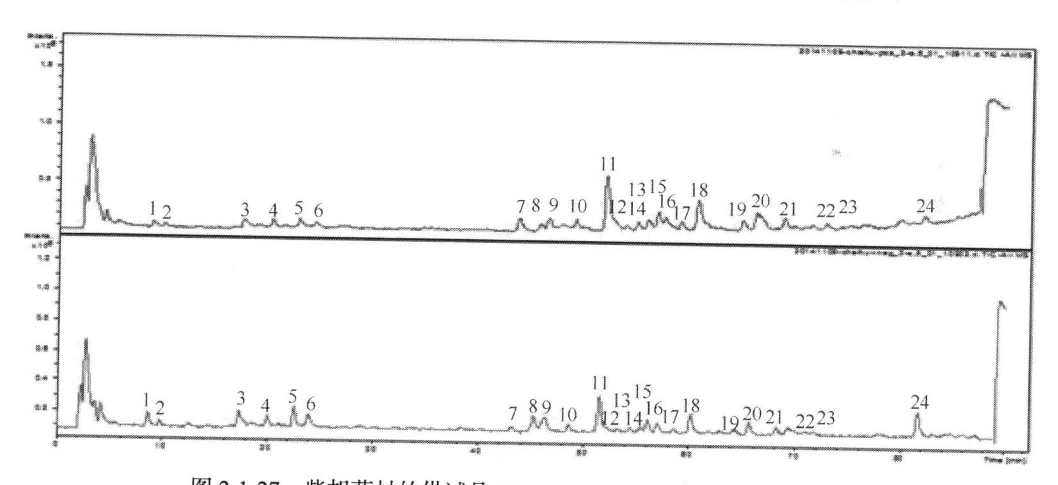

图 2-1-27　柴胡药材的供试品 HPLC-TOF-MS 正负总离子流色谱图

1

5

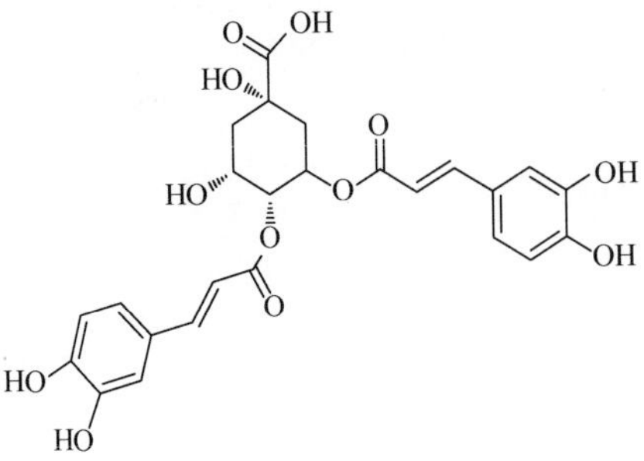

6

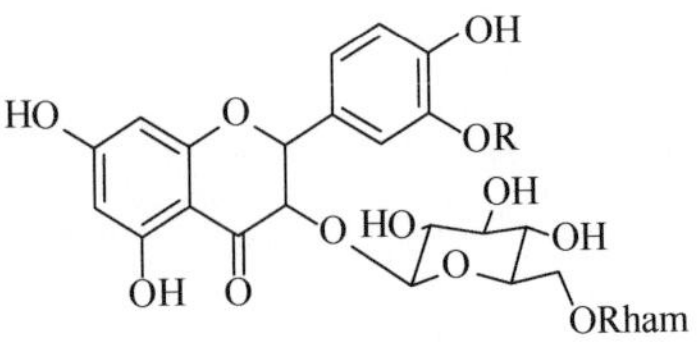

3	R=H
4	$R=CH_3$

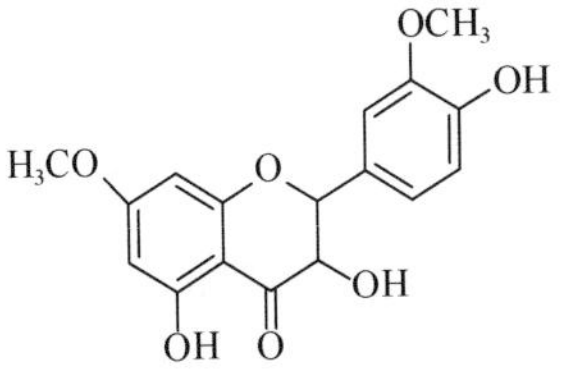

8

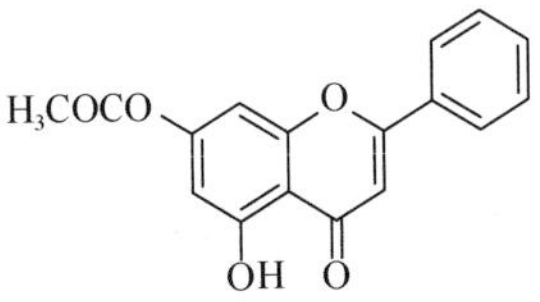

24

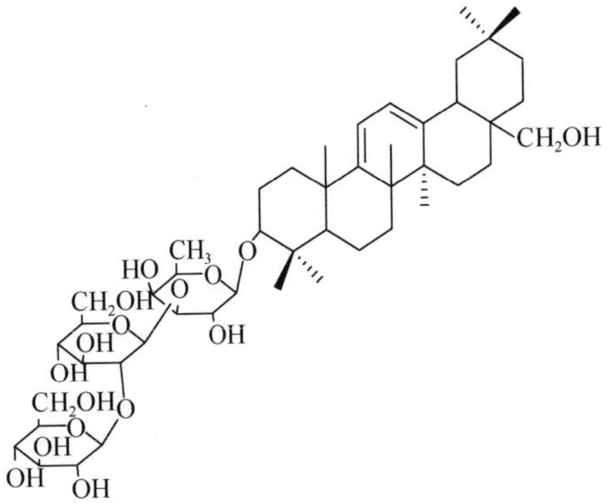

9

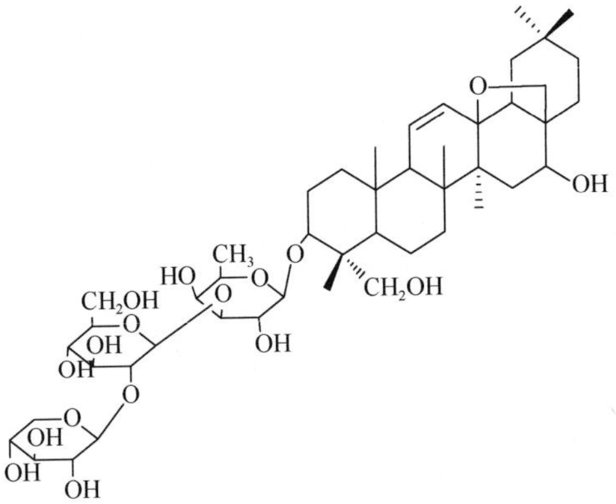

10

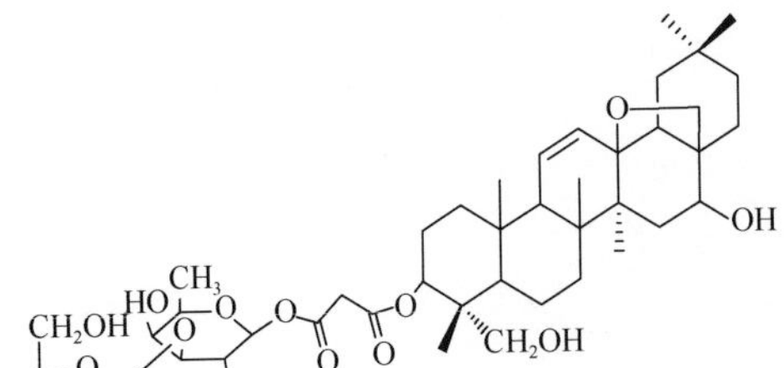

15

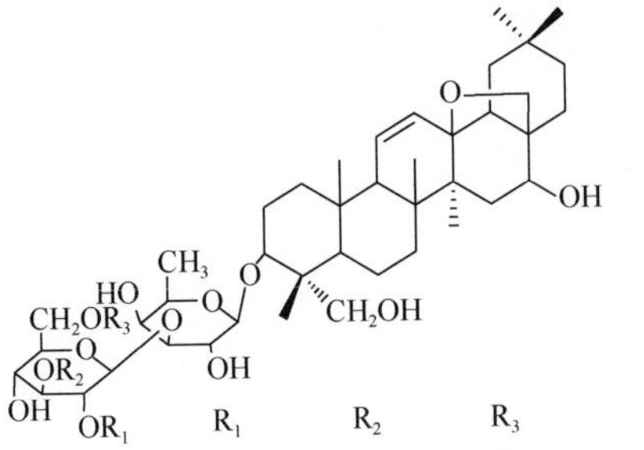

	R_1	R_2	R_3
11	H	H	H
13	H	acetyl	H
17	acetyl	H	H
19	H	H	acetyl
22	acetyl	acetyl	H

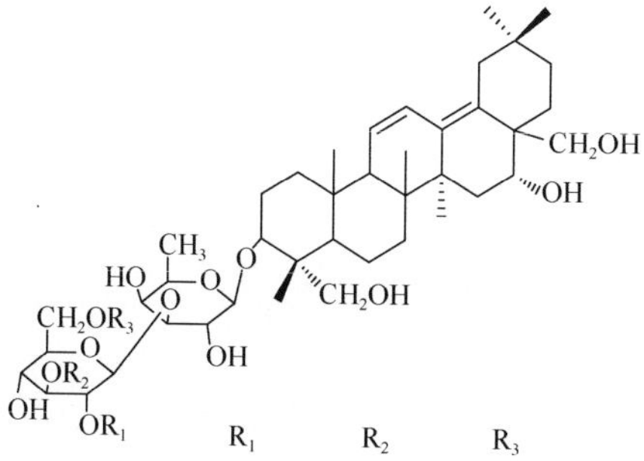

	R_1	R_2	R_3
12	H	H	H
14	H	acetyl	H
20	H	H	acetyl
23	acetyl	acetyl	H

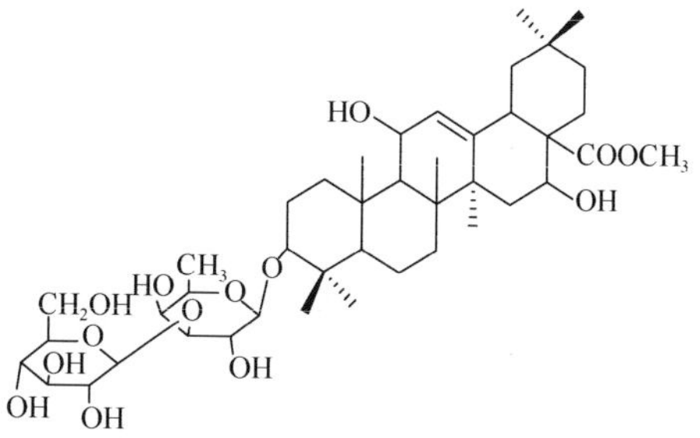

16

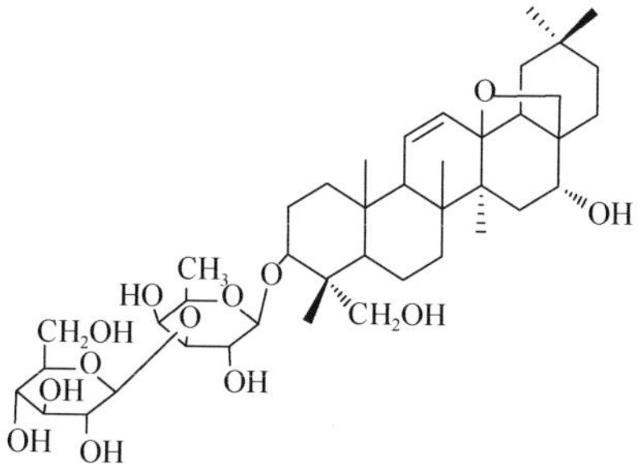

18

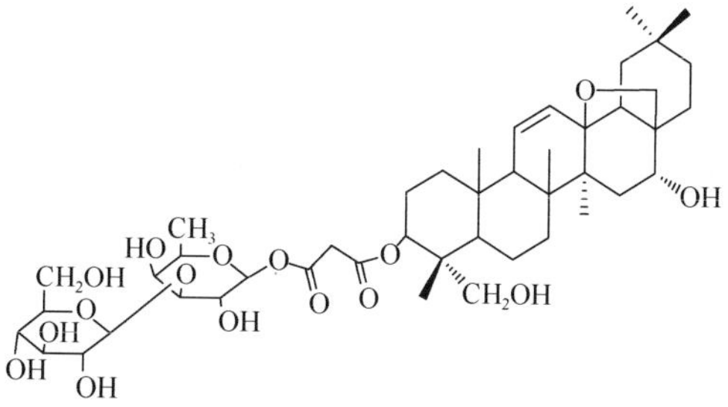

21

图 2-1-28　柴胡药材中化学成分结构式

表 2-1-6　柴胡药材中化学成分的结构鉴定

序号	保留时间（min）	$[M-H]^-$（*m/z*）	$[M+H]^+$（*m/z*）	MS/MS（*m/z*）	分子式	化合物
1	9.0	353.0917	377.0958$[M+Na]^+$	163$[M+H-quinine\ acyl]^+$	$C_{16}H_{18}O_9$	Chlorogenic acid（绿原酸）
2	10.1	463.2197	487.2140$[M+Na]^+$	331，233，161	–	Unknown（未知）
3	17.7	609.1461	633.1607$[M+Na]^+$	465$[M+H-Rham]^+$，303$[M+H-Rham-Glu]^+$	$C_{27}H_{30}O_{16}$	Lutin（芦丁）
4	20.4	623.1575	647.164$[M+Na]^+$	479$[M+H-Rham]^+$，317$[M+H-Rham-Glu]^+$	$C_{28}H_{32}O_{16}$	Narcissoside（水仙苷）
5	23.0	515.1198	539.1244$[M+Na]^+$	517$[M+H]^+$，499$[M+H-H_2O]^+$，355$[M+H-caffeic\ acyl]^+$	$C_{25}H_{24}O_{12}$	Isochlorogenic acid A（异绿原酸 A）
6	24.6	515.1166	539.1243$[M+Na]^+$	517$[M+H]^+$，499$[M+H-H_2O]^+$，355$[M+H-caffeic\ acyl]^+$	$C_{25}H_{24}O_{12}$	Isochlorogenic acid B（异绿原酸 B）
7	43.9	907.4618	909.4946	891$[M+H-H_2O]^+$，745$[M+H-Rham]^+$，583$[M+H-Rham-Glu]^+$，421.3$[M+H-Rham-Glu\times2]^+$	–	Unknown（未知）
8	45.7	329.0698	353.0775$[M+Na]^+$	295$[M+H-H_2O\times2]^+$，231$[M+H-H_2O\times2-64]^+$	$C_{29}H_{36}O_{15}$	7-methoxyisohamnetin（7-甲氧基异鼠李素）

续表

序号	保留时间（min）	$[M-H]^-$（m/z）	$[M+H]^+$（m/z）	MS/MS（m/z）	分子式	化合物
9	46.5	909.5142	911.5123	$749[M+H-Glu]^+$，$587[M+H-Glu\times2]^+$，$441[M+H-Glu\times2-Fuc]^+$	$C_{47}H_{74}O_{17}$	28-hydroxyolean-11,13-diene-3*β*-*D*-glucopyranosyl(1→2)-*β*-*D*-glucopyranosyl (1→3)-*β*-*D*-fucopyranoside（28-羟基齐墩果-11,13-二烯-3*β*-*D*-吡喃葡萄糖基-(1→2)-*β*-*D*-吡喃葡萄糖基-(1→3)-*β*-*D*-呋喃糖苷）
10	49.1	911.5062	913.5136	$781[M+H-Xyl]^+$，$619[M+H-Xyl-Glu]^+$，$473[M+H-Xyl-Glu-Fuc]^+$	$C_{47}H_{76}O_{17}$	Chikusaikoside Ⅰ（草柴胡皂苷Ⅰ）
11	51.9	779.4549	781.4639	$763[M+H-H_2O]^+$，$745[M+H-H_2O\times2]^+$，$619[M+H-Glu]^+$，$473[M+H-Glu-Fuc]^+$	$C_{42}H_{68}O_{13}$	Saikosaponin a（柴胡皂苷 a）*
12	53.8	779.4575	781.4638	$763[M+H-H_2O]^+$，$745[M+H-H_2O\times2]^+$，$619[M+H-Glu]^+$，$473[M+H-Glu-Fuc]^+$	$C_{42}H_{68}O_{13}$	Saikosaponin b2（柴胡皂苷 b2）
13	54.9	821.4736	823.4653	$619[M+H-Glu-acetyl]^+$，$473[M+H-Glu-Fuc]^+$	$C_{44}H_{70}O_{14}$	3″-acetylSaikosaponin a（3″-乙酰化柴胡皂苷 a）
14	55.9	821.4733	823.4704	$619[M+H-Glu-acetyl]^+$，$473[M+H-Glu-Fuc]^+$	$C_{44}H_{70}O_{14}$	3″-acetylSaikosaponin b2（3″-乙酰化柴胡皂苷 b2）
15	56.8	865.4643	867.4571	$705[M+H-Glu]^+$，$473[M+H-Glu-Fuc-malonyl]^+$	$C_{45}H_{70}O_{16}$	Malonylsaikosaponin a（丙二酰基柴胡皂苷 a）
16	57.5	809.4722	811.4651	$649[M+H-Glu]^+$，$503[M+H-Glu-Fuc]^+$	—	11,16-dihydroxyolean-12-ene-28-carboxymethyl-3*β*-*D*-glucopyranosy(1→3)-*β*-*D*-fucopyranoside(11, 16-二羟基齐墩果-12-烯-28-羧甲基-3*β*-*D*-吡喃葡萄糖基-(1→3)-*β*-*D*-呋喃糖苷)
17	59.0	821.4678	823.4704	$619[M+H-Glu-acetyl]^+$，$473[M+H-Glu-Fuc]^+$	$C_{44}H_{70}O_{14}$	2″-acetylSaikosaponin a（2″-乙酰化柴胡皂苷 a）
18	60.7	779.4606	$803.4563[M+Na]^+$	$603[M+H-Glu]^+$，$457[M+H-Glu-Fuc]^+$	$C_{42}H_{68}O_{13}$	Saikosaponin d（柴胡皂苷 d）
19	64.8	821.4703	823.4703	$619[M+H-Glu-acetyl]^+$，$473[M+H-Glu-Fuc]^+$	$C_{44}H_{70}O_{14}$	6″-acetylSaikosaponin a（6″-乙酰化柴胡皂苷 a）
20	66.1	821.469	823.4703	$619[M+H-Glu-acetyl]^+$，$473[M+H-Glu-Fuc]^+$	$C_{44}H_{70}O_{14}$	6″-acetylSaikosaponin b2（6″-乙酰化柴胡皂苷 b2）
21	68.8	865.4614	867.4569	$705[M+H-Glu]^+$，$473[M+H-Glu-Fuc-malonyl]^+$	$C_{45}H_{70}O_{16}$	Malonylsaikosaponin d（丙二酰基柴胡皂苷 d）
22	72.7	863.4782	867.4756	$619[M+H-Glu-acetyl\times2]^+$，$473[M+H-Glu-Fuc]^+$	$C_{46}H_{72}O_{15}$	2″，3″-acetylSaikosaponin a（2″，3″-乙酰化柴胡皂苷 a）
23	73.0	863.4738	867.5880	$619[M+H-Glu-acetyl\times2]^+$，$473[M+H-Glu-Fuc]^+$	$C_{46}H_{72}O_{15}$	2″，3″-acetylSaikosaponin b2（2″，3″-乙酰化柴胡皂苷 b2）
24	82.1	295.0659	297.0606		$C_{29}H_{36}O_{15}$	4-hydroxy-7-acetoxyflavone（4-羟基-7-乙酰氧基黄酮）

3.2.5 马鞭草药材液质分析结果

图 2-1-29 为马鞭草药材的供试品 HPLC-TOF-MS 正负总离子流色谱图。共检测出 22 种化合物，包括 5 个环烯醚萜类成分，7 个苯丙素类成分，9 个黄酮类成分和 1 个小分子酸性成分（图 2-1-30）。各化合物的精确分子质量、多级质谱信息见表 2-1-7。

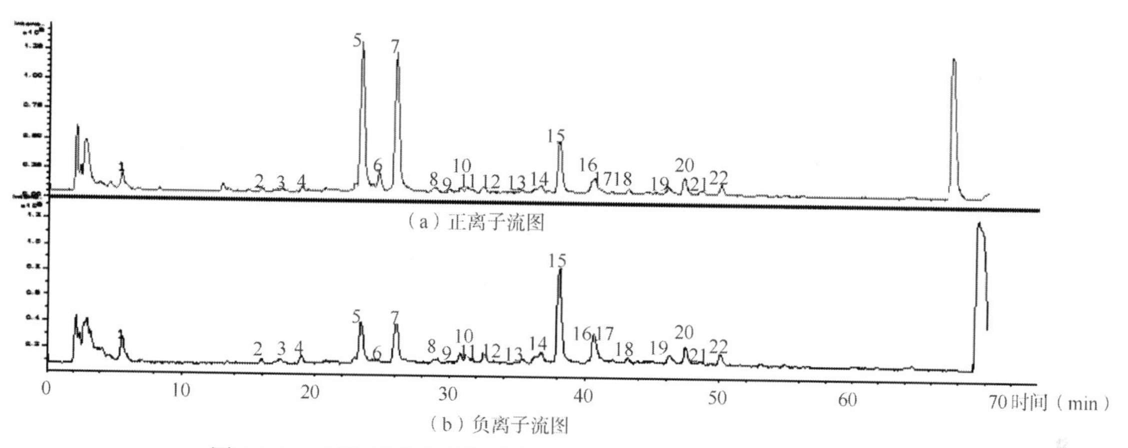

图 2-1-29 马鞭草药材的供试品 HPLC-TOF-MS 正负总离子流色谱图

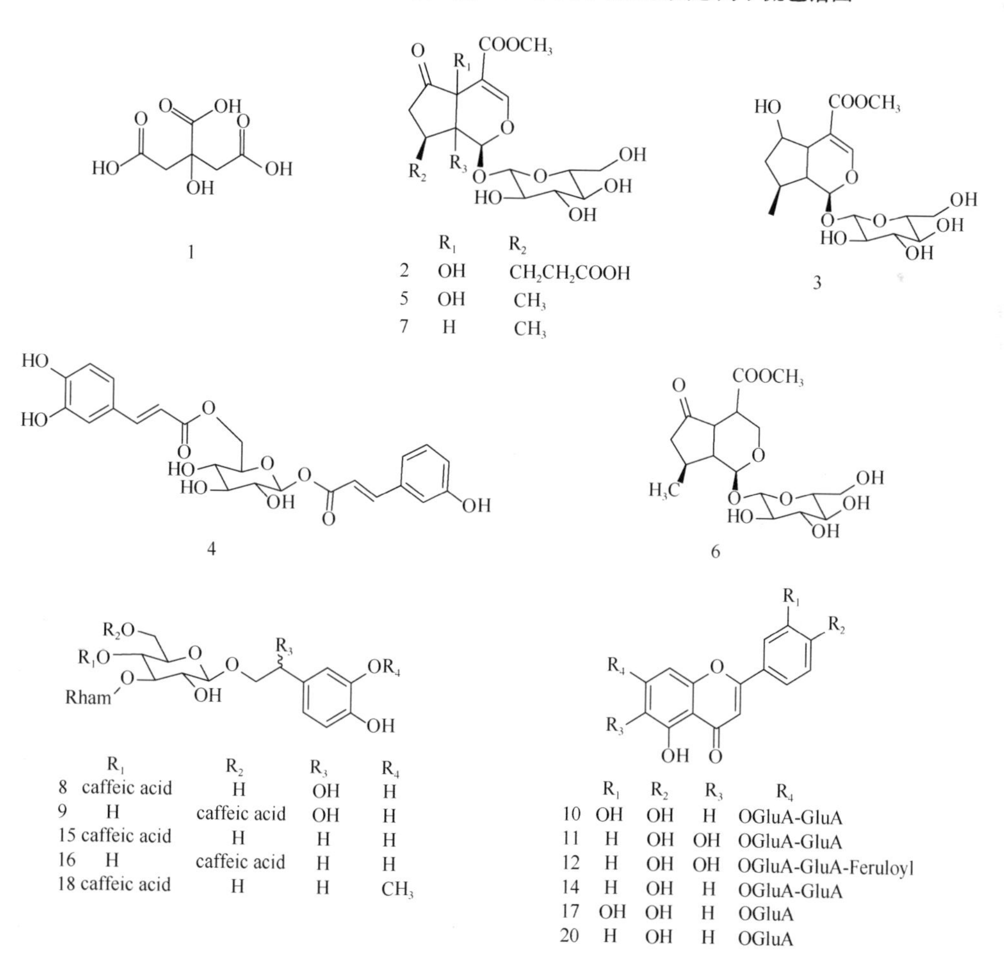

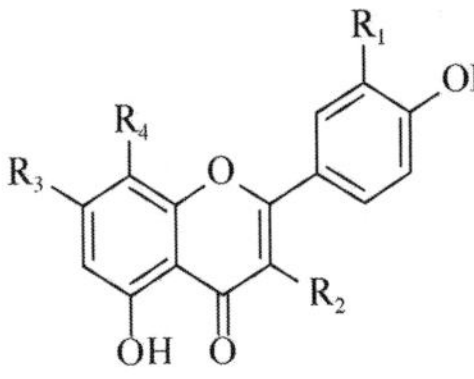

	R_1	R_2	R_3	R_4
13	OH	OGluA-GluA	OH	H
19	OH	ORham	OH	H
21	H	H	OGluA	OCH_3

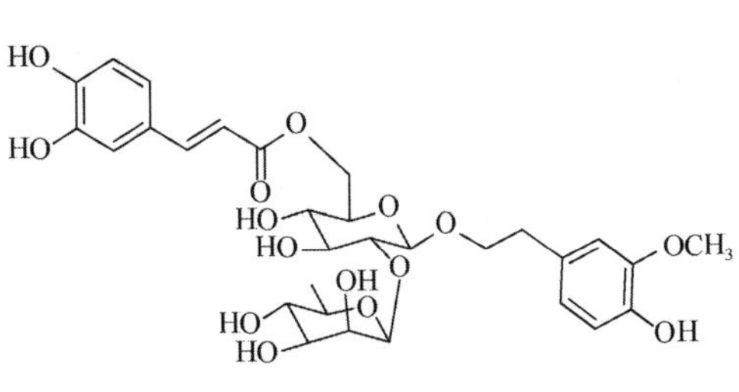

22

图 2-1-30 马鞭草药材中化学成分结构式

表 2-1-7 马鞭草药材中化学成分的结构鉴定

序号	保留时间（min）	$[M-H]^-$（*m/z*）	$[M+Na]^+$（*m/z*）	MS/MS（*m/z*）	分子式	化合物
1	5.5	191.0192		$215[M+Na]^+$	$C_6H_8O_7$	Citric acid（柠檬酸）
2	15.9	461.1685	463.1779	$485[M+Na]^+$，$257[M-44-162]^+$，$239[M-44-162-H_2O]^+$	$C_{20}H_{30}O_{15}$	5-hydroxyl-8-propionyloxyverbenalin（5-羟基-8-丙酰氧基马鞭草苷）
3	17.4	389.1105	391.1247	$413[M+Na]^+$，$211[M+H-Glu-H_2O]^+$	$C_{16}H_{22}O_{11}$	6-Hydroxyverbenalin（6-羟基马鞭草苷）
4	18.9	487.1480	489.1391	$511[M+Na]^+$，$325[M+H-164]^+$，$163[M+H-164-Glu]^+$	$C_{24}H_{24}O_{11}$	*p*-Coumaroyl-（6-*O*-caffeoyl）-glucoside[对香豆酰-（6-氧-咖啡酸）-葡萄糖苷]
5	23.3	403.1273	405.1208	$427[M+Na]^+$，$243[M+H-Glu]^+$，$225[M+H-Glu-H_2O]^+$，$207[M+H-Glu-2H_2O]^+$，$193[M+H-Glu-2H_2O-14]^+$	$C_{17}H_{24}O_{11}$	Hastatoside（戟叶马鞭草苷）*
6	24.6	389.1440	391.0941	$211[M+H-Glu-H_2O]^+$，$179[M+H-Glu-2H_2O-14]^+$	$C_{17}H_{26}O_{10}$	3, 4-dihydroverbenalin（3, 4-二氢马鞭草苷）
7	25.9	387.1375	389.1462	$227[M+H-Glu]^+$，$195[M+H-Glu-2H_2O-14]^+$，180，139	$C_{17}H_{24}O_{10}$	Verbenalin（马鞭草苷）*
8	30.7	639.1924	663.1939 $[M+Na]^+$	$477[M+H-Rham-H_2O]^+$，$325[M+H-Rham-H_2O-152]^+$，$163[M+H-Rham-H_2O-152-Glu]^+$	$C_{29}H_{36}O_{15}$	*β*-hydroxyverbascoside（*β*-羟基马鞭草苷）
9	31.2	639.1934	663.1935 $[M+Na]^+$	$477[M+H-Rham-H_2O]^+$，$325[M+H-Rham-H_2O-152]^+$，$163[M+H-Rham-H_2O-152-Glu]^+$	$C_{33}H_{40}O_{17}$	*β*-hydroxyisoverbascoside（*β*-羟基异马鞭草苷）
10	31.6	637.1089	639.1224	$411[M+H-GlcA]^+$，$287[M+H-GlcA\times2]^+$	$C_{27}H_{26}O_{18}$	Luteolin7-*O*-diglucuronide（木犀草素-7-氧-二葡萄糖苷酸）
11	32.4	637.1096	639.1197	$463[M+H-GlcA]^+$，$287[M+H-GlcA\times2]^+$	$C_{27}H_{26}O_{18}$	Scutellarein 7-*O*-diglucuronide（野黄芩素-7-氧-二葡萄糖苷酸）
12	33.1	813.1442	815.1576	$625[M+H-ferulic\ acid]^+$，$351[GlcA\times2]$	$C_{44}H_{30}O_{16}$	Scutellarein-7-*O*-（2-*O*-feruloyl）-diglucuronide（野黄芩素-7-氧-（2-氧-阿魏酸）-二葡萄糖苷酸）
13	35.2	477.0681	479.0833	$303[M+H-GlcA]^+$	$C_{21}H_{18}O_{13}$	Quercetin-7-*O*-glucuronide（槲皮素-7-氧-葡萄糖苷酸）
14	36.6	621.1085	623.1283	$447[M+H-GlcA]^+$，$271[M+H-GlcA\times2]^+$	$C_{27}H_{26}O_{17}$	Apigenina-7-*O*-diglucuronide（芹糖基-7-氧-二葡萄糖苷酸）

续表

序号	保留时间（min）	[M−H]⁻（m/z）	[M+Na]⁺（m/z）	MS/MS（m/z）	分子式	化合物
15	38.0	623.1984	647.2020 [M+Na]⁺	625[M+H]⁺，477[M+H−Rham]⁺，325[M+H−Rham−152]⁺	$C_{29}H_{36}O_{15}$	Verbascoside（毛蕊花糖苷）*
16	40.5	623.1998	647.1997 [M+Na]⁺	477[M+H−Rham]⁺，325[M+H−Rham−152]⁺	$C_{29}H_{36}O_{15}$	Isoverbascoside（异毛蕊花糖苷）
17	40.5	461.0729	463.0897	287[M+H−GlcA]⁺	$C_{21}H_{18}O_{12}$	Luteolin-7-*O*-glucuronide（木犀草素-7-氧-葡萄糖苷酸）
18	43.1	637.2190	661.2139 [M+Na]⁺	485[M+H−154]⁺，339[M+H− 154−Rham]⁺，177[M+H−154−Rham−Glu]⁺		Methoxyverbascoside(甲氧基毛蕊花糖苷)
19	43.9	329.0728	331.0715		$C_{17}H_{14}O_7$	7-methoxyisohamnetin（7-甲氧基-异鼠李素）
20	46.1	445.0751	447.0942	271[M+H−GlcA]⁺	$C_{21}H_{18}O_{11}$	Apigenina-7-*O*-glucuronide（芹糖基-7-氧-葡萄糖苷酸）
21	47.2	475.0892	477.1056	301[M+H−GlcA]⁺		4′-hydroxywogonin-7-*O*-glucuronide（4′-羟基次黄芩素-7-氧-葡萄糖苷酸）
22	49.9	651.2371	675.2320 [M+Na]⁺	485[M+H−168]⁺，339[M+H−168−Rham]⁺，177[M+H−168−Rham− Glu]⁺	$C_{31}H_{40}O_{15}$	Epimeridinoside A（广防风苷 A）

*通过对照品指认

3.2.6 败酱草药材液质分析结果

图 2-1-31 为败酱草药材的供试品 HPLC-TOF-MS 正负总离子流色谱图。共检测出 25 个离子峰，识别了其中 21 种化合物，包括其中包括 4 个环烯醚萜类成分，2 个香豆素类成分，5 个黄酮苷类成分，6 个木脂素类成分和 4 个三萜类成分（图 2-1-32）。其中 1、6、7、12、13 和 20 号色谱峰为首次从该种植物中分析鉴定。各化合物的分子质量、多级质谱信息见表 2-1-8。

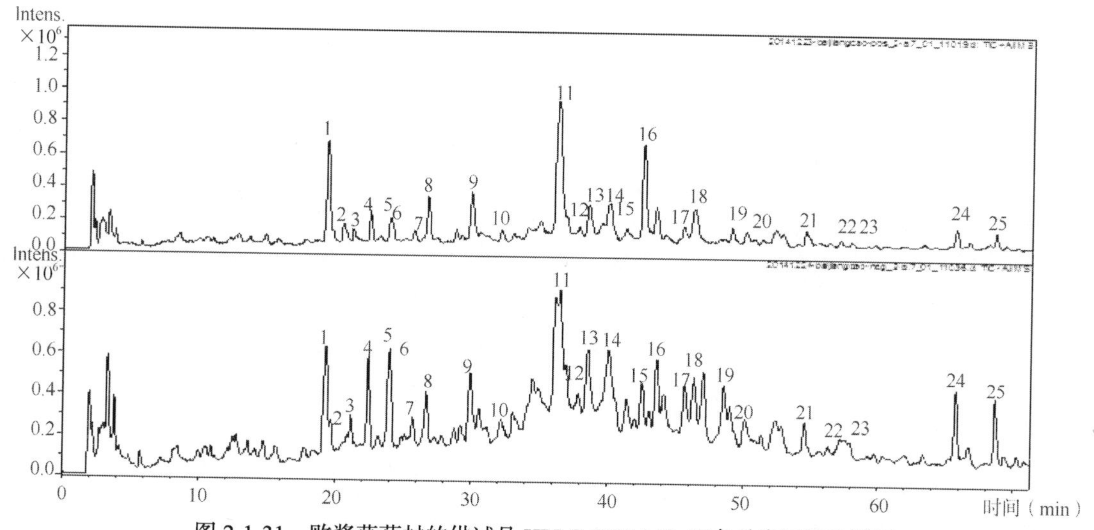

图 2-1-31 败酱草药材的供试品 HPLC-TOF-MS 正负总离子流色谱图

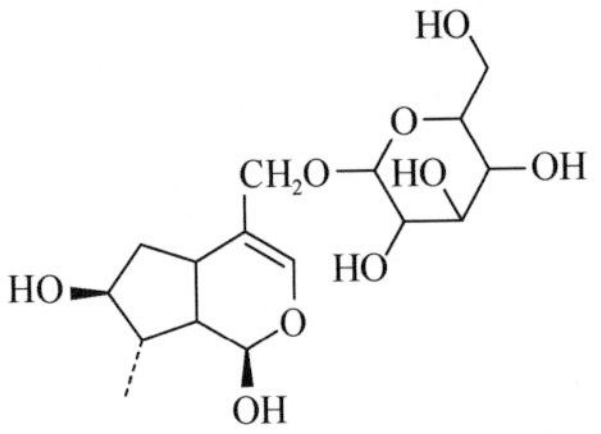

1 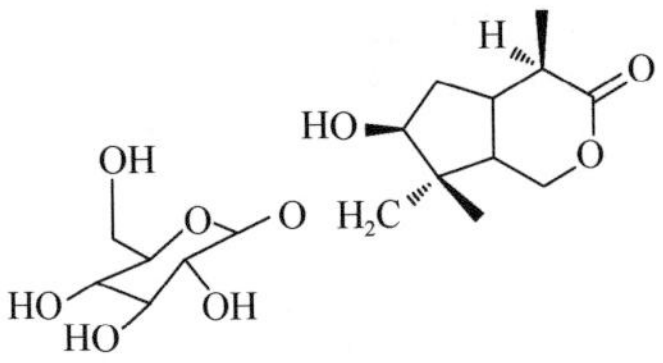　3 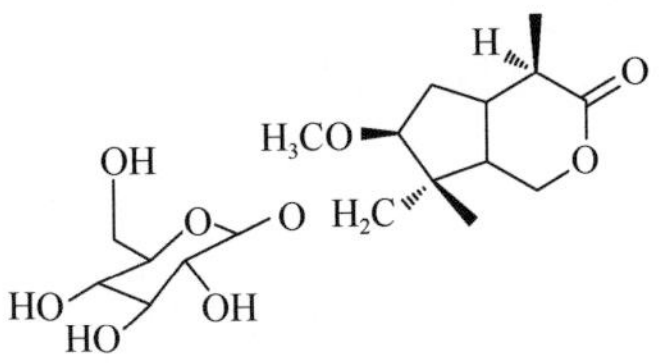　4

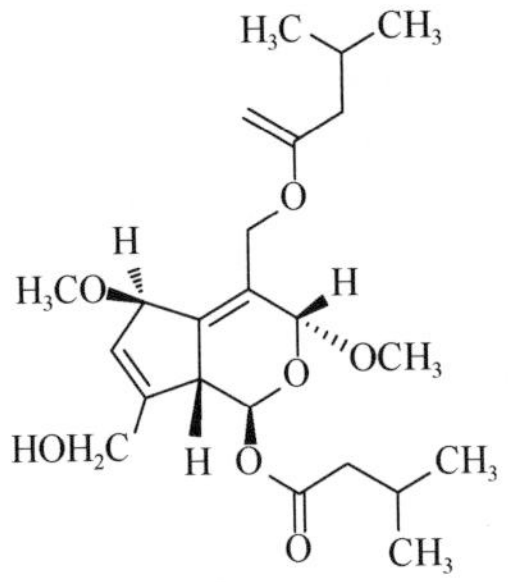

5 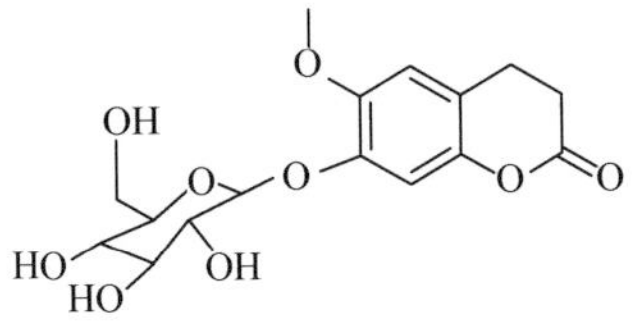　6 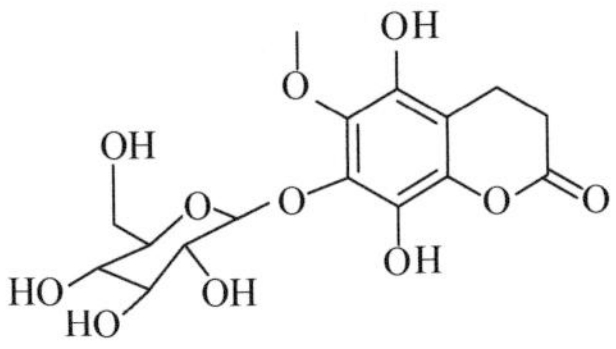　7

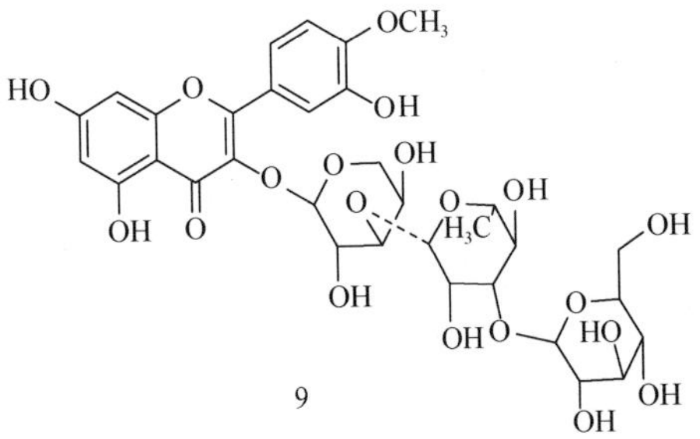

9 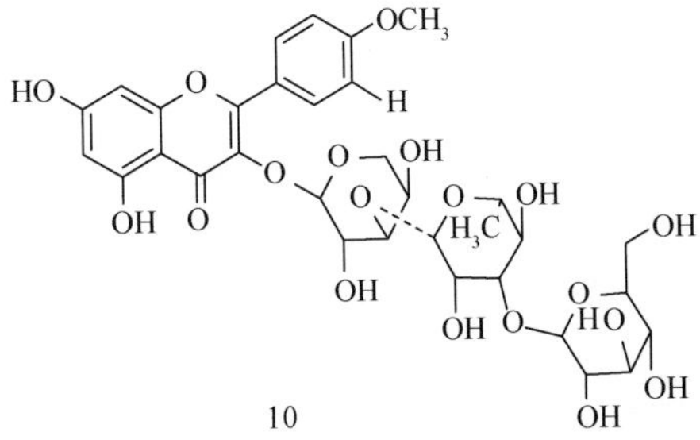　10

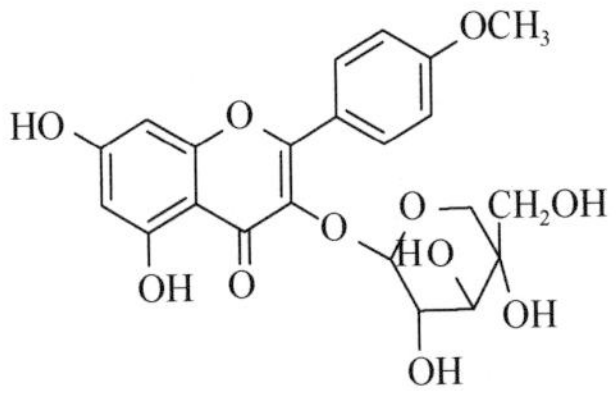

11 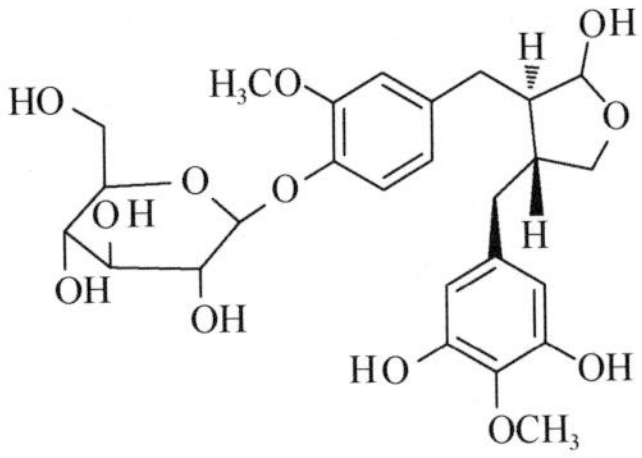　12

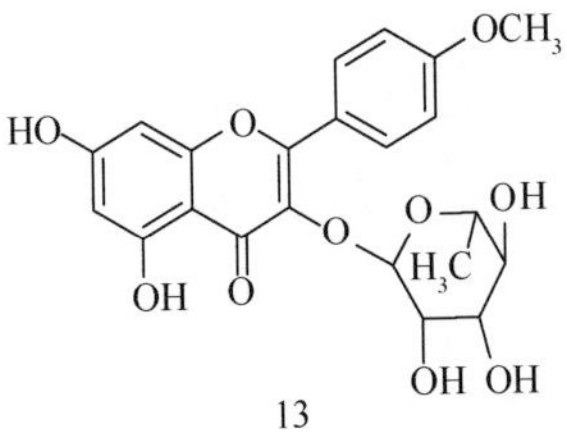

13 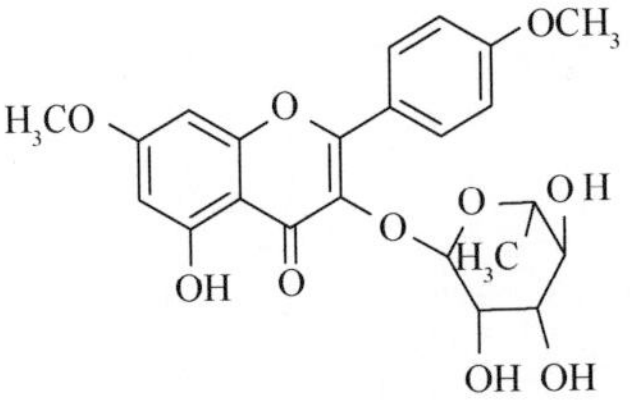　14 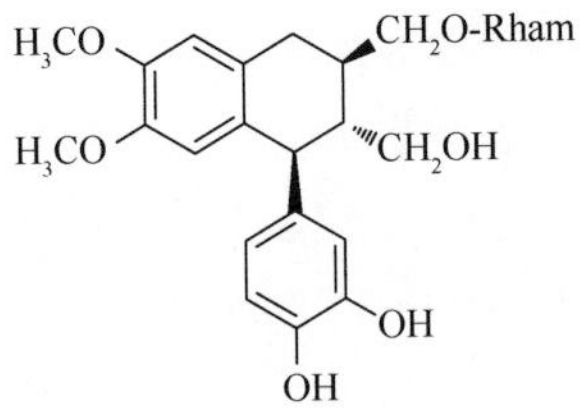　15

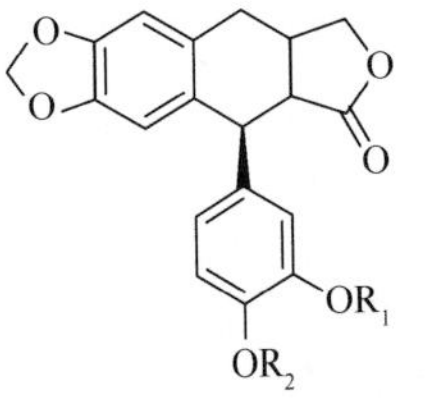

16　R_1=CH_3　R_2=Glu

17　R_1=Glu　R_2=CH_3

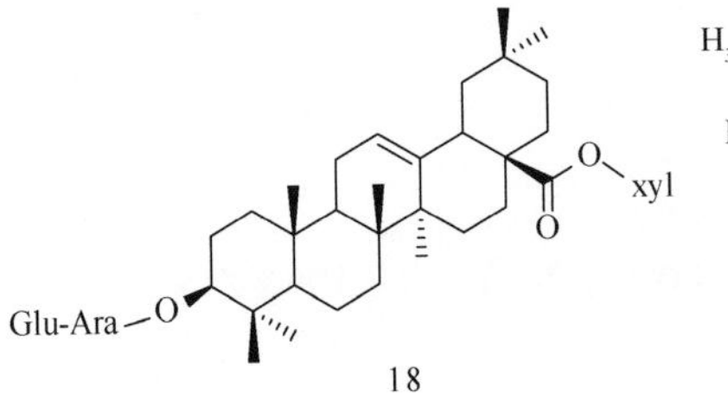

18 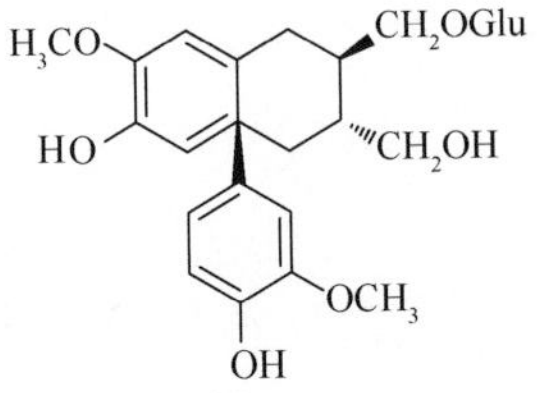　19

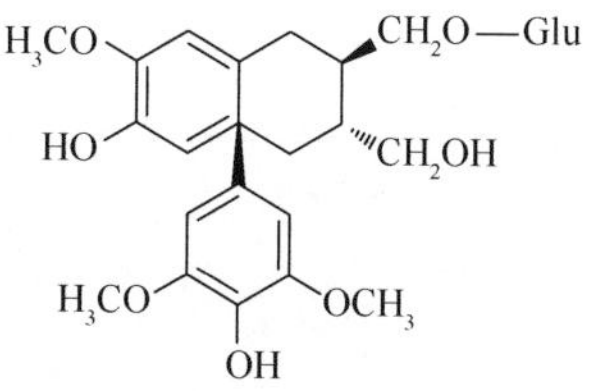

图 2-1-32　败酱草药材中化学成分结构式

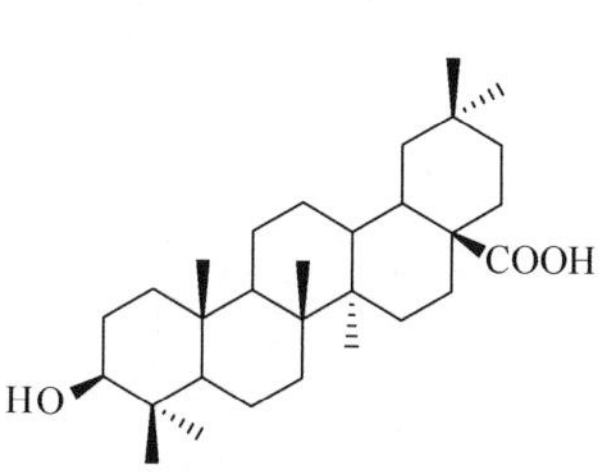

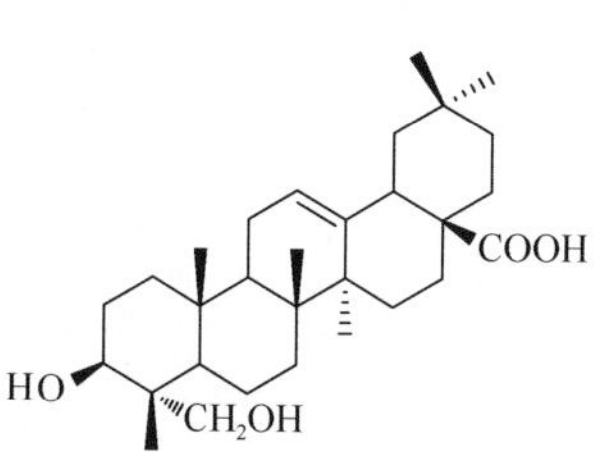

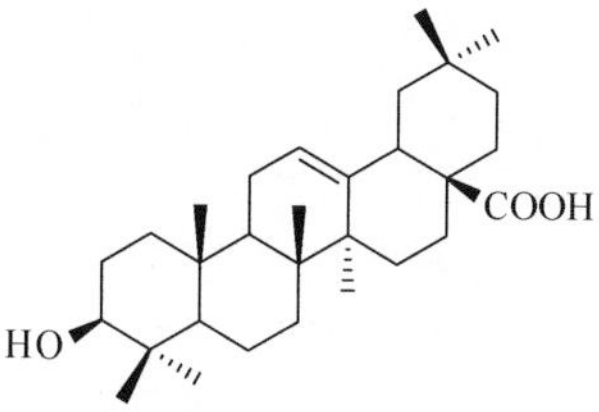

表 2-1-8　败酱草药材中化学成分的结构鉴定

序号	保留时间（min）	$[M-H]^-$（*m/z*）	$[M+H]^+$（*m/z*）	MS/MS（*m/z*）	分子式	化合物
1	19.3	361.1629	385.1543 $[M+Na]^+$	747$[2M+Na]^+$，223$[M+Na-Glu]^+$	$C_{16}H_{26}O_9$	Dehydroxy patrinoside(二羟基败酱苷)
2	20.5		223.0948		—	Unknown
3	21.2	375.1723	377.1488	215$[M+H-Glc]^+$	$C_{17}H_{28}O_9$	Patriscabrolside Ⅱ
4	22.5	389.1300	391.1300	413$[M+Na]^+$，229$[M+H-Glc]^+$	$C_{18}H_{30}O_9$	Methyl patriscabrolside Ⅱ
5	23.9	425.1837	427.1949	449$[M+Na]^+$	$C_{24}H_{38}O_6$	Patridoid Ⅰ
6	23.9	353.1053	355.1062	377$[M+Na]^+$，193$[M+H-Glc]^+$	$C_{16}H_{20}O_9$	Scopoletin glucoside（东莨菪亭葡萄糖苷）
7	25.7	385.1038	387.1076	409$[M+Na]^+$，207$[M+H-H_2O-Glu]^+$	$C_{16}H_{20}O_{11}$	Dihydroxy Scopoletin glucoside（二羟基东莨菪亭葡萄糖苷）
8	26.7		717.2730	638，605，515，359，197，127	$C_{18}H_{30}O_8$	Unknown
9	29.9	755.2427	757.2322	611$[M+H-Rham]^+$，449$[M+H-Rham-Glu]^+$	$C_{33}H_{40}O_{20}$	3′-hydroxyKaempferide-3-*O*-rhamnosyl-glucosyl-1-3-arabinoside（3′-羟基山柰素-3-氧-鼠李糖-葡糖基-1-3-阿拉伯糖苷）
10	32.1	739.2462	741.2347	595$[M+H-Rham]^+$，433$[M+H-Rham-Glu]^+$	$C_{33}H_{40}O_{19}$	Kaempferide-3-*O*-rhamnosyl-glucosyl-1-3-arabinoside（山柰素-3-氧-鼠李糖-葡糖基-1-3-阿拉伯糖苷）
11	36.9	507.2360 $[M+HCOO]^-$	463.1070	485$[M+Na]^+$，301$[M+H-Glu]^+$	$C_{22}H_{22}O_{11}$	Kaempferide-3-*O*-Glucoside(山柰素-3-氧-葡萄糖苷)
12	37.8	537.2143	539.2178	499$[M+H-CH_2O]^+$，337$[M+H-Glu]^+$，319$[337-H_2O]^+$，163$[327-156]^+$	$C_{26}H_{34}O_{12}$	Hydroxydi hydro matairesinoside（羟基双氢穗罗汉松树脂酚苷）
13	38.5	491.2389 $[M+HCOO]^-$	447.1337	469$[M+Na]^+$，301$[M+H-Rham]^+$	$C_{22}H_{22}O_{10}$	Kaempferide-3-*O*-Rhamnose（山柰素-3-氧-鼠李糖苷）
14	40.0	45913889	461.1425	483$[M+Na]^+$，315$[M+H-Glu]^+$	$C_{23}H_{24}O_{10}$	7-Methoxy-Kaempferide-3-*O*-Rhamnose（7-甲基-山柰素-3-氧-鼠李糖苷）

续表

序号	保留时间（min）	$[M-H]^-$（m/z）	$[M+H]^+$（m/z）	MS/MS（m/z）	分子式	化合物
15	42.5	491.2023	493.2016	347$[M+H-Rham]^+$	$C_{25}H_{32}O_{10}$	Demethoxy Isolariciresinol-6-rhamnoside（去甲基异落叶松树脂醇-6-鼠李糖苷）
16	43.4	515.1468	517.1420	499$[M+H-H_2O]^+$，337$[M+H-H_2O-Glu]^+$	$C_{26}H_{28}O_{12}$	3, 4-亚甲二氧环-6, 6′-内酯环-3″-异落叶松树脂酚葡萄糖苷
17	45.4	515.1461	517.1411	499$[M+H-H_2O]^+$，337$[M+H-H_2O-Glu]^+$	$C_{26}H_{28}O_{12}$	3, 4-亚甲二氧环-6, 6′-内酯环-4″-异落叶松树脂酚葡萄糖苷
18	46.2	895.5102	897.5381	751$[M+H-Rham]^+$，735$[M+H-Glu]^+$，589$[M+H-Glu-Rham]^+$	$C_{47}H_{76}O_{16}$	3-*O*-*α*-*L*-arabinosyl-*β*-*D*-glucopynanosyl-28-xylosyl-28- oleanicaside ester
19	49.0	521.1939	545.1734 $[M+Na]^+$	383$[M+Na-Glu]^+$，219$[M+H-Glu-H_2O-124]^+$	$C_{26}H_{33}O_{11}$	Isolariciresinol-6-*O*-*β*-glucoside（异落叶松树脂醇-6-*O*-*β*-葡萄糖苷）
20	50.0	551.2043	553.1999	575$[M+Na]^+$，391$[M+Na-Glu]^+$，267$[M+H-Glu-H_2O-124]^+$	$C_{27}H_{36}O_{12}$	MethoxyIsolariciresinol-6-*O*-*β*-glucoside（甲氧基异落叶松树脂醇-6-*O*-*β*-葡萄糖苷）
21	54.4	457.3767	459.3745	481$[M+Na]^+$	$C_{30}H_{50}O_3$	Dihydro Ursolic Acid/Oleanic acid（双氢乌苏酸/齐墩果酸）
22	57.0	471.3511	473.3589		$C_{38}H_{48}O_4$	Hederagenin（常春藤皂苷元）
23	57.8	455.3729	457.3538		$C_{30}H_{48}O_3$	Ursolic Acid/Oleanic acid（乌苏酸/齐墩果酸）

3.2.7 芦根药材液质分析结果

图 2-1-33 分别为芦根药材的供试品 HPLC-TOF-MS 正负总离子流色谱图。共检测出 12 个离子流峰，辨识出 10 个化合物，包括 3 个生物碱，2 个酚酸，2 个木脂素，3 个其他类（图 2-1-34）。各化合物的分子质量、多级质谱及 PDA 光谱信息见表 2-1-9。

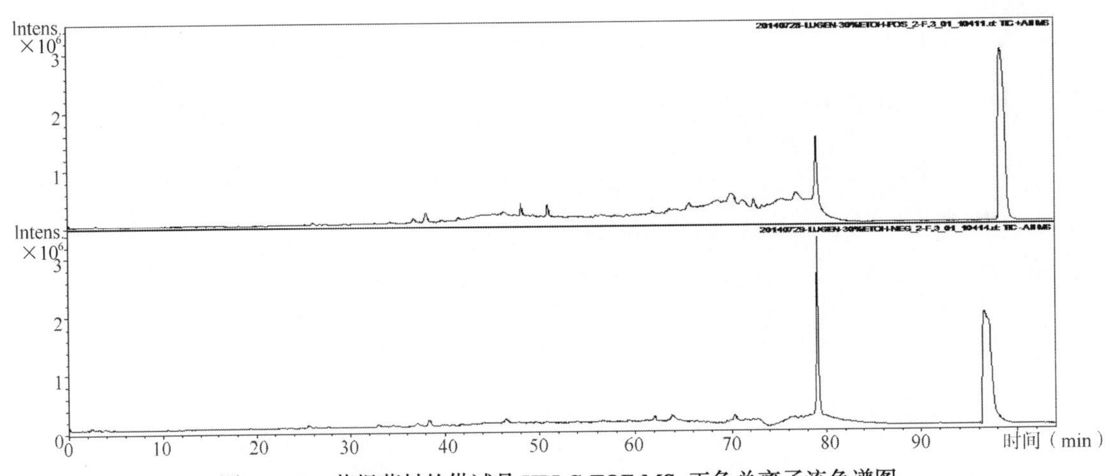

图 2-1-33 芦根药材的供试品 HPLC-TOF-MS 正负总离子流色谱图

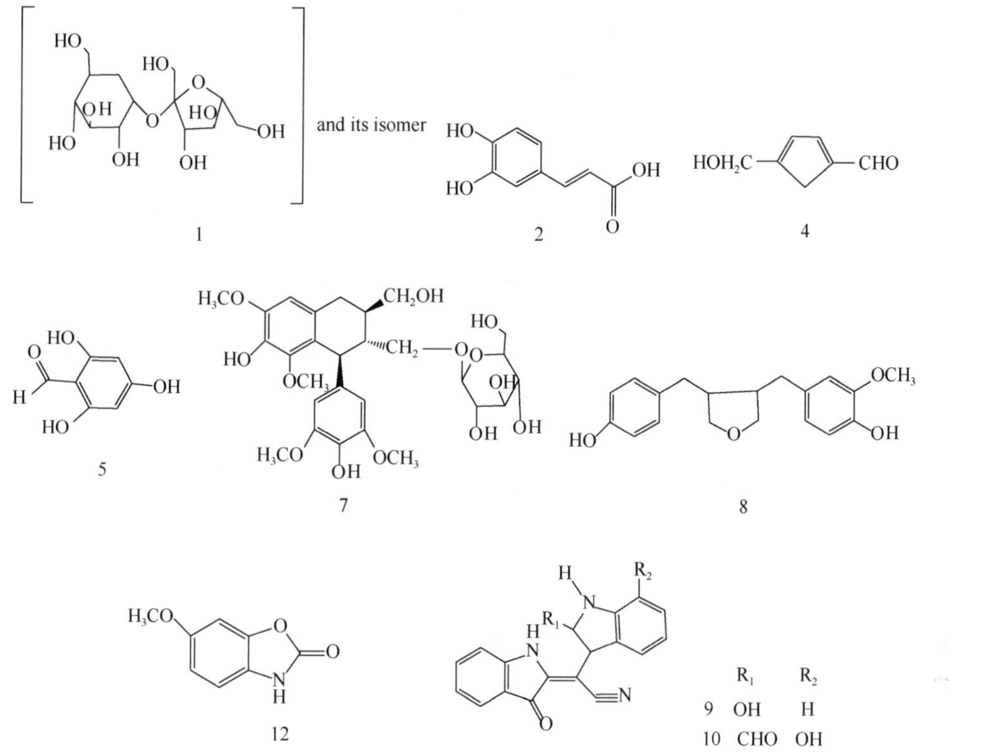

图 2-1-34　芦根药材中化学成分结构式

表 2-1-9　芦根药材中化学成分的结构鉴定

序号	保留时间（min）	[M–H]⁻（*m/z*）	[M+Na]⁺（*m/z*）	MS/MS（*m/z*）	分子式	化合物
1	3.0	341.1113		203[M+Na–Glc]⁺	$C_{12}H_{22}O_{11}$	Sucrose and its isomer（蔗糖及其异构体）
2	3.2	179.0344	203.0561		$C_9H_8O_4$	Cafferic acid（咖啡酸）
3	26.0	419.1569			$C_{22}H_{28}O_8$	Lyoniresinol（南烛木树脂酚）
4	36.8	123.0078	147.0465		$C_6H_6O_3$	5-Hydroxymethylfurfural（5-羟甲基糠醛）
5	38.2	153.0197			$C_7H_6O_4$	Trihydroxybenzaldehyde（三羟基苯甲醛）
6	39.9	439.1127				Unknown
7	43.9	581.2258	605.2267		$C_{28}H_{38}O_{13}$	Lyoniresinol-9′-*O*-glucoside（南烛木树脂酚-9′-*O*-葡萄糖苷）
8	46.3	329.2362	353.1529		$C_{18}H_{34}O_5$	Demethoxy-Indigoticalignane A（去甲氧基苯蓝木纤维质 A）
9	48.1	302.0922			$C_{18}H_{13}N_3O_2$	2-[（2′-hydroxy-2′，3′-dihydryo-3′-indole）cyanomethylene]-3-indolinone
10	50.9	330.0883			$C_{19}H_{13}N_3O_3$	2-[（2′-formyl-2′，3′-dihydryo-7′-hydroxy-3′-indole）cyanomethylene]-3-indolinone
11	59.2	603.2773				Unknown
12	72.4	164.0341			$C_8H_7NO_3$	Coixol（薏苡素）

3.2.8　甘草药材液质分析结果

图 2-1-35 为甘草药材的供试品 HPLC-TOF-MS 正负总离子流色谱图。共识别了 44 个色谱峰，通过质谱裂解规律的分析并结合文献对照，鉴定了 40 种化合物，包括 26 个黄酮类成分，

11 个三萜皂苷类成分，2 个香豆素类化合物和 1 个其他类化合物（图 2-1-36）。各化合物的精确分子质量、多级质谱及 PDA 光谱信息见表 2-1-10。其中有 3 种化合物采用对照品进行确认。

图 2-1-35　甘草药材供试品 UPLC-TOF-MS 正负总离子流色谱图

1

3

4

5

6

7

8

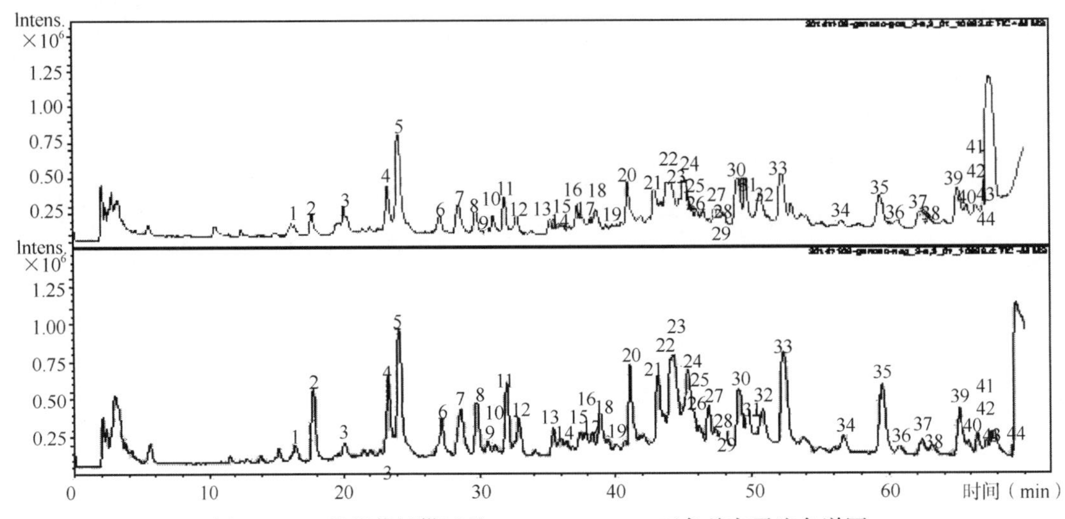

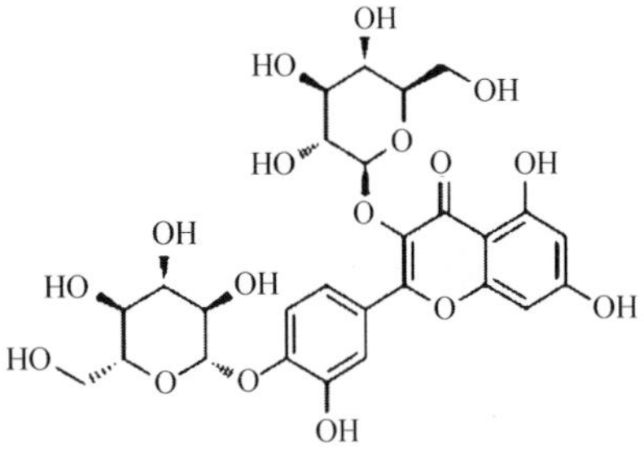

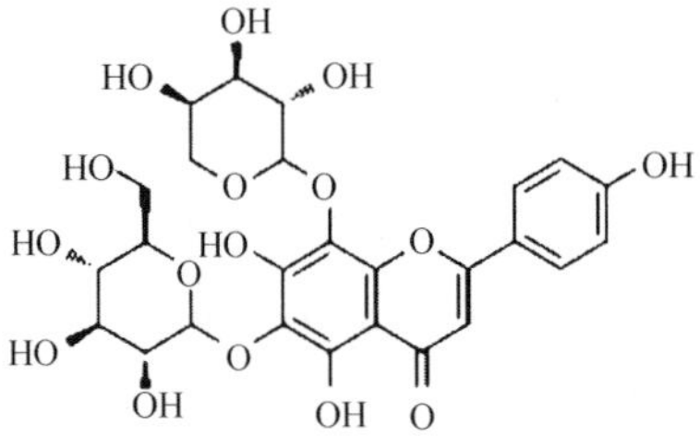

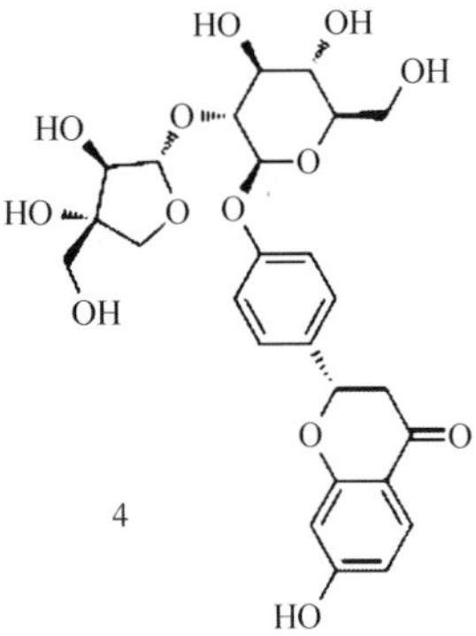

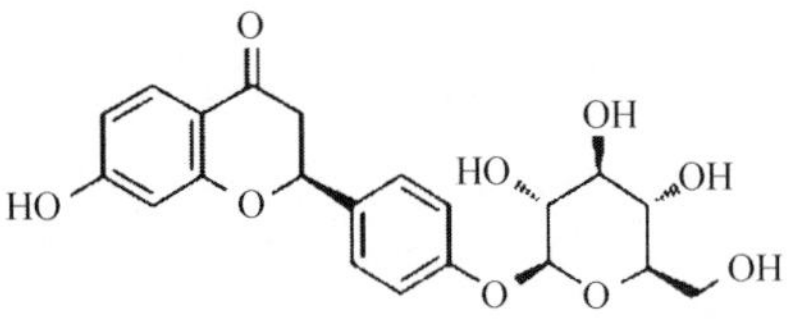

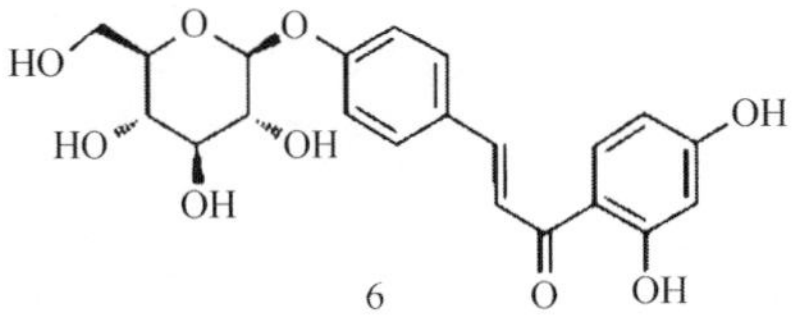

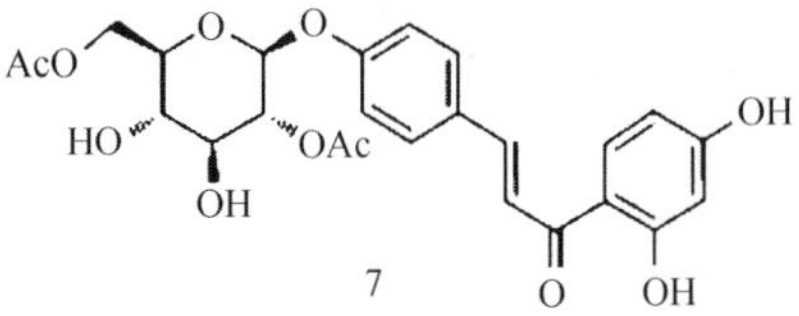

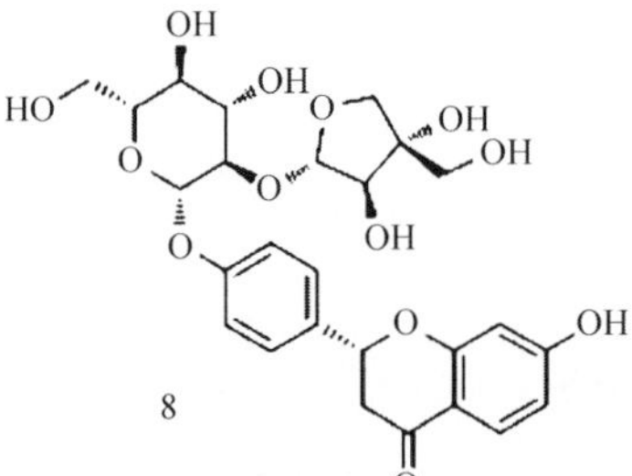

9　10

11　12

13

14　15　16

17　18

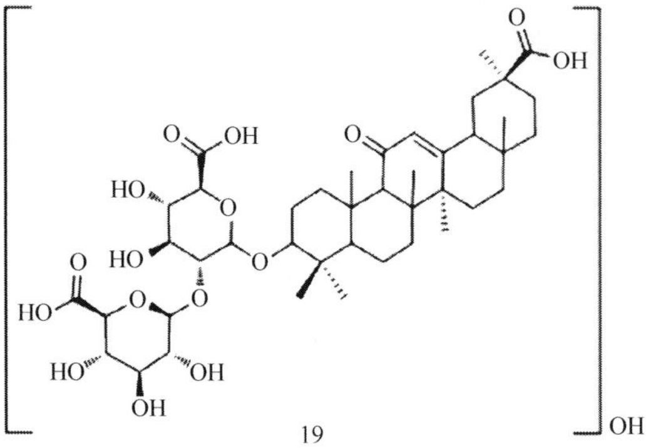

19

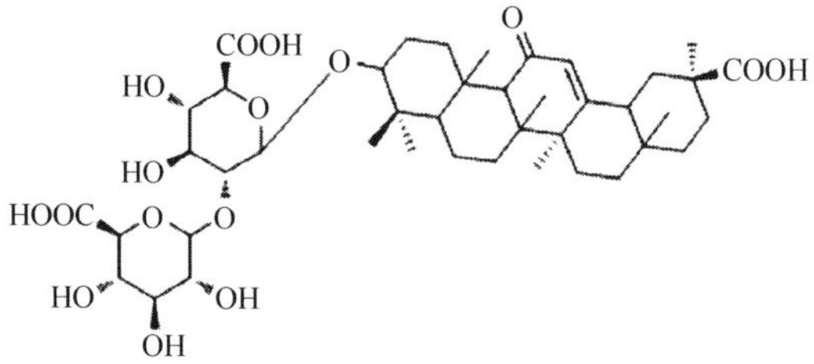

21

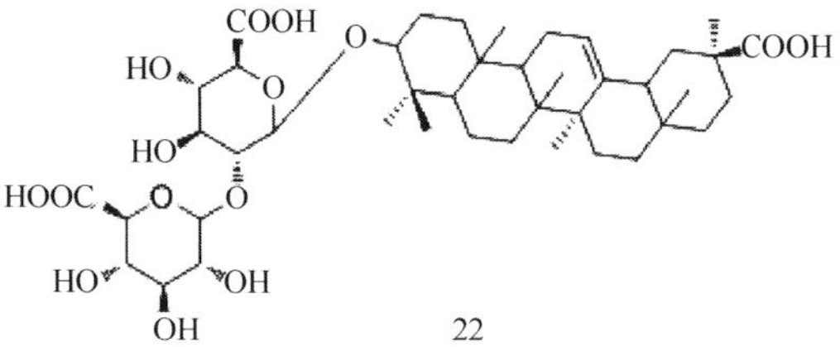

22

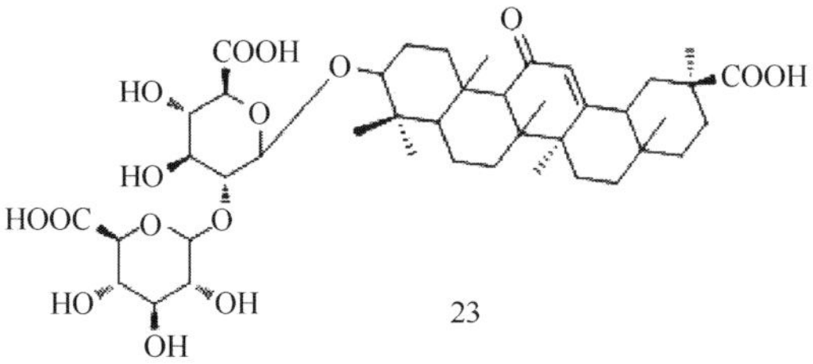

23

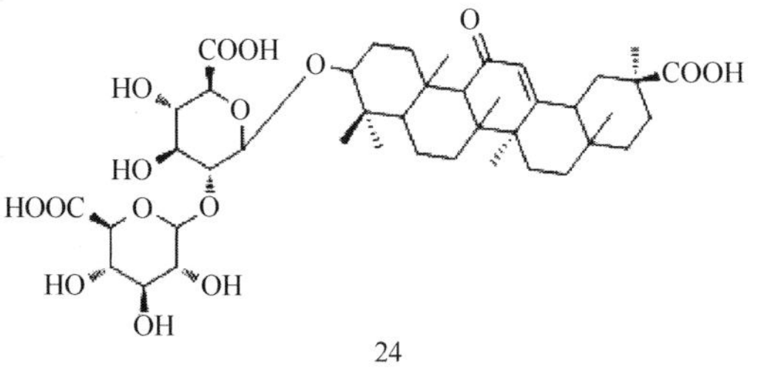

24

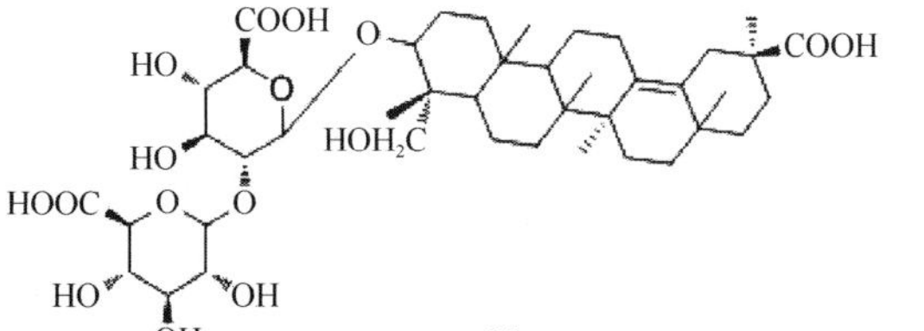

25

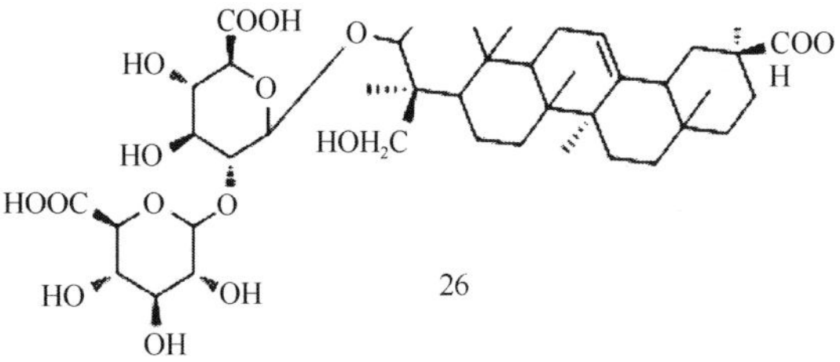

26

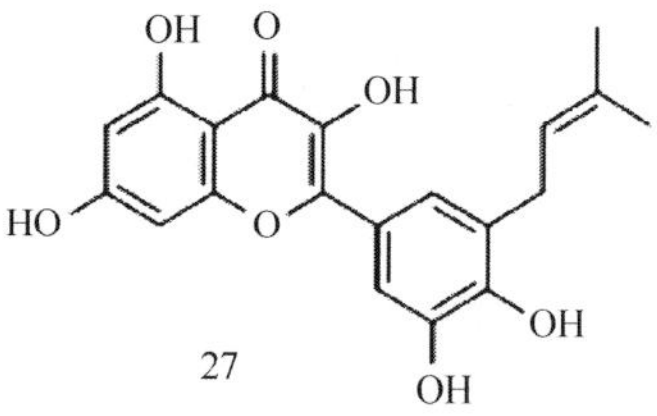

27

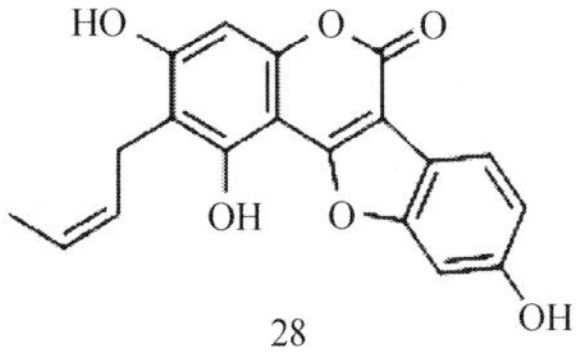

28

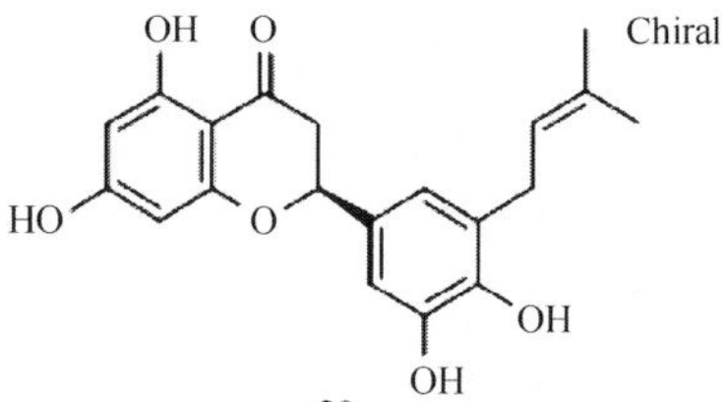

29

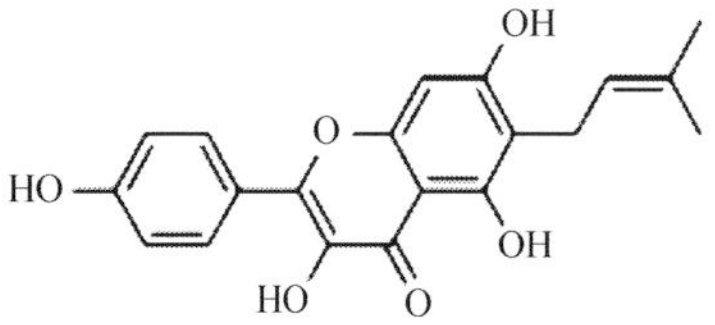

30

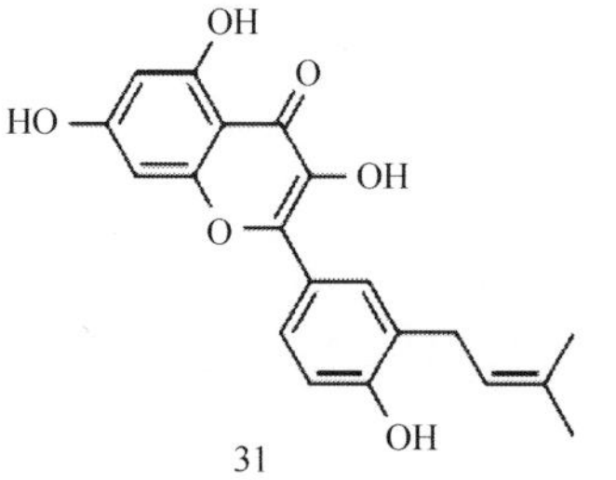

31

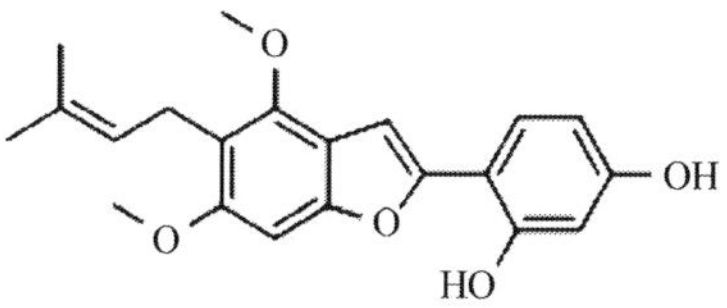

32

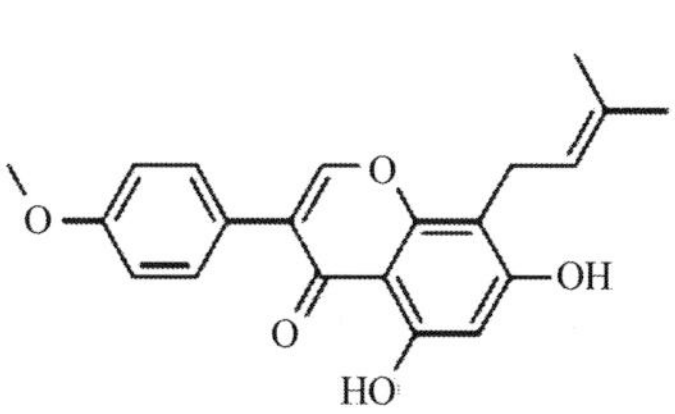

33

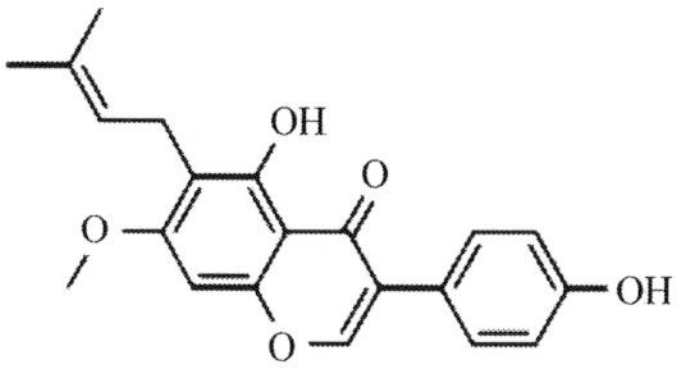

34

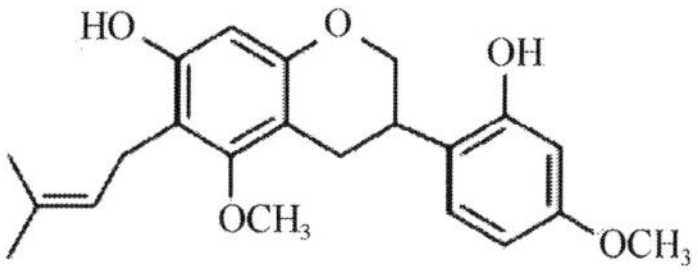

35

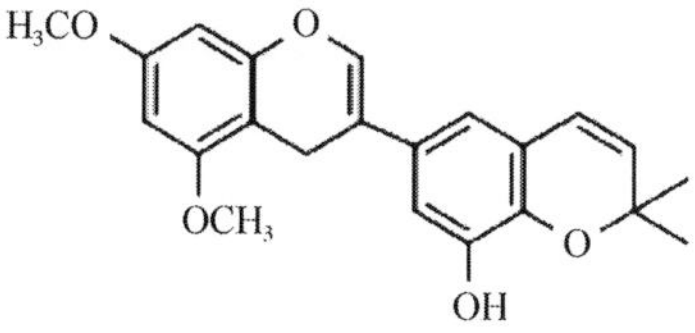

36

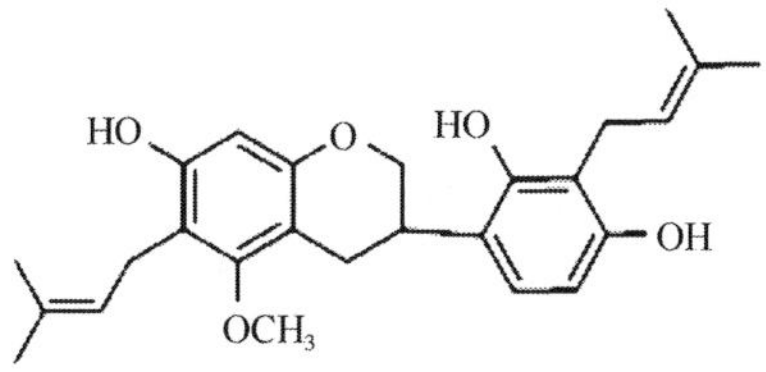

38

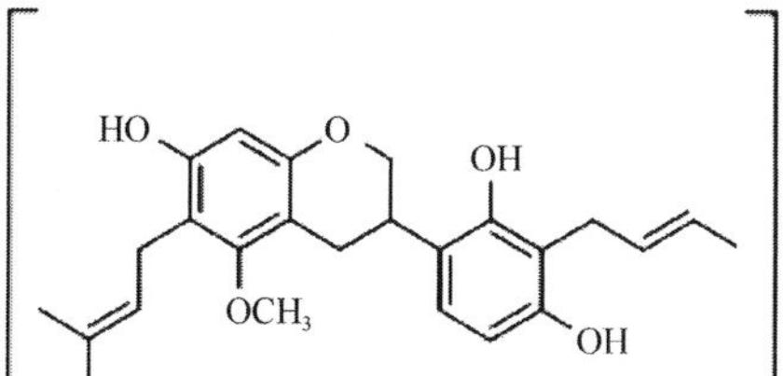

37 and 39

and its isomer

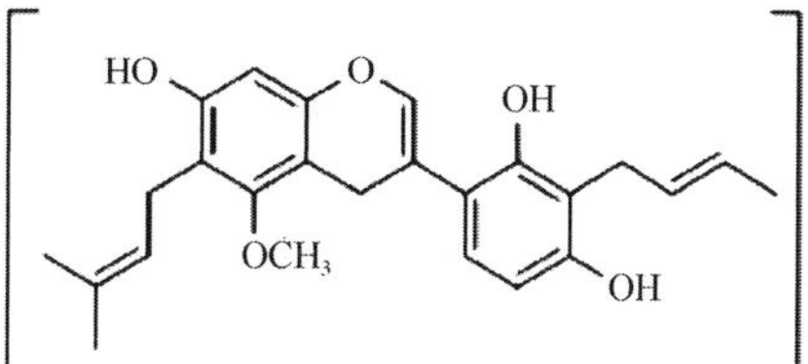

40 and 41

and its isomer

图 2-1-36　甘草药材中化学成分结构式

表 2-1-10　甘草药材中化学成分的结构鉴定

序号	保留时间（min）	$[M-H]^-$（m/z）	$[M+H]^+$（m/z）	MS/MS（m/z）	分子式	化合物
1	16.4	711.2170	735.2274 $[M+Na]^+$	603$[M+Na-Api]^+$, 419$[M+H-Api-Glu]^+$, 419$[M+H-Api-Glu\times2]^+$	$C_{32}H_{40}O_{18}$	Apiosylliquiritigenin-7，4′-diglucoside（芹糖基甘草素-7，4′-二葡糖苷）
2	17.7	209.0463				Unknown
3	20.1	563.1428	587.1408 $[M+Na]^+$	403$[M+H-Glu]^+$，271$[M+H-Glu-Ara]^+$	$C_{26}H_{28}O_{14}$	Schaftoside（夏佛塔苷）
4	23.3	549.1680	573.1637 $[M+Na]^+$	419$[M+H-Api]^+$，257$[M+H-Api-Glu]^+$	$C_{26}H_{30}O_{13}$	Liquiritigenin-4′-apiosyl（1→2）-glucoside（甘草素-4′-芹糖基（1→2）-葡萄糖苷）
5	24.1	417.1210	441.1268 $[M+Na]^+$	257$[M+H-Glu]^+$	$C_{21}H_{22}O_9$	Liquiritin（甘草苷）
6	27.2	417.1203	419.1322	257$[M+H-Glu]^+$	$C_{21}H_{22}O_9$	Isoliquiritin（异甘草苷）
7	28.6	503.1273	505.1216	257$[M+H-Glu-acetyl\times2]^+$	$C_{24}H_{24}O_{12}$	5-hydroxyliquiritigenin-6′-acetyl-glucuronide（5-羟基甘草素-6′-乙酰基-葡糖甘酸）
8	29.8	549.1642	551.1677	419$[M+H-Api]^+$，257$[M+H-Api-Glu]^+$	$C_{26}H_{30}O_{13}$	Apiosyl-liquiritin（芹糖基-甘草苷）
9	30.6	549.1532	551.1677	419$[M+H-Api]^+$，257$[M+H-Api-Glu]^+$	$C_{26}H_{30}O_{13}$	Apiosyl-isoliquiritin（芹糖基-异甘草苷）

续表

序号	保留时间（min）	$[M-H]^-$（m/z）	$[M+H]^+$（m/z）	MS/MS（m/z）	分子式	化合物
10	31.1	475.1123 $[M+HCOO]^-$	431.1220	269$[M+H-Glu]^+$	$C_{22}H_{22}O_9$	6-methoxyflavone-4′-glucoside（6-甲氧基黄酮-4′-葡萄糖苷）
11	32.0	417.1273	419.1324	257$[M+H-Glu]^+$	$C_{21}H_{22}O_9$	Neoliquiritin（新甘草黄苷）
12	32.9	417.1261	419.1324	257$[M+H-Glu]^+$	$C_{21}H_{22}O_9$	Neoisoliquiritin（新异甘草黄苷）
13	35.9	823.4054	825.4262	649$[M+H-GlcA]^+$，473$[M+H-GlcA\times2]^+$，455$[487-H_2O]^+$，287	$C_{42}H_{64}O_{16}$	Hydrogllycyrrheric acid（双氢甘草酸）
14	37.4	267.0353	539.0324 $[2M+H]^+$		$C_{15}H_8O_5$	Coumestrol（香豆素）
15	37.8	255.0658	257.0727	137$[M+H-120]^+$	$C_{15}H_{12}O_4$	Liquiritigenin（甘草素）
16	38.3	255.0702	257.0727	137$[M+H-120]^+$	$C_{15}H_{12}O_4$	Isoliquiritigenin（异甘草素）
17	38.9	853.3888	855.3964	679$[M+H-GlcA]^+$，503$[M+H-GlcA\times2]^+$，467$[503-H_2O\times2]^+$	$C_{42}H_{62}O_{18}$	Dihydroxy Glycyrrhetic acid（二羟基甘草酸）
18	40.9	837.3851	839.3951	663$[M+H-GlcA]^+$，487$[M+H-GlcA\times2]^+$，469$[487-H_2O]^+$	$C_{42}H_{62}O_{17}$	Licoricesaponin G（甘草皂苷 G）
19	43.1	837.3955	839.3954	663$[M+H-GlcA]^+$，487$[M+H-GlcA\times2]^+$，469$[487-H_2O]^+$	$C_{42}H_{62}O_{17}$	Hydroxy glycyrrhizic acid（羟基甘草酸）
20	43.5	837.3948	839.3954	663$[M+H-GlcA]^+$，487$[M+H-GlcA\times2]^+$，469$[487-H_2O]^+$	$C_{42}H_{62}O_{17}$	Hydroxy glycyrrhizic acid（羟基甘草酸）
21	43.9	821.3927	809.4368	647$[M+H-GlcA]^+$，471$[M+H-GlcA\times2]^+$，304，262，208	$C_{42}H_{62}O_{16}$	glycyrrhizic acid（甘草酸）
22	44.8	807.4299	823.4057	633$[M+H-GlcA]^+$，457$[M+H-GlcA\times2]^+$	$C_{42}H_{64}O_{15}$	Licoricesaponin B（甘草皂苷 B）
23	45.3	821.3921	823.3992	647$[M+H-GlcA]^+$，471$[M+H-GlcA\times2]^+$	$C_{42}H_{62}O_{16}$	Uralsaponin B（乌拉尔甘草皂苷 B）
24	45.7	821.3923	823.3992	647$[M+H-GlcA]^+$，471$[M+H-GlcA\times2]^+$	$C_{42}H_{62}O_{16}$	Licoricesaponin H2（甘草皂苷 H2）
25	46.1	821.3936	823.3992	647$[M+H-GlcA]^+$，471$[M+H-GlcA\times2]^+$	$C_{42}H_{62}O_{16}$	Licoricesaponin K2（甘草皂苷 K2）
26	46.7	823.4069	825.4269	649$[M+H-GlcA]^+$，473$[M+H-GlcA\times2]^+$，455$[487-H_2O]^+$，289	$C_{42}H_{64}O_{16}$	Licoricesaponin J2（甘草皂苷 J2）
27	47.3	369.1062	393.1088 $[M+Na]^+$		$C_{20}H_{18}O_7$	Uralenol（乌拉尔醇）
28	49.0	367.1265	369.1254		$C_{21}H_{20}O_6$	Gancaonin N（甘草宁 N）
29	49.6	355.1185	357.1258		$C_{20}H_{20}O_6$	Uralenin（乌拉尔宁）
30	50.8	353.1108	355.1188		$C_{20}H_{18}O_6$	Licoflavonol（甘草黄酮醇）
31	52.3	353.1076	355.1210		$C_{20}H_{18}O_6$	Isolicoflavonol（异甘草黄酮醇）
32	56.6	353.0939	355.1237		$C_{20}H_{18}O_6$	Gancaonin L（甘草宁 L）
33	59.4	351.1205	353.1049		$C_{21}H_{20}O_5$	Gancaonin M（甘草宁 M）
34	60.7	351.1302	375.1315 $[M+Na]^+$		$C_{21}H_{20}O_5$	Gancaonin G（甘草宁 G）
35	62.4	369.1756	393.1726 $[M+Na]^+$		$C_{22}H_{26}O_5$	6-prenylated-2′, 7-diydroxy-5, 4′-dimethoxy flavone（6-异戊二烯基-2′, 7-二羟基-5, 4′-二甲氧基黄酮）
36	63.0	335.1318	359.1370 $[M+Na]^+$	313，205，129	$C_{21}H_{20}O_4$	5-Methoxyglabrone（5-甲氧基光果甘草酮）
37	65.1	423.2215	425.2255	221	$C_{26}H_{32}O_5$	Licoricidin and its isomer（甘草西定及其异构体）

续表

序号	保留时间（min）	[M−H]⁻（m/z）	[M+H]⁺（m/z）	MS/MS（m/z）	分子式	化合物
38	66.4	407.2339	431.2291 [M+Na]⁺	353，329	$C_{26}H_{32}O_4$	Dehyroxylicoricidin and its isomer（二羟基甘草西定及其异构体）
39	67.1	423.2216	425.2257		$C_{26}H_{32}O_5$	Licoricidin and its isomer（甘草西定及其异构体）
40	67.5	421.2079			$C_{26}H_{30}O_5$	Kanzonol J 及其异构体
41	67.7	421.2079			$C_{26}H_{30}O_5$	Kanzonol J 及其异构体

3.3　疏风解毒胶囊成分与各味药材归属分析

表 2-1-11 为疏风解毒胶囊成分与各味药材归属分析结果。

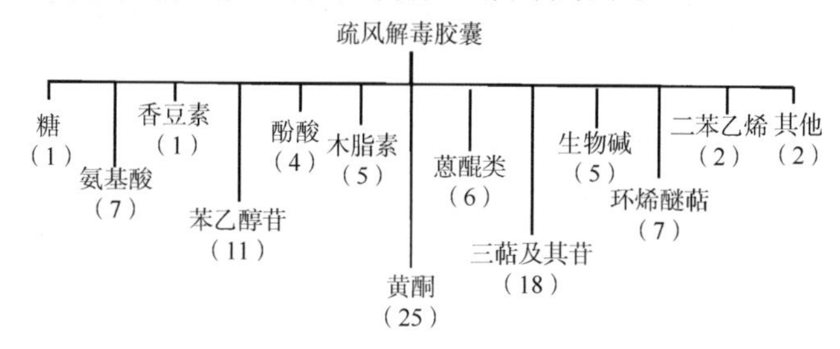

表 2-1-11　疏风解毒胶囊成分与各味药材归属分析结果

药材来源	复方中可识别的化合物的峰号	总计数目	成分类型
板蓝根	1，2，3，5，6，7，8，9，49，61，67，76，89，90	14	氨基酸和生物碱
虎杖	11，25，29，33，35，42，44，52，53，56，59，84	12	二苯乙烯、黄酮、蒽醌
甘草	30，32，43，45，54，55，57，63，65，66，69，73，74，75，80，81，85，86，88，91，92，96	21	黄酮、三萜及其苷类、香豆素
连翘	5，10，12，13，15，23，26，27，28，29，34，37，47，71，82，83，87，88	18	生物碱、苯乙醇苷、黄酮、木脂素和小分子化合物
柴胡	17，29，41，58，64，68，70，72	8	绿原酸类、黄酮、三萜及其苷类
败酱草	14，21，22，38，39，47，51，69，77，78，79，93，94，95	14	环烯醚萜、黄酮、木脂素、三萜及其苷类
马鞭草	16，18，19，20，24，31，36，40，46，60，62	11	环烯醚萜、苯乙醇苷、黄酮
芦根	4，48，50，61，67	5	生物碱、酚酸和木脂素

4. 小结与讨论

中药复方的体外化学成分群表征是其给药后体内吸收物质组确证及代谢过程研究的基础。基于超高效液相色谱串联四级杆-飞行时间质谱（UPLC-Q-TOF-MS）的全成分分析，具有高效率、高分辨率和高灵敏度的特点，能够得到丰富的化合物结构信息。

本部分研究采用 UPLC-Q-TOF-MS 方法，优化色谱、质谱分离检测条件，从疏风解毒胶囊 8 味原料药材中辨识出 174 个化合物。其中：从虎杖药材中辨识出 13 个化合物，包括 4 个二苯乙烯类化合物，5 个蒽醌类化合物，1 个黄酮类化合物，1 个酚酸类化合物，2 个决明松类化合物；从连翘药材中辨识出 25 个化合物，包括 12 个苯乙醇苷类化合物，8 个木脂素类化合物，5 个黄酮类化合物；从板蓝根药材中辨识出 22 个化合物，包括 8 个氨基酸类化合物，1 个生物碱类化合物，3 个糖类化合物，3 个木脂素类化合物，3 个黄酮类化合物和 4 个小分子酚酸类化合物；从柴胡药材中辨识出 21 个化合物，包括 3 个酚酸类化合物，4 个黄酮类化合物，15 个三萜皂苷类化合物；从马鞭草药材中辨识出 22 个化合物，包括 5 个环烯醚萜类，7 个苯丙素类化合物，9 个黄酮类化合物和 1 个小分子酸性化合物；从败酱草药材中辨识出 21 个化合物，包括 4 个环烯醚萜类化合物，2 个香豆素类化合物，5 个黄酮苷类化合物，6 个木脂素类化合物和 4 个三萜类化合物；从芦根药材中共辨识出 10 个化合物，包括 3 个生物碱类化合物，2 个酚酸类化合物，2 个木脂素类化合物，3 个其他类；从甘草药材中辨识出 40 个化合物，包括 26 个黄酮类化合物，11 个三萜皂苷类化合物，2 个香豆素类化合物和 1 个其他类。

从疏风解毒胶囊中共识别了 96 个离子流色谱峰，分析确定了其中 94 个化合物，包括环烯醚萜类化合物 7 个，苯乙醇苷类化合物 11 个，二苯乙烯类化合物 2 个，黄酮类化合物 25 个，木脂素类化合物 5 个，蒽醌类化合物 6 个，三萜及其苷类化合物 18 个，香豆素类化合物 1 个，生物碱类化合物 5 个，酚酸类化合物 4 个，氨基酸 7 个，糖类 1 个，其他小分子化合物 2 个。其中，12 个成分来源于虎杖药材、18 个成分来源于连翘药材、8 个成分来源于柴胡药材、14 个成分来源于板蓝根药材、11 个成分来源于马鞭草药材、14 个成分来源于败酱草药材、5 个成分来源于芦根药材、21 个成分来源于甘草药材。疏风解毒胶囊物质组的阐明为进一步阐释血中移行成分提供了研究基础。

第二节　疏风解毒胶囊血中移行成分研究

前期研究明确了疏风解毒胶囊的化学物质组，然而这些化学物质组不能等同于最终效应物质，大多数中药临床口服用药，原型药效物质需吸收入血才能发挥作用，质量控制应关联药物的最终“效应成分”。因此，原型化学物质组阐明之后，应进一步分析入血成分及其代谢产物。

本部分运用 UPLC-Q-TOF-MS 对疏风解毒胶囊制剂样品、大鼠给药血浆及空白血浆样品进行检测分析，通过比对三者色谱图的差异，锁定目标离子信号并分析其质谱裂解行为，成功地确定了口服给予疏风解毒胶囊后大鼠血浆中的吸收原型药物成分及其代谢产物。这项工作将有助于筛选疏风解毒胶囊中真正的活性成分，并为其药理作用机制的进一步研究奠定基础。

1. 仪器与材料

1.1 实验仪器

AB204-N 电子天平	德国 Mettler 公司
AS3120 超声仪	天津奥特赛恩斯仪器有限公司
VORTEX-5 涡旋混合器	海门市其林贝尔仪器制造公司
HAC-Ⅰ自动浓缩氮吹仪	天津市恒奥科技发展有限公司
3K15 高速冷冻离心机	德国 Sigma 公司
Finnpipette F2 微量移液器	美国 Thermo Scientific 公司
Oasis HLB 固相萃取柱	美国 Waters 公司
Acquity UPLC 超高效液相色谱	美国 Waters 公司
Xevo G2 Q-Tof 高分辨质谱	美国 Waters 公司
Acquity UPLC BEH C_{18} 色谱柱	美国 Waters 公司

1.2 试剂与试药

色谱纯乙腈	瑞典 Oceanpak 公司

色谱纯甲醇	瑞典 Oceanpak 公司
甲酸	德国 Merck 公司
纯净水	杭州娃哈哈集团有限公司
生理盐水	济宁辰欣药业股份有限公司
虎杖苷	南京春秋生物工程有限公司
白藜芦醇	南京春秋生物工程有限公司
大黄酸	南京春秋生物工程有限公司
大黄素	南京春秋生物工程有限公司
芒柄花黄素	成都曼思特生物科技有限公司
连翘苷	成都曼思特生物科技有限公司
连翘酯苷 A	成都曼思特生物科技有限公司
松脂素-*β*-*D*-吡喃葡萄糖苷	成都曼思特生物科技有限公司
马鞭草苷	上海江莱生物科技有限公司
疏风解毒胶囊	安徽济人药业有限公司

2. 实验方法

2.1　疏风解毒胶囊溶液制备

取 22 粒疏风解毒胶囊内容物置于 50ml 量瓶中，加入纯净水超声溶解混匀，并稀释至 20ml（每毫升相当于 3g 生药量），作为疏风解毒胶囊大鼠灌胃溶液。

取疏风解毒胶囊内容物粉末 0.1g，置于 10ml 离心管中，加入 6ml 70%甲醇，超声处理 40min 后冷却至室温，0.22μm 微孔滤膜滤过，得疏风解毒胶囊体外样品溶液供 UPLC-Q-TOF-MS 检测分析。

2.2　动物实验

雄性 SD 大鼠，体重 200g±20g，置于室温 25℃、湿度 50%，12h 昼夜交替，自由采食、饮水饲养适应 1 周。实验前禁食（不禁水）12h，随机分为两组并称定体重，空白对照组按 1ml/100g 灌胃给予纯净水，疏风解毒胶囊给药组按 3g 生药量/100g 的剂量灌胃。

实验大鼠给药 1h 后以 10%水合氯醛麻醉，肝门静脉取血置肝素化试管中，于 4℃条件下 3500r/min 离心 10min 分离血浆，置–20℃冰箱中保存备用。

2.3　血浆样品处理

取大鼠血浆样品 500 μl，上样到预先以 1ml 甲醇、1ml 水活化平衡好的固相萃取柱（1cc/30mg）上，以 1ml 水淋洗，弃去淋洗液，再以 1ml 甲醇洗脱，收集洗脱液，40℃下用 N_2 吹干，残渣以 100 μl 甲醇涡旋 1min 复溶，于 4℃条件下 13 000r/min 离心 10min，吸取上清液供 UPLC-Q-TOF-MS 检测分析。

2.4　UPLC-Q-TOF-MS 分析条件

色谱分析采用 Acquity UPLC 超高效液相色谱系统，色谱柱为 Acquity UPLC BEH C_{18}（2.1mm×100mm，1.7μm），流动相系统由 A（0.1%甲酸乙腈）和 B（0.1%甲酸水溶液）组成，流速 0.4ml/min，柱温 35℃，进样量 10 μl。运用梯度洗脱，梯度程序设置如表 2-2-1 所示。

表 2-2-1 流动相梯度洗脱程序

时间（min）	流速（ml/min）	A（%）	B（%）
0	0.4	2	98
2	0.4	2	98
12	0.4	15	85
15	0.4	15	85
18	0.4	20	80
35	0.4	50	50
40	0.4	100	0

质谱分析采用 Xevo G2 Q-Tof 高分辨质谱，配备电喷雾离子源（ESI），毛细管电压正离子模式 3.0kV，负离子模式 2kV。离子源温度 110℃，样品锥孔电压 30V，锥孔气流速 50L/h，氮气脱气温度 350℃，脱气流速 800L/h，扫描范围 *m/z* 50～1500，内参校准液亮氨酸脑啡肽用于分子量实时校正。

2.5 数据处理

通过比对疏风解毒胶囊制剂样品、大鼠给药血浆及空白血浆样品的色谱图，区分提取吸收入血原型药物成分及其代谢产物的离子信号。结合标准品参照和文献检索，对比各色谱峰的MS、MS/MS 数据信息，对疏风解毒胶囊吸收入血的原型成分进行结构鉴定；进一步分析原型成分的裂解规律，结合碎片离子的特征中性丢失，比对相关代谢产物的 MS、MS/MS 质谱信息，对其结构进行鉴定，明确体内代谢途径。

3. 实验结果

3.1 疏风解毒胶囊及血浆样品的分析

采用“2.4”项下所述优化的 UPLC-Q-TOF-MS 条件，对疏风解毒胶囊制剂、大鼠空白血浆及给药血浆样品进行检测分析，疏风解毒胶囊中各化学物质成分在 40min 内得到了较好的分离。正、负离子模式下，疏风解毒胶囊制剂、大鼠空白血浆和给药血浆样品的总离子流色谱图（TICs）如图 2-2-1 和图 2-2-2 所示。

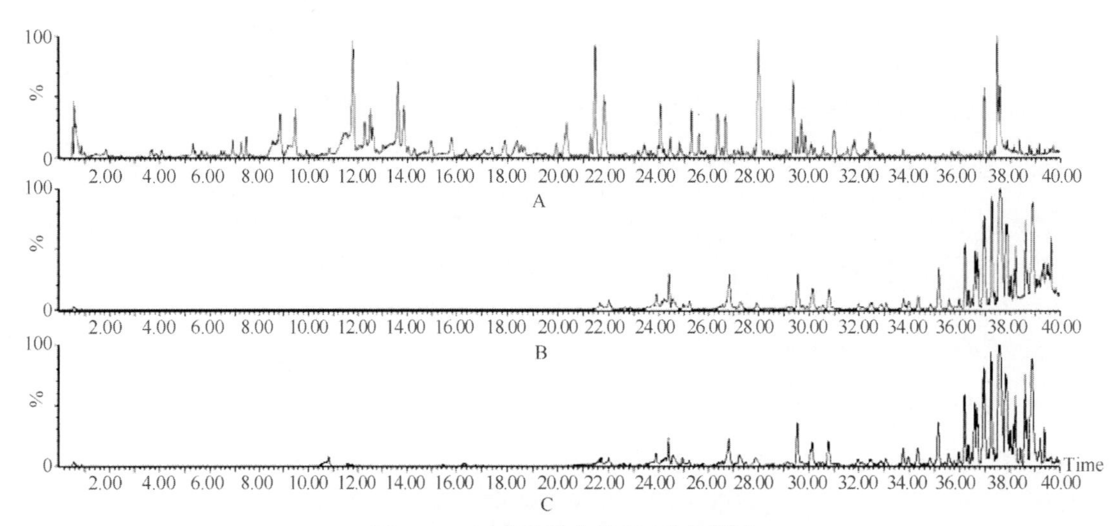

图 2-2-1 正离子模式总离子流色谱图

A. 疏风解毒胶囊；B. 空白血浆；C. 给药血浆

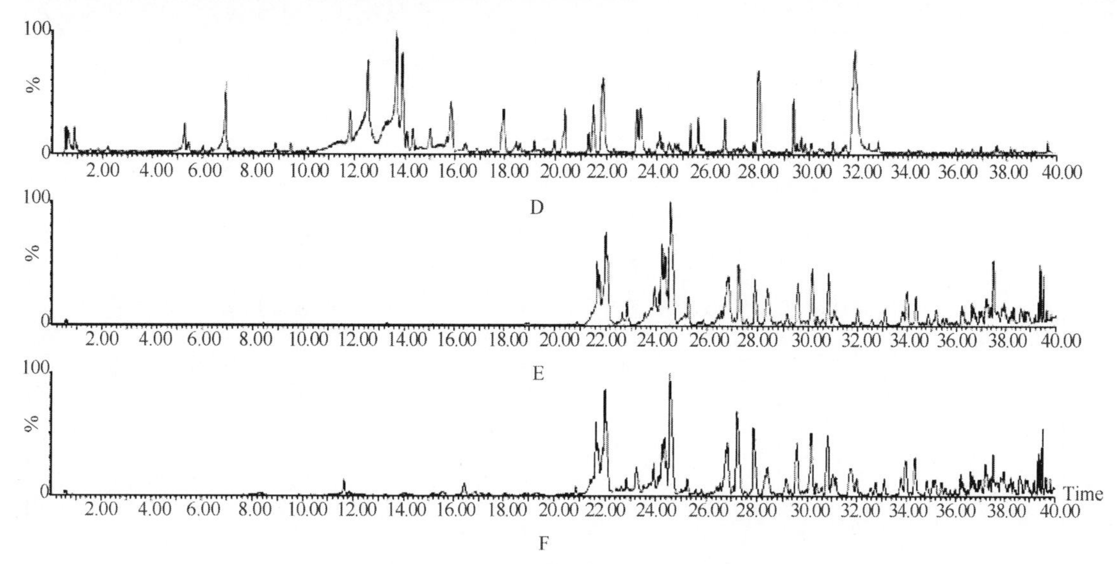

图 2-2-2　负离子模式总离子流色谱图

D. 疏风解毒胶囊；E. 空白血浆；F. 给药血浆

3.2　血浆成分鉴定

通过比对分析疏风解毒胶囊制剂、给药血浆及空白血浆样品的总离子流色谱图，同时存在于疏风解毒胶囊制剂与给药血浆样品中的离子被认为是潜在的以原型形式吸收的药物成分，而仅在给药血浆样品中出现的离子则认为是潜在的体内代谢产物。检索文献数据和一些公共数据库（如 MassBank，http：//www.massbank.jp/；Chemspider，http：//www.chemspider.com/），分析质谱裂解规律，在给予疏风解毒胶囊的大鼠血浆中共鉴定得到 46 个血中移行药物成分，其中包括 27 个吸收原型成分和 19 个代谢产物。UPLC-Q-TOF-MS 数据见表 2-2-2，TOF-MS 的测得值与理论值比较，精确质量数的误差均小于 10ppm。在已鉴定的化合物中，9 个经与标准品比对保留时间、质谱数据，得到进一步确证。

3.2.1　原型成分的鉴定

在大鼠血浆中鉴定得到的 27 个疏风解毒胶囊吸收原型药物成分，包括黄酮类 8 个、蒽醌类 4 个、二苯乙烯类 4 个、环烯醚萜类 2 个、木脂素类 2 个、萘类 2 个、苯乙醇苷类 1 个、三萜皂苷类 1 个和其他化合物 3 个。

化合物 3 在负离子模式下产生$[M+HCOO]^-$ *m/z* 433 的母离子及丢失一分子葡萄糖（Glu）形成的碎片离子$[M-H-Glu]^-$ *m/z* 225；正离子模式下，化合物 3 产生分子离子$[M+H]^+$ *m/z* 389 及$[M+Na]^+$ *m/z* 411，分子离子同样丢失一分子葡萄糖形成碎片离子$[M+H-Glu]^-$ *m/z* 227，在此基础上进一步连续丢失一分子 CH_3OH 和一分子 H_2O，形成$[M+H-Glu-CH_4O]^-$ *m/z* 195 和$[M+H-Glu-CH_4O-H_2O]^-$ *m/z* 177 的碎片离子，结果见图 2-2-3。与马鞭草苷标准品的质谱行为完全一致，因此化合物 3 被鉴定为马鞭草苷。化合物 2 在质谱图中显示了与马鞭草苷同样的裂解规律，其母离子分别为$[M+HCOO]^-$ *m/z* 449 和$[M+Na]^+$ *m/z* 427，经与文献数据对比鉴定为戟叶马鞭草苷。

表 2-2-2 疏风解毒胶囊大鼠血中移行成分 LC-MS 数据

序号	时间（min）	[M−H]⁻		[M+H]⁺		化学式	MS/MS 碎片		鉴定	来源
		测定值	误差（ppm）	测定值	误差（ppm）		ESI⁻	ESI⁺		
1	8.30	565.1523	−6.0			$C_{26}H_{30}O_{14}$	403，227		Polydatin glucuronide	M
2	8.86	449.1290#	−1.1	427.1215*	−0.2	$C_{17}H_{24}O_{11}$	403，241，223	405，243，225，207，193	Hastatoside	P
3[a]	9.45	433.1343#	−0.7	411.1256*	−2.7	$C_{17}H_{24}O_{10}$	387，225	389，227，195，177	Verbenalin	P
4	10.82			206.1187	2.9	$C_{12}H_{15}NO_2$		164，132	Unidentified	P
5	11.52	525.0357	3.4			$C_{21}H_{18}O_{14}S$	445，269，241，225		Emodin glucuronide and sulfate	M
6	11.64	565.1555	−0.4			$C_{26}H_{30}O_{14}$	403，227		Polydatin glucuronide	M
7[a]	11.82	389.1232	−1.0			$C_{20}H_{22}O_8$	227，185，143		trans-Polydatin	P
8	11.84	403.0995	−8.4			$C_{20}H_{20}O_9$	227，185，143		Resveratrol glucuronide	M
9	12.11	431.0940	−8.8	433.1167	7.4	$C_{21}H_{20}O_{10}$	255，135	257，137	Liquiritigenin glucuronide	M
10[a]	13.89	623.1962	−2.2	647.1944*	−1.2	$C_{29}H_{36}O_{15}$	461，443，179，161，135	625，471，325，163	Forsythoside A	P
11	14.53	335.0233	2.4			$C_{15}H_{12}O_7S$	255，135		Liquiritigenin sulfate	M
12[a]	14.98	519.1852	−2.7			$C_{26}H_{32}O_{11}$	357，342		pinoresinol-*β*-*D*-glucoside	P
13	15.57	461.0757	8.0			$C_{21}H_{18}O_{12}$	285，257，239，211		Luteolin glucuronide	M
14[a]	16.41	227.0704	−1.8			$C_{14}H_{12}O_3$	185，143		trans-Resveratrol	P
15	16.46	403.1001	−6.9			$C_{20}H_{20}O_9$	227，185		Resveratrol glucuronide	M
16	16.86	389.1238	0.5			$C_{20}H_{22}O_8$	227，185，143		cis-Polydatin	P
17	17.10	621.1064	−4.5			$C_{27}H_{26}O_{17}$	445，269，225		Emodin diglucuronide	M
18	17.40	475.0867	−2.1	477.1013	−4.2	$C_{22}H_{20}O_{12}$	299，284	301，286	chrysoeriol-7-glucuronide	P
19	17.43	307.0255	−6.8			$C_{14}H_{12}O_6S$	227，185，143		Resveratrol sulfate	M
20	18.06	445.0742	−6.5			$C_{21}H_{18}O_{11}$	269，241，225		Emodin glucuronide	M
21	18.37	417.1177	−2.2	419.1324	−4.3	$C_{21}H_{22}O_9$	255，135	257，137	Liquiritin	P
22	19.31	364.9993	7.1			$C_{15}H_{10}O_9S$	285，257，239，211		Luteolin sulfate	M
23	19.45	431.0952	−6.0	433.1127	−1.8	$C_{21}H_{20}O_{10}$	255，135，119	257，137	Isoliquiritigenin glucuronide	M
24[a]	20.35	579.2054#	−4.1	557.1991*	−1.4	$C_{27}H_{34}O_{11}$	533，371，356	535，373，355	Phillyrin	P
25	20.56	227.0700	−3.5			$C_{14}H_{12}O_3$	185，143		cis-Resveratrol	P

续表

序号	时间（min）	[M−H]⁻		[M+H]⁺		化学式	MS/MS 碎片		鉴定	来源
		测定值	误差（ppm）	测定值	误差（ppm）		ESI⁻	ESI⁺		
26	21.45	407.1335	−1.7	409.1468	−7.6	$C_{20}H_{24}O_9$	245，230，215	247，229，214，201	Torachrysone-8-*O*-glucoside	P
27	21.59	445.0773	0.4			$C_{21}H_{18}O_{11}$	269，241，225		Emodin glucuronide	M
28	21.76	421.1098	−8.8	423.1264	−6.4	$C_{20}H_{22}O_{10}$	245，230，215	247，229，214，201	Torachrysone glucuronide	M
29	23.21	285.0396	−1.1			$C_{15}H_{10}O_6$	257，239，211		Luteolin	P
30	23.24	325.0369	−4.0	327.0555	5.2	$C_{14}H_{14}O_7S$	245，230，215	247，229，214，201	Torachrysone sulfate	M
31	23.70	459.0943	3.5			$C_{22}H_{20}O_{11}$	283，268，240		Wogonin glucuronide	M
32	23.98	445.0767	−0.9			$C_{21}H_{18}O_{11}$	269，241，225		Emodin glucuronide	M
33	24.03	285.0400	0.4			$C_{15}H_{10}O_6$	257，239，211		Kaempferol	P
34	24.46	255.0647	−3.9	257.0803	−4.3	$C_{15}H_{12}O_4$	135	137	Liquiritigenin	P
35	24.69	299.0188	−1.3			$C_{15}H_8O_7$	255，227，211		Emodicacid	P
36[a]	24.89	267.0650	−2.6	269.0801	−4.8	$C_{16}H_{12}O_4$	252，251，223，195	254，253，225，197	Formononetin	P
37	26.58	349.0006	−3.4			$C_{15}H_{10}O_8S$	269，241，225，197		Emodin sulfate	M
38	26.67	269.0440	−3.7			$C_{15}H_{10}O_5$	241，225		Aloe-emodin	P
39[a]	27.01	283.0261	6.4			$C_{15}H_8O_6$	239，211，183		Rhein	P
40	27.43	283.0593	−4.6	285.0741	−7.7	$C_{16}H_{12}O_5$	268，240	270，242	Wogonin	P
41	27.58	255.0659	0.8	257.0798	−6.2	$C_{15}H_{12}O_4$	135，119	137	Isoliquiritigenin	P
42	27.98	821.3927	−4.0	823.4161	5.5	$C_{42}H_{62}O_{16}$	803，759，645，351，193	647，471，453	Glycyrrhizic acid	P
43	29.49	327.0496	−2.8			$C_{17}H_{12}O_7$	268，239		Unidentified	P
44	30.93			283.0958	−4.2	$C_{17}H_{14}O_4$		265，250，222	Unidentified	P
45	31.46	245.0807	−2.9	247.0966	−1.6	$C_{14}H_{14}O_4$	230，215，187，159，131	229，214，201	Torachrysone	P
46[a]	31.75	269.0443	−2.6			$C_{15}H_{10}O_5$	241，225，210，197		Emodin	P

a：与标准品比对确证；#：$[M+HCOO]^-$；*：$[M+Na]^+$；P：原型成分；M：代谢物

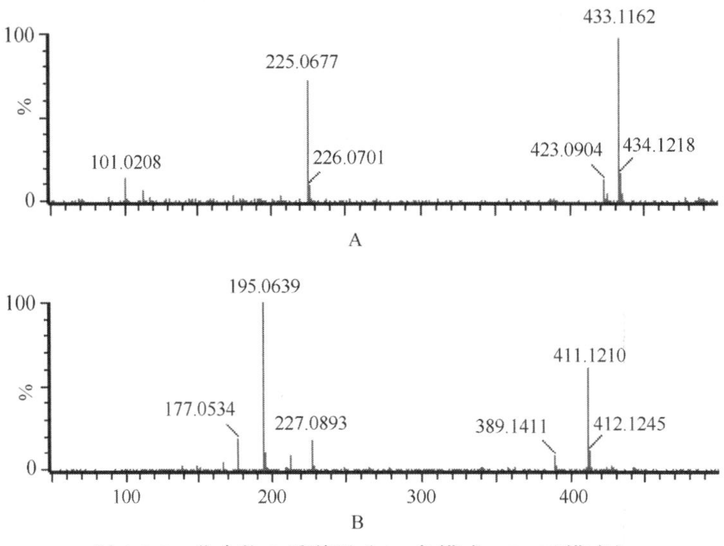

图 2-2-3 化合物 3 质谱图（A. 负模式；B. 正模式）

化合物 7 在负离子模式下显示分子离子$[M-H]^-$ *m/z* 389，分子离子丢失一分子葡萄糖形成丰度最大的碎片离子$[M-H-Glu]^-$ *m/z* 227，在此基础上进一步连续丢失两分子 C_2H_2O 产生碎片离子 *m/z* 185 和 *m/z* 143，结果见图 2-2-4。化合物 16 在质谱图中形成与化合物 7 相同的分子离子及碎片离子，二者为同分异构体但色谱保留行为不同，结合标准品及文献数据信息，化合物 7 和 16 分别被鉴定为反式虎杖苷和顺式虎杖苷。化合物 14 和 25 在负离子模式下都产生$[M-H]^-$ *m/z* 227 的分子离子，以及连续丢失两分子 C_2H_2O 的碎片离子 *m/z* 185 和 *m/z* 143，经与标准品及文献数据比对分析分别鉴定为反式白藜芦醇和顺式白藜芦醇。

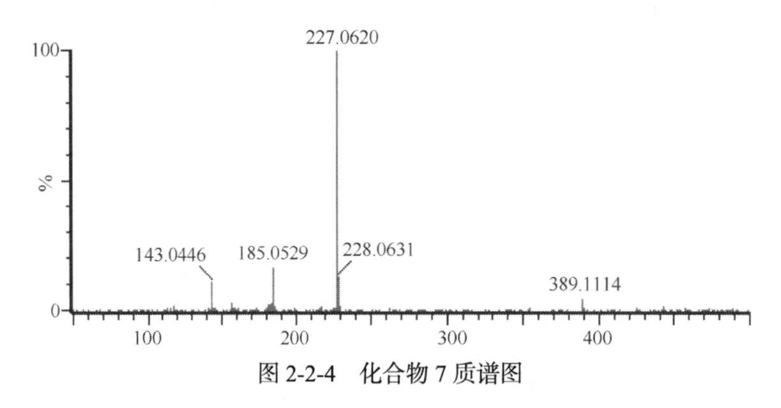

图 2-2-4 化合物 7 质谱图

化合物 10 在负离子模式质谱图中显示$[M-H]^-$ *m/z* 623 的分子离子，以及连续丢失一分子咖啡酸（CA）和一分子 H_2O 产生的碎片离子$[M-H-CA]^-$ *m/z* 461 和$[M-H-CA-H_2O]^-$ *m/z* 443，分子离子失去除咖啡酸以外的部分形成 *m/z* 179 的碎片离子，进一步丢失一分子 H_2O 产生碎片离子 *m/z* 161；正离子模式下，化合物 10 产生$[M+Na]^+$ *m/z* 647 的母离子，丢失苯乙醇（PhA）部分形成碎片离子$[M+H-PhA]^+$ *m/z* 471，进一步连续丢失一分子鼠李糖和一分子葡萄糖产生$[M+H-PhA-Rha]^+$ *m/z* 325 和$[M+H-PhA-Rha-Glu]^+$ *m/z* 163 的碎片离子，结果见图 2-2-5。经与标准品及文献数据比对，化合物 10 结构鉴定为连翘酯苷 A。

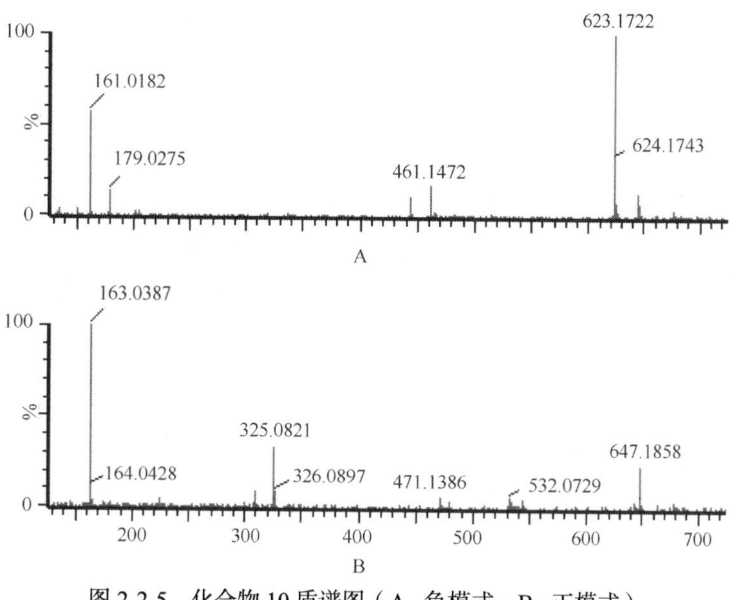

图 2-2-5　化合物 10 质谱图（A. 负模式；B. 正模式）

化合物 24 在负离子模式下产生$[M+HCOO]^-$ *m/z* 579 的母离子，以及连续丢失一分子葡萄糖和一分子 CH_3 形成碎片离子$[M-H-Glu]^-$ *m/z* 371 和$[M-H-Glu-CH_3]^-$ *m/z* 356；正离子模式下，化合物 24 显示母离子为$[M+Na]^+$ *m/z* 557，失去一分子葡萄糖形成碎片离子$[M+H-Glu]^+$ *m/z* 373，进一步连续丢失两分子 H_2O 产生$[M+H-Glu-H_2O]^+$ *m/z* 355 和$[M+H-Glu-2H_2O]^+$ *m/z* 337 的碎片离子，结果见图 2-2-6。经与标准品及文献数据比对，化合物 24 被鉴定为连翘苷。化合物 12 在负离子模式下表现出与连翘苷同样的裂解规律，产生$[M-H]^-$ *m/z* 519 的分子离子及连续丢失一分子葡萄糖和一分子 CH_3 的碎片离子$[M-H-Glu]^-$ *m/z* 357 和$[M-H-Glu-CH_3]^-$ *m/z* 342，经比对标准品及文献数据鉴定为松脂素-*β*-*D*-葡萄糖苷。

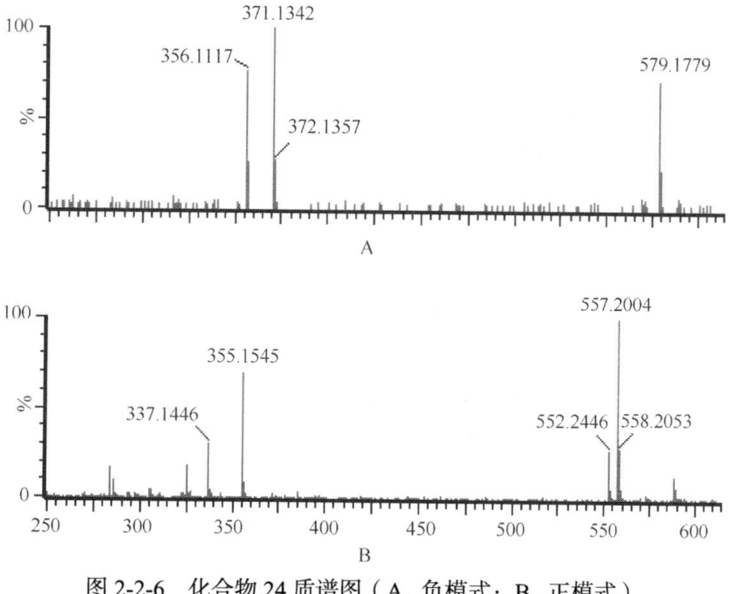

图 2-2-6　化合物 24 质谱图（A. 负模式；B. 正模式）

化合物 26 在负离子模式下产生$[M-H]^-$ *m/z* 407 的分子离子，失去一分子葡萄糖形成$[M-H-Glu]^-$ *m/z* 245 的碎片离子，进一步连续丢失两分子 CH_3 产生碎片离子$[M-H-Glu-CH_3]^-$ *m/z* 230 和$[M-H-Glu-2CH_3]^-$ *m/z* 215；正离子模式下，化合物 26 产生分子离子$[M+H]^+$ *m/z* 409 及失去一分子葡萄糖的碎片离子$[M+H-Glu]^+$ *m/z* 247，进一步连续丢失一分子 H_2O 和一分子 CO 形成碎片离子$[M+H-Glu-H_2O]^+$ *m/z* 229 和$[M+H-Glu-H_2O-CO]^+$ *m/z* 201，*m/z* 229 的离子继续失去一分子 CH_3 产生$[M+H-Glu-H_2O-CH_3]^+$的碎片离子，结果见图 2-2-7，经与文献数据比对鉴定为决明酮-8-*O*-葡萄糖苷。化合物 45 在质谱中显示$[M+H]^+$ *m/z* 247 和$[M-H]^-$ *m/z* 245 的分子离子，除没有葡萄糖分子丢失外，产生与化合物 26 一致的碎片离子，结合文献数据鉴定结构为决明酮。

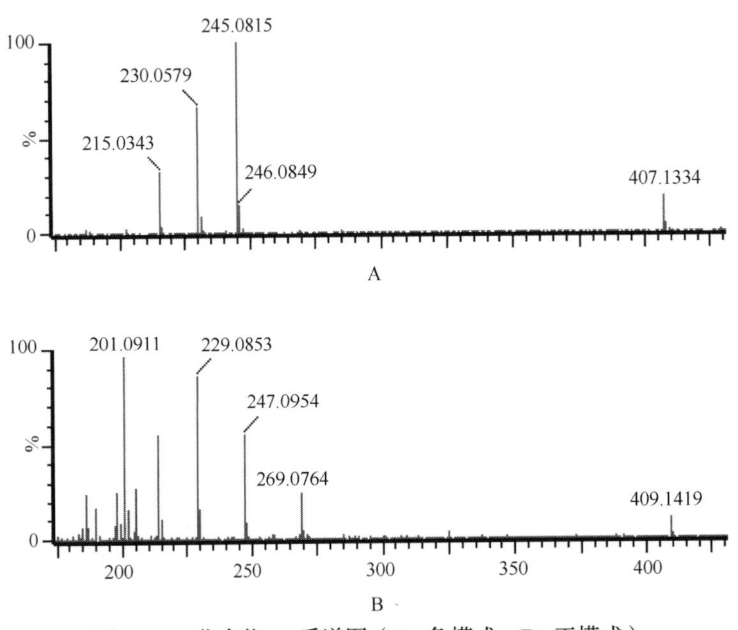

图 2-2-7 化合物 26 质谱图（A. 负模式；B. 正模式）

化合物 36 在负离子模式下产生$[M-H]^-$ *m/z* 267 的分子离子，丢失一分子 CH_3 和一分子 CH_4 分别形成$[M-H-CH_3]^-$ *m/z* 252 和$[M-H-CH_4]^-$ *m/z* 251 的碎片离子，*m/z* 251 的离子连续丢失两分子 CO 产生$[M-H-CH_4-CO]^-$ *m/z* 223 和$[M-H-CH_4-2CO]^-$ *m/z* 195 的碎片离子，结果见图 2-2-8，与标准品及文献数据比对鉴定为芒柄花黄素。化合物 21、34 和 41 在负离子模式下的分子离子为$[M-H]^-$ *m/z* 417、$[M-H]^-$ *m/z* 255 和$[M-H]^-$ *m/z* 255，都产生了 *m/z* 135 的碎片离子，结合文献数据分别鉴定为甘草苷、甘草素和异甘草素。化合物 29 和 33 为同分异构体，均产生了$[M-H]^-$ *m/z* 285 的分子离子及连续丢失两分子 CO 与一分子 H_2O 的碎片离子 *m/z* 257、*m/z* 239 和 *m/z* 211，结合二者的色谱保留行为与文献数据，分别鉴定为木犀草素和山柰酚。化合物 18 的分子离子为$[M-H]^-$ *m/z* 475，连续失去一分子葡萄糖醛酸和一分子 CH_3 形成 *m/z* 299 和 *m/z* 284 的碎片离子，结构鉴定为金圣草素-7-*O*-葡萄糖醛酸苷。在负离子模式下，化合物 40 的分子离子$[M-H]^-$ *m/z* 283 连续丢失一分子 CH_3 和一分子 CO，产生 *m/z* 268 和 *m/z* 240 的碎片离子，比对文献数据鉴定为汉黄芩素。

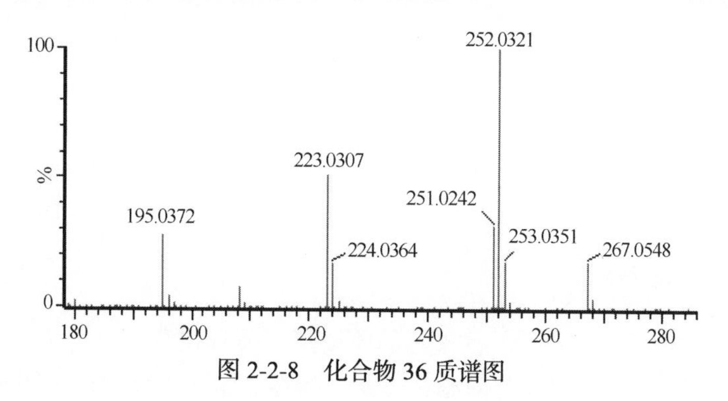

图 2-2-8　化合物 36 质谱图

化合物 42 在正离子模式下产生$[M+H]^+$ *m/z* 823 的分子离子，连续丢失两分子葡萄糖醛酸（GluA）形成$[M+H-GluA]^+$ *m/z* 647 和$[M+H-2GluA]^+$ *m/z* 471 的碎片离子，*m/z* 471 的离子进一步失去一分子 H_2O 产生$[M+H-2GluA-H_2O]^+$ *m/z* 453 的碎片离子，结果见图 2-2-9。经比对文献数据，与甘草酸的质谱行为一致，因此化合物 42 被鉴定为甘草酸。

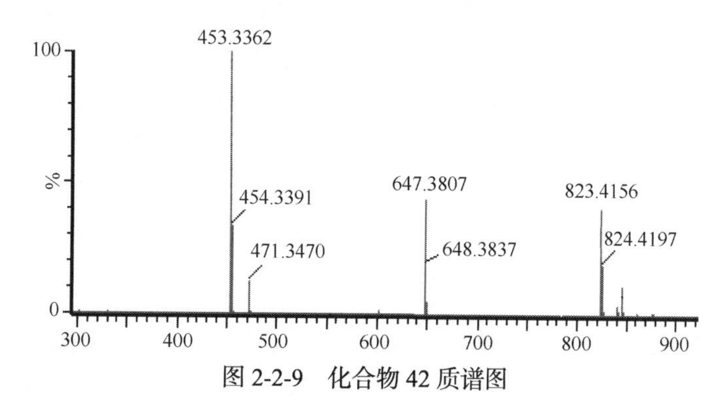

图 2-2-9　化合物 42 质谱图

化合物 46 在负离子模式下产生$[M-H]^-$ *m/z* 269 的分子离子，丢失一分子 CO 和一分子 CO_2 形成$[M-H-CO]^-$ *m/z* 241 和$[M-H-CO_2]^-$ *m/z* 225 的碎片离子，*m/z* 225 的离子继续丢失一分子 CH_3 和一分子 CO，产生$[M-H-CO_2-CH_3]^-$ *m/z* 210 和$[M-H-CO_2-CO]^-$ *m/z* 197 的碎片离子，结果见图 2-2-10，与标准品及文献数据比对鉴定为大黄素。化合物 38 在质谱图中显示$[M-H]^-$ *m/z* 269 的分子离子，以及丢失一分子 CO 和一分子 CO_2 形成的碎片离子 *m/z* 241 和 *m/z* 225，与化合物 46 互为同分异构体，经与文献数据比对鉴定为芦荟大黄素。化合物 35 的分子离子为$[M-H]^-$ *m/z* 299，连续丢失两分子 CO_2 形成$[M-H-CO_2]^-$ *m/z* 255 和$[M-H-2CO_2]^-$ *m/z* 211 的碎

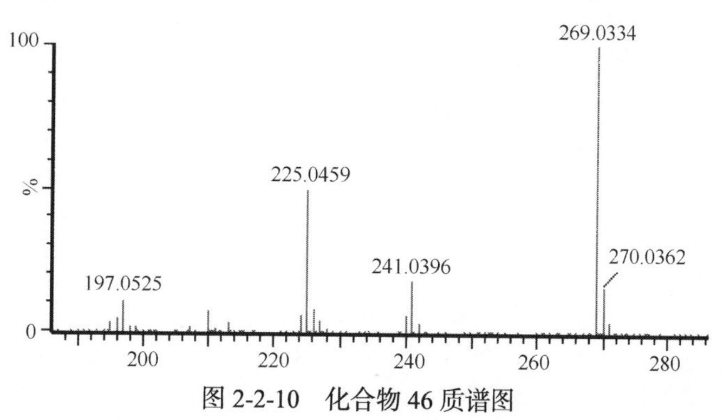

图 2-2-10　化合物 46 质谱图

片离子，*m/z* 255 的离子失去一分子 CO 产生$[M-H-CO_2-CO]^-$ *m/z* 227 的碎片离子，比对文献数据鉴定为大黄素酸。化合物 39 在负离子模式下产生$[M-H]^-$ *m/z* 283 的分子离子，以及连续丢失一分子 CO_2 和两分子 CO 形成的碎片离子$[M-H-CO_2]^-$ *m/z* 239、$[M-H-CO_2-CO]^-$ *m/z* 211 和$[M-H-CO_2-2CO]^-$ *m/z* 183，经比对标准品和文献数据，与大黄酸的质谱行为完全一致，因此被鉴定为大黄酸。

3.2.2 代谢产物的鉴定

在不同药物代谢酶的作用下，吸收入血的原型药物成分在体内会被进一步代谢。经过Ⅰ相和Ⅱ相代谢反应，如氧化、还原及与内源性分子结合等，原型成分的化学结构和精确质量数将会被改变。然而，绝大多数代谢物仍然保留了原型化合物的结构特征，裂解规律的分析在很大程度上易化了疏风解毒胶囊相关代谢产物的结构鉴定。通过筛选仅在给药血浆样品中出现的离子信号，最终在大鼠血浆中共鉴定得到 19 个代谢产物。

化合物 1 和 6 在质谱图中显示出相同的分子离子$[M-H]^-$ *m/z* 565，连续丢失一分子葡萄糖和一分子葡萄糖醛酸后均形成$[M-H-Glu]^-$ *m/z* 403 和$[M-H-Glu-GluA]^-$ *m/z* 227 的碎片离子，进一步裂解产生与虎杖苷同样的碎片离子。经与文献数据对比，化合物 1 和 6 被表征为虎杖苷的葡萄糖醛酸结合物。

化合物 5、17、20、27、32 和 37 在负离子模式下都产生了 *m/z* 269 的碎片离子，以及丢失一分子 CO 和一分子 CO_2 形成的碎片离子 *m/z* 241 和 *m/z* 225，显示出与大黄素相同的裂解行为，但具有不同的分子离子$[M-H]^-$ *m/z* 525、*m/z* 621、*m/z* 445、*m/z* 445、*m/z* 445 和 *m/z* 349。结合文献数据信息，化合物 5、17 和 37 分别表征为大黄素的葡萄糖醛酸与硫酸结合物、二葡萄糖醛酸结合物及硫酸结合物，化合物 20、27 和 32 被鉴定为大黄素的葡萄糖醛酸结合物，其体内代谢途径如图 2-2-11 所示。

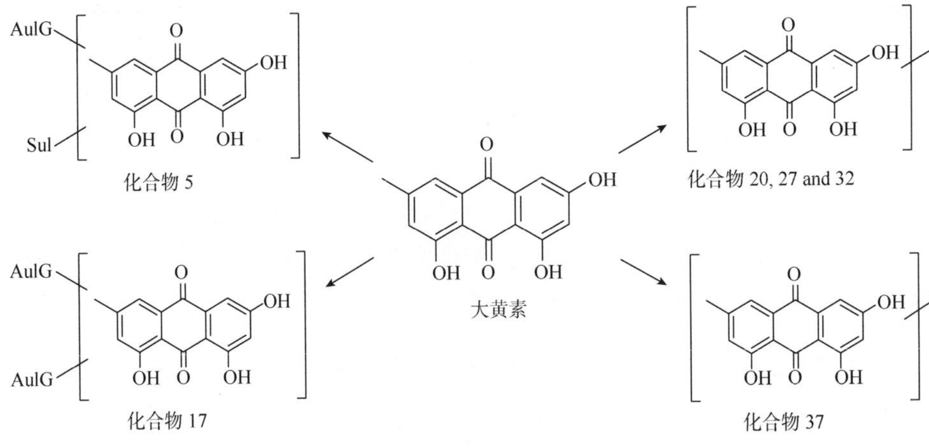

化合物 5

化合物 20, 27 and 32

大黄素

化合物 17

化合物 37

图 2-2-11 大黄素在大鼠体内的代谢途径

化合物 8、15 和 19 在质谱图中的分子离子分别为$[M-H]^-$ *m/z* 403、$[M-H]^-$ *m/z* 403 和$[M-H]^-$ *m/z* 307，丢失一分子葡萄糖醛酸或一分子 SO_3 后进一步裂解，产生与白藜芦醇相同的碎片离子 *m/z* 227、*m/z* 185 和 *m/z* 143。结合文献数据信息分析，化合物 8 和 15 被鉴定为白藜芦醇的葡萄糖醛酸结合物，化合物 19 表征为白藜芦醇硫酸结合物，其体内代谢途径如图 2-2-12 所示。

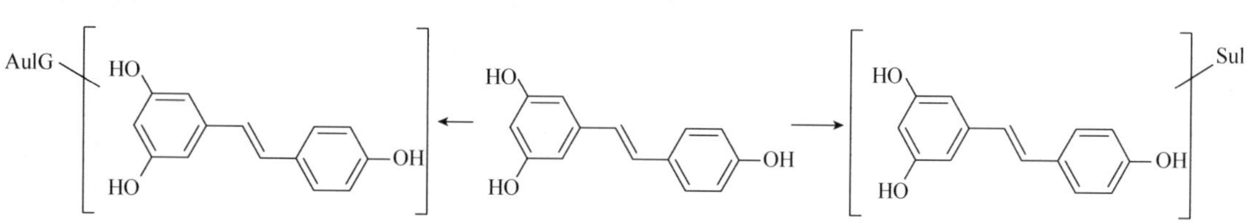

AulG　HO　HO　OH　HO　HO　OH　HO　HO　OH　Sul

化合物 8 and 15　　白藜芦醇　　化合物 19

图 2-2-12　白藜芦醇在大鼠体内的代谢途径

化合物 9、11 和 23 在负离子模式下都产生了 *m/z* 255、*m/z* 135 碎片离子，具有与甘草素、异甘草素一致的裂解特征，其分子离子分别为$[M-H]^-$ *m/z* 431、*m/z* 335 和 *m/z* 431，结合色谱保留行为与文献数据信息，依次鉴定为甘草素葡萄糖醛酸结合物、甘草素硫酸结合物和异甘草素葡萄糖醛酸结合物，甘草素体内代谢途径如图 2-2-13 所示。

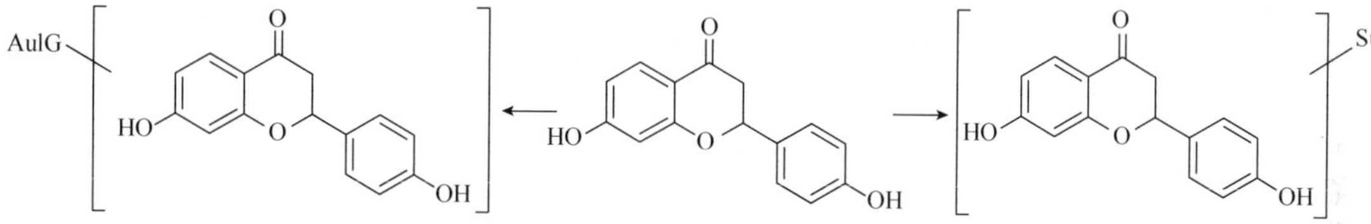

AulG　O　HO　O　OH　O　HO　O　OH　O　HO　O　OH　Sul

化合物 9　　甘草素　　化合物 11

图 2-2-13　甘草素在大鼠体内的代谢途径

化合物 13 和 22 的分子离子分别为$[M-H]^-$ *m/z* 461 和$[M-H]^-$ *m/z* 365，在负离子模式下失去一分子葡萄糖醛酸或一分子 SO_3 形成 *m/z* 285 的碎片离子，进一步连续丢失两分子 CO 与一分子 H_2O，产生 *m/z* 257、*m/z* 239 和 *m/z* 211 的碎片离子，经对比发现与木犀草素的裂解特征一致，因此被表征为木犀草素的葡萄糖醛酸结合物和硫酸结合物，其体内代谢途径如图 2-2-14 所示。

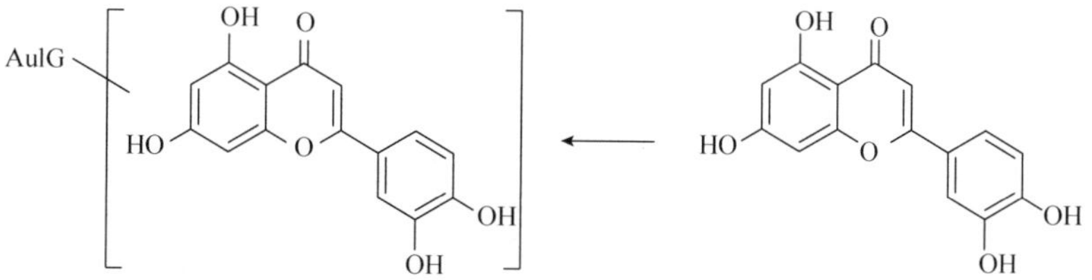

AulG　OH　O　HO　O　OH　OH　OH　O　HO　O　OH　OH

化合物 13　　木犀草素

OH　O　HO　O　OH　OH　Sul

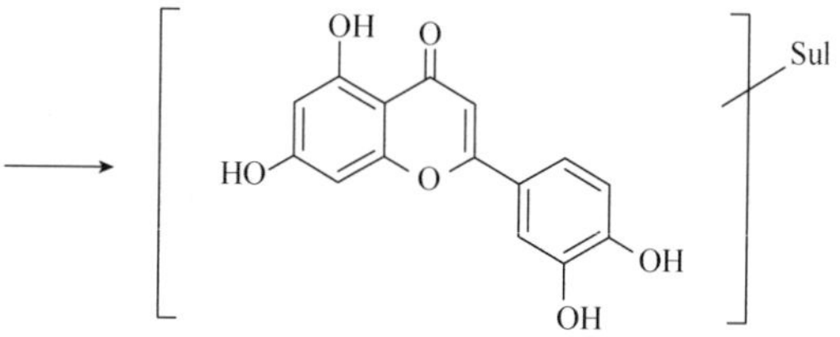

化合物 22

图 2-2-14　木犀草素在大鼠体内的代谢途径

化合物 28 和 30 具有与决明酮一致的质谱裂解特征，负离子模式下都产生 *m/z* 245、*m/z* 230 和 *m/z* 215 的碎片离子，其分子离子为[M−H]$^-$ *m/z* 421 和[M−H]$^-$ *m/z* 325，经与文献数据信息对比分析，分别鉴定为决明酮的葡萄糖醛酸结合物和硫酸结合物，其体内代谢途径如图 2-2-15 所示。

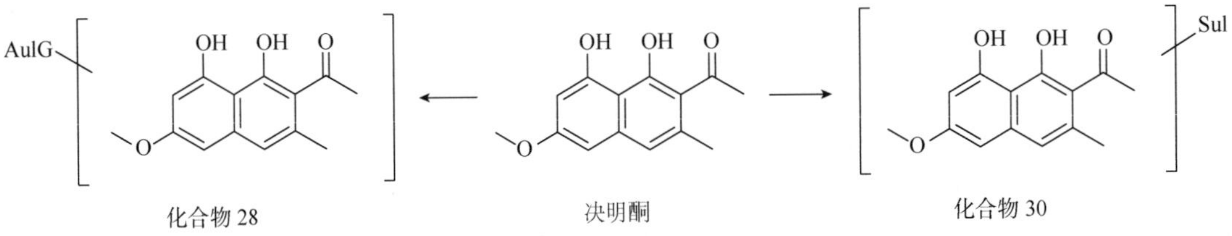

图 2-2-15 决明酮在大鼠体内的代谢途径

化合物 31 在负离子模式质谱图中显示[M−H]$^-$ *m/z* 459 的分子离子，丢失一分子葡萄糖醛酸形成[M−H−GluA]$^-$ *m/z* 283 的碎片离子，再连续丢失一分子 CH_3 和一分子 CO，产生 *m/z* 268 和 *m/z* 240 的碎片离子，与汉黄芩素的裂解特征一致，因此化合物 31 被表征为汉黄芩素葡萄糖醛酸结合物。

4. 小结与讨论

本研究中，我们成功地运用 UPLC-Q-TOF-MS 的技术方法，优化色谱、质谱分离检测条件，通过比对疏风解毒胶囊制剂、大鼠给药血浆及空白血浆样品的色谱图，筛选口服给予疏风解毒胶囊后大鼠血浆中的吸收原型成分及其代谢产物。结果经与标准品和文献数据比对，分析质谱裂解规律，在大鼠血浆中共鉴定得到 46 个疏风解毒胶囊相关的外源性化合物，包括 27 个吸收原型药物成分（黄酮类 8 个、蒽醌类 4 个、二苯乙烯类 4 个、环烯醚萜类 2 个、木脂素类 2 个、萘类 2 个、苯乙醇苷类 1 个、三萜皂苷类 1 个和其他化合物 3 个）和 19 个代谢产物。在给药大鼠血浆中检测到的吸收原型成分及其代谢产物，可能是复方潜在真正的活性成分，并与疏风解毒胶囊的药理作用直接相关。这些将为疏风解毒胶囊的药理学和分子水平作用机制的进一步研究提供基础。

第三章 疏风解毒胶囊药效物质基础研究

前文通过药材、成品及口服入血成分的辨识和表征，阐释了疏风解毒胶囊的化学物质组，为了进一步阐明该药的药效物质基础，本部分通过整体动物药效学实验、UPLC/Q-TOF-MS 整合 NF-κB 双荧光素酶报告基因系统、网络药理学分析、谱-效筛选、G 蛋白偶联受体结合实验等方法，筛选和明确了其主要药效物质基础。

第一节 疏风解毒胶囊整体动物药效作用研究

疏风解毒胶囊具有清热解毒、疏风解表的作用，临床用于治疗急性上呼吸道感染风温肺热证。本部分采用酵母所致大鼠发热模型，给予疏风解毒胶囊，评价其清热解表作用，为其进一步筛选确定药效物质基础提供药效学证据。

1. 仪器与材料

1.1 实验材料

1.1.1 供试品

疏风解毒胶囊，3.59g 生药/g，批号：20140701。

1.1.2 阴性对照药

去离子水：BM-40 纯水机制，北京中盛茂源科技发展有限公司。

1.1.3 阳性对照药

阿司匹林泡腾片：阿斯利康制药有限公司，批号：1403169，规格：0.5g/片。

1.1.4 仪器与耗材

E3000-0.5 型电子天平，常熟市双杰测试仪器厂。
ML203/02 电子天平（精度 1mg，最大量程 220g），梅特勒-托利多仪器（上海）有限公司。

1.1.5 试剂

乌来糖，天津市光复精细化工研究所，批号：20130708。
生理盐水，河北天成药业股份有限公司，批号：E14030309。
白介素-1α（IL-1α）ELISA 测定试剂盒，CUSABIO，批号：I04013247。
前列腺素 E_2（PGE_2）ELISA 测定试剂盒，CUSABIO，批号：C9005890143。
白介素-1β（IL-1β）ELISA 测定试剂盒，CUSABIO，批号：B18013248。
γ 干扰素（IFN-γ）ELISA 测定试剂盒，CUSABIO，批号：H06013253。
白介素-6（IL-6）ELISA 测定试剂盒，CUSABIO，批号：I21013249。

钠钾 ATP 酶（Na^{+}-K^{+}-ATPase）测定试剂盒，南京建成生物工程研究所，批号：20150203。
精氨酸升压素（AVP）ELISA 测定试剂盒，CUSABIO，批号：H20013251。
肿瘤坏死因子-α（TNF-α）ELISA 测定试剂盒，CUSABIO，批号：G05013250。
环鸟苷酸（cGMP）ELISA 测定试剂盒，R&D，批号：326537。
环腺苷酸（cAMP）ELISA 测定试剂盒，R&D，批号：325126。

1.2 实验动物

SD 大鼠，SPF 级，雄性，体重 180～200g，由北京维通利华实验动物技术有限公司[许可证号：SCXK（京）2012-0001]提供。动物质量合格证编号：11400700085276。

1.3 动物设施和动物饲养

1.3.1 动物设施

设施名称：天津药物研究院新药评价有限公司实验动物屏障系统[合格证：SYXK（津）2011-0005]。
设施地点：天津市滨海高新区科技园惠仁道 308 号（西区开发区）。
设施环境：温度、湿度、换气次数由中央系统自动控制，温度维持在 20～26℃，相对湿度维持在 40%～70%，通风次数为 10～15 次/h 全新风，光照为 12h 明、12h 暗。

1.3.2 动物饲料

大鼠料，北京科澳协力饲料有限公司。

1.3.3 饮用水

大鼠饮用水：北京凯弗隆北方水处理设备有限公司生产的 KFRO-400GPD 型纯水机制备的纯净水。质量情况：符合国家纯净水标准。

1.3.4 饲养管理

动物的日常饲养管理由动物保障部负责。每日为动物提供足够的饲料和新鲜的饮用水。

2. 实验方法

给药途径：口服。
给药方式：灌胃。
剂量设置：疏风解毒胶囊人日用量为 32.4g 生药/天，大鼠等效剂量为 10.8g 生药/kg，药效学选取 2 倍、1 倍等效剂量为 21.6g 生药/kg、10.8g 生药/kg。

2.1 药物配制方法

2.1.1 疏风解毒胶囊

高剂量药液：精密称取疏风解毒胶囊 144.015g，用去离子水稀释至 240ml。药液浓度为 2.16g 生药/ml。低剂量药液倍比稀释。

2.1.2 阿司匹林

取阿司匹林 4 片，用去离子水配制成 160ml 药液。药液浓度为 12.5mg/ml。

2.2 数据处理与分析

采用 SPSS11.5 One-Way ANOVA（单因素方差分析，LSD）对数据进行统计分析。

2.3 实验方法

选用 SD 种大鼠，雄性，体重 180～200g。分组前用体温计测量各大鼠肛温 2 次，使大鼠习惯肛温测定操作。按测定肛温结果将大鼠随机分为 5 组，每组 16 只，分别为对照组、模型组、阳性药组、疏风解毒胶囊高、低剂量组。分组后连续给药 3 天，对照组及模型组灌胃给予等体积大鼠饮用水。给药第 3 天即试验当天，各组大鼠测量给药前体温后，除对照组外，其余各组大鼠皮下注射 5%酵母生理盐水溶液 1ml/100g。对照组皮下注射等体积生理盐水。于造模后 2h 各组大鼠分别灌胃给予相应药液，测量造模后 5h 肛温。用 20%乌来糖麻醉动物，腹主动脉取血后放血处死大鼠，开颅取下丘脑–80℃冷冻保存。3000r/min 离心 10min 分离血清，–20℃冷冻保存。

测定指标：

（1）测定给药前及造模后 5h（给药后 3h）肛温，每组测定 1～10 号动物。

（2）测定动物下丘脑及血清体温调节相关因子：IL-1α、IL-1β、TNF-α、IFN-γ、PGE_2、cAMP、cGMP、Na^+-K^+-ATPase、IL-6、AVP 等指标。血清样本处理：将血清样本两两混合变成 8 个样本后根据试剂盒要求测定。下丘脑样本处理：将下丘脑样本两两混合后称重，用生理盐水匀浆成 10%下丘脑匀浆，根据试剂盒要求测定。

3. 实验结果

肛温测定结果显示（表 3-1-1），造模后 5h，模型组与对照组比较，大鼠肛温有非常显著性的升高，说明造模成功。与模型组比较，阳性药组造模后大鼠肛温有非常显著性的降低。疏风解毒胶囊高、低剂量组大鼠肛温有显著性的降低，表明疏风解毒胶囊有显著的解热作用。

血清与下丘脑体温调节相关因子检测结果显示（表 3-1-2～表 3-1-12，图 3-1-1～图 3-1-26），与对照组比较，模型组大鼠血清及下丘脑中 PGE_2、TNF-α、IL-6、cAMP、cAMP/cGMP 显著性升高，下丘脑中 IL-1α、IL-1β、Na^+-K^+-ATPase、AVP 的含量显著性升高，IFN-γ、cGMP 无显著性变化。结果表明，大鼠皮下注射酵母菌后，酵母菌的主要致热成分全菌体和菌体内含有的荚膜多糖及蛋白质引起注射部位发生剧烈炎症反应，炎症因子 PGE_2 含量显著升高，并进一步引起下丘脑致热性细胞因子 TNF-α、IL-1α、IL-1β、IL-6 含量升高，从而导致下丘脑体温调定点上调，使产热因子 cAMP、Na^+-K^+-ATPase 等含量升高从而引起发热，同时，内源性解热介质 AVP 释放增加，负反馈抑制体温进一步升高。

与模型组比较，疏风解毒胶囊高、低剂量组大鼠血清及下丘脑中 PGE_2、TNF-α、IL-6、cAMP、cAMP/cGMP 显著降低，下丘脑中 IL-1α、IL-1β、Na^+-K^+-ATPase 显著降低，AVP 的含量显著升高。疏风解毒胶囊抑制 PGE_2、TNF-α 作用弱于阿司匹林，增加 AVP、降低 cAMP/cGMP 作用强于阿司匹林。结果表明疏风解毒胶囊能显著抑制炎症因子 PGE_2 产生，从而显著抑制致热性细胞因子 TNF-α、IL-1α、IL-1β、IL-6 的生成，进而减少产热因子 cAMP、Na^+-K^+-ATPase 等含量，降低 cAMP/cGMP，并使内源性解热介质 AVP 含量增加，从而发挥其解热作用。

表 3-1-1　疏风解毒胶囊对酵母致发热大鼠肛温的影响（n=10，$\bar{X}\pm$SD，℃）

组别	给药剂量（g 生药/kg）	基础体温	造模后 5h 体温
对照组	—	37.3±0.2	37.0±0.2
模型组	—	37.4±0.4	38.7±0.6###
阿司匹林组	0.125g/kg	37.4±0.4	37.3±0.6***
疏风解毒胶囊高剂量组	21.6	37.4±0.3	38.1±0.4*
疏风解毒胶囊低剂量组	10.8	37.2±0.2	38.3±0.2*

对照组与模型组比较：###P<0.001；给药组与模型组比较：*P<0.05，***P<0.001

表 3-1-2　对酵母致发热大鼠前列腺素 E_2（PGE_2）的影响（n=10，$\bar{X}\pm$SD）

分组	剂量（g 生药/kg）	血清（pg/ml）	下丘脑（pg/g）
对照组	—	5.582±1.442	4.307±1.004
模型组	—	15.325±6.738##	6.568±1.628##
阿司匹林组	0.125g/kg	3.803±1.750**	4.062±0.178**
疏风解毒胶囊高剂量组	21.6	4.201±1.683**	4.881±0.745*
疏风解毒胶囊低剂量组	10.8	6.408±2.609**	5.011±0.658*

与对照组比较：##P<0.01；与模型组比较：*P<0.05，**P<0.01

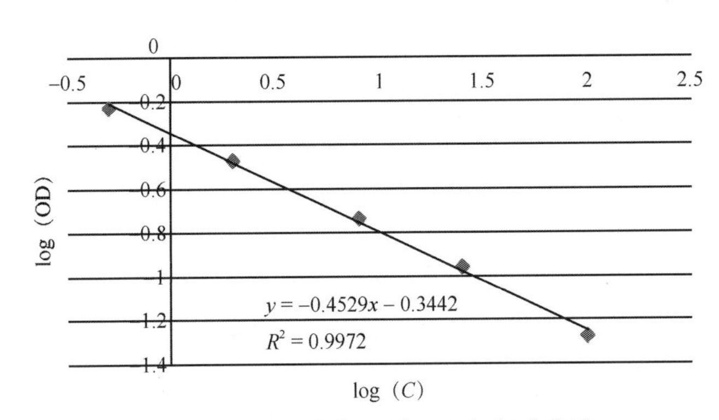

图 3-1-1　前列腺素 E_2（PGE_2）标准曲线

OD 为吸光度；C 为浓度，单位：pg/ml

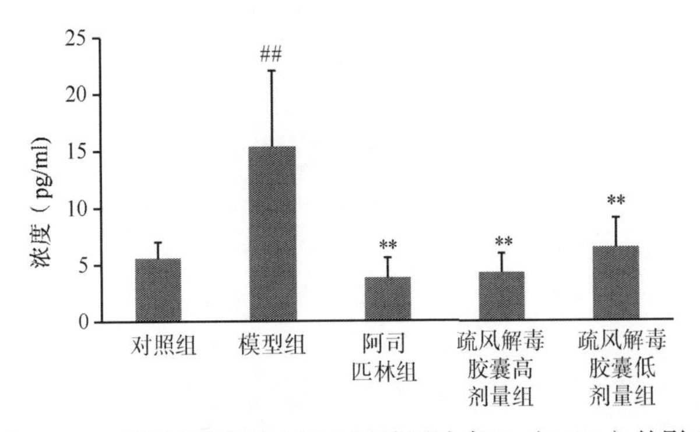

图 3-1-2　对酵母致发热大鼠血清前列腺素 E_2（PGE_2）的影响

与对照组比较：##P<0.01；与模型组比较：**P<0.01

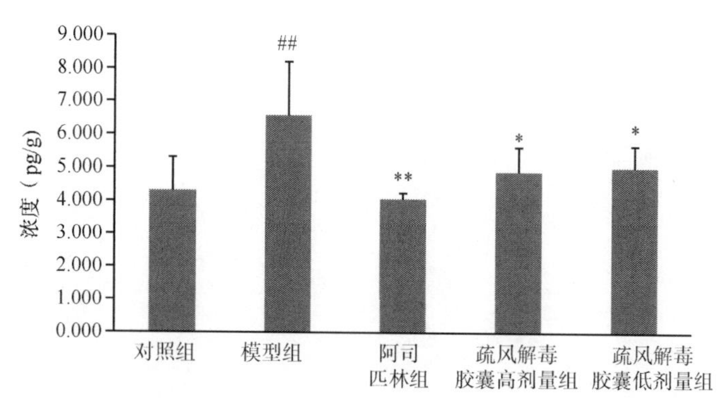

图 3-1-3　对酵母致发热大鼠下丘脑前列腺素 E_2（PGE_2）的影响

与对照组比较：##$P<0.01$；与模型组比较：*$P<0.05$，**$P<0.01$

表 3-1-3　对酵母致发热大鼠肿瘤坏死因子 α（TNF-α）的影响（$n=8$，$\bar{X}\pm SD$）

分组	剂量（g 生药/kg）	血清（pg/ml）	下丘脑（pg/mg）
对照组	—	1.458±0.222	3.528±0.880
模型组	—	2.006±0.452[#]	7.027±1.836[###]
阿司匹林组	0.125g/kg	1.299±0.275[**]	4.124±0.416[**]
疏风解毒胶囊高剂量组	21.6	1.395±0.365[*]	4.937±0.185[*]
疏风解毒胶囊低剂量组	10.8	1.558±0.306[*]	5.325±0.755[*]

与对照组比较：# $P<0.05$，### $P<0.001$；与模型组比较：*$P<0.05$，**$P<0.01$

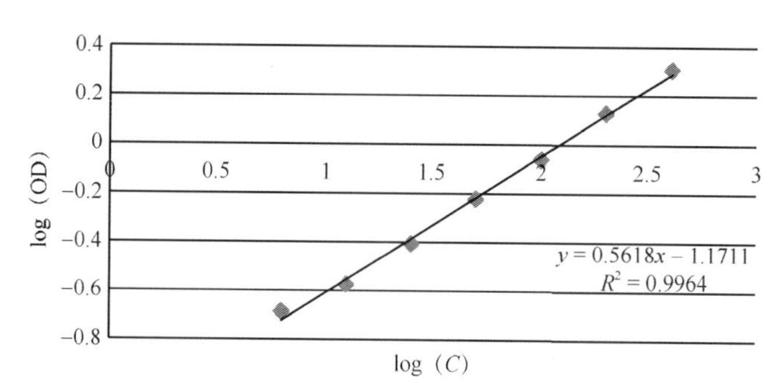

图 3-1-4　肿瘤坏死因子 α（TNF-α）标准曲线

OD 为吸光度；C 为浓度，单位：pg/ml

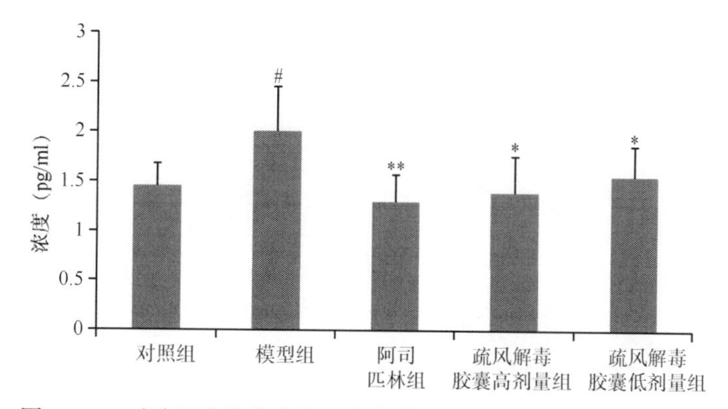

图 3-1-5　对酵母致发热大鼠血清肿瘤坏死因子 α（TNF-α）的影响

与对照组比较：#$P<0.05$；与模型组比较：*$P<0.05$，**$P<0.01$

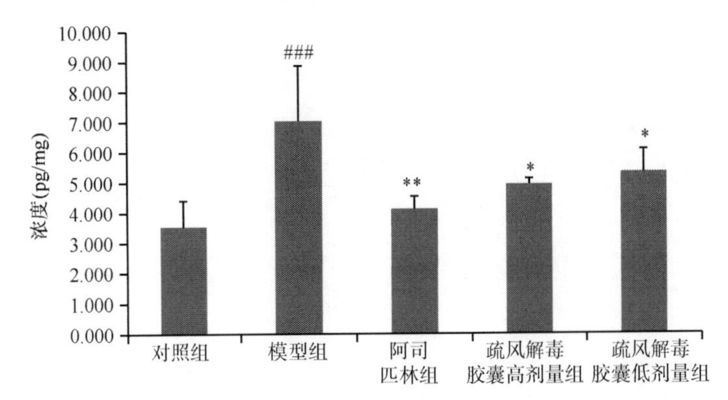

图 3-1-6 对酵母致发热大鼠下丘脑肿瘤坏死因子 α（TNF-α）的影响

与对照组比较：###$P<0.001$；与模型组比较：*$P<0.05$，**$P<0.01$

表 3-1-4 对酵母致发热大鼠白介素-1α（IL-1α）**的影响**（n=8，$\bar{X}\pm SD$）

分组	剂量（g 生药/kg）	血清（pg/ml）	下丘脑（pg/mg）
对照组	—	0.246±0.061	1.557±0.287
模型组	—	0.237±0.072	2.498±0.305###
阿司匹林组	0.125g/kg	0.187±0.103	1.981±0.556*
疏风解毒胶囊高剂量组	21.6	0.179±0.056	1.986±0.259**
疏风解毒胶囊低剂量组	10.8	0.203±0.035	2.026±0.189**

与对照组比较：###$P<0.001$；与模型组比较：*$P<0.05$，**$P<0.01$

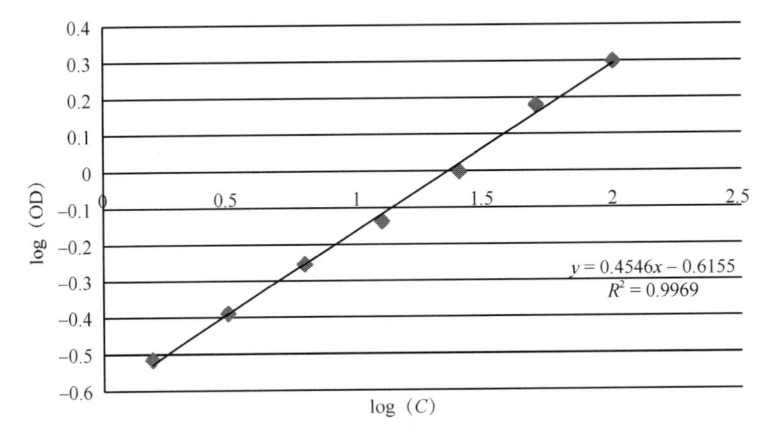

图 3-1-7 白介素-1α（IL-1α）标准曲线

OD 为吸光度；C 为浓度，单位：pg/ml

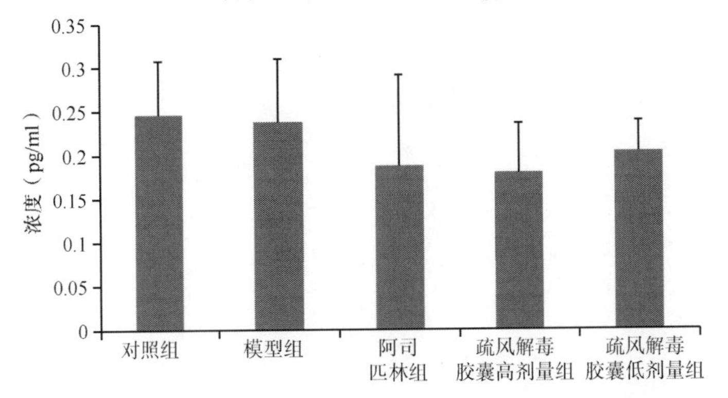

图 3-1-8 对酵母致发热大鼠血清白介素-1α（IL-1α）的影响

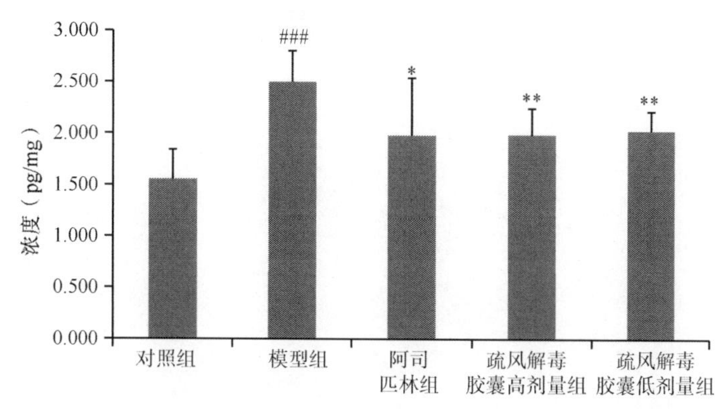

图 3-1-9　对酵母致发热大鼠下丘脑白介素-1α（IL-1α）的影响

与对照组比较：###$P<0.001$；与模型组比较：*$P<0.05$，**$P<0.01$

表 3-1-5　对酵母致发热大鼠白介素-1β（IL-1β）**的影响**（n=8，$\bar{X}\pm$SD）

分组	剂量（g 生药/kg）	血清（pg/ml）	下丘脑（pg/mg）
对照组	—	0.215±0.055	23.697±6.659
模型组	—	0.216±0.044	45.572±11.349###
阿司匹林组	0.125g/kg	0.184±0.037	31.193±5.003**
疏风解毒胶囊高剂量组	21.6	0.192±0.037	32.687±6.390*
疏风解毒胶囊低剂量组	10.8	0.191±0.023	34.506±8.124*

与对照组比较：###$P<0.001$；与模型组比较：*$P<0.05$，**$P<0.01$

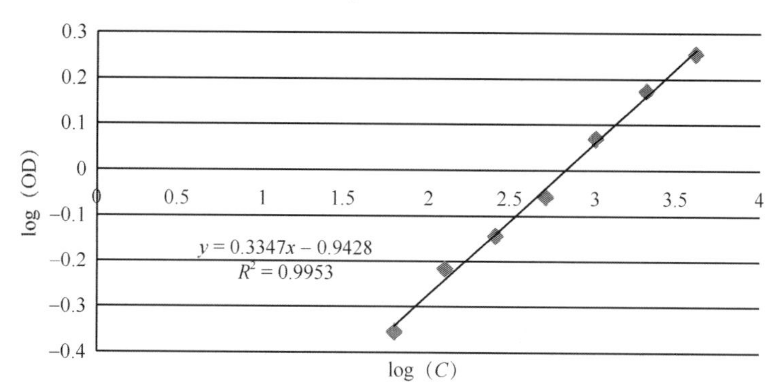

图 3-1-10　白介素-1β（IL-1β）标准曲线

OD 为吸光度；C 为浓度，单位：pg/ml

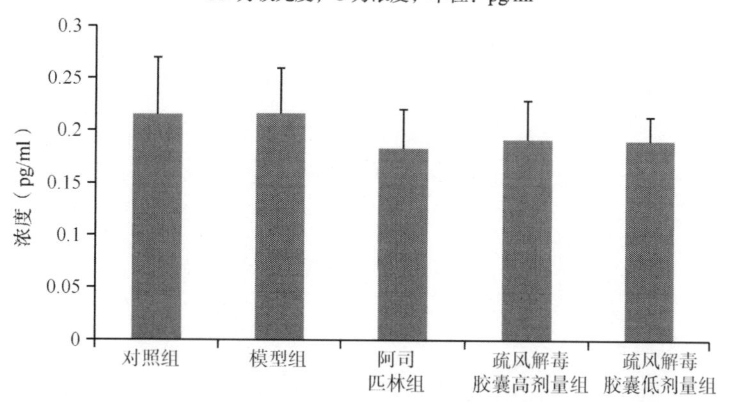

图 3-1-11　对酵母致发热大鼠血清白介素-1β（IL-1β）的影响

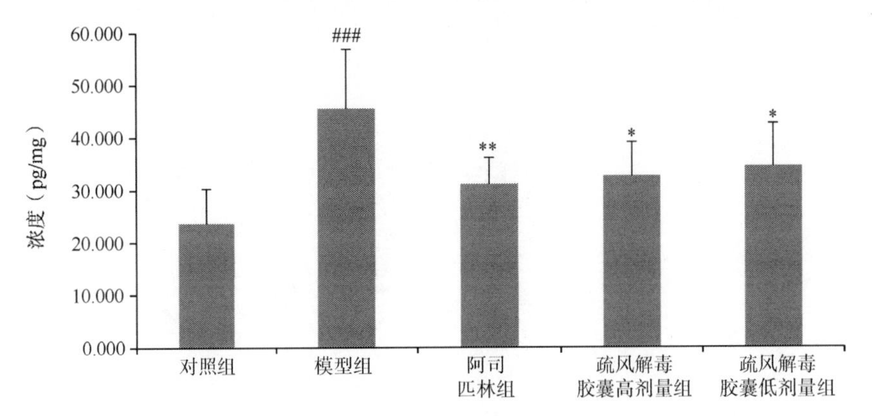

图 3-1-12 对酵母致发热大鼠下丘脑白介素-1β（IL-1β）的影响

与对照组比较：###$P<0.001$；与模型组比较：* $P<0.05$，** $P<0.01$

表 3-1-6 对酵母致发热大鼠白介素-6（IL-6）的影响（n=8，$\bar{X}\pm SD$）

分组	剂量（g 生药/kg）	血清（pg/ml）	下丘脑（pg/mg）
对照组	—	1.274±0.368	0.376±0.076
模型组	—	3.736±0.728###	0.567±0.120##
阿司匹林组	0.125g/kg	2.473±0.849**	0.454±0.057*
疏风解毒胶囊高剂量组	21.6	2.297±0.788**	0.442±0.051*
疏风解毒胶囊低剂量组	10.8	2.471±1.109*	0.450±0.036*

与对照组比较：##$P<0.01$，###$P<0.001$；与模型组比较：*$P<0.05$，**$P<0.01$

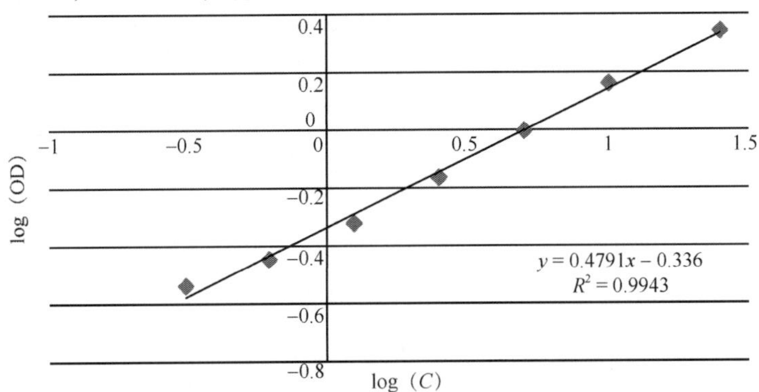

图 3-1-13 白介素-6（IL-6）标准曲线

OD 为吸光度；C 为浓度，单位：pg/ml

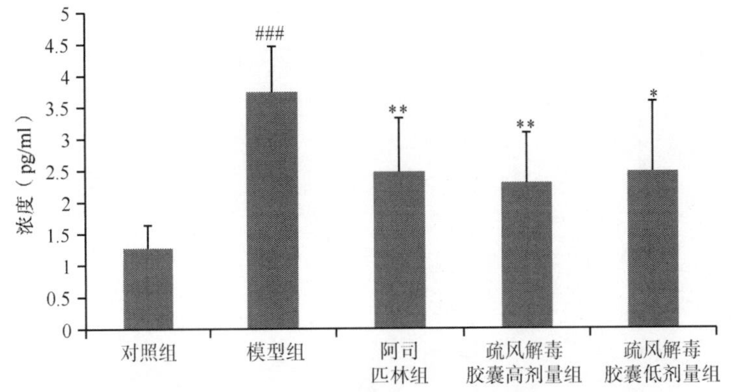

图 3-1-14 对酵母致发热大鼠血清白介素-6（IL-6）的影响

与对照组比较：###$P<0.001$；与模型组比较：*$P<0.05$，**$P<0.01$

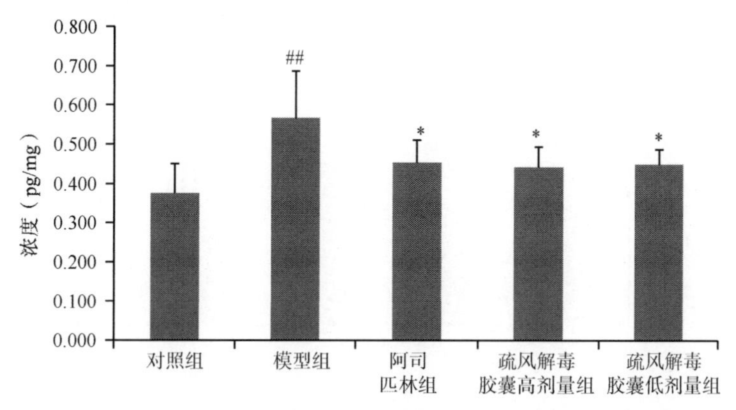

图 3-1-15　对酵母致发热大鼠下丘脑白介素-6（IL-6）的影响

与对照组比较：##$P<0.01$；与模型组比较：*$P<0.05$

表 3-1-7　对酵母致发热大鼠γ干扰素（IFN-γ）的影响（n=8，$\bar{X}\pm SD$）

分组	剂量（g 生药/kg）	血清（pg/ml）	下丘脑（pg/mg）
对照组	—	0.079±0.012	0.431±0.085
模型组	—	0.075±0.018	0.437±0.091
阿司匹林组	0.125g/kg	0.066±0.020	0.401±0.187
疏风解毒胶囊高剂量组	21.6	0.053±0.027	0.426±0.079
疏风解毒胶囊低剂量组	10.8	0.077±0.027	0.383±0.062

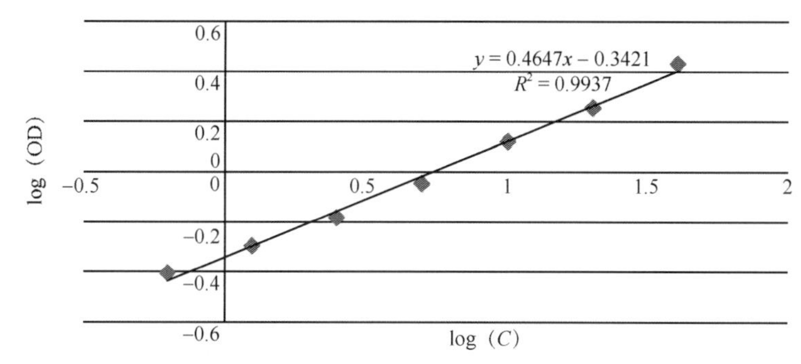

图 3-1-16　γ干扰素（IFN-γ）标准曲线

OD 为吸光度；C 为浓度，单位：pg/ml

表 3-1-8　对酵母致发热大鼠下丘脑钠钾 ATP 酶（Na^+-K^+-ATPase）的影响（n=8，$\bar{X}\pm SD$）

分组	剂量（g 生药/kg）	下丘脑（μmol/mg）
对照组	—	0.218±0.049
模型组	—	0.266±0.036#
阿司匹林组	0.125g/kg	0.197±0.040**
疏风解毒胶囊高剂量组	21.6	0.221±0.020**
疏风解毒胶囊低剂量组	10.8	0.233±0.017*

与对照组比较：#$P<0.05$；与模型组比较：*$P<0.05$，**$P<0.01$

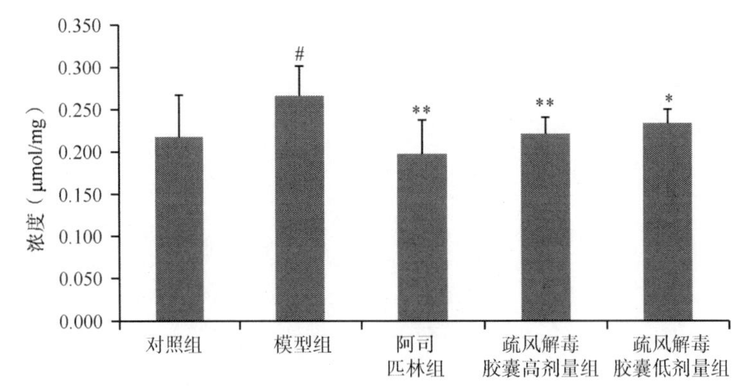

图 3-1-17 对酵母致发热大鼠下丘脑钠钾 ATP 酶（Na^+-K^+-ATPase）的影响

与对照组比较：#$P<0.05$；与模型组比较：*$P<0.05$，**$P<0.01$

表 3-1-9 对酵母致发热大鼠环腺苷酸（cAMP）的影响（n=8，$\bar{X}\pm SD$）

分组	剂量（g 生药/kg）	血清（pmol/ml）	下丘脑（pmol/mg）
对照组	—	19.522±3.519	0.724±0.067
模型组	—	36.199±14.448#	0.868±0.068###
阿司匹林组	0.125g/kg	22.488±5.520*	0.755±0.064**
疏风解毒胶囊高剂量组	21.6	21.019±4.845*	0.672±0.106***
疏风解毒胶囊低剂量组	10.8	20.023±7.057*	0.757±0.048**

与对照组比较：#$P<0.05$，###$P<0.001$；与模型组比较：*$P<0.05$，**$P<0.01$，***$P<0.001$

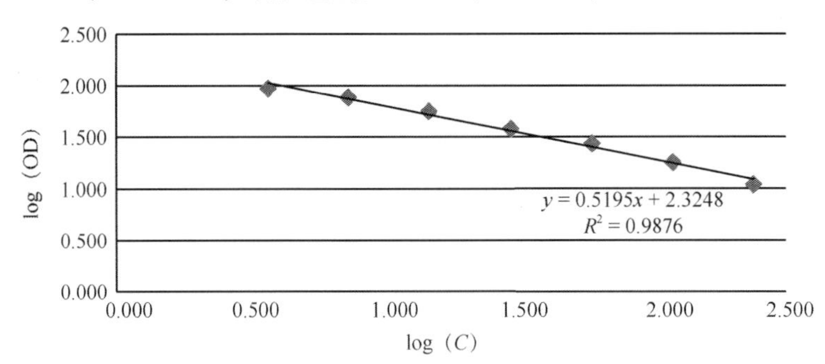

图 3-1-18 环腺苷酸（cAMP）标准曲线

OD 为吸光度；C 为浓度，单位：pmol/ml

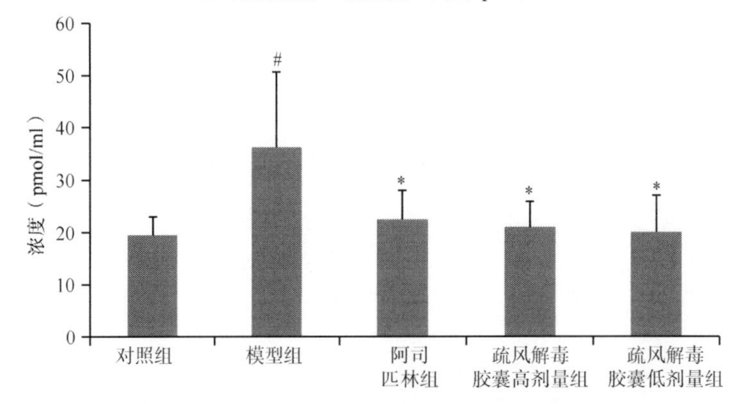

图 3-1-19 对酵母致发热大鼠血清环腺苷酸（cAMP）的影响

与对照组比较：#$P<0.05$；与模型组比较：*$P<0.05$

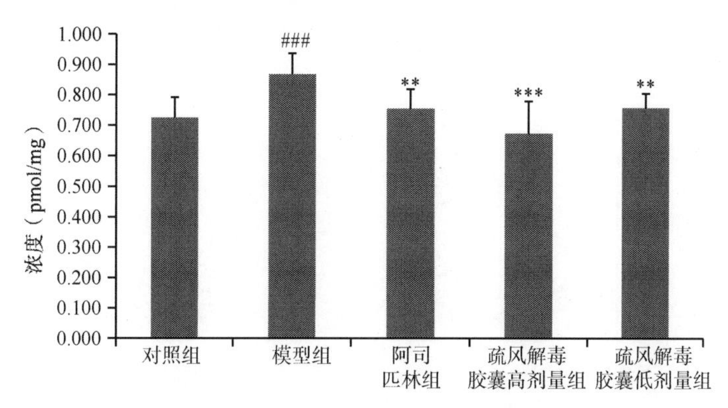

图 3-1-20　对酵母致发热大鼠下丘脑环腺苷酸（cAMP）的影响

与对照组比较：###$P<0.001$；与模型组比较：**$P<0.01$，***$P<0.001$

表 3-1-10　对酵母致发热大鼠环鸟苷酸（cGMP）的影响（n=8，$\bar{X}\pm$SD）

分组	剂量（g 生药/kg）	血清（pmol/ml）	下丘脑（pmol/mg）
对照组	—	5.391±2.017	0.319±0.024
模型组	—	5.381±1.697	0.316±0.030
阿司匹林组	0.125g/kg	5.378±0.772	0.308±0.014
疏风解毒胶囊高剂量组	21.6	6.912±1.093	0.332±0.028
疏风解毒胶囊低剂量组	10.8	6.330±1.203	0.310±0.027

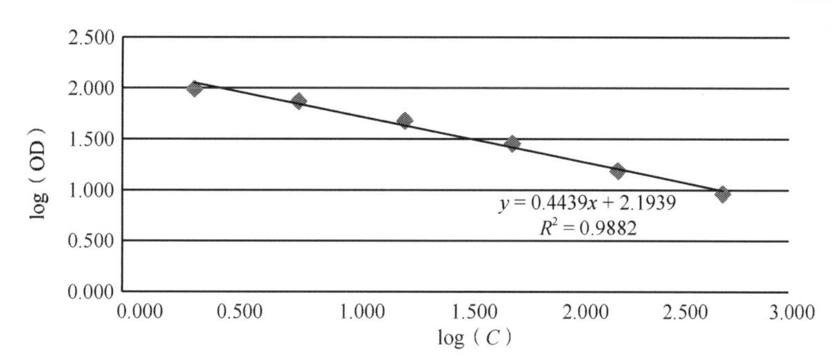

图 3-1-21　环鸟苷酸（cGMP）标准曲线

OD 为吸光度；C 为浓度，单位：pmol/ml

表 3-1-11　对酵母致发热大鼠血清及下丘脑 cAMP/cGMP 的影响（n=8，$\bar{X}\pm$SD）

分组	剂量（g 生药/kg）	血清	下丘脑
对照组	—	4.100±1.513	2.292±0.361
模型组	—	7.039±2.323#	2.763±0.297#
阿司匹林组	0.125g/kg	4.254±1.183*	2.454±0.225*
疏风解毒胶囊高剂量组	21.6	3.104±0.802**	2.053±0.437**
疏风解毒胶囊低剂量组	10.8	3.163±0.995**	2.452±0.228*

与对照组比较：#$P<0.05$；与模型组比较：*$P<0.05$，**$P<0.01$

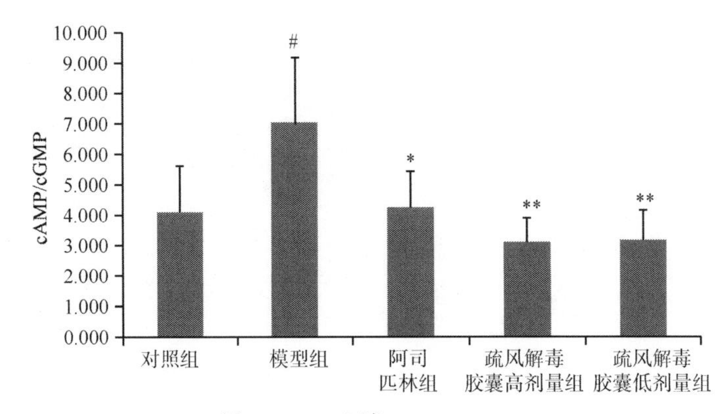

图 3-1-22 血清 cAMP/cGMP

与对照组比较：#$P<0.05$；与模型组比较：*$P<0.05$，**$P<0.01$

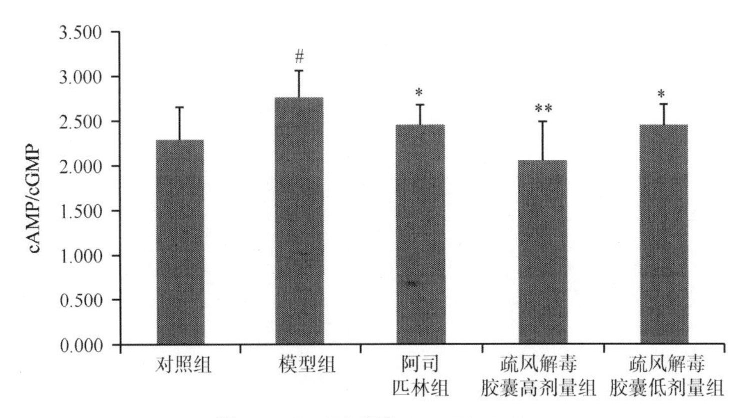

图 3-1-23 下丘脑 cAMP/cGMP

与对照组比较：#$P<0.05$；与模型组比较：*$P<0.05$，**$P<0.01$

表 3-1-12 对酵母致发热大鼠精氨酸升压素（AVP）的影响（n=8，$\bar{X}\pm SD$）

分组	剂量（g 生药/kg）	下丘脑（ng/mg）
对照组	—	0.234±0.040
模型组	—	0.331±0.021###
阿司匹林组	0.125g/kg	0.266±0.044**
疏风解毒胶囊高剂量组	21.6	0.384±0.060*
疏风解毒胶囊低剂量组	10.8	0.368±0.039*

与对照组比较：###$P<0.001$；与模型组比较：*$P<0.05$，**$P<0.01$

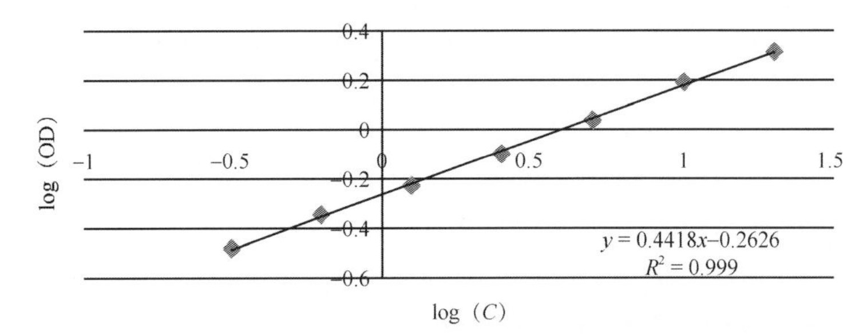

图 3-1-24 精氨酸升压素（AVP）标准曲线

OD 为吸光度；C 为浓度，单位：ng/ml

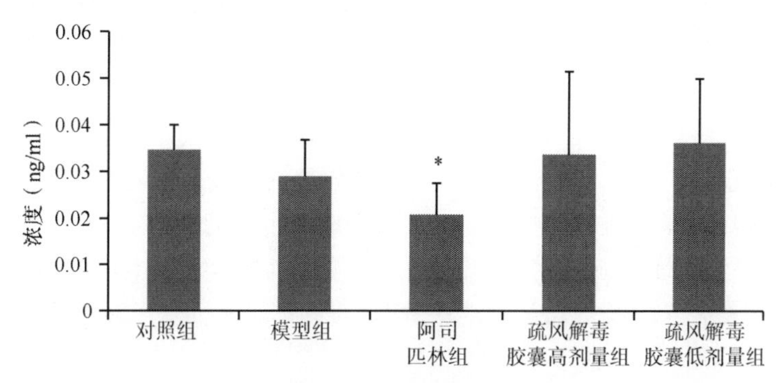

图 3-1-25　对酵母致发热大鼠血清精氨酸升压素（AVP）的影响

与模型组对比：* $P<0.05$

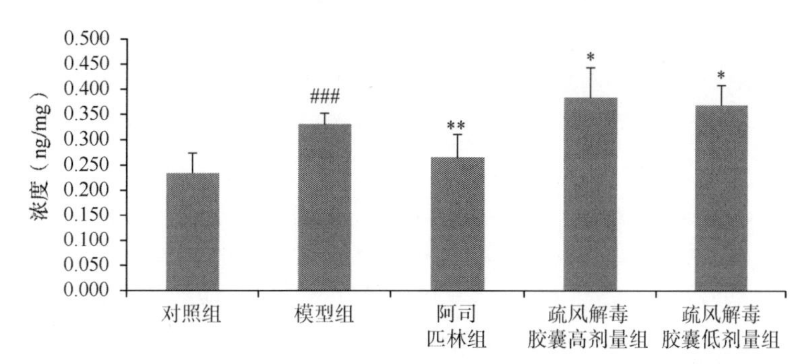

图 3-1-26　对酵母致发热大鼠下丘脑精氨酸升压素（AVP）的影响

与对照组比较：### $P<0.001$；与模型组比较：* $P<0.05$，** $P<0.01$

3.1　结论

疏风解毒胶囊能显著降低酵母致发热模型大鼠体温，有显著的解热作用。结果表明疏风解毒胶囊能显著抑制炎症因子 PGE_2 产生，从而显著抑制致热性细胞因子 TNF-α、IL-1α、IL-1β、IL-6 的生成，进而减少产热因子 cAMP、Na^+-K^+-ATPase 等含量，降低 cAMP/cGMP，减少产热，并使内源性解热介质 AVP 含量增加，从而发挥其解热作用。

3.2　讨论

大鼠皮下注射酵母菌后，酵母菌的主要致热成分全菌体和菌体内含有的荚膜多糖及蛋白质引起注射部位发生剧烈炎症反应，炎症因子 PGE_2 含量显著升高，并进一步引起致热性细胞因子 TNF-α、IL-1α、IL-1β、IL-6 含量升高，从而导致下丘脑体温调定点上调，使产热因子 cAMP、Na^+-K^+-ATPase 等含量升高从而引起发热，同时，内源性解热介质 AVP 释放增加，负反馈抑制体温进一步升高。

PGE_2 是与体温调节有关的最主要介质，尤其是在感染性发热中。发热时动物脑脊液内 PGE_2 水平增高。解热镇痛药物可抑制酶系统，和体温调节有关的其他中枢介质也和 PGE_2 有关。PGE_2 与其受体结合后，通过信号转导通路改变体温调节中枢体温调节点水平，从而引起机体产热和散热变化，使体温升高。本研究实验结果显示，模型组大鼠血清及下丘脑 PGE_2 显著升高，而疏风解毒胶囊能降低 PGE_2 含量，发挥解热作用。

肿瘤坏死因子是一个重要的内源性致热原，TNF-α 作为一个内源性致热原是不同病因所致发热机制中的一个共同环节。模型组大鼠血清及下丘脑 TNF-α 显著升高，从而导致动物体温升高，而疏风解毒胶囊能显著降低 TNF-α 含量，表明疏风解毒胶囊能通过降低 TNF-α 含量从而发挥解热作用。

IL-1 是重要的致热细胞因子，分为 IL-1α 和 IL-1β 两种类型，其中 IL-1β 是目前公认的内生致热原之一，其机制是通过与终板血管器的血管内皮细胞及其周围的巨噬细胞、小胶质细胞胞膜上的 IL-1 受体结合，促进靶细胞内 PGE_2 的合成，生成的 PGE_2 以旁分泌形式诱导下丘脑温度敏感神经元细胞膜上的 PGE_2 受体与之结合，进而引起后续细胞信号的转导。本研究实验结果显示，模型组大鼠下丘脑 IL-1α、IL-1β 均显著升高，从而导致动物体温升高，而疏风解毒胶囊能降低 IL-1α、IL-1β 含量，发挥解热作用。

IL-6 是多种发热的中间物质，目前已知多种细胞可以自发或在不同刺激后产生 IL-6，其生物学效应呈现多样性，在发热机制中具有举足轻重的作用。本研究实验结果显示，模型组大鼠血清及下丘脑 IL-6 显著升高，从而导致动物体温升高，而疏风解毒胶囊能显著降低 IL-6 含量从而发挥解热作用。

AVP 是一种 9 肽神经递质，分布于 CNS 的细胞体、轴突和神经末梢，包括其作用部位腹中膈区（VSA）和中杏仁核的神经末梢，机体发热时其含量增多。众多研究表明，AVP 具有明显的抑热作用，AVP 被认为是一种内源性解热物质。其在中枢作用于 VSA 的 V1 亚型受体发挥解热或限热作用。AVP 可能是通过影响位于 POAH 区的温度敏感神经元的放电频率而影响体温，VSA 中 AVP 含量下降，表明 AVP 释放增多，刺激 AVP 的内源性释放可抑制发热。模型组大鼠下丘脑 AVP 显著升高，提示发热模型动物体温升高，激活机体自身体温调节系统，引起内源性解热物质 AVP 分泌增加，但其增加幅度不足以抵抗致热因子引起的发热，而疏风解毒胶囊能进一步促进 AVP 分泌，发挥解热作用。阳性药阿司匹林组 AVP 含量降低可能与阿司匹林发挥解热作用引起大鼠体温降低从而使内源性解热物质 AVP 分泌减少。

cAMP 是接近体温调节终末环节的发热介质，大多数学者认为 Na^+/Ca^{2+} 上升诱导下丘脑内 cAMP 的含量上升是多种致热原引起发热的共同中介环节。发热动物模型脑脊液及下丘脑组织中，cAMP 含量增多与体温升高显著正相关。cAMP 和 cGMP 是公认的生物控制的关键因子，对细胞的内调节起正负影响。一般认为 cAMP 和 cGMP 的比值比两者任何一种的实际浓度更为重要，体温随 cAMP 和 cGMP 比值的变化而变化。Na^+-K^+-ATPase，也称钠泵，是维持细胞内外钠钾离子浓度，在机体产热生成中占非常重要的地位。模型组大鼠下丘脑 cAMP、cAMP/cGMP、Na^+-K^+-ATPase 均显著升高，疏风解毒胶囊能显著降低 cAMP 含量及 cAMP/cGMP 值，降低 Na^+-K^+-ATPase，表明疏风解毒胶囊能通过降低 cAMP 含量及 cAMP/cGMP 值，降低 Na^+-K^+-ATPase 活力，减少产热，从而发挥解热作用。

第二节　基于 NF-κB 的疏风解毒胶囊抗炎药效物质筛选

疏风解毒胶囊具有清热解毒、疏风解表的作用，临床用于治疗急性上呼吸道感染风温肺热证。其功能主治与其抗炎作用相关，因此，本实验以炎症为切入点，利用 UPLC-Q-TOF-MS 整合 NF-κB 双荧光素酶报告基因系统的筛选体系，快速准确地筛选鉴定疏风解毒胶囊中潜在的抗炎活性成分，进一步利用 TNF-α 刺激的人支气管上皮细胞（BEAS-2B）和 LPS 刺激的原代小鼠腹腔巨噬细胞对筛选确定的单体成分进行抗炎活性实验，明确其抗炎药效物质基础。

一、抗炎活性物质筛选及鉴定

本实验建立了一种快速高效地使用超高效液相色谱-四极杆-飞行时间质谱（UPLC-Q-TOF）结合荧光素酶报告基因检测系统筛选抑制 NF-κB 活性成分的方法，对疏风解毒胶囊中的抗炎活性物质进行筛选，明确了其抗炎药效物质基础，有助于了解疏风解毒胶囊的抗炎机制，明确药物作用的靶点。

1. 仪器与材料

1.1　主要试剂

疏风解毒胶囊	安徽济人药业有限公司
地塞米松	美国 Sigma 公司
人源 TNF-α	美国 PeproTech 公司
DMEM 高糖培养基	美国 HyClone 公司
胎牛血清（FBS）	美国 Gibco 公司
双抗（氨苄西林、链霉素 100×）	美国 Gibco 公司
胰蛋白酶	美国 Gibco 公司
磷酸盐缓冲液（PBS）	美国 Gibco 公司
转染试剂 PEI	美国 Invitrogen 公司
质粒 Renilla	美国 Promega 公司
质粒 pGL4.32	美国 Promega 公司
双荧光素酶报告基因试剂盒	美国 Promega 公司
色谱乙腈	美国 Merck 公司
色谱甲酸	比利时 Acros 公司
色谱甲醇	美国 Merck 公司
亮氨酸脑啡肽醋酸盐	美国 Sigma-Aldrich 公司
其他试剂	国产分析纯

1.2　主要仪器

超高效液相色谱仪（Acquity UPLC）	美国 Waters 公司
Q-TOF Premier 质谱仪	美国 Waters 公司
ACQUITY UPLC BEH C_{18} 色谱柱	美国 Waters 公司
Milli-Q 超纯水仪	美国 Millipore 公司
超声仪	宁波新芝生物科技股份有限公司
离心机	德国 Hettich 公司
AB104-N 电子天平	Mettler Toledo 公司
恒温摇床	天津市欧诺仪器股份有限公司
高压灭菌器 HVE-50	日本 Hirayama 公司
倒置显微镜	日本 Olympus 公司
HF151UV CO_2 细胞培养箱	上海 Heal Force 公司
超净工作台	苏州净化设备有限公司

Modulus 荧光检测仪　　　　　　　　　　　　美国 Turner Designs 公司

2. 实验样品制备

UPLC-Q-TOF 样品制备：取 0.2g 疏风解毒胶囊粉末于 50ml 锥形瓶中，加入 12ml 70%甲醇，超声 1h 后，12 000r/min 离心 15min，取上清液用于 UPLC-Q-TOF 分析。

细胞实验样品制备：取 1.0g 疏风解毒胶囊粉末于 50ml 锥形瓶中，加入 12ml 70%甲醇，超声 1h 后，12 000r/min 离心 15min，取上清液用于 UPLC 接峰。样品经 UPLC 分离后，将洗脱液按每 30s 为一段（约 200μl 流动相）直接收集于 96 深孔板中（规格：每孔容积为 2.2ml），然后放于 50℃真空干燥箱挥干流动相，残留物直接加入适量的细胞培养基，超声 20min 复溶，最后将培养基加入到细胞筛选体系中进行实验分析。

3. UPLC 色谱条件优化

液相色谱柱：Waters ACQUITY UPLC BEH C_{18}（1.7 μm，2.1mm×100mm）；流动相：乙腈（A），0.1%（V/V）甲酸超纯水（B），流动相流速为 0.4ml/min；柱温：35℃；进样 4μl（接峰时进样 10μl）；实验采用梯度洗脱模式，洗脱表见表 3-2-1～表 3-2-4，即条件 1～4，其中表 3-2-1～表 3-2-3 为优化过程，表 3-2-4 为经优化后梯度结果。

表 3-2-1　流动相梯度洗脱表①

保留时间（min）	流速（ml/min）	A（乙腈）（%）	B（0.1%甲酸超纯水）（%）
0.0	0.4	2.0	98.0
2.0	0.4	2.0	98.0
10.0	0.4	20.0	80.0
25.0	0.4	50.0	50.0
30.0	0.4	100.0	0.0

表 3-2-2　流动相梯度洗脱表②

保留时间（min）	流速（ml/min）	A（乙腈）（%）	B（0.1%甲酸超纯水）（%）
0.0	0.4	2.0	98.0
2.0	0.4	2.0	98.0
15.0	0.4	20.0	80.0
27.0	0.4	50.0	50.0
30.0	0.4	100.0	0.0

表 3-2-3　流动相梯度洗脱表③

保留时间（min）	流速（ml/min）	A（乙腈）（%）	B（0.1%甲酸超纯水）（%）
0.0	0.4	2.0	98.0
1.0	0.4	2.0	98.0
10.0	0.4	15.0	85.0
15.0	0.4	15.0	85.0
18.0	0.4	20.0	80.0
35.0	0.4	50.0	50.0
40.0	0.4	90.0	10.0

表 3-2-4 流动相梯度洗脱表④

保留时间（min）	流速（ml/min）	A（乙腈）(%)	B（0.1%甲酸超纯水）(%)
0.0	0.4	2.0	98.0
2.0	0.4	2.0	98.0
12.0	0.4	15.0	85.0
15.0	0.4	15.0	85.0
18.0	0.4	20.0	80.0
35.0	0.4	50.0	50.0
40.0	0.4	100.0	0.0

4. Q-TOF 实验条件

本实验使用 Waters Premier 质谱仪，正、负两种模式扫描测定，仪器参数如下：

采用电喷雾离子源；V 模式；毛细管电压正模式 3.0kV，负模式 2.5kV；锥孔电压 30V；离子源温度 110℃；脱溶剂气温度 350℃；脱溶剂氮气流量 600L/h；锥孔气流量 50L/h；检测器电压正模式 1900V，负模式 2000V；采样频率 0.1s，间隔 0.02s；质量数检测范围 100～1500Da；内参校准液采用亮氨酸脑啡肽醋酸盐（$[M+H]^+ = 555.2931$，$[M-H]^- = 553.2775$）。

5. 细胞培养方法

人胚肾上皮细胞（293T）购于上海拜力生物科技有限公司。细胞培养条件：用 DMEM 高糖完全培养基培养（含 1%双抗和 10% 胎牛血清）培养于 37℃、5% CO_2 的 CO_2 培养箱。

5.1 细胞复苏

（1）从液氮罐中迅速取出细胞并立即放入 37℃水浴锅中，摇动冻存管使其快速融化。

（2）细胞立即 1000r/min 离心 3min 后，弃去上清液。

（3）向白色细胞沉淀中加入 1ml 完全培养基，混匀离心，弃去上清液。

（4）加入 5ml 完全培养基溶解沉淀后转移至 25cm^2 培养瓶中，“十字”法拍打培养瓶壁振荡混匀，放入 37℃、5% CO_2 培养箱中培养。

（5）细胞培养 6h 后换液，以除去冻存中产生的代谢废物及死亡细胞等。

5.2 细胞换液及传代

（1）由细胞生长情况确定换液频率，一般 1～2 天换液一次。

（2）换液时操作简易，弃去旧培养基，加入新的完全培养基。

（3）当细胞生长至 90%时，弃去旧培养基，加入 1ml 胰酶（25cm^2 培养瓶）于 37℃、5% CO_2 培养箱消化 1min。

（4）加入 1ml 完全培养基终止胰酶消化反应，用移液枪反复吹打培养瓶底使贴壁细胞悬浮。

（5）转移细胞悬浮液于离心管中，1000r/min 离心 3min 后弃去上清液。

（6）于细胞沉淀中加入 1ml 完全培养基混匀细胞，并转移到加有 4ml 完全培养基的 25cm^2 培养瓶中，于 37℃、5% CO_2 培养箱中继续培养。

6. 双荧光素酶报告基因质粒瞬时共转染

将 293T 细胞培养于 96 孔板中，待细胞生长融合至 50%～70%时，将转染试剂 PEI（1mg/ml）、内参荧光素酶报告基因质粒 Renilla（9.6ng/孔）和 NF-κB 荧光素酶报告基因质粒 pGL4.32（100ng/孔）的混合液转染到细胞内，其中 PEI：pGL4.32 = 8：1（质量比），质粒转染 24h 后，加入无血清培养液培养 12h 同步化细胞后可用于后续实验。

7. 细胞实验分组及给药

本实验设置空白组（Control）、模型组（Model，用 10ng/ml 的 TNF-α 刺激细胞产生炎症）、阳性药组（Dex，10^{-5}mol/L 的地塞米松）和疏风解毒胶囊给药组。各组药物预孵育 2h 后，加入 TNF-α（10ng/ml）造模 6h，收集裂解液用于 NF-κB 荧光检测。

8. NF-κB 荧光素酶活性检测

给药完成后，弃去细胞培养液，PBS 清洗细胞两次，弃去 PBS，每孔加入 20μl 细胞裂解液于振荡器上振荡 30min，细胞裂解液用于 NF-κB 荧光检测，具体操作步骤如下：

（1）配制萤火虫荧光素酶检测试剂（Dual-Glo™ Luciferase 底物与 Dual-Glo™ Luciferase 缓冲液等体积充分混合，–20℃保存待用）及内参荧光素酶检测试剂（Dual-Glo™ Stop＆Glo 底物和 Dual-Glo™ Stop＆Glo 缓冲液以 50：1 的体积比混合，需现用现配）。

（2）取 15μl 细胞裂解液，加入 20μl 萤火虫荧光素酶检测试剂，轻轻混匀后，用 Modulus 荧光检测仪检测并记录 NF-κB 荧光值。

（3）再加入 20μl 内参荧光素酶检测试剂，轻轻混匀，用 Modulus 荧光检测仪检测并记录 Renilla 荧光值。

（4）计算荧光素酶报告基因活性，以相对比值表示（相对荧光比率 = NF-κB 荧光值/内参 Renilla 荧光值）。

9. 活性物质结构鉴定

为鉴定 19 个标记物的结构，实验采用了 UPLC-Q-TOF 对样品进行了一级质谱和二级质谱实验分析。由一级质谱的正负模式分析测定可以得到物质的$[M+H]^+$和$[M-H]^-$准分子离子峰的信息，通过小数点后四位的精确质量数进行元素组成分析，然后利用二级谱图中的分子碎片信息，分析其碎片的裂解规律，查阅大量的相关文献，将精确质量数和二级分子碎片与参考文献和化合物库进行分析比对，再参考峰的紫外吸收波长和相对保留时间信息，综合考虑分析，进而确定峰的结构信息。

10. 统计分析方法

实验结果以标准平均误差（SEM）表示，组间比较采用单因素方差分析（One-way ANOVA），单独两组间比较用 t 检验方法，$P<0.05$ 为有显著性差异。

11. 实验结果

11.1 色谱条件优化结果

条件 4 即本章图 3-2-1 正负模式质谱图中各个峰分离度高，且分布较均匀，所以经条件优化最终确立条件 4 为最优。

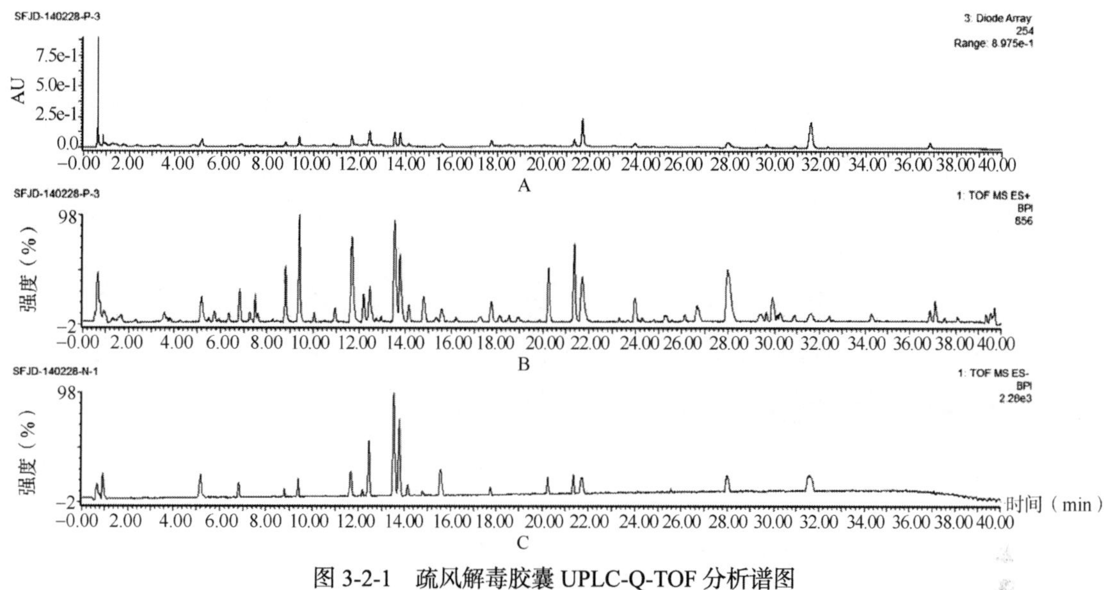

图 3-2-1　疏风解毒胶囊 UPLC-Q-TOF 分析谱图

A. 254nm 下紫外谱图；B. 正模式质谱图；C. 负模式质谱图

11.2　抗炎活性物质筛选结果

本实验对收集到的 80 段疏风解毒胶囊样品进行细胞实验，首先进行给药浓度摸索。接峰时得到每孔约 200μl 溶有药物的洗脱液，挥干溶剂后，用细胞培养液分别稀释一倍（加入 400μl 培养基）及原浓度给药（加入 200μl 培养基）。结果发现稀释一倍给药后每段药物都没有太显著的抗炎效果，说明给药浓度较低。而按原浓度给药后细胞 NF-κB 的表达有几段表现出明显的降低，因此确定用原浓度进行细胞给药。

按原浓度给药后共筛选出 9 段 10 个活性峰对 NF-κB 表达有显著的抑制作用，峰号按时间顺序依次为 1、2、3、4、5、6、7、8、9、10 号（图 3-2-2）。

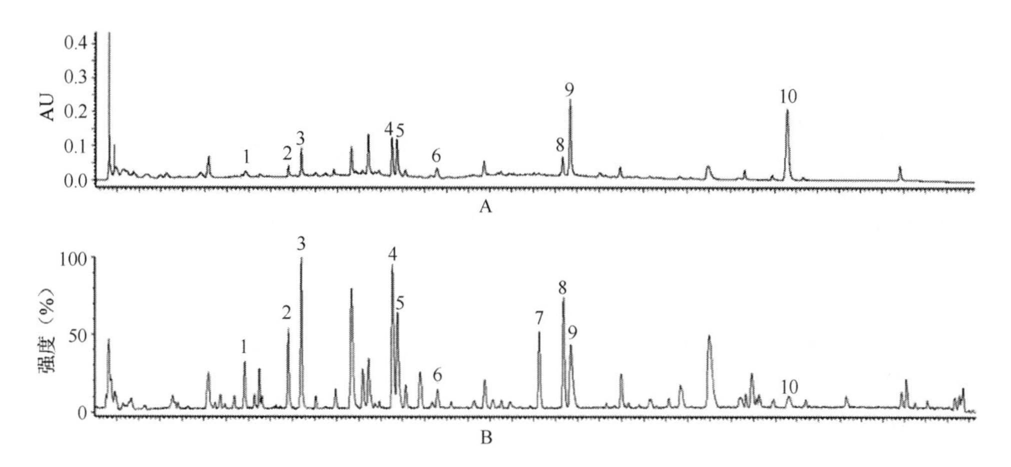

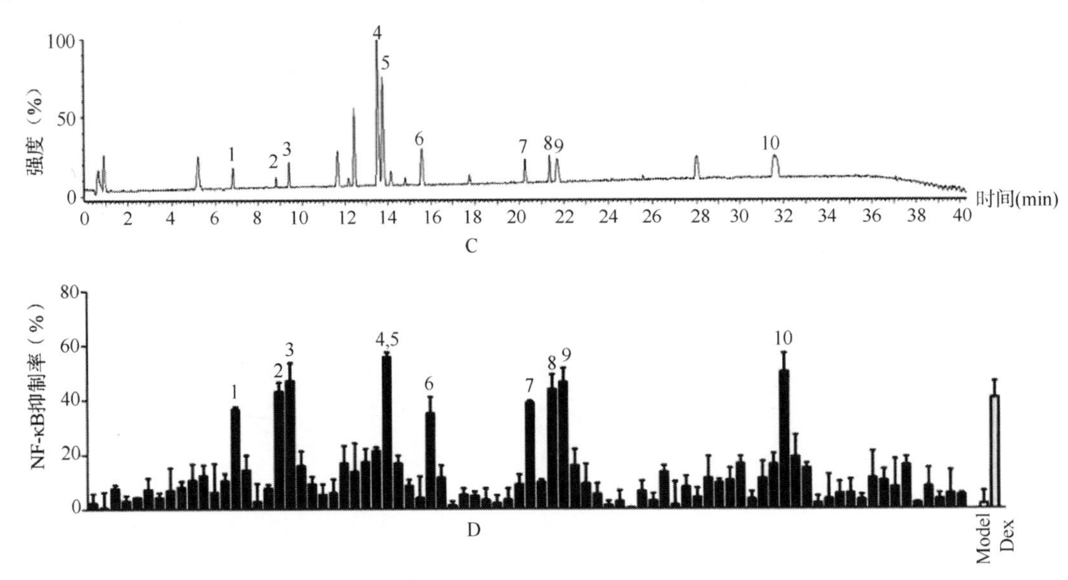

图 3-2-2 疏风解毒胶囊 UPLC-Q-TOF 及生物活性分析

A. 254nm 下紫外谱图；B. 正模式质谱图；C. 负模式质谱图；D. NF-κB 抑制率图

11.3 抗炎活性物质鉴定结果

在对疏风解毒胶囊中化学物质进行一级质谱测定后，可以得到物质准分子离子峰（$[M+H]^+$或$[M-H]^-$）的相关信息。在此基础上，以准分子离子为母离子在相应的模式下进行二级碎片的测定，根据二级质谱结构信息及结合相关文献的报道，对疏风解毒胶囊中 10 个有抗炎活性的化学成分进行了鉴定分析，具体成分的鉴定结果参见表 3-2-5，结构式见图 3-2-3。

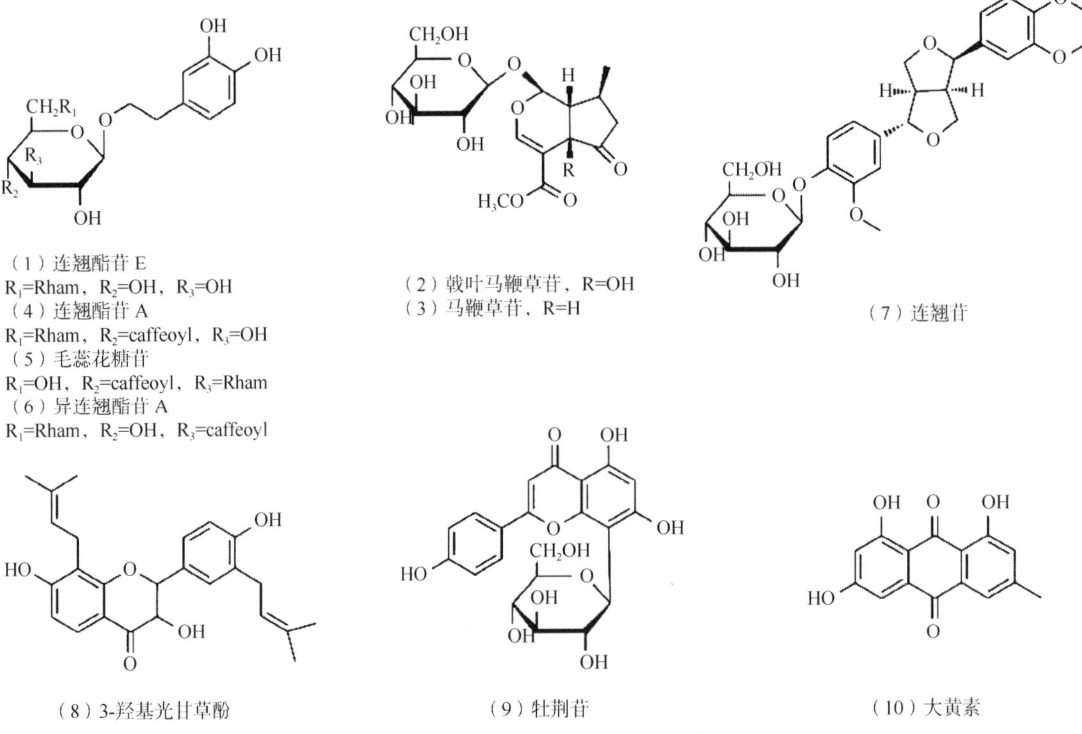

图 3-2-3 疏风解毒胶囊中 10 个活性单体结构式

表 3-2-5 疏风解毒胶囊抗炎活性单体结构信息表

峰号	保留时间 (min)	质荷比 (*m/z*)	二级碎片	紫外吸收波长 (nm)	分子式	分子质量 (Da)	化合物	药材来源
1	6.83	461.1628	315$[M-H-Rham]^-$，135$[M-H-Rham-Glu]^-$	196，221，284	$C_{20}H_{30}O_{12}$	462.4510	连翘酯苷 E（Forsythoside E）	连翘
2	8.81	405.1388	243$[M+H-Glu]^+$，225$[M+H-Glu-H_2O]^+$，207$[M+H-Glu-2H_2O]^+$，193$[M+H-Glu-H_2O-CH_4O]^+$	232，192	$C_{17}H_{24}O_{11}$	404.3710	戟叶马鞭草苷（Hastatoside）	马鞭草
3	9.40	389.1407	227$[M+H-Glu]^+$，195$[M+H-Glu-CH_4O]^+$，177$[M+H-Glu-CH_4O-H_2O]^+$	238	$C_{17}H_{24}O_{10}$	388.3716	马鞭草苷（Verbenalin）	马鞭草
4	13.52	623.2007					连翘酯苷 A（Forsythoside A）	连翘
5	13.77	623.1971	623$[M-H]^-$，461$[M-H-Rham]^-$，161$[M-2H-461]^-$	198，220，326	$C_{29}H_{36}O_{15}$	624.5958	毛蕊花糖苷（Verbascoside）	马鞭草
6	15.58	623.1978					异连翘酯苷 A（Isoforsythoside A）	连翘
7	20.25	535.2187	557$[M+Na]^+$，355$[M+H-Glu]^+$，249$[M+H-Glu-anisole]^-$ 189$[M+H-Glu-anisole-2CH_2O]^-$	200，230，277	$C_{27}H_{34}O_{11}$	534.5604	连翘苷（Phillyrin）	连翘
8	21.35	407.1294	407$[M-H]^-$，245$[M-H-2C_5H_7-CO]^-$	237	$C_{25}H_{28}O_5$	408.4943	3-羟基光甘草酚（3-Hydroxyglabrol）	甘草
9	21.77	431.0843	269$[M-H-Glu]^-$，225$[M-H-Glu-CO_2]^-$	222，271，194	$C_{21}H_{20}O_{10}$	432.3838	牡荆苷（Vitexin）	板蓝根
10	31.61	269.0423	269$[M+H]^+$，241$[M+H-CO]^+$，225$[M+H-CO_2]^+$	287，266，224	$C_{15}H_{10}O_5$	270.2414	大黄素（Emodin）	虎杖、板蓝根

根据分子离子峰的分子式和碎裂方式，对化合物 1 进行成分的鉴定，分析过程如下所示：在负离子模式下，对化合物 1 做提取离子流，可以明显地发现离子峰 *m/z* 461（$[M-H]^-$）在一级质谱图上的丰度很高；随后，在二级质谱的碎裂过程中，离子峰 *m/z* 461 在适当条件下发生了断裂一分子鼠李糖（Rham）的情况，因此会出现特征性的碎片离子峰 *m/z* 315$[M-H-Rham]^-$，之后又发生了断裂一分子葡萄糖（Glu）的情况，所以出现特征性碎片离子峰 *m/z* 135$[M-H-Rham-Glu]^-$，结合之前一级谱图中分子离子峰的分子式匹配结果（$C_{20}H_{30}O_{12}$），本实验确定该化合物是连翘酯苷 E，见图 3-2-4。

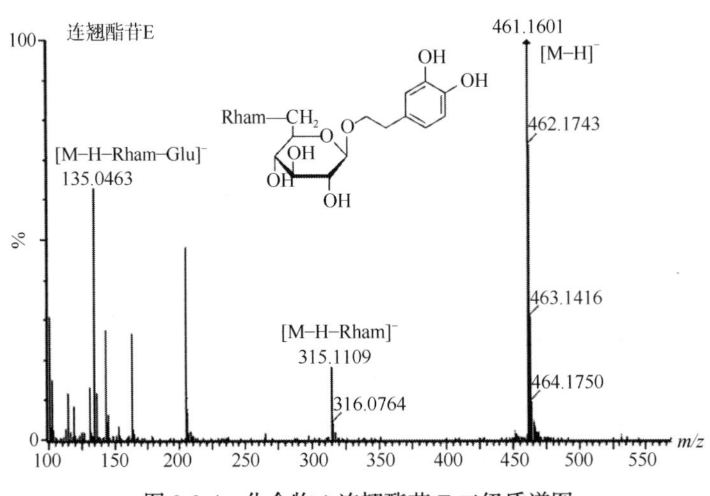

图 3-2-4 化合物 1 连翘酯苷 E 二级质谱图

化合物 2 在正模式一级质谱中显示的分子离子峰（$[M+H]^+$）为 405，在二级质谱的碎裂过程中，离子峰 *m/z* 405 在适当条件下发生了断裂一分子葡萄糖（Glu）的情况，因此会出现特征性的碎片离子峰 *m/z* 243$[M+H-Glu]^+$，之后又发生了断裂一分子水和两分子水（H_2O）的情况，所以出现特征性碎片离子峰 *m/z* 225$[M+H-Glu-H_2O]^+$和 *m/z* 207$[M+H-Glu-2H_2O]^+$，在此基础上，又发生了断裂一个 CH_4O 基团的碎片峰，*m/z* 193$[M+H-Glu-H_2O-CH_4O]^+$，并且样品二级谱图与标准品二级谱图完全相同，故推断化合物 2 为戟叶马鞭草苷，见图 3-2-5。

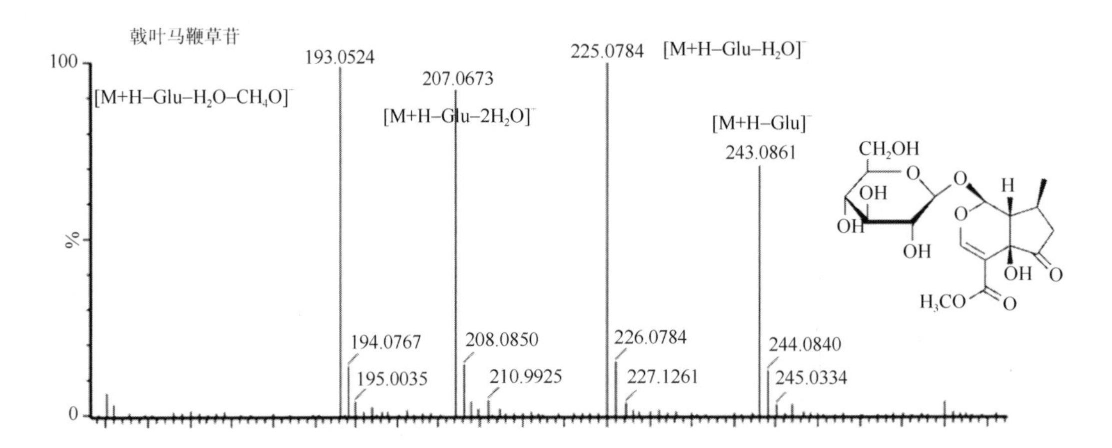

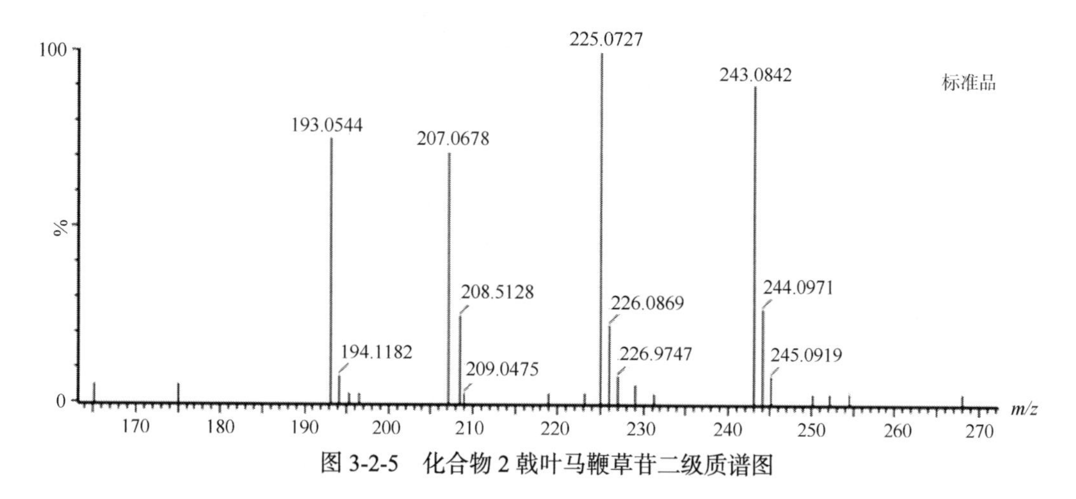

图 3-2-5　化合物 2 戟叶马鞭草苷二级质谱图

化合物 3 在正模式一级质谱中显示的分子离子峰（$[M+H]^+$）为 389，在二级质谱的碎裂过程中，离子峰 *m/z* 389 在适当条件下发生了断裂一分子葡萄糖（Glu）的情况，因此会出现特征性的碎片离子峰 *m/z* 227$[M+H-Glu]^+$，之后又发生了断裂一个 CH_4O 基团的碎片峰，*m/z* 195$[M+H-Glu-CH_4O]^+$，在此基础上又发生了断裂一分子水（H_2O）的情况，所以出现特征性碎片离子峰 *m/z* 177$[M+H-Glu-CH_4O-H_2O]^+$，并且样品二级谱图与标准品二级谱图完全相同，故推断化合物 3 为马鞭草苷，见图 3-2-6。

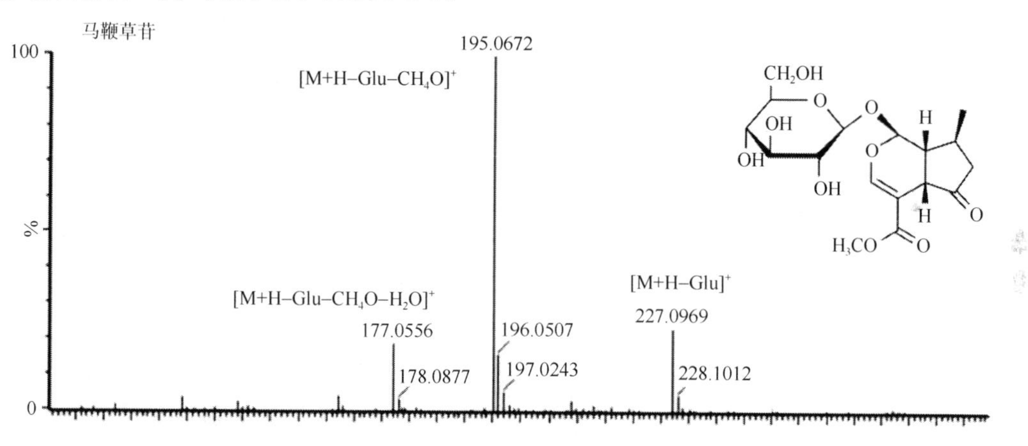

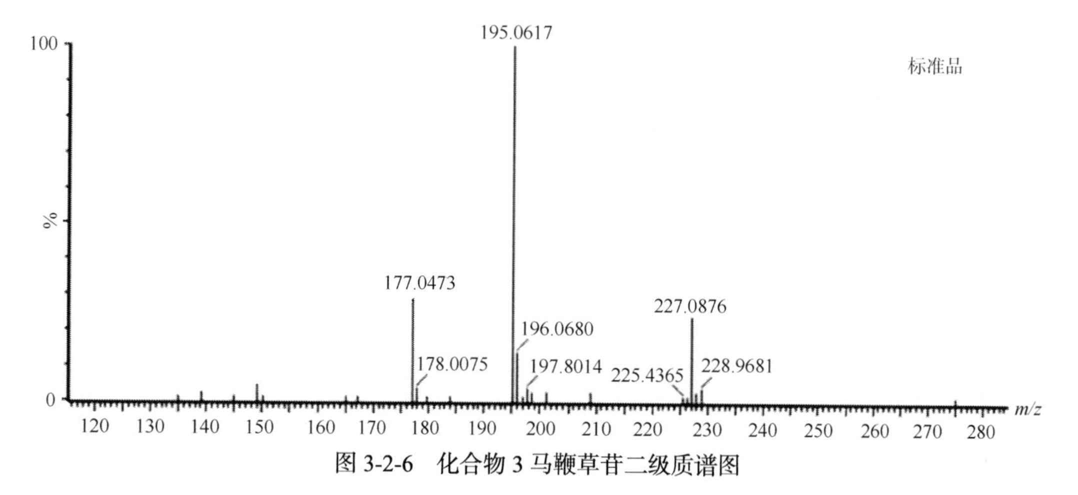

图 3-2-6　化合物 3 马鞭草苷二级质谱图

根据分子离子峰的分子式和碎裂方式，对化合物 4、5、6 进行成分的鉴定，分析过程如下所示：在负离子模式下，对化合物 4、5、6 做提取离子流，可以明显发现离子峰 *m/z* 623（$[M-H]^-$）在一级质谱图上的丰度很高；随后，在二级质谱的碎裂过程中，离子峰 *m/z* 623 在适当条件下发生了断裂一分子鼠李糖（Rham）的情况，因此会出现特征性的碎片离子峰 *m/z* 461$[M-H-Rham]^-$和 *m/z* 161$[M-2H-461]^-$，并且样品二级谱图与标准品二级谱图完全相同，故推断化合物 4、5、6 分别为连翘酯苷 A、毛蕊花糖苷、异连翘酯苷 A，见图 3-2-7。

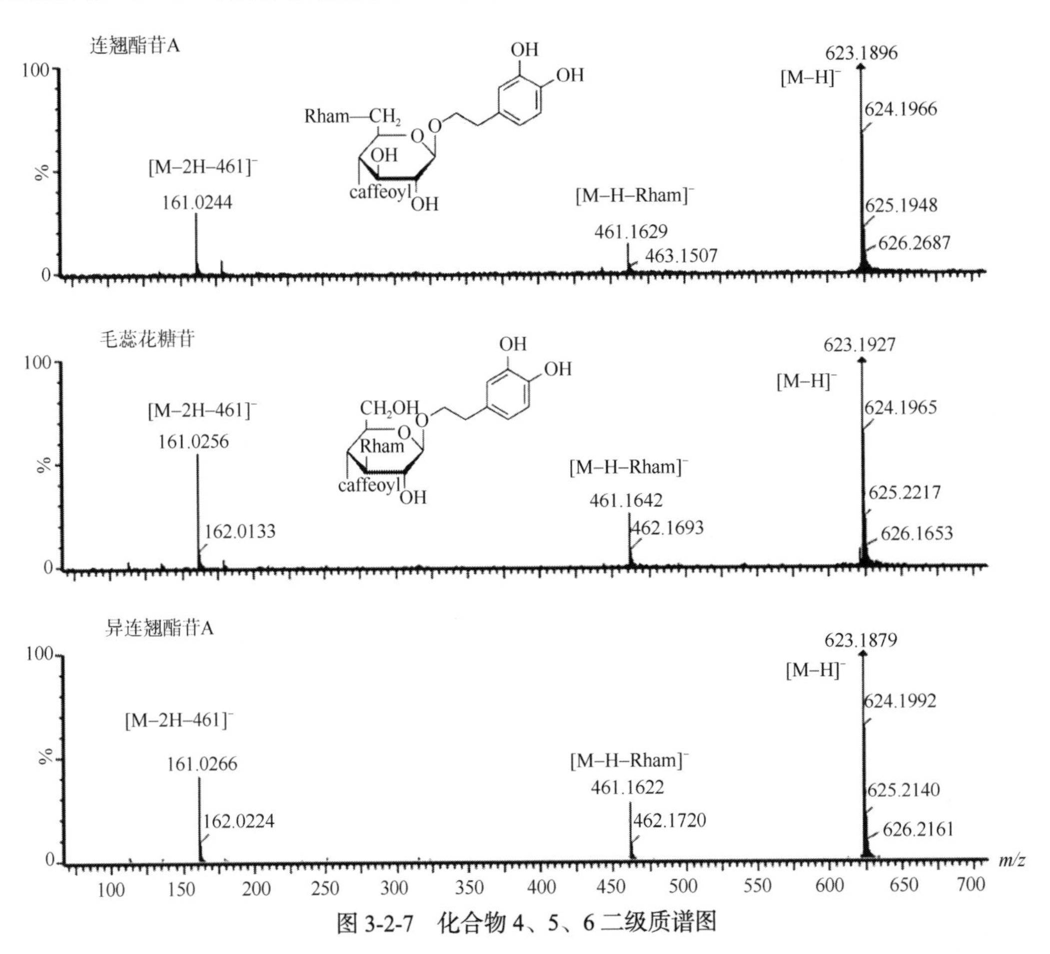

图 3-2-7 化合物 4、5、6 二级质谱图

化合物 7 在正模式一级质谱中显示的分子离子峰（$[M+Na]^+$）为 557，在二级质谱的碎裂过程中，离子峰 *m/z* 557 在适当条件下发生了断裂一分子葡萄糖（Glu）的情况，因此会出现特征性的碎片离子峰 *m/z* 355$[M+H-Glu]^+$，之后又发生了断裂一个苯甲醚基团的碎片峰，*m/z* 249$[M+H-Glu-anisole]^+$，并且样品二级谱图与标准品二级谱图相同，故推断化合物 7 为连翘苷，见图 3-2-8。

化合物 8 在负离子模式下，提取离子流，可以明显发现离子峰 *m/z* 407$[M-H]^-$在一级质谱图上的丰度很高；随后，在二级质谱的碎裂过程中，离子峰 *m/z* 407 在适当条件下发生了断裂两个 2-甲基丁烯基团和一个羰基的情况，因此会出现特征性的碎片离子峰 *m/z* 245$[M-H-2C_5H_7-CO]^-$，并且样品二级谱图与标准品二级谱图完全相同，故推断化合物 8 为 3-羟基光甘草酚，见图 3-2-9。

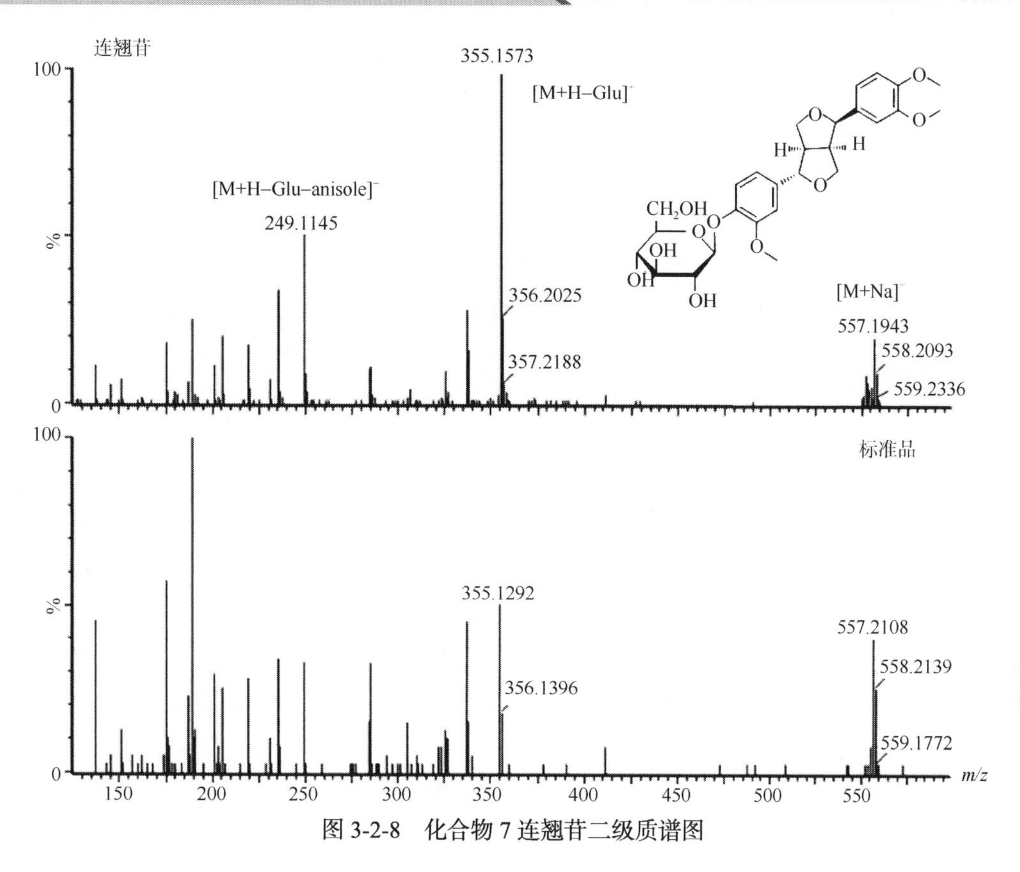

图 3-2-8　化合物 7 连翘苷二级质谱图

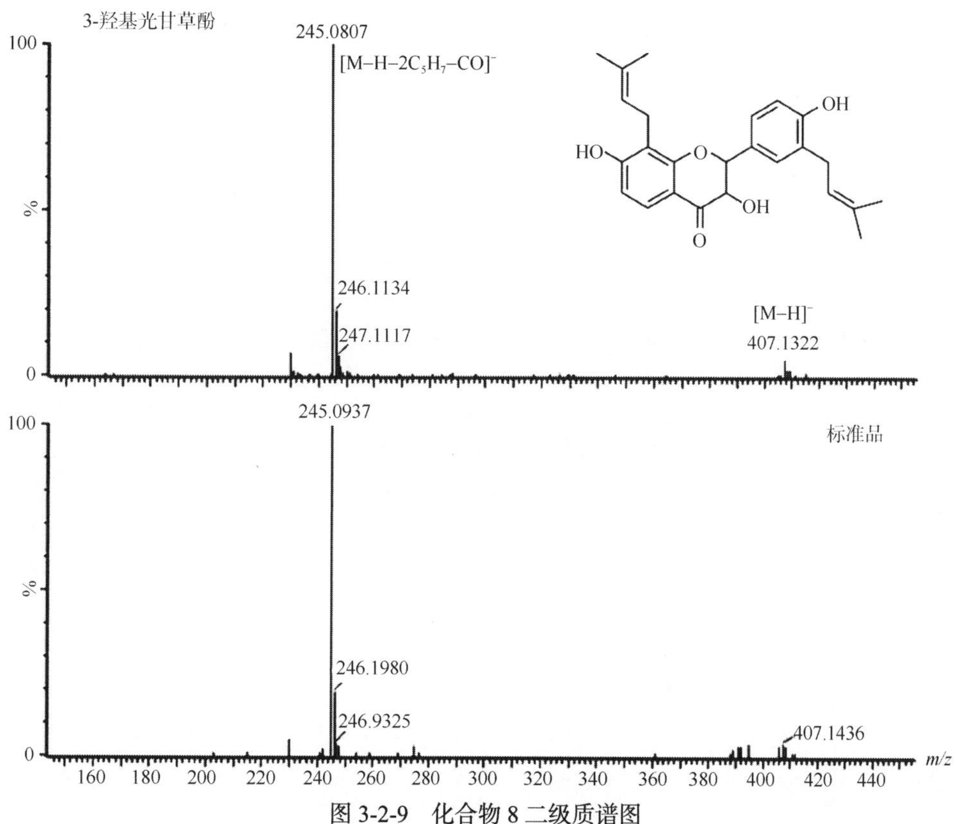

图 3-2-9　化合物 8 二级质谱图

根据分子离子峰的分子式和碎裂方式，对化合物 9 进行成分的鉴定，分析过程如下：在负离子模式下，对化合物 9 做提取离子流，可以明显发现离子峰 *m/z* 431（$[M-H]^-$）在一级质谱图上的丰度很高；随后，在二级质谱的碎裂过程中，离子峰 *m/z* 431 在适当条件下发生了断裂一分子葡萄糖（Glu）的情况，因此会出现特征性的碎片离子峰 *m/z* 269$[M-H-Glu]^-$，随后失去一个羧基基团，得到碎片离子峰 *m/z* 225$[M-H-Glu-CO_2]^-$，并且样品二级谱图与标准品二级谱图完全相同，故推断化合物 9 为牡荆苷，见图 3-2-10。

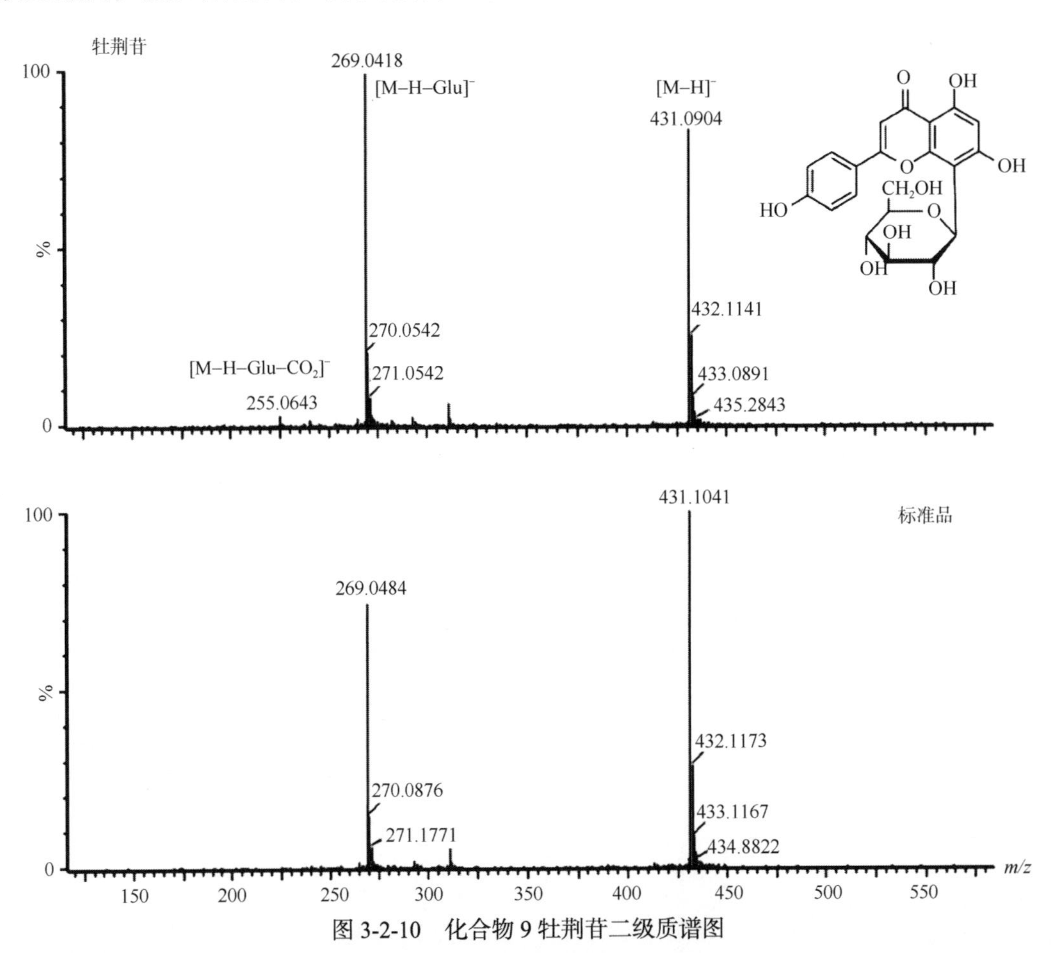

图 3-2-10　化合物 9 牡荆苷二级质谱图

化合物 10 在正模式一级质谱中显示的分子离子峰（$[M+H]^+$）为 269，在二级质谱的碎裂过程中，离子峰 *m/z* 269 在适当条件下发生了断裂一分子羰基（CO）的情况，因此会出现特征性的碎片离子峰 *m/z* 241$[M+H-CO]^+$，同时也发生了断裂一个羧基基团的碎片峰，*m/z* 225$[M+H-CO_2]^+$，并且样品二级谱图与标准品二级谱图相同，故推断化合物 10 为大黄素，见图 3-2-11。

12. 讨论

传统的方法是通过提取、分离、纯化然后结合动物评价实验来筛选活性成分，这不仅花费高而且费时费力、特异性不高。近几十年来，基于 DNA、蛋白质、膜受体及细胞等的生物检测系统已成为一种有效的筛选物质活性的方法。同时，UPLC 越来越成为最有用的分析天然产

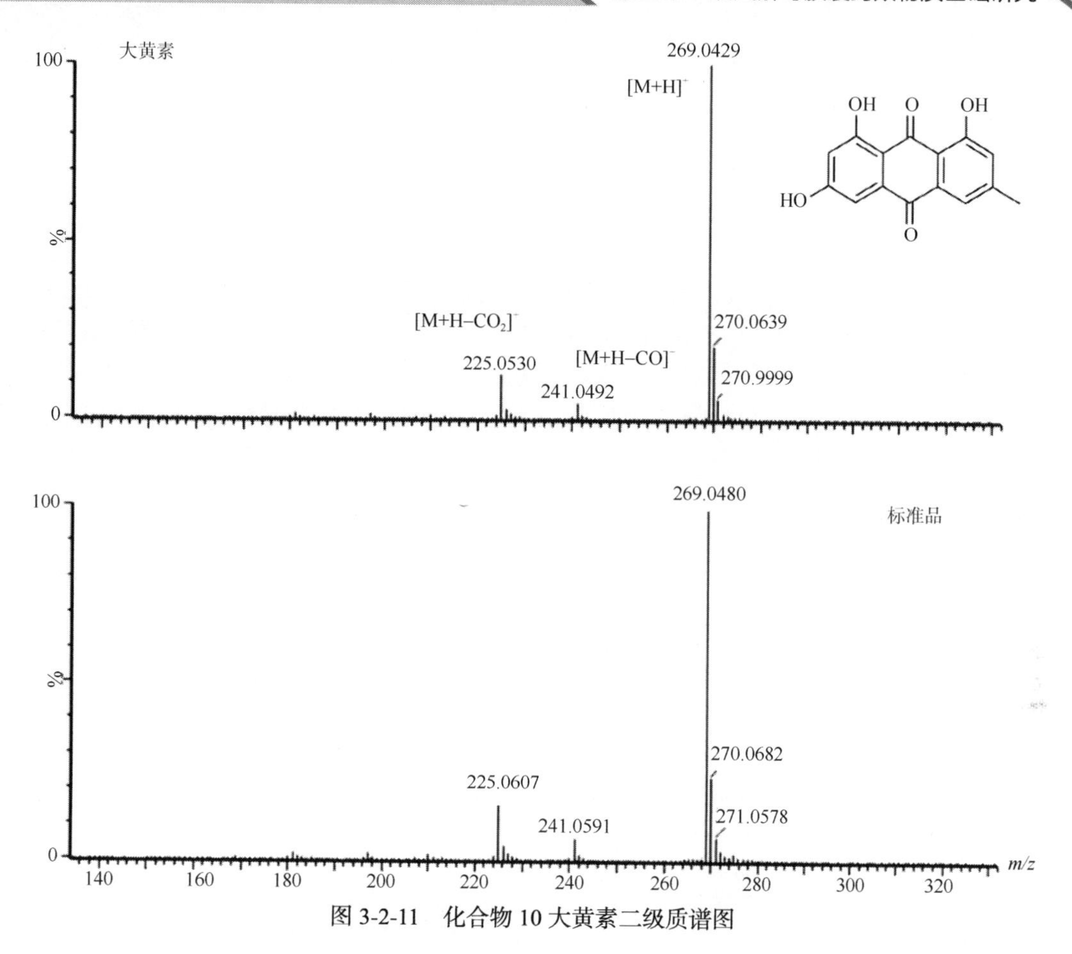

图 3-2-11　化合物 10 大黄素二级质谱图

物的技术，UPLC 不仅柱效不断提升，而且 UPLC-DAD/MS/NMR 等联用技术为获取天然产物中化合物的结构提供了可能。UPLC-Q-TOF 分析后洗脱液可收集于 96、386 或 1536 微孔板中，微孔板中样品挥干复溶过程快速，既能直接化学反应检测，也可用基于细胞的活性检测，此种高分辨力的微馏分检测体系，适合于对天然产物中多种活性物质的筛选。所以，通过液质联用技术整合上述基于膜受体及细胞生物活性检测的分析方法已被应用于快速测定天然产物及复杂化合物中具有潜在生物活性物质的筛选和鉴定，逐渐代替了传统的筛选技术。

大量文献证明，NF-κB 是一个十分重要的转录因子，在炎症、免疫、细胞增生、存活和凋亡等许多生物过程中起着非常重要的作用，可调控如 IL-6、IL-8、IL-11、RANTES 和 eotaxin 等大量细胞因子、趋化因子和黏附分子的合成过程。NF-κB 属于 Rel 蛋白家族，包括 c-Rel、RelA（p65）、RelB、NF-κB1（p50 与 p105）和 NF-κB2（p52 与 p100）。在非激活状态下，NF-κB 与 IκB 结合，而当细菌、促炎因子等外界刺激时，可通过胞内信号通路作用于 IKK（IKK 是 IκB 的激酶，可以使 IκB 磷酸化，诱导蛋白酶体将 IκB 降解，把非活性的 NF-κB-IκB 复合物转化为激活的 NF-κB），从而激活 NF-κB 进入细胞核，进而激活 TNF-α、IL-6、IL-8 等炎症因子，产生的这些细胞因子又可以使 IκB 磷酸化将其降解，再将 NF-κB 激活，进一步加剧炎症因子的表达。

在本部分实验中，我们利用 UPLC-Q-TOF-MS 整合 NF-κB 双荧光素酶报告基因系统的筛选体系，来快速准确地筛选鉴定疏风解毒胶囊中潜在的抗炎活性成分，明确了其抗炎药效物质基础。通过活性筛选实验，我们确定了样品中 10 个活性单体，按照结构类型分类，主要有苯乙醇苷类（连翘酯苷 E、连翘酯苷 A、异连翘酯苷 A、毛蕊花糖苷）、环烯醚萜苷类（戟叶马鞭草苷、马鞭草苷）、木脂素类（连翘苷）、黄酮类（3-羟基光甘草酚、牡荆苷）和蒽醌类（大黄素）化合物。

二、抗炎活性单体验证实验

通过 UPLC-Q-TOF 结合荧光素酶报告基因检测系统筛选出了疏风解毒胶囊中 5 个结构类型的 10 个潜在 NF-κB 抑制剂，本部分选取了代表性化合物：连翘酯苷 A、马鞭草苷、连翘苷、牡荆苷和大黄素，利用 TNF-α 刺激的人支气管上皮细胞（BEAS-2B）和 LPS 刺激的原代小鼠腹腔巨噬细胞进行了单体成分的抗炎活性实验。进一步验证了疏风解毒胶囊的抗炎活性物质基础，并为后续作用机制的研究奠定了基础。

1. 实验材料及仪器

1.1 实验材料

马鞭草苷、连翘酯苷 A、连翘苷、牡荆苷、大黄素标准品	天津药物研究院有限公司提供
地塞米松	美国 Sigma 公司
人源 TNF-α	美国 PeproTech 公司
细胞用培养基	美国 HyClone 公司
胎牛血清（FBS）	美国 Gibco 公司
双抗（氨苄西林、链霉素 100×）	美国 Gibco 公司
胰蛋白酶	美国 Gibco 公司
磷酸盐缓冲液（PBS）	美国 Gibco 公司
转染试剂 PEI	美国 Invitrogen 公司
质粒 Renilla	美国 Promega 公司
质粒 pGL4.32	美国 Promega 公司
双荧光素酶报告基因试剂盒	美国 Promega 公司
酶标仪	美国 Bio-Rad 公司
ELISA 试剂盒	上海西唐生物科技公司
LPS 试剂	美国 Sigma 公司
120 只 SPF 级雄性健康昆明小鼠	北京军事医学科学院实验动物中心
其他试剂	国产分析纯

1.2 实验仪器

Milli-Q 超纯水仪	美国 Millipore 公司
超声仪	宁波新芝生物科技股份有限公司
AB104-N 电子天平	Mettler Toledo 公司
倒置显微镜	日本 Olympus 公司
HF151UV CO_2 细胞培养箱	上海 Heal Force 公司
超净工作台	苏州净化设备有限公司

Modulus 荧光检测仪　　　　美国 Turner Designs 公司

2. 实验方法

2.1 实验样品制备

用二甲基亚砜（DMSO）将马鞭草苷（Verbenalin）、连翘酯苷 A（Forsythoside A）、连翘苷（Phillyrin）、牡荆苷（Vitexin）和大黄素（Emodin）标准品配制成 10^{-1}mol/L 的母液，超声溶解后存于–20℃备用。

2.2 细胞培养方法

2.2.1 人支气管上皮细胞培养方法

人支气管上皮细胞（BEAS-2B）购自美国典型培养物保藏中心（American Type Culture Collection）。BEAS-2B 细胞置 37℃、5% CO_2 的 CO_2 细胞培养箱中用 DMEM/F12 完全培养基培养（含有 10%胎牛血清和 1%双抗）。几种试液配制方法如下：

（1）胰酶消化液：含 0.25%胰蛋白酶的 Hanks 溶液，–20℃保存。

（2）DEME/F12 基础培养基：DMEM 培养基：F12 培养基=1：1（体积比）。

（3）DEME/F12 完全培养基：DEME/F12 基础培养基，加入 10%胎牛血清及 1%双抗，4℃保存。

细胞具体培养方法同“本节一、抗炎活性物质筛选与鉴定中 5.细胞培养方法”。

2.2.2 小鼠腹腔巨噬细胞培养方法

取 18～22g 的 SPF 级雄性健康昆明小鼠，实验前将小鼠浸入 75%的乙醇中 1min，取出沥干后，在小鼠腹腔注射 5ml 的胎牛血清，轻揉其腹部使液体充分流动，5min 后用注射器收集腹腔液于无菌离心管，1000r/min 离心 10min 后弃上清液，用 PBS 洗两次，细胞计数与锥虫蓝活力检测后，收集细胞，用含 10%胎牛血清，1%双抗的 RPMI 1640 培基液悬浮细胞，调整细胞密度为 2×10^5 个/ml，取 100μl 接种于 96 孔板。置于 37℃、5% CO_2 的 CO_2 培养箱中孵育 2h 后，弃去上清液（非贴壁细胞），洗涤 1～2 次后，加入完全培养基继续培养。

2.3 BEAS-2B 细胞双荧光素酶报告基因质粒瞬时共转染

实验方法同“本节一、抗炎活性物质筛选与鉴定中 6. 双荧光素酶报告基因质粒瞬时共转染”。

2.4 细胞实验分组及给药

BEAS-2B 细胞验证实验设置空白组（Control）、模型组（Model，用 10ng/ml 的 TNF-α 刺激细胞产生炎症）、阳性药组（Dex，10^{-5}mol/L 的地塞米松）和马鞭草苷、连翘酯苷 A、连翘苷、牡荆苷、大黄素梯度给药组（10^{-4}、10^{-5}、10^{-6}mol/L）。各组药物预孵育 2h 后，加入 TNF-α 造模 6h，收集裂解液用于 NF-κB 荧光检测。

小鼠腹腔巨噬细胞铺板换液继续培养 24h 后，即用于后续验证实验。实验设置空白组（Control）、模型组（Model，用 10μg/ml 的 LPS 刺激细胞产生炎症）和马鞭草苷、连翘酯苷 A、连翘苷、牡荆苷、大黄素梯度给药组（10^{-4}、10^{-5}、10^{-6}mol/L）。各给药组加入药物和 LPS 共孵育 6h 后，收集细胞上清液及细胞裂解液用于 TNF-α、IL-6、IFN-α 和 NF-κB 的 ELISA 检测。

2.5 NF-κB 荧光素酶活性检测

实验方法同“本节一、抗炎活性物质筛选与鉴定中 8. NF-κB 荧光素酶活性检测”。

2.6 TNF-α、IL-6、IFN-α 和 NF-κB 的 ELISA 检测

使用 ELISA 试剂盒检测样品前先按照说明做各检测指标的标准曲线实验。之后取 100μl 小鼠腹腔巨噬细胞上清液及细胞裂解液按照 ELISA 试剂盒的使用说明进行 TNF-α、IL-6、IFN-α 和 NF-κB 的含量检测。

2.7 统计分析方法

实验结果以标准平均误差(SEM)表示，组间比较采用单因素方差分析(One-way ANOVA)，单独两组间比较用 t 检验方法，$P<0.05$ 为有显著性差异。

3. 实验结果

3.1 BEAS-2B 细胞验证实验结果

疏风解毒胶囊中筛选出的 10 个 NF-κB 抑制剂选取 5 个单体（马鞭草苷、连翘酯苷 A、连翘苷、牡荆苷、大黄素）标准品采用 NF-κB 依赖的双荧光报告基因系统进行验证。结果如图 3-2-12、表 3-2-6 所示，与阳性药地塞米松（Dex，10^{-5}mol/L）相比，5 个 NF-κB 抑制剂在 10^{-4}、10^{-5}mol/L 均能显著抑制 BEAS-2B 细胞中 TNF-α 诱导的 NF-κB 激活（$P<0.05$，$P<0.01$，$P<0.001$）。其中连翘苷在 10^{-6}mol/L 的给药浓度下仍表现出明显的 NF-κB 抑制活性，各单体都体现出了浓度梯度依赖性。

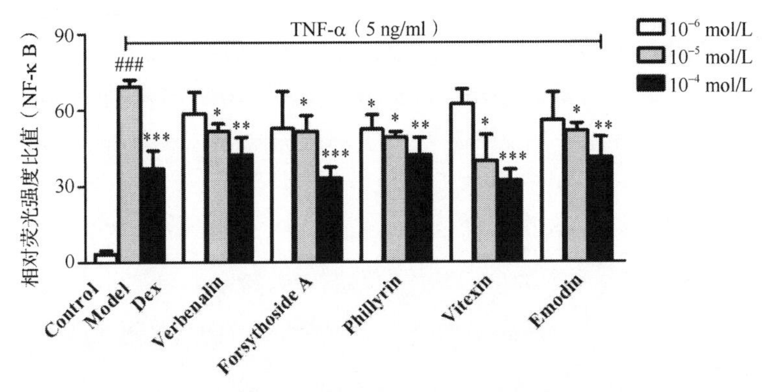

图 3-2-12 疏风解毒胶囊潜在的 NF-κB 抑制剂的荧光活性验证

###$P<0.001$ *vs* the control group，* $P<0.05$，** $P<0.01$，*** $P<0.001$ *vs* the model group

表 3-2-6 疏风解毒胶囊潜在的 NF-κB 抑制剂的荧光活性验证

组别	给药浓度	NF-κB 荧光比值（$\bar{x}\pm SD$）
Control	—	3.41±1.45
Model（ng/ml）	5	69.10±2.78
Dex	10^{-5}	37.12±7.09
Verbenalin（mol/L）	10^{-6}	58.52±8.52
	10^{-5}	51.57±3.01
	10^{-4}	42.43±6.79

续表

组别	给药浓度	NF-κB 荧光比值（$\bar{x}$ ±SD）
Forsythoside A（mol/L）	10^{-6}	52.62±14.47
	10^{-5}	51.35±6.31
	10^{-4}	33.28±4.32
Phillyrin（mol/L）	10^{-6}	52.37±5.67
	10^{-5}	49.13±2.19
	10^{-4}	42.27±6.78
Vitexin（mol/L）	10^{-6}	62.20±5.76
	10^{-5}	39.92±10.21
	10^{-4}	32.10±4.51
Emodin（mol/L）	10^{-6}	55.72±10.96
	10^{-5}	51.52±2.99
	10^{-4}	41.23±8.16

3.2 小鼠腹腔巨噬细胞验证实验结果

从疏风解毒胶囊中筛选出的 10 个抗炎活性单体中，选取马鞭草苷、连翘酯苷 A、连翘苷、牡荆苷、大黄素 5 个具有代表性的单体标准品进行 LPS 诱导的小鼠腹腔巨噬细胞炎症药效验证实验。实验用 ELISA 方法测定了细胞上清液中 TNF-α、IL-6、IFN-α 和 NF-κB 的含量变化，4 个指标的标准曲线分别为 Y=0.0021X+0.1004（R^2=0.9914）；Y=0.0034X+0.0591（R^2=0.9914）；Y=0.0038X+0.0328（R^2=0.999）；Y=0.0008X+0.0495（R^2=0.9953）。TNF-α 含量变化结果见图 3-2-13、表 3-2-7，由图可知，与模型组相比，5 个单体及疏风解毒胶囊都能显著抑制小鼠腹腔巨噬细胞的 TNF-α 表达，且体现出浓度梯度依赖性。其中连翘酯苷 A 和连翘苷在 10^{-4}、10^{-5}mol/L 均有较好的活性；而马鞭草苷、牡荆苷在 10^{-4}、10^{-5}、10^{-6}mol/L 均体现出较强的抗炎活性，生物活性最好；大黄素在 10^{-4}mol/L 没有活性，推测是由于给药浓度过高，导致部分细胞死亡。IL-6 含量变化结果见图 3-2-14、表 3-2-8，由图可知，与模型组相比 5 个单体及疏风解毒胶囊（SFJD）都能显著抑制小鼠腹腔巨噬细胞的 IL-6 表达，且体现出浓度梯度依赖性。此方法测出的 IFN-α 表达量较低，且药效结果不理想，没有表现出浓度梯度依赖性。而测出的 NF-κB 表达量过低，未在 ELISA 检测限内，故 NF-κB 指标检测不宜采用此方法，可以考虑用 Western blot 方法。

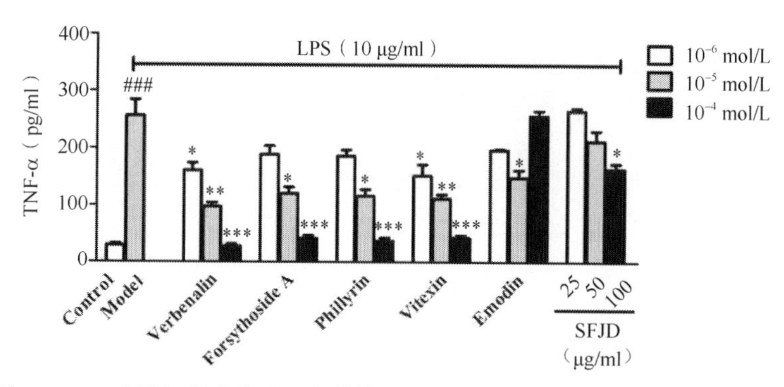

图 3-2-13 疏风解毒胶囊及 5 个单体对小鼠腹腔巨噬细胞 TNF-α 表达的影响

###P<0.001 *vs* the control group，*P<0.05，**P<0.01，***P<0.001 *vs* the model group

表 3-2-7　疏风解毒胶囊及 5 个单体对小鼠腹腔巨噬细胞 TNF-α 表达的影响

组别	给药浓度	TNF-α 表达量（pg/ml）（$\bar{x}$ ±SD）
Control	—	29.5±75.20
Model（ng/ml）	10	256.19±61.97
Verbenalin（mol/L）	10^{-6}	160.92±23.37
	10^{-5}	97.59±11.97
	10^{-4}	27.59±6.20
Forsythoside A（mol/L）	10^{-6}	188.70±26.68
	10^{-5}	120.92±19.64
	10^{-4}	41.24±9.98
Phillyrin（mol/L）	10^{-6}	186.48±18.39
	10^{-5}	116.64±19.25
	10^{-4}	36.95±8.73
Vitexin（mol/L）	10^{-6}	152.03±34.51
	10^{-5}	111.71±12.79
	10^{-4}	42.51±7.29
Emodin（mol/L）	10^{-6}	196.79±2.79
	10^{-5}	148.38±23.13
	10^{-4}	256.16±15.87
SFJD（μg/ml）	25	265.05±6.73
	50	212.19±25.59
	100	164.10±17.04

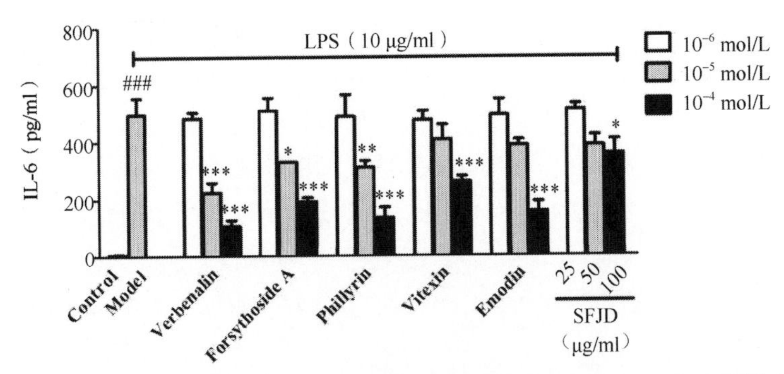

图 3-2-14　疏风解毒胶囊及 5 个单体对小鼠腹腔巨噬细胞 IL-6 表达的影响

###$P<0.001$ *vs* the control group，*$P<0.05$，**$P<0.01$，***$P<0.001$ *vs* the model group

表 3-2-8　疏风解毒胶囊及 5 个单体对小鼠腹腔巨噬细胞 IL-6 表达的影响

组别	给药浓度	IL-6 表达量（pg/ml）（$\bar{x}$ ±SD）
Control	—	6.44±1.35
Model（ng/ml）	10	495.91±59.42
Verbenalin（mol/L）	10^{-6}	483.06±21.00
	10^{-5}	223.40±34.33
	10^{-4}	106.54±20.48

续表

组别	给药浓度	IL-6 表达量（pg/ml）（$\bar{x}$ ±SD）
Forsythoside A（mol/L）	10^{-6}	509.53±44.30
	10^{-5}	329.09±0.42
	10^{-4}	190.76±14.97
Phillyrin（mol/L）	10^{-6}	487.72±76.33
	10^{-5}	310.66±23.18
	10^{-4}	134.19±36.85
Vitexin（mol/L）	10^{-6}	475.17±31.68
	10^{-5}	405.85±52.40
	10^{-4}	260.56±18.38
Emodin（mol/L）	10^{-6}	491.93±55.62
	10^{-5}	386.29±19.34
	10^{-4}	155.36±34.65
SFJD（μg/ml）	25	510.85±21.45
	50	385.85±34.18
	100	356.93±49.62

4. 讨论

促炎性的细胞因子 TNF-α 是炎症反应的基础，一方面，细菌侵染诱导 TNF-α 的大量表达，TNF-α 的增多又能协同增强细菌侵染的炎症反应；另一方面，TNF-α 的累积表达可招募大量免疫细胞和白细胞，并能激活关键性的核转录因子-κB（NF-κB），加重炎症反应，最终可导致严重的肺部组织损伤，诱发全身性的病症甚至死亡。NF-κB 是一个十分重要的转录因子，参与许多炎症基因表达，调控如 IL-6、IL-8、RANTES、IL-11 和 eotaxin 等大量细胞因子、趋化因子及黏附分子的合成过程。

上皮细胞是气道与外界的屏障，是细菌感染的直接接触部位，更是炎症反应和药物作用的主要位点，在细胞因子及各种免疫调节介质的产生过程中起着十分重要的作用。因此，本部分选用人支气管上皮细胞（BEAS-2B）为研究对象，建立细菌感染初期最重要的促炎因子 TNF-α 诱导的炎症模型，在体外细胞水平上评价马鞭草苷、连翘酯苷 A、连翘苷、牡荆苷、大黄素 5 个单体化合物的抗炎效果。在本研究中，5 个化合物的干预能显著地抑制 BEAS-2B 细胞中 TNF-α 诱导的 NF-κB 的水平，并且呈现一定的剂量依赖关系，验证了 5 个单体化合物的抗炎效果。

LPS 是革兰氏阴性菌细胞壁的主要成分，可激活单核/巨噬细胞、内皮细胞合成释放多种细胞因子，是机体产生炎症反应的诱导因素之一。当机体发生炎症反应时，LPS 与相应的巨噬细胞表面受体蛋白发生特异性结合，促进巨噬细胞释放 TNF-α、IL-1β 和 IL-6 等多种炎症因子参与炎症反应。这些炎症因子过度表达，进而激活了效应细胞，产生趋化因子和炎症介质，形成一系列级联反应，加大炎症反应。

在呼吸系统疾病中，气道炎症的慢性化及气道的重塑是多种肺部疾病如慢性阻塞性肺疾病、支气管哮喘等的共同病理生理特征，该特征是由多种炎症细胞及细胞因子相互作用所致的气道病变。创伤和感染后，巨噬细胞广泛参与机体的炎症反应，是机体免疫系统中最为重要的一类免疫细胞。巨噬细胞在细菌产物、烟雾等有害成分如甲醛、NO_2 及其他一些氧化产物刺激下，向肺组织迁移并释放多种细胞因子如 TNF-α、IL-8、IL-6、IL-1β 等，反过来这些细胞因子又可趋化中性粒细胞、T 细胞、嗜酸性粒细胞等向肺组织迁移，这些细胞和炎性细胞因子是引起气道炎症慢性化和气道严重损伤的重要因素。如果能有效地抑制细胞和炎症细胞因子的释放，巨噬细胞就会降低及减轻气道的损伤。

本实验中，以原代小鼠腹腔巨噬细胞为研究对象，建立了 LPS 诱导的炎症模型，在体外细胞水平上评价马鞭草苷、连翘酯苷 A、连翘苷、牡荆苷、大黄素 5 个单体化合物的抗炎效果。结果表明，5 个化合物的干预能显著地抑制原代小鼠腹腔巨噬细胞中 LPS 诱导的 TNF-α、IL-6 的表达水平，并且呈现一定的剂量依赖关系，验证了 5 个单体化合物的抗炎效果。

综合本部分的两个体外验证实验结果表明，利用 UPLC−Q-TOF 结合荧光素酶报告基因检测系统筛选出的疏风解毒胶囊中 5 个结构类型的 10 个潜在 NF-κB 抑制剂都能显著改善 TNF-α 诱导的人支气管上皮细胞和 LPS 诱导的原代小鼠腹腔巨噬细胞的炎症反应，5 个结构类型的化合物确实有显著的抗炎效果。本实验不仅验证了疏风解毒胶囊的抗炎药效物质基础，同时也表明筛选实验方法的准确和可靠。

第三节　基于网络药理学的疏风解毒胶囊药效物质基础预测

网络药理学方法是预测和筛选中药复杂体系药效物质基础的有效手段，前文已筛选出 10 个主要抗炎活性成分，本部分通过 PharmMapper、UNIPRO、MAS 3.0 和 KEGG 等数据库，利用反向对接技术进一步对疏风解毒胶囊中的 10 个抗炎活性成分的作用靶点、通路进行预测，阐释疏风解毒胶囊多成分、多靶点、多途径治疗炎症疾病的科学内涵，为进一步的深入机制研究奠定基础。

1. 主要材料

本部分网络药理学实验研究的主要材料是软件和数据库，具体软件及相关数据库信息如下：

ChemBioOffice2010 软件

PharmMapper 数据库（http：//59.78.95.61/pharmmapper/）

UniProt 数据库（http：//www.uniprot.org/）

MAS 3.0 数据库（http：// bioinfo.capitalbio.com/ mas3/analysis/）

KEEG 数据库（http：//www.genome.jp/kegg/）

Cytoscape2.6 软件

Sybyl 软件

RCSB Protein Data Bank 数据库（http：//www.rcsb.org/pdb/home/home.do）

AutoDock 4.0

PyMOL 软件

2. 实验方法

2.1 疏风解毒胶囊抗炎活性化合物炎症相关靶点的筛选

由本章第二节“一、抗炎活性物质筛选及鉴定”实验，已经筛选鉴定出疏风解毒胶囊中 10 个潜在的 NF-κB 抑制剂，明确了其抗炎药效物质基础，本部分实验即以此 10 个抗炎活性成分为研究对象，探究其分子作用机制，具体方法如下。

（1）使用 ChemBioOffice 2010 软件绘制疏风解毒胶囊中 10 个抗炎活性成分的三维立体结

构图（结构式见图 3-3-1）。

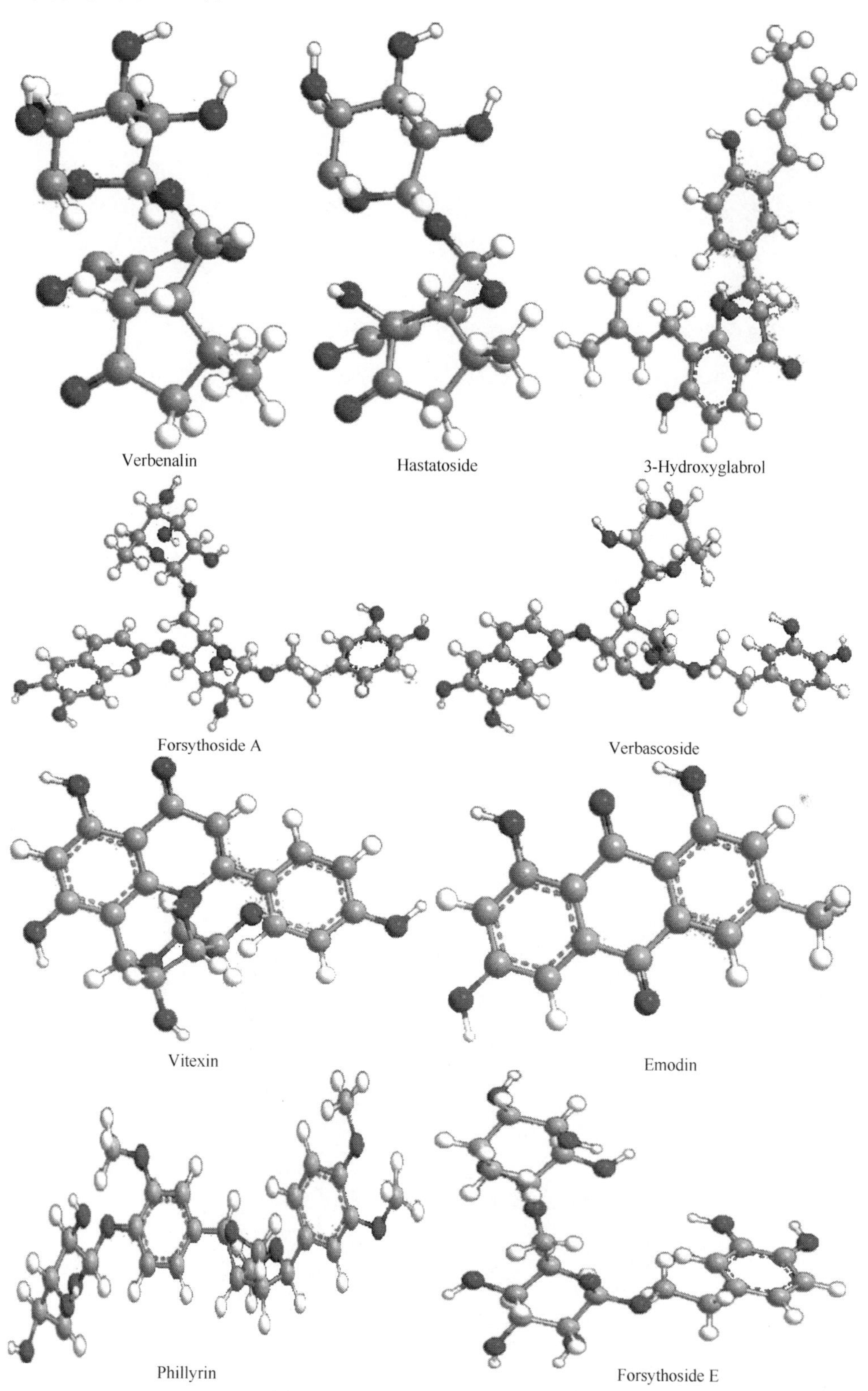

图 3-3-1　活性成分 3D 结构图示例

（2）将化合物三维立体结构投入反向分子对接网站 PharmMapper，进行药物分子的体内靶点预测；筛选与药物分子相关的体内靶点（Fit≥4.5），将筛选到的靶点投入 UniProt 数据库，得到所有靶点对应编号。

（3）将所有的靶点编号投入 MAS 3.0，得到与靶点相关的通路，选取 $P\leqslant 0.01$ 的通路进行下一步分析。

（4）综合以上计算出的数据，再通过 KEGG 数据库及相关文献的查阅对计算出的通路进行分析，找到和炎症、免疫、胶原蛋白形成和肌肉收缩等相关的通路，经 Cytoscape 2.6 软件处理，得到疏风解毒胶囊抗炎活性成分相关靶点通路图预测图，以该图来表示“疏风解毒胶囊药物分子-体内靶点-作用通路”之间的相互关系。

2.2 疏风解毒胶囊抗炎活性化合物炎症相关靶点和化合物的对接分析

（1）在进行分子对接前，要先使用 Sybyl 软件，将化合物分子画出，进行能量优化并存为 mol2 格式。

（2）进行分子对接前，在 RCSB Protein Data Bank 数据库中搜索找到所使用的蛋白构象（此结构为具有抑制剂的蛋白复合物）。

（3）由于蛋白结构为蛋白复合物，因此，在对接前需要将其中的抑制剂分子提取出来。打开 Sybyl 蛋白结构中的水分子。

（4）接下来使用 AutoDock 4.0 进行分子对接。

1）将构建好的化合物小分子由 mol2 格式转化成 AutoDock 能够在分子对接中便于使用的 pdbqt 文件。

2）将蛋白结构由 pdb 格式转化为 pdbqt 文件，因为 AutoDock 采用的是晶格对接方法，在进行这种对接之前，抑制剂上各个原子类型的探针在结合腔内所有格点上所受到周围环境对其作用力的值，如图 3-3-2 所示。在图中每个格点上放上每种抑制剂中出现的原子类型探针，探测受力情况。

图 3-3-2 对接示意图

3）打开晶格，将抑制剂完全放入蛋白结合口袋处，并处于晶格中，存为进行格点运算的输入的 gpf 文件，输入 autogrid4–pXXXX.gpf–lXXXX.glg 后获得格点运算输出的 glg 文件。

4）使用遗传算法计算小分子与蛋白结合能，将计算轮数设置为 30。在参数中将可旋转键数和次数设置为 30。存为拉马克遗传算法的 dpf 文件，输入命令 AutoDock4-pXXXX.dpf-lXXXX.dlg& 进行运算。

5）使用 PyMOL 软件，将获得的计算结果与蛋白结构相互作用，获得分子与蛋白对接示意图。

3. 实验结果

通过 PharmMapper 数据库进行反向分子对接实验，预测出主要的作用靶标约为 97 个，得到了每个化合物的蛋白作用靶点。通过 MAS 3.0 靶点通路分析，选取 $P \leqslant 0.01$ 的通路共 62 条。

通过 KEGG 数据库及相关文献的查阅对计算出的通路和靶点进行综合分析发现，PDPK1、PPP1CC、PTPN1、AKT1、HRAS、MAP2K1、MAPK10、PPARA 等 31 个蛋白靶点（表 3-3-1）和 19 个通路（表 3-3-2）与炎症、免疫胶原蛋白形成和肌肉收缩相关。其中丝裂原活化蛋白激酶（MAPK）、Toll 样受体（Toll-like receptor）、过氧化物酶体增殖体激活受体（PPAR）、血管内皮生长因子（VEGF）、Fc epsilon 受体Ⅰ（Fc epsilon RⅠ）、花生四烯酸代谢（arachidonic acid metabolism）、哺乳动物帕雷霉素靶蛋白（mTOR）、表皮生长因子受体（ErbB）、Wnt 信号通路和黏着斑（Focal adhesion）信号通路与炎症相关。补体系统（complement and coagulation cascades）、自然杀伤（natural killer）、T/B 细胞受体（T/B cell receptor）、Fc epsilon 受体Ⅰ（Fc epsilon）、原发性免疫缺陷（primary immunodeficiency）与免疫相关。黏着斑、PPAR、VEGF 与胶原形成相关。黏着斑、缝隙连接（gap junction）、黏着连接（adherens junction）、紧密连接（tight junction）和肌动蛋白细胞骨架调节（regulation of actin cytoskeleton）与肌肉收缩相关。

表 3-3-1　31 个抗炎相关靶点蛋白信息表

靶点蛋白简写	靶点蛋白全称
PPP1CC	Serine/threonine-protein phosphatase PP1-gamma catalytic subunit
PTPN1	Tyrosine-protein phosphatase non-receptor type 1
RXRA	Retinoic acid receptor RXR-alpha
RXRB	Retinoic acid receptor RXR-beta
SRC	Proto-oncogene tyrosine-protein kinase Src
TAP1	Antigen peptide transporter 1
AKT1	RAC-alpha serine/threonine-protein kinase
AKR1C3	Aldo-keto reductase family 1member C3
F2	Prothrombin
F7	Coagulation factor Ⅶ
FABP3	Fatty acid-binding protein，heart
FABP7	Fatty acid-binding protein，brain
CYP2C8	Cytochrome P450 2C8
CYP2C9	Cytochrome P450 2C9
FGG	Fibrinogen gamma chain
FGFR1	Basic fibroblast growth factor receptor 1
GSK3B	Glycogen synthase kinase-3 beta
HGF	Hepatocyte growth factor

续表

靶点蛋白简写	靶点蛋白全称
HRAS	GTPase HRas
BTK	Tyrosine-protein kinase BTK
BRAF	Serine/threonine-protein kinase B-raf
INSR	Insulin receptor
ERBB4	Receptor tyrosine-protein kinase erbB-4
MAP2K1	Dual specificity mitogen-activated protein kinase kinase 1
MAPK10	Mitogen-activated protein kinase 10
PPARA	Peroxisome proliferator-activated receptor alpha
PTGDS2	Hematopoietic prostaglandin D synthase
MET	Hepatocyte growth factor receptor
PCK1	Phosphoenolpyruvate carboxykinase，cytosolic[GTP]
PDPK1	3-phosphoinositide-dependent protein kinase 1
RAC1	Pyruvate kinase isozymes R/L

表 3-3-2　19 个抗炎相关通路信息表

通路	*P* 值	基因
黏着斑	2.71E-14	*PPP1CC*；*MAPK10*；*HRAS*；*HGF*；*SRC*；*PDPK1*；*MET*；*MAP2K1*；*AKT1*；*RAC1*；*GSK3B*；*BRAF*
ErbB 信号通路	1.67E-11	*MAPK10*；*HRAS*；*SRC*；*ERBB4*；*MAP2K1*；*AKT1*；*GSK3B*；*BRAF*
PPAR 信号通路	1.77E-10	*PCK1*；*PDPK1*；*FABP3*；*RXRB*；*FABP7*；*RXRA*；*PPARA*
B 细胞受体信号通路	1.47E-08	*HRAS*；*BTK*；*MAP2K1*；*AKT1*；*RAC1*；*GSK3B*
Fc epsilon RI 信号通路	2.01E-08	*MAPK10*；*HRAS*；*BTK*；*MAP2K1*；*AKT1*；*RAC1*
黏着连接	2.01E-08	*SRC*；*PTPN1*；*INSR*；*FGFR1*；*MET*；*RAC1*
肌动蛋白细胞骨架调节	4.81E-07	*PPP1CC*；*F2*；*HRAS*；*FGFR1*；*MAP2K1*；*RAC1*；*BRAF*
VEGF 信号通路	6.62E-07	*HRAS*；*SRC*；*MAP2K1*；*AKT1*；*RAC1*
MAPK 信号通路	2.26E-06	*MAPK10*；*HRAS*；*FGFR1*；*MAP2K1*；*AKT1*；*RAC1*；*BRAF*
花生四烯酸代谢	7.13E-06	*AKR1C3*；*CYP2C8*；*PGDS*；*CYP2C9*
Toll-like receptor 信号通路	7.13E-05	*MAPK10*；*MAP2K1*；*AKT1*；*RAC1*
T 细胞受体信号通路	9.22E-05	*HRAS*；*MAP2K1*；*AKT1*；*GSK3B*
mTOR 信号通路	1.94E-04	*PDPK1*；*AKT1*；*BRAF*
自然杀伤细胞介导的细胞毒性	2.29E-04	*HRAS*；*MAP2K1*；*RAC1*；*BRAF*
补体系统	4.49E-04	*F7*；*F2*；*FGG*
缝隙连接	0.001071716	*HRAS*；*SRC*；*MAP2K1*
原发性免疫缺陷	0.002574492	*BTK*；*TAP1*
紧密连接	0.003169273	*HRAS*；*SRC*；*AKT1*
Wnt 信号通路	0.004327255	*MAPK10*；*RAC1*；*GSK3B*

最后利用 Cytoscape 2.6 软件进行数据处理，得到疏风解毒胶囊的抗炎网络药理图（图 3-3-3）。预测结果显示，环烯醚萜苷类化合物马鞭草苷（Verbenalin）和戟叶马鞭草苷（Hastatoside）及苯乙醇苷类化合物连翘酯苷 A（Forsythoside A）和毛蕊花糖苷（Verbascoside）通过与相应

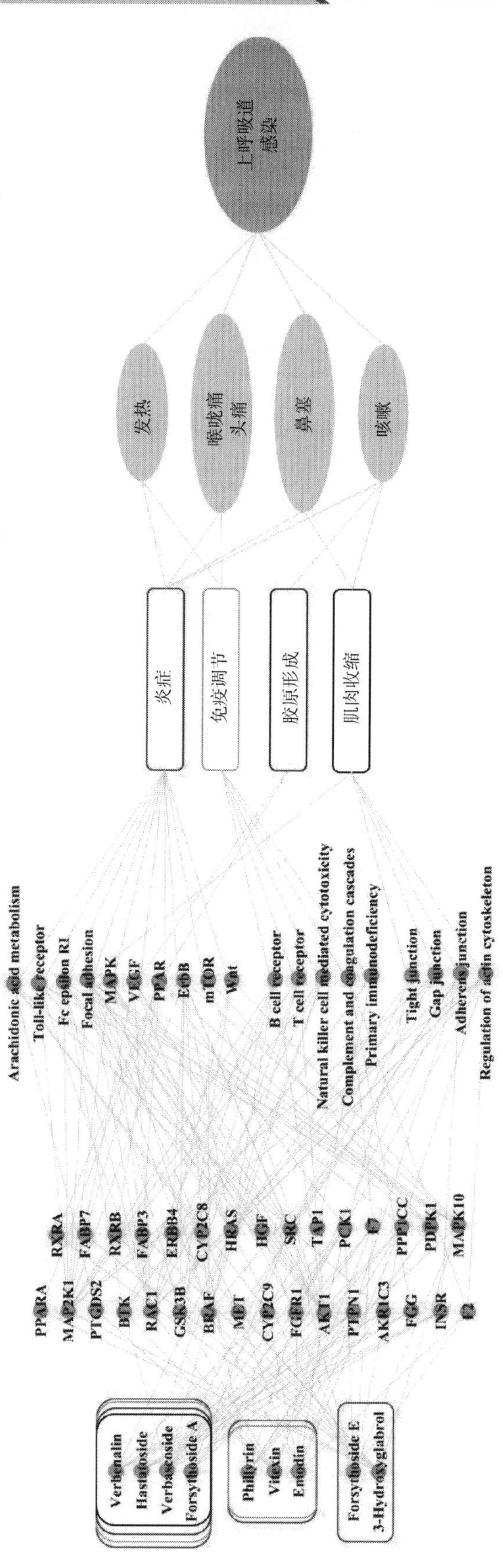

图3-3-3　疏风解毒胶囊抗炎网络药理图

的靶蛋白结合主要作用于和炎症、免疫、胶原蛋白形成、肌肉收缩相关的信号通路，从而起到抗炎、免疫调节和镇咳的作用；木脂素类化合物连翘苷（Phillyrin）、黄酮类化合物牡荆苷（Vitexin）、蒽醌类化合物大黄素（Emodin）主要作用于和炎症及免疫相关的通路而起到抗炎和免疫调节的作用；连翘酯苷 E（Forsythoside E）和 3-羟基光甘草酚（3-Hydroxyglabrol）则主要通过作用于炎症通路起到基础抗炎的作用。由此我们推测，在这些药效物质基础上，马鞭草苷、戟叶马鞭草苷、连翘酯苷 A 和毛蕊花糖苷通过多靶点多途径的作用机制起到了最主要的药效，是药效物质基础中最重要的 4 种化合物。

通过对化合物及其糖苷、苷元等和其作用靶标的对接分析，可得出各化合物与靶蛋白的结合数据，见表 3-3-3。

4. 讨论

目前网络药理学的研究思路有两种：一是根据公共数据库和公开发表的数据建立特定药物作用机制网络预测模型，预测药物作用靶点，并从生物网络平衡的角度解析药物作用机制；二是利用各种组学技术及高内涵和高通量技术，采用生物信息学的手段分析和构建药物-靶点-疾病网络，建立预测模型，进而解析药物的网络药理学机制。可构建的网络如 Disease-Gene 网络、Disease-Pathway 网络、Disease-microRNA 网络等。

在本部分研究中，我们选择第一种研究思路，利用 PharmMapper 和 KEGG 等生物信息学手段对筛选鉴定出的 10 个抗炎活性单体（连翘酯苷 E、连翘酯苷 A、异连翘酯苷 A、毛蕊花糖苷、戟叶马鞭草苷、马鞭草苷、连翘苷、3-羟基光甘草酚、牡荆苷、大黄素）进行靶点及作用通路的预测分析，预测 10 种成分可能通过 HRAS、PDPK1、MAP2K1 等 31 个靶点作用于炎症反应的 Focal adhesion、MAPK、Fc epsilon RⅠ、PPAR、Toll-like 受体、NK 细胞介导的细胞毒性、VEGF、B 细胞受体和 T 细胞受体信号等 19 条通路，最后利用 Cytoscape 软件构建了疏风解毒胶囊抗炎活性成分的“分子-靶点-通路”的网络预测图。

通过筛选、验证及反向对接实验，我们推测疏风解毒胶囊中主要的抗炎活性成分为苯乙醇苷类、环烯醚萜苷类、木脂素类、黄酮类和蒽醌类化合物，文献报道苯乙醇苷类化合物对大鼠腹腔中性白细胞中花生四烯酸（AA）代谢产物白三烯 B_4（LTB_4）有较强的抑制作用，表现出很好的抗炎作用；并且代表性化合物毛蕊花糖苷可以直接促进小鼠骨髓来源树突状细胞的增殖，可与细胞因子有明显的协同作用，能显著提高机体的免疫功能。环烯醚萜苷类化合物可通过抑制 COX-2、NF-κB 等起到抗炎作用。木脂素类化合物对角叉菜胶所致的大鼠急性炎症和棉球肉芽肿都有明显的抑制作用，体现出较好的抗炎活性。黄酮类化合物对二甲苯所致的小鼠耳肿胀，乙酸所致的小鼠腹腔毛细血管通透性增加，鸡蛋清所致的大鼠足肿胀三种急性炎症都有明显的抑制作用；且黄酮类化合物可以通过巨噬细胞、T 细胞、B 细胞、NK 细胞、LAK 细胞、细胞因子及影响胸腺来进行免疫调节作用。蒽醌类化合物可以明显抑制角叉菜胶引起的大鼠足趾肿胀及乙酸引起的大鼠腹腔毛细血管通透性增高，且可显著抑制内毒素引发的巨噬细胞内钙升高，促进胞内 cAMP 水平升高。以上文献研究表明，疏风解毒胶囊中的 5 类化合物都有明显的抗炎及免疫调节的作用。

急性上呼吸道感染通常是由病毒和细菌感染引起，当外源性致热原（细菌、病毒、内毒素）作用于人体细胞后产生如 TNF-α、IL-1、IL-2 和 IFN-γ 等内源性致热因子，这些因子将激活 Toll-like 受体信号途径，活化 B 细胞受体、T 细胞受体和 NK 细胞介导的细胞毒性等信号，引起 T 细胞、B 细胞、NK 细胞等免疫细胞的聚集，伴随免疫球蛋白 IgE 依赖的 Fc epsilon RⅠ、

表 3-3-3　化合物与靶点蛋白对接结果表（kcal/mol）

	PPP1CC	MAPK10	PCK1	HRAS	PTPN1	SRC	BTK	PDPK1	FGFR1	FABP3	MET	RXRB	AKT1	BRAF1
连翘酯苷 E	–4.06	–6.24	–7.64	–7.45				–6.65					–6.66	
连翘酯苷 E-单糖苷	–4.49	–5.44	–7.49	–7.64				–6.05					–5.28	
连翘酯苷 E 苷元	–3.32	–4.43	–5.52	–5.85				–4.44					–4.51	
戟叶马鞭草苷		–5.34		–7.38	–5.47			–5.19					–5.48	
马鞭草苷		–5.86		–6.60	–5.24			–5.54					–5.43	
连翘酯苷 A	–4.31	–7.83	–7.54	–8.21		–7.16		–6.64					–7.45	
连翘酯苷 A-单糖苷	–4.55	–7.32	–7.63	–8.59		–6.30		–6.54					–7.48	
连翘酯苷 A 苷元 Ⅰ	–3.87	–4.68	–5.52	–6.51		–4.90		–3.49					–4.85	
连翘酯苷 A 苷元 Ⅱ						–4.27								
3-羟基光甘草酚		–8.42		–9.59				–8.61		–9.52	–8.98	–9.92	–8.04	
大黄素	–4.82	–6.87		–7.50	–5.66			–6.95			–7.41		–6.47	–7.70
毛蕊花糖苷		–7.75		–7.05			–6.61	–6.54					–7.80	
毛蕊花糖苷-单糖苷		–6.61		–8.01			–7.34	–6.97					–7.23	
毛蕊花糖苷-苷元 Ⅰ		–5.27		–6.71			–5.59	–5.23					–5.37	
毛蕊花糖苷-苷元 Ⅱ							–4.54							
连翘苷		–8.90		–10.38	–5.94			–7.59	–7.38				–8.25	
牡荆苷		–7.25		–8.02			–6.42	–8.52					–8.12	

Focal adhesion 信号的活化，进一步激活 MAPK 信号途径，从而引起一系列的炎症反应，持续的炎症刺激能诱导 VEGF 信号途径依赖的气道狭窄，导致气道重塑。同时内源性致热原产生前列腺素作用于下丘脑，从而引起发热，这些内源性致热因子在体内相互影响，不仅可以诱导细胞产生相同的细胞因子，也可以诱导产生其他细胞因子，从而导致机体防御性发热。本研究的靶点预测及作用通路分析结果提示，疏风解毒胶囊的抗炎作用可能通过 PDPK1、HRAS、MAP2K1、MAPK10 等靶点来干预上述所有炎症、免疫相关通路，因此控制上述炎症途径在上呼吸道感染治疗中具有重要意义，也初步揭示了疏风解毒胶囊“分子-靶点-通路”的复杂调控网络。

在本章研究中，以复方中药疏风解毒胶囊中的抗炎活性成分为研究对象，通过网络药理学的手段分析了上述成分可能的作用靶标及作用途径。本章建立了一条“药物-靶点-通路-网络”的复方中药网络药理学的研究模式，初步揭示了疏风解毒胶囊抗炎作用的多维调控网络，为下一步深入研究疏风解毒胶囊的作用机制打下了基础。

5. 总结

本实验首先通过 UPLC-Q-TOF 结合双荧光素酶报告基因检测系统对疏风解毒胶囊中潜在的 NF-κB 抑制剂进行了筛选，得到 10 个具有抗炎活性的化合物，分别为苯乙醇苷类化合物（连翘酯苷 E、连翘酯苷 A、异连翘酯苷 A、毛蕊花糖苷）、环烯醚萜苷类化合物（戟叶马鞭草苷、马鞭草苷）、木脂素类化合物（连翘苷）、黄酮类化合物（3-羟基光甘草酚、牡荆苷）和蒽醌类化合物（大黄素），明确了其抗炎药效物质基础。

随后的实验中，我们选取了基础药效物质中每个结构类型的代表性化合物：连翘酯苷 A、马鞭草苷、连翘苷、牡荆苷和大黄素，利用 TNF-α 刺激的人支气管上皮细胞（BEAS-2B）和 LPS 刺激的原代小鼠腹腔巨噬细胞进行了单体标准品的抗炎活性验证实验。实验结果表明选取的 5 个化合物在不同的细胞实验中均有较好的抗炎效果，进一步验证说明了本章第二节中抗炎药效物质基础筛选实验的准确性和可靠性。

本节通过 PharmMapper、UNIPRO、MAS 3.0 和 KEGG 等数据库，利用反向对接技术对疏风解毒胶囊中的 10 个抗炎活性成分的作用靶点、通路进行虚拟预测，从药效物质基础、网络药理学等角度，阐释了疏风解毒胶囊多成分、多靶点、多途径治疗炎症疾病的科学内涵，为进一步的深入机制研究奠定了基础。

本研究对疏风解毒胶囊抗炎药效物质基础及网络药理进行了全面研究，图文摘要见图 3-3-4。

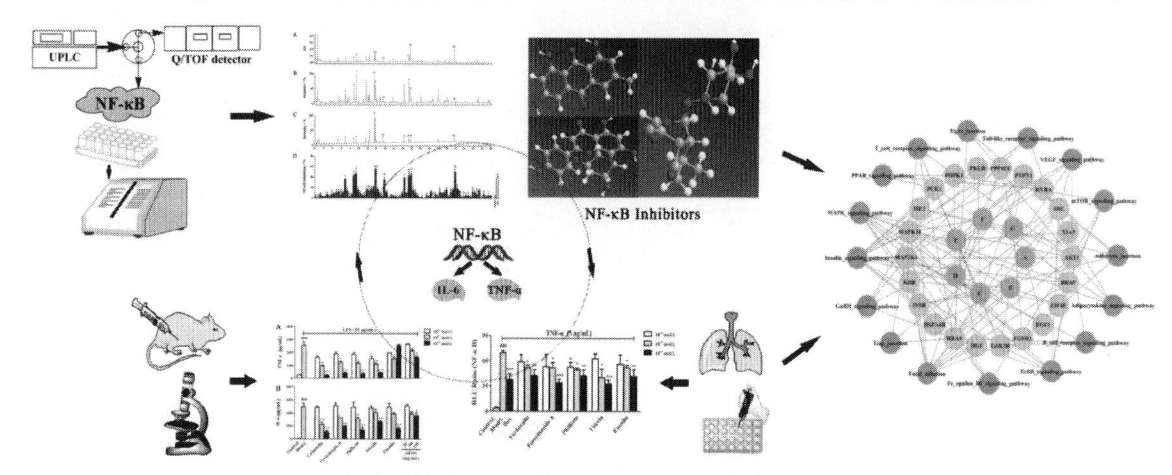

图 3-3-4 疏风解毒胶囊抗炎药效物质基础及网络药理实验图文摘要

第四节　基于“谱-效关联分析”的疏风解毒胶囊药效物质基础研究

中药复杂体系药效物质基础筛选通常采用成分-靶点的“要素-要素”筛选模式和组方-功效的“系统-系统”筛选模式，“要素-要素”筛选模式可以直接关联成分与靶点的对应关系，而“系统-系统”筛选模式可以更真实地反映多成分整体效应的生物效应背景，二者各有优点，可以互为补充。本研究前文采用网络药理学预测、靶点筛选和验证实验，本部分基于疏风解毒胶囊的传统功效，选择与传统功效密切相关的药效表达模型进行“谱-效”关联分析。运用均匀设计对疏风解毒胶囊的8味药材进行配比，以配比的22个组合为研究对象，选择与疏风解表、清热解毒相关的体外药效模型（如乙酰胆碱受体、脂多糖诱导的炎症模型），采用“谱-效”关系研究方法，对不同组合的疏风解毒胶囊进行LC-MS谱分析和体外细胞活性实验。然后利用人工神经网络分析（ANN）等数理统计方法对获取的图谱数据和体外活性数据进行整合分析，建立其“谱-效”关系，筛选得到与发汗、抗炎作用密切相关成分，从“疏风解表”和“清热解毒”两方面，阐释疏风解毒胶囊的药效物质基础。

一、疏风解毒胶囊LC-MS图谱研究

1. 仪器与材料

1.1　仪器

Acquity UPLC 超高效液相色谱仪	美国 Waters 公司
Acquity UPLC BEH C_{18} 色谱柱	美国 Waters 公司
Waters Premier 质谱仪	美国 Waters 公司
Milli-Q 超纯水仪	美国Millipore 公司
超声仪	宁波新芝生物科技股份有限公司
离心机	德国Hettich 公司
AB204-N 电子天平	德国 Mettler 公司
旋转蒸发仪	无锡市星海王生化设备有限公司

1.2　试剂

乙腈（色谱纯）	天津市康科德科技有限公司
甲酸（色谱纯）	天津市光复科技发展有限公司
乙醇（色谱纯）	天津市康科德科技有限公司

1.3　试药

疏风解毒胶囊由安徽济人药业有限公司提供。

试验用药材虎杖、连翘、板蓝根、马鞭草、败酱草、柴胡、芦根、甘草均由安徽济人药业有限公司提供，经天津药物研究院张铁军研究员鉴定，各药材均符合2015年版《中国药典》相关标准。

实验所用对照品信息见表 3-4-1。

表 3-4-1 对照品信息表

编号	标准品	纯度（%）	来源及批号
1	戟叶马鞭草苷	—	上海再启生物技术有限公司（批号：ZQ17120408）
2	毛蕊花糖苷	98	成都瑞芬思生物科技有限公司（批号：M-011-170629）
3	连翘酯苷 A	98.60	成都曼思特生物科技有限公司（批号：MUST-16062001）
4	(+)松脂素-*β*-*D*-吡喃葡萄糖苷	98.9	成都曼思特生物科技有限公司（批号：MUST-16011707）
5	连翘苷	98.76	成都曼思特生物科技有限公司（批号：MUST-16041519）
6	甘草次酸	99.10	成都曼思特生物科技有限公司（批号：MUST-16032217）
7	虎杖苷	≥98	南京春秋生物工程有限公司（批号：HZG20150228）
8	白藜芦醇	≥98	南京春秋生物工程有限公司（批号：BLLC20150520）
9	决明酮-8-*O*-葡萄糖苷	≥98	ChemFaces（批号：CFN97101）
10	芒柄花黄素	99.03	成都曼思特生物科技有限公司（批号：MUST-14091205）
11	大黄酸	98.68	成都曼思特生物科技有限公司（批号：MUST-14111905）
12	大黄素	≥98	南京春秋生物工程有限公司（批号：DHS20150614）
13	柴胡皂苷 a	98.35	成都曼思特生物科技有限公司（批号：MUST-16060105）
14	常春藤皂苷元	98.01	成都曼思特生物科技有限公司（批号：MUST-16101502）
15	齐墩果酸	—	中国食品药品检定研究院生物制品检定所（批号：110709-200505）
16	表告依春	99.83	成都曼思特生物科技有限公司（批号：MUST-16012010）

2. 方法和结果

2.1 供试样品分组

在多因子试验中，因素越多，每个因素选取的水平越多，已有的试验设计方法要求安排的实验处理数就越多，因为试验处理数是按指数增长的。假定有 6 个因素，各因素有 8 个水平，一切可能的组合试验将有 16 777 216 个，如此多的试验处理数是无法安排的。因此，D.J.Finney 倡议了部分试验法，在试验的全部处理组合中，仅挑选部分有代表性的水平组合进行试验，通过部分了解全面试验情况，从中找出较优的处理组合，这样可大大节省人力、财力、物力和时间。目前常用的试验设计方法有正交设计、均匀设计、效应面优化法、拉丁超立方设计，其试用范围及优缺点[1-3]比较见表 3-4-2。

表 3-4-2 试验设计方法比较

	正交设计	效应面优化法	均匀设计	拉丁超立方设计
适用范围	限于研究药味组成较为简单的处方。对药味较多的处方，只能选 2～3 个水平进行研究	主要是考察自变量对效应的作用并对其进行优化。适用于多因素、多水平的试验，多用于优化工艺、处方筛选	应用于多因素、多水平的试验	应用于多种多样的模型，且对模型的变化有稳健性
优点	试验点在空间具有“均匀分散性”和“整齐可比性”	比均匀设计法更全面，比正交设计更简化，其试验次数较少、试验精度高	通过均匀设计表来安排试验，不带随机性。与正交设计相比，试验水平数较多，能探索较大的剂量范围，试验组数较少	有效地用采样值反映随机变量的整体分布，保证所有的采样区域都能够被采样点覆盖

续表

	正交设计	效应面优化法	均匀设计	拉丁超立方设计
缺点	当需考察的因素较多，且每个因素有较多水平时，为了照顾“整齐可比”，试验点就不能充分地“均匀分散”，并且试验点的数目会很多	相对于因子分析，精度仍不够，它要求自变量必须是连续的而且能被试验者自由控制，且试验次数仍偏高	均匀设计构造欠齐整，不如正交设计，因而使用上不够清晰有效；采用均匀设计都希望尽可能减少试验次数且尽可能多考察试验因素，其结果彼此之间可能会相差悬殊	本法构造的样本仍有相当程度的随机性；问题的维度和样本数量会直接影响本法可靠性分析的精度和效率

通过分析比较正交设计、效应面优化法、均匀设计和拉丁超立方设计，结果发现通过均匀设计表来安排试验，不带有随机性且试验水平数较多，能探索较大的剂量范围，试验组数较少，更适合本实验。均匀设计实验次数选为因素数的 3 倍左右为宜（水平数应大于因素数 2 倍的均匀设计原则），这样选择的均匀设计表的均匀性好，也有利于后期建模和优化。

因此，试验采用 DPS 软件进行 8 因素 21 水平均匀设计，其参数见表 3-4-3，设计见表 3-4-4。

表 3-4-3　均匀设计表参数

以中心化偏差 CD 为指标的优化结果	
运行时间 4 分 45 秒	
中心化偏差 CD=	0.2139
L2-偏差 D=	0.0094
修正偏差 MD=	0.3971
对称化偏差 SD=	2.8832
可卷偏差 WD=	0.5002
条件数 C=	1.4856
D -优良性=	0
A-优良性=	0.0106

表 3-4-4　均匀设计表

因子	x1	x2	x3	x4	x5	x6	x7	x8
N1	16	9	10	19	20	3	15	5
N2	20	13	6	3	12	5	6	3
N3	12	2	3	5	15	16	16	7
N4	21	6	19	13	17	20	10	13
N5	14	5	14	14	1	10	19	2
N6	19	20	2	18	5	12	14	14
N7	1	15	5	16	9	19	9	6
N8	6	12	16	20	13	17	17	19
N9	13	14	15	2	21	11	8	20
N10	10	8	4	10	3	1	11	21
N11	5	7	1	8	19	9	4	12
N12	8	21	13	9	18	15	12	1

续表

因子	x1	x2	x3	x4	x5	x6	x7	x8
N13	15	18	11	6	2	18	5	16
N14	2	4	18	4	10	4	13	15
N15	11	19	17	17	14	2	3	10
N16	3	17	7	12	16	6	20	17
N17	9	10	9	1	7	21	21	11
N18	18	16	21	7	8	8	18	8
N19	17	3	8	15	11	14	1	18
N20	4	11	20	11	4	13	2	4
N21	7	1	12	21	6	7	7	9

各药材按处方最大量2倍设计：虎杖0～900g，板蓝根、连翘、柴胡、败酱草、马鞭草0～720g，芦根0～540g，甘草0～360g，N0号按处方原配比设计，结果见表3-4-5。

表3-4-5 药材均匀设计表

因子	虎杖	板蓝根	连翘	柴胡	败酱草	马鞭草	芦根	甘草
N0	450	360	360	360	360	360	270	180
N1	675	288	324	648	684	72	378	72
N2	855	432	180	72	396	144	135	36
N3	495	36	72	144	504	540	405	108
N4	900	180	648	432	576	684	243	216
N5	585	144	468	468	0	324	486	18
N6	810	684	36	612	144	396	351	234
N7	0	504	144	540	288	648	216	90
N8	225	396	540	684	432	576	432	324
N9	540	468	504	36	720	360	189	342
N10	405	252	108	324	72	0	270	360
N11	180	216	0	252	648	288	81	198
N12	315	720	432	288	612	504	297	0
N13	630	612	360	180	36	612	108	270
N14	45	108	612	108	324	108	324	252
N15	450	648	576	576	468	36	54	162
N16	90	576	216	396	540	180	513	288
N17	360	324	288	0	216	720	540	180
N18	765	540	720	216	252	252	459	126
N19	720	72	252	504	360	468	0	306
N20	135	360	684	360	108	432	27	54
N21	270	0	396	720	180	216	162	144

2.2　药材提取

按照疏风解毒胶囊原制备工艺，获取 8 味药材干膏，各药材制备工艺如下：

虎杖：取 200g 粉碎成粗颗粒，第一次加 5 倍量 70%乙醇加热回流提取 2h，滤过离心；药渣再加 3 倍量 70%乙醇加热回流提取 1h，滤过离心，滤液合并，回收乙醇并减压浓缩至稠膏，减压干燥后称量，实际膏重 79.3g，工艺流程图见图 3-4-1。

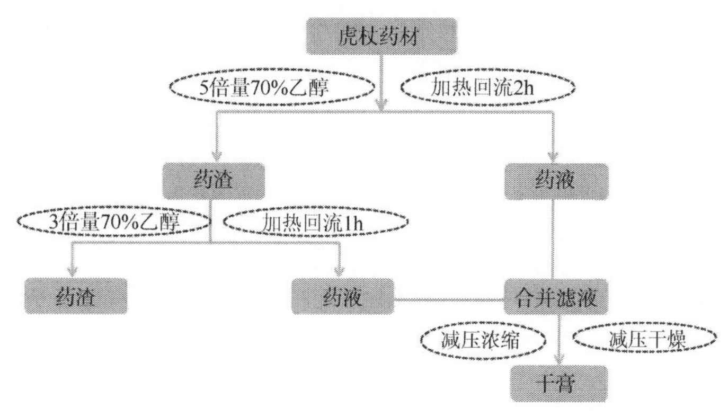

图 3-4-1　虎杖提取流程图

板蓝根：取 200g 粉碎成粗颗粒，第一次加 5 倍量 70%乙醇加热回流提取 2h，滤过离心；药渣再加 3 倍量 70%乙醇加热回流提取 1h，滤过离心，滤液合并，回收乙醇并减压浓缩至稠膏，减压干燥后称量，实际膏重 76.3g，工艺流程图见图 3-4-2。

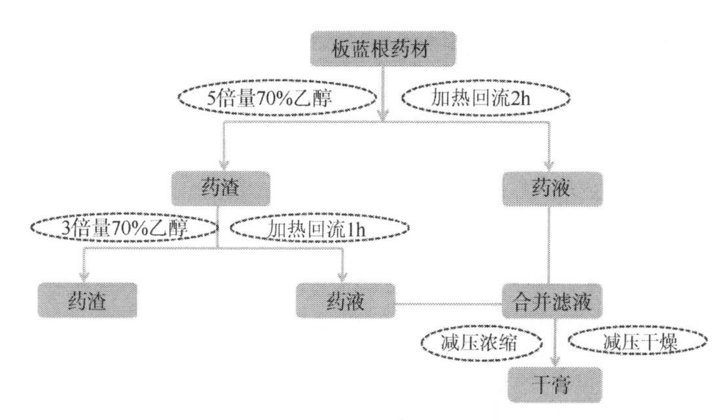

图 3-4-2　板蓝根提取流程图

连翘：取 200g 加 7 倍量的水，加热回流提取挥发油 4h，分取分层的挥发油约 3.7ml，备用。药渣和药液粗滤，滤液离心分离，上清液保存备用。药渣加水煎煮提取 2 次，第一次加 18 倍量水提取 2h，第二次加 12 倍量水提取 1h，粗滤，滤液离心分离，合并上清液，减压浓缩至稠膏，减压干燥后称量，实际膏重 57.1g，工艺流程图见图 3-4-3。

柴胡：取 200g 加 7 倍量的水，加热回流提取挥发油 4h，分取分层的挥发油加 200μl 乙醇溶解，备用。药渣和药液粗滤，滤液离心分离，上清液保存备用。药渣加水煎煮提取 2 次，第一次加 18 倍量水提取 2h，第二次加 12 倍量水提取 1h，粗滤，滤液离心分离，合并上清液，减压浓缩至稠膏，减压干燥后称量，实际膏重 40.5g，工艺流程图见图 3-4-4。

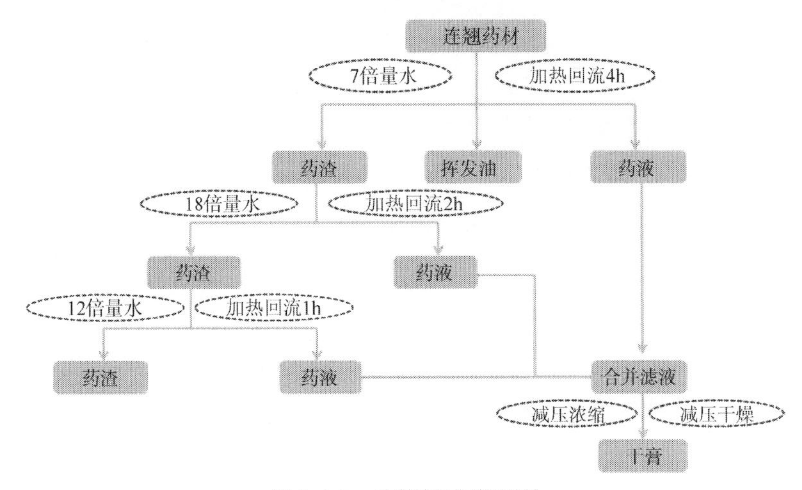

图 3-4-3 连翘提取流程图

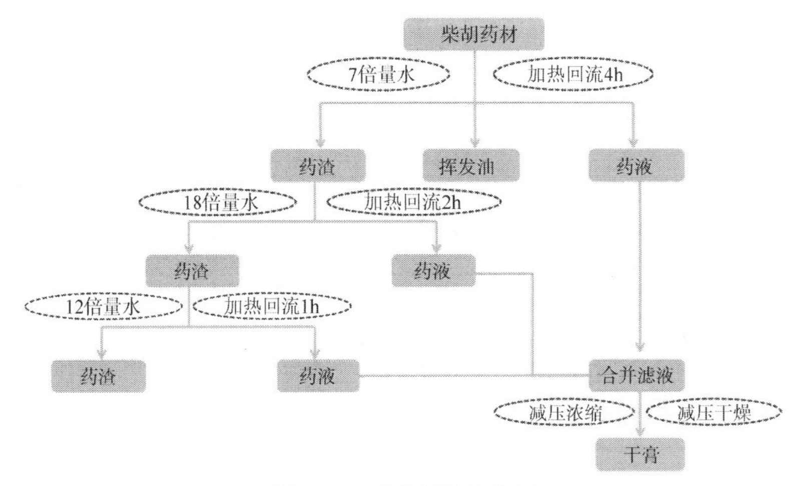

图 3-4-4 柴胡提取流程图

败酱草：取 150g 加水煎煮提取 2 次，第一次加 18 倍量水提取 2h，第二次加 12 倍量水提取 1h，粗滤，滤液离心分离，上清液合并，减压浓缩至稠膏，减压干燥后称量，实际膏重 8.5g，工艺流程图见图 3-4-5。

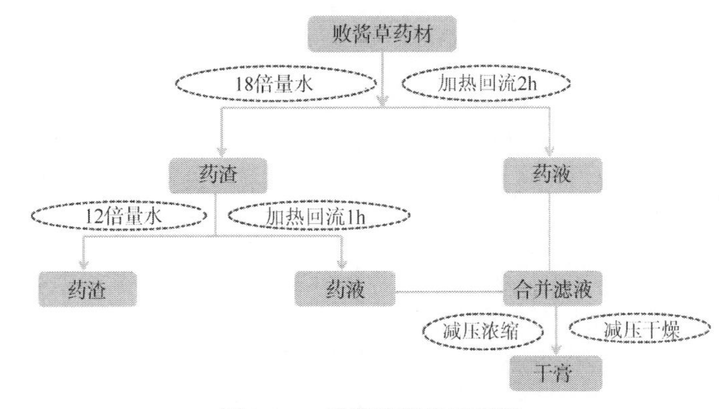

图 3-4-5 败酱草提取流程图

马鞭草：取 150g 加水煎煮提取 2 次，第一次加 18 倍量水提取 2h，第二次加 12 倍量水提取 1h，粗滤，滤液离心分离，上清液合并，减压浓缩至稠膏，减压干燥后称量，实际膏重 26g，工艺流程图见图 3-4-6。

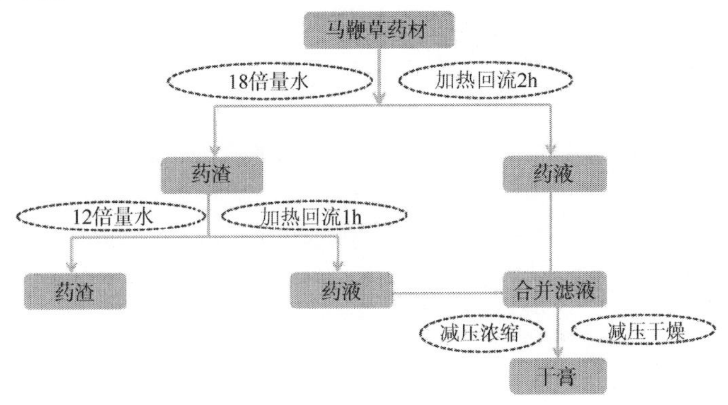

图 3-4-6　马鞭草提取流程图

芦根：取 300g 加水煎煮提取 2 次，第一次加 18 倍量水提取 2h，第二次加 12 倍量水提取 1h，粗滤，滤液离心分离，上清液合并，减压浓缩至稠膏，减压干燥后称量，实际膏重 44.6g，工艺流程图见图 3-4-7。

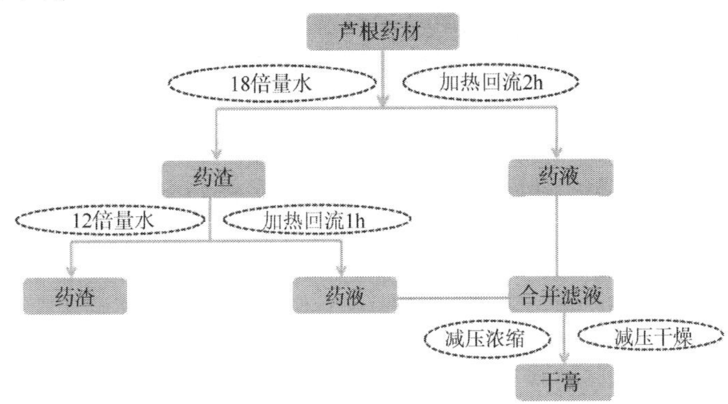

图 3-4-7　芦根提取流程图

甘草：取 150g 加水煎煮提取 2 次，第一次加 18 倍量水提取 2h，第二次加 12 倍量水提取 1h，粗滤，滤液离心分离，上清液合并，减压浓缩至稠膏，减压干燥后称量，实际膏重 44.8g，工艺流程图见图 3-4-8。

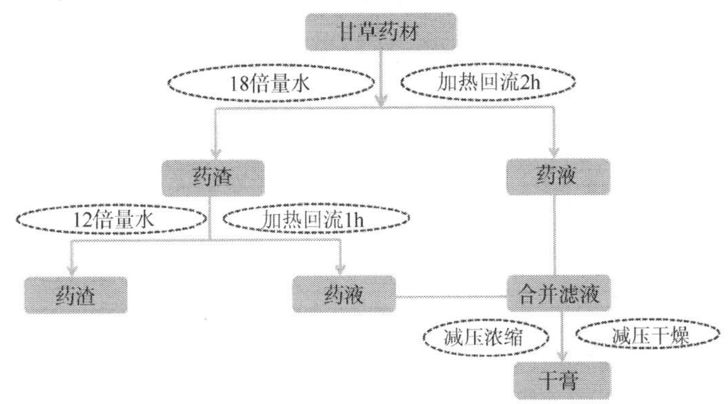

图 3-4-8　甘草提取流程图

2.3 样品制备

2.3.1 制备方法 1

取 2.2 项下的 8 味药材干膏，其中虎杖、板蓝根干膏用相应体积的 70%乙醇超声溶解并涡旋，连翘、甘草、马鞭草、柴胡、败酱草干膏用相应体积的水超声溶解并涡旋。根据均匀设计表的配比取 7 味药材溶液配制成 22 个样品溶液。置于真空干燥箱进行减压干燥，得 22 个样品的干膏。按比例表折算每个样品应加入芦根的量，精密称定，加入相应的芦根干膏。流程图见图 3-4-9。

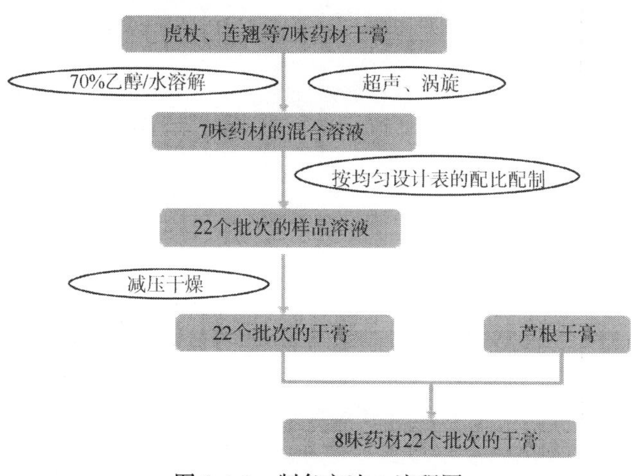

图 3-4-9　制备方法 1 流程图

2.3.2 制备方法 2

取 2.2 项下的 8 味药材干膏，其中虎杖、板蓝根干膏用相应体积的 70%乙醇超声溶解并离心取上清液，连翘、芦根、甘草、马鞭草、柴胡、败酱草干膏用相应体积的水超声溶解并离心取上清液。根据均匀设计表的配比，取 8 味药材溶液配制成 22 个样品溶液。水浴挥干乙醇后冻干，得 22 个样品的冻干粉。再用 70%乙醇复溶 22 个样品，超声后离心取上清液，得 22 个样品的澄清溶液，水浴挥干乙醇后冻干，得 N0～N22 号样品的冻干粉。流程图见图 3-4-10。

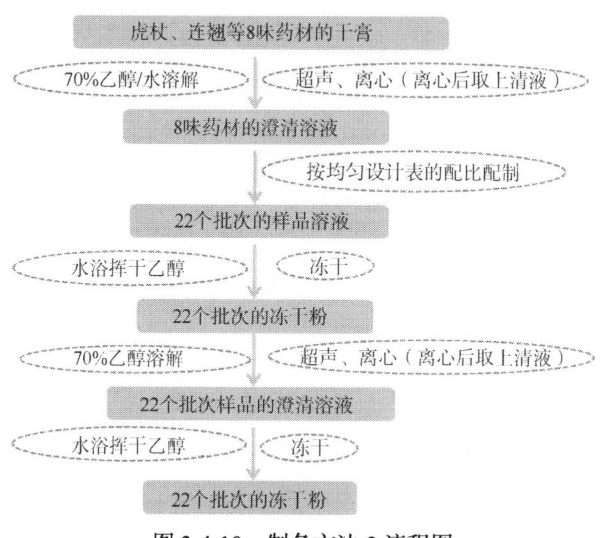

图 3-4-10　制备方法 2 流程图

2.4 制备工艺验证

2.4.1 供试品溶液的制备

取疏风解毒胶囊内容物0.1g，加入70%乙醇10ml置离心管中，超声30min，离心后取上清液，即得胶囊供试品溶液。

取制备方法1的疏风解毒N0号提取物0.1g,加入70%乙醇10ml置离心管中,超声30min,离心后取上清液，即得N0号供试品溶液。

取制备方法2的疏风解毒N0号提取物0.1g,加入70%乙醇10ml置离心管中,超声30min,离心后取上清液，即得N0号供试品溶液。

取2.2项下药材制备的芦根干膏0.1g，加入蒸馏水10ml置离心管中，超声30min，离心后取上清液，即得芦根药材供试品溶液。

取2.2项下药材制备的板蓝根干膏0.1g，加入70%乙醇10ml置离心管中，超声30min，离心后取上清液，即得板蓝根药材供试品溶液。

取2.2项下药材制备的败酱草干膏0.1g，加入蒸馏水10ml置离心管中，超声30min，离心后取上清液，即得败酱草药材供试品溶液。

2.4.2 色谱-质谱条件

色谱-质谱条件参考本课题组前期UPLC-Q-TOF-MS实验条件，具体如下：

（1）色谱条件：Waters Acquity UPLC BEH C_{18}（1.7 μm，2.1mm×100mm）；流动相：乙腈，0.1%（V/V）甲酸超纯水；流动相流速：0.4ml/min；柱温：35℃；进样4μl；实验采用梯度洗脱模式，洗脱表见表3-4-6。

表3-4-6 流动相梯度

时间（min）	流速（ml/min）	乙腈（%）	0.1%甲酸水（%）
0.0	0.4	2.0	98.0
2.0	0.4	2.0	98.0
12.0	0.4	15.0	85.0
15.0	0.4	15.0	85.0
18.0	0.4	20.0	80.0
35.0	0.4	50.0	50.0
40.0	0.4	100.0	0.0

（2）Q-TOF实验条件：本实验使用Waters Premier质谱仪，正、负两种模式扫描测定。仪器参数如下：采用电喷雾离子源；V模式；毛细管电压正模式3.0kV，负模式2.5kV；锥孔电压30V；离子源温度110℃；脱溶剂气温度350℃；脱溶剂氮气流量600L/h；锥孔气流量50L/h；检测器电压正模式1900V，负模式2000V；采样频率0.1s，间隔0.02s；质量数检测范围100～1500Da；内参校准液采用亮氨酸脑啡肽醋酸盐（$[M+H]^+$ = 555.2931，$[M-H]^-$ = 553.2775）。

2.4.3 验证结果

制备方法1的N0号样品与疏风解毒胶囊的正、负模式质谱图如图3-4-11和图3-4-12所示，通过分析比较发现N0号样品与胶囊的峰个数及峰纯度基本无差异。芦根、败酱草、板蓝根药材的正、负模式质谱图如图3-4-13～图3-4-15所示，将N0号样品与芦根药材进行药材归属分析，比较它们的正负模式质谱图，发现有保留时间相同的色谱峰。

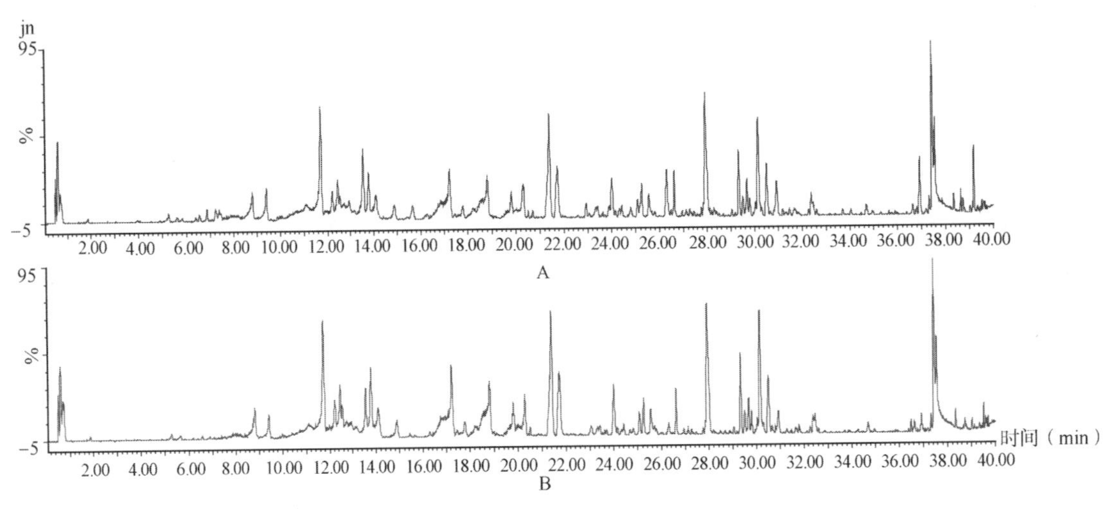

图 3-4-11 疏风解毒胶囊（A）与 N0 样品（B）正模式 BPI 图

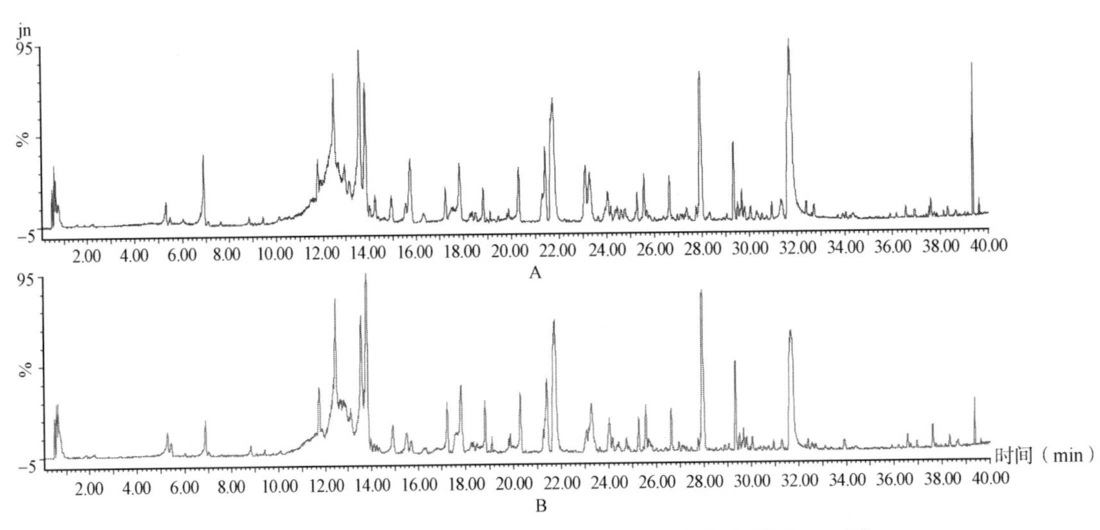

图 3-4-12 疏风解毒胶囊（A）与 N0 样品（B）负模式 BPI 图

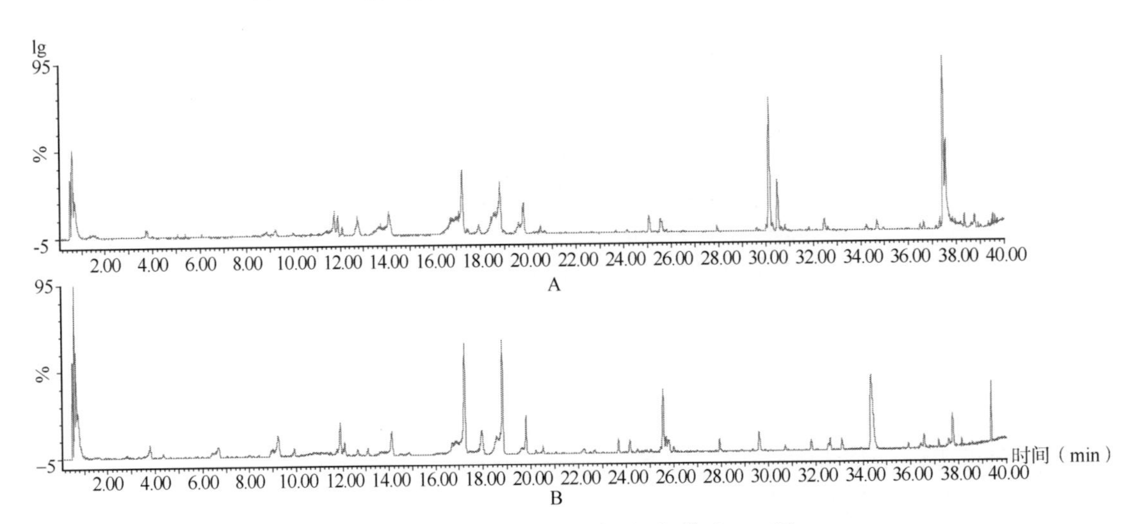

图 3-4-13 芦根正（A）负（B）模式 BPI 图

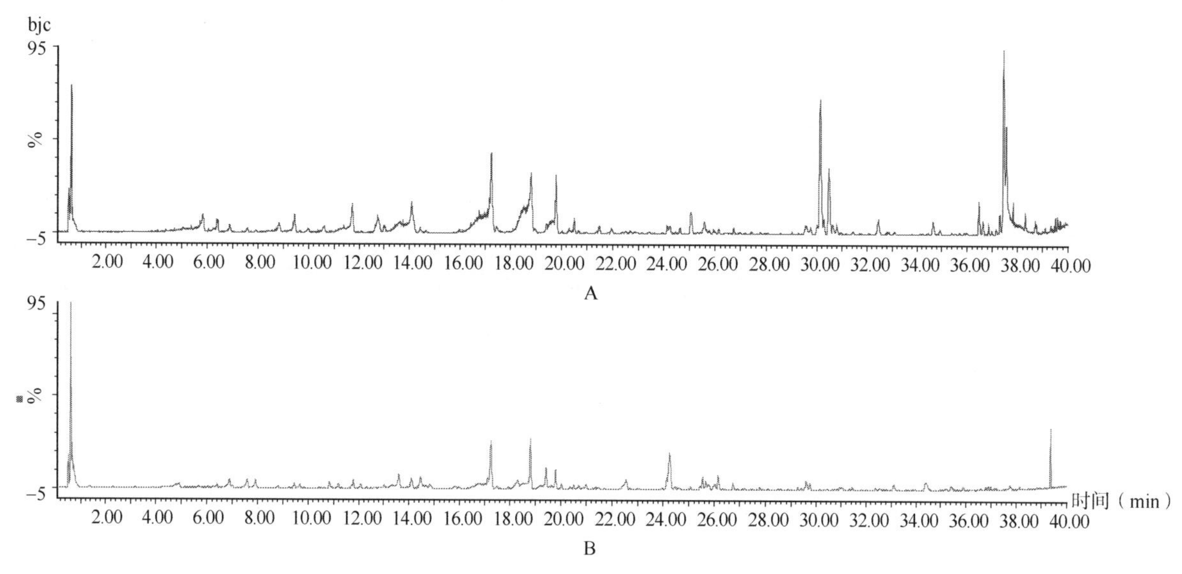

图 3-4-14　败酱草正（A）负（B）模式 BPI 图

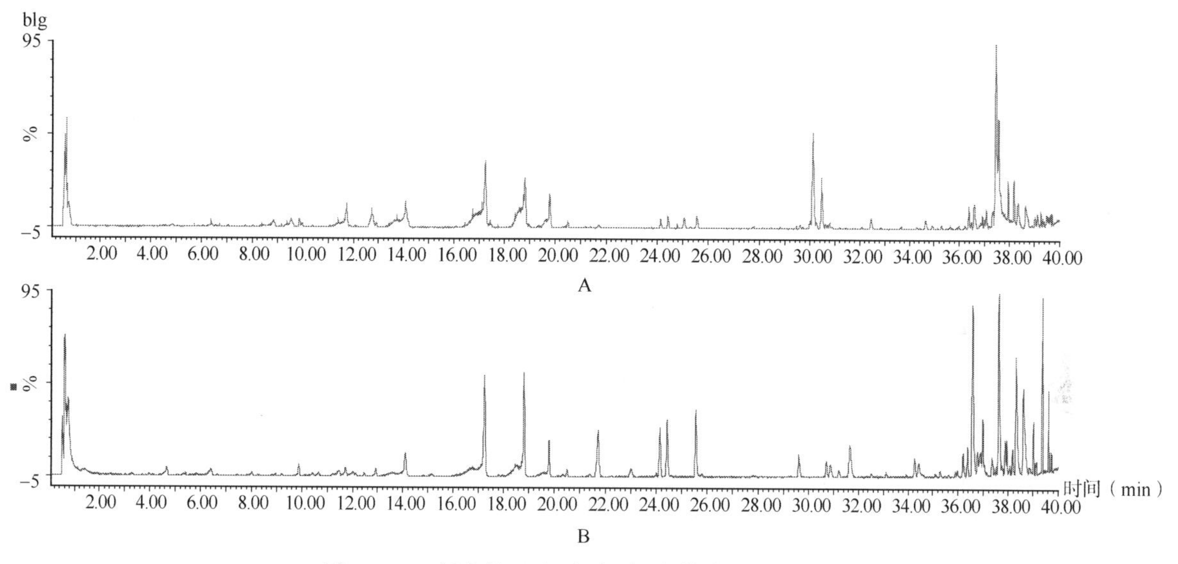

图 3-4-15　板蓝根正（A）负（B）模式 BPI 图

制备方法 2 的 N0 号样品与疏风解毒胶囊的正、负模式质谱图如图 3-4-16 和图 3-4-17 所示，通过分析比较发现 N0 号样品与胶囊的峰个数及峰纯度基本无差异。

2.5　LC-MS 谱建立

2.5.1　供试品溶液制备

取 2.2 项下制备的 8 味药材干膏，精密称定，虎杖、板蓝根加入 70%乙醇制成浓度均为 10mg/ml 的样品溶液，连翘、柴胡、马鞭草、败酱草、芦根、甘草加入蒸馏水制成浓度均为 10mg/ml 的样品溶液，离心后取上清液，即得 8 味药材的供试品溶液。

取 2.3.2 项下制备的 22 个样品，精密称定，加入 70%乙醇制成浓度均为 10mg/ml 的样品溶液，离心后取上清液，即得 22 批次样品的供试品溶液。

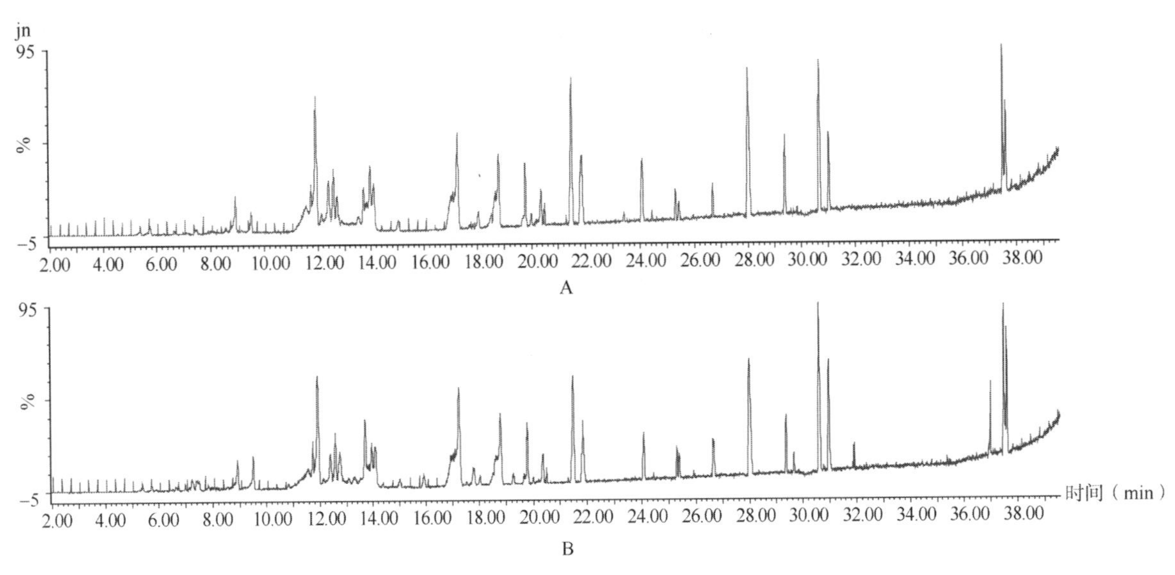

图 3-4-16　疏风解毒胶囊（A）与 N0 样品（B）正模式 BPI 图

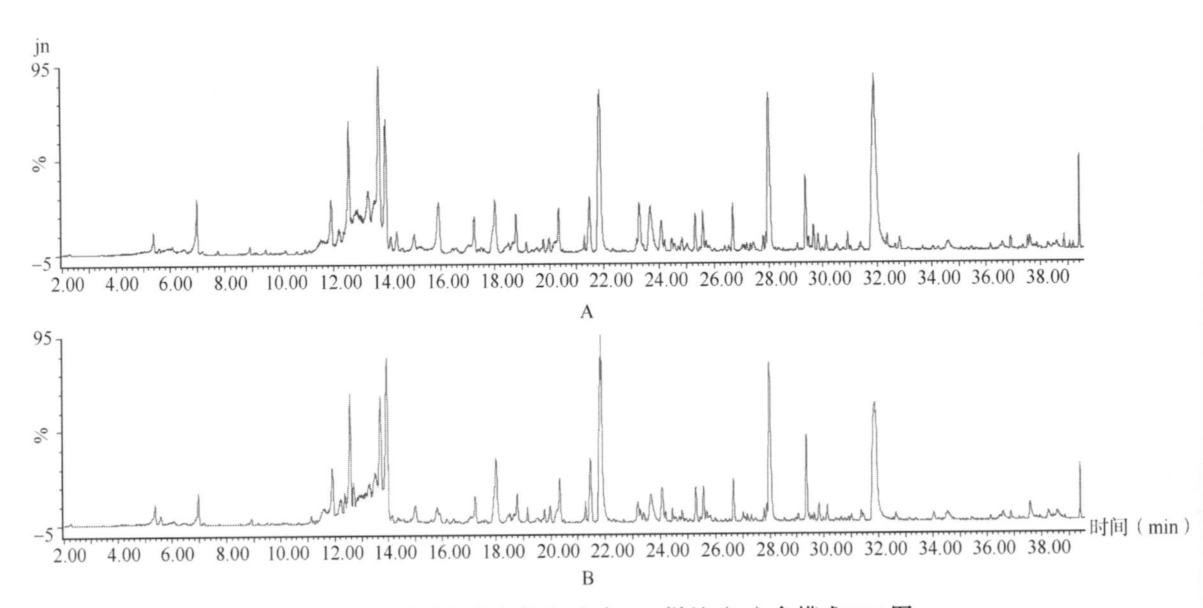

图 3-4-17　疏风解毒胶囊（A）与 N0 样品（B）负模式 BPI 图

2.5.2　混标制备

分别精密称取戟叶马鞭草苷、毛蕊花糖苷、连翘酯苷 A、（+）-松脂素-*β*-*D*-吡喃葡萄糖苷、连翘苷、甘草次酸、虎杖苷、白藜芦醇、决明酮-8-*O*-葡萄糖苷、芒柄花黄素、大黄酸、大黄素、柴胡皂苷 a、表告依春、齐墩果酸、常春藤皂苷元对照品适量，加甲醇溶解并定容，经 0.45μm 微孔滤膜滤过，即得。

2.5.3　条件优化

以 N0 号样品为实验对象，对其进行条件优化：

质谱条件：使用 Waters Premier 质谱仪，正、负两种模式扫描测定，仪器参数为电喷雾离子源；V 模式；毛细管电压正模式 3.0kV，负模式 2.5kV；锥孔电压 30V；离子源温度 110℃；脱溶剂气温度 350℃；脱溶剂氮气流量 600L/h；锥孔气流量 50L/h；检测器电压正模式 1900V，负模式 2000V；采样频率 0.1s，间隔 0.02s；质量数检测范围 100～1500Da；内参校准液采用亮氨酸脑啡肽醋酸盐（$[M+H]^+ = 555.2931$，$[M-H]^- = 553.2775$）。

色谱条件 1 流动相：乙腈-0.1%甲酸水，柱温 30℃，波长 250nm，流速 1ml/min。流动相梯度见表 3-4-7，谱图见图 3-4-18。

表 3-4-7　流动相梯度

时间（min）	乙腈（%）	0.1%甲酸水（%）
0	5	95
2	5	95
12	15	85
15	15	85
18	20	80
35	50	50
40	100	0

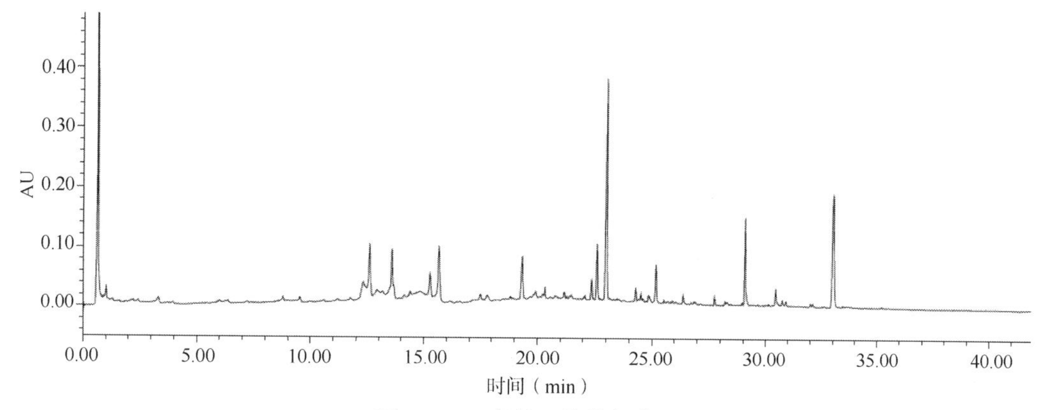

图 3-4-18　条件 1 紫外色谱图

色谱条件 2 流动相：乙腈-0.1%甲酸水，柱温 30℃，波长 250nm，流速 1ml/min。流动相梯度见表 3-4-8，谱图见图 3-4-19。

表 3-4-8　流动相梯度

时间（min）	乙腈（%）	0.1%甲酸水（%）
0	2	98
2	2	98
6	12	88
15	12	88
20	20	80
37	50	50
40	100	0

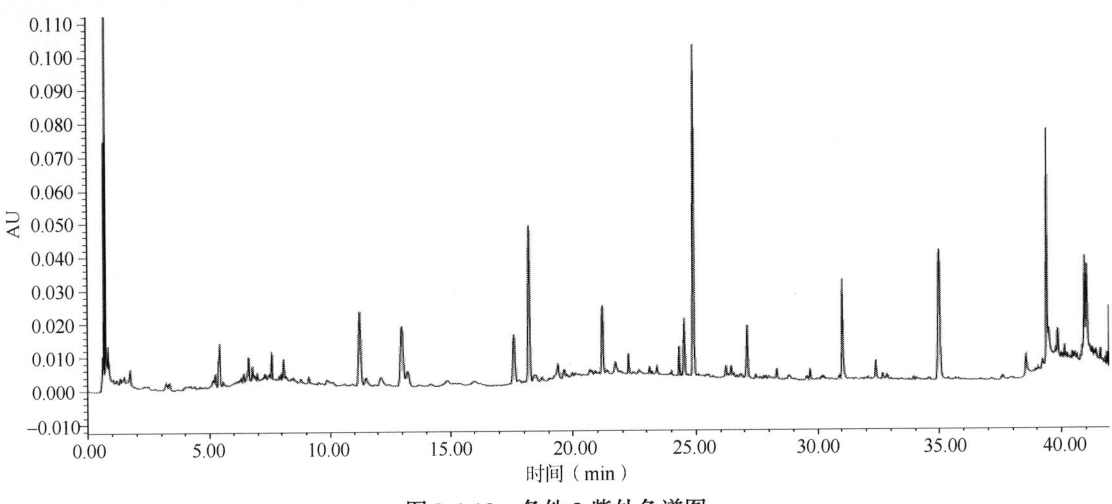

图 3-4-19 条件 2 紫外色谱图

色谱条件 3 流动相：乙腈-0.1%甲酸水，柱温 30℃，波长 250nm，流速 1ml/min。流动相梯度见表 3-4-9，谱图见图 3-4-20。

表 3-4-9 流动相梯度

时间（min）	乙腈（%）	0.1%甲酸水（%）
0	5	95
2	5	95
6	12	88
15	12	88
20	20	80
37	50	50
40	100	0

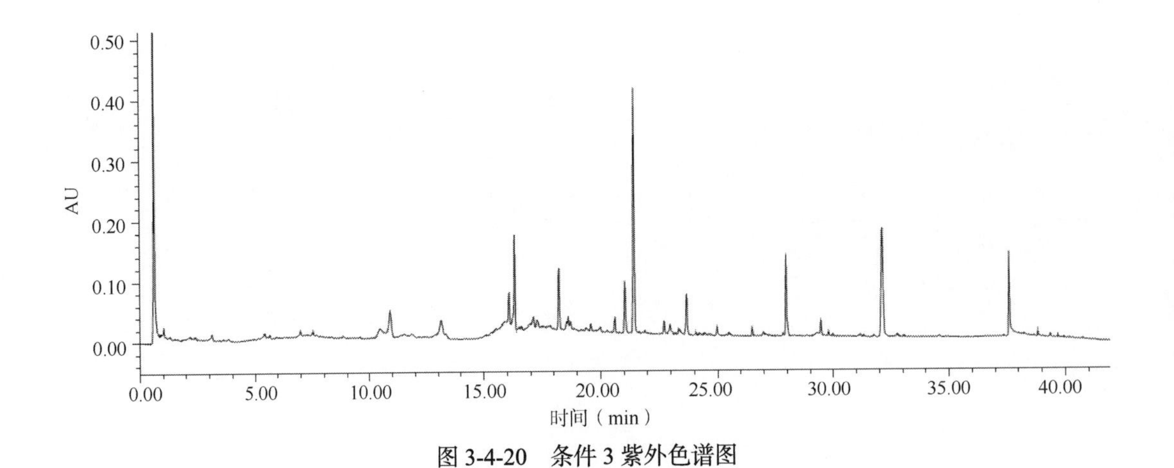

图 3-4-20 条件 3 紫外色谱图

图 3-4-21 为条件 1、条件 2、条件 3 负模式 BPI 图。

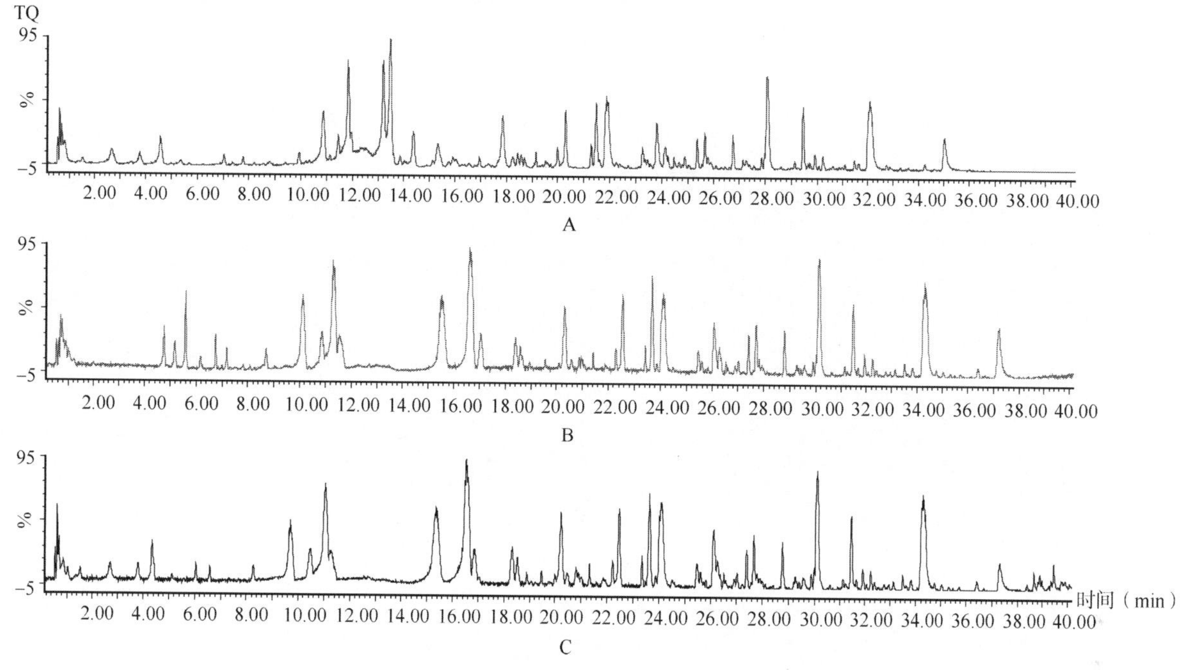

图 3-4-21　条件 1（A）、条件 2（B）、条件 3（C）负模式 BPI 图

经上述实验条件优化，选定色谱条件 2 进行后续样品的 LC-MS 分析。

2.5.4　正负模式谱建立

通过 UPLC-Q-TOF-MS 分析，得到了 N0～N21 号样品的正、负模式 BPI 图（图 3-4-22），同时 8 味药材正、负模式 BPI 图见图 3-4-23～图 3-4-30。采用 Waters 公司的 MassLynx 4.1 软件中 Markerlynx 模块进行色谱峰自动识别和峰匹配，将 22 个样品质谱信息导入 Markerlynx 进行主成分分析（PCA），主要计算参数如下。

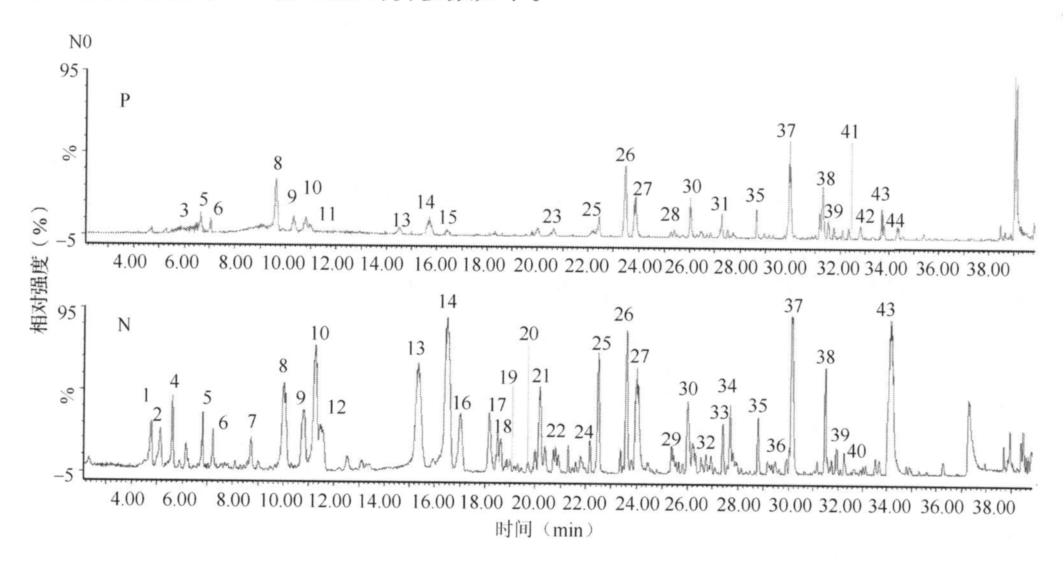

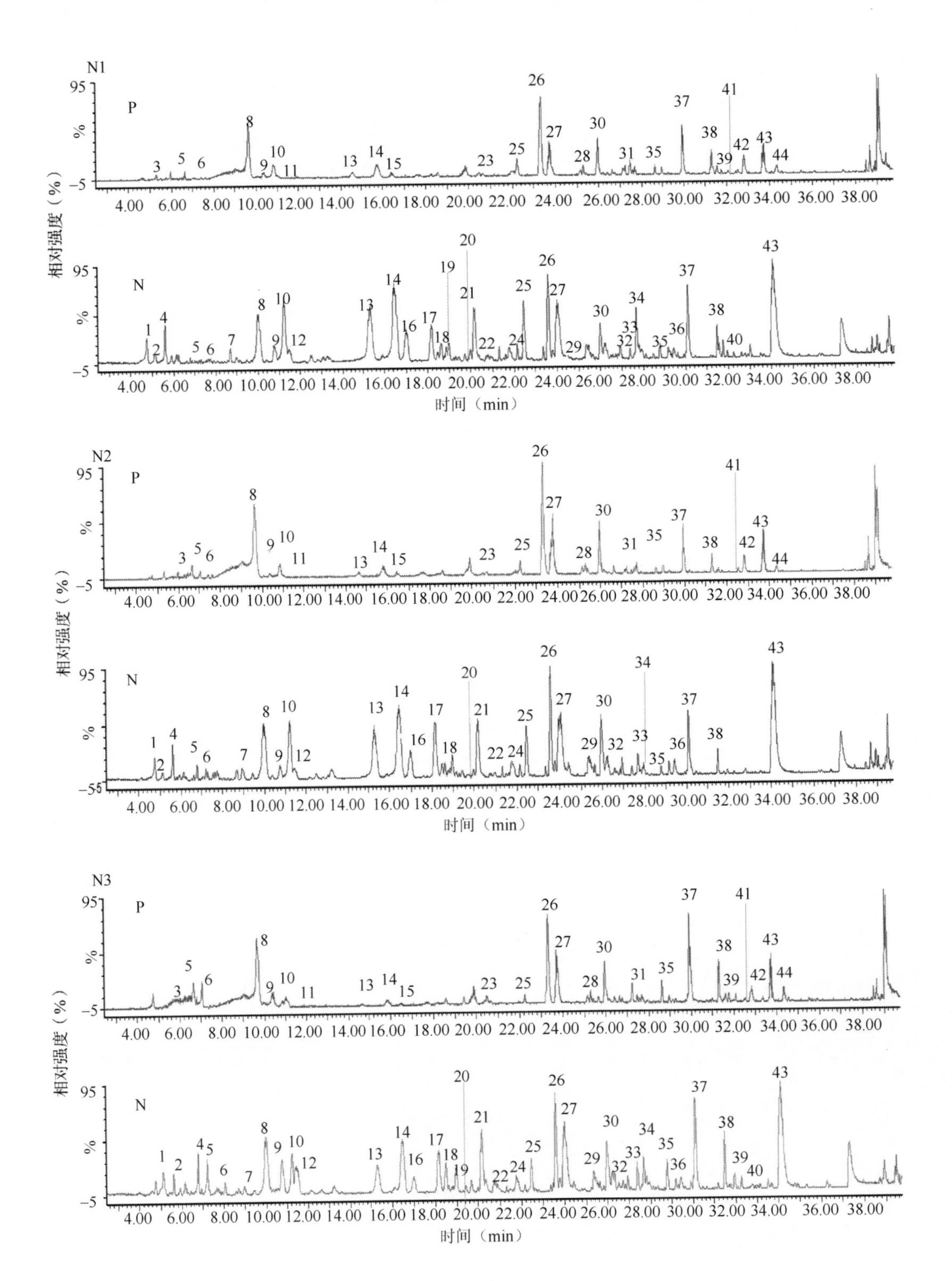
N1
P
N
N2
P
N
N3
P
N
相对强度（%）
时间（min）

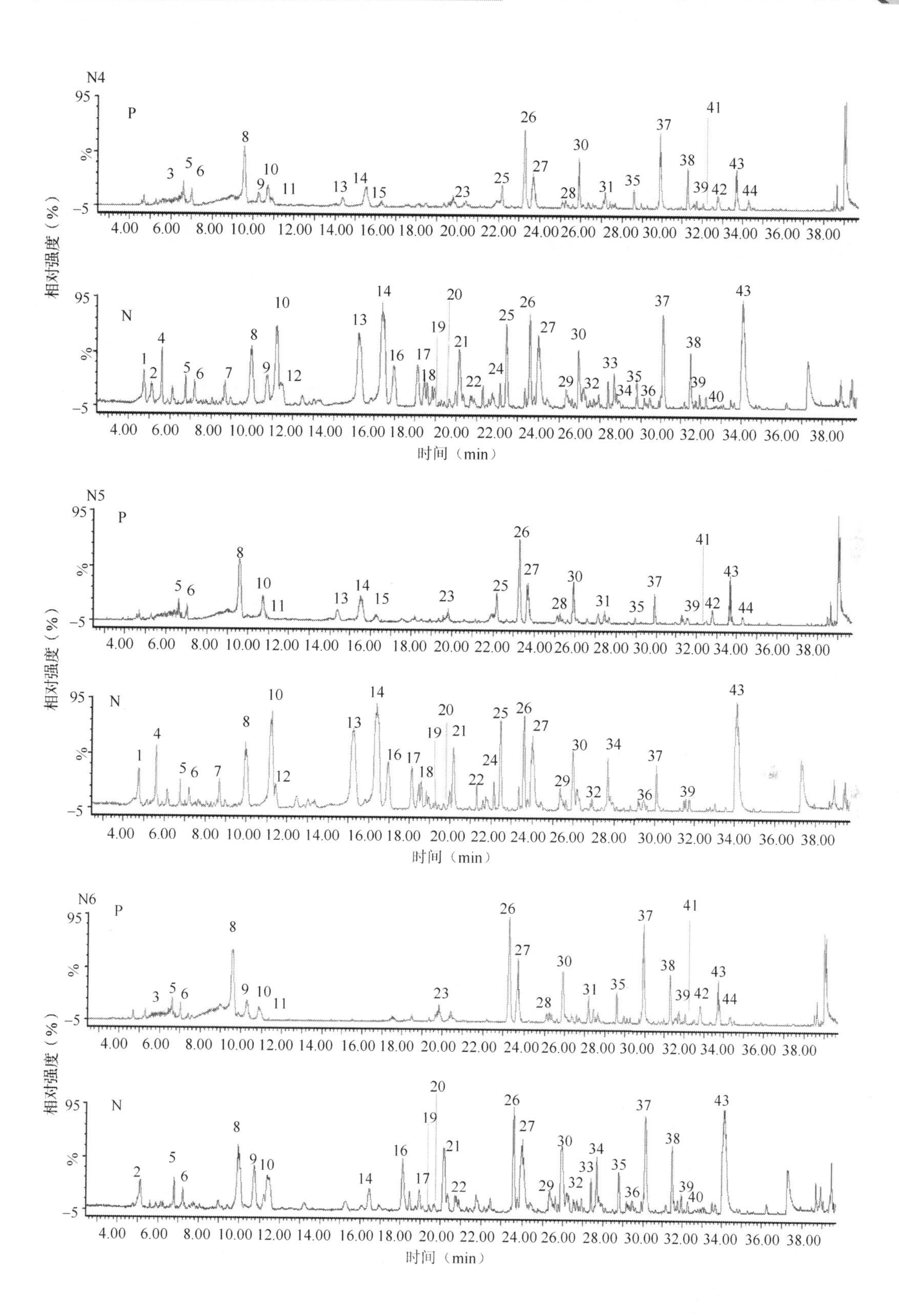
N4
P
N
95
%
−5
相对强度（%）
时间（min）
N5
P
N
相对强度（%）
时间（min）
N6
P
N
相对强度（%）
时间（min）
4.00 6.00 8.00 10.00 12.00 14.00 16.00 18.00 20.00 22.00 24.00 26.00 28.00 30.00 32.00 34.00 36.00 38.00

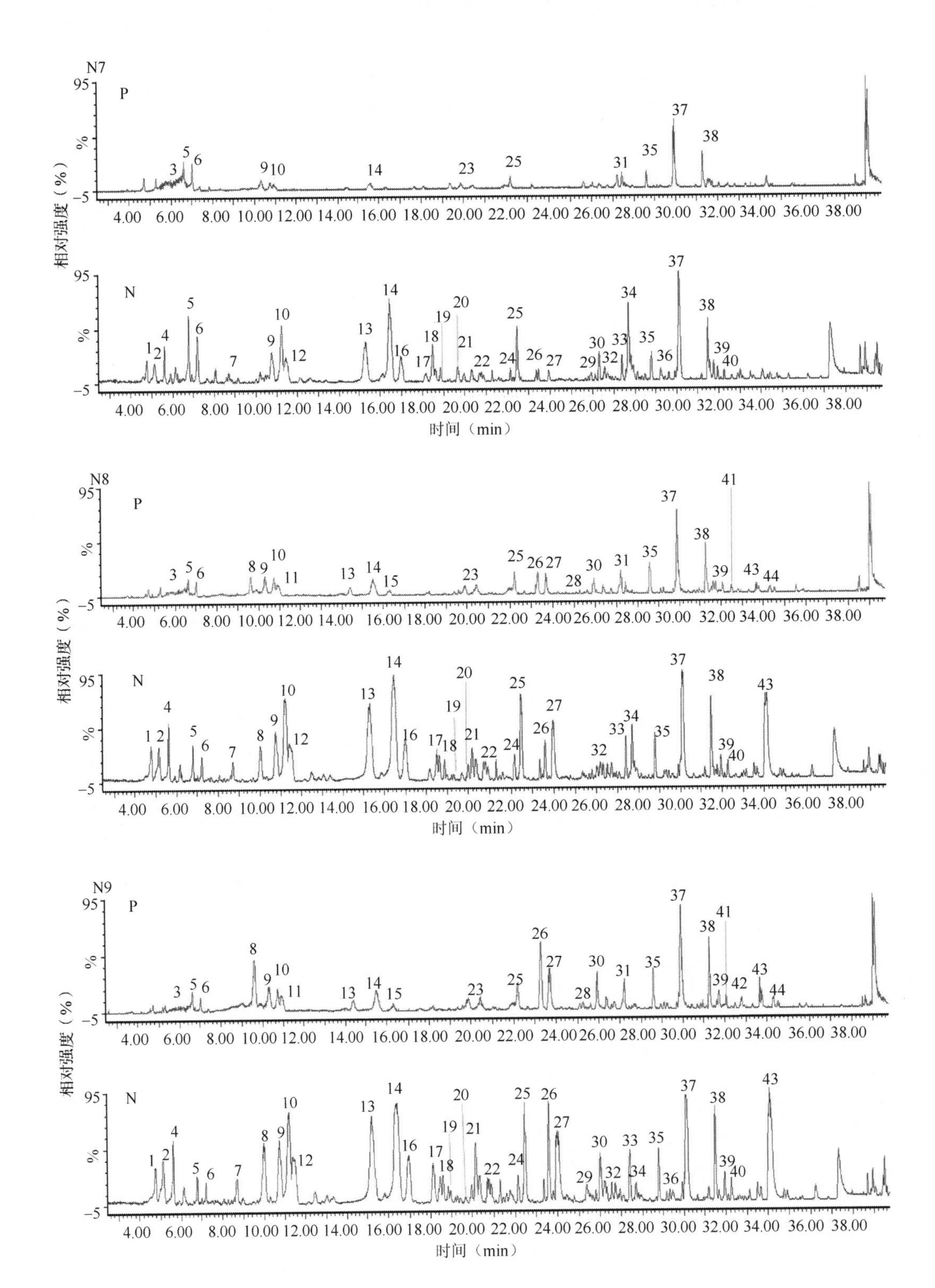
N7
P
N
相对强度（%）
时间（min）
N8
P
N
相对强度（%）
时间（min）
N9
P
N
相对强度（%）
时间（min）

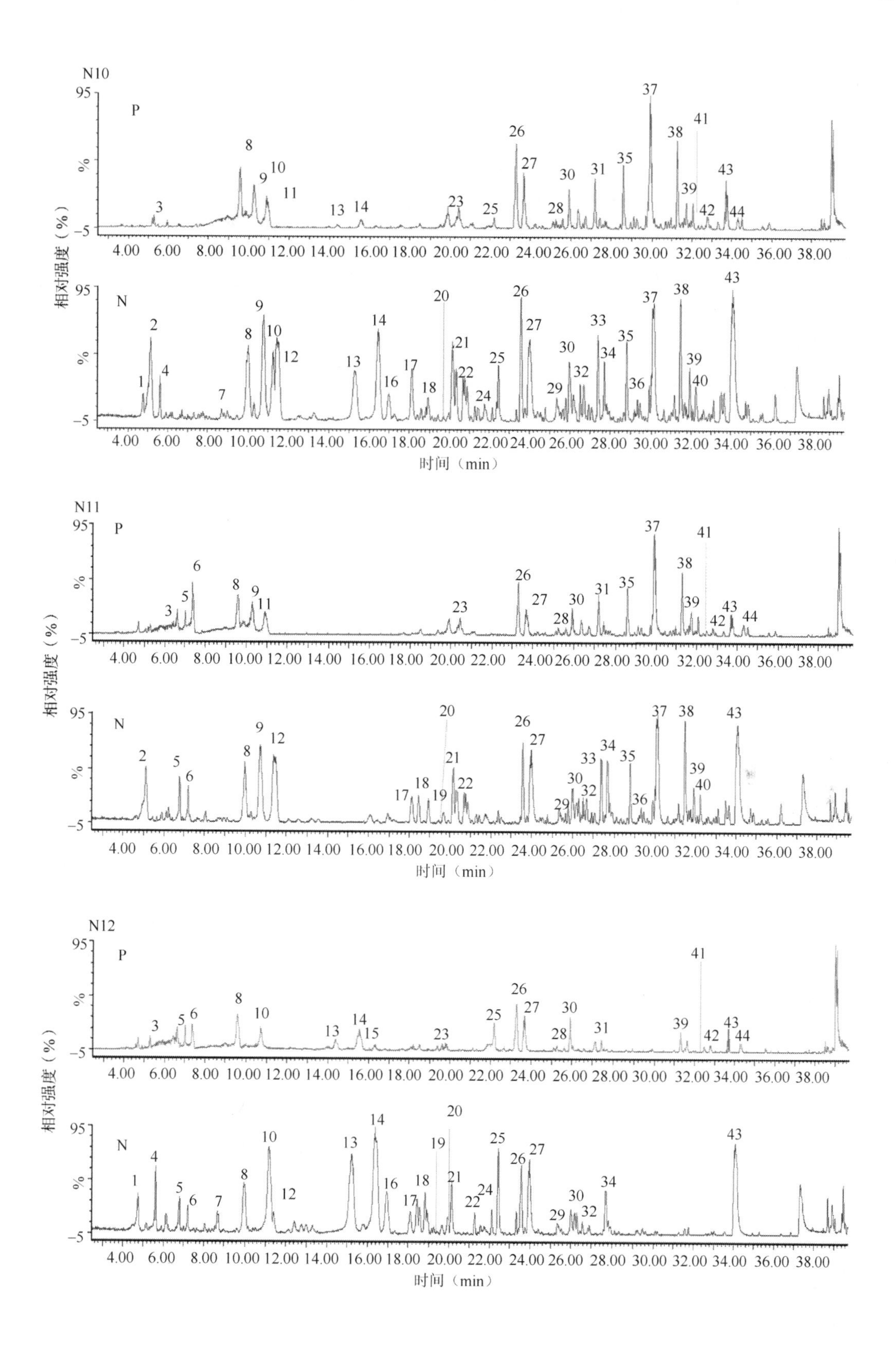
N10
P
N
N11
N12
相对强度（%）
时间（min）

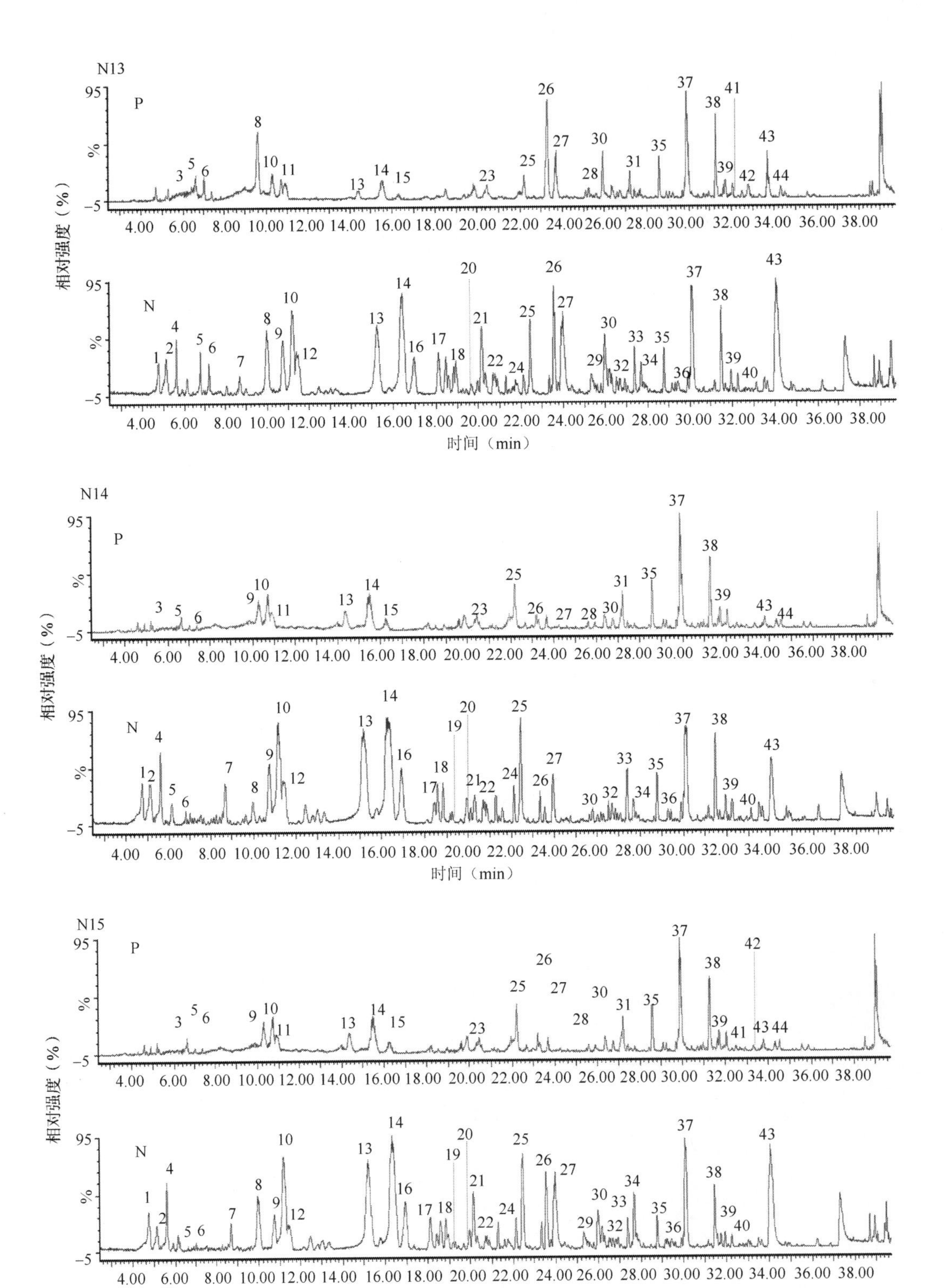

N13
P
N
N14
N15
相对强度（%）
时间（min）

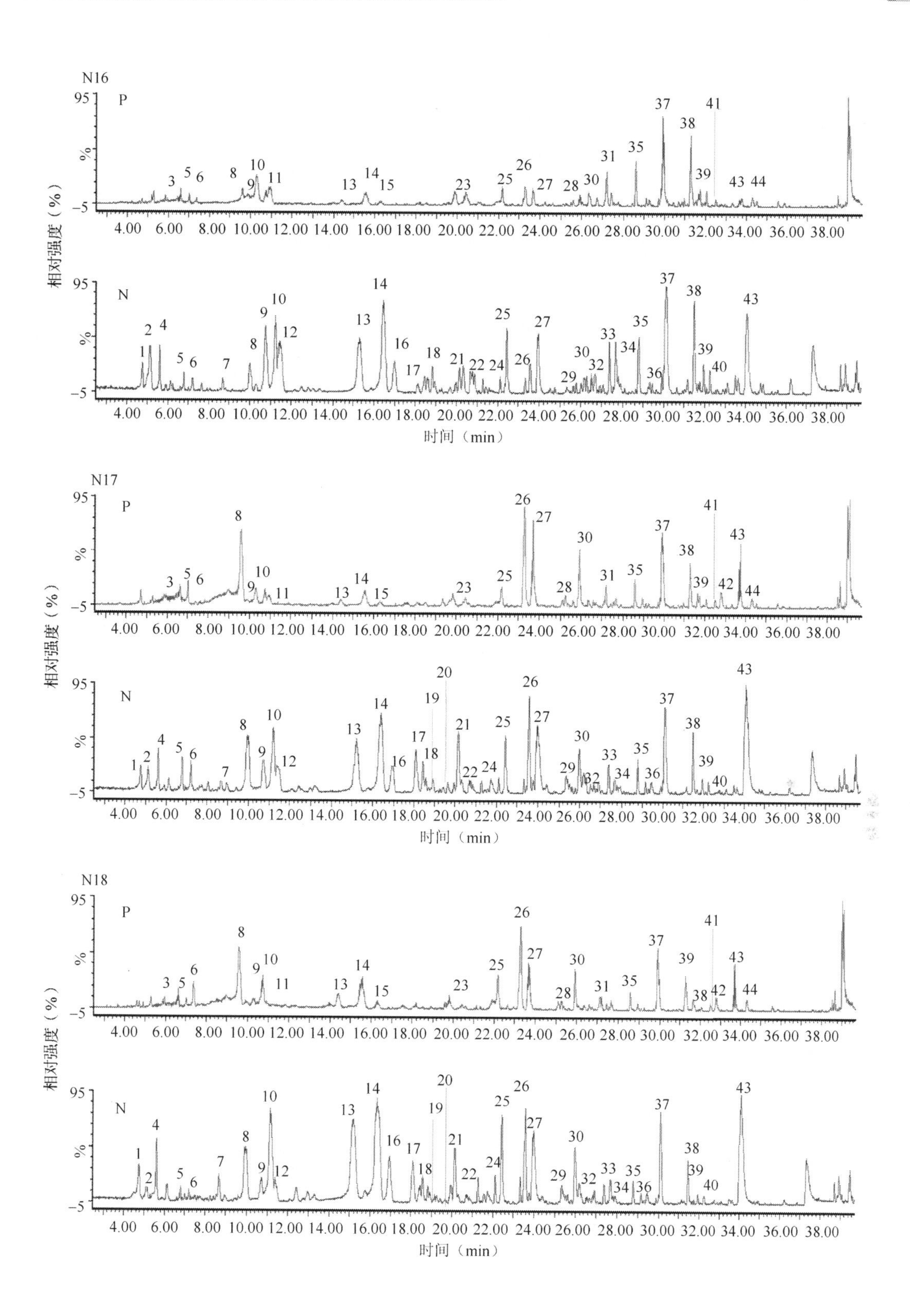
N16
P
N
N17
P
N
N18
P
N
相对强度（%）
时间（min）

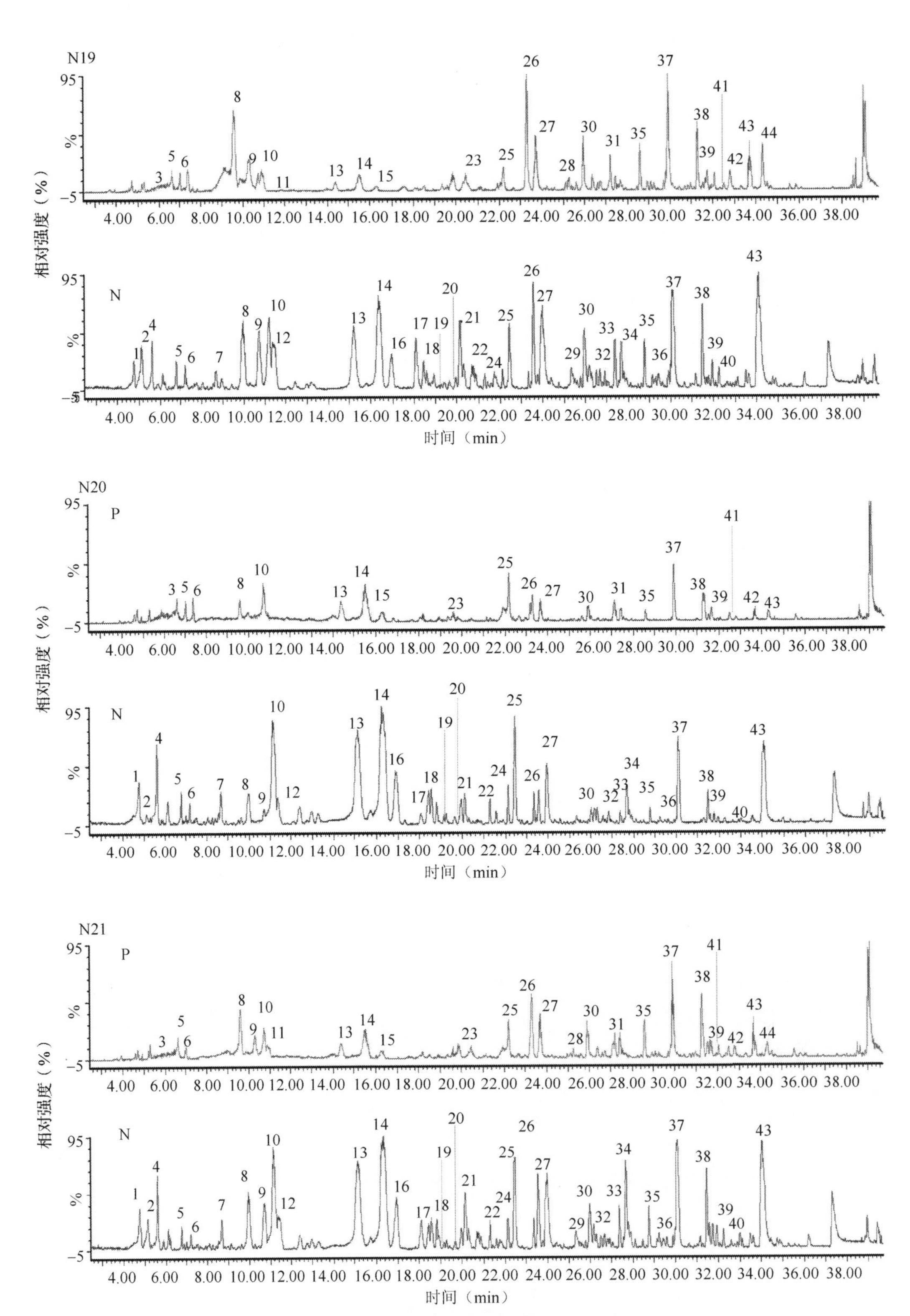

图 3-4-22 N0～N21 正负模式 BPI 图

P：正离子模式；N：负离子模式

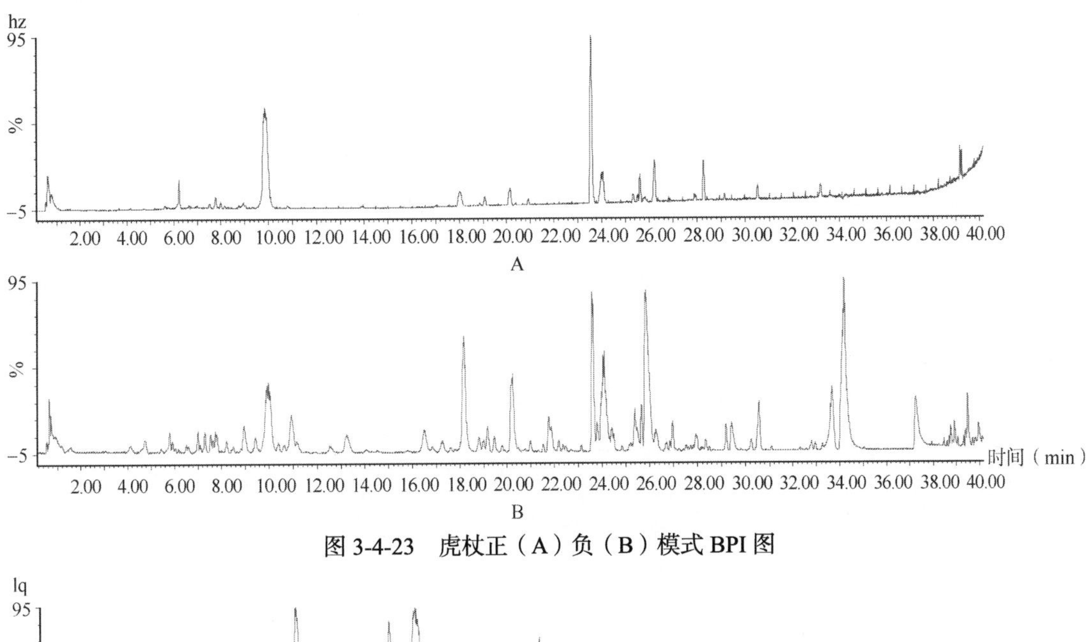

图 3-4-23 虎杖正（A）负（B）模式 BPI 图

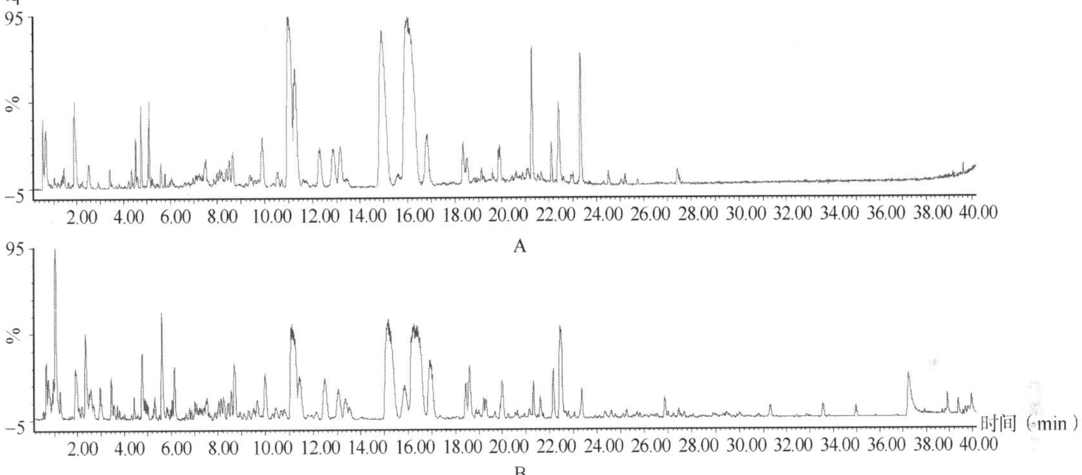

图 3-4-24 连翘正（A）负（B）模式 BPI 图

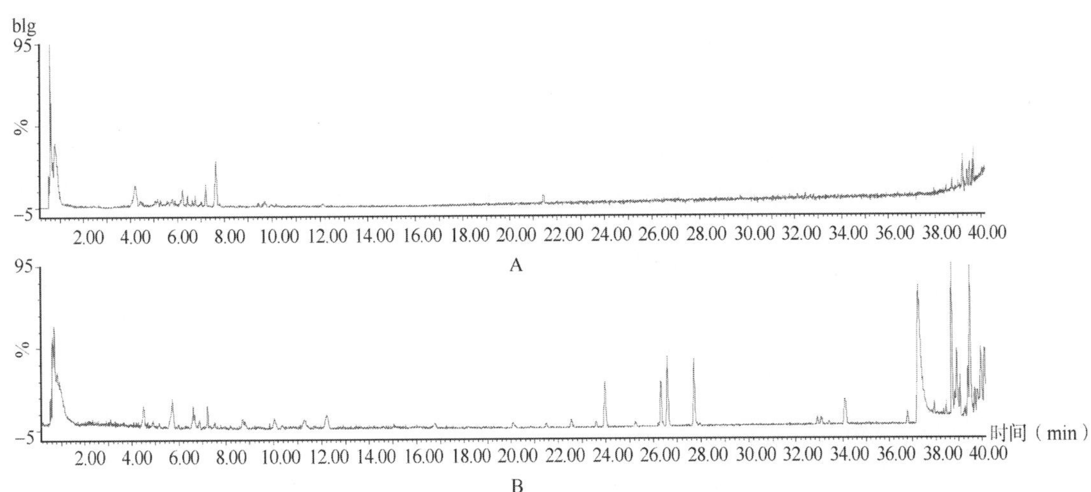

图 3-4-25 板蓝根正（A）负（B）模式 BPI 图

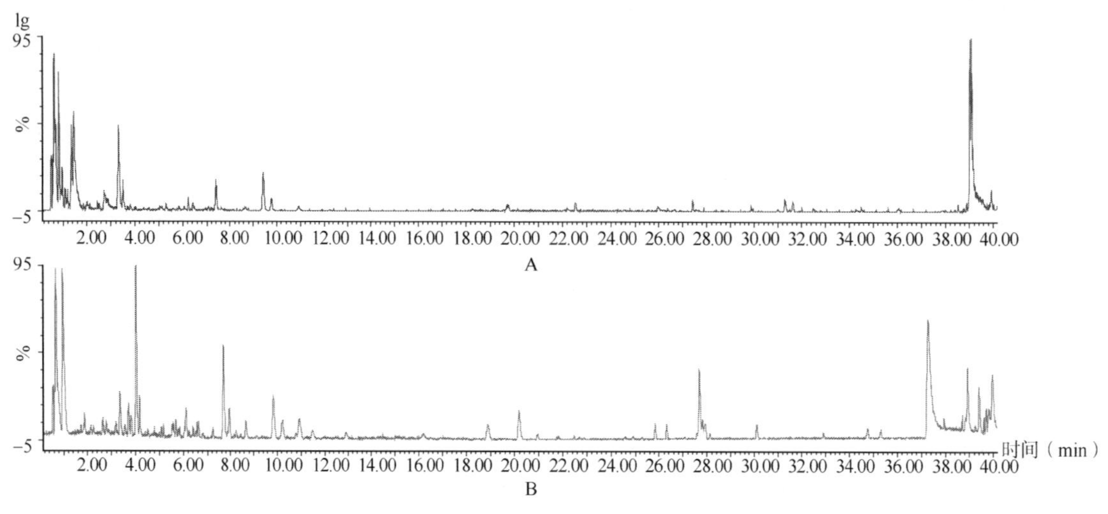

图 3-4-26　芦根正（A）负（B）模式 BPI 图

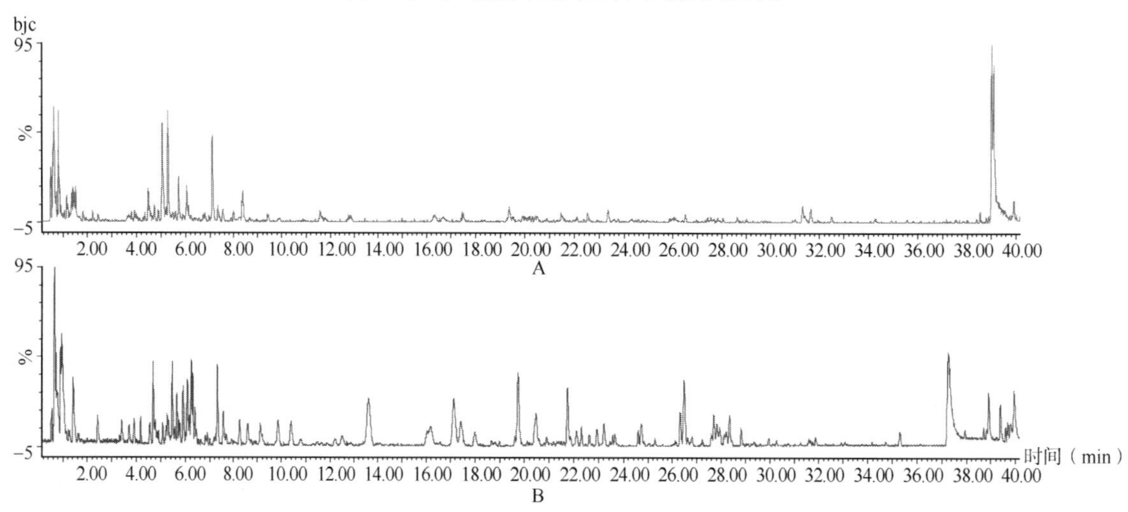

图 3-4-27　败酱草正（A）负（B）模式 BPI 图

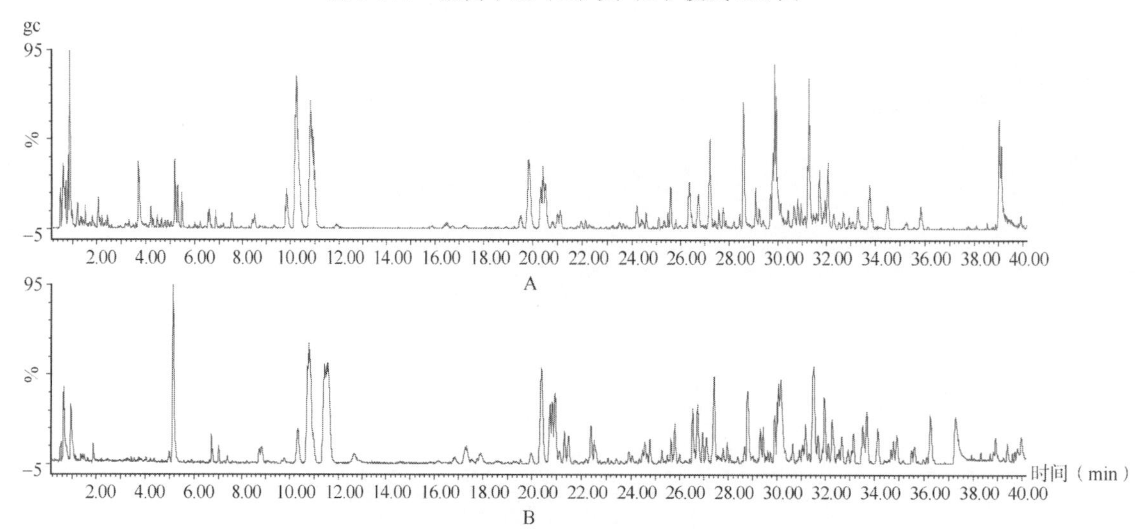

图 3-4-28　甘草正（A）负（B）模式 BPI 图

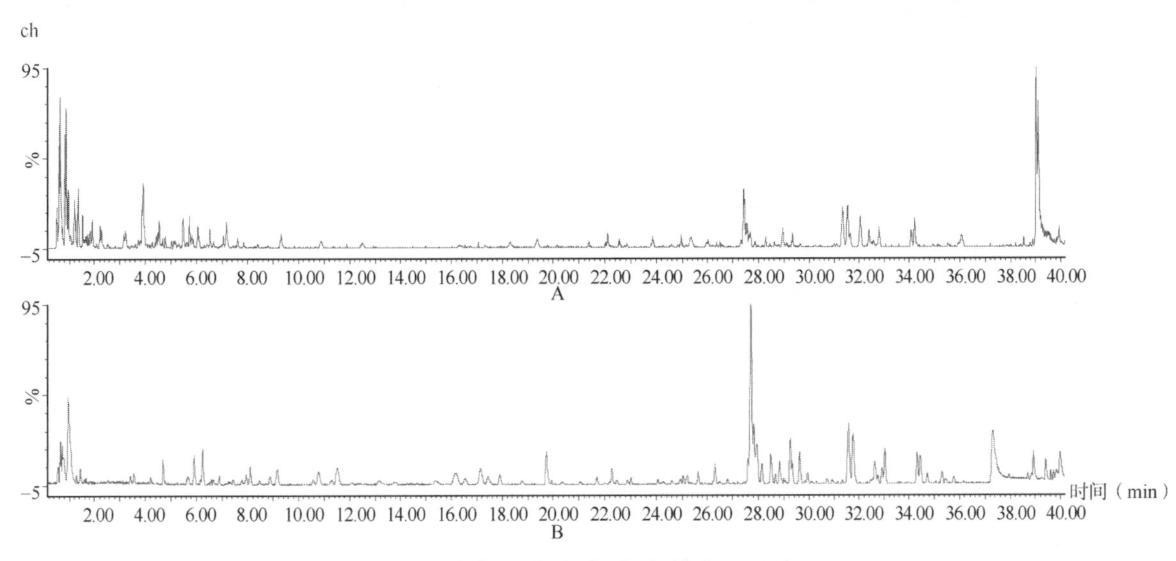

图 3-4-29　柴胡正（A）负（B）模式 BPI 图

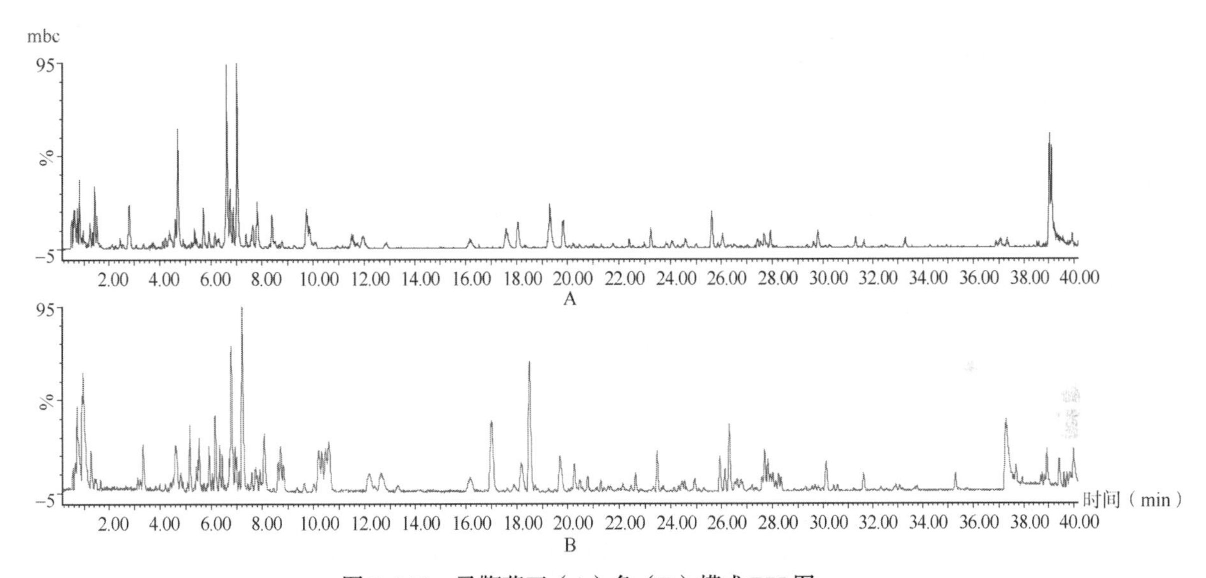

图 3-4-30　马鞭草正（A）负（B）模式 BPI 图

函数（Function）：1；初始保留时间（Initial Retention Time）：3.0；最终保留时间（Final Retention Time）：40.0；最低分子量（Low mass）：100；最高分子量（High mass）：1000；分子量差（Mass tolerance，Da）：0.05；不使用相对保留时间；Peak Width at 5% Height（seconds）：1.00；基线噪声（Peak-to-Peak Baseline Noise）：0.00；强度域（Intensity threshold，counts）：10；质量数宽度（Mass window）：0.05；保留时间窗（Retention time window）：0.20；消除噪声水平值（Noise elimination level）：6。

利用 PCA 分析，得到 Score 图和 Loading 图（图 3-4-31），通过 Score 图可以看出 22 个样品的分散度较大，说明样品间差异较大。分析 Loading 图和 Marker 数据表选取了贡献值（Significance 值）较大的 44 个 marker 色谱峰进行整合，建立 22 个样品的 LC-MS 谱库。

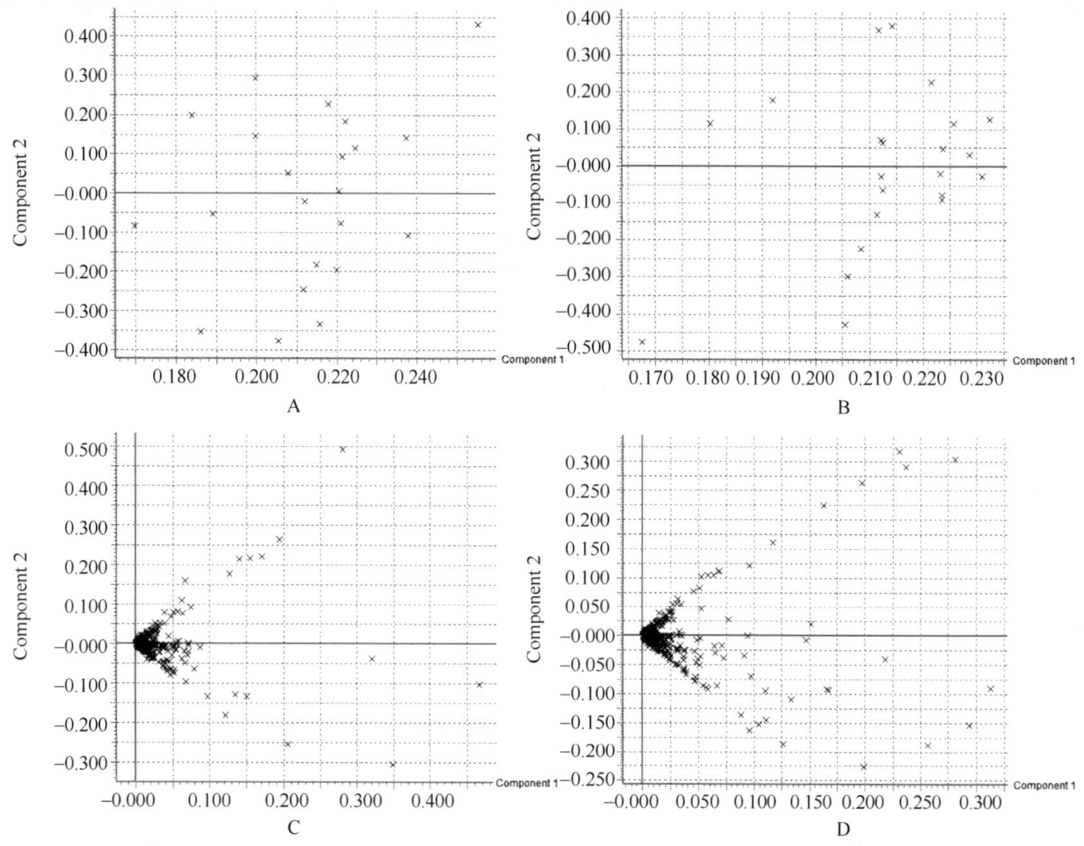

图 3-4-31 22 个样品 PCA 分析 Score 图（A：正模式；B：负模式）和 Loading 图（C：正模式；D：负模式）

3. 小结与讨论

本部分采用均匀设计对疏风解毒 8 味药材进行配比，建立了 22 个不同配比的疏风解毒样品的 LC-MS 谱库，具体内容如下：

1. 均匀设计是基于数论方法推导出来的一种实验设计方法，不带有随机性且实验水平数较多，能够大大减少试验次数，探索较大的剂量范围；均匀性更好，使试验点有更好的代表性，有效反映各因素对试验结果的影响，因此采用均匀设计来安排试验。

2. 按照疏风解毒胶囊原制备工艺，获取了 8 味药材的干膏，按照 8 因素 21 水平的均匀设计表进行配比，其中用制备方法 1 获取的样品进行 M_3 受体预实验时，样品的最高溶解浓度对受体的激动率仍未达到最高药效平台期，因此对制备方法 1 进行了提升。制备方法 2 对样品在离心纯化的基础上结合冻干技术，得到纯化后 22 个样品的冻干粉，并运用液质联用技术对制备方法进行验证，所得样品的色谱峰个数及峰纯度与胶囊基本无差异。

3. 运用 UPLC-MS 技术建立 22 个样品的 LC-MS 谱库，运用 Markerlynx 软件对 22 个样品的正、负模式数据进行 PCA 分析，选取贡献值较大的色谱峰进行整合，共 44 个特征峰，作为后续谱效分析实验的自变量。

二、疏风解毒样品体外药效研究

（一）基于 M_3 受体模型的体外药效实验研究

1. 实验材料

1.1　仪器

高通量实时荧光检测分析系统 FLIPR	Molecular Devices 公司
倒置显微镜	日本Olympus 公司
MCO-5M CO_2 细胞培养箱	日本Olympus 公司
超净工作台	苏州净化设备有限公司
微量移液器 10～5000μl	美国 Thermo Scientific 公司

1.2　试剂（表 3-4-10）

表 3-4-10　试剂信息

名称	厂家	货号
卡巴胆碱（carbachol）	GenScript	NA
FLIPR® Calcium 4 assay kit	Molecular devices	R8141
丙磺舒（probenecid）	Sigma	P8761
DMSO	Sigma	D2650

1.3　试药

预实验 1 中使用的 N0 样品为“本节一、中 2.3.1 制备方法 1”项下所得，预实验 2 中使用的 N0 样品为“本节一、中 2.3.2 制备方法 2”项下所得，22 个样品为“本节一、中 2.3.2 制备方法 2”项下制备所得。

2. 实验方法

2.1　细胞培养

稳定表达 M_3 受体的 CHO-K1/M_3 细胞培养于 10cm 培养皿中，在 37℃/ 5% CO_2 培养箱中培养，传代在含有 10%胎牛血清的 Ham's F12 培养基，抗生素浓度为 400μg/ml G418。当细胞汇合度达到 80%～85%时，进行消化处理，将收集到的细胞悬液，以 15 000 个细胞每孔的密度接种到 384 微孔板，然后放入 37℃/ 5% CO_2 培养箱中继续培养至少 18h 后用于实验。

2.2　样品配制

2.2.1　预实验 1 N0 样品的配制

将 N0 样品溶解于双蒸水（ddH_2O）中，配制成 5 倍于实验用检测浓度（50mg/ml）的溶液储存液，离心取上清液，密封后放于 4℃备用。在检测前，用 HBSS buffer（含 20mmol/L HEPES）对 N0 储存液进行 10 倍梯度稀释，共 7 个浓度组，最高检测浓度为 10mg/ml，每组两个复孔。

2.2.2 预实验 2 N0 样品的配制

将 N0 样品溶解于 DMSO 中，用 HBSS buffer（含 20mmol/L HEPES）稀释，配制成 5 倍于实验用检测浓度（5mg/ml）的溶液储存液，离心取上清液，密封后放于 4℃备用。在检测前，用 HBSS buffer 对 N0 储存液进行 10 倍梯度稀释，共 6 个浓度组，最高检测浓度为 1mg/ml，每组两个复孔。

2.2.3 22 个不同配比的疏风解毒样品配制

将 22 个溶解于 DMSO 的不同配比的疏风解毒样品用 HBSS buffer（含 20mmol/L HEPES）稀释，配制成 5 倍于实验用检测浓度（0.5mg/ml）的溶液储存液，离心取上清液，密封放于 4℃备用。在检测前，用 HBSS buffer 对 22 个样品储存液进行稀释，最高检测浓度为 0.1mg/ml，每组两个复孔。

2.3 检测方法

2.3.1 检测前的准备工作

激动剂检测的准备工作方案：将细胞接种到 384 微孔板，每孔接种 20μl 细胞悬液含 1.5 万个细胞，然后放置到 37℃/ 5% CO_2 培养箱中继续培养，18h 后将细胞取出，加入染料，每孔 20μl，然后将细胞板放到 37℃/5% CO_2 培养箱孵育 1h，最后于室温平衡 15min。检测时加入 10μl 5×检测浓度的激动剂检测 RFU 值。

2.3.2 信号检测

将装有疏风解毒胶囊提取物溶液（5×检测浓度）的 384 微孔板，细胞板和枪头盒放到 FLIPR 内，运行激动剂检测程序，仪器总体检测时间为 120s，在第 21s 时自动将激动剂 10μl 加入细胞板内。

2.3.3 数据分析

通过 ScreenWorks（version 3.1）获得原始数据以*FMD 文件保存在金斯瑞计算机网络系统中。数据采集和分析使用 Excel 和 GraphPad Prism 6 软件程序。对于每个检测孔而言，以 1～20s 的平均荧光强度值作为基线，21～120s 的最大荧光强度值减去基线值即为相对荧光强度值（ΔRFU），根据该数值并依据以下方程可计算出激活或抑制百分比。

$$\%激活率 =（\Delta RFU_{Compound}-\Delta RFU_{Background}）/（\Delta RFU_{Agonist\ control}-\Delta RFU_{Background}）\times 100\%$$

$$\%抑制率 =\{1-（\Delta RFU_{Compound}-\Delta RFU_{Background}）/（\Delta RFU_{Agonist\ control}-\Delta RFU_{Background}）\}\times 100\%$$

使用 GraphPad Prism 6 用四参数方程对数据进行分析，从而计算出 EC_{50} 和 IC_{50} 值。四参数方程如下：

$$Y=Bottom+（Top-Bottom）/（1+10\^{}（（LogEC_{50}/IC_{50}-X）\times HillSlope））$$

X 是浓度的 Log 值，Y 是抑制率。

3. 实验结果

3.1 预实验 1

阳性激动剂卡巴胆碱对 M_3 受体的 EC_{50} 值为 11.35nmol/L，如图 3-4-32A 所示。N0 样品对 M_3 受体的激动作用未达到最高药效平台期，仅依据本次实验结果计算其 EC_{50} 约为

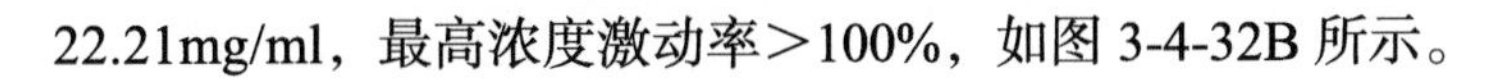

22.21mg/ml，最高浓度激动率＞100%，如图 3-4-32B 所示。

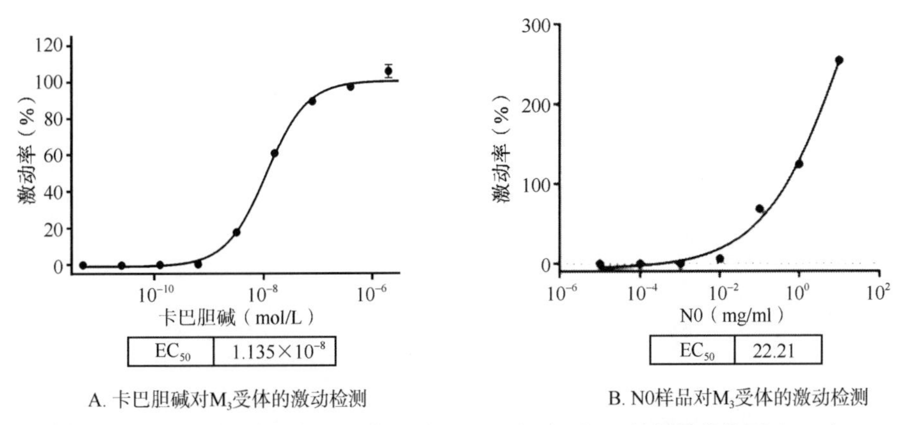

A. 卡巴胆碱对M_3受体的激动检测　　B. N0样品对M_3受体的激动检测

图 3-4-32　阳性激动剂卡巴胆碱（A）及 N0（B）对 M_3 的量效曲线图（n=3）

3.2　预实验 2

阳性激动剂卡巴胆碱对 M_3 受体的 EC_{50} 值为 20.19nmol/L，如图 3-4-33A 所示。N0 对 M_3 受体的 EC_{50} 约为 0.1795mg/ml，最高浓度激动率＞100%，如图 3-4-33B 所示。

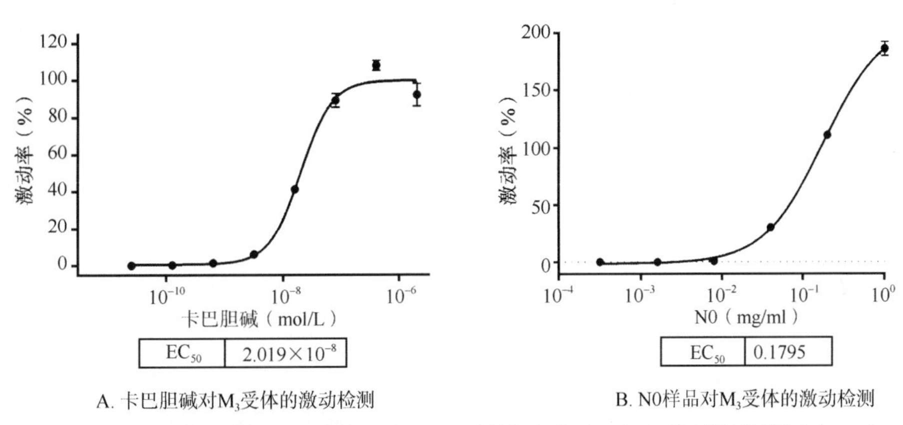

A. 卡巴胆碱对M_3受体的激动检测　　B. N0样品对M_3受体的激动检测

图 3-4-33　阳性激动剂卡巴胆碱（A）及 N0 号样品（B）对 M_3 的剂量曲线图（n=3）

3.3　22 个样品对 M_3 受体的体外激动作用

阳性激动剂卡巴胆碱和 N0～N21 的 22 个疏风解毒样品对 M_3 受体的激动效应结果如图 3-4-34 所示。22 个样品对 M_3 受体的激动效应数据见表 3-4-11。

表 3-4-11　阳性激动剂卡巴胆碱和 22 个样品对 M_3 受体的激动作用结果

名称	检测浓度	EC_{50} 值	激动率
卡巴胆碱	2μmol/L	20.19nmol/L	92.03%
0	0.1mg/ml	N/A	66.95%
1	0.1mg/ml	N/A	91.18%
2	0.1mg/ml	N/A	78.81%
3	0.1mg/ml	N/A	95.73%

续表

名称	检测浓度	EC_{50}值	激动率
4	0.1mg/ml	N/A	79.60%
5	0.1mg/ml	N/A	85.63%
6	0.1mg/ml	N/A	80.77%
7	0.1mg/ml	N/A	73.94%
8	0.1mg/ml	N/A	71.29%
9	0.1mg/ml	N/A	76.66%
10	0.1mg/ml	N/A	86.75%
11	0.1mg/ml	N/A	88.06%
12	0.1mg/ml	N/A	78.87%
13	0.1mg/ml	N/A	81.46%
14	0.1mg/ml	N/A	57.44%
15	0.1mg/ml	N/A	75.23%
16	0.1mg/ml	N/A	66.43%
17	0.1mg/ml	N/A	76.44%
18	0.1mg/ml	N/A	81.47%
19	0.1mg/ml	N/A	95.60%
20	0.1mg/ml	N/A	86.94%
21	0.1mg/ml	N/A	91.43%

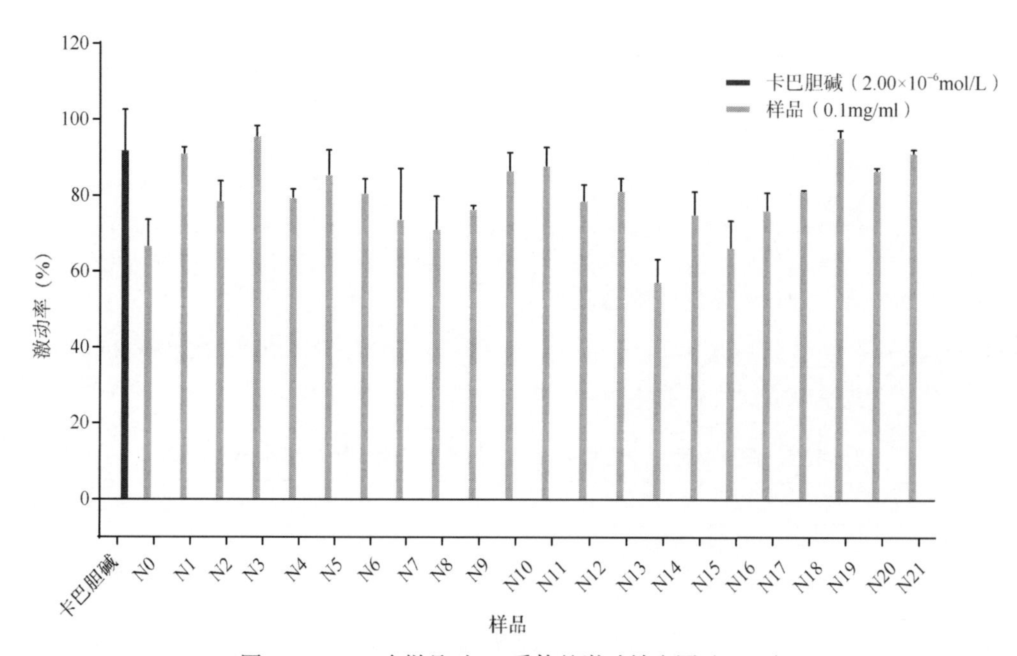

图 3-4-34　22 个样品对 M_3 受体的激动效应图（$n=2$）

4. 小结与讨论

疏风解毒胶囊是由 8 味药材组成的中药复方制剂，诸药配伍能直达上焦肺卫，疏风解表，解毒散结。方中连翘能够疏散风热，柴胡能够疏散退热，为常用疏风解表药，性味为苦兼辛。辛味药多归肺经，偏行肌表，具有外透之力，通过促进机体发汗、开泄腠理来发散肌表六淫之邪[4]。《灵枢・五味论》也有记载："辛入而汗俱出"，说明辛味发散表邪之性，主要由发汗的方式完成[78]。人体汗腺主要接受交感胆碱能纤维支配，汗腺上的 M 受体作为神经递质乙酰胆碱作用的靶点，对维持正常的汗液分泌起着重要的作用[5]。其中 M_3 型乙酰胆碱受体（$AChRM_3$）主要分布于小汗腺，与发汗密切相关。Ca^{2+}是汗液分泌所必需的。当外分泌腺的胆碱能输入时胞质内 Ca^{2+}含量急剧增加，其可能是由两个来源完成的：乙酰胆碱与 $AChRM_3$ 受体结合激活磷脂酶 C（PLC），使磷脂酰肌醇-4, 5-二磷酸酯（PIP2）产生肌醇-1, 4, 5-三磷酸酯（InsP3），促进了内质网中的 Ca^{2+}释放。另一来源可能是胞外 Ca^{2+}内流。据报道，肌醇-1, 3, 4, 5-四磷酸酯（InsP4）可诱导 Ca^{2+}内流进入神经元，涉及电压门控钙通道。因此推测，通过平衡细胞中 InsP3 和 InsP4 的分泌，促进细胞内 Ca^{2+}释放和细胞外 Ca^{2+}内流使胞内 Ca^{2+}含量增加，引起 K^+、Cl^-外流，从而构成汗液分泌的基础（图 3-4-35）。

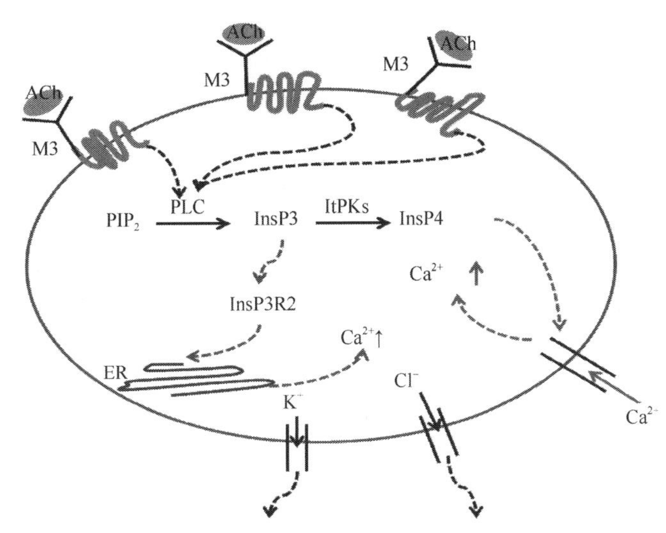

图 3-4-35　汗液分泌中 Ca^{2+}作用的工作模型

因此本实验利用 M_3 乙酰胆碱受体高表达的中国仓鼠卵巢癌细胞为体外药效筛选模型，通过以 Ca^{2+}反应元件（NFAT-RE）为特异性启动子的萤火虫荧光素酶报告基因检测体系，测试疏风解毒不同配比组样品对 M_3 受体的激动活性。首先用 N0 号样品进行给药浓度的摸索，确定了给药浓度为 0.1mg/ml。然后对不同配比的样品进行了 M_3 受体激动药效学研究。结果显示，22 个样品都明显表现出了对 M_3 受体的激动作用。1，3，5，6，10，11，13，18，19，20，21 号样品对 M_3 受体的最高浓度激动率＞80%。6，8，9，14，15，16，17 号样品对 M_3 受体的最高浓度激动率＜80%。此方法能很好地表示出不同配比的疏风解毒样品对 M_3 受体激动作用的药效差异，反映了疏风解毒不同配比样品对发汗作用的差异性。

（二）基于LPS诱导的RAW264.7细胞炎症模型体外活性研究

1. 实验材料

1.1 细胞株

小鼠细胞系RAW264.7，购于上海生命科学研究院。

1.2 试剂及药品

地塞米松	美国Sigma公司
DMEM高糖培养基	美国Gibco公司
胎牛血清（FBS）	美国Gibco公司
双抗（氨苄西林、链霉素100×）	美国Gibco公司
IL-6 ELISA试剂盒	上海西塘生物科技有限公司
TNF-α ELISA 试剂盒	上海西塘生物科技有限公司
脂多糖	美国Sigma公司
DMSO	美国Sigma公司
MTS	美国 Promega公司
N0～N21号疏风解毒样品冻干粉	本节一、中2.3.2项下制备

1.3 仪器

高压灭菌器HVE-50	日本Hirayama公司
倒置显微镜	日本Olympus公司
MCO-5M CO_2 细胞培养箱	日本Olympus公司
超净工作台	苏州净化设备有限公司
酶标仪	德国 Berthold公司
涡旋混合器	上海五相仪器仪表有限公司
电热恒温鼓风干燥箱	上海之信仪器有限公司
微量移液器10～5000μl	美国 Thermo Scientific公司
电热恒温水浴锅	南京普森仪器设备有限公司
超低温冰箱	美国 Thermo Scientific公司

2. 实验方法

2.1 RAW264.7细胞培养

小鼠腹腔巨噬细胞（RAW264.7）培养条件：用DMEM 高糖完全培养基培养（含1%双抗和20% 胎牛血清）培养于37℃、5% CO_2的细胞培养箱。

2.1.1 细胞复苏

从液氮罐中迅速取出细胞并立即放入 37℃水浴锅中，摇动冻存管使其快速融化。将细胞转移至$25m^2$培养瓶中，“十字”法拍打培养瓶壁振荡混匀，放入37℃，5% CO_2培养箱中培养。细胞培养6h后换液，以除去冻存中产生的代谢废物及死亡细胞等。

2.1.2　细胞换液及传代

由细胞生长情况确定换液频率，一般1～2天换液一次。换液时操作简易，弃去旧培基，加入新的完全培养基。

当细胞生长至90%时，弃去旧培基，用细胞刮将贴壁细胞刮下，然后加入1ml完全培养液，用移液枪反复吹打使悬浮细胞混匀。取部分细胞悬浮液转移至加有5ml完全培养基的$25m^2$培养瓶中，于37℃，5% CO_2培养箱中继续培养。

2.2　LPS诱导的RAW264.7细胞炎症模型的建立

2.2.1　LPS溶液的配制

向1mg LPS粉末中加入1ml水，得到浓度为1mg/ml的高浓度储存液（于–20℃保存），然后梯度稀释得到实验浓度。

2.2.2　实验分组及给药

取生长至80%～90%的RAW264.7细胞，用细胞刮刮下，调整细胞密度为2×10^5个均匀接种于96孔板，然后放入37℃、5%CO_2的培养箱中培养过夜。实验设置空白对照组、LPS高浓度（10μg/ml）、中浓度（1μg/ml）和低浓度（0.1μg/ml）组，每组设3个复孔，置于37℃、5%CO_2培养箱中分别培养6h、12h、24h。

2.2.3　指标检测

MTS检测RAW264.7细胞的增殖：96孔板每孔100μl 培养基加20μl MTS，37℃，5% CO_2的环境下孵育1h后于490nm下读取吸光度值，检测LPS对细胞增殖的影响。

ELISA检测细胞上清液中炎症因子含量：收集2.2.2项下的细胞培养上清液，用酶联免疫吸附试剂盒检测TNF-α、IL-6的含量变化，操作步骤按照试剂盒说明书进行。

2.3　疏风解毒提取物给药浓度的确定

2.3.1　疏风解毒样品溶液的配制

精密称取N0～N21号疏风解毒样品冻干粉，加DMSO溶解后制备成200mg/ml的储备液（于–20℃保存），临用前根据测试浓度稀释即可。DMSO的浓度不超过1%。

2.3.2　实验分组及给药

取生长至80%～90%的RAW264.7细胞，用细胞刮刮下，调整细胞密度为2×10^5个均匀接种于96孔板，边缘孔用无菌水填充，轻轻振荡使细胞均匀分布，在37.5℃、5% CO_2培养箱中培养过夜，吸去上清液；按设定的组，分别在对应的孔中加100μl含2%胎牛血清的DMEM（空白对照组）、含不同浓度的疏风解毒样品溶液（N0号200mg/ml的储备液，临用前用含0.1μg/ml LPS的溶液梯度稀释为1mg/ml、500μg/ml、250μg/ml、125μg/ml、100μg/ml、63μg/ml、10μg/ml的样品溶液）设个3复孔，分别置于37.5℃、5% CO_2培养箱中培养6h、12h、24h，收集上清液备用。96孔板每孔100μl 培养基加20μl MTS，37℃，5%CO_2的环境下孵育1h后490nm下读取吸光度值，检测DMSO溶剂及疏风解毒样品对细胞增殖的影响。

上清液用酶联免疫吸附试剂盒对 TNF-α、IL-6 进行含量测定，操作步骤按照试剂盒说明书进行。

2.4 22个样品抗炎药效实验

2.4.1 疏风解毒样品溶液的配制

取N0～N21号疏风解毒胶囊样品200mg/ml的储备液，临用前根据测试浓度用含0.1μg/ml LPS的溶液稀释为浓度均为500μg/ml即可。

2.4.2 细胞实验

取生长至80%～90%的RAW264.7细胞，调整细胞密度为2×10^5个均匀接种于96孔板，于37.5℃、5% CO_2培养箱培养过夜后吸去上清液，按实验分组，每组设6个复孔，空白对照组（Control）每孔加入100μl含2%血清的DMEM，模型组加入100μl终浓度为0.1μg/ml的LPS，阳性药组（D）加入100μl终浓度为10^{-4}mol/L地塞米松和0.1μg/ml的LPS混合溶液，N0～N21给药组中每孔加入100μl终浓度为500μg/ml的疏风解毒样品及0.1μg/ml的LPS混合溶液。各组细胞处理后，置于37.5℃、5% CO_2培养箱中培养24h，收集细胞上清液，用酶联免疫吸附试剂盒进行TNF-α、IL-6的含量测定，操作步骤按照试剂盒说明书进行。

2.5 统计分析

实验结果以标准平均误差（SEM）表示，统计软件为Graphpad Prism。组间比较采用单因素方差分析（One-way ANOVA）。$P<0.05$或$P<0.01$表示差异有显著性。

3. 实验结果

3.1 MTS法检测LPS对细胞增殖的影响

MTS结果表明，当LPS浓度为10μg/ml、1μg/ml、0.1μg/ml时，各浓度刺激6h，细胞增殖率与空白对照组增殖率无显著性差异（图3-4-36A）；刺激12h，10μg/ml组细胞增殖率与空白对照组增殖率，在$P<0.05$时具有显著性差异，其余浓度无差异（图3-4-36B）；刺激24h后，10μg/ml组细胞增殖率与空白对照组增殖率，在$P<0.05$时具有显著性差异，其余浓度无差异（图3-4-36C），即LPS浓度为10μg/ml时对细胞增殖有影响，故后续实验研究不选用10μg/ml。

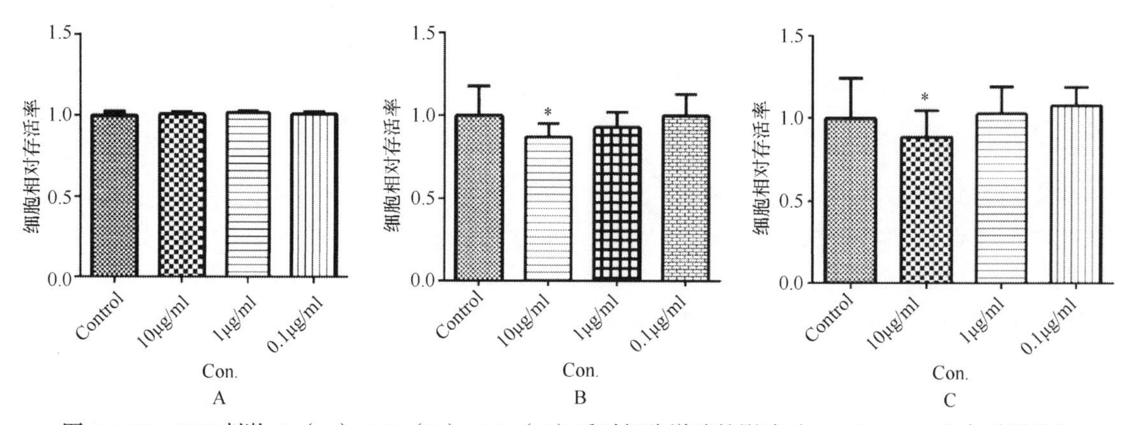

图3-4-36 LPS刺激6h（A）、12h（B）、24h（C）后对细胞增殖的影响（*$P<0.05$ vs 空白对照组）

3.2 细胞上清液中TNF-α、IL-6的测定

采用ELISA试剂盒测定细胞上清液中TNF-α、IL-6的含量。其结果表明，与空白对照组

相比，LPS 各浓度（10μg/ml、1μg/ml、0.1μg/ml），刺激 6h、12h、24h，均能显著增强 RAW264.7 细胞分泌 TNF-α 和 IL-6 的水平（$P<0.01$）（图 3-4-37，图 3-4-38）。经 MTS 检测细胞增殖和试剂盒测定炎症因子的含量，最终确定 0.1μg/ml 为 LPS 造模浓度，孵育 24h。

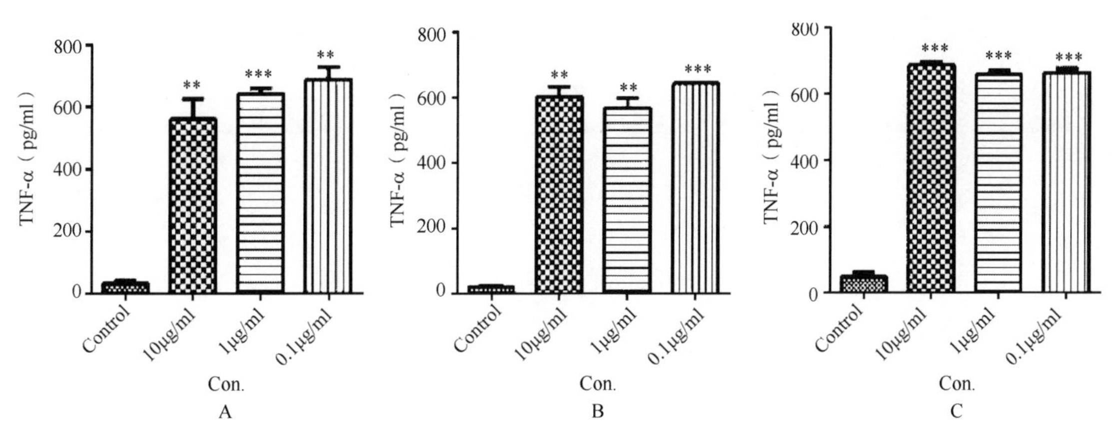

图 3-4-37　LPS 刺激 6h（A）、12h（B）、24h（C）对 RAW264.7 细胞培养上清液中 TNF-α 的影响
（** $P<0.01$ vs 空白对照组；*** $P<0.001$ vs 空白对照组）

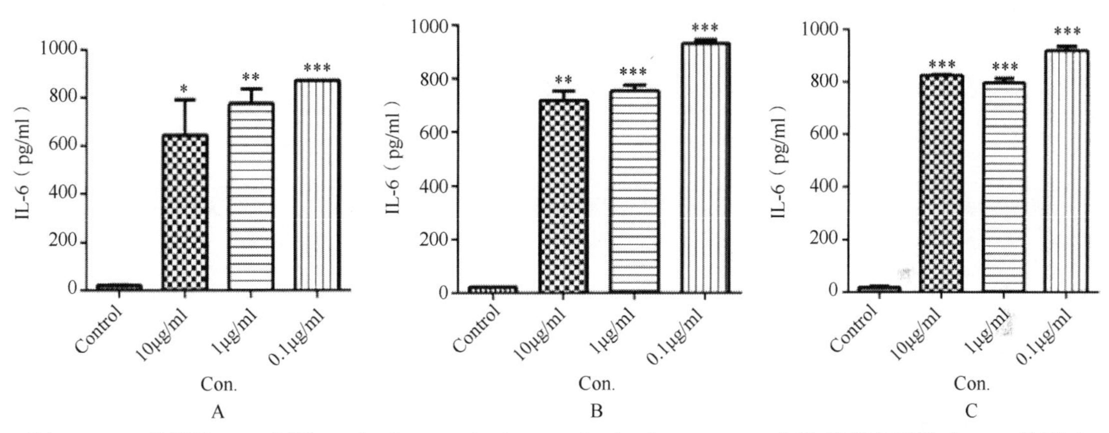

图 3-4-38　分别为 LPS 刺激 6h（A）、12h（B）、24h（C）对 RAW264.7 细胞培养上清液中 IL-6 的影响
（* $P<0.05$ vs 空白对照组；**$P<0.01$ vs 空白对照组；*** $P<0.001$ vs 空白对照组）

3.3　给药浓度摸索

3.3.1　疏风解毒样品对细胞增殖的影响

MTS 结果表明，当疏风解毒胶囊样品浓度为 1mg/ml、500μg/ml、50μg/ml、5μg/ml 时，各浓度刺激 6h 后，细胞增殖率与空白对照组增殖率无显著性差异（图 3-4-39A）；刺激 12h 后，1mg/ml 组细胞增殖率与空白对照组增殖率，在 $P<0.05$ 时具有显著性差异，其余浓度无差异（图 3-4-39B）；刺激 24h 后，1mg/ml 组细胞增殖率与空白对照组增殖率，在 $P<0.05$ 时具有显著性差异，其余浓度无差异（图 3-4-39C），即疏风解毒样品浓度为 1mg/ml 时对细胞增殖有影响，故后续实验研究不选用 1mg/ml。

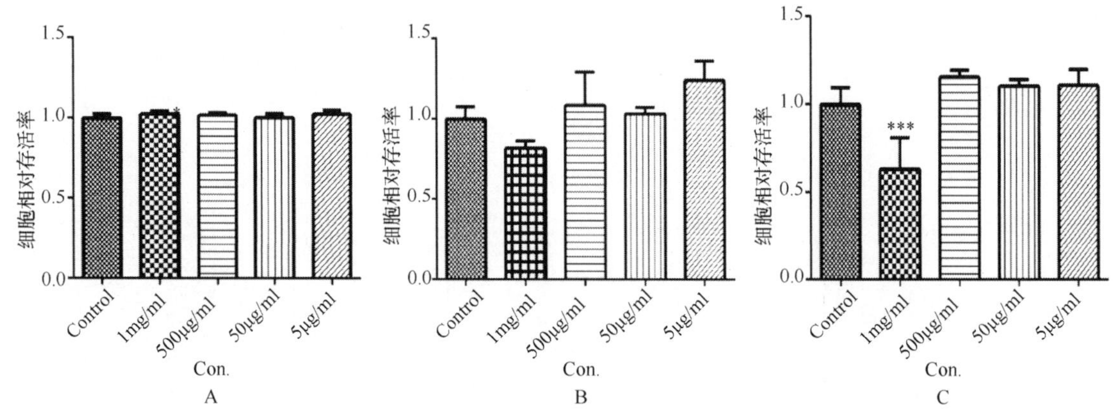

图 3-4-39 疏风解毒样品给药 6h（A）、12h（B）、24h（C）后对细胞增殖的影响

3.3.2 疏风解毒胶囊样品给药浓度

采用 ELISA 试剂盒测定细胞上清液中 TNF-α、IL-6 的含量。实验结果如图 3-4-40 所示，与空白对照组（Control）比较，模型组（Model）炎症因子含量显著上升。疏风解毒胶囊样品给药预处理 24h 后，测得不同给药浓度对炎症因子的影响。给药浓度 250μg/ml、125μg/ml、100μg/ml、63μg/ml、10μg/ml 下 TNF-α、IL-6 的含量与模型组比较没有显著性差异（$P>0.05$），1000μg/ml、500μg/ml 浓度下，TNF-α、IL-6 的含量显著降低（与模型组比较有显著性差异，$P<0.01$）。但由于药物在 1mg/ml 浓度下孵育 24h 对细胞增殖有影响，因此确定 500μg/ml 为后续实验的给药浓度。

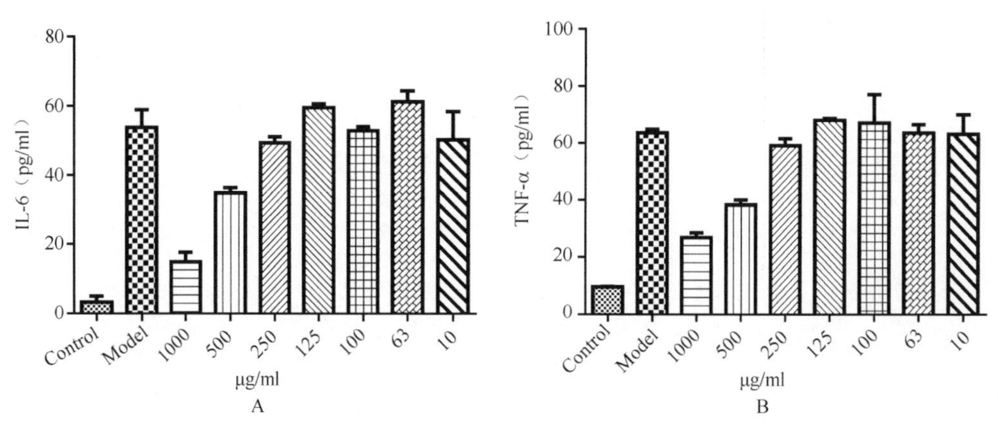

图 3-4-40 药物和 LPS 共孵育 24h 对 RAW264.7 细胞培养上清液中 IL-6（A）、TNF-α（B）的影响

3.4 22 个样品对 RAW264.7 细胞培养上清液中 TNF-α、IL-6 含量的影响

通过 ELISA 检测，得到 22 个样品对 RAW264.7 细胞上清液中 TNF-α 和 IL-6 含量变化见图 3-4-41，图 3-4-42。从图 3-4-41 和图 3-4-42 中可以看出不同配比的疏风解毒样品对炎症因子的产生具有明显的抑制作用，不同配比的样品对其抑制作用有很大不同，抑制作用最强的是 N5 号样品，抑制率达到 96.1%，抑制作用较弱的有 N7、N16 号样品，与模型组相比炎症因子含量几乎没有降低。

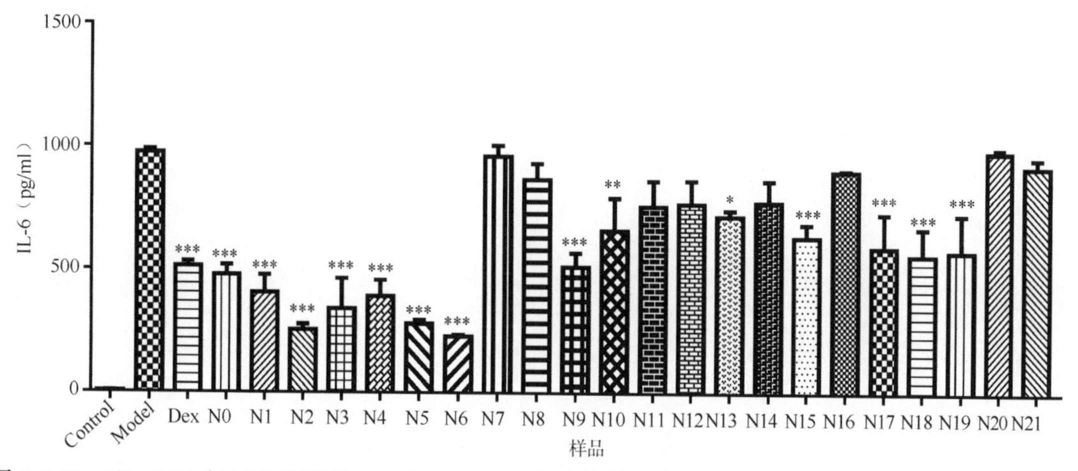

图 3-4-41　N0～N21 与 LPS 共孵育 24h 对 RAW264.7 细胞培养上清液中 IL-6 的影响（* $P<0.05$ vs 空白对照组；** $P<0.01$ vs 空白对照组；*** $P<0.001$ vs 空白对照组）

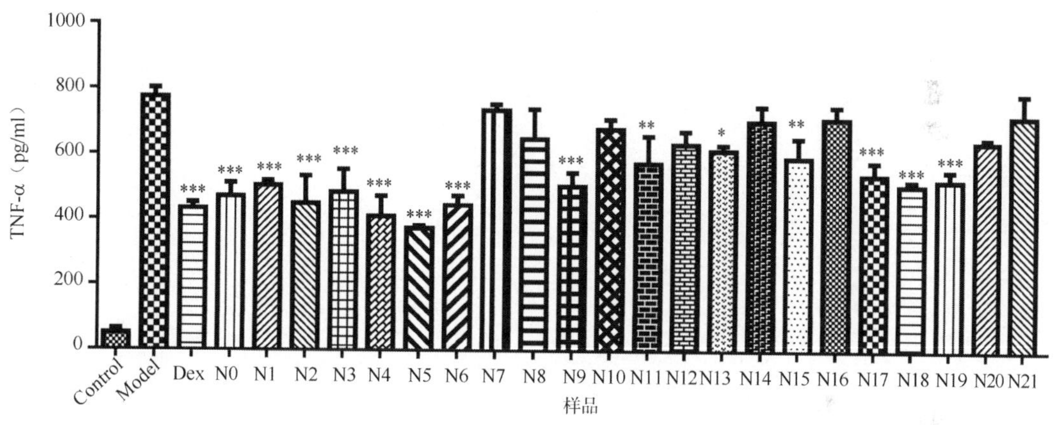

图 3-4-42　N0～N21 与 LPS 共孵育 24h 对 RAW264.7 细胞培养上清液中 TNF-α 的影响（* $P<0.05$ vs 空白对照组；** $P<0.01$ vs 空白对照组；*** $P<0.001$ vs 空白对照组）

3.5　综合指标的计算

TNF-α、IL-6 是活化的单核、巨噬细胞产生的炎症细胞因子，在众多炎症细胞因子中，起主要作用。TNF-α 是炎症反应过程中出现最早、最重要的炎性介质，能激活中性粒细胞和淋巴细胞，使血管内皮细胞通透性增加，调节其他组织代谢活性并促使其他细胞因子的合成和释放。IL-6 能诱导 B 细胞分化和产生抗体，并诱导 T 细胞活化增殖、分化，参与机体的免疫应答，是炎性反应的促发剂。以 TNF-α、IL-6 抑制率为指标作综合评价，总分为 100 分，TNF-α、IL-6 抑制率各占 50 分。以各指标的最大值为最高分，以此类推（如 IL-6 抑制率最大值为 76.46，评分为 50 分，其余各组的评分 $Y_{i,\ IL-6}=50\times X_{i,\ IL-6}/76.46$），结果见表 3-4-12。

表 3-4-12　综合评分结果

组别	IL-6		TNF-α		总分
	抑制率（%）	分值（分）	抑制率（%）	分值（分）	
0	51.01	33.36	39.23	37.87	71.23
1	58.36	38.16	34.92	33.72	71.88

续表

组别	IL-6		TNF-α		总分
	抑制率（%）	分值（分）	抑制率（%）	分值（分）	
2	73.77	48.24	41.99	40.53	88.77
3	65.15	42.60	37.56	36.26	78.86
4	59.92	39.18	47.05	45.43	84.61
5	71.28	46.61	51.79	50.00	96.61
6	76.46	50.00	42.62	41.14	91.14
7	26.42	17.28	5.00	4.83	22.10
8	10.93	7.15	16.30	15.74	22.88
9	47.41	31.00	34.98	33.77	64.77
10	32.12	21.00	12.26	11.84	32.84
11	22.07	14.43	25.87	24.98	39.41
12	21.06	13.77	18.22	17.59	31.36
13	26.27	17.18	20.63	19.92	37.10
14	20.36	13.32	9.12	8.80	22.12
15	35.07	22.93	23.73	22.91	45.84
16	7.42	4.85	8.21	7.92	12.77
17	39.23	25.65	30.58	29.52	55.17
18	42.61	27.87	34.68	33.48	61.35
19	40.93	26.76	32.64	31.51	58.27
20	−0.51	−0.33	17.40	16.79	16.46
21	59.88	39.16	7.32	7.06	46.22

4. 小结与讨论

疏风解毒胶囊常用于治疗急性上呼吸道感染，西医理论认为上呼吸道感染通常是由病毒和细菌等病原体引起的咽喉等部位的呼吸道黏膜急性炎症[6]，其相关症状发热、咽痛、头痛、鼻塞等与中医风热证的病因病机相符，治疗通常可选择具有解毒、燥湿、泻下泻火等作用的“苦味”药材。疏风解毒胶囊方中连翘性凉味苦；柴胡性味苦凉；虎杖味苦微涩；板蓝根味苦性寒；败酱草味辛苦，微寒；马鞭草性味凉苦；6 味药材均属于苦味药材；而同时现代药理学发现“苦味”药主要具有解热、抑菌、消炎等方面的作用。因此本实验选用炎症模型来评价疏风解毒胶囊“清热解毒”的功效。

脂多糖（LPS），又称内毒素，是引起炎症的主要物质，通过刺激巨噬细胞产生并释放大量炎症因子，引起机体炎性状态，从而对肌体造成炎症损伤[7]。巨噬细胞属有多种功能的免疫细胞，是研究炎症、细胞免疫和细胞吞噬的重要对象，LPS 刺激小鼠巨噬细胞产生炎症因子是目前公认的较理想的炎症模型。因此本实验以 LPS 刺激小鼠巨噬细胞系 RAW264.7 细胞作为炎症细胞实验模型，实验随机分为空白对照组、21 个不同配比给药组及疏风解毒胶囊给药组，每组实验至少 3 个重复。采用 MTS 法检测 LPS 及样品对细胞增殖的影响，ELISA 法检测 TNF-α 和 IL-6 炎症因子的含量。考察了 LPS 诱导 RAW264.7 细胞的浓度及时间，疏风解毒胶囊样品给药有效浓度范围、给药预孵育时间等条件。结果表明，LPS浓度为0.1μg/ml，刺激24h为造模最佳条件，500μg/ml为疏风解毒胶囊样品的有效给药浓度，给药预孵育24h为合理的给药时间。比较了不同配比的疏风解毒胶囊22个样品对炎症因子抑制率，得到谱效关系的药效学评价指标，作为后续实验谱效分析的因变量。

三、疏风解毒谱效关系研究

本部分分别以22个不同配比的疏风解毒样品的质谱峰面积数据为自变量矩阵 X（22×44），分别以对应的炎症因子抑制率数据（表）和M_3受体激动率数据为因变量矩阵 $Y_{炎}$（22×1）、Y_{M_3}（22×1），使用Matlab 7.13（r2011b，Mathwork Inc.，Natick，MA，USA）结合GA工具箱进行模型研究，对于模型的关键影响因素——隐含层神经元个数和训练算法进行了筛选和对比研究，完成谱效关系建模和活性成分识别。

1. 数据预处理

只有在预测精度很高的情况下，数学模型才可以很好地阐释化学组成和药理活性之间的关系，进而识别出活性成分。由于峰面积数据来源于谱图的处理，而这一过程就会带入误差。数据平滑化处理（smoothing）可有效消除谱图处理过程中所引起的误差[8]。质谱数据因各种系统误差的影响多存在奇异值。奇异值是指相对于其他样本中同属性值而言，特别大或特别小的值。它们的存在会使网络训练时间增加，并可能导致网络无法收敛。因此对于存在奇异值的数据集，最好在训练之前先归一化以减小其负面影响。数据归一化可以将数据统一到[0，1]或者[−1，1]之间，从而有效消除奇异值对于模型的影响[9-10]。本实验所采用的平滑化公式和归一化公式分别为式（3-4-1）和式（3-4-2）。

$$X_{\text{smoothing,i}}=\frac{1}{(2m+1)}\sum_{j=i-m}^{j=i+m}X_j \qquad (3\text{-}4\text{-}1)$$

式中，m 为 X 两侧变量个数。

$$X_i=\frac{X_i-X_{\min}}{X_{\max}-X_{\min}} \qquad (3\text{-}4\text{-}2)$$

式中，$X_{\max}$、$X_{\min}$分别为每个自变量向量组中的最大值和最小值。

2. BP神经网络的构建及结果

2.1　BP神经网络的构建

2.1.1　BP网络的结构

BP（Back Propagation）神经网络，即误差反向传播神经网络，是目前应用最广泛的神经网络之一，也是前馈型神经网络的核心[11-12]。如果将网络的输入和输出分别看作是函数的自变量和因变量的话，BP神经网络就可以看成是一个非线性函数。理论上已证明，具备一个隐含层的BP网络，就可以在任意精度下，实现对任意一个连续函数从N维到M维的函数逼近，这使得BP网络具有了广泛的有效性。另外，因其对数据本身无任何要求，BP网络具有了广泛的适应性。BP网络已被广泛应用于模式识别、数据压缩和函数逼近等领域[13-14]。

BP神经网络通常由输入层（Input layer）、隐含层（Hidden layer）和输出层（Output layer）

组成，神经元层数一般不包括输入层。图 3-4-43 显示了一个典型两层神经元层的 BP 神经网络结构。

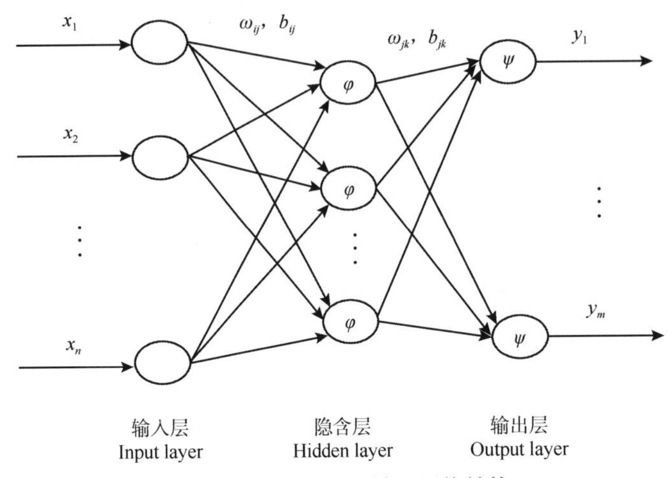

图 3-4-43 两层 BP 神经网络结构

图 3-4-43 中，x_1，x_2，…，x_n 为网络的输入值，y_1，…，y_m 为输出值，也就是预测值。ω_{ij} 和 ω_{jk} 为网络权重（也称为“权值”），b_{ij} 和 b_{jk} 为偏差值（也称为“网络阈值”），φ 和 ψ 分别为隐含层和输出层的传递函数（也称为“激励函数”）。BP 常用的传递函数有 3 种，分别为对数 S 型函数（logsig）、双曲正切函数（tansig）和线性函数（purelin）。其中，logsig 函数和 tansig 函数又统称为 sigmoid 函数。3 种传递函数的函数式见式（4-3），当每一个输入值输入时，在进入隐含层之前，都被赋予了一定的权重，所有输入值与对应权重相乘并求和之后，再与对应偏差值相加，就构成了一个隐含层神经元的输入，经过隐含层神经元传递函数的转换，就成为了隐含层一个神经元的输出。而后，该输出会继续进入输出层，同样在进入输出层之前，也会被赋予一定的权重，而输出层神经元的输入，就是隐含层输出值与相应权重的乘积相加，再与相应偏差值加和的结果。最后，再经过输出层神经元传递函数的转换，就成了一个输出值，也就是一个网络预测值。式（3-4-3）为隐含层输出值与输出层输出值的计算式。

$$\text{logsig：} a(n)=1/(1+e-n) \tag{3-4-3a}$$

$$\text{tansig：} a(n)=(en-e-n)/(en+e-n) \tag{3-4-3b}$$

$$\text{purelin：} a(n)=n \tag{3-4-3c}$$

$$\text{隐含层输出值：} a=\varphi((\sum x\omega_j)+b_j) \tag{3-4-3d}$$

$$\text{输出层输出值：} y=\varphi((\sum a\omega_k)+b_k) \tag{3-4-3e}$$

2.1.2 BP 网络的运算过程

BP 网络的学习过程可以分为两个阶段，第一个阶段为信号正向传播阶段，输入信号按照上述步骤，分别经历隐含层和输出层，计算出输出值；第二个阶段为误差反向传播阶段，该阶段针对输出层的输出值没有达到期望输出值的情况，此时，误差就会反向传播，并依据此误差来修正权重和偏差值。图 3-4-44 为 BP 算法流程图。

模型在 Matlab 平台建立，22 个样本被随机分为两组：15 个样本作为训练集（training set），用来构建模型，7 个样本作为测试集（testing set）用来验证模型的预测能力。为了保证不同模型之间的可比性，本文中 M_3 模型建模均采用以下的样本分组方式。训练集样本：第 0、1、2、

4、5、6、7、9、10、12、13、16、18、19、20 号样本。测试集样本：第 3、8、11、14、15、17、21 号样本。

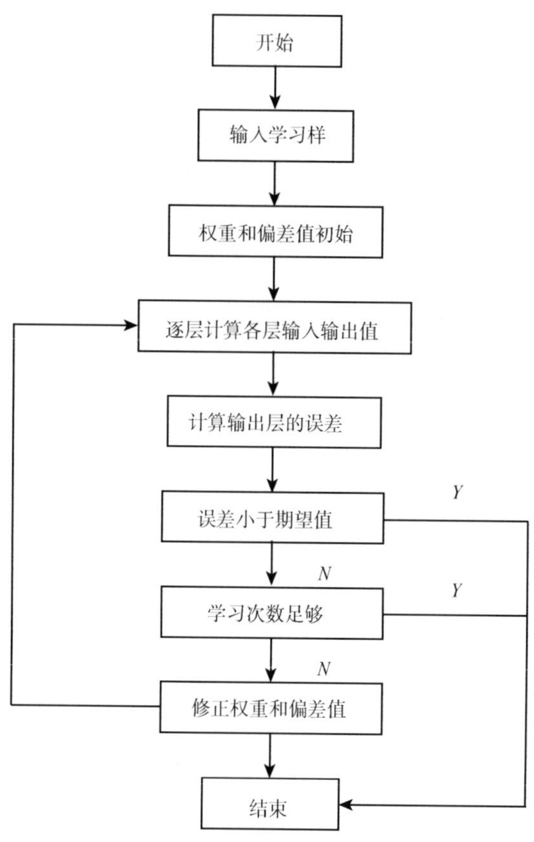

图 3-4-44　BP 网络算法流程示意图

本文中炎症模型建模均采用以下的样本分组方式。训练集样本：第 0、4、5、6、7、8、9、10、11、13、14、16、17、18、20 号样本。测试集样本：第 1、2、3、12、15、19、21 号样本。

在 BP 网络中，以平均方差（MSE）、均方根误差（RMSE）、相关性系数评价模型的仿真及拟合能力。计算公式分别见式（3-4-4）、式（3-4-5）、式（3-4-6）。

$$\mathrm{MSE}=\frac{\sum_{i=1}^{n}\left(y_i^{\text{experimental}}-y_i^{\text{perdicted}}\right)^2}{n} \tag{3-4-4}$$

$$\mathrm{RMSE}=\sqrt{\frac{\sum_{i=1}^{n}\left(y_i^{\text{experimental}}-y_i^{\text{perdicted}}\right)^2}{n}} \tag{3-4-5}$$

$$R=\frac{\sum_{i=1}^{n}\left(X_i-\overline{X}\right)\left(Y_i-\overline{Y}\right)}{\sqrt{\sum_{i=1}^{n}\left(X_i-\overline{X}\right)^2}\sqrt{\sum_{i=1}^{n}\left(Y_i-\overline{Y}\right)^2}} \tag{3-4-6}$$

2.1.3 matlab 实现过程

BP 神经网络的建模主要分为三步：创建 BP 网络、训练学习、仿真测试。创建 BP 网络时，要对一些参数进行设定，包括各层神经元个数、各层的传递函数等；对网络进行训练时，也要对一些参数进行设定，包括学习算法、学习速率、期望误差、学习次数等。

BP 网络建模使用 MathWorks 公司的 Matlab2013b 软件实现，建模过程使用关键语句如下：

（1）创建 BP 网络：

net = newff（P，T，[S_1 S_2…$S_{(N-1)}$]），{TF_1 TF_2 … TF_N}）

newff 函数运行结果返回一个创建好的 BP 网络。

其中各参数意义解释如下：

P：网络输入样本；

T：网络期望响应；

S_i：网络各层的神经元数目；

TF_i：网络各层的传递函数类型。

（2）训练网络

[net，tr]= train（net，P，T）

train 函数运行结果返回一个训练完成的 BP 网络。

其中各参数意义解释如下：

net：训练完成后的网络；

tr：网络详细参数集。

（3）仿真学习：

Y = sim（net，P）

sim 函数运行结果返回 P 经过网络仿真之后的预测值 Y。

2.1.4 隐含层神经元数量的研究

BP 网络建模过程中，隐含层神经元个数对于网络的仿真结果至关重要。隐含层神经元个数过多，不仅导致训练时间过长，而且使得网络过分符合训练数据，从而失去了推广能力，发生所谓的网络“过拟合”现象；隐含层神经元个数太少，又会导致网络学习能力差，使网络的训练精度降低。而目前隐含层神经元个数的选定，只有一些经验公式，并无定论，且考虑到网络的泛化能力，经验公式不具有太大的说服力。因此本文在经验公式[式（3-4-7）]的基础上，同时采用试错法，即每次对隐含层神经元个数选取不同的节点，以均方根误差为评价指标，观察神经元个数对网络的影响。

$$n = \log_2^m \tag{3-4-7}$$

式中，n 为隐含层神经元个数，m 为自变量个数。

本实验中，涉及 44 种成分，通过式（3-4-4）计算可得，隐含层神经元个数近似为 6 个。故本实验选取隐含层神经元数分别为 6、12、18、24，分别建立 M_3 受体模型及抗炎模型的 2 个不同神经网络，进而分别筛选出适合两个药效模型的隐含层神经元个数。

其他参数设定如表 3-4-13 所示。

表 3-4-13 参数设定

参数	设置
学习算法	默认算法：Levenberg-Marquardt 算法
学习速率	设定为常用值 0.8
训练次数	1000
期望精度	1×10^{-5}
权重和偏差值	默认值
传递函数	隐含层传递函数选择双曲正切函数（tansig），输出层传递函数选择线性函数（purelin）

2.1.5 不同学习算法的研究

BP 网络训练有多种算法可供选择，除了最基础的标准梯度下降算法（traingd）之外，人们又在其基础上设计出了很多的优化算法，如有动量的梯度下降算法（traingdm）、可变学习速率的梯度下降算法（traingda）、弹性梯度下降算法（trainrp）、Fletcher-Reeves 共轭梯度算法（traincgf）、Polak-Ribiere 共轭梯度算法（traincgp）、Powell-Beale 重置共轭梯度算法（traincgb）、Scaled 共轭梯度算法（trainscg）、BFGS 拟牛顿法（trainbfg）、一步正割算法（trainoss）、Levenberg-Marquardt 算法（trainlm）等。这些算法各具特点，从训练稳定性、收敛速度、计算量、所需存储空间等各个方面对于 BP 网络的训练过程进行优化。本部分选取其中有代表性的 5 种算法：traingda、trainrp、traincgf、trainscg、trainlm，对于“2.1.3matlab 实现过程”项中所构建的网络进行训练。进而筛选出更适合本课题数据的网络优化训练算法。

网络具体参数如下：隐含层神经元个数设定为实验“2.1.4”中筛选出的 6 个；学习速率设定为常用值：0.8；训练次数为 1000；期望精度为 1×10^{-5}；隐含层传递函数选择双曲正切函数（tansig），输出层传递函数选择线性函数（purelin）。

样本分组方式与“2.1.2”项下分组方式相同。

模型仿真结果除了采用均方根误差（root mean square error，RMSE）进行评价之外，因为模型的训练速度同样也是优选算法的一个重要指标，所以加入了对于模型迭代次数的考察。

与“2.1.3”项下实验相同，每个网络运行 30 次，分别取其结果的 RMSE 和迭代次数的平均值，作为模型仿真结果的评价指标。

2.2 BP 神经网络构建结果

2.2.1 M_3 模型隐层神经元个数的设置及对网络性能影响的分析

基于“2.1.3”项下的实验方法，本次研究共设计了分别含有 6、12、18、24 个隐含层神经元个数的 4 个 BP 神经网络，采用默认的 Levenberg-Marquardt 算法训练模型。4 个模型分别运行 30 次，实验结果见表 3-4-14。

表 3-4-14a 不同隐含层神经元个数的 BP 网络 RMSE 值（训练集）

次数	隐藏神经元数			
	6	12	18	24
1	4.09E-05	2.92E-05	4.15E-04	3.13E-04

续表

次数	隐藏神经元数			
	6	12	18	24
2	6.44E-05	1.12E-04	9.33E-04	1.34E-05
3	4.57E-04	9.34E-04	4.22E-04	1.04E-04
4	1.50E-04	9.26E-04	1.43E-05	3.45E-06
5	2.96E-04	0.001	1.23E-04	2.41E-05
6	2.61E-05	3.93E-05	6.57E-06	2.82E-06
7	7.33E-04	7.87E-06	3.82E-04	6.61E-06
8	6.84E-05	1.34E-04	6.47E-05	5.69E-04
9	5.23E-06	3.28E-05	4.45E-04	4.93E-06
10	6.62E-05	4.06E-05	1.32E-04	1.83E-04
11	5.31E-04	7.01E-04	8.20E-06	3.10E-04
12	7.24E-04	4.90E-05	9.69E-05	1.22E-04
13	7.42E-05	3.66E-04	9.29E-05	7.28E-05
14	7.84E-05	0.001	3.20E-05	2.54E-06
15	9.06E-04	1.88E-04	5.90E-05	2.59E-05
16	3.56E-05	2.40E-04	5.02E-04	4.42E-06
17	6.66E-04	7.82E-04	4.17E-04	3.05E-06
18	1.95E-04	4.76E-05	1.21E-04	7.68E-04
19	6.54E-04	5.99E-04	6.16E-05	1.62E-05
20	4.88E-04	5.46E-04	9.38E-06	8.04E-06
21	1.51E-04	1.13E-04	1.68E-04	6.30E-05
22	1.05E-04	3.44E-04	2.93E-05	2.01E-06
23	5.41E-05	1.05E-04	3.04E-05	4.92E-04
24	3.28E-04	9.54E-05	6.20E-05	1.76E-04
25	2.29E-04	4.14E-06	1.38E-04	1.05E-05
26	1.15E-04	1.78E-04	5.55E-04	5.44E-05
27	9.10E-05	6.87E-04	5.21E-05	1.04E-04
28	1.05E-04	3.43E-05	7.43E-06	8.57E-04
29	3.27E-04	3.00E-04	1.17E-05	2.48E-04
30	1.47E-04	3.16E-04	1.88E-05	9.24E-05

表 3-4-14b 不同隐含层神经元个数的 BP 网络 RMSE 值（测试集）

次数	隐藏神经元数			
	6	12	18	24
1	0.1235	0.1011	0.1328	0.1161
2	0.0708	0.1489	0.1605	0.2875
3	0.0842	0.1777	0.0786	0.2531

续表

次数	隐藏神经元数			
	6	12	18	24
4	0.0573	0.0863	0.134	0.2489
5	0.0591	0.0549	0.2065	0.3546
6	0.0805	0.1334	0.177	0.1308
7	0.0655	0.102	0.2047	0.1433
8	0.0541	0.0875	0.0872	0.162
9	0.116	0.1387	0.2789	0.1285
10	0.0466	0.0756	0.1342	0.5452
11	0.1137	0.1336	0.1371	0.2309
12	0.0545	0.34	0.276	0.2857
13	0.0651	0.148	0.1341	0.3128
14	0.0928	0.1659	0.339	0.1966
15	0.0642	0.1423	0.0723	0.1543
16	0.183	0.1745	0.2138	0.2215
17	0.049	0.0624	0.1601	0.1636
18	0.1684	0.3071	0.2145	0.2663
19	0.0554	0.1452	0.1308	0.195
20	0.1405	0.326	0.1219	0.1877
21	0.084	0.0778	0.0897	0.0937
22	0.1207	0.1293	0.2137	0.2179
23	0.1484	0.0818	0.1697	0.1374
24	0.1257	0.2813	0.1655	0.0863
25	0.0662	0.2361	0.1287	0.1823
26	0.205	0.0464	0.0847	0.1276
27	0.0828	0.121	0.142	0.1285
28	0.1219	0.2188	0.2721	0.1683
29	0.1079	0.0765	0.1979	0.1666
30	0.0253	0.0617	0.2469	0.2825

首先，从 RMSE 平均值的角度来评价各个模型。从表 3-4-15 中可以看出，隐含层神经元个数的变化对于训练集的 RMSE 平均值几乎不产生影响，也就说明，对于本课题数据而言，隐含层神经元个数对于模型的拟合效果影响甚微。测试集的 RMSE 平均值在随着隐含层神经元个数的增加显著增长，说明对于本课题数据而言，隐含层神经元个数对于模型的推广能力，也就是仿真能力，影响是负向的。隐含层神经元个数越多，模型的推广能力越弱。此外，不同隐含层神经元个数下，测试集 RMSE 值的分布范围（表 3-4-16）也可以帮助本文筛选隐含层

神经元个数。以 RMSE 值小于 0.1 的次数来看，6 个隐含层神经元的 BP 网络达到 18 次，占到了总次数的 2/3，而且，随着隐含层神经元个数的增加，该次数显著减少，24 个神经元的网络 RMSE 值没有小于 0.1 的，并且从 RMSE 值的最大值与最小值之差发现神经元个数为 6 时，RMSE 值浮动范围也较小。

表 3-4-15　不同隐含层神经元个数的 BP 网络 RMSE 平均值

类型	隐藏神经元数			
	6	12	18	24
训练集	2.64E-04	3.32E-04	1.80E-04	1.55E-04
测试集	0.0944	0.1461	0.1702	0.2059

表 3-4-16　不同隐含层神经元个数的 BP 网络 RMSE 值分布情况（测试集）

RMSE	隐藏神经元数			
	6	12	18	24
最大值	0.205	0.34	0.339	0.5452
最小值	0.0253	0.0464	0.0723	0.1161
最大值–最小值	0.1797	0.2936	0.2667	0.4291
＜0.1（次）	18	10	5	0
0.1～0.2（次）	11	14	15	18
0.2～0.3（次）	1	3	9	9
0.3～0.4（次）	0	3	1	2
＞0.4（次）	0	0	0	1

综上，当隐含层神经元个数为 6 时，测试集 RMSE 的平均值和主要分布的区间是最小的，而且这两项数据均随着隐含层神经元个数的增加而增长。另外其 RMSE 值分布相对稳定，所以，BP 网络模型的隐含层神经元个数确定为 6 个。

2.2.2　抗炎模型隐层神经元个数的设置及对网络性能影响的分析

基于“2.1.3”项下的实验方法，本次研究共设计了分别含有 6、12、18、24 个隐含层神经元个数的 4 个 BP 神经网络，采用默认的 Levenberg-Marquardt 算法训练模型。4 个模型分别运行 30 次，实验结果见表 3-4-17。

表 3-4-17a　不同隐含层神经元个数的 BP 网络 RMSE 值（训练集）

次数	隐藏神经元数			
	6	12	18	24
1	1.37E-04	2.99E-05	3.94E-04	3.51E-04
2	2.65E-04	2.66E-06	6.46E-05	4.69E-05
3	4.87E-05	0.0018	0.0017	0.0012
4	6.97E-04	0.0025	9.23E-05	5.80E-05
5	2.90E-04	3.68E-04	1.04E-04	9.17E-04

续表

次数	隐藏神经元数			
	6	12	18	24
6	0.0011	2.20E-05	7.03E-04	3.94E-05
7	3.43E-04	5.78E-05	7.23E-04	0.0013
8	2.68E-04	9.15E-05	4.69E-05	1.29E-04
9	0.001	5.53E-04	0.0013	4.00E-05
10	0.0011	5.75E-05	0.0015	1.15E-04
11	2.77E-05	1.87E-05	2.40E-04	2.76E-04
12	0.0018	0.0018	1.00E-05	2.97E-05
13	7.01E-06	2.92E-04	0.0019	2.74E-06
14	5.96E-04	0.0023	4.72E-04	4.50E-04
15	1.32E-04	3.61E-05	5.04E-05	0.0018
16	0.0022	7.14E-04	0.0011	3.20E-05
17	4.44E-04	1.09E-04	6.86E-04	1.80E-04
18	8.70E-04	6.97E-04	1.18E-04	4.47E-04
19	8.34E-05	0.0022	8.00E-05	1.91E-04
20	5.34E-05	4.76E-05	9.97E-05	4.32E-05
21	0.0012	5.76E-04	0.0026	0.0011
22	9.09E-05	4.13E-04	5.85E-06	9.66E-04
23	6.51E-05	5.35E-04	6.10E-05	3.93E-06
24	1.54E-04	6.33E-04	8.69E-05	0.0016
25	3.48E-04	6.84E-05	2.42E-04	2.43E-06
26	4.00E-05	1.24E-04	0.001	7.94E-04
27	2.57E-05	1.02E-04	1.07E-04	5.34E-04
28	1.94E-04	3.92E-04	2.23E-05	2.58E-04
29	5.73E-05	6.08E-05	2.79E-04	1.12E-04
30	0.0019	3.25E-05	5.76E-04	8.84E-06

表 3-4-17b　不同隐含层神经元个数的 BP 网络 RMSE 值（测试集）

次数	隐藏神经元数			
	6	12	18	24
1	0.2948	0.257	0.2858	0.4372
2	0.0935	0.5435	0.5454	0.5971
3	0.2179	0.2359	0.2792	0.9097
4	0.1503	0.2101	0.5643	0.4355
5	0.1297	0.1286	0.4454	0.4107

续表

次数	隐藏神经元数			
	6	12	18	24
6	0.3063	0.2909	0.3953	0.2834
7	0.1723	0.5261	0.5118	0.3428
8	0.5709	0.1948	0.2029	0.3782
9	0.3038	0.1878	0.4645	0.7293
10	0.2152	0.2858	0.09	0.4132
11	0.4251	0.8687	0.383	0.4561
12	0.1946	0.2156	0.363	0.5518
13	0.1921	0.1525	0.2458	0.6086
14	0.1994	0.422	0.3127	0.2033
15	0.3155	0.3943	0.474	0.3967
16	0.4845	0.3089	0.2906	0.4172
17	0.688	0.5953	0.3946	0.5711
18	0.1203	0.3536	0.3296	0.4441
19	0.2053	0.5482	0.4835	0.13
20	0.2754	0.294	0.3039	0.5237
21	0.2167	0.2042	0.3243	0.5188
22	0.1804	0.3528	0.5508	0.8909
23	0.3191	0.2591	0.3642	0.3152
24	0.3286	0.2654	0.5949	0.296
25	0.1621	0.2495	0.2034	0.2625
26	0.1339	0.1546	0.175	0.4066
27	0.3158	0.2432	0.2958	0.6486
28	0.2347	0.1933	0.2401	0.6147
29	0.3023	0.2606	0.6228	0.2641
30	0.2932	0.359	0.5388	0.415

根据不同隐含层神经元个数对测试集、训练集 RMSE 平均值（表 3-4-18）的影响可发现，与 M_3 模型设置神经元个数的趋势基本相似，隐含层神经元个数对抗炎模型的拟合效果几乎无影响，而神经元个数的增加降低模型的推广能力，此外结合不同隐含层神经元个数下，测试集 RMSE 值的分布范围（表 3-4-19）发现以 RMSE 值小于 0.2 的次数来看，6 个隐含层神经元的 BP 网络达到 11 次，占到了总次数的 1/3，而且，随着隐含层神经元个数的增加，该次数显著减少，并且从 RMSE 值的最大值与最小值之差发现神经元个数为 6 时，RMSE 值浮动范围也较小。因此，抗炎 BP 网络模型的隐含层神经元个数确定为 6 个。

表 3-4-18　不同隐含层神经元个数的 BP 网络 RMSE 平均值

类型	隐藏神经元数			
	6	12	18	24
训练集	5.18E-04	5.54E-04	5.46E-04	4.34E-04
测试集	0.2681	0.3185	0.3758	0.4624

表 3-4-19　不同隐含层神经元个数的 BP 网络 RMSE 值分布情况（测试集）

RMSE	隐藏神经元数			
	6	12	18	24
最大值	0.6088	0.8687	0.6228	0.9097
最小值	0.0935	0.1286	0.09	0.13
最大值–最小值	0.5153	0.7401	0.5328	0.7797
＜0.2（次）	11	6	2	1
0.2～0.3（次）	8	13	8	5
0.3～0.4（次）	7	5	9	4
0.4～0.5（次）	2	1	4	9
＞ 0.5（次）	2	5	7	11

2.2.3　M_3 模型训练算法的选取

基于“2.1.3”项下的实验方法，本次共调用了 traincgb、traincgp、traincgf、trainscg、trainlm 5 种训练算法对含有 5 个隐含层神经元的 BP 神经网络进行训练，并分别运行 30 次，实验结果见表 3-4-20。

表 3-4-20a　不同学习算法的 BP 网络 RMSE 值（训练集）

次数	训练类型				
	traincgb	traincgp	traincgf	trainscg	trainlm
1	2.08E-02	1.57E-02	4.70E-03	1.20E-03	2.27E-04
2	8.60E-03	1.31E-02	3.27E-02	1.20E-03	3.47E-05
3	1.87E-02	1.00E-02	1.28E-02	1.20E-03	6.63E-05
4	1.32E-02	3.80E-03	1.15E-02	1.20E-03	1.93E-04
5	2.83E-02	4.80E-03	2.91E-02	1.20E-03	1.41E-04
6	2.40E-03	2.31E-02	1.62E-02	1.20E-03	2.82E-05
7	2.67E-02	4.20E-03	1.97E-02	1.20E-03	2.61E-04
8	1.28E-02	1.58E-02	1.41E-02	1.20E-03	2.97E-04
9	3.70E-03	3.70E-03	9.50E-03	1.10E-03	5.42E-05
10	1.52E-02	2.15E-02	1.18E-02	1.20E-03	2.49E-05
11	2.38E-02	3.80E-03	1.56E-02	1.10E-03	0.0012
12	6.38E-02	1.55E-02	5.90E-03	1.20E-03	8.44E-05

续表

次数	训练类型				
	traincgb	traincgp	traincgf	trainscg	trainlm
13	3.24E-02	2.96E-02	8.00E-03	1.20E-03	6.19E-04
14	3.50E-03	5.50E-03	1.44E-02	1.36E-02	1.02E-05
15	2.54E-02	3.97E-02	1.12E-02	1.20E-03	5.20E-05
16	7.00E-03	2.28E-02	2.37E-02	1.10E-03	1.04E-04
17	1.16E-02	1.15E-02	3.08E-02	1.20E-03	6.65E-05
18	2.55E-02	2.52E-02	3.31E-02	1.20E-03	0.0011
19	5.60E-03	7.90E-03	7.90E-03	1.20E-03	3.96E-05
20	5.80E-03	2.20E-03	2.07E-02	1.10E-03	3.22E-05
21	7.90E-03	1.67E-02	3.97E-02	1.10E-03	8.56E-04
22	1.23E-02	1.09E-02	1.16E-02	1.20E-03	6.85E-04
23	6.70E-03	1.32E-02	9.50E-03	1.20E-03	1.49E-05
24	6.60E-03	6.80E-03	4.80E-03	1.20E-03	2.34E-05
25	1.63E-02	1.23E-02	8.50E-02	1.10E-03	9.86E-04
26	1.59E-02	2.61E-02	2.72E-02	1.20E-03	4.33E-04
27	1.05E-02	4.64E-02	1.78E-02	1.20E-03	4.80E-05
28	2.47E-02	1.16E-02	1.02E-02	1.20E-03	1.46E-04
29	1.70E-02	2.69E-02	2.03E-02	1.20E-03	3.09E-04
30	1.00E-02	4.10E-03	2.19E-02	1.20E-03	2.92E-04

表 3-4-20b　不同学习算法的 BP 网络 RMSE 值（测试集）

次数	训练类型				
	traincgb	traincgp	traincgf	trainscg	trainlm
1	0.0649	0.0972	0.0505	0.1355	0.1307
2	0.1722	0.0525	0.0508	0.052	0.1924
3	0.0505	0.0299	0.0193	0.0649	0.0405
4	0.0634	0.0626	0.0552	0.0524	0.1105
5	0.0619	0.0413	0.0752	0.256	0.1192
6	0.0573	0.0931	0.0586	0.059	0.1798
7	0.0549	0.0457	0.1602	0.1515	0.0555
8	0.0777	0.0692	0.0292	0.0858	0.1833
9	0.262	0.0704	0.2404	0.1167	0.0988
10	0.0394	0.1187	0.0371	0.0473	0.1207
11	0.1462	0.0666	0.0405	0.0633	0.0699
12	0.0945	0.0621	0.0508	0.051	0.0967

续表

次数	训练类型				
	traincgb	traincgp	traincgf	trainscg	trainlm
13	0.1353	0.2662	0.0397	0.1437	0.2326
14	0.0311	0.0408	0.1801	0.0347	0.1112
15	0.0255	0.0648	0.2012	0.0383	0.1989
16	0.0939	0.0708	0.0425	0.1256	0.1052
17	0.054	0.0556	0.0496	0.1491	0.1621
18	0.0864	0.0453	0.0488	0.1468	0.021
19	0.1838	0.07	0.2672	0.0486	0.1304
20	0.0613	0.0546	0.0498	0.0611	0.1385
21	0.0555	0.079	0.1034	0.0386	0.1131
22	0.1575	0.0843	0.085	0.0509	0.0472
23	0.0469	0.0588	0.0625	0.0512	0.0853
24	0.0612	0.0335	0.0421	0.1129	0.0558
25	0.0595	0.0779	0.1109	0.0445	0.0707
26	0.2775	0.0388	0.0879	0.0597	0.1659
27	0.1192	0.0793	0.2495	0.0477	0.0977
28	0.1299	0.0513	0.1271	0.0855	0.0503
29	0.2006	0.1134	0.037	0.0383	0.0499
30	0.045	0.0428	0.049	0.0961	0.0942

表 3-4-20c　不同学习算法的 BP 网络迭代次数

次数	训练类型				
	traincgb	traincgp	traincgf	trainscg	trainlm
1	16	20	57	244	5
2	45	22	6	162	11
3	21	43	72	150	6
4	32	54	61	204	5
5	27	106	12	468	6
6	58	21	77	199	5
7	15	108	37	105	6
8	31	52	83	91	4
9	86	38	78	62	6
10	37	34	37	237	6
11	12	81	22	105	5
12	7	32	43	300	4

续表

次数	训练类型				
	traincgb	traincgp	traincgf	trainscg	trainlm
13	20	10	46	96	7
14	71	35	25	1000	4
15	35	12	48	228	11
16	47	44	85	80	6
17	40	38	35	82	4
18	14	34	32	100	8
19	48	52	51	262	5
20	31	50	17	437	6
21	42	38	24	144	8
22	37	100	82	129	5
23	29	51	72	298	5
24	37	50	83	378	4
25	30	51	7	205	4
26	27	42	72	111	5
27	42	13	32	179	3
28	27	66	45	175	8
29	24	16	30	125	4
30	36	85	26	647	11

首先，表 3-4-21 中“trainlm”算法下，测试集的 RMSE 平均值（2.81E-04）与表 3-4-15 中测试集的 RMSE 平均值（2.64E-04）十分相近。此外，从表 3-4-20b 中 trainlm 项下的 RMSE 值的分布区间来看，分布趋势也十分相近。以上结果是 BP 模型在相同条件下（隐含层神经元个数为 6、训练算法为 trainlm）分别独立运行 30 次而得出的，以此证明了 BP 模型的重复性较好，且说明了重复运行 30 次是足够验证模型。

根据表 3-4-21，从训练集的 RMSE 平均值来看，算法拟合效果依次为：trainlm＞trainscg＞traincgp＞traincgb＞traincgf，表明 trainlm 算法的模型推广能力优于其他四种算法。从表 3-4-22 中可以看出，五种训练算法在达到最大迭代次数之前，trainlm 算法 30 次均能达到训练精度要求，trainscg 算法次之，而 traincgf、traincgp、traincgb 在 30 次训练中无一次达到训练精度。从表 3-4-23 可以看出，trainlm 算法在训练迭代次数的平均值、最大值、最小值上，都比其余算法表现出了明显的优势，这说明 trainlm 算法在模型训练过程中更加节省时间。但由表 3-4-21 可知，不同算法训练后的模型对于测试集的表现与训练集是不同的：trainlm 的 RMSE 平均值略大，而 trainscg 的最小。这说明了 trainscg 训练更有助于提高模型的推广能力。

综上所述，为了最终可以获得推广能力最佳的模型，并结合模型的拟合效果和训练速度，将模型的训练算法初步确定为 trainscg 和 trainlm，待参数寻优后，再最终确定最优模型。

表 3-4-21　不同训练类型的 BP 网络 RMSE 平均值

类型设置	训练类型				
	traincgb	traincgp	traincgf	trainscg	trainlm
训练集	1.61E-02	1.51E-02	1.94E-02	1.59E-03	2.81E-04
测试集	0.0990	0.0712	0.0900	0.0836	0.1109

表 3-4-22　不同训练类型的 BP 网络达到训练精度的次数

	训练类型				
	traincgb	traincgp	traincgf	trainscg	trainlm
次数	0	0	0	29	30

表 3-4-23　不同训练算法达到训练精度所需的迭代次数分析

	训练类型				
	traincgb	traincgp	traincgf	trainscg	trainlm
平均值	34	47	47	233	6
最大值	86	108	85	1000	11
最小值	7	10	6	91	3

2.2.4　抗炎模型训练算法的选取

基于“2.1.3”项下的实验方法，本次共调用了 traincgp、traincgb、traincgf、trainscg、trainlm 5 种训练算法对含有 6 个隐含层神经元的 BP 神经网络进行训练，并分别运行 30 次，实验结果见表 3-4-24。

表 3-4-24a　不同学习算法的 BP 网络 RMSE 值（训练集）

次数	训练类型				
	traincgb	traincgp	traincgf	trainscg	trainlm
1	0.0234	0.0134	0.0169	0.0026	5.64E-05
2	0.0695	0.0058	0.041	0.0026	4.66E-04
3	0.0301	0.0664	0.0248	0.0026	0.002
4	0.0167	0.0204	0.0993	0.0026	0.0012
5	0.0366	0.1765	0.0955	0.0024	0.0017
6	0.0484	0.0217	0.0125	0.0025	8.93E-04
7	0.0384	0.0217	0.0166	0.0026	9.07E-04
8	0.0307	0.0135	0.0427	0.0026	3.35E-04
9	0.0421	0.0115	0.0095	0.0026	0.0016
10	0.0388	0.0312	0.0215	0.0026	0.0026
11	0.0282	0.0182	0.0203	0.0025	1.40E-04

续表

次数	训练类型				
	traincgb	traincgp	traincgf	trainscg	trainlm
12	0.0205	0.0426	0.1352	0.0026	5.93E-04
13	0.0356	0.0504	0.015	0.0026	9.73E-05
14	0.0087	0.0266	0.0785	0.0026	3.26E-04
15	0.012	0.0426	0.2076	0.0026	2.62E-04
16	0.0177	0.0236	0.0248	0.0026	8.61E-05
17	0.1796	0.0856	0.0125	0.0026	2.89E-04
18	0.0486	0.0215	0.0231	0.0025	1.55E-04
19	0.0475	0.0519	0.0766	0.0026	7.90E-04
20	0.0528	0.0104	0.0134	0.0031	6.40E-04
21	0.0161	0.0466	0.018	0.0026	1.77E-05
22	0.0719	0.0129	0.0527	0.0025	0.0013
23	0.0304	0.029	0.0408	0.0026	0.0011
24	0.0262	0.0361	0.0267	0.0026	4.87E-04
25	0.0447	0.044	0.017	0.0026	3.16E-05
26	0.0359	0.0138	0.007	0.0026	1.39E-04
27	0.0276	0.1026	0.0131	0.0026	0.0026
28	0.0734	0.0237	0.0158	0.0026	0.0013
29	0.0297	0.047	0.0745	0.0025	1.96E-05
30	0.0437	0.0239	0.0246	0.0024	4.78E-05

表 3-4-24b 不同学习算法的 BP 网络 RMSE 值（测试集）

次数	训练类型				
	traincgb	traincgp	traincgf	trainscg	trainlm
1	0.276	0.1112	0.2183	0.2308	0.2074
2	0.5273	0.0779	0.2509	0.1342	0.334
3	0.342	0.2827	0.1976	0.2584	0.3775
4	0.196	0.2109	0.1873	0.298	0.5183
5	0.1501	0.2654	0.2271	0.4831	0.1595
6	0.1202	0.2924	0.1983	0.6744	0.1823
7	0.1812	0.2578	0.2129	0.1507	0.2072
8	0.367	0.1478	0.3617	0.2391	0.3629
9	0.2009	0.1014	0.1449	0.1436	0.5912
10	0.3782	0.1648	0.0979	0.2146	0.3298
11	0.1706	0.1784	0.1646	0.1788	0.3061

续表

次数	训练类型				
	traincgb	traincgp	traincgf	trainscg	trainlm
12	0.1388	0.452	0.3958	0.1408	0.3048
13	0.1091	0.1959	0.1608	0.3848	0.2029
14	0.1035	0.1683	0.1611	0.1553	0.074
15	0.188	0.1463	0.2079	0.1311	0.6811
16	0.1782	0.1126	0.1923	0.1341	0.1937
17	0.2594	0.211	0.4474	0.2615	0.2242
18	0.2302	0.1619	0.1564	0.2934	0.2113
19	0.1902	0.1049	0.3194	0.2211	0.3309
20	0.105	0.1321	0.1494	0.1235	0.1954
21	0.3358	0.1628	0.1519	0.1388	0.2457
22	0.2758	0.2752	0.2656	0.3682	0.1909
23	0.2573	0.1157	0.1037	0.2105	0.1462
24	0.3248	0.0625	0.2769	0.2574	0.2608
25	0.2369	0.1554	0.1457	0.2137	0.1297
26	0.1562	0.1866	0.165	0.2269	0.1612
27	0.2299	0.2792	0.1678	0.2122	0.2941
28	0.1556	0.1945	0.1525	0.1564	0.2822
29	0.2899	0.1332	0.2537	0.1888	0.231
30	0.2071	0.2416	0.158	0.2551	0.174

表 3-4-24c　不同学习算法的 BP 网络迭代次数

次数	训练类型				
	traincgb	traincgp	traincgf	trainscg	trainlm
1	61	71	69	231	29
2	27	50	75	98	6
3	19	15	73	211	7
4	29	49	32	205	4
5	49	6	26	72	4
6	18	36	75	121	4
7	27	39	57	96	3
8	34	52	25	64	5
9	49	38	93	142	10
10	16	26	73	86	4
11	34	69	53	79	5
12	18	72	2	110	6

续表

次数	训练类型				
	traincgb	traincgp	traincgf	trainscg	trainlm
13	28	24	64	158	5
14	37	33	142	113	5
15	48	48	28	117	5
16	45	55	43	275	6
17	6	27	43	397	5
18	21	47	43	94	7
19	23	30	18	128	5
20	42	90	53	1000	9
21	33	72	64	106	4
22	41	60	66	80	6
23	32	50	43	72	4
24	35	29	49	162	6
25	41	17	61	103	11
26	30	52	84	232	5
27	29	29	43	215	10
28	29	54	112	217	3
29	42	42	11	137	4
30	31	105	31	112	5

根据表 3-4-25～表 3-4-27，从训练集、测试集 RMSE 的平均值、测试集达到训练精度的次数及训练集的迭代次数来看，trainlm 和 trainscg 算法在精度及迭代次数上较其他三种算法更有优势，而 trainlm 算法拟合效果更好，trainscg 算法下模型推广能力更好。综上所述，为了最终可以获得推广能力最佳的模型，并结合模型的拟合效果和训练速度，将模型的训练算法初步确定为 trainscg 和 trainlm，待参数寻优后，再最终确定最优模型。

表 3-4-25　不同训练类型的 BP 网络 RMSE 平均值

类型设置	训练类型				
	traincgb	traincgp	traincgf	trainscg	trainlm
训练集	4.09E-02	0.0378	4.18E-02	2.59E-03	7.39E-04
测试集	0.2294	0.1861	0.2298	0.2360	0.2703

表 3-4-26　不同训练类型的 BP 网络达到训练精度的次数

	训练类型				
	traincgb	traincgp	traincgf	trainscg	trainlm
次数	0	0	0	30	30

表 3-4-27　不同训练算法达到训练精度所需的迭代次数分析

	训练类型				
	traincgb	traincgp	traincgf	trainscg	trainlm
平均值	32	46	54	174	6
最大值	61	105	112	1000	29
最小值	6	6	2	64	3

3. 模型参数优化的研究及结果

通过以上的建模研究，本文获得了基于 BP 神经网络的谱效关系模型，并对于模型中的关键部分进行筛选研究，即对于模型中的关键算法的筛选研究。然而，这样所获得的并非最佳的模型，因为在 BP 网络中，对于隐含层的输出和输入层的输出起关键作用的权重（ω）和偏差值（b），是采取系统默认数值。而这些关键参数对于最终模型的优劣有十分重要的影响，因此需要对模型中的关键参数进行优化。本部分将对利用“3.2”项下条件建立的 BP 模型进行参数寻优，以期获得在模型拟合和推广上表现更好的“谱效关系”模型。

3.1　遗传算法

遗传算法（genetic algorithm，GA）是一种模拟自然选择和基因遗传原理的优化搜索算法。它以达尔文的生物进化论和孟德尔的遗传变异理论为基础，通过借鉴生物界的进化规律，进而演化而来的一种寻找最优解的方法[15-16]。在该算法中，待优化参数被通过编码表示成遗传环境中的一条“染色体”，并在随后的迭代计算过程中不断地被筛选“进化”。在算法执行前，先初始化一群“染色体”，这就是算法的假设解。而后，这些假设解被置于问题的环境中，然后根据适应度函数去分别计算其适应度值，适应度值越高者，就越有可能被留下，用来组成新的种群，而适应度值越低者则越有可能被淘汰。这其实就是在模仿“自然选择”的过程。算法过程除了执行“选择”（selection）的进化操作外，还会执行“交叉”（crossover）和“变异”（mutation）操作，这都是在模拟染色体的自然行为。交叉操作，即从种群中随机选择两个染色体搭配成对，并以“交叉概率”（crossover rate）进行交换组合，将父辈的优秀基因传递给子辈，从而形成新的更优秀的个体。变异操作，即从种群中随机选取一个个体，以“变异概率”（mutation rate），选择个体中的一点进行变异，从而产生一个新的个体，新的个体由于有了变异，就更有可能带上更优秀的基因。这样一代一代地完成进化，当完成最大的进化代数时，就会把进化过程中得到的具有最大适应度值的个体作为最优解输出。图 3-4-45 表示了 GA 算法的流程[17-19]。

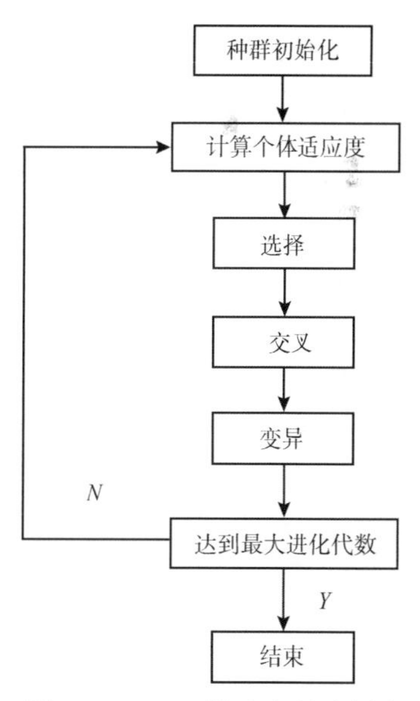

图 3-4-45　GA 算法流程示意图

3.2　BP 模型参数寻优 matlab 实现

BP 模型的遗传算法寻优通过使用 MathWorks 公司的 Matlab2013b 软件，并结合第三方开发的工具箱——GAOT 工具箱辅助实现。

（1）种群初始化函数（initializega）：

initPop = initializega（num，bounds，evalFN）

initializega 函数运行结果是返回一个随机初始点及其函数值构成的二维矩阵 pop 作为遗传的初始种群。

其中各参数意义解释如下：

num：初始点个数；

bounds：取值范围；

evalFN：初始化函数；

（2）遗传算法应用函数（gaot_ga）

[x, endPop]= gaot_ga(bounds, evalFN, evalOps, startPop, opts, termFN, termOps, selectFN, selectOps，xOverFNs，xOverOps，mutFNs，mutOps）

ga 函数的运行结果返回最优解及遗传算法的最终种群。

其中各参数意义解释如下：

x：遗传运算过程中得到的最优解；

endPop：遗传运算最终得到的最优种群；

bounds：变量取值范围；

evalFN：定义的优化函数；

evalOps：传递给优化函数的参数，通常为空；

startPop：初始种群；

opts：一个向量[epsilon prob_ops display]，其中，epsilon 为求解精度，prob_ops 为 0 或 1，来决定遗传算法是否采用概率搜索方式，display 确定是否显示；

termFN：终止函数，通常设置为['maxGenTerm']；

termOps：传递给终止函数的参数，为算法的执行次数；

selectFN：选择函数，通常设置为['normGeomSelect']；

selectOps：传递给选择函数的参数，通常设置为[0.08]；

xOverFNs：交叉函数，通常可选['arithXover，heuristicXover，simpleXover']三者之一；

xOverOps：传递给交叉函数的参数向量，根据交叉函数的不同，分别对应[2 0；2 3；2 0]

mutFNs：变异函数，通常可选['boundaryMutation, multiNonUnifMutation, nonUnifMutation, unifMutation']四者之一；

mutOps：传递给变异函数的参数向量，第一个元素为交叉变异的个数，第二个元素为算法执行次数。

3.3 遗传算法优化 BP 模型

利用遗传算法，对 BP 网络模型中的权重（ω）和偏差值（b）进行寻优，然后利用“2. BP 神经网络的构建及结果”项下所得的优化条件建立并训练 BP 网络。建立网络所需相关参数、输入样本的分组，以及结果评价均与“2”项下相同。为了使模型的性能展示得更全面，这里同样也再加入线性相关系数（R）来评价模型的仿真结果，计算式见式（3-4-6）。

因为寻优算法的结果同样受到随机因素的影响，所以寻优算法同样也执行 30 次，并选取使得模型效果最佳的参数结果。

寻优过程的参数设定如表 3-4-28 所示。

表 3-4-28　寻优过程参数设定

参数	设置
种群规模	50
遗传代数	200
求解精度	1×10^{-8}
搜索方式	利用概率搜索
函数参数	0.08
交叉函数	选择“arithXover”，参数为[2 0]
变异函数	选择“nonUnifMutation” 变异个数为 2，变异次数为 100
最优解 *x* 搜索范围	[−1，1]

3.4　BP 模型参数寻优结果

3.4.1　M_3 的 GA-BP 参数寻优结果

基于“3.3 遗传算法优化 BP 模型”项下实验方法，分别对算法 trainlm 和 trainrp 训练的 BP 网络进行参数寻优，寻优结果见表 3-4-29。

表 3-4-29a　M_3 的 GA-BP 参数寻优结果（训练集）

次数	trainlm		trainscg	
	RMSE	*R*	RMSE	*R*
1	9.91E-05	1.0000	7.59E-04	0.9999
2	1.48E-04	1.0000	6.35E-04	0.9999
3	5.89E-06	1.0000	7.59E-04	0.9999
4	5.31E-05	1.0000	7.73E-04	0.9999
5	1.16E-04	1.0000	7.74E-04	0.9999
6	1.33E-04	1.0000	7.73E-04	0.9999
7	3.07E-04	1.0000	7.61E-04	0.9999
8	8.52E-05	1.0000	7.70E-04	0.9999
9	3.74E-05	1.0000	7.55E-04	0.9999
10	6.15E-05	1.0000	7.73E-04	0.9999
11	3.21E-04	1.0000	7.70E-04	0.9999
12	7.82E-06	1.0000	7.69E-04	0.9999
13	3.88E-04	1.0000	7.72E-04	0.9999
14	2.79E-05	1.0000	7.62E-04	0.9999
15	8.72E-06	1.0000	7.66E-04	0.9999
16	2.83E-06	1.0000	7.19E-04	0.9999
17	4.07E-04	1.0000	7.66E-04	0.9999
18	6.33E-04	1.0000	7.67E-04	0.9999

续表

次数	trainlm		trainscg	
	RMSE	*R*	RMSE	*R*
19	5.24E-04	1.0000	7.72E-04	0.9999
20	1.85E-04	1.0000	7.53E-04	0.9999
21	3.32E-04	1.0000	0.001	0.9999
22	7.53E-05	1.0000	7.64E-04	0.9999
23	2.05E-05	1.0000	7.71E-04	0.9999
24	1.19E-05	1.0000	7.74E-04	0.9999
25	5.82E-04	1.0000	7.45E-04	0.9999
26	7.08E-04	1.0000	7.74E-04	0.9999
27	2.87E-05	1.0000	7.71E-04	0.9999
28	3.24E-05	1.0000	7.56E-04	0.9999
29	1.07E-05	1.0000	7.14E-04	0.9999
30	9.10E-05	1.0000	6.01E-04	0.9999

表 3-4-29b　M_3的 GA-BP 参数寻优结果（测试集）

次数	testlm		testscg	
	RMSE	*R*	RMSE	*R*
1	0.0125	0.9882	0.0363	0.9165
2	0.0183	0.9918	0.021	0.8204
3	0.0329	0.9055	0.0514	0.9513
4	0.0169	0.9393	0.0326	0.9255
5	0.0221	0.9334	0.0409	0.9117
6	0.0322	0.9792	0.0496	0.9798
7	0.0157	0.956	0.0202	0.9642
8	0.0124	0.9842	0.0296	0.9156
9	0.0176	0.9861	0.0191	0.9362
10	0.0188	0.9163	0.0395	0.8988
11	0.0151	0.985	0.0216	0.9102
12	0.0146	0.986	0.0903	0.9241
13	0.0224	0.9086	0.0532	0.9056
14	0.0156	0.9503	0.0455	0.8639
15	0.025	0.9123	0.0332	0.9634
16	0.0227	0.9852	0.0348	0.9077
17	0.0163	0.9751	0.0232	0.8588
18	0.1158	0.9735	0.0209	0.9639

续表

次数	testlm		testscg	
	RMSE	R	RMSE	R
19	0.0393	0.9683	0.0345	0.9711
20	0.0213	0.9403	0.0407	0.9345
21	0.0136	0.9864	0.0535	0.9054
22	0.0228	0.9101	0.0485	0.9837
23	0.0095	0.9896	0.0311	0.9479
24	0.0212	0.9948	0.0324	0.8716
25	0.0285	0.921	0.0725	0.9368
26	0.0094	0.9798	0.016	0.8848
27	0.0287	0.919	0.0222	0.9704
28	0.0423	0.9818	0.0579	0.9319
29	0.0425	0.9838	0.0367	0.9086
30	0.07	0.9808	0.0213	0.9486

从表 3-4-30a 中可以看出，两种算法在参数寻优前后训练集的 RMSE 值均降低，说明模型的拟合能力被提高，其中 trainlm 算法下模型的拟合能力更佳。从表 3-4-30b 中可以看出，测试集的 RMSE 值也都减小，说明模型的推广能力得到了增强，其中 trainlm 算法下 R 值均在 0.9 以上，这显示了预测值与真实值有较高的线性相关程度，也印证了模型的推广能力被显著提高。因此 M_3 模型确定算法为 trainlm，隐含层神经元个数 6，结合遗传算法作为最佳模型。利用最佳参数对 GA-BP 网络进行训练，得到的回归预测曲线见图 3-4-46，该训练模型的均方误差为 0.0212，相关系数为 0.9948。

表 3-4-30a　GA 前后 BP 模型 RMSE 平均值对比（训练集）

	trainlm		trainscg	
	with GA	without GA	with GA	without GA
RMSE	0.0002	0.0003	0.0008	0.0016
R	1.0000	—	0.9999	—

表 3-4-30b　GA 前后 BP 模型 RMSE 平均值对比（测试集）

	trainlm		trainscg	
	with GA	without GA	with GA	without GA
RMSE	0.0265	0.1109	0.0263	0.0836
R	0.9604	—	0.9417	—

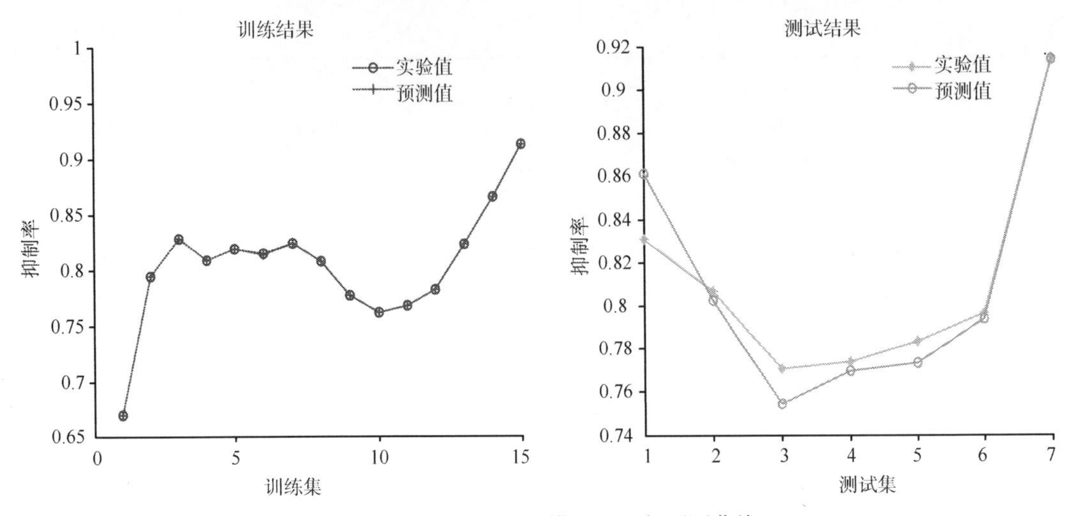

图 3-4-46 M_3-GA-BP 模型的回归预测曲线

3.4.2 抗炎的 GA-BP 参数寻优结果

基于 3.3 遗传算法优化 BP 模型项下实验方法，分别对算法 trainlm 和 trainrp 训练的 BP 网络进行参数寻优，寻优结果见表 3-4-31。

表 3-4-31a 抗炎 GA-BP 的参数寻优结果（训练集）

次数	trainlm		trainscg	
	RMSE	*R*	RMSE	*R*
1	0.0011	1.0000	0.0015	0.9999
2	0.0011	1.0000	0.0015	0.9999
3	9.45E-04	1.0000	0.0015	0.9999
4	0.0011	1.0000	0.0015	0.9999
5	0.0014	1.0000	0.0015	0.9999
6	1.13E-04	1.0000	0.0015	0.9999
7	5.67E-04	1.0000	0.0015	0.9999
8	1.69E-04	1.0000	0.0015	0.9999
9	6.26E-04	1.0000	0.0014	0.9999
10	0.0011	1.0000	0.0015	0.9999
11	6.08E-04	1.0000	0.0015	0.9999
12	3.41E-05	1.0000	0.0015	0.9999
13	4.43E-05	1.0000	0.0015	0.9999
14	1.25E-05	1.0000	0.0015	0.9999
15	6.36E-04	1.0000	0.0015	0.9999
16	1.24E-05	1.0000	0.0015	0.9999
17	9.53E-04	1.0000	0.0015	0.9999
18	7.26E-05	1.0000	0.0015	0.9999
19	9.20E-04	1.0000	0.0015	0.9999
20	4.19E-04	1.0000	0.0015	0.9999

续表

次数	trainlm		trainscg	
	RMSE	*R*	RMSE	*R*
21	3.65E-05	1.0000	0.0015	0.9999
22	1.44E-04	1.0000	0.0015	0.9999
23	2.68E-05	1.0000	0.0015	0.9999
24	2.89E-04	1.0000	0.0015	0.9999
25	9.89E-04	1.0000	0.0015	0.9999
26	0.0012	1.0000	0.0015	0.9999
27	1.21E-04	1.0000	0.0015	0.9999
28	2.32E-05	1.0000	0.0014	0.9999
29	1.61E-05	1.0000	0.0015	0.9999
30	4.60E-04	1.0000	0.0015	0.9999

表 3-4-31b　抗炎 GA-BP 的参数寻优结果（测试集）

次数	testlm		testscg	
	RMSE	*R*	RMSE	*R*
1	0.0816	0.9246	0.0988	0.9782
2	0.0734	0.9408	0.1153	0.8134
3	0.2102	0.9808	0.133	0.8946
4	0.1548	0.967	0.1534	0.8989
5	0.0888	0.9645	0.0577	0.9561
6	0.0477	0.975	0.0719	0.9334
7	0.0559	0.9591	0.0752	0.933
8	0.0578	0.9827	0.0756	0.9644
9	0.0686	0.9625	0.0567	0.9542
10	0.0811	0.9705	0.0543	0.9591
11	0.1045	0.9007	0.0933	0.9274
12	0.0964	0.9193	0.0687	0.9647
13	0.0944	0.906	0.0815	0.9368
14	0.0886	0.9311	0.0936	0.9233
15	0.0866	0.9784	0.0483	0.9856
16	0.1367	0.9616	0.1229	0.944
17	0.1118	0.9473	0.1278	0.9061
18	0.0928	0.9138	0.0525	0.9615
19	0.2006	0.9425	0.0493	0.9868
20	0.1015	0.9396	0.1794	0.9398
21	0.0753	0.9609	0.0683	0.9521
22	0.131	0.9378	0.0802	0.9477

续表

次数	testlm		testscg	
	RMSE	*R*	RMSE	*R*
23	0.0959	0.9762	0.0774	0.9388
24	0.0624	0.9837	0.1176	0.9005
25	0.069	0.9844	0.146	0.9114
26	0.0536	0.976	0.1623	0.9758
27	0.1448	0.9272	0.1401	0.8298
28	0.0963	0.9514	0.091	0.9402
29	0.1565	0.9329	0.1751	0.9311
30	0.0877	0.9826	0.137	0.9486

从表 3-4-32a 和 3-4-32b 中可以看出，两种算法在参数寻优前后训练集、测试集的 RMSE 值均降低，说明模型的拟合能力和推广能力被提高，其中 trainlm 算法下模型的拟合能力更佳且 *R* 值均在 0.9 以上。因此抗炎模型确定算法为 trainlm，隐含层神经元个数为 6，结合遗传算法作为最佳模型。利用最佳参数对 GA-BP 网络进行训练，得到的回归预测曲线如图 3-4-47 所示，该训练模型的均方误差为 0.069，相关系数为 0.9844。

表 3-4-32a　GA 前后 BP 模型 RMSE 平均值对比（训练集）

	trainlm		trainscg	
	with GA	without GA	with GA	without GA
RMSE	0.0005	0.0007	0.0015	0.0026
R	1.0000	—	0.9999	—

表 3-4-32b　GA 前后 BP 模型 RMSE 平均值对比（测试集）

	trainlm		trainscg	
	with GA	without GA	with GA	without GA
RMSE	0.1002	0.2703	0.1007	0.2360
R	0.9527	—	0.9342	—

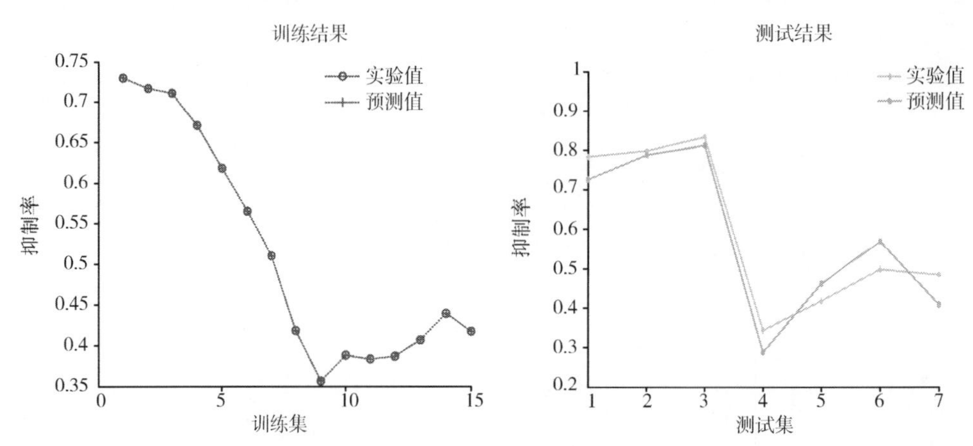

图 3-4-47　炎症 GA-BP 模型的回归预测曲线

4. MIV 法辨识活性成分

平均影响值（MIV）是评价各个自变量对因变量影响的重要性指标之一。Dombi[20]等于1995 年将 MIV 引入神经网络，提出了用 MIV 反映网络中权重矩阵的变化情况。其符号代表相关的方向，绝对值大小代表影响的相对重要性。

具体计算过程：将 MIV 引入 GA-BP 网络中，用 MIV 作为评价输入变量对输出变量影响大小的一个指标。在 GA-BP 网络训练终止后，将训练样本 X 中每一自变量在原值基础上分别加上或减去 10%，构成两个新的训练样本 X_1 和 X_2，将它们分别作为新的训练样本代入已建成的 GA-BP 网络进行仿真，分别得到两个仿真结果 Y_1 和 Y_2，计算 Y_1 和 Y_2 的差值，作为变动该自变量后对输出产生的影响变化值（IV），最后按训练样本观测例数计算 IV 的平均值，即为该自变量对其因变量的 MIV。按照上述方法依次算出各个自变量的 MIV 值，根据 MIV 绝对值的大小对各自变量排序，得到各自变量对因变量影响相对重要性的排序，从而达到识别天然产物提取物中潜在活性成分的目的[21-23]。

4.1　M_3 模型活性成分辨识

本试验选取最优 GA-BP 模型计算各组分对 M_3 受体激动率的 MIV 值，按照 MIV 值的大小排序各色谱峰，依次将前 i 个正相关的峰（i=1，2，3…，25）对应的相对峰面积作为输入变量，M_3 受体激动率作为输出变量，重新训练 GA-BP 模型，从而得到其对应的 MIV 值，结果如图 3-4-48 所示。当输入到 MIV 值排在前 16 的色谱峰对应组分时，预测相关系数 R 值达到了 0.9 以上，并且从此点之后再增加色谱峰数，预测相关系数值基本稳定。由此可见，所识别出的 16 个活性成分作为输入变量所建立的新模型预测精度与原来 44 个成分预测精度相差不大，新模型对 M_3 受体激动率 Y 仍具有较强的解释能力，说明这 16 个特征峰所代表的化学成分可以作为疏风解毒的发汗活性成分。新模型的均方误差 MSE 为 0.0183，相关系数 R 为 0.9918，回归预测曲线如图 3-4-49 所示。结合图 3-4-50，排在前 16 的色谱峰绝对 MIV 值均大于 0.02，对应的峰号是 27、3、43、25、13、4、18、10、8、32、42、37、16、15、30、34，相应化合物及具体信息参见表 3-4-33。

4.2　炎症模型活性成分辨识

本试验选取最优 GA-BP 模型计算各组分对炎症因子抑制率的 MIV 值，按照 MIV 值的大小排序各色谱峰，依次将前 i 个正相关的峰（i=1，2，3…，22）对应的相对峰面积作为输入变量，炎症因子抑制率作为输出变量，重新训练 GA-BP 模型，从而得到其对应的 MIV 值，结果如图 3-4-51 所示。当输入到 MIV 值排在前 14 的色谱峰对应组分时，预测相关系数 R 值达到了 0.9

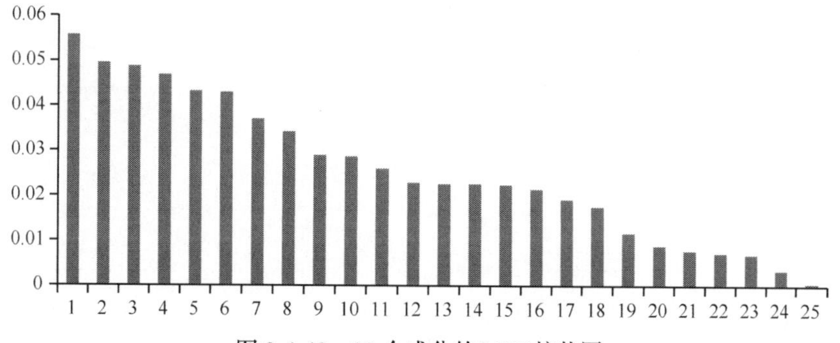

图 3-4-48　25 个成分的 MIV 柱状图

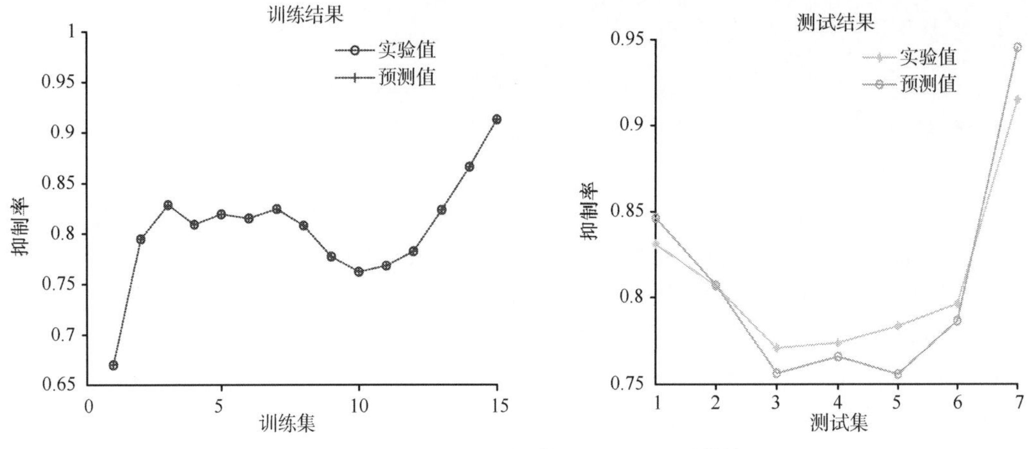

图 3-4-49 M_3-GA-BP 新模型的回归预测曲线

以上，并且从此点之后再增加色谱峰数，预测相关系数值基本稳定，由此可见，所识别出的 14 个活性成分作为输入变量所建立的新模型预测精度与原来 44 个成分预测精度相差不大，新模型对炎症因子抑制率 *Y* 仍具有较强的解释能力，说明这 14 个特征峰所代表的化学成分可以作为疏风解毒的显著抗炎活性成分。新模型的均方误差 MSE 为 0.069，相关系数 *R* 为 0.9837，回归预测曲线如图 3-4-51 所示。结合图 3-4-50，排在前 14 的色谱峰绝对 MIV 值均大于 0.01，对应峰号为 43、6、35、32、30、26、16、15、42、23、8、14、11、4，相应化合物及具体信息参见表 3-4-34。

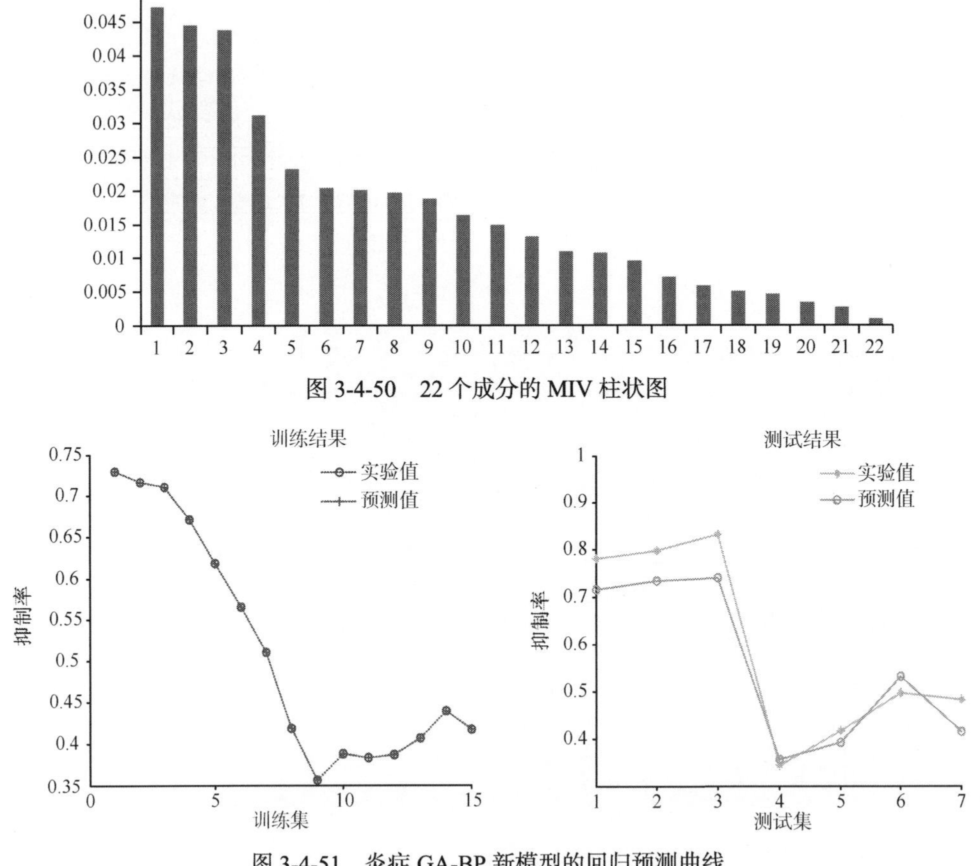

图 3-4-50 22 个成分的 MIV 柱状图

图 3-4-51 炎症 GA-BP 新模型的回归预测曲线

表 3-4-33　M_3 受体模型潜在活性成分详细信息

编号	峰号	保留时间（min）	[M−H]⁻	[M+H]⁺	二级特征碎片		化合物	分子式	MIV	来源
					ESI⁻	ESI⁺				
1	27	23.40	431.1013	433.1134		433，271	大黄素-1-*O*-葡萄糖苷	$C_{21}H_{20}O_{10}$	0.0557	H
2	3	5.28		363.1405		385，200	二氢败酱苷	$C_{16}H_{26}O_9$	0.0496	B
3	43[a]	33.71	269.0479	271.0612	241，225，210		大黄素	$C_{15}H_{10}O_5$	0.0488	H
4	25[a]	22.20		557.1549[#]		557，535，355，249	连翘苷	$C_{27}H_{34}O_{11}$	0.0469	L
5	13	15.22	623.2028	647.1946[#]		647，479，325，163	连翘酯苷 I	$C_{29}H_{36}O_{15}$	0.0433	L
6	4	5.60	461.1699		315，135		连翘酯苷 E	$C_{20}H_{30}O_{12}$	0.043	L
7	18	18.46	623.2029		623，461，161	625，477，325	异毛蕊花糖苷	$C_{29}H_{36}O_{15}$	0.0371	M
8	10	10.75	417.1226	419.0819	255，135	257	甘草苷	$C_{21}H_{22}O_9$	0.0342	G
9	8[a]	9.99	389.1272	413.1205[#]	227，185	391，229	反式虎杖苷	$C_{20}H_{22}O_8$	0.029	H
10	32	26.71	255.0687	257.0803	255，135	137	甘草素	$C_{15}H_{12}O_4$	0.0287	G
11	42	32.80	779.4777	781.3417		765，603，457	柴胡皂苷 d	$C_{42}H_{68}O_{13}$	0.026	C
12	37	29.91	821.4024	823.4104		823，647，471	甘草酸	$C_{42}H_{62}O_{16}$	0.0229	G
13	16[a]	16.97	623.2026	647.2346[#]	623，461，161	625，477，325	毛蕊花糖苷	$C_{29}H_{36}O_{15}$	0.0226	L、M
14	15[a]	16.81	519.1913	543.1838[#]	357，342		松脂素-*β*-*D*-葡萄糖苷	$C_{26}H_{32}O_{11}$	0.0226	L
15	30[a]	25.94	283.0636	285.0768	239，211，183		大黄酸	$C_{15}H_8O_6$	0.0224	H
16	34	27.68	329.2361	353.2306[#]		353，295	7-甲氧基异鼠李素	$C_{17}H_{14}O_7$	0.0215	C、BLG

a：与标准品比对确证；#：$[M+Na]^+$；H：虎杖；M：马鞭草；L：连翘；C：柴胡；G：甘草；B：败酱草；BLG：板蓝根

表 3-4-34　炎症模型潜在活性成分详细信息

编号	峰号	保留时间（min）	$[M-H]^-$	$[M+H]^+$	二级特征碎片		化合物	分子式	MIV	来源
					ESI^-	ESI^+				
1	43[a]	33.71	269.0479	271.0612	241，225，210		大黄素	$C_{15}H_{10}O_5$	0.0472	H
2	6[a]	7.20	387.138	411.1264[#]	387，225	389，227，195，177	马鞭草苷	$C_{17}H_{24}O_{10}$	0.0445	M
3	35	28.60	837.3983	839.4044	837	839，663，469	羟基甘草酸	$C_{29}H_{36}O_{16}$	0.0438	G
4	32	26.71	255.0687	257.0803	255，135	137	甘草素	$C_{21}H_{22}O_9$	0.0312	G
5	30[a]	25.94	283.0636	285.0768	239，211，183		大黄酸	$C_{15}H_8O_6$	0.0232	H
6	26[a]	23.30	407.1379	409.1497	245，215	247，229	决明酮-8-*O*-葡萄糖苷	$C_{20}H_{24}O_9$	0.0204	H
7	16[a]	16.97	623.2026	647.2346[#]	623，461，161	625，477，325	毛蕊花糖苷	$C_{29}H_{36}O_{15}$	0.0197	L、M
8	15[a]	16.81	519.1913	543.1838[#]	357，342		松脂素-*β*-*D*-葡萄糖苷	$C_{26}H_{32}O_{11}$	0.0201	L
9	42	32.80	779.4777	781.3417		765，603，457	柴胡皂苷 d	$C_{42}H_{68}O_{13}$	0.0188	C
10	23	20.77	417.1227	419.1337		419，257	芹糖基-异甘草苷	$C_{26}H_{30}O_{13}$	0.0164	G
11	8[a]	9.99	389.1272	413.1205[#]	227，185	391，229	反式虎杖苷	$C_{20}H_{22}O_8$	0.0149	H
12	14[a]	16.39	623.2028	647.1944[#]	461，179，161	647，325，163	连翘酯苷 A	$C_{29}H_{36}O_{15}$	0.0131	L
13	11	10.95		419.0635		257，303	异甘草苷	$C_{21}H_{22}O_9$	0.0109	G
14	4	5.60	461.1699		315，135		连翘酯苷 E	$C_{20}H_{30}O_{12}$	0.0107	L

a：与标准品比对确证；#：$[M+Na]^+$；H：虎杖；M：马鞭草；L：连翘；C：柴胡；G：甘草

5. 小结与讨论

本部分分别以 22 个不同配比的疏风解毒样品的质谱峰面积数据为自变量矩阵 X（22×44），分别以对应的炎症因子抑制率数据和 M_3 受体激动率数据为因变量矩阵 $Y_{炎}$（22×1）、Y_{M3}（22×1），使用 Matlab 7.13 结合 GA 工具箱进行模型研究，对于模型的关键影响因素——隐含层神经元个数和训练算法进行了筛选和对比研究，运用遗传算法对模型参数进行寻优，完成谱效关系建模，最终确定了模型隐含层神经元个数均为 6，最佳的训练算法为 trainlm，得到了拟合能力和推广能力最佳的模型。M_3 及炎症最优模型的均方误差 MSE 分别为 0.0083、0.0212，相关系数 R 分别为 0.9321、0.9948。结合平均影响值法对活性成分进行辨识。M_3 模型中选取 MIV 值大于 0.02 的前 16 个特征峰所对应的化学成分作为潜在发汗活性成分，炎症模型中选取 MIV 值大于 0.001 的前 14 个特征峰所对应的化学成分作为潜在抗炎活性成分。

中药药性理论包括四气、五味、配伍、升降浮沉等，其中五味理论是中药药性理论的核心内容，是体现药物功效的理论基础及指导中医临床用药的重要依据[24]。辛味是中药五味之一，关于其功效，首次记载于《黄帝内经》，“辛散，酸收，甘缓……”。《类经》也有记载：“……辛能开腠里致津液者，以辛能通气也。”清代汪昂《本草备要・药性总义》中论述辛味药的功效为“辛者，能散，能润，能横行”[4]。时至今日通常认为辛味的基础功效为能行，能散。《灵枢・五味论》针对辛味发散的机制指出：“辛入而汗俱出”，说明辛味发散表邪之性，主要由发汗的方式完成[25]。人体有大汗腺和小汗腺两种汗腺，其中小汗腺分布于全身皮肤，其导管开口于皮肤表面，可通过分泌汗液来调节体温，分泌活动主要接受交感神经的乙酰胆碱能纤维支配[26]。汗腺上神经递质乙酰胆碱（ACh）作用的靶点为 M 受体，是 G 蛋白偶联受体家族的成员，包含至少 5 种受体基因亚型（M_1～M_5）[27]。这些受体在内分泌和神经系统中扮演着不同的角色，并在各个靶标器官中发挥着重要的生理、病理功能[28]。其中 M_3 型受体控制由副交感神经节后纤维所支配的平滑肌收缩和腺体分泌，与发汗密切相关。现代药理研究虽未证明辛味药的直接发汗机制，但已证明大多辛味解表药确有发汗解热的作用，能解除实验性发热，如柴胡皂苷对注射伤寒及副伤寒混合疫苗引起的发热的大鼠有解热作用，并对正常大鼠有降温作用[29]。连翘水提物的低、中、高剂量组对 2，4-二硝基苯酚复制的发热大鼠有明显的解热作用[30]。虎杖乙酸乙酯提取物对伤寒 Vi 多糖疫苗致家兔发热和酵母致大鼠发热有显著的解热降温作用，乙酸乙酯提取部位含有大黄素、虎杖苷等化合物[31]。M_3 模型所识别的 15 个化学成分分别为三萜皂苷类（甘草酸、二氢败酱苷、柴胡皂苷 d）、苯乙醇苷类（连翘酯苷 E、连翘酯苷 I、毛蕊花糖苷、异毛蕊花糖苷）、木脂素（连翘苷、松脂素-*β*-*D*-葡萄糖苷）、蒽醌类（大黄素、大黄素-1-*O*-葡萄糖苷、大黄酸）、二苯乙烯类（反式虎杖苷）、黄酮类（甘草素、甘草苷、7-甲氧基异鼠李素）。虽然有些成分未见发汗解热的作用，但中药成分复杂，发挥药效作用的时候往往是多种成分之间的相互作用，一些物质虽然单独没有药效活性，但是在中药作用强调整体性的基础上，各个物质之间协同作用发挥 1+1＞2 的效果。

炎症是许多不同类型疾病共同的病理基础。疏风解毒胶囊所治疗的病症“风热证”，多见于风热之邪侵袭卫表，导致肺卫不宜。其主要相关症状相当于现代医学的上呼吸道感染，上呼吸道感染通常是由病毒和细菌等病原体入侵导致炎症因子过度释放而引起呼吸道黏膜急性炎症，症见发热、咽痛、头痛、鼻塞、流浊涕、咳嗽等，这些症状与风热证病因病机“风热上扰，咽喉不利，故咽喉肿痛；与风热袭肺，肺失清肃，肺气上逆，故咳嗽；肺气失宣，鼻窍不利，津液为热邪所灼，故鼻塞流浊涕；风热袭表，卫气抗邪，阳气浮郁于表，故有发热。”一致，均属炎症症状。《黄帝内经》言：“肺苦气上逆，急食苦以泄之”。《医学入门》曰：“苦泄，谓泻其上升之火也”。不难看出，苦味能清泻火热，治疗风热证，与其抗炎作用有关。抗炎模型所识别的 13 个化学成分分别为环烯醚萜类（马鞭草苷）、黄酮类（甘草素、异甘草苷、芹糖基-异甘草苷）、木脂素（松脂素-*β*-*D*-葡萄糖苷）、二苯乙烯类（反式虎杖苷）、三萜皂苷类（羟基甘草酸、柴胡皂苷 d）、蒽醌类（大黄素、大黄酸）、苯乙醇苷类（毛蕊花糖苷、连翘酯苷 A、连翘酯苷 E）、蒽酮类（决明酮-8-*O*-葡萄糖苷），各类成分均已见抗炎作用的文献报道。马鞭草苷可抑制花生四烯酸代谢途径中起关键作用的酶 COX-1 和 COX-2 的活性，且马鞭草苷对 COX-2 的抑制活性高于对 COX-1 的抑制活性[32]。甘草的黄酮类成分是甘草抗炎的主要成分，甘草总黄酮可通过抑制淋巴细胞、中性粒细胞等炎性细胞浸润和 TNF-α、IL-1β 等炎症介质释放从而减少中性粒细胞募集，有效地对抗炎症反应[33]。甘草素可抑制卵白蛋白致哮喘小鼠免疫 IgE 抗体的产生[34]。异甘草苷抑制炎症因子 PGE_2 和 NO 生成[35]。甘草三萜皂苷可能通过调节巨噬细胞产生 NO、TNF-α 及 IL-1 等炎症因子并抑制 PLA_2 酶的活性及 COX-2 的表达而降低 PGE_2 的合成来发挥抗炎作用[36]。研究证明，大黄素、大黄酸和大黄酚等蒽醌类均可不同程度地抑制激活炎性介质释放的 PTK、PKC、CaMPKs 等胞内激酶的活性，发挥抗炎作用[37]。连翘酯苷 A 在 LPS 诱导的体外 BV2 小胶质细胞和原代小胶质细胞炎症模型中可抑制 NF-κB 信号通路和提升 Nrf2 和 HO-1 的表达水平，表现出其抗炎活性[38]。虎杖苷可通过下调 Toll 样受体 4（TLR4）和 NF-κB 来抑制促炎性细胞因子（TNF-α、IL-1β 和 IL-6）的释放[39]。体外实验表明连翘中的木脂素类及其苷[如（+）-松脂素和（+）-松脂素-*β*-*D*-葡萄糖苷]均可抑制 cAMP 磷酸二酯酶活性，升高炎症细胞 cAMP 水平从而发挥抗炎的作用[40]。综上所述，疏风解毒胶囊抗炎作用可能是味“苦”的作用。因此，MIV 法辨别的 13 个成分可能是疏风解毒胶囊“苦”味的物质基础。

第五节　基于 G 蛋白偶联受体及酶的疏风解毒胶囊药效物质基础验证研究

本部分实验基于血中移行成分和系统生物学研究结果，并结合相关文献报道，选取了与发汗、抗炎和免疫调节作用密切相关的多个 G 蛋白偶联受体（乙酰胆碱受体 M_3、β_2 肾上腺素受体 $ADRB_2$、α_1 肾上腺素受体 $ADRA_{1B}$）及磷酸二酯酶 PDE4B 为研究对象，通过运用胞内钙离子荧光检测技术和酶抑制剂检测技术，验证了疏风解毒胶囊及 14 个代表性单体（详细信息见表 3-5-1）即：虎杖苷、大黄酸、大黄素、白藜芦醇（虎杖）；连翘酯苷 A、松脂素-4-*O*-*β*-*D*-葡萄糖苷、连翘苷（连翘）；马鞭草苷、戟叶马鞭草苷、毛蕊花糖苷（马鞭草）；柴胡皂苷 a、柴胡皂苷 d（柴胡）和甘草酸、甘草苷（甘草）给药后对 M_3 受体和 $ADRB_2$ 受体的激动作用，对 $ADRA_{1B}$ 受体的抑制作用及对 PDE4B 的抑制活性，从而最终确定疏风解毒胶囊的药效物质基础。

表 3-5-1 14 个化合物信息表

编号	中文名	结构类型	化学式	分子量	化学结构	供应商	纯度	来源
1	虎杖苷	二苯乙烯	$C_{20}H_{22}O_8$	390.40	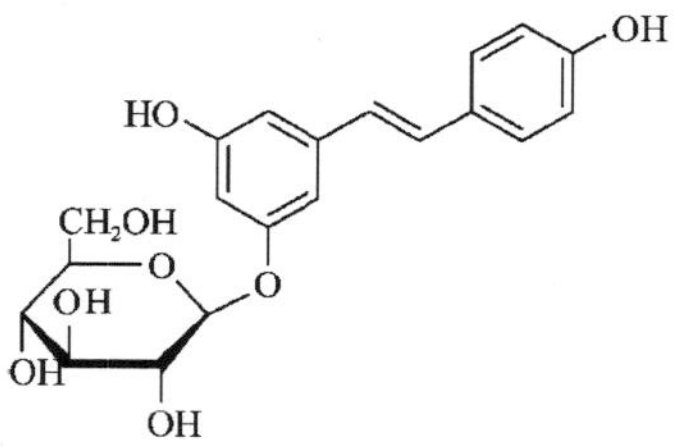	南京春秋生物工程有限公司	≥98%	虎杖
2	白藜芦醇	二苯乙烯	$C_{14}H_{12}O_3$	228.24	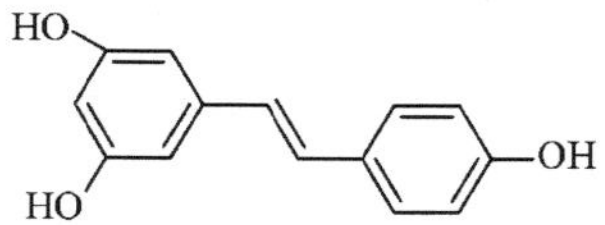	南京春秋生物工程有限公司	≥98%	
3	大黄酸	蒽醌	$C_{15}H_8O_6$	284.22	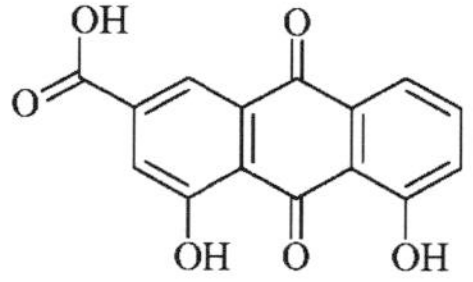	南京春秋生物工程有限公司	≥98%	
4	大黄素	蒽醌	$C_{15}H_{10}O_5$	270.23	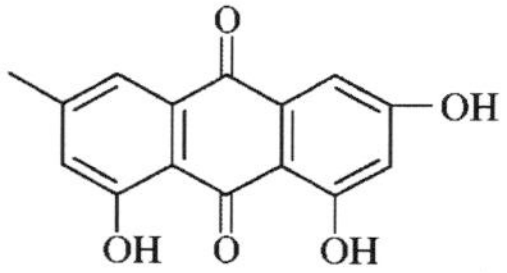	南京春秋生物工程有限公司	≥98%	
5	连翘酯苷 A	苯乙醇苷	$C_{29}H_{36}O_{15}$	624.59	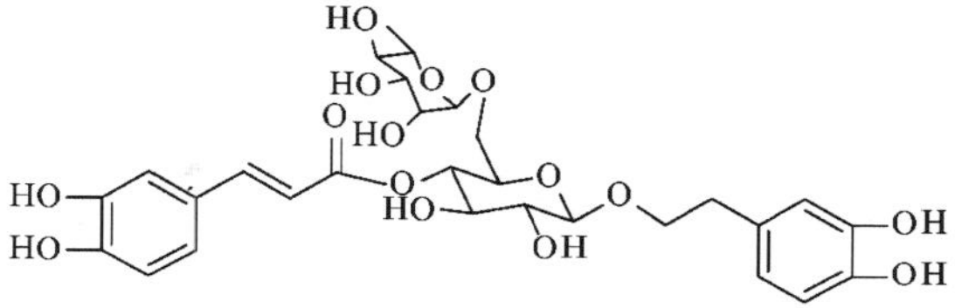	成都曼思特生物科技有限公司	98.60%	连翘

续表

编号	中文名	结构类型	化学式	分子量	化学结构	供应商	纯度	来源
6	松脂素-4-*O*-*β*-*D*-葡萄糖苷	木脂素	$C_{26}H_{32}O_{11}$	520.53	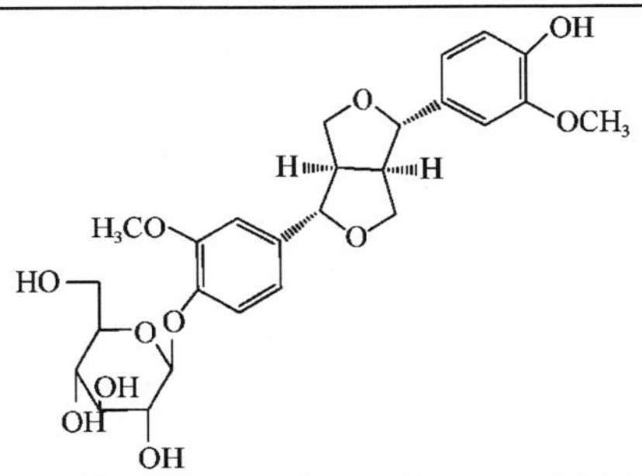	成都曼思特生物科技有限公司	98.90%	连翘
7	连翘苷	木脂素	$C_{27}H_{34}O_{11}$	534.56	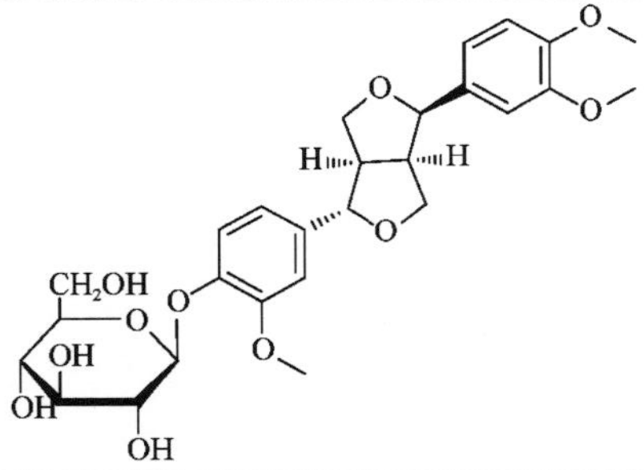	成都曼思特生物科技有限公司	98.76%	
8	马鞭草苷	环烯醚萜	$C_{17}H_{24}O_{10}$	388.37	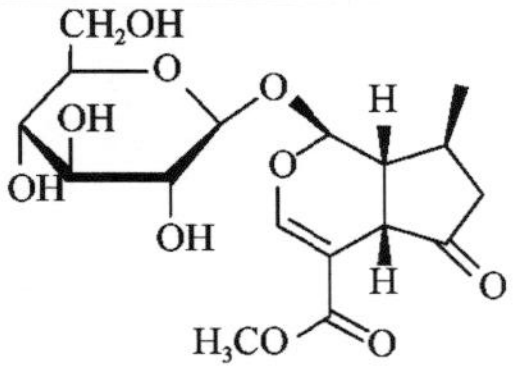	成都普思生物科技有限公司	>98%	马鞭草
9	戟叶马鞭草苷	环烯醚萜	$C_{17}H_{24}O_{11}$	404.37	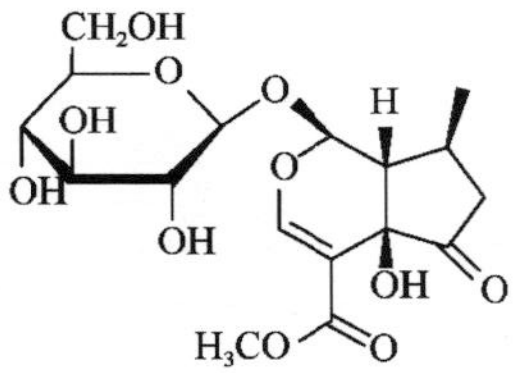	上海再启生物技术有限公司	≥98%	

续表

编号	中文名	结构类型	化学式	分子量	化学结构	供应商	纯度	来源
10	毛蕊花糖苷	苯乙醇苷	$C_{29}H_{36}O_{15}$	624.59		成都曼思特生物科技有限公司	99.57%	马鞭草
11	柴胡皂苷 a	三萜皂苷	$C_{42}H_{68}O_{13}$	780.98		成都曼思特生物科技有限公司	98.35%	柴胡
12	柴胡皂苷 d	三萜皂苷	$C_{42}H_{68}O_{13}$	780.98		成都曼思特生物科技有限公司	98.55%	

续表

编号	中文名	结构类型	化学式	分子量	化学结构	供应商	纯度	来源
13	甘草酸	三萜皂苷	$C_{42}H_{62}O_{16}$	822.92	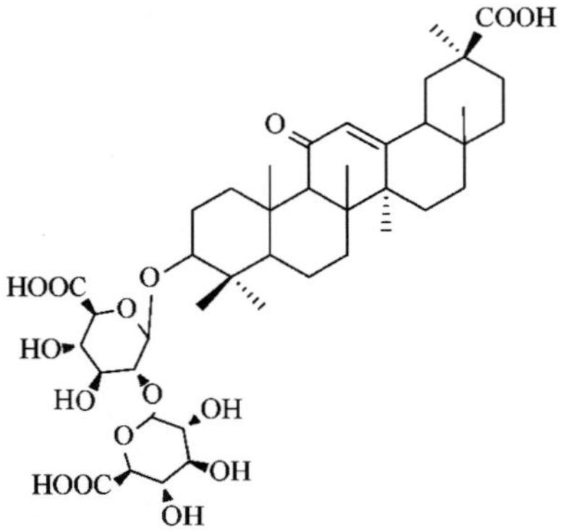	中国食品药品检定研究院	93%	甘草
14	甘草苷	黄酮	$C_{21}H_{22}O_9$	418.40	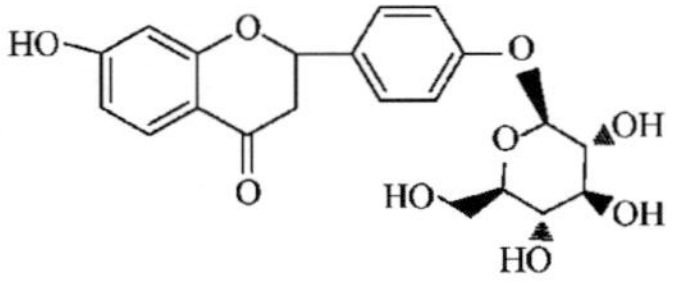	中国食品药品检定研究院	93.1%	

一、体外 M_3、$ADRB_2$ 受体激动活性及 $ADRA_{1B}$ 受体拮抗活性实验

1. 实验目的

本实验通过运用细胞内钙离子荧光检测技术评价疏风解毒胶囊（谱效实验中 0 号样品）及 14 个化合物对 M_3 受体和 $ADRB_2$ 受体的体外激动活性研究，对 $ADRA_{1B}$ 受体的体外拮抗活性[41-44]。

2. 实验方案

2.1　实验原理

G 蛋白偶联受体（G-protein-coupled receptor，GPCR），是一类能与配体结合，能通过与 G 蛋白的相互作用激活细胞内一系列信号通路的受体膜蛋白。研究表明，该类受体的共同点是其立体结构中都有 7 个跨膜 α 螺旋，且其肽链的 C 端和连接第 5 和第 6 个跨膜 α 螺旋的胞内环上都有 G 蛋白（鸟苷酸结合蛋白）的结合位点。在某些生理过程中，G 蛋白偶联受体能结合细胞周围环境中的化学物质并激活细胞内的一系列信号通路，最终引起细胞生理状态的改变。

2.2　实验设计

本实验使用构建的稳定表达 M_3 受体的 CHO-K1 细胞作为筛选模型，以卡巴胆碱（carbachol，最高检测浓度为 1μmol/L，5 倍稀释，8 个浓度点）作为阳性激动化合物，通过检测疏风解毒胶囊和 14 个化合物与受体结合后细胞内钙离子浓度的变化，以评价样品的功能活性。

使用构建的稳定表达 $ADRB_2$ 受体的 CHO-K1/Gα15 细胞作为筛选模型，以异丙肾上腺素（isoproterenol，最高检测浓度为 1μmol/L，5 倍稀释，8 个浓度点）作为阳性激动化合物，通过检测疏风解毒胶囊和 14 个化合物与受体结合后细胞内钙离子浓度的变化，以评价样品的功能活性。

使用构建的稳定表达 $ADRA_{1B}$ 受体的 CHO-K1 细胞作为筛选模型，以肾上腺素（epinephrine，最高检测浓度为 10μmol/L，5 倍稀释，8 个浓度点）作为阳性化合物，以 WB4101 [化学名：2-（2，6-二甲氧基苯氧乙基）氨甲基-1，4-苯并二氧烷盐酸盐，最高检测浓度为 10μmol/L，5 倍稀释，8 个浓度点）作为 $ADRA_{1B}$ 受体的阳性拮抗化合物，通过检测疏风解毒胶囊和 14 个化合物与受体结合后细胞内钙离子浓度的变化，以评价样品的功能活性。

3. 主要仪器

实验用主要仪器见表 3-5-2。

表 3-5-2　实验用主要仪器表

仪器设备	厂家	型号
FLIPR^{TM} TETRA	Molecular Device	FLIPR TETRA

4. 主要试剂及材料

实验中疏风解毒胶囊为谱效实验中 0 号样品，14 个化合物信息见表 3-5-1，所用其他试剂

及材料见表 3-5-3。

表 3-5-3 试剂及材料信息

名称	厂家	货号
10cm 细胞培养皿	Costar	430167
黑底透明 384 微孔板	Corning	3764
50ml 锥形管	Corning	430828
聚丙烯透明圆底 384 微孔板	Corning	3656
FLIPR®钙检测试剂盒	Molecular devices	R8141
丙磺舒	SIGMA-ALDRICH	P8761
DMSO	SIGMA-ALDRICH	D4540-100ML
分析缓冲液	Prepared in House	N/A

5. 阳性化合物信息

实验中所用阳性化合物信息见表 3-5-4。

表 3-5-4 阳性化合物信息

名称	来源	货号	储存浓度（mmol/L）	储存条件
卡巴胆碱	Sigma	Y0000113	50	−20℃
异丙肾上腺素	Sigma	I6504	20/100	−20℃
肾上腺素	Sigma	E1635	10	−20℃
WB4101	Tocris	0946	10	−20℃

6. 实验步骤

6.1 实验系统

稳定表达 M_3 受体的 CHO-K1 细胞、稳定表达 $ADRB_2$ 受体的 CHO-K1/Gα15 细胞、稳定表达 $ADRA_{1B}$ 受体的 CHO-K1 细胞培养于 10cm 培养皿中，在 37℃ 5% CO_2 培养箱中培养，当细胞汇合度达到 80%～85%时，进行消化处理，将收集到的细胞悬液，以 15 000 个细胞每孔的密度接种到 384 微孔板，然后放入 37℃ 5% CO_2 培养箱中继续过夜培养后用于实验。

6.2 细胞培养

CHO-K1/M_3 细胞系常规培养，传代在含有 10%胎牛血清的 Ham's F12，抗生素浓度为 400μg/ml G418。

CHO-K1/Ga15/$ADRB_2$ 细胞系常规培养，传代在含有 10%胎牛血清的 Ham's F12，抗生素浓度为 100μg/ml Hygromycin B，200μg/ml Zeocin。

CHO-K1/$ADRA_{1B}$ 细胞系常规培养，传代在含有 10%胎牛血清的 Ham's F12，抗生素浓度为 400μg/ml G418。

6.3 待测样品的配制

疏风解毒胶囊：先用 DMSO 溶解配制成 5mg/ml 储存液，超声后密封放于 4℃备用。检测时将储存液超声混溶后使用 HBSS buffer（含 20mmol/L HEPES）稀释，配制成 5 倍于检测浓度的溶液，最高检测浓度为 1mg/ml，10 倍稀释，7 个浓度点，双复孔。

化合物：均用 DMSO 溶解制成 50mmol/L 储存液，检测时用 HBSS buffer（含 20mmol/L HEPES）进行稀释，配制成相应检测浓度的 5 倍工作溶液，最终检测浓度为 100μmol/L 和 10μmol/L，双复孔。

本研究中 DMSO 浓度均未超过 0.2%。

6.4　检测方法

6.4.1　实验概览

第一天：将细胞接种到 384 微孔板，细胞铺板步骤如下：

1）消化细胞，离心后重悬计数。

2）将细胞接种至 384 微孔板，每孔 20μl，15 000 个细胞/孔。

3）将细胞板放至 37℃ 5% CO_2 培养箱继续培养 18～24h 后取出用于钙流检测。

第二天：进行钙流检测，激动剂检测步骤如下：

1）配制染料工作液（参照 Molecular Devices 公司产品说明书操作）。

2）往细胞板内加入染料，每孔 20μl，然后放入 37℃ 5% CO_2 培养箱孵育 1h。

3）取出细胞板，于室温平衡 15min。

4）加入阳性激动剂工作液，读板，检测并记录 RFU 值。

抑制剂检测步骤如下：

1）配制染料工作液（参照 Molecular Devices 公司产品说明书操作）。

2）往细胞板内加入染料，每孔 20μl。

3）然后每孔加入 10μl 待测样品或阳性拮抗剂，然后放入 37℃ 5% CO_2 培养箱孵育 1h。

4）取出细胞板，于室温平衡 15min。

5）加入阳性激动剂工作液，读板，检测并记录 RFU 值。

6.4.2　检测前的准备工作

激动剂检测的准备工作方案为：将细胞接种到 384 微孔板，每孔接种 20μl 细胞悬液（含 1.5 万个细胞），然后放置到 37℃ 5% CO_2 培养箱中继续过夜培养，18h 后将细胞取出，加入染料，每孔 20μl，然后将细胞板放到 37℃ 5% CO_2 培养箱孵育 1h，最后于室温平衡 15min。检测时，将细胞板、待测样品板放入 FLIPR 内指定位置，由仪器自动加入 10μl 5×检测浓度的激动剂及待测样品检测 RFU 值。

抑制剂检测的准备工作方案为：将细胞接种到 384 微孔板，每孔接种 20μl 细胞悬液（含 1.5 万个细胞），然后放置到 37℃ 5% CO_2 培养箱中继续过夜培养，18h 后将细胞取出，抑制剂检测时，加入 20μl 染料，再加入 10μl 配制好的样品溶液，然后将细胞板放到 37℃ 5% CO_2 培养箱孵育 1h，最后于室温平衡 15min。检测时，将细胞板、阳性激动剂板放入 FLIPR 内指定位置，由仪器自动加入 12.5μl 的 5×EC_{80} 浓度的阳性激动剂检测 RFU 值。

6.4.3　信号检测

将装有待测样品溶液（5×检测浓度）的 384 微孔板、细胞板和枪头盒放到 FLIPR^{TM}TETRA（Moleale Devices）内，运行激动剂检测程序，仪器总体检测时间为 120 s，在第 21 s 时自动将激动剂及待测样品 10μl 加入细胞板内。

将装有 5×EC_{80} 浓度阳性激动剂的 384 微孔板、细胞板和枪头盒放到 FLIPR™TETRA（Molecule Devices）内，运行抑制剂检测程序，仪器总体检测时间为 120s，在第 21s 时自动将 12.5μl 阳性激动剂加入细胞板内。

6.5 数据分析

通过 ScreenWorks（version 3.1）获得原始数据以*FMD 文件保存在计算机网络系统中。数据采集和分析使用 Excel 和 GraphPad Prism 6 软件程序。对于每个检测孔而言，以 1～20s 的平均荧光强度值作为基线，21～120s 的最大荧光强度值减去基线值即为相对荧光强度值（ΔRFU），根据该数值并依据以下方程可计算出激活或抑制百分比。

$$\%激活率=(\Delta RFU_{Compound}-\Delta RFU_{Background})/(\Delta RFU_{Agonist\ control\ at\ EC_{100}}-\Delta RFU_{Background})\times 100\%$$

$$\%抑制率=\{1-(\Delta RFU_{Compound}-\Delta RFU_{Background})/(\Delta RFU_{Agonist\ control\ at\ EC_{80}}-\Delta RFU_{Background})\}\times 100\%$$

使用 GraphPad Prism 6 用四参数方程对数据进行分析，从而计算出 EC_{50} 和 IC_{50} 值。四参数方程如下：

$$Y=Bottom+(Top-Bottom)/(1+10^{\wedge}((logEC_{50}/IC_{50}-X)*HillSlope))$$

X 是浓度的 log 值，Y 是抑制率。

7. 实验结果

7.1 疏风解毒胶囊对 3 个 GPCR 受体的剂量效应

通过多浓度梯度给药，得到了阳性激动剂和拮抗剂对 GPCR 受体的激动率和抑制率曲线，计算得到了各个激动剂的 EC_{50} 和 IC_{50} 值。阳性激动剂卡巴胆碱对 M_3 受体的 EC_{50} 值为 8.03nmol/L（图 3-5-1）；阳性激动剂异丙肾上腺素对 $ADRB_2$ 受体的 EC_{50} 值为 0.35nmol/L（图 3-5-2）；阳性激动剂肾上腺素对 $ADRA_{1B}$ 受体的 EC_{50} 值为 81.92nmol/L（图 3-5-3）。阳性拮抗剂 WB4101 对 $ADRA_{1B}$ 受体的 IC_{50} 值为 17.44nmol/L（图 3-5-4）。

同时，通过多浓度梯度给药，得到了疏风解毒胶囊 0 号样品对 M_3 受体和 $ADRB_2$ 受体的体外激动活性量效曲线图，对 $ADRA_{1B}$ 受体的体外拮抗活性量效曲线图。计算得到了 EC_{50} 和 IC_{50} 值。疏风解毒胶囊对 M_3 受体的 EC_{50} 值约为 0.10mg/ml（图 3-5-5）；对 $ADRB_2$ 受体的 EC_{50} 值约为 0.12mg/ml（图 3-5-6）；对 $ADRA_{1B}$ 受体的 IC_{50} 值约为 0.14mg/ml（图 3-5-7）。具体信息见表 3-5-5。

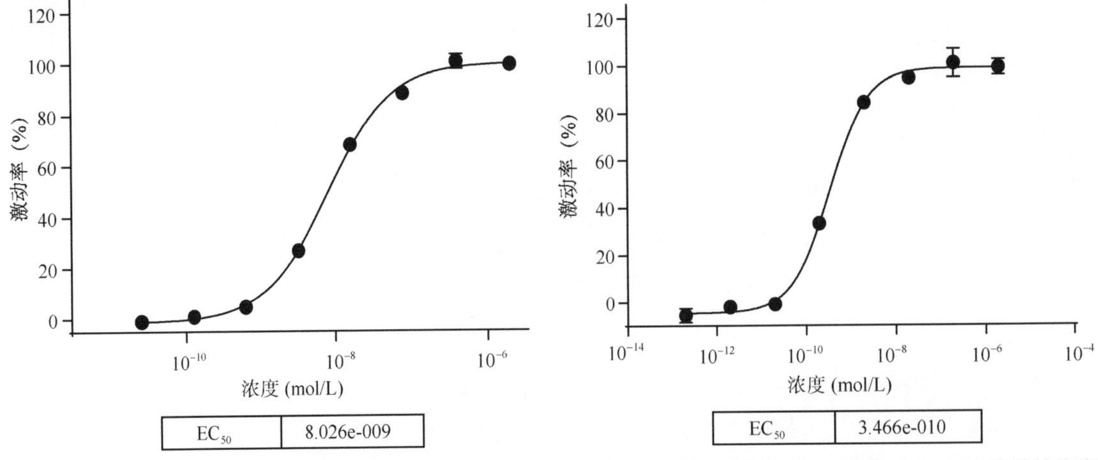

图 3-5-1 阳性激动剂卡巴胆碱对 M_3 的量效曲线图　图 3-5-2 阳性激动剂异丙肾上腺素对 $ADRB_2$ 的量效曲线图

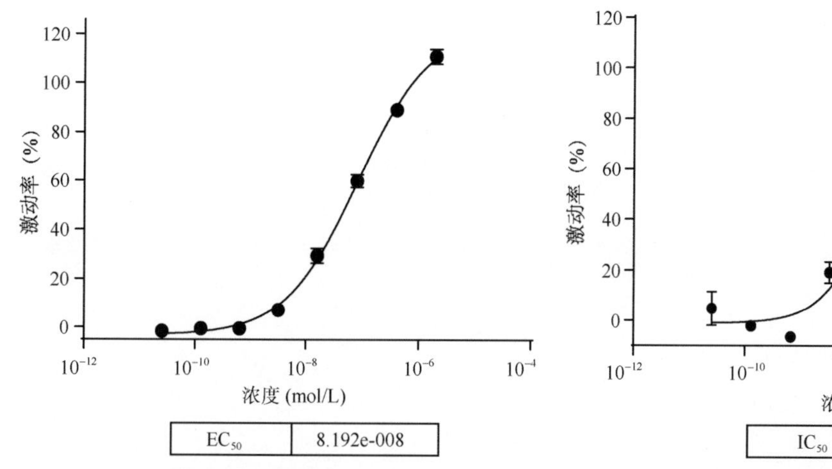

图 3-5-3　阳性激动剂肾上腺素对 $ADRA_{1B}$ 的量效曲线图

图 3-5-4　阳性拮抗剂 WB4101 对 $ADRA_{1B}$ 受体的量效曲线图

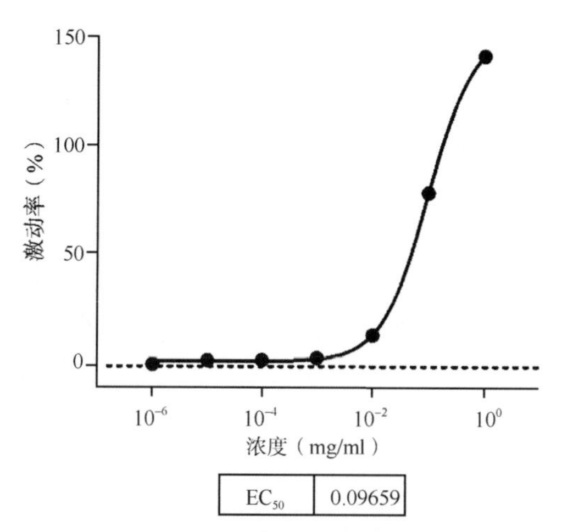

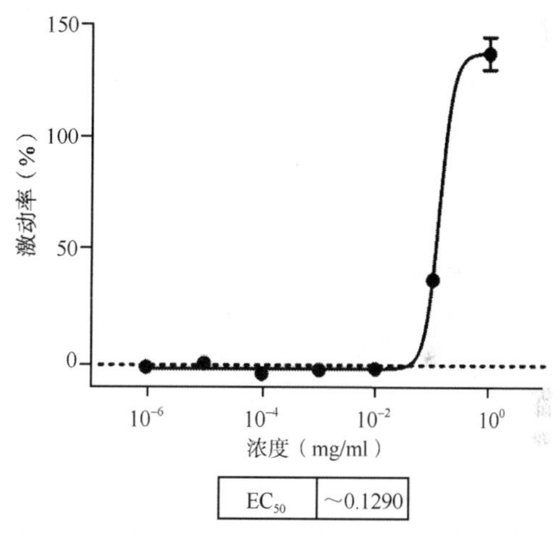

图 3-5-5　疏风解毒胶囊对 M_3 的量效曲线图

图 3-5-6　疏风解毒胶囊对 $ADRB_2$ 的量效曲线图

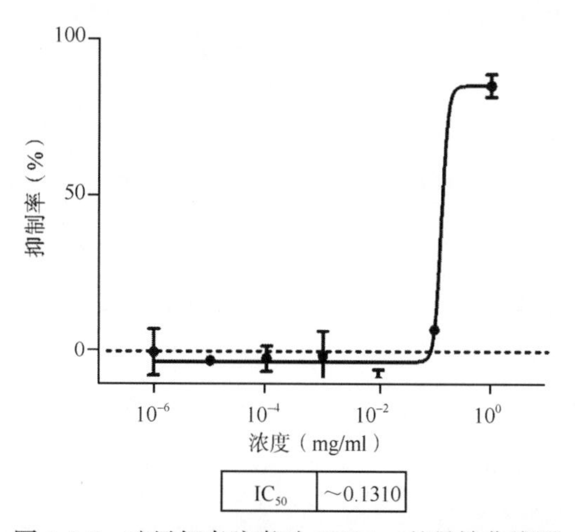

图 3-5-7　疏风解毒胶囊对 $ADRA_{1B}$ 的量效曲线图

表 3-5-5 疏风解毒 0 号样品对 3 个 GPCR 受体的作用

Conc.（mg/ml）	M_3		$ADRB_2$		$ADRA_{1B}$	
	Mean	SD	Mean	SD	Mean	SD
1	141.89	3.1	139.46	10.3	85.61	5.1
0.1	79.27	2.3	38.41	1.0	7.20	0.7
0.01	14.50	0.5	–1.57	1.4	–9.50	5.2
0.001	3.95	1.8	–2.13	3.6	–1.44	11.5
0.000 1	3.04	2.1	–3.79	1.6	–2.27	5.9
0.000 01	2.81	0.5	0.77	0.5	–3.02	1.0
0.000 001	1.03	2.8	–0.90	2.8	–0.16	10.7
0.000 000 1	0.84	2.5	3.11	1.9	14.92	0.3
0.000 000 01	–0.71	4.4	–3.79	0.8	–8.35	0.7
0.000 000 001	2.53	0.3	1.29	1.4	6.95	0.1

7.2 14 个化合物对 3 个 GPCR 受体的活性结果

通过疏风解毒胶囊对 3 个受体的激动或拮抗实验，确定了该方剂对 3 个受体的活性作用及 EC_{50} 和 IC_{50} 值。因此，又进一步对 14 个代表性化合物对 3 个受体的活性作用进行实验研究。

通过多浓度梯度给药，得到了阳性激动剂和拮抗剂对 GPCR 受体的激动率和抑制率曲线，计算得到了各个激动剂的 EC_{50} 和 IC_{50} 值。阳性激动剂卡巴胆碱对 CHO-K1/M_3 受体的 EC_{50} 值为 5.43nmol/L（图 3-5-8）；阳性激动剂异丙肾上腺素对 CHO-K1/Gα15/$ADRB_2$ 受体的 EC_{50} 值为 0.36nmol/L（图 3-5-9）；阳性激动剂肾上腺素对 CHO-K1/$ADRA_{1B}$ 受体的 EC_{50} 值为 60.91nmol/L（图 3-5-10）。阳性拮抗剂 WB4101 对 CHO-K1/$ADRA_{1B}$ 受体的 IC_{50} 值为 60.64nmol/L（图 3-5-11）。

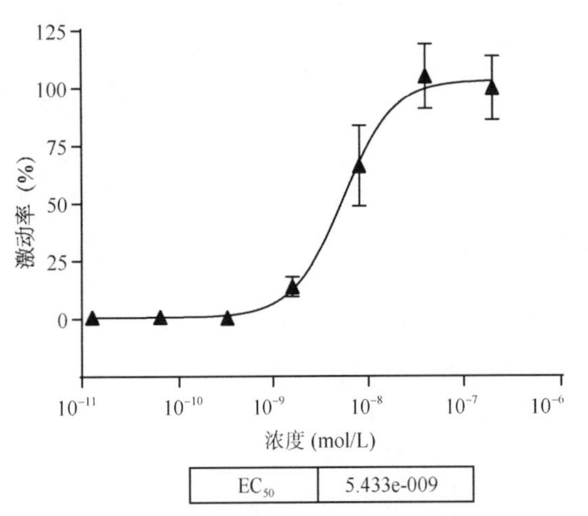

图 3-5-8 阳性激动剂卡巴胆碱对 M_3 的量效曲线图

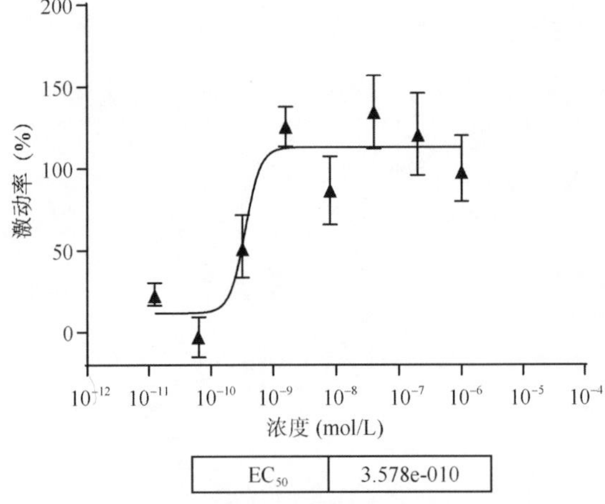

图 3-5-9 阳性激动剂异丙肾上腺素对 $ADRB_2$ 的量效曲线图

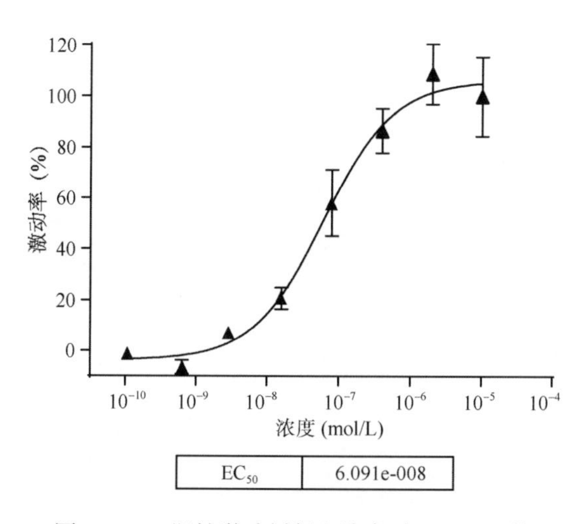

图 3-5-10　阳性激动剂肾上腺素对 $ADRA_{1B}$ 的量效曲线图

图 3-5-11　阳性拮抗剂 WB4101 对 $ADRA_{1B}$ 受体的量效曲线图

同时，通过多浓度梯度给药，得到了 14 个化合物对 M_3 受体和 $ADRB_2$ 受体的体外激动活性图，对 $ADRA_{1B}$ 受体的体外拮抗活性图。实验结果见图 3-5-12～图 3-5-14，表 3-5-6～表 3-5-8。由图表结果发现，14 个化合物中来源于虎杖药材的大黄酸对 M_3、$ADRB_2$ 受体的激动率分别为 113.03%、140.99%，来源于柴胡药材的柴胡皂苷 a 和柴胡皂苷 d 对 M_3 受体的激动率分别为 141.21%、126.24%，对 $ADRB_2$ 受体的激动率分别为 169.52%、170.43%，都具有显著激动作用；来源于虎杖药材的大黄素、白藜芦醇、来源于连翘的松脂素-4-*O*-*β*-*D*-葡萄糖苷及来源于柴胡的柴胡皂苷 a 和柴胡皂苷 d 对 $ADRA_{1B}$ 受体的抑制率分别为 76.21%、39.76%、42.15%、94.44%、107.02%，显示出较好的抑制活性。

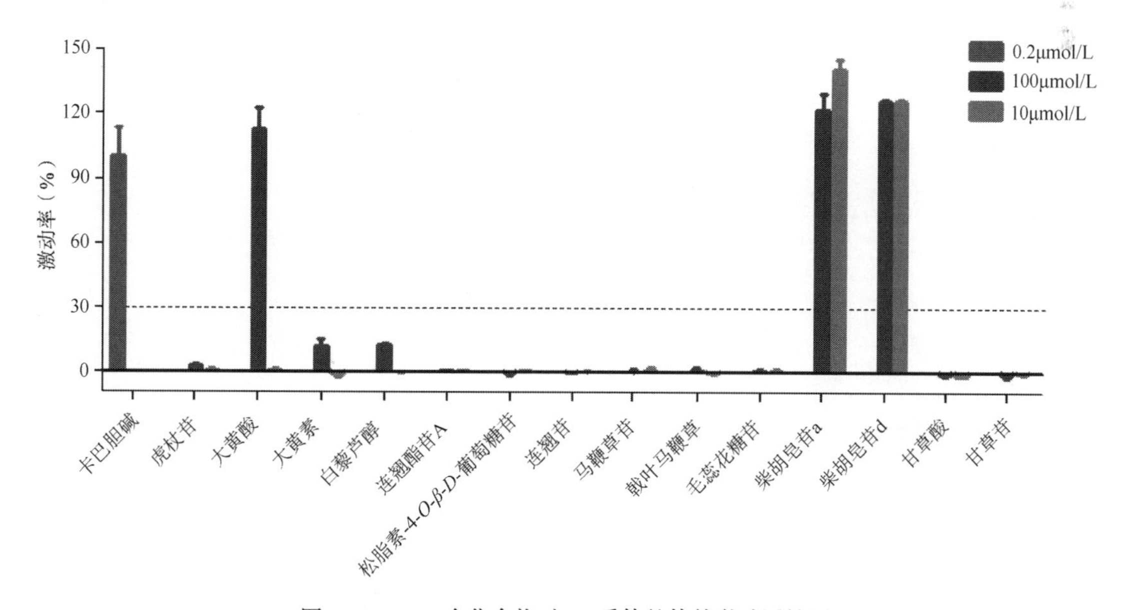

图 3-5-12　14 个化合物对 M_3 受体的体外激动活性图

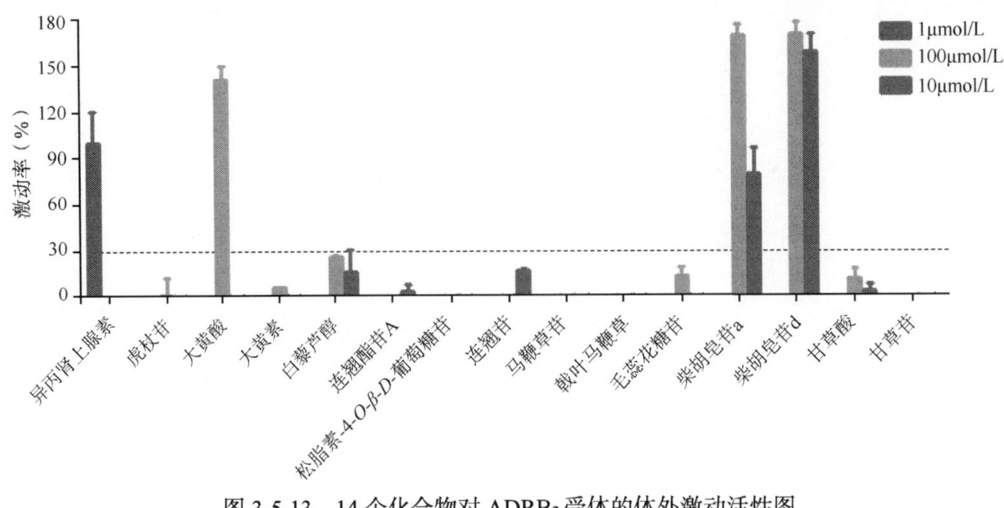

图 3-5-13 14 个化合物对 $ADRB_2$ 受体的体外激动活性图

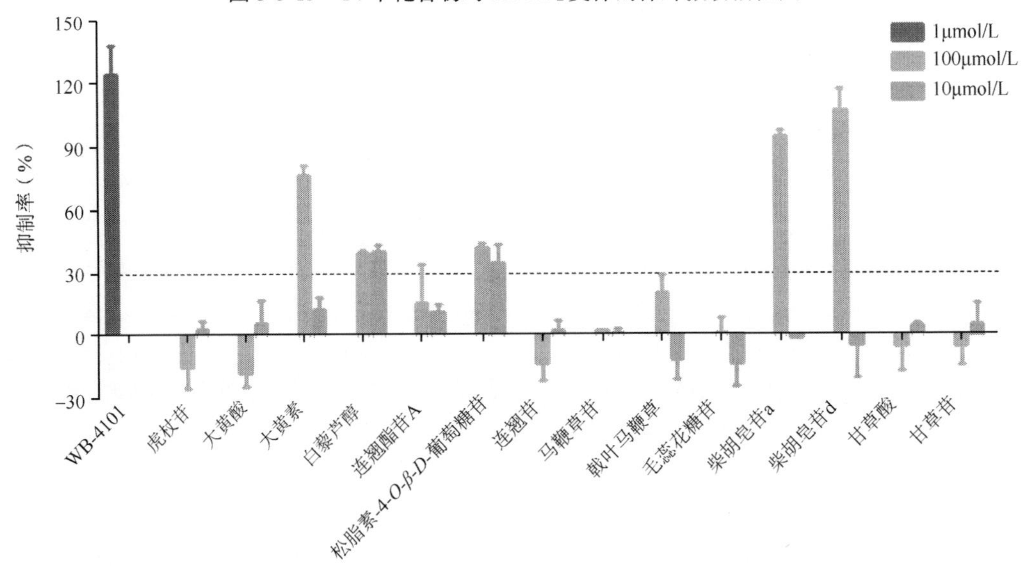

图 3-5-14 14 个化合物对 $ADRA_{1B}$ 受体的体外拮抗活性图

表 3-5-6 阳性对照及 14 个化合物对 M_3 受体的激动率数据表

化合物	浓度（μmol/L）	激动率（%）			$\bar{x}$ ±SD
卡巴胆碱	0.2	75.77	100.60	123.62	100.00±23.93
虎杖苷	100	1.14		3.69	2.42±1.80
	10	0.65		1.14	0.89±0.35
大黄酸	100	103.45		122.60	113.03±13.54
	10	1.20		0.76	0.98±0.32
大黄素	100	15.45		8.54	12.00±4.89
	10	0.65		−2.00	−0.68±1.87
白藜芦醇	100	12.12		13.28	12.70±0.83
	10	0.24		−0.15	0.04±0.28
连翘酯苷 A	100	0.72		0.61	0.67±0.07
	10	0.93		0.56	0.74±0.26

续表

化合物	浓度（μmol/L）	激动率（%）		$\bar{x}$ ±SD
松脂素-4-*O*-*β*-*D*-葡萄糖苷	100	0.91	−1.69	−0.39±1.84
	10	0.96	−0.13	0.41±0.77
连翘苷	100	−0.07	−0.38	−0.22±0.22
	10	0.58	−0.49	0.05±0.76
马鞭草苷	100	−1.31	1.41	0.05±1.92
	10	−0.65	1.81	0.58±1.74
戟叶马鞭草	100	−0.97	2.00	0.51±2.10
	10	−0.87	0.07	−0.40±0.67
毛蕊花糖苷	100	0.03	1.14	0.59±0.79
	10	1.38	−0.64	0.37±1.43
柴胡皂苷 a	100	129.96	114.43	122.20±10.98
	10	136.59	145.83	141.21±6.53
柴胡皂苷 d	100	127.16	125.32	126.24±1.30
	10	127.09	125.32	126.20±1.26
甘草酸	100	−0.31	−1.77	−1.04±1.03
	10	−1.59	−0.70	−1.15±0.63
甘草苷	100	1.15	−2.09	−0.47±2.29
	10	−0.62	0.42	−0.10±0.74

表 3-5-7　阳性对照及 14 个化合物对 $ADRB_2$ 受体的激动率数据表

化合物	浓度（μmol/L）	激动率（%）		$\bar{x}$ ±SD
异丙肾上腺素	1	79.82	120.18	100.00±28.54
虎杖苷	100	−10.08	12.69	1.31±16.10
	10	−2.97	−29.61	−16.29±18.84
大黄酸	100	131.57	150.41	140.99±13.32
	10	0.48	−0.13	0.18±0.43
大黄素	100	6.43	6.01	6.22±0.29
	10	−2.68	−0.86	−1.77±1.29
白藜芦醇	100	25.25	26.81	26.03±1.10
	10	30.83	0.86	15.85±21.19
连翘酯苷 A	100	2.19	−8.64	−3.23±7.66
	10	7.87	−0.10	3.89±5.64
松脂素-4-*O*-*β*-*D*-葡萄糖苷	100	−11.31	−24.05	−17.68±9.01
	10	−23.51	−17.04	−20.27±4.57
连翘苷	100	11.11	−14.79	−1.84±18.31
	10	15.63	17.82	16.72±1.55
马鞭草苷	100	−10.12	−8.27	−9.19±1.30
	10	−4.83	−0.21	−2.52±3.27

续表

化合物	浓度（μmol/L）	激动率（%）		$\bar{x}$ ±SD
戟叶马鞭草	100	−10.82	−7.51	−9.16±2.34
	10	9.18	−15.19	−3.00±17.23
毛蕊花糖苷	100	7.77	19.13	13.45±8.03
	10	−5.90	−19.85	−12.88±9.86
柴胡皂苷 a	100	176.90	162.13	169.52±10.45
	10	61.46	96.73	79.09±24.93
柴胡皂苷 d	100	178.85	162.00	170.43±11.91
	10	170.91	147.37	159.14±16.64
甘草酸	100	17.55	6.29	11.92±7.96
	10	8.07	0.15	4.11±5.60
甘草苷	100	−6.03	2.17	−1.93±5.80
	10	−13.29	−17.53	−15.41±3.00

表 3-5-8 阳性对照及 14 个化合物对 $ADRA_{1B}$ 受体的抑制率数据表

化合物	浓度（μmol/L）	抑制率（%）				$\bar{x}$ ±SD
WB 4101	1	127.55	141.87	108.55	121.10	124.8±13.87
虎杖苷	100	−21.91		−7.28		−14.60±10.35
	10	0.26		5.79		3.03±3.91
大黄酸	100	−13.08		−22.62		−17.85±6.75
	10	−1.57		13.66		6.04±10.77
大黄素	100	72.76		79.65		76.21±4.87
	10	16.46		9.26		12.86±5.09
白藜芦醇	100	38.68		40.10		39.39±1.01
	10	42.41		37.11		39.76±3.75
连翘酯苷 A	100	2.18		28.58		15.38±18.67
	10	13.66		8.78		11.22±3.46
松脂素-4-*O*-*β*-*D*-葡萄糖苷	100	43.48		40.81		42.15±1.89
	10	40.73		27.67		34.20±9.23
连翘苷	100	−7.00		−19.40		−13.20±8.77
	10	−0.80		5.59		2.40±4.52
马鞭草苷	100	2.31		1.95		2.13±0.25
	10	−1.08		2.44		0.68±2.49
戟叶马鞭草	100	26.65		14.07		20.36±8.89
	10	−4.30		−18.04		−11.17±9.72
毛蕊花糖苷	100	6.21		−4.38		0.92±7.49
	10	−21.15		−5.75		−13.45±10.89
柴胡皂苷 a	100	96.82		92.06		94.44±3.37
	10	−1.15		−1.17		−1.16±0.02

续表

化合物	浓度（μmol/L）	抑制率（%）		$\bar{x}$ ±SD
柴胡皂苷 d	100	99.89	114.14	107.02±10.08
	10	6.39	−15.91	−4.76±15.77
甘草酸	100	−13.38	3.03	−5.17±11.61
	10	3.67	5.38	4.52±1.21
甘草苷	100	1.42	−11.53	−5.06±9.15
	10	−2.30	12.55	5.12±10.50

二、体外磷酸二酯酶 PDE4B 抑制活性试验

1. 实验目的

利用荧光偏振（IMAP FP）的方法，检测疏风解毒胶囊及代表性化合物在不同浓度下，对磷酸二酯酶 PDE4B 的抑制率。

2. 主要仪器

实验用主要仪器见表 3-5-9。

表 3-5-9　实验所用仪器

名称	型号	厂家
多功能酶标仪	Envision	PerkinElmer
超声波纳升液体处理系统	Echo 550	Labcyte

3. 主要试剂及材料

实验中疏风解毒样品为谱效实验中 0 号样品，14 个化合物信息见表 3-1，所用其他试剂及材料见表 3-5-10。

表 3-5-10　实验所用材料

名称	品牌	目录号
PDE4B	BPS	60041
羧基荧光素（FAM）-cAMP	Molecular Devices	R7505
IMAP FP IPP Explorer Kit	Molecular Devices	R8124
二硫苏糖醇	生工生物工程（上海）股份有限公司	A620058-0005
曲喹辛	Sigma	Cat. No. T2057
Echo Qualified 384-Well	Labcyte	P-05525
Optiplate 384 F	Perkin Elmer	6007279

4. 实验步骤

按如下步骤进行两次独立复孔（2 复孔）实验。采用化合物曲喹辛（Trequinsin）作为标

准对照，实验中最大给药浓度为0.1μmol/L，3倍梯度稀释，共10个给药浓度，疏风解毒胶囊给药浓度为1mg/ml、0.1mg/ml，14个化合物给药浓度为100μmol/L、10μmol/L。每浓度设2个复孔。

4.1 反应缓冲液和反应终止液配制

（1）5倍反应缓冲液

10mmol/L Tris-HCl，pH 7.2

10mmol/L $MgCl_2$

0.05% NaN_3

0.01% Tween-20

（2）1倍反应缓冲液

5倍反应缓冲液稀释成1倍反应缓冲液

1mmol/L DTT

（3）反应终止液

0.85倍 IMAP progressive binding A 溶液

0.15倍 IMAP progressive binding B 溶液

1/600倍 IMAP progressive binding bead

4.2 待测样品配制

（1）待测样品稀释

疏风解毒胶囊：用水溶解成10mg/ml母液，再取1μl的10mg/ml母液用9μl的水配成1mg/ml溶液。

14个化合物：分别用100% DMSO溶解成10mmol/L，将样品在Echo384孔板上稀释到所需要的浓度。例如：对于虎杖苷，测试终浓度为100μmol/L和10μmol/L，则在Echo 384孔板上配制的对应工作浓度为10mmol/L和1mmol/L（即测试终浓度的100倍），取4μl的样品加入36μl的100% DMSO配成1mmol/L的化合物样品，混匀，其他样品类同。

（2）转移待测样品到384反应板：用Echo550仪器从上述稀释好Echo384孔板中转移200nl样品到384孔反应板中，阴性对照组（加酶组）和阳性对照组（不加酶组）均转移入200nl的100% DMSO。对于疏风解毒胶囊样品，分别吸取2.2μl的10mg/ml母液和 1mg/ml溶液到反应板上，阴性对照组（加酶组）和阳性对照组（不加酶组）均转移入2.2μl的水。

4.3 酶学反应

（1）配制2倍酶溶液：将PDE4B加入1倍反应缓冲液中，形成2倍酶溶液。

（2）配制2倍的底物溶液：将FAM标记的cAMP（FAM-cAMP）加入1倍反应缓冲液，形成2倍底物溶液（底物终浓度100nmol/L）。

（3）向384孔反应板中加入酶溶液：向384孔反应板孔中加入10μl的2倍酶溶液。对于无酶活对照孔（即阳性对照组或最小值组），用10μl的1倍反应缓冲液替代酶溶液。1000r/min离心1min，室温下孵育15min。PDE4B1的终浓度为0.23nmol/L。

（4）向384孔反应板中加入底物溶液启动酶学反应：向384孔反应板每孔中加入10μl的2倍底物溶液。1000r/min离心1min。25℃反应30min。

（5）酶学反应的终止：向384孔反应板每孔中加入60μl的反应终止液终止反应，室温下摇床 600r/min 振荡孵育 60min。

4.4　Envision 读取数据及数据计算

用 Envision 读数[参数设置 Ex480/Em535（s），Em535（p），Ex 代表激发光，Em 代表发射光，s、p 分别代表垂直和水平方向上的发射光]。

4.5　抑制率计算

从 Envision 上复制数据。把数据转化成抑制率数据。其中最大值（即加 DMSO、加酶组）是指 DMSO 对照的信号值，最小值（即加 DMSO、不加酶组）是指无酶活对照的信号值。抑制率（%）=（最大值– 样本值）/（最大值–最小值）×100%。

将数据导入 GraphPad，并使用“log（inhibitor）vs. response – Variable slope”进行曲线拟合，得到标准对照曲喹辛 IC_{50}。

5. 实验结果

5.1　阳性对照曲喹辛对 PDE4B 的抑制活性

通过多浓度梯度给药，得到了阳性抑制剂对 PDE4B 的抑制率曲线（表 3-5-11，图 3-5-15），计算得到 IC_{50} 值为 743nmol/L。

表 3-5-11　阳性抑制剂曲喹辛对 PDE4B 的抑制率

浓度（μmol/L）	抑制率（%）		$\bar{x}$ ±SD
100	96.6	98.0	97.29±0.95
25	93.2	92.4	92.78±0.58
6.3	81.6	84.1	82.82±1.79
1.6	63.8	65.7	64.73±1.32
0.39	42.6	35.6	39.11±4.96
0.098	13.7	9.5	11.62±3.01
0.024	3.3	2.6	2.93±0.53
0.0061	3.8	1.2	2.49±1.79
0.0015	7.1	4.1	5.62±2.11
0.00038	7.5	4.6	6.03±2.06

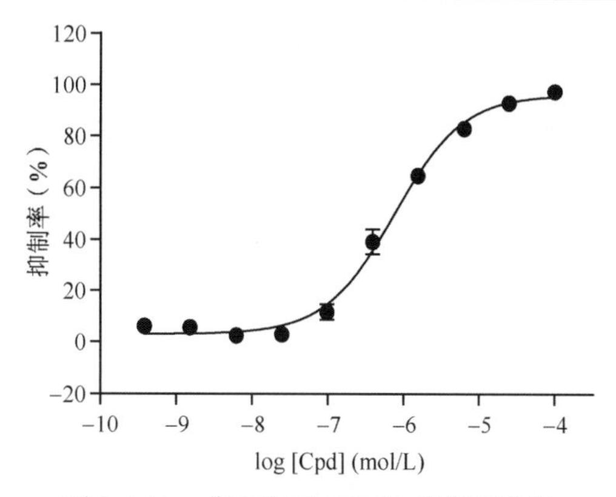

图 3-5-15　曲喹辛对 PDE4B 抑制率曲线

5.2 疏风解毒胶囊对 PDE4B 的抑制活性

疏风解毒胶囊（SFJD）实验结果见表 3-5-12，图 3-5-16。由结果可知，疏风解毒在 1mg/ml（SFJD-H）和 0.1mg/ml（SFJD-L）的浓度下对 PDE4B 的抑制率分别为 75.11%和 63.80%，具有显著抑制活性，表明其能通过作用于该酶发挥治疗作用。

表 3-5-12 阳性对照及疏风解毒胶囊对 PDE4B 抑制率数据表

化合物	浓度	抑制率（%）		$\bar{x}$ ±SD
曲喹辛	100 μmol/L	96.6	98.0	97.29±0.95
SFJD-H	1mg/ml	75.7	74.6	75.11±0.77
SFJD-L	0.1mg/ml	65.5	62.1	63.80±2.43

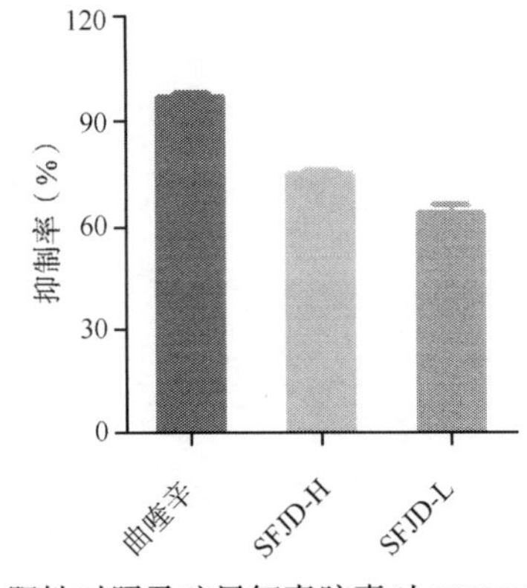

图 3-5-16 阳性对照及疏风解毒胶囊对 PDE4B 抑制活性图

5.3 14 个化合物对 PDE4B 的抑制活性

14 个化合物实验结果见表 3-5-13，图 3-5-17。由图表结果发现，14 个化合物中来源于虎杖药材的大黄酸和大黄素对 PDE4B 的抑制率分别为 46.35%、49.18%，具有显著抑制作用；来源于连翘药材的连翘酯苷 A 和松脂素-4-*O*-*β*-*D*-葡萄糖苷对 PDE4B 的抑制率分别为 81.63%、49.37%，来源于马鞭草药材的毛蕊花糖苷对 PDE4B 的抑制率为 74.35%，都显示出显著的抑制活性。

表 3-5-13 阳性对照及 14 个化合物对 PDE4B 的抑制率数据表

化合物	浓度（μmol/L）	抑制率（%）		$\bar{x}$ ±SD
曲喹辛	100	96.6	98.0	97.29±0.95
虎杖苷	100	−2.3	−4.3	−3.29±1.42
	10	−9.9	−11.7	−10.79±1.27
大黄酸	100	48.9	43.8	46.35±3.59
	10	−7.7	16.4	4.31±17.04
大黄素	100	37.5	42.8	40.15±3.80
	10	48.2	50.1	49.18±1.37
白藜芦醇	100	11.7	8.6	10.13±2.16
	10	9.6	7.5	8.53±1.48
连翘酯苷 A	100	82.5	80.7	81.63±1.27
	10	37.5	28.4	32.96±6.38

续表

化合物	浓度（μmol/L）	抑制率（%）		$\bar{x}$ ±SD
松脂素-4-*O*-*β*-*D*-葡萄糖苷	100	50.8	47.9	49.37±2.06
	10	21.9	16.6	19.23±3.74
连翘苷	100	18.0	14.5	16.25±2.48
	10	–5.2	–29.4	–17.28±17.09
马鞭草苷	100	–0.4	–3.1	–1.77±1.90
	10	–7.4	–11.5	–9.49±2.90
戟叶马鞭草	100	0.8	1.9	1.33±0.79
	10	–23.1	–21.3	–22.20±1.27
毛蕊花糖苷	100	74.1	74.6	74.35±0.37
	10	25.7	20.6	23.15±3.59
柴胡皂苷 a	100	–0.2	2.0	0.92±1.58
	10	–9.7	–9.1	–9.37±0.42
柴胡皂苷 d	100	–6.5	–5.9	–6.20±0.47
	10	0.0	–1.3	–0.68±0.90
甘草酸	100	–11.4	–14.7	–13.03±2.32
	10	–4.3	–6.2	–5.27±1.37
甘草苷	100	8.3	6.2	7.26±1.48
	10	5.4	–3.5	0.96±6.28

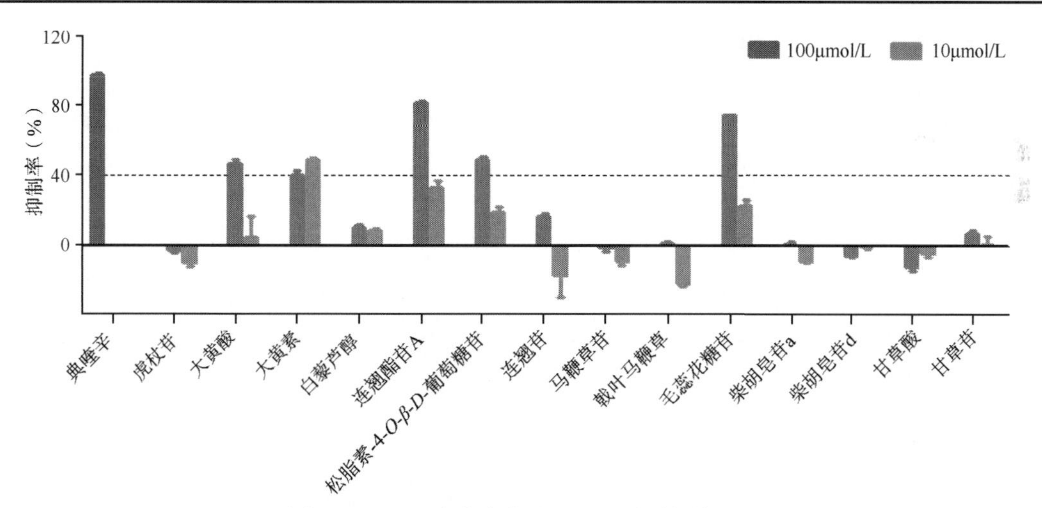

图 3-5-17　14 个化合物对 PDE4B 抑制活性图

三、讨 论 分 析

疏风解毒胶囊是由 8 味药材组成的中药复方制剂，诸药配伍能直达上焦肺卫，疏风解表，解毒散结，临床主要用于治疗急性上呼吸道感染属风热证。上呼吸道感染后，首先出现呼吸道黏膜血管收缩，分泌物减少，鼻咽部或喉部出现不适，继而可出现黏膜充血、水肿，上皮细胞破坏、脱落，单核细胞少量浸润，有浆液性及黏液性炎性物质渗出。继发细菌感染后，可见中性粒细胞浸润，脓性分泌物大量产生[45]。炎性细胞分泌并释放 IL-1、IL-6，TNF-α、转化生长因子-β（TGF-β）等各种细胞因子与生长因子，从而引起发热。

研究表明，人体汗腺主要接受交感胆碱能纤维支配，汗腺上的 M 受体作为神经递质 ACh 作用的靶点，对维持正常的汗液分泌起着重要的作用。其中 M_3 乙酰胆碱受体（$AChRM_3$）主要分布于腺体和血管平滑肌，支配平滑肌收缩和腺体分泌，与发汗密切相关[46]。研究显示，不管是局部还是全身，在所有物种中都可引起出汗的物质是儿茶酚胺，其中主要是肾上腺素[47-51]。激动 β 受体，可导致汗腺导管的扩张；拮抗 β 受体，可抑制发汗[52]。$β_2$ 受体被激活后，cAMP 含量增加，腺苷酸环化酶（AC）和磷酸激酶（PKA）被激活，导致细胞顶膜 Cl^- 通道开放，而 Cl^- 的跨膜分泌是发汗过程的必要条件[53-54]。另有研究发现，拮抗 $α_1$ 受体，可扩张周围血管，增强体表循环，促进汗腺分泌，从而增加热的散发。因此，本实验选取了与“发汗”密切相关的 $AChRM_3$、$β_2$ 受体（$ADRB_2$）和 $α_{1B}$ 受体（$ADRA_{1B}$）为研究载体，评价了疏风解毒胶囊及代表性化合物对 3 个受体的激动或拮抗作用。结果显示，疏风解毒胶囊对 $AChRM_3$、$ADRB_2$ 有显著的激动作用，对 $ADRA_{1B}$ 受体也显示出显著抑制活性；方中大黄酸、柴胡皂苷 a 及柴胡皂苷 d 对 $AChRM_3$、$ADRB_2$ 激动作用明显，大黄素、白藜芦醇、松脂素-4-*O*-*β*-*D*-葡萄糖苷以及柴胡皂苷 a 和柴胡皂苷 d 对 $ADRA_{1B}$ 有显著抑制作用，初步揭示了疏风解毒胶囊发挥发汗解热作用的物质基础可能为虎杖药材中的大黄酸、大黄素、白藜芦醇，连翘药材中的松脂素-4-*O*-*β*-*D*-葡萄糖苷及柴胡药材中的柴胡皂苷 a 和柴胡皂苷 d。

环磷酸腺苷（3′，5′-cyclic adenosine monophosphate，cAMP）是细胞内调节各种细胞通路和炎症反应的重要第二信使[55]，介导许多生理过程。机体通过调节其合成和降解的比例，调控细胞内水平，从而发挥生理作用[56, 57]。腺苷酸环化酶通过 G 蛋白偶联活化后，水解 ATP 合成 cAMP。而磷酸二酯酶（phosphodiesterase，PDE）超家族是已知细胞内水解 cAMP 的唯一关键酶。其中磷酸二酯酶 4（PDE4）是大多数免疫和炎症细胞内主要的 cAMP-PDE4 同工酶，包括 T 细胞、B 细胞、嗜酸性粒细胞、中性粒细胞、单核细胞和巨噬细胞[58]，主要特异性调节 cAMP 代谢[55, 59, 60]。PDE4 通过水解 cAMP，调节组胞内 cAMP 水平，进而调控 cAMP 下游通路并产生相应效应[55]，如炎症介质的合成与释放、中性粒细胞活化等。其家族可分为四个亚类：PDE4A、4B、4C、4D，每个亚类都由不同的基因编码和染色体定位。在免疫和炎症细胞中，PDE4 主要以 PDE4A、PDE4B、PDE4D 为主，PDE4C 表达很少或微不足道[59-60]，研究表明 PDE4 抑制剂能升高 cAMP 水平，具抗炎作用，而其抗炎作用可能与 PDE4B 亚型有关[61, 62]。本研究考察了疏风解毒胶囊和 14 个代表性化合物对 PDE4B 的抑制活性。结果显示，疏风解毒胶囊对 PDE4B 抑制率达到 75.11%，显示出较强的抑制活性，并且在化合物对该酶抑制作用的进一步实验中发现，大黄酸、大黄素、连翘酯苷 A、松脂素-4-*O*-*β*-*D*-葡萄糖苷、毛蕊花糖苷对该酶都显示出显著的抑制活性。由此推断，疏风解毒胶囊可能是通过抑制 PDE4B 的活性，阻断细胞内 cAMP 的降解，从而抑制炎症反应，发挥治疗作用。其药效物质基础可能为虎杖药材中的大黄酸、大黄素，连翘药材中的连翘酯苷 A、松脂素-4-*O*-*β*-*D*-葡萄糖苷，以及马鞭草药材中的毛蕊花糖苷。

参 考 文 献

[1] 邱颖，朱玲，孙晓英. 星点设计-效应面优化法与正交设计和均匀设计的比较及其在药剂研究中的应用[J]. 海峡药学，2011，23（2）：18-20.

[2] 吴小平，孙洁胤. 均匀设计在药学中的应用[J]. 浙江省医学科学院学报，2007，（4）：38-40.

[3] 高辉，胡良平，郭晋，等. 如何正确处理正交设计和均匀设计定量资料[J]. 中西医结合学报，2008，6（8）：873-877.

[4] 孙玉平，张铁军，曹煌，等. 中药辛味的药性表达及在临证配伍中的应用[J]. 中草药，2015，46（6）：785-790.
[5] 刘国清，王涛，余林中，等. 麻黄汤的发汗作用与 M 受体的关系研究[J]. 中国药房，2006，17（16）：1210-1211.
[6] Manoharan A，Winter J. Tackling upper respiratory tract infections[J]. Practitioner，2010，254（1734）：25-28.
[7] 马文峰，周小舟. 中药调节 LPS 诱导细胞信号途径的研究进展[C]. 中华中医药学会内科肝胆病学术会议暨第四次国家中医肝病重点专科协作组学术会议，2006.
[8] 赵立波. 质谱仪数据处理实验性软件平台的研制与开发[D]. 吉林大学，2008.
[9] 徐士良. 常用算法程序集：C 语言描述. 第 3 版[M]. 北京：清华大学出版社，2004.
[10] 李自丹. 基于 ANNs 和 SVR 的姜黄总提物抗肿瘤活性成分辨识研究[D]. 天津：天津大学，2013.
[11] Chauvin Y, Rumelhart D E. Backpropagation: theory, architectures, and applications[M]. Hiusdale, New Jersey L. Erlbaum Associates Inc. 1995.
[12] Rumelhart D E, Durbin R, Golden R, et al. Backpropagation: the basic theory[C]. Backpropagation. L. Erlbaum Associates Inc, 1995: 1-34.
[13] Alvarocortes C，Josem P. Application of artificial neural networks to the prediction of the antioxidant activity of essential oils in two experimental in vitro models[J]. Food Chemistry，2010，118（1）：141-146.
[14] Sinha K，Chowdhury S，Saha P D，et al. Modeling of microwave-assisted extraction of natural dye from seeds of Bixa orellana（Annatto）using response surface methodology（RSM）and artificial neural network（ANN）[J]. Industrial Crops & Products，2013，41（1）：165-171.
[15] Holland J H. Adaptation in natural and artificial systems[J]. Quarterly Review of Biology，1975，6（2）：126-137.
[16] 李伟锋. 姜黄甘草抗肿瘤组效关系建模研究[D]. 天津：天津大学，2017.
[17] 吉根林. 遗传算法研究综述[J]. 计算机应用与软件，2004，21（2）：69-73.
[18] 吴玫，陆金桂. 遗传算法的研究进展综述[J]. 机床与液压，2008，36（3）：176- 179.
[19] 葛继科，邱玉辉，吴春明，等. 遗传算法研究综述[J]. 计算机应用研究，2008，25（10）：2911-2916.
[20] Dombi G W，Nandi P，Saxe J M，et al. Prediction of rib fracture injury outcome by an artificial neural network[J]. Journal of Trauma，1995，39（5）：915-921.
[21] Jiang J L, Su X, Zhang H, et al. A Novel Approach to Active Compounds Identification Based on Support Vector Regression Model and Mean Impact Value[J]. Chemical Biology & Drug Design，2013，81（5）：650-657.
[22] 周莹. 基于 MIV 特征筛选和 BP 神经网络的滚动轴承故障诊断技术研究[D]. 北京：北京交通大学，2011.
[23] 王紫微，叶奇旺. 基于神经网络 MIV 值分析的肿瘤基因信息提取[J]. 数学的实践与认识，2011，41（14）：47-58.
[24] 傅睿. 中药药性理论辛味功效及物质基础研究思路初探[J]. 亚太传统医药，2014，10（9）：55-56.
[25] 郭建生，盛展能，李钟文. 中药辛味的药性理论研讨[J]. 湖南中医药大学学报，1982,（3）：69-81.
[26] 陈辉，王芳芳. 腋臭发病的细胞学与分子机制研究进展[J]. 中国美容整形外科杂志，2013，24（7）：428-430.
[27] Wess J，Li B，Hamdan F F，et al. Structure-function analysis of the M3 muscarinic acetylcholine receptor using disulfide cross-linking and receptor random mutagenesis approaches[C]. National Meeting of the American- Chemical Society，2004：U43-U44.
[28] Gether U. Uncovering molecular mechanisms involved in activation of G protein-coupled receptors[J]. Endocrine Reviews，2000，21（1）：90-113.
[29] 李向中. 关于柴胡药理研究的探讨[J]. 中国中药杂志，1983,（2）：39-42.
[30] 叶良红. 连翘有效成分的提取工艺和药代动力学研究[D]. 成都：成都中医药大学，2013.
[31] 张海防. 虎杖清热解毒药理作用研究[D]. 南京：中国药科大学，2003.
[32] Vareed S K，Schutzki R E，Nair M G. Lipid peroxidation，cyclooxygenase enzyme and tumor cell proliferation inhibitory compounds in Cornus kousa fruits[J]. Phytomedicine，2007，14（10）：706-709.
[33] Xie Y C，Dong X W，Wu X M，et al. Inhibitory effects of flavonoids extracted from licorice on lipopolysaccharide-induced acute pulmonary inflammation in mice[J]. International Immunopharmacology，2009，9（2）：194-200.
[34] Shin Y W，Bae E A，Lee B，et al. In vitro and in vivo antiallergic effects of Glycyrrhiza glabra and its components[J]. Planta Medica，2007，73（3）：257-261.
[35] Kwon H M，Choi Y J，Choi J S，et al. Blockade of cytokine-induced endothelial cell adhesion molecule expression by licorice isoliquiritigenin through NF-kappaB signal disruption[J]. Experimental Biology & Medicine，2007，232（2）：235-245.
[36] 李晓红，齐云，蔡润兰，等. 甘草总皂苷抗炎作用机制研究[J]. 中国实验方剂学杂志，2010，16（5）：110-113.
[37] 杨文修，王新宇，陈立君. 大黄蒽醌类衍生物抑癌、抗炎和抗病毒作用的分子机制[C]. 天津市生物医学工程学会 2004 年年会论文集，2005.
[38] Yue W，Zhao H，Lin C，et al. Forsythiaside A Exhibits Anti-inflammatory Effects in LPS-Stimulated BV2 Microglia Cells Through Activation of Nrf2/HO-1 Signaling Pathway[J]. Neurochemical Research，2016，41（4）：659-665.
[39] Huang Q H，Xu L Q，Liu Y H，et al. Polydatin Protects Rat Liver against Ethanol-Induced Injury：Involvement of CYP2E1/ROS/Nrf2 and TLR4/NF- κ B p65 Pathway[J]. Evidence-Based Complementary and Alternative Medicine，2017，2017（1）：7953850.
[40] Nikaido T，Ohmoto T，Kinoshita T，et al. Inhibition of cyclic AMP phosphodiesterase by lignans[J]. Chemical & Pharmaceutical Bulletin，1981，29（12）：3586-3592.
[41] Goin JC，Nathanson NM. Quantitative analysis of muscarinic acetylcholine receptor homo- and heterodimerization in live cells：

regulation of receptor down-regulation by heterodimerization[J]. Journal of Biological Chemistry，2006，281（9）：5416-5425.
[42] Vicentic A，Robeva A，Rogge G，et al. Biochemistry and Pharmacology of Epitope-Tagged α1–Adrenergic Receptor Subtypes[J]. Journal of pharmacology and experimental therapeutics，2002，302（1）：58-65.
[43] Zhong H and Minneman KP. α1-Adrenoceptor subtypes[J]. European Journal of Pharmacology，1999，375：261-276.
[44] Ruffolo RR Jr，Stadel JM，Hieble JP. α1-Adrenoceptors：recent developments[J]. Medicinal Research Reviews，1994，14：229-270.
[45] 周彦希. 广藿香油治疗急性细菌性上呼吸道感染的实验研究[D]. 成都：成都中医药大学，2015.
[46] 刘国清，王涛，余林中，等. 麻黄汤的发汗作用与 M 受体的关系研究[J]. 中国药房，2006，17（16）：1210-1211.
[47] Robertshaw D. Proceedings：Neural and humoral control of apocrine glands[J]. Journal of Investigative Dermatology，1974，63（1）：160-167.
[48] Robertshaw D. Neuroendocrine control of sweat glands[J]. Journal of Investigative Dermatology，1977，69（1）：121-129.
[49] Johnson K G. Sweat gland function in isolated perfused skin[J]. Journal of Physiology，1975，250（3）：633-649.
[50] Johnson K G，Creed K E. Sweating in the intact horse and isolated perfused horse skin[J]. Comparative Biochemistry & Physiology Part C Comparative Pharmacology，1982，73（2）：259-264.
[51] Mcewan Jenkinson D，Elder H Y，Bovell D L. Equine sweating and anhidrosis Part 1–equine sweating[J]. Veterinary Dermatology，2006，17（6）：361-392.
[52] 刘国清，莫志贤，余林中，等. 麻黄汤的发汗作用与肾上腺素能受体的关系[J]. 陕西中医，2006，27（3）：363-365.
[53] Bijman J，Quinton P M. Predominantly beta-adrenergic control of equine sweating[J]. American Journal of Physiology，1984，246（3 Pt 2）：R349-353.
[54] Bovell D L，Holub B S，Odusanwo O，et al. Galanin is a modulator of eccrine sweat gland secretion[J]. Experimental Dermatology，2013，22（2）：141-143.
[55] Conti M，Beavo J. Biochemistry and Physiology of Cyclic Nucleotide Phosphodiesterases：Essential Components in Cyclic Nucleotide Signaling[J]. Annual Review of Biochemistry，2007，76：481-511.
[56] Torphy TJ. Phosphodiesterase isozymes：molecular targets for novel antiasthma angents[J]. American Journal of Respiratory and Critical Care Medicine，1998，157：351-370.
[57] Beavo J，Francis S，Houslay M. Cylic nucleotide phosphodiesterases in health and disease[M]. Boca Raton，FL：CRC Press，2007，1-713.
[58] Jin SL，Richard FJ，Kuo WP. Impaired growth and fertility of cAMP-specific phosphodiesterase PDE4D-deficient mice[J]. PNAS，1999，96（21）：11998-12003.
[59] Page CP，Spina D. Phosphodiesterase inhibitors in the treatment of inflammatory diseases[J]. Handbook of Experimental Pharmacology，2011，204：391-414.
[60] Press NJ，Banner KH. PDE4 inhibitors-a review of the current field[J]. Medicinal Chemistry，2009，47：37-74.
[61] Dyke HJ. Novel 5, 6-dihydropyrazolo[3, 4-E][1, 4]diazepin-4(1H)-one derivatives for the treatment of asthma and chronic obstructive pulmonary disease[J]. Expert Opinion on Therapeutic Patents，2007，17（9）：1183-1189.
[62] Souness JE，Aldous D，Sargent C. Immunosuppressive and anti-inflammatory effects of cyclic AMP phosphodiesterase（PDE）type 4 inhibitors[J]. Immunopharmacology，2000，47（2-3）：127-162.

第四章 疏风解毒胶囊作用机制研究

疏风解毒胶囊具有清热解毒、疏风解表的作用，临床用于治疗急性上呼吸道感染风温肺热证。基于传统功效，以整体动物模型、基因组学等方法，从抗炎免疫、解热等方面阐释其作用机制，并阐明主要成分的药代动力学及组织分布规律。

第一节 基于基因组学的疏风解毒胶囊作用机制研究

本部分通过建立小鼠肺炎模型，并给予疏风解毒胶囊干预，首先探究了疏风解毒胶囊对肺损伤小鼠的保护作用。在观察其疗效基础上引入了基因组学方法，从基因角度系统分析了疏风解毒胶囊作用机制，选取了空白对照组小鼠、阳性药组小鼠和疏风解毒胶囊给药组小鼠的肺样本，并采用基因芯片技术对其进行分析，得到显著差异表达基因和相关作用通路。然后利用PharmMapper 和 KEGG 等生物信息学手段对疏风解毒胶囊的抗炎活性化合物进行反向分子对接预测到的靶点蛋白和相关作用通路进行比对，分析疏风解毒胶囊可能的作用通路及相关机制。并结合前期化学物质组研究结果和虚拟评价等方法，阐释其治疗肺炎的作用物质基础及作用机制。

一、疏风解毒胶囊对小鼠急性上呼吸道感染损伤的保护作用

本章通过比较给药前后小鼠死亡率、肺部组织病理变化及肺组织中炎症因子含量来探究疏风解毒胶囊对小鼠急性上呼吸道感染损伤的保护作用。

1. 实验主要药品试剂和仪器

1.1 主要药品试剂

疏风解毒胶囊	安徽济人药业有限公司
左氧氟沙星	石家庄以岭药业股份有限公司
ELISA 试剂盒	上海西唐生物科技公司
磷酸盐缓冲液（PBS）	美国 Gibco 公司
酵母浸出粉	北京鼎国昌盛生物技术有限责任公司
胰蛋白胨	北京鼎国昌盛生物技术有限责任公司

1.2 主要仪器

Milli-Q 超纯水仪	美国 Millipore 公司
超声仪	宁波新芝生物科技股份有限公司
离心机	德国 Hettich 公司

AB104-N 电子天平	Mettler Toledo 公司
恒温摇床	天津市欧诺仪器股份有限公司
高压灭菌器 HVE-50	日本 Hirayama 公司
倒置显微镜	日本 Olympus 公司
HF151UV CO_2 细胞培养箱	上海 Heal Force 公司
超净工作台	苏州净化设备有限公司

2. 实验方法

2.1 样品制备

动物给药：取疏风解毒胶囊适量，粉碎后加水溶解至给定浓度直接用于小鼠灌胃。左氧氟沙星（levofloxacin，Lev）用适量水溶解后直接灌胃。

2.2 实验动物

昆明（KM）小鼠，雄性，体重 18～22g，购自北京军事医学科学院实验动物中心，动物饲养于 23～26℃且 12h 自动循环熄灯的标准动物房中，自由饮水和饮食。

2.3 菌株培养

铜绿假单胞菌（*P. aeruginosa*）的一个标准菌株 PAK 由本实验室保藏。实验前，配制 Luria-Bertani（LB）培养基，并以每管 5ml LB 培养基分装于 7 个试管中，121℃灭菌 20min，灭菌完成后取 20μl 由本实验室保存的 PAK 培养于 LB 培养基中，37℃振荡培养过夜，收集 7 管菌液于一个试管中，5000r/min，37℃离心 5min，弃去上清液，加入 5ml PBS 清洗 1 次，再次以 5000r/min，37℃离心 5min，弃去上清液，重复上一步步骤一次，再次用 PBS 清洗，离心后用 1ml PBS 重悬菌体并在 630nm 下测定 OD 值，以 OD=1 时菌体数为 10^9 个计算，稀释最终菌液浓度至 1×10^9 个/ml 用于小鼠造模实验。

LB 培养基配制：

胰蛋白胨	10g/L
酵母浸出粉	5g/L
NaCl	10g/L

用 1mol/L NaOH 溶液调节 pH 至 7.4 左右，121℃高压灭菌 20min。

2.4 动物分组及给药

KM 小鼠随机分成空白对照组（Con）、阳性药左氧氟沙星组（Lev）、疏风解毒胶囊低剂量组（SFJD-L）、疏风解毒胶囊高剂量组（SFJD-H）、模型组（Mod）等五组（空白对照组 6 只 KM 小鼠，其余每组 11 只 KM 小鼠）。疏风解毒胶囊低高剂量分别为 0.05g/ml、0.10g/ml，左氧氟沙星的给药剂量为 75mg/kg，灌胃 1 周，每天一次；空白对照与模型组给予生理盐水。

2.5 铜绿假单胞菌感染及死亡率

给药 1 周后，进行造模，采用鼻孔滴入法给予 PAK 菌悬液 50μl/只（约 5×10^7 PAK/只），空白对照组用同样的方法给予 PBS。细菌感染 30h 内观察一次小鼠存活数，记录死亡时间曲线。

2.6　苏木精-伊红（H-E）染色

感染30h后处死剩余存活的小鼠，取肺部组织用4%多聚甲醛溶液固定，常规脱水、包埋切片后，进行H-E染色，封片后在显微镜下（100×）观察疏风解毒胶囊干预后肺部组织形态学的变化。

2.7　ELISA法检测小鼠肺组织及血浆的炎症因子

感染后30h，取小鼠血浆检测IL-6、IL-8等炎症因子的变化。

2.7.1　小鼠IL-8 ELISA试剂盒操作步骤

（1）标准液配制：使用前加入2ml蒸馏水混匀，配成20ng/ml的溶液，取8个1.5ml的离心管，第一管加入标本稀释液900μl，第二管至第八管加入标本稀释液500μl。在第一管中加入20ng/ml的标准品溶液100μl置于涡旋混合器上混匀后用加样器吸出500μl，移至第二管。如此反复做对倍稀释，从第七管中吸出500μl弃去。第八管为空白对照。

（2）洗涤液的配制：用重蒸水1∶20稀释浓缩洗涤液。

（3）加样：将空白液、梯度稀释的标准液及待测的血浆100μl加入已包被的反应孔中，充分混匀后置37℃孵育40min。

（4）洗板：弃去孔中液体，用洗涤液将反应板充分洗涤4～6次，向滤纸上印干。

（5）加第一抗体：于每个反应孔中加入第一抗体工作液和蒸馏水各50μl，充分混匀后置37℃孵育20min。

（6）洗板：同前步骤（4）。

（7）加酶标抗体：于每个反应孔中加入酶标抗体工作液100μl，充分混匀后置37℃孵育10min。

（8）洗板：同前步骤（4）。

（9）加底物：于每个反应孔中加入底物工作液100μl，充分混匀后置暗处，37℃孵育15min。

（10）加入终止液：于每个反应孔中加入100μl终止液混匀，终止反应。

（11）结果测定：终止反应30min内，用酶标仪在450nm处测定各孔OD值。利用梯度稀释的各个炎症因子的标准品的OD值，绘制标准曲线，根据标准曲线计算被测样品中IL-8的浓度，单位以pg/ml表示。

2.7.2　小鼠IL-6 ELISA试剂盒操作步骤

（1）标准液配制：使用前加入0.5ml蒸馏水混匀，配成5ng/ml的溶液，取8个1.5ml的离心管，第一管加入标本稀释液900μl，第二管至第八管加入标本稀释液500μl。在第一管中加入20ng/ml的标准品溶液100μl置于涡旋混合器上混匀后用加样器吸出500μl，移至第二管。如此反复做对倍稀释，从第七管中吸出500μl弃去。第八管为空白对照。

步骤（2）到步骤（10）同小鼠IL-8 ELISA试剂盒操作步骤。

（11）结果测定：终止反应30min内，用酶标仪在450nm处测定各孔OD值。利用梯度稀释的各个炎症因子的标准品的OD值，绘制标准曲线，根据标准曲线计算被测样品中IL-6的浓度，单位以pg/ml表示。

2.8　统计分析方法

实验结果以标准平均误差（SEM）表示，组间比较采用单因素方差分析（One-way ANOVA），

单独两组间比较用 t 检验方法，$P<0.05$ 表示有显著性差异。

3. 实验结果

3.1 疏风解毒胶囊对小鼠死亡率的影响

KM 小鼠随机分成空白对照组（Con）、阳性药左氧氟沙星组（Lev）、疏风解毒胶囊低剂量组（SFJD-L）、疏风解毒胶囊高剂量组（SFJD-H）、模型组（Mod）等五组。如图 4-1-1、表 4-1-1 所示，铜绿假单胞菌株 PAK 造模后，小鼠出现死亡，与模型组比较，疏风解毒胶囊能显著地降低小鼠死亡率。

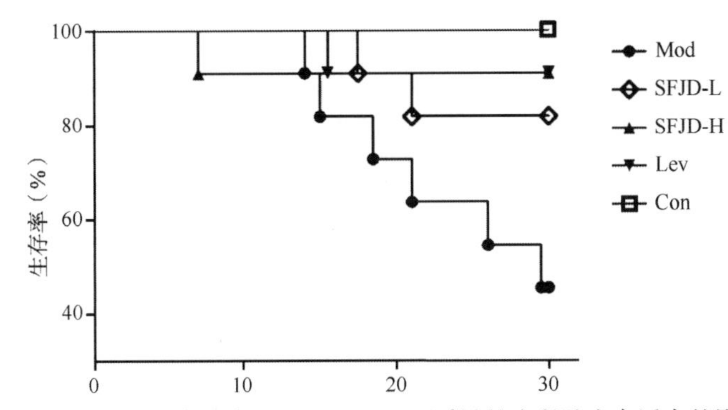

图 4-1-1 疏风解毒胶囊对 *P. aeruginosa* 诱导的小鼠肺炎存活率的影响

表 4-1-1 疏风解毒胶囊对 *P. aeruginosa* 诱导的小鼠肺炎存活率的影响

组别	总数量	存活量	存活率（%）
Con	6	6	100
Mod	11	5	45
SFJD-L	11	9	82
SFJD-H	11	10	91
Lev	11	10	91

3.2 肺组织形态学观察

疏风解毒的组织病理形态观察结果如图 4-1-2 所示，与肺组织结构正常、炎症细胞浸润较少的空白对照组比较，模型组气道周围血管扩张充血，有大量的炎症细胞浸润，部分上皮细胞呈空泡样变性、坏死、脱失；而疏风解毒胶囊给药组的坏死脱落明显改善，水肿减小，炎症因子浸润明显降低。结果表明疏风解毒胶囊有较好的抗炎效果，能显著地改善铜绿假单胞菌株 PAK 诱导的肺组织的病理状态。

3.3 疏风解毒胶囊对肺组织中炎症因子表达的影响

铜绿假单胞菌 PAK 感染 30h 后，采用 ELISA 方法检测肺组织中炎症因子的变化。从图 4-1-3、表 4-1-2 中可以看出，PAK 感染 30h 后模型组小鼠肺组织中 IL-6、IL-8 等炎症因子的表达明显升高，疏风解毒胶囊干预能显著降低上述炎症因子的表达（$P<0.05$ 或 $P<0.01$）。以上结果表明，疏风解毒胶囊能有效地抑制 PAK 诱导的肺部炎症。

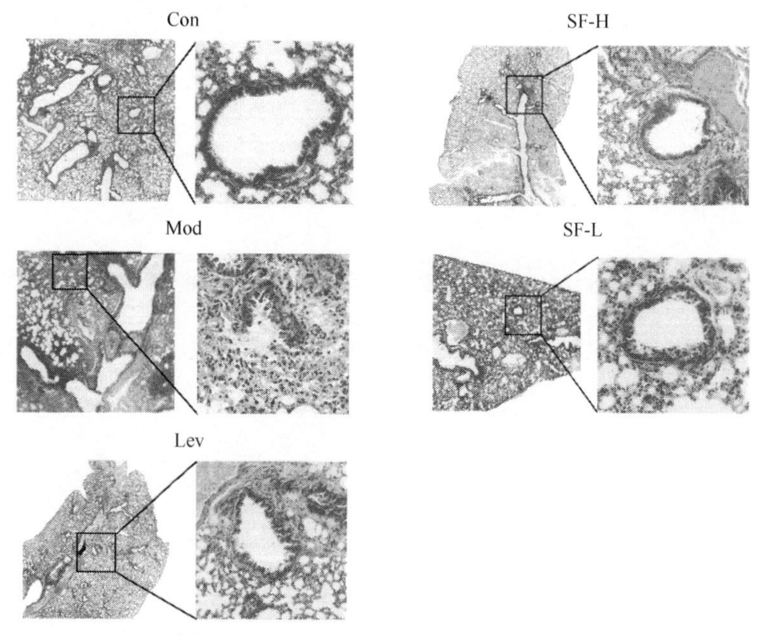

图 4-1-2　小鼠肺部组织 H-E 染色切片图
（扫文末二维码获取彩图）

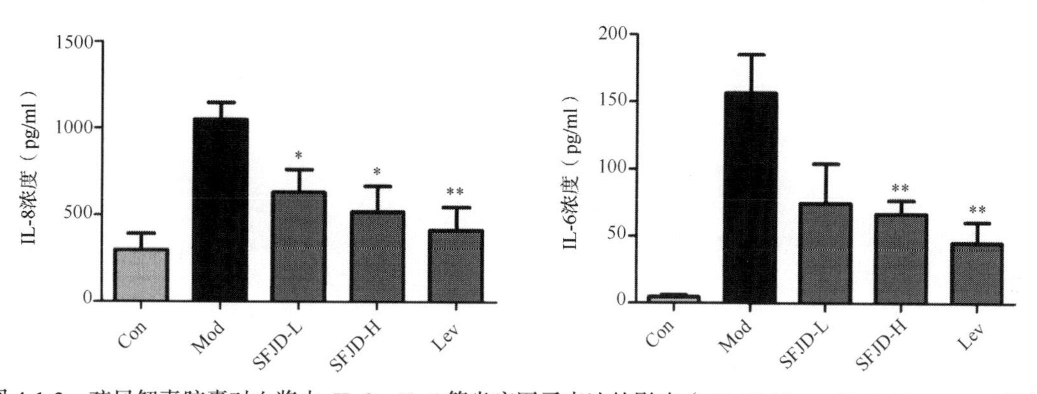

图 4-1-3　疏风解毒胶囊对血浆中 IL-8、IL-6 等炎症因子表达的影响（$*P<0.05$，$**P<0.01$ vs. Mod 组）

表 4-1-2　疏风解毒胶囊对血浆中 IL-8、IL-6 等炎症因子表达的影响

组别	炎症因子浓度（$\bar{x}\pm SD$，pg/ml）	
	IL-8	IL-6
Con	299.22±188.55	4.64±3.42
Mod	1050.67±238.38	156.23±70.53
SFJD-L	633.81±350.23	73.92±78.37
SFJD-H	489.05±376.72	66.22±25.92
Lev	414.81±376.07	44.94±45.77

4. 讨论

细菌感染是一种普遍的引发肺部炎症的诱因，具有较高发病率及死亡率，铜绿假单胞菌是一种十分常见的条件致病菌，有研究结果表明，铜绿假单胞菌能诱发气道炎症，导致呼吸衰竭，甚至死亡。经典的肺部炎症动物模型通常为变应原诱导的慢性气道炎症，不能模拟出全部肺部炎症的特征，而这种急性细菌性感染的小鼠肺炎模型可以弥补经典的慢性气道炎症模型的这一局限。在本研究中，采用铜绿假单胞菌菌株 PAK 侵染小鼠造成急性肺炎模型，考察了疏风解毒胶囊干预对小鼠死亡率、肺组织切片及炎症因子分泌的影响。结果表明，疏风解毒胶囊能显著降低急性肺炎的死亡率，并能显著降低炎症因子的表达，减少肺部细胞因子及免疫细胞的浸润，改善肺部组织的水肿、坏死脱落，具有较好的抗炎效果。

二、疏风解毒胶囊对急性肺炎小鼠基因表达谱的影响

本部分实验拟通过对急性肺炎小鼠给药前后基因组比较分析，从基因角度系统分析疏风解毒胶囊作用机制。

1. 实验主要药品试剂和仪器

1.1 实验主要药品试剂（表 4-1-3）

表 4-1-3 实验主要药品试剂

试剂名称	来源	货号
LowInput Quick-Amp Labeling Kit，one-color（24×）	Agilent	5190-2305
Gene Expression Wash Pack	Agilent	5188-5327
Gene Expression Hybridization Kit	Agilent	5188-4242
Gene Expression Wash Pack	Agilent	5188-5327
RNA Spike In Kit，one-color	Agilent	5188-5282
Package 20 backings，8 HD arrays per slide	Agilent	G2534-60015
Package 20 backings，4 arrays per slide	Agilent	G2534-60012
QIAGEN RNeasy® Mini Kit	Qiagen	74106
Chip	Agilent	

1.2 实验主要仪器（表 4-1-4）

表 4-1-4 实验主要仪器

仪器名称	仪器来源	型号
扫描仪	Agilent	G2505C
杂交炉	Agilent	G2545A
	Agilent	G2939A
2100 振荡器	Agilent	9600
NanoDrop	Thermo	2000
PCR 仪	ABI	9700
离心机	Eppendorf	5418
浓缩仪	Eppendorf	5301
离心机	海门市其林贝尔仪器制造有限公司	LX-200
	海门市其林贝尔仪器制造有限公司	LX-300
振荡器-1	海门市其林贝尔仪器制造有限公司	GL-88B

续表

仪器名称	仪器来源	型号
磁力搅拌器	海门市其林贝尔仪器制造有限公司	GL-3250B
金属浴	杭州博日科技有限公司	HB-100
	杭州博日科技有限公司	CHB-100
电热恒温培养箱	上海精宏实验设备有限公司	XMTD-8222
冰箱	荣事达	BCD-265F

2. 实验方法

选择上述疏风解毒胶囊对肺损伤小鼠保护实验得到的肺样本包括空白对照组（Con）、疏风解毒胶囊低剂量组（SFJD-L）、模型组（Mod）各两个进行检测分析，标记空白对照组肺两个样本为C1、C2，疏风解毒胶囊低剂量组肺样本为M1、M2，模型组肺样本为S1、S2。所用芯片为Agilent Mouse Gene Expression（8*60K，Design ID：028005）芯片，完成6个样本检测和分析。

2.1　细胞、组织（包含miRNA）总RNA提取

悬浮细胞，需低速离心收集10^2～10^7细胞；贴壁细胞，小心倒出培养液后加入300μl（少量细胞几百）/600μl（几千以上）lysis/binding buffer，振荡或反复抽打，以至细胞裂解。

组织：在0.5～250mg，从活体上取下的组织应在15min内用液氮浸没迅速降温，用液氮运输。体积较小的组织最好用RNA later保存，用干冰运输。

加入10倍体积的lysis/binding buffer（1ml lysis/binding buffer/0.1g 组织）用匀浆器彻底混匀。加入1/10体积的Homogenate additive，涡旋混匀，冰上放置10min。以上操作均在冰上进行。加入与lysis（不计Homogenate additive）相同体积的acid-phenol：chloroform（300μl lysis/300μl acid-phenol：chloroform），涡旋30～60s，室温10 000*g*离心5min，分相若不好，则需重新离心。取上清液置一新管中，记体积。加入1.25倍体积100%乙醇，涡旋混匀，反复过纯化柱，体积不超过700μl，10 000*g*离心15s。加入350μl wash 1，离心5～10s，清洗纯化柱，10 000*g*离心15s，弃过滤液。DNase I 10μl和Buffer RDD70μl加入膜上（QIAGEN#79254），20～30℃放置15min。加入350μl wash 1，离心5～10s，清洗纯化柱，10 000*g*离心15s，弃过滤液。加入500μl wash 2/3，离心5～10s，清洗纯化柱2次，10 000*g*离心15s，弃过滤液，离心1min。将离心柱放置到新的收集管中，柱中心加入100μl 95℃预热的Elution Solution 或nuclease-free水，室温最高转速离心20～30s，收集管中液体即为提取的总RNA，可放置在–70℃保存。

2.2　总RNA的纯化（QIAGEN RNeasy® Mini Kit）

取总RNA≤100μg溶解于100μl RNase free水中，加入350μl Buffer RLT并充分混匀。加入250μl无水乙醇，Tip头充分混匀。将共计700μl含总RNA的溶液转入套在2ml离心管内的RNeasy柱子内，≥8000*g*离心30s，弃去滤过液。吸取500μl Buffer RPE到RNeasy mini 柱子内，≥8000*g*离心洗涤30s，弃去滤过液，再用500μl Buffer RPE在≥8000*g*离心洗涤2min，弃去滤过液和2ml的套管，将RNeasy mini柱子转入一新的1.5ml Eppendorf管中。吸取 40μl RNase free水，≥8000*g*离心洗脱1min。重复上述步骤一次。

2.3 cDNA 第一链和第二链一步法合成

取 0.2μg RNA 于 0.2ml 离心管中，配制反应溶液：

200ng 总 RNA（5ng polyA+ RNA）	→ 2.5μl
Spike Mix	2μl
T7 Promoter Primer	0.8μl
总	5.3μl

65℃保温 10min，冰浴 5min（提前把 5×First Strand Buffer 在 80℃预热 3～4min），配制如下 cDNA 合成体系：

cDNA Master Mix-4.7μl	1×	5×
5×First Strand Buffer	2μl	10μl
0.1mol/L DTT	1μl	5μl
10mmol/L dNTP mix	0.5μl	2.5μl
AffinityScript RNase Block Mix	1.2μl	6μl

将上述 4.7μl mix 加入变性后冰浴的 RNA 中。用枪头混匀，之后离心。PCR：

40℃	2h
70℃	15min
move to ice	5min

2.4 荧光标记 cRNA 合成

（1）配制 Transcription mix：

Transcription Master Mix-6μl	1×	5×
H_2O	0.75μl	3.75μl
5×Transcription Buffer	3.2μl	16μl
0.1mol/L DTT	0.6μl	3μl
NTP mix	1μl	5μl
Cy3-CTP	0.21μl	1.05μl
T7 RNA Polymerase Blend	0.24μl	1.2μl

（2）加入 6μl Transcription mix 并混匀，40℃放置 2h。

cRNA 纯化：用 QIAGEN RNeasy ®Mini Kit 纯化 cRNA，具体方法可参见 QIAGEN 公司随试剂盒提供的操作手册。

1）加入 84μl RNase free 水，加入 350μl Buffer RLT 并充分混匀。

2）加入 250μl 无水乙醇，Tip 头充分混匀。

3）将共计 700μl 含总 RNA 的溶液转入套在 2ml 离心管内的 RNeasy 柱子内，≥8000*g* 离心 15～30s，弃去滤过液。

4）吸取 500μl Buffer RPE 到 RNeasy mini 柱子内，≥8000*g* 离心洗涤 15～30s，弃去滤过液，再用 500μl Buffer RPE 在≥8000*g* 离心洗涤 2min，弃去滤过液和 2ml 的套管，将 RNeasy mini 柱子转入一新的 1.5ml Eppendorf 管中。

5）吸取 30μl RNase free 的水，静置 1min，≥8000*g* 离心洗脱 1min。

6）重复步骤 5）一次。

2.5 cRNA 浓度测定

（1）cRNA 质控：用分光光度计分析 RNA 浓度。需要在 260nm 和 280nm 测定吸光度来确定样品的浓度和纯度。A_{260}/A_{280} 接近 2.0 为较纯的 RNA（比值在 1.9～2.1 也可）。

（2）按下面的计算公式确定调整 cRNA 的含量

调整 cRNA 含量=RNAm–（总 RNAi）（y）

RNAm=IVT 后测得的 cRNA 量（μg）

总 RNAi=开始总 RNA 的量（μg）

y 为在 IVT 过程中加入的双链 cDNA 产物占全部 cDNA 产物的百分数。

（3）荧光分子浓度及掺入率计算

Cy3-浓度（pmol/μl）=$A_{552}/0.15$

Cy3-掺入率（pmol/μg）= Cy3-浓度/cRNA 浓度（μg/μl）

2.6　cRNA 样品片段化和芯片杂交

（1）按下配制片段化混合液，然后在 60℃温浴 30min 进行片段化，冰浴 1min。

Fragmentation mix-55μl/25μl	4×	8×
cRNA	1.65μg	600ng
10×Blocking Agent	11μl	5μl
water	→52.8μl	→24μl
25×Fragmentation Buffer	2.2μl	1μl

（2）加入 2×GEx Hybridization Buffer 混匀。

Hybridization mix	4×	8×
cRNA from Fragmentation Mix	55μl	25μl
2×GE Hyb Hi-RPM Buffer	55μl	25μl
总	110μl	50μl

（3）上芯片，65℃ 17h，10r/min 滚动杂交。

2.7　芯片洗涤

（1）取出芯片于洗液 1 中洗涤 1min。

（2）再将芯片放入洗液 2 中洗涤 1min（37℃）。

2.8　芯片扫描

于 Agilent 扫描仪中扫描，分辨率为 5μm，扫描仪自动以 100%和 10%PMT 各扫描一次，两次结果 Agilent 软件可自动合并。

采用 Feature Extraction 软件（version10.7.1.1，Agilent Technologies）处理原始图像提取原始数据。接着利用 Genespring 软件（version 12.5；Agilent Technologies）进行 quantile 标准化和后续处理。标准化后的数据进行过滤，在用于比较的每组样本中至少有一组 100%标记为 Detected 的探针留下进行后续分析。利用 t 检验的 P 值和倍数变化值进行差异基因筛选，筛选的标准为上调或者下调倍数变化值≥2.0 且 $P\leqslant 0.05$。接着，对差异基因进行 GO 和 KEGG 富集分析，以判定差异基因主要影响的生物学功能或者通路。最后，对差异基因进行非监督层次聚类，利用热图的形式展示差异基因在不同样本间的表达模式。

三组样本空白对照组肺样本 C（重复两次，分别标记为 C1、C2）、疏风解毒胶囊低剂量组肺样本 M（重复两次，分别标记为 M1、M2），模型组肺样本 S（重复两次，分别标记为 S1、S2）中筛选出的基因两两比较。每组中前者被认为是对照组，通过比较两组间差异表达基因总和的 Log2Ratio，评估差异表达基因的上调或下调程度。我们对选出的两两比较差异较大的基因进行聚类分析。所有算法都是在 Windows 7 系统下用 Matlab 2011a

（Mathworks，USA）实现的。与基因相应的蛋白质的相互作用通过 String 9.1（http://string-db.org/）分析。

3. 实验结果

空白对照组肺样本 C，疏风解毒胶囊低剂量组肺样本 M，模型组肺样本 S，通过两两比较差异基因，选取差异基因中 Log2Ratio 绝对值大于 2 的差异较大的基因，共得到 70 条，此 70 条显著差异基因的聚类图如图 4-1-4 所示。将 70 条显著差异基因投入 String 9.1（http://string-db.org/）后可得到 60 种和小家鼠相匹配的基因，继续分析可得到 58 种基因的相互作用图（图 4-1-5）和 84 条作用通路（表 4-1-5）。

如表 4-1-3 所示，得到的 84 条作用通路中，和细胞因子受体相互作用通路有关的基因共有 10 个，分别是 *Il21r*、*Ccl3*、*Cxcl10*、*Cxcr5*、*Pdgfra*、*Tnfrsf17*、*Tnfrsf13c*、*Tnf*、*Tnfrsf13b*、*Il1r2*；和原发性免疫缺陷通路相关的基因共有 4 个，分别是 *Tnfrsf13c*、*Tnfrsf13b*、*Btk*、*Cd19*；和 Toll 样受体信号通路有关的基因共有 4 个，分别是 *Ccl3*、*Cxcl10*、*Tnf*、*Pik3cg*；和丝裂原活化蛋白激酶信号通路有关的基因共有 5 个，分别是 *Map4k1*、*Pdgfra*、*Tnf*、*Il1r2*、*Ptpn7*；和 B 细胞受体信号通路有关的基因共有 3 个，分别是 *Btk*、*Pik3cg*、*Cd19*；和 Fc epsilon 受体

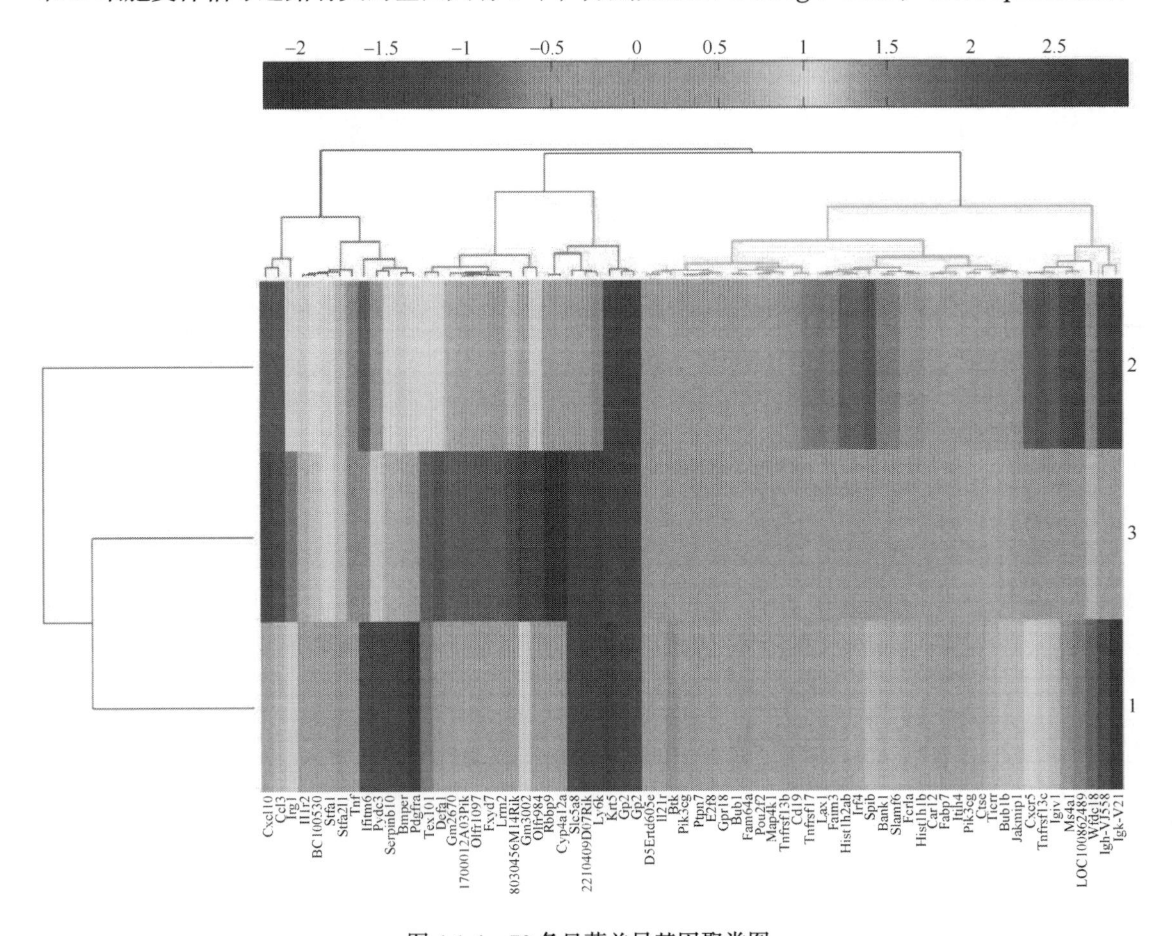

图 4-1-4　70 条显著差异基因聚类图

注：1 为给药组和空白组肺样本的差异基因；2 为模型组和空白组的差异基因；3 为模型组和给药组的差异基因

（扫文末二维码获取彩图）

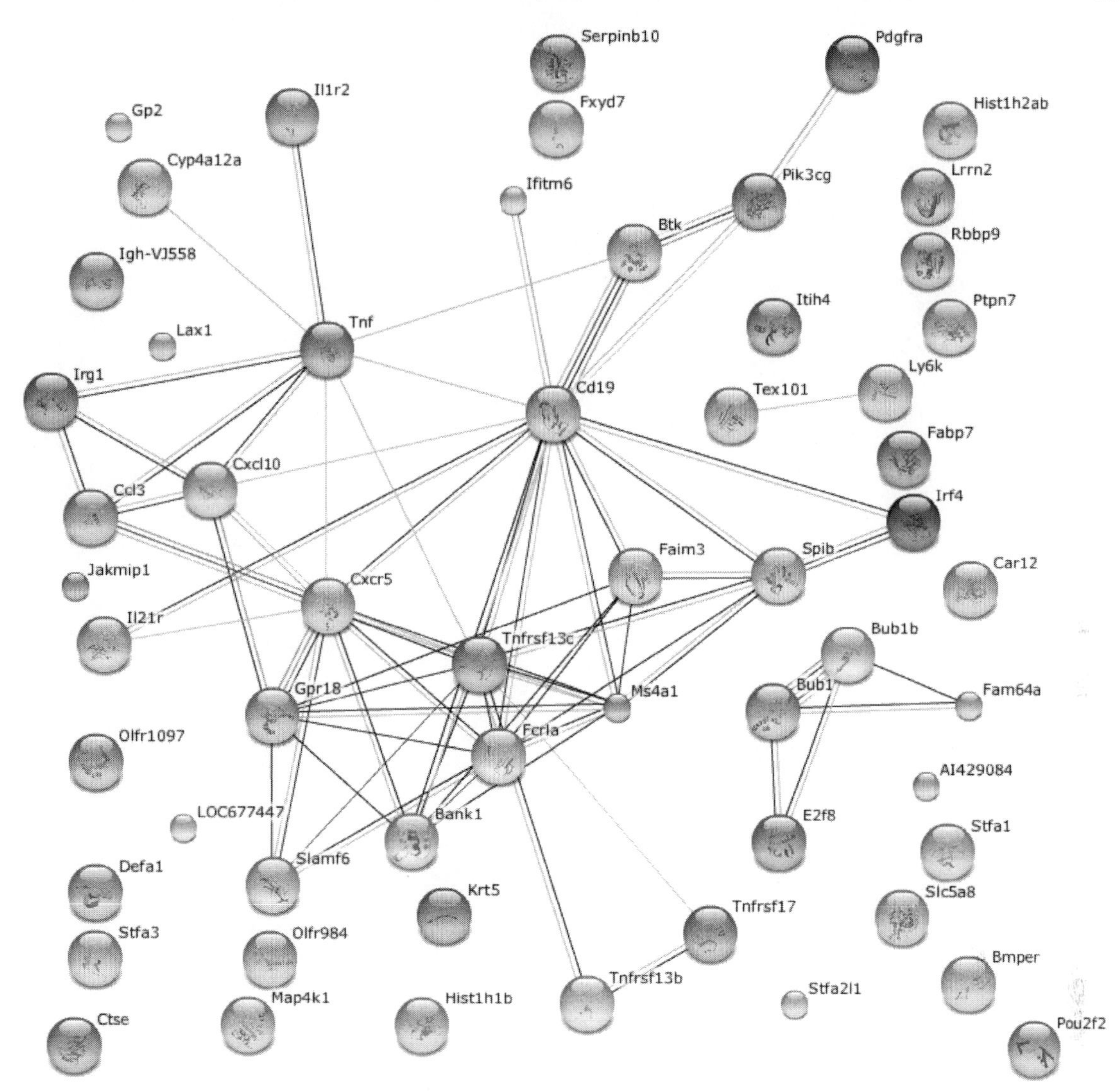

图 4-1-5 显著差异基因之间的相互作用图

I 信号通路相关的基因有 3 个，分别是 *Tnf*、*Btk*、*Pik3cg*；和过氧化物酶体增殖剂激活受体信号通路有关的基因共有 2 个，分别是 *Fabp7*、*Cyp4a12a*；和自然杀伤细胞介导的细胞毒相关通路有关的基因共有 2 个，分别是 *Tnf*、*Pik3cg*；和 Jak-STAT 信号通路有关的基因共有 2 个，分别是 *Pik3cg*、*Il21r*；和黏着斑有关的基因有 2 个，分别是 *Pik3cg*、*Pdgfra*；和哮喘相关通路有关的基因为 *Tnf*；和磷酸肌醇代谢通路相关的基因为 *Pik3cg*；和花生四烯酸代谢通路相关的基因为 *Cyp4a12a*；和肌醇磷脂信号系统通路相关的基因为 *Pik3cg*；和 mTOR 受体通路相关的基因为 *Pik3cg*；和缝隙连接通路相关的基因为 *Pdgfra*；和白细胞迁移通路相关的基因为 *Pik3cg*；和 TGF-β 信号通路相关的基因为 *Tnf*；和 ErbB 信号通路相关的基因为 *Pik3cg*；和抗原呈递通路相关的基因为 *Tnf*；和钙信号通路相关的基因为 *Pdgfra*；和血管内皮生长因子信号通路相关的基因为 *Pik3cg*。

表 4-1-5　作用通路及相关基因

通路	基因数	基因
Cytokine-cytokine receptor interaction	10	*Il21r*
		Ccl3
		Cxcl10
		Cxcr5
		Pdgfra
		Tnfrsf17
		Tnfrsf13c
		Tnf
		Tnfrsf13b
		Il1r2
Primary immunodeficiency	4	*Tnfrsf13c*
		Tnfrsf13b
		Btk
		Cd19
Hematopoietic cell lineage	4	*Ms4a1*
		Tnf
		Il1r2
		Cd19
Toll-like receptor signaling pathway	4	*Ccl3*
		Cxcl10
		Tnf
		Pik3cg
Intestinal immune network for IgA production	3	*Tnfrsf17*
		Tnfrsf13c
		Tnfrsf13b
Amoebiasis	4	*Tnf*
		Pik3cg
		Il1r2
		Serpinb10
MAPK signaling pathway	5	*Map4k1*
		Pdgfra
		Tnf
		Il1r2
		Ptpn7
B cell receptor signaling pathway	3	*Btk*
		Pik3cg
		Cd19
Chemokine signaling pathway	4	*Ccl3*
		Cxcl10
		Cxcr5
		Pik3cg
Fc epsilon RI signaling pathway	3	*Tnf*
		Btk
		Pik3cg

续表

通路	基因数	基因
Chagas disease（American trypanosomiasis）	3	*Ccl3*
		Tnf
		Pik3cg
Osteoclast differentiation	3	*Tnf*
		Btk
		Pik3cg
Type Ⅱ diabetes mellitus	2	*Tnf*
		Pik3cg
Influenza A	3	*Cxcl10*
		Tnf
		Pik3cg
Glioma	2	*Pik3cg*
		Pdgfra
RIG-I-like receptor signaling pathway	2	*Tnf*
		Cxcl10
Melanoma	2	*Pik3cg*
		Pdgfra
PPAR signaling pathway	2	*Fabp7*
		Cyp4a12a
Rheumatoid arthritis	2	*Tnf*
		Ccl3
Apoptosis	2	*Tnf*
		Pik3cg
Progesterone-mediated oocyte maturation	2	*Bub1*
		Pik3cg
Prostate cancer	2	*Pik3cg*
		Pdgfra
T cell receptor signaling pathway	2	*Tnf*
		Pik3cg
Natural killer cell mediated cytotoxicity	2	*Tnf*
		Pik3cg
Cell cycle	2	*Bub1b*
		Bub1
Toxoplasmosis	2	*Tnf*
		Pik3cg
Hepatitis C	2	*Tnf*
		Pik3cg
Jak-STAT signaling pathway	2	*Pik3cg*
		Il21r
Focal adhesion	2	*Pik3cg*
		Pdgfra
Regulation of actin cytoskeleton	2	*Pik3cg*
		Pdgfra
Pathways in cancer	2	*Pik3cg*
		Pdgfra

续表

通路	基因数	基因
Olfactory transduction	2	*Olfr984* *Olfr1097*
Dilated cardiomyopathy	1	*Tnf*
Asthma	1	*Tnf*
Measles	1	*Pik3cg*
Inositol phosphate metabolism	1	*Pik3cg*
Hypertrophic cardiomyopathy（HCM）	1	*Tnf*
Colorectal cancer	1	*Pik3cg*
Chronic myeloid leukemia	1	*Pik3cg*
Acute myeloid leukemia	1	*Pik3cg*
Arachidonic acid metabolism	1	*Cyp4a12a*
Phosphatidylinositol signaling system	1	*Pik3cg*
Small cell lung cancer	1	*Pik3cg*
Type I diabetes mellitus	1	*Tnf*
Pancreatic cancer	1	*Pik3cg*
Non-small cell lung cancer	1	*Pik3cg*
Renal cell carcinoma	1	*Pik3cg*
Endometrial cancer	1	*Pik3cg*
Oocyte meiosis	1	*Bub1*
Metabolic pathways	1	*Cyp4a12a*
Retinol metabolism	1	*Cyp4a12a*
mTOR signaling pathway	1	*Pik3cg*
Gap junction	1	*Pdgfra*
Pertussis	1	*Tnf*
Carbohydrate digestion and absorption	1	*Pik3cg*
Leukocyte transendothelial migration	1	*Pik3cg*
Cholinergic synapse	1	*Pik3cg*
Malaria	1	*Tnf*
African trypanosomiasis	1	*Tnf*
Endocytosis	1	*Pdgfra*
Graft-versus-host disease	1	*Tnf*
Insulin signaling pathway	1	*Pik3cg*
Leishmaniasis	1	*Tnf*
Neurotrophin signaling pathway	1	*Pik3cg*
Bacterial invasion of epithelial cells	1	*Pik3cg*
Lysosome	1	*Ctse*
Allograft rejection	1	*Tnf*
NOD-like receptor signaling pathway	1	*Tnf*
Cytosolic DNA-sensing pathway	1	*Cxcl10*
Fc gamma R-mediated phagocytosis	1	*Pik3cg*
TGF-beta signaling pathway	1	*Tnf*
ErbB signaling pathway	1	*Pik3cg*
Aldosterone-regulated sodium reabsorption	1	*Pik3cg*
Vascular smooth muscle contraction	1	*Cyp4a12a*
Tuberculosis	1	*Tnf*
Adipocytokine signaling pathway	1	*Tnf*

续表

通路	基因数	基因
Nitrogen metabolism	1	*Car12*
Systemic lupus erythematosus	1	*Tnf*
Alzheimer's disease	1	*Tnf*
Amyotrophic lateral sclerosis（ALS）	1	*Tnf*
Fatty acid metabolism	1	*Cyp4a12a*
Antigen processing and presentation	1	*Tnf*
Calcium signaling pathway	1	*Pdgfra*
VEGF signaling pathway	1	*Pik3cg*

三、疏风解毒胶囊治疗急性上呼吸道感染作用机制分析

本部分通过基因芯片技术分析得到的显著差异表达基因及其相关作用通路和前一部分通过生物信息学手段预测的作用靶标和相关通路进行比对，分析疏风解毒胶囊组成成分可能的作用机制。

将通过 PharmMapper 数据库和博奥数据库预测到的作用通路和通过将由基因芯片技术得到的显著表达差异基因投入 string9.1 所得的作用通路进行比对，可得到 10 条相同的通路，分别是 mTOR 信号通路、Toll 样受体信号通路、丝裂原活化蛋白激酶信号通路、B 细胞受体信号通路、Fc epsilon 受体 Ⅰ 信号通路、过氧化物酶体增殖剂激活受体信号通路、黏着斑通路、缝隙连接通路、ErbB 信号通路和血管内皮生长因子信号通路。

此 10 条通路及其对应的相关基因如表 4-1-6 所示。

表 4-1-6　比对所得 10 条通路及相关基因对照表

通路	基因数	基因
Toll 样受体信号通路	4	*Ccl3* *Cxcl10* *Tnf* *Pik3cg*
丝裂酶原活化蛋白激酶信号通路	5	*Map4k1* *Pdgfra* *Tnf* *Il1r2* *Ptpn7*
B 细胞受体信号通路	3	*Btk* *Pik3cg* *Cd19*
过氧化物酶体增殖剂激活受体信号通路	2	*Fabp7* *Cyp4a12*
Fc epsilon 受体 Ⅰ 信号通路	3	*Tnf* *Btk* *Pik3cg*
黏着斑通路	2	*Pik3cg* *Pdgfra*
mTOR 信号通路	1	*Pik3cg*
缝隙连接通路	1	*Pik3cg*
ErbB 信号通路	1	*Pik3cg*
VEGF 信号通路	1	*Pik3cg*

疏风解毒胶囊抗炎活性化合物、作用靶点蛋白、相关抗炎通路和相关基因的对照关系如图 4-1-6 所示。

然后分析疏风解毒胶囊成分的作用机制。分析疏风解毒胶囊的成分中的活性化合物连翘酯苷 E、连翘酯苷 A 和连翘苷、戟叶马鞭草苷、马鞭草苷、毛蕊花糖苷、3-羟基光甘草酚、牡荆苷、大黄素所对应的以上 10 条作用通路，得到疏风解毒胶囊组成成分的作用通路及作用靶点，如表 4-1-7 所示。

然后运用 UNIPRO 数据库（http：//www.uniprot.org/）将预测到的疏风解毒胶囊作用靶标和比对所得的 10 条通路的基因进行比对，可找到 3 个重合的作用靶标，酪氨酸蛋白激酶、脂肪酸结合蛋白和无受体类型酪氨酸蛋白磷酸酶。

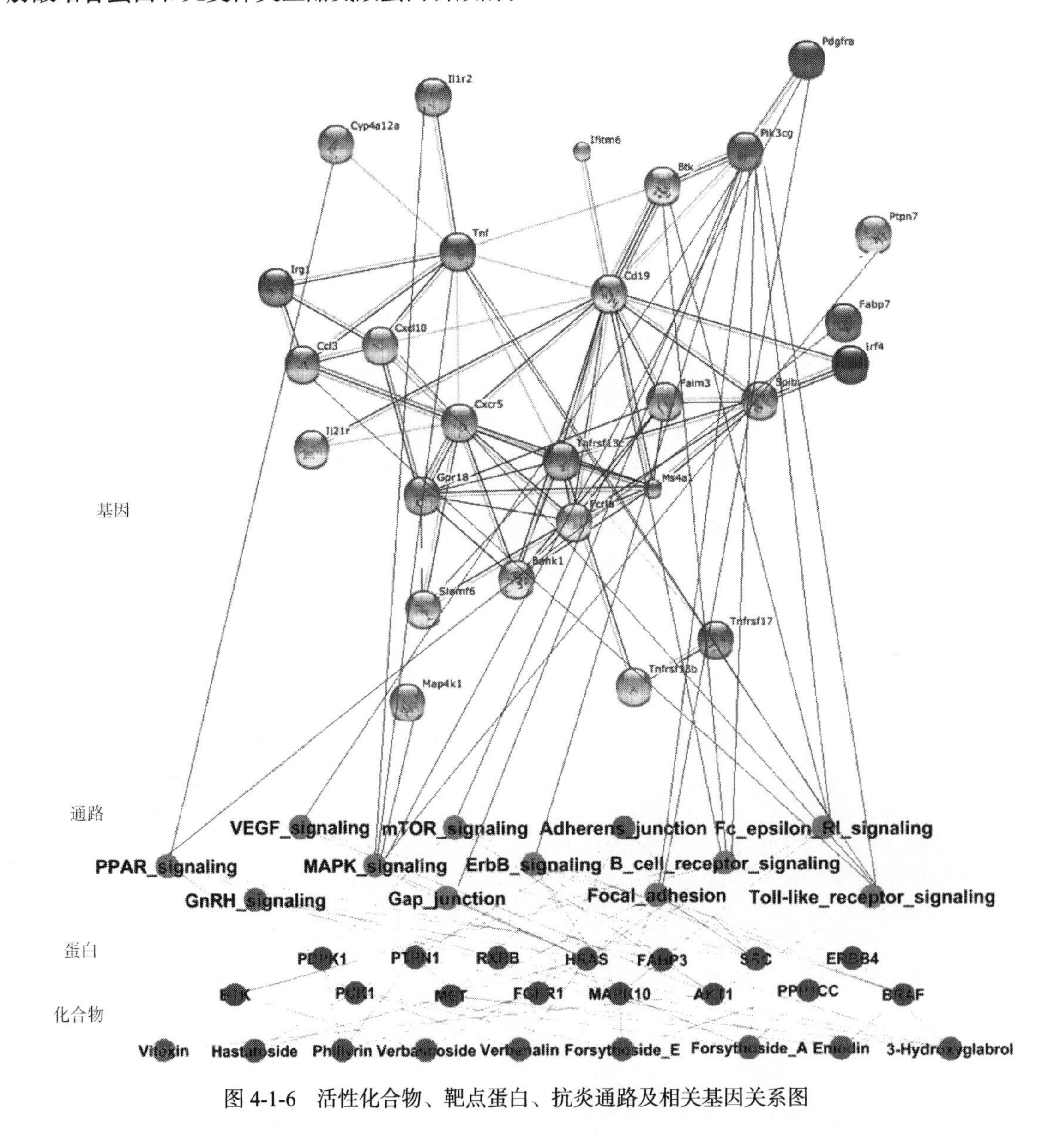

图 4-1-6　活性化合物、靶点蛋白、抗炎通路及相关基因关系图

表 4-1-7　疏风解毒胶囊成分作用通路及靶标

药材	通路	基因
连翘	黏着斑通路	*PPP1CC*；*MAPK10*；*HRAS*；*SRC*
	Fc epsilon 受体 I 信号通路	*MAPK10*；*HRAS*
	ErbB 信号通路	*MAPK10*；*HRAS*；*SRC*
	丝裂酶原活化蛋白激酶信号通路	*MAPK10*；*HRAS*
	过氧化物酶体增殖剂激活受体信号通路	*PCK1*；*PDPK1*
	B 细胞受体信号通路	*HRAS*
	VEGF 信号通路	*HRAS*；*SRC*
	mTOR 信号通路	*PDPK1*
马鞭草	B 细胞受体信号通路	*HRAS*；*BTK*
	VEGF 信号通路	*HRAS*
	Fc epsilon 受体 I 信号通路	*HRAS*；*BTK*
	ErbB 信号通路	*HRAS*
	过氧化物酶体增殖剂激活受体信号通路	*PCK1*
	缝隙连接通路	*HRAS*
甘草	过氧化物酶体增殖剂激活受体信号通路	*FABP3*；*RXRB*
	ErbB 信号通路	*ERBB4*；*MAPK10*
	黏着斑通路	*MET*；*MAPK10*
	Fc epsilon 受体 I 信号通路	*MAPK10*
板蓝根	mTOR 信号通路	*AKT1*；*BRAF*
	VEGF 信号通路	*AKT1*
	ErbB 信号通路	*AKT1*；*BRAF*
	Toll 样受体信号通路	*AKT1*
	黏着斑通路	*BRAF*；*MET*；*PPP1CC*
虎杖	黏着斑通路	*BRAF*；*MET*；*PPP1CC*
	mTOR 信号通路	*BRAF*
	ErbB 信号通路	*BRAF*

四、讨　论

现代研究认为，炎症反应免疫调节为风热型上呼吸道感染主要病理变化之一。本研究显示，疏风解毒胶囊中源自连翘的连翘酯苷 A、连翘酯苷 E、连翘苷，源自虎杖的大黄素，源自马鞭草的戟叶马鞭草苷、马鞭草苷等成分均能不同程度、多渠道地发挥抗炎、调节免疫作用。

其中连翘中活性成分与 MAPK10、HRAS、SRC、PDPK1 等受体结合能较强，上述受体作用广泛，为 MAPK、B cell receptor、PPAR、Fc epsilon RI、Focal adhesion、Gap junction、ErbB、mTOR、VEGF 等信号通路中关键蛋白；虎杖中活性成分与 BRAF 受体结合能较强，此受体为 ErbB、mTOR 信号通路中关键蛋白；马鞭草中活性成分与 HRAS 受体结合能较强，此受体为 MAPK、B cell receptor、Fc epsilon RI、Focal adhesion、Gap junction、ErbB、VEGF 等信号通路中关键蛋白。MAPK、B cell receptor、PPAR、Fc epsilon RI、Focal adhesion、Gap junction、ErbB、mTOR、VEGF 等信号通路均为炎症反应、免疫调节中的关键通路（图 4-1-7）。

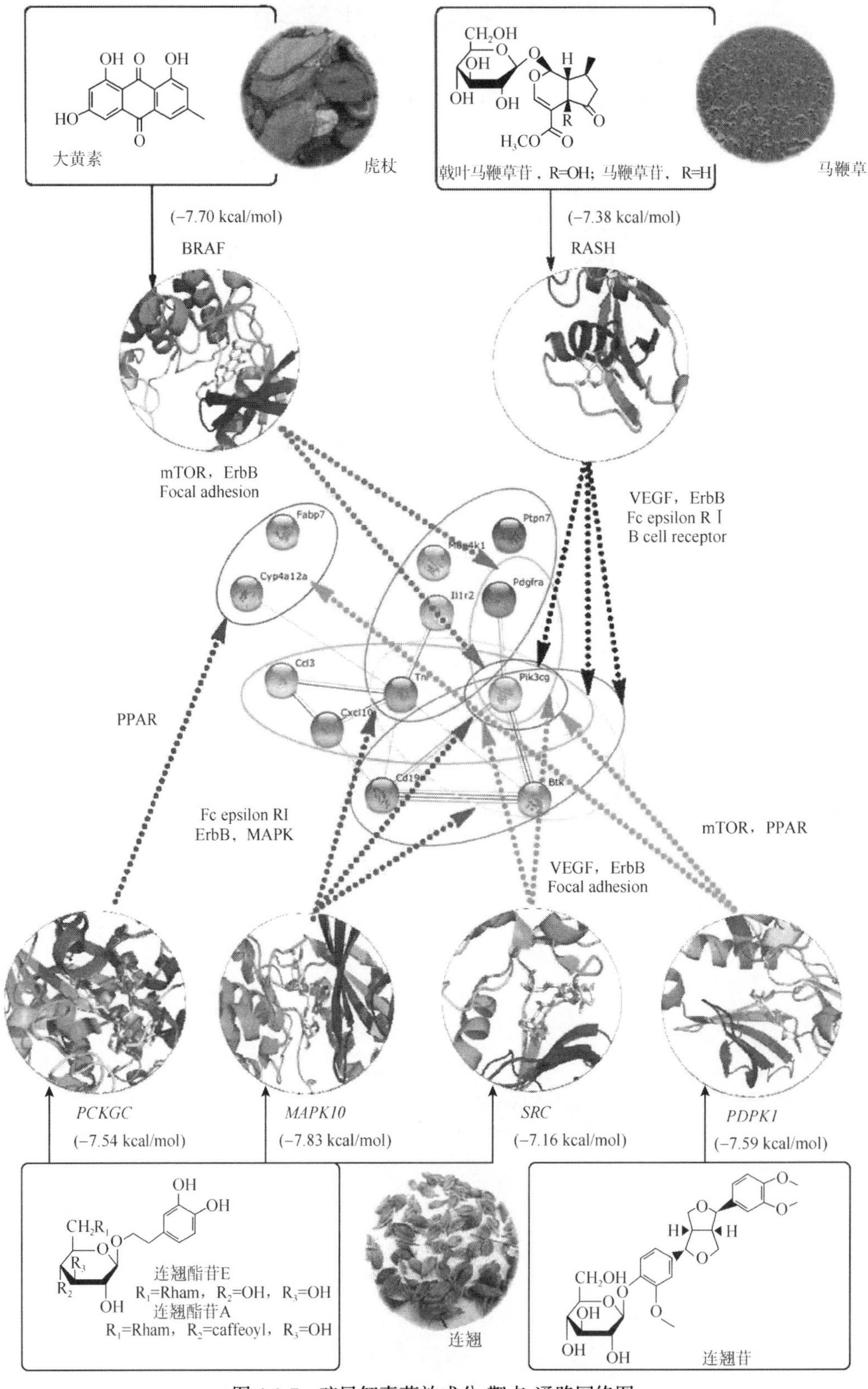

图 4-1-7 疏风解毒药效成分-靶点-通路网络图

综上所述，疏风解毒胶囊中连翘酯苷 A、连翘酯苷 E、连翘苷、大黄素、戟叶马鞭草苷、马鞭草苷等成分为其抗炎、调节免疫作用的主要物质基础，其多种成分可以通过多靶点、多通路的模式共同调控炎症与免疫反应，进而发挥治疗风热上呼吸道感染作用。

第二节　基于蛋白组学的疏风解毒胶囊作用机制研究

TMT™(Tandem Mass Tag™)是由美国 Thermo Scientific 公司研发出来的一种类似 iTRAQ 的技术，而 iTRAQ（isobaric tags for relative and absolute quantitation，用于相对或绝对定量的同位素标记）定量技术是一种基于体外等重同位素标记的相对与绝对定量技术，最初由 AB SCIEX 公司研发。TMT 主要有两种不同的多标组合试剂，分别为 TMT6 标和 TMT10 标。可同时比较 6 组或 10 组不同样品中蛋白质的相对含量。TMT 试剂也是由三部分组成：报告基团(6 标实验分子量分别为 126、127、128、129、130 和 131；10 标实验分子量分别为 126、127N、127C、128N、128C、129N、129C、130N、130C 和 131)，质量平衡基团和肽反应标记试剂基团。

在串联质谱分析中，报告基团、质量平衡基团和多肽反应基团之间的键断裂（图 4-2-1），质量平衡基团丢失，带不同同位素标签的同一多肽产生多种不同质量的报告离子，根据报告离子的丰度可获得样品间相同肽段的定量信息，再经过软件处理得到蛋白质的定量信息。近年来，TMT 化学标记定量蛋白质组学技术已经成为一种非常重要的质谱定量方法。

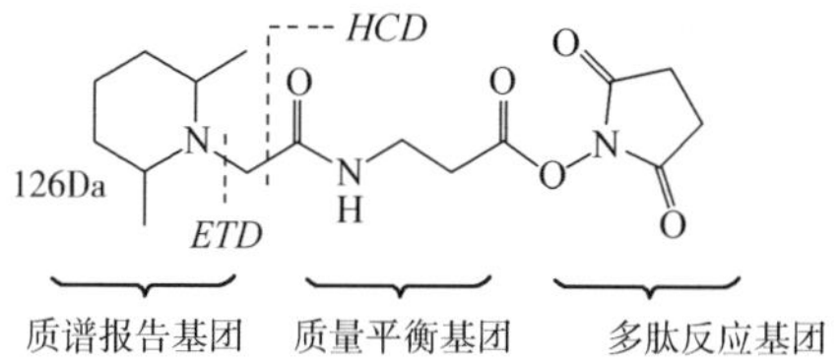

图 4-2-1　TMT 试剂结构

TMT 标记定量蛋白质组学项目的主要步骤包括蛋白质提取、蛋白质定量、蛋白质酶解、肽段 TMT 标记、High-pH 反相色谱柱分级、LC-MS/MS 分析、数据库检索、数据分析和实验报告等。本实验采用 TMT 标记定量蛋白质组学方法，对疏风解毒胶囊的作用机制进行研究，从蛋白质组学的角度阐释疏风解毒胶囊疏风解表、清热解毒的作用机制。

一、试验材料

1. 主要仪器和试剂

UA 缓冲液（8mol/L 尿素，150mmol/L Tris-HCl pH8.0）
碳酸氢铵（Sigma）
乙腈（Merck，1499230-935）
TMT 标记试剂盒（Thermo Fisher）
Pierce™高 pH 反相肽分离试剂盒（Thermo Fisher）
乌来糖（天津市光复精细化工研究所，20130708）
液氮罐 YDS-50B-125（四川亚西橡塑机器有限公司低温设备厂）

赛默飞 Q-Exacitve Plus 液质联用色谱仪（Thermo Scientific）
赛默飞 EASY-nLC 1200 纳升级液相色谱仪（Thermo Scientific）
反相分析柱 Trap column（Reverse-phase），100μm×20mm（5μm，C_{18}）
色谱柱（反相）Thermo scientific EASY column（Reverse-phase），75μm×120mm（3μm，C_{18}）
蛋白质谱分析软件 MaxQuant（version 1.6.0.16）

2. 实验动物

大鼠，SPF 级，由北京维通利华实验动物技术有限公司[许可证号：SCXK（京）2012-0001]提供。体重 180～200g。

二、试验方法

1. 造模、给药、取材

前期动物分组、造模、给药方法同第五章第一节。试验结束当天，腹腔注射 20%乌来糖 5ml/kg 麻醉大鼠，腹主动脉取血约 2ml 于 EDTA 抗凝管内，混匀后迅速放入液氮罐内冻存。每只大鼠取黄豆大小肺脏于液氮罐冻存。

2. 样品分组及标记

每组样品 9 例，分成 3 份，每份样品各 3 例。样品共 3 组。使用 TMT10 标试剂进行标记定量（表 4-2-1）。

表 4-2-1 肺脏样品信息表

TMT 标记	126	127N	127C	128N	128C	129N	129C	130N	130C
样品名称	C_1 对照 1	C_2 对照 2	C_3 对照 3	M_1 模型 1	M_2 模型 2	M_3 模型 3	S_1 疏风解毒胶囊 1	S_2 疏风解毒胶囊 2	S_3 疏风解毒胶囊 3

3. 样品制备及蛋白质浓度测定

液氮研磨组织样品为粉末。称取每例样品适量加 SDT 裂解液，冰浴超声破碎 2min，沸水浴 5min，4℃离心取上清液。使用 BCA 法进行蛋白定量，见表 4-2-2。

表 4-2-2 样品蛋白定量信息表

样品名称	FC			FM			FS		
	C_1	C_2	C_3	M_1	M_2	M_3	S_1	S_2	S_3
蛋白浓度（μg/μl）	5.906	15.30	5.624	7.493	11.94	8.395	6.986	17.22	12.47

4. SDS-PAGE 凝胶电泳

每组样品各取 15μg 蛋白质样品按 5∶1（*v/v*）加入 5×上样缓冲液，沸水浴 5min，进行 8%～16% SDS-PAGE 电泳。用考马斯亮蓝染色，见图 4-2-2。

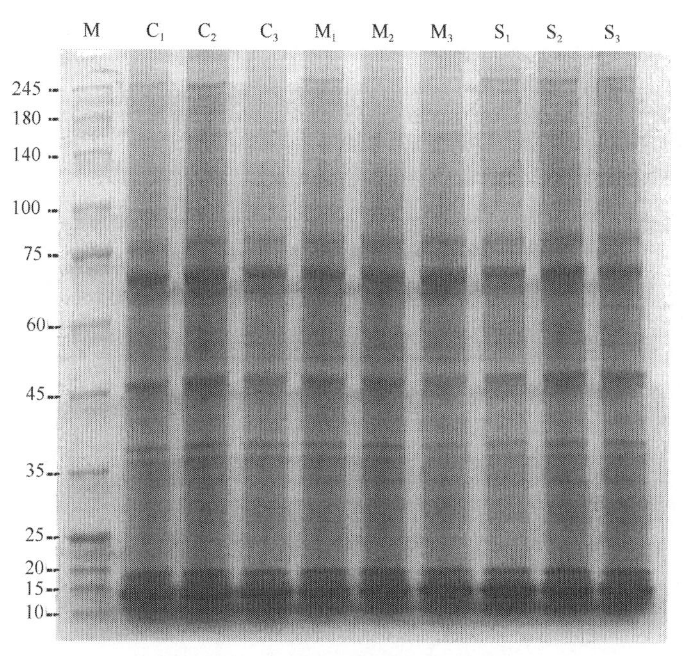

图 4-2-2　SDS-PAGE 凝胶电泳图谱

C：对照组；M：模型组；S：疏风解毒胶囊；最左边的 M 为 Marker 内参

5. 蛋白质酶解及肽段脱盐

每份样品各取 300μg 进行酶解。分别加 DTT 至 100mmol/L，沸水浴 5min，冷却至室温。加入 200μl UA 缓冲液（8mol/L 尿素，150mmol/L Tris-HCl，pH8.0）混匀，转入 10kD 超滤离心管，12 000*g* 离心 15min。加入 200μl UA 缓冲液于 12 000*g* 离心 15min，弃滤液。加入 100μl IAA（50mmol/L IAA in UA），600r/min 振荡 1min，避光室温保存 30min，12 000*g* 离心 10min。加入 100μl UA 缓冲液，12 000*g* 离心 10min 重复 2 次。加入 100μl NH_4HCO_3 缓冲液，14 000*g* 离心 10min 重复 2 次。加入 40μl Trypsin 缓冲液（6μg Trypsin in 40μl NH_4HCO_3 缓冲液），600r/min 振荡 1min，37℃ 16～18h。换新收集管，12 000*g* 离心 10min，收集滤液，加入适量 0.1% TFA 溶液，C_{18} Cartridge 脱盐处理，进行肽段定量。

6. TMT 肽段标记与肽段分级

每例样品分别取 100μg 肽段，按照 Thermo Fisher 公司 TMT 标记试剂盒说明书进行标记。将每组标记后的肽段等量混合，干燥后的肽段使用高 pH 反相肽分离试剂盒（Pierce™ High pH Reversed-Phase Peptide Fractionation Kit，Thermo Fisher）进行分级分离。最终将样品收集合并为 15 个组分。每个组分的肽段干燥后用 0.1% FA 复溶，以备 LC-MS/MS 分析。

7. LC-MS/MS 分析

取复溶后的肽段溶液进行 LC-MS/MS 分析，样品每个分级组分进样 1 次，共 15 次质谱分析。采用纳升级液相色谱仪 EASY-nLC 进行分离。缓冲液：A 液为 0.1%甲酸水溶液，B 液为 0.1%甲酸乙腈水溶液（乙腈为 98%）。色谱柱以 95%的 A 液平衡。样品上样到反相色谱柱 Trap column（20mm×100μm，5μm，C_{18}），再经反相分析柱 Thermo scientific EASY column（75μm×120mm，3μm，C_{18}）分离，流速为 300nl/min。相关液相梯度如下：0～2min，B 液线性梯度从4%～7%；2～67min，B液线性梯度从7%～20%；67～79min，B液线性梯度从20%～35%；79～81min，B液线性梯度从30%～90%；81～90min，B液维持在90%。肽段经色谱分离后使用赛默飞型号为Q-Exactive Plus的液质联用色谱仪（Thermo Scientific）进行串联质谱分析。分析时长：90min；检测方式：正离子；母离子扫描范围：300～1800*m*/*z*。多肽和多肽碎片的质量电荷比按照下列方法采集：每次全扫描后采集20个碎片图谱（MS2 scan，HCD）。一级质谱分辨率：70 000@*m*/*z* 200，自动增益控制目标（AGC target）：1e6，一级最大驻留时间（Maximum IT）：50ms。二级质谱分辨率：35 000@ *m*/*z* 200，AGC target：1e5，二级 Maximum IT：50ms，二级质谱激活类型（MS2 Activation Type）：HCD，离析的最小单位（Isolation window）：1.6 Th，归一化碎裂能量（Normalized collision energy）：35。

8. 数据库检索

最终得到的LC-MS/MS原始RAW文件导入蛋白质谱分析软件MaxQuant软件（版本号1.6.0.16）进行数据库检索。查库使用的数据库为经过专家校验的蛋白数据库，网址为：https：//www.uniprot.org/，其中大鼠蛋白质数据库为Uniprot-Rattus norvegicus（Rat）-36090-20190213. fasta，来源于网址https：//www.uniprot.org/taxonomy/10116 上蛋白质数据库，其蛋白数目：36 090。主要查库参数设置如表4-2-3所示。

表4-2-3 蛋白质谱分析软件（MaxQuant）搜库参数设置

项目（Item）	值
类型（Type）	Reporter ion MS2
等压标签（Isobaric labels）	TMT 10plex
酶（Enzyme）	胰蛋白酶（Trypsin）
Reporter mass tolerance	0.005Da
酶切位点数（Max Missed Cleavages）	2
Main search Peptide Tolerance	4.5 ppm
First search Peptide Tolerance	20 ppm
MS/MS Tolerance	20 ppm
Fixed modifications	Carbamidomethyl（C）
Variable modifications	Oxidation（M），Acetyl（Protein N-term）
数据库（Database）	uniprot-Rattus norvegicus（Rat）-36090-20190213.fasta
数据库模式（Database pattern）	Target-Reverse
PSM FDR	≤0.01
Protein FDR	≤0.01
蛋白质定量（Protein quantification）	Razor and unique peptides were used for protein quantification

三、实验结果与数据分析

1. 蛋白质鉴定及定量结果

本次项目的质谱鉴定结果包括蛋白质鉴定、肽段鉴定、蛋白质定量和显著性差异蛋白分析等，结果见表4-2- 4。

表 4-2-4　蛋白质鉴定结果统计

鉴定结果	PSM数目	肽段数目（Peptide）	唯一性肽段（Unique peptide）	蛋白数目（Protein groups）	定量蛋白（Quantified protein）
总数	100 097	37 528	34 018	5978	5865

MaxQuant 是领先的蛋白质组学定性定量算法，近年来已经逐渐成为蛋白质组学领域内的标准解决方案之一，采用 MaxQuant 软件对 TMT 标记蛋白质组学数据进行定性与定量计算。在定量结果的显著性差异分析时，将组中表达差异倍数大于 1.2 倍（上下调）且 P<0.05 筛选标准的蛋白质视为显著差异表达蛋白质。两个比较组的显著性差异蛋白质结果统计见表 4-2-5。

表 4-2-5　显著性差异蛋白质结果统计

组别	差异比较组	上调（Up- regulated）	下调（Down - regulated）	显著差异蛋白质总数
1	FM vs FC	790	466	1256
2	FS vs FM	209	339	548

2. 差异蛋白质分析

在数据分析中，我们采用两组样本间的蛋白质表达差异倍数（Fold change）和 t 检验得到的 P 值两个因素共同绘制火山图（volcano plot）（图 4-2-3，图 4-2-4），用于表现两组样本数据的显著性差异。横坐标为差异倍数（以 2 为底的对数变换），纵坐标为差异的显著性 P 值（以 10 为底的对数变换）。其中绿色点为显著性差异蛋白质。

与对照组比较，模型组蛋白质含量显著增加的前 10 个蛋白质（表 4-2-6）为：Metallothionein-2（金属硫蛋白-2）、Metallothionein-1（金属硫蛋白-1）、Ig gamma-2C chain C region（Igγ-2C 链 C 区）、Cyclin-dependent kinase 1（细胞周期蛋白依赖性激酶 1）、condensin-2 complex subunit G（缩合蛋白-2 复合物亚基 G）、interferon gamma inducible protein 47（干扰素

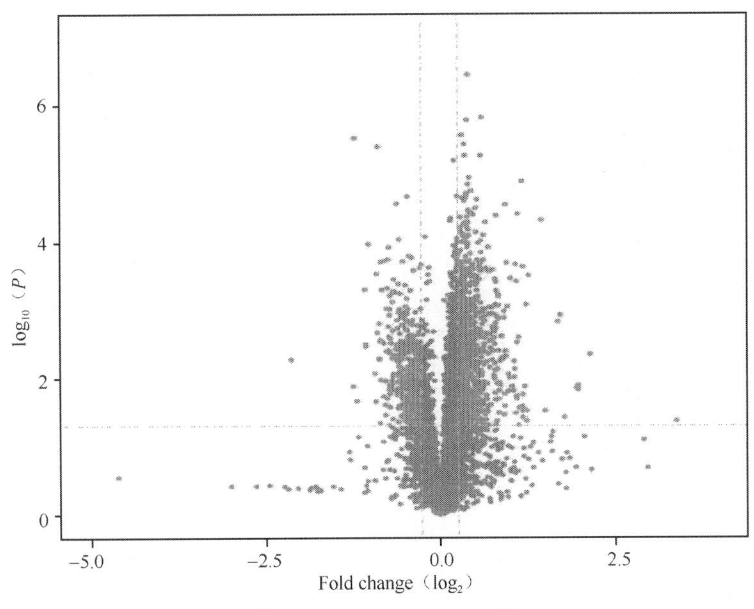

图 4-2-3　FM vs FC 火山图

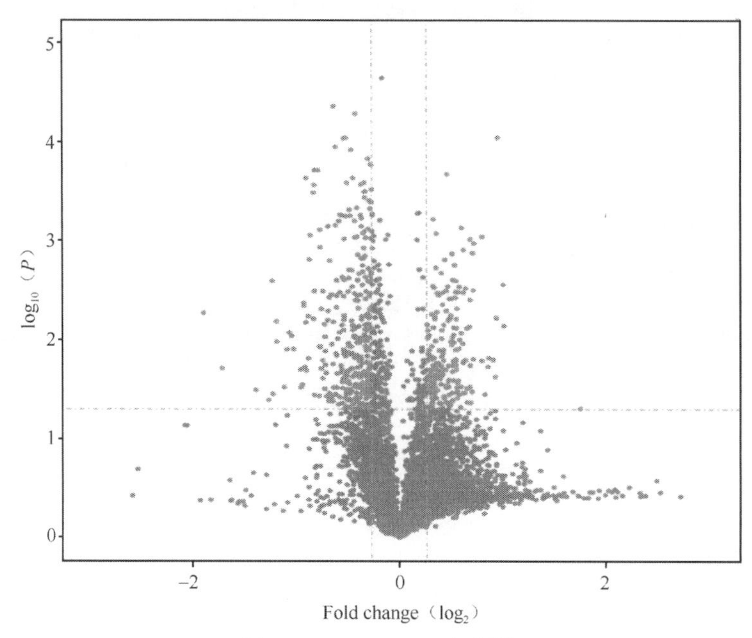

图 4-2-4　FS vs FM 火山图

γ 诱导蛋白 47）、RCAN family member 3（RCAN 家族成员 3）、myeloid cell nuclear differentiation antigen（骨髓细胞核分化抗原）、Marginal zone B- and B1-cell-specific protein（边缘区 B-和 B1-细胞特异性蛋白）、TAP binding protein（TAP 结合蛋白）。与对照组比较，模型组蛋白质含量显著降低的前 10 个蛋白质（表 4-2-7）为：dipeptidyl-peptidase 4（二肽基肽酶 4）、Dimethylaniline monooxygenase [N-oxide-forming]; Dimethylaniline monooxygenase [N-oxide-forming] 2（二甲基苯胺单加氧酶）、Periaxin（表胶质蛋白）、Cysteine and tyrosine-rich protein 1（半胱氨酸和酪氨酸富集蛋白 1）、Carboxylesterase 1D（羧酸酯酶 1D）、Sodium/potassium-transporting ATPase subunit alpha-2（钠/钾转运 ATP 酶亚基 α-2）、Leukemia inhibitory factor receptor（白血病抑制因子受体）、Calmodulin-like protein 3（钙调蛋白样蛋白 3）、Major urinary protein（主要尿蛋白）; fatty acid-binding protein（脂肪酸结合蛋白）、Zinc transporter ZIP4（锌转运蛋白 ZIP4）。

表 4-2-6　与对照组比较，模型组蛋白质含量显著增加的前 10 个蛋白质

蛋白质	基因	FC	*P*
Metallothionein-2	*Mt1m; Mt2A; Mt2*	10.51797	0.04228
Metallothionein-1	*Mt1; Mt1f*	3.857801	0.013943
Ig gamma-2C chain C region	/	3.420255	0.037441
Cyclin-dependent kinase 1	*Cdk1*	2.731659	4.78E-05
condensin-2 complex subunit G	*Ncapg*	2.412053	0.000312
interferon gamma inducible protein 47	*Ifi47*	2.363515	0.030106
RCAN family member 3	*Rcn3*	2.355432	0.042191
myeloid cell nuclear differentiation antigen	*Mnda*	2.318787	0.013258
Marginal zone B- and B1-cell-specific protein	*Mzb1*	2.279183	0.027691
TAP binding protein	*Tapbp*	2.275623	0.000233

表 4-2-7　与对照组比较，模型组蛋白质含量显著降低的前 10 个蛋白质

蛋白质	基因	FC	*P*
dipeptidyl-peptidase 4	*Dpp4*	0.227938	0.005332
Dimethylaniline monooxygenase [N-oxide-forming]；Dimethylaniline monooxygenase [N-oxide-forming] 2	*Fmo2*	0.423507	0.013159
Periaxin	*Prx*	0.43022	3E-06
Cysteine and tyrosine-rich protein 1	*Cyyr1*	0.438597	0.021571
Carboxylesterase 1D	*Ces1d*	0.475297	0.000505
Sodium/potassium-transporting ATPase subunit alpha-2	*Atp1a2*	0.492484	0.000108
Leukemia inhibitory factor receptor	*Lifr*	0.526142	0.00855
Calmodulin-like protein 3	*Calml3*	0.531352	0.021958
Major urinary protein；15.5 kDa fatty acid-binding protein	*RGD1566134*	0.534102	0.000293
Zinc transporter ZIP4	*Slc39a4*	0.536928	0.00216

与模型组比较，疏风解毒胶囊组蛋白质含量显著增加的前 10 个蛋白质（表 4-2-8）为：Ig kappa chain C region，A allele（Ig kappa 链 C 区，A 等位基因）、Mas-related G-protein coupled receptor member F（Mas 相关 G 蛋白偶联受体成员 F）、Dimethylaniline monooxygenase [N-oxide-forming]；Dimethylaniline monooxygenase [N-oxide-forming] 2（二甲基苯胺单加氧酶）、Sodium/potassium-transporting ATPase subunit alpha-2（钠/钾转运 ATP 酶亚基 α-2）、Leukemia inhibitory factor receptor（白血病抑制因子受体）、Vasoactive intestinal polypeptide receptor 1（血管活性肠多肽受体 1）、Neurocalcin-delta（神经钙蛋白-δ）、Zinc transporter ZIP4（锌转运蛋白 ZIP4）、Aldehyde oxidase 1（醛氧化酶 1）、Tectonin beta-propeller repeat-containing protein 1（β-螺旋结构重复蛋白 1）。与模型组比较，疏风解毒胶囊组蛋白质含量显著降低的前 10 个蛋白质（表 4-2-9）为：Metallothionein-1（金属硫蛋白-1）、RCAN family member 3（RCAN 家族成员 3）、Cyclin-dependent kinase 1（细胞周期蛋白依赖性激酶 1）、Serine protease inhibitor A3K（丝氨酸蛋白酶抑制剂 A3K）、Hexokinase；Hexokinase-2（己糖激酶-2）、Cathepsin Z（组织蛋白酶 Z）、Cathepsin S（组织蛋白酶 S）、Transmembrane protein 176B（跨膜蛋白 176B）、folate receptor beta（叶酸受体 β）、cathepsin A（carboxypeptidase C）[组织蛋白酶 A（羧肽酶 C）]。

表 4-2-8　与模型组比较，疏风解毒胶囊组蛋白质含量显著增加的前 10 个蛋白质

蛋白质	基因	FC	*P*
Ig kappa chain C region，A allele		3.373733719	0.049090142
Mas-related G-protein coupled receptor member F	*Mrgprf*	2.013277426	0.007150551
Dimethylaniline monooxygenase [N-oxide-forming]；Dimethylaniline monooxygenase [N-oxide-forming] 2	*Fmo2*	2.005951284	0.002763709
Sodium/potassium-transporting ATPase subunit alpha-2	*Atp1a2*	1.933601938	9.03848E-05
Leukemia inhibitory factor receptor	*Lifr*	1.914440287	0.005956887
Vasoactive intestinal polypeptide receptor 1	*Vipr1*	1.900448911	0.023641033
Neurocalcin-delta	*Ncald*	1.870898845	0.015885516
Zinc transporter ZIP4	*Slc39a4*	1.818709996	0.01524005
Aldehyde oxidase 1	*Aox1*	1.808599093	0.018655553
Tectonin beta-propeller repeat-containing protein 1	*Tecpr1*	1.772023793	0.035488405

表 4-2-9 与模型组比较，疏风解毒胶囊组蛋白质含量显著降低的前 10 个蛋白质

蛋白质	基因	FC	*P*
Metallothionein-1	*Mt1；Mt1f*	0.305147947	0.01937924
RCAN family member 3	*Rcn3*	0.418674902	0.04048493
Cyclin-dependent kinase 1	*Cdk1*	0.44269347	0.010437638
Serine protease inhibitor A3K	*Serpina3k*	0.465547421	0.029999115
Hexokinase；Hexokinase-2	*Hk2*	0.473528585	0.012476106
Cathepsin Z	*Ctsz*	0.480633076	0.008402791
Cathepsin S	*Ctss*	0.495231945	0.012381086
Transmembrane protein 176B	*Tmem176b*	0.519020423	0.019965786
folate receptor beta	*Folr2*	0.51999272	0.030053173
cathepsin A（carboxypeptidase C）	*Ctsa*	0.530336001	0.004235468

3. 蛋白质聚类分析

聚类分析（clustering）是一种常用的探索性数据分析方法，其目的是在相似性的基础上对数据进行分组、归类。聚类分组的结果中，组内的数据模式相似性较高，而组间的数据模式相似性较低。在聚类分析过程中，聚类算法会对样本（sample）和变量（variable，此指蛋白质的定量信息）两个维度进行分类。对样本的聚类结果可以检验所筛选的目标蛋白质的合理性，即这些目标蛋白质表达量的变化可否代表生物学处理对样本造成的显著影响；对目标蛋白质的聚类结果可以帮助我们从蛋白质集合中区分具有不同表达模式的蛋白质子集合，具有相近表达模式的蛋白质可能具有相似的功能或者参与相同的生物学途径，或者在通路中处于邻近的调控位置。图 4-2-5、图 4-2-6 为 FM vs FC、FS vs FM 比较组的蛋白聚类结果。

四、生物信息学分析

在蛋白质组学中，通过质谱技术产生的海量数据代表了生物体内发生的全部过程及其变化。从这些庞大而复杂的实验数据中寻找生物体的改变及引起这些改变的源头和机制，是生物信息学的主要任务。在定量蛋白质组学分析中，常用的生物信息学分析方法包括显著性差异分析、GO 注释及富集分析、KEGG 通路注释及富集分析和蛋白质相互作用网络分析等。

1. 差异蛋白质 Gene Ontology（GO）富集分析

Gene Ontology 是一个标准化的基因功能分类体系，提供了一套动态更新的标准化词汇表，并以此从三个方面描述生物体中基因和基因产物的属性：生物过程（biological process），分子功能（molecular function）和细胞组分（cellular component）。对目标蛋白质集合的 GO 注释可以从参与的生物学过程、具有的分子功能和所处的细胞组分三个方面对这些蛋白质进行分类。各个分类的比例虽然可以在一定程度上反映实验设计中生物学处理对各个分类的影响程度大小，但是单纯依据这个比例来评价各个分类受影响的显著程度是不准确的，还需要同时将各个分类在总体蛋白质集合（例如：实验中全部定性的蛋白质，该物种所有已知的蛋白质等）中的分布考虑在内。通常情况下，GO 注释的显著性富集分析通过 Fisher 精确检验来评价某个 GO term 蛋白质富集度的显著性水平。图 4-2-7、图 4-2-8 显示 FM vs FC、FS vs FM 比较组中显著富集的 GO 统计。

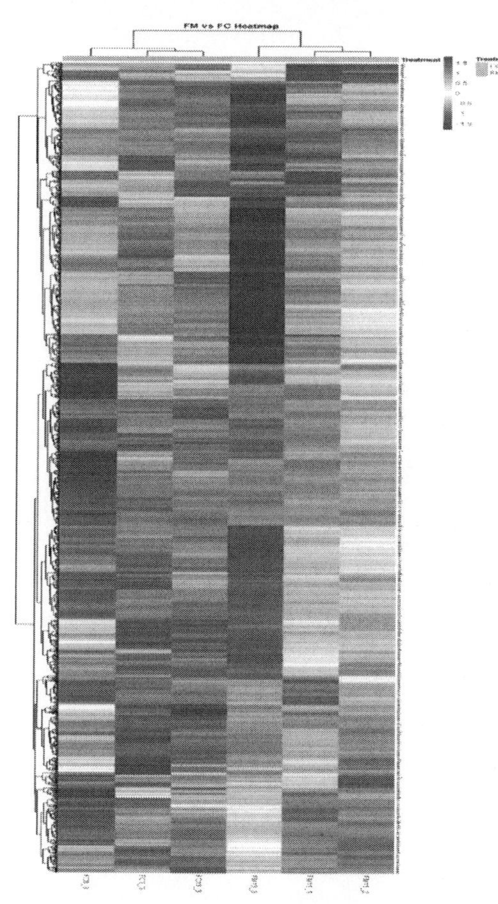

图 4-2-5 FM vs FC 聚类分析结果

（扫文末二维码获取彩图）

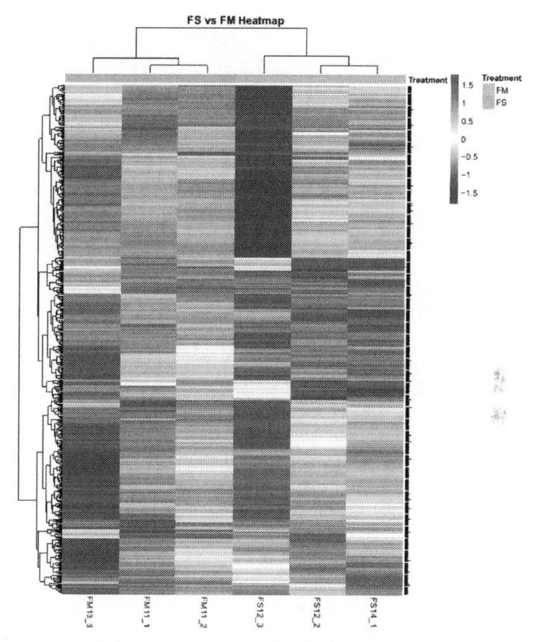

图 4-2-6 FS vs FM 聚类分析结果

（扫文末二维码获取彩图）

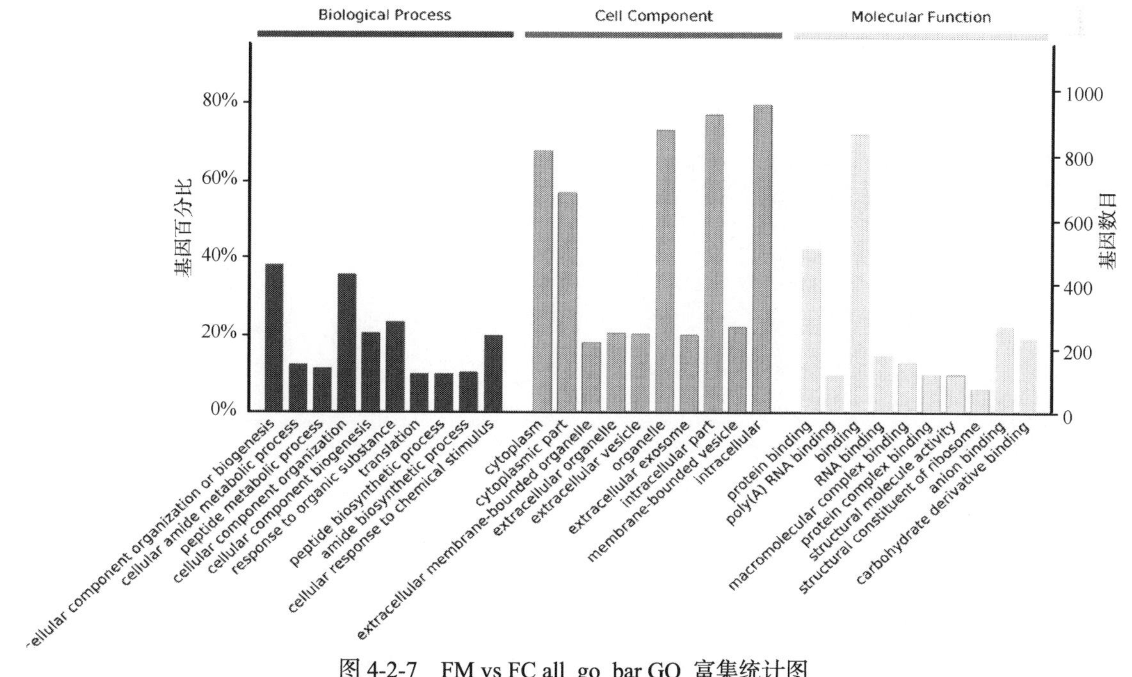

图 4-2-7 FM vs FC all_go_bar GO 富集统计图

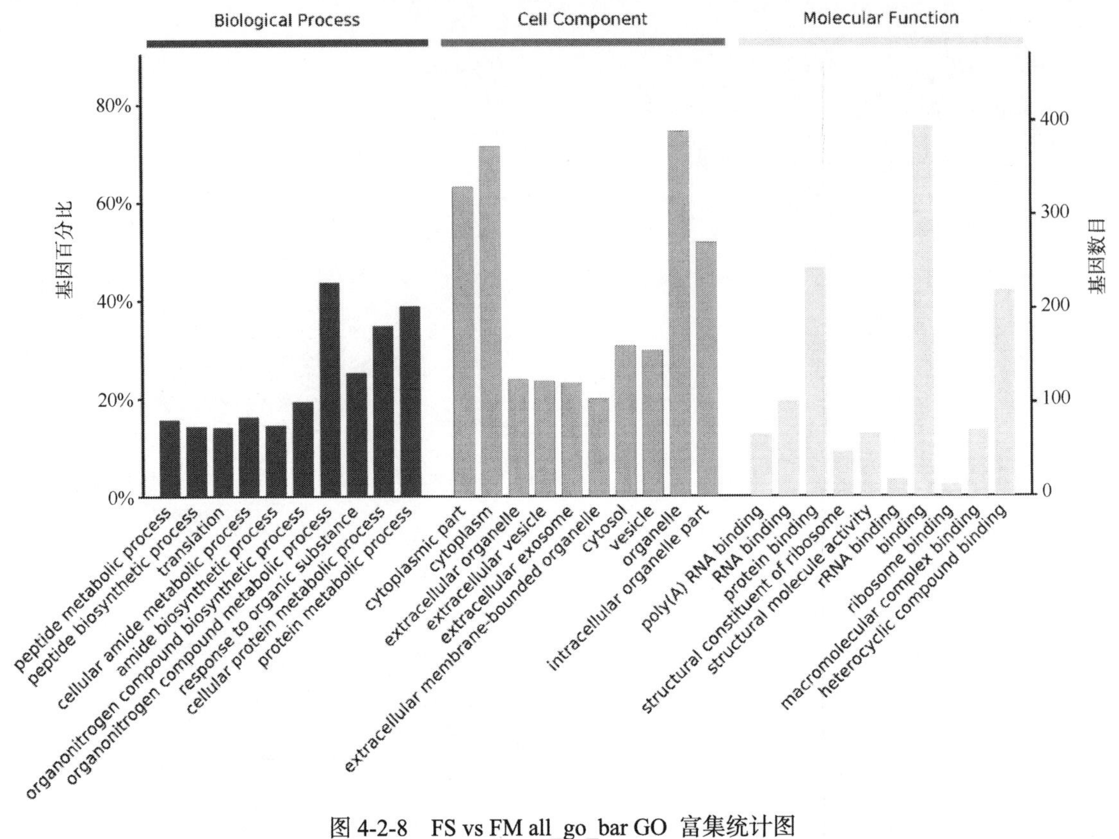

图 4-2-8 FS vs FM all_go_bar GO 富集统计图

all_go_bar 是 GO 分析的总概述，包含 BP、CC、MF 三个类别中前 10 个显著富集的条目。*P* 值设置 0.05，同类别内各条目按 *P* 值显著性排序。左 Y 轴表示某类别下富集到基因/蛋白质的百分比，右 Y 轴表示某类别下富集到基因/蛋白质的数量。模型组与对照组比较，BP（biological process）类别前 10 个显著富集的条目是 cellular component organization or biogenesis（细胞成分组织或生物发生）、cellular amide metabolic process（细胞酰胺代谢过程）、peptide metabolic process（肽代谢过程）、cellular component organization（细胞成分组织）、cellular component biogenesis（细胞成分生物发生）、response to organic substance（对有机物质的反应）、translation（翻译）、peptide biosynthetic process（肽生物合成过程）、amide biosynthetic process（酰胺生物合成过程）、cellular response to chemical stimulus（细胞对化学刺激的反应）。CC（cellular component）类别前 10 个显著富集的条目是：cytoplasm（细胞质）、cytoplasmic part（细胞质部分）、extracellular membrane-bounded organelle（细胞外膜结合细胞器）、extracellular organelle（细胞外细胞器）、extracellular vesicle（细胞外囊泡）、organelle（细胞器）、extracellular exosome（细胞外外泌体）、intracellular part（细胞内部分）、membrane-bounded vesicle（膜结合囊泡）、intracellular（细胞内）。MF（molecular function）类别前 10 个显著富集的条目是 protein binding（蛋白质结合）、poly（A）RNA binding[poly（A）RNA 结合]、binding（结合）、RNA binding（RNA 结合）、macromolecular complex binding（大分子复合物结合）、protein complex binding（蛋白质复合物结合）、structural molecule activity（结构分子活性）、structural constituent of ribosome（核糖体结构成分）、anion binding（阴离子结合）、carbohydrate derivative binding（碳

水化合物衍生物结合）。

疏风解毒胶囊组与模型组比较，BP（biological process）类别前 10 个显著富集的条目是：peptide metabolic process（肽代谢过程）、peptide biosynthetic process（肽生物合成过程）、translation（翻译）、cellular amide metabolic process（细胞酰胺代谢过程）、amide biosynthetic process（酰胺生物合成过程）、organonitrogen compound（有机氮化合物）、biosynthetic process（生物合成过程）、organonitrogen compound metabolic process（有机氮化合物代谢过程）、response to organic substance（对有机物的反应）、cellular protein metabolic process（细胞蛋白质代谢过程）、protein metabolic process（蛋白质代谢过程）。CC（cellular component）类别前 10 个显著富集的条目是：cytoplasmic part（细胞质部分）、cytoplasm（细胞质）、extracellular organelle（细胞外细胞器）、extracellular vesicle（细胞外囊泡）、extracellular exosome（细胞外外泌体）、extracellular membrane-bounded organelle（细胞外膜结合细胞器）、cytosol（细胞质）、vesicle（囊泡）、organelle（细胞器）、intracellular organelle part（细胞内细胞器部分）。MF（molecular function）类别前 10 个显著富集的条目是 poly（A）RNA binding[poly（A）RNA 结合]、RNA binding（RNA 结合）、protein binding（蛋白结合）、structural constituent of ribosome（核糖体的结构成分）、structural molecule activity（结构分子活性）、rRNA binding（rRNA 结合）、binding（结合）、ribosome binding（核糖体结合）、macromolecular complex binding（大分子复合物结合）、heterocyclic compound binding（杂环化合物结合）。

bp_bar 表示在 level 4 水平上显著富集的生物学过程结果，横轴表示各生物学过程富集到的基因/蛋白质数目，每个 bar 后面标注了 P 值。模型组与对照组比较，差异蛋白富集的生物学过程（图 4-2-9）主要有：response to organic substance（对有机物的反应）、cellular response to chemical stimulus（细胞对化学刺激的反应）、response to oxygen-containing compound（对含氧化合物的反应）、cellular component assembly（细胞成分组装）、macromolecular complex subunit organization（大分子复合物亚基组织）、organonitrogen compound metabolic process（有机氮化合物代谢过程）、response to nitrogen compound（对氮化合物的反应）、organelle organization（细胞器组织）、cell death（细胞死亡）、actin filament-based process（肌动蛋白丝基过程）。疏风解毒胶囊组与模型组比较，差异蛋白富集的生物学过程（图 4-2-10）主要有：

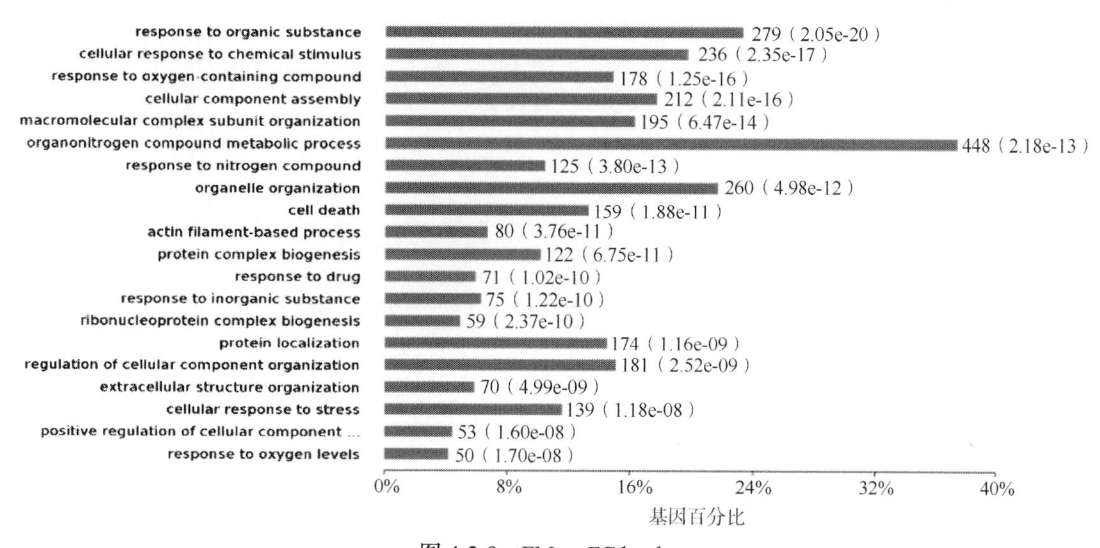

图 4-2-9 FM vs FC bp_bar

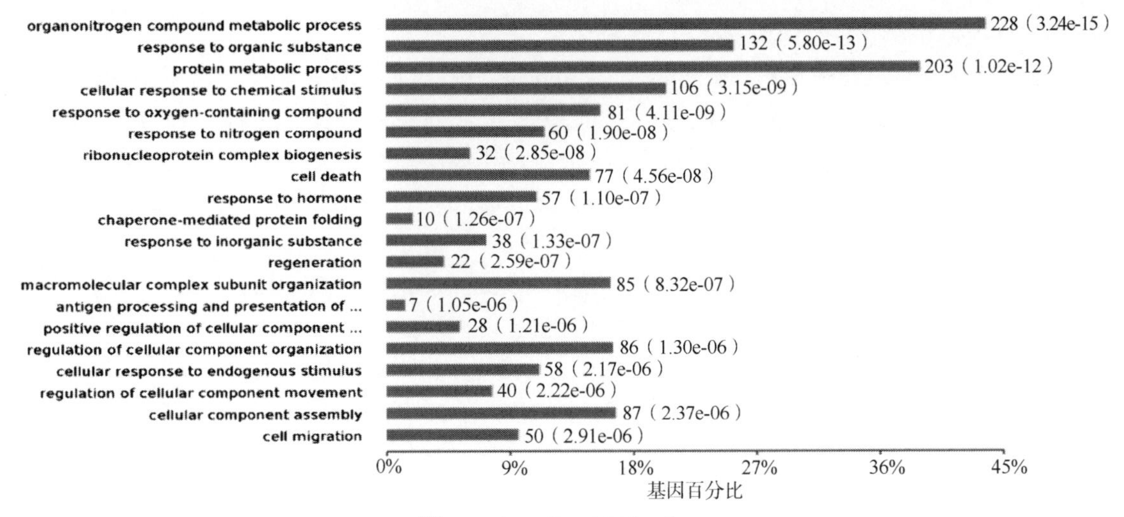

图 4-2-10　FS vs FM bp_bar

organonitrogen compound metabolic process（有机氮化合物代谢过程）、response to organic substance（对有机物质的反应）、protein metabolic process（蛋白质代谢过程）、cellular response to chemical stimulus（对化学刺激的细胞反应）、response to oxygen-containing compound（对含氧化合物的反应）、response to nitrogen compound（对氮化合物的反应）、ribonucleoprotein complex biogenesis（核糖核蛋白复合物生物合成）、cell death（细胞死亡）、response to hormone（对激素的反应）、chaperone-mediated protein folding（伴侣蛋白介导的蛋白质折叠）。

bp_pas 表示生物学过程激活/抑制状态，红色表示激活，绿色表示抑制。模型组与对照组比较，生物学过程（图 4-2-11）激活的主要有：cellular process（细胞过程）、single-organism process（单一生物过程）、single-organism cellular process（单一生物细胞过程）、metabolic process（代谢过程）、biological regulation（生物调节）、organic substance metabolic process（有机物质代谢过程）、regulation of biological process（生物过程调节）、cellular metabolic process（细胞代谢过程）、response to stimulus（对刺激的反应）、primary metabolic process（初级代谢过程）；生物学过程抑制的主要有：cell communication（细胞通讯）、single organism signaling（单一机体信号传导）、signaling（信号传导）、signal transduction（信号转导）、regulation of localization

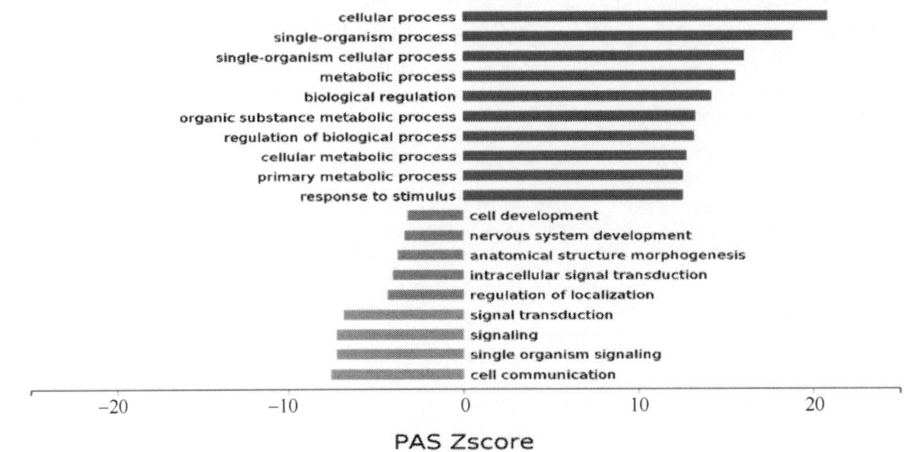

图 4-2-11　FM vs FC bp_pas
（扫文末二维码获取彩图）

（定位调节）、intracellular signal transduction（细胞内信号转导）、anatomical structure morphogenesis（解剖结构形态发生）、nervous system development（神经系统发育）、cell development（细胞发育）、regulation of transport（运输调节）。

疏风解毒胶囊与模型组比较，生物学过程（图 4-2-12）激活的主要有：cell communication（细胞通讯）、single organism signaling（单一生物信号传导）、signaling（信号传导）、signal transduction（信号转导）、regulation of localization（定位调控）、anatomical structure morphogenesis（解剖结构形态发生）、single-organism organelle organization（单一生物细胞器组织）、movement of cell or subcellular component（细胞或亚细胞成分运动）、locomotion（运动）、regulation of transport（运输调节）。生物学过程抑制的主要有：cellular process（细胞过程）、single-organism process（单一生物过程）、metabolic process（代谢过程）、single-organism cellular process（单一生物细胞过程）、biological regulation（生物调节）、organic substance metabolic process（有机物质代谢过程）、cellular metabolic process（细胞代谢过程）、primary metabolic process（初级代谢过程）、regulation of biological process（生物过程调节）、response to stimulus（对刺激的反应）。

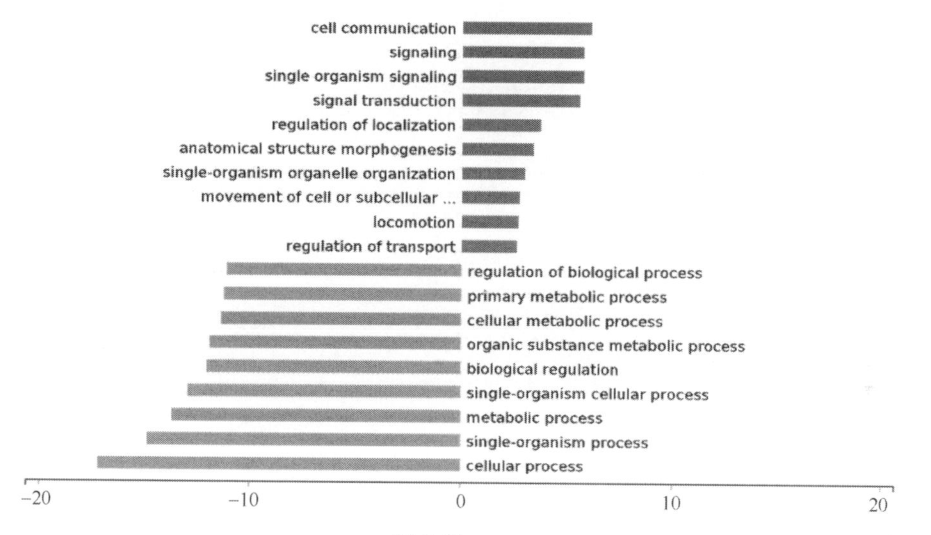

图 4-2-12 FS vs FM bp_pas
（扫文末二维码获取彩图）

cc_bar 表示在 level 4 水平上显著富集的细胞组分结果，横轴表示各细胞组分富集到的基因/蛋白质数目，每个 bar 后面标注了 *P* 值。模型组与对照组比较，差异蛋白富集的细胞组分（图 4-2-13）主要为：cytoplasm（细胞质）、extracellular membrane-bounded organelle（细胞外膜结合细胞器）、extracellular exosome（细胞外外泌体）、vesicle（囊泡）、Intracellular organelle（细胞内细胞器）、intracellular organelle part（细胞内细胞器部分）、adherens junction（黏附连接）、membrane microdomain（膜微结构域）、bounding membrane of organelle（细胞器结合膜）、intracellular ribonucleoprotein complex（细胞内核糖核蛋白复合物）。疏风解毒胶囊组与模型组比较，差异蛋白富集的细胞组分（图 4-2-14）主要为：cytoplasm（细胞质）、extracellular exosome（细胞外外泌体）、extracellular membrane-bounded organelle（细胞外膜结合细胞器）、vesicle（囊泡）、intracellular organelle part（细胞内细胞器部分）、intracellular organelle（细胞内细胞器）、intracellular ribonucleoprotein complex（细胞内核糖核蛋白复合物）、adherens junction（黏附连

接）、bounding membrane of organelle（细胞器结合膜）、membrane microdomain（膜微结构域）。

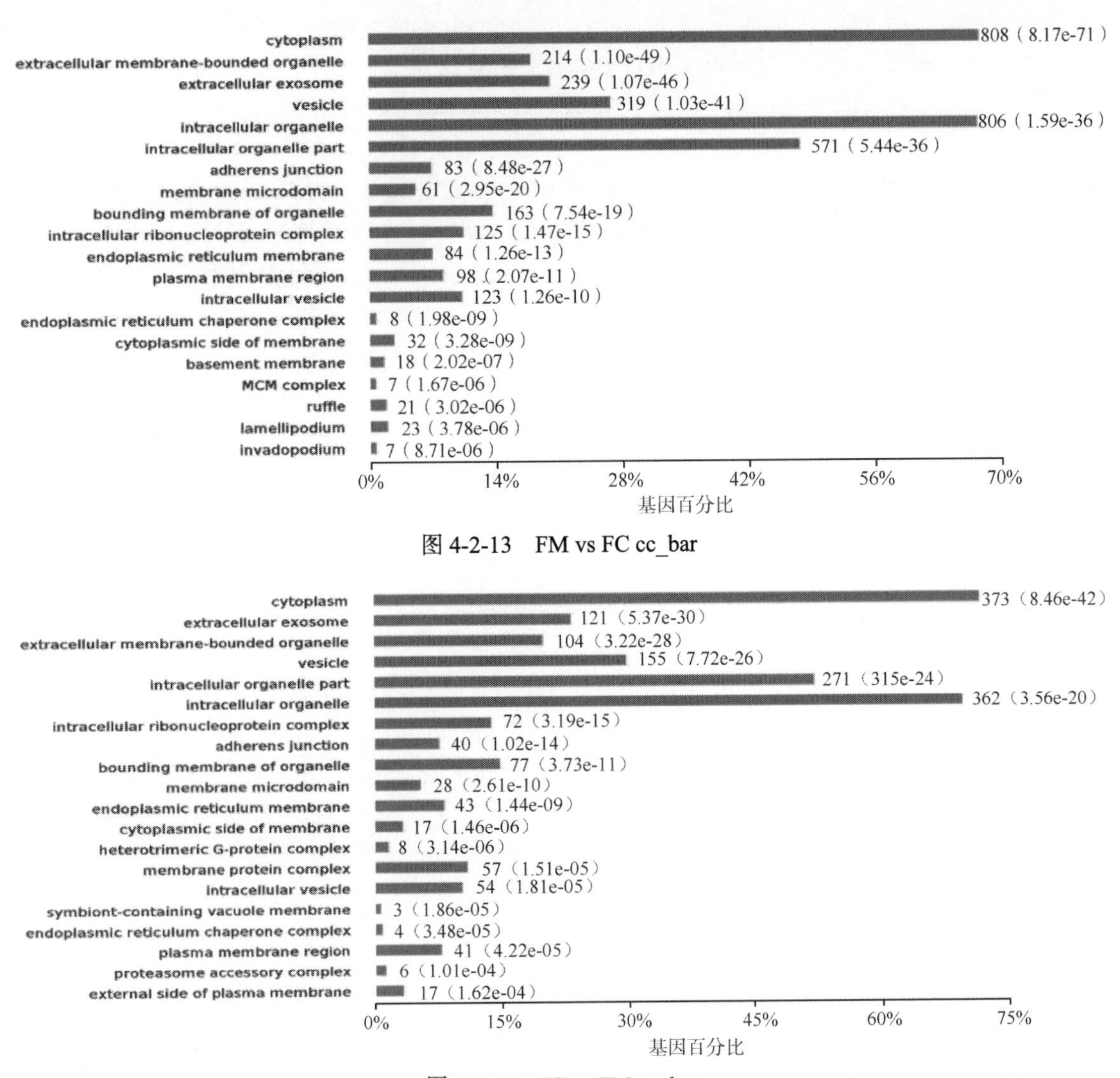

图 4-2-13　FM vs FC cc_bar

图 4-2-14　FS vs FM cc_bar

mf_bar 表示在 level 4 水平上显著富集的分子功能结果，横轴表示各分子功能富集到的基因/蛋白质数目，每个 bar 后面标注了 P 值。模型组与对照组比较，差异蛋白富集的分子功能（图 4-2-15）主要为：protein complex binding（蛋白质复合物结合）、anion binding（阴离子结合）、enzyme binding（酶结合）、nucleoside binding（核苷结合）、nucleotide binding（核苷酸结合）、nucleoside phosphate binding（核苷磷酸结合）、cell adhesion molecule binding（细胞黏附分子结合）、ribonucleotide binding（核糖核苷酸结合）、hydrolase activity（水解酶活性）、acting on acid anhydrides（作用于酸酐）、cytoskeletal protein binding（细胞骨架蛋白结合）。疏风解毒胶囊组与模型组比较，差异蛋白富集的分子功能（图 4-2-16）主要为：protein complex binding（蛋白质复合物结合）、ribonucleoprotein complex binding（核糖核蛋白复合物结合）、nucleotide binding（核苷酸结合）、nucleoside phosphate binding（核苷磷酸结合）、enzyme binding（酶结合）、anion binding（阴离子结合）、ribonucleotide binding（核糖核苷酸结合）、nucleoside binding

（核苷结合）、protein domain specific binding（蛋白结构域特异性结合）、unfolded protein binding（未折叠蛋白结合）。

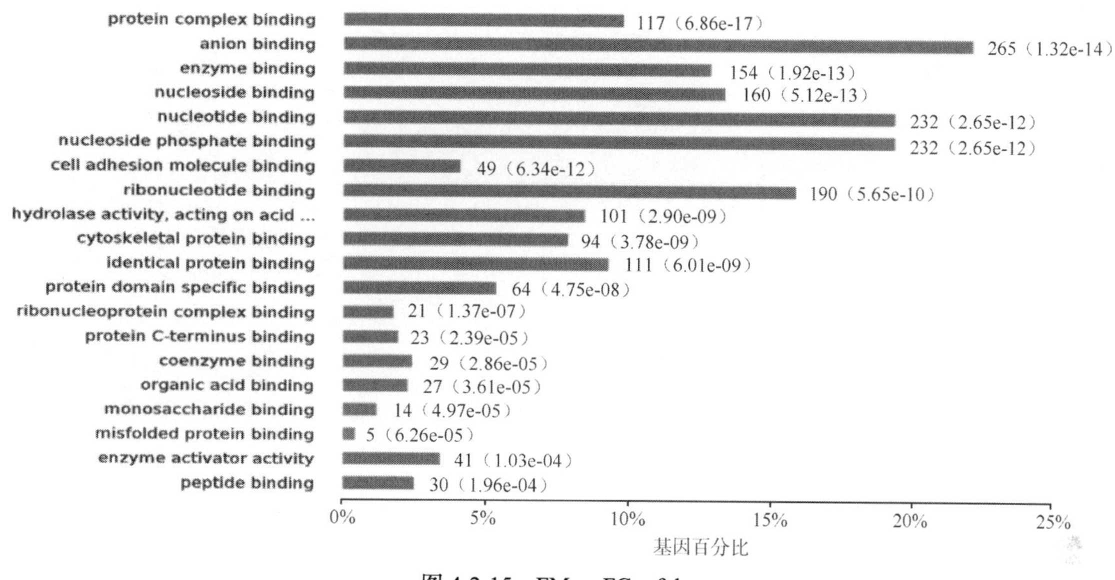

图 4-2-15 FM vs FC mf_bar

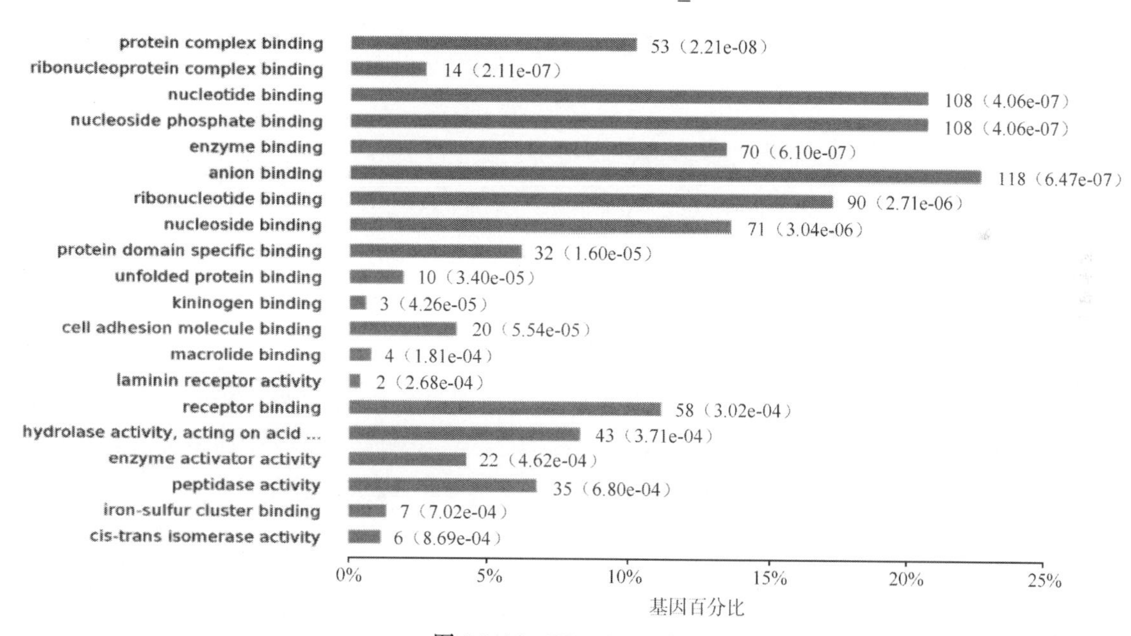

图 4-2-16 FS vs FM mf_bar

2. KEGG 通路注释

在生物体中，蛋白质并不独立行使其功能，而是不同蛋白质相互协调完成一系列生化反应以行使其生物学功能。因此，通路分析是更系统、全面地了解细胞的生物学过程、性状或疾病的发生机制、药物作用机制等最直接和必要的途径。KEGG 是常用于通路研究的数据库之一，对目标蛋白质集合进行基于 KEGG 数据库通路注释如图 4-2-17 所示。图中的方框为蛋白质/基因，圆点为代谢物，其中上调的蛋白质/基因用红色填充标识，下调的蛋白质/基因用黄色填充标识。

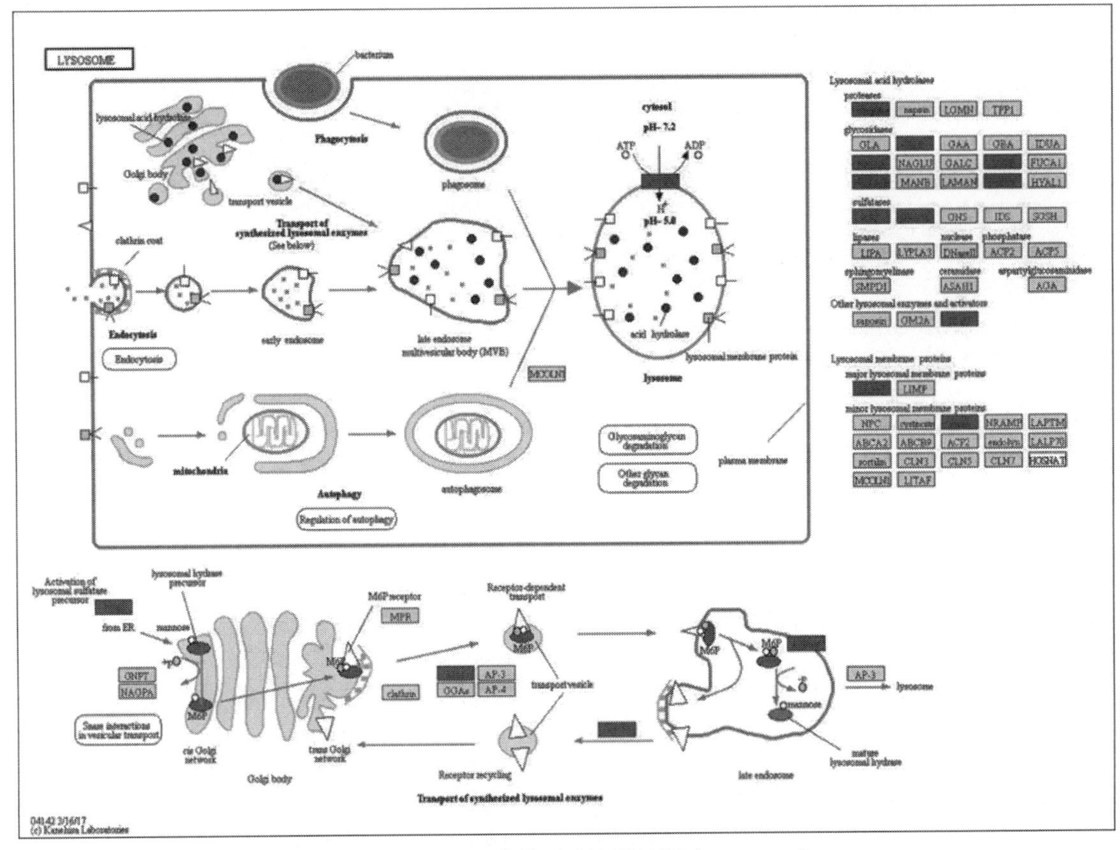

图 4-2-17 KEGG 信号通路注释示例（hsa04142）

（扫文末二维码获取彩图）

3. 差异蛋白质 KEGG 通路富集分析

KEGG 通路富集分析方法与 GO 富集分析相似，即以 KEGG 通路为单位，以所有定性蛋白质为背景，通过 Fisher 精确检验（Fisher's exact test）来分析计算各个通路蛋白质富集度的显著性水平，从而确定受到显著影响的代谢和信号转导途径。FM vs FC、FS vs FM 比较组中显著富集的 KEGG 统计见图 4-2-18、图 4-2-19。

模型组与对照组比较，显著差异蛋白质涉及的 KEGG 通路有 265 条，差异最显著的前 10 条通路是：Ribosome（核糖体）、Protein processing in endoplasmic reticulum（内质网中的蛋白质加工）、DNA replication（DNA 复制）、Lysosome（溶酶体）、Amino sugar and nucleotide sugar metabolism（氨基糖和核苷酸糖代谢）、Mismatch repair（错配修复）、Proteasome（蛋白酶体）、Carbon pool by folate（叶酸碳池）、Salivary secretion（唾液分泌）、Protein export（蛋白质输出）。差异蛋白基因最多的 20 条通路是：Metabolic pathways（代谢通路）、Ribosome（核糖体）、Pathways in cancer（癌症通路）、Protein processing in endoplasmic reticulum（内质网中的蛋白质加工）、Focal adhesion（局部黏附）、Chemokine signaling pathway（趋化因子信号通路）、Proteoglycans in cancer（癌症中的蛋白聚糖）、Regulation of actin cytoskeleton（肌动蛋白细胞

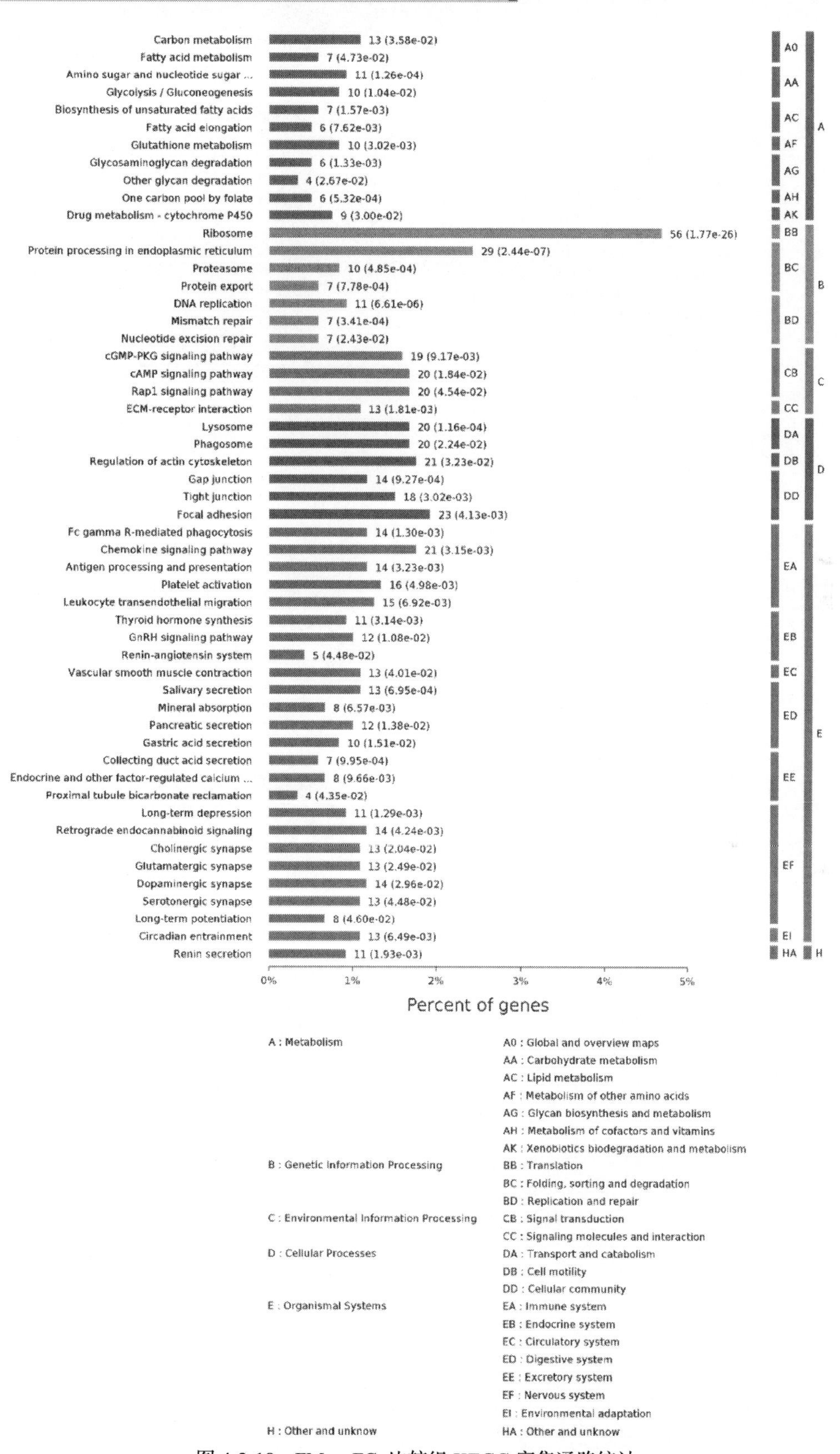

图 4-2-18　FM vs FC 比较组 KEGG 富集通路统计

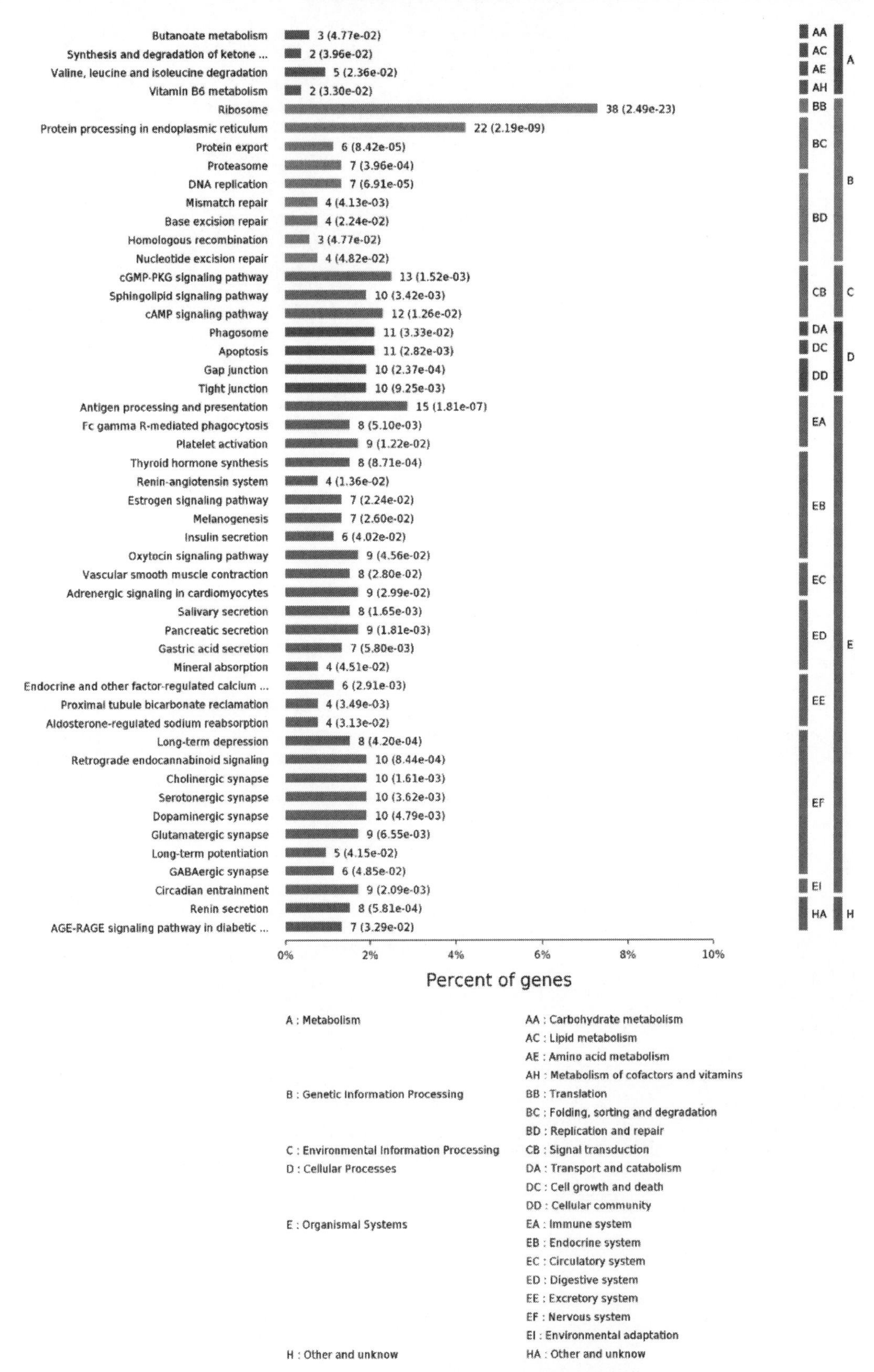

图 4-2-19 FS vs FM 比较组 KEGG 富集通路统计

骨架的调节)、Lysosome(溶酶体)、cAMP signaling pathway(cAMP信号通路)、Phagosome(吞噬体)、Rap1 signaling pathway(Rap1信号通路)、Endocytosis(内吞作用)、cGMP-PKG signaling pathway(cGMP-PKG信号通路)、Tight junction(紧密连接)、PI3K-Akt signaling pathway(PI3K-Akt信号通路)、MAPK signaling pathway(MAPK信号通路)、Platelet activation(血小板活化)、Calcium signaling pathway(钙信号通路)、Epstein-Barr virus infection(Epstein-Barr病毒感染)(表4-2-10)。

表4-2-10　模型组差异蛋白涉及的KEGG通路

通路名称	通路编号	P值	计数	通路中基因总数	列表总数	背景基因
Metabolic pathways	hsa01100	5.52E-02	94	1304	489	7905
Ribosome	hsa03010	1.77E-26	56	173	489	7905
Pathways in cancer	hsa05200	1.55E-01	30	400	489	7905
Protein processing in endoplasmic reticulum	hsa04141	2.44E-07	29	165	489	7905
Focal adhesion	hsa04510	4.13E-03	23	206	489	7905
Chemokine signaling pathway	hsa04062	3.15E-03	21	178	489	7905
Proteoglycans in cancer	hsa05205	1.53E-02	21	205	489	7905
Regulation of actin cytoskeleton	hsa04810	3.23E-02	21	221	489	7905
Lysosome	hsa04142	1.16E-04	20	129	489	7905
cAMP signaling pathway	hsa04024	1.84E-02	20	196	489	7905
Phagosome	hsa04145	2.24E-02	20	200	489	7905
Rap1 signaling pathway	hsa04015	4.54E-02	20	216	489	7905
Endocytosis	hsa04144	3.39E-01	20	290	489	7905
cGMP-PKG signaling pathway	hsa04022	9.17E-03	19	171	489	7905
Tight junction	hsa04530	3.02E-03	18	143	489	7905
PI3K-Akt signaling pathway	hsa04151	7.73E-01	18	336	489	7905
MAPK signaling pathway	hsa04010	4.36E-01	17	259	489	7905
Platelet activation	hsa04611	4.98E-03	16	127	489	7905
Calcium signaling pathway	hsa04020	1.16E-01	16	187	489	7905
Epstein-Barr virus infection	hsa05169	3.56E-01	16	231	489	7905

疏风解毒胶囊组与模型组比较，显著差异蛋白质涉及的KEGG通路有232条，差异最显著的前10条通路是：Ribosome(核糖体)、Protein processing in endoplasmic reticulum(内质网中的蛋白质加工)、Antigen processing and presentation(抗原处理和呈递)、DNA replication(DNA复制)、Protein export(蛋白质输出)、Gap junction(间隙连接)、Proteasome(蛋白酶体)、Long-term depression(长期抑郁)、Renin secretion(肾素分泌)、Retrograde endocannabinoid signaling(逆行内源性大麻素信号)。差异蛋白基因最多的20条通路是：Ribosome(核糖体)、Metabolic pathways(代谢通路)、Protein processing in endoplasmic reticulum（内质网中的蛋白质加工）、Antigen processing and presentation（抗原处理和呈递）、cGMP-PKG signaling pathway（cGMP-PKG 信号通路）、Pathways in cancer（癌症途径）、cAMP signaling pathway（cAMP 信号通路）、Herpes simplex infection（单纯疱疹感染）、Apoptosis（细胞凋亡）、Phagosome（吞噬体）、Proteoglycans in cancer（癌症中的蛋白多糖）、Rap1 signaling pathway（Rap1 信号通路）、Endocytosis（内吞作用）、Gap junction（间隙连接）、Retrograde endocannabinoid signaling（逆行内源性大麻素信号）、Chagas disease（American trypanosomiasis）[恰加斯病（美洲锥虫病）]、Cholinergic synapse（胆碱能突触）、Sphingolipid signaling pathway（鞘脂信号通路）、Serotonergic synapse（5-羟色胺能突触）、Dopaminergic synapse（多巴胺能突触）（表 4-2-11）。

表 4-2-11 疏风解毒胶囊组差异蛋白涉及的 KEGG 通路

通路名称	通路编号	P 值	计数	通路中基因总数	列表总数	背景基因
Ribosome	hsa03010	2.49E-23	38	173	232	7905
Metabolic pathways	hsa01100	6.18E-01	37	1304	232	7905
Protein processing in endoplasmic reticulum	hsa04141	2.19E-09	22	165	232	7905
Antigen processing and presentation	hsa04612	1.81E-07	15	100	232	7905
cGMP-PKG signaling pathway	hsa04022	1.52E-03	13	171	232	7905
Pathways in cancer	hsa05200	3.93E-01	13	400	232	7905
cAMP signaling pathway	hsa04024	1.26E-02	12	196	232	7905
Herpes simplex infection	hsa05168	2.84E-02	12	220	232	7905
Apoptosis	hsa04210	2.82E-03	11	141	232	7905
Phagosome	hsa04145	3.33E-02	11	200	232	7905
Proteoglycans in cancer	hsa05205	3.87E-02	11	205	232	7905
Rap1 signaling pathway	hsa04015	5.30E-02	11	216	232	7905
Endocytosis	hsa04144	2.32E-01	11	290	232	7905
Gap junction	hsa04540	2.37E-04	10	88	232	7905
Retrograde endocannabinoid signaling	hsa04723	8.44E-04	10	103	232	7905
Chagas disease（American trypanosomiasis）	hsa05142	1.13E-03	10	107	232	7905
Cholinergic synapse	hsa04725	1.61E-03	10	112	232	7905
Sphingolipid signaling pathway	hsa04071	3.42E-03	10	124	232	7905
Serotonergic synapse	hsa04726	3.62E-03	10	125	232	7905
Dopaminergic synapse	hsa04728	4.79E-03	10	130	232	7905

与蛋白质水平显著相关的通路见图 4-2-20～图 4-2-30。

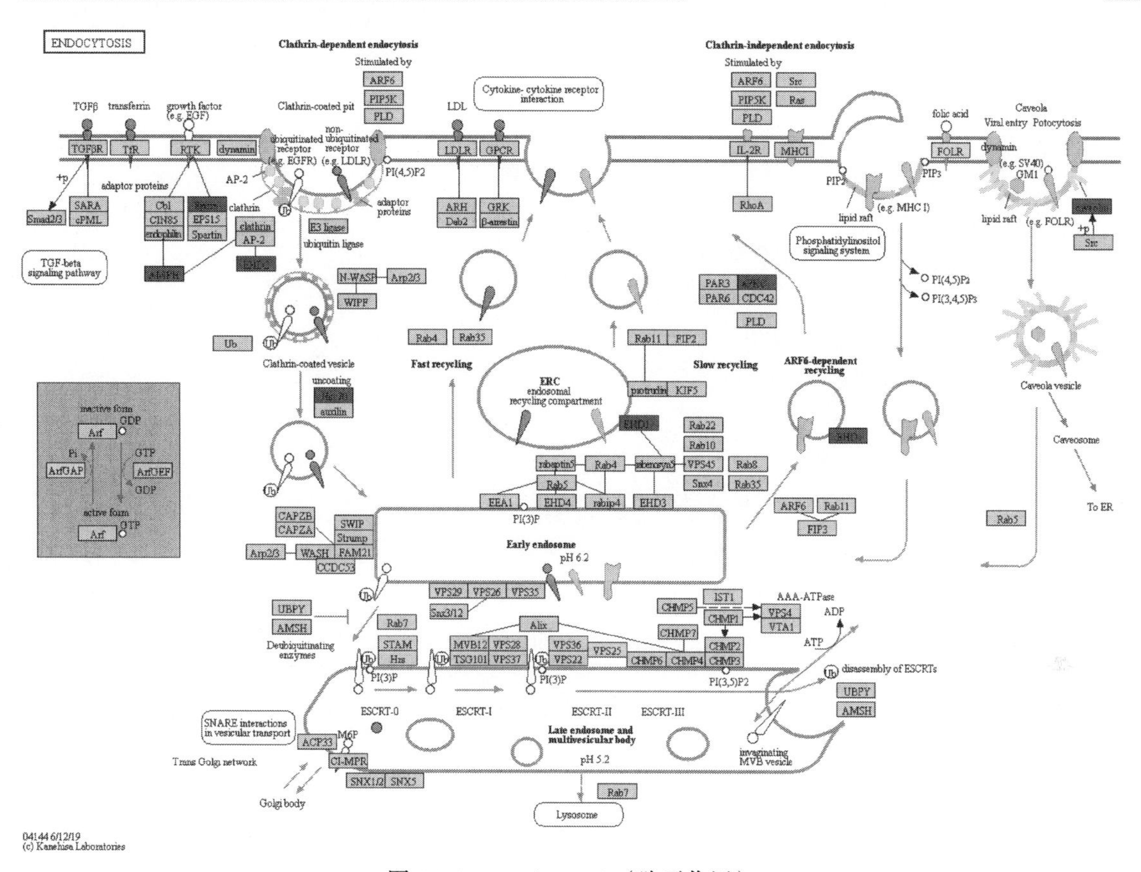

图 4-2-20　Endocytosis（胞吞作用）

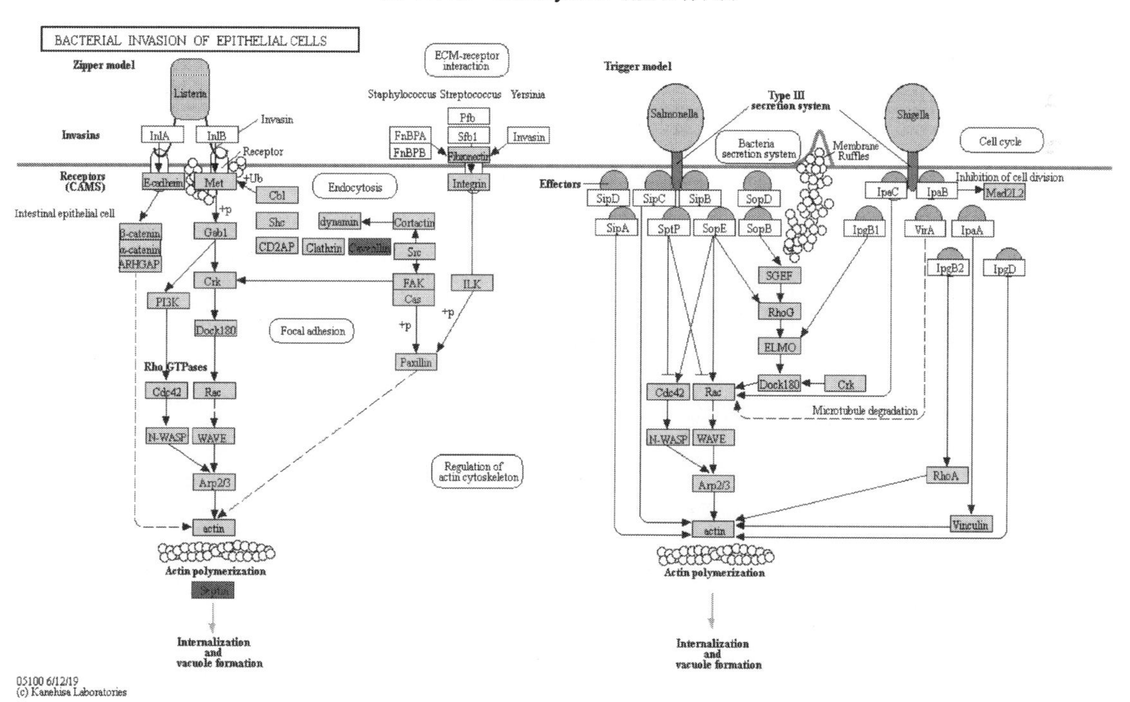

图 4-2-21　Bacterial invasion of epithelial cells（上皮细胞的细菌入侵）

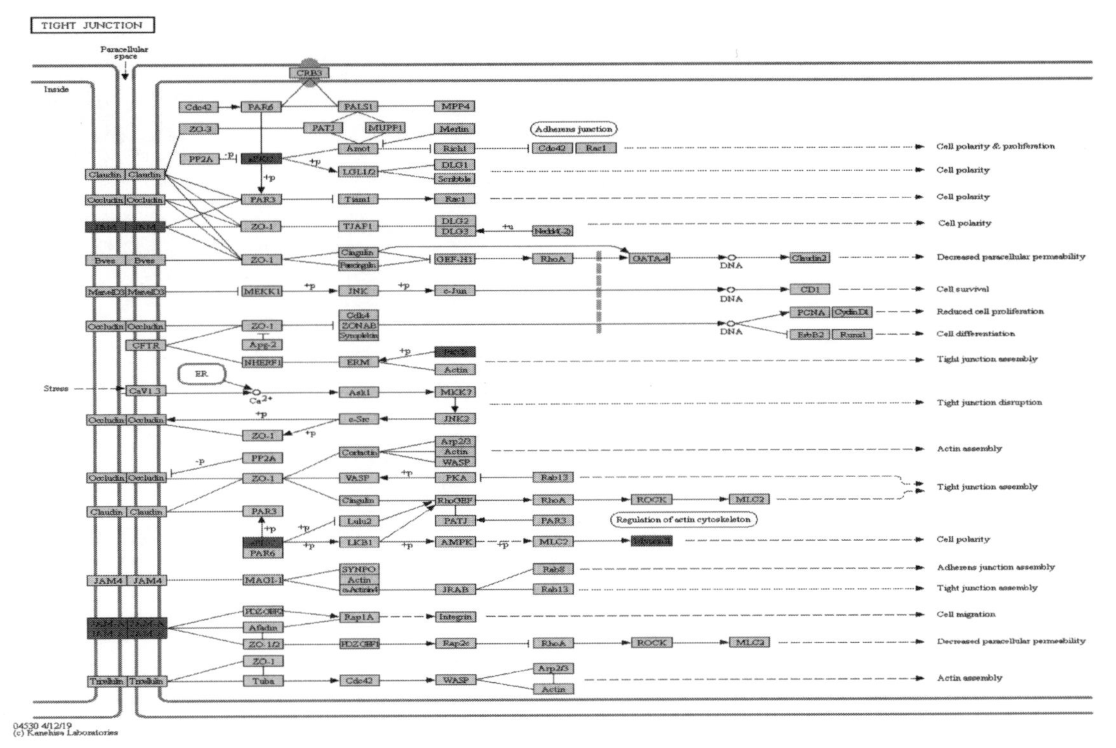

图 4-2-22 Tight junction（紧密连接）

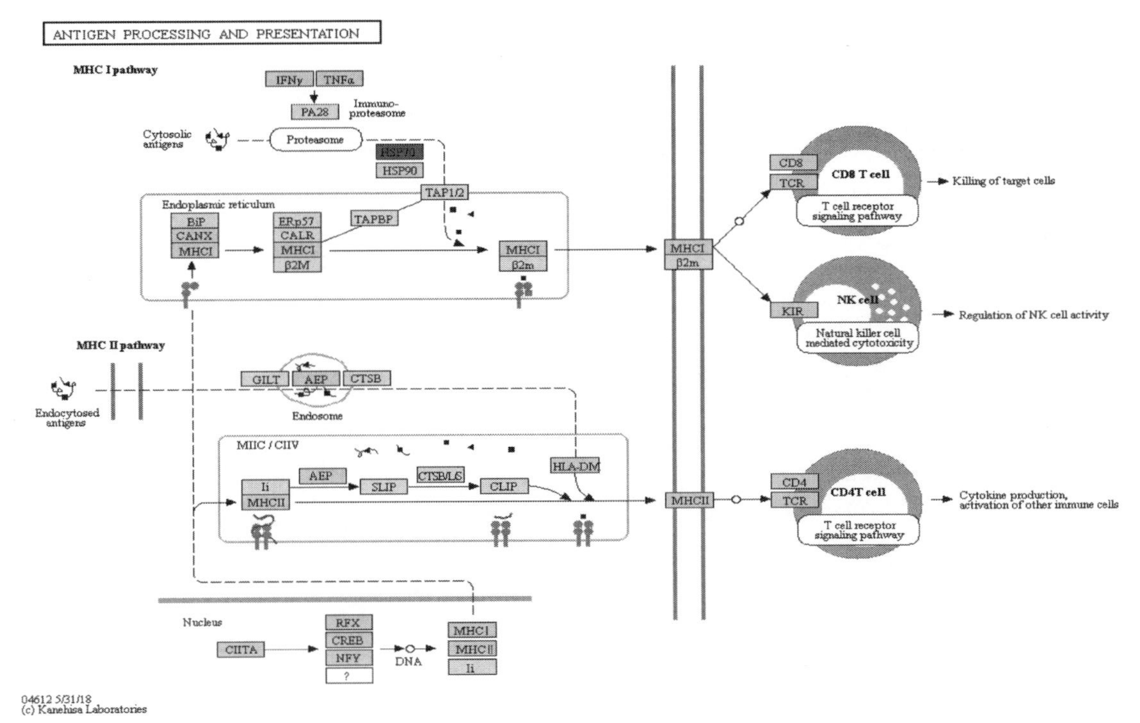

图 4-2-23 Antigen processing and presentation（抗原处理和呈递）

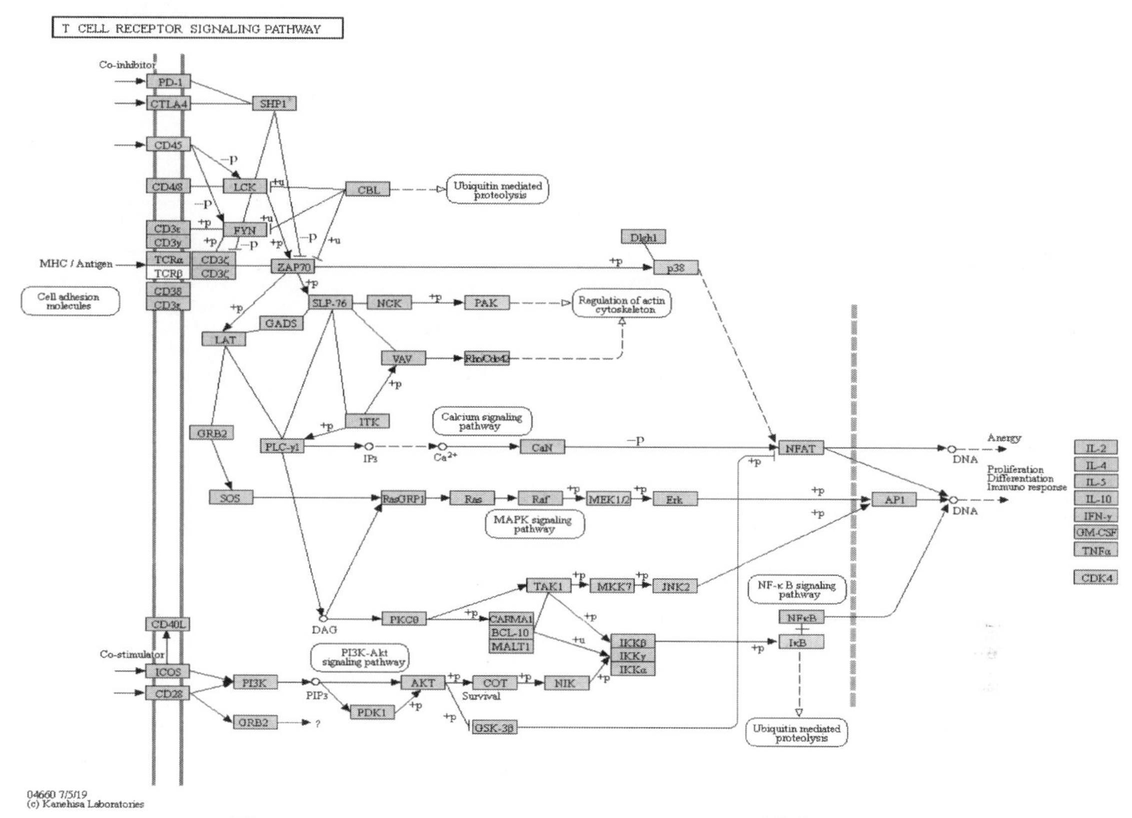

图 4-2-24　T cell receptor signaling pathway（T 细胞受体信号通路）

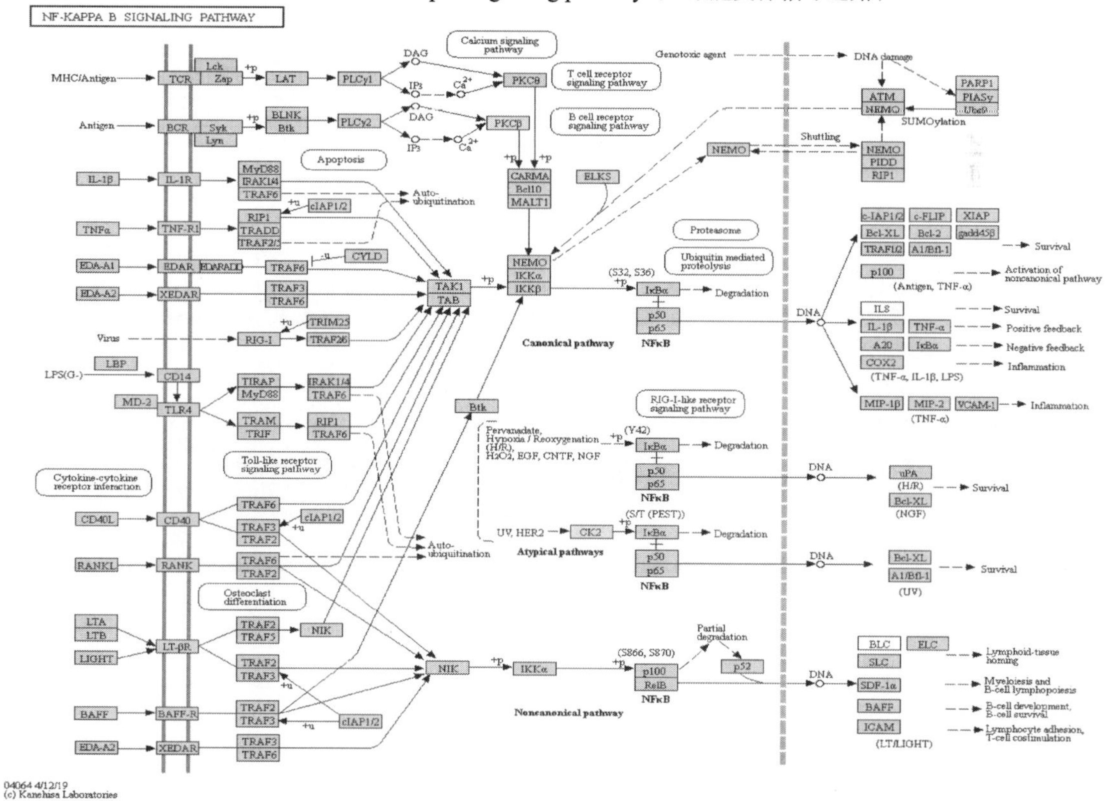

图 4-2-25　NF-κB signaling pathway（NF-κB 信号通路）

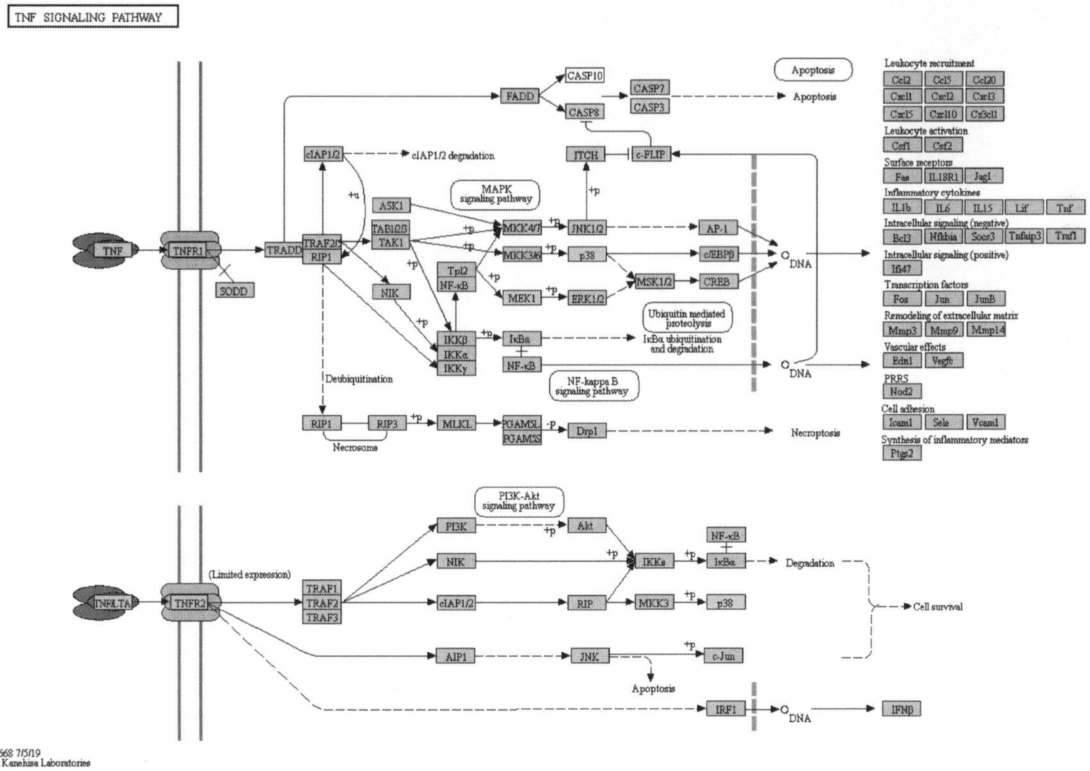

图 4-2-26　TNF signaling pathway（TNF 信号通路）

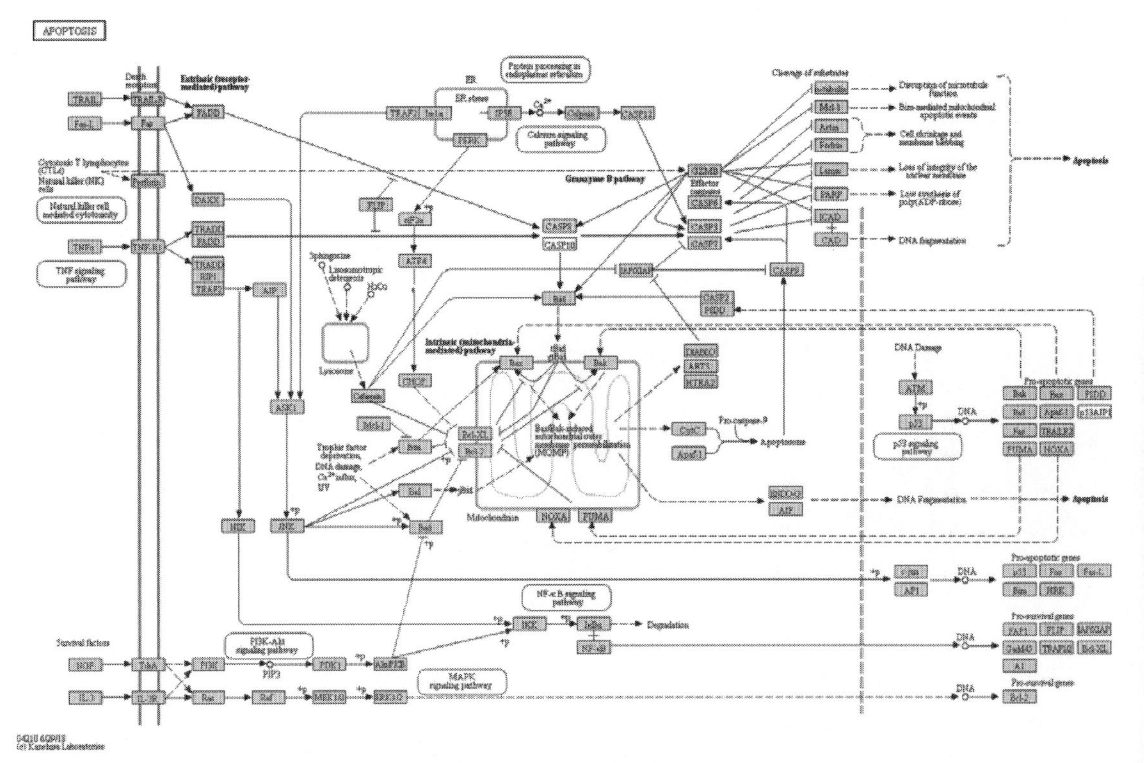

图 4-2-27　Apoptosis（凋亡）

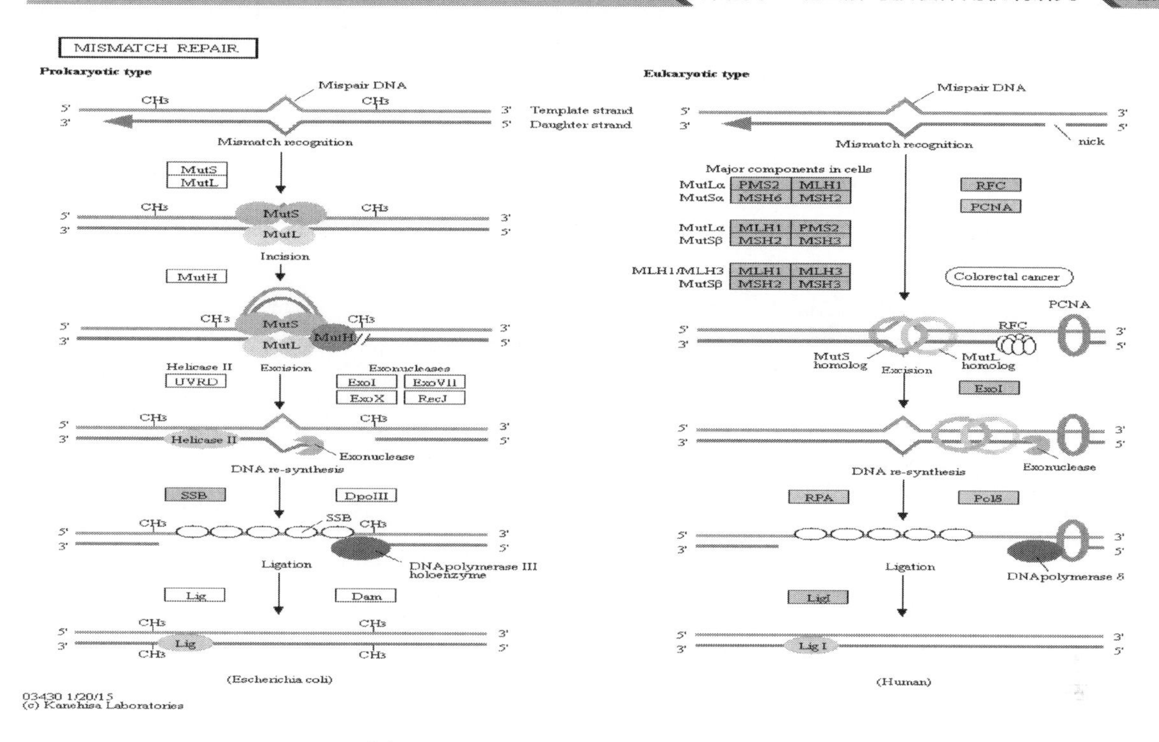

图 4-2-28　Mismatch repair（错配修复）

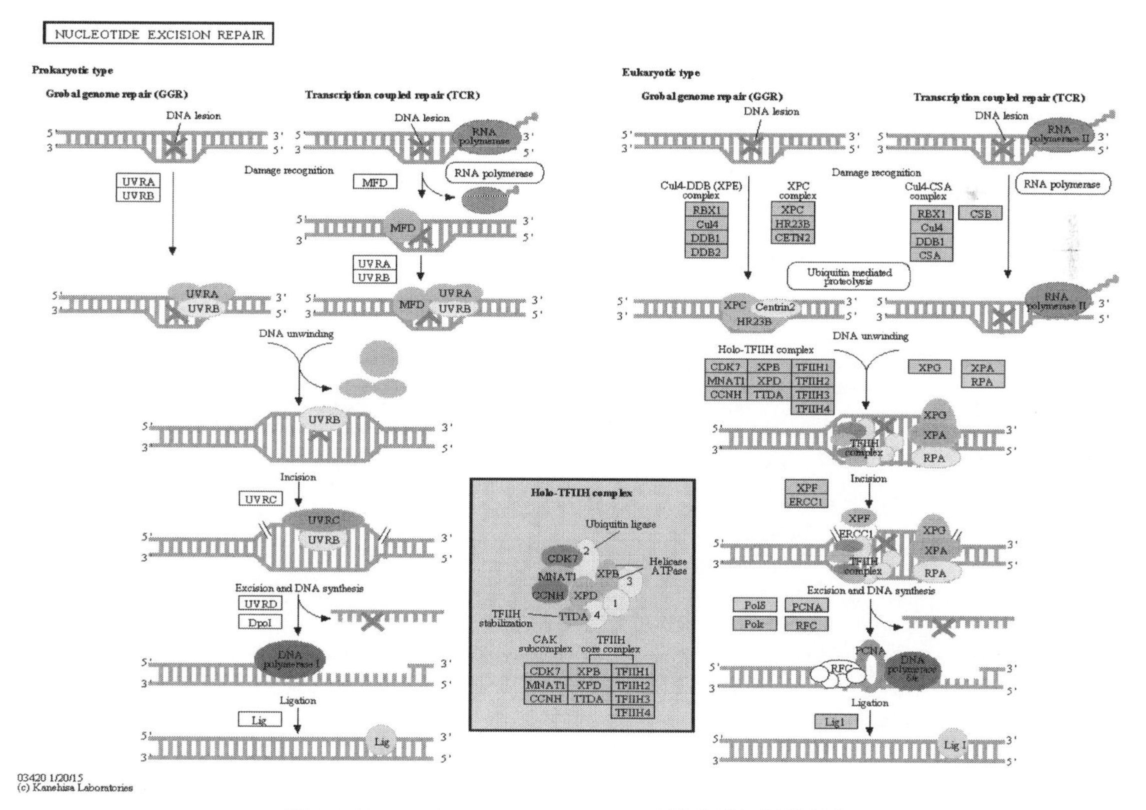

图 4-2-29　Nucleotide excision repair（核苷酸切除修复）

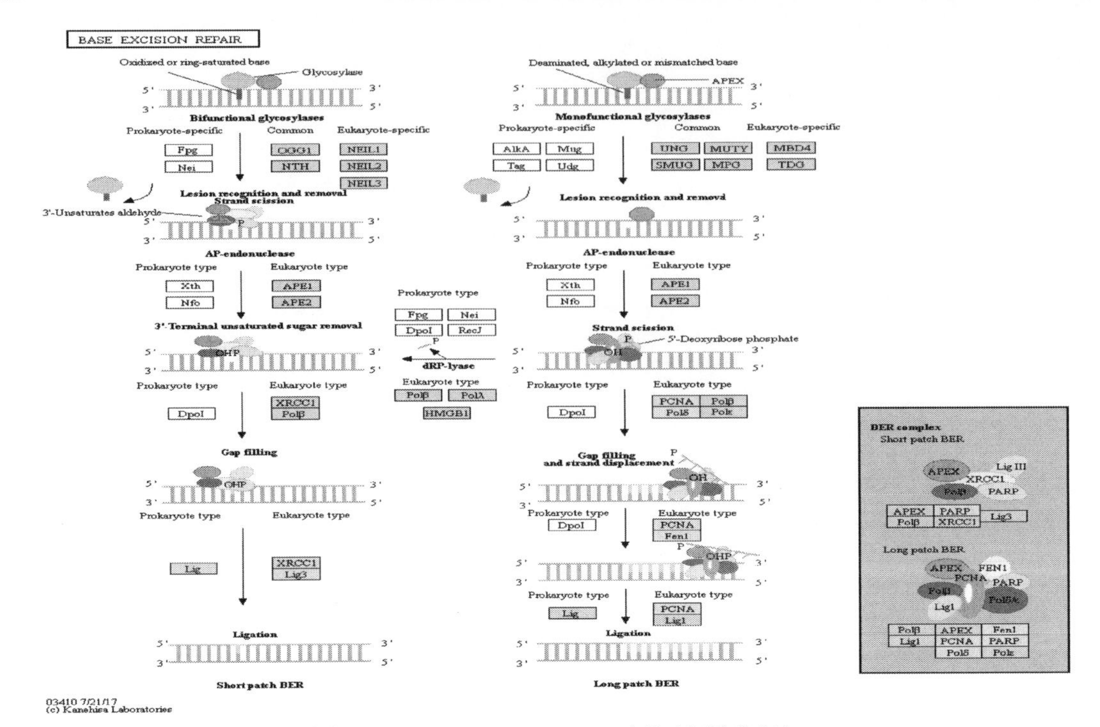

图 4-2-30 Base excision repair（基础切除修复）

4. 差异蛋白质相互作用网络分析

在生物体中，蛋白质并不是独立存在的，其功能的行使必须借助于其他蛋白质的调节和介导。这种调节或介导作用的实现首先要求蛋白质之间有结合作用或相互作用。对蛋白质之间的相互作用及相互作用形成的网络进行研究，对于揭示蛋白质的功能具有重要意义。例如，高度聚集的蛋白质可能具有相同或相似的功能；连接度高的蛋白质可能是影响整个系统代谢或信号转导途径的关键点。图 4-2-31、图 4-2-32 是 FM vs FC、FS vs FM 比较组中差异表达蛋白质相互作用网络图。

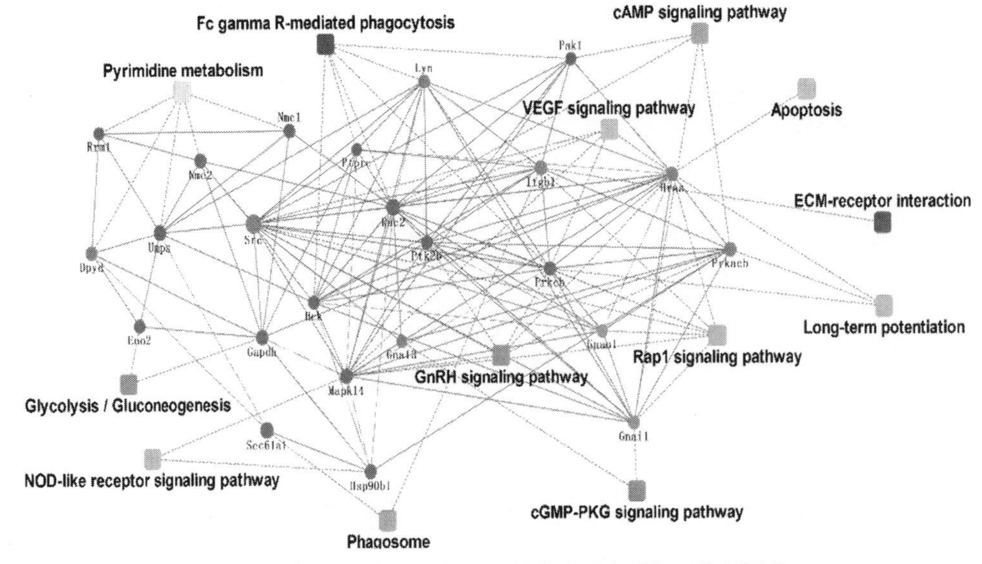

图 4-2-31 FM vs FC 比较组差异表达蛋白质相互作用网络

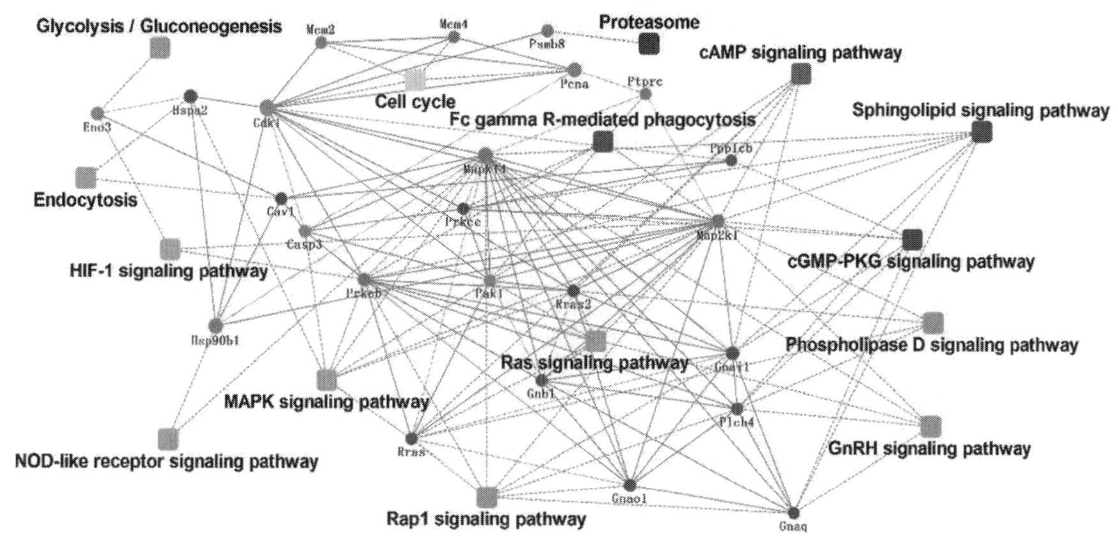

图 4-2-32　FS vs FM 比较组差异表达蛋白质相互作用网络

五、讨　　论

对差异蛋白进行聚类分析和 KEGG 通路分析，结果发现疏风解毒胶囊组与模型组比较，蛋白质水平显著增加的蛋白主要涉及 Endocytosis（胞吞作用）通路（图 4-2-20），该通路上共有 Epsin 1、amphiphysin、EH-domain containing 2、Hsc70、EH-domain containing 1、protein kinase C，zeta、caveolin 1 等蛋白含量增加。其次是 Bacterial invasion of epithelial cells（上皮细胞的细菌入侵）通路（图 4-2-21），该通路上共有 caveolin 1、septin 2 等 6 个蛋白含量增加。再次是 Tight junction（紧密连接）通路（图 4-2-22），该通路上共有 JAM、aPKC、PKCε、Myosin Ⅱ等蛋白表达。其中 Caveolin-1 蛋白是一种细胞表面的穴样内陷（caveolae）中的主要膜内在蛋白，在保持 caveolae 的完整性、细胞的运输、信号的传导中起一定的作用。Caveolin-1 蛋白参与胞吞作用、黏着斑、上皮细胞的细菌、癌症中的蛋白多糖等通路，在维持细胞稳定性上发挥作用。疏风解毒胶囊能通过增强细胞吞噬作用加速侵入体内的细菌的消灭，并通过加强细胞间的紧密连接，增强细胞稳定，减少细胞凋亡。

疏风解毒胶囊组与模型组比较，蛋白质水平显著降低的蛋白主要涉及了 Antigen processing and presentation（抗原处理和呈递）、T cell receptor signaling pathway（T 细胞受体信号通路）、NF-κB signaling pathway（NF-κ B 信号通路）、TNF signaling pathway（TNF 信号通路）、Apoptosis（凋亡）、Mismatch repair（错配修复）、Nucleotide excision repair（核苷酸切除修复）、Base excision repair（基础切除修复）（图 4-2-23～图 4-2-30）。模型组大鼠被肺炎链球菌感染后，激活免疫系统，抗原处理和呈递通路增强，进一步促进 T 细胞受体信号通路激活、免疫系统激活后相应的炎症因子、细胞因子、趋化因子释放增加。而疏风解毒胶囊能通过增强细胞吞噬作用加速侵入体内的细菌的消灭，减少 Antigen processing and presentation（抗原处理和呈递）相关蛋白表达，从而进一步减少 T 细胞信号通路、NF-κ B 信号通路、TNF 信号通路等相关蛋白表达，减少炎症因子及细胞因子的释放，并能减轻炎症对肺组织的损伤，从而减少 Mismatch repair（错配修复）、Nucleotide excision repair（核苷酸切除修复）、Base excision repair（基础切除修复），减少细胞凋亡。

第三节 基于代谢组学的疏风解毒胶囊作用机制研究

代谢组学（Metabonomics/Metabolomics）是20世纪90年代中期发展起来的一门新兴跨领域学科，是系统生物学的重要组成部分。代谢组学是对某一生物体组分或细胞在一特定生理时期或条件下所有代谢产物同时进行定性和定量分析，以寻找出目标差异代谢物。可用于疾病早期诊断、药物靶点发现、疾病机制研究及疾病诊断等。

疏风解毒胶囊为复方中药，其化学物质组复杂、作用靶点和作用机制多样，代谢组学可以从内源性标志物的角度较好地阐释复杂体系的作用机制。本实验采用代谢组学方法，对疏风解毒胶囊的作用机制进行研究，从代谢组学的角度阐释疏风解毒胶囊疏风解表、清热解毒的作用机制。

一、仪器和试剂

质谱：Triple TOF 5600+质谱仪（AB SCIEX）。

色谱：Agilent 1290 Infinity LC 超高压液相色谱仪（Agilent）。

色谱柱：Waters，ACQUITY UPLC BEH Amide 1.7μm，2.1mm× 100mm column。

试剂：乙腈（Merck，1499230-935）、乙酸铵（Sigma，70221）、甲醇（Merck，144282）、氨水（Merck，105426）。

二、实验方法与流程

1. 样品信息

共3组待测样本，每组10份生物学重复样本。样本具体信息见表4-3-1，为了对本次实验进行质量控制，研究人员同时制备了QC样本，QC样本为所有样品等量混合的样本。QC样本用于平衡色谱-质谱系统及测定仪器状态，并用于整个实验过程中系统稳定性评价。

表4-3-1 样品信息

样品组别	组别名称	组内样品数目	样品状态
1	C	10	液体
2	M	10	液体
3	S	10	液体

C：对照组；M：模型组；S：疏风解毒胶囊组

2. 代谢物提取

取每例样本100μl，加入400μl甲醇/乙腈（1∶1，*v/v*），涡旋混合，低温下超声破碎 30min，2次，–20℃孵育1h沉淀蛋白质，13 000r/min，4℃离心20min，取上清液进行冻干，–80℃保存待用。质谱分析时加入 100μl 乙腈水溶液（乙腈∶水=1∶1，*v/v*）复溶，涡旋振荡，4℃，14 000*g* 离心15min，取上清液进行进样分析。

3. LC-MS/MS 分析

3.1　色谱分离

整个分析过程中样品置于 4℃自动进样器中，样品采用 Agilent 1290 Infinity LC 超高效液相色谱仪（UHPLC）使用 HILIC 色谱柱进行分离。其中进样量 10μl，柱温 25℃，流速 0.3ml/min；色谱流动相 A 为水+25mmol/L 乙酸铵+25mmol/L 氨水，流动相 B 为乙腈；色谱梯度洗脱程序如下：0～0.5min，95% B；0.5～7min，B 从 95%线性变化至 65%；7～9min，B 从 65%线性变化至 40%；9～10min，B 维持在 40%；10～11.1min，B 从 40%线性变化至 95%；11.1～16min，B 维持在 95%。样本队列中插入 QC 样品，用于监测和评价系统的稳定性及实验数据的可靠性。

3.2　质谱采集

每例样品分别采用电喷雾电离（ESI）进行正离子和负离子模式检测。样品经 UPLC 分离后用 Triple-TOF 5600+质谱仪（AB SCIEX）进行质谱分析。其 ESI 源条件如下：离子源 1（Gas1）：60；离子源 2（Gas2）：60；帘气（CUR）：30；源温度：600℃；喷雾电压（ISVF）±5500 V（正负两种模式）；飞行时间质谱扫描 *m/z* 范围空格：60～1200Da；产物离子扫描 *m/z* 范围：25～1200Da，飞行时间质谱扫描累计时间 0.15s/spectra，产物离子扫描累计时间 0.03s/spectra；二级质谱采用信息依赖性获取（IDA）获得，并且采用高灵敏度模式，去簇电压（DP）：±60V（正负两种模式），碰撞能量：30eV，IDA 设置如下排除同位素 4Da 以下，每个周期要监测的候选离子：6。

4. 数据预处理

原始数据经 ProteoWizard 转换成 .mzXML 格式，然后采用 XCMS 程序进行峰对齐、保留时间校正和提取峰面积。代谢物结构鉴定采用精确质量数匹配（＜25ppm）和二级谱图匹配的方式，检索实验室自建数据库。

对 XCMS 提取得到的数据，删除组内缺失值＞50%的离子峰，应用软件 SIMCA-P 14.1（Umetrics，Umea，Sweden）进行模式识别，数据经 Pareto-scaling 预处理后，进行多维统计分析，包括无监督主成分分析（principal component analysis，PCA），有监督偏最小二乘法判别分析（partial least squares discrimination analysis，PLS-DA）和正交偏最小二乘法判别分析（OPLS-DA）。

三、实验结果分析

1. 实验质量评价

采用 QC 样本的质谱总离子流（TIC）图比对和总体样本 PCA 统计分析两种策略，对本次项目实验的系统稳定性进行评价与分析。

1.1　QC 样本质谱 TIC 图比对

将 QC 样本正、负离子检测模式下的质谱 TIC 图分别进行谱图叠加比较，见图 4-3-1 和图 4-3-2；结果表明各色谱峰的响应强度和保留时间基本重叠，说明整个实验过程中仪器误差引起的变异较小，数据质量可靠。

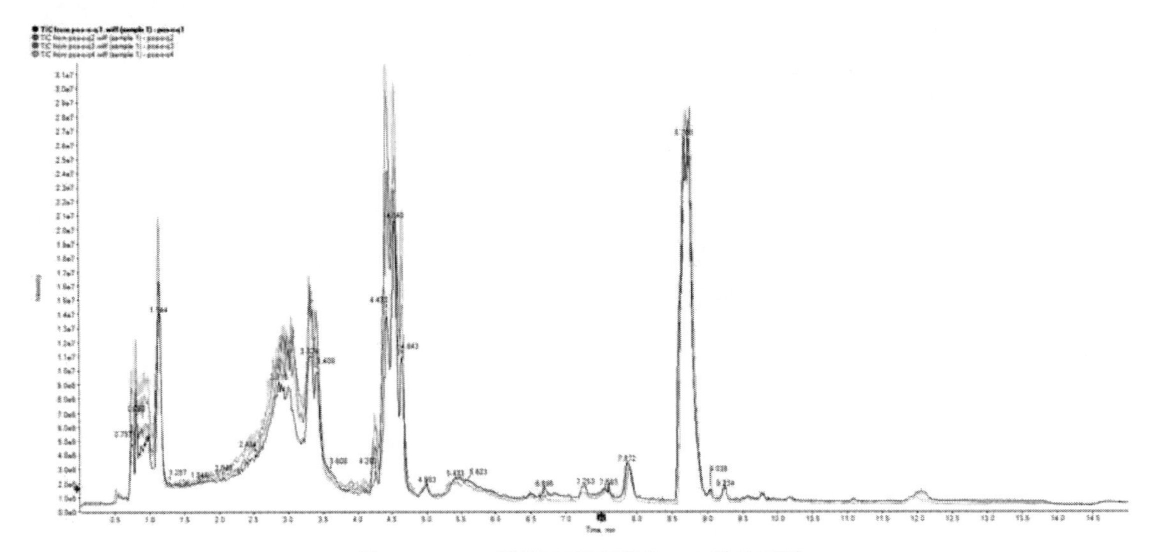

图 4-3-1　QC 样品正离子模式 TIC 重叠图谱

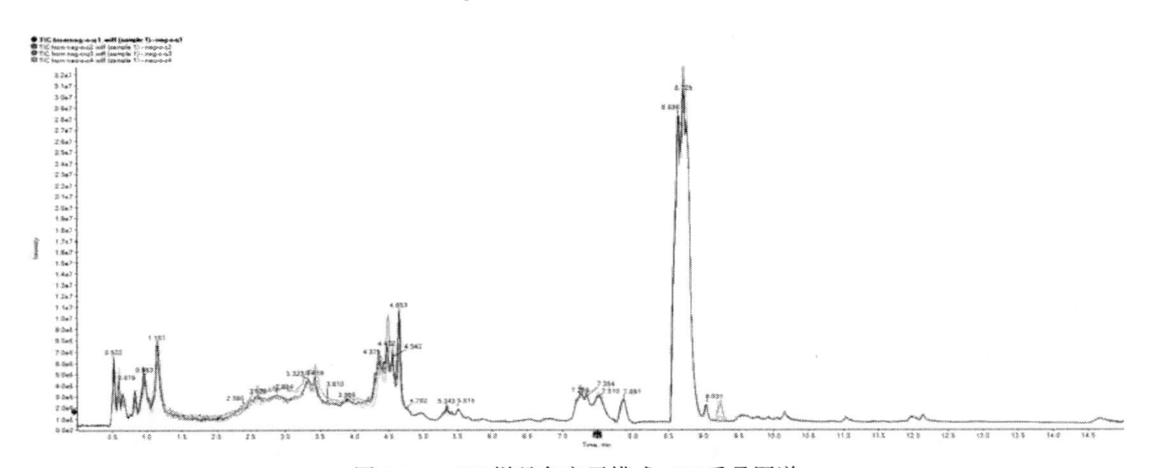

图 4-3-2　QC 样品负离子模式 TIC 重叠图谱

1.2　总体样本主成分分析

采用 XCMS 软件对代谢物离子峰进行提取，离子峰数目见表 4-3-2。将所有实验样本和 QC 样本提取得到的峰，经 Pareto-scaling 处理后进行 PCA 分析，经 7-fold cross-validation（7 次循环交互验证）得到的 PCA 模型见图 4-3-3。如图 4-3-3 所示，正、负离子模式下 QC 样本较为紧密地聚集在一起，表明本项目实验的重复性良好（注：剔除异常值 S10）。

表 4-3-2　保留离子峰数目

质谱采集模式	离子峰数目
正离子	8393
负离子	7378

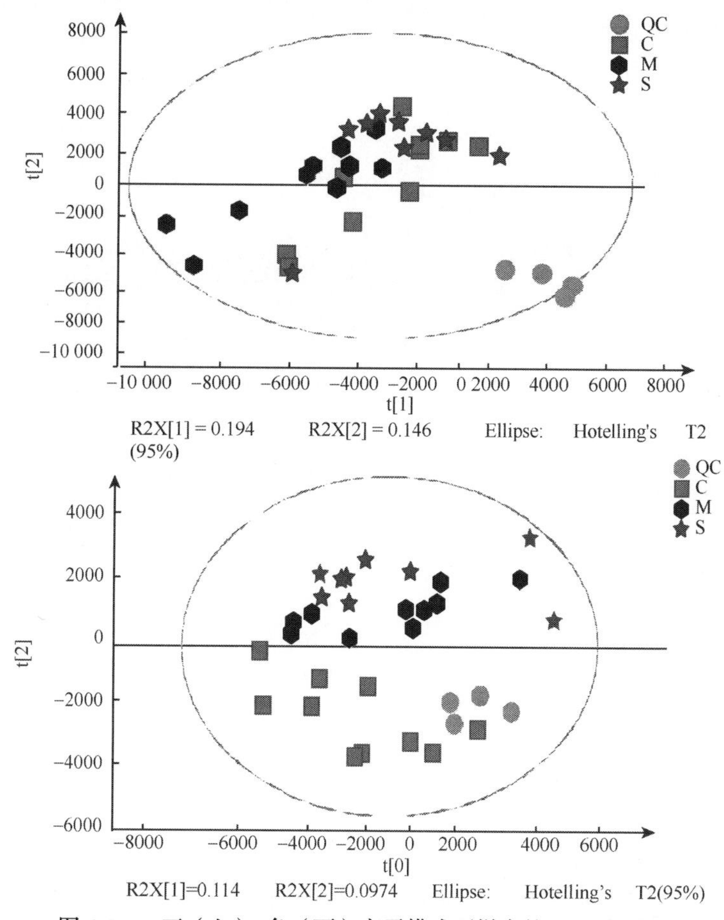

图 4-3-3　正（上）、负（下）离子模式下样本的 PCA 得分图

（图中 t[1]代表主成分 1，t[2]代表主成分 2）

综上所述，本次试验的仪器分析系统稳定性较好，试验数据稳定可靠。在试验中获得的代谢谱差异能反映样本间本身的生物学差异。

2. 数据处理与分析

2.1　数据预处理

数据的完整性和准确性是后续获得具有统计学和生物学意义的分析结果的必要条件。对原始数据中缺失值超过 50%的代谢物离子峰进行去除，不参与后续统计分析；对数据进行总峰面积归一化，并在 SIMCA-P 软件中对数据进行 Pareto-scaling 处理。

2.2　主成分分析

主成分分析（PCA）是一种非监督的数据分析方法，它将原本鉴定到的所有代谢物重新线性组合，形成一组新的综合变量，同时根据所分析的问题从中选取几个综合变量，使它们尽可能多地反映原有变量的信息，从而达到降维的目的。同时，对代谢物进行主成分分析，还能从总体上反映样本组间和组内的变异度。采用 PCA 的方法，观察所有样本之间的总体分布趋势，找出可能存在的离散点。对模型组与对照组及疏风解毒胶囊组与模型组样品进行 PCA 分析，PCA 得分图见图 4-3-4、图 4-3-5。样本采集到的 LC-MS 质谱数据，在 PC1 和 PC2 维图上，正、负离子模式数据下，此样本间呈现一定的分离趋势。经 7-fold cross-validation（7 次循环交互验证）得到的 PCA 模型参数见表 4-3-3。

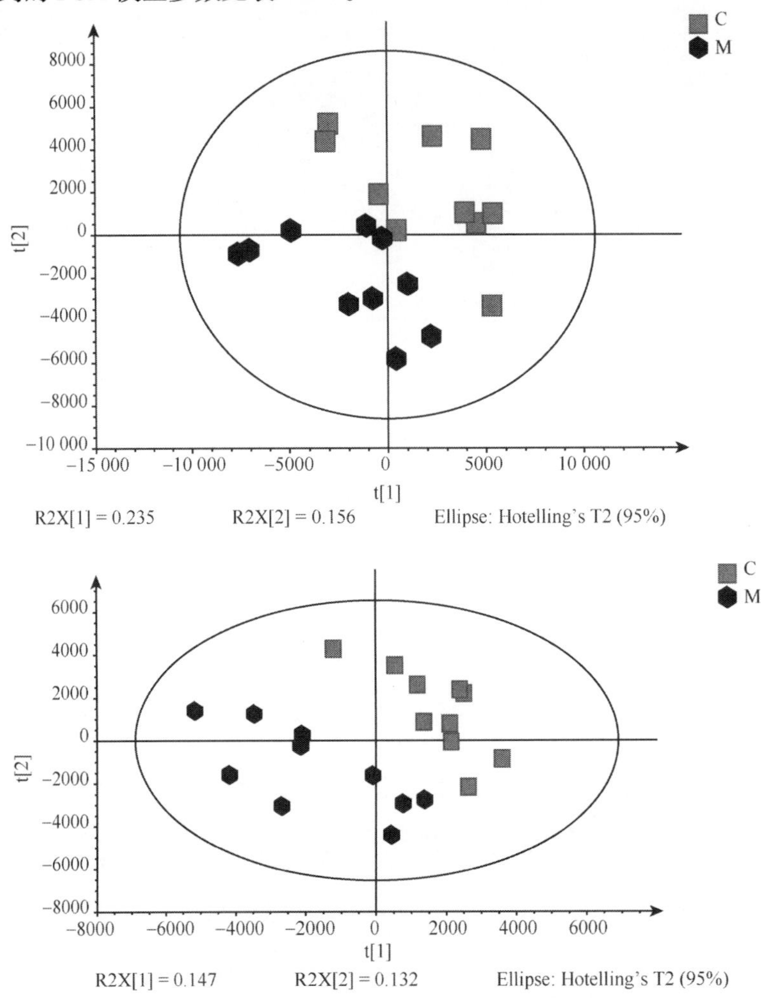

图 4-3-4 模型组/对照组正（上）、负（下）离子模式 PCA 得分图

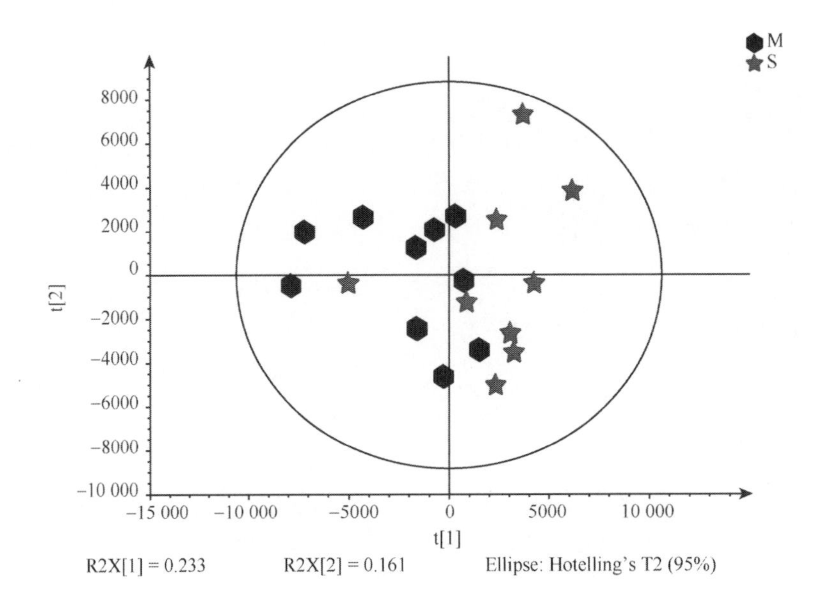

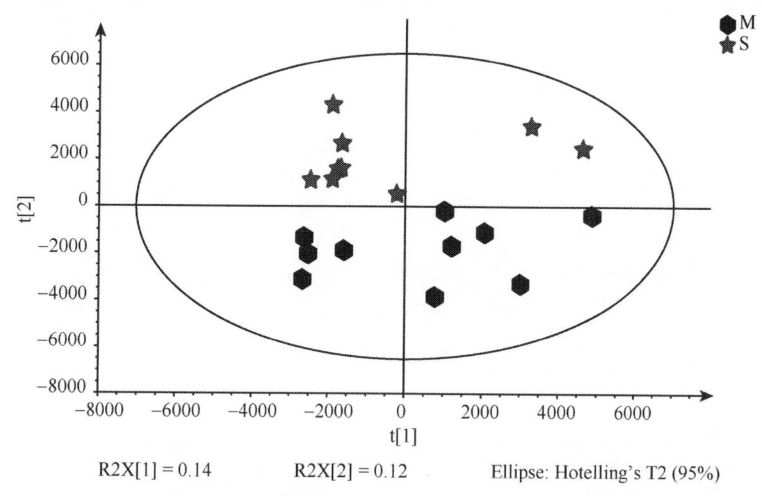

图 4-3-5 疏风解毒胶囊组/模型组正（上）、负（下）离子模式 PCA 得分图

表 4-3-3 PCA 模型参数

样品比较组	离子模式	A	R2X（cum）	Q2（cum）
QC	正	5	0.584	0.257
QC	负	4	0.353	0.0427
模型组/对照组	正	3	0.509	0.197
模型组/对照组	负	2	0.278	0.0485
疏风解毒胶囊组/模型组	正	4	0.577	0.159
疏风解毒胶囊组/模型组	负	4	0.261	0.0099

A：表示主成分数；R2X：表示模型解释率；Q2：表示模型预测能力

2.3 偏最小二乘判别分析

偏最小二乘判别分析（PLS-DA）是一种有监督的判别分析统计方法。该方法运用偏最小二乘回归建立代谢物表达量与样品类别之间的关系模型，来实现对样品类别的预测。

建立各比较组的 OPLS-DA 模型，经 7-fold cross-validation（七次循环交互验证）得到的评价参数（R2Y，Q2）见表 4-3-4，模型组/对照组得分图见图 4-3-6，疏风解毒胶囊组/模型组得分图见图 4-3-7。

表 4-3-4 PLS-DA 模型的评价参数

样品比较组	离子模式	A	R2X（cum）	R2Y（cum）	Q2（cum）
模型组/对照组	正	2	0.371	0.954	0.881
模型组/对照组	负	2	0.213	0.982	0.747
疏风解毒胶囊组/模型组	正	4	0.431	0.997	0.604
疏风解毒胶囊组/模型组	负	2	0.186	0.991	0.774

R2：表示模型解释率；Q2：表示模型预测能力；R2 和 Q2 越接近 1 说明模型越稳定可靠

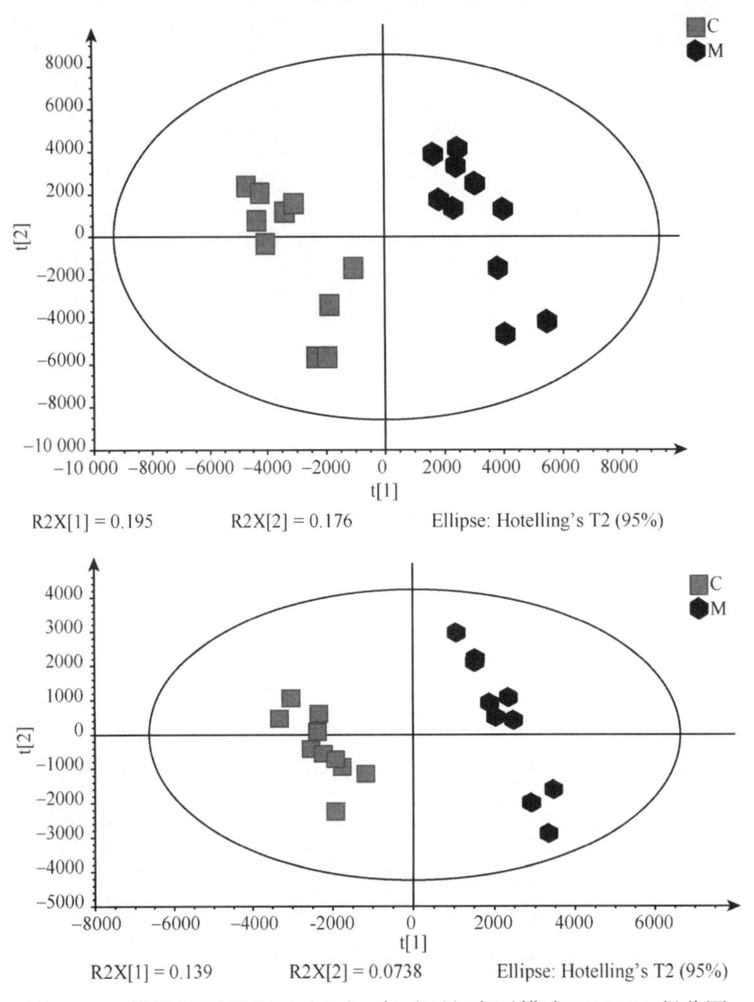

图 4-3-6 模型组/对照组正（上）、负（下）离子模式 PLS-DA 得分图

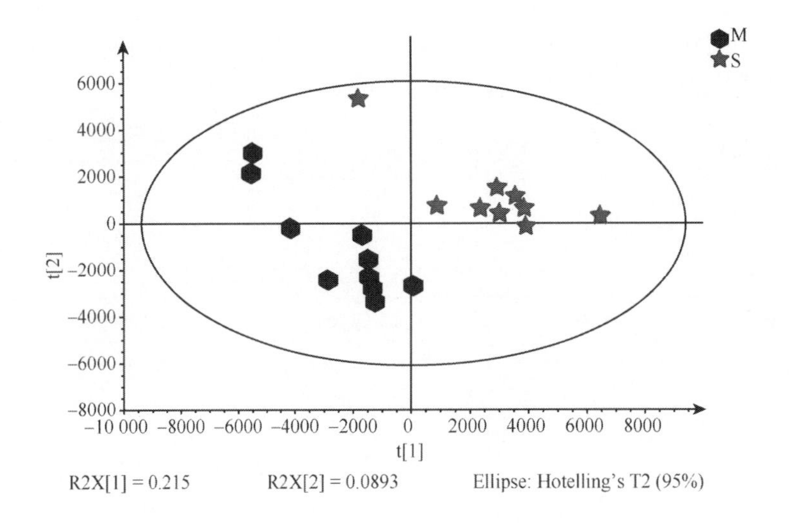

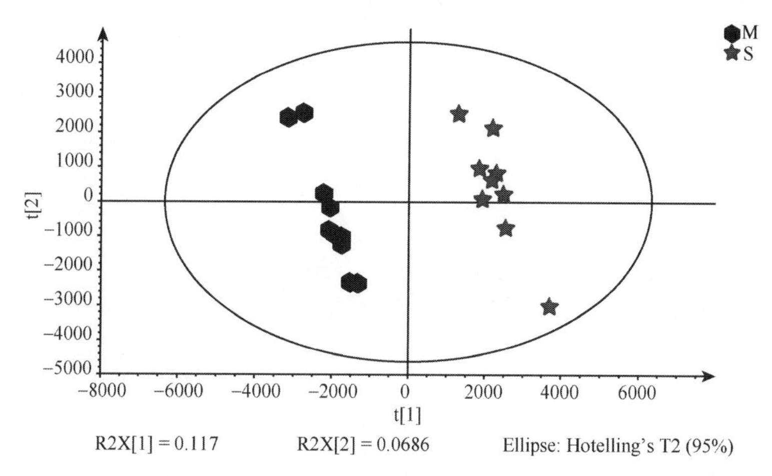

图 4-3-7　疏风解毒胶囊/模型正（上）、负（下）离子模式 PLS-DA 得分图

2.4　正交偏最小二乘判别分析

正交偏最小二乘判别分析（OPLS-DA）是另一种有监督的判别分析统计方法。该方法运用偏最小二乘回归建立代谢物表达量与样品类别之间的关系模型，来实现对样品类别的预测。该方法在偏最小二乘判别分析（PLS-DA）的基础上进行修正，滤除与分类信息无关的噪声，提高了模型的解析能力和有效性。在 OPLS-DA 得分图上，有两种主成分，即预测主成分和正交主成分。预测主成分只有 1 个，即 t1；正交主成分可以有多个。OPLS-DA 将组间差异最大化的反映在 t1 上，所以从 t1 上能直接区分组间变异，而在正交主成分上则反映了组内的变异。

通过计算变量权重值（variable importance for the projection，VIP）来衡量各代谢物的表达模式对各组样本分类判别的影响强度和解释能力，从而辅助标志代谢物的筛选[通常以 VIP score（VIP 值）>1.0 作为筛选标准]。

建立各比较组的 OPLS-DA 模型，经 7-fold cross-validation（七次循环交互验证）得到的模型评价参数（R2Y，Q2）列于表 4-3-5，模型组/对照组得分图见图 4-3-8，疏风解毒胶囊组/模型组得分图见图 4-3-9。OPLS-DA 模型能明显区分两组样本。本实验比较组正、负离子模式数据建立的 PLS-DA 模型，本实验正、负离子模式数据建立的 OPLS-DA 模型未发生过拟合。

表 4-3-5　OPLS-DA 模型的评价参数

样品比较组	离子模式	A	R2X（cum）	R2Y（cum）	Q2（cum）	$R2_{intercept}$	$Q2_{intercept}$
模型组/对照组	正	1+1+0	0.371	0.954	0.872	0.815	−0.422
模型组/对照组	负	1+1+0	0.213	0.982	0.768	0.947	−0.203
疏风解毒胶囊组/模型组	正	1+2+0	0.363	0.985	0.576	0.955	−0.272
疏风解毒胶囊组/模型组	负	1+1+0	0.186	0.991	0.734	0.949	−0.180

A：表示主成分数；R2：表示模型解释率；Q2：表示模型预测能力；R2 和 Q2 越接近 1 表明模型越稳定可靠；$R2_{intercept}$ 和 $Q2_{intercept}$：表示 R2 和 Q2 回归直线与 Y 轴的截距

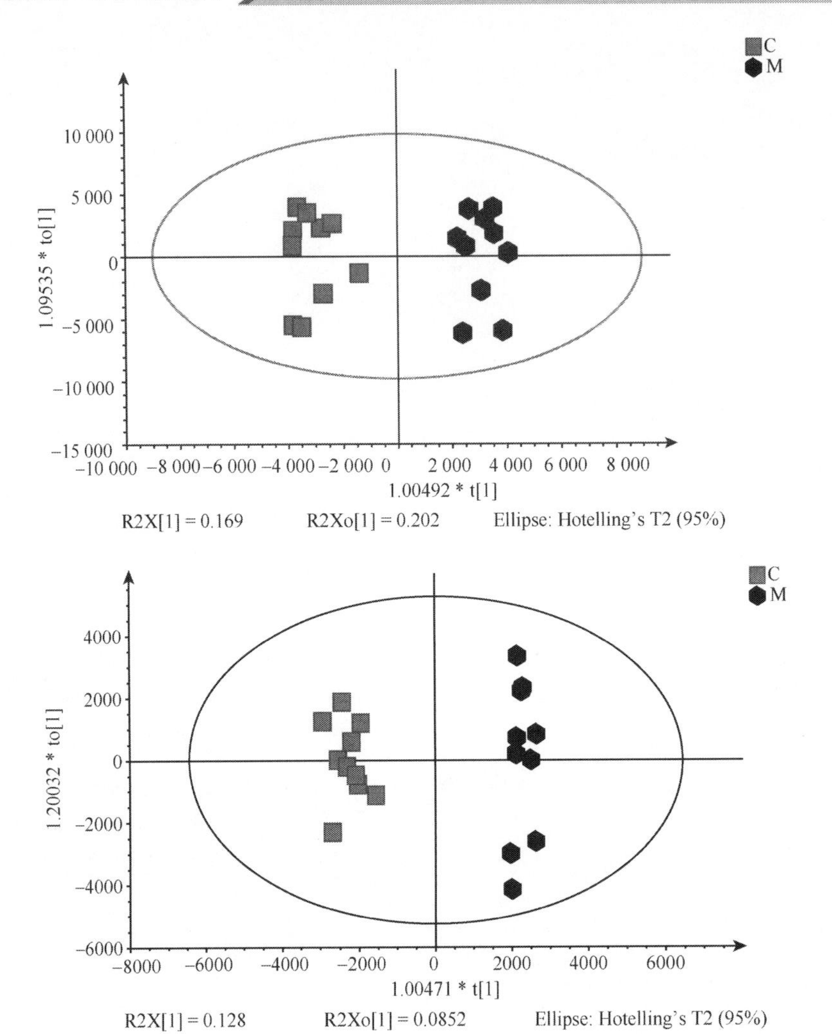

图 4-3-8 模型组/对照组正（上）、负（下）离子模式 OPLS-DA 得分图

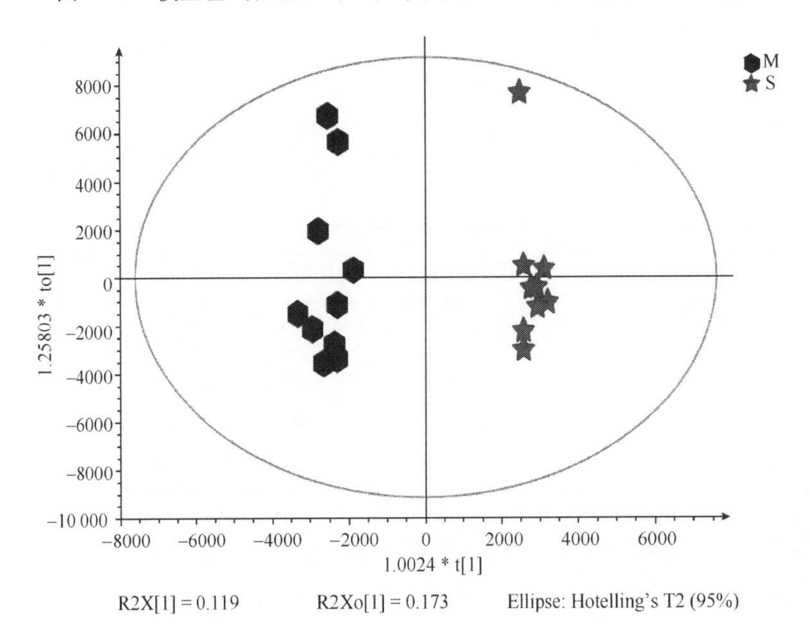

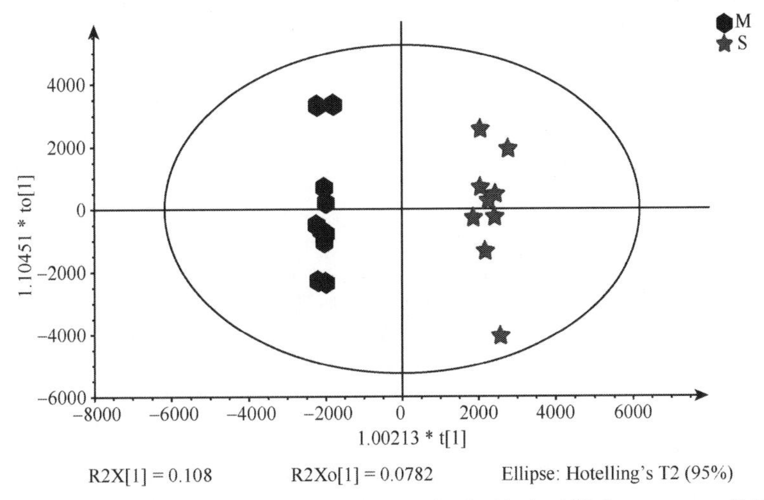

图 4-3-9 疏风解毒胶囊组/模型组正（上）、负（下）离子模式 OPLS-DA 得分图

2.5 单变量统计分析

单变量分析方法是最简单常用的实验数据分析方法。在进行两组样本间的差异代谢物分析时，常用的单变量分析方法包括变异倍数分析（fold change analysis，FC analysis）、*t* 检验，以及综合前两种分析方法的火山图（volcano plot）。利用单变量分析可以直观地显示两组样本间代谢物变化的显著性，从而帮助我们筛选潜在的标志代谢物（本次实验以 FC＞2 或 FC＜0.5，且 *P*＜0.05 作为筛选标准）。FC＞2 或 FC＜0.5 且 *P*＜0.05 的代谢物，即单变量统计分析筛选的差异代谢物。图 4-3-10 显示了模型组与对照组比较，正离子模式数据和负离子模式数据的火山图，图 4-3-11 显示了疏风解毒胶囊组与模型组比较，正离子模式数据和负离子模式数据的火山图。左上和右上部分的点就是单变量统计分析筛选的差异代谢物。

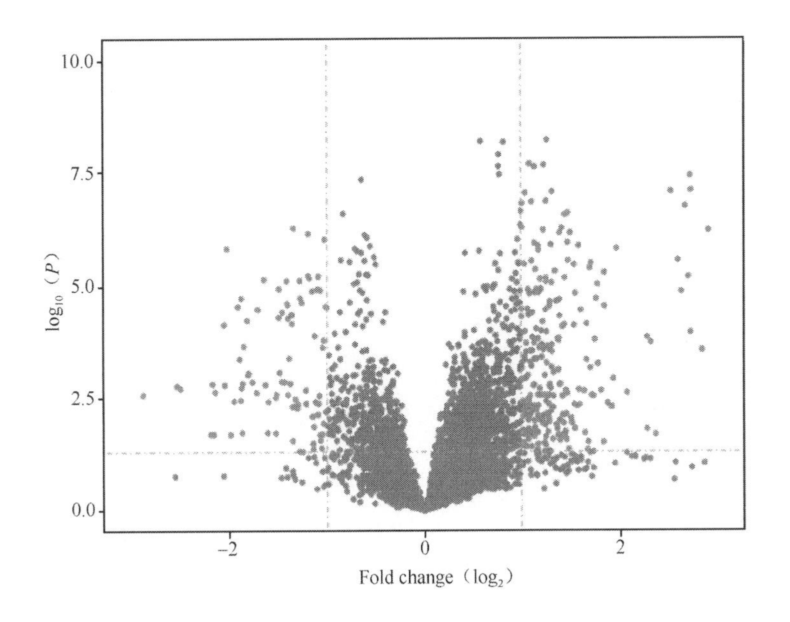

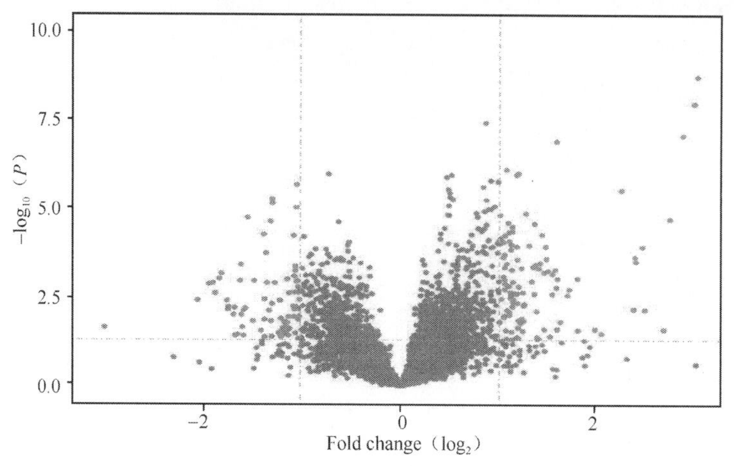

图 4-3-10 模型组与对照组比较，正（上）、负（下）离子模式的火山图

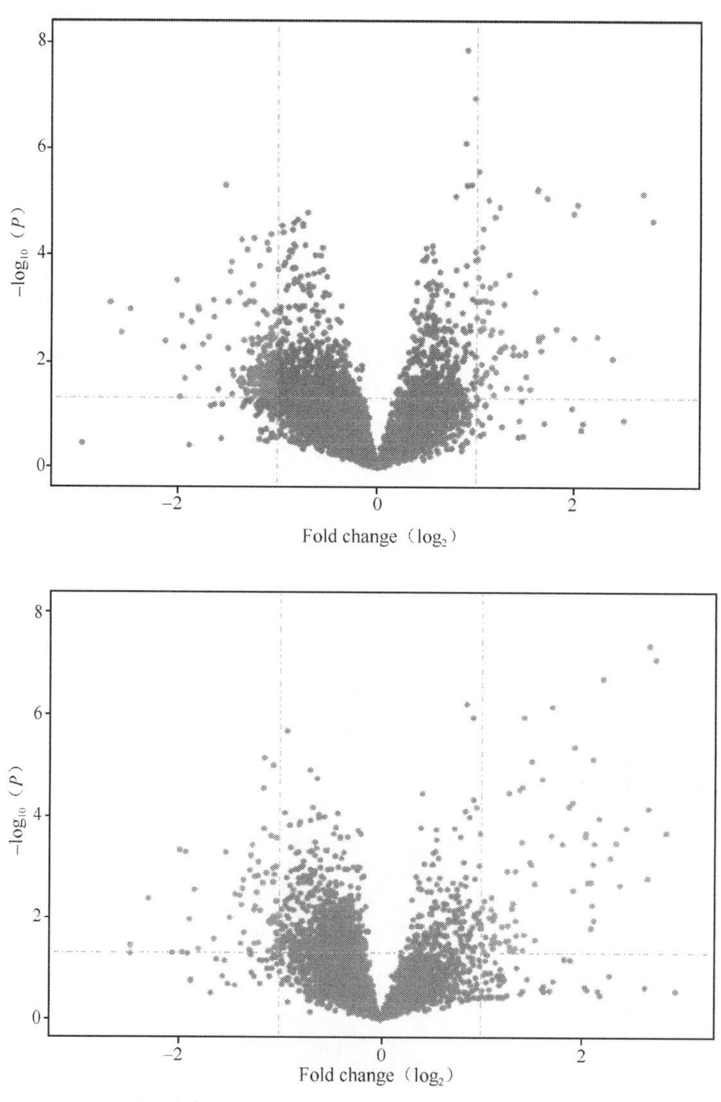

图 4-3-11 疏风解毒胶囊组与模型组比较，正（上）、负（下）离子模式的火山图

3. 显著性差异代谢物

根据 OPLS-DA 模型得到的变量权重值（VIP）来衡量各代谢物的表达模式对各组样本分类判别的影响强度和解释能力，挖掘具有生物学意义的差异代谢物。本实验以 VIP＞1 为筛选标准，初步筛选出各组间的差异物。进一步采用单变量统计分析，验证代谢物是否具有显著性差异。选择同时具有多维统计分析 VIP＞1 和单变量统计分析 P＜0.05 的代谢物，作为具有显著性差异的代谢物；而 VIP＞1 且 0.05＜P＜0.1 则作为差异代谢物。模型组与对照组比较，正离子表格见表 4-3-6 和表 4-3-7，负离子表格见表 4-3-8 和表 4-3-9。

表 4-3-6　模型组与对照组比较，正离子模式下增加的差异代谢物前 10 列表

带电模式	代谢物	P 值	差异倍数	质荷比	保留时间（s）
$(M+H)^+$	腺苷	0.005044278	3.7746378	268.10335	248.562
$(M+NH_4)^+$	*L*-哌啶酸	0.018696261	3.1382097	147.11232	793.702
$(M+CH_3COO+2H)^+$	环己胺	0.000213829	2.4877051	160.13299	587.994
$(M+H)^+$	乙酰胆碱	2.30462E-08	2.1995063	146.11744	575.451
$(M+H)^+$	*L*-肉碱	1.16455E-06	2.1970659	162.112	539.6075
$(M+H)^+$	*L*-精氨酸	0.000624612	2.1497759	175.11835	825.9955
$(M+H)^+$	乙酰肉碱	1.55484E-07	2.0086128	204.1228	455.004
$(M+H-H_2O)^+$	酪胺	3.32523E-06	1.9646659	120.08054	384.966
$(M+H)^+$	*L*-焦谷氨酸	0.002503831	1.8819712	130.04963	608.982
$(M+H)^+$	*L*-苯丙氨酸	1.21377E-05	1.8462743	166.08565	385.052

表 4-3-7　模型组与对照组比较，正离子模式下减少的差异代谢物前 10 列表

带电模式	代谢物	P 值	差异倍数	质荷比	保留时间（s）
$(M+CH_3CN+Na)^+$	亚油酸	1.88656E-05	0.414400685	344.26083	66.414
$(M+H)^+$	1-硬脂酰-sn-甘油-3-磷酸胆碱	1.26908E-05	0.63384836	524.37057	253.144
$(M+H)^+$	溶血磷脂酰胆碱（18：0）	2.81612E-06	0.655519589	524.37048	265.598
$(M+H)^+$	皮质酮	0.000477346	0.675391026	347.22127	60.59
$(2M+Na)^+$	松油醇	0.016179986	0.679832545	331.26258	64.6455
$(M+Na)^+$	花生四烯酸（不含过氧化物）	0.028991333	0.730436455	327.23143	65.487
$(M+H)^+$	溶血磷脂酸	0.012007163	0.764101111	522.35439	267.636
$(M+H)^+$	溶血磷脂酰胆碱（16：0）	0.00354248	0.766260481	496.33904	300.9595
$(M+H)^+$	溶血卵磷脂	0.032332776	0.797472318	468.30765	280.874
$(M+H)^+$	甜菜碱	0.000791351	1.237368481	118.0866	400.7725

表 4-3-8　模型组与对照组比较，负离子模式下增加的差异代谢物列表

带电模式	代谢物	*P* 值	差异倍数	质荷比	保留时间（s）
（M–H）$^-$	*L*-肌肽	0.015356207	2.006420438	225.10169	655.095
（M+Na–2H）$^-$	可可碱	0.006218829	1.829997873	201.03664	297.615
（M–H）$^-$	5-羟基吲哚乙酸	0.008245805	1.809693898	190.05296	287.278
（M–H）$^-$	胸苷	4.20776E-05	1.770074731	241.08511	154.305
（M–H_2O–H）$^-$	半乳糖醇；卫矛醇；己六醇	0.000427437	1.598356098	163.06309	298.18
（M+CH_3COO）$^-$	*D*-喹诺糖	0.000147828	1.594342459	223.08427	298.218
（M–H）$^-$	*L*-甲硫氨酸	0.013533149	1.513045534	148.04556	426.4665
（M–H_2O–H）$^-$	*O*-琥珀酰-*L*-高丝氨酸	0.015387426	1.50186489	200.05607	542.52
（M–H）$^-$	2-乙基-2-丁酸乙酯	0.001752596	1.472144228	131.07341	163.216
（M+CH_3COO）$^-$	*D*-甘露糖	0.008680488	1.459611805	239.07955	594.75

表 4-3-9　模型组与对照组比较，负离子模式下减少的差异代谢物列表

带电模式	代谢物	*P* 值	差异倍数	质荷比	保留时间（s）
（M–H）$^-$	黄嘌呤	2.05818E-06	0.488579237	283.06816	454.922
（M–H）$^-$	苯甲酰氨基乙酸	0.039085207	0.539107106	178.05245	278.671
（M–H）$^-$	*N*-乙酰-*L*-天冬氨酸	0.01080351	0.587479186	174.04289	605.229
（M–H）$^-$	硬脂酸	0.003228117	0.630595798	283.26667	58.342
（M–H）$^-$	硫酸吲哚酯	0.013456082	0.707996594	212.00465	36.47
（M–H）$^-$	*L*-半胱氨酸亚磺酸	0.049474633	0.713305231	152.00419	278.834
（M–H）$^-$	*L*-焦谷氨酸	0.010967175	0.7386473	128.03765	609.346
（M–H）$^-$	琥珀酸酯	0.007469411	0.772953032	117.02214	584.321
（M–H）$^-$	壬酸	0.008029344	0.794084096	157.12505	68.3775
（M–H）$^-$	枸橼酸	0.025224376	0.805801035	191.02247	728.378

疏风解毒胶囊组与模型组比较，正离子表格见表4-3-10和表4-3-11，负离子表格见表4-3-12和表4-3-13。表格中包括代谢物（metabolite）、带电模式（adduct）、VIP值、*P*值、差异倍数（fold change，FC）、质核比（*m/z*）和色谱保留时间[RT（s）]等。

表 4-3-10　疏风解毒胶囊组与模型组比较，正离子模式下增加的差异代谢物列表

带电模式	代谢物	*P* 值	差异倍数	质荷比	保留时间(s)
（M+H）$^+$	大豆苷元	0.00247649	3.506028728	255.064467	31.49
（M+H）$^+$	NG，NG-二甲基-*L*-精氨酸（ADMA）	0.03002915	2.206190352	203.14951	825.245
（M+H–H_2O）$^+$	*DL*-2-氨基己二酸	3.2345E-05	2.089916436	144.064989	115.184
（2M+Na）$^+$	松油醇	0.03789729	1.614630004	331.262584	64.6455
（2M+NH_4）$^+$	丙酮醛	0.00037268	1.546754768	162.075292	145.6735
（M+H）$^+$	1-硬脂酰-sn-甘油-3-磷酸胆碱	9.0951E-05	1.460910569	524.370569	253.144
（M+H）$^+$	溶血磷脂酰胆碱（16：0）	0.00091756	1.441417517	496.339038	300.9595
（M+H）$^+$	溶血卵磷脂	0.03982159	1.401641839	468.307648	280.874
（M+H）$^+$	溶血磷脂酰胆碱（18：0）	0.00038898	1.40056285	524.37048	265.598
（M+H）$^+$	皮质酮	0.00136012	1.35361173	347.22127	60.59

表 4-3-11 疏风解毒胶囊组与模型组比较，正离子模式下减少的差异代谢物列表

带电模式	代谢物	*P* 值	差异倍数	质荷比	保留时间（s）
$(M+CH_3CN+H)^+$	2-羟基吡啶	0.03776194	0.603195924	137.070625	467.071
$(M+H)^+$	三甲胺 N-氧化物	0.02028593	0.749173094	76.0771771	501.092
$(M+H-H_2O)^+$	酪胺	0.04974906	0.772927837	120.080537	384.966
$(M+H)^+$	乙酰胆碱	0.00425637	0.79421854	146.117436	575.451

表 4-3-12 疏风解毒胶囊组与模型组比较，负离子模式下增加的差异代谢物列表

带电模式	代谢物	*P* 值	差异倍数	质荷比	保留时间（s）
$(M-H_2O-H)^-$	*γ*-谷氨酰-*L*-甲硫氨酸	1.67008E-09	160.9274529	259.07555	280.544
$(M-H)^-$	18*β*-甘草次酸	1.46423E-05	22.72390396	469.33254	67.9255
$(M-H)^-$	3，4-二羟基苯甲酸酯、原儿茶酸	0.000173016	5.402783006	153.01587	35.0705
$(M-H)^-$	核糖醇	6.1871E-07	1.796644098	151.06258	354.971
$(M+CH_3COO)^-$	异鼠李糖	0.000186625	1.454444356	223.08427	298.218
$(M-H_2O-H)^-$	己六醇	0.000925723	1.418081917	163.06309	298.18

表 4-3-13 疏风解毒胶囊组与模型组比较，负离子模式下减少的差异代谢物列表

带电模式	代谢物	*P* 值	差异倍数	质荷比	保留时间（s）
$(M-H)^-$	肌肽	0.024511717	0.517435723	225.10169	655.095
$(M-H)^-$	亚油酸	0.024700909	0.518441567	173.0837	159.657
$(M+Na-2H)^-$	油酰溶血磷脂酸	0.002092932	0.590622642	457.23911	351.288
$(M-H)^-$	5-羟基吲哚乙酸	0.037446604	0.598024031	190.05296	287.278
$(M-H)^-$	3-羟基癸酸	0.041489256	0.678995526	187.13587	150.118
$(M-H)^-$	*L*-天门冬酰胺	0.045453545	0.694625523	131.0483	588.218
$(M-H)^-$	左旋缬氨酸	0.005507453	0.705310835	116.07389	447.0205
$(M-H)^-$	1-棕榈酰-2-油酰-sn-甘油-3-磷酸-（1′-rac-甘油）（钠盐）	0.05307605	0.739836246	747.52315	155.154
$(M-H)^-$	异丁甘氨酸	0.028549998	0.74239614	144.06863	310.975
$(M-H)^-$	脱氧胞嘧啶核苷	0.000280807	0.756349059	226.08534	301.122

试验结果显示，模型组与对照组比较，正离子模式下显著增加的差异代谢物主要有Adenosine（腺苷）、*L*-Pipecolic acid（*L*-哌啶酸）、Cyclohexylamine（环己胺）、Acetylcholine（乙酰胆碱）、*L*-Carnitine（*L*-肉碱）、*L*-Arginine（*L*-精氨酸）、Acetylcarnitine（乙酰肉碱）、Tyramine（酪胺）、*L*-Pyroglutamic acid（*L*-焦谷氨酸）、*L*-Phenylalanine（*L*-苯丙氨酸）。

正离子模式下显著减少的差异代谢物主要有 Linoleic acid（亚油酸）、1-Stearoyl-sn-glycerol-3-phosphocholine（1-硬脂酰-sn-甘油-3-磷酸胆碱）、LysoPC（18：0）（溶血磷脂酰胆碱类代谢物）、Corticosterone（皮质酮）、Terpineol（松油醇）、Arachidonic Acid（peroxide free）[花生四烯酸（不含过氧化物）]、LysoPC[18：1（9Z）]（溶血磷脂酸）、LysoPC（16：0）（溶血磷脂酰胆碱类代谢物）、LysoPC（14：0）（溶血卵磷脂）、Betaine（甜菜碱）。

模型组与对照组比较，负离子模式下显著增加的差异代谢物主要有 *L*-Carnosine（*L*-肌肽）、Theobromine（可可碱）、5-Hydroxyindoleacetate（5-羟基吲哚乙酸）、Thymidine（胸苷）、Dulcitol（卫矛醇）、*D*-Quinovose（*D*-喹诺糖）、*L*-Methionine（*L*-甲硫氨酸）、*O*-Succinyl-*L*-homoserine（*O*-琥珀酰-*L*-高丝氨酸）、2-Ethyl-2-Hydroxybutyric acid（2-乙基-2-羟基丁酸）、*D*-Mannose（*D*-甘露糖）。

负离子模式下显著减少的差异代谢物主要有 Xanthosine（黄嘌呤）、Hippuric acid（马尿酸；苯甲酰氨基乙酸；花色素）、*N*-Acetyl-*L*-aspartic acid（*N*-乙酰-*L*-天冬氨酸）、Stearic acid（硬脂酸）、Indoxyl sulfate（硫酸吲哚酯）、*L*-Cysteinesulfinic acid（*L*-半胱氨酸亚磺酸）、*L*-Pyroglutamic acid（*L*-焦谷氨酸）、Succinate（琥珀酸酯）、Pelargonic acid（壬酸；天竺葵酸）、Citrate（枸橼酸）。

疏风解毒胶囊与模型组比较，正离子模式下显著增加的差异代谢物主要有 Daidzein（大豆苷元）、NG，NG-dimethyl-*L*-arginine（ADMA）[NG，NG-二甲基-*L*-精氨酸（ADMA）]、*DL*-2-Aminoadipic acid（*DL*-2-氨基己二酸）、Terpineol（松油醇）、Pyruvaldehyde（丙酮醛）、1-Stearoyl-sn-glycerol-3-phosphocholine（1-硬脂酰-sn-甘油-3-磷酸胆碱）、LysoPC（16：0）（溶血磷脂酰胆碱类代谢物）、LysoPC（14：0）（溶血卵磷脂）、LysoPC（18：0）（溶血磷脂酰胆碱类代谢物）、Corticosterone（皮质酮）、

正离子模式下显著减少的差异代谢物主要有 2-Hydroxypyridine（2-羟基吡啶）、Trimethylamine N-oxide（三甲胺 N-氧化物）、Tyramine（酪胺）、Acetylcholine（乙酰胆碱）。

疏风解毒胶囊与模型组比较，负离子模式下显著增加的差异代谢物主要有 gamma-Glutamyl-L-methionine（γ-谷氨酰-*L*-甲硫氨酸）、18beta-Glycyrrhetinic acid（18β-甘草次酸）、3，4-Dihydroxybenzoate（3，4-二羟基苯甲酸酯）、Protocatechuic acid（原儿茶酸）、Ribitol（核糖醇）、*D*-Quinovose（异鼠李糖，*D*-喹诺酮酶）、Dulcitol（半乳糖醇；己六醇；卫茅醇）。

负离子模式下显著减少的差异代谢物主要有 *L*-Carnosine（肌肽）、Suberic acid（亚油酸）、LPA[18：1（9Z）/0：0][油酰溶血磷脂酸；1-（9Z 十八烯酰基）-sn-甘油-3-磷酸（钠盐）]、5-Hydroxyindoleacetate（5-羟基吲哚乙酸）、3-Hydroxycapric acid（3-羟基癸酸）、*L*-Asparagine（*L*-天门冬酰胺）、*L*-Valine（左旋缬氨酸）、PG[16：0/18：1（9Z）][1-palmitoyl-2-oleoyl-sn-glycero-3-phospho-（1′-rac-glycerol）(sodium salt)，1-棕榈酰-2-油酰-sn-甘油-3-磷酸-（1′-rac-甘油）（钠盐）]、Isobutyrylglycine（异丁甘氨酸）、Deoxycytidine（脱氧胞嘧啶核苷）。

4. KEGG 代谢通路分析

将各比较组得到的显著性差异代谢物进行 KEGG ID Mapping，并提交到 KEGG 网站进行相关通路分析。

对显著性差异代谢物进行 KEGG 代谢通路富集分析，可以把差异显著的 KEGG pathway 进行富集，有助于找到实验条件下显著性差异变化的生物学调控通路。

KEGG 通路富集分析以 KEGG 通路为单位，以所有定性代谢物为背景，通过 Fisher 精确检验（Fisher's exact test）来分析计算各个通路代谢物富集度的显著性水平，从而确定受到显著影响的代谢和信号转导途径。

模型组与对照组比较的差异代谢物 KEGG 代谢通路富集排名前 10 的代谢通路见表 4-3-14 和图 4-3-12。结果显示，与对照组比较，模型组大鼠差异代谢产物 KEGG 代谢通路主要涉及蛋白质消化吸收、ABC 运输、代谢通路、氨基酸的生物合成、氨酰 tRNA 生物合成、组氨酸和嘌呤生物碱的生物合成、嘧啶代谢、γ-氨基丁酸能突触、丙氨酸、天冬氨酸和谷氨酸代谢、鸟氨酸、赖氨酸和烟酸生物碱的生物合成。疏风解毒胶囊组与模型组比较的差异代谢物 KEEG 代谢通路富集排名前 10 的代谢通路见表 4-3-15 和图 4-3-13。结果显示，与模型组比较，疏风解毒胶囊组大鼠差异代谢产物 KEGG 代谢通路主要涉及蛋白质消化吸收（图 4-3-14）、嘧啶代谢（图 4-3-15）、尼古丁成瘾（图 4-3-16）、突触小泡循环、胆碱能突触、甘油磷脂代谢、氨酰基-tRNA 的生物合成、代谢途径、氨基酸的生物合成、丙氨酸、天冬氨酸和谷氨酸代谢图。

表 4-3-14 模型组与对照组比较，KEGG 代谢通路富集排名前 10 列表

通路名称	通路 ID	*P* 值
蛋白质消化吸收（protein digestion and absorption）	map04974	1.61e-10
ABC 运输（ABC transporters）	map02010	3.12e-10
代谢通路（metabolic pathways）	map01100	2.42e-09
氨基酸的生物合成（biosynthesis of amino acids）	map01230	5.81e-09
氨酰 tRNA 生物合成（aminoacyl-tRNA biosynthesis）	map00970	1.15e-08
组氨酸和嘌呤生物碱的生物合成（biosynthesis of alkaloids derived from histidine and purine）	map01065	1.17e-05
嘧啶代谢（pyrimidine metabolism）	map00240	2.13e-05
γ-氨基丁酸能突触（GABAergic synapse）	map04727	5.27e-05
丙氨酸、天冬氨酸和谷氨酸代谢（alanine，aspartate and glutamate metabolism）	map00250	9.48e-05
鸟氨酸、赖氨酸和烟酸生物碱的生物合成（biosynthesis of alkaloids derived from ornithine，lysine and nicotinic acid）	map01064	2.82e-04

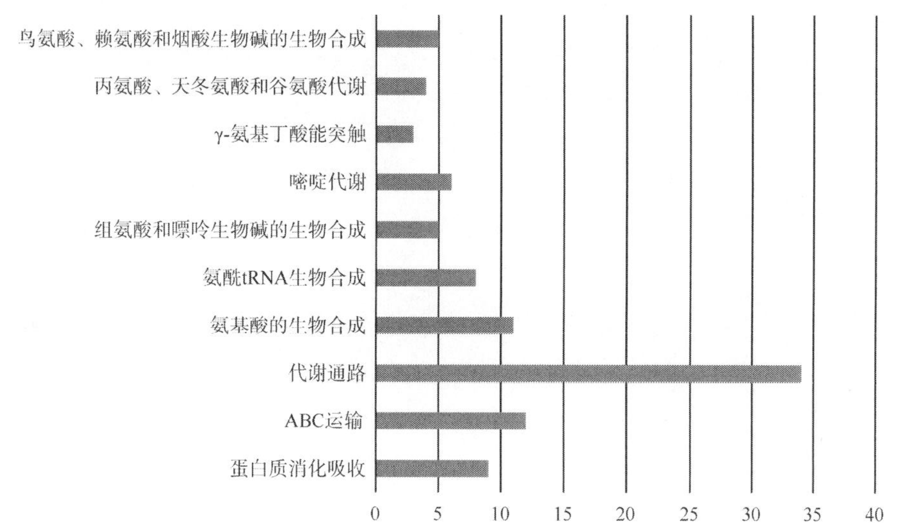

图 4-3-12 模型组与对照组比较，显著性差异代谢物 KEGG 代谢通路富集分析图

注：横坐标代表差异代谢物数量，数据标签为对应的 *P* 值，纵坐标为通路名称

表 4-3-15 疏风解毒胶囊组与模型组比较，KEGG 代谢通路富集排名前 10 列表

通路名称	通路 ID	*P* 值
蛋白质消化吸收（protein digestion and absorption）	map04974	6.45e-05
嘧啶代谢（pyrimidine metabolism）	map00240	2.45e-04
尼古丁成瘾（nicotine addiction）	map05033	4.58e-04
突触小泡循环（synaptic vesicle cycle）	map04721	1.42e-03
胆碱能突触（cholinergic synapse）	map04725	1.42e-03
甘油磷脂代谢（glycerophospholipid metabolism）	map00564	1.85e-03
氨酰基-tRNA 的生物合成（aminoacyl-tRNA biosynthesis）	map00970	1.85e-03
代谢途径（metabolic pathways）	map01100	2.17e-03
氨基酸的生物合成（biosynthesis of amino acids）	map01230	2.56e-03
丙氨酸、天冬氨酸和谷氨酸代谢（Alanine，aspartate and glutamate metabolism）	map00250	7.75e-03

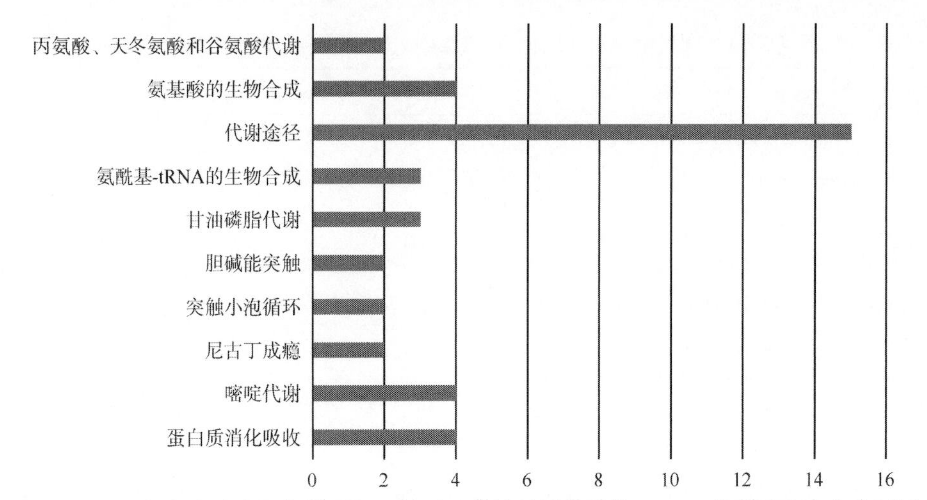

图 4-3-13 疏风解毒胶囊组与模型组比较，显著性差异代谢物 KEGG 代谢通路富集分析图

注：横坐标代表差异代谢物数量，数据标签为对应的 *P* 值，纵坐标为通路名称

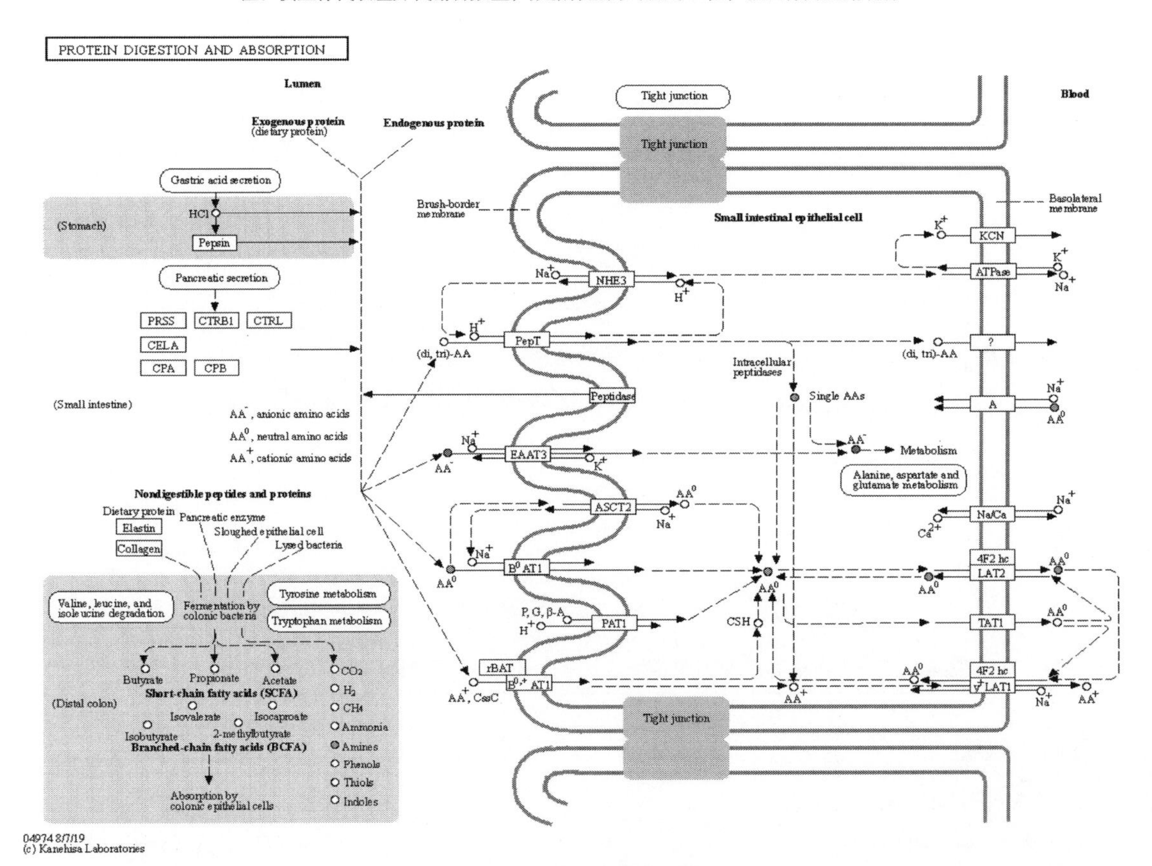

图 4-3-14 蛋白质消化吸收

注：疏风解毒胶囊组与模型组比较，减少的代谢产物：*L*-天冬氨酸、酪胺、*L*-缬氨酸；增加的代谢产物：*L*-谷氨酸。模型组与对照组比较，减少的代谢产物：*L*-谷氨酸；增加的代谢产物：酪胺、*L*-丙氨酸、*L*-亮氨酸、*L*-苯丙氨酸、精氨酸、苏氨酸、*L*-甲硫氨酸、*L*-缬氨酸、谷氨酰胺

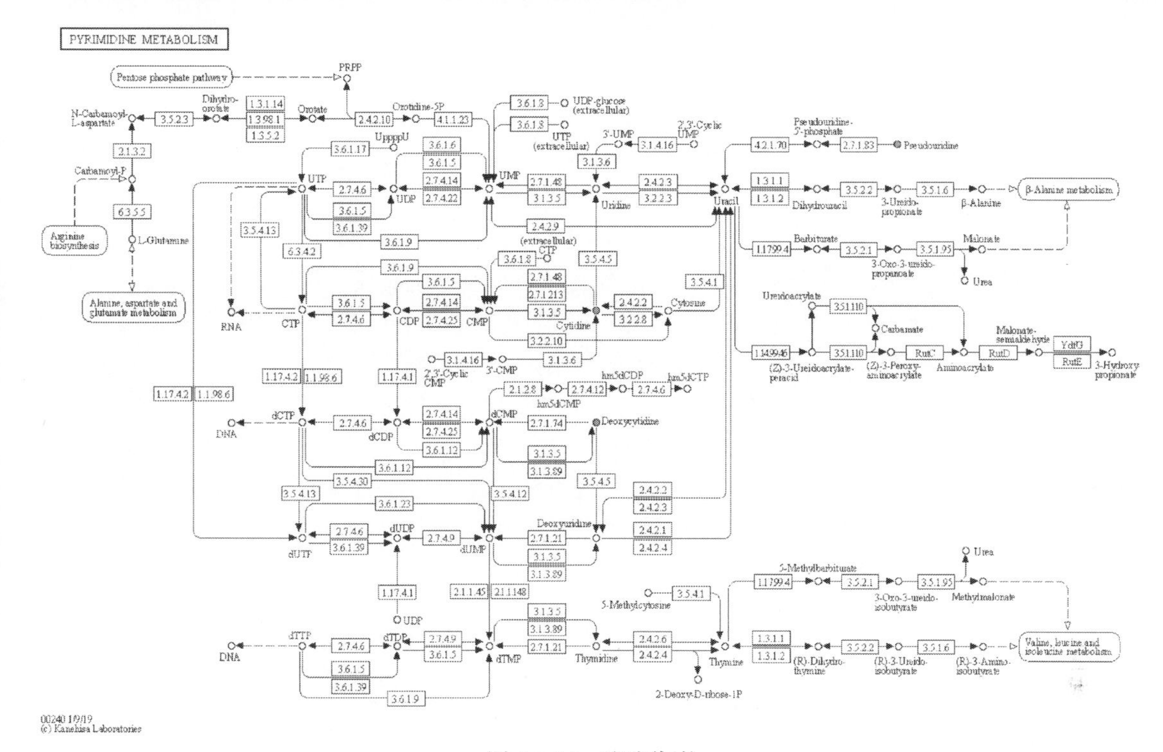

图 4-3-15　嘧啶代谢

注：疏风解毒胶囊组与模型组比较，减少的代谢产物：5，6-二氢胸腺嘧啶、脱氧胞苷、假尿苷、胞苷。模型组与对照组比较，增加的代谢产物：胞嘧啶、谷氨酰胺、脱氧胞苷、5，6-二氢胸腺嘧啶、胸苷、胞苷

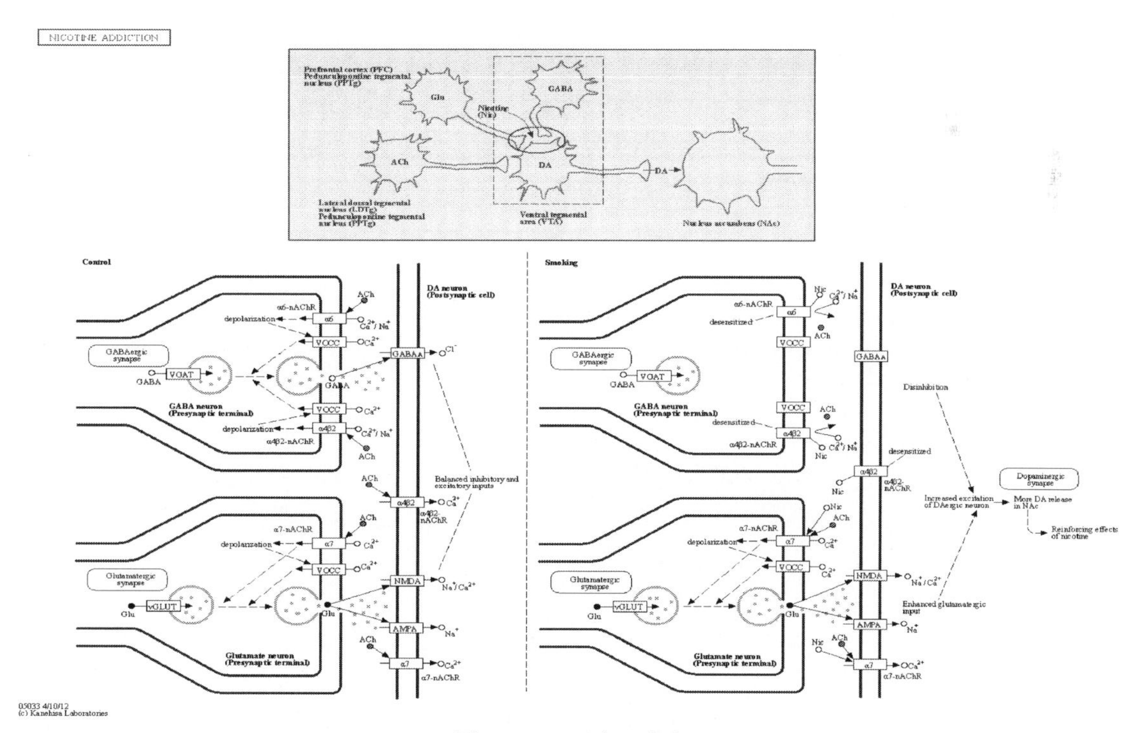

图 4-3-16　尼古丁成瘾

注：疏风解毒胶囊组与模型组比较，减少的代谢产物：乙酰胆碱；增加的代谢产物：*L*-谷氨酸。模型组与对照组比较，减少的代谢产物：*L*-谷氨酸；增加的代谢产物：乙酰胆碱

四、讨　论

1. 嘧啶类代谢产物

本次试验结果显示，与对照组比较，模型组大鼠胞嘧啶、谷氨酰胺、脱氧胞苷、5，6-二氢胸腺嘧啶、胸苷、胞苷等嘧啶类代谢产物增加，而与模型组比较，疏风解毒胶囊组5，6-二氢胸腺嘧啶、脱氧胞苷、假尿苷、胞苷等代谢产物显著减少。胞嘧啶是核酸中的主要碱基组成成分之一，简写为C。生物体中常见的碱基有5种，分别是腺嘌呤（A）、鸟嘌呤（G）、胞嘧啶（C）、胸腺嘧啶（T）和尿嘧啶（U），其中碱基A、G、C和T存在于DNA中，而A、G、C和U存在于RNA中。模型组代谢产物中，嘧啶类代谢产物增加，表明模型组大鼠由于感染肺炎链球菌，引起肺部出现炎症反应，肺部细胞凋亡增多，细胞内DNA降解代谢过程活跃。而疏风解毒胶囊组能显著减少嘧啶类代谢产物，表明疏风解毒胶囊能显著减轻肺部炎症，从而减少细胞内DNA降解代谢。

2. 蛋白质消化吸收

本次试验结果显示，与对照组比较，模型组大鼠减少的代谢产物有*L*-谷氨酸；增加的代谢产物有酪胺、*L*-丙氨酸、*L*-亮氨酸、*L*-苯丙氨酸、精氨酸、苏氨酸、*L*-甲硫氨酸、*L*-缬氨酸、谷氨酰胺。而与模型组比较，疏风解毒胶囊组减少的代谢产物有*L*-天冬氨酸、酪胺、*L*-缬氨酸；增加的代谢产物有 *L*-谷氨酸。模型组大鼠 *L*-谷氨酸减少，谷氨酰胺含量增加，推测模型组大鼠体内的 *L*-谷氨酸与氨结合生成谷氨酰胺增加，从而 *L*-谷氨酸含量减少，谷氨酰胺含量增加。谷氨酰胺不是必需氨基酸，在人体内可由谷氨酸、缬氨酸、异亮氨酸合成。在疾病、营养状态不佳或高强度运动等应激状态下，机体对谷氨酰胺的需求量增加。研究表明谷氨酰胺具有重要的免疫调节作用，可促使淋巴细胞、巨噬细胞的有丝分裂和分化增殖，增加细胞因子TNF、IL-1等的产生和磷脂的mRNA合成。本次试验结果显示，模型组大鼠血清谷氨酰胺显著增加，*L*-谷氨酸显著减少，表明感染肺炎链球菌后，模型组大鼠肺部出现显著炎症，*L*-谷氨酸合成谷氨酰胺增加。疏风解毒胶囊能显著增加血清*L*-谷氨酸含量，减少*L*-天冬氨酸、酪胺、*L*-缬氨酸等代谢产物含量，减少肺炎模型大鼠应激状态下的蛋白质代谢紊乱。

3. 溶血磷脂酰胆碱类代谢物

溶血磷脂（LPL）是由甘油磷脂或鞘磷脂水解去掉一个脂肪酸侧链形成的，其中，溶血磷脂酰胆碱（LysoPC）丰度较高。有研究表明，在肥胖及T2DM人群中，血清LysoPC减少，有专家认为LysoPC有抗感染和抗炎作用，另外也有专家认为LysoPC有促炎作用。本次试验结果显示，与对照组比较，模型组大鼠 LysoPC（18：0）、LysoPC[18：1（9Z）]、LysoPC（16：0）、LysoPC（14：0）血清含量显著减少；而与模型组比较，疏风解毒胶囊组能显著回调 LysoPC（16：0）、LysoPC（14：0）、LysoPC（18：0）含量，对肺炎模型大鼠有显著的治疗作用。而溶血磷脂酰胆碱类代谢物具体的作用是抗炎还是促炎需要进一步的研究。

4. 皮质酮

本次试验结果显示，与对照组比较，模型组大鼠皮质酮含量减少。而与模型组比较，疏风解毒胶囊组皮质酮含量增加。糖皮质激素（人体为皮质醇，大鼠为皮质酮）是肾上腺皮质分泌的一类甾体物质，具有调控身体生长、发育、代谢、抗炎及免疫等重要的生理功能。在本模型上，皮质酮含量显著降低，推测模型组大鼠由于肺部炎症爆发，导致机体内的抗炎物质消耗更多，含量减低。而疏风解毒胶囊能显著上调皮质酮的含量，促进皮质酮发挥抗炎作用，从而减轻肺部炎症的发展，起到治疗肺炎的作用。

五、实验结论

本次实验采用 UPLC-Q-TOF/MS 技术方法对各组样本的整体代谢物进行了变化分析。方法学研究表明，本次实验的仪器分析系统稳定性较好，实验数据稳定可靠。在实验中获得的代谢谱差异能反映样本间自身的生物学差异。疏风解毒胶囊组与模型组比较的 PCA 分析结果表明，疏风解毒胶囊可以显著调节模型组大鼠感染肺炎链球菌后引起的肺部炎症导致的蛋白质代谢紊乱、核苷酸代谢紊乱，显著增加具有抗感染和抗炎作用的溶血磷脂酰胆碱类代谢物含量，具有治疗肺炎链球菌引起的大鼠肺炎的作用。

第四节　疏风解毒胶囊主要有效成分体内过程及转运机制研究

前期血中移行成分研究表明，疏风解毒胶囊中蒽醌类成分大黄素和环烯醚萜类成分马鞭草苷为疏风解毒胶囊的重要指标成分，具有较好的抗炎活性作用，且二者在血浆中具有较大暴露量。本部分采用药动学方法，优化生物样品中大黄素和马鞭草苷的分析方法并开展体内药动学研究，明确疏风解毒胶囊药动学标志物的两成分在大鼠体内药动学行为特性及在疾病靶器官的分布情况，从药动学角度阐释疏风解毒胶囊治疗疾病的作用机制及其特点。

药物转运体是存在于细胞膜上具有运输功能的一类膜蛋白，是药物进出细胞的重要通道，对药物的吸收、分布和清除发挥了重要的作用。药物转运体通过控制药物的吸收、分布和消除，可对不同器官和组织中药物的药动学和药效学产生临床相关的影响。药物转运体在人体全身的组织中均有不同程度的表达，并对控制内源性和外源性物质进入人体的各个部位起着重要的调控作用。转运体与代谢酶存在协同作用，可以对药物的分布和药理作用的发挥产生重要影响。相反的，药物也可以影响转运体的表达或活动，从而导致内源性物质（如肌酸酐、葡萄糖）或外源性物质在体内的分布呈现一定的选择性。研究新化学分子或者新药物实体与药物转运体之间的相互作用，对阐明药物的跨膜转运机制、传递过程及预测可能发生的药物-药物相互作用（drug-drug interaction，DDI）具有重要意义。本部分在药动学研究基础上进一步开展转运体方面的相关研究，明确其不同成分的跨膜转运机制和复杂的相互作用。

一、疏风解毒胶囊主要有效成分药动学和主要靶器官组织分布研究

1. 仪器与材料

1.1 实验仪器

AB204-N 电子天平	德国 Mettler 公司
BT25S 电子天平	德国 Sartorius 公司
HAC-I自动浓缩氮吹仪	天津市恒奥科技发展有限公司
VORTEX-5 涡旋混合器	海门市其林贝尔仪器制造公司
3K15 高速冷冻离心机	德国 Sigma 公司
Finnpipette F2 微量移液器	美国 Thermo Scientific 公司
Dionex UltiMate 3000 超高效液相色谱	美国 Thermo Scientific 公司
AB Sciex QTrap 5500 MS/MS 质谱	美国 AB SCIEX 公司
Kromasil 100-3.5-C_{18} 色谱柱	瑞典 AKZO NOBEL 公司

1.2 试剂与试药

色谱纯乙腈	瑞典 Oceanpak 公司
色谱纯甲醇	瑞典 Oceanpak 公司
纯净水	杭州娃哈哈集团有限公司
甲酸	天津市科密欧化学试剂有限公司
肝素钠	天津生物化学制药有限公司
大黄素	南京春秋生物工程有限公司
马鞭草苷	成都普思生物科技股份有限公司
7-羟基香豆素	上海将来实业股份有限公司

1.3 实验动物

雄性 SD 大鼠，体重 200g±20g，购自北京华阜康生物科技股份有限公司，动物许可证号：SCXK（京）2014-0004。置于室温 25℃、相对湿度 50%条件下饲养，12h 昼夜交替，自由采食、饮水适应一周后开始试验。

2. 实验方法与结果

2.1 生物样品中大黄素与马鞭草苷测定 UPLC-MS/MS 方法建立

2.1.1 溶液配制

标准储备溶液：精密称取大黄素、马鞭草苷、对照品适量，分别溶于甲醇中配成浓度为 500μg/ml 的标准储备溶液。

混合标准溶液：分别精密吸取上述配制的各标准储备溶液适量，混合均匀并以甲醇稀释得大黄素浓度为 200ng/ml、80ng/ml、40ng/ml、20ng/ml、4ng/ml、2ng/ml、0.4ng/ml、0.32ng/ml 和马鞭草苷浓度为 20 000ng/ml、8000ng/ml、4000ng/ml、2000ng/ml、400ng/ml、200ng/ml、40ng/ml、5ng/ml 的系列混合标准溶液。

内标溶液：精密称取内标 7-羟基香豆素对照品适量，溶于甲醇配制成浓度为 10μg/ml 的内标储备溶液，并以甲醇稀释得浓度为 50ng/ml 的内标溶液。

血浆样品标准溶液：取空白大鼠血浆 100μl，分别加入系列混合标准溶液 10μl，配制成相当于马鞭草苷浓度为 0.5ng/ml、4ng/ml、20ng/ml、40ng/ml、200ng/ml、400ng/ml、800ng/ml、2000ng/ml 和大黄素浓度为 0.032ng/ml、0.04ng/ml、0.2ng/ml、0.4ng/ml、2ng/ml、4ng/ml、8ng/ml、20ng/ml 的系列血浆样品标准溶液。

2.1.2　血浆样品前处理

取 100μl 大鼠血浆置于 EP 管中，加入 7-羟基香豆素内标溶液（50ng/ml）10μl 和 290μl（含 0.1%甲酸）乙腈，涡旋振摇 2min 后，14 000r/min 离心 20min，离心机温度为 4℃，取上清液 5μl 进行 UPLC-MS/MS 分析。

2.1.3　UPLC-MS/MS 测定条件

色谱条件：采用 Dionex UltiMate 3000 超高效液相色谱系统，色谱柱为 Kromasil 100-3.5-C_{18}（3.0mm×150mm，3.5μm）柱，流动相系统由 A（0.1%甲酸铵溶液）和 B（乙腈）组成，流速为 0.4ml/min，柱温 30℃。运用梯度洗脱，梯度程序设置如表 4-4-1 所示。

表 4-4-1　流动相梯度洗脱程序

时间（min）	A（%）	B（%）
0	90	10
0.5	90	10
4	20	80
6	20	80
8	90	10
17	90	10

质谱条件：质谱分析采用 AB Sciex QTrap 5500 MS/MS 质谱系统，离子源为 ESI 源，喷雾电压 4.5kV，离子源温度 500℃，气帘气 40psi，碰撞气（中）；辅助加热气 1 为 50psi，辅助加热气 2 为 55psi。

负离子模式采集，扫描方式为多反应监测（MRM），具体参数见表 4-4-2。

表 4-4-2　质谱分析扫描参数

化合物	母离子（*m/z*）	定量离子（*m/z*）	碰撞能（V）	定性离子（*m/z*）	碰撞能（V）
大黄素	269.1	225.0	–36	241.0	–35
马鞭草苷	433.1	101.0	–35	225.0	–30
7-羟基香豆素	161.0	133.0	–27	105	–32

2.1.4　方法学确证

（1）专属性：大鼠空白血浆、血浆样品标准溶液、给药后血浆样品色谱图如图 4-4-1 所示，马鞭草苷、7-羟基香豆素及大黄素的保留时间分别为 4.64min、5.32min 和 8.06min。结果表明，在选定的色谱条件下，所有检测成分能达到较好的分离，血浆中未见代谢物和内源性物质的干扰。

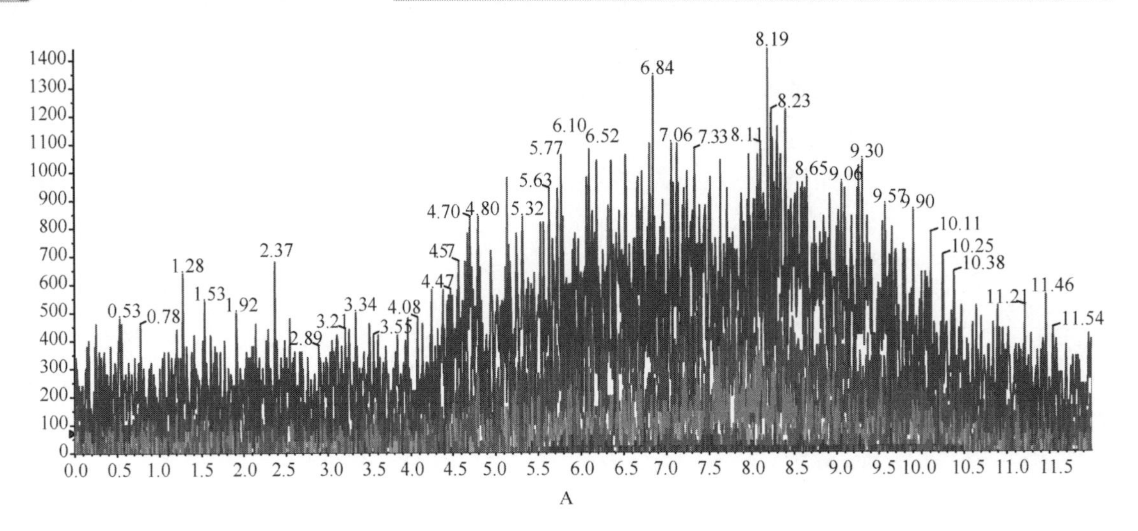

A

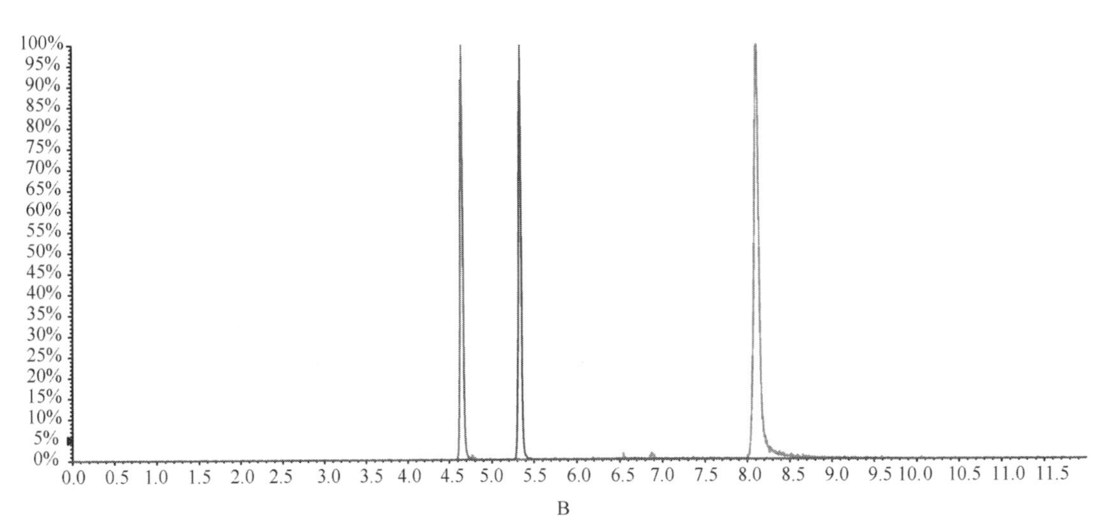

B

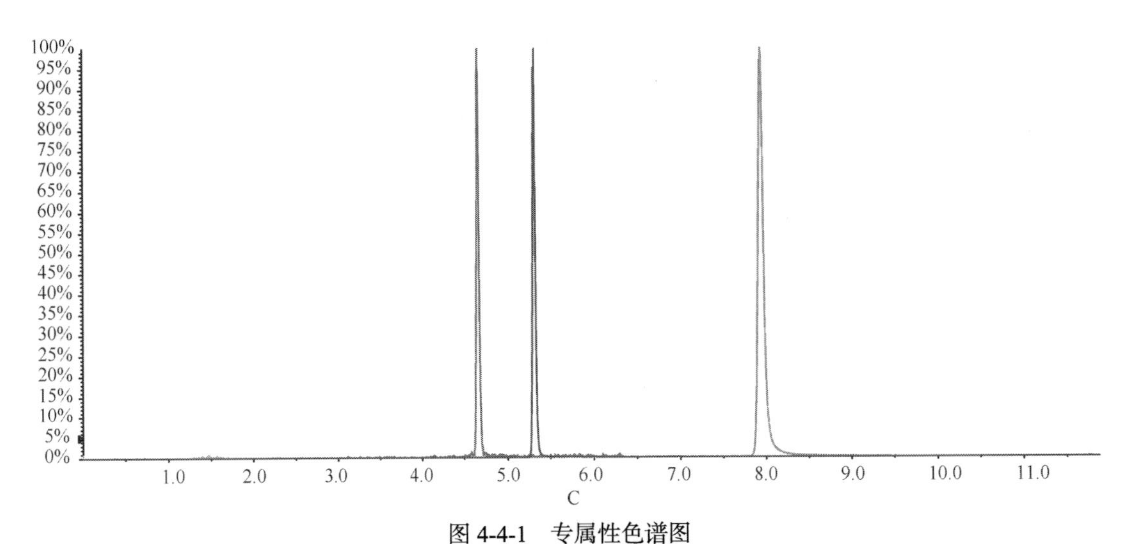

C

图 4-4-1 专属性色谱图

A. 空白血浆；B. 空白血浆加入大黄素、马鞭草苷和 7-羟基香豆素；C. 含药血浆样品

（扫文末二维码获取彩图）

（2）标准曲线与定量限：标准曲线确证的测定结果如表 4-4-3 和图 4-4-2 所示，大鼠血浆中大黄素在 0.032～20ng/ml，马鞭草苷在 0.5～2000ng/ml 范围内线性关系良好，各检测成分相关系数（r）均大于 0.99。

表 4-4-3　线性回归结果

化合物	回归方程	相关系数 R	线性范围（ng/ml）
大黄素	Y=0.08511X+9.29650e-4	0.99757	0.032～20
马鞭草苷	Y=7.88051e–4X+1.26307e-4	0.99523	0.5～2000

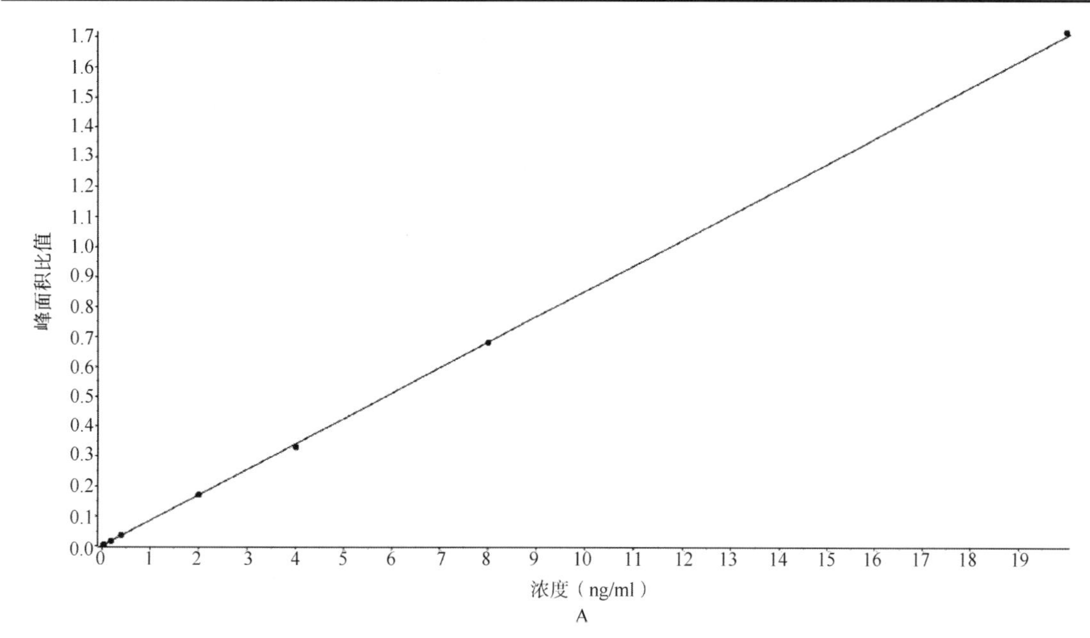

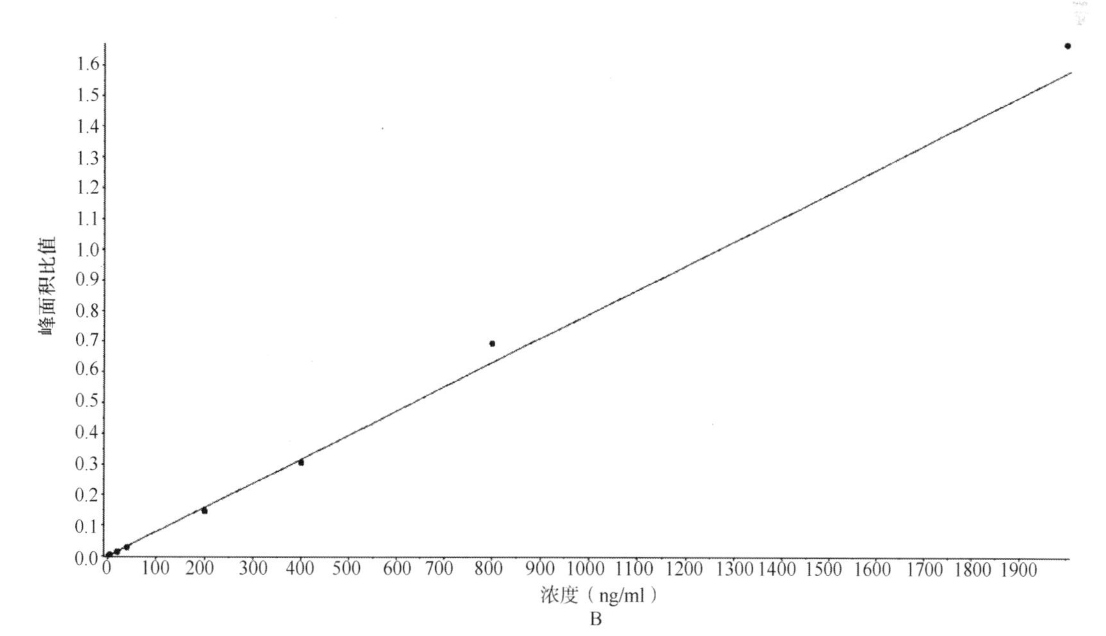

图 4-4-2　标准曲线

A. 大黄素；B. 马鞭草苷

定量下限检测结果如表 4-4-4 所示，在测定浓度下，各指标成分的精密度（RSD）和准确度（RE）均小于 20%。结果表明，大鼠血浆中大黄素定量下限为 0.032ng/ml，马鞭草苷定量下限为 0.5ng/ml。

表 4-4-4 定量下限结果

化合物	浓度（ng/ml）		RSD（%）	RE（%）
	理论值	测定值		
大黄素	0.032	0.030±0.002	6.34	–7.81
马鞭草苷	0.5	0.48±0.04	7.41	–4.33

（3）回收率与基质效应：高、中、低三个浓度下，各检测指标成分的回收率和基质效应结果如表 4-4-5 所示。考察结果表明，该方法回收率较高且平行性好，能达到较好的提取效果；测定条件下无明显离子抑制或增强效应，对各指标成分的质谱响应没有影响。

表 4-4-5 回收率与基质效应结果

化合物	浓度（ng/ml）	回收率		基质效应	
		Mean（%）	RSD（%）	Mean（%）	RSD（%）
大黄素	0.2	90.51	5.30	95.75	2.61
	2	87.61	2.74	98.82	3.28
	8	85.02	3.37	84.63	3.23
马鞭草苷	20	91.25	4.49	88.96	6.30
	200	89.96	5.36	99.06	4.67
	800	88.92	4.84	93.78	7.58
7-羟基香豆素	5	89.09	8.31	95.98	4.54

（4）精密度与准确度：高、中、低三个浓度下，大黄素和马鞭草苷的测定结果如表 4-4-6 所示，其日内、日间 RSD 和 RE 均小于 15%，表明该方法准确可靠，具有良好的重现性。

表 4-4-6 精密度与准确度结果

化合物	浓度（ng/ml）		日内		日间	
	理论值	测定值	RSD（%）	RE（%）	RSD（%）	RE（%）
大黄素	0.2	0.19±0.00	6.38	–5.50	2.33	–3.17
	2	1.93±0.04	4.69	–5.48	2.15	–3.70
	8	7.78±0.32	4.56	–7.33	4.11	–2.81
马鞭草苷	20	19.30±0.87	4.63	–1.38	4.51	–3.52
	200	202.17±6.54	3.00	1.05	3.24	1.08
	800	771.02±14.39	3.29	–5.68	1.87	–3.62

（5）稳定性：高、中、低三个浓度下，各检测指标成分的不同条件稳定性测定结果如表 4-4-7～表 4-4-9 所示，其 RSD 和 RE 均小于 15%，表明血浆样品中大黄素和马鞭草苷经长期冻存（–20℃，30 天）、反复冻融（3 个冻-融循环）、室温放置（25℃，6h）后均稳定。

表 4-4-7　长期冻存稳定性（–20℃，30 天）

化合物	浓度（ng/ml）		RSD（%）	RE（%）
	理论值	测定值		
大黄素	0.2	0.19±0.01	3.41	–4.50
	2	2.01±0.02	1.03	0.37
	8	7.73±0.44	5.74	–3.40
马鞭草苷	20	20.14±0.84	4.19	0.70
	200	195.97±2.64	1.35	–2.01
	800	775.33±48.89	6.31	–3.08

表 4-4-8　反复冻融稳定性

化合物	浓度（ng/ml）		RSD（%）	RE（%）
	理论值	测定值		
大黄素	0.2	0.19±0.01	3.59	–7.25
	2	1.86±0.19	10.37	–7.23
	8	7.67±0.40	5.20	–4.12
马鞭草苷	20	20.50±0.93	4.55	2.49
	200	194.33±10.88	5.60	–2.84
	800	791.29±17.69	2.24	–1.09

表 4-4-9　室温放置稳定性（25℃，6h）

化合物	浓度（ng/ml）		RSD（%）	RE（%）
	理论值	测定值		
大黄素	0.2	0.19±0.01	5.23	–6.92
	2	1.91±0.14	7.31	–4.33
	8	7.60±0.50	6.56	–5.05
马鞭草苷	20	19.89±1.09	5.49	–0.56
	200	200.97±7.79	3.87	0.49
	800	789.12±49.63	6.29	–1.36

（6）稀释可靠性：浓度高于定量上限的血浆样品标准溶液经稀释 20 倍后，大黄素和马鞭草苷的测定结果乘以稀释倍数所得计算值，与标识浓度相比其 RSD 和 RE 均小于 15%，表明对血浆样品进行稀释后分析，经校正计算后的结果能够准确反映超出线性范围的药物浓度（表 4-4-10）。

表 4-4-10　稀释可靠性结果

化合物	浓度（ng/ml）		稀释倍数	RSD（%）	RE（%）
	理论值	测定值			
大黄素	40	2.09±0.12	20	5.92	4.52
马鞭草苷	4000	202.90±10.81	20	5.33	1.45

2.2 疏风解毒胶囊大鼠药动学研究

大鼠单次灌胃给予疏风解毒胶囊供试药溶液后，所测得大黄素和马鞭草苷的血浆药物浓度数据见表4-4-11、表4-4-12，血药浓度-时间曲线见图4-4-3。

表 4-4-11 大黄素血浆药物浓度数据

时间（h）	浓度（ng/ml）					Mean	SD
	1	2	3	4	5		
0.08	46.92	22.69	41.04	44.50	132.10	57.45	42.80
0.25	54.59	32.39	35.19	26.84	62.74	42.35	15.46
0.5	28.73	19.81	46.51	26.79	56.13	35.60	15.12
1	6.21	8.45	48.62	20.62	43.76	25.53	19.71
2	9.54	4.68	35.42	18.97	18.13	17.35	11.74
4	5.95	7.47	42.65	13.42	30.26	19.95	15.94
6	27.82	18.03	54.07	27.85	52.00	35.95	16.12
8	91.23	12.30	75.06	33.62	79.60	58.36	33.71
12	63.01	37.88	77.29	44.98	90.15	62.66	21.78
24	18.50	20.19	8.94	6.04	48.57	20.45	16.84

表 4-4-12 马鞭草苷血浆药物浓度数据

时间（h）	浓度（ng/ml）					Mean	SD
	1	2	3	4	5		
0.08	21.07	9.54	14.14	10.22	11.81	13.35	4.66
0.25	60.73	12.04	37.67	21.31	20.11	30.37	19.35
0.5	96.08	47.65	61.54	40.28	28.54	54.82	25.98
1	75.34	47.34	92.98	45.45	31.84	58.59	24.89
2	84.39	52.83	72.15	71.30	54.29	66.99	13.32
4	77.73	55.83	80.05	80.19	50.61	68.88	14.45
6	127.04	23.32	61.02	75.15	104.71	78.25	40.01
8	69.27	17.79	36.47	33.53	41.35	39.68	18.75
12	18.13	7.83	9.42	20.76	23.70	15.97	7.01
24	BLQ	BLQ	BLQ	BLQ	2.32	2.32	/

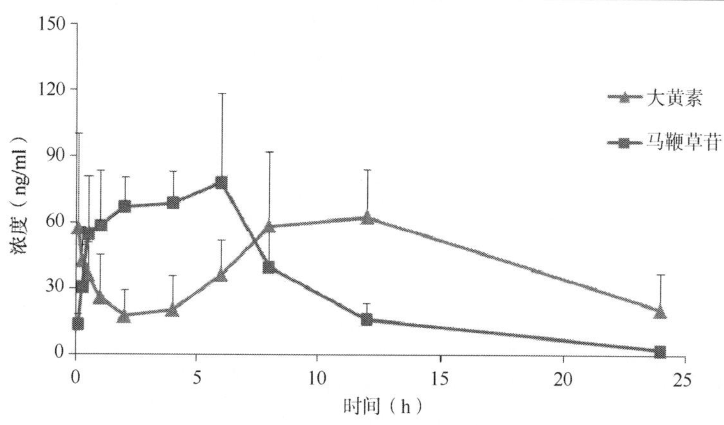

图 4-4-3 大黄素和马鞭草苷药时曲线

大黄素和马鞭草苷测定得到的血药浓度-时间数据，经 DAS2.0 软件以非房室模型统计矩法分析计算所得药代动力学参数见表 4-4-13。

表 4-4-13　大黄素和马鞭草苷血浆药动学参数

参数	单位	大黄素	马鞭草苷
C_{max}	μg/L	76.70±38.06	92.15±26.64
T_{max}	h	8.82±5.18	4.20±2.05
$t_{1/2}$	h	6.88±2.55	3.47±1.43
$AUC_{(0\text{-}t)}$	μg·h/L	985.47±405.01	649.49±195.47
$MRT_{(0\text{-}t)}$	h	11.27±1.45	5.22±1.16

2.3　疏风解毒胶囊大鼠肺组织分布研究

大鼠单次灌胃给予疏风解毒胶囊供试药溶液后，不同时间点各肺组织中所测得大黄素的药物浓度数据见表 4-4-14，平均肺组织浓度-时间柱状图见图 4-4-4。

表 4-4-14　大黄素肺组织药物浓度数据

时间（h）	浓度（ng/g）					Mean	SD
	1	2	3	4	5		
0.25	30.15	23.48	13.29	50.40	67.80	37.02	21.91
2	38.40	60.75	57.90	84.65	62.55	60.85	16.45
4	60.75	25.22	13.14	57.30	42.45	39.77	20.47
8	21.26	43.05	17.07	34.65	11.16	25.44	13.10
12	7.11	7.80	7.94	8.49	4.31	7.13	1.65

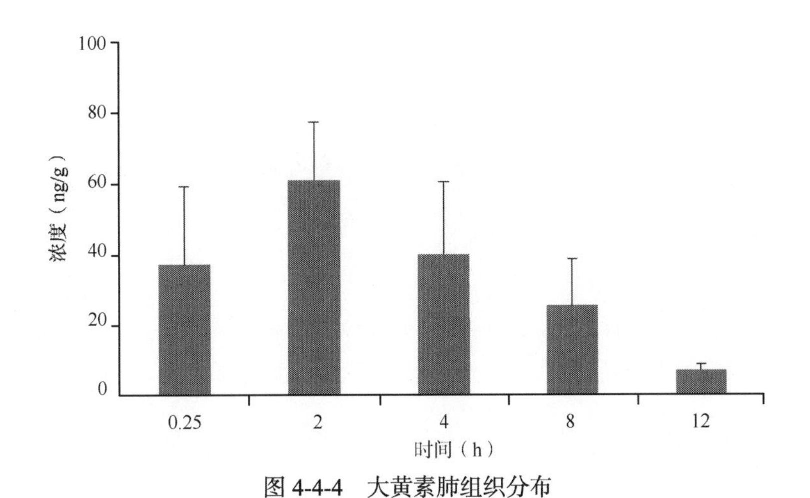

图 4-4-4　大黄素肺组织分布

大黄素测定得到的肺组织浓度-时间数据，经 DAS2.0 软件以非房室模型统计矩法分析计算所得的药动学参数见表 4-4-15。

表 4-4-15　大黄素肺组织分布动力学参数

参数	单位	大黄素
C_{max}	ng/g	66.37±10.85
T_{max}	h	2.05±1.33
$t_{1/2}$	h	3.14±0.44
$AUC_{(0-t)}$	ng · h/g	386.43±103.77
$MRT_{(0-t)}$	h	4.40±0.68

3. 小结与讨论

生物样品前处理的常见方法有蛋白沉淀法、液-液萃取法和固相萃取法。固相萃取法处理所得样品虽内源性杂质较少，但其操作烦琐（需经活化、上样、洗涤、洗脱一系列步骤），且分析成本较大；液-液萃取法同样能有效地去除样品中内源性杂质干扰，降低质谱分析的基质效应。但是本实验中两个指标成分大黄素和马鞭草苷的极性相差较大，溶剂萃取难以获得较高的提取回收率，所以选择有机溶剂沉淀蛋白法进行样品处理。

蒽醌类成分大黄素与环烯醚萜苷类成分马鞭草苷化合物性质差异较大，且体内含量较少，因此无法采用灵敏度较低的高效液相-紫外法（HPLC-UV）进行定量分析。本实验运用具有较高灵敏度和特异性的超高效液相色谱串联质谱法（UPLC-MS/MS）进行梯度洗脱分析，极大地提高了分析效率。流动相中加入 0.1%的甲酸铵能够明显改善峰形，并提高指标成分的质谱响应。

药动学研究结果显示，大鼠血浆中大黄素药物浓度的达峰时间 T_{max} 为 8.82h，峰浓度 C_{max} 为 76.70μg/L，消除半衰期 $t_{1/2}$ 为 6.88h，$MRT_{(0-t)}$ 为 11.27h，$AUC_{(0-t)}$ 为 985.47μg · h/L；马鞭草苷药物浓度的达峰时间 T_{max} 为 4.20h，峰浓度 C_{max} 为 92.15μg/L，消除半衰期 $t_{1/2}$ 为 3.47h，$MRT_{(0-t)}$ 为 5.22h，$AUC_{(0-t)}$ 为 649.49μgh/L。灌胃给予疏风解毒胶囊供试药溶液后，大黄素吸收较快，在 15min 内即达到较高浓度，血药浓度-时间曲线呈现双吸收峰，它在体内可能存在肝肠循环，体内滞留时间较长；马鞭草苷的吸收相对较慢，与大黄素相比，其半衰期较小，体内滞留时间较短，不存在药物肝肠循环现象。

肺组织分布研究结果显示，大鼠肺组织中大黄素药物浓度的达峰时间 T_{max} 为 2.05h，峰浓度 C_{max} 为 66.37ng/g，消除半衰期 $t_{1/2}$ 为 3.14h，$MRT_{(0-t)}$ 为 4.40h，$AUC_{(0-t)}$ 为 386.43ng · h/g。

疏风解毒胶囊具有疏风清热、解毒利咽的功效，用于治疗急性上呼吸道感染属风热症，症见发热、恶风、咽痛、头痛、鼻塞、流浊涕、咳嗽等，临床疗效显著。前期研究表明，疏风解毒胶囊能显著降低急性肺炎小鼠的死亡率，减少肺粒细胞浸润，改善肺部组织的水肿、坏死脱落，降低 IL-6、IL-8 等炎症因子的表达，具有较好的抗炎效果；还能通过降低白细胞数量，降低血清转录因子 NF-κB、趋化因子 MCP-1、炎症介质 BK 及 COX-2 水平对肺炎模型大鼠产生显著的治疗作用。蒽醌类成分大黄素为疏风解毒胶囊的主要活性成分，且在体内具有较大暴露量。本实验通过测定给药后不同时间点肺组织中的药物浓度，对大黄素的肺组织分布特性进行研究，反映了疏风解毒胶囊在肺靶器官的组织分布过程，为阐明其药效作用机制和促进临床应用提供了科学依据。

二、疏风解毒胶囊主要有效成分转运机制研究

1. 实验器材

1.1　主要仪器设备

BS124S 分析天平　瑞士 Sartorius 公司
HERAcell 150i 二氧化碳培养箱　美国 Thermo Scientific 公司
Tri-Carb 2910 TR α/β 射线检测仪　美国 PerKin Elmer 公司
TR-2AR Thermal Robo 水浴锅　日本亚速旺株式会社
单人超净生物安全柜　力康生物医疗科技控股有限公司

1.2　主要试剂（表 4-4-16）

表 4-4-16　主要试剂

试剂名称	供应商	批号
PBS	北京索莱宝科技有限公司	531J021
DMEM	Gibco	8117138
FBS	Gibco	41F0744K
青链霉素混合液	北京索莱宝科技有限公司	20170907
BCRP 囊泡	GenoMembrane	DNA1603
GSH	Solarbio	1104B055
Na_2ATP	Sigma	SLBP6246V
Na_2AMP	Sigma	BCBL4139V
MOPS	Sigma	BCBK7781V
Tris	北京鼎国昌盛生物技术有限公司	7810D150
^{3}H-ES	ARC	170906
^{3}H-EG	ARC	170914
^{3}H-Digoxin	ARC	171127
^{14}C-PAH	ARC	171103
^{14}C-TEA	ARC	171201
DMSO	VWR Life Science AMRESCO	1065C241
EG	Sigma	0000004858
利福平	MCE	11246
丙磺舒	MCE	14181
西咪替丁	MCE	15393
地高辛	MCE	17369
维拉帕米	MCE	18578
KO143	MCE	03621
闪烁液	PerkinElmer	77-17301

注：GSH，还原型谷胱甘肽；^{3}H-EG，Estradiol [6，7-3H（N）] 17-*β*-*D*-glucuronide，^{3}H-雌二醇葡糖苷酸；^{3}H-ES，Estrone [6，7-3H（N）] sulfate-ammonium salt，^{3}H-硫酸雌酮铵；^{14}C-PAH，^{14}C-Aminohippuric acid，^{14}C-氨基马尿酸；^{14}C-TEA，^{14}C-Tetraethylammonium bromide，^{14}C-溴化四乙胺

1.3 受试品（表 4-4-17）

表 4-4-17 受试品

供试品名称	疏风解毒胶囊	保存条件	室温，避光
批号	3170302	外观/颜色/状态	褐色粉末
规格	0.52g/粒	生产单位	安徽济人药业有限公司
编号	1722	浓度/含量	2.7g 生药/粒

1.4 本研究所用转运体细胞株

人有机阴离子转运体过量表达细胞株 MDCK-OAT1 和 S2-OAT3，人有机阴离子转运多肽过量表达细胞株 HEK293-OATP1B1 和 HEK293-OATP1B3，人有机阳离子转运体 2 过量表达细胞株 S2-OCT2，人 P-糖蛋白过量表达细胞株 MDCK-P-gp 及各细胞株的空白载体对照细胞株，由日本富士生物医学有限公司友情赠送，经本研究室对细胞株活性验证后培养保存。

2. 实验方法与结果

2.1 各药物转运体实验条件的设定（表 4-4-18）

表 4-4-18 各药物转运体实验条件的设定

药物转运体	放射性标记底物	阳性对照（μmol/L）	给药时间（min）
hOAT1	^{14}C-PAH（5.00μmol/L）	丙磺舒（100）	2
hOAT3	^{3}H-ES（50.0nmol/L）	丙磺舒（100）	2
hOATP1B1	^{3}H-ES（50.0nmol/L）	利福平（30.0）	2
hOATP1B3	^{3}H-EG（1.00μmol/L）	利福平（30.0）	2
hOCT2	^{14}C-TEA（5.00μmol/L）	西咪替丁（600）	5
hBCRP	^{3}H-ES（1.0μmol/L）	KO143（1.0）	5
hP-gp	^{3}H-Digoxin（0.5μmol/L）	维拉帕米（10.0）	30

2.2 给药剂量

本实验中将疏风解毒复方体外给药浓度设置为 0mg/ml、0.003mg/ml、0.01mg/ml、0.03mg/ml、0.1mg/ml、0.3mg/ml、1mg/ml。

2.3 试剂配制

（1）BCRP 囊泡实验中所用各缓冲溶液组成

1）缓冲溶液 A：50mmol/L MOPS-Tris+70mmol/L KCl+7.5mmol/L $MgCl_2$。

2）缓冲溶液 B：40mmol/L MOPS-Tris+70mmol/L KCl。

3）反应试剂 C：10mmol/L Na_2ATP-Tris+10mmol/L $MgCl_2$。

4）反应试剂 D：10mmol/L Na_2AMP+10mmol/L $MgCl_2$。

5）溶液 G：200mmol/L 还原型 L-谷胱甘肽（pH6.8）。

（2）疏风解毒复方储备液的配制方法：分别用 PBS、缓冲液 A（Buffer A）、Hanks 缓冲溶液作为疏风解毒各工作液的溶媒。

（3）培养基的组成：DMEM+10%FBS+青链霉素混合液。

（4）各工作液的配制：用 PBS 作为药物转运蛋白（OAT1、OAT3、OATP1B1、OATP1B3 和 OCT2）2 倍工作液的溶媒，称取一定质量的疏风解毒胶囊粉末，加入一定体积（按 2mg/ml 的量加入）的 PBS 混合均匀后超声处理 10min，离心，取上清液，通过梯度稀释的方法将 2mg/ml 的上清液分别稀释至 2mg/ml、0.6mg/ml、0.2mg/ml、0.06mg/ml、0.02mg/ml、0.006mg/ml。然后与各自 2 倍放射性标记底物溶液（溶媒为 PBS）等体积混合得到最终工作液。

用 Buffer A 作为药物转运蛋白 BCRP10 倍工作液的溶媒，称取一定质量的疏风解毒胶囊粉末，加入一定体积（按 10mg/ml 的量加入）的 Buffer A 混合均匀后超声处理 10min，离心，取上清液，通过梯度稀释的方法将 10mg/ml 的上清液分别稀释至 10mg/ml、3mg/ml、1mg/ml、0.3mg/ml、0.1mg/ml、0.03mg/ml。然后加入到含有放标底物的工作液中。

用 Hanks 缓冲溶液配制药物转运蛋白 hP-gp 的 2 倍工作液的溶媒。称取一定质量的疏风解毒胶囊粉末，加入一定体积（按 2mg/ml 的量加入）的 Hanks 缓冲液混合均匀后超声处理 10min，离心，取上清液，通过梯度稀释的方法将 2mg/ml 的上清液分别稀释至 2mg/ml、0.6mg/ml、0.2mg/ml、0.06mg/ml、0.02mg/ml、0.006mg/ml。然后与 2 倍放标底物溶液（溶媒为 Hanks）等体积混合得到最终工作液。

2.4　给药方法

2.4.1　摄入型细胞抑制实验

各过表达人药物转运体的细胞株（MDCK-OAT1、S2-OAT3、S2-OCT2、HEK293-OATP1B1、HEK293-OATP1B3）及 Mock 细胞（MDCK-pcDNA3.1、S2-pcDNA3.1 和 HEK293-pcDNA3.1）经过复苏和传代培养后，选取生长良好的贴壁细胞用胰酶消化使其分散为单细胞悬液，之后用培养基调节细胞密度至 2.0×10^5cells/ml（S2 细胞）或 1.5×10^5cells/ml（MDCK 细胞和 HEK293 细胞），然后将细胞悬液以 1ml/孔的量接种至 24 孔细胞培养板，在 33℃或 37℃、5%CO_2、饱和空气湿度（95%）的培养箱内培养 2～3 天使细胞长满各孔。

先移去培养板内培养液，用 1ml 37℃ PBS 缓冲液清洗一次，之后每孔加入 37°C PBS 缓冲液孵育 10min，然后以 500μl 含放射性标记的探针底物溶液置换 PBS 开始给药；给药结束后，用 1ml 冷 PBS 缓冲液终止反应，并清洗细胞 3 次；弃上清液，然后每孔添加 400μl 0.1mol/L NaOH 溶液裂解细胞；取细胞裂解液于闪烁瓶中，添加 3ml 的闪烁液，并用 α/β 射线计数仪测定样品中的放射性强度。细胞转运试验中每个浓度及阳性对照、负对照（Mock 组）均设置 3 孔（n=3）。

2.4.2　翻转囊泡跨膜转运抑制实验

用去离子水配制反应所需各种缓冲溶液（见 2.3 中缓冲溶液的配制）。并用缓冲溶液 A 各给药浓度 10 倍工作液及反应底物 ^{3}H-ES 的 10 倍工作液（10.0 μmol/L）。

取出空白囊泡和转运体囊泡，轻轻混匀，按照说明书要求分别分装至 3 个 1.5ml 离心管和 24 个 1.5ml 离心管内，每份含转运体蛋白和空白囊泡（空白对照）10μg（10μl 囊泡+9μl 缓冲溶液 A），并将分装好的囊泡置于冰浴上备用。

按囊泡使用说明书配制待测化合物各浓度的反应混合液（含 20μl 反应试剂 C+5μl 放标底物+1μl 溶液 G+5μl 疏风解毒各浓度的 10 倍工作液或 5μl 阳性抑制剂的 10 倍工作液）及空白对照（空白囊泡）的反应混合液（含 20μl 反应液 D+5μl 放标底物+1μl 溶液反应液 D 或溶液

G+ 5μl 缓冲溶液 A）。

2.4.3 Transwell 跨膜转运实验

将 MDCK 细胞复苏、传代培养 2～3 代，待细胞长满培养皿，消化细胞，使细胞分散开呈单细胞悬液，用细胞计数仪测定细胞浓度，之后用新鲜培养基将细胞悬液浓度调至 4×10^5/ml，并接种于 Transwell 聚碳酸酯膜 12 孔板中，在 Transwell 小室中，每孔接种 0.5ml 细胞悬液。在 Transwell 大室中，每孔加 1.5ml 新鲜培养基，每两天换一次新鲜培养基，连续培养 6～7 天，得到完全分化的单细胞层，并测其两侧跨膜电阻（TEER），当 TEER 值在 200～300Ω · cm^2 时，说明细胞已经分化成功且单细胞层完整可用。

吸走 Transwell 小室 AP 和 BL 端的培养基，加入 37℃预热的 HBSS 溶液，37℃平衡 20min；吸去 Hanks 缓冲液，在 BL 侧加入 1.5ml 预热的含各浓度受试物和 ^{3}H-Digoxin 的 Hanks 缓冲液，在 AP 侧加入 0.5ml 的 Hanks 缓冲液；37℃恒温振荡（60r/min）培养 15min；吸取各孔中 AP 侧的平衡盐溶液 100μl 至闪烁瓶，添加 3ml 的闪烁液，并用 Tri-Carb 2910TR α/β 射线检测仪测定样品的放射性强度。细胞外排试验中每个浓度及阳性对照、空白对照设置 3 个重复（n=3）。

2.5 数据处理

2.5.1 抑制作用

将仅含放标底物给药组转运体细胞的转运值（扣除本底 background 组即 Mock 细胞的转运值 U_0，单位为 DPM）定义为 100%（Control，U_c），以此为标准计算加入待测化合物后各给药组扣除本底后的转运值 U 与 Control 组的转运值 U_c 的百分比（In），以此表征化合物对转运体的抑制作用的强弱，公式如下：

$$\text{In}=[100\times(U-U_0)/(U_c-U_0)]\%$$

每一给药浓度设置 3 个重复（即 n=3），每个实验组结果用该组平均值（Mean）和标准误差（standard error，SE）表示，即 Mean±SE，Mean 和 SE 通过 Microsoft® Excel 2010 软件中统计学公式计算得到。

2.5.2 统计学方法

各样本平均数差异分析采用 t 检验（$P<0.05$ 视为差异显著），用 Microsoft® Excel 2010 软件自带统计学公式对数据进行统计学分析。

2.5.3 IC_{50} 数值计算

根据每种转运体各给药浓度转运活性的百分比（In），通过 Microsoft® Excel 2010 软件中 FORECAST 函数及 GraphPad Prism 5 计算化合物对药物转运体转运活性影响的 IC_{50}。

2.6 实验结果与讨论

疏风解毒复方对各种临床关键药物转运体抑制作用结果如表 4-4-19 所示，疏风解毒复方对 hOAT1、hOAT3、hOATP1B1、hOATP1B3 及 hBCRP 具有明显的抑制作用，其中对转运体 hOAT1、hOAT3、hOATP1B1 及 hBCRP 转运活性的抑制作用的 IC_{50} 分别为 18.0μg/ml、23.4μg/ml、18.1μg/ml、203.6μg/ml，对 hOATP1B3 抑制作用的 IC_{50} 大于 1mg/ml；对 hOCT2 和 hP-gp 介导的放标底物的转运活性无明显抑制作用。试验结果如图 4-4-5～图 4-4-15 所示。

表 4-4-19　疏风解毒复方对各药物转运体抑制作用的 IC_{50} 计算结果

受试品	药物转运体	IC_{50}（μg/ml）
疏风解毒复方	hOAT1	18.0
	hOAT3	23.4
	hOATP1B1	18.1
	hOATP1B3	＞1000
	hOCT2	—
	hBCRP	203.6
	hP-gp	—

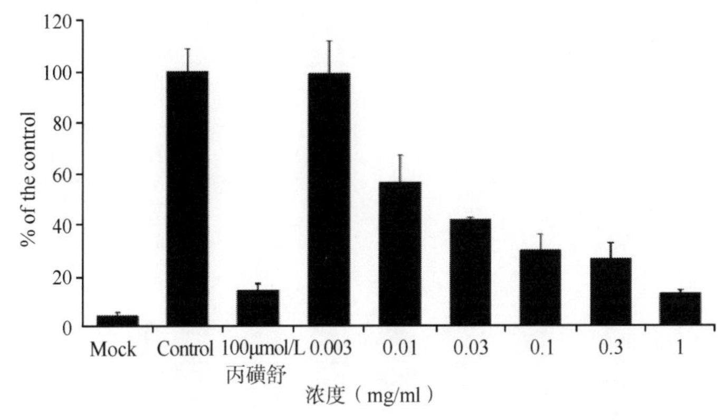

图 4-4-5　疏风解毒复方提取物对 hOAT1 转运活性的抑制作用

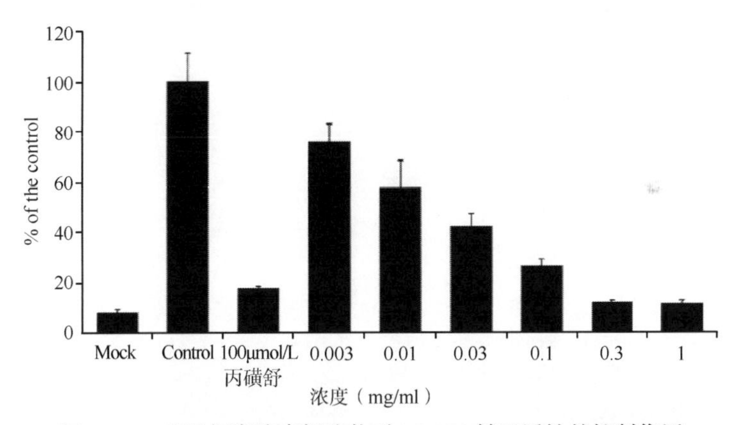

图 4-4-6　疏风解毒胶囊提取物对 hOAT3 转运活性的抑制作用

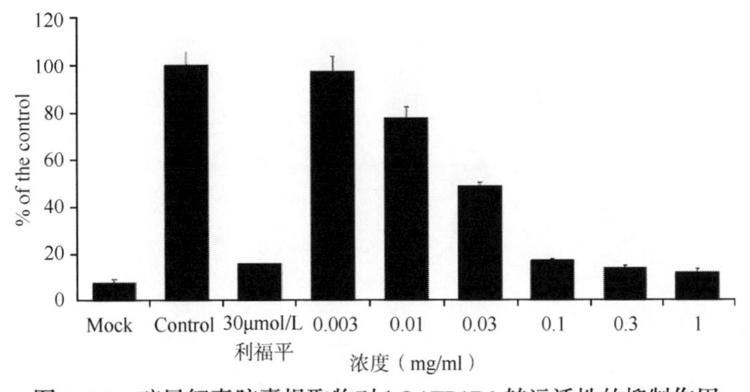

图 4-4-7　疏风解毒胶囊提取物对 hOATP1B1 转运活性的抑制作用

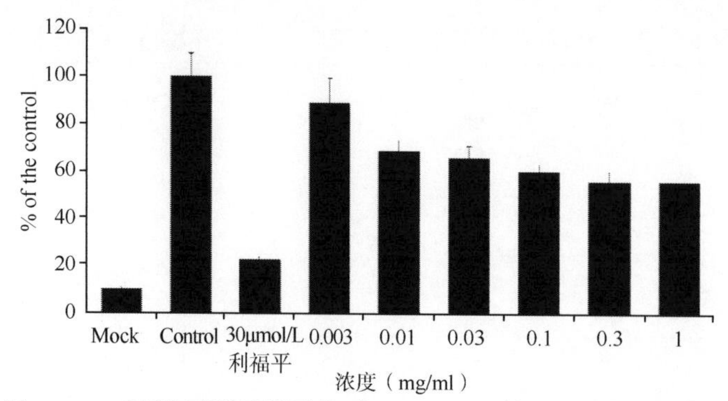

图 4-4-8　疏风解毒胶囊提取物对 hOATP1B3 转运活性的抑制作用

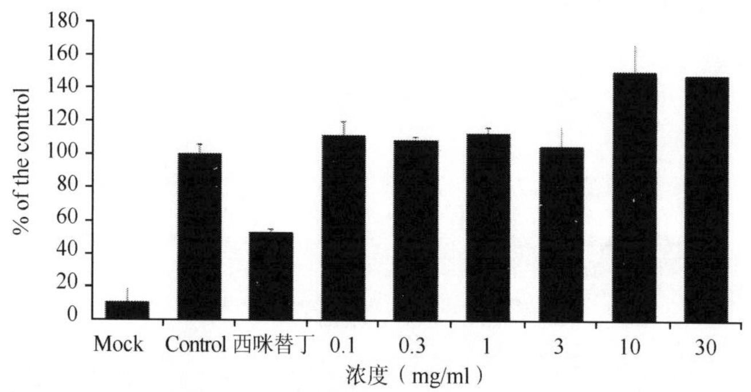

图 4-4-9　疏风解毒胶囊提取物对 hOCT2 转运活性的抑制作用

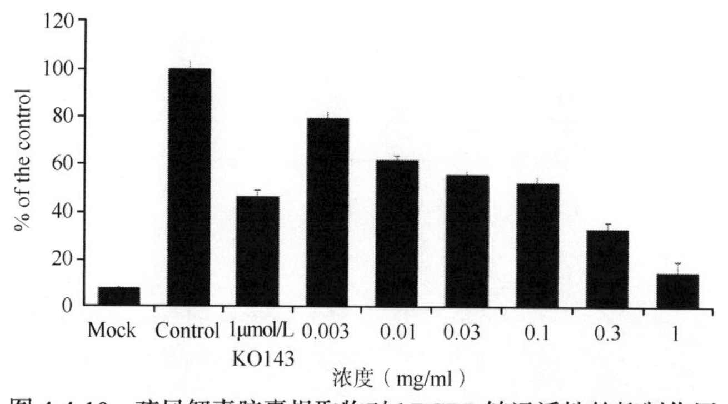

图 4-4-10　疏风解毒胶囊提取物对 hBCRP 转运活性的抑制作用

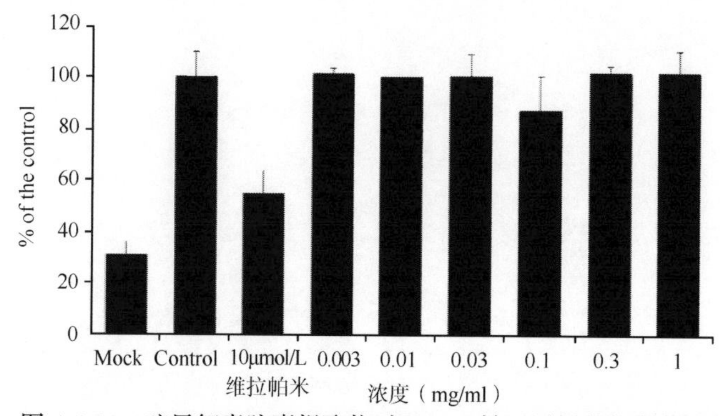

图 4-4-11　疏风解毒胶囊提取物对 hP-gp 转运活性的抑制作用

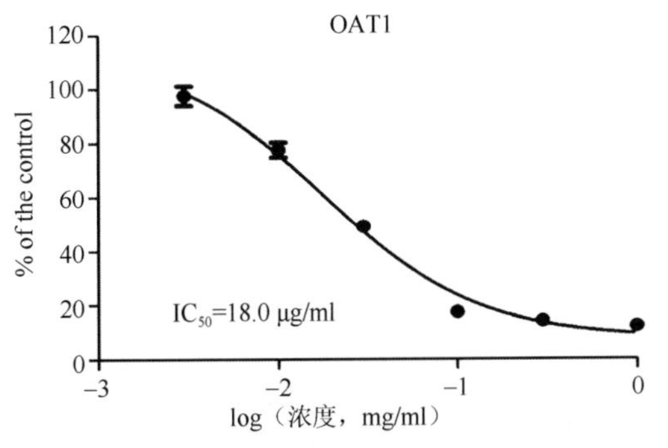

图4-4-12 疏风解毒胶囊提取物对hOAT1抑制作用的 IC_{50} Prism5.0 计算结果

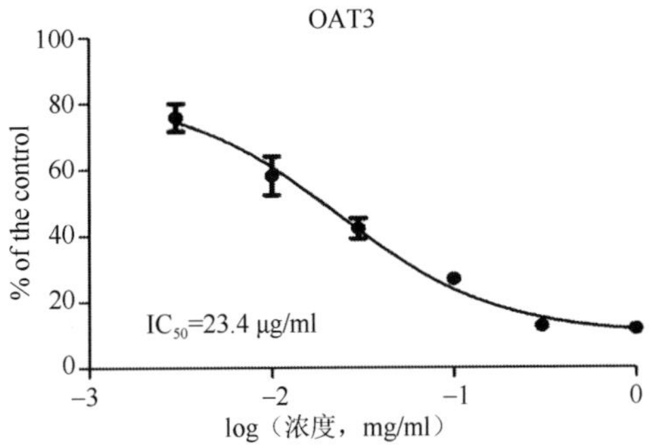

图4-4-13 疏风解毒胶囊提取物对hOAT3抑制作用的 IC_{50} Prism5.0 计算结果

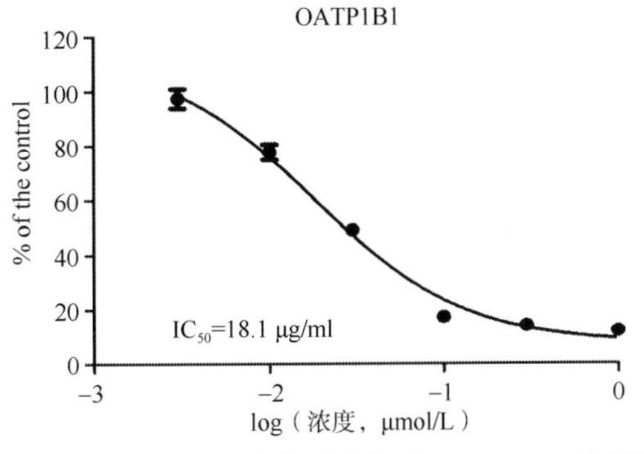

图4-4-14 疏风解毒胶囊提取物对hOATP1B1抑制作用的 IC_{50} Prism5.0 计算结果

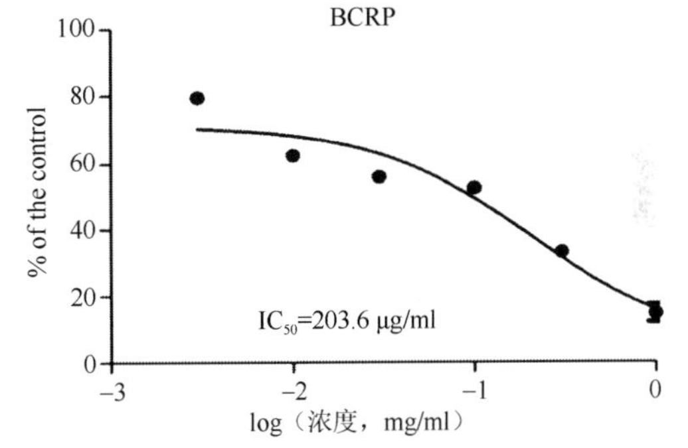

图4-4-15 疏风解毒胶囊提取物对hBCRP抑制作用的 IC_{50} Prism5.0 计算结果

3. 小结与讨论

本研究通过不同浓度的疏风解毒胶囊提取物（PBS）对临床关键药物转运体 hOAT1、hOAT3、hOATP1B1、hOATP1B3、hBCRP 和 P-gp 抑制作用试验，初步探讨了疏风解毒复方与药物转运体之间的相互作用。结果表明疏风解毒胶囊提取物对 hOAT1、hOAT3、hOATP1B1、hOATP1B3 及 hBCRP 具有明显的抑制作用，而对 hOCT2 和 hP-gp 的转运活性无明显抑制作用。这表明，疏风解毒复方中存在与 OAT1、OAT3、OATP1B1、OATP1B3 和 P-gp 相互作用的成分或化合物，这些成分可能是 OAT1、OAT3、OATP1B1、OATP1B3 及 BCRP 的底物或者抑制剂；转运体 OAT1 和 OAT3 在肾细胞中有较高表达，是有机阴离子进入肾脏的重要通道，可能与疏风解毒复方中一些成分在肾脏跨膜转运有重要关系；OATP1B1 和 OATP1B3 在肝细胞中有较高表达，是一些药物进入肝脏的重要通道，这可能与疏风解毒中一些药材归经与肝经有密切关系；BCRP 在肾脏、肝脏、小肠等器官上均有不同程度的表达，对一些药物在肾脏、肝脏中进行消除具有重要影响，因此 BCRP 可能参与了疏风解毒复方中一些化合物在肾脏和肝脏的消除。以上结果可以推测，转运体 OAT1、OAT3、OATP1B1、OATP1B3 和 BCRP 在疏风解毒胶囊中一些化合物的跨膜转运过程中发挥了重要作用。

中篇　疏风解毒胶囊作用特点及配伍规律研究

第五章 疏风解毒胶囊作用特点研究

为了进一步阐释疏风解毒胶囊的作用特点，挖掘其临床核心价值，本部分采用大鼠肺炎模型，从整体动物的症状指标、组织病理学指标、生化指标等方面阐释其作用特点，进一步利用网络药理学方法揭示其可能的作用靶点和通路，为疏风解毒胶囊的临床合理用药和提高疗效提供理论和实验证据。

第一节 基于大鼠肺炎模型的疏风解毒胶囊作用特点研究

一、实验材料

1. 供试品

疏风解毒胶囊，安徽济人药业有限公司，批号：150602。

2. 阳性对照品

蒲地蓝消炎口服液，济川药业集团有限公司，批号：1511123，1603513。
头孢氨苄胶囊，哈药集团三精制药诺捷有限责任公司，批号：1511142，1511322。

3. 阴性对照品

去离子水：BM-40 纯水机制，北京中盛茂源科技发展有限公司。

4. 试剂

乌来糖，天津市光复精细化工研究所，批号：20130708。
北京索莱宝科技有限公司，批号：HX0569。
生理盐水，石家庄四药有限公司，批号：1509203102。
肺炎链球菌，南京便诊生物科技有限公司，批号：15021101。
安琪活性酵母，安琪酵母股份有限公司，批号：20150722。
冰醋酸，天津市化学试剂供销有限公司，批号：20151215。
伊文思蓝，上海化学试剂采购供应站，批号：821102。
碳酸氢钾，天津市光复科技发展有限公司，批号：2101025。
氨水，天津风船化学试剂科技有限公司，批号：20120220。
环氧化酶 1（COX-1）ELISA 测定试剂盒，批号：U13011624，武汉华美。
环氧化酶 2（COX-2）ELISA 测定试剂盒，批号：Z29016660，武汉华美。
单核细胞趋化因子（MCP-1/MCAF）ELISA 测定试剂盒，批号：T29011629，武汉华美。
缓激肽（BK）ELISA 测定试剂盒，批号：U13011628，武汉华美。

白细胞介素 1α（IL-1α）ELISA 测定试剂盒，批号：Z15016481，武汉华美。
白细胞介素 1β（IL-1β）ELISA 测定试剂盒，批号：Y18016485，武汉华美。
白细胞介素 2（IL-2）ELISA 测定试剂盒，批号：Y05016482，武汉华美。
白细胞介素 4（IL-4）ELISA 测定试剂盒，批号：Z29016483，武汉华美。
白细胞介素 6（IL-6）ELISA 测定试剂盒，批号：V24016484，武汉华美。
白细胞介素 10（IL-10）ELISA 测定试剂盒，批号：Y05016480，武汉华美。
α 干扰素（IFN-α）ELISA 测定试剂盒，批号：Z01016486，武汉华美。
γ 干扰素（IFN-γ）ELISA 测定试剂盒，批号：Z29016479，武汉华美。
肿瘤坏死因子-α（TNF-α）ELISA 测定试剂盒，批号：Z01016487，武汉华美。
免疫球蛋白 A（IgA）ELISA 测定试剂盒，批号：A02016401，武汉华美。
免疫球蛋白 M（IgM）ELISA 测定试剂盒，批号：Y16016499，武汉华美。
免疫球蛋白 G（IgG）ELISA 测定试剂盒，批号：Z04016400，武汉华美。
核转录因子 κB（NF-κB）ELISA 测定试剂盒，批号：Z01016488，武汉华美。
补体 C3 ELISA 测定试剂盒，批号：A13016402，武汉华美。

5. 主要仪器

BT224S 电子天平，北京赛多利斯仪器系统有限公司。
ML203/02 电子天平（精度 1mg，最大量程 220g），梅特勒-托利多仪器（上海）有限公司。
酶标仪（Varioskan Flash），Thermo。

6. 实验动物

大小鼠，SPF 级，由北京维通利华实验动物技术有限公司[许可证号：SCXK（京）2012-0001]提供。

疏风解毒胶囊对巴豆油性耳肿模型小鼠的影响试验用动物：小鼠，19～21g，实验动物质量合格证编号 11400700133255，发票编号 01276077，IACUC 编号 2016010402，接收日期 20160108。

疏风解毒胶囊各组分对肺炎链球菌致肺炎模型大鼠的影响试验用动物：大鼠，180～200g，实验动物质量合格证编号 11400700160098，发票编号 00703707，IACUC 编号 2016061401，接收日期 20160621。

二、动物设施和动物饲养

1. 动物设施

设施名称：天津药物研究院新药评价有限公司动物实验楼（屏障环境）。
设施地址：天津市滨海高新区滨海科技园惠仁道 308 号。
实验动物使用许可证号：SYXK（津）2011-0005。
签发单位：天津市科学技术委员会。

2. 饲养条件

大鼠饲养于聚丙烯鼠盒中，大鼠盒规格为长×宽×高=48cm×35cm×20cm，小鼠盒规格为长×宽×高=33cm× 21cm×17cm，雌雄分养，每盒饲养同性别5只动物。

温度：范围20～26℃。

湿度：范围40%～70%。

换气次数：不少于15次全新风/h。

光照：12h明12h暗交替。

3. 动物饲料

饲料名称：SPF大小鼠维持饲料。

灭菌方式：^{60}Co辐照。

供应单位：天津市华荣实验动物科技有限公司提供。

动物饲料生产许可证：SCXK（津）2012-0001。

大鼠饲料批号：2015112、2016106。

签发单位：天津市科学技术委员会。

饲料检测：每批饲料均有质量合格证和饲料供应单位提供的自检报告，每季度由饲料供应单位提供一份近期第三方饲料检测报告，检测项目包括饲料营养成分和理化指标，检测标准参照GB14924.2-2001《实验动物配合饲料卫生标准》、GB14924.3-2010《实验动物配合饲料营养成分》。

饲料检测结果：各项检测指标均符合要求。

4. 饮用水

饮用水来源：1T/h型多重微孔滤膜过滤系统制备的无菌水（四级过滤紫外灭菌）。

饮水方式：用饮水瓶直接灌装供应，动物自由饮水。

饮用水检测：屏障环境动物饮用水每季度由本中心自检微生物指标，每年送天津市疾病预防控制中心进行卫生学评价检测，包括微生物指标和生化指标检测。中心自检参照标准为GB14925-2010《实验动物环境及设施》，送检参照标准为GB5749-2006《生活饮用水卫生标准》。

饮用水检测结果：各项检测指标均符合要求。

5. 饲养管理

除特殊要求（如禁食）外，动物自由采食，自由饮水。饮水瓶和瓶中动物饮用水每天更换，不能重复使用，使用后饮水瓶经脉动真空灭菌器高压消毒后再次使用。

动物饲养笼具底盘每天更换1次，饲养笼具每周更换1次，笼盖每2周更换1次，所有动物饲养笼具均通过脉动真空灭菌器高压消毒后进入屏障环境使用；动物饲养笼架每周清洁、消毒擦拭1次。动物饲养观察室每天进行清洁消毒，范围包括地面、台面、桌面、门窗和进排风口。屏障环境使用的消毒液包括0.1%苯扎溴铵（新洁尔灭）溶液、0.1%过氧乙酸溶液和1∶250的84消毒液，三种消毒液轮流使用，每周使用一种。

6. 动物接收与检验

实验动物到来后，试验人员、兽医和动物保障部门一同接收。接收时首先查看运输工具是否符合要求，再查看动物供应单位提供的动物合格证明，并确认合格证内容与申请购买的动物种属、级别、数量和性别一致。然后检查外包装是否符合要求及动物外包装是否有破损。动物外包装经第三传递柜传入检疫室。试验用具和试验记录经第四传递柜传入。

在检疫室打开动物外包装，核对动物性别及数量与动物合格证明所载事项是否一致。用记号笔在鼠尾标记动物检疫号，然后逐一对动物进行外表检查（包括性别、体重、头部、躯干、尾部、四肢、皮毛、精神、活动等），并填写《试验动物接收单》和《动物接收检验单》。动物检验后放入动物饲养笼中，在笼具上悬挂检疫期标签，然后放在检疫室中进行适应期饲养。不合格动物处死后经缓冲区移出放入尸体暂存冰柜中等待处理。

动物适应饲养期限为2天。每天对动物进行观察，包括体重、头部、躯干、尾部、四肢、皮毛、精神、活动等。适应期未发现异常动物。

三、给药途径、方法、给药体积

给药途径：口服。
给药方式：灌胃。
给药体积：小鼠为20ml/kg；大鼠为10ml/kg。

四、给药剂量设置及设置依据

1. 疏风解毒胶囊

疏风解毒胶囊每粒0.52g，一次4粒，一日3次，一日5.2g生药/g药粉，疏风解毒胶囊人日用量为32.4g生药/天，人体重以70kg计算，大鼠等效剂量为2.7g生药/kg，大鼠药效学设置剂量为5.4g生药/kg（1.04g药粉/kg，2粒胶囊/ kg）和2.7g生药/kg（0.52g药粉/kg，1粒胶囊/kg）。小鼠等效剂量为5.4g生药/kg，小鼠药效学设置剂量为10.8g生药/kg、5.4g生药/kg。

2. 蒲地蓝消炎口服液

口服。一次10ml，一日3次。以人日用量30ml（30g），人体重70kg计算，大鼠等效剂量为2.5g/kg，药效学剂量设定为5g/kg，小鼠等效剂量为5g/kg，药效学剂量设定为10g/kg。

3. 头孢氨苄胶囊

成人剂量：口服，一般一次250～500mg，一日4次，高剂量一日4g。以人日用量1g(250mg/次，4次)，人体重70kg计算，大鼠等效剂量为85mg/kg，药效学剂量设定为175mg/kg。

五、供试品配制

1. 疏风解毒胶囊

取疏风解毒胶囊20粒，研磨均匀后用去离子水配制成100ml混悬液，混匀，为高剂量药液，低剂量药液取适量高剂量药液稀释1倍。

2. 蒲地蓝消炎口服液

取蒲地蓝消炎口服液，用去离子水稀释1倍。

3. 头孢氨苄胶囊

取头孢氨苄胶囊（规格 0.125g/粒）14 粒，研磨均匀后用去离子水配制成 100ml 混悬液，混匀。

六、统 计 方 法

计量数据以均值和标准差表示，采用 SPSS16.0 单因素方差分析（ANOVA，LSD）进行统计学检验，采用 EXCEL 作图。

七、试 验 方 法

1. 对小鼠巴豆油性耳肿的影响-量效关系

试验选用 ICR 种雄性小鼠 60 只，体重 19～21g，依据体重分组，每组 10 只。按表 5-1-1 所示剂量灌胃（ig）给药，每天 1 次，连续 3 天，对照组给予同体积蒸馏水。于末次给药后 30 分钟，将 2%巴豆油 0.05ml 滴于每只小鼠右耳壳致炎。致炎后 2h 脱颈处死小鼠，剪下左、右耳，用直径 8mm 打孔器打下同一部位耳片，称重，以两耳重量之差作为鼠耳肿胀程度。计算平均值，将各给药组与对照组比较，进行统计学 t 检验。结果显示，疏风解毒胶囊各剂量组对小鼠耳肿均有显著的抑制作用，其抗炎作用有显著的剂量依赖关系。

作用特点分析：在此模型上，疏风解毒胶囊剂量-效应双对数曲线为明显的线性，R^2=0.933，结果表明，疏风解毒胶囊抗炎作用有很显著的量效关系（图 5-1-1）。起效剂量低，1.4g 生药/kg 即有显著的抗炎作用，相当于 1/4 临床等效剂量。

表 5-1-1 疏风解毒胶囊对小鼠巴豆油性耳肿的影响

分组	剂量（g 生药/kg）	等效剂量倍数	动物数（只）	耳肿胀程度（$\Delta\bar{X}\pm SD$）（mg）
模型组	0	—	10	8.5±2.9
蒲地蓝	10g/kg	2	10	4.0±2.1**
疏风解毒胶囊	10.8	2	10	4.0±2.7**
疏风解毒胶囊	5.4	1	10	4.1±1.9**
疏风解毒胶囊	2.7	0.5	10	4.9±2.5*
疏风解毒胶囊	1.4	0.25	10	5.5±2.6*

与对照组比较：$*P<0.05$，$**P<0.01$

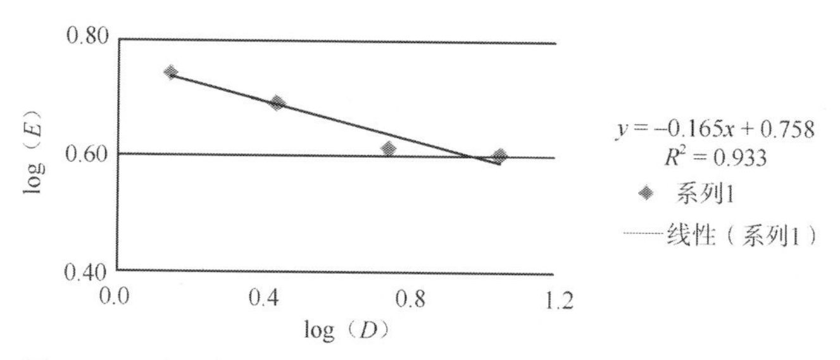

图 5-1-1 疏风解毒胶囊治疗小鼠巴豆油性耳肿剂量-效应曲线

2. 对肺炎链球菌致急性肺炎模型大鼠的影响

2.1 试验方法

试验选用 SD 大鼠 48 只，随机分成 6 组，每组 8 只，雌雄各半，分别为对照组、模型组、头孢氨苄组、蒲地蓝组、疏风解毒胶囊高、低剂量组。每天给药 1 次，连续给药 6 天，对照组及模型组灌胃给予同体积的蒸馏水，于给药第 1 天至第 3 天，除对照组外，各组大鼠于给药后气管内注射 0.2ml 浓度为 10^7CFU 肺炎链球菌菌液。菌液制备方法：将肺炎链球菌接种于血平皿中，37℃培养 20～24h，再将此菌二次传代，培养 20～24h 后用比浊法配制成 10^8CFU 菌液后再稀释 10 倍备用。.

2.2 测定指标

2.2.1 一般观察

给药期间观察动物外观体征、行为活动、腺体分泌、呼吸等。

2.2.2 全血细菌计数

于末次给药后第二天腹腔注射 20%乌拉坦 5ml/kg 麻醉大鼠，腹主动脉取血 1.5ml 于加有乙二胺四乙酸（EDTA）抗凝真空采血管中，混匀，进行全血细菌计数。无菌操作取全血 0.2ml，生理盐水稀释 3 倍至 0.6ml 均匀加在血平皿中，培养箱中培养 24h 后，进行菌落计数。

2.2.3 肺泡冲洗液细菌计数

分离气管并用手术缝合线结扎气管中段，小心分离取出肺及气管，称重；结扎右肺，从气管朝肺内注射 2ml 生理盐水，收集肺泡冲洗液进行菌落计数。无菌操作取肺泡冲洗液 0.5ml 均匀加在血碟中，培养箱中培养 24h 后，进行菌落计数。

2.2.4 肺泡冲洗液白细胞计数及分类

收集肺泡冲洗液，用 ADVIA2120 血液分析仪测定白细胞计数。

2.2.5 全血白细胞计数及分类

腹主动脉取血 1.5ml 于加有 EDTA 抗凝真空采血管中，混匀，用 ADVIA2120 血液分析仪测定全血白细胞计数及分类。

2.2.6 全血淋巴细胞分类

腹主动脉取血 1.5ml 于加有 EDTA 抗凝真空采血管中，混匀后流式细胞仪测定 T 细胞、B 细胞、NK 细胞分类。

2.2.7 血清 IL-1α、IL-1β、IL-2、IL-4、IL-6、IL-10 含量测定

取血 3～4ml 加于真空采血管中，3000r/min 离心分离血清，–20℃保存备用，用武汉华美生产的 ELISA 测定试剂盒测定血清 IL-1α、IL-1β、IL-2、IL-4、IL-6、IL-10 含量。

2.2.8 血清 TNF-α、IFN-α、IFN-γ 含量测定

用武汉华美生产的 ELISA 测定试剂盒测定血清 TNF-α、IFN-α、IFN-γ 含量。

2.2.9 血清 IgA、IgM、IgG 含量测定

用武汉华美生产的 ELISA 测定试剂盒测定血清 IgA、IgM、IgG 含量。

2.2.10 血清 C3、BK、MCP-1 含量测定

用武汉华美生产的 ELISA 测定试剂盒测定血清 C3、BK、MCP-1 含量。

2.2.11 血清 NF-κB、COX-1、COX-2 含量测定

用武汉华美生产的 ELISA 测定试剂盒测定 NF-κB、COX-1、COX-2 含量。

2.2.12 免疫器官重量

剪开胸腔及腹腔，剪取胸腺、脾，称重并记录。

2.2.13 大体解剖检查

大鼠麻醉后，打开胸腔，观察大鼠免疫器官及肺部的颜色、大小、质地等的变化。

2.2.14 肺组织病理学检查

分离气管并用手术缝合线结扎气管中段，小心分离取出肺及气管，称重；结扎右肺，取右肺放入 12%甲醛溶液中固定，进行组织病理学检查。

2.3 结果

2.3.1 一般观察

一般观察结果显示，模型组大鼠皮毛不顺、干枯，自主活动减少。头孢氨苄组、蒲地蓝组、疏风解毒胶囊高、低剂量组大鼠皮毛较光滑。

2.3.2 全血及肺泡冲洗液细菌计数

试验结果表明（表 5-1-2），模型组大鼠全血及肺泡冲洗液菌落数显著增加，表明模型组大鼠肺部感染肺炎链球菌后外周血及肺泡冲洗液中均有肺炎链球菌。头孢氨苄组、蒲地蓝组、疏风解毒胶囊高、低剂量组外周血及肺泡冲洗液菌落计数均显著减少，表明疏风解毒胶囊能显著减少肺炎链球菌致肺炎大鼠体内细菌数，有显著的体内杀菌作用，对肺炎大鼠有显著的保护作用。

作用特点分析：在此指标上，疏风解毒胶囊高、低剂量组均能显著减少肺炎模型大鼠体内细菌数，低剂量即临床等效剂量即有显著的体内杀菌作用，高剂量体内杀菌作用更显著，有显著的量效关系（图 5-1-2）。

表 5-1-2 疏风解毒胶囊对肺炎模型大鼠全血及肺泡冲洗液菌落数的影响（$\bar{X}$ ±SD）

分组	剂量（g 生药/kg）	动物数（只）	外周血菌落个数	肺泡冲洗液菌落个数
对照组	—	8	0±0	0±0
模型组	—	8	82.1±75.5$^{\#}$	70.5±70.6$^{\#}$
头孢氨苄组	175mg/kg	8	0.4±0.7*	5.8±8.0*
蒲地蓝组	5g/kg	8	0.6±1.2*	2.3±3.7*
疏风解毒胶囊高剂量组	5.4	8	0.4±0.7*	0.9±1.5*
疏风解毒胶囊低剂量组	2.7	8	2.8±4.5*	8.1±10.0*

模型组与对照组比较，# $P<0.05$；给药组与模型组比较，* $P<0.05$

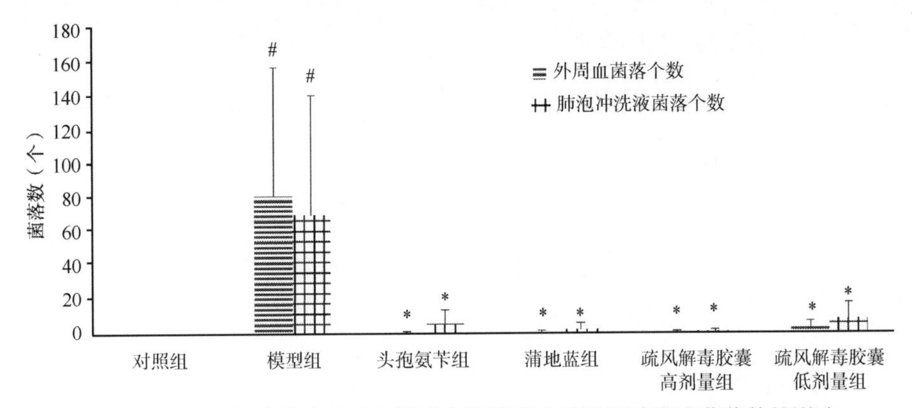

图 5-1-2 疏风解毒胶囊对肺炎模型大鼠外周血及肺泡冲洗液菌落数的影响

与对照组比较：# $P<0.05$；与模型组比较：* $P<0.05$

2.3.3 全血白细胞计数、分类肺泡冲洗液白细胞计数及淋巴细胞分类的影响

试验结果显示，模型组大鼠外周血白细胞（WBC）数量升高，中性粒细胞比例（%Neut）显著增加，淋巴细胞比例（%Lymph）显著降低，单核细胞（%Mono）、嗜酸性粒细胞（%Eos）、嗜碱性粒细胞（%Baso）无显著性变化，肺泡冲洗液白细胞数量升高，模型组大鼠外周血B淋巴细胞比例显著升高，自然杀伤细胞（NK）比例显著减少，表明大鼠感染肺炎链球菌后，受肺炎链球菌荚膜多糖及溶血素刺激，白细胞数量迅速增加，中性粒细胞比例迅速增加，淋巴细胞比例降低，B淋巴细胞和NK细胞比例失调（表 5-1-3～表 5-1-8，图 5-1-3～图 5-1-7）。

表 5-1-3 疏风解毒胶囊对肺炎模型大鼠外周血白细胞计数及分类的影响（$\bar{X}\pm SD$，n=8）

分组	剂量（g 生药/kg）	WBC	%Neut	%Lymph
对照组	—	11.97±0.80	9.44±2.61	85.98±2.93
模型组	—	25.34±6.60###	47.06±11.60###	44.46±10.82###
头孢氨苄组	175mg/kg	22.86±3.54	45.63±11.22	47.21±11.85
蒲地蓝组	5g/kg	16.45±3.77**	24.94±2.91***	69.93±3.99***
疏风解毒胶囊高剂量组	5.4	12.69±2.63***	52.30±5.63	42.10±5.33
疏风解毒胶囊低剂量组	2.7	14.86±3.31**	55.38±5.25	39.85±5.67

模型组与对照组比较，### $P<0.001$；给药组与模型组比较，** $P<0.01$，*** $P<0.001$

表 5-1-4 疏风解毒胶囊对肺炎模型大鼠外周血白细胞分类的影响（$\bar{X}\pm SD$，n=8）

分组	剂量（g 生药/kg）	%Mono	%Eos	%Baso
对照组	—	2.61±1.05	0.39±0.12	0.50±0.17
模型组	—	2.51±0.59	0.34±0.12	0.61±0.12
头孢氨苄组	175mg/kg	2.99±0.39	0.80±0.33**	0.49±0.12
蒲地蓝组	5g/kg	2.75±1.25	0.56±0.20*	0.66±0.19
疏风解毒胶囊高剂量组	5.4	3.20±1.23	1.03±0.38**	0.26±0.07***
疏风解毒胶囊低剂量组	2.7	2.35±0.65	0.88±0.78	0.26±0.05***

给药组与模型组比较，* $P<0.05$，** $P<0.01$，*** $P<0.001$

表 5-1-5 疏风解毒胶囊对肺炎模型大鼠肺泡冲洗液白细胞计数及分类的影响（ $\bar{X}$ ±SD，n=8）

分组	剂量（g 生药/kg）	WBC	%Neut	%Lymph
对照组	—	0.30±0.06	17.80±3.60	72.17±6.88
模型组	—	0.64±0.42	13.35±5.61	78.58±10.25
头孢氨苄组	175mg/kg	0.94±0.78	12.48±5.27	81.65±5.80
蒲地蓝组	5g/kg	0.39±0.24	9.40±2.81	85.69±3.67
疏风解毒胶囊高剂量组	5.4	0.24±0.07*	11.29±1.77	83.53±3.34
疏风解毒胶囊低剂量组	2.7	0.35±0.13	16.28±3.96	74.93±3.51

给药组与模型组比较，* $P<0.05$

表 5-1-6 疏风解毒胶囊对肺炎模型大鼠肺泡冲洗液白细胞分类的影响（ $\bar{X}$ ±SD，n=8）

分组	剂量（g 生药/kg）	%Mono	%Eos	%Baso
对照组	—	2.75±1.31	1.73±2.31	11.37±4.59
模型组	—	2.35±1.87	0.74±0.60	8.63±2.68
头孢氨苄组	175mg/kg	2.90±1.73	0.35±0.64	7.05±3.41
蒲地蓝组	5g/kg	1.44±0.93	0.40±0.44	5.90±2.31*
疏风解毒胶囊高剂量组	5.4	1.10±0.58	0.63±0.86	8.13±3.55
疏风解毒胶囊低剂量组	2.7	1.59±0.55	0.56±0.63	9.09±2.15

给药组与模型组比较，* $P<0.05$

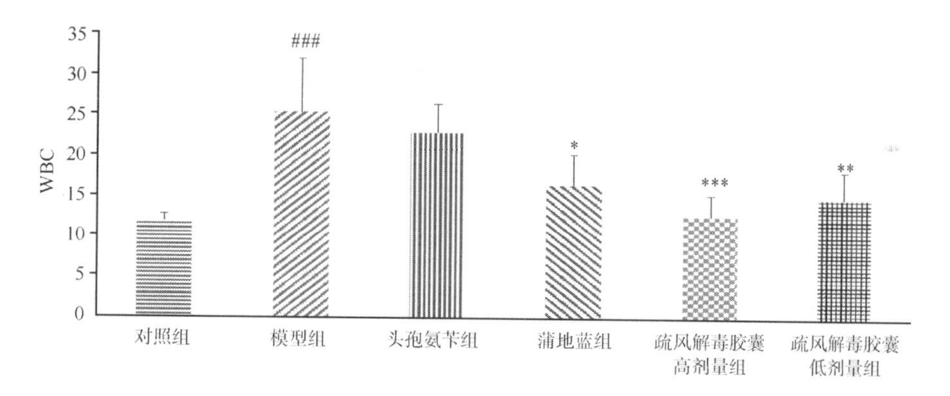

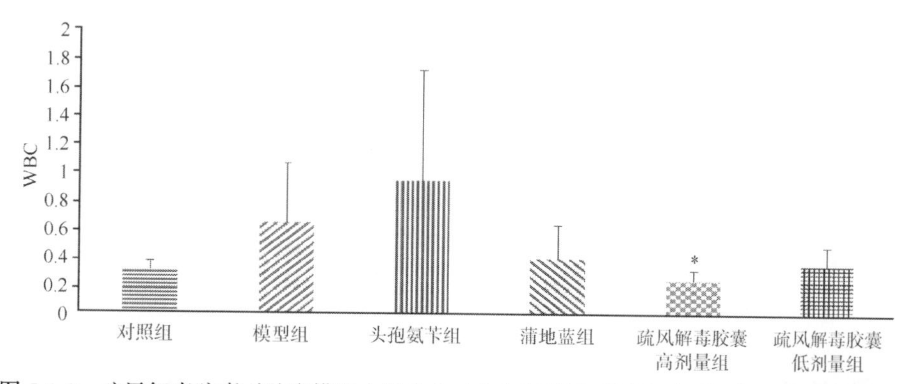

图 5-1-3 疏风解毒胶囊对肺炎模型大鼠全血（上）及肺泡冲洗液（下）白细胞计数的影响

模型组与对照组比较，###$P<0.001$；给药组与模型组比较，*$P<0.05$，**$P<0.01$，***$P<0.001$

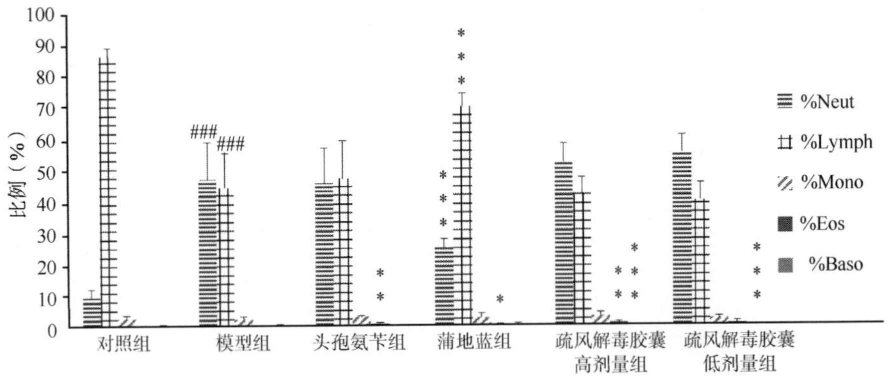

图 5-1-4 疏风解毒胶囊对肺炎模型大鼠全血白细胞分类的影响

模型组与对照组比较：### $P<0.001$；给药组与模型组比较：* $P<0.05$，** $P<0.01$，*** $P<0.001$

表 5-1-7 疏风解毒胶囊对肺炎模型大鼠外周血淋巴细胞分类的影响（$\bar{X}\pm SD$，n=8）

分组	剂量（g 生药/kg）	T 淋巴细胞（%）	B 淋巴细胞（%）	NK 细胞（%）
对照组	—	47.7±7.1	12.2±4.6	29.5±2.5
模型组	—	50.8±8.3	24.1±6.8##	18.2±7.1##
头孢氨苄组	175mg/kg	53.5±10.3	9.0±3.4***	26.8±9.3
蒲地蓝组	5g/kg	45.1±4.3	10.0±2.3***	35.3±4.6***
疏风解毒胶囊高剂量组	5.4	47.3±7.7	11.1±2.8***	34.3±4.7***
疏风解毒胶囊低剂量组	2.7	50.7±7.7	11.5±4.2***	28.5±7.8*

模型组与对照组比较，## $P<0.01$；给药组与模型组比较，* $P<0.05$，*** $P<0.001$

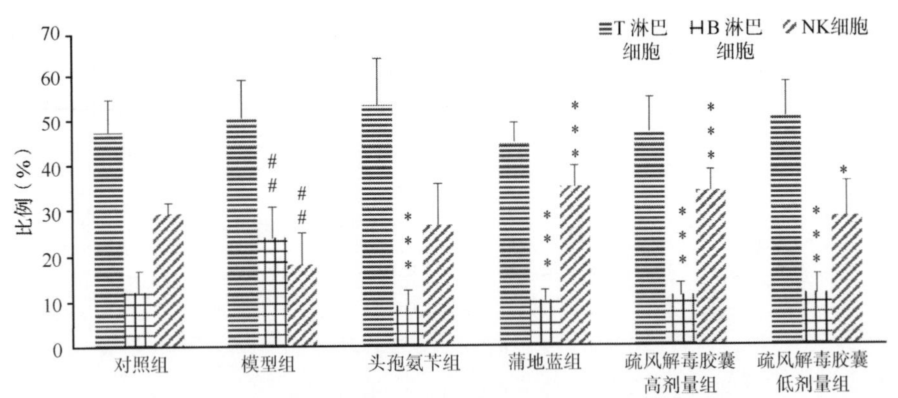

图 5-1-5 疏风解毒胶囊对肺炎模型大鼠淋巴细胞分类的影响

模型组与对照组比较，## $P<0.01$；给药组与模型组比较，* $P<0.05$，*** $P<0.001$

表 5-1-8 疏风解毒胶囊对肺炎模型大鼠外周血 T 淋巴细胞分类的影响（$\bar{X}\pm SD$，n=8）

分组	剂量（g 生药/kg）	$CD4^+$（%）	$CD8^+$（%）	$CD4^+/CD8^+$
对照组	—	61.9±4.1	21.9±3.4	2.9±0.6
模型组	—	59.2±6.3	21.6±4.3	2.9±0.9
头孢氨苄组	175mg/kg	60.2±5.6	23.4±4.1	2.7±0.8
蒲地蓝组	5g/kg	53.4±6.8	26.0±4.6	2.1±0.6
疏风解毒胶囊高剂量组	5.4	62.7±3.1	15.6±3.8*	4.3±1.6*
疏风解毒胶囊低剂量组	2.7	63.6±4.7	18.4±3.2	3.6±0.8

给药组与模型组比较，* $P<0.05$

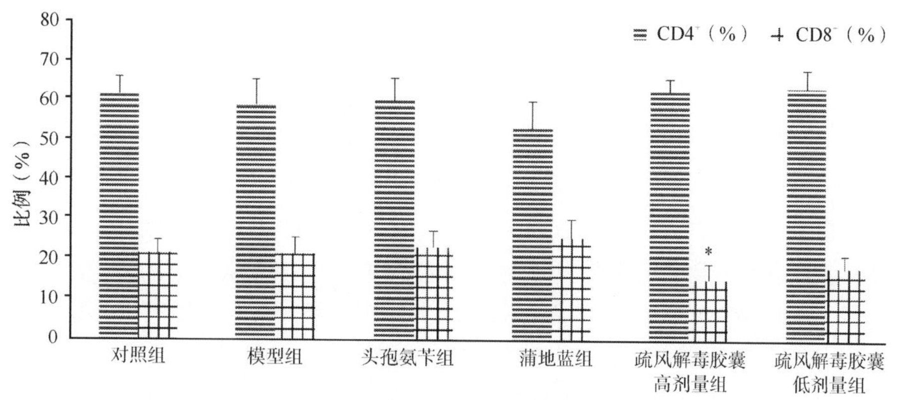

图 5-1-6　疏风解毒胶囊对肺炎模型大鼠 T 淋巴细胞分类的影响

与模型组比较：* $P<0.05$

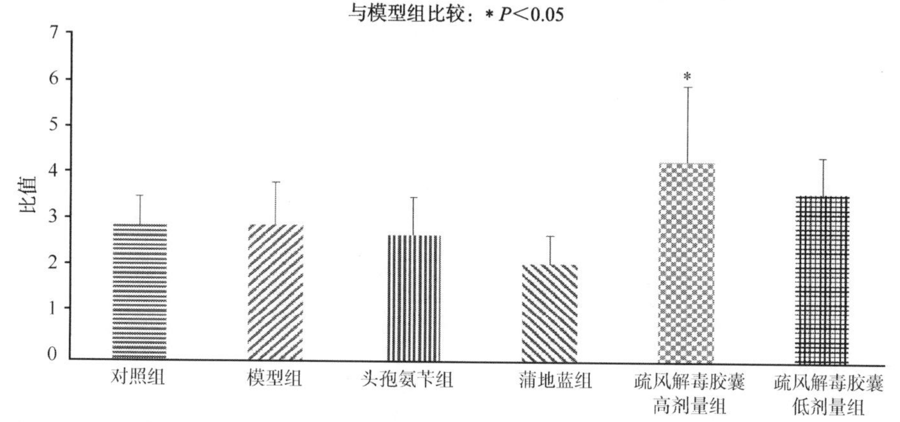

图 5-1-7　疏风解毒胶囊对肺炎模型大鼠 $CD4^+/CD8^+$值的影响

与模型组比较：* $P<0.05$

头孢氨苄组对外周血及肺泡冲洗液白细胞计数及其分类无显著性影响，显著降低 B 淋巴细胞比例。

蒲地蓝组能显著降低白细胞数量，降低中性粒细胞比例，升高淋巴细胞比例；升高嗜酸性粒细胞比例，降低 B 淋巴细胞比例，升高 NK 细胞比例。

疏风解毒胶囊高、低剂量组均能显著降低外周血白细胞数量，降低嗜碱性细胞比例，降低 B 淋巴细胞比例，升高 NK 细胞比例，疏风解毒胶囊高剂量组能显著降低肺泡冲洗液白细胞数量，升高嗜酸性粒细胞比例，降低 $CD8^+$比例，升高 $CD4^+/CD8^+$值。

作用特点分析：头孢氨苄虽然有显著的杀菌作用，但死亡的肺炎链球菌的荚膜多糖、溶血素等还是引起了机体的免疫反应，引起白细胞数量增加，中性粒细胞数量增加，在感染部位形成炎症，但 B 淋巴细胞比例与正常对照组一致，NK 细胞比例有所恢复。蒲地蓝能显著降低白细胞数量，改善白细胞分类，调节 B 淋巴细胞及 NK 细胞比例，调节紊乱的免疫系统，有显著的抗炎作用。疏风解毒胶囊能显著降低白细胞数量，升高嗜酸性粒细胞比例，降低嗜碱性粒细胞比例，降低 B 淋巴细胞比例，升高 NK 细胞比例，调节紊乱的免疫系统，有显著的抗炎作用。而且，疏风解毒胶囊还能减少 $CD8^+$的比例，升高 $CD4^+/CD8^+$值，调节 T 淋巴细胞亚群，发挥抗炎免疫功能，对肺炎大鼠有显著的治疗作用。蒲地蓝调节 $CD4^+$细胞与 $CD8^+$细胞与疏风解毒胶囊作用相反，可能与两者作用机制不同相关。文献报道，感染肺炎链球菌患者外周血 $CD4^+$比例降低，$CD8^+$比例升高，$CD4^+$参与抗原呈递反应，$CD8^+$中抑制性 T 细胞能减少 T 细胞效应，减轻炎症反应，杀伤性 T 细胞能杀死被细菌感染的细胞。蒲地蓝升高 $CD8^+$细胞，减少T细胞效应，减轻炎症反应。而疏风解毒胶囊降低CD8⁺细胞，减少CD8⁺细胞抑制辅助性T细胞（Th细胞，目前已知类型有Th0、Th1、Th2、Th3、Th17）的作用，促进了Th细胞的抗原呈递效应，具体作用机制需深入研究。

2.3.4 血清IL-1α、IL-1β、IL-2、IL-4、IL-6、IL-10含量测定

试验结果显示，模型组大鼠血清IL-1α、IL-1β、IL-2、IL-4、IL-10含量显著增加，其中IL-1α升高最为显著，IL-1β升高也很显著，说明IL-1在肺炎的免疫应激和炎症反应中起重要作用。结果表明模型组大鼠感染肺炎链球菌后，机体产生免疫级联反应，细胞因子分泌增加，细胞因子又可进一步引起炎症因子释放，在感染部位发生炎症。

头孢氨苄组IL-1β、IL-4含量显著降低；蒲地蓝组IL-1α、IL-1β含量显著降低，IL-4含量显著升高；疏风解毒胶囊高、低剂量组均能显著降低IL-1α、IL-1β、IL-2、IL-10含量（表5-1-9～表5-1-11，图5-1-8）。

作用特点分析：头孢氨苄、蒲地蓝消炎口服液和疏风解毒胶囊对IL-1等细胞因子均有显著降低作用，说明头孢氨苄、蒲地蓝消炎口服液和疏风解毒胶囊均能有效治疗肺炎链球菌引起的肺炎。

表5-1-9 疏风解毒胶囊对肺炎模型大鼠血清IL-1α、IL-1β、IL-2含量的影响（$\bar{X}\pm SD$，n=8）

分组	剂量（g生药/kg）	IL-1α（pg/ml）	IL-1β（pg/ml）	IL-2（pg/ml）
对照组	—	0.168±0.098	0.231±0.144	59.626±12.759
模型组	—	5.795±2.801###	0.756±0.386##	102.982±18.759###
头孢氨苄组	175mg/kg	3.150±2.552	0.282±0.152*	101.908±14.146
蒲地蓝组	5g/kg	1.143±0.782**	0.237±0.111**	109.862±42.968
疏风解毒胶囊高剂量组	5.4	0.766±0.703**	0.123±0.080**	69.388±8.952**
疏风解毒胶囊低剂量组	2.7	1.088±0.895**	0.182±0.139**	74.003±9.536**

模型组与对照组比较，## P<0.01，### P<0.001；给药组与模型组比较，* P<0.05，** P<0.01

表5-1-10 疏风解毒胶囊对肺炎模型大鼠血清IL-4、IL-6、IL-10含量的影响（$\bar{X}\pm SD$，n=8）

分组	剂量（g生药/kg）	IL-4（pg/ml）	IL-6（pg/ml）	IL-10（pg/ml）
对照组	—	29.889±3.306	44.101±14.200	14.754±5.391
模型组	—	52.644±4.462###	31.381±11.256	47.172±14.435###
头孢氨苄组	175mg/kg	32.014±11.449**	26.177±8.131	52.085±12.290
蒲地蓝组	5g/kg	58.505±6.120*	24.613±8.669	35.053±10.296
疏风解毒胶囊高剂量组	5.4	43.152±12.944	32.161±7.165	23.145±5.106**
疏风解毒胶囊低剂量组	2.7	46.616±9.620	28.929±15.717	28.277±8.578**

模型组与对照组比较，### P<0.001；给药组与模型组比较，* P<0.05，** P<0.01

表5-1-11 疏风解毒胶囊对肺炎模型大鼠血清IL-1α、IL-1β、IL-2、IL-10的改善率（$\bar{X}\pm SD$，n=8）

分组	剂量（g生药/kg）	IL-1α（%）	IL-1β（%）	IL-2（%）	IL-10（%）
模型组	—	3349.4	227.3	72.7	219.7
头孢氨苄组	175mg/kg	47.0	90.3	2.5	–15.2
蒲地蓝组	5g/kg	82.7	98.9	–15.9	37.4
疏风解毒胶囊高剂量组	5.4	89.4	120.6	77.5	74.1
疏风解毒胶囊低剂量组	2.7	83.7	109.3	66.8	58.3

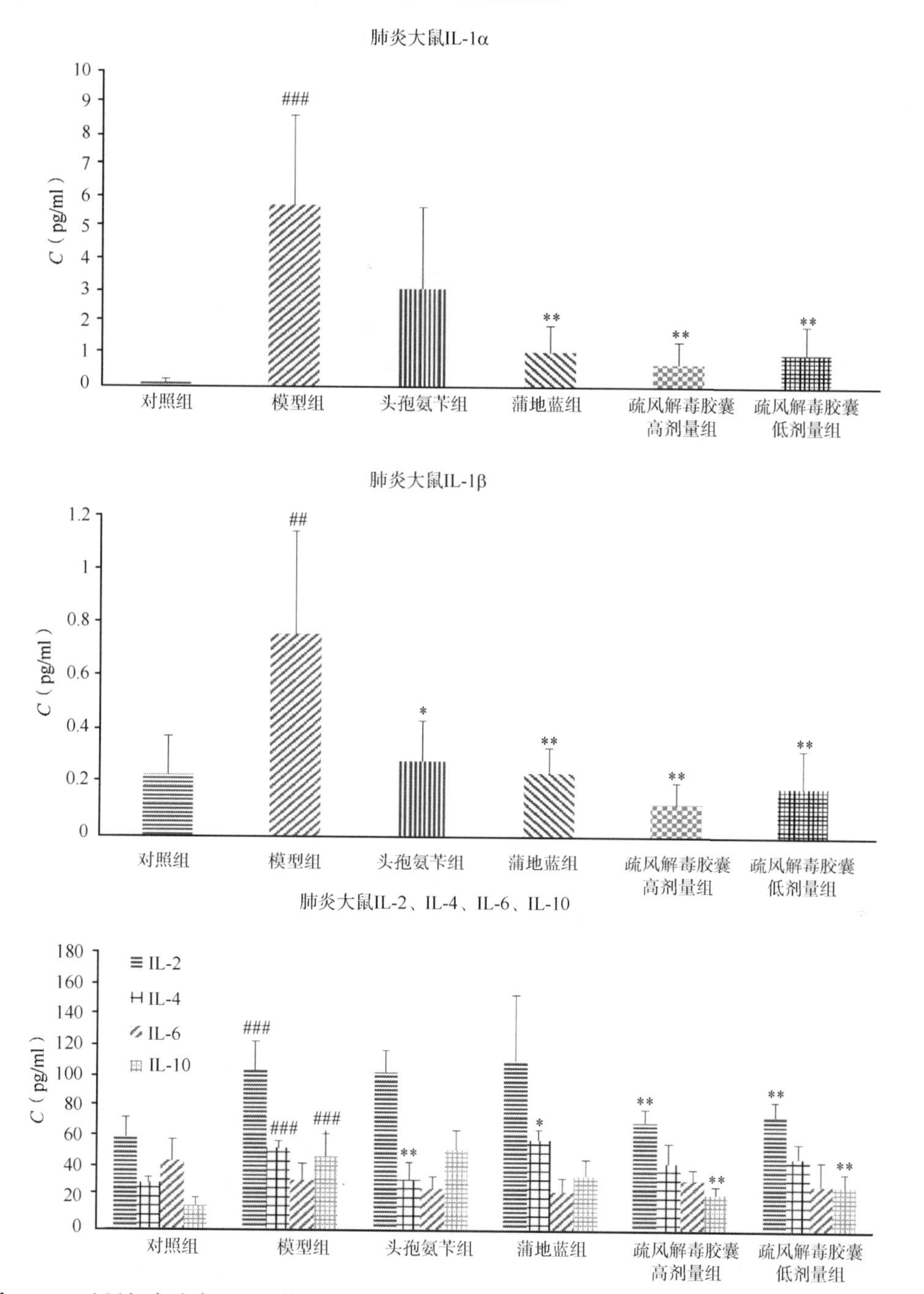

图 5-1-8 疏风解毒胶囊对肺炎模型大鼠血清 IL-1α、IL-1β、IL-2、IL-4、IL-6、IL-10 含量的影响

与对照组比较，## $P<0.01$，### $P<0.001$；与模型组比较，* $P<0.05$，** $P<0.01$

2.3.5 血清 TNF-α、IFN-α、IFN-γ 含量测定

试验结果显示，模型组大鼠血清 TNF-α、IFN-α、IFN-γ 含量显著增加。表明模型组大鼠感染肺炎链球菌后，在链球菌荚膜及溶血素刺激下，细胞因子释放增加，引起炎症反应。

头孢氨苄组 IFN-α 含量显著降低，蒲地蓝组 TNF-α、IFN-α 含量显著降低；疏风解毒胶囊高剂量组 TNF-α、IFN-α、IFN-γ 含量显著降低，低剂量组 IFN-α、IFN-γ 含量显著降低。

作用特点分析：头孢氨苄、蒲地蓝消炎口服液和疏风解毒胶囊对 TNF-α 等细胞因子均有显著降低作用，疏风解毒胶囊降低 TNF-α、IFN-α、IFN-γ 含量有显著的量效关系，说明头孢氨苄、蒲地蓝消炎口服液和疏风解毒胶囊均能有效治疗肺炎链球菌引起的肺炎（表 5-1-12、图 5-1-9）。

表 5-1-12　疏风解毒胶囊对肺炎模型大鼠血清 TNF-α、IFN-α、IFN-γ 含量的影响（$\bar{X}\pm SD$，n=8）

分组	剂量（g 生药/kg）	TNF-α（pg/ml）	IFN-α（pg/ml）	IFN-γ（pg/ml）
对照组	—	2.946±1.395	8.514±3.847	0.042±0.032
模型组	—	7.860±3.166##	31.982±11.964###	1.060±0.605##
头孢氨苄组	175mg/kg	7.547±3.153	17.902±7.073*	0.586±0.256
蒲地蓝组	5g/kg	4.014±1.245*	18.933±11.125*	0.618±0.205
疏风解毒胶囊高剂量组	1.04g/kg	2.934±2.146**	8.795±8.826***	0.177±0.112**
疏风解毒胶囊低剂量组	0.52g/kg	4.711±3.261	13.086±8.928**	0.281±0.163**

模型组与对照组比较，## P<0.01，### P<0.001；给药组与模型组比较，* P<0.05，** P<0.01，*** P<0.001

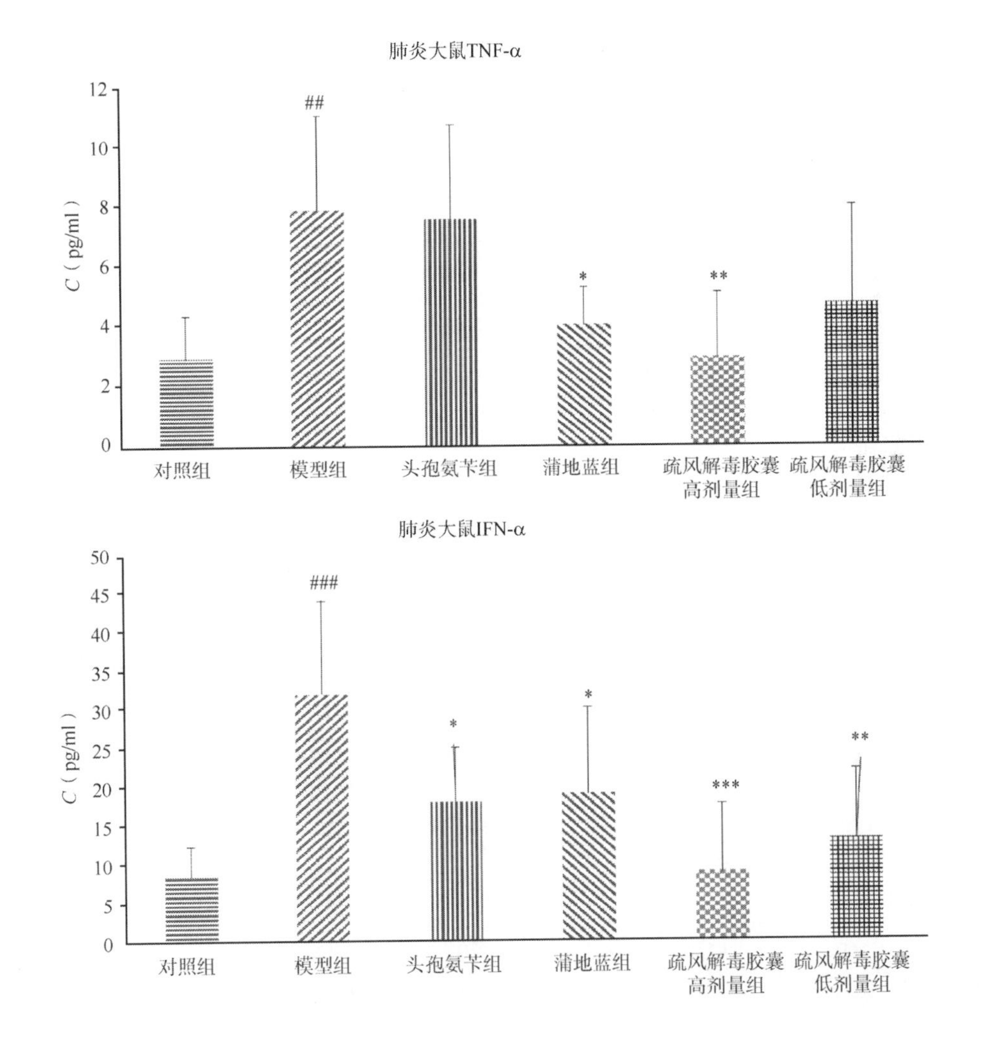

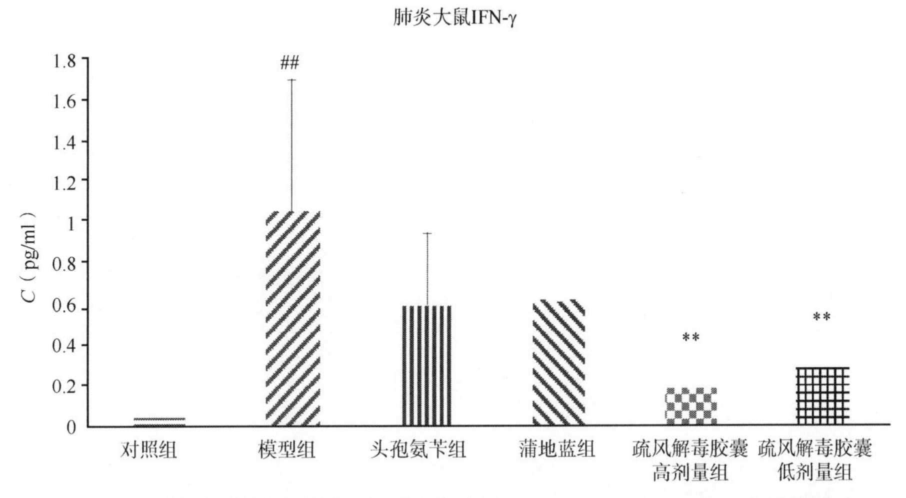

图 5-1-9　疏风解毒胶囊对肺炎模型大鼠血清 TNF-α、IFN-α、IFN-γ 含量的影响

模型组与对照组比较，## $P<0.01$；给药组与模型组比较，** $P<0.01$

2.3.6　血清 IgA、IgM、IgG 含量测定

试验结果显示，模型组大鼠血清免疫球蛋白 IgA、IgM 含量显著增加。表明模型组大鼠感染肺炎链球菌后，在链球菌荚膜及溶血素刺激下，免疫系统应激，引起 IgA 及 IgM 增加，但是 IgG 未见显著变化。IgG 是血清比例最大的一种抗体，占 60%～70%，IgA 其次，占 10%～20%，IgM 比例最小。

头孢氨苄组 IgA、IgM 含量显著降低，蒲地蓝组 IgM 含量显著降低，疏风解毒胶囊全方能显著降低 IgM 含量，减少 IgG 含量。

作用特点分析：头孢氨苄组 IgA、IgM 含量显著降低，表明头孢氨苄能显著抑制肺炎链球菌，从而减轻免疫系统的应激反应。蒲地蓝组 IgM 含量显著降低，表明蒲地蓝消炎口服液能显著抑制肺炎链球菌，从而减轻免疫系统的应激反应，减少抗体生成。疏风解毒胶囊能显著抑制肺炎链球菌，减少 IgM 含量，对肺炎链球菌致肺炎大鼠有显著的治疗作用。另外，疏风解毒胶囊 IgG 含量降低，可能是因为疏风解毒胶囊激活了 IgG 的免疫应答活性，从而快速灭活肺炎链球菌（表 5-1-13、图 5-1-10）。

表 5-1-13　疏风解毒胶囊对肺炎模型大鼠血清 IgA、IgM、IgG 含量的影响（$\bar{X}\pm SD$，$n=8$）

分组	剂量（g 生药/kg）	IgA（μg/ml）	IgM（μg/ml）	IgG（μg/ml）
对照组	—	131.823±59.915	17.120±6.378	284.883±59.276
模型组	—	233.380±89.442#	78.242±46.844##	295.727±70.617
头孢氨苄组	175mg/kg	129.698±71.040*	32.234±16.247*	255.953±35.459
蒲地蓝组	5g/kg	444.437±389.542	35.246±21.718*	267.936±55.024
疏风解毒胶囊高剂量组	5.4	223.118±180.222	35.040±14.296*	209.725±30.724*
疏风解毒胶囊低剂量组	2.7	239.439±47.921	37.376±9.530*	273.103±43.143

模型组与对照组比较，# $P<0.05$，## $P<0.01$；给药组与模型组比较，* $P<0.05$

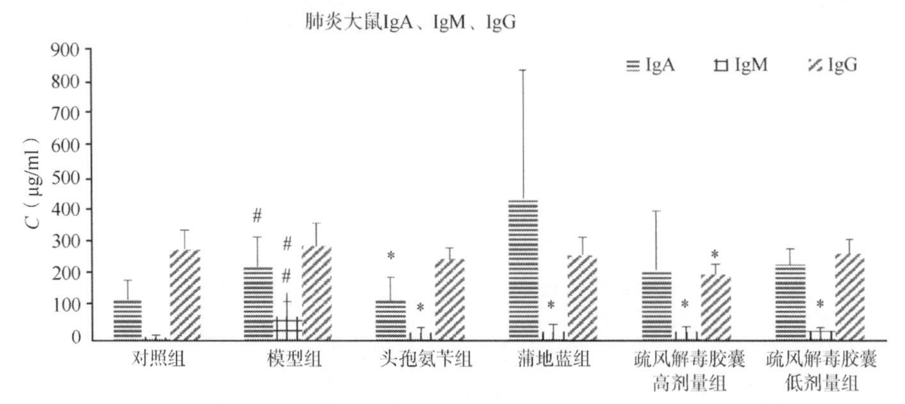

图 5-1-10　疏风解毒胶囊对肺炎模型大鼠血清 IgA、IgM、IgG 含量的影响

模型组与对照组比较：# $P<0.05$，## $P<0.01$；给药组与模型组比较：* $P<0.05$

2.3.7　血清 C3、BK、MCP-1 含量测定

试验结果显示，模型组大鼠缓激肽（BK）、单核细胞趋化因子（MCP-1）含量升高，结果表明，模型组大鼠感染肺炎链球菌后 BK、MCP-1 分泌增加，肺部发生炎症。

蒲地蓝消炎口服液、疏风解毒胶囊高剂量能显著降低 BK、MCP-1 含量，疏风解毒胶囊低剂量能显著降低 BK 含量。

作用特点分析：疏风解毒胶囊降低 BK、MCP-1 含量有显著的量效关系。疏风解毒胶囊及蒲地蓝消炎口服液均能显著减少 BK、MCP-1 含量，表明疏风解毒胶囊及蒲地蓝消炎口服液均有显著的抗炎作用，对肺炎链球菌致肺炎大鼠有显著的治疗作用（表 5-1-14、图 5-1-11）。

表 5-1-14　疏风解毒胶囊对肺炎模型大鼠血清 C3、BK、MCP-1 含量的影响（$\bar{X}\pm SD$，$n=8$）

分组	剂量（g 生药/kg）	C3（mg/ml）	MCP-1（pg/ml）	BK（pg/ml）
对照组	—	2.042±0.468	25.843±19.940	0.423±0.275
模型组	—	2.191±0.578	87.029±33.200###	2.299±0.232###
头孢氨苄组	175mg/kg	1.869±0.136	94.308±37.505	2.843±0.847
蒲地蓝组	5g/kg	1.918±0.785	36.710±27.356**	0.904±0.500***
疏风解毒胶囊高剂量组	1.04g/kg	2.416±0.789	31.998±28.806**	0.995±0.328***
疏风解毒胶囊低剂量组	0.52g/kg	2.501±0.661	51.908±39.760	1.417±0.507**

模型组与对照组比较，### $P<0.001$；给药组与模型组比较，** $P<0.01$，*** $P<0.001$

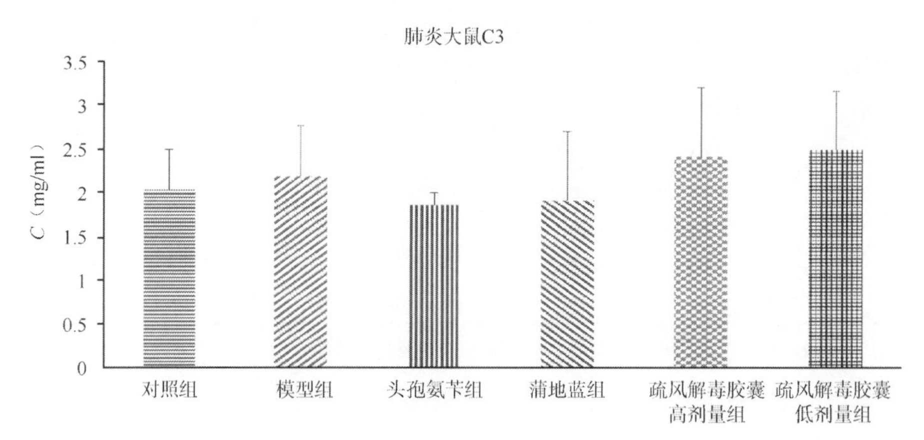

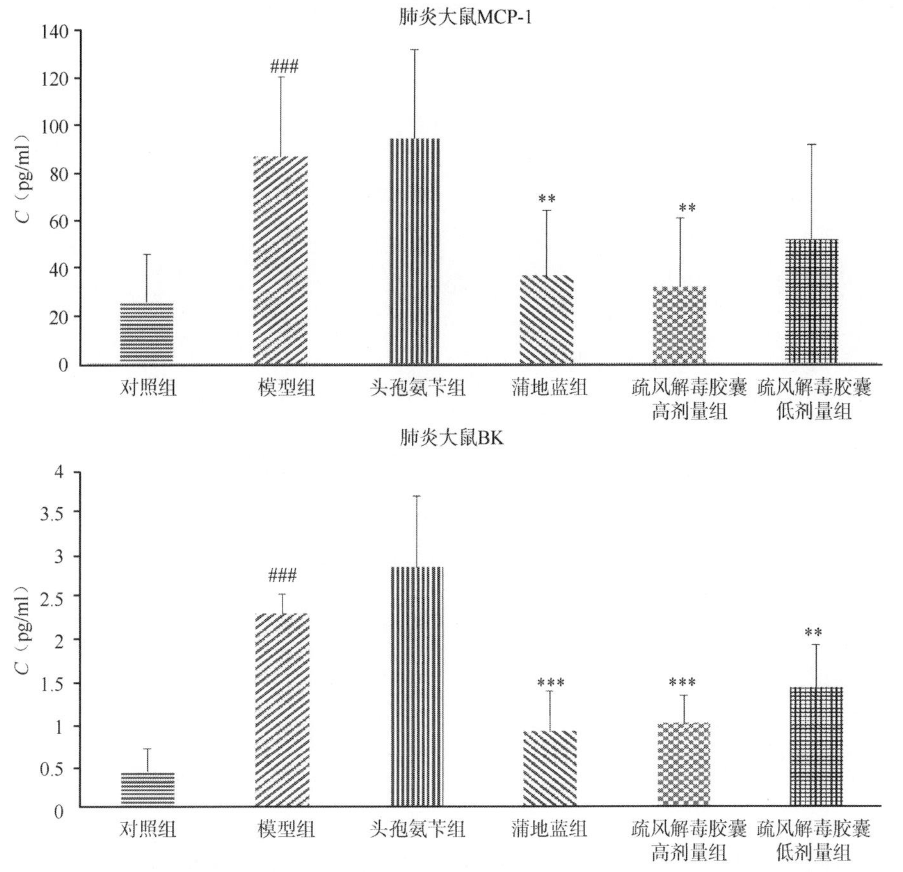

图 5-1-11　疏风解毒胶囊对肺炎模型大鼠血清补体 C3、MCP-1、BK 含量的影响

模型组与对照组比较，### $P<0.001$；给药组与模型组比较，** $P<0.01$，*** $P<0.001$

2.3.8　血清 NF-κB、COX-1、COX-2 含量测定

试验结果显示，模型组大鼠 NF-κB、COX-2 含量升高，结果表明模型组大鼠感染肺炎链球菌后，机体产生免疫级联反应，细胞因子分泌增加，引起淋巴细胞增殖，炎症因子分泌增加，中性粒细胞浸润，进一步引起炎症反应，肺部发生炎症。

头孢氨苄组 COX-2 含量减少；蒲地蓝组及疏风解毒胶囊高剂量组 NF-κB、COX-2 含量减少，疏风解毒胶囊低剂量组 COX-2 含量减少。

作用特点分析：疏风解毒胶囊降低 NF-κB、COX-2 含量的作用有显著的量效关系。头孢氨苄组抑制肺炎链球菌，减轻肺部炎症反应，COX-2 含量减少。蒲地蓝消炎口服液及疏风解毒胶囊显著抑制细胞因子，进而减少炎症因子释放，有显著的抗炎作用（表 5-1-15、图 5-1-12）。

表 5-1-15　疏风解毒胶囊对肺炎模型大鼠血清 NF-κB、COX-1、COX-2 含量的影响（$\bar{X}\pm SD$，n=8）

分组	剂量（g 生药/kg）	NF-κB（pg/ml）	COX-1（ng/ml）	COX-2（ng/ml）
对照组	—	3.393±3.077	26.532±4.809	1.267±0.288
模型组	—	93.892±33.790###	11.352±9.226##	7.362±2.388###
头孢氨苄组	175mg/kg	86.786±42.091	10.166±7.503	4.538±2.051*
蒲地蓝组	5g/kg	14.591±3.851***	23.465±18.606	3.153±0.804**
疏风解毒胶囊高剂量组	5.4	28.732±27.548***	22.031±11.460	2.804±1.359***
疏风解毒胶囊低剂量组	2.7	63.938±36.349	7.014±4.681	4.297±1.997*

模型组与对照组比较，## $P<0.01$，### $P<0.001$；给药组与模型组比较，* $P<0.05$，** $P<0.01$，*** $P<0.001$

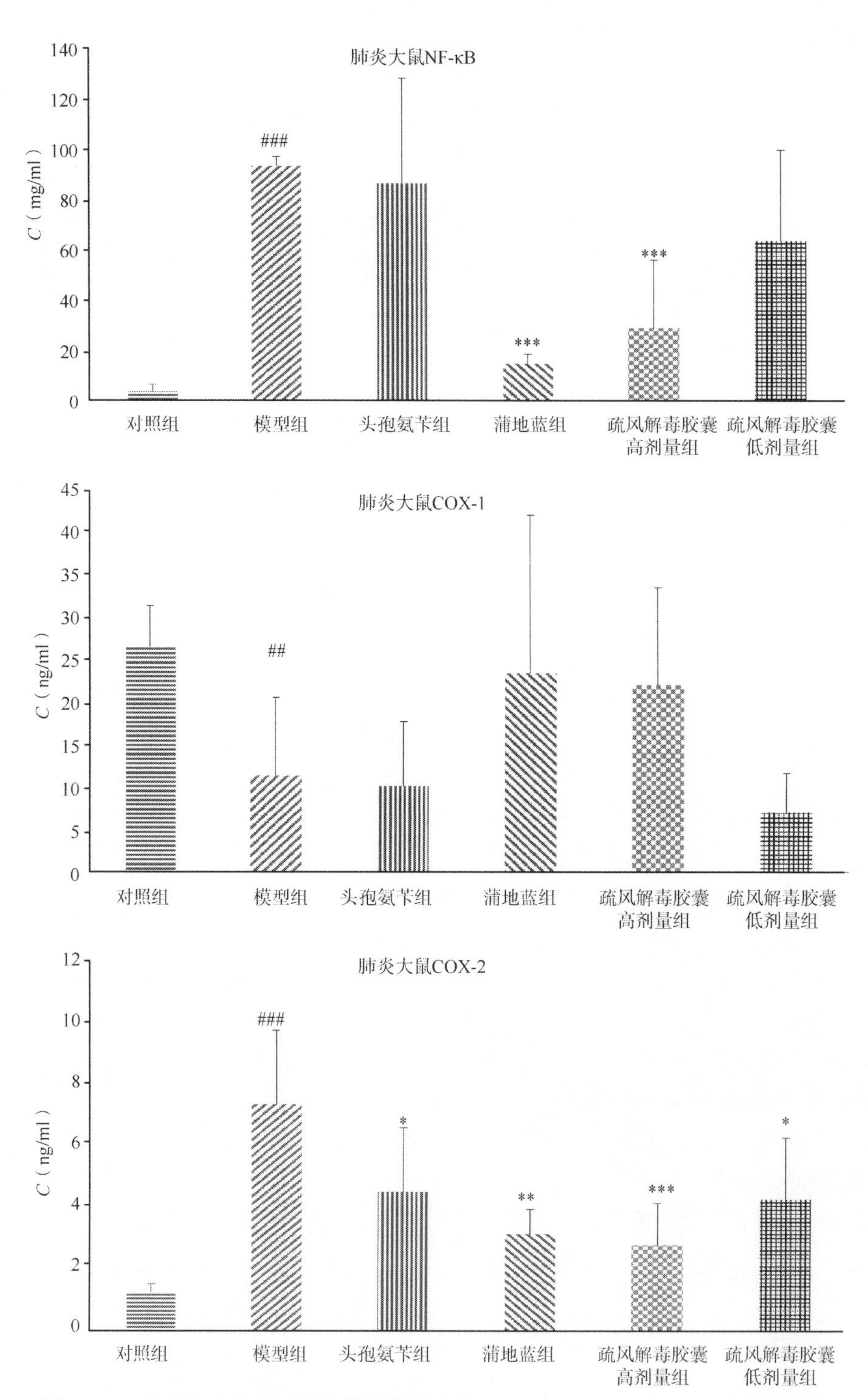

图 5-1-12　疏风解毒胶囊对肺炎模型大鼠血清 NF-κB、COX-1、COX-2 含量的影响

模型组与对照组比较，### $P<0.001$；给药组与模型组比较，* $P<0.05$，** $P<0.01$，*** $P<0.001$

2.3.9　大体解剖检查及免疫器官重量、肺重量

模型组大鼠胸腺、脾脏体积增大，肺组织颜色发红，充血、体积增加，疏风解毒胶囊组大鼠胸腺、脾脏体积增大较少，肺组织充血较轻，体积增大较少。

脏器重量检查结果显示，模型组大鼠胸腺、脾脏、肺脏重量增加，结果表明模型组大鼠感染肺炎链球菌后，免疫系统应激，胸腺、脾脏细胞增殖，肺部发生炎症，出现组织液渗出，肺重量增加。

蒲地蓝消炎口服液能显著减轻胸腺及肺的重量，疏风解毒胶囊高剂量能显著减轻胸腺、脾脏、肺脏重量，低剂量能显著减轻脾脏、肺脏重量。

作用特点分析：头孢氨苄抑制细菌，但是进入肺部的肺炎链球菌的荚膜多糖及溶血素还是引起了免疫器官增生，淋巴细胞增殖，肺部发生炎症。蒲地蓝消炎口服液能显著减少胸腺增生，减少 B 细胞增殖，与淋巴细胞分类结果中 B 淋巴细胞比例下降一致，减轻肺重量，减轻炎症。疏风解毒胶囊能显著减少胸腺、脾脏增生，减少 B 细胞增殖，与淋巴细胞分类结果中 B 淋巴细胞比例下降一致，显著减轻肺脏重量，减轻炎症，表明疏风解毒胶囊能显著调节免疫系统紊乱，减轻炎症反应，有显著的抗炎作用，对肺炎链球菌致肺炎大鼠有显著的治疗作用（表 5-1-16、图 5-1-13）。

表 5-1-16　疏风解毒胶囊对肺炎模型大鼠脏器重量的影响（g，$\bar{X}\pm SD$）

分组	剂量（g 生药/kg）	胸腺	脾	肺
对照组	—	0.604±0.168	0.677±0.069	1.498±0.236
模型组	—	1.064±1.230##	1.353±0.346###	2.621±0.752##
头孢氨苄组	175mg/kg	0.965±0.286	1.272±0.275	2.631±0.475
蒲地蓝组	5g/kg	0.602±0.123**	1.481±0.371	1.772±0.320*
疏风解毒胶囊高剂量组	5.4	0.707±0.152*	0.774±0.212**	1.580±0.296**
疏风解毒胶囊低剂量组	2.7	0.795±0.147	0.760±0.131**	1.879±0.582*

模型组与对照组比较，## $P<0.01$，### $P<0.001$；给药组与模型组比较，* $P<0.05$，** $P<0.01$

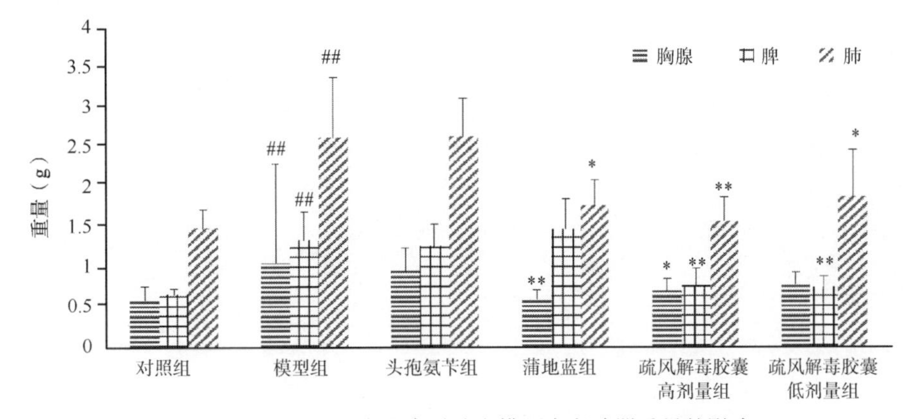

图 5-1-13　疏风解毒胶囊对肺炎模型大鼠脏器重量的影响

模型组与对照组比较：## $P<0.01$；给药组与模型组比较：* $P<0.05$，** $P<0.01$

2.3.10　肺组织病理学检查

镜下检查发现，模型组肺脏呈中度到重度炎症病变，表现为部分肺叶细支气管周围及肺泡

腔内较多至大量炎细胞浸润，部分动物局部肺叶脏层胸膜少量炎细胞浸润。头孢氨苄组及蒲地蓝组可见轻度到中度的肺内炎症变化，较多炎细胞散在分布于肺泡腔内；疏风解毒胶囊高剂量、低剂量组表现为轻微到轻度肺泡内炎细胞浸润（图 5-1-14）。

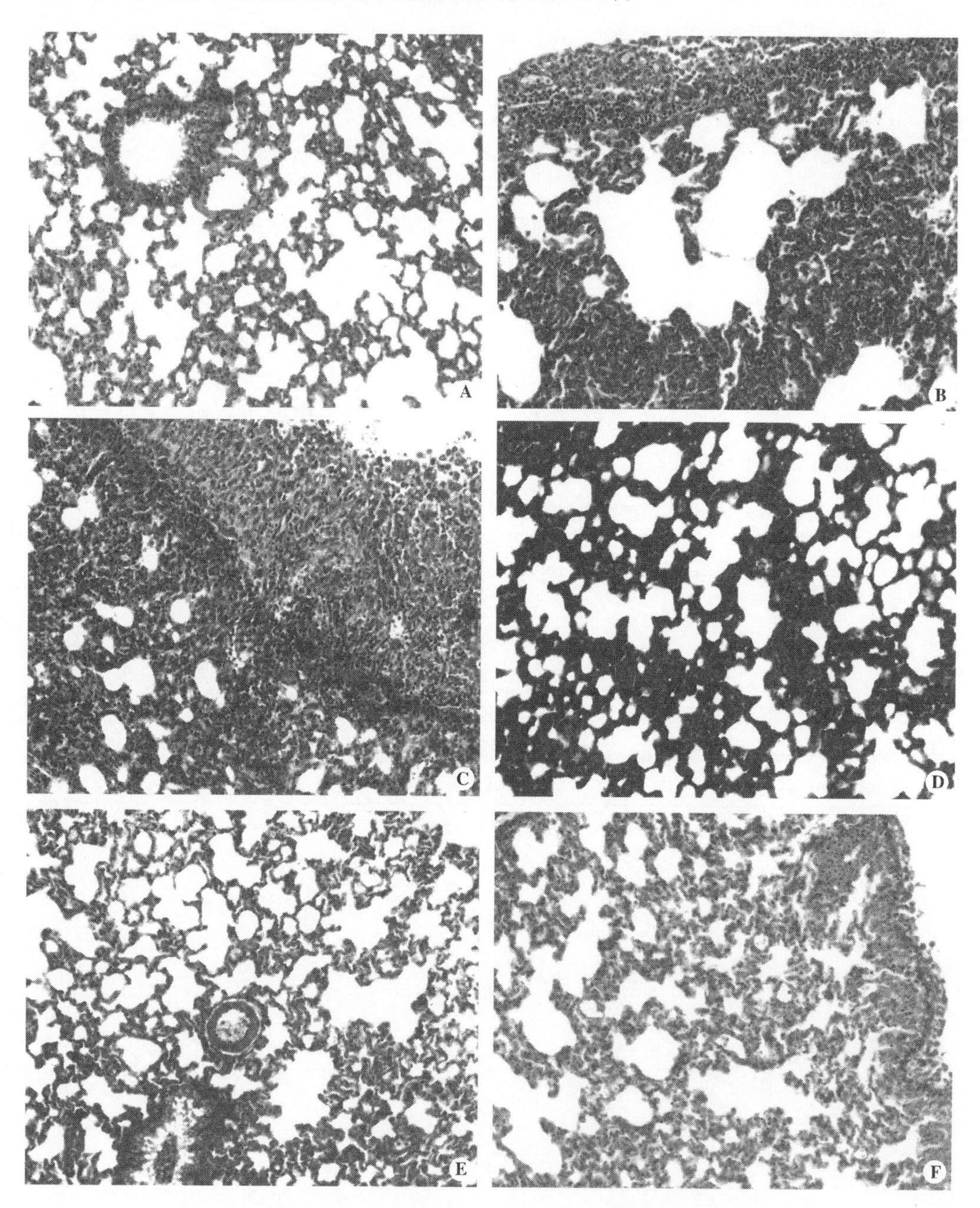

图 5-1-14　肺炎模型大鼠肺组织病理学检查结果

A. 对照组 SD 大鼠之肺脏（各级支气管、肺泡管、肺泡结构完整，细胞形态清晰，间质未见明显异常，HE 20×）；B. 模型组 SD 大鼠之肺脏（部分肺泡腔内大量炎细胞浸润，多为淋巴细胞和中性粒细胞，轻度脏层胸膜炎，浆膜被覆一层炎细胞，HE 20×）；C. 头孢氨苄组 SD 大鼠之肺脏（少部分肺泡腔内数量不等炎细胞浸润，多为淋巴细胞和中性粒细胞，HE 20×）；D. 蒲地蓝组 SD 大鼠之肺脏（局部肺泡腔内较多炎细胞浸润，肺泡内少量炎细胞散在分布，HE 20×）；E. 疏风解毒胶囊高剂量组（极少量炎细胞散在分布于肺泡腔内，HE 20×）；F. 疏风解毒胶囊低剂量组（胸膜脏层均可见炎细胞浸润，且炎症延伸致浆膜下浅层，部分肺泡腔内散在少量炎细胞，HE 20×）（扫文末二维码获取彩图）

八、结　　论

疏风解毒胶囊有显著的抗炎作用，能显著减轻巴豆油致小鼠的耳廓肿胀，有显著的抗炎作用，其抗炎作用有显著的剂量-反应关系，剂量-反应直线方程相关系数 R^2=0.933；对肺炎链球菌感染的大鼠有显著的治疗作用，能显著减少肺炎模型大鼠全血及肺泡冲洗液菌落计数，显著减少外周血和肺泡冲洗液 WBC 计数，显著升高外周血嗜酸性粒细胞比例，减少嗜碱性粒细胞比例，显著减少血清 IL-1α、IL-1β、IL-2、IL-4、IL-10、TNF-α、IFN-α、IFN-γ、IgM、IgG、BK、MCP-1、NF-κB、COX-2 含量，有显著的杀菌、抗炎、调节免疫功能作用。

作用特点分析：小鼠巴豆油性耳肿试验结果表明疏风解毒胶囊抗炎作用有显著的量效关系。肺炎链球菌致大鼠肺炎模型试验结果表明，疏风解毒胶囊有显著的体内杀菌作用、免疫调节作用及抗炎作用，疏风解毒胶囊高、低剂量组均能显著减少肺炎模型大鼠体内细菌数，低剂量即临床等效剂量即有显著的体内杀菌作用，高剂量体内杀菌作用更显著，能显著降低 WBC 数量，升高嗜酸性粒细胞比例，降低嗜碱性粒细胞比例，显著减少胸腺增生，减少 B 细胞增殖，调节 B 淋巴细胞及 NK 细胞比例，调节紊乱的免疫系统。而且，疏风解毒胶囊还能减少 $CD8^+$的比例，升高 $CD4^+/CD8^+$值，调节 T 淋巴细胞亚群，显著减少细胞因子 IL-1α、IL-1β、IL-2、IL-10、TNF-α、IFN-α、IFN-γ 含量，减少 B 淋巴细胞分泌免疫球蛋白 IgM。疏风解毒胶囊 IgG 含量降低，可能疏风解毒胶囊激活了 IgG 的免疫应答活性，从而快速灭活肺炎链球菌，有显著的免疫调节作用。能显著减少 BK、MCP-1、NF-κB、COX-2 含量，减轻肺重量，减轻炎症反应，对肺炎链球菌引起的炎症反应有显著的抑制作用。综上所述，疏风解毒胶囊对肺炎链球菌致肺炎模型大鼠有显著的体内杀菌作用、免疫调节作用及抗炎作用，对肺炎模型大鼠有显著的治疗作用，并表现出了显著的量效关系。

九、讨　　论

1. 细胞因子

IL-1 主要由活化的单核/巨噬细胞产生。局部低浓度时协同刺激抗原提呈细胞（APC）和 T 细胞活化，促进 B 细胞增殖和分泌抗体，进行免疫调节。大量产生时有诱导肝脏急性期蛋白合成，引起发热。

IL-2 主要由 T 细胞产生，能够活化 T 细胞，促进细胞因子产生；刺激 NK 细胞增殖，增强 NK 杀伤活性及产生细胞因子，诱导淋巴因子激活的杀伤细胞（LAK）产生；促进 B 细胞增殖和分泌抗体；激活巨噬细胞。

IL-4 主要由 Th2 细胞、肥大细胞及嗜碱性粒细胞产生，能够促进 B 细胞增殖、分化；诱导 IgG1 和 IgE 产生；促进 Th0 细胞向 Th2 细胞分化；抑制 Th1 细胞活化及分泌细胞因子；协同 IL-3 刺激肥大细胞增殖等。Th2 辅助细胞主要为对抗细胞外多细胞寄生虫的免疫反应，其主要为 IL-4 所驱动诱发，Th1 辅助细胞主要为对抗细胞内细菌及原虫的免疫反应，

IL-10 主要由 Th2 细胞和单核/巨噬细胞产生，能够抑制活化的 T 细胞产生细胞因子，因此曾称为细胞因子合成抑制因子（csif），特别是抑制 Th1 细胞产生 IL-2、IFN-γ 和淋巴毒素（LT）等细胞因子，从而抑制细胞免疫应答。IL-10 可降低单核/巨噬细胞表面 MHCⅡ类分子的表达水平，损害了 APC 的抗原递呈能力，实际上这可能是其抑制细胞介导免疫的原因。此外，IL-10

还能抑制 NK 细胞活性，干扰 NK 细胞和巨噬细胞产生细胞因子；但可刺激 B 细胞分化增殖，促进抗体生成。

TNF-α 是一种内源性热原质，引起发热。主要由活化的巨噬细胞、NK 细胞及 T 淋巴细胞产生。巨噬细胞产生的命名为 TNF-α，把 T 淋巴细胞产生的命名为 TNF-β。TNF-α 可以提高中性粒细胞的吞噬能力，增加过氧化物阴离子产生，刺激细胞脱颗粒和分泌髓过氧化物酶。可以刺激单核细胞和巨噬细胞分泌 IL-1，并调节主要 MHC Ⅱ类抗原的表达。TNF 促进 T 细胞 MHC Ⅰ类抗原表达，增强 IL-2 依赖的胸腺细胞、T 细胞增殖能力，促进 IL-2、CSF 和 IFN-γ 等淋巴因子产生，增强有丝分裂原或外来抗原刺激 B 细胞的增殖和 Ig 分泌。MHC Ⅰ：位于一般细胞表面上，可以提供一般细胞内的一些状况，如该细胞遭受病毒感染，则 MHC Ⅰ与抗原结合形成复合物，由高尔基体转运到细胞表面，可以供杀手 $CD8^+$ T 细胞等辨识，以进行扑杀。MHC Ⅱ：只位于抗原提呈细胞上，如巨噬细胞等。这类提供则是细胞外部的情况，像是组织中有细菌侵入，则巨噬细胞进行吞食后，把细菌碎片利用 MHC 提示给辅助 T 细胞，启动免疫反应。

干扰素由单核细胞和淋巴细胞产生，并不直接杀伤或抑制病毒，而主要是通过细胞表面受体作用使细胞产生抗病毒蛋白，从而抑制乙肝病毒的复制，分为三类，α-（白细胞）型、β-（成纤维细胞）型，γ-（淋巴细胞）型；同时还可增强自然杀伤细胞、巨噬细胞和 T 淋巴细胞的活力，从而起到免疫调节作用，并增强抗病毒能力。

2. IgG、IgM、IgA 在细菌入侵中的作用

病原菌入侵机体，机体通过皮肤、黏膜等屏障抵御，病原菌吸附到黏膜上皮细胞是造成感染的先决条件。黏膜表面的抗体，在防止病原菌对黏膜的侵犯中具有更重要的作用。在黏膜表面起这种作用的抗体主要是分泌型 IgA 抗体。

细菌入侵机体后，机体抵御细菌感染是通过机体的非特异性免疫和特异性免疫共同协调来完成的。先天具有的非特异性免疫包括机体的屏障结构，吞噬细胞的吞噬功能和正常组织及体液中的抗菌物质；后天获得的特异性免疫包括以抗体作用为中心的体液免疫和致敏淋巴细胞及其产生的淋巴因子为中心的细胞免疫。当肺炎链球菌等病原体进入人体后，巨噬细胞将肺炎链球菌吞噬，同时随着吞噬作用的进行，巨噬细胞会释放出抗原信息并传递给 $CD4^+$细胞，进一步，抗原的传递会导致抗体的产生，这些抗体可以依附到病原体上，使病原体更容易被巨噬细胞所捕获并吞噬。同时抗毒素（IgG）可以与外毒素特异结合形成抗原-抗体复合物，可被吞噬细胞吞噬，并将其降解消除，具有中和毒素的作用，而且由于抗毒素与毒素结合，可以通过空间阻碍使毒素不能吸附到敏感的宿主细胞（受体）上，或者使毒素生物学活性部位（酶）被封闭，从而使毒素不能发生毒性作用。IgG、IgM 等抗体与细菌结合，抑制细菌的重要酶系统或代谢途径，则可能抑制细菌的生长。

此外，抗体和补体对细菌还有溶解作用：在许多感染中，机体能产生相应抗体（IgG、IgM、IgA），当细菌表面抗原和 IgG、IgM 结合的免疫复合物一旦通过经典途径使补体活化或由分泌型 IgA 或聚合的血清 IgA 通过替代途径活化补体，即可引起细胞膜的损伤，最终发生溶菌。实验证明补体的溶菌作用仅对革兰氏阴性菌，其中包括霍乱弧菌、大肠杆菌、痢疾杆菌、伤寒杆菌等发挥作用。肺炎链球菌属于革兰氏阳性菌，实验结果也显示肺炎模型大鼠补体 C3 浓度无显著性变化。

第二节　基于网络药理学的疏风解毒胶囊抗炎免疫作用特点研究

本部分实验通过 PharmMapper、UNIPRO、MAS 3.0 和 KEGG 等数据库，利用反向对接技术对疏风解毒胶囊 28 个活性成分的作用靶点、通路进行虚拟预测，从药效物质基础、网络药理学等角度，阐释疏风解毒胶囊多成分、多靶点、多途径治疗流感的科学内涵。

一、实验材料

本部分网络药理图实验研究的主要材料是软件和数据库，具体软件及相关数据库信息如下：

ChemBioOffice2010，PharmMapper 数据库（http：//59.78.95.61/pharmmapper/），UNIPRO 数据库（http：//www.uniprot.org/），MAS 3.0 数据库（http：// bioinfo.capitalbio.com/ mas3 /analysis/），KEGG 数据库（http：//www.genome.jp/kegg/），Cytoscape 2.8 软件。

二、实验方法

1. 目标化合物的选取

实验中目标化合物的选择主要遵循两个原则，首先其必须是疏风解毒胶囊的主要成分。其次，中药发挥药效作用的物质基础是化学成分的组合，中药中虽有众多成分，但药物在体内起作用必须被吸收进入血液。因此，我们选取目标化合物的另一原则即其必须是入血成分。我们在本部分网络药理学实验研究中，通过查阅相关文献及整合本课题组相关研究结果，确定了疏风解毒胶囊中生物碱类成分 3 个，香豆素类成分 1 个，核苷类成分 2 个，黄酮类成分 6 个，木脂素类成分 2 个，三萜皂苷类成分 4 个，还有蒽醌类、苯乙醇苷类等 28 个入血及活性成分为研究对象，化合物具体信息见表 5-2-1。

表 5-2-1　28 个化合物信息

结构类型	化合物	分子式	分子量	结构式	药材来源
生物碱类	表告依春（Epigoitrin）	C_5H_7NOS	129.18		2，3
	3-（2′-羟基苯）-4（3H）-喹唑酮[3-（2′-hydroxyphenyl）-4（3H）-quinazolinone]	$C_{14}H_{10}N_2O_2$	238.07		3

续表

结构类型	化合物	分子式	分子量	结构式	药材来源
生物碱类	羟基靛玉红（Hydroxyindirubin）	$C_{16}H_{10}N_2O_3$	278.07	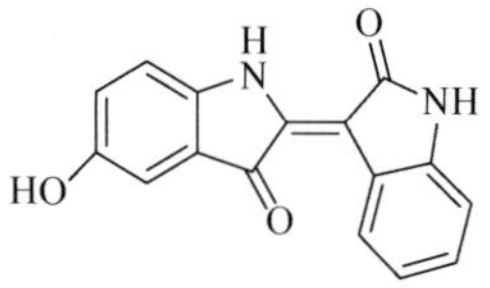	
核苷类	腺苷（Adenosine）	$C_{10}H_{13}N_5O_4$	267.24	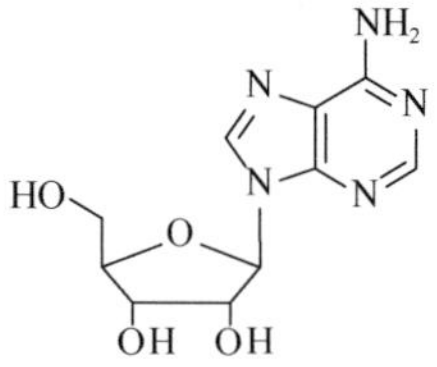	3
	尿苷（Uridine）	$C_9H_{12}N_2O_6$	244.2	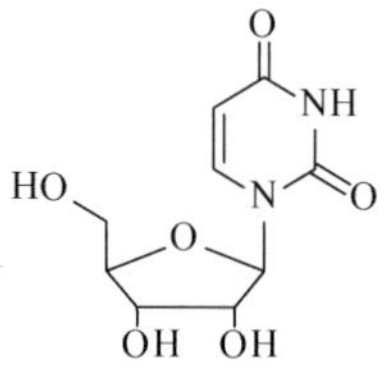	
二苯乙烯类	白藜芦醇（Resveratrol）	$C_{14}H_{12}O_3$	228.24	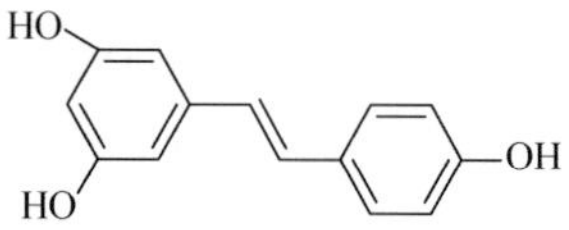	1
	虎杖苷（Polydatin）	$C_{20}H_{22}O_8$	390.38	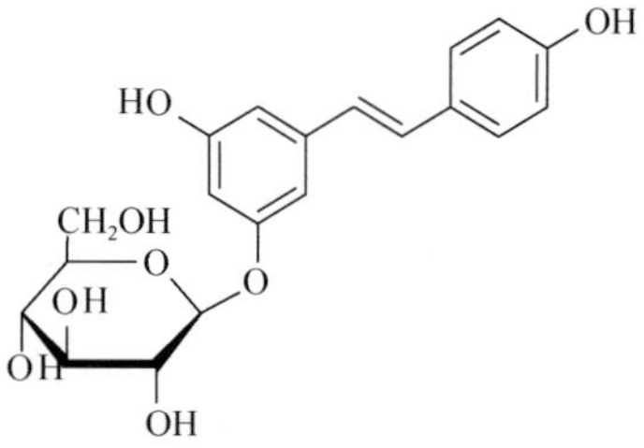	
蒽醌类	大黄素（Emodin）	$C_{15}H_{10}O_5$	270.24	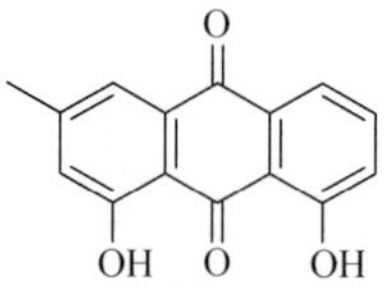	1
	大黄素甲醚（Physcion）	$C_{16}H_{12}O_5$	284.26	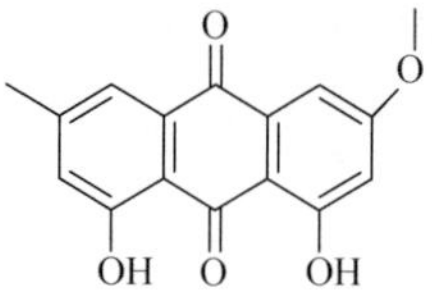	1，7

续表

结构类型	化合物	分子式	分子量	结构式	药材来源
黄酮类	芦丁（Rutin）	$C_{27}H_{30}O_{16}$	610.52	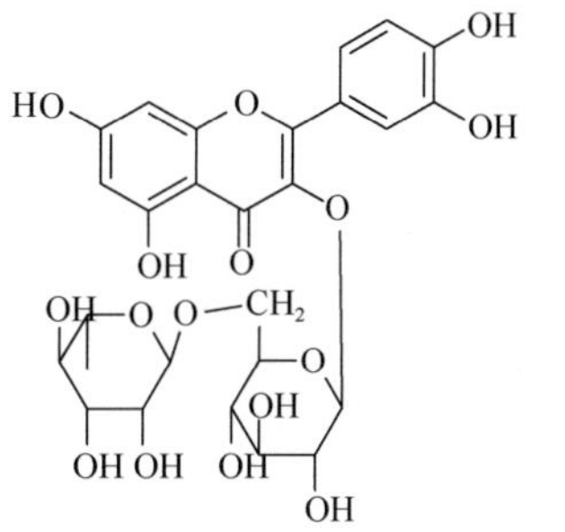	1, 2, 4
	甘草苷（Liquiritin）	$C_{21}H_{22}O_9$	418.396	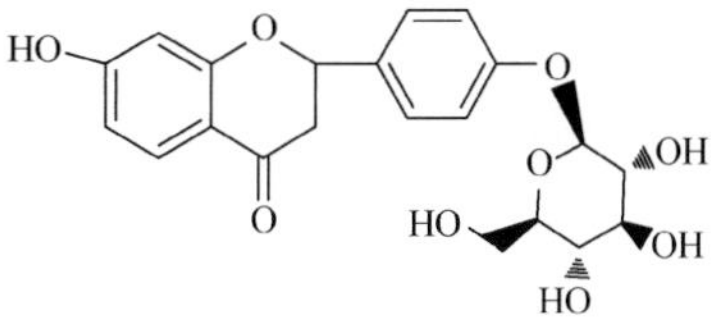	8
	异甘草素（Isoliquiritigenin）	$C_{15}H_{12}O_4$	256.25	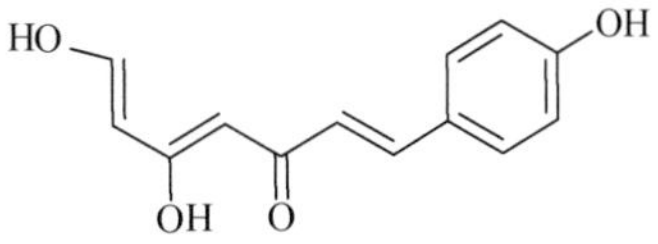	
	7-甲氧基鼠李素（7-methoxyisohamnetin）	$C_{17}H_{14}O_7$	330.07	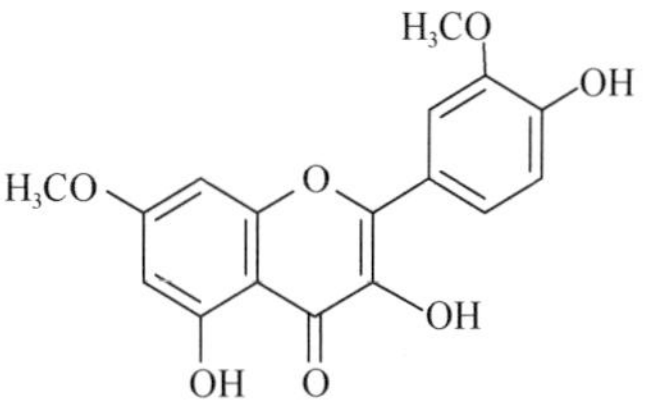	4
	山柰酚-3-*O*-鼠李糖苷（Kaempferide-3-*O*-rhamninoside）	$C_{22}H_{36}O_{11}$	464.23	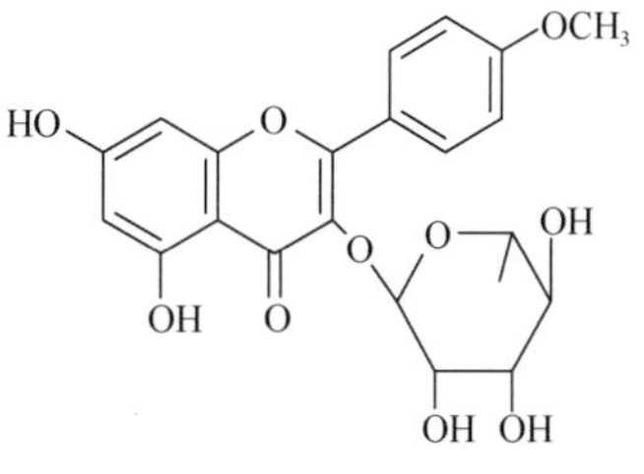	5
	芹黄素（Apigenin）	$C_{15}H_{10}O_5$	270.24	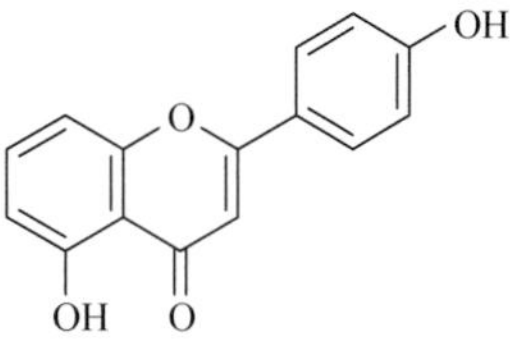	6

续表

结构类型	化合物	分子式	分子量	结构式	药材来源
三萜皂苷类	甘草酸（Glycyrrhizic acid）	$C_{42}H_{62}O_{16}$	822.40	COOH, O, HOOC, O, HO, HO, O, OH, O, OH, HOOC, OH	5，8
	甘草次酸（Glycyrrhetic acid）	$C_{30}H_{46}O_4$	470.68	COOH, O, HO	8
	齐墩果酸（Oleanolic acid）	$C_{30}H_{48}O_3$	456.71	OH, H, O, H, HO, H	5
	柴胡皂苷 a（Saikosaponin A）	$C_{42}H_{68}O_{13}$	780.98	O, OH, CH$_3$, CH$_2$OH, OH, O, O, O, OH, OH, CH$_2$OH, OH, OH	4
苯乙醇苷类	连翘酯苷 A（Forsythoside A）	$C_{29}H_{36}O_{15}$	624.59	HO, HO, O, O, HO, O, HO, O, O, HO, HO, O, O, HO, OH, OH, OH	2

续表

结构类型	化合物	分子式	分子量	结构式	药材来源
苯乙醇苷类	毛蕊花糖苷（Verbascoside）	$C_{29}H_{36}O_{15}$	624.59	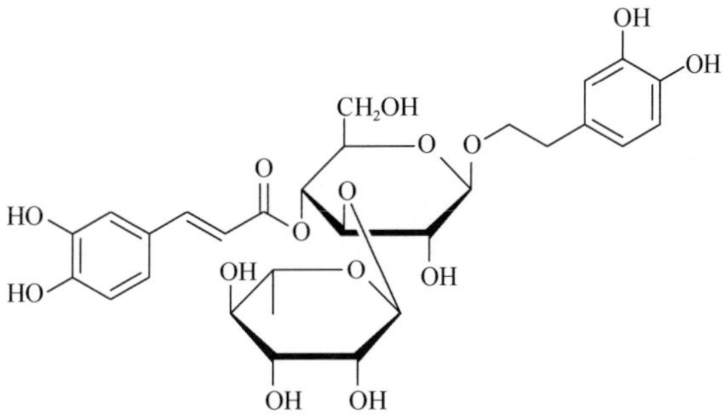	2，6
木脂素类	连翘脂素（Phillygenin）	$C_{29}H_{36}O_{15}$	624.59	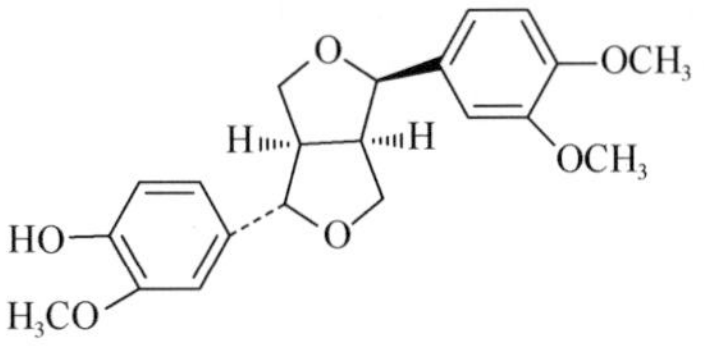	2
	连翘苷（Phillyrin）	$C_{27}H_{34}O_{11}$	534.55	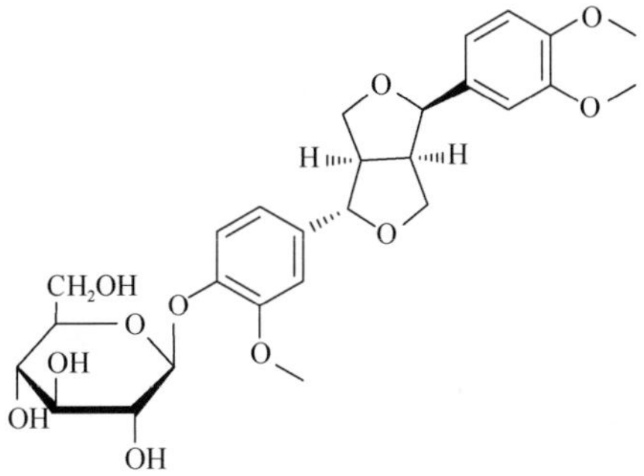	
环烯醚萜类	二氢败酱苷（Dihydro patrinoside）	$C_{21}H_{36}O_{11}$	464.23	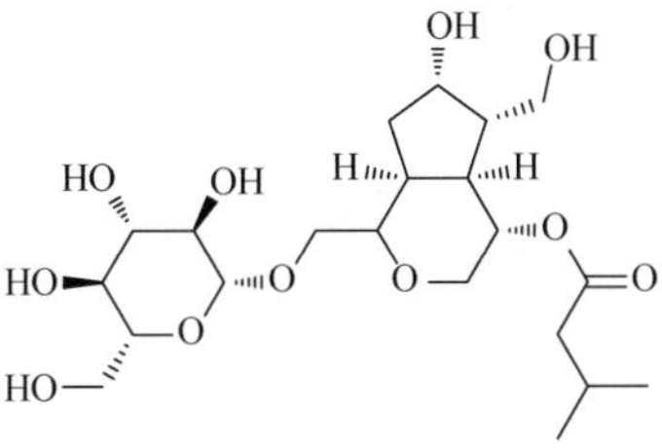	5
	马鞭草苷（Verbenalin）	$C_{17}H_{24}O_{10}$	388.37	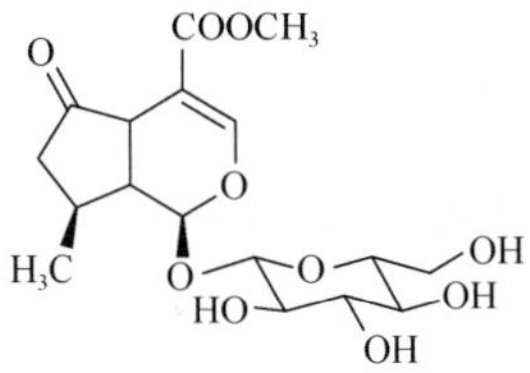	6
酚酸类	咖啡酸（Cafferic acid）	$C_9H_8O_4$	180.16	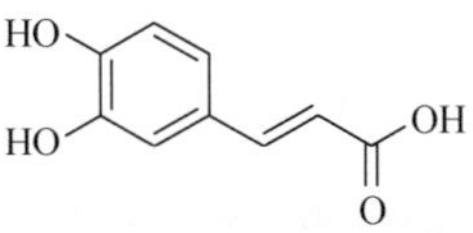	7

续表

结构类型	化合物	分子式	分子量	结构式	药材来源
酚酸类	绿原酸（Chlorogenic acid）	$C_{16}H_{18}O_9$	354.31	O OH HO O OH HO O OH OH	4
香豆素类	甘草宁 N（Gancaonin N）	$C_{20}H_{16}O_4$	320.16	O O O OH	8

注：1. 虎杖；2. 连翘；3. 板蓝根；4. 柴胡；5. 败酱草；6. 马鞭草；7. 芦根；8. 甘草

2. 具体操作流程

本实验以疏风解毒胶囊中的 28 个化学成分为研究对象，探究其分子作用机制，具体方法如下。

（1）使用 ChemBioOffice 2010 软件绘制 28 个成分的三维立体结构图。

（2）将化合物三维立体结构投入反向分子对接网站 PharmMapper 数据库，进行药物分子的体内靶点预测；筛选与药物分子相关的体内靶点，将筛选得到的靶点投入 UniProt 数据库，得到所有靶点对应编号。

（3）将所有的靶点编号投入 MAS 3.0 数据库，得到所有与靶点相关的通路，通过文献查阅选取与抗炎免疫相关的通路进行下一步分析。

（4）综合以上实验数据，通过 KEGG 数据库及相关文献的查阅对计算出的通路进行分析，找到和炎症、免疫等相关的通路，经 Cytoscape 2.8 软件处理，得到疏风解毒胶囊抗炎活性成分相关靶点通路图，该图表示了“疏风解毒胶囊药物分子-体内靶点-作用通路”之间的相互关系。

三、实验结果

通过 PharmMapper 数据库进行反向分子对接，预测出 28 个化学成分的作用靶标 127 个。另外，通过 MAS 3.0 数据库进行靶点的相关通路分析，共得到 112 条作用通路。

通过 KEGG 数据库及相关文献对计算出的通路和靶点进行综合分析，得到酪氨酸蛋白磷酸酶非受体 1 型、外消旋 α-丝氨酸/苏氨酸蛋白激酶、双特异性有丝分裂原活化蛋白激酶 1、脑啡肽酶、丝氨酸/苏氨酸蛋白激酶 B-Raf、成纤维细胞生长因子受体 1、胰岛素受体、血管内皮生长因子受体 2、肝细胞生长因子受体、原癌基因的酪氨酸蛋白激酶 Src、酪氨酸蛋白激酶 BTK、凝血因子Ⅶ、有丝分裂原激活蛋白激酶 10、有丝分裂原激活蛋白激酶 14、13-磷酸肌醇依赖性蛋白激酶 1、翻译起始因子 4E、热休克蛋白 90、膜相关磷脂酶 A2、造血前列腺素 D 合成酶、维 A 酸受体 RXR-α、维 A 酸受体 RXR-β、抗原肽转运蛋白 1、肝细胞生长因子、细胞色素 P4502C9、纤维蛋白原 γ 链、白三烯 A4 水解酶、丝氨酸/苏氨酸蛋白激酶 Pim-1、肾素、细胞色素 P4502C8 等 41 个相关蛋白靶点（表 5-2-2）和与炎症、免疫相关的 22 个通路（表 5-2-3）。

表 5-2-2　41 个相关靶点蛋白信息表

UniProt 代码	蛋白简写	蛋白名称	计算值
P01112	HRAS	GTPase HRas	15
P18031	PTPN1	Tyrosine-protein phosphatase non-receptor type 1	13
P31749	AKT1	RAC-alpha serine/threonine-protein kinase	12
Q02750	MAP2K1	Dual specificity mitogen-activated protein kinase kinase 1	12
P08473	MME	Neprilysin	11
P15056	BRAF	Serine/threonine-protein kinase B-raf	9
P11362	FGFR1	Fibroblast growth factor receptor 1	9
P06213	INSR	Insulin receptor	9
P35968	KDR	Vascular endothelial growth factor receptor 2	8
P08581	MET	Hepatocyte growth factor receptor	8
P12931	SRC	Proto-oncogene tyrosine-protein kinase Src	8
P42330	AKR1C3	Aldo-keto reductase family 1member C3	7
Q06187	BTK	Tyrosine-protein kinase BTK	7
P08709	F7	Coagulation factor Ⅶ	7
P53779	MAPK10	Mitogen-activated protein kinase 10	7
Q16539	MAPK14	Mitogen-activated protein kinase 14	7
O15530	PDPK1	3-phosphoinositide-dependent protein kinase 1	7
P06730	EIF4E	Eukaryotic translation initiation factor 4E	6
P14555	PLA2G2A	Phospholipase A2，membrane associated	6
P07900	HSP90AA1	Heat shock protein HSP 90-alpha	5
P35558	PCK1	Phosphoenolpyruvate carboxykinase，cytosolic [GTP]	5
O60760	PTGDS2	Hematopoietic prostaglandin D synthase	5
P19793	RXRA	Retinoic acid receptor RXR-alpha	5
P28702	RXRB	Retinoic acid receptor RXR-beta	5
Q03518	TAP1	Antigen peptide transporter 1	5
P05413	FABP3	Fatty acid-binding protein，heart	4
O15540	FABP7	Fatty acid-binding protein，brain	4
P14210	HGF	Hepatocyte growth factor	4
P06239	LCK	Tyrosine-protein kinase Lck	4
P36873	PPP1CC	Serine/threonine-protein phosphatase PP1-gamma catalytic subunit	4
P12821	ACE	Angiotensin-converting enzyme	3
P16152	CBR1	Carbonyl reductase [NADPH] 1	3
P11712	CYP2C9	Cytochrome P450 2C9	3
P02679	FGG	Fibrinogen gamma chain	3
P10721	KIT	Mast/stem cell growth factor receptor Kit	3
P09960	LTA4H	Leukotriene A-4hydrolase	3

续表

UniProt 代码	蛋白简写	蛋白名称	计算值
P11309	PIM1	Serine/threonine-protein kinase pim-1	3
P08311	CTSG	Cathepsin G	2
P05230	FGF1	Fibroblast growth factor 1	2
P00797	REN	Renin	2
P10632	CYP2C8	Cytochrome P450 2C8	1

表 5-2-3 22 个相关通路信息表

通路	计算值	*P*	基因
Focal adhesion	11	2.01E-11	*PPP1CC*；*MAP2K1*；*SRC*；*MET*；*KDR*；*HRAS*；*PDPK1*；*HGF*；*AKT1*；*BRAF*；*MAPK10*
Arachidonic acid metabolism	7	2.96E-10	*CYP2C9*；*PLA2G2A*；*AKR1C3*；*LTA4H*；*CBR1*；*PGDS*；*CYP2C8*
VEGF signaling pathway	7	2.34E-09	*PLA2G2A*；*MAP2K1*；*SRC*；*KDR*；*HRAS*；*AKT1*；*MAPK14*
Fc epsilon RI signaling pathway	7	3.08E-09	*PLA2G2A*；*MAP2K1*；*BTK*；*HRAS*；*AKT1*；*MAPK14*；*MAPK10*
PPAR signaling pathway	6	5.26E-08	*RXRA*；*PCK1*；*PDPK1*；*RXRB*；*FABP3*；*FABP7*
MAPK signaling pathway	9	1.04E-07	*PLA2G2A*；*MAP2K1*；*FGFR1*；*HRAS*；*FGF1*；*AKT1*；*BRAF*；*MAPK14*；*MAPK10*
Renin-angiotensin system	4	1.43E-07	*MME*；*ACE*；*CTSG*；*REN*
Adherens junction	5	3.25E-06	*INSR*；*PTPN1*；*SRC*；*MET*；*FGFR1*
mTOR signaling pathway	4	1.51E-05	*EIF4E*；*PDPK1*；*AKT1*；*BRAF*
T cell receptor signaling pathway	5	1.57E-05	*MAP2K1*；*HRAS*；*AKT1*；*MAPK14*；*LCK*
B cell receptor signaling pathway	4	6.44E-05	*MAP2K1*；*BTK*；*HRAS*；*AKT1*
Primary immunodeficiency	3	1.37E-04	*TAP1*；*BTK*；*LCK*
Toll-like receptor signaling pathway	4	2.12E-04	*MAP2K1*；*AKT1*；*MAPK14*；*MAPK10*
Natural killer cell mediated cytotoxicity	4	6.68E-04	*MAP2K1*；*HRAS*；*BRAF*；*LCK*
Complement and coagulation cascades	3	0.001021	*F7*；*FGG*；*F2*
Gap junction	3	0.002406	*MAP2K1*；*SRC*；*HRAS*
Cytokine-cytokine receptor interaction	4	0.006769	*MET*；*KDR*；*HGF*；*KIT*
Tight junction	3	0.00696	*SRC*；*HRAS*；*AKT1*
Hematopoietic cell lineage	2	0.025556	*MME*；*KIT*
Antigen processing and presentation	2	0.026653	*TAP1*；*HSP90AA1*
Jak-STAT signaling pathway	2	0.072062	*PIM1*；*AKT1*
Leukocyte transendothelial migration	1	0.291316	*MAPK14*

与炎症相关通路 10 条，分别为丝裂原活化蛋白激酶（MAPK）、过氧化物酶体增殖体激活受体（PPAR）、花生四烯酸代谢（arachidonic acid metabolism）、黏着斑（focal adhesion）信号通路、白细胞跨膜迁移、缝隙连接（gap junction）、黏着连接（adherens junction）、紧密连接（tight junction）、细胞因子-细胞因子受体相互作用（cytokine-cytokine receptor interaction）、肾素-血管紧张素系统（renin-angiotensin system）。

与免疫相关通路 8 条，分别为补体和凝血级联（complement and coagulation cascades）、自

然杀伤（natural killer）、T/B 细胞受体（T/B cell receptor）、原发性免疫缺陷（primary immunodeficiency）、抗原处理与递呈（antigen processing and presentation）信号通路、细胞因子-细胞因子受体相互作用（cytokine-cytokine receptor interaction）、造血细胞谱系（hematopoietic cell lineage）。

与炎症及免疫均相关通路 5 条，分别为 Toll 样受体（Toll-like receptor）、血管内皮生长因子（VEGF）、Fc epsilon 受体Ⅰ（Fc epsilon RI）、JAK-STAT 信号通路（Jak-STAT signaling pathway）、mTOR 信号转导通路（mTOR signaling pathway）（表 5-2-4）。

表 5-2-4　各化合物作用靶点及通路具体信息

化合物	作用靶点数	作用通路数	与炎症相关通路数	与免疫相关通路数	与免疫、炎症均相关通路数
二氢败酱苷	7	9	5	1	3
山柰酚-3-*O*-鼠李糖苷	6	7	4	3	0
齐墩果酸	3	11	5	3	3
腺苷	8	15	6	6	3
尿苷	3	6	3	1	2
3-（2'-羟基苯）-4（3H）喹唑酮	6	6	5	0	1
羟基靛玉红	6	10	5	2	3
绿原酸	7	9	5	2	2
7-甲氧基异鼠李素	8	16	8	5	3
柴胡皂苷 a	4	1	1	0	0
甘草苷	6	12	7	3	2
异甘草素	6	6	4	1	1
甘草酸	7	13	5	3	5
甘草宁 N	3	4	4	0	0
甘草次酸	2	10	4	3	3
大黄素	6	14	5	5	4
大黄素甲醚	7	15	7	4	4
白藜芦醇	6	6	5	0	1
虎杖苷	7	6	3	2	1
咖啡酸	7	15	6	4	5
表告依春	4	10	5	3	2
连翘苷	6	8	6	1	1
连翘酯苷 A	5	8	5	1	2
芦丁	3	12	4	3	5
连翘脂素	5	6	5	0	1
马鞭草苷	5	12	7	3	2
毛蕊花糖苷	6	15	6	7	2
芹菜素	5	4	3	1	0

最后利用 Cytoscape 2.8 软件进行数据处理，得到疏风解毒胶囊的抗炎免疫网络药理图（图

5-2-1)。预测结果显示，环烯醚萜类化合物马鞭草苷及苯乙醇苷类化合物毛蕊花糖苷、蒽醌类化合物大黄素甲醚、酚酸类化合物咖啡酸、木脂素类化合物连翘苷、黄酮类化合物甘草苷、7-甲氧基鼠李素通过与相应的靶蛋白结合主要作用于和炎症相关的信号通路，从而起到抗炎的作用；核苷类化合物腺苷、蒽醌类化合物大黄素、黄酮类化合物 7-甲氧基鼠李素、苯乙醇苷类化合物毛蕊花糖苷主要作用于免疫相关的通路从而起到免疫调节的作用；生物碱类羟基靛玉红、核苷类化合物腺苷、蒽醌类化合物大黄素甲醚和大黄素、黄酮类化合物芦丁和 7-甲氧基鼠李素、酚酸类化合物咖啡酸、环烯醚萜类二氢败酱苷以及三萜皂苷类甘草酸、甘草次酸主要作用于和炎症及免疫相关的通路而起到抗炎和免疫调节的作用。由此我们推测，来源于疏风解毒胶囊的各类化合物广泛作用于炎症及免疫相关的蛋白靶点及通路，起到治疗感冒的作用，显示了疏风解毒胶囊的多活性化合物多靶点的作用特点，也正符合了中药作用的特点。

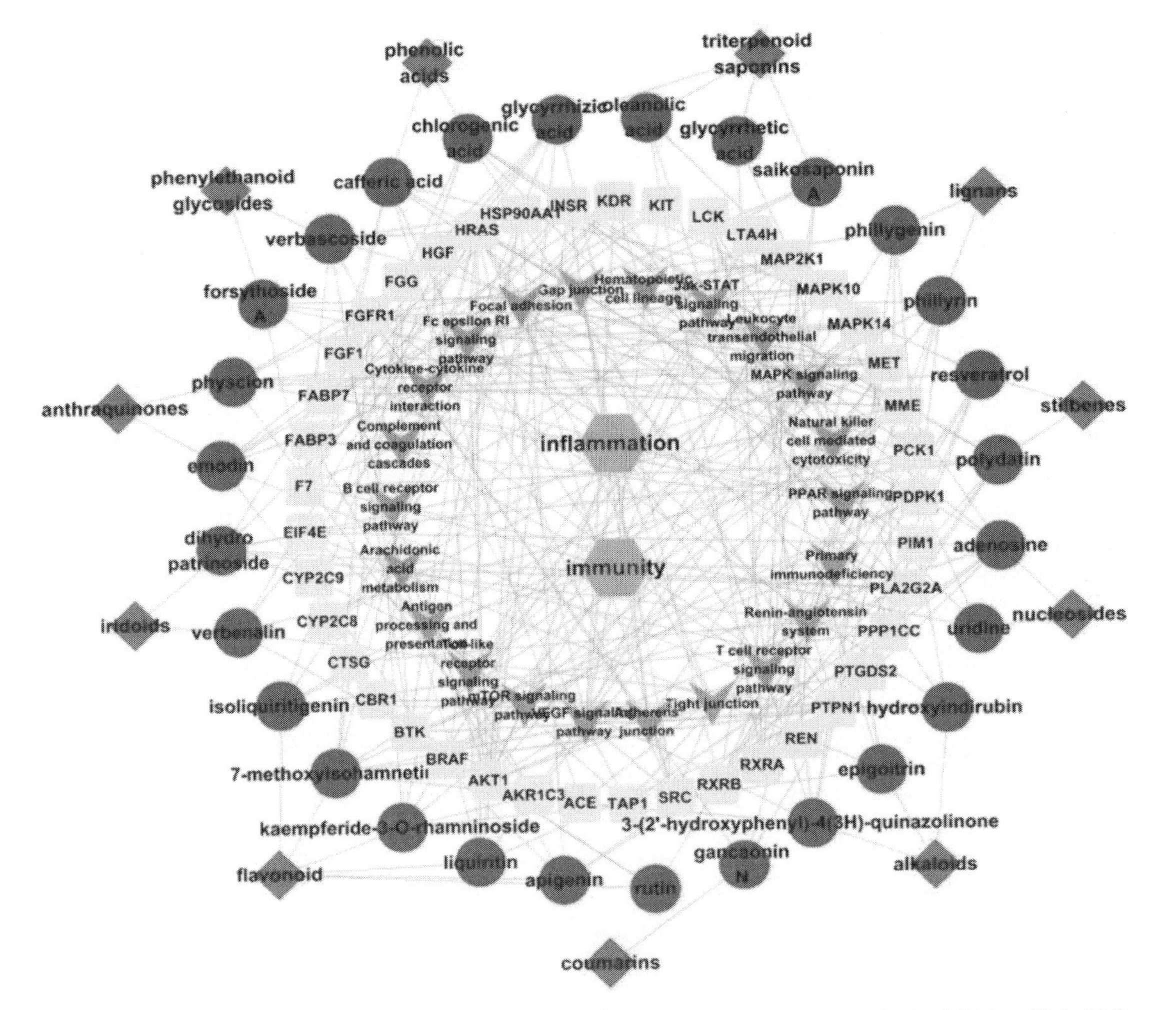

图 5-2-1 疏风解毒胶囊抗炎免疫网络药理图（菱形-化学结构类型；圆形-化合物；长方形-靶点；箭头-通路；六边形-病理过程）

四、总结与讨论

疏风解毒胶囊方中虎杖味苦微涩、微寒，功能祛风、除湿、解表、攻诸肿毒，止咽喉疼痛，为君药。连翘性凉味苦，功能清热、解毒、散结、消肿，具有升浮宣散之力，能透肌解表，清热祛风，为治疗风热的要药。板蓝根味苦性寒，功能清热解毒，为近代抗病毒常用品，二药共为臣药。柴胡味苦性凉，功具和解表里。败酱草味辛苦，微寒，功能清热、解毒、善除痈肿结热。马鞭草性凉味苦，功能清热解毒、活血散瘀，能治外感发热、喉痹。芦根味甘性寒，能清降肺胃，生津止渴，治喉痛。四药共为佐药。甘草养胃气助行药，并调和诸药，为使。诸药配伍能直达上焦肺卫，祛风清热，解毒散结，切合病毒性上呼吸道感染风热证风热袭表，肺卫失宣，热毒结聚之病机。

疏风解毒胶囊因其独特的配方，具有清热解毒之功，在中医祛风解表、清热解毒的基础上，独具抗病毒、抗菌双重功效，目前作为上呼吸道感染的治疗用药。陶振钢等[1]使用疏风解毒胶囊来干预内毒素（LPS）所致的肺损伤大鼠，并以地塞米松治疗组为对照，通过测定肺组织的MAPK/NF-κB 信号通路的相关炎性因子，探讨其作用机制。刘颖等[2]采用甲型 H1N1 流感病毒 FM1 株和 PR8 株滴鼻感染免疫低下小鼠造成肺炎模型，分别进行治疗性和预防性给药，观察小鼠的肺指数、病死数，分析药物分子的作用机制。发现疏风解毒胶囊可通过影响小鼠免疫功能，改善流感病毒引起的肺炎症状，对病毒性感冒有较好的治疗，并可明显延长小鼠存活天数。既往研究发现疏风解毒胶囊治疗上呼吸道感染可能是通过抗炎及免疫发挥作用，因此运用网络药理学从抗炎和免疫的角度阐明其作用机制。

在本部分研究中，我们根据公共数据库和公开发表的数据建立特定药物作用机制网络预测模型，预测药物作用靶点，并从生物网络平衡的角度解析药物作用机制这种研究思路，对筛选鉴定出的 28 个抗炎活性单体利用 PharmMapper 和 KEGG 等生物信息学手段对其进行靶点及作用通路的预测分析，预测 28 种成分可能通过 HRAS、PDPK1、MAP2K1 等 41 个靶点作用于炎症反应的 Focal adhesion、MAPK、Fc epsilon RI、PPAR、Toll-like 受体、Jak-STAT、VEGF、B 细胞受体和 T 细胞受体等 22 条通路，最后利用 Cytoscape 2.8 软件构建了疏风解毒胶囊抗炎活性成分的“分子-靶点-通路”的网络预测图。

在炎症反应中花生四烯酸的氧化旁路起着关键的作用。这条旁路经环氧酶和 5-脂氧酶两条途径分别代谢产生前列腺素、白三烯等炎性递质。花生四烯酸在脂氧化酶的作用下，形成 5-氢过氧酸，进而被代谢生成白三烯，而白三烯对嗜酸性粒细胞、中性粒细胞、单核细胞等有极强的趋化作用，使这些炎症细胞聚集在炎症局部，释放炎症介质，诱导免疫系统产生相应的免疫反应。通过分析本实验的网络药理结果发现，二氢败酱苷、咖啡酸可以作用于靶蛋白磷脂酶 A2（PLA2G2A）来抑制花生四烯酸的合成，进而减少白三烯的合成，减少了炎症介质的释放；同时，山柰酚-3-*O*-鼠李糖苷、甘草苷、大黄素、连翘苷、马鞭草苷、7-甲氧基异鼠李素可以与靶蛋白醛酮还原酶家族 1 亚家族 C 成员 3（AKR1C3）结合，参与花生四烯酸的代谢途径；另外，二氢败酱苷、3-（2'-羟基苯）-4（3H）喹唑酮、咖啡酸可作用于细胞色素 P4502C9（CYP2C9）参与花生四烯酸的代谢；而 3-（2'-羟基苯）-4（3H）喹唑酮、山柰酚-3-*O*-鼠李糖苷可以直接作用于白三烯 A4 水解酶（LKHA4），降低体内白三烯的含量。由此可见，通过疏风解毒胶囊中多个入血成分与 PLA2G2A、AKR1C3、CYP2C9 等多种相关蛋白的相互作用，影响了花生四烯酸的代谢，从而降低了体内的白三烯含量，揭示了疏风解毒胶囊抗炎作用的药理机制。

Toll-like 受体（TLRs）是一个模式识别受体家族，主要表达抗原呈递细胞及一些上皮细胞，能够特异识别病原微生物进化中保守的抗原分子——PAMPs。为了有效地抵抗入侵的病原体，机体需要对 PAMPs 产生适当的免疫应答，TLRs 可以通过识别 PAMPs 诱导抵抗病原体的免疫反应。TIR 可激活胞内的信号介质——白介素受体相关蛋白激酶（IRAK）、促分裂原活化蛋白激酶（MAPK）和 NF-κB，促使炎症因子的表达。通过分析本实验的网络药理结果发现，甘草苷、大黄素、大黄素甲醚、咖啡酸、芦丁可通过作用于外消旋 α-丝氨酸/苏氨酸蛋白激（AKT1）、双特异性有丝分裂原活化蛋白激酶 1（MAP2K1）、有丝分裂原激活蛋白激酶 14（MAPK14）、有丝分裂原激活蛋白激酶 10（MAPK10），作用于 Toll-like 受体信号通路，促使机体产生适当的免疫应答，产生相应的抗炎及免疫反应。

急性上呼吸道感染通常是由病毒和细菌感染引起，当外源性致热原（细菌、病毒、内毒素）作用于人体细胞后产生如 TNF-α、IL-1、IL-2 和 IFN-γ 等内源性致热因子，这些因子将活化 B 细胞受体、T 细胞受体介导的细胞毒等信号，引起 T 细胞、B 细胞等免疫细胞的聚集，伴随免疫球蛋白 IgE 依赖的 Fc epsilon RI、Focal adhesion 信号的活化，进一步激活 MAPK 信号途径，从而引起一系列的炎症反应，持续的炎症刺激能诱导 VEGF 信号途径依赖的气道狭窄，导致气道重塑。本研究的靶点预测及作用通路分析结果提示，二氢败酱苷、甘草酸、大黄素等可能通过 3-磷酸肌醇依赖性蛋白激酶 1（PDPK1）、MAP2K1、MAPK10 等靶点来干预上述所有炎症、免疫相关通路，因此控制上述炎症途径在上呼吸道感染治疗中具有重要意义，也初步揭示了疏风解毒胶囊“分子-靶点-通路”的复杂调控网络。

在本章研究中，以复方中药疏风解毒胶囊中的抗炎活性成分为研究对象，通过网络药理学的手段分析了上述成分可能的作用靶标及作用途径。我们发现疏风解毒胶囊中既有一个分子与多个靶蛋白存在较强相互作用，同时因存在不同分子作用同一个靶蛋白的现象，显示了疏风解毒胶囊的多活性化合物多靶点的作用特点，也正符合了中药作用的特点。本章建立了一条“药物-靶点-通路-网络”的复方中药网络药理学的研究模式，初步揭示了疏风解毒胶囊抗炎作用的多维调控网络，为下一步深入研究疏风解毒胶囊的作用机制打下基础。

参 考 文 献

[1] 陶振钢，高静炎，薛明明，等. 疏风解毒胶囊对于内毒素诱导大鼠急性肺损伤模型中 MAPK/NF-κB 通路的抑制作用[J].中华中医药杂志，2014，29（03）：911-915.

[2] 刘颖，时瀚，金亚宏，等. 疏风解毒胶囊防治流感体内药效学研究[J].世界中西医结合杂志，2010，5（02）：107-110.

第六章 疏风解毒胶囊配伍规律研究

中药的配伍理论是中医药理论的精华，是体现方证对应、临证治法的核心内容。疏风解毒胶囊具有疏风解表、清热解毒的作用，故从功能配伍进行拆方研究，研究清热解毒组分、解表组分及其配伍组合，分别采用急性肺炎大鼠模型、小鼠肺炎链球菌感染模型等疾病相关整体动物模型、G蛋白偶联受体模型和网络药理学方法，研究其配伍协调增效作用，从而阐释疏风解毒胶囊的配伍合理性。

第一节 基于药效模型的疏风解毒胶囊配伍规律研究

一、实 验 材 料

1. 供试品

1.1 供试品1

名称：疏风解毒胶囊（全方组）；批号：151201；含量：3.42g 生药/g 浸膏；保存条件：冷藏保存；送样单位：天津药物研究院有限公司。

1.2 供试品2

名称：疏风解毒胶囊（解表组）；批号：151203；含量：3.13g 生药/g 浸膏；保存条件：冷藏保存；送样单位：天津药物研究院有限公司。

1.3 供试品3

名称：疏风解毒胶囊（清热解毒组）；批号：151202；含量：4.35g 生药/g 浸膏；保存条件：冷藏保存；送样单位：天津药物研究院有限公司。

2. 阳性对照品

吲哚美辛，厦门中药厂有限公司，批号：140118。
头孢氨苄胶囊，哈药集团三精制药诺捷有限责任公司，批号：1511142，1511322。

3. 阴性对照品

去离子水：BM-40纯水机制，北京中盛茂源科技发展有限公司。

4. 试剂

（1）乌来糖，天津市光复精细化工研究所，批号：20130708。
（2）生理盐水，石家庄四药有限公司，批号：1509203102。

（3）肺炎链球菌，南京便诊生物科技有限公司，批号：15021101。
（4）安琪活性酵母，安琪酵母股份有限公司，批号：20150722。
（5）冰醋酸，天津市化学试剂供销有限公司，批号：20151215。
（6）伊文思蓝，上海化学试剂采购供应站，批号：821102。
（7）碳酸氢钾，天津市光复科技发展有限公司，批号：2101025。
（8）氨水，天津风船化学试剂科技有限公司，批号：20120220。
（9）试剂盒：
环氧化酶 1（COX-1）ELISA 测定试剂盒，批号：U13011624，武汉华美。
环氧化酶 2（COX-2）ELISA 测定试剂盒，批号：Z29016660，武汉华美。
单核细胞趋化因子（MCP-1/MCAF）ELISA 测定试剂盒，批号：T29011629，武汉华美。
缓激肽（BK）ELISA 测定试剂盒，批号：U13011628，武汉华美。
白细胞介素 1α（IL-1α）ELISA 测定试剂盒，批号：Z15016481，武汉华美。
白细胞介素 1β（IL-1β）ELISA 测定试剂盒，批号：Y18016485，武汉华美。
白细胞介素 2（IL-2）ELISA 测定试剂盒，批号：Y05016482，武汉华美。
白细胞介素 4（IL-4）ELISA 测定试剂盒，批号：Z29016483，武汉华美。
白细胞介素 6（IL-6）ELISA 测定试剂盒，批号：V24016484，武汉华美。
白细胞介素 10（IL-10）ELISA 测定试剂盒，批号：Y05016480，武汉华美。
α 干扰素（IFN-α）ELISA 测定试剂盒，批号：Z01016486，武汉华美。
γ 干扰素（IFN-γ）ELISA 测定试剂盒，批号：Z29016479，武汉华美。
肿瘤坏死因子 α（TNF-α）ELISA 测定试剂盒，批号：Z01016487，武汉华美。
免疫球蛋白 A（IgA）ELISA 测定试剂盒，批号：A02016401，武汉华美。
免疫球蛋白 M（IgM）ELISA 测定试剂盒，批号：Y16016499，武汉华美。
免疫球蛋白 G（IgG）ELISA 测定试剂盒，批号：Z04016400，武汉华美。
核转录因子 κB（NF-κB）ELISA 测定试剂盒，批号：Z01016488，武汉华美。
补体 C3 ELISA 测定试剂盒，批号：A13016402，武汉华美。

5. 主要仪器

BT224S 电子天平，北京赛多利斯仪器系统有限公司。
ML203/02 电子天平（精度 1mg，最大量程 220g），梅特勒-托利多仪器（上海）有限公司。
酶标仪（Varioskan Flash），Thermo。

6. 实验动物

大小鼠，SPF 级，由北京维通利华实验动物技术有限公司[许可证号：SCXK（京）2012-0001]提供。

疏风解毒胶囊各组分对腹膜炎模型小鼠的影响试验用动物：小鼠，18～20g，实验动物质量合格证编号 11400700130959，发票编号 01275167，IACUC 编号 2015122102，接收日期 20151225。

疏风解毒胶囊各组分对体内感染肺炎链球菌模型小鼠的影响试验用动物：小鼠，18～20g，实验动物质量合格证编号 11400700144806，发票编号 01653202，IACUC 编号 2016033003，接收日期 20160401。

疏风解毒胶囊各组分对肺炎链球菌致肺炎模型大鼠的影响试验用动物：大鼠，180～200g，实验动物质量合格证编号 11400700160098，发票编号 00703707，IACUC 编号 2016061401，接收日期 20160621。

疏风解毒胶囊各组分对氨水致咽炎模型大鼠的影响试验用动物：大鼠，180～200g，实验动物质量合格证编号 11400700158693，发票编号 00703114，IACUC 编号 2016060801，接收日期 20160614。

二、动物设施和动物饲养

1. 动物设施

设施名称：天津药物研究院新药评价有限公司动物实验楼（屏障环境）。
设施地址：天津市滨海高新区滨海科技园惠仁道 308 号。
实验动物使用许可证号：SYXK（津）2011-0005。
签发单位：天津市科学技术委员会。

2. 饲养条件

大鼠饲养于聚丙烯鼠盒中，大鼠盒规格为长×宽×高=48cm×35cm×20cm，小鼠盒规格为长×宽×高=33cm×21cm×17cm，雌雄分养，每盒饲养同性别 5 只动物。
温度：20～26℃。
湿度：40%～70%。
换气次数：不少于 15 次全新风/h。
光照：12h 明 12h 暗交替。

3. 动物饲料

饲料名称：SPF 大小鼠维持饲料。
灭菌方式：^{60}Co 辐照。
供应单位：天津市华荣实验动物科技有限公司。
动物饲料生产许可证：SCXK（津）2012-0001。
大鼠饲料批号：2015112、2016101、2016102、2016106。
签发单位：天津市科学技术委员会。

饲料检测：每批饲料均有质量合格证和饲料供应单位提供的自检报告，每季度由饲料供应单位提供一份近期第三方饲料检测报告，检测项目包括饲料营养成分和理化指标，检测标准参照 GB14924.2-2001《实验动物配合饲料卫生标准》、GB14924.3-2010《实验动物配合饲料营养成分》。

饲料检测结果：各项检测指标均符合要求。

4. 饮用水

饮用水来源：1T/h 型多重微孔滤膜过滤系统制备的无菌水（四级过滤紫外灭菌）。
饮水方式：用饮水瓶直接灌装供应，动物自由饮水。
饮用水检测：屏障环境动物饮用水每季度由本中心自检微生物指标，每年送天津市疾病预防控制中心进行卫生学评价检测，包括微生物指标和生化指标检测。中心自检参照标准为 GB14925-2010《实验动物环境及设施》，送检参照标准为 GB 5749-2006《生活饮用水卫生标准》。

饮用水检测结果：各项检测指标均符合要求。

5. 饲养管理

除特殊要求（如禁食）外，动物自由采食，自由饮水。饮水瓶和瓶中动物饮用水每天更换，不能重复使用，使用后饮水瓶经脉动真空灭菌器高压消毒后再次使用。

动物饲养笼具底盘每天更换 1 次，饲养笼具每周更换 1 次，笼盖每 2 周更换 1 次，所有动物饲养笼具均通过脉动真空灭菌器高压消毒后进入屏障环境使用；动物饲养笼架每周清洁、消毒擦拭 1 次。动物饲养观察室每天进行清洁消毒，范围包括地面、台面、桌面、门窗和进排风口。屏障环境使用的消毒液包括 0.1%新洁尔灭溶液、0.1%过氧乙酸溶液和 1∶250 的 84 消毒液，三种消毒液轮流使用，每周使用一种。

6. 动物接收与检验

实验动物到来后，试验人员、兽医和动物保障部门一同接收。接收时首先查看运输工具是否符合要求，再查看动物供应单位提供的动物合格证明，并确认合格证内容与申请购买的动物种属、级别、数量和性别一致。然后检查外包装是否符合要求及动物外包装是否有破损。动物外包装经第三传递柜传入检疫室。试验用具和实验记录经第四传递柜传入。

在检疫室打开动物外包装，核对动物性别及数量与动物合格证明所载事项是否一致。用记号笔在鼠尾标记动物检疫号，然后逐一对动物进行外表检查（包括性别、体重、头部、躯干、尾部、四肢、皮毛、精神、活动等），并填写《试验动物接收单》和《动物接收检验单》。动物检验后放入动物饲养笼中，在笼具上悬挂检疫期标签，然后放在检疫室中进行适应期饲养。不合格动物处死后经缓冲区移出放入尸体暂存冰柜中等待处理。

动物适应饲养期限为 2 天。每天对动物进行观察，包括体重、头部、躯干、尾部、四肢、皮毛、精神、活动等。适应期未发现异常动物。

三、给药途径、方法、给药体积

给药途径：口服。
给药方式：灌胃。
给药体积：小鼠，20ml/kg；大鼠，10ml/kg。

四、给药剂量设置及设置依据

1. 疏风解毒胶囊

疏风解毒胶囊人日用量为 32.4g 生药/天，人体重以 70kg 计算，小鼠等效剂量为 5.4g 生药/kg，大鼠等效剂量为 2.7g 生药/kg。小鼠药效学设置剂量为 10.8g 生药/kg，大鼠药效学设置剂量为 5.4g 生药/kg。

疏风解毒胶囊分为解表组及清热解毒组 2 个组分别进行配伍合理性研究，解表组与清热解毒组比例为 11.89：20.51，所以疏风解毒胶囊（解表）剂量设置为：小鼠 3.96g 生药/kg，大鼠 1.98g 生药/kg；疏风解毒胶囊（清热解毒）剂量设置为：小鼠 6.84g 生药/kg，大鼠 3.42g 生药/kg。

2. 吲哚美辛

口服：开始时每次服 25mg，1 日 2～3 次，饭时或饭后立即服（可减少胃肠道不良反应）。治疗风湿性关节炎等，若未见不良反应，可逐渐增至每日 125～150mg。

3. 头孢氨苄胶囊

成人剂量：口服，一般一次 250～500mg，一日 4 次，高剂量一日 4g。以人日用量 1g（250mg/次，4 次），人体重 70kg 计算，大鼠等效剂量为 85mg/kg，药效学剂量设定为 175mg/kg。

五、供试品配制

1. 疏风解毒胶囊（全方组）

精密称取疏风解毒胶囊（全方组）浸膏 15.8g，用去离子水稀释至 100ml，混匀。

2. 疏风解毒胶囊（解表组）

精密称取疏风解毒胶囊（解表组）浸膏 6.3g，用去离子水稀释至 100ml，混匀。

3. 疏风解毒胶囊（清热解毒组）

精密称取疏风解毒胶囊（清热解毒组）浸膏 7.9g，用去离子水稀释至 100ml，混匀。

4. 吲哚美辛

精密称取吲哚美辛 10mg，用去离子水研磨均匀后配制成 100ml 混悬液，混匀。

5. 头孢氨苄胶囊

取头孢氨苄胶囊（规格 0.125g/粒）14 粒，用去离子水研磨均匀后配制成 100ml 混悬液，混匀。

六、统 计 方 法

计量数据以均值和标准差表示，采用 SPSS16.0 单因素方差分析（ANOVA，LSD）进行统计学检验，采用 EXCEL 作图。计数数据采用 X^2 检验。采用金氏概率法计算 Q 值，Q 值>1 为有协同作用。

七、试 验 方 法

1. 对肺炎链球菌致急性肺炎模型大鼠的影响

1.1　试验方法

试验选用 SD 大鼠 48 只，随机分成 6 组，每组 8 只，雌雄各半，分别为对照组、模型组、头孢氨苄组，全方组、解表组、清热解毒组，每天给药 1 次，连续给药 6 天，对照组及模型组灌胃给予同体积的蒸馏水。于给药第 1 天至第 3 天，除对照组外，各组大鼠于给药后气管内注射 0.2ml 浓度为 10^7CFU 肺炎链球菌菌液。菌液制备方法：将肺炎链球菌接种于血碟中，37℃培养 20～24h，再将此菌二次传代，培养 20～24h 后用比浊法配制成 10^8CFU 菌液后再稀释 10 倍备用。.

1.2 测定指标

1.2.1 一般观察

给药期间观察动物外观体征、行为活动、腺体分泌、呼吸等。

1.2.2 全血细菌计数

于末次给药后第二天腹腔注射 20%乌拉坦 5ml/kg 麻醉大鼠，腹主动脉取血 1.5ml 于加有 EDTA 抗凝真空采血管中，混匀，进行全血细菌计数。无菌操作取全血 0.2ml，生理盐水稀释 3 倍至 0.6ml 均匀加在血碟中，培养箱中培养 24h 后，进行菌落计数。

1.2.3 肺泡冲洗液细菌计数

分离气管并用手术缝合线结扎气管中段，小心分离取出肺及气管，称重；结扎右肺，从气管朝肺内注射 2ml 生理盐水，收集肺泡冲洗液进行菌落计数。无菌操作取肺泡冲洗液 0.5ml 均匀加在血碟中，培养箱中培养 24h 后，进行菌落计数。

1.2.4 肺泡冲洗液白细胞计数及分类

收集肺泡冲洗液，用 ADVIA2120 血液分析仪测定白细胞（WBC）计数。

1.2.5 全血白细胞计数及分类

腹主动脉取血 1.5ml 于加有 EDTA 抗凝真空采血管中，混匀，ADVIA2120 血液分析仪测定全血白细胞计数及分类。

1.2.6 全血淋巴细胞分类

腹主动脉取血 1.5ml 于加有 EDTA 抗凝真空采血管中，混匀后流式细胞仪测定 T 细胞、B 细胞、NK 细胞分类。

1.2.7 血清 IL-1α、IL-1β、IL-2、IL-4、IL-6、IL-10 含量测定

取血 3～4ml 加于真空采血管中，3000r/min 离心分离血清，–20℃保存备用，用武汉华美生产的 ELISA 测定试剂盒测定血清 IL-1α、IL-1β、IL-2、IL-4、IL-6、IL-10 含量。

1.2.8 血清 TNF-α、IFN-α、IFN-γ 含量测定

用武汉华美生产的 ELISA 测定试剂盒测定血清 TNF-α、IFN-α、IFN-γ 含量。

1.2.9 血清 IgA、IgM、IgG 含量测定

用武汉华美生产的 ELISA 测定试剂盒测定血清 IgA、IgM、IgG 含量。

1.2.10 血清 C3、BK、MCP-1 含量测定

用武汉华美生产的 ELISA 测定试剂盒测定血清 C3、BK、MCP-1 含量。

1.2.11 血清 NF-κB、COX-1、COX-2 含量测定

用武汉华美生产的 ELISA 测定试剂盒测定血清 NF-κB、COX-1、COX-2 含量。

1.2.12 免疫器官重量

剪开胸腔及腹腔，剪取胸腺、脾，称重并记录。

1.2.13 大体解剖检查

大鼠麻醉后，打开胸腔，观察大鼠免疫器官及肺部的颜色、大小、质地等的变化。

1.2.14 肺组织病理学检查

分离气管并用手术缝合线结扎气管中段，小心分离取出肺及气管，称重；结扎右肺，取右肺放入 12%甲醛溶液中固定，进行组织病理学检查。

1.3 试验结果

1.3.1 一般观察

一般观察结果显示，模型组大鼠皮毛不顺、干枯，自主活动减少。头孢氨苄组、全方组、解表组、清热解毒组大鼠皮毛较光滑。

1.3.2 全血细菌计数

结果表明（表 6-1-1），模型组大鼠全血菌落数显著增加，表明模型组大鼠肺部感染肺炎链球菌后外周血中也有肺炎链球菌。头孢氨苄组、全方组、解表组、清热解毒组外周血菌落计数显著减少，表明疏风解毒胶囊能显著减少肺炎链球菌致肺炎大鼠体内细菌数，有显著的体内抑菌作用，对肺炎大鼠有显著的保护作用（图 6-1-1，图 6-1-2）。

配伍合理性分析：疏风解毒胶囊显著减少体内感染肺炎链球菌大鼠全血菌落数，其中全方组菌落数最低，解表组其次，清热解毒组菌落数最多，Q 值>1，表明解表组分、清热解毒组分配伍后有协同作用，能协同减少肺炎链球菌大鼠全血菌落数。

表 6-1-1 疏风解毒胶囊对肺炎模型大鼠全血培养菌落数的影响（$\bar{X}\pm SD$，n=8）

分组	剂量（g 生药/kg）	菌落数（个）	改善率（%）	Q 值
对照组	—	0±0	—	
模型组	—	82.1±75.5#	—	
头孢氨苄组	175mg/kg	0.4±0.7*	99.5	
全方组	5.4	0.1±0.4*	99.9	1.0001
解表组	1.98	1.8±2.4*	97.8	
清热解毒组	3.42	5.0±8.1*	93.9	

模型组与对照组比较，# P<0.05；给药组与模型组比较，* P<0.05

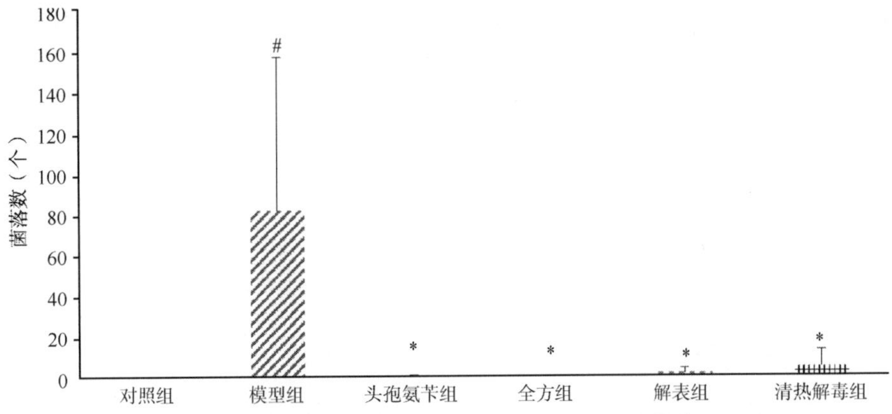

图 6-1-1 疏风解毒胶囊对肺炎模型大鼠全血培养菌落数的影响

与对照组比较，# $P<0.05$；与模型组比较，* $P<0.05$

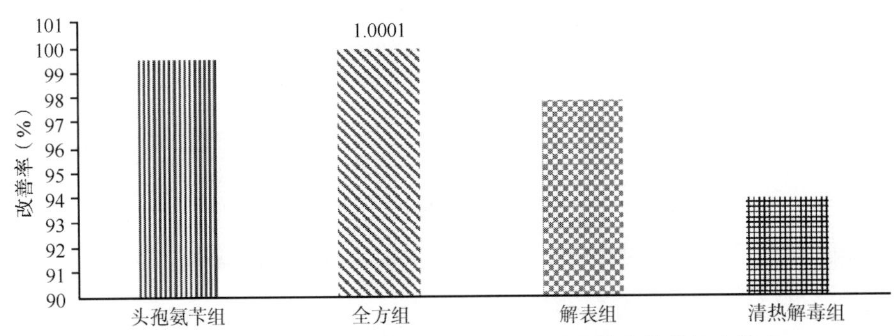

图 6-1-2 疏风解毒胶囊对肺炎模型大鼠全血培养菌落数的改善率

1.3.3 肺泡冲洗液细菌计数

结果表明（表 6-1-2），模型组大鼠肺泡冲洗液菌落数显著增加，头孢氨苄组、全方组、解表组、清热解毒组肺泡冲洗液菌落计数显著减少，表明疏风解毒胶囊能显著减少肺炎链球菌致肺炎大鼠体内细菌数，有显著的体内抑菌作用，对肺炎大鼠有显著的保护作用（图 6-1-3，图 6-1-4）。

配伍合理性分析：疏风解毒胶囊显著减少体内感染肺炎链球菌大鼠肺泡冲洗液菌落数，其中全方组菌落数最低，解表组其次，清热解毒组菌落数最多，Q 值接近 1，表明解表组分、清热解毒组分配伍后有增效作用，配伍后能进一步减少对肺炎链球菌大鼠肺泡冲洗液菌落数。

表 6-1-2 疏风解毒胶囊对肺炎模型大鼠肺泡冲洗液培养菌落数的影响（$\bar{X}\pm SD$，n=8）

分组	剂量（g 生药/kg）	菌落数（个）	改善率（%）	Q 值
对照组	—	0±0		
模型组	—	70.5±70.6#		
头孢氨苄组	175mg/kg	5.8±8.0*	91.8	
全方组	5.4	1.0±1.9*	98.6	0.988
解表组	1.98	3.0±4.7*	95.7	
清热解毒组	3.42	3.9±6.9*	94.5	

模型组与对照组比较，# $P<0.05$；给药组与模型组比较，* $P<0.05$

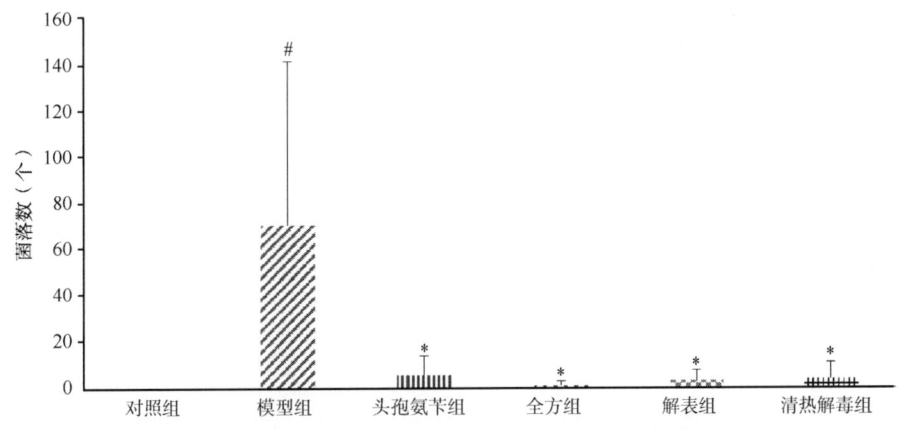

图 6-1-3　疏风解毒胶囊对肺炎模型大鼠肺泡冲洗液培养菌落数的影响

模型组与对照组比较，# $P<0.05$；给药组与模型组比较，* $P<0.05$

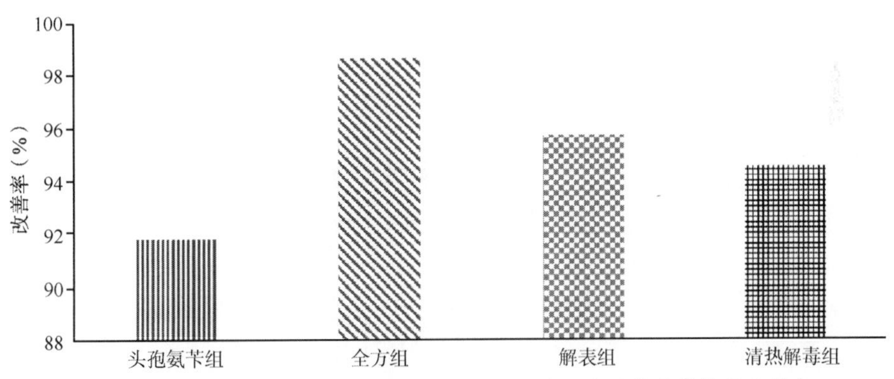

图 6-1-4　疏风解毒胶囊对肺炎模型大鼠肺泡冲洗液培养菌落数的改善率

1.3.4　全血白细胞计数及分类

结果表明（表 6-1-3～表 6-1-5），模型组大鼠外周血白细胞（WBC）数量升高，中性粒细胞比例（%Neut）显著增加，淋巴细胞比例（%Lymph）显著降低，单核细胞比例（%Mono）、嗜酸性粒细胞比例（%Eos）、嗜碱性粒细胞比例（%Baso）无显著性变化，表明大鼠感染肺炎链球菌后，受肺炎链球菌荚膜及溶血素刺激，白细胞数量迅速增加，中性粒细胞比例迅速增加。

表 6-1-3　疏风解毒胶囊对肺炎模型大鼠外周血白细胞计数及分类的影响（ $\bar{X}\pm SD$ ，$n=8$）

分组	剂量（g 生药/kg）	WBC	%Neut	%Lymph
对照组	—	11.97±0.80	9.44±2.61	85.98±2.93
模型组	—	25.34±6.60###	47.06±11.60###	44.46±10.82###
头孢氨苄组	175mg/kg	22.86±3.54	45.63±11.22	47.21±11.85
全方组	5.4	12.69±2.63***	52.30±5.63	42.10±5.33
解表组	1.98	16.92±3.45**	52.70±8.93	41.76±10.34
清热解毒组	3.42	15.27±1.98**	56.24±12.19	40.33±12.13

模型组与对照组比较，### $P<0.001$；给药组与模型组比较，** $P<0.01$，*** $P<0.001$

表 6-1-4 疏风解毒胶囊对肺炎模型大鼠外周血白细胞分类的影响（$\bar{X}\pm SD$，n=8）

分组	剂量（g 生药/kg）	%Mono	%Eos	%Baso
对照组	—	2.61±1.05	0.39±0.12	0.50±0.17
模型组	—	2.51±0.59	0.34±0.12	0.61±0.12
头孢氨苄组	175mg/kg	2.99±0.39	0.80±0.33**	0.49±0.12
全方组	5.4	3.20±1.23	1.03±0.38**	0.26±0.07***
解表组	1.98	2.49±0.83	0.93±0.60*	0.29±0.10***
清热解毒组	3.42	1.79±0.23*	0.63±0.28*	0.23±0.09***

给药组与模型组比较，* $P<0.05$，** $P<0.01$，*** $P<0.001$

表 6-1-5 疏风解毒胶囊对肺炎模型大鼠外周血白细胞分类的改善率的影响（$\bar{X}\pm SD$，n=8）

分组	剂量（g 生药/kg）	WBC（%）	%Eos	%Baso
头孢氨苄组	175mg/kg	18.4	135.3	19.7
全方组	5.4	94.6	202.9	57.4
解表组	1.98	63.0	173.5	52.5
清热解毒组	3.42	75.3	85.3	62.3
Q 值	—	1.04	1.831	0.699

头孢氨苄组未见显著性变化，疏风解毒胶囊全方、解表组分、清热解毒组分均能显著降低白细胞数量，显著升高嗜酸性粒细胞比例、降低嗜碱性粒细胞比例，结果表明疏风解毒胶囊对肺炎链球菌致肺炎大鼠有显著的治疗作用。全方组大鼠在白细胞数量及嗜酸性粒细胞比例 2 个指标上 Q 值>1，表明解表组分与清热解毒组分配伍后在上述指标上有显著的协同作用（图 6-1-5～图 6-1-7）。

配伍合理性分析：疏风解毒胶囊显著降低白细胞数量，显著升高嗜酸性粒细胞比例、降低嗜碱性粒细胞比例，其中全方组白细胞数量最低，清热解毒组其次，解表组最高，嗜酸性粒细胞比例全方组最高，解表组其次，清热解毒组最低，嗜碱性粒细胞比例 3 个组差异不大。全方组白细胞数量、嗜酸性粒细胞比例 Q 值>1，表明解表组分、清热解毒组分配伍后有协同作用，配伍后能进一步减少白细胞数量、升高嗜酸性粒细胞比例。

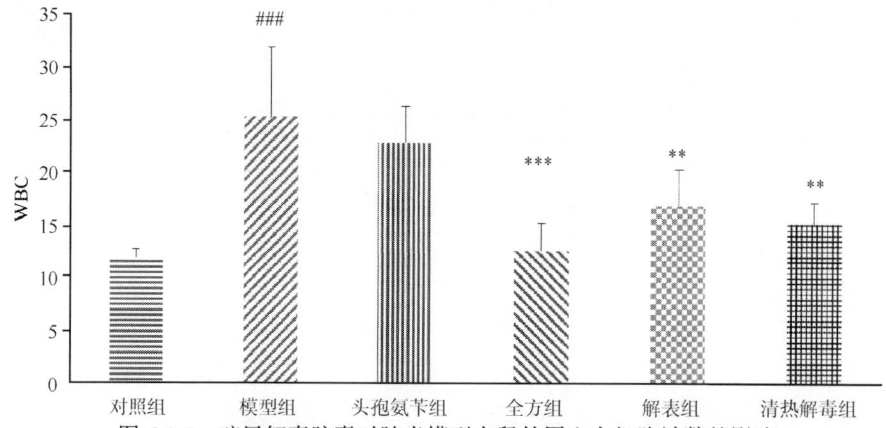

图 6-1-5 疏风解毒胶囊对肺炎模型大鼠外周血白细胞计数的影响

模型组与对照组比较，### $P<0.001$；给药组与模型组比较，** $P<0.01$，*** $P<0.001$

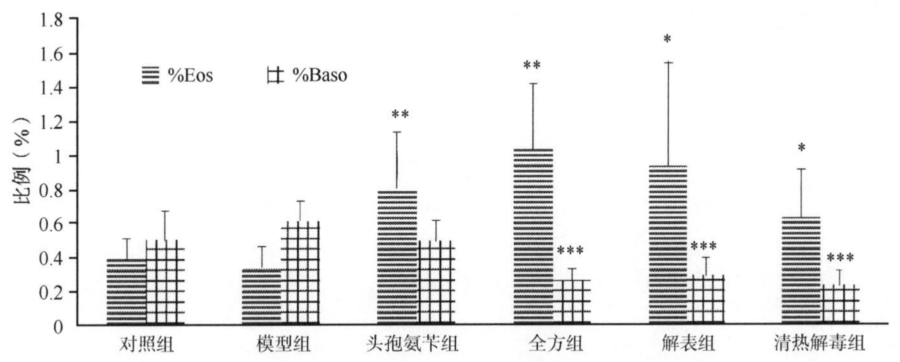

图 6-1-6　疏风解毒胶囊对肺炎模型大鼠外周血白细胞分类的影响

给药组与模型组比较，* $P<0.05$，** $P<0.01$，*** $P<0.001$

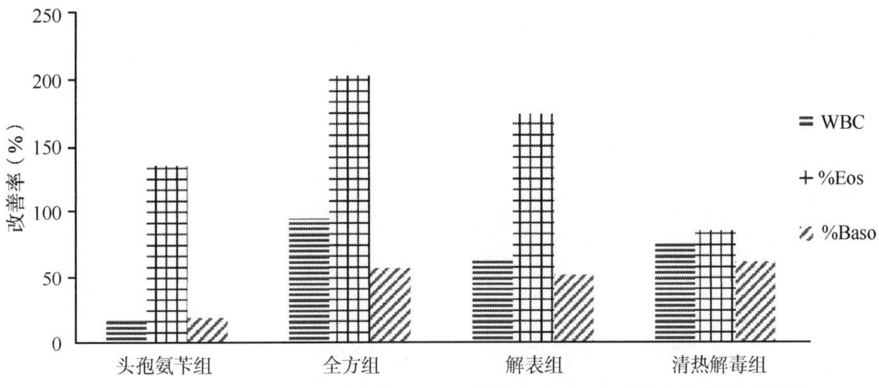

图 6-1-7　疏风解毒胶囊对肺炎模型大鼠外周血白细胞计数及分类的改善率

1.3.5　肺泡冲洗液白细胞计数及分类

结果表明（表 6-1-6 和表 6-1-7），模型组大鼠肺泡冲洗液白细胞数量升高。头孢氨苄组、全方组、解表组、清热解毒组肺泡冲洗液白细胞计数显著减少，表明疏风解毒胶囊能显著减轻肺炎大鼠肺部炎症，对肺炎大鼠有显著的保护作用（图 6-1-8）。

配伍合理性分析：疏风解毒胶囊显著降低肺泡冲洗液白细胞数量，全方组、清热解毒组、解表组 3 个组差异不大。表明解表组分、清热解毒组分配伍后在此指标上作用相差不大，无拮抗作用。

表 6-1-6　疏风解毒胶囊对肺炎模型大鼠肺泡冲洗液白细胞计数及分类的影响（$\bar{X}\pm SD$，n=8）

分组	剂量（g 生药/kg）	WBC	%Neut	%Lymph
对照组	—	0.30±0.06	17.80±3.60	72.17±6.88
模型组	—	0.64±0.42	13.35±5.61	78.48±10.25
头孢氨苄组	175mg/kg	0.94±0.78	12.48±5.27	81.65±5.80
全方组	5.4	0.24±0.07*	11.29±1.77	83.53±3.34
解表组	1.98	0.27±0.08*	13.00±4.98	79.05±8.43
清热解毒组	3.42	0.19±0.10*	8.75±4.18	86.26±4.99

给药组与模型组比较，* $P<0.05$

表 6-1-7　疏风解毒胶囊对肺炎模型大鼠肺泡冲洗液白细胞计数及分类的影响（$\bar{X}$ ± SD，n=8）

分组	剂量（g 生药/kg）	%Mono	%Eos	%Baso
对照组	—	2.75±1.31	1.73±2.31	11.37±4.59
模型组	—	2.35±1.87	0.74±0.60	8.63±2.68
头孢氨苄组	175mg/kg	2.90±1.73	0.35±0.64	7.05±3.41
全方组	5.4	1.10±0.58	0.63±0.86	8.13±3.55
解表组	1.98	2.25±1.73	0.36±0.43	6.86±2.50
清热解毒组	3.42	1.95±1.48	0.84±0.72	5.89±2.86

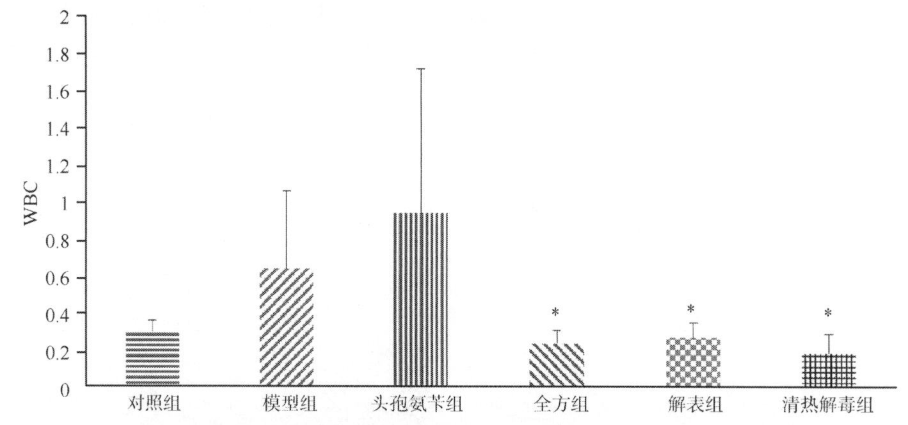

图 6-1-8　疏风解毒胶囊对肺炎模型大鼠肺泡冲洗液白细胞计数的影响

给药组与模型组比较，* P<0.05

1.3.6　全血淋巴细胞分类

结果显示（表 6-1-8～表 6-1-10），模型组大鼠外周血 B 淋巴细胞比例显著升高，自然杀伤（NK）细胞比例显著减少，表明大鼠感染肺炎链球菌后，淋巴细胞比例失调。

表 6-1-8　疏风解毒胶囊对肺炎模型大鼠外周血淋巴细胞分类的影响（$\bar{X}$ ± SD，n=8）

分组	剂量（g 生药/kg）	T 细胞（%）	B 细胞（%）	NK 细胞（%）
对照组	—	47.7±7.1	12.2±4.6	29.5±2.5
模型组	—	50.8±8.3	24.1±6.8##	18.2±7.1##
头孢氨苄组	175mg/kg	53.5±10.3	9.0±3.4***	26.8±9.3
全方组	5.4	46.7±7.9	10.5±3.5***	34.6±3.6***
解表组	1.98	49.4±4.9	11.2±4.4***	29.1±3.9**
清热解毒组	3.42	50.9±7.6	16.2±3.7*	23.6±3.6

模型组与对照组比较，## P<0.01；给药组与模型组比较，* P<0.05，** P<0.01，*** P<0.001

表 6-1-9　疏风解毒胶囊对肺炎模型大鼠外周血 T 淋巴细胞分类的影响（$\bar{X}$ ± SD，n=8）

分组	剂量（g 生药/kg）	$CD4^+$（%）	$CD8^+$（%）	$CD4^+/CD8^+$
对照组	—	61.9±4.1	21.9±3.4	2.9±0.6
模型组	—	59.2±6.3	21.6±4.3	2.9±0.9
头孢氨苄组	175mg/kg	60.2±5.6	23.4±4.1	2.7±0.8

续表

分组	剂量（g 生药/kg）	CD4⁺（%）	CD8⁺（%）	CD4⁺/CD8⁺
全方组	5.4	63.8±3.4	14.5±1.8**	4.5±0.7**
解表组	1.98	60.8±5.5	15.0±3.8**	4.3±1.2*
清热解毒组	3.42	62.6±3.4	16.7±2.9*	3.9±0.7*

给药组与模型组比较，* $P<0.05$，** $P<0.01$

表 6-1-10　疏风解毒胶囊对肺炎模型大鼠外周血淋巴细胞分类改善率及 *Q* 值的影响（$\bar{X}\pm SD$，$n=8$）

分组	剂量（g 生药/kg）	B 细胞（%）	NK 细胞（%）	CD8⁺（%）	CD4⁺/CD8⁺
头孢氨苄组	175mg/kg	122.7	43.4	–8.3	–6.9
全方组	5.4	114.3	145.1	32.9	55.2
解表组	1.98	108.4	96.5	30.6	48.3
清热解毒组	3.42	66.4	47.8	22.7	34.5
Q 值	—	1.111	1.479	0.710	0.835

头孢氨苄组 B 淋巴细胞比例显著降低。疏风解毒胶囊全方组、解表组、清热解毒组均能显著降低 B 淋巴细胞比例，升高 $CD4^+/CD8^+$，全方组、解表组能显著升高 NK 细胞比例、降低 $CD8^+$比例，结果表明疏风解毒胶囊能显著调节肺炎链球菌致肺炎大鼠紊乱的免疫系统，对肺炎链球菌致肺炎大鼠有显著治疗作用（图 6-1-9～图 6-1-12）。

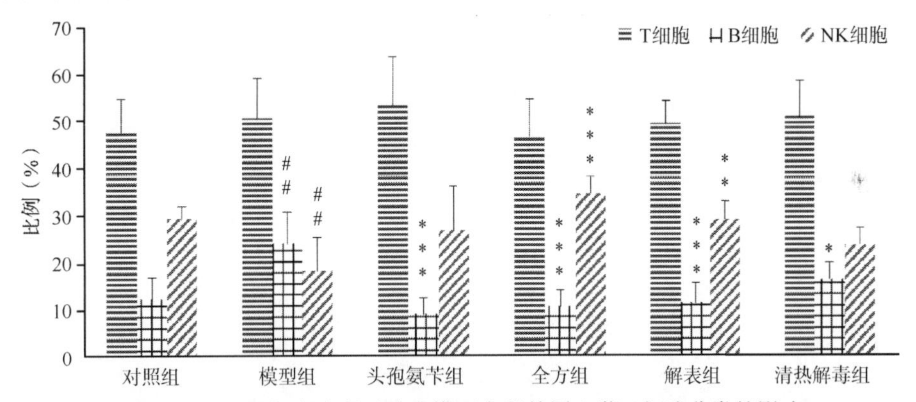

图 6-1-9　疏风解毒胶囊对肺炎模型大鼠外周血淋巴细胞分类的影响

模型组与对照组比较：## $P<0.01$；给药组与模型组比较：* $P<0.05$，** $P<0.01$，*** $P<0.001$

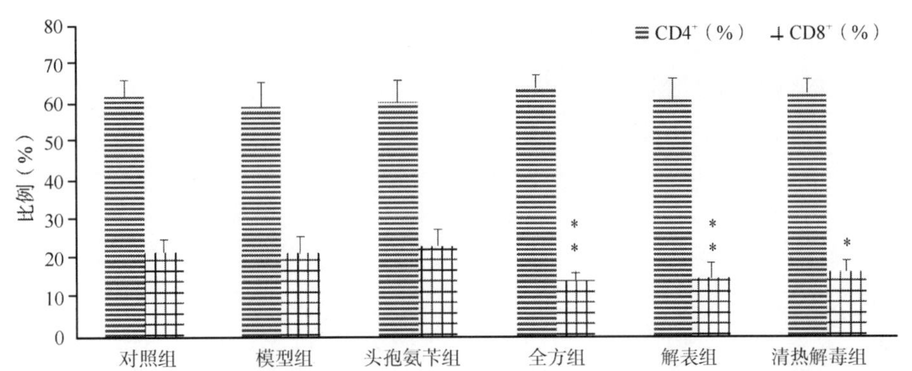

图 6-1-10　疏风解毒胶囊对肺炎模型大鼠外周血 T 淋巴细胞分类的影响

给药组与模型组比较：* $P<0.05$，** $P<0.01$

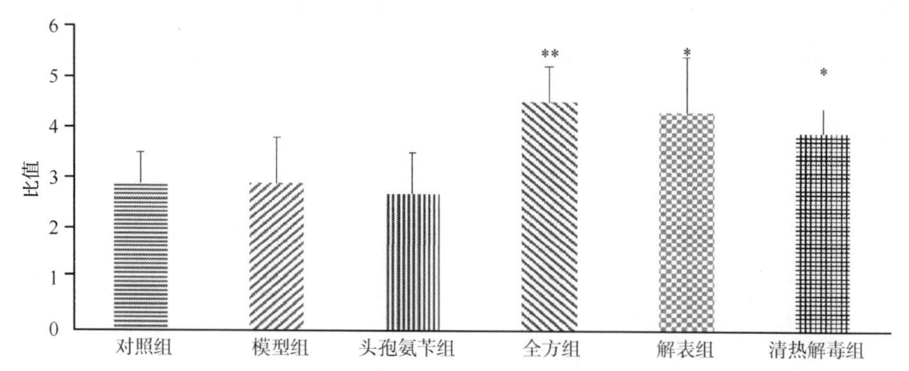

图 6-1-11 疏风解毒胶囊对肺炎模型大鼠外周血 T 淋巴细胞 $CD4^+/CD8^+$值的影响

给药组与模型组比较：* $P<0.05$，** $P<0.01$

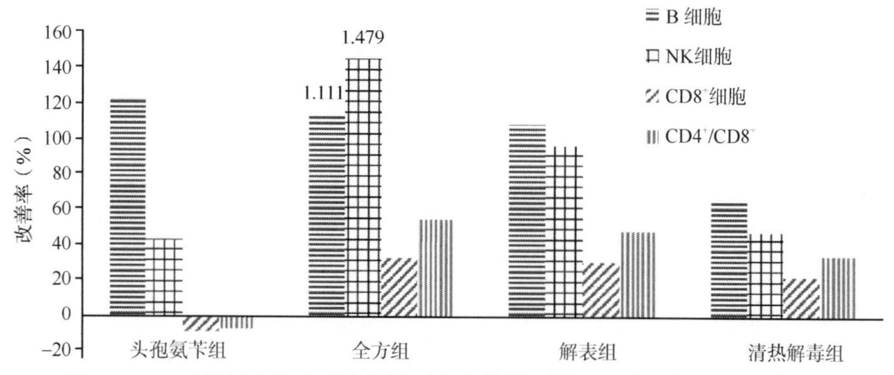

图 6-1-12 疏风解毒胶囊对肺炎模型大鼠外周血淋巴细胞分类改善率的影响

配伍合理性分析：B 淋巴细胞比例全方组最低，解表组其次，清热解毒组最高；NK 细胞比例全方组最高，解表组其次，清热解毒组最低；$CD8^+$细胞比例全方组最低，解表组其次，清热解毒组最高；$CD4^+/CD8^+$细胞比例全方组最高，解表组其次，清热解毒组最低。全方组大鼠在 B 淋巴细胞比例及 NK 细胞比例 2 个指标上 Q 值>1，表明解表组分与清热解毒组分配伍后在 B 淋巴细胞比例及 NK 细胞比例指标上有显著的协同作用，能进一步显著调节免疫系统功能。

1.3.7 血清 IL-1α、IL-1β、IL-2、IL-4、IL-6、IL-10 含量测定

结果表明（表 6-1-11～表 6-1-14，图 6-1-13～图 6-1-16），模型组大鼠血清 IL-1α、IL-1β、IL-2、IL-4、IL-10 含量显著增加，表明模型组大鼠感染肺炎链球菌后，在链球菌荚膜及溶血素刺激下，细胞因子释放增加，引起炎症反应。

表 6-1-11 疏风解毒胶囊对肺炎模型大鼠血清 IL-1α、IL-1β、IL-2 含量的影响（$\bar{X}\pm SD$，$n=8$）

分组	剂量（g 生药/kg）	IL-1α（pg/ml）	IL-1β（pg/ml）	IL-2（pg/ml）
对照组	—	0.168±0.098	0.231±0.144	59.626±12.759
模型组	—	5.795±2.801###	0.756±0.386##	102.982±18.759###
头孢氨苄组	175mg/kg	3.150±2.552	0.282±0.152*	101.908±14.146
全方组	5.4	0.556±0.377**	0.091±0.045**	65.740±5.536***
解表组	1.98	1.087±0.636**	0.154±0.122**	78.339±26.095*
清热解毒组	3.42	0.711±0.426**	0.144±0.204**	65.934±14.509***

模型组与对照组比较，## $P<0.01$，### $P<0.001$；给药组与模型组比较，* $P<0.05$，** $P<0.01$，*** $P<0.001$

表 6-1-12　疏风解毒胶囊对肺炎模型大鼠血清 IL-1α、IL-1β、IL-2 改善率及 *Q* 值的影响（$\bar{X}\pm SD$，$n=8$）

分组	剂量（g 生药/kg）	IL-1α（%）	IL-1β（%）	IL-2（%）
头孢氨苄组	175mg/kg	47.0	90.3	2.5
全方组	5.4	93.1	126.7	85.9
解表组	1.98	83.7	114.7	56.8
清热解毒组	3.42	90.4	116.6	85.5
Q 值	—	0.946	1.298	0.917

表 6-1-13　疏风解毒胶囊对肺炎模型大鼠血清 IL-4、IL-6、IL-10 含量的影响（$\bar{X}\pm SD$，$n=8$）

分组	剂量（g 生药/kg）	IL-4（pg/ml）	IL-6（pg/ml）	IL-10（pg/ml）
对照组	—	29.889±3.306	44.101±14.200	14.754±5.391
模型组	—	52.644±4.462###	31.381±11.256	47.172±14.435###
头孢氨苄组	175mg/kg	32.014±11.449**	26.177±8.131	52.085±12.290
全方组	5.4	44.958±6.834	32.278±7.297	31.682±9.200*
解表组	1.98	41.669±7.806**	37.426±17.540	19.993±9.884***
清热解毒组	3.42	41.837±9.027*	29.479±11.399	25.564±8.303**

模型组与对照组比较，### $P<0.001$；给药组与模型组比较，* $P<0.05$，** $P<0.01$，*** $P<0.001$

表 6-1-14　疏风解毒胶囊对肺炎模型大鼠血清 IL-4、IL-10 改善率及 *Q* 值的影响（$\bar{X}\pm SD$，$n=8$）

分组	剂量（g 生药/kg）	IL-4（%）	IL-10（%）
头孢氨苄组	175mg/kg	90.7	−15.2
全方组	5.4	33.8	47.8
解表组	1.98	48.2	83.8
清热解毒组	3.42	47.5	66.7
Q 值	—	0.464	0.505

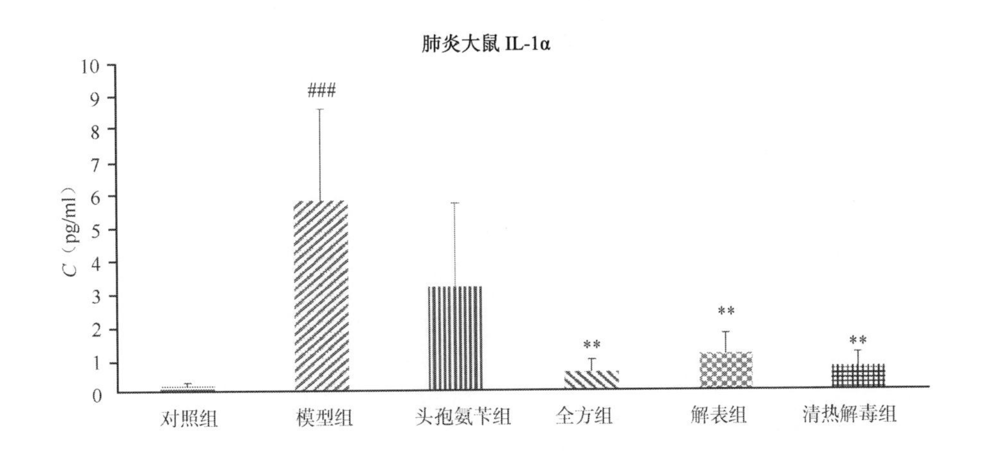

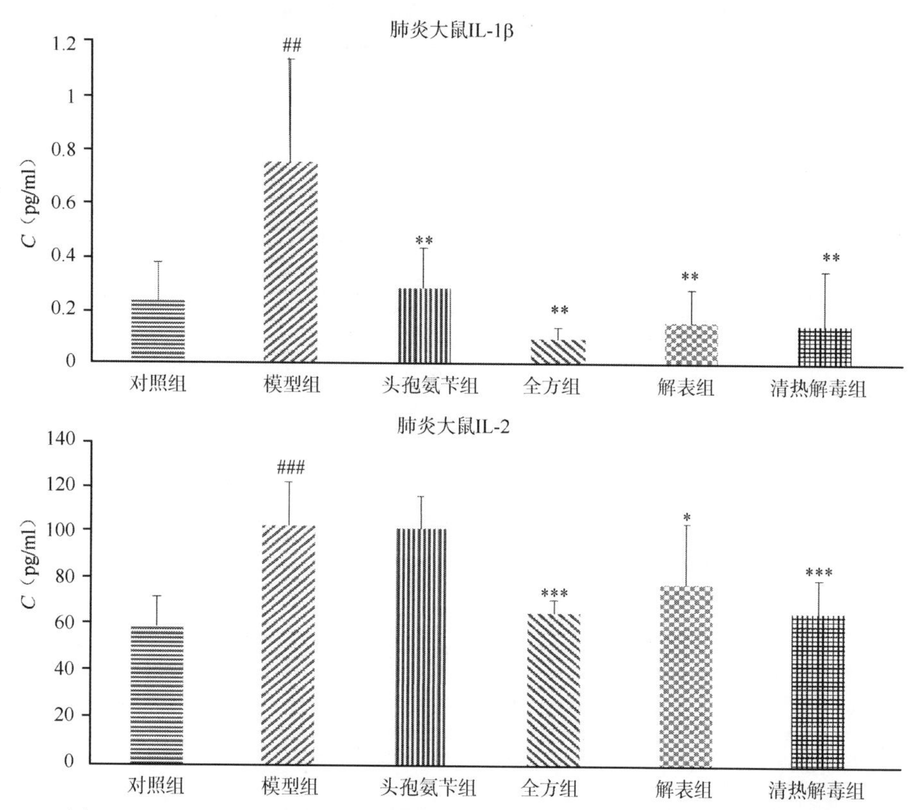

图 6-1-13 疏风解毒胶囊对肺炎模型大鼠血清 IL-1α、IL-1β、IL-2 含量的影响

模型组与对照组比较，## $P<0.01$，### $P<0.001$；给药组与模型组比较，* $P<0.05$，** $P<0.01$，*** $P<0.001$

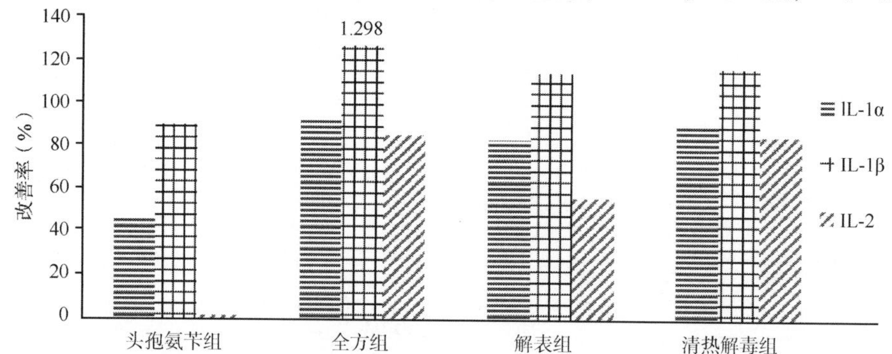

图 6-1-14 疏风解毒胶囊对肺炎模型大鼠血清 IL-1α、IL-1β、IL-2 改善率及 Q 值的影响

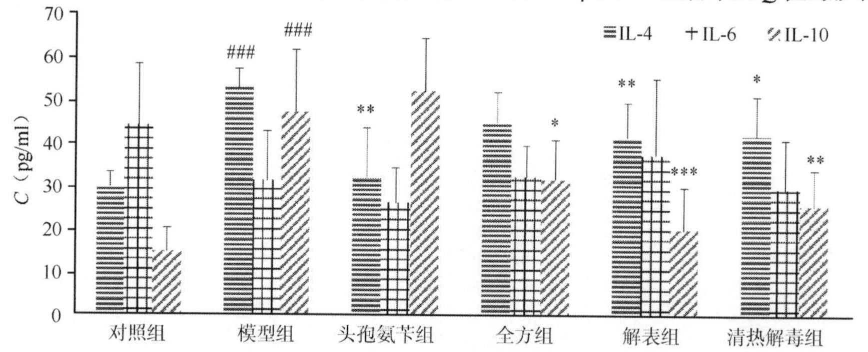

图 6-1-15 疏风解毒胶囊对肺炎模型大鼠血清 IL-4、IL-6、IL-10 含量的影响

模型组与对照组比较，### $P<0.001$；给药组与模型组比较，* $P<0.05$，** $P<0.01$，*** $P<0.001$

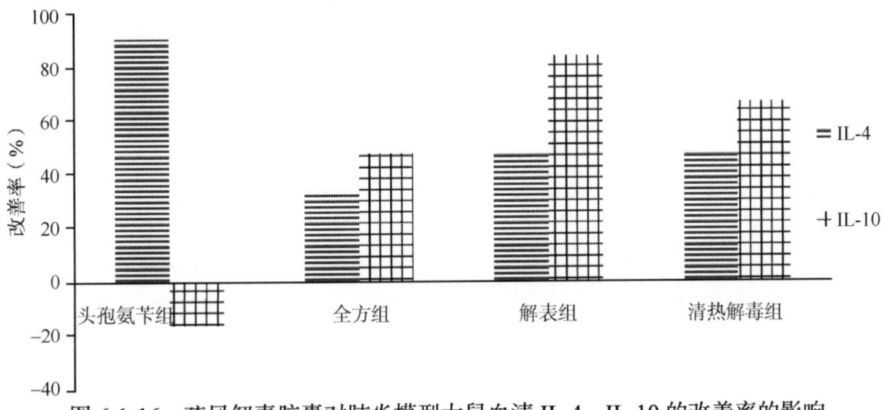

图 6-1-16　疏风解毒胶囊对肺炎模型大鼠血清 IL-4、IL-10 的改善率的影响

头孢氨苄组 IL-1β、IL-4 含量显著降低，表明头孢氨苄能显著抑制肺炎链球菌，从而减轻免疫系统的应激反应，减少细胞因子的释放。疏风解毒胶囊全方、解表组分、清热解毒组分均能显著降低 IL-1α、IL-1β、IL-2、IL-4、IL-10 含量，结果表明疏风解毒胶囊能显著降低血清细胞因子含量，减轻炎症反应，对肺炎链球菌致肺炎大鼠有显著的治疗作用。全方组大鼠在 IL-1β 含量这个指标上 Q 值>1，表明解表组分与清热解毒组分配伍后在能显著协同降低血清 IL-1β 含量，减轻炎症反应。

配伍合理性分析：IL-1α、IL-1β、IL-2 全方组最低，清热解毒组其次，解表组最高；IL-10 全方组最低，解表组其次，清热解毒组最高。全方组大鼠在 IL-1β 指标上 Q 值>1，表明清热解毒组比解表组降低细胞因子作用更显著，解表组分与清热解毒组分配伍后有显著的协同作用，能进一步降低细胞因子水平。

1.3.8　血清 TNF-α、IFN-α、IFN-γ 含量测定

结果表明（表 6-1-15 和表 6-1-16），模型组大鼠血清 TNF-α、IFN-α、IFN-γ 含量显著增加。表明模型组大鼠感染肺炎链球菌后，在链球菌荚膜及溶血素刺激下，细胞因子释放增加，引起炎症反应。

表 6-1-15　疏风解毒胶囊对肺炎模型大鼠血清 TNF-α、IFN-α、IFN-γ 含量的影响（$\bar{X}\pm SD$，n=8）

分组	剂量（g 生药/kg）	动物数（只）	TNF-α（pg/ml）	IFN-α（pg/ml）	IFN-γ（pg/ml）
对照组	—	10	2.946±1.395	8.414±3.847	0.042±0.032
模型组	—	10	7.860±3.166##	31.982±11.964###	1.060±0.605##
头孢氨苄组	175mg/kg	10	7.547±3.153	17.902±7.073*	0.586±0.256
全方组	5.4	10	2.852±1.227**	8.347±7.355***	0.166±0.147**
解表组	1.98	10	2.735±3.551**	9.196±8.152***	0.294±0.130**
清热解毒组	3.42	10	3.067±2.232**	15.659±18.617	0.225±0.067**

模型组与对照组比较，## P<0.01，### P<0.001；给药组与模型组比较，* P<0.05，** P<0.01，*** P<0.001

表 6-1-16　疏风解毒胶囊对肺炎模型大鼠血清 TNF-α、IFN-α、IFN-γ 改善率及 Q 值的影响（$\bar{X}\pm SD$，n=8）

分组	剂量（g 生药/kg）	TNF-α（%）	IFN-α（%）	IFN-γ（%）
头孢氨苄组	175mg/kg	6.4	60.0	46.6
全方组	5.4	101.9	100.7	87.8

续表

分组	剂量（g 生药/kg）	TNF-α（%）	IFN-α（%）	IFN-γ（%）
解表组	1.98	104.3	97.1	75.2
清热解毒组	3.42	97.5	69.6	82.0
Q 值	—	1.018	1.016	0.919

头孢氨苄组 IFN-α 含量显著降低，表明头孢氨苄能显著抑制肺炎链球菌，从而减轻免疫系统的应激反应，减少细胞因子的释放。疏风解毒胶囊全方、解表组分、清热解毒组分均能显著降低 TNF-α、IFN-γ 含量，疏风解毒胶囊全方、解表组分能显著降低 IFN-α 含量。结果表明疏风解毒胶囊能显著降低血清细胞因子含量，减轻炎症反应，对肺炎链球菌致肺炎大鼠有显著的治疗作用（图 6-1-17、图 6-1-18）。

配伍合理性分析：IFN-α 全方组最低，解表组其次，清热解毒组最高；全方组大鼠在 TNF-α、IFN-α 含量这 2 个指标上 Q 值>1，表明解表组分与清热解毒组分配伍后有显著的协同作用，能协同降低血清 TNF-α 和 IFN-α 含量，减轻炎症反应。

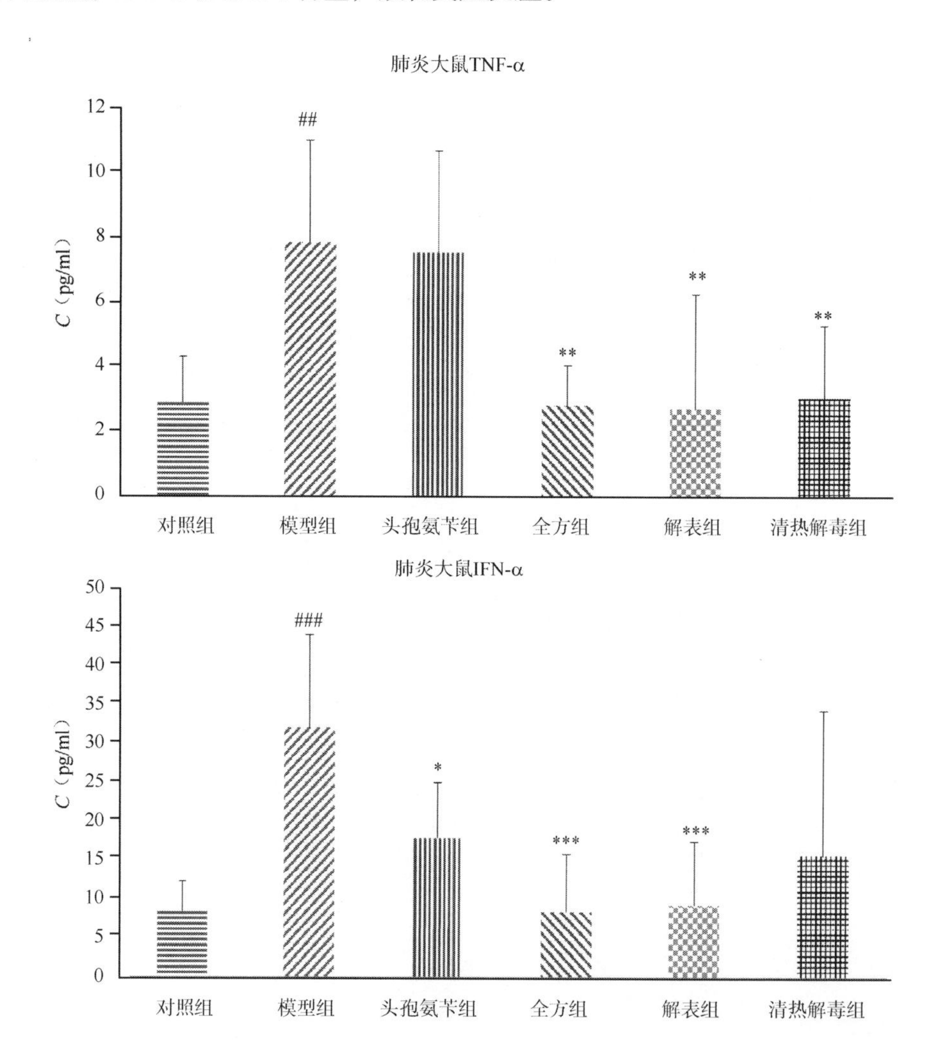

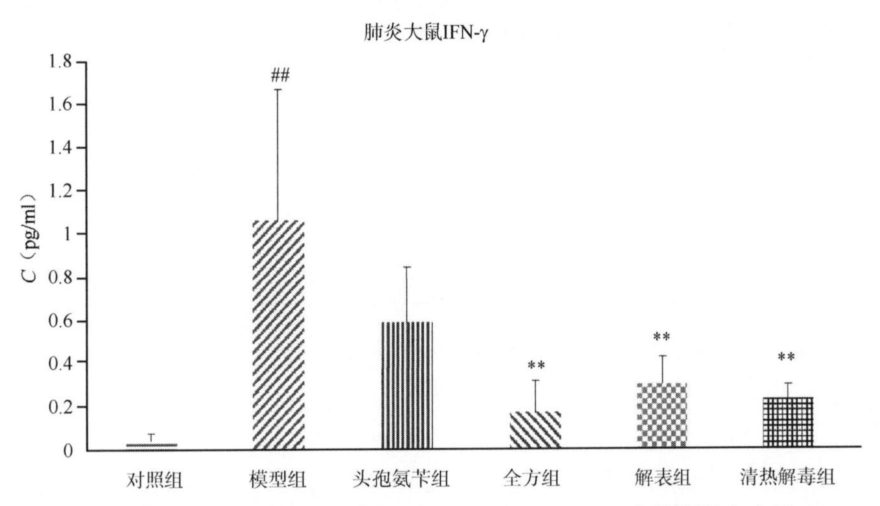

图 6-1-17 疏风解毒胶囊对肺炎模型大鼠血清 TNF-α、IFN-α、IFN-γ 含量的影响（$\bar{X}\pm SD$，n=8）

模型组与对照组比较，## $P<0.01$，### $P<0.001$；给药组与模型组比较，* $P<0.05$，** $P<0.01$，*** $P<0.001$

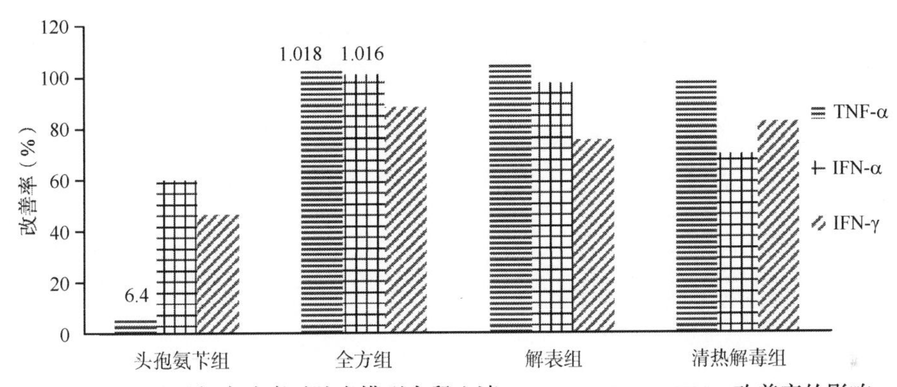

图 6-1-18 疏风解毒胶囊对肺炎模型大鼠血清 TNF-α、IFN-α、IFN-γ 改善率的影响

1.3.9 血清 IgA、IgM、IgG 含量测定

结果表明（表 6-1-17 和表 6-1-18），模型组大鼠血清免疫球蛋白 IgA、IgM 含量显著增加。表明模型组大鼠感染肺炎链球菌后，在链球菌荚膜及溶血素刺激下，免疫系统应激，引起 IgA 及 IgM 增加。

表 6-1-17 疏风解毒胶囊对肺炎模型大鼠血清 IgA、IgM、IgG 含量的影响（$\bar{X}\pm SD$，n=8）

分组	剂量（g 生药/kg）	IgA（μg/ml）	IgM（μg/ml）	IgG（μg/ml）
对照组	—	131.823±59.915	17.120±6.378	284.883±59.276
模型组	—	233.380±89.442#	78.242±46.844##	295.727±70.617
头孢氨苄组	175mg/kg	129.698±71.040*	32.234±16.247*	255.953±35.459
全方组	5.4	183.887±87.070	36.715±12.000*	216.730±45.135*
解表组	1.98	200.607±138.017	39.842±11.613	219.699±70.635*
清热解毒组	3.42	254.490±47.650	42.933±11.509	240.926±56.583

模型组与对照组比较，# $P<0.05$，## $P<0.01$；给药组与模型组比较，* $P<0.05$

表 6-1-18 疏风解毒胶囊对肺炎模型大鼠血清 IgM、IgG 改善率及 Q 值的影响（$\bar{X}\pm SD$，n=8）

分组	剂量（g 生药/kg）	IgM（%）	IgG（%）
头孢氨苄组	175mg/kg	75.3	13.4
全方组	5.4	67.9	26.7
解表组	1.98	62.8	25.7
清热解毒组	3.42	57.8	18.4
Q 值	—	0.806	0.677

头孢氨苄组 IgA、IgM 含量显著降低，表明头孢氨苄能显著抑制肺炎链球菌，从而减轻免疫系统的应激反应。疏风解毒胶囊全方能显著降低 IgM 含量，表明疏风解毒胶囊能显著抑制肺炎链球菌，减少 IgM 含量，对肺炎链球菌致肺炎大鼠有显著的治疗作用。另外，疏风解毒胶囊全方、解表组 IgG 含量降低，可能是疏风解毒胶囊激活了 IgG 的免疫应答活性，从而快速灭活肺炎链球菌（图 6-1-19、图 6-1-20）。

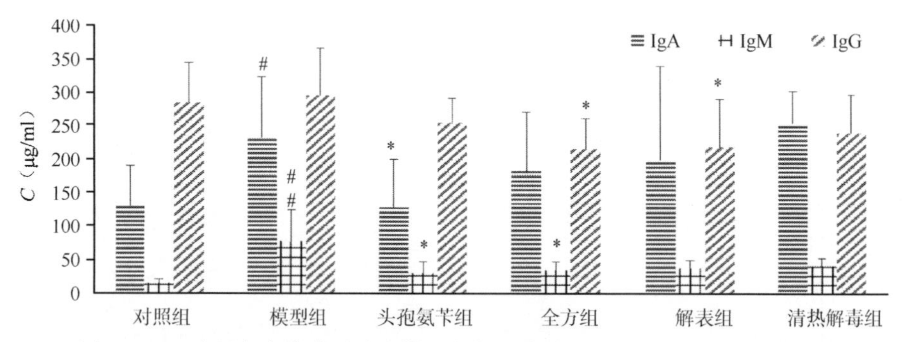

图 6-1-19 疏风解毒胶囊对肺炎模型大鼠血清 IgA、IgM、IgG 含量的影响

模型组与对照组比较，# $P<0.05$，## $P<0.01$；给药组与模型组比较，* $P<0.05$

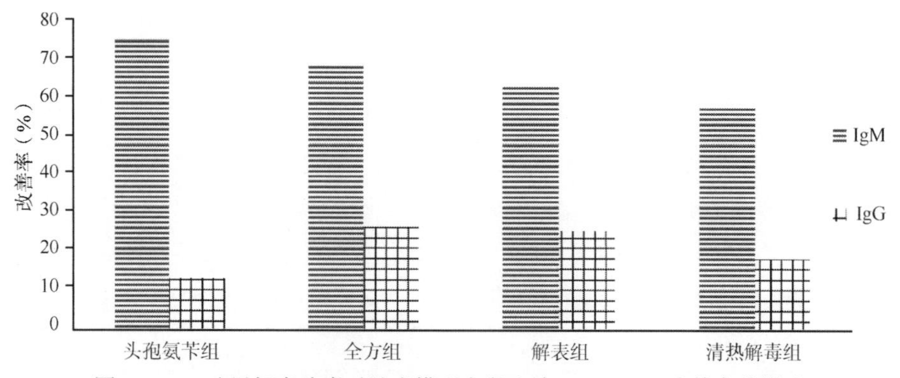

图 6-1-20 疏风解毒胶囊对肺炎模型大鼠血清 IgM、IgG 改善率的影响

配伍合理性分析：全方组能显著降低 IgM、IgG 含量，虽然 Q 值<1，但全方组效果最好，表明解表组分与清热解毒组分配伍后药效作用增强。

1.3.10 血清 C3、BK、MCP-1 含量测定

结果显示（表 6-1-19 和表 6-1-20），模型组大鼠 BK、MCP-1 含量升高，结果表明，模型组大鼠感染肺炎链球菌后 BK、MCP-1 分泌增加，肺部发生炎症。

表 6-1-19　疏风解毒胶囊对肺炎模型大鼠血清 C3、MCP-1、BK 含量的影响（$\bar{X}\pm SD$，$n=8$）

分组	剂量（g 生药/kg）	C3（mg/ml）	MCP-1（mg/ml）	BK（mg/ml）
对照组	—	2.042±0.468	25.843±19.940	0.423±0.275
模型组	—	2.191±0.578	87.029±33.200###	2.299±0.232###
头孢氨苄组	175mg/kg	1.869±0.136	94.308±37.505	2.843±0.847
全方组	5.4	2.416±0.789	33.930±20.321**	1.007±0.304***
解表组	1.98	2.961±0.975	52.880±66.587	1.369±0.370***
清热解毒组	3.42	2.434±1.003	24.796±22.092***	1.454±0.594**

模型组与对照组比较，### $P<0.001$；给药组与模型组比较，** $P<0.01$，*** $P<0.001$

表 6-1-20　疏风解毒胶囊对肺炎模型大鼠血清 MCP-1、BK 改善率及 *Q* 值的影响（$\bar{X}\pm SD$，$n=8$）

分组	剂量（g 生药/kg）	MCP-1（%）	BK（%）
头孢氨苄组	175mg/kg	–11.9	–29.0
全方组	5.4	86.8	68.9
解表组	1.98	55.8	49.6
清热解毒组	3.42	101.7	45.0
Q 值	—	0.861	0.953

疏风解毒胶囊全方组、清热解毒组能显著降低 BK、MCP-1 含量，疏风解毒胶囊解表组能显著降低 MCP-1 含量，表明疏风解毒胶囊有显著的抗炎作用，对肺炎链球菌致肺炎大鼠有显著的治疗作用（图 6-1-21、图 6-1-22）。

配伍合理性分析：MCP-1 含量清热解毒组最低，全方组其次，解表组最高；BK 含量全方组最低，解表组其次，清热解毒组最低。结果表明解表组分与清热解毒组分配伍后在此指标上无协同作用、无拮抗作用。

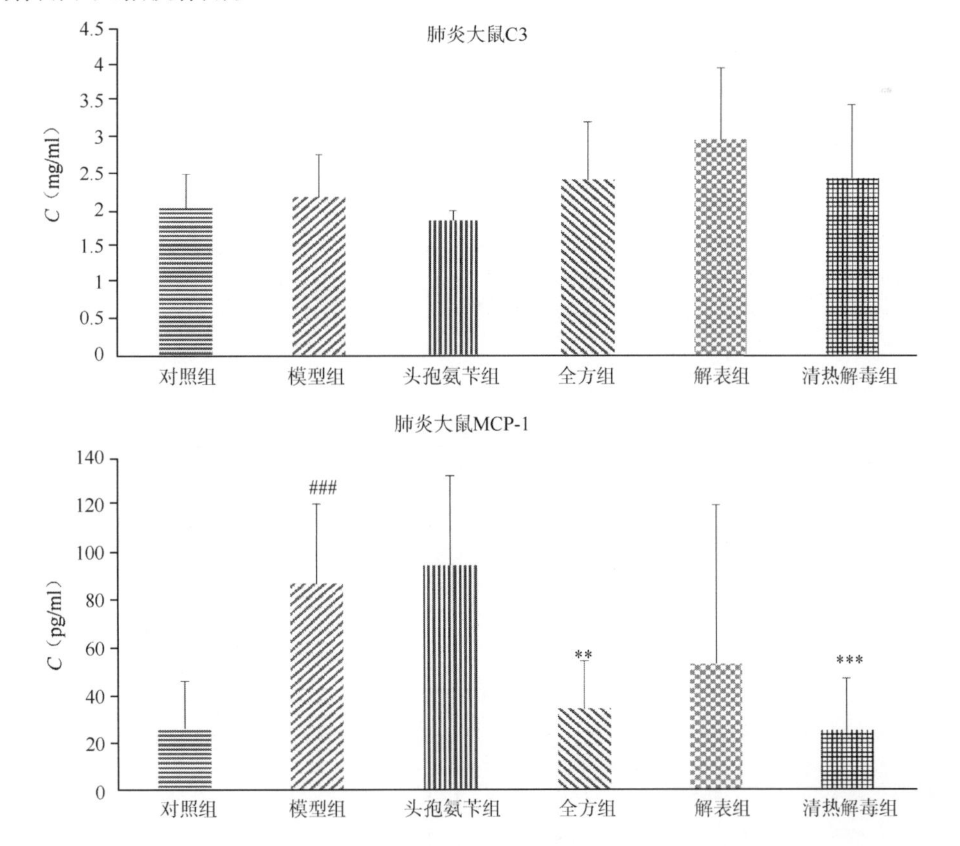

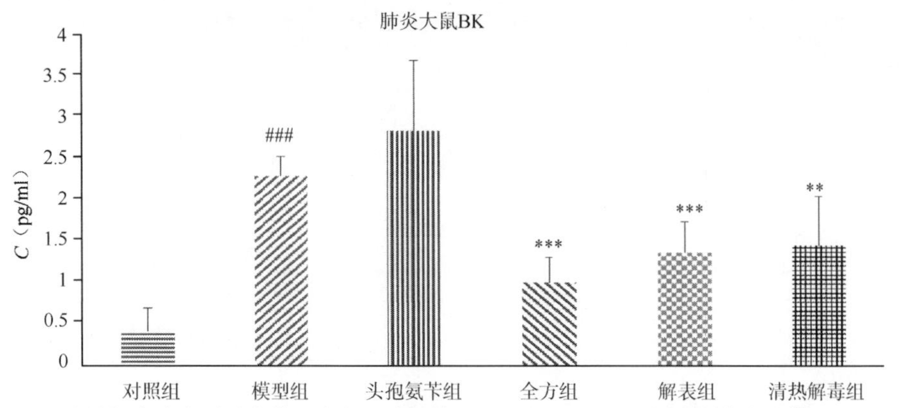

图 6-1-21 疏风解毒胶囊对肺炎模型大鼠血清补体 C3、MCP-1、BK 含量的影响（$\bar{X}\pm SD$，n=8）

模型组与对照组比较，### $P<0.001$；给药组与模型组比较，** $P<0.01$，*** $P<0.001$

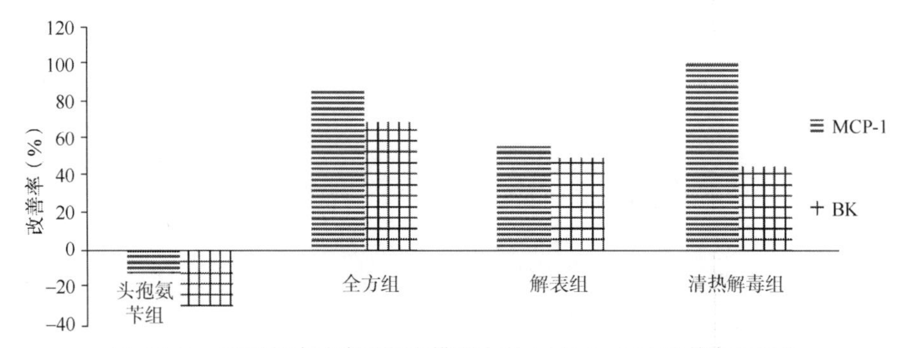

图 6-1-22 疏风解毒胶囊对肺炎模型大鼠 MCP-1、BK 改善率的影响

1.3.11 血清 NF-κB、COX-1、COX-2 含量测定

结果显示（表 6-1-21 和表 6-1-22），模型组大鼠 NF-κB、COX-2 含量升高，结果表明，模型组大鼠感染肺炎链球菌后，肺部发生炎症。

表 6-1-21 疏风解毒胶囊对肺炎模型大鼠血清 NF-κB、COX-1、COX-2 含量的影响（$\bar{X}\pm SD$，n=8）

分组	剂量（g 生药/kg）	NF-κB（pg/ml）	COX-1（ng/ml）	COX-2（ng/ml）
对照组	—	3.393±3.077	26.532±4.809	1.267±0.288
模型组	—	93.892±33.790###	11.352±9.226##	7.362±2.388###
头孢氨苄组	175mg/kg	86.786±42.091	10.166±7.503	4.538±2.051*
全方组	5.4	30.934±11.095***	16.053±5.684	2.765±1.096***
解表组	1.98	46.044±34.465*	6.674±4.618	2.790±1.101***
清热解毒组	3.42	36.636±20.249**	18.415±14.321	3.120±0.597**

模型组与对照组比较，## $P<0.01$，### $P<0.001$；给药组与模型组比较，* $P<0.05$，** $P<0.01$，*** $P<0.001$

表 6-1-22 疏风解毒胶囊对肺炎模型大鼠血清 NF-κB、COX-1、COX-2 改善率及 Q 值的影响（$\bar{X}\pm SD$，n=8）

分组	剂量（g 生药/kg）	NF-κB（%）	COX-1（%）	COX-2（%）
头孢氨苄组	175mg/kg	7.9	−7.8	46.3
全方组	5.4	69.6	31.0	75.4
解表组	1.98	52.9	−30.8	75.0
清热解毒组	3.42	63.3	46.5	69.6
Q 值	—	0.841	1.031	0.816

疏风解毒胶囊全方、解表组分、清热解毒组分能显著降低 NF-κB、COX-2 含量，表明疏风

解毒胶囊有显著的抗炎作用，对肺炎链球菌致肺炎大鼠有显著的治疗作用（图 6-1-23、图 6-1-24）。

配伍合理性分析：NF-κB、COX-2 指标上全方组、解表组与清热解毒组结果差异不大。结果表明解表组分与清热解毒组分配伍后在此指标上无协同作用、无拮抗作用。

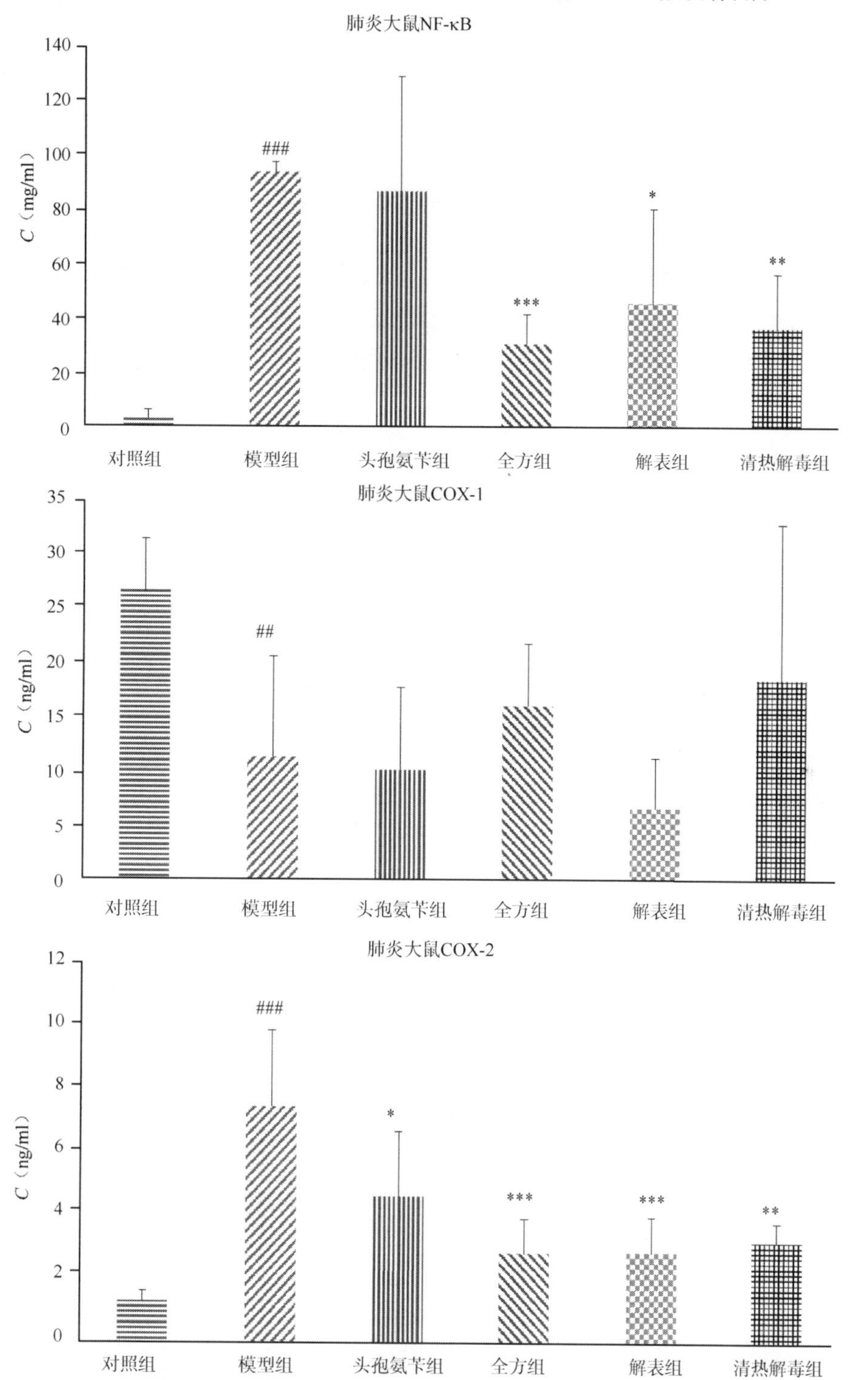

图 6-1-23 疏风解毒胶囊对肺炎模型大鼠血清 NF-κB、COX-1、COX-2 含量的影响（$\bar{X}\pm SD$，n=8）

模型组与对照组比较，## P<0.01，### P<0.001；给药组与模型组比较，* P<0.05，** P<0.01，*** P<0.001

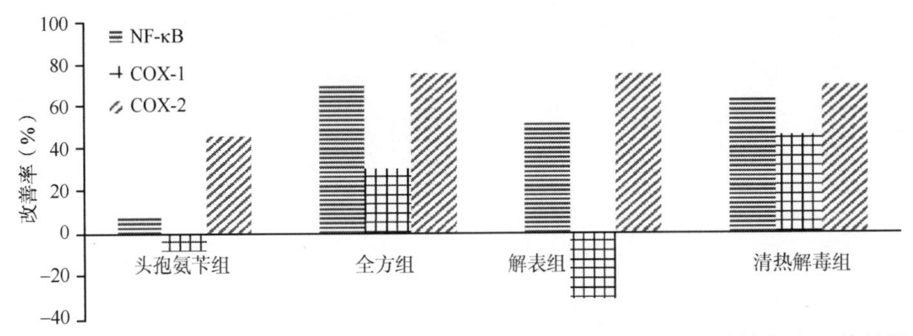

图 6-1-24 疏风解毒胶囊对肺炎模型大鼠血清 NF-κB、COX-1、COX-2 改善率及 Q 值的影响

1.3.12 大体解剖检查及免疫器官重量、肺重量

模型组大鼠胸腺、脾脏体积增大，肺组织颜色发红，充血、体积增加，疏风解毒胶囊全方、解表组分、清热解毒组分大鼠胸腺、脾脏体积增大较少，肺组织充血较轻，体积增大较少。

脏器重量检查结果显示，模型组大鼠胸腺、脾脏、肺脏重量增加，结果表明，模型组大鼠感染肺炎链球菌后，免疫系统应激，胸腺、脾脏细胞增殖，肺部发生炎症，出现组织液渗出，肺重量增加（表 6-1-23、表 6-1-24）。

疏风解毒胶囊全方、解表组分能显著减轻胸腺、脾脏、肺脏重量，疏风解毒胶囊清热解毒组分能显著减轻肺脏重量，表明疏风解毒胶囊能显著调节免疫系统紊乱，减轻炎症反应，有显著的抗炎作用，对肺炎链球菌致肺炎大鼠有显著的治疗作用（图 6-1-25、图 6-1-26）。

配伍合理性分析：胸腺、脾脏、肺脏重量全方组改善率最高，解表组其次，清热解毒组最低，在此 3 个指标上全方组 Q 值>1，表明解表组分和清热解毒组分有显著的协同作用。

表 6-1-23 疏风解毒胶囊对肺炎模型大鼠脏器重量的影响（g，$\bar{X}\pm SD$，n=8）

分组	剂量（g 生药/kg）	胸腺	脾	肺
对照组	—	0.604±0.168	0.677±0.069	1.498±0.236
模型组	—	1.064±1.230##	1.353±0.346###	2.621±0.752##
头孢氨苄组	175mg/kg	0.965±0.286	1.272±0.275	2.631±0.475
全方组	5.4	0.618±0.024**	0.749±0.104**	1.482±0.233**
解表组	1.98	0.678±0.138*	1.009±0.184*	1.545±0.375**
清热解毒组	3.42	0.801±0.134	1.019±0.280	1.684±0.215**

模型组与对照组比较，## P<0.01，### P<0.001；给药组与模型组比较，* P<0.05，** P<0.01

表 6-1-24 疏风解毒胶囊对肺炎模型大鼠免疫器官重量及肺重量改善率及 Q 值的影响（$\bar{X}\pm SD$，n=8）

分组	剂量（g 生药/kg）	胸腺（%）	脾（%）	肺（%）
头孢氨苄组	175mg/kg	21.5	12.0	−0.9
全方组	5.4	97.0	89.3	101.4
解表组	1.98	83.9	50.9	95.8
清热解毒组	3.42	57.2	49.4	83.4
Q 值	—	1.041	1.189	1.021

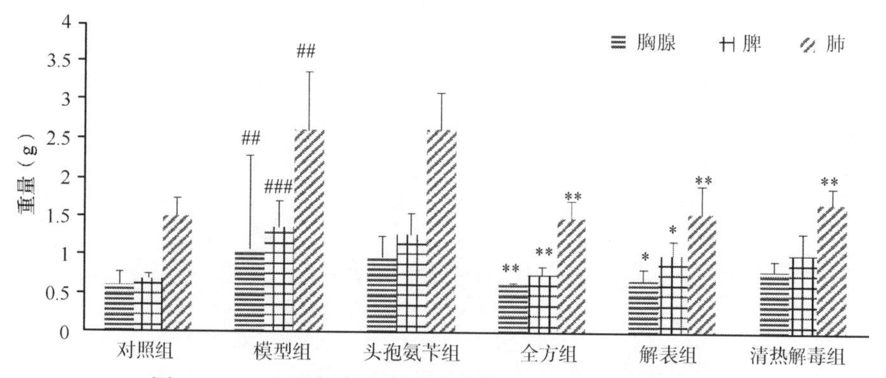

图 6-1-25 疏风解毒胶囊对肺炎模型大鼠脏器重量的影响

模型组与对照组比较，## $P<0.01$，### $P<0.001$；给药组与模型组比较，* $P<0.05$，** $P<0.01$

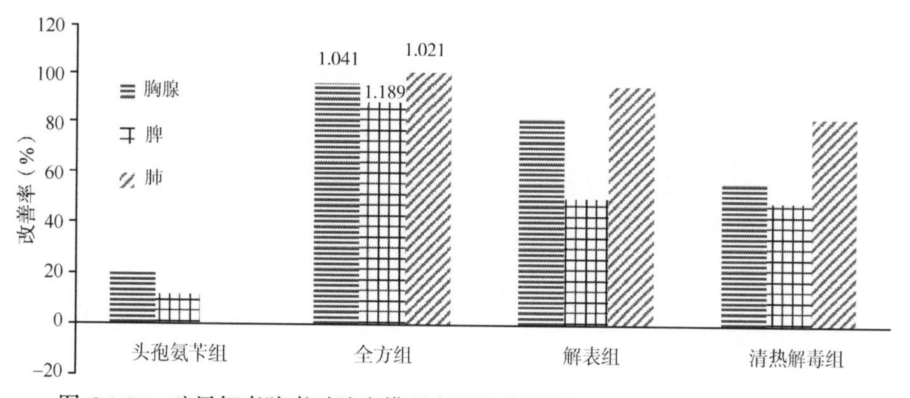

图 6-1-26 疏风解毒胶囊对肺炎模型大鼠免疫器官重量及肺重量改善率的影响

1.3.13 肺组织病理学检查

镜下检查发现，模型组肺脏呈中度到重度炎症病变，表现为部分肺叶细支气管周围及肺泡腔内较多至大量炎细胞浸润，部分动物局部肺叶脏层胸膜少量炎细胞浸润。头孢氨苄组及蒲地蓝消炎口服液组可见轻度到中度的肺内炎症变化，较多炎细胞散在分布于肺泡腔内；疏风解毒胶囊全方组、解表组、清热解毒组表现为轻微到轻度肺泡内炎细胞浸润（图 6-1-27）。

2. 对体内感染肺炎链球菌小鼠的保护作用

菌液制备：将肺炎链球菌接种于血碟中，37℃培养 20～24h，再将此菌二次传代，培养 20～24h 后用比浊法测定实验感染的活菌数，用 5%酵母液稀释成 10^8、10^9 个菌/ml 浓度的细菌悬液备用。

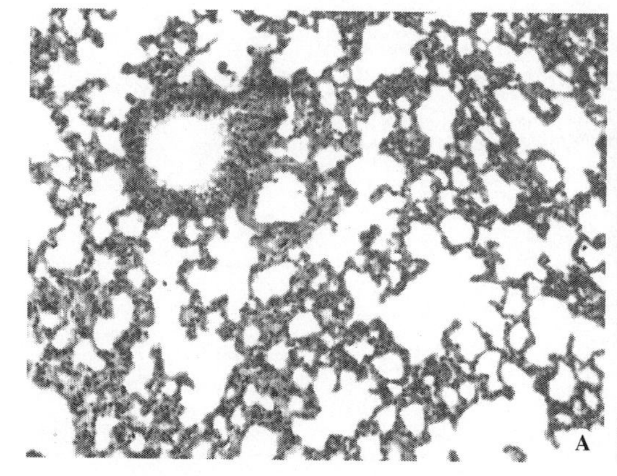

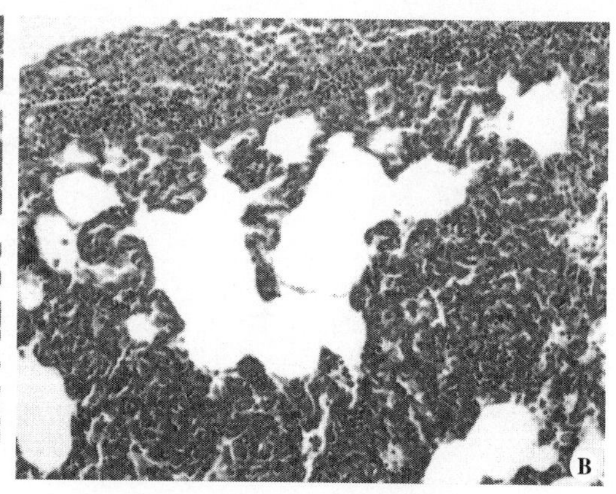

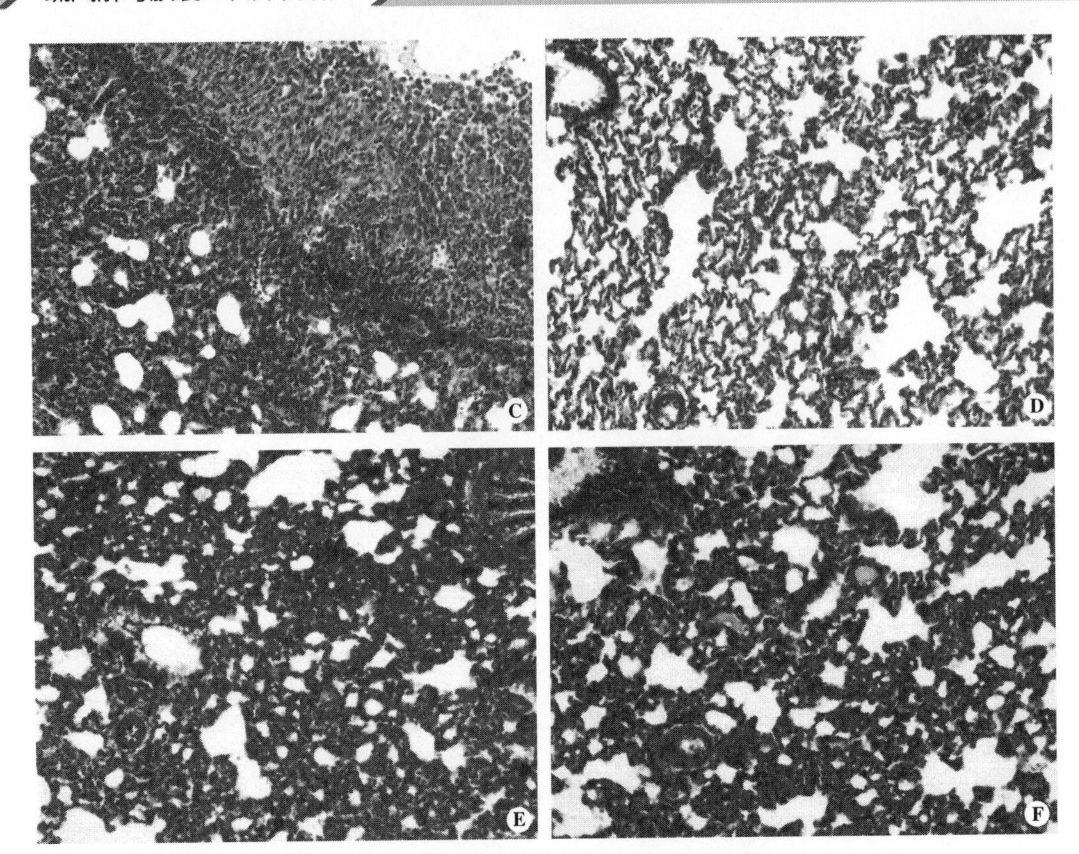

图 6-1-27 肺炎模型大鼠肺组织病理学检查结果

A. 对照组 SD 大鼠之肺脏（各级支气管、肺泡管、肺泡结构完整，细胞形态清晰，间质未见明显异常，HE 20×）；B. 模型组 SD 大鼠之肺脏（部分肺泡腔内大量炎细胞浸润，多为淋巴细胞和中性粒细胞，HE 20×）；C. 头孢氨苄组 SD 大鼠之肺脏（少部分肺泡腔内数量不等炎细胞浸润，多为淋巴细胞和中性粒细胞，HE 20×）；D. 疏风解毒胶囊（全方组）（极少量炎细胞散在分布于肺泡腔内，HE 20×）；E. 疏风解毒胶囊（解表组）（部分肺泡腔内少量炎细胞浸润，HE 20×）；F. 疏风解毒胶囊（清热解毒组）（部分肺泡腔内少量炎细胞浸润，HE 20×）（扫文末二维码获取彩图）

选用 ICR 小鼠，体重 20g±2g，随机分为 6 组，每组 16 只，雌雄各半，分别为对照组、模型组、头孢氨苄组、全方组、清热解毒组、解表组。每天灌胃给药 1 次，连续 3 天，对照组灌胃给予同体积的蒸馏水。于末次给药后，每只小鼠腹腔注射肺炎链球菌（10^7 个菌/ml）0.5ml（经预试验确定动物 90%～100%死亡的细菌量），再连续给药 3 天，记录 3 日内各组小鼠存活数及存活时间，将各给药组的存活动物数与对照组的存活动物数比较，进行 X^2 测验；将各组动物平均存活时间与对照组动物平均存活时间比较，进行统计学 t 检验。

结果表明（表 6-1-25、表 6-1-26），感染肺炎链球菌小鼠全部死亡，而头孢氨苄、疏风解毒胶囊全方能显著增加小鼠存活数量，头孢氨苄、疏风解毒胶囊全方、解表组分、清热解毒组分均能延长小鼠存活时间，对体内感染肺炎链球菌小鼠有显著的保护作用。全方组改善率高于解表组、清热解毒组（图 6-1-28）。

表 6-1-25 疏风解毒胶囊对体内感染肺炎链球菌小鼠存活动物数的影响

分组	剂量（g 生药/kg）	动物数（只）	存活数（只）	改善率（%）	Q 值
模型组	0	16	0	—	
头孢氨苄组	0.35g/kg	16	15***	93.8	
全方组	10.80	16	6*	37.5	0.857

续表

分组	剂量（g生药/kg）	动物数（只）	存活数（只）	改善率（%）	Q值
解表组	3.96	16	4	25.0	
清热解毒组	6.84	16	4	25.0	

注：末次观察时存活动物存活时间计为96h。给药组与模型组比较，$*P<0.05$，$***P<0.001$

表 6-1-26　疏风解毒胶囊对体内感染肺炎链球菌小鼠存活时间的影响

分组	剂量（g生药/kg）	动物数（只）	存活时间（h）	改善率（%）	Q值
模型组	0	16	29±8		
头孢氨苄组	0.35g/kg	16	93±12***	95.5	
全方组	10.80	16	66±28***	55.2	0.883
解表组	3.96	16	54±27*	37.3	
清热解毒组	6.84	16	56±26***	40.3	

给药组与模型组比较，$*P<0.05$，$***P<0.001$

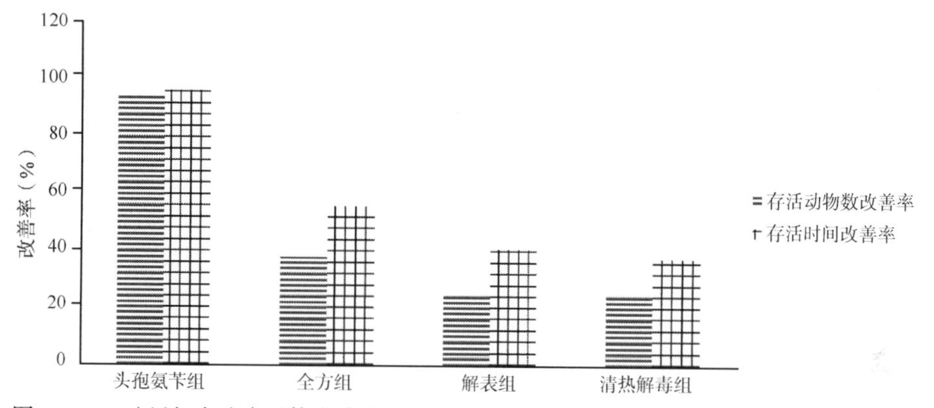

图 6-1-28　疏风解毒胶囊对体内感染肺炎链球菌小鼠存活动物数和存活时间改善率的影响

配伍合理性分析：疏风解毒胶囊对体内感染肺炎链球菌小鼠有显著的治疗作用，其中全方组存活动物数更多，存活时间更长，虽然 Q 值<1，但药效效果仍有增强，表明解表组分、清热解毒组分配伍后对肺炎链球菌小鼠的保护作用增强。

3. 对急性咽炎模型大鼠的影响

试验选用SD大鼠48只，随机分成6组，每组8只，雌雄各半，分别为对照组、模型组、吲哚美辛组、全方组、清热解毒组、解表组。按表6-1-27所示剂量灌胃给药，连续6天，对照组及模型组灌胃给予同体积的蒸馏水。前三天每天给药1次，于给药第4天至第6天，除对照组外，各组大鼠上下午各给药一次（给药体积减半，即每次给药剂量减半，但每日总剂量不变），并于给药后30分钟用喉头喷雾器朝各组大鼠咽喉喷入25%氨水70μl，连喷三次。于末次造模后第二天腹腔注射20%乌拉坦5ml/kg麻醉大鼠，腹主动脉取血1ml加于有EDTA抗凝真空采血管中，混匀，用ADVIA2120血液分析仪测定全血白细胞计数。取血后处死大鼠，取咽喉部位用12%甲醛溶液固定，进行组织病理学检查。

结果表明（表6-1-27），急性咽炎模型大鼠血中WBC计数显著升高，而吲哚美辛组、清热解毒组、解表组血中WBC计数显著降低，有显著的抗炎作用（图6-1-29、图6-1-30）。

表 6-1-27　疏风解毒胶囊对急性咽炎模型大鼠血 WBC 计数、改善率及 Q 值的影响（$\bar{X}\pm SD$，n=8）

分组	剂量（g 生药/kg）	WBC（$\times10^9$/L）	改善率（%）	Q 值
对照组	0	10.06±1.34	—	
模型组	0	15.58±2.91###	—	
吲哚美辛组	2mg/kg	11.84±2.50*	67.8	
全方组	10.80	10.68±2.07**	88.8	0.889
解表组	3.42	10.78±3.40**	87.0	
清热解毒组	6.84	10.14±2.75**	98.6	

模型组与对照组比较，### $P<0.001$；给药组与模型组比较，* $P<0.05$，** $P<0.01$

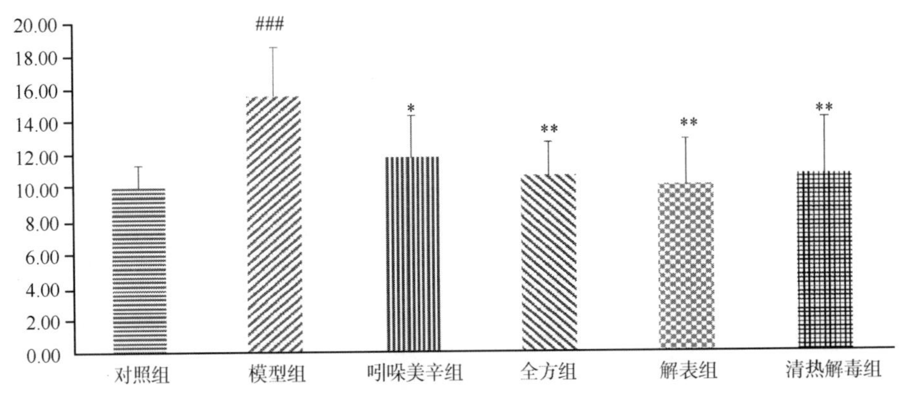

图 6-1-29　疏风解毒胶囊对急性咽炎模型大鼠血 WBC 计数的影响

与对照组比较，### $P<0.001$；与模型组比较，* $P<0.05$，** $P<0.01$

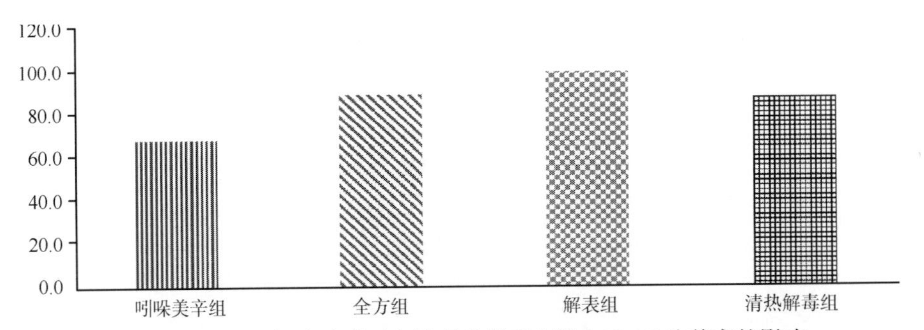

图 6-1-30　疏风解毒胶囊对急性咽炎模型大鼠血 WBC 改善率的影响

配伍合理性分析：疏风解毒胶囊对急性咽炎模型大鼠有显著的治疗作用，其中全方、解表组分、清热解毒组分治疗效果未见显著性差异，Q 值为 0.889，结果表明在此实验条件下，疏风解毒胶囊解表组分、清热解毒组分配伍后抗炎作用无协同作用，也没有拮抗作用。

4. 对小鼠腹腔毛细血管通透性的影响

试验选用 ICR 小鼠，全雄，体重 19～21g。随机分为 7 组，每组 8 只，按表 6-1-28 所示剂量灌胃给药，每天 1 次，连续 3 天，对照组给予同体积蒸馏水。于末次给药后 1h，尾静脉注射伊文思蓝溶液（1%）0.1ml/只，同时除对照组腹腔注射生理盐水 0.2ml/只外，其余各组腹腔注射冰醋酸溶液（0.7%）0.2ml/只。20min 后脱颈处死动物，用 5ml 生理盐水冲洗腹腔，收集洗脱液，3000r/min 离心 10min，上清液用酶标仪于波长 580nm 处比色，测定光密度（OD）值，以各给药组平均 OD 值与模型组平均 OD 值相比较，进行统计学 t 检验。

结果（表 6-1-28）显示，疏风解毒胶囊全方、解表组 OD 值与模型组 OD 值比较均显著降低，表明疏风解毒胶囊全方、解表组有显著的抗炎作用（图 6-1-31、图 6-1-32）。

表 6-1-28 疏风解毒胶囊对小鼠毛细血管通透性的影响

分组	剂量（g 生药/kg）	动物数（只）	OD 值（$\bar{X}\pm SD$）	改善率（%）	Q 值
对照组	0	8	0.061 ± 0.019	—	—
模型组	0	8	$0.145\pm0.027^{###}$	—	—
吲哚美辛组	2mg/kg	8	$0.091\pm0.021^{**}$	64.3	—
全方组	10.80	8	$0.108\pm0.035^{*}$	44.0	0.615
解表组	3.42	8	$0.095\pm0.034^{**}$	59.5	—
清热解毒组	6.84	8	0.120 ± 0.020	29.8	—

模型组与对照组比较，### $P<0.001$；给药组与模型组比较，* $P<0.05$，** $P<0.01$

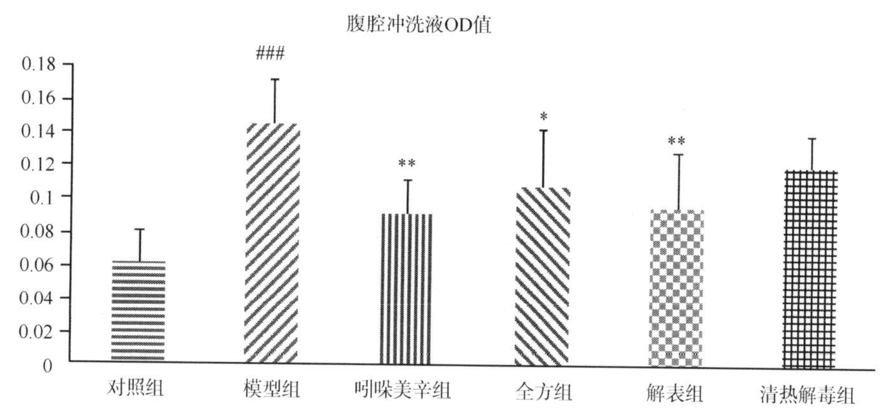

图 6-1-31 疏风解毒胶囊对小鼠毛细血管通透性的影响

与对照组比较，### $P<0.001$；与模型组比较，* $P<0.05$，** $P<0.01$

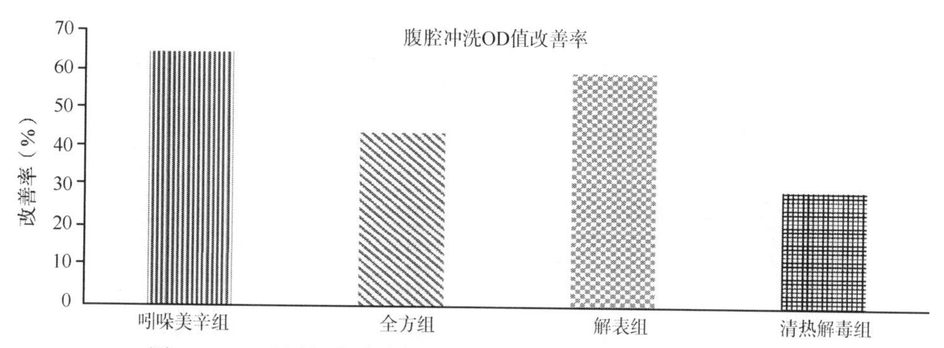

图 6-1-32 疏风解毒胶囊对小鼠毛细血管通透性的改善率的影响

配伍合理性分析：疏风解毒胶囊对小鼠腹膜炎有显著的治疗作用，其中全方、解表组分、清热解毒组分治疗效果未见显著性差异，Q 值为 0.615，结果表明在此实验条件下，疏风解毒胶囊解表组分、清热解毒组分配伍后抗炎作用无协同作用，也没有拮抗作用。

八、结　论

疏风解毒胶囊有显著的抗炎作用，能显著减轻醋酸致腹膜炎小鼠的炎症反应；显著减轻大鼠急性咽炎；对肺炎链球菌感染的小鼠有显著的保护作用，能显著减少小鼠死亡数，延长小鼠存活时间；对肺炎链球菌感染的大鼠有显著的治疗作用，能显著减少肺炎模型大鼠全血及肺泡冲洗液菌落计数，显著减少外周血和肺泡冲洗液 WBC 计数，显著升高外周血嗜酸性粒细胞比例，降低嗜碱性粒细胞比例，显著减少血清 IL-1α、IL-1β、IL-2、IL-4、IL-10、TNF-α、IFN-α、IFN-γ、IgM、IgG、BK、MCP-1、NF-κB、COX-2 含量，有显著的抑菌、抗炎、调节免疫功能的作用；在此模型上解表组分和清热解毒组分有显著的协同作用，主要体现在下述指标：全血菌落计数、WBC 计数、嗜酸性粒细胞比例、B 淋巴细胞比例、NK 细胞比例、IL-1β 含量、TNF-α 含量、IFN-α 含量、胸腺、脾脏、肺脏重量。

第二节　基于 G 蛋白偶联受体的疏风解毒胶囊配伍规律研究

疏风解毒胶囊由虎杖、连翘、板蓝根、柴胡、败酱草、马鞭草、芦根、甘草 8 味中药组成，具有疏风清热、解毒利咽的功效，用于急性上呼吸道感染属风热症，症见发热、恶风、咽痛、头痛、鼻塞、流浊涕、咳嗽等。研究表明，疏风解毒胶囊对病毒性、细菌性感冒均有很好的治疗作用，对风热感冒、病毒性上呼吸道感染、化脓性扁桃体炎患者等有很好的退热效果，能有效缓解患者咳嗽、咽部疼痛红肿等症状。

G 蛋白偶联受体（GPCR）是一大类膜蛋白受体的统称，含有 7 个 α 螺旋跨膜区段，是迄今发现的最大的受体超家族。GPCR 在生物体中普遍存在，广泛地参与了人生理系统的各个调节过程，对很多疾病起到关键的作用，是人体内数量最多的细胞表面受体家族。大多数 GPCR 可以与多种信息物质如多肽、神经递质和离子等结合并且被激活，激活的 GPCR 可以通过 G 蛋白依赖性和非依赖性两种途径传导信号，从而调节神经、免疫及心血管等多个系统的功能。目前市场上应用的治疗药物，30%～50%都是通过 GPCR 介导的信号途径发挥药理作用的。因此，GPCR 是非常重要的药物治疗靶点。

本研究选取了与解热、抗炎、免疫等密切相关的 4 个 GPCR 受体（β_2 肾上腺素受体 $ADRB_2$、乙酰胆碱受体 M_2、前列腺素受体 EP_1 和组胺受体 H_1）为研究对象，通过运用胞内钙离子荧光技术检测疏风解毒胶囊清热解毒组（虎杖、板蓝根、败酱草、马鞭草）、解表组（连翘、柴胡、芦根）、甘草组单独给药和配伍给药及 8 个代表性单体如大黄素、虎杖苷（虎杖）、表告依春（板蓝根）、齐墩果酸（败酱草）、马鞭草苷（马鞭草）、连翘酯苷 A（连翘）、柴胡皂苷 a（柴胡）和甘草次酸（甘草）给药及配伍给药后对 $ADRB_2$ 受体的激动作用及对 M_2、EP_1 和 H_1 受体的抑制作用，从而揭示疏风解毒胶囊的作用机制，并在功能受体层面探究疏风解毒胶囊的配伍合理性。

一、实 验 材 料

1. 待测样品

实验以疏风解毒胶囊的清热解毒组、解表组和甘草组提取物及 8 个代表性单体为实验待测样品，样品信息见表 6-2-1。所有待测提取物均用 HBSS-20mmol/L HEPES 溶解制成 50mg/ml 储液，所有待测化合物均用 DMSO 溶解制成 30mmol/L 储液，检测时用 HBSS-20mmol/L HEPES 缓冲液进行稀释，配制成相应检测浓度的 5 倍工作溶液。本研究中 DMSO 浓度均未超过 0.33 %。

表 6-2-1 待测样品信息

样品	分子量	溶剂	储存液浓度
清热解毒组	—	HBSS-HEPES	50mg/ml
解表组	—	HBSS-HEPES	50mg/ml
甘草组	—	HBSS-HEPES	50mg/ml
大黄素	270.24	DMSO	30mmol/L
虎杖苷	390.39	DMSO	30mmol/L
表告依春	129.18	DMSO	30mmol/L
齐墩果酸	456.71	DMSO	30mmol/L
马鞭草苷	388.37	DMSO	30mmol/L
连翘酯苷 A	624.59	DMSO	30mmol/L
柴胡皂苷 a	780.99	DMSO	30mmol/L
甘草次酸	470.69	DMSO	30mmol/L

2. 阳性化合物

实验同时选取了 4 个 GPCR 受体的阳性激动剂和抑制剂作为阳性对照组，并采用多浓度梯度给药法以绘制各个阳性化合物的激动率曲线和抑制率曲线，得到阳性化合物的 IC_{50} 值和 EC_{50} 值。阳性化合物信息见表 6-2-2。

表 6-2-2 阳性激动剂及抑制剂信息

名称	厂家	货号	分子质量（g/mol）	储液浓度（溶剂）	储存条件
异丙肾上腺素	Sigma	I6504	247.72	20mmol/L（DMSO）	–20℃
氧化震颤素	Tocris	0843	380.4	10mmol/L（DMSO）	–20℃
AF-DX 116	Tocris	1105	421.54	10mmol/L（DMSO）	–20℃
PGE_2	Sigma	P0409	352.47	1mmol/L（HBSS）	–20℃
SC 51322	Tocris	2791	1A/182891	10mmol/L（DMSO）	–20℃
组胺	Sinopharm	62013831	111.15	40mmol/L（DMSO）	–20℃
西替利嗪	Tocris	2577	461.81	50mmol/L（DMSO）	–20℃

3. 其他材料

其他材料信息见表 6-2-3。

表 6-2-3 其他试剂信息

名称	厂家	货号
CHO-K1/Gα15/$ADRB_2$	GenScript	M00308
CHO-K1/Gα15/M_2	GenScript	M00258
HEK293/H_1	GenScript	M00131

续表

名称	厂家	货号
HEK293/EP_1	GenScript	M00228
FLIPR ® Calcium 4 assay kit	Molecular devices	R8141
丙磺舒	Sigma	P8761
DMSO	AMRESCO	1988B176

二、实验方法

1. 实验系统

稳定表达4种GPCR受体的CHO-K1或HEK293细胞分别培养于10cm培养皿中，在37℃/ 5% CO_2培养箱中培养，当细胞汇合度达到80%～85%时，进行消化处理，将收集到的细胞悬液，以15 000个细胞每孔的密度接种到384微孔板，然后放入37℃/5% CO_2培养箱中继续过夜培养后用于实验。

2. 细胞培养条件

CHO-K1细胞系常规培养，传代在含有10%胎牛血清的Ham's F12。HEK293细胞系常规培养，传代在含有10%胎牛血清的DMEM中。

3. 化合物的配制

在检测前，用HBSS-20mmol/L HEPES稀释以上的样品，配制成相应检测浓度5倍的溶液。清热解毒组、解表组和甘草组提取物的最高检测浓度分别为500μg/ml，450μg/ml和50μg/ml，10倍稀释，4个浓度；8个化合物最高检测浓度为10μmol/L，10倍稀释，3个浓度。最终检测体系中DMSO含量为0.33%。

4. 检测方法

4.1 实验概览

第一天：将细胞接种到384微孔板，细胞铺板步骤如下：

1）消化细胞，离心后重悬计数。

2）将细胞接种至384孔板，每孔20μl，15 000个细胞/孔。

3）将细胞板放至37℃/5% CO_2培养箱继续培养18～24h后取出用于钙流检测。

第二天：进行钙流检测，激动剂检测步骤如下：

1）配制染料工作液（参照Molecular Devices公司产品说明书操作）。

2）往细胞板内加入染料，每孔20μl，然后放入37℃/5% CO_2培养箱孵育1h。

3）取出细胞板，于室温平衡15min。

4）读板。

抑制剂检测步骤如下：

1）配制染料工作液（参照Molecular Devices公司产品说明书操作）。

2）往细胞板内加入染料，每孔20μl。

3）然后每孔加入10μl待测化合物或阳性抑制剂，然后放入37℃/5% CO_2培养箱孵育1h。

4）取出细胞板，于室温平衡15min。

5）读板。

4.2 检测前的准备工作

激动剂检测的准备工作方案：将细胞接种到384微孔板，每孔接种20μl细胞悬液含1.5万个细胞，然后放置到37℃/5% CO_2培养箱中继续过夜培养后将细胞取出，加入染料，每孔20μl，然后将细胞板放到37℃/5% CO_2培养箱孵育1h，最后于室温平衡15min。检测时，将细胞板、待测化合物板放入FLIPR内指定位置，由仪器自动加入10μl 5×检测浓度的激动剂及待测样品检测RFU值。

抑制剂检测的准备工作方案：将细胞接种到384微孔板，每孔接种20μl细胞悬液含1.5万个细胞，然后放置到37℃/5% CO_2培养箱中继续过夜培养后将细胞取出，抑制剂检测时，加入20μl染料，再加入10μl配制好的待测样品溶液，然后将细胞板放到37℃/5% CO_2培养箱孵育1h，最后于室温平衡15min。检测时，将细胞板、阳性激动剂板放入FLIPR内指定位置，由仪器自动加入12.5μl的5×EC_{80}浓度的阳性激动剂检测RFU值。

4.3 信号检测

将装有待测样品溶液（5×检测浓度）的384微孔板、细胞板和枪头盒放到FLIPR内，运行激动剂检测程序，仪器总体检测时间为120s，在第21s时自动将激动剂及待测化合物10μl加入到细胞板内。

将装有5×EC_{80}浓度阳性激动剂的384微孔板、细胞板和枪头盒放到FLIPR™TETRA（Molecule Devices）内，运行抑制剂检测程序，仪器总体检测时间为120s，在第21s时自动将12.5μl阳性激动剂加入细胞板内。

5. 数据分析

通过ScreenWorks（version 3.1）获得原始数据以*FMD文件保存在计算机网络系统中。数据采集和分析使用Excel和GraphPad Prism 6软件程序。对于每个检测孔而言，以1～20s的平均荧光强度值作为基线，21～120s的最大荧光强度值减去基线值即为相对荧光强度值（△RFU），根据该数值并依据以下方程可计算出激活或抑制百分比。

$$\%激活率=(\triangle RFU_{Compound}-\triangle RFU_{Background})/(\triangle RFU_{Agonist\ control\ at\ EC_{100}}-\triangle RFU_{Background})\times 100\%$$

$$\%抑制率=\{1-(\triangle RFU_{Compound}-\triangle RFU_{Background})/(\triangle RFU_{Agonist\ control\ at\ EC_{80}}-\triangle RFU_{Background})\}\times 100\%$$

使用GraphPad Prism 6用四参数方程对数据进行分析，从而计算出EC_{50}和IC_{50}值。四参数方程如下：

$$Y=Bottom+(Top-Bottom)/\{1+10^{[(logEC_{50}/IC_{50}-X)*HillSlope]}\}$$

X是浓度的log值，Y是抑制率。

三、实验结果

1. 阳性激动剂对4个GPCR受体的剂量效应

通过多浓度梯度给药，得到了阳性激动剂对GPCR受体的激动率曲线，计算得到了各个

激动剂的 EC_{50} 值。异丙肾上腺素（Isoproterenol）对 $ADRB_2$ 受体的 EC_{50} 值为 0.64nmol/L，氧化震颤素（Oxotremorine）对 M_2 受体的 EC_{50} 值为 15.56nmol/L，前列腺素 E_2（PGE_2）对 EP_1 受体的 EC_{50} 值为 2.30nmol/L，组胺（Histamine）对 H_1 受体的 EC_{50} 值为 4.40nmol/L，具体信息见表 6-2-4。

表 6-2-4 阳性激动剂对 4 个 GPCR 受体的激活作用

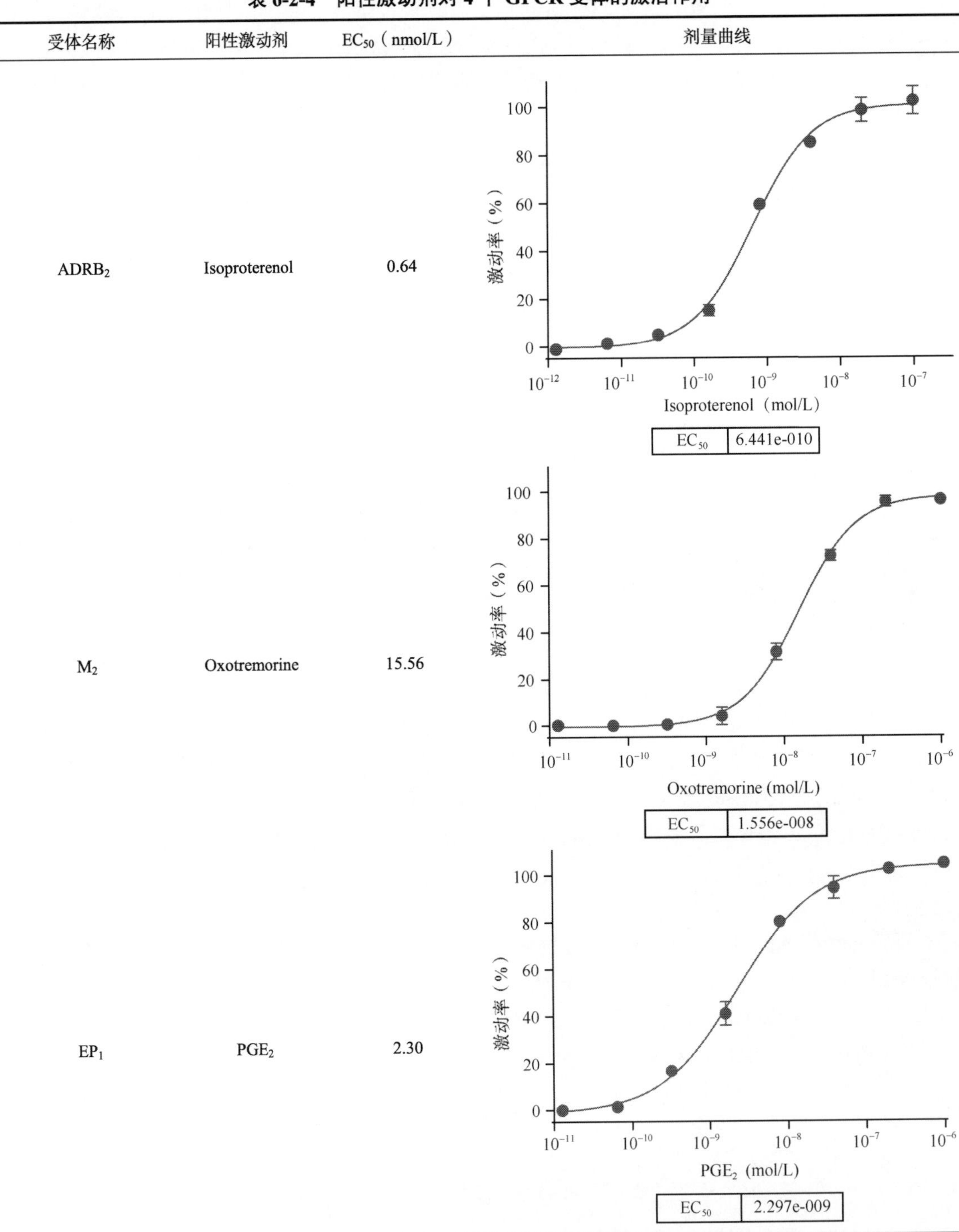

受体名称	阳性激动剂	EC_{50}（nmol/L）	剂量曲线
$ADRB_2$	Isoproterenol	0.64	
M_2	Oxotremorine	15.56	
EP_1	PGE_2	2.30	

续表

受体名称	阳性激动剂	EC_{50}（nmol/L）	剂量曲线
H_1	Histamine	4.40	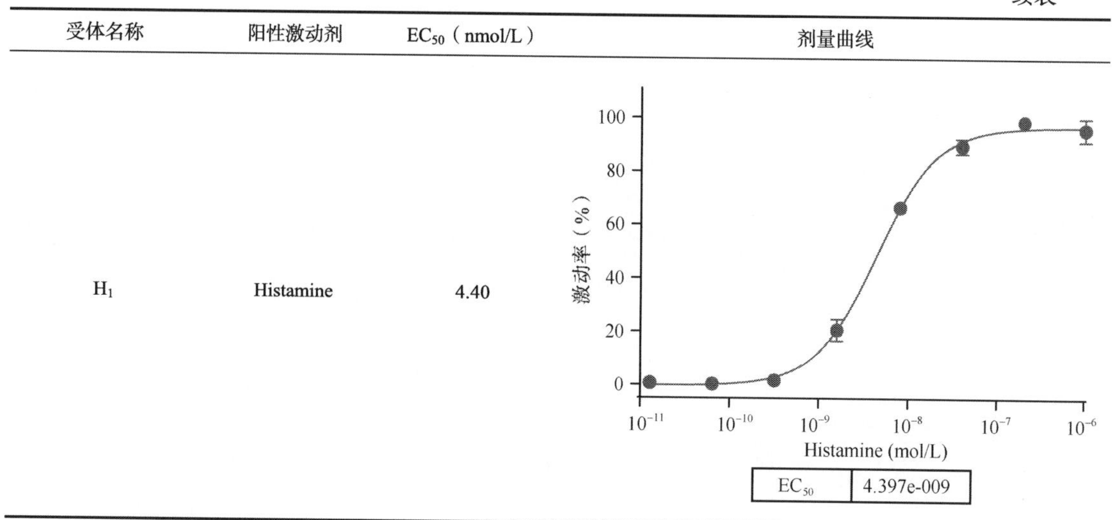

2. 阳性抑制剂对3个GPCR受体的剂量效应

通过多浓度梯度给药，得到阳性抑制剂对GPCR受体的抑制率曲线，计算得到各抑制剂的IC_{50}值。AF-DX-116（11-[[[2-（二乙氨基）甲基]-1-哌啶基]乙酰基]-5，11-二氢-6*H*-吡啶[2，3-*b*][1，4]苯并二氮-6-酮）对M_2受体的IC_{50}值为339.5nmol/L，西替利嗪（Cetirizine）对H_1受体的IC_{50}值为176.6nmol/L，SC 51322（8-氯-2-[3-[（2-呋喃甲基）硫代]-1-氧代丙基]-二苯（*Z*）[*b*，*f*][1，4]氧氮杂平-10（11*H*）-羧酸酰肼）对EP_1受体的IC_{50}值为1631nmol/L，具体信息见表6-2-5。

表6-2-5 阳性抑制剂对3个GPCR受体的抑制作用

受体名称	阳性抑制剂	IC_{50}（nmol/L）	剂量曲线
M_2	AF-DX 116	339.5	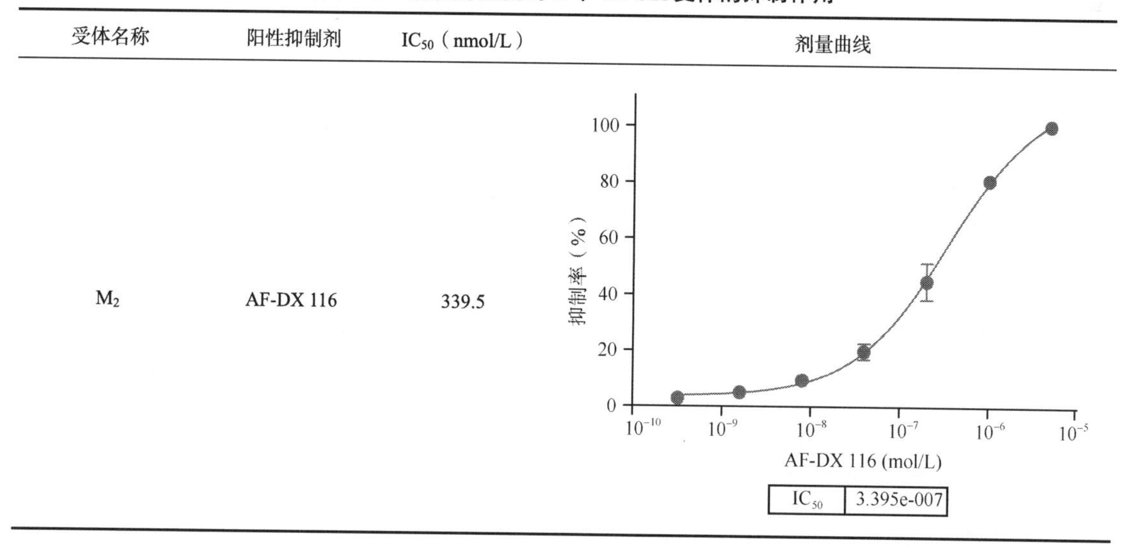

续表

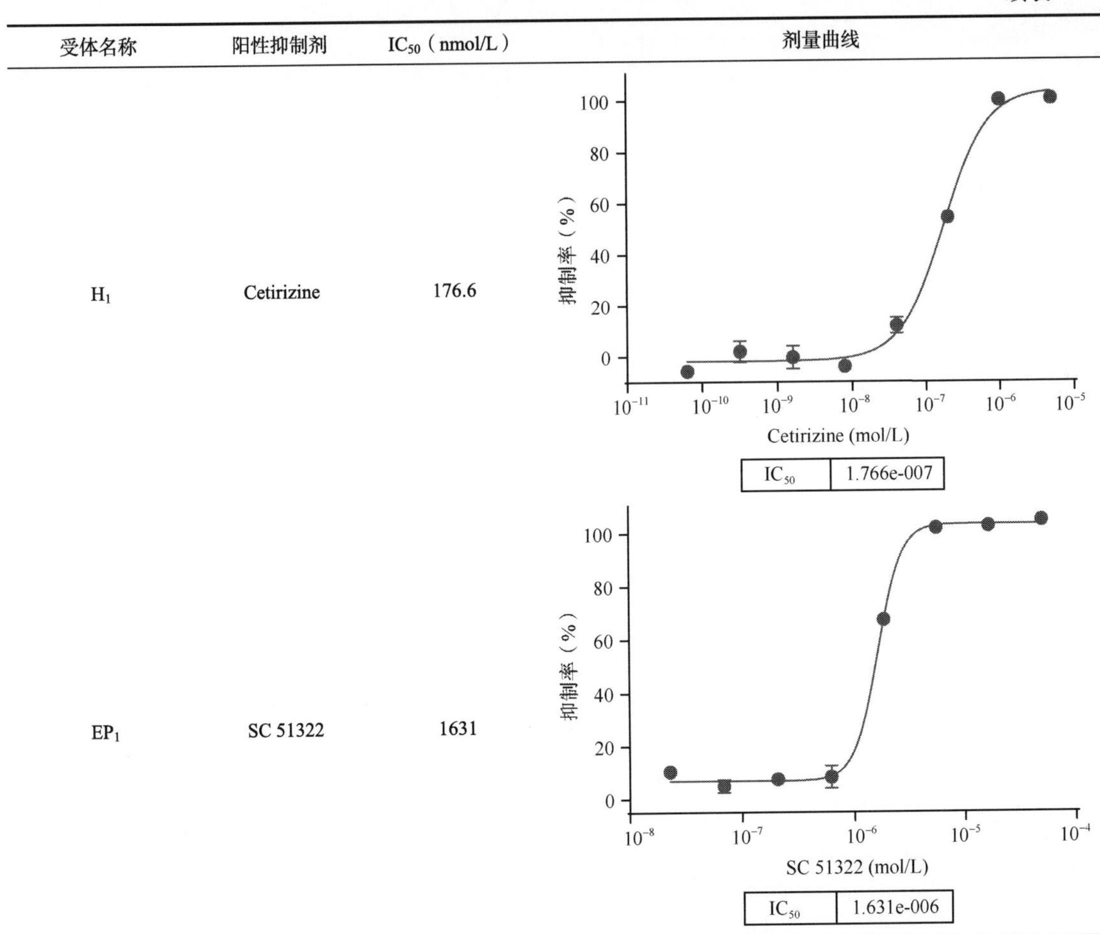

受体名称	阳性抑制剂	IC_{50}（nmol/L）	剂量曲线
H_1	Cetirizine	176.6	
EP_1	SC 51322	1631	

本实验选取的阳性激动剂和阳性抑制剂对4个GPCR受体作用的EC_{50}值和IC_{50}值总结见表6-2-6。

表 6-2-6　阳性激动剂和阳性抑制剂对 4 个 GPCR 受体的作用结果

受体名称	化合物名称	EC_{50}值	IC_{50}值
$ADRB_2$	Isoproterenol	0.644nmol/L	N/A
M_2	Oxotremorine	15.6nmol/L	N/A
	AF-DX 116	N/A	0.34μmol/L
EP_1	PGE_2	2.3nmol/L	N/A
	SC 51322	N/A	1.63μmol/L
H_1	Histamine	4.4nmol/L	N/A
	Cetirizine	N/A	0.18μmol/L

3. 清热解毒组、解表组、甘草组单独给药及配伍给药对 $ADRB_2$、M_2、EP_1 和 H_1 受体的激活及抑制作用

清热解毒组（QRJD）、解表组（JB）、甘草组（GC）单独给药及配伍给药对4个GPCR受体的激活和抑制作用图见表6-2-7，实验数据见表6-2-8。

表 6-2-7　清热解毒组、解表组和甘草组单独给药及配伍给药的受体实验结果

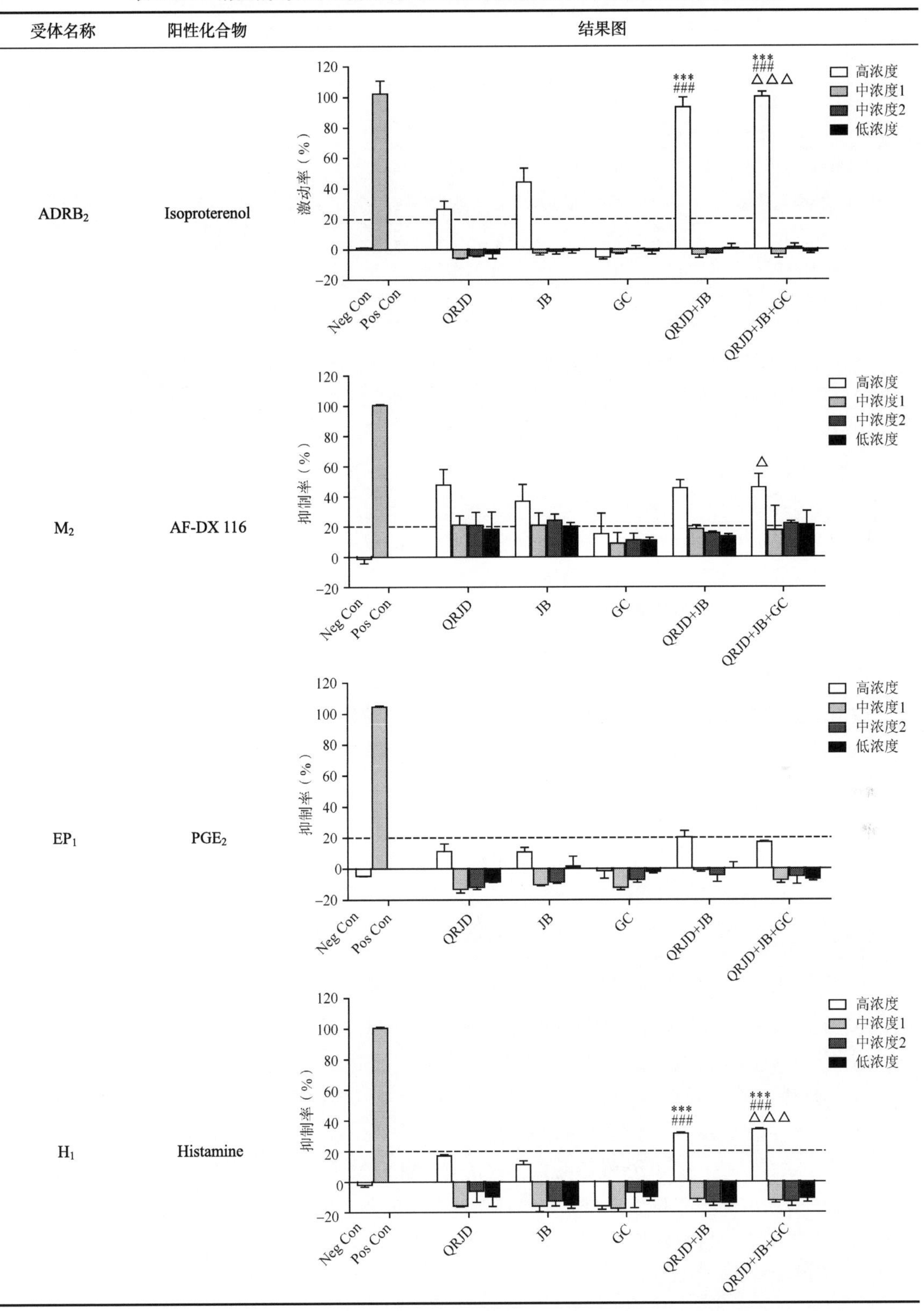

受体名称	阳性化合物	结果图
$ADRB_2$	Isoproterenol	
M_2	AF-DX 116	
EP_1	PGE_2	
H_1	Histamine	

*** $P<0.001$ vs 清热解毒高浓度组，### $P<0.001$ vs 解表高浓度组，△△△ $P<0.001$ vs 甘草高浓度组，△ $P<0.05$ vs 甘草高浓度组

表 6-2-8　药材及配伍给药对 4 个受体的激活及抑制作用数据表

样品	受体			
	$ADRB_2$	M_2	EP_1	H_1
	激动率（%）（$\overline{X}\pm SD$）	抑制率（%）（$\overline{X}\pm SD$）	抑制率（%）（$\overline{X}\pm SD$）	抑制率（%）（$\overline{X}\pm SD$）
清热解毒组	26.6±5.2	47.8±10.4	11.3±8.3	17.1±0.8
解表组	44.3±9.0	36.8±11.2	10.8±5.1	11.3±2.5
甘草组	–5.3±1.3	15.2±13.3	–1.5±8.3	–16.1±2.2
清热解毒组+解表组	93.4±6.3	45.3±5.4	20.1±7.5	31.3±0.8
清热解毒组+解表组+甘草组	100.1±3.2	45.8±9.0	17.0±1.1	34.0±0.7

分析结果图可知，与空白对照组比较，清热解毒组和解表组的高浓度组给药后对 $ADRB_2$ 受体有一定的激活作用，对 M_2 受体有一定的抑制活性，并且体现出浓度梯度依赖性，但对 EP_1 和 H_1 受体没有显著的抑制效果。甘草组单独给药后对 4 个受体均没有明显的激动和抑制活性。据此推测，清热解毒组和解表组药材是通过作用于 $ADRB_2$ 和 M_2 受体引发生物级联反应，通过调节多个生物途径而发挥药效。

将清热解毒组和解表组提取物按照疏风解毒胶囊原方比例配伍给药后的高浓度组对 $ADRB_2$、M_2 和 H_1 受体都产生了显著的生物活性，对 EP_1 受体也体现了较弱的拮抗活性。将配伍后有生物活性的高浓度给药组分别与单独给药的高浓度组进行统计学分析发现，清热解毒组和解表组按原方比例配伍给药后对 $ADRB_2$ 和 H_1 受体的生物活性均比二者单独给药的活性高，且具有统计学差异，表明二者配伍后具有协同增效作用，而配伍给药后对 M_2 和 EP_1 受体的抑制活性与单独给药相比，没有统计学差异。同时，将清热解毒组、解表组和甘草组按照原方比例配伍给药后的高浓度组对 $ADRB_2$、M_2 和 H_1 受体也产生了显著的生物活性，与单独给药相比，配伍后对 $ADRB_2$ 和 H_1 受体有协同增效作用，但三组配伍给药组与清热解毒配伍组和解表配伍组相比，没有显著的差异。

综上分析，清热解毒组、解表组和甘草组配伍后可以通过激活 $ADRB_2$ 受体，抑制 M_2 和 H_1 受体来调节一系列的下游生物信号转导效应，从而发挥多种生物活性，产生协同增效作用，也体现了配伍给药的多靶点、多途径作用特点。

4. 单体及配伍给药对 $ADRB_2$、M_2、EP_1 和 H_1 受体的激活及抑制作用

8 个单体及配伍给药对 4 个 GPCR 受体的激活和抑制作用见表 6-2-9，实验数据见表 6-2-10。分析结果图可知，在对 $ADRB_2$ 受体实验中，与空白对照组比较，柴胡皂苷 a（7）高浓度组给药后对 $ADRB_2$ 受体有显著的激活作用，而大黄素（1）、虎杖苷（2）、表告依春（3）、齐墩果酸（4）、马鞭草苷（5）、连翘酯苷 A（6）和甘草次酸（8）此 7 个化合物各浓度给药组及化合物 1～5 配伍给药组对 $ADRB_2$ 受体均无生物活性。化合物 6～7，化合物 1～7 和化合物 1～8 配伍给药后的高浓度组对该受体具有显著激动活性，但与柴胡皂苷 a 单独给药相比，无统计学差异，无协同增效作用。据此推测，柴胡皂苷 a 可能为疏风解毒胶囊通过激动 $ADRB_2$ 受体发挥治疗作用的药效物质基础。

表 6-2-9　8 个单体化合物单独及配伍给药的受体实验结果

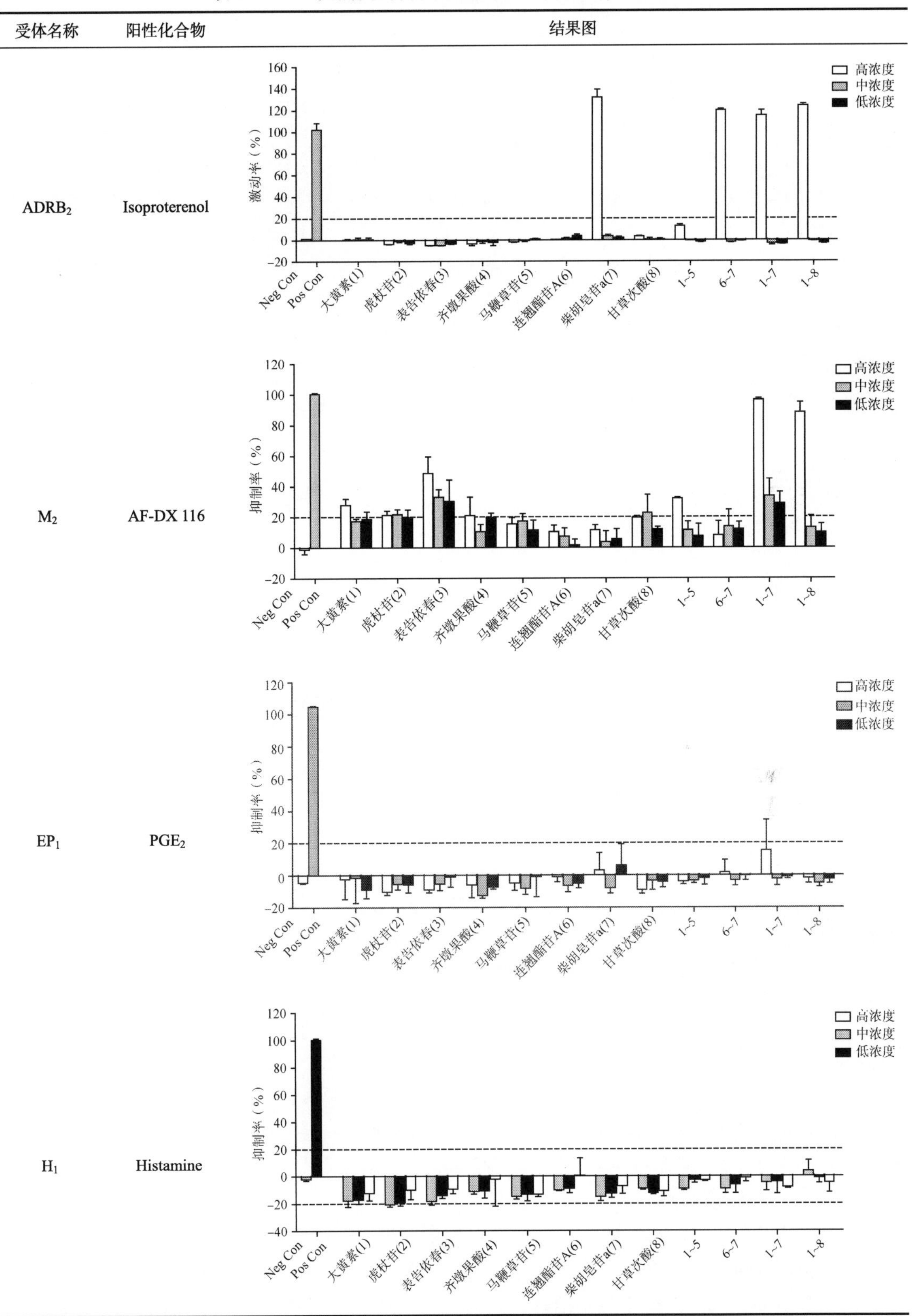

受体名称	阳性化合物	结果图
$ADRB_2$	Isoproterenol	
M_2	AF-DX 116	
EP_1	PGE_2	
H_1	Histamine	

表 6-2-10　单体及配伍给药对 4 个受体的激活及抑制作用数据表

样品	受体			
	$ADRB_2$	M_2	EP_1	H_1
	激动率（%）（$\overline{X}$ ±SD）	抑制率（%）（$\overline{X}$ ±SD）	抑制率（%）（$\overline{X}$ ±SD）	抑制率（%）（$\overline{X}$ ±SD）
大黄素（1）	0.5±1.0	23.5±8.2	–2.5±12.2	–17.8±4.6
虎杖苷（2）	–3.4±1.0	21.3±2.8	–10.3±2.1	–20.7±1.7
表告依春（3）	–4.9±0.6	48.7±10.7	–8.9±2.0	–18.4±2.6
齐墩果酸（4）	–3.4±2.7	14.5±13.8	–6.0±7.8	–11.2±2.0
马鞭草苷（5）	–1.9±0.8	15.4±4.2	–4.8±4.6	–15.0±1.9
连翘酯苷 A（6）	0.5±0.2	10.3±4.3	–1.1±3.1	–10.3±0.6
柴胡皂苷 a（7）	131.6±12.9	11.5±3.2	2.9±10.8	–15.0±3.2
甘草次酸（8）	3.5±0.5	14.9±7.9	–9.2±2.3	–9.1±0.8
化合物 1～5	12.7±2.9	32.1±0.5	–4.0±1.8	–9.3±1.3
化合物 6～7	120.0±1.7	7.9±9.1	1.7±7.6	–9.3±3.3
化合物 1～7	114.9±8.5	78.7±30.6	38.8±42.9	10.8±27.3
化合物 1～8	123.8±3.3	88.2±6.5	–2.0±3.0	3.7±7.7

对 M_2 受体实验中，与空白对照组比较，表告依春（3）给药后对 M_2 受体有显著的拮抗作用，大黄素（1）、虎杖苷（2）、齐墩果酸（3）和甘草次酸（8）对 M_2 受体有较微弱的拮抗活性。化合物 1～5 配伍给药后对 M_2 受体产生了显著的生物活性，并有一定的浓度梯度依赖性，但与 5 个化合物单独给药相比，无增效作用。而化合物 1～7 配伍给药和化合物 1～8 配伍给药后，对 M_2 受体的拮抗作用显著，与化合物单独给药组进行统计学分析发现，配伍给药后对该受体的生物活性均比化合物单独给药的活性高，且具有统计学差异，表明化合物 1～7 配伍和化合物 1～8 配伍后有增效作用。通过比较化合物 1～5、6～7、1～7 和 1～8 配伍组结果发现，虽然化合物 6 连翘酯苷 A 和化合物 7 柴胡皂苷 a 单独给药和配伍给药均无拮抗活性，但化合物 1～7 和 1～8 配伍后对 M_2 受体的拮抗活性比化合物 1～5 配伍组显著增强，且具有协同增效作用，推测连翘酯苷 A 和柴胡皂苷 a 能促进其他化合物与 M_2 受体结合，有辅助增效作用。

H_1 和 EP_1 受体实验结果中，8 个化合物及 4 个配伍给药组对 2 个受体均无生物活性，推测此 8 个化合物可能不是疏风解毒胶囊通过拮抗 H_1 和 EP_1 受体发挥治疗作用的药效物质基础。

四、总结与讨论

疏风解毒胶囊由 8 味药材组成，方中虎杖苦微涩、微寒，功能祛风、除湿、解表、攻诸肿毒，止咽喉疼痛，为君药。连翘性凉味苦，功能清热、解毒、散结、消肿，具有升浮宣散之力，能透肌解表，清热祛风，为治疗风热的要药。板蓝根味苦性寒，功能清热解毒，为近代抗病毒常用品，二药共为臣药。柴胡性味苦凉，功具和解表里。败酱草味辛苦，微寒，功能清热、解毒，善除痈肿结热。马鞭草性味凉苦，功能清热解毒、活血散瘀，能治外感发热、喉痹。芦根味甘寒，能清降肺胃，生津止渴，治喉痛。四药共为佐药。甘草养胃气助行药，并调和诸药，为使。诸药配伍能直达上焦肺卫，祛风清热，解毒散结，切合病毒性上呼吸道感染风热证风热袭表，肺卫失宣，热毒结聚之病机。

本实验选取的肾上腺素能受体是介导儿茶酚胺作用的一类组织受体，为 G 蛋白偶联受体。根据其对去甲肾上腺素的不同反应情况，分为肾上腺素能 α 受体和 β 受体。α 受体主要分布在皮肤、肾、胃肠的血管平滑肌，β 受体主要分布在骨骼肌、肝脏的血管平滑肌及心脏。β 肾上腺素能受体（β-AR）共分为 3 种亚型，β_1-AR、β_2-AR 和 β_3-AR。激动 β_1-AR、β_2-AR 可使心率增快、血压升高，而激动心脏 β_3-AR 可抑制交感神经活性，减慢心率，解除血管痉挛[1, 2]。

乙酰胆碱受体（毒蕈碱样 M 受体）是由 460～590 个氨基酸组成的一种单链跨膜糖蛋白，属于 G 蛋白偶联受体超家族，可产生副交感神经兴奋效应，即心脏活动抑制，支气管胃肠平滑肌和膀胱逼尿肌收缩，消化腺分泌增加，瞳孔缩小等。其在体内参与肌肉收缩调节、呼吸、运动、体温调节、学习、记忆等重要的生理功能，是体内重要的受体之一[3, 4]。M 受体的异常变化可引发多种人体疾病，如心律失常、精神分裂症、帕金森综合征、膀胱过度活动症、慢性肺病、胃溃疡等[5, 6]。根据分子克隆技术将其分为 M_1、M_2、M_3、M_4 和 M_5 五种亚型。这五种受体亚型广泛分布在身体的不同组织中，在这些组织中发挥着重要的生理功能。研究表明，不同组织中的 M 受体亚型表达有差异，如在胃肠道中，M_2 和 M_3 受体所占比例为 4∶1，而在膀胱中，二者比例为 3∶1。其中 M_1 受体主要分布于交感节后神经和胃壁细胞，受体激动引起兴奋和胃酸分泌。M_2 受体主要分布于心肌、平滑肌，激动引起心脏收缩力和心率降低。

交感神经、肾上腺素都是通过 β 受体影响细胞功能，β 受体与 M 胆碱受体相互制约，对维持细胞的正常活动及体温变化具有重要意义[7]。β_2 肾上腺素受体被激活后，cAMP 含量增加，腺苷酸环化酶（AC）和磷酸激酶（PKA）被激活，导致细胞顶膜 Cl^- 通道开放，而 Cl^- 的跨膜分泌是发汗过程的必要条件[8, 9]。人体汗腺主要接受交感胆碱能纤维支配，汗腺上的 M 受体作为神经递质 ACh 作用的靶点，对维持正常的汗液分泌起着重要的作用[10]。然而，胆碱受体激动剂只在某些动物中激活汗腺，且其反应强度明显弱于肾上腺素能类药物，ACh 并不能诱导产生明显而持续的出汗[11, 12]。研究显示不管是局部还是全身，在所有物种中都可引起出汗的物质是儿茶酚胺，其中主要是肾上腺素[13-17]。激动 β 受体，可导致汗腺导管的扩张；拮抗 β 受体，可抑制发汗[18]。

致热原引起发热时，脑脊液中 PGE_2 含量明显增加，并且 PGE_2 含量升高先于体温升高，起始于发热的潜伏期并持续发热的全过程[19]。有学者对 PGE_2 受体后续的信号转导通路进行了研究，认为 PGE_2 与 EP 结合后，通过提高细胞内的 cAMP 使调定点升高[20]。PEG_2 受体有 4 种亚型：EP_1、EP_2、EP_3、EP_4，其中 EP_2、EP_4 与 Gs 偶联，可引起细胞内 cAMP 水平升高；EP_1 与 Gq 偶联，激动后可升高胞质 Ca^{2+}浓度；EP_3 可与 Gq、Gi 和 Gs 偶联，细胞内主要效应表现为 Ca^{2+}、IP_3 升高和 cAMP 降低。药理学研究资料显示 EP_1 和 EP_3 可能介导了 PGE_2 依赖性发热（EP_1 主要在发热早期起作用），而 EP_4 能抑制发热效应[21-23]。故本实验选取 EP_1 亚型进行受体实验。

组胺广泛存在于各种炎症及感染性疾病中，主要调控宿主免疫反应。组胺是炎症反应中重要的介质之一，可通过众多的介质和信号传导途径，经细胞内复杂的网络事件，从而在变应性炎症发生中发挥极其重要的作用[24]。组胺是通过其受体发挥生物学作用的。人体内的组胺受体可分为 H_1R～H_4R 4 型，H_1R 主要分布于内皮和平滑肌等多种细胞，调节血管舒张和支气管收缩；H_2R 能与 cAMP 系统偶联，主要调节胃酸分泌；H_3R 主要在神经系统作为突触前自身受体的方式进行表达；H_4R 是最新发现的受体，它高表达在与炎症反应有关的组织和与造血起源有关的细胞上，在骨髓、外周血细胞、脾、肺、小肠等与炎症相关部位的高度表达，在过敏反应、哮喘等疾病治疗中起到重要作用，表明 H_4R 是一种重要的与炎症反应有关的受体，这些发现很大程度上也促进了组胺及其受体在免疫和炎症过程中作用的研究，并对组胺、组胺受体及受体拮抗剂的作用进行重新认识[25, 26]。研究发现，组胺可以结合 H_1 受体，作为一个前炎症介质，促进树突状细胞成熟和 Th1/Th2 平衡，调节抗原介导的免疫反应。组胺介导的变应性炎症效应主要是结合 H_1 受体，引起皮肤黏膜充血、水肿和瘙痒等，也可以同时结合 H_1 和 H_2 受体，尤其是剂量较大的情况下，引起平滑肌收缩、全身毛细血管扩张和通透性增加，表现为哮喘、过敏性休克、心动过速、皮肤潮红和鼻充血等[27]。

本研究从功能受体角度，通过对 $ADRB_2$ 受体的激动作用和对 M_2、EP_1、H_1 受体的抑制活性实验发现，清热解毒组和解表组两组配伍以及清热解毒组、解表组和甘草组 3 组配伍给药后均可激动 $ADRB_2$ 受体，拮抗 M_2 和 H_1 受体，从而调节一系列的下游生物信号转导效应，发挥多种生物活性，体现了药材配伍给药的多靶点多途径作用特点。并且配伍给药后对 $ADRB_2$ 和 H_1 受体的生物活性均比单独给药活性高，且具有统计学差异，表明药材配伍后具有协同增效作用。单体配伍实验表明，柴胡皂苷 a 给药后可激动 $ADRB_2$ 受体，推测其可能为疏风解毒胶囊通过激动 $ADRB_2$ 受体发挥治疗作用的药效物质基础；化合物 1～7 配伍给药和化合物 1～8 配伍给药后，对 M_2 受体的拮抗作用显著，且生物活性均比化合物单独给药高，具有增效作用。连翘酯苷 A 和柴胡皂苷 a 单独给药和配伍给药对 M_2 受体均无拮抗活性，但二者与其他化合物配伍后对 M_2 受体的拮抗活性比 8 个化合物单独给药和化合物 1～5 配伍给药显著增强，具有增效作用，推测连翘酯苷 A 和柴胡皂苷 a 能促进其他化合物与 M_2 受体结合，有辅助增效作用。

第三节　基于网络药理学的疏风解毒胶囊配伍规律研究

中药复方是中药防病治病的主要形式，是在中医辨证施治的理论指导下，根据病机和药性理论等，按照“君、臣、佐、使”、“七情和合”等方剂配伍理论组成的具有特定主治功能的药方。中医关于方剂的配伍有高度的科学性，中药复方蕴含了中医理论丰富、深刻而复杂的科学内涵。阐明中医方剂配伍理论和规律是中医药现代化最具挑战的研究之一。

近些年来发展起来的网络药理学技术以高通量组学数据分析、计算机虚拟计算及网络数据库检索为基础，基于系统生物学的理论，对生物系统进行网络分析 [28, 29]。与传统药理学的不同之处在于，网络药理学是从系统生物学和生物网络平衡的角度阐释疾病的发生发展过程，从改善或恢复生物网络平衡的整体观角度来认识药物与机体的相互作用[30]。网络药理学在基于“疾病-基因-靶点-药物”相互作用的基础上，通过网络分析，系统综合地观察药物对疾病网络的干预与影响，揭示多分子药物协同作用于人体的机制，这与中药及其复方的多成分、多靶点、多途径协同作用的原理不谋而合，为阐释中药的作用机制及配伍规律提供了方法参考。李梢[30-32]等采用网络药理学的方法，通过对构建的草药网络组成及联合模块进行分析来解析传统中药方剂配伍的规律。张培[33]等以中药五味为研究对象，基于中药饮片的现代药理和临床数据建立了苦、辛、甘味的贝叶斯网络模型，并进行了模型验证和预测，为中药方剂组分配伍研究提供了重要支撑。

疏风解毒胶囊是由虎杖、连翘、板蓝根、马鞭草、败酱草、柴胡、芦根、甘草 8 味药材组成的中药复方制剂，用于由病毒和细菌感染所致急性上呼吸道感染，症见发热、恶心、咽痛、头痛、鼻塞、流浊涕、咳嗽等，经多年临床实践与应用[34-38]，疗效确切，是抗病毒感染的理想药物。方中虎杖苦微涩、微寒，功能祛风、除湿、解表、攻诸肿毒，止咽喉疼痛，为君药。连翘性凉味苦，功能清热、解毒、散结、消肿，具有升浮宣散之力，能透肌解表，清热祛风，为治疗风热的要药。板蓝根味苦性寒，功能清热解毒，为近代抗病毒常用品，二药共为臣药。柴胡性味苦凉，功具和解表里。败酱草味辛苦，微寒，功能清热、解毒、善除痈肿结热。马鞭草性味凉苦，功能清热解毒、活血散瘀，能治外感发热、喉痹。芦根味甘寒，能清降肺胃，生津止渴，治喉痛。四药共为佐药。甘草养胃气助行药，并调和诸药，为使。诸药配伍能直达上焦肺卫，祛风清热，解毒散结，切合病毒性上呼吸道感染风热证风热袭表，肺卫失宣，热毒结聚之病机。

本课题组前期进行了药效物质基础和作用机制研究，但目前针对疏风解毒胶囊多成分、多靶点及多途径治疗上呼吸道感染的配伍合理性研究仍不全面。故本部分实验基于疏风解毒胶囊的组方特点及用药的特殊性，根据君臣佐使及按各药味功能组群及药效物质组群之间配伍的相须协同关系，将疏风解毒胶囊中的 8 味药材分为“清热解毒组（虎杖、板蓝根、败酱草、马鞭草）”、“解表组（连翘、柴胡、芦根）”和“甘草组”，选取各组药材中的代表性成分进行分析，采用网络药理学的研究手段对该方的配伍合理性进行初步探究和阐释。

一、实验材料

本部分网络药理实验研究的主要材料是分析软件和数据库，具体软件及相关数据库信息如下：

PharmMapper 数据库（http：//59.78.95.61/pharmmapper/），UNIPRO 数据库（http：//www.uniprot.org/），MAS 3.0 数据库（http：// bioinfo.capitalbio.com/ mas3 /analysis/），KEGG 数据库（http：//www.genome.jp/kegg/），STRING 10 数据库（http：//string-db.org/），HIT 数据库（http：//lifecenter.sgst.cn/hit/welcome.html），ChemBioOffice2010，Cytoscape2.6 软件。

二、实验方法

1. 目标化合物的选取

实验以疏风解毒胶囊中 8 味药材的各结构类型代表性成分为主，并结合 HIT 数据库（Herbal Ingredients' Targets Database）中收录的 8 味药材的化学成分，共选取了 32 个化合物为实验研究对象，包括虎杖药材中的虎杖苷、白藜芦醇、大黄素、大黄酸和芦丁；板蓝根药材中的表告依春、色胺酮、靛玉红、尿苷、水杨酸；败酱草药材中的七叶亭、异鼠李素、山柰酚、熊果酸、齐墩果酸；马鞭草药材中的毛蕊花糖苷、牡荆苷、齐墩果酸、熊果酸；连翘药材中的芦丁、毛蕊花糖苷、连翘酯苷 A、松脂醇、连翘苷；柴胡药材中的绿原酸、芦丁、柴胡皂苷 a、柴胡皂苷 d、茴香脑；芦根药材中的 β-谷甾醇、咖啡酸、阿魏酸；甘草药材中的甘草苷、异甘草素、甘草酸、甘草酸单铵盐、甘草次酸。化合物具体信息见表 6-3-1。

表 6-3-1 化合物信息表

药材	结构类型	中文名	英文名	分子式/分子量	结构式
虎杖	二苯乙烯类	虎杖苷	Polydatin	$C_{20}H_{22}O_8$ 390.38	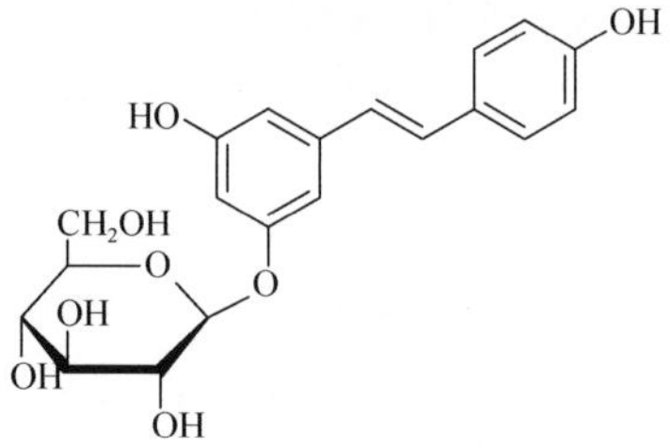
		白藜芦醇	Resveratrol	$C_{14}H_{12}O_3$ 228.24	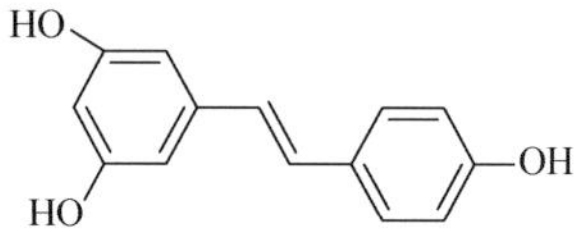
	蒽醌类	大黄素	Emodin	$C_{15}H_{10}O_5$ 270.24	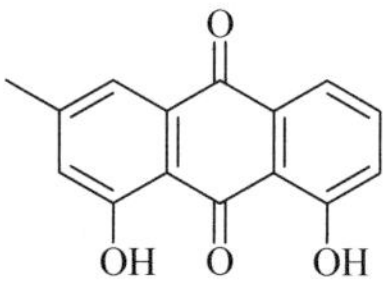
		大黄酸	Rhein	$C_{15}H_8O_6$ 284.03	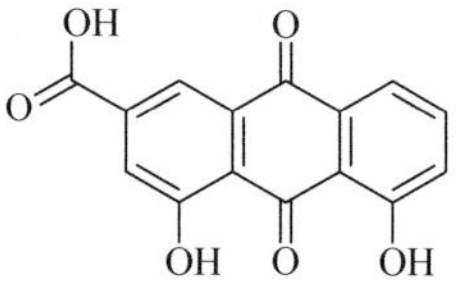
	黄酮类	芦丁	Rutin	$C_{27}H_{30}O_{16}$ 610.52	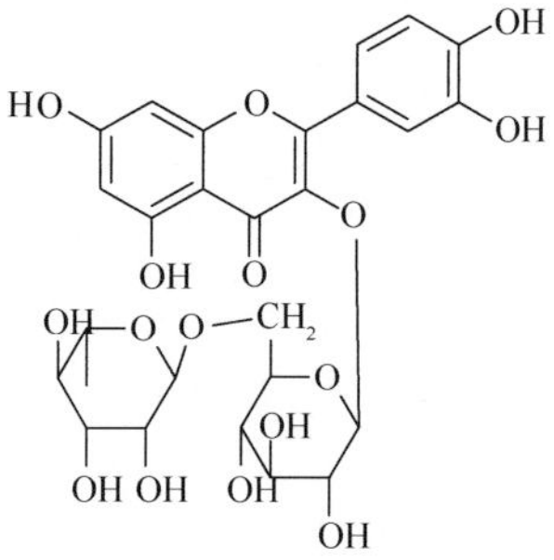
板蓝根	生物碱	表告依春	Epigoitrin	C_5H_7NOS 129.18	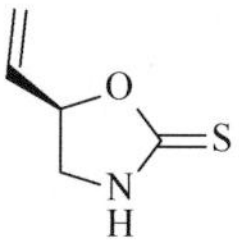
		色胺酮	Tryptanthrin	$C_{15}H_8N_2O_2$ 248.06	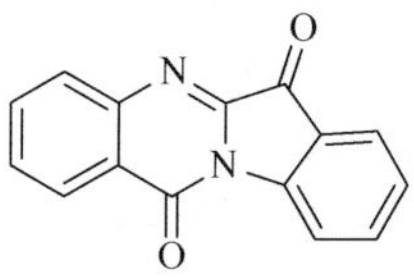
		靛玉红	Indirubin	$C_{16}H_{10}N_2O_2$ 262.07	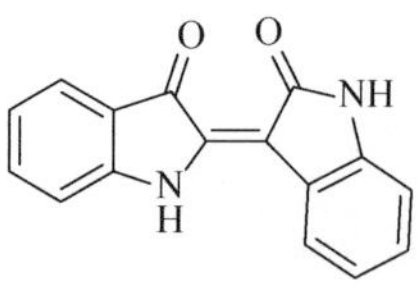

续表

药材	结构类型	中文名	英文名	分子式/分子量	结构式
板蓝根	核苷	尿苷	Uridine	$C_9H_{12}N_2O_6$ 244.2	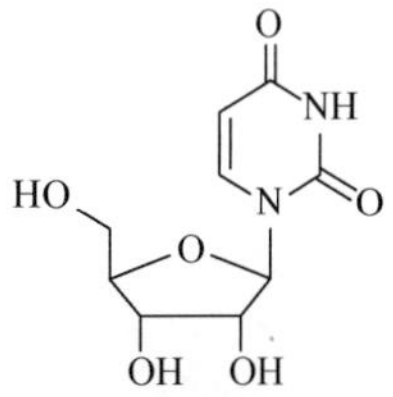
	有机酸	水杨酸	Salicylic acid	$C_7H_6O_3$ 138.03	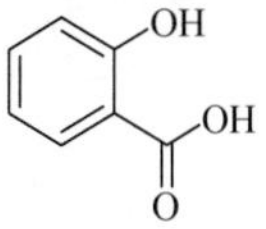
败酱草	香豆素类	七叶亭	Esculetin	$C_9H_6O_4$ 178.03	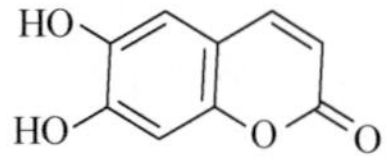
	黄酮类	异鼠李素	Isorhamnetin	$C_{16}H_{12}O_7$ 316.06	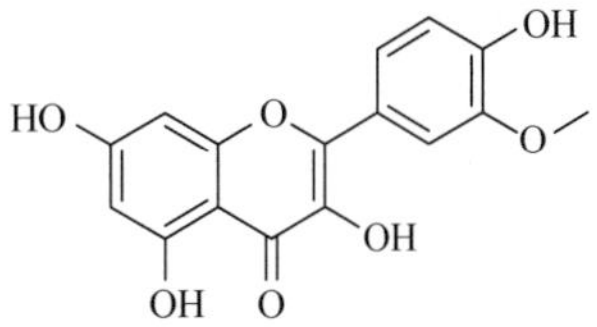
		山柰酚	Kaempferol	$C_{15}H_{10}O_6$ 286.05	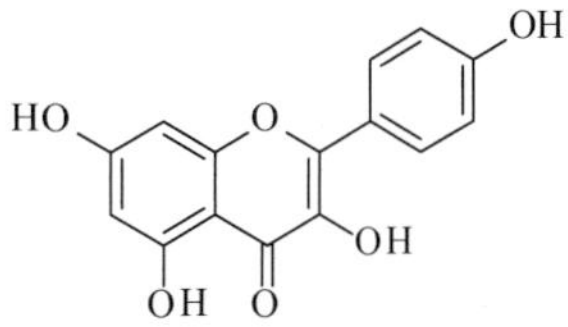
	三萜及其苷类	齐墩果酸	Oleanic acid	$C_{30}H_{48}O_3$ 456.71	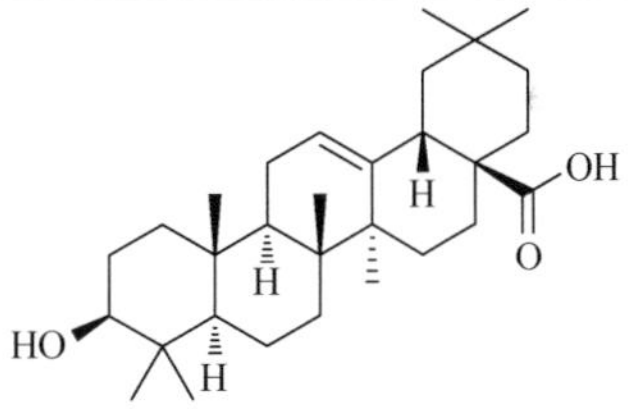
		熊果酸	Ursolic Acid	$C_{30}H_{48}O_3$ 456.71	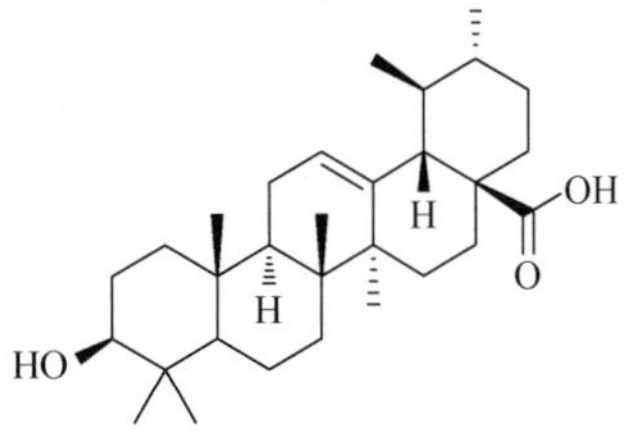
马鞭草	苯乙醇苷类	毛蕊花糖苷	Verbascoside	$C_{29}H_{36}O_{15}$ 624.59	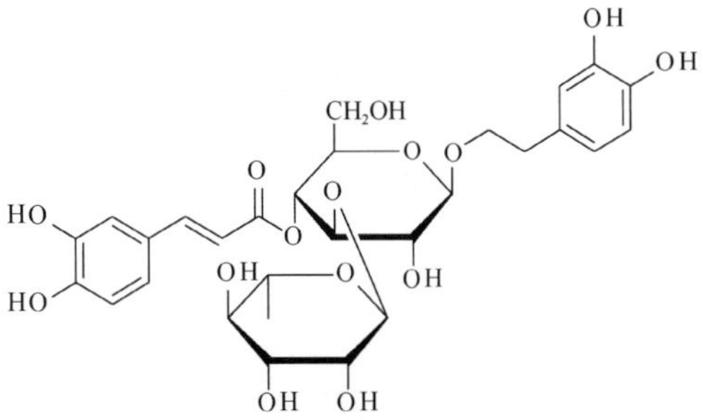

续表

药材	结构类型	中文名	英文名	分子式/分子量	结构式
马鞭草	黄酮类	牡荆苷	Vitexin	$C_{21}H_{20}O_{10}$ 432.11	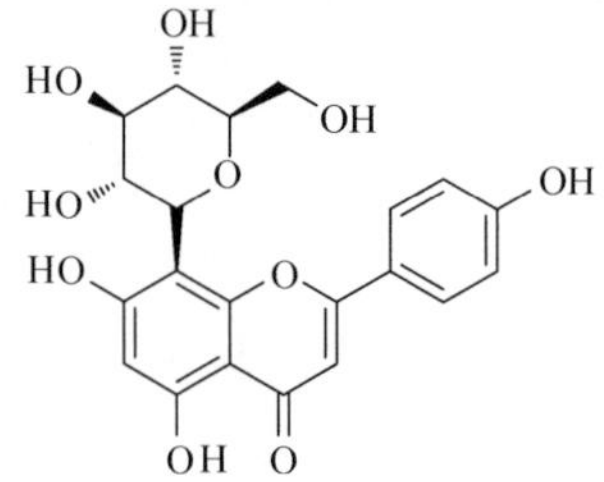
	三萜及其苷类	齐墩果酸	Oleanic acid	$C_{30}H_{48}O_3$ 456.71	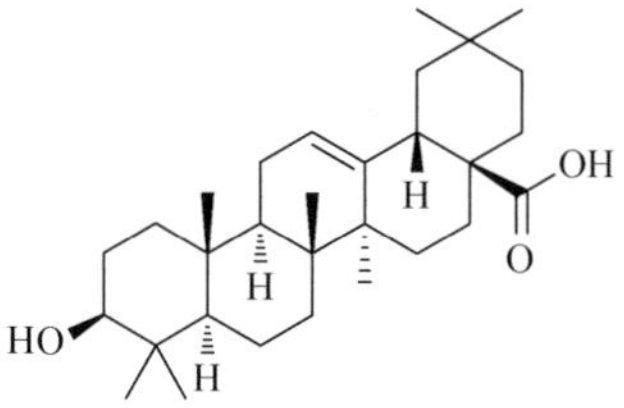
		熊果酸	Ursolic Acid	$C_{30}H_{48}O_3$ 456.71	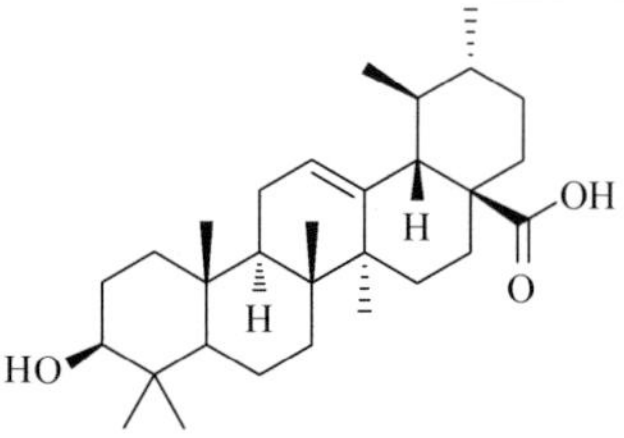
连翘	黄酮类	芦丁	Rutin	$C_{27}H_{30}O_{16}$ 610.52	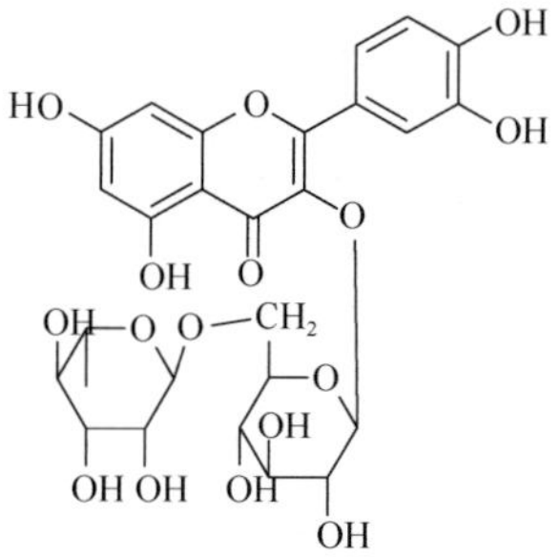
	苯乙醇苷类	毛蕊花糖苷	Verbascoside	$C_{29}H_{36}O_{15}$ 624.59	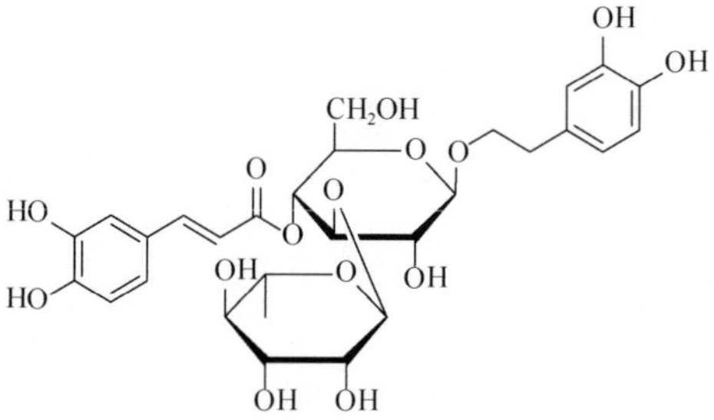
		连翘酯苷 A	ForsythosideA	$C_{29}H_{36}O_{15}$ 624.59	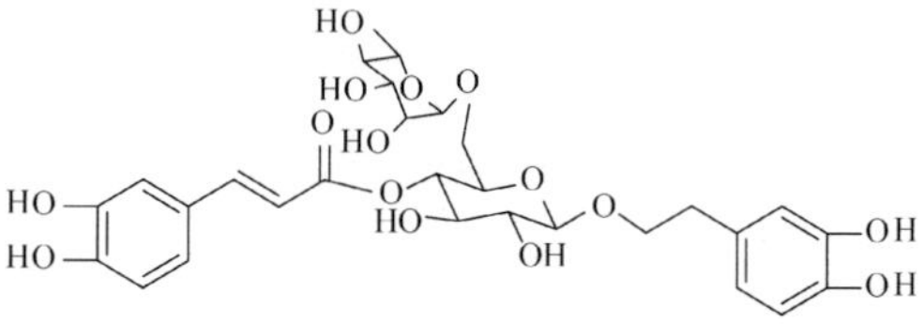

续表

药材	结构类型	中文名	英文名	分子式/分子量	结构式
连翘	苯乙醇苷类	松脂醇	（－）-Pinoresinol	$C_{20}H_{22}O_6$ 388.19	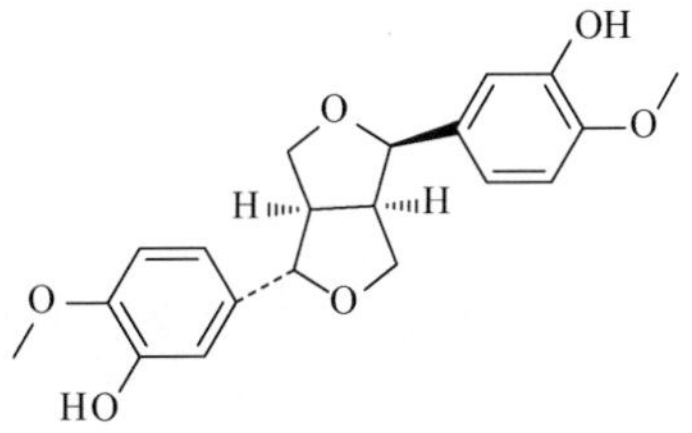
	木脂素	连翘苷	Phillyrin	$C_{27}H_{34}O_{11}$ 534.55	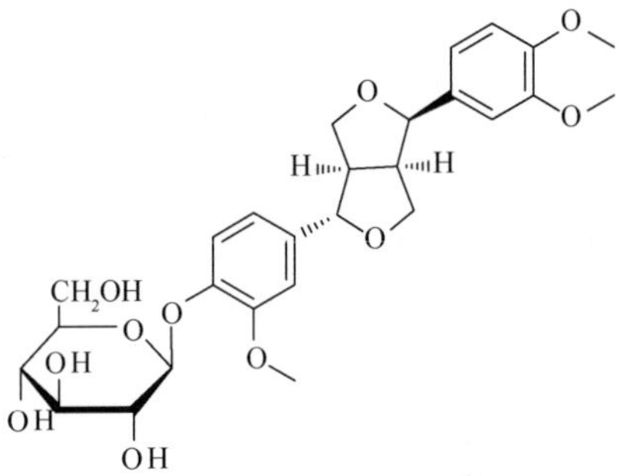
柴胡	绿原酸类	绿原酸	Chlorogenic acid	$C_{16}H_{18}O_9$ 354.31	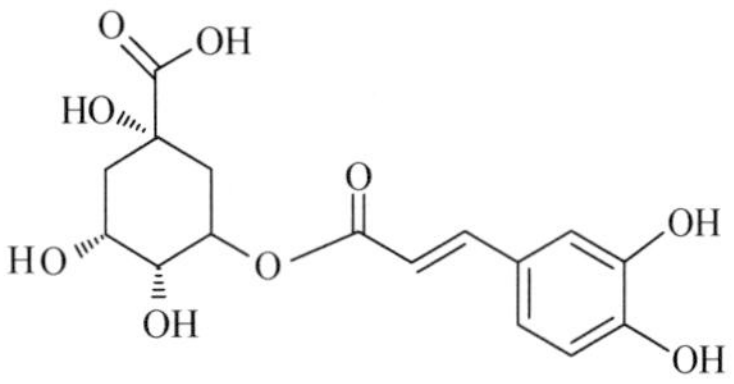
	黄酮类	芦丁	Rutin	$C_{27}H_{30}O_{16}$ 610.52	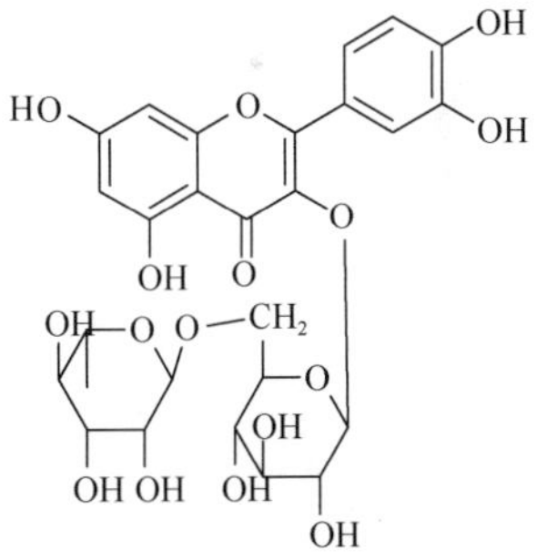
	三萜及其苷类	柴胡皂苷 a	Saikosaponin a	$C_{42}H_{68}O_{13}$ 780.98	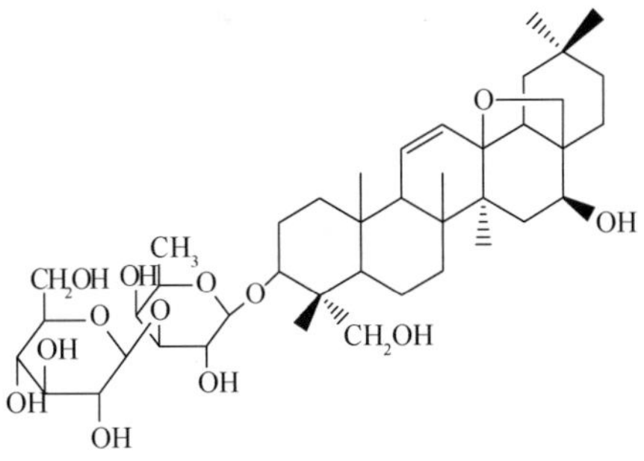

续表

药材	结构类型	中文名	英文名	分子式/分子量	结构式
柴胡	三萜及其苷类	柴胡皂苷 d	Saikosaponin d	$C_{42}H_{68}O_{12}$ 764.47	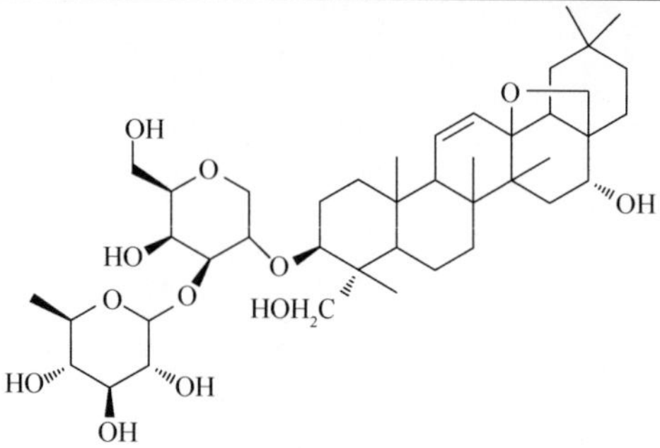
	挥发油	茴香脑	Anethole	$C_{10}H_{12}O$ 148.09	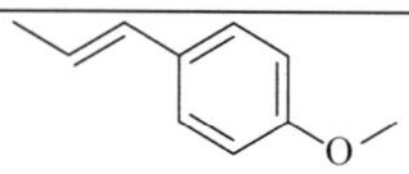
芦根	甾醇类	*β*-谷甾醇	*β*-sitosterol	$C_{29}H_{50}O$ 414.39	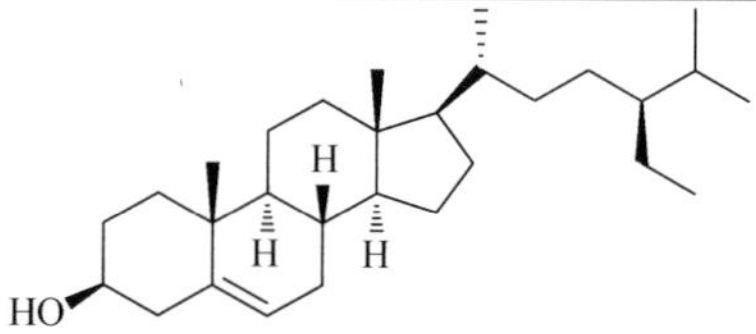
	酚酸	咖啡酸	Cafferic acid	$C_9H_8O_4$ 180.16	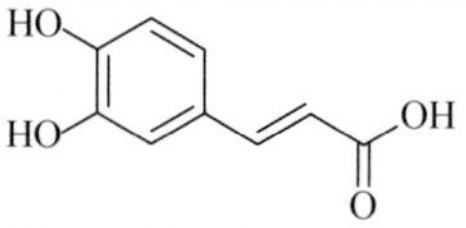
		阿魏酸	Ferulic acid	$C_{10}H_{10}O_4$ 194.06	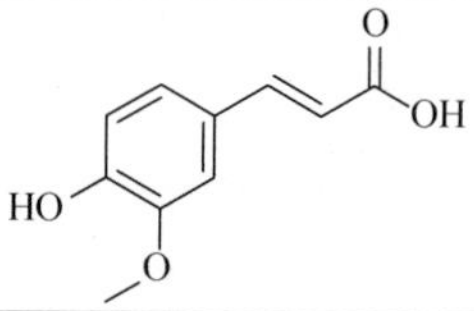
甘草	黄酮类	甘草苷	Liquiritin	$C_{21}H_{22}O_9$ 418.396	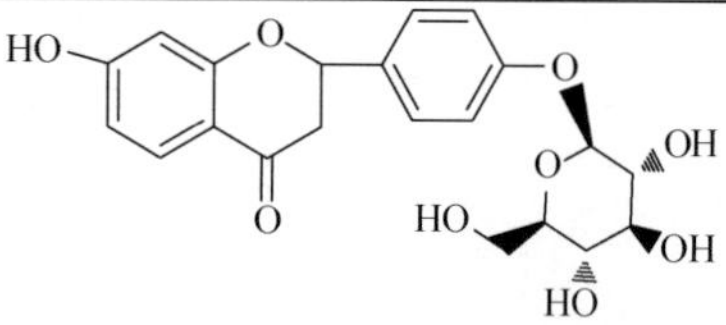
		异甘草素	Isoliquiritigenin	$C_{15}H_{12}O_4$ 256.25	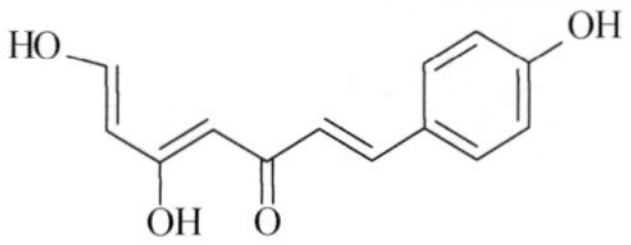
	三萜及其苷类	甘草酸	Glycyrrhizic acid	$C_{42}H_{62}O_{16}$ 822.40	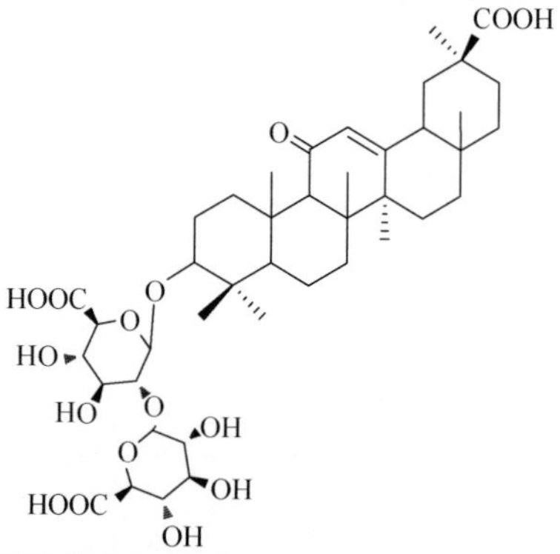

续表

药材	结构类型	中文名	英文名	分子式/分子量	结构式
甘草	三萜及其苷类	甘草酸单铵盐	Monoammonium glycyrrhizinate	$C_{42}H_{65}NO_{16}$ 839.96	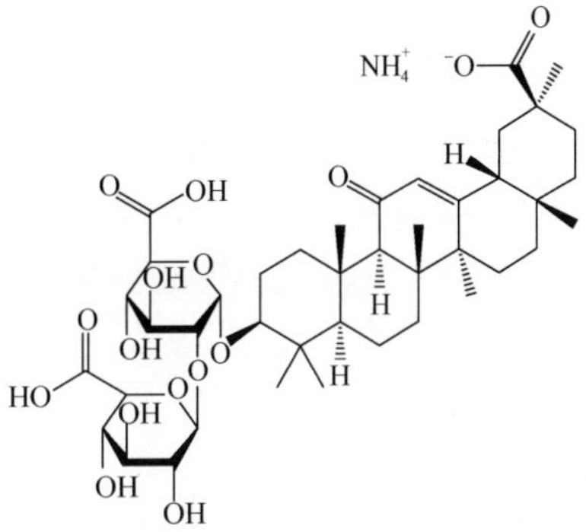
		甘草次酸	Glycyrrhetic acid	$C_{30}H_{46}O_4$ 470.68	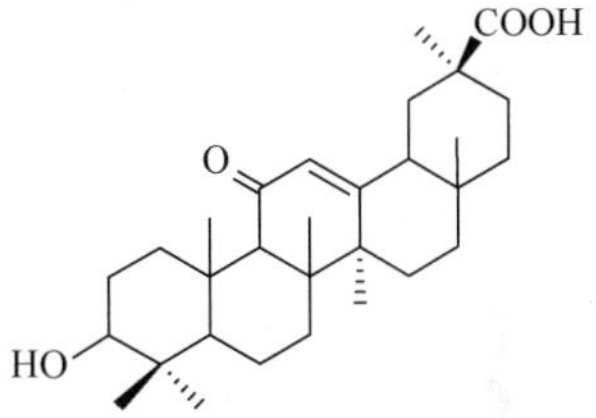

2. 目标化合物作用靶点及通路的预测

本实验以疏风解毒胶囊中32个代表性化合物为研究对象，利用HIT数据库及反向分子对接的方法找到化合物作用靶点，具体方法如下：

（1）使用ChemBioOffice 2010软件绘制代表性化合物的三维立体结构图。

（2）将化合物三维立体结构投入反向分子对接网站PharmMapper[39]，进行药物分子的体内靶点预测，参数设置如下：Generate Conformers：Yes；Maximum Generated Conformations：100；Select Target Set：Human Protein Target Only；Number of Reserved Matched Targets：100。PharmMapper服务器采用反向分子对接的方法，以活性小分子为探针，通过对Targetbank、Drugbank、binding DB和PDTD四大数据库进行快速检索而获得化合物的靶点信息。此服务器含7302个药效团模型，涵盖110种临床适应证，运算速度快，靶点信息全面[40, 41]，能够在十几分钟甚至几分钟内完成靶点的预测，并根据匹配结果的相似度进行打分和排序。利用KEGG数据库、UniProt数据库及相关文献的查阅，对HIT数据库收录的化合物靶点及反向分子对接得分最高的前十个靶点进行相关性分析，找到与该方适应证密切相关的靶点蛋白，并分析“清热解毒组”、“解表组”和“甘草组”各组化合物作用特点的异同点。

（3）将筛选后的靶点投入UniProt数据库，得到所有靶点蛋白的官方命名，将命名编号投入MAS 3.0，得到与靶点相关的通路。参数设置如下：Species：Homo sapiens（Human）；Molecule Type：Protein；Database Symbols：GenBank ACC；Functions：Gene，mRNA，Protein，Pathway；Regulation Threshold：Up 2.0，Down 0.5。MAS 3.0数据库整合了多种生物学数据库，可对高通量生物实验数据提供包括基因、蛋白、功能、表达、蛋白相互作用、信号转导、调控和疾病等全面的生物学信息注释，具有全面、快速、准确、直观等特点。

（4）选取相关的通路经Cytoscape 2.6软件处理，得到代表性化合物的相关靶点通路预测图。

（5）将32个化合物、筛选后的作用靶点、作用通路作为节点（node），在Excel表格中建立彼此对应关系，之后导入到 Cytoscape 2.6 软件[14]，用 Network Analyzer 插件构建并分析清热解毒组、解表组、甘草组和疏风解毒胶囊组“化合物-靶点”和“化合物-靶点-通路”的网络药理图。若其中某一靶点为某一化合物的潜在作用靶点，则二者以边（edge）连接起来。节点间的连接原则为当化合物作用靶点与作用通路的相关靶点相同,则将化合物与作用通路以边关联起来。通过建立化合物-蛋白-通路、化合物-蛋白-化合物、蛋白-化合物-蛋白、通路-蛋白-通路、蛋白-通路-蛋白等 5 种连接，构建起全面完整的网络图。在建立的网络药理图的基础上，通过网络分析，探究疏风解毒胶囊的多靶点多通路的协同治疗作用，阐释其配伍合理性。

（6）将获得的相关靶蛋白的基因导入 STRING 10 数据库，得到基因之间的相互作用关系图，分析基因功能。

三、结果和讨论

1. “清热解毒组”作用靶点及结果分析

1.1 虎杖药材中代表性化合物作用靶点结果分析

通过 HIT 数据库查找和 PharmMapper 服务器反向分子对接，筛选得到了虎杖药材中 5 个代表性化合物的 33 个作用靶点（具体结果见表 6-3-2）。利用 Cytoscape 2.6 软件，得到其“化合物-靶点”网络图（图 6-3-1）。

表 6-3-2 化合物靶点蛋白信息表

化合物	靶蛋白	UniProt	基因
Polydatin	Phospholipase B1，membrane-associated	Q6P1J6	*PLB1*
Resveratrol	Cellular tumor antigen p53	P04637	*TP53*
	Proto-oncogene c-Fos	P01100	*FOS*
	Transcription factor AP-1	P05412	*JUN*
	Apoptosis regulator Bcl-2	P10415	*BCL2*
	Prostaglandin G/H synthase 2	P35354	*PTGS2*
	Transcription factor p65	Q04206	*RELA*
	Mitogen-activated protein kinase 1	P28482	*MAPK1*
	Tumor necrosis factor	P01375	*TNF*
	Interleukin-1 beta	P01584	*IL1B*
	Interleukin-6	P05231	*IL6*
	NF-kappa-B inhibitor alpha	P25963	*NFKBIA*
	Nitric oxide synthase，endothelial	P29474	*NOS3*
	Nitric oxide synthase，inducible	P35228	*NOS2*
	Interleukin-8	P10145	*IL8*
	Vascular endothelial growth factor A	P15692	*VEGFA*
	Interleukin-1 beta	P01584	*IL1B*
	Tumor necrosis factor receptor superfamily member 10B	O14763	*TNFRSF10B*
	Prostaglandin E synthase	O14684	*PTGES*
	Transforming growth factor beta-1	P01137	*TGFB1*
	T-lymphocyte activation antigen CD80	P33681	*CD80*
	Interleukin-10	P22301	*IL10*
	Intercellular adhesion molecule 1	P05362	*ICAM1*
	Prostaglandin G/H synthase 1	P23219	*PTGS1*

续表

化合物	靶蛋白	UniProt	基因
Emodin	Protein kinase C epsilon type	Q02156	*PRKCE*
	Caspase-3	P42574	*CASP3*
	Granulocyte-macrophage colony-stimulating factor	P04141	*CSF2*
	Peroxisome proliferator-activated receptor gamma	P37231	*PPARG*
	Vascular endothelial growth factor receptor 1	P17948	*FLT1*
Rhein	Transcription factor AP-1	P05412	*JUN*
Rutin	Transcription factor p65	Q04206	*RELA*
	Tumor necrosis factor	P01375	*TNF*
	Caspase-3	P42574	*CASP3*
	Arachidonate 5-lipoxygenase	P09917	*ALOX5*
	Interleukin-6	P05231	*IL6*
	C5a anaphylatoxin chemotactic receptor	P21730	*C5AR1*
	Protein kinase C beta type	P05771	*PRKCB*
	Thromboxane A2 receptor	P21731	*TBXA2R*
	Nitric oxide synthase，inducible	P35228	*NOS2*
	Glutathione S-transferase P	P09211	*GSTP1*
	Interleukin-1 beta	P01584	*IL1B*
	Interleukin-8	P10145	*IL8*

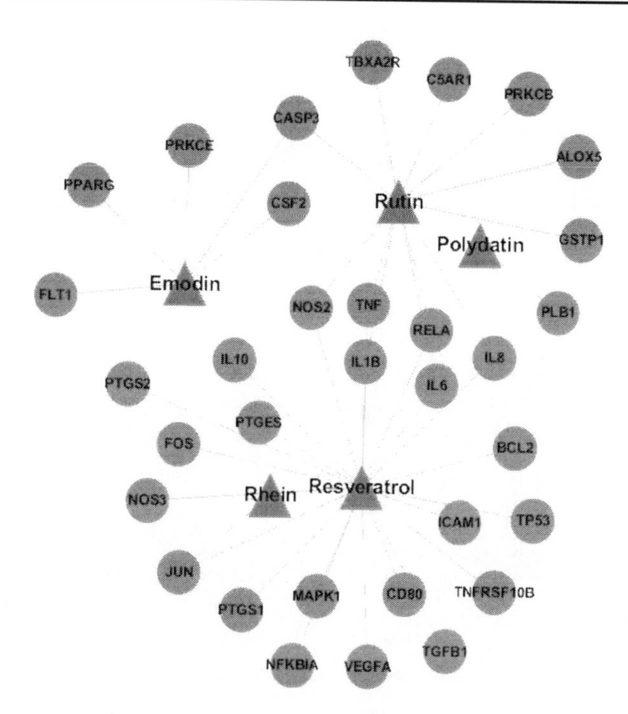

图 6-3-1 虎杖药材“化合物-靶点”网络图

1.2 板蓝根药材中代表性化合物作用靶点结果分析

通过 HIT 数据库查找和 PharmMapper 服务器反向分子对接，筛选得到了板蓝根药材中 6 个代表性化合物的 35 个作用靶点（具体结果见表 6-3-3）。利用 Cytoscape 2.6 软件，得到其“化合物-靶点”网络图（图 6-3-2）。

表 6-3-3 化合物靶点蛋白信息表

化合物	靶蛋白	UniProt	基因
Tryptanthrin	Caspase-3	P42574	*CASP3*
	Arachidonate 5-lipoxygenase	P09917	*ALOX5*
	Prostaglandin G/H synthase 2	P35354	*PTGS2*
Indirubin	Glycogen synthase kinase-3 beta	P49841	*GSK3B*
	C-C motif chemokine 5	P13501	*CCL5*
	Interferon gamma	P01579	*IFNG*
Uridine	Interferon alpha/beta receptor 2	P48551	*IFNAR2*
	Phospholipase A2，membrane associated	P14555	*PLA2G2A*
Salicylic acid	Arachidonate 5-lipoxygenase	P09917	*ALOX5*
	Endothelin-1	P05305	*EDN1*
	Prostacyclin synthase	Q16647	*PTGIS*
	Interferon beta	P01574	*IFNB1*
	Nuclear factor NF-kappa-B p105 subunit	P19838	*NFKB1*
	Transcription factor p65	Q04206	*RELA*
	Interleukin-4	P05112	*IL4*
Epigoitrin	Eukaryotic translation initiation factor 4E	P06730	*EIF4E*
	Carbonic anhydrase 2	P00918	*CA2*
	Tyrosine-protein kinase HCK	P08631	*HCK*
	Proto-oncogene tyrosine-protein kinase Src	P12931	*SRC*
	Hematopoietic prostaglandin D synthase	O60760	*PTGDS2*

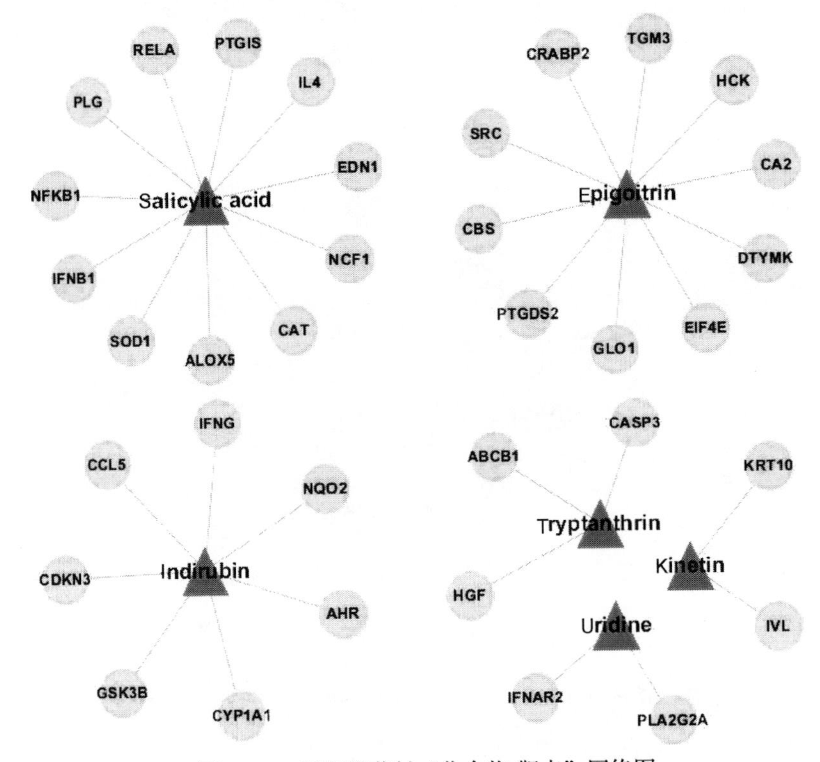

图 6-3-2 板蓝根药材“化合物-靶点”网络图

1.3　败酱草药材中代表性化合物作用靶点结果分析

通过 HIT 数据库查找和 PharmMapper 服务器反向分子对接，筛选得到了败酱草药材中 5 个代表性化合物的 25 个作用靶点（具体结果见表 6-3-4）。利用 Cytoscape 2.6 软件，得到其“化合物-靶点”网络图（图 6-3-3）。

表 6-3-4　化合物靶点蛋白信息表

化合物	靶蛋白	UniProt	基因
Isorhamnetin	Neutrophil cytosol factor 1	P14598	*NCF1*
	Transcription factor p65	Q04206	*RELA*
	Nitric oxide synthase，inducible	P35228	*NOS2*
Oleanic acid	Caspase-3	P42574	*CASP3*
	Intercellular adhesion molecule 1	P05362	*ICAM1*
	Caspase-9	P55211	*CASP9*
	Prostacyclin receptor	P43119	*PTGIR*
Esculetin	Cell division protein kinase 4	P11802	*CDK4*
	Cyclin-dependent kinase inhibitor 1	P38936	*CDKN1A*
	Apoptosis regulator Bcl-2	P10415	*BCL2*
	Caspase-3	P42574	*CASP3*
	Stromelysin-1	P08254	*MMP3*
Kaempferol	Peroxisome proliferator-activated receptor gamma	P37231	*PPARG*
	Nitric oxide synthase，inducible	P35228	*NOS2*
	Tumor necrosis factor	P01375	*TNF*
	Transcription factor p65	Q04206	*RELA*
	Inhibitor of nuclear factor kappa-B kinase subunit beta	O14920	*IKBKB*
	Prostaglandin G/H synthase 2	P35354	*PTGS2*
	Arachidonate 5-lipoxygenase	P09917	*ALOX5*
	Intercellular adhesion molecule 1	P05362	*ICAM1*
	Caspase-3	P42574	*CASP3*
	Apoptosis regulator Bcl-2	P10415	*BCL2*
Ursolic acid	Prostaglandin G/H synthase 2	P35354	*PTGS2*
	Acetylcholinesterase	P22303	*ACHE*
	NF-kappa-B inhibitor alpha	P25963	*NFKBIA*
	Transcription factor AP-1	P05412	*IL1B*
	Tumor necrosis factor	P01375	*TNF*
	Interleukin-1 beta	P01584	*IL1B*
	Interleukin-6	P05231	*IL6*
	Apoptosis regulator Bcl-2	P10415	*BCL2*
	Intercellular adhesion molecule 1	P05362	*ICAM1*
	Granulocyte-macrophage colony-stimulating factor	P04141	*CSF2*
	Nitric oxide synthase，endothelial	P29474	*NOS3*
	Prostaglandin E2 receptor EP3 subtype	P43115	*PTGER3*
	Prostaglandin G/H synthase 1	P23219	*PTGS1*

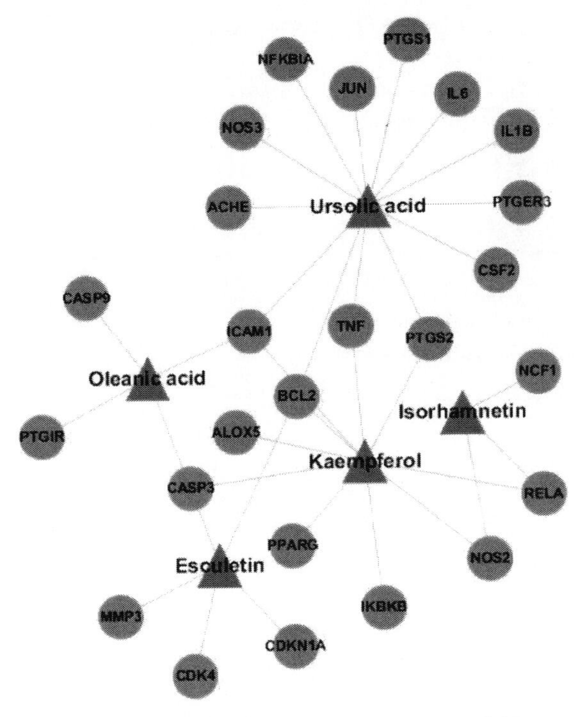

图 6-3-3 败酱草药材“化合物-靶点”网络图

1.4 马鞭草药材中代表性化合物作用靶点结果分析

通过 HIT 数据库查找和 PharmMapper 服务器反向分子对接，筛选得到了马鞭草药材中 4 个代表性化合物的 18 个作用靶点（具体结果见表 6-3-5）。利用 Cytoscape 2.6 软件，得到其“化合物-靶点”网络图（图 6-3-4）。

表 6-3-5 化合物靶点蛋白信息表

化合物	靶蛋白	UniProt	基因
Verbascoside	Intercellular adhesion molecule 1	P05362	*ICAM1*
Ursolic acid	Prostaglandin G/H synthase 2	P35354	*PTGS2*
	Acetylcholinesterase	P22303	*ACHE*
	NF-kappa-B inhibitor alpha	P25963	*NFKBIA*
	Transcription factor AP-1	P05412	*JUN*
	Tumor necrosis factor	P01375	*TNF*
	Interleukin-1 beta	P01584	*IL1B*
	Interleukin-6	P05231	*IL6*
	Apoptosis regulator Bcl-2	P10415	*BCL2*
	Intercellular adhesion molecule 1	P05362	*ICAM1*
	Granulocyte-macrophage colony-stimulating factor	P04141	*CSF2*
	Nitric oxide synthase，endothelial	P29474	*NOS3*
	Prostaglandin E2 receptor EP3 subtype	P43115	*PTGER3*
	Prostaglandin G/H synthase 1	P23219	*PTGS1*
Vitexin	Mitogen-activated protein kinase 7	Q13164	*MAPK7*
	Inhibitor of nuclear factor kappa-B kinase subunit beta	O14920	*IKBKB*

续表

化合物	靶蛋白	UniProt	基因
Vitexin	Tumor necrosis factor	P01375	*TNF*
	Prostaglandin G/H synthase 2	P35354	*PTGS2*
Oleanic acid	Caspase-9	P55211	*CASP9*
	Caspase-3	P42574	*CASP3*
	Intercellular adhesion molecule 1	P05362	*ICAM1*
	Prostacyclin receptor	P43119	*PTGIR*

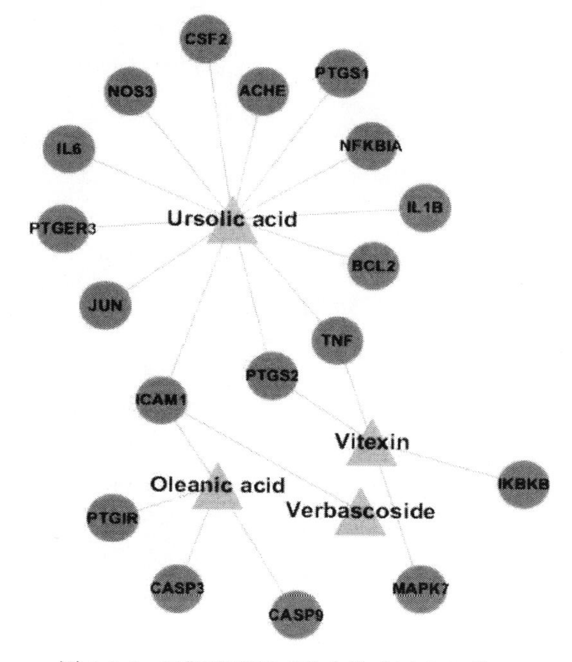

图 6-3-4　马鞭草药材“化合物-靶点”网络图

1.5　清热解毒组作用特点分析

通过整合虎杖、板蓝根、败酱草和马鞭草四味药材的作用靶点，得到了清热解毒组中 17 个代表性化合物的 58 个作用靶点（具体结果见表 6-3-6），其蛋白-蛋白相互作用关系图（PPI）见图 6-3-5。

通过功能分析，58 个靶点蛋白主要与免疫反应、防御反应、细菌脂多糖反应和炎症反应等生理过程相关。其中有 34 个蛋白与“免疫反应（immune response）”相关，包括一氧化氮合酶 2（NOS2）、转化生长因子-β1（TGF-β1）、粒细胞-巨噬细胞集落刺激因子（GM-CSF2）、白介素-4（IL-4）、蛋白激酶 C（PRKCB）等；有 33 个蛋白与“防御反应（defense response）”相关，包括酪氨酸蛋白激酶（BTK）、转录因子 p56（HCK）、半胱天冬酶 9（CASP9）、真核生物翻译起始因子(EIF4E)等;有 32 个蛋白与“脂多糖、细菌反应(response to lipopolysaccharide and bacterium)”相关，包括白介素-8（IL-8）、白介素-1β（IL-1β）、β 干扰素（IFN-β1）、前列腺素内过氧化物酶 2（PTGS2）、一氧化氮合酶 3（NOS3）等；有 21 个蛋白与“炎症反应（inflammatory response）”相关，包括白介素-6（IL-6）、前列腺素 E 合酶（PTGES）、胞间黏附分子 1（ICAM1）、环前列腺素合酶（PTGIS）等。

利用 Cytoscape 2.6 软件，得到清热解毒组“化合物-靶点”作用关系图，通过 String 数据库分析了各生理过程相关靶点蛋白的相互作用关系图（PPI），通过整合，得到了清热解毒组的药理作用特点网络分析图（图 6-3-6）。其“化合物-靶点-通路”网络药理图见图 6-3-7。

表 6-3-6 清热解毒组相关作用靶点信息表

UniProt 代码	蛋白简称	蛋白名称
P22303	ACHE	Acetylcholinesterase
P09917	ALOX5	Arachidonate 5-lipoxygenase
P10415	BCL2	Apoptosis regulator Bcl-2
P21730	C5AR1	C5a anaphylatoxin chemotactic receptor
P00918	CA2	Carbonic anhydrase 2
P42574	CASP3	Caspase-3
P55211	CASP9	Caspase-9
P13501	CCL5	C-C motif chemokine 5
P33681	CD80	T-lymphocyte activation antigen CD80
P11802	CDK4	Cell division protein kinase 4
P38936	CDKN1A	Cyclin-dependent kinase inhibitor 1
P04141	CSF2	Granulocyte-macrophage colony-stimulating factor
P05305	EDN1	Endothelin-1
P06730	EIF4E	Eukaryotic translation initiation factor 4E
P17948	FLT1	Vascular endothelial growth factor receptor 1
P01100	FOS	Proto-oncogene c-Fos
P49841	GSK3B	Glycogen synthase kinase-3 beta
P09211	GSTP1	Glutathione S-transferase P
P08631	HCK	Tyrosine-protein kinase HCK
P05362	ICAM1	Intercellular adhesion molecule 1
P48551	IFNAR2	Interferon alpha/beta receptor 2
P01574	IFNB1	Interferon beta
P01579	IFNG	Interferon gamma
O14920	IKBKB	Inhibitor of nuclear factor kappa-B kinase subunit beta
P22301	IL10	Interleukin-10
P01584	IL1B	Interleukin-1 beta
P05112	IL4	Interleukin-4
P05231	IL6	Interleukin-6
P10145	IL8	Interleukin-8
P05412	JUN	Transcription factor AP-1
P28482	MAPK1	Mitogen-activated protein kinase 1
Q13164	MAPK7	Mitogen-activated protein kinase 7
P08254	MMP3	Stromelysin-1
P14598	NCF1	Neutrophil cytosol factor 1
P19838	NFKB1	Nuclear factor NF-kappa-B p105 subunit
P25963	NFKBIA	NF-kappa-B inhibitor alpha
P35228	NOS2	Nitric oxide synthase，inducible
P29474	NOS3	Nitric oxide synthase，endothelial

续表

UniProt 代码	蛋白简称	蛋白名称
P14555	PLA2G2A	Phospholipase A2，membrane associated
Q6P1J6	PLB1	Phospholipase B1，membrane-associated
P37231	PPARG	Peroxisome proliferator-activated receptor gamma
P05771	PRKCB	Protein kinase C beta type
Q02156	PRKCE	Protein kinase C epsilon type
O60760	PTGDS2	Hematopoietic prostaglandin D synthase
P43115	PTGER3	Prostaglandin E2 receptor EP3 subtype
O14684	PTGES	Prostaglandin E synthase
P43119	PTGIR	Prostacyclin receptor
Q16647	PTGIS	Prostacyclin synthase
P23219	PTGS1	Prostaglandin G/H synthase 1
P35354	PTGS2	Prostaglandin G/H synthase 2
Q04206	RELA	Transcription factor p65
P12931	SRC	Proto-oncogene tyrosine-protein kinase Src
P21731	TBXA2R	Thromboxane A2 receptor
P01137	TGFB1	Transforming growth factor beta-1
P01375	TNF	Tumor necrosis factor
O14763	TNFRSF10B	Tumor necrosis factor receptor superfamily member 10B
P04637	TP53	Cellular tumor antigen p53
P15692	VEGFA	Vascular endothelial growth factor A

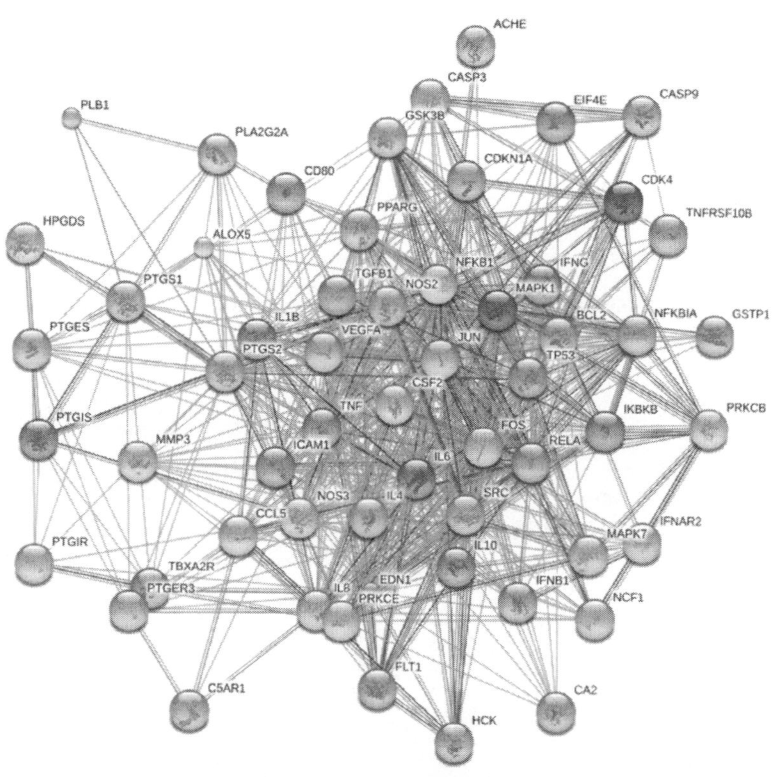

图 6-3-5　清热解毒组蛋白-蛋白相互作用关系（PPI）图

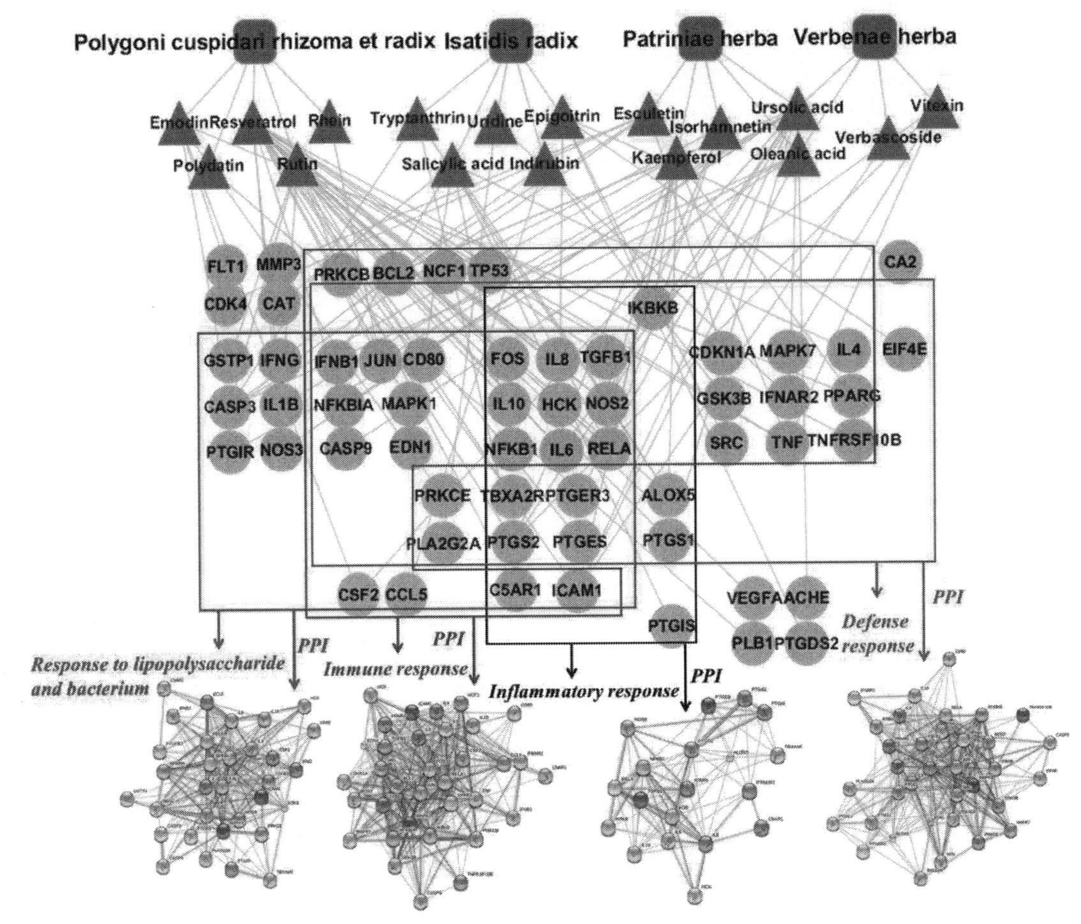

图 6-3-6 清热解毒组药理作用特点网络分析图

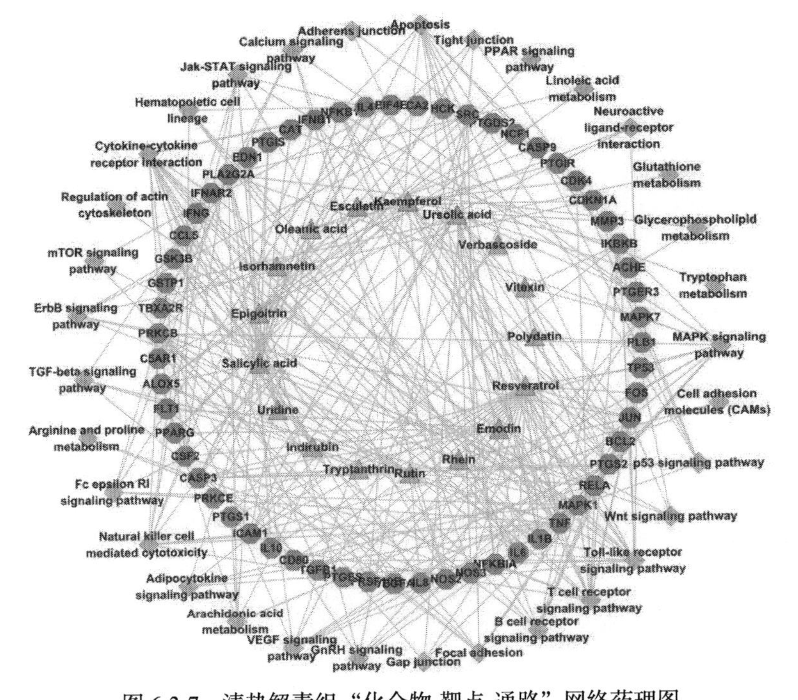

图 6-3-7 清热解毒组“化合物-靶点-通路”网络药理图

2. “解表组”作用靶点及结果分析

2.1　连翘药材中代表性化合物作用靶点结果分析

通过 HIT 数据库查找和 PharmMapper 服务器反向分子对接，筛选得到了连翘药材中 5 个代表性化合物的 22 个作用靶点（具体结果见表 6-3-7）。利用 Cytoscape 2.6 软件，得到其“化合物-靶点”网络图（图 6-3-8）。

表 6-3-7　化合物靶点蛋白信息表

化合物	靶蛋白	UniProt	基因
Rutin	Transcription factor p65	Q04206	*RELA*
	Tumor necrosis factor	P01375	*TNF*
	Caspase-3	P42574	*CASP3*
	Arachidonate 5-lipoxygenase	P09917	*ALOX5*
	Interleukin-6	P05231	*IL6*
	C5a anaphylatoxin chemotactic receptor	P21730	*C5AR1*
	Protein kinase C beta type	P05771	*PRKCB*
	Thromboxane A2 receptor	P21731	*TBXA2R*
	Nitric oxide synthase，inducible	P35228	*NOS2*
	Glutathione S-transferase P	P09211	*GSTP1*
	Interleukin-1 beta	P01584	*IL1B*
	Interleukin-8	P10145	*IL8*
Verbascoside	Intercellular adhesion molecule 1	P05362	*ICAM1*
（–）-pinoresinol	Arachidonate 5-lipoxygenase	P09917	*ALOX5*
Forsythoside A	Peptidyl-prolyl cis-trans isomerase FKBP1A	P62942	*FKBP1A*
	Deoxyuridine 5′-triphosphate nucleotidohydrolase，mitochondrial	P33316	*DUT*
	Hepatocyte growth factor receptor	P08581	*MET*
	Serum albumin	P02768	*ALBU*
	Tyrosine-protein phosphatase non-receptor type 1	P18031	*PTPN1*
Phillyrin	Glutathione S-transferase A1	P08263	*GSTA1*
	Neprilysin	P08473	*MME*
	Tyrosine-protein phosphatase non-receptor type 1	P18031	*PTPN1*
	3-phosphoinositide-dependent protein kinase 1	O15530	*PDPK1*
	Fibroblast growth factor receptor 1	P11362	*FGFR1*

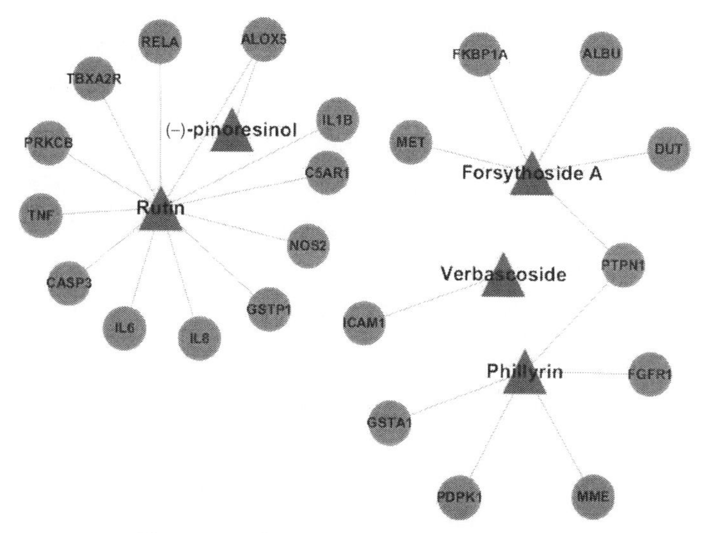

图 6-3-8　连翘药材“化合物-靶点”网络图

2.2 柴胡药材中代表性化合物作用靶点结果分析

通过 HIT 数据库查找和 PharmMapper 服务器反向分子对接，筛选得到了柴胡药材中 5 个代表性化合物的 24 个作用靶点（具体结果见表 6-3-8）。利用 Cytoscape 2.6 软件，得到其“化合物-靶点”网络图（图 6-3-9）。

表 6-3-8 化合物靶点蛋白信息表

化合物	靶蛋白	UniProt	基因
Saikosaponin a	Apoptosis regulator Bcl-2	P10415	*BCL2*
	Apoptosis regulator BAX	Q07812	*BAX*
	Myc proto-oncogene protein	P01106	*MYC*
	Caspase-3	P42574	*CASP3*
Saikosaponin d	Fibronectin	P02751	*FN1*
	Transforming growth factor beta-1	P01137	*TGFB1*
	Transcription factor AP-1	P05412	*JUN*
	Proto-oncogene c-Fos	P01100	*FOS*
	Tumor necrosis factor	P01375	*TNF*
	Interleukin-6	P05231	*IL6*
	Transcription factor p65	Q04206	*RELA*
	NF-kappa-B inhibitor alpha	P25963	*NFKBIA*
	Apoptosis regulator Bcl-2	P10415	*BCL2*
Anethole	Transcription factor AP-1	P05412	*JUN*
	Interleukin-2	P60568	*IL2*
	Transcription factor p65	Q04206	*RELA*
	NF-kappa-B inhibitor alpha	P25963	*NFKBIA*
Chlorogenic acid	Tyrosine-protein phosphatase non-receptor type 1	P18031	*PTN1*
	Thyroid peroxidase	P27352	*GIF*
	Gastric intrinsic factor	P07202	*TPO*
Rutin	Transcription factor p65	Q04206	*RELA*
	Tumor necrosis factor	P01375	*TNF*
	Caspase-3	P42574	*CASP3*
	Arachidonate 5-lipoxygenase	P09917	*ALOX5*
	Interleukin-6	P05231	*IL6*
	C5a anaphylatoxin chemotactic receptor	P21730	*C5AR1*
	Protein kinase C beta type	P05771	*PRKCB*
	Thromboxane A2 receptor	P21731	*TBXA2R*
	Nitric oxide synthase，inducible	P35228	*NOS2*
	Glutathione S-transferase P	P09211	*GSTP1*
	Interleukin-1 beta	P01584	*IL1B*
	Interleukin-8	P10145	*IL8*

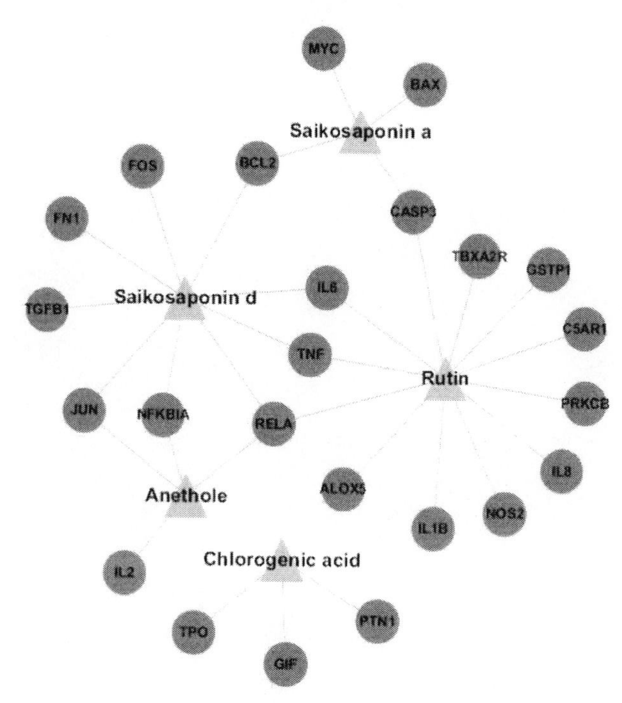

图 6-3-9 柴胡药材“化合物-靶点”网络图

2.3 芦根药材中代表性化合物作用靶点结果分析

通过 HIT 数据库查找和 PharmMapper 服务器反向分子对接，筛选得到了芦根药材中 3 个代表性化合物的 18 个作用靶点（具体结果见表 6-3-9）。利用 Cytoscape 2.6 软件，得到其“化合物-靶点”网络图（图 6-3-10）。

表 6-3-9 化合物靶点蛋白信息表

化合物	靶蛋白	UniProt	基因
Ferulic acid	Alpha-1A adrenergic receptor	P35348	*ADRA1A*
Cafferic acid	Prostaglandin G/H synthase 1	P23219	*PTGS1*
	Prostaglandin G/H synthase 2	P35354	*PTGS2*
	P-selectin	P16109	*SELP*
	Acetylcholinesterase	P22303	*ACHE*
	Ras-related C3 botulinum toxin substrate 1	P63000	*RAC1*
	Cytochrome P450 1A1	P04798	*CYP1A1*
	Tumor necrosis factor	P01375	*TNF*
	Tyrosine-protein kinase BTK	Q06187	*BTK*
	Protein kinase C beta type	P05771	*PRKCB*
β-sitosterol	Transcription factor AP-1	P05412	*JUN*
	Caspase-3	P42574	*CASP3*
	Apoptosis regulator Bcl-2	P10415	*BCL2*
	Caspase-9	P55211	*CASP9*
	Apoptosis regulator BAX	Q07812	*BAX*
	Caspase-8	Q14790	*CASP8*
	Protein kinase C alpha type	P17252	*PRKCA*
	Transforming growth factor beta-1	P01137	*TGFB1*

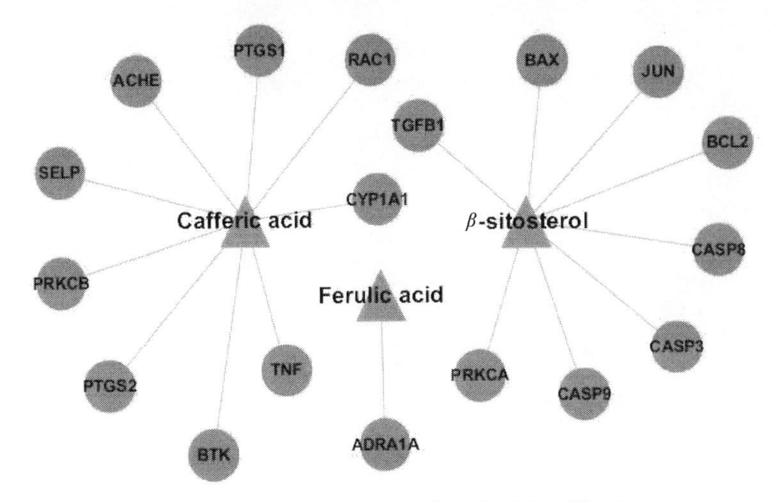

图 6-3-10 芦根药材“化合物-靶点”网络图

2.4 解表组作用特点分析

通过整合连翘、芦根和柴胡三味药材的作用靶点，得到了解表组中 12 个代表性化合物的 45 个作用靶点（具体结果见表 6-3-10），其蛋白-蛋白相互作用关系图（PPI）见图 6-3-11。

表 6-3-10 解表组化合物靶点蛋白信息表

UniProt	靶蛋白简称	靶蛋白名称
P22303	ACHE	Acetylcholinesterase
P35348	ADRA1A	Alpha-1A adrenergic receptor
P02768	ALBU	Serum albumin
P09917	ALOX5	Arachidonate 5-lipoxygenase
Q07812	BAX	Apoptosis regulator BAX
P10415	BCL2	Apoptosis regulator Bcl-2
Q06187	BTK	Tyrosine-protein kinase BTK
P21730	C5AR1	C5a anaphylatoxin chemotactic receptor
P42574	CASP3	Caspase-3
Q14790	CASP8	Caspase-8
P55211	CASP9	Caspase-9
P04798	CYP1A1	Cytochrome P450 1A1
P33316	DUT	Deoxyuridine 5′-triphosphate nucleotidohydrolase，mitochondrial
P11362	FGFR1	Fibroblast growth factor receptor 1
P62942	FKBP1A	Peptidyl-prolyl cis-trans isomerase FKBP1A
P02751	FN1	Fibronectin
P01100	FOS	Proto-oncogene c-Fos
P27352	GIF	Thyroid peroxidase
P08263	GSTA1	Glutathione S-transferase A1
P09211	GSTP1	Glutathione S-transferase P
P05362	ICAM1	Intercellular adhesion molecule 1
P01584	IL1B	Interleukin-1 beta
P60568	IL2	Interleukin-2
P05231	IL6	Interleukin-6
P10145	IL8	Interleukin-8

续表

UniProt	靶蛋白简称	靶蛋白名称
P05412	JUN	Transcription factor AP-1
P08581	MET	Hepatocyte growth factor receptor
P08473	MME	Neprilysin
P01106	MYC	Myc proto-oncogene protein
P25963	NFKBIA	NF-kappa-B inhibitor alpha
P35228	NOS2	Nitric oxide synthase，inducible
O15530	PDPK1	3-phosphoinositide-dependent protein kinase 1
P17252	PRKCA	Protein kinase C alpha type
P05771	PRKCB	Protein kinase C beta type
P23219	PTGS1	Prostaglandin G/H synthase 1
P35354	PTGS2	Prostaglandin G/H synthase 2
P18031	PTN1	Tyrosine-protein phosphatase non-receptor type 1
P18031	PTPN1	Tyrosine-protein phosphatase non-receptor type 1
P63000	RAC1	Ras-related C3 botulinum toxin substrate 1
Q04206	RELA	Transcription factor p65
P16109	SELP	P-selectin
P21731	TBXA2R	Thromboxane A2 receptor
P01137	TGFB1	Transforming growth factor beta-1
P01375	TNF	Tumor necrosis factor
P07202	TPO	Gastric intrinsic factor

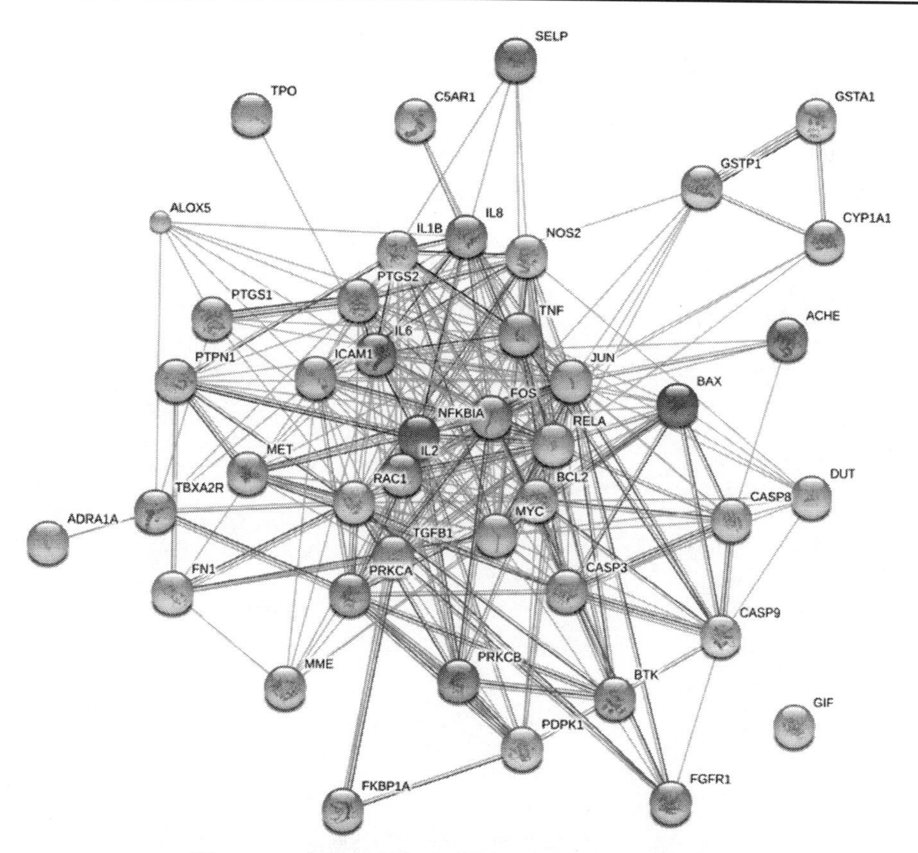

图 6-3-11　解表组蛋白-蛋白相互作用关系（PPI）图

通过功能分析，43 个靶点蛋白主要与防御反应、细菌脂多糖反应、炎症反应和发汗解热等生理过程相关。其中有 23 个蛋白与“防御反应（defense response）”相关，包括一氧化氮合酶 2（NOS2）、白介素-6（IL-6）、白介素-8（IL-8）、半胱天冬酶 9（CASP9）、酪氨酸蛋白激酶（BTK）、蛋白激酶 Cα（PRKCA）等；有 20 个蛋白与“细菌脂多糖反应（response to lipopolysaccharide and bacterium）”相关，包括前列腺素内过氧化物酶 2（PTGS2）、血栓素 A2 受体（TBXA2R）、P-选择素（SELP）、半胱天冬酶 3（CASP3）、谷胱甘肽 S 转移酶 P（GSTP1）等；有 16 个蛋白与“炎症反应（inflammatory response）”相关，包括胞间黏附分子 1（ICAM1）、转化生长因子-β1（TGF-β1）、纤维连接蛋白（FN1）、前列腺素 G/H 合酶 1（PTGS1）、前列腺素 G/H 合酶 2（PTGS2）等；有 13 个蛋白与“发汗解热（sweating and antipyretic）”相关，包括乙酰胆碱酯酶（AChE）抑制剂、白介素-1β（IL-1β）、α_{1A} 肾上腺素受体（$ADRA_{1A}$）、转录因子 AP-1（JUN）、3-磷酸肌醇依赖性蛋白激酶 1（PDPK1）等。

利用 Cytoscape 2.6 软件，得到解表组“化合物-靶点”作用关系图，通过 String 数据库分析了各生理过程相关靶点蛋白的相互作用关系图（PPI），通过整合，得到了解表组的药理作用特点网络分析图（图 6-3-12）。其“化合物-靶点-通路”网络药理图见图 6-3-13。

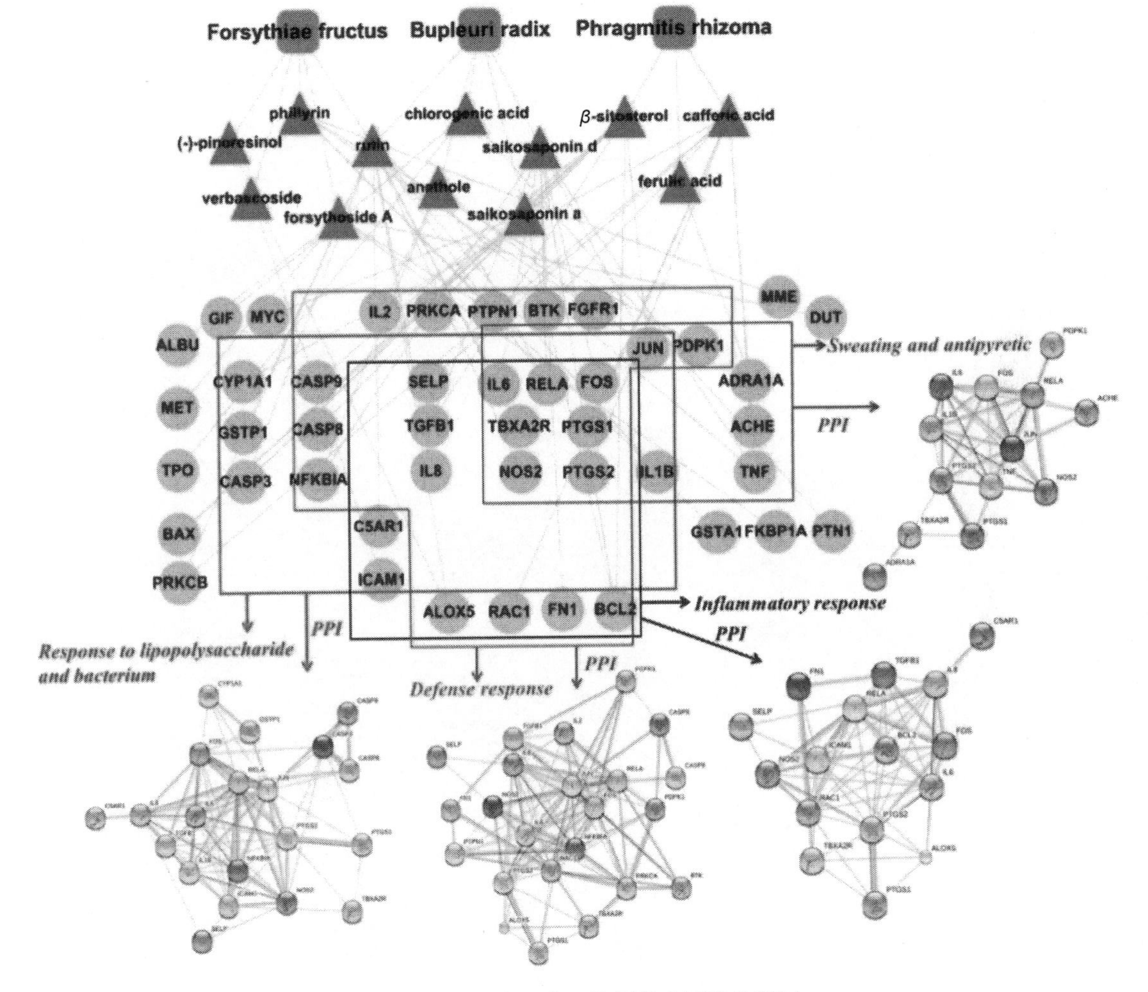

图 6-3-12 解表组药理作用特点网络分析图

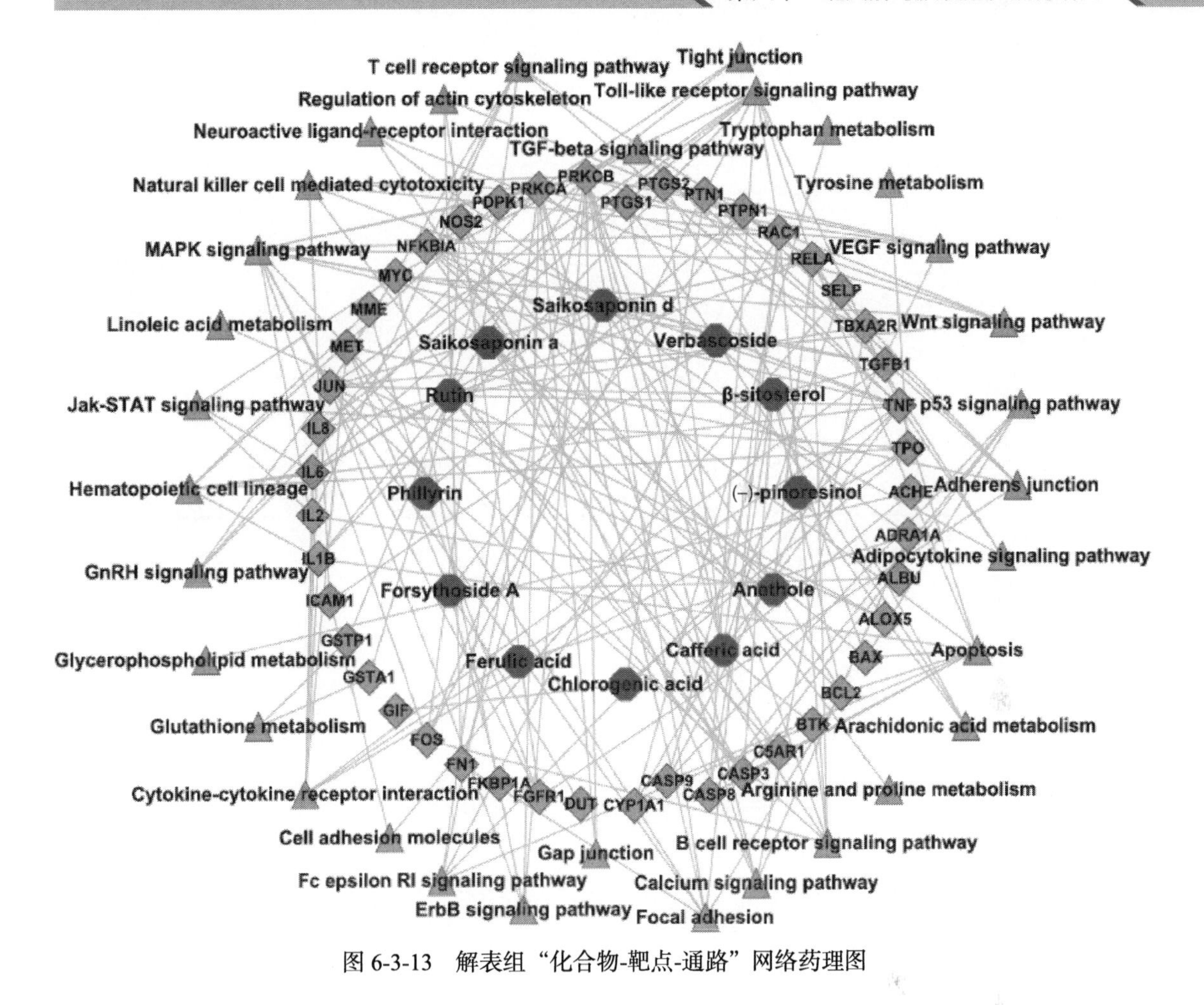

图 6-3-13　解表组“化合物-靶点-通路”网络药理图

3. “甘草组”作用靶点及结果分析

通过 HIT 数据库查找和 PharmMapper 服务器反向分子对接，筛选得到了甘草药材中 5 个代表性化合物的 19 个作用靶点（具体结果见表 6-3-11），其蛋白-蛋白相互作用关系图（PPI）见图 6-3-14。

表 6-3-11　甘草组化合物靶点蛋白信息表

化合物	靶蛋白	UniProt	基因
Liquiritin	Superoxide dismutase [Cu-Zn]	P00441	*SOD1*
Glycyrrhetic acid	Corticosteroid 11-beta-dehydrogenase isozyme 2	P80365	*HSD11B2*
	Cytochrome P450 2E1	P05181	*CYP2E1*
	Glucocorticoid receptor	P04150	*NR3C1*
Glycyrrhizic acid	Corticosteroid 11-beta-dehydrogenase isozyme 2	P80365	*HSD11B2*
	Granulocyte-macrophage colony-stimulating factor	P04141	*CSF2*
	Interleukin-6	P05231	*IL6*
	Interleukin-2	P60568	*IL2*
Monoammonium glycyrrhizinate	Myeloperoxidase	P05164	*MPO*
	Interleukin-10	P22301	*IL10*

续表

化合物	靶蛋白	UniProt	基因
Isoliquiritigenin	Proto-oncogene c-Fos	P01100	*FOS*
	Gamma-aminobutyric acid type B receptor subunit 1	Q9UBS5	*GABBR1*
	Junctional adhesion molecule A	Q9Y624	*F11R*
	Vascular cell adhesion protein 1	P19320	*VCAM1*
	E-selectin	P16581	*SELE*
	Tyrosine-protein kinase	O60674	*JAK2*
	Metallothionein-2	P02795	*MT2A*
	Tyrosinase	P14679	*TYR*
	Solute carrier family 2，facilitated glucose transporter member 1	P11166	*SLC2A1*
	Apoptosis regulator	Q07812	*BAX*

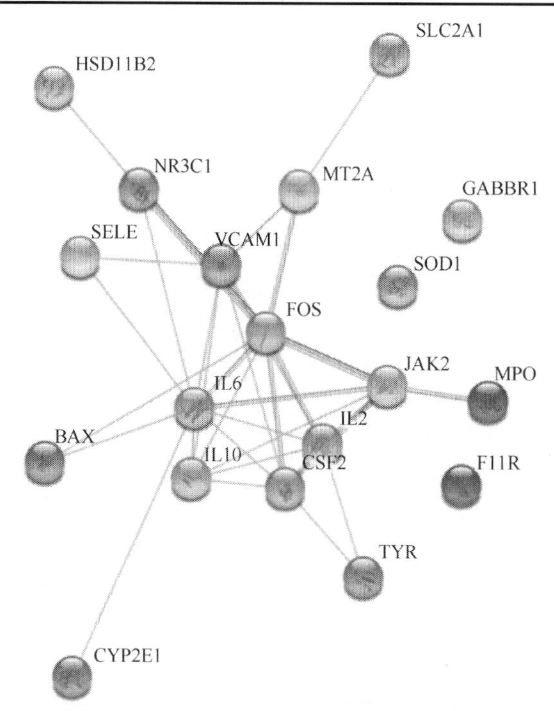

图 6-3-14　甘草组蛋白-蛋白相互作用关系（PPI）图

通过功能分析，19 个靶点蛋白主要与免疫反应、糖皮质激素反应、脂多糖反应等生理过程相关。其中在 19 个靶点蛋白中，有 14 个蛋白与“免疫反应（immune response）”相关，包括过氧化物酶（MPO）、血管细胞黏着蛋白 1（VCAM1）、白介素-2（IL-2）、E 选择素（SELE）、酪氨酸蛋白激酶（JAK2）等；有 7 条通路与“糖皮质激素反应（response to glucocorticoid）”有关，包括糖皮质激素受体（NR3C1）、糖皮质激素 11β-脱氢酶同工酶 2（HSD11B2）、白介素-6（IL-6）等；有 6 条通路与“脂多糖反应（response to lipopolysaccharide）”有关，包括白介素-10（IL-10）、粒细胞-巨噬细胞集落刺激因子（GM-CSF2）、酪氨酸蛋白激酶（JAK2）等。

利用 Cytoscape 2.6 软件，得到甘草组“化合物-靶点”作用关系图，通过 String 数据库分析了各生理过程相关靶点蛋白的相互作用关系图（PPI），通过整合，得到了甘草组的药理作用特点网络分析图（图 6-3-15）。其“化合物-靶点-通路”网络药理图见图 6-3-16。

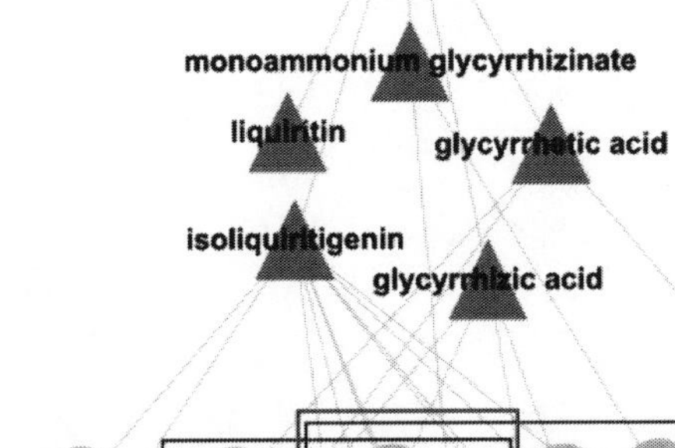

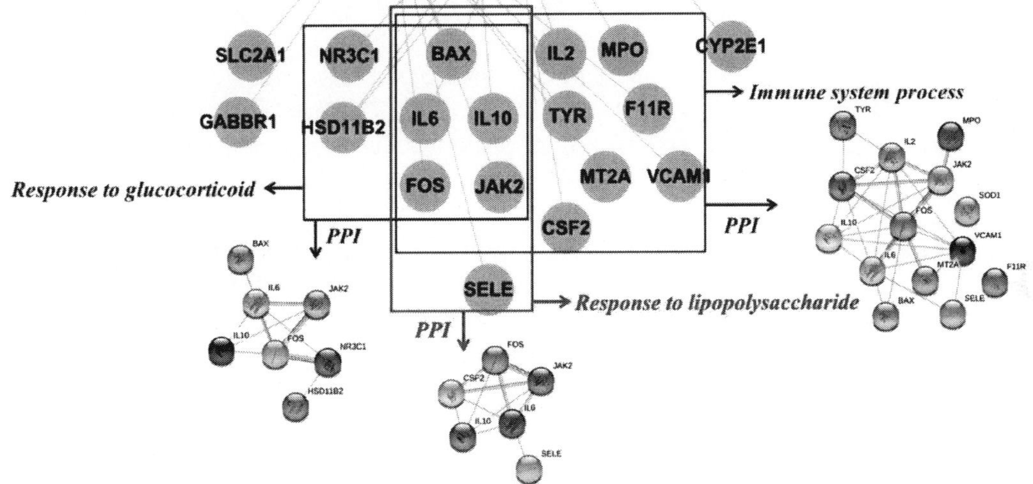

图 6-3-15　甘草组药理作用特点网络分析图

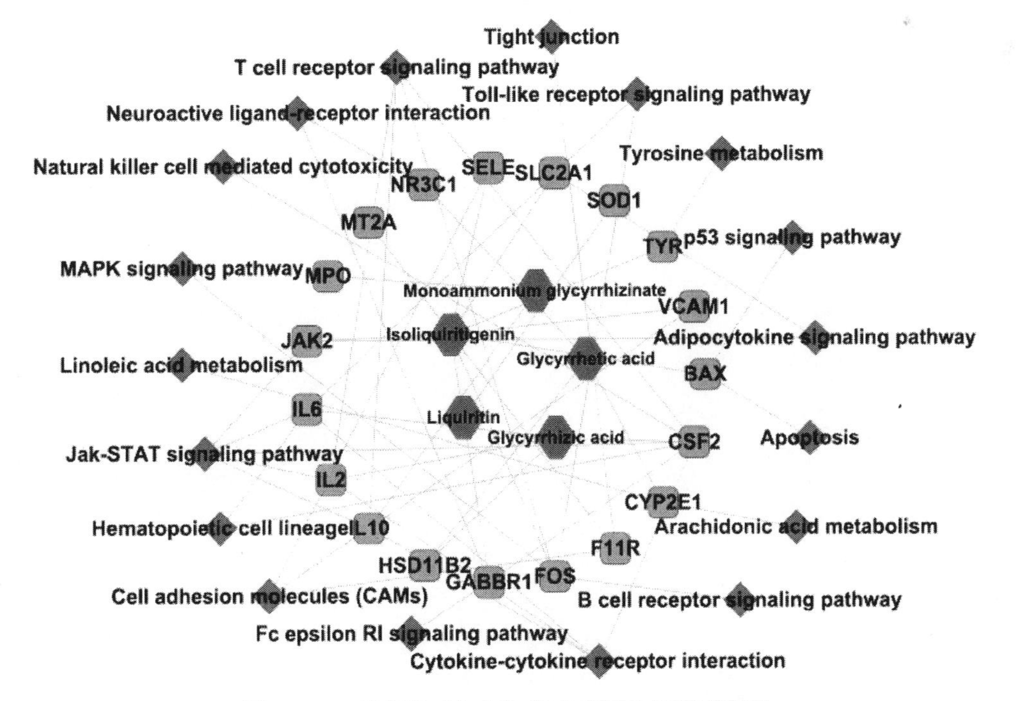

图 6-3-16　甘草组“化合物-靶点-通路”网络药理图

4. 疏风解毒胶囊配伍规律分析

通过将疏风解毒胶囊的清热解毒组、解表组和甘草组的 32 个代表性化合物的作用靶点、作用通路整合，得到了疏风解毒胶囊“化合物-靶点-通路”的网络药理图（图 6-3-17），共涉及 94 个靶点和 58 条作用通路，其中与疏风解毒胶囊作用特点相关的通路有 34 条（具体信息见表 6-3-12）。94 个蛋白靶点的相互作用关系图见图 6-3-18。

表 6-3-12　34 条相关通路信息表

通路	计算值	*P*	基因
Toll-like receptor signaling pathway	17	3.66E-28	*FOS*；*JUN*；*RELA*；*MAPK1*；*TNF*；*IL1B*；*IL6*；*NFKBIA*；*IL8*；*CD80*；*CCL5*；*IFNAR2*；*IFNB1*；*NFKB1*；*IKBKB*；*RAC1*；*CASP8*
T cell receptor signaling pathway	15	1.30E-23	*FOS*；*JUN*；*RELA*；*MAPK1*；*TNF*；*NFKBIA*；*IL10*；*CSF2*；*GSK3B*；*IFNG*；*NFKB1*；*IL4*；*CDK4*；*IKBKB*；*IL2*
Cytokine-cytokine receptor interaction	18	1.45E-22	*TNF*；*IL1B*；*IL6*；*IL8*；*VEGFA*；*TNFRSF10B*；*TGFB1*；*IL10*；*CSF2*；*FLT1*；*CCL5*；*IFNG*；*IFNAR2*；*IFNB1*；*IL4*；*MET*；*IL2*；*TPO*
MAPK signaling pathway	18	3.50E-22	*TP53*；*FOS*；*JUN*；*RELA*；*MAPK1*；*TNF*；*IL1B*；*TGFB1*；*CASP3*；*PRKCB*；*PLA2G2A*；*NFKB1*；*IKBKB*；*MAPK7*；*FGFR1*；*MYC*；*RAC1*；*PRKCA*
Apoptosis	13	5.97E-21	*TP53*；*BCL2*；*RELA*；*TNF*；*IL1B*；*NFKBIA*；*TNFRSF10B*；*CASP3*；*NFKB1*；*CASP9*；*IKBKB*；*BAX*；*CASP8*
B cell receptor signaling pathway	11	6.52E-18	*FOS*；*JUN*；*RELA*；*MAPK1*；*NFKBIA*；*PRKCB*；*GSK3B*；*NFKB1*；*IKBKB*；*RAC1*；*BTK*
Natural killer cell mediated cytotoxicity	12	1.33E-16	*MAPK1*；*TNF*；*TNFRSF10B*；*ICAM1*；*CASP3* *CSF2*；*PRKCB*；*IFNG*；*IFNAR2*；*IFNB1*；*RAC1*；*PRKCA*
Focal adhesion	13	4.31E-16	*JUN*；*BCL2*；*MAPK1*；*VEGFA*；*FLT1*；*PRKCB*；*GSK3B*；*SRC*；*MET*；*PDPK1*；*FN1*；*RAC1*；*PRKCA*
VEGF signaling pathway	10	6.90E-16	*PTGS2*；*MAPK1*；*NOS3*；*VEGFA*；*PRKCB*；*PLA2G2A*；*SRC*；*CASP9*；*RAC1*；*PRKCA*
Fc epsilon RI signaling pathway	10	1.04E-15	*MAPK1*；*TNF*；*PRKCE*；*CSF2*；*PRKCB*；*PLA2G2A*；*IL4*；*RAC1*；*BTK*；*PRKCA*
Jak-STAT signaling pathway	11	2.52E-14	*IL6*；*IL10*；*CSF2*；*IFNG*；*IFNAR2*；*IFNB1*；*IL4*；*MYC*；*IL2*；*TPO*；*JAK2*
Arachidonic acid metabolism	8	3.53E-13	*PTGS2*；*PTGES*；*PTGS1*；*ALOX5*；*PLA2G2A* *PTGIS*；*PGDS*；*CYP2E1*
p53 signaling pathway	8	1.75E-12	*TP53*；*TNFRSF10B*；*CASP3*；*CASP9*；*CDK4*；*CDKN1A*；*BAX*；*CASP8*
ErbB signaling pathway	8	1.19E-11	*JUN*；*MAPK1*；*PRKCB*；*GSK3B*；*SRC*；*CDKN1A*；*MYC*；*PRKCA*
Adipocytokine signaling pathway	7	9.60E-11	*RELA*；*TNF*；*NFKBIA*；*NFKB1*；*IKBKB*；*JAK2*；*SLC2A1*
Hematopoietic cell lineage	7	6.24E-10	*TNF*；*IL1B*；*IL6*；*CSF2*；*IL4*；*MME*；*TPO*
GnRH signaling pathway	7	2.69E-09	*JUN*；*MAPK1*；*PRKCB*；*PLA2G2A*；*SRC*；*MAPK7*；*PRKCA*
Adherens junction	6	1.56E-08	*MAPK1*；*SRC*；*MET*；*PTPN1*；*FGFR1*；*RAC1*
Wnt signaling pathway	7	3.10E-08	*TP53*；*JUN*；*PRKCB*；*GSK3B*；*MYC*；*RAC1*；*PRKCA*
Calcium signaling pathway	7	1.15E-07	*NOS3*；*NOS2*；*PRKCB*；*TBXA2R*；*PTGER3*；*ADRA1A*；*PRKCA*

续表

通路	计算值	*P*	基因
Cell adhesion molecules（CAMs）	6	3.69E-07	*CD80*；*ICAM1*；*SELP*；*F11R*；*VCAM1*；*SELE*
Tight junction	6	4.03E-07	*PRKCE*；*PRKCB*；*SRC*；*CDK4*；*PRKCA*；*F11R*
TGF-beta signaling pathway	5	1.06E-06	*MAPK1*；*TNF*；*TGFB1*；*IFNG*；*MYC*
Neuroactive ligand-receptor interaction	7	1.06E-06	*C5AR1*；*TBXA2R*；*PTGIR*；*PTGER3*；*ADRA1A*；*NR3C1*；*GABBR1*
Gap junction	5	1.47E-06	*MAPK1*；*PRKCB*；*SRC*；*MAPK7*；*PRKCA*
mTOR signaling pathway	4	4.17E-06	*MAPK1*；*VEGFA*；*EIF4E*；*PDPK1*
Linoleic acid metabolism	3	3.26E-05	*ALOX5*；*PLA2G2A*；*CYP2E1*
Regulation of actin cytoskeleton	4	0.001088832	*MAPK1*；*FGFR1*；*FN1*；*RAC1*
Arginine and proline metabolism	2	0.002508304	*NOS3*；*NOS2*
Tryptophan metabolism	2	0.00356186	*CAT*；*CYP1A1*
Tyrosine metabolism	2	0.004241331	*TPO*；*TYR*
Glutathione metabolism	2	0.004787172	*GSTP1*；*GSTA1*
Glycerophospholipid metabolism	2	0.008939449	*PLA2G2A*；*ACHE*
PPAR signaling pathway	2	0.009190178	*PPARG*；*PDPK1*

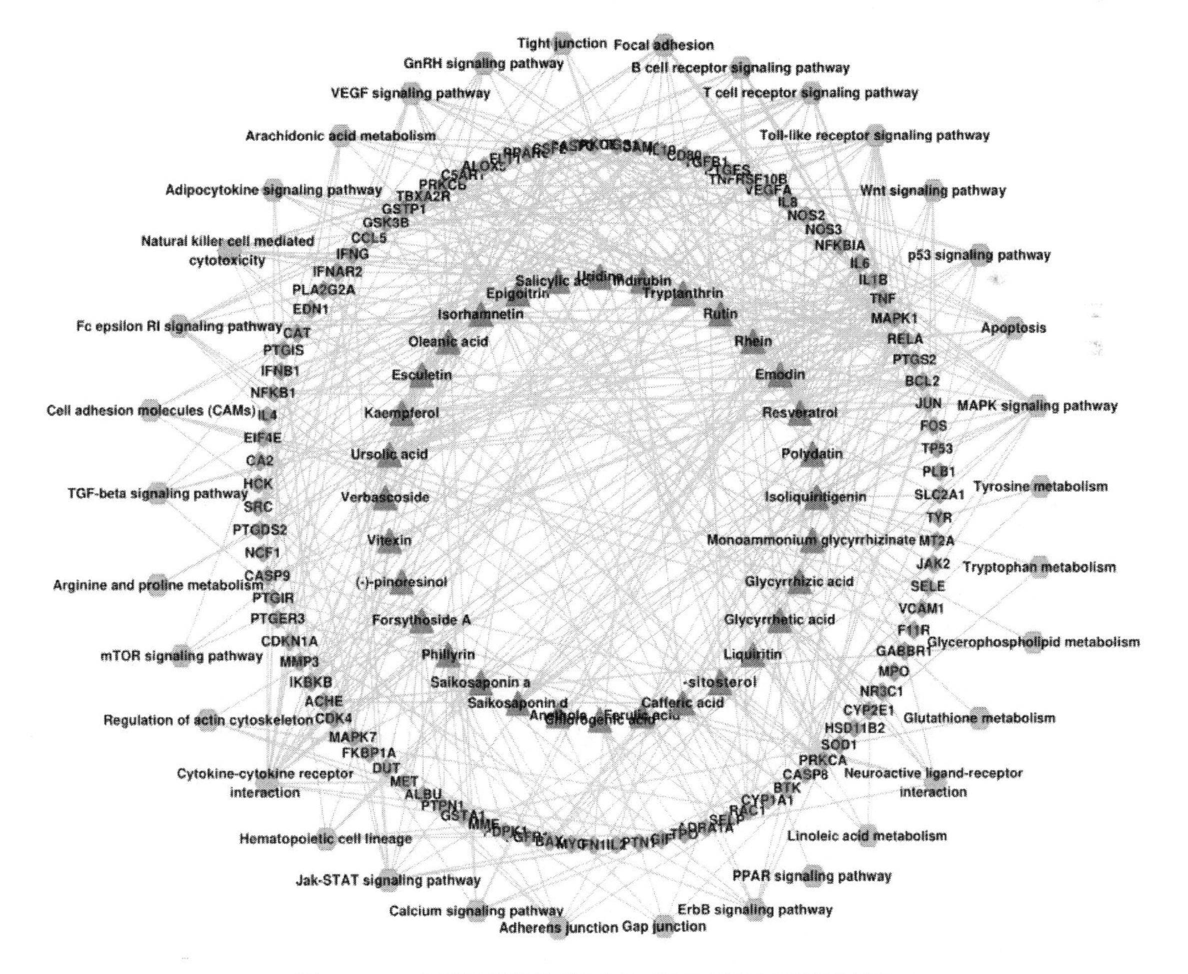

图 6-3-17　疏风解毒胶囊“化合物-靶点-通路”网络药理图

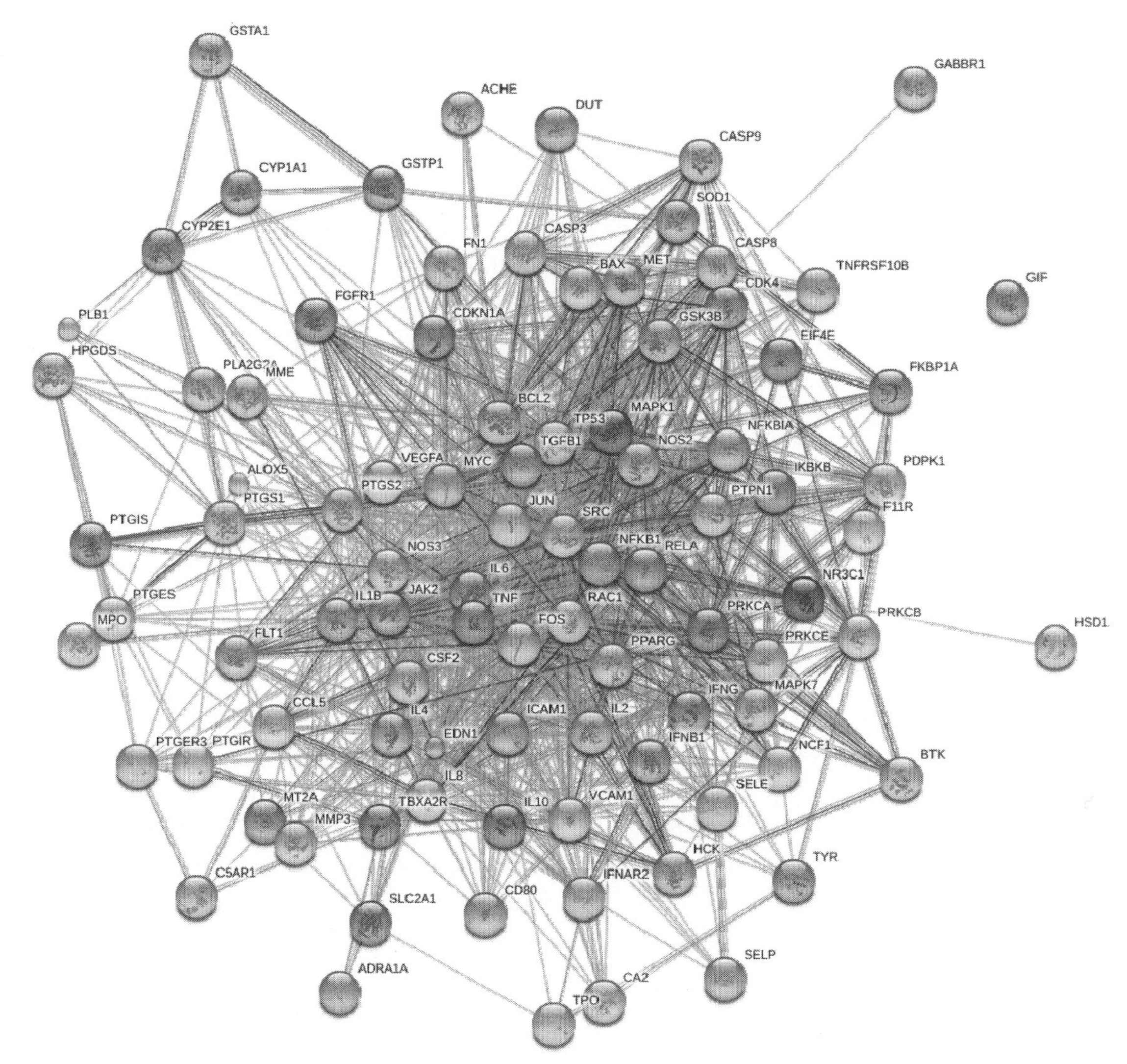

图 6-3-18　94 个蛋白靶点相互作用关系图

通过分析 32 个代表性化合物的整合数据发现，清热解毒组、解表组和甘草组既有共同的作用靶点群及通路群，又各有偏重，作用靶点涉及炎症反应、免疫反应、细菌内毒素反应、防御反应、发汗解热、糖皮质激素反应等各个环节，各通路群间通过共有靶点连接，显示出不同成分间的多靶点、多途径的协同作用。

已有研究表明，细菌、脂多糖等侵入机体后会引起机体严重的炎症反应，甚至发热反应。分析本实验结果发现，清热解毒组可作用于与炎症反应、细菌脂多糖反应、防御反应和免疫反应相关的蛋白靶点，表明清热解毒组药材可以通过直接干预细菌脂多糖反应和炎症反应，起到解毒、阻止炎症过程发展的作用，同时通过激发机体防御体系，增强机体免疫起到辅助治疗的作用。

解表组药材同样可作用于与炎症反应、细菌脂多糖反应、防御反应相关的蛋白靶点，与清热解毒组药材协同发挥治疗作用。另外，解表组亦可作用于发汗解热过程，如通过间接作用于中枢神经系统与发热有关的介质——cAMP，干预机体发热过程；通过胆碱酯酶（AChE）抑制剂，使胆碱能神经末梢释放的 ACh 堆积，表现 M 样作用增强而发挥兴奋胆碱受体，起到发汗作用；通过作用于主要分布在血管平滑肌（如皮肤、黏膜血管，以及部分内脏血管）的 α_1 肾上腺素受体，扩张血管，增强皮肤血液循环，促进发汗。

甘草组可作用于与免疫反应、糖皮质激素反应、脂多糖反应等过程相关的靶点，从抗炎、增强机体免疫等方面起到辅助治疗作用。

四、小　结

中医药的特色体现在中药复方对复杂疾病整体上的辨证论治，强调整体性，同时方剂的配伍组方注重“君、臣、佐、使”，通过多味中药的协调配合实现对机体的调节，体现了多成分、多靶点、多途径调控的理念。而网络药理学融合了系统生物学、计算生物学、多向药理学、网络分析等多学科的技术和内容，从整体的角度探索药物与疾病的关联，具有整体性、系统性的特点，与中医药理念具有一致性。因此，利用网络药理学的技术和方法，通过分析网络中的关键节点和功能模块可以探究复方中药的药效物质基础及作用机制、阐释配伍规律及方剂毒理。

本研究利用网络药理学的方法，将疏风解毒胶囊的 8 味药材分为清热解毒组、解表组和甘草组进行研究，选取了 32 个代表性成分进行潜在靶点和作用通路的预测，得到各组“药理作用特点网络分析图”和“化合物-靶点-通路”网络药理图。通过分析实验数据，获取了清热解毒组和解表组的特异性靶点及共同作用靶点，发现清热解毒组主要通过直接干预细菌脂多糖反应和炎症反应，起到解毒、阻止炎症过程发展的作用，同时通过激发机体防御体系，增强机体免疫起到辅助治疗的作用。而解表组除可与清热解毒组药材协同发挥抗炎治疗作用外，亦可通过 cAMP 干预发热过程，通过胆碱酯酶抑制剂兴奋胆碱受体，起到发汗作用；通过作用于 α_1 肾上腺素受体，扩张血管，增强皮肤血液循环，促进发汗。通过网络药理实验，初步阐述了疏风解毒胶囊各组药材间的协同配伍作用特点，解析了该方中清热解毒药、解表药的作用机制及配伍规律，为后续研究提供参考和依据。

参 考 文 献

[1] 郭彦青，李艳芳. β 肾上腺素受体研究进展[J]. 中华老年心脑血管病杂志，2013，15（12）：1331-1332.

[2] 韩启德. 肾上腺素受体研究进展[J]. 生理科学进展，1995，26（2）：103-109.

[3] Hasselmo ME. The role of acetylcholine in learning and memory[J]. Current opinion in neurobiology，2006，16（6）：710-715.

[4] Wuest M，Weiss A，Waelbroeck M，et al. Propiverine and metabolites：differences in binding to muscarinic receptors and in functional models of detrusor contraction[J]. Naunyn-Schmiedeberg's archives of pharmacology，2006，374（2）：87-97.

[5] Coulson F R，Fryer A D. Muscarinic acetylcholine receptors and airway diseases[J]. Pharmacology & therapeutics，2003，98（1）：59-69.

[6] Enriquez-de-Salamanca A，Calonge M. Muscarinic receptors in the ocular surface[J]. Current opinion in allergy and clinical immunology，2006，6（5）：379-382.

[7] 王淑美，徐晓玉. 滋阴清热药对环核苷酸的影响 [J]. 中国药业，2003，12（7）：26-27.

[8] Bijman J，Quinton PM. Predominantly beta-adrenergic control of equine sweating[J]. Am J Physiol，1984，246（3 Pt 2）：R349-353.

[9] Bovell DL，Riggs CM，Sidlow G，et al. Evidence of purinergic neurotransmission in isolated，intact horse sweat glands[J]. Vet Dermatol，2013，24（4）：398-403，e385-396.

[10] Sato K. The physiology，pharmacology，and biochemistry of the eccrine sweat gland[J]. Rev Physiol Biochem Pharmacol，1977，79：51-131.

[11] Findlay JD，Robertshaw D. The role of the sympatho-adrenal system in the control of sweating in the ox（Bos taurus）[J]. J Physiol，1965，179（2）：285-297.

[12] Robertshaw D. The pattern and control of sweating in the sheep and the goat[J]. J Physiol，1968，198（3）：531-539.

[13] Robertshaw D. Proceedings：Neural and humoral control of apocrine glands[J]. J Invest Dermatol. 1974，63（1）：160-167.

[14] Robertshaw D. Neuroendocrine control of sweat glands[J]. J Invest Dermatol，1977，69（1）：121-129.

[15] Johnson KG. Sweat gland function in isolated perfused skin[J]. J Physiol，1975，250（3）：633-649.

[16] Johnson KG，Creed KE. Sweating in the intact horse and isolated perfused horse skin[J]. Comp Biochem Physiol C，1982，73（2）：259-264.

[17] Jenkinson MD，Elder H Y，Bovell D L. Equine sweating and anhidrosis Part 1--equine sweating[J]. Vet Dermatol，2006，17（6）：361-392.
[18] 刘国清，莫志贤，余林中，等. 麻黄汤的发汗作用与肾上腺素能受体的关系[J]. 陕西中医，2006，27（3）：363-365.
[19] 焦平，钟振环，王海燕，等. 小儿退热解毒颗粒对发热大鼠下丘脑中 PGE2 及 cAMP 含量的影响[J]. 中国中医急症，2007，16（7）：842-843.
[20] 欧阳娟，吴小云，谢新华. 前列腺素 E2 及其受体与发热机制的研究进展[J]. 广东医学，2008，29（8）：1420-1421.
[21] Oka T. Prostaglandin E2 as a mediator of fever：the role of prostaglandin E（EP）receptors[J]. Front Biosci，2004，9：3046-3057.
[22] Lazarus M. The differential role of prostaglandin E2 receptors EP3 and EP4 in regulation of fever[J]. Mol Nutr Food Res，2006，50（4-5）：451-455.
[23] Oka T，Oka K，Saper CB. Contrasting effects of E type prostaglandin（EP）receptor agonists on core body temperature in rats[J]. Brain Res，2003，968（2）：256-262.
[24] 冯小倩，武曦，谭颖徽. 组胺及组胺受体的研究进展[J]. 中华肺部疾病杂志，2015，8（2）：234-237.
[25] 钟斐，蒋瑾瑾. 组胺及组胺受体对免疫系统调节作用[J]. 中华临床医师杂志，2013，7（21）：9753-9755.
[26] 郝飞，钟华，宋志强. 组胺、组胺受体与变态反应[J]. 皮肤病与性病，2009，31（3）：18-20.
[27] Neumann D，Schneider E H，Seifert R. Analysis of Histamine Receptor Knockout Mice in Models of Inflammation[J]. J Pharmacol Exp Ther，2014，348（1）：2-11.
[28] Hopkins A L. Network pharmacology[J]. Nature biotechnology，2007，25（10）：1110-1111.
[29] Hopkins A L. Network pharmacology：the next paradigm in drug discovery[J]. Nature chemical biology，2008，4（11）：682-690.
[30] Li S，Wu L，Zhang Z. Constructing biological networks through combined literature mining and microarray analysis：a LMMA approach[J]. Bioinformatics，2006，22（17）：2143-2150.
[31] 李梢. 网络靶标：中药方剂网络药理学研究的一个切入点[J]. 中国中药杂志，2011，36（15）：2017-2020.
[32] Li S，Fan T P，Jia W，et al. Network pharmacology in traditional Chinese medicine[J]. Evidence-based complementary and alternative medicine：eCAM，2014，2014：138460.
[33] 张培，李江，王耘，等. 贝叶斯网络在中药有效组分五味预测中的应用[J]. 世界科学技术-中医药现代化，2008，10（5）：114-117，125.
[34] 胡蓉，王丽华，张珺珺，等. 疏风解毒胶囊治疗急性咽炎风热证的临床观察[J]. 药物评价研究，2014，37（5）：460-462.
[35] 王书臣，罗海丽. 疏风解毒胶囊治疗上呼吸道感染 480 例临床观察[J]. 世界中西医结合杂志，2009，4（12）：872-875.
[36] 奚肇庆，周建中，梅建强，等. 疏风解毒胶囊治疗病毒性上呼吸道感染发热患者 130 例临床观察[J]. 中医杂志，2010，51（05）：426-427.
[37] 叶祥庆，曾德志，罗世芳，等. 疏风解毒胶囊治疗感冒风热证临床观察[J]. 安徽医药，2013，17（04）：664-666.
[38] 张彬，张威. 疏风解毒胶囊治疗急性上呼吸道感染临床疗效及对炎症因子的影响[J]. 新中医，2020，04：50-53.
[39] Liu X，Ouyang S，Yu B，et al. PharmMapper server：a web server for potential drug target identification using pharmacophore mapping approach [J]. Nucleic Acids Res，2010，38：W609-W614.
[40] Fang J S，Liu A L，Du G H. Research advance on drug target prediction based on Chemoinformatics[J]. Acta Pharm Sin，2014，49（10）：1357-1364.
[41] Smoot M E，Ono K，Ruscheinski J，et al. Cytoscape 2. 8：new features for data integration and network visualization[J]. Bioinformatics 2011，27（3）：431-432.

下篇　疏风解毒胶囊质量标准提升研究

第七章　疏风解毒胶囊原料药材质量标准研究

疏风解毒胶囊处方由虎杖、连翘、板蓝根、柴胡、败酱草、马鞭草、芦根、甘草8味药材组成，各药材来源及产地较广，质量差异较大。为了保证疏风解毒胶囊的优质，从源头对药材的质量进行优选和控制，在2015年版《中国药典》规定的药材与饮片质量标准基础上，开展了疏风解毒胶囊的原料药材、饮片的质量提升研究。

第一节　虎杖质量标准研究

虎杖为蓼科植物虎杖 *Polygonum cuspidatum* Sieb.et Zucc.的干燥根和根茎，春、秋二季采挖，除去须根，洗净，趁鲜切短段或厚片，晒干。虎杖始载于《名医别录》，在我国华东、华中、华南、西南、西北等地区均有分布，药材主产于湖北、安徽、浙江、广东、广西、四川、贵州、云南等省区。

2015 年版《中国药典》一部中收载的虎杖药材与饮片质量标准中含量测定项中仅以虎杖苷、大黄素作为评价指标。而虎杖作为疏风解毒胶囊处方之君药，在其质量传递过程中还检测到大黄素甲醚及白藜芦醇，因此，在虎杖药材质量控制标准提升过程中，还须深入研究大黄素甲醚及白藜芦醇两种成分的含量测定方法；指纹图谱作为能够较为全面地反映中药整体质量的技术手段已经广泛用于中药材质量控制研究中，而《中国药典》中尚无虎杖药材指纹图谱方法。此外，为考察药材与饮片的安全性，需开展虎杖药材重金属的检测。

因此，本研究建立虎杖药材 HPLC 指纹图谱，并且建立虎杖苷、大黄素、大黄素甲醚、白藜芦醇同时测定的方法，并开展重金属检测，对产地加工后的虎杖样品质量进行全面的评价，为其质量标准的优化提供依据。

1. 样品来源

40 批虎杖药材见表 7-1-1。所有样品经安徽中医药大学俞年军教授鉴定为蓼科植物虎杖 *Polygonum cuspidatum* Sieb.et Zucc.的干燥根和根茎。

表 7-1-1　40 批次虎杖药材一览表

编号	产地	编号	产地
YC-S1	湖北	YC-S7	金寨长岭乡
YC-S2	安徽泾县 1	YC-S8	安庆岳西 1
YC-S3	安徽泾县 2	YC-S9	安庆岳西 2
YC-S4	湖北	YC-S10	金寨破楼 2
YC-S5	安徽金寨 2	YC-S11	湖北英山灵芝村 1
YC-S6	安徽金寨 3	YC-S12	湖北英山灵芝村 2

续表

编号	产地	编号	产地
YC-S13	湖北英山灵芝村 3	YC-S27	黄山浮溪 1
YC-S14	湖北英山二分塆村 1	YC-S28	金寨油岭乡 4
YC-S15	湖北英山二分塆村 2	YC-S29	金寨油岭乡 5
YC-S16	湖北英山二分塆村 3	YC-S30	金寨油岭乡 6
YC-S17	湖北英山羌皖村 1	YC-S31	江西宜春 1
YC-S18	金寨油岭乡 1	YC-S32	江西宜春 2
YC-S19	湖北英山羌皖村 3	YC-S33	江西吉安 1
YC-S20	湖北英山五一村 1	YC-S34	江西吉安 2
YC-S21	金寨油岭乡 2	YC-S35	江西吉安 3
YC-S22	金寨油岭乡 1	YC-S36	湖北咸宁 1
YC-S23	江西萍乡 1	YC-S37	湖北咸宁 2
YC-S24	江西萍乡 2	YC-S38	湖北咸宁 3
YC-S25	江西萍乡 3	YC-S39	江西鹰潭 1
YC-S26	黄山浮溪 1	YC-S40	江西鹰潭 2

2. 鉴别研究

2.1 性状鉴别

根据 2015 年版《中国药典》规定，虎杖性状多为圆柱形短段或不规则厚片，长 1～7cm，直径 0.5～2.5cm。外皮棕褐色，有纵皱纹和须根痕，切面皮部较薄，木部宽广，棕黄色，射线放射状，皮部与木部较易分离。根茎髓中有隔或呈空洞状。质坚硬，气微，味微苦、涩。40 批性状描述均符合药典要求（图 7-1-1）。

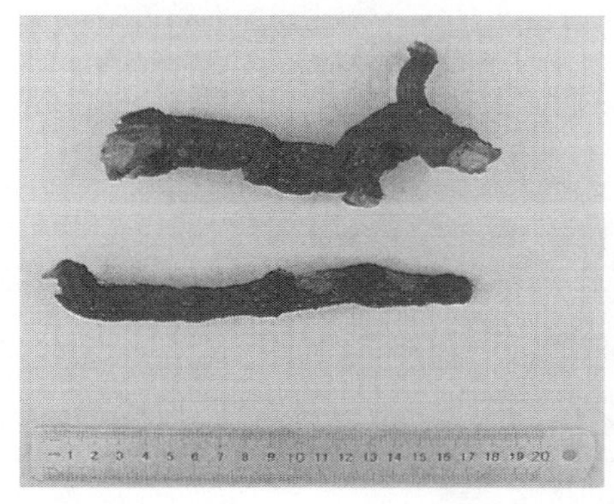

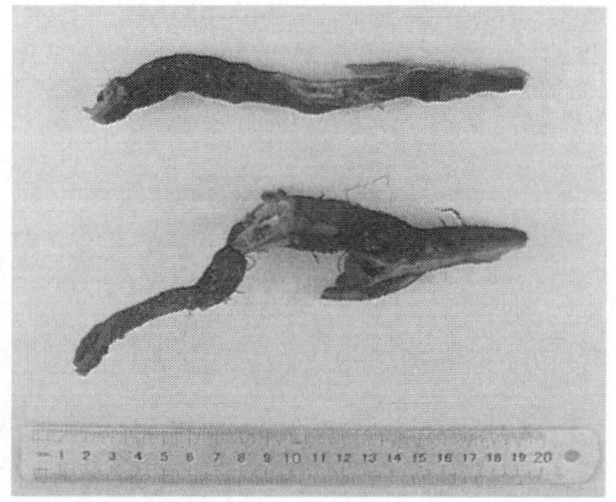

图 7-1-1 虎杖药材性状图

2.2 显微鉴别

根据 2015 年版《中国药典》规定，本品粉末橙黄色。草酸钙簇晶极多，较大，直径 30～100μm。石细胞淡黄色，类方形或类圆形，有的呈分枝状，分枝状石细胞常 2～3 个相连，直径 24～74μm，有纹孔，胞腔内充满淀粉粒。木栓细胞多角形或不规则形，胞腔充满红棕色物。具缘纹孔导管直径 56～150μm。各批药材均符合药典描述（图 7-1-2）。

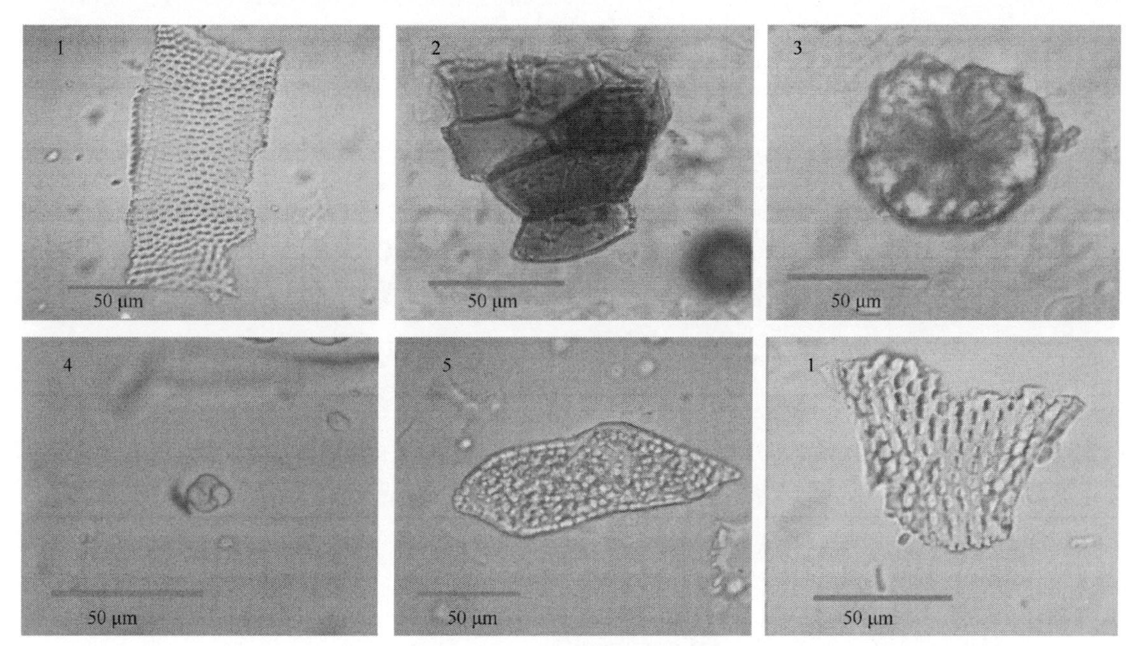

图 7-1-2　虎杖药材显微鉴定

1. 导管；2. 木栓细胞；3. 草酸钙簇晶；4. 淀粉粒；5. 石细胞（扫文末二维码获取彩图）

2.3　薄层鉴别

根据 2015 年版《中国药典》规定，取本品粉末 0.1g，加甲醇 10ml，超声处理 15min，滤过，滤液蒸干，残渣加 2.5mol/L 硫酸溶液 5ml，水浴加热 30min，放冷，用三氯甲烷振摇提取 2 次，每次 5ml，合并三氯甲烷液，蒸干，残渣加三氯甲烷 1ml 使溶解，作为供试品溶液。另取虎杖对照药材 0.1g，同法制成对照药材溶液。再取大黄素对照品、大黄素甲醚对照品，加甲醇制成每 1ml 各含 1mg 的溶液，作为对照品溶液。照薄层色谱法（通则 0502）试验，吸取供试品溶液和对照药材溶液各 4μl、对照品溶液各 1μl，分别点于同一硅胶 G 薄层板上，以石油醚（30～60℃）-甲酸乙酯-甲酸（15：5：1）的上层溶液为展开剂，展开，取出，晾干，置紫外光灯（365nm）下检视。供试品色谱中，在与对照药材色谱和对照品色谱相应的位置上，显相同颜色的荧光斑点；置氨蒸气中熏后，斑点变为红色。按照药典方法所得薄层图见图 7-1-3。

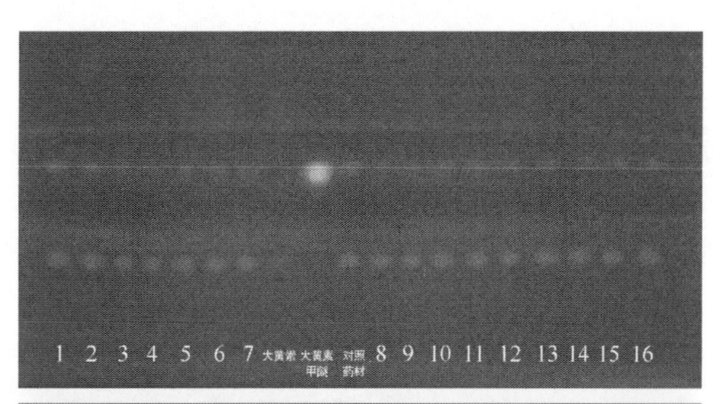

图 7-1-3　药典方法薄层图

上为薄层荧光图，下为薄层显色图，其中薄层板从左往右依次为药材 1～7、大黄素、大黄素甲醚、对照药材、药材 8～16

（扫文末二维码获取彩图）

3. 检查

3.1 水分

依据 2015 年版《中国药典》四部通则 0832 第二法进行。

取供试品 2～5g，平铺于干燥至恒重的扁形称量瓶中，厚度不超过 5mm，精密称定，开启瓶盖在 100～105℃干燥 5h，将瓶盖盖好，移置干燥器中，放冷 30min，精密称定，再在上述温度干燥 1h，放冷，称重，至连续两次称重的差异不超过 5mg 为止。根据减失的重量，计算供试品中含水量（%）。结果见表 7-1-2。

表 7-1-2 水分测定（*n*=3）

编号	含量（%）	编号	含量（%）
YC-01	7.90	YC-21	9.24
YC-02	6.84	YC-22	9.47
YC-03	9.75	YC-23	7.97
YC-04	7.61	YC-24	10.99
YC-05	8.15	YC-25	8.81
YC-06	11.71	YC-26	10.71
YC-07	11.30	YC-27	7.95
YC-08	6.74	YC-28	8.14
YC-09	6.74	YC-29	8.08
YC-10	8.70	YC-30	8.27
YC-11	9.75	YC-31	9.78
YC-12	10.27	YC-32	7.31
YC-13	9.10	YC-33	10.73
YC-14	8.49	YC-34	8.36
YC-15	9.35	YC-35	10.18
YC-16	6.61	YC-36	9.39
YC-17	8.75	YC-37	9.30
YC-18	9.44	YC-38	7.17
YC-19	9.78	YC-39	10.55
YC-20	9.70	YC-40	8.06

由表 7-1-2 可知，40 批药材水分在 6.74%～11.71%，药典规定水分不得过 12.0%，均符合药典标准。

3.2 总灰分

依据 2015 年版《中国药典》四部通则 2302。

供试品粉碎，使能通过 2 号筛，混合均匀后，取供试品 2～3g（如须测定酸不溶性灰分，可取供试品 3～5g），置炽灼至恒重的坩埚中，称定重量（准确至 0.01g），缓缓炽热，注意避免燃烧，至完全炭化时，逐渐升高温度至 500～600℃，使完全灰化并至恒重。根据残渣重量，计算供试品中总灰分的含量（%）。如供试品不易灰化，可将坩埚放冷，加热水或 10%硝酸铵溶液 2ml，使残渣湿润，然后置水浴上蒸干，残渣照前法炽灼，至坩埚内容物完全灰化。结果见表 7-1-3。

表 7-1-3　总灰分含量（*n*=3）

编号	含量（%）	编号	含量（%）
YC-01	4.97	YC-21	4.92
YC-02	4.80	YC-22	4.74
YC-03	4.36	YC-23	4.83
YC-04	4.52	YC-24	4.86
YC-05	4.38	YC-25	4.85
YC-06	4.99	YC-26	4.28
YC-07	3.64	YC-27	3.24
YC-08	4.90	YC-28	3.75
YC-09	4.86	YC-29	4.53
YC-10	4.81	YC-30	4.54
YC-11	4.75	YC-31	3.74
YC-12	4.90	YC-32	4.98
YC-13	4.87	YC-33	4.77
YC-14	4.84	YC-34	4.21
YC-15	3.93	YC-35	3.71
YC-16	4.64	YC-36	4.32
YC-17	4.37	YC-37	4.75
YC-18	4.83	YC-38	4.90
YC-19	4.87	YC-39	4.91
YC-20	4.83	YC-40	4.62

由表 7-1-3 可知，40 批总灰分在 3.24%～4.99%，药典规定总灰分不得过 5.0%，40 个药材批次均符合药典标准。

3.3　酸不溶灰分

依据 2015 年版《中国药典》四部通则 2302。

取上项所得的灰分，在坩埚中小心加入稀盐酸约 10ml，用表面皿覆盖坩埚，置水浴上加热 10min，表面皿用热水 5ml 冲洗，洗液并入坩埚中，用无灰滤纸滤过，坩埚内的残渣用水洗于滤纸上，并洗涤至洗液不显氯化物反应为止。滤渣连同滤纸移置同一坩埚中，干燥，炽灼至恒重。根据残渣重量，计算供试品中酸不溶性灰分的含量（%）。实验结果见表 7-1-4。

表 7-1-4　酸不溶灰分含量（*n*=3）

编号	含量（%）	编号	含量（%）
YC-01	0.91	YC-05	0.93
YC-02	0.93	YC-06	0.95
YC-03	0.84	YC-07	0.71
YC-04	0.81	YC-08	0.81

续表

编号	含量（%）	编号	含量（%）
YC-09	0.76	YC-25	0.93
YC-10	0.83	YC-26	0.93
YC-11	0.83	YC-27	0.92
YC-12	0.78	YC-28	0.75
YC-13	0.78	YC-29	0.79
YC-14	0.83	YC-30	0.90
YC-15	0.56	YC-31	0.89
YC-16	0.62	YC-32	0.73
YC-17	0.94	YC-33	0.49
YC-18	0.95	YC-34	0.79
YC-19	0.76	YC-35	0.68
YC-20	0.94	YC-36	0.76
YC-21	0.85	YC-37	0.88
YC-22	0.79	YC-38	0.82
YC-23	0.84	YC-39	0.72
YC-24	0.79	YC-40	0.79

由表 7-1-4 可知。40 批虎杖药材的酸不溶灰分在 0.49%～0.95%，而药典规定虎杖酸不溶性灰分不得超过 1.0%，40 个药材批次均符合药典标准。

3.4 浸出物

依据 2015 年版《中国药典》通则 2201 项下的冷浸法测定，用乙醇作为溶剂。

取供试品约 4g，精密称定，置 250～300ml 的锥形瓶中，精密加入乙醇 100ml，密塞，冷浸，前 6h 内时时振摇，再静置 18h，用干燥滤器迅速滤过，精密量取续滤液 20ml，置已干燥至恒重的蒸发皿中，在水浴上蒸干后，于 105℃干燥 3h，置干燥器中冷却 30min，迅速精密称定重量。除另有规定外，以干燥品计算供试品中醇溶性浸出物的含量（%）。结果见表 7-1-5。

表 7-1-5 浸出物含量（n=3）

编号	含量（%）	编号	含量（%）
YC-01	10.61	YC-11	11.05
YC-02	9.75	YC-12	11.56
YC-03	9.92	YC-13	9.54
YC-04	10.25	YC-14	10.07
YC-05	9.38	YC-15	10.41
YC-06	9.04	YC-16	10.67
YC-07	9.35	YC-17	9.14
YC-08	10.82	YC-18	10.77
YC-09	12.93	YC-19	11.52
YC-10	10.32	YC-20	9.96

续表

编号	含量（%）	编号	含量（%）
YC-21	9.70	YC-31	9.13
YC-22	10.23	YC-32	9.33
YC-23	9.49	YC-33	10.37
YC-24	9.09	YC-34	10.81
YC-25	9.22	YC-35	10.57
YC-26	9.84	YC-36	10.37
YC-27	11.27	YC-37	9.19
YC-28	9.18	YC-38	11.82
YC-29	9.05	YC-39	9.20
YC-30	11.45	YC-40	11.73

由表 7-1-5 可知，40 批药材的浸出物在 9.04%～12.93%，药典规定不得少于 9.0%，均符合药典标准。

4. 指纹图谱

4.1　指纹图谱条件摸索

4.1.1　洗脱程序确定

（1）流速 1.00ml/min，柱温 30℃，进样量 10μl，波长 287nm（表 7-1-6、图 7-1-4）。

表 7-1-6　流动相梯度表

时间（min）	流速（ml/min）	乙腈（%）	水（%）
0	1	10	90
25	1	25	75
40	1	60	40
69	1	100	0
71	1	100	0
75	1	10	90
75	1	10	90

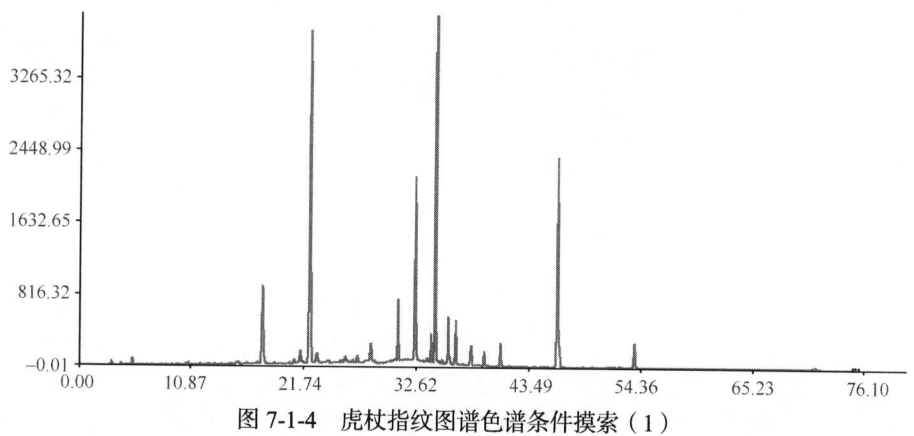

图 7-1-4　虎杖指纹图谱色谱条件摸索（1）

（2）流速 1.00ml/min，柱温 30℃，进样量 10μl，波长 287nm（表 7-1-7、图 7-1-5）。

表 7-1-7　流动相梯度表

时间（min）	流速（ml/min）	乙腈（%）	水（%）
0	1	10	90
25	1	25	75
43	1	60	40
65	1	100	0
67	1	100	0
71	1	10	90
75	1	10	90

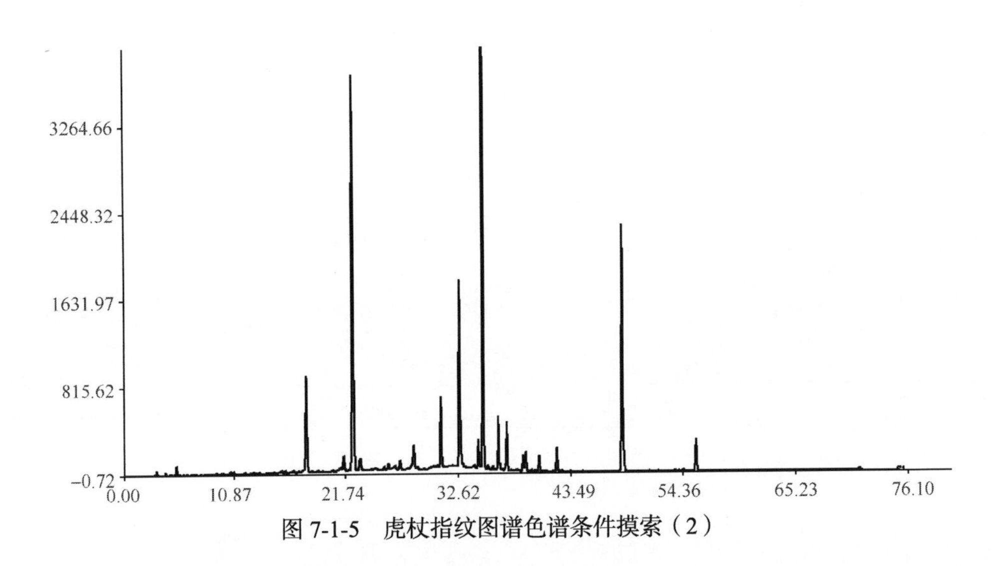

图 7-1-5　虎杖指纹图谱色谱条件摸索（2）

（3）流速 1.00ml/min，柱温 30℃，进样量 10μl，波长 287nm（表 7-1-8、图 7-1-6）。

可以看出，根据峰数量的多少，选择出峰数量最多的（3）的条件，即流速 1.00ml/min，柱温 30℃，进样量 10μl，波长 287nm。

表 7-1-8　流动相梯度表

时间（min）	流速（ml/min）	乙腈（%）	水（%）
0	1	10	90
25	1	25	75
45	1	60	40
65	1	100	0
67	1	100	0
71	1	10	90
75	1	10	90

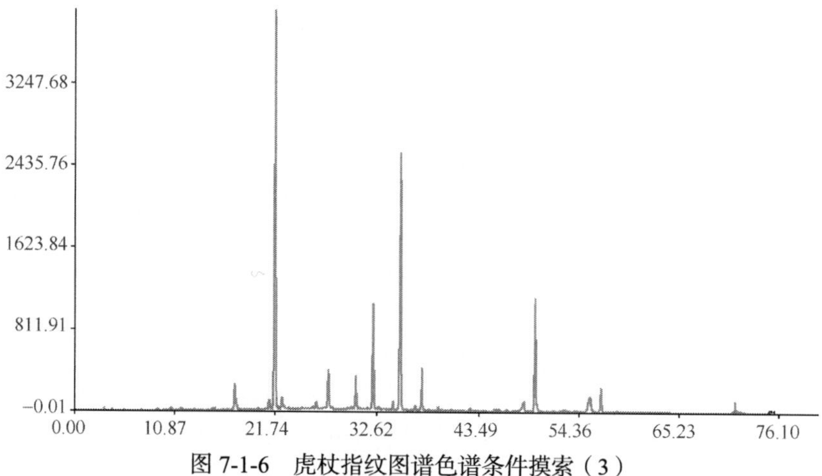

图 7-1-6　虎杖指纹图谱色谱条件摸索（3）

4.1.2　最佳提取方法确定

（1）超声提取法：称取虎杖药材粉末约 1g（过 60 目筛，60℃条件下干燥 6h），置圆底烧瓶中，精密加入甲醇 25ml，称定重量，超声 0.5h（图 7-1-7）。

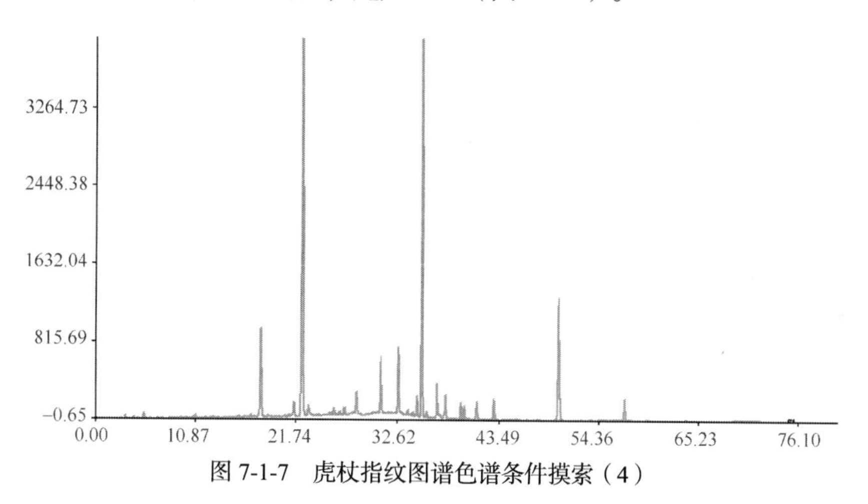

图 7-1-7　虎杖指纹图谱色谱条件摸索（4）

（2）50%甲醇回流提取法（图 7-1-8）。

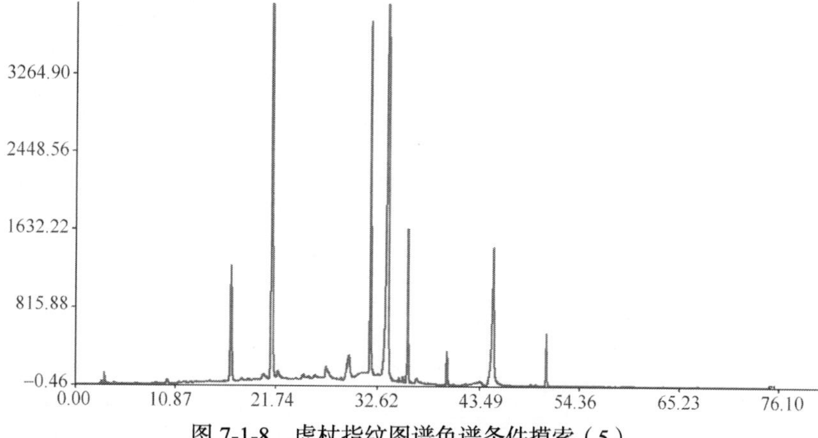

图 7-1-8　虎杖指纹图谱色谱条件摸索（5）

（3）100%甲醇回流提取法（图 7-1-9）。

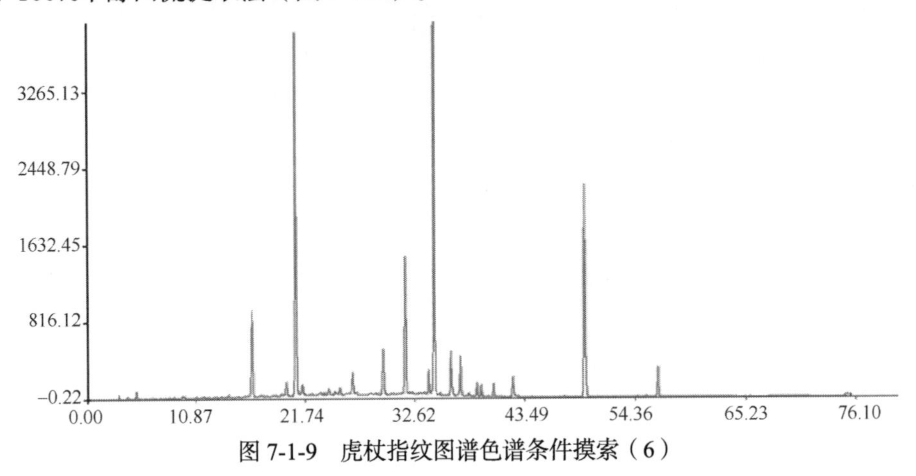

图 7-1-9 虎杖指纹图谱色谱条件摸索（6）

由上可以看出，由于 50%甲醇提取的供试品溶液较 100%的出峰少，基线不稳定，所以选择用 100%的甲醇提取供试品溶液。

4.2 方法与结果

4.2.1 供试品溶液制备

精密称取虎杖药材粉末 1g（过 60 目筛，60℃条件下干燥 6h），置圆底烧瓶中，精密加入甲醇 25ml，称定重量，加热回流 0.5h，放冷，再称定重量，用甲醇补足减失的重量，摇匀滤过，取续滤液，再通过 0.45μm 的微孔滤膜滤过，即得。

4.2.2 色谱条件

色谱柱：Agilent HC-C_{18}（5μm，250 mm×4.6mm）；流动相：乙腈（A）- 0.05%磷酸溶液（B）梯度洗脱；柱温：30℃；检测波长：287nm；流速：1.0ml/min。梯度洗脱程序为：0～25min，90.0%～75.0% B；25～45min，75.0%～40.0% B；45～65min；40.0%～0.0% B；65～67min，0.0% B，67～71min，0.0%～90.0% B；71～75min，90.0% B。

4.2.3 精密度试验

取 S1 样品，按本节 4.2.1 项下处理供试品溶液，按 4.2.2 项下色谱条件连续进样 6 次，进样量 10μl，所得色谱图相似度均在 0.99 以上，符合指纹图谱要求（图 7-1-10、表 7-1-9、表 7-1-10）。

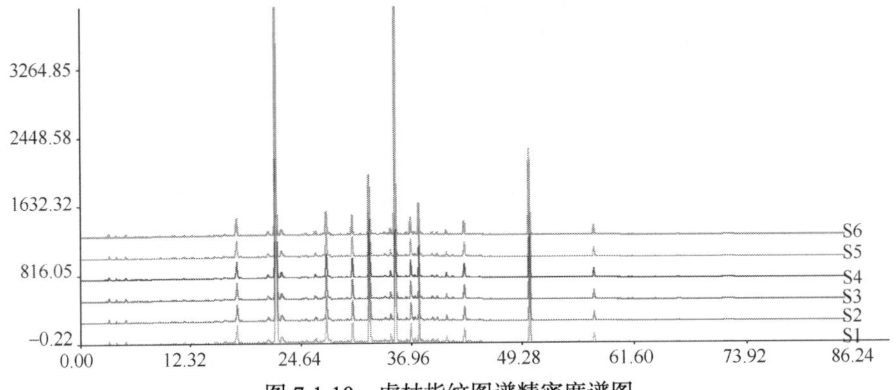

图 7-1-10 虎杖指纹图谱精密度谱图

表 7-1-9　精密度试验—相对保留时间（n=6）

峰号	编号						平均值	RSD（%）
	1	2	3	4	5	6		
1（S）	1.000	1.000	1.000	1.000	1.000	1.000	1.000	0.000
2	1.245	1.245	1.245	1.245	1.245	1.245	1.245	0.000
3	1.568	1.568	1.568	1.568	1.568	1.568	1.568	0.000
4	1.733	1.733	1.733	1.733	1.733	1.733	1.733	0.000
5	1.839	1.839	1.839	1.839	1.839	1.839	1.839	0.000
6	2.001	2.001	2.001	2.001	2.001	2.001	2.001	0.000
7	2.153	2.153	2.153	2.153	2.153	2.153	2.153	0.000
8	2.168	2.168	2.168	2.168	2.168	2.168	2.168	0.000
9	2.441	2.441	2.441	2.441	2.441	2.441	2.441	0.000
10	2.850	2.850	2.850	2.850	2.850	2.850	2.850	0.000
11	3.253	3.253	3.253	3.253	3.253	3.253	3.253	0.000

表 7-1-10　精密度试验—相对峰面积（n=6）

峰号	编号						平均值	RSD（%）
	1	2	3	4	5	6		
1（S）	1.000	1.000	1.000	1.000	1.000	1.000	1.000	0.00
2	11.998	12.005	12.117	12.103	12.126	12.051	12.067	0.005
3	1.375	1.360	1.370	1.360	1.363	1.362	1.365	0.004
4	0.988	0.995	0.997	0.922	0.994	1.004	0.983	0.031
5	3.570	3.596	3.605	3.598	3.599	3.646	3.602	0.007
6	12.241	12.345	12.374	12.360	12.366	12.768	12.409	0.015
7	1.052	1.054	1.058	1.059	1.058	1.052	1.056	0.003
8	0.090	0.092	0.093	0.091	0.091	0.091	0.091	0.011
9	0.665	0.667	0.669	0.667	0.667	0.663	0.666	0.003
10	3.599	3.611	3.696	3.615	3.613	3.621	3.626	0.010
11	0.409	0.411	0.412	0.411	0.410	0.408	0.410	0.004

4.2.4　稳定性试验

取 S1 样品，按本节 4.2.1 项下方法处理供试品溶液，以 4.2.2 项下色谱条件分别在 0h、4h、8h、12h、16h、24h 进样，进样量 10μl，色谱图相似度均在 0.92 以上，表明供试品溶液在 24h 内稳定，稳定性良好（图 7-1-11、表 7-1-11、表 7-1-12）。

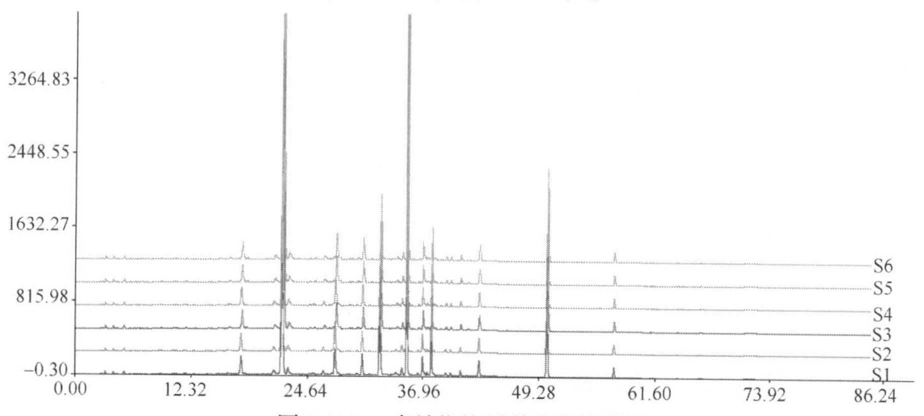

图 7-1-11　虎杖指纹图谱稳定性谱图

表 7-1-11 稳定性试验—相对保留时间（n=6）

峰号	编号						平均值	RSD（%）
	1	2	3	4	5	6		
1（S）	1.000	1.000	1.000	1.000	1.000	1.000	1.000	0.000
2	1.244	1.244	1.244	1.244	1.244	1.244	1.244	0.000
3	1.560	1.560	1.565	1.562	1.570	1.570	1.565	0.003
4	1.696	1.733	1.733	1.733	1.733	1.733	1.727	0.009
5	1.833	1.833	1.833	1.833	1.833	1.833	1.833	0.000
6	1.993	1.993	1.993	1.993	1.993	1.993	1.993	0.000
7	2.090	2.090	2.090	2.090	2.090	2.090	2.090	0.000
8	2.144	2.144	2.144	2.144	2.144	2.144	2.144	0.000
9	2.430	2.430	2.430	2.430	2.430	2.430	2.430	0.000
10	2.837	2.837	2.837	2.837	2.837	2.837	2.837	0.000
11	3.238	3.238	3.238	3.238	3.238	3.238	3.238	0.000

表 7-1-12 稳定性试验—相对峰面积（n=6）

峰号	编号						平均值	RSD（%）
	1	2	3	4	5	6		
1（S）	1.000	1.000	1.000	1.000	1.000	1.000	1.000	0.00
2	12.057	12.146	11.971	11.989	11.982	11.872	12.003	0.008
3	1.358	1.361	1.350	1.351	1.352	1.345	1.353	0.004
4	0.202	0.189	0.199	0.193	0.205	0.196	0.197	0.030
5	3.622	3.592	3.621	3.570	3.623	3.602	3.605	0.006
6	12.734	12.312	12.721	12.240	12.737	12.633	12.563	0.018
7	0.600	0.603	0.589	0.596	0.595	0.589	0.595	0.010
8	1.508	1.060	1.053	1.056	1.052	1.047	1.129	0.164
9	0.661	0.666	0.659	0.662	0.665	0.655	0.661	0.006
10	3.621	3.611	3.604	3.609	3.606	3.587	3.606	0.003
11	0.409	0.409	0.405	0.407	0.405	0.403	0.406	0.006

4.2.5 重复性试验

取 S8 样品，按本节 4.2.1 项下方法制备 6 份供试品溶液，按 4.2.2 项下色谱条件分别进样 10μl，色谱图相似度均在 0.96 以上，说明方法重复性良好（图 7-1-12、表 7-1-13、表 7-1-14）。

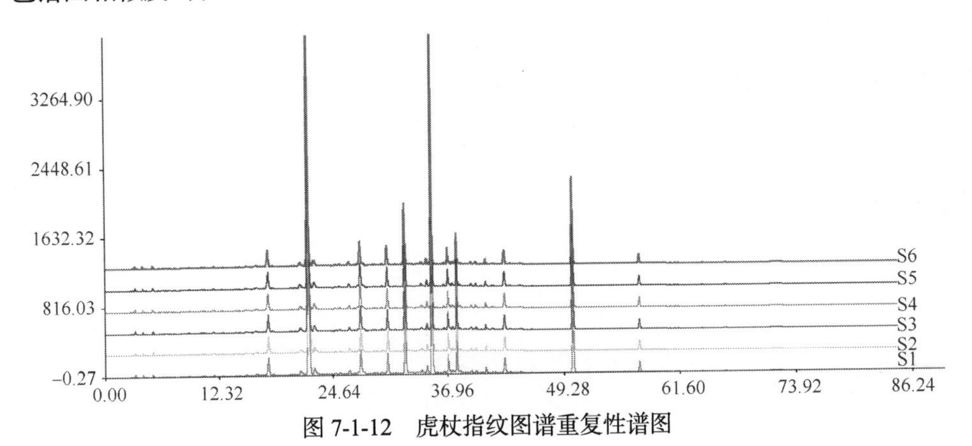

图 7-1-12 虎杖指纹图谱重复性谱图

表 7-1-13　重复性试验—相对保留时间（n=6）

峰号	编号						平均值	RSD（%）
	1	2	3	4	5	6		
1（S）	1.000	1.000	1.000	1.000	1.000	1.000	1.000	0.000
2	1.245	1.245	1.245	1.245	1.245	1.245	1.245	0.000
3	1.568	1.568	1.568	1.568	1.568	1.568	1.568	0.000
4	1.733	1.733	1.733	1.733	1.733	1.733	1.733	0.000
5	1.893	1.893	1.893	1.893	1.893	1.893	1.893	0.000
6	2.001	2.001	2.001	2.001	2.001	2.001	2.001	0.000
7	2.153	2.153	2.153	2.153	2.153	2.153	2.153	0.000
8	2.168	2.168	2.168	2.168	2.168	2.168	2.168	0.000
9	2.441	2.441	2.441	2.441	2.441	2.441	2.441	0.000
10	2.850	2.850	2.850	2.850	2.850	2.850	2.850	0.000
11	3.253	3.253	3.253	3.253	3.253	3.253	3.253	0.000

表 7-1-14　重复性试验—相对峰面积（n=6）

峰号	编号						平均值	RSD（%）
	1	2	3	4	5	6		
1（S）	1.000	1.000	1.000	1.000	1.000	1.000	1.000	0.000
2	11.890	12.031	12.035	12.041	12.022	11.997	12.003	0.005
3	1.349	1.349	1.345	1.354	1.353	1.353	1.351	0.003
4	0.996	1.000	1.003	1.002	1.001	1.000	1.000	0.002
5	3.602	3.612	3.6225	3.623	3.625	3.621	3.618	0.002
6	12.642	12.685	12.715	12.750	12.743	12.735	12.712	0.003
7	0.585	0.586	0.584	0.585	0.582	0.580	0.584	0.004
8	1.051	1.052	1.057	1.057	1.058	1.058	1.056	0.003
9	0.655	0.663	0.658	0.659	0.658	0.657	0.658	0.004
10	3.586	3.593	3.605	3.606	3.603	3.601	3.599	0.002
11	0.403	0.403	0.405	0.405	0.405	0.404	0.404	0.002

4.2.6　虎杖指纹图谱的建立

取 40 批虎杖药材，按本节 4.2.1 项下方法制备供试品，在 4.2.2 项下的色谱条件进行分析，结果见图 7-1-12。根据获得的色谱数据得到 40 批样品的共有模式图谱（图 7-3-13），本研究确定了 11 个共有峰，对虎杖药材供试品溶液中 4 个主要色谱峰进行了辨识，2 号峰为虎杖苷，5 号峰为白藜芦醇，10 号峰为大黄素，11 号峰为大黄素甲醚（图 7-1-14）。

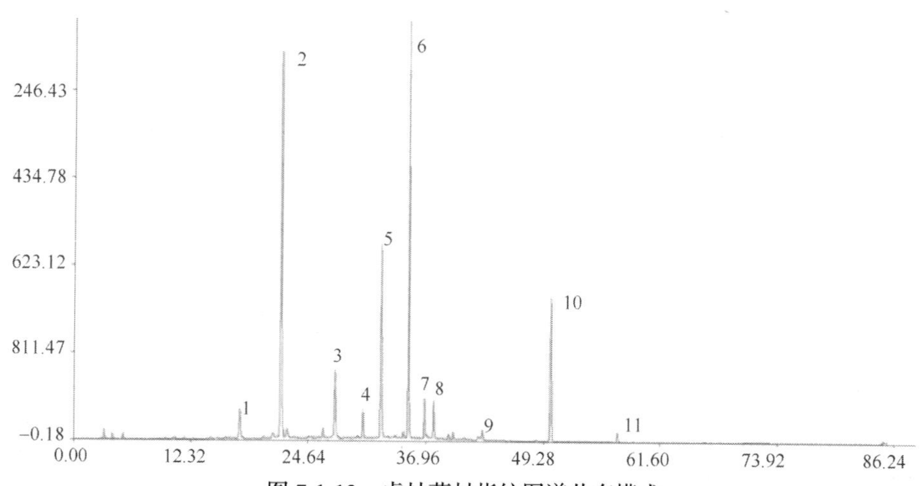

图 7-1-13　虎杖药材指纹图谱共有模式

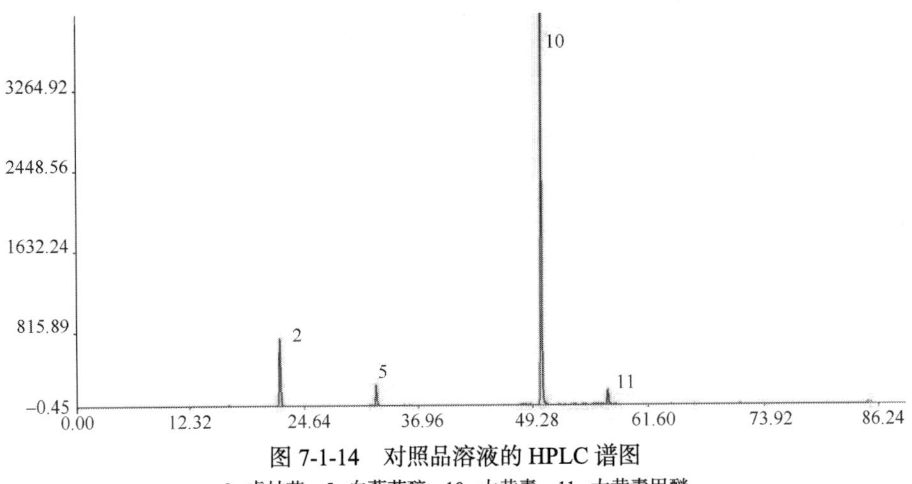

图 7-1-14 对照品溶液的 HPLC 谱图

2. 虎杖苷；5. 白藜芦醇；10. 大黄素；11. 大黄素甲醚

4.2.7 虎杖药材指纹图谱相似度评价

利用“中药色谱相似度评价系统（2004A 版）”软件，从 40 批虎杖饮片的谱图中选取 37 批药材导入，参照谱图编号为 S1，经过多点校正，自动匹配，生成对照谱图，药材中有 3 个批次因其相似度低于 0.90，故未列入，结果见图 7-1-15 和表 7-1-15。

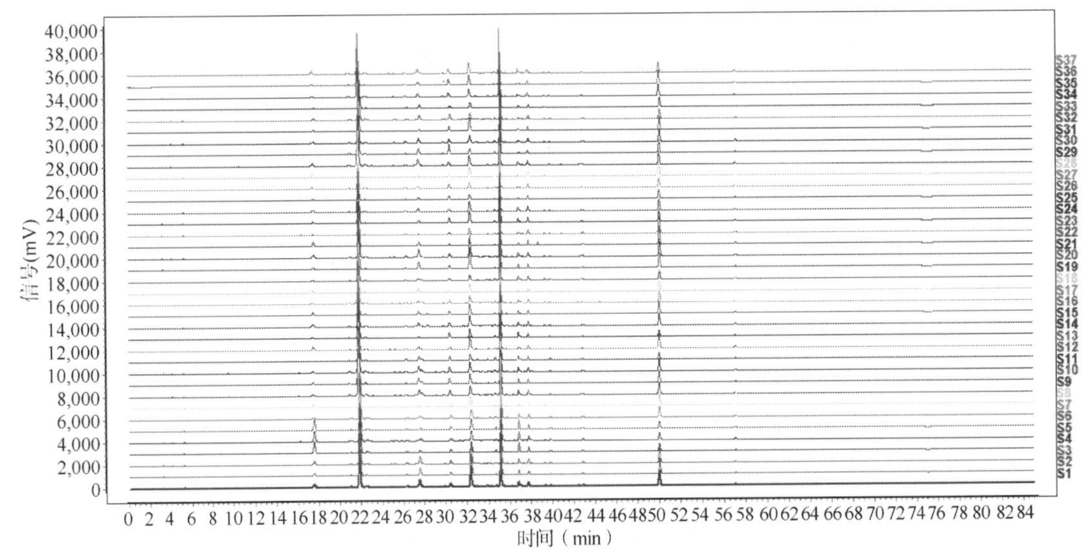

图 7-1-15 37 批主产地虎杖药材 HPLC 指纹叠加谱图

表 7-1-15 37 批次主产地虎杖药材相似度

谱图号	药材编号	相似度	谱图号	药材编号	相似度
S1	YC-S1	1.000	S6	YC-S6	0.941
S2	YC-S2	0.999	S7	YC-S7	0.936
S3	YC-S3	0.998	S8	YC-S8	0.958
S4	YC-S4	0.942	S9	YC-S9	0.928
S5	YC-S5	0.943	S10	YC-S10	0.931

续表

谱图号	药材编号	相似度	谱图号	药材编号	相似度
S11	YC-S11	0.930	S25	YC-S26	0.968
S12	YC-S12	0.906	S26	YC-S27	0.967
S13	YC-S13	0.954	S27	YC-S28	0.962
S14	YC-S14	0.941	S28	YC-S29	0.957
S15	YC-S15	0.979	S29	YC-S30	0.954
S16	YC-S16	0.979	S30	YC-S31	0.924
S17	YC-S17	0.914	S31	YC-S32	0.963
S18	YC-S18	0.941	S32	YC-S33	0.972
S19	YC-S19	0.972	S33	YC-S34	0.937
S20	YC-S21	0.998	S34	YC-S35	0.974
S21	YC-S22	0.998	S35	YC-S38	0.962
S22	YC-S23	0.918	S36	YC-S39	0.949
S23	YC-S24	0.949	S37	YC-S40	0.955
S24	YC-S25	0.965			

5. 含量测定

目前，关于虎杖质量控制上的研究多集中于药材中含量较多的大黄素、虎杖苷，对于药材中的大黄素甲醚和白藜芦醇研究较少，不能全面有效地评价虎杖质量，因此，本次研究增加大黄素甲醚和白藜芦醇两种成分的含量测定，为虎杖质量控制提供依据。

5.1 仪器与材料

5.1.1 仪器

岛津 LC-20AT 高效液相色谱仪（日本岛津）；YP10002 型电子天平（上海光正医疗仪器有限公司）；KQ2200 型超声波清洗器（昆山市超声仪器有限公司）。

5.1.2 试剂

乙腈和甲醇均为色谱纯（天津大茂化学试剂厂），水为超纯水（Milli-Q Advantage A10 超纯水器）。虎杖苷（批号：CFN99159）、白藜芦醇（批号：CFN98791）、大黄素（批号：CFN98834）、大黄素甲醚（批号：CFN98848）标准品均购自武汉天植生物技术有限公司。

5.1.3 药材

虎杖药材经安徽中医药大学俞年军教授鉴定为蓼科植物虎杖 *Polygonum cuspidatum* Sieb.et Zucc.的干燥根和根茎。药材的产地批次见样品来源（表 7-1-1）。

5.2 方法及结果

5.2.1 对照品溶液制备

精密称定虎杖苷标准品 2.00mg，白藜芦醇标准品 0.45mg，大黄素标准品 2.45mg，大黄素甲醚标准品 2.10mg，置于 5ml 容量瓶，加入甲醇定容至刻度线并摇匀，即得混合对照品溶液

（其中每 1ml 含 0.40mg 虎杖苷、0.09mg 白藜芦醇、0.49mg 大黄素、0.42mg 大黄素甲醚）。

5.2.2 供试品溶液制备

精密称取虎杖药材粉末 100mg（过 60 目筛，60℃条件下干燥 6h），加入 25ml 50%甲醇，称重，加热回流 30min，放冷后用 50%甲醇补足失重，摇匀后用 0.45μm 的微孔滤膜滤过，即得。

5.2.3 色谱条件

色谱柱：Agilent HC-C_{18}（5μm，250 mm×4.6mm）；流动相：乙腈（A）-0.1%水（B）梯度洗脱；柱温：35℃；检测波长：310nm；流速：1.0ml/min。梯度洗脱程序为：0～5min，10.0～21.0% A；5～10min，21.0%～25.0% A；10～15min；25.0%～32.0% A；15～20min，32.0%～35.0% A；20～25min，35.0%～80.0% A；25～28min，80.0%～88.0% A；28～37min，88.0%A；37～40min，88.0%～100% A；40～42min，100%～10.0% A；42～45min，10.0%～19.0% A。样品色谱图及混合对照品谱图见图 7-1-16。

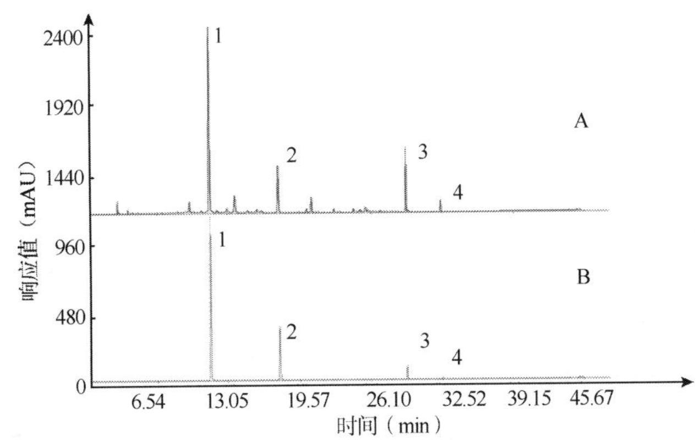

图 7-1-16 样品溶液（A）和对照品溶液（B）的 HPLC 谱图

1. 虎杖苷；2. 白藜芦醇；3. 大黄素；4. 大黄素甲醚

5.2.4 方法学考察

（1）精密度试验：分别取 S6 批次虎杖药材制备供试品溶液，按照本节“5.2.3”项下的色谱条件连续进样 6 次，进样量为 20μl，计算谱图中虎杖苷、白藜芦醇、大黄素、大黄素甲醚峰的峰面积 RSD 值。结果见表 7-1-16，其色谱峰 RSD 值均小于 2%，表示该仪器精密度良好。

表 7-1-16 精密度试验

编号	虎杖苷峰面积	白藜芦醇峰面积	大黄素峰面积	大黄素甲醚峰面积
1	18 343 778	936 245	442 107	162 494
2	18 362 320	935 404	442 137	161 845
3	18 331 784	936 627	444 228	162 483
4	18 323 744	935 029	442 825	162 149
5	18 789 130	933 669	448 816	160 001
6	18 840 316	941 697	445 660	163 818
RSD（%）	1.33	0.30	0.59	0.77

（2）稳定性试验：分别取 S6 批次虎杖药材制备供试品溶液，按照本节“5.2.3”项下的色谱条件，分别在 0h、4h、8h、12h、16h、24h 进样，其进样量为 20μl。结果见表 7-1-17，其色谱峰 RSD 值均小于 2%，表示该供试品溶液在 24h 内保持稳定。

表 7-1-17　稳定性试验结果

编号	虎杖苷峰面积	白藜芦醇峰面积	大黄素峰面积	大黄素甲醚峰面积
1	18 061 701	947 893	438 690	161 087
2	18 409 580	952 363	443 925	162 744
3	18 414 677	936 520	442 967	162 382
4	18 352 609	936 877	442 711	160 616
5	18 362 910	935 285	441 840	162 237
6	18 404 472	934 330	441 396	161 958
RSD（%）	0.74	0.81	0.41	0.51

（3）重现性试验：分别取 S1 批次虎杖药材平行制备 6 份供试品溶液，按照本节“5.2.3”项下的色谱条件分别进样 20μl。计算各成分含量结果见表 7-1-18，其含量 RSD 值均小于 2%，表明本测定方法重复性良好。

表 7-1-18　重复性试验

编号	含量（%）			
	虎杖苷	白藜芦醇	大黄素	大黄素甲醚
1	2.122	0.194	0.626	0.100
2	2.057	0.195	0.636	0.101
3	2.050	0.195	0.634	0.101
4	2.048	0.195	0.633	0.101
5	2.048	0.195	0.633	0.101
6	2.046	0.195	0.635	0.100
RSD（%）	1.45	0.14	0.54	0.59

（4）线性关系考察：取混合对照品溶液，分别进样 1μl、2μl、4μl、5μl、8μl、10μl、25μl 进行检测，记录 4 种成分的色谱峰面积，横坐标是对照品含量（μg），纵坐标为色谱峰面积，分别计算各化合物含量与色谱峰面积之间的回归方程，绘制标准曲线，结果表明 4 种成分在各自范围内线性关系良好。详见表 7-1-19。

表 7-1-19　四种成分标准曲线

对照品	回归方程	R^2	线性范围（μg）
虎杖苷	Y=11 763 974.160X+1 635 941.176	0.998 9	0.08～2.00
白藜芦醇	Y=5 512 449.5X +731.0476	1.000 0	0.09～0.9
大黄素	Y=83 599.5X +18 488.8667	0.999 3	0.49～3.92
大黄素甲醚	Y=1 828 254.4X +3 512.1	0.999 2	0.04～0.42

（5）加样回收率试验：选取已知含量的同批样品（S9），在本节“5.2.2”项方法下平行制

备6份供试品溶液，分别精密加入混合对照品溶液适量，按照本节“5.2.3”项下的色谱条件进行含量测定，记录虎杖苷、白藜芦醇、大黄素、大黄素甲醚在310 nm检测波长下的峰面积。然后根据4种成分的标准曲线，计算出这6份供试品溶液的含量，再计算得到这4种成分的加样回收率，结果详见表7-1-20。

表7-1-20　加样回收试验（*n*=6）

成分	样品量（mg）	加入量（μg）	测得量（μg）	回收率（%）	平均回收率(%)	RSD（%）
虎杖苷	2.300	2.00	4.2880	99.4	99.3	1.58
	2.300	2.00	4.3210	101.1		
	2.300	2.00	4.2710	98.5		
	2.300	2.00	4.2340	96.7		
	2.300	2.00	4.3120	100.6		
	2.300	2.00	4.2950	99.8		
白藜芦醇	0.2412	0.2000	0.4432	101.49	99.7	1.06
	0.2412	0.2000	0.4392	100.09		
	0.2412	0.2000	0.4388	98.57		
	0.2412	0.2000	0.4419	98.66		
	0.2412	0.2000	0.4382	99.69		
	0.2412	0.2000	0.4423	99.12		
大黄素	1.0470	1.000	2.0430	99.6	99.8	0.64
	1.0470	1.000	2.0390	99.2		
	1.0470	1.000	2.0370	99.0		
	1.0470	1.000	2.0510	100.4		
	1.0470	1.000	2.0490	100.2		
	1.0470	1.000	2.0520	100.5		
大黄素甲醚	2.0580	2.000	4.0490	99.5	100.2	0.98
	2.0580	2.000	4.0680	100.5		
	2.0580	2.000	4.0470	99.5		
	2.0580	2.000	4.0620	100.2		
	2.0580	2.000	4.0480	99.5		
	2.0580	2.000	4.0980	102.0		

5.2.5　样品含量测定

取上述药材40批次的供试品溶液，按本节“5.2.2”项下方法平行制备所需溶液，在“5.2.3”色谱条件下进行含量测定，结果见表7-1-21。

表7-1-21　40批虎杖药材提取物中4种成分含量

编号	含量（%）			
	虎杖苷	白藜芦醇	大黄素	大黄素甲醚
YC-1	1.011	1.361	1.867	0.182
YC-2	0.597	1.022	1.754	0.218

续表

编号	含量（%）			
	虎杖苷	白藜芦醇	大黄素	大黄素甲醚
YC-3	1.144	0.737	1.260	0.098
YC-4	1.191	0.647	0.881	0.075
YC-5	1.204	1.164	2.109	0.241
YC-6	1.563	0.940	0.913	0.128
YC-7	1.624	0.606	1.200	0.126
YC-8	1.596	0.643	0.964	0.021
YC-9	1.911	0.338	0.438	0.041
YC-10	0.970	0.753	1.108	0.110
YC-11	1.397	0.474	0.664	0.103
YC-12	1.506	0.446	0.629	0.072
YC-13	1.564	0.532	0.687	0.124
YC-14	1.533	0.844	1.013	0.117
YC-15	1.225	0.398	1.648	0.253
YC-16	0.936	0.733	1.240	0.127
YC-17	1.706	0.452	1.342	0.178
YC-18	0.920	0.529	1.201	0.135
YC-19	0.652	0.358	0.928	0.134
YC-20	1.334	0.249	0.552	0.062
YC-21	1.334	0.748	1.153	0.130
YC-22	0.992	0.616	1.098	0.147
YC-23	0.608	0.263	1.850	0.237
YC-24	0.823	0.321	1.643	0.168
YC-25	0.272	0.255	1.441	0.178
YC-26	0.758	0.386	1.053	0.095
YC-27	0.453	0.813	2.008	0.151
YC-28	0.565	0.354	0.807	0.084
YC-29	1.871	0.528	1.285	0.146
YC-30	0.135	0.272	1.112	0.078
YC-31	0.750	0.207	0.833	0.043
YC-32	0.678	0.392	1.272	0.105
YC-33	0.095	0.151	0.418	0.033
YC-34	0.422	0.203	0.505	0.036
YC-35	0.526	0.359	0.937	0.059
YC-36	0.467	0.360	0.934	0.072
YC-37	0.492	0.395	1.253	0.087
YC-38	0.044	0.614	1.320	0.118
YC-39	0.112	0.183	0.469	0.029
YC-40	0.099	0.188	0.583	0.040

6. 重金属检测

6.1 实验材料

虎杖粉末（过 4 号筛），石墨消解仪（CDI-20），ICP-MS（PerkinElmer NexION 350D），容量瓶，离心管。

6.2 实验方法

供试品溶液制备：实验中使用到的所有玻璃器皿（包括容量瓶、移液管、量筒、烧杯、胶头滴管等）均用 30%的硝酸溶液（聚四氟乙烯消解罐用 10%～20%硝酸溶液）浸泡 24h 以上，然后用超纯水清洗干净备用。分别准确称取 0.2g 的样品，装入经硝酸煮沸处理过的聚四氟乙烯罐中，加入 5ml 浓硝酸 120℃加热预处理，至溶液成半透明状，再补加 1ml 浓硝酸，放入消解罐中，按照设定好的消解程序加热消解：功率 1000W，第一阶段压力 0.5MPa，时间 100s，第二阶段压力 10MPa，时间 100s，第三阶段压力 15MPa，时间 150s。消解完毕后，取出冷却至室温，打开消解罐，将 PTFE 罐取出置于电加热仪上 130℃赶酸，赶酸过程中加入 1ml H_2O_2，继续赶酸至罐中液体剩余 1ml 左右时取下，冷却后用去离子水转移至 50ml 容量瓶中并定容，即得。

处理后的样品委托安徽大学现代实验技术中心进行。

6.3 实验结果

随机抽取 6 批虎杖药材检测了铬、砷、镉、汞、铅五种重金属含量，检测结果见表 7-1-22。

表 7-1-22 6 批虎杖药材中重金属的含量测定结果

名称	检测结果（μg/kg）				
	铬	砷	镉	汞	铅
金寨油岭 1（YL-H01-201803）	1.2838	0.1163	0.2090	0.0073	0.7210
金寨油岭 2（YL-H02-201803）	1.1753	0.2030	0.1680	0.0103	0.8570
金寨油岭 3（YL-H03-201803）	0.8113	0.1860	0.1783	0.0038	0.6653
金寨油岭 4（YL-H04-201803）	1.3965	0.3293	0.2730	0.0045	1.1890
金寨油岭 5（YL-H05-201803）	1.4595	0.6823	0.2365	0.0063	1.2090
金寨油岭 6（YL-H06-201803）	0.6135	0.1355	0.2350	0.0043	1.1913

综上：本研究在 2015 年版《中国药典》基础上，新加了大黄素甲醚、白藜芦醇的含量测定的方法，并建立了指纹图谱的分析方法。

第二节 连翘质量标准研究

连翘为木犀科植物连翘 *Forsythia suspensa*（Thunb.）Vahl 的干燥果实。秋季果实初熟尚带绿色时采收，除去杂质，蒸熟，晒干，习称“青翘”；果实熟透时采收，晒干，除去杂质，习称“老翘”。具有清热解毒、消肿散结、疏散风热之功效，用于治疗痈疽、瘰疬、乳痈、丹毒、风热感冒、温病初起、温热入营、高热烦渴、神昏发斑、热淋涩痛等证。分布于河北、山西、陕西、甘肃、宁夏、山东、江苏、河南、江西、湖北、四川及云南等地。主产于山西、陕西、河南等地。

连翘主要含有木脂素及其苷类，多为木脂内酯及双环氧木脂素，主要有连翘苷、牛蒡子苷元、罗汉松脂素等；苯乙醇苷类，主要有连翘酯苷 A、B、C、D；黄酮类，主要有槲皮素、芦丁等；C6-C2 天然醇类，主要有连翘醇、连翘醇氧化物等；三萜类，主要有白桦脂酸、齐墩果酸等，以及挥发油类。药理研究表明连翘具有良好的抗菌作用，连翘酯苷、连翘苷等均有很强的抗菌活性，连翘还具有抗病毒、解热、抗炎及肝脏保护等作用。

为了保证和提高生产用原料的质量，本研究在 2015 年版《中国药典》规定的连翘质量要求基础上进行提升。

一、青翘质量标准提升研究

在青翘质量标准提升研究中，建立了同时测定苯乙醇苷类和木脂素类化合物的 HPLC 指纹图谱和含量测定方法，从两个方面来评价青翘的品质；基于《中国药典》项下检测内容，对青翘药材和饮片的水分、总灰分、醇溶性浸出物含量进行检测；同时基于安全性考虑，对青翘药材和饮片的重金属含量、农药残留及黄曲霉毒素进行了检查。

2017 年 7 月，前往山西、河南、陕西等省份进行考察和采样，从不同海拔地区采收 30 批青翘药材。青翘药材样品及来源信息见表 7-2-1。

表 7-2-1　青翘药材样品一览表

编号	采集地	编号	采集地
YC-1	陵川县古郊乡掌里村	YC-16	澄城县庄头镇柳池村
YC-2	陵川县古郊乡大路口村	YC-17	商洛市洛南县城关镇刘湾村
YC-3	陵川县潞城镇佛堂掌村	YC-18	商洛市洛南县石门镇安沟村
YC-4	陵川县潞城镇	YC-19	商洛市洛南县石坡镇
YC-5	陵川县潞城镇泉沟	YC-20	商洛市洛南县石坡镇周湾村
YC-6	陵川县潞城镇槐树岭村	YC-21	商洛市洛南县石坡镇周湾村
YC-7	陵川县潞城镇凤凰村	YC-22	商洛市洛南县石坡镇罗窑村
YC-8	陵川县夺火乡鱼池村	YC-23	商洛市洛南县石坡镇纸房村
YC-9	陵川县马圪当乡西岭村	YC-24	商洛市洛南县巡检镇巡检街社区
YC-10	陵川县马圪当乡双底村	YC-25	商洛市洛南县巡检镇上黑彰村
YC-11	陵川县马圪当乡八洞村	YC-26	商洛市洛南县巡检镇上黑彰村
YC-12	辉县冀屯镇文庄村	YC-27	商洛市洛南县巡检镇上黑彰村
YC-13	运城市平陆县黑窑村	YC-28	渭南市潼关县太要镇太峪村
YC-14	运城市平陆县张店村	YC-29	渭南市潼关县太要镇太峪村
YC-15	万荣县孤峰山	YC-30	三门峡市灵宝市尹庄镇思平村

注：采集人：韦永浩

2018 年 9 月，前往亳州、安国、成都等药材市场进行收集，收集到 30 批青翘饮片，安徽济人药业提供了 5 批企业饮片，具体样品信息见表 7-2-2。

表 7-2-2　连翘饮片信息

序号	收购地点	序号	收购地点
YP-1	亳州药材市场	YP-19	安国药材市场
YP-2	亳州药材市场	YP-20	亳州药材市场
YP-3	亳州药材市场	YP-21	亳州药材市场
YP-4	安国药材市场	YP-22	亳州药材市场
YP-5	山西省张店乡	YP-23	亳州药材市场
YP-6	陕西省澄城县	YP-24	亳州药材市场
YP-7	安国药材市场	YP-25	亳州药材市场
YP-8	安国药材市场	YP-26	亳州药材市场
YP-9	亳州药材市场	YP-27	亳州药材市场
YP-10	山西省鹅屋乡	YP-28	亳州药材市场
YP-11	山西省高平市	YP-29	亳州药材市场
YP-12	成都药材市场	YP-30	亳州药材市场
YP-13	成都药材市场	QY-YP-1	安徽济人药业
YP-14	成都药材市场	QY-YP-2	安徽济人药业
YP-15	成都药材市场	QY-YP-3	安徽济人药业
YP-16	安国药材市场	QY-YP-4	安徽济人药业
YP-17	安国药材市场	QY-YP-5	安徽济人药业
YP-18	安国药材市场		

1. 性状鉴别

1.1　实验仪器和材料

青翘药材和饮片，LED 摄影棚（绍兴昕昱发摄影器材有限公司），直尺，佳能单反相机。

1.2　实验方法

采用性状观察与测定，对于各批药材和饮片样品通过感官记录药材的形状、表面颜色、表面特征及质地、气味；使用直尺进行长度、直径测量，使用相机拍照进行记录。

1.3　实验结果

青翘药材：采摘时果实多呈深绿色至褐色，多呈长卵形或卵形，稍扁，长 1.5～2.5cm，直径 0.5～1.3cm。表面有不规则的纵皱纹及多数凸起的小斑点，两面各有 1 条明显的纵沟。顶端尖锐，基部有小果柄或已脱落。青翘多不开裂，表面浅褐色，凸起的灰白色小斑点较少；质硬；种子多数，黄绿色，细长，一侧有翅。气微香，味苦（图 7-2-1）。

图 7-2-1　青翘药材性状图

青翘饮片（青翘药材炮制后除杂）：多呈长卵形或卵形，稍扁，长 1.5～2.5cm，直径 0.5～1.3cm。表面有不规则的纵皱纹及多数凸起的小斑点，两面各有1条明显的纵沟。顶端尖锐，基部有小果柄或已脱落。青翘多不开裂，表面深褐色，凸起的灰白色小斑点较少；质硬；种子多数，黑褐色，细长，一侧有翅。气微香，味苦（图7-2-2）。

结果：30批药材和30批饮片的性状描述均符合《中国药典》项下描述。

图 7-2-2　青翘饮片性状图

2. 显微鉴别

2.1　横切面

2.1.1　实验仪器和材料

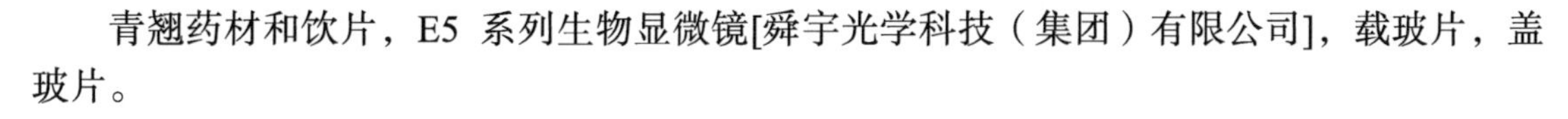

青翘药材和饮片，E5 系列生物显微镜[舜宇光学科技（集团）有限公司]，载玻片，盖玻片。

2.1.2　实验方法与结果

取青翘药材或饮片，经河南省洛阳市子甲生物制片厂制片，使用显微镜进行观察，青翘横切面见图7-2-3。

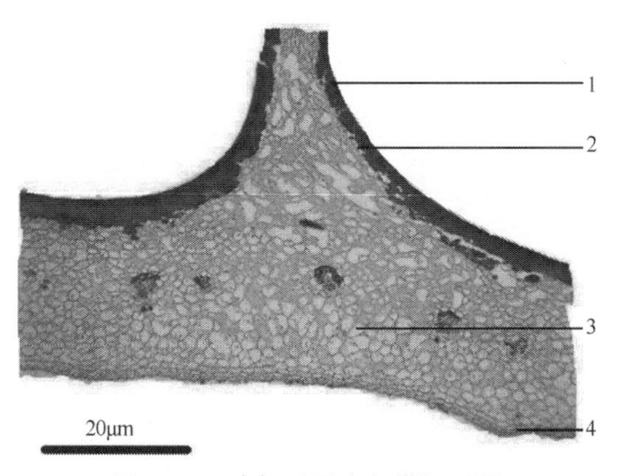

图 7-2-3　青翘（果皮）横切面图

1. 角质层；2. 外果皮细胞；3. 中果皮细胞；4. 内果皮细胞（扫文末二维码获取彩图）

显微观察可见：外果皮为1列薄壁细胞，切向延长，外被厚角质层。瘤点处可见薄壁组织隆起，外果皮在此处断裂消失。中果皮为10～20列薄壁细胞，类圆形或长圆形，排列不规则，具细胞间隙，细胞含颗粒状或团块状内含物，其中散有众多外韧型维管束，韧皮部细胞明显，木质部导管径向排列，其内侧偶见石细胞或纤维。内果皮为5～14列石细胞和纤维，约占果皮厚度的1/5，条形、长圆形或类圆形，切向镶嵌排列，孔沟明显，有的可见纹孔，胞腔两头较大，中间较小。两端与中隔处为纤维群，圆形或多角形，孔沟、层纹明显，壁厚，胞腔小；内表皮为1列扁平薄壁细胞，切向延长。

2.2　粉末

2.2.1　实验仪器和材料及试剂

青翘药材和饮片，E5 系列生物显微镜[舜宇光学科技（集团）有限公司]，载玻片，盖玻片，稀甘油，水合氯醛。

2.2.2　实验方法与结果

青翘药材或饮片供试品粉末过4或5号筛，挑取少许置载玻片上，滴加水合氯醛试液加热透化，透化结束滴加少许稀甘油，盖上盖玻片，青翘粉末鉴别见图7-2-4。

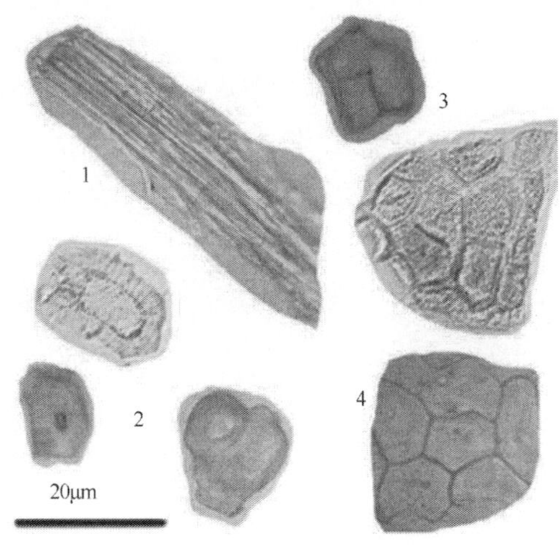

图 7-2-4 青翘粉末鉴别图
1. 纤维；2. 石细胞；3. 外果皮细胞；4. 中果皮细胞
（扫文末二维码获取彩图）

药材或饮片粉末：粉末呈深棕褐色。显微镜下纤维呈短梭状，稍弯曲或不规则状，纤维束上下层纵横排列，壁不均匀增厚，具壁沟；石细胞甚多，长方形或多角形，直径 30～50μm，有的三面壁较厚，一面较薄，层纹及纹孔明显；外果皮细胞表面呈多角形，有不规则或网状角质纹理，断面观呈类方形，直径 24～30μm，有角质层，厚 8～14μm；中果皮细胞类圆形，壁略念珠状增厚。

3. 薄层鉴别

3.1 实验仪器和材料试剂

青翘药材和饮片，硅胶 G 薄层板（青岛海洋化工厂，100mm×100mm），高效硅胶层析片（德国，50 Glass plates，10cm×20cm），石油醚（30～60℃），甲醇、乙酸乙酯、甲酸、三氯甲烷均为分析纯，蒸馏水，10%硫酸乙醇，毛细管（0.3mm）。

3.2 药典方法

根据 2015 年版《中国药典》连翘鉴别项下方法对青翘进行薄层鉴别，结果见图 7-2-5。

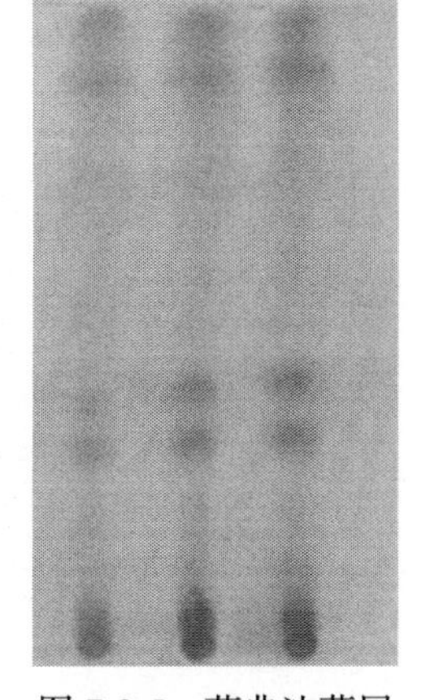

图 7-2-5 药典法薄层色谱图
从左至右分别为对照药材、青翘药材、青翘饮片

3.3 优化法

药典法使用三氯甲烷和甲醇为展开剂，三氯甲烷有剧毒，对身体损害极大，因此本实验以乙酸乙酯-甲酸-水（9：2：1）为展开剂，同法制备样品，青翘药材和饮片薄层鉴别图见图 7-2-6、图 7-2-7。

4. 一般检查

4.1 实验仪器与材料及试剂

电子分析天平（天津德安特传感技术有限公司），水分测定管，TDWYl-1 电炉（沧州泰鼎恒业试验仪器有限公司，1000W），坩埚（25～50ml），蒸发皿（125ml），锥形瓶（250ml），甲苯（分析纯），乙醇（分析纯），蒸馏水。

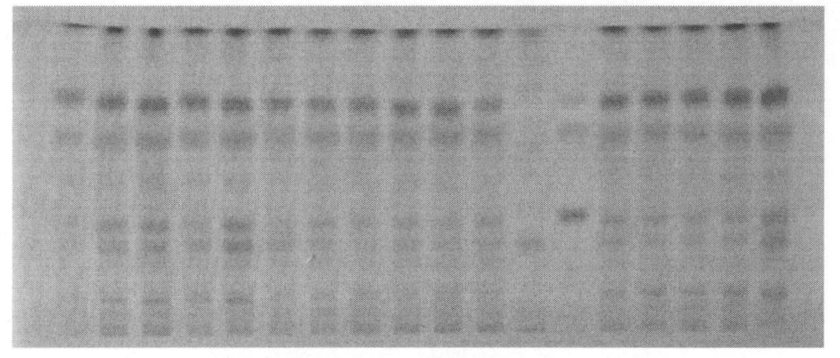

图 7-2-6 药材薄层鉴别图
从左至右分别是 YC1～10、对照药材、易混伪品母丁香、混合对照品、YC11～15

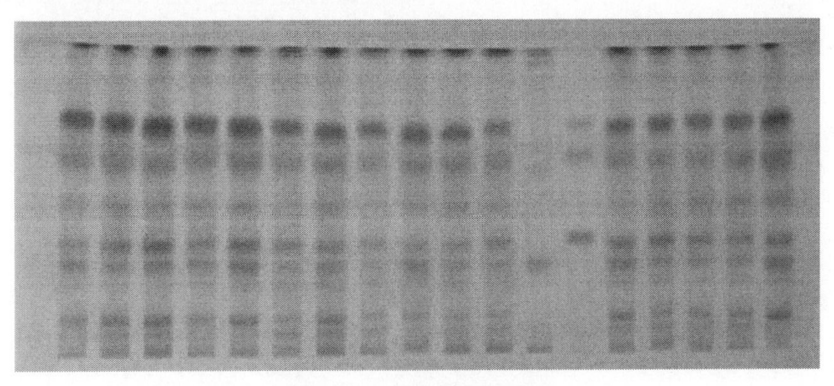

图 7-2-7　饮片薄层鉴别图
从左至右分别是 YP1～10、对照药材、易混伪品母丁香、混合标准品、YP11～15

4.2　杂质

依照 2015 年版《中国药典》项下通则 2301，随机抽取了 17 批药材和 15 批饮片进行杂质检查，结果见表 7-2-3 和表 7-2-4。

表 7-2-3　连翘药材杂质含量

编号	平均杂质率（%）	编号	平均杂质率（%）
YC-1	1.84	YC-17	0.92
YC-2	0.64	YC-18	0.94
YC-5	1.22	YC-19	1.57
YC-7	1.37	YC-21	1.44
YC-8	0.02	YC-22	2.67
YC-10	1.23	YC-25	1.52
YC-11	1.49	YC-28	0.87
YC-13	2.81	YC-30	0.49
YC-15	1.40		

表 7-2-4　连翘饮片杂质含量

编号	平均杂质率（%）	编号	平均杂质率（%）
YP-1	0.54	YP-18	1.67
YP-3	1.64	YP-22	0.65
YP-5	0.45	YP-23	0.74
YP-8	0.78	YP-25	0.25
YP-10	0.65	YP-26	1.72
YP-12	1.02	YP-29	2.32
YP-13	1.63	YP-30	1.41
YP-15	1.87		

由表 7-2-3、表 7-2-4 可以看出，青翘的药材和饮片杂质含量均不大于 3%，符合药典的要求。

4.3 水分

依照 2015 年版《中国药典》项下通则 0832 第四法，对 30 批药材和 30 批收集饮片和 5 批企业饮片进行水分检查，结果见表 7-2-5 和表 7-2-6。

表 7-2-5 连翘药材水分含量

样品编号	水分含量（%）	样品编号	水分含量（%）
YC-1	5.32	YC-16	7.88
YC-2	6.25	YC-17	7.23
YC-3	5.46	YC-18	8.45
YC-4	6.78	YC-19	7.71
YC-5	2.57	YC-20	9.45
YC-6	9.12	YC-21	6.78
YC-7	4.56	YC-22	9.56
YC-8	4.89	YC-23	8.47
YC-9	9.35	YC-24	9.78
YC-10	7.54	YC-25	9.21
YC-11	5.87	YC-26	9.55
YC-12	6.24	YC-27	9.01
YC-13	9.20	YC-28	9.78
YC-14	5.23	YC-29	8.24
YC-15	9.75	YC-30	7.58

表 7-2-6 连翘饮片水分含量

样品编号	水分含量（%）	样品编号	水分含量（%）
YP-1	5.66	YP-19	6.95
YP-2	6.50	YP-20	9.65
YP-3	2.50	YP-21	9.68
YP-4	5.49	YP-22	9.94
YP-5	5.83	YP-23	8.17
YP-6	10.00	YP-24	9.26
YP-7	5.50	YP-25	9.30
YP-8	5.50	YP-26	9.65
YP-9	6.00	YP-27	9.12
YP-10	6.50	YP-28	9.80
YP-11	5.50	YP-29	8.57
YP-12	6.99	YP-30	9.35
YP-13	9.61	QY-YP-1	7.22
YP-14	9.99	QY-YP-2	8.56
YP-15	9.58	QY-YP-3	8.13
YP-16	7.56	QY-YP-4	9.16
YP-17	7.65	QY-YP-5	7.15
YP-18	8.66		

由表 7-2-5、表 7-2-6 看出，青翘的药材和饮片水分含量均不大于 10%，符合药典的要求。

4.4　总灰分

依照 2015 年版《中国药典》项下通则 2302 法，对 30 批药材和 30 批收集饮片和 5 批企业饮片进行总灰分检查，结果见表 7-2-7 和表 7-2-8。

表 7-2-7　药材总灰分含量

样品编号	总灰分含量（%）	样品编号	总灰分含量（%）
YC-1	3.02	YC-16	3.45
YC-2	3.45	YC-17	4.12
YC-3	3.78	YC-18	3.14
YC-4	3.58	YC-19	3.45
YC-5	2.45	YC-20	3.78
YC-6	3.74	YC-21	3.85
YC-7	3.12	YC-22	3.62
YC-8	3.65	YC-23	3.24
YC-9	3.26	YC-24	3.10
YC-10	3.28	YC-25	3.58
YC-11	3.65	YC-26	3.65
YC-12	3.24	YC-27	3.87
YC-13	2.95	YC-28	3.05
YC-14	3.24	YC-29	4.58
YC-15	3.08	YC-30	3.45

表 7-2-8　饮片总灰分含量

样品编号	总灰分含量（%）	样品编号	总灰分含量（%）
YP-1	3.15	YP-19	3.26
YP-2	3.17	YP-20	3.01
YP-3	3.18	YP-21	3.11
YP-4	3.25	YP-22	3.12
YP-5	2.95	YP-23	3.08
YP-6	3.20	YP-24	3.00
YP-7	3.34	YP-25	3.19
YP-8	3.66	YP-26	3.14
YP-9	3.28	YP-27	3.81
YP-10	3.76	YP-28	3.47
YP-11	3.47	YP-29	4.05
YP-12	3.16	YP-30	3.47
YP-13	2.91	QY-YP-1	3.25
YP-14	3.14	QY-YP-2	3.65
YP-15	3.18	QY-YP-3	3.47
YP-16	3.57	QY-YP-4	3.14
YP-17	4.22	QY-YP-5	3.04
YP-18	3.16		

由表 7-2-7、表 7-2-8 看出，除了药材 17（商洛市洛南县城关镇刘湾村）29 和饮片 17（安国药材市场）、饮片 29（亳州药材市场）稍微超出 4%，其他药材和饮片总灰分含量均不大于 4%，符合药典的要求，3 个样品的总灰分超过标准可能是除杂不够干净，混杂了泥沙之类的杂质。

4.5 浸出物

依照 2015 年版《中国药典》项下醇溶性浸出物测定法（通则 2201）的冷浸法，对 30 批药材和 30 批收集饮片和 5 批企业饮片进行醇溶性浸出物检查，结果见表 7-2-9 和表 7-2-10。

表 7-2-9 药材醇溶性浸出物含量

样品编号	醇溶性浸出物含量（%）	样品编号	醇溶性浸出物含量（%）
YC-1	38.14	YC-16	30.19
YC-2	38.45	YC-17	38.14
YC-3	42.58	YC-18	35.47
YC-4	44.62	YC-19	36.26
YC-5	44.38	YC-20	34.47
YC-6	30.61	YC-21	39.85
YC-7	40.78	YC-22	35.64
YC-8	35.57	YC-23	38.84
YC-9	42.35	YC-24	41.23
YC-10	33.87	YC-25	39.35
YC-11	34.98	YC-26	35.41
YC-12	30.05	YC-27	30.14
YC-13	37.25	YC-28	33.75
YC-14	43.15	YC-29	33.07
YC-15	41.65	YC-30	34.26

表 7-2-10 饮片醇溶性浸出物含量

样品编号	醇溶性浸出物含量（%）	样品编号	醇溶性浸出物含量（%）
YP-1	38.56	YP-19	36.21
YP-2	38.11	YP-20	34.31
YP-3	42.85	YP-21	39.41
YP-4	44.71	YP-22	35.55
YP-5	44.36	YP-23	38.18
YP-6	28.61	YP-24	40.76
YP-7	40.15	YP-25	39.54
YP-8	35.08	YP-26	35.99
YP-9	42.16	YP-27	30.82
YP-10	33.24	YP-28	33.06
YP-11	34.93	YP-29	32.07
YP-12	27.23	YP-30	34.79
YP-13	37.00	QY-1	34.63
YP-14	43.18	QY-2	45.28
YP-15	41.06	QY-3	36.74
YP-16	28.19	QY-4	36.63
YP-17	38.92	QY-5	48.31
YP-18	35.25		

由表 7-2-9、表 7-2-10 看出，除了饮片 6、饮片 12（成都药材市场）、饮片 16（安国药材市场）略低于 30%，其他药材和饮片醇溶性浸出物含量均大于 30%，符合药典的要求。2 个样品的浸出物低于标准可能是饮片在“杀青”或贮藏过程中受到影响，导致有效成分流失。安徽济人药业提供的 5 批饮片浸出物含量均在 34%～48%，明显高于药典规定。

5. 安全性检查

连翘主要生长在山西、河南等地，大多生长在山坡灌丛、林下或草丛中，海拔 250～2200m。经实地考察发现连翘的生长状态属于半野生，药农会对连翘进行除草、修剪等处理，考虑重金属、农药或贮藏对连翘的影响，从药材和饮片中随机抽取了 10 批进行重金属、农药残留和黄曲霉毒素的检测。

5.1　重金属检查

检测内容包括铜、砷、镉、汞及铅，样品先进行消解，后经电感耦合等离子体质谱（ICP-MS）检测，由安徽大学现代实验技术中心协助完成，任意选取 10 批检测。

供试品溶液的制备：制备供试品溶液前，样品粉末（3 号筛）于 60℃的烘箱中烘干至恒重。精密称取样品粉末 0.1g 于聚四氟乙烯消解罐中，加入 5ml 硝酸，密封消解罐，按设定程序（表 7-2-11）进行微波消解。消解程序结束后，冷却至 60℃，打开微波消解仪，取出消解罐，冷却至室温，转移到 50ml 容量瓶中，用少量超纯水多次洗涤消解罐，洗液合并于容量瓶中，用超纯水定容至刻度，摇匀，即为待测供试品溶液。同法制备空白对照溶液。

表 7-2-11　微波消解程序

步骤	温度（℃）	时间（min）	功率（W）
1	室温	0	0
2	160	5	800
3	160	10	800

标准品溶液的制备：精密吸取铜、砷、镉、汞、铅标准品原液（浓度为 1000g/ml）50μl，置于 50ml 容量瓶中，用 2%硝酸定容，配制成一系列浓度为 1g/ml 的标准品储备液。精密吸取一定量的各标准品储备液，用 2%硝酸定容于 50ml 容量瓶中，配制成不同浓度的标准品待测液。铜、砷、铅、镉、汞：0.0g/L，0.5g/L，1.0g/L，5.0g/L，10.0g/L，20.0g/L。

内标溶液的制备：精密吸取金内标原液（浓度为 0.05g/ml）置于 50ml 容量瓶中，定容，摇匀，得到金浓度为 0.05g/L。

重金属检测具体结果见表 7-2-12。[备注：QQ-SJ（青翘-随机）]

表 7-2-12　连翘重金属检查结果（单位：μg/kg）

样品编号	铜	砷	镉	汞	铅
QQ-SJ-1	16.01	0.36	0.11	0.01	2.35
QQ-SJ-2	18.10	0.37	0.37	0.07	5.93
QQ-SJ-3	18.11	0.30	0.09	0.02	5.82
QQ-SJ-4	16.41	0.20	0.05	0.03	0.79

续表

样品编号	铜	砷	镉	汞	铅
QQ-SJ-5	17.00	0.19	0.06	0.02	1.20
QQ-SJ-6	17.41	0.17	0.03	0.02	1.87
QQ-SJ-7	16.87	0.20	0.06	0.01	2.18
QQ-SJ-8	17.10	0.36	0.05	0.02	2.07
QQ-SJ-9	17.10	0.25	0.06	0.02	2.19
QQ-SJ-10	17.61	0.31	0.04	0.02	1.08

由表 7-2-12 看出，5 种重金属的含量很低，《中国药典》中对铜、砷、镉、铅、汞的限量要求分别为不超过 20mg/kg、2mg/kg、0.3mg/kg、5mg/kg、0.2mg/kg。依据表 7-2-12 数据，青翘药材或饮片的重金属含量远低于限量，完全符合药典要求，重金属检测建议不列入质量标准中。

5.2 农药残留检查

检测内容包括农药残留 218 项，检测依据 US FDA PAM（1999 美国食品药品监督管理局农药残留量分析手册）；GB/T 23204-2008《茶叶中 519 种农药及相关化学品残留量的测定 采用气相色谱-质谱法》；GB/T 23205-2008《茶叶中 448 种农药及相关化学品残留量的测定 液相色谱-串联质谱法》；委托青岛恒信检测技术服务有限公司完成，选取 10 批检测（样品同重金属检测）。具体检测结果见表 7-2-13。

表 7-2-13 连翘农药残留检测结果

编号	联苯菊酯（μg/kg）
QQ-SJ-1	110
QQ-SJ-2	50
QQ-SJ-3	0.00
QQ-SJ-4	0.00
QQ-SJ-5	0.00
QQ-SJ-6	20
QQ-SJ-7	50
QQ-SJ-8	150
QQ-SJ-9	150
QQ-SJ-10	60

QQ-SJ：青翘-随机

由表 7-2-13 看出，218 项农药残留仅仅检测到联苯菊酯一种，《中国药典》中对六六六（BHC）、DDT、五氯硝基苯（PCNB）的限量要求分别为不超过 200μg/kg、200μg/kg、100μg/kg，并未对联苯菊酯的限量做出要求。依据表 7-2-13 数据，青翘药材或饮片的联苯菊酯含量差异较大，有的样品并未检出，有的高达 150μg/kg，国家标准（G/SPS/N/CHN/86）规定联苯菊酯在苹果和梨中的最大残留限量分别是 2ppm①、0.5ppm；国家标准（G/SPS/N/CHN/89）规

①1ppm=1mg/kg。

定联苯菊酯在叶菜类蔬菜中的最大残留限量是 1ppm，检测的样品中联苯菊酯最高达到 0.15ppm，与水果或叶菜类蔬菜标准相比符合安全要求，因此，考虑农药残留检查不列入质量标准。

5.3　黄曲霉毒素检查

检测内容包括黄曲霉毒素 B_1、B_2、G_1 和 G_2，检测用高效液相色谱法（通则 0512）测定药材、饮片及制剂中的黄曲霉毒素（以黄曲霉毒素 B_1、黄曲霉毒素 B_2、黄曲霉毒素 G_1 和黄曲霉毒素 G_2 总量计），选取 10 批检测（样品同重金属检测）。具体检测结果如图 7-2-8、图 7-2-9 所示。

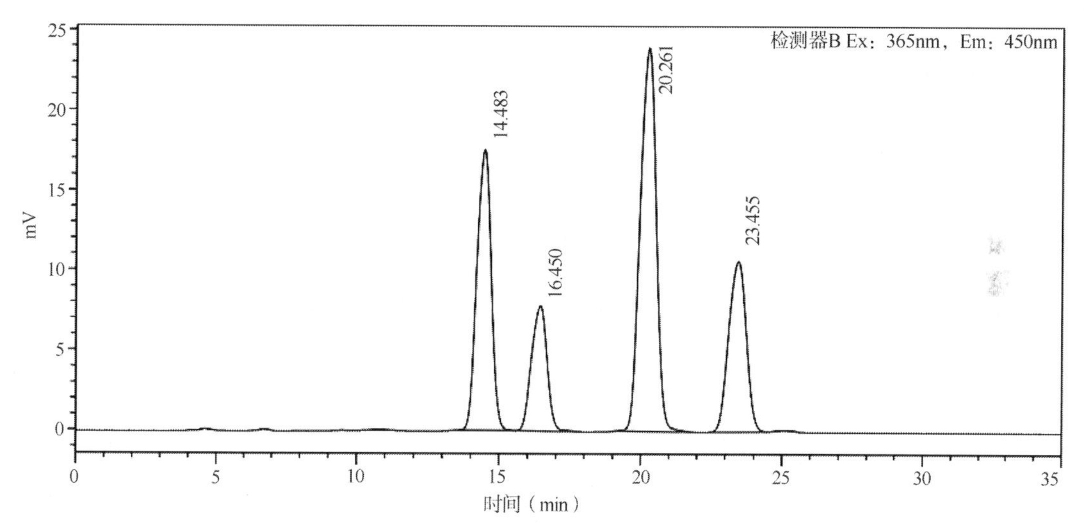

图 7-2-8　黄曲霉毒素混合标准品
（从左至右分别是 G_2、G_1、B_2、B_1）

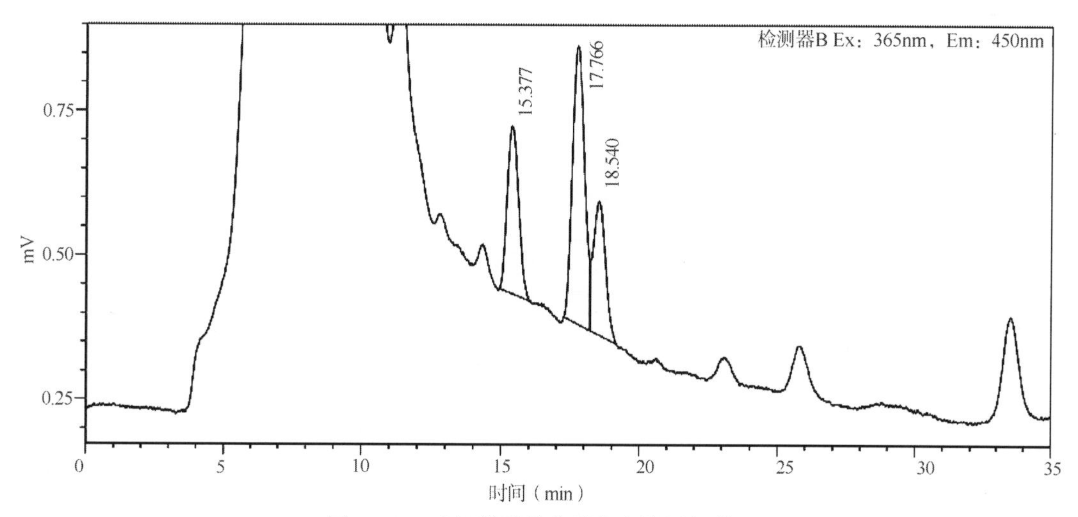

图 7-2-9　连翘样品黄曲霉毒素检测色谱图

所抽检的 10 批样品均未检测出 4 种黄曲霉毒素，因此建议不将黄曲霉毒素列入质量标准中。

6. 含量测定

2015 年版《中国药典》规定连翘的含量测定中须分开检测连翘苷和连翘酯苷 A，方法均按高效液相色谱法（通则 0512），青翘与老翘的含量要求一致。为了简化检测方法，提高效率，对含量测定的方法进行优化。

6.1 实验仪器与试剂

安捷伦高效液相色谱仪（1260 InfinityⅡ）：美国安捷伦公司；超声波清洗器（AS 系列）：天津奥特赛恩斯仪器有限公司；数显恒温水浴锅（SYG-6 型）：常州朗越仪器制造有限公司；精密电子天平（BSA224S 型）：上海精密科学仪器有限公司；超纯水机：颇尔（中国）有限公司；高效多功能粉碎机（DFY-X500）：温州顶历医疗器械有限公司；甲酸（分析纯）：江苏强盛功能化学股份有限公司；甲醇（色谱纯）：南京中淳生物科技有限公司；连翘酯苷 A（DST180302-049）：成都德思特生物技术有限公司；连翘苷（DST180302-048）：成都德思特生物技术有限公司；Topsil C_{18} 柱（4.6mm×250mm，T2101.10）：月旭科技（上海）股份有限公司。

6.2 样品提取和色谱条件优化

样品提取按连翘酯苷 A 含量测定的供试品制备方法操作，超声提取是提取效率较高并且方便快捷的方法，因此使用超声提取制备样品。

洗脱梯度和流动相的选择对色谱图影响很大，因此先考察了乙腈与甲醇的有机相，再调整洗脱梯度得到最终理想的色谱条件。在研究连翘含量测定的文献基础上，选择流速 1.0ml/min，检测波长 260nm，柱温 30℃，水相为 0.1%甲酸水（酸可以改善峰型）。

有机相考察了乙腈和甲醇，色谱图结果见图 7-2-10、图 7-2-11。

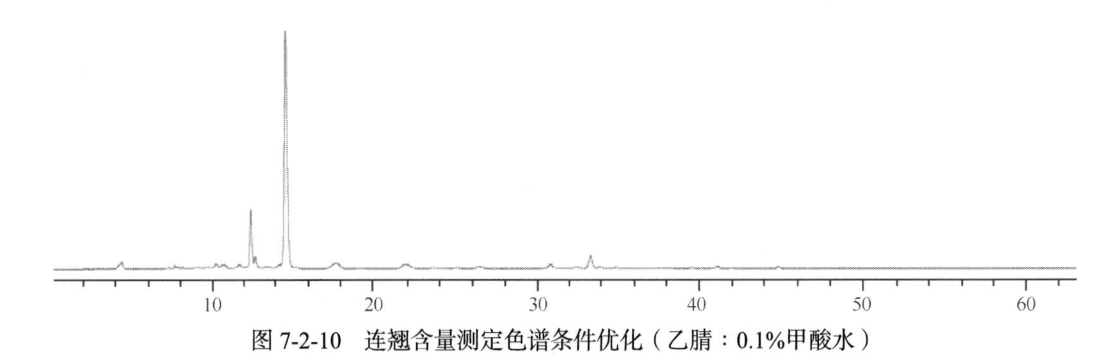

图 7-2-10 连翘含量测定色谱条件优化（乙腈：0.1%甲酸水）

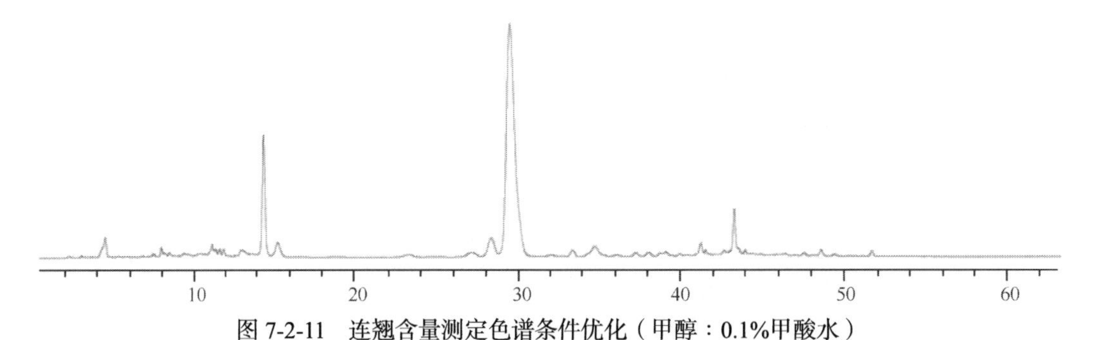

图 7-2-11 连翘含量测定色谱条件优化（甲醇：0.1%甲酸水）

由图 7-2-10、图 7-2-11 看出，有机相为甲醇时，色谱峰保留时间较好和数量较多，因此选择甲醇作为有机相。

为优化洗脱条件，在参考青翘研究的文献基础上，考察了两种洗脱条件（表 7-2-14、表 7-2-15），通过比较各特征峰分离度等因素，最终确定以 0.1%甲酸水和甲醇作为流动相，以洗脱条件 2 为色谱条件（图 7-2-12）。具体色谱条件如下：

表 7-2-14　洗脱条件 1 考察

时间（min）	0.1%甲酸（%）	甲醇（%）
5	82	18
10	80	20
13	75	25
16	72	28
20	70	30
25	68	32
28	65	35
35	60	40
40	50	50
45	45	55
50	40	60
55	35	65
60	25	75
65	15	85

表 7-2-15　洗脱条件 2 考察

时间（min）	0.1%甲酸（%）	甲醇（%）
5	90	10
10	85	15
13	80	20
20	70	30
25	65	35
30	60	40
38	57	43
40	57	43
45	50	50
50	45	55
58	40	60

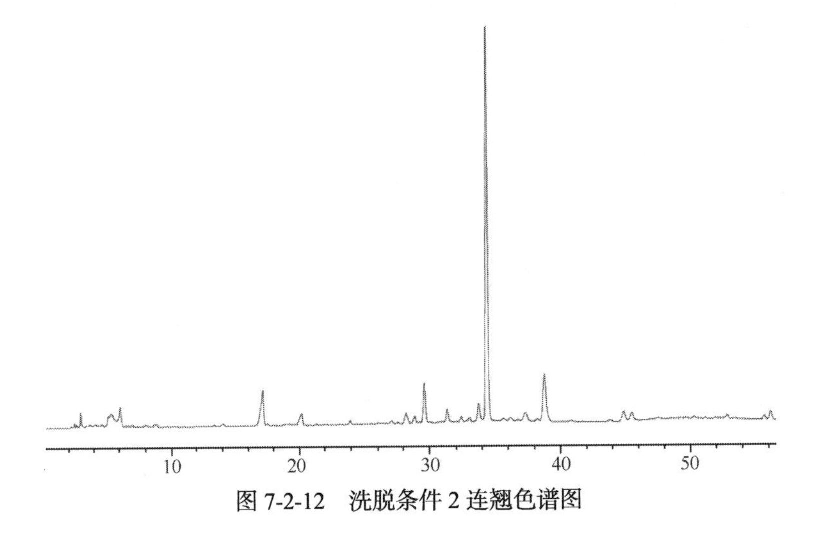

图 7-2-12　洗脱条件 2 连翘色谱图

Topsil C_{18} 柱（4.6mm×250mm）；流动相为 0.1%甲酸水溶液（A）-甲醇（B），梯度洗脱（0～5min，90%A；5～10min，90%～85%A；10～13min，85%～80%A；13～20min，80%～70%A；20～25min，70%～65%A；25～30min，65%～60%A；30～38min，60%～57%A；38～40min，57%A；40～45min，57%～50%A；45～50min，50%～45%A；50～58min，45%～40%A；后运行 5min）；流速 1.0ml/min；检测波长 260nm；柱温 30℃。

6.3　对照品溶液制备

分别精密称取连翘苷、连翘酯苷 A 对照品适量，以甲醇为溶剂溶解于 2ml 容量瓶中，摇匀。因连翘酯苷 A 不稳定，对照品溶液在临用时配制（4℃冰箱保存）。

6.4　供试品溶液制备

取连翘样品粉末（60℃干燥 40min）约 0.3g（5 号筛），精密称定，置于 60ml 具塞广口瓶中，按照 30∶1 的料液比加入 70%甲醇溶液，超声 30min，频率 40Hz，功率 250W。超声结束，提取液冷却至室温，用 70%甲醇溶液补足失重，用 0.22μm 微孔滤膜过滤，滤液作为供试品备用。

6.5　方法学考察

线性关系考察：配制系列浓度的连翘酯苷 A（临用时配制，并于 4℃冰箱中保存）和连翘苷对照品溶液，精密吸取 10μl 对照品溶液，注入液相色谱仪，以溶液浓度对峰面积积分值进行回归。

精密度考察：分别取连翘苷及连翘酯苷 A 对照品溶液 10μl，连续进样 6 次并记录峰面积和保留时间。

重复性考察：精密称取 YC-26 号样品 6 份，分别制备供试品溶液，按上述连翘苷及连翘酯苷 A 分析色谱条件依次进行检测，记录峰面积和峰保留时间。

稳定性考察：取 YC-26 供试品溶液，分别于 0h、1h、2h、4h、8h、12h、24h 进样分析，记录峰面积和峰保留时间。

加样回收率试验：样品两种指标性成分经 HPLC 分析明确其含量后，加入精密称重的连翘苷和连翘酯苷 A 对照品，以获得待测加样回收样品，高效液相色谱仪测定后计算回收率。

6.6 结果与讨论

建立了连翘苷和连翘酯苷 A 的标准曲线，连翘苷：Y=2.6961X−22.948，线性范围 23.8～1190ng/ml；连翘酯苷 A：Y=2.0489X+51.541，线性范围 37.9～3790ng/ml，色谱图见图 7-2-13。

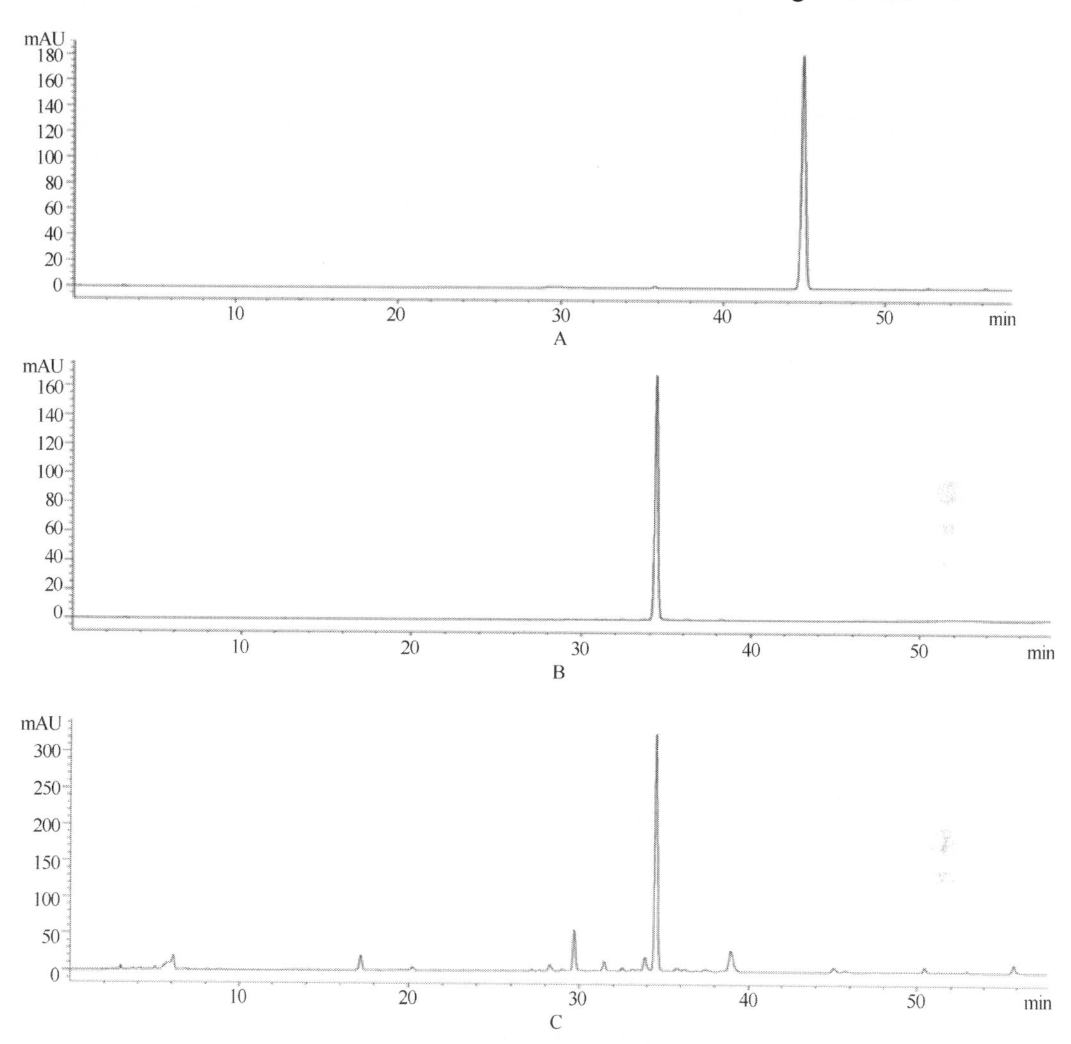

图 7-2-13 连翘对照品及样品图

A：连翘苷标准品；B：连翘酯苷 A 标准品；C：样品

方法学考察结果见表 7-2-16～表 7-2-18。

表 7-2-16 精密度试验

编号	连翘酯苷 A		连翘苷	
	保留时间（min）	保留峰面积	保留时间（min）	保留峰面积
1	34.299	6041.3	44.811	252
2	34.304	6060.3	44.815	251.4
3	34.3	6063.9	44.809	250.1
4	34.342	6072.6	44.838	249.2

续表

编号	连翘酯苷 A		连翘苷	
	保留时间（min）	保留峰面积	保留时间（min）	保留峰面积
5	34.344	6081.9	44.839	249.2
6	34.329	6103	44.817	248.8
RSD（%）	0.06	0.22	0.03	0.50

精密度试验结果表明连翘苷、连翘酯苷 A 的保留峰面积 RSD 值分别为 0.50%和 0.22%；保留时间 RSD 值分别为 0.03%、0.06%，提示仪器精密度良好。

表 7-2-17 重复性试验

编号	连翘酯苷 A		连翘苷	
	保留时间（min）	保留峰面积	保留时间（min）	保留峰面积
1	34.301	5841.8	44.823	271.6
2	34.295	5846.3	44.822	266
3	34.293	5906.6	44.819	270
4	34.291	5878.4	44.815	264
5	34.291	5881.2	44.814	262.2
6	34.292	5797.7	44.811	257
RSD（%）	0.01	0.65	0.01	2.01

重复性试验结果表明连翘苷、连翘酯苷 A 的保留峰面积 RSD 值分别为 2.01%和 0.65%；保留时间 RSD 值分别为 0.01%、0.01%，说明重复性良好。

表 7-2-18 稳定性试验

编号	连翘酯苷 A		连翘苷	
	保留时间（min）	保留峰面积	保留时间（min）	保留峰面积
1	34.392	5626.8	44.909	258.9
2	34.390	5670.3	44.905	258.4
3	34.387	5680.7	44.894	257.3
4	34.387	5674.1	44.889	254.8
5	34.362	5654.5	44.846	253.8
6	34.35	5683.9	44.837	251.2
RSD（%）	0.05	0.38	0.07	1.17

稳定性试验结果表明连翘苷、连翘酯苷 A 的保留峰面积 RSD 值分别为 1.17%和 0.38%；保留时间 RSD 值分别为 0.07%、0.05%，说明样品在 24h 内稳定。

加样回收率：连翘苷加样回收率为 95.2%～97.4%（平均值为 96.3%，RSD 为 1.4%）；连翘酯苷 A 加样回收率为 95.1%～98.8%（平均值为 97.0%，RSD 为 1.9%）。

药材含量测定结果见表 7-2-19。

表 7-2-19　青翘药材含量测定

样品编号	连翘酯苷 A（%）	连翘苷（%）	样品编号	连翘酯苷 A（%）	连翘苷（%）
YC-1	1.58	0.39	YC-16	1.62	0.55
YC-2	2.07	0.38	YC-17	1.72	0.67
YC-3	2.64	0.31	YC-18	3.73	0.39
YC-4	1.66	0.69	YC-19	1.40	0.61
YC-5	1.64	0.66	YC-20	2.52	0.63
YC-6	0.83	0.01	YC-21	2.42	0.70
YC-7	1.61	0.64	YC-22	1.30	0.43
YC-8	3.33	0.88	YC-23	2.95	0.66
YC-9	0.89	0.06	YC-24	1.64	0.80
YC-10	1.11	0.21	YC-25	2.02	1.00
YC-11	1.54	0.16	YC-26	2.26	0.79
YC-12	2.18	0.90	YC-27	1.34	0.47
YC-13	2.10	0.52	YC-28	1.34	0.42
YC-14	2.76	0.71	YC-29	1.29	0.26
YC-15	1.63	0.77	YC-30	1.02	0.36

由青翘药材的含量测定结果看出，同为陵川县的药材有效成分的含量差异较大，说明不同海拔对青翘的有效成分影响较大。本研究中采用 2015 年版《中国药典》对连翘酯苷 A 和连翘苷的含量要求（分别是不低于 0.25%和 0.15%），除了 6 号药材连翘苷含量不达标，其余药材实际测定结果远高于 2015 年版《中国药典》标准。另有文献报道在 8～10 月采收时，青翘的连翘酯苷 A 含量可达到 4%以上（本研究中采用的是 7 月份采收的青翘），这可能与连翘果实生长期延长而导致的有效成分进一步积累有关。

青翘饮片含量测定结果见表 7-2-20。

表 7-2-20　青翘饮片含量测定

样品编号	连翘酯苷 A（%）	连翘苷（%）	样品编号	连翘酯苷 A（%）	连翘苷（%）
YP-1	1.82	0.48	YP-19	1.76	0.57
YP-2	1.51	0.53	YP-20	1.74	0.59
YP-3	2.16	0.65	YP-21	1.71	0.59
YP-4	2.26	0.70	YP-22	1.65	0.52
YP-5	2.07	0.66	YP-23	1.77	0.56
YP-6	1.15	0.16	YP-24	1.72	0.55
YP-7	2.14	0.56	YP-25	1.80	0.53
YP-8	1.56	0.48	YP-26	1.55	0.54
YP-9	1.89	0.45	YP-27	1.23	0.48
YP-10	1.55	0.35	YP-28	1.05	0.35
YP-11	2.04	0.37	YP-29	1.35	0.38
YP-12	1.25	0.25	YP-30	1.01	0.41
YP-13	1.80	0.61	QY-YP-1	1.88	0.78
YP-14	2.06	0.79	QY-YP-2	1.79	0.64
YP-15	2.12	0.78	QY-YP-3	2.14	0.57
YP-16	0.78	0.32	QY-YP-4	1.57	0.68
YP-17	1.72	0.57	QY-YP-5	1.62	0.49
YP-18	1.80	0.57			

由青翘饮片的含量测定结果看出，同一药材市场不同饮片有效成分含量差异较小，几个市场之间青翘饮片有效成分的含量差异不大。

7. 指纹图谱

目前针对连翘的指纹图谱研究比较广泛，基本集中在几个连翘的主产区，如山西、河南、河北和山东等地，采用的研究方法有 HPLC 色谱法、GC 色谱法、DNA 指纹图谱技术及毛细管电泳指纹图谱技术等。药典并没有规定连翘的指纹图谱检测方法和要求，因此对收集的药材和饮片进行了 HPLC 指纹图谱研究，优化色谱条件，并建立准确可靠的 HPLC 指纹图谱方法对青翘进行分析。

7.1 实验仪器与试剂

同本节 6.1 项下。

7.2 样品提取与色谱条件优化

鉴于含量测定的样品提取方法方便简洁并且效率较高，指纹图谱的样品制备参照本节 6.4 项下含量测定供试品的制备方法，只改变粉末重量为 0.5g。指纹图谱的洗脱梯度在含量测定方法的基础上优化，尽可能使色谱峰的数量增加并且保证各个色谱峰之间分离度良好。具体的色谱条件如下：

色谱条件：ACQUITY UPLC BEH Amide C_{18} 色谱柱（2.1mm×150mm，1.7μm）；流动相为 0.1%甲酸水溶液（A）-甲醇（B），梯度洗脱（0～5min，90%A；5～10min，90%～85%A；10～13min，85%～80%A；13～16min，80%～70%A；16～20min，70%～65%A；20～25min，65%～60%A；25～28min，60%～55%A；28～35min，55%A；35～40min，55%～50%A；40～45min，50%A；45～50min，50%～45%A；50～55min，45%～40%A；后运行 5min）；流速 1.0ml/min；检测波长 260nm；柱温 30℃。

7.3 对照品溶液制备

分别精密称取连翘苷、连翘酯苷 B、连翘酯苷 A、连翘酯苷 E 对照品适量，以甲醇为溶剂溶解于 2ml 容量瓶中，摇匀。因连翘酯苷 A 不稳定，对照品溶液在临用时配制（4℃冰箱保存）。

7.4 供试品溶液制备

取连翘样品粉末（60℃干燥 40min）约 0.5g 过 5 号筛，精密称定，置于具塞广口瓶中，按照 30∶1 的料液比加入 70%甲醇溶液，超声 30min，频率 40Hz，功率 250W。超声结束，提取液冷却至室温，用 70%甲醇溶液补足失重，用 0.22μm 微孔滤膜过滤，取续滤液作为药材供试品备用。

7.5 对照试验

分别取连翘酯苷 A、连翘酯苷 B、连翘酯苷 E 和连翘苷对照品溶液及混合对照品溶液 10μl，注入高效液相色谱仪，按照上述色谱条件检测，记录色谱图，见图 7-2-14、图 7-2-15。

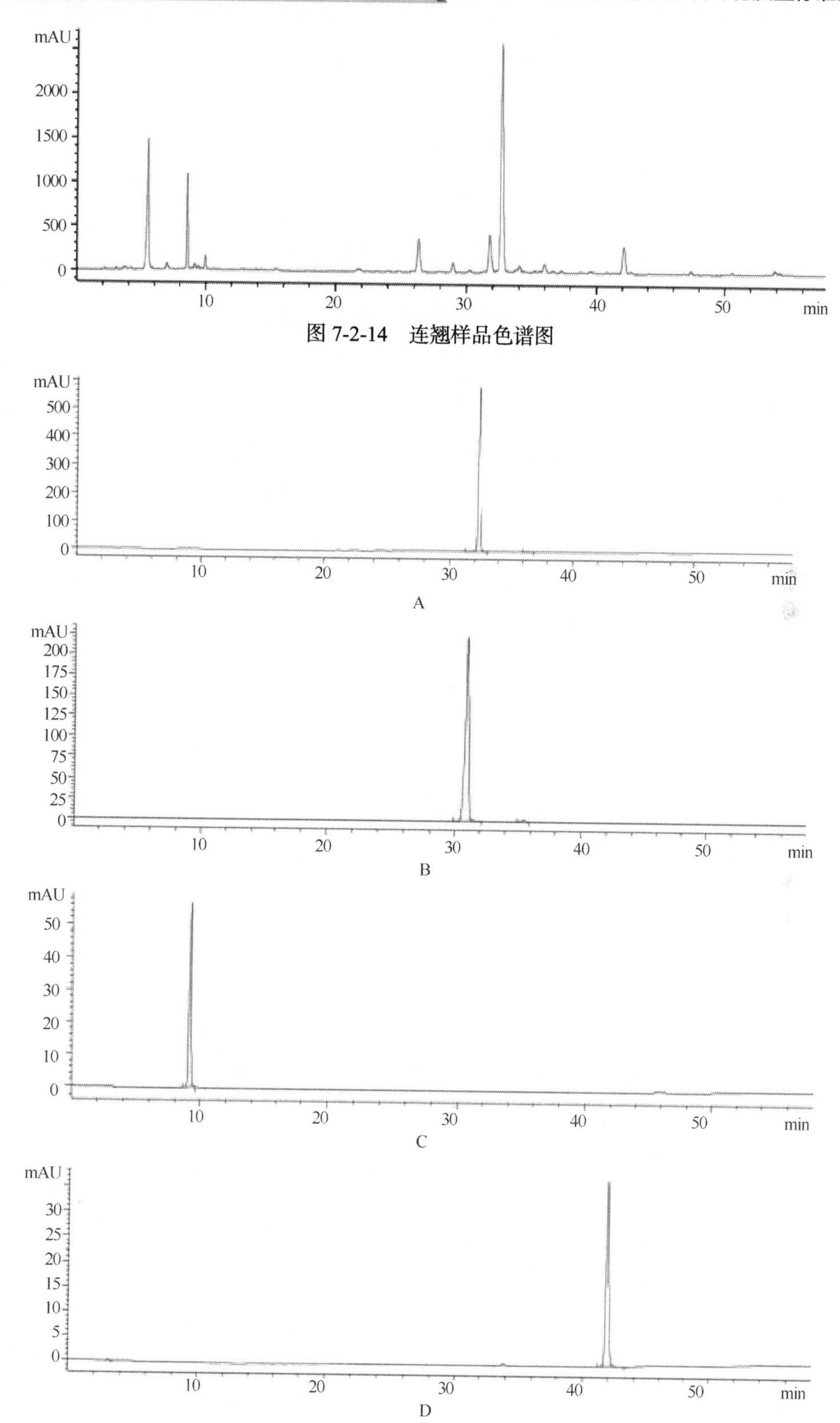
mAU
2000
1500
1000
500
0
10
20
30
40
50
min
图 7-2-14　连翘样品色谱图
mAU
500
400
300
200
100
0
A
mAU
200
175
150
125
100
75
50
25
0
B
mAU
50
40
30
20
10
0
C
mAU
30
25
20
15
10
5
0
D

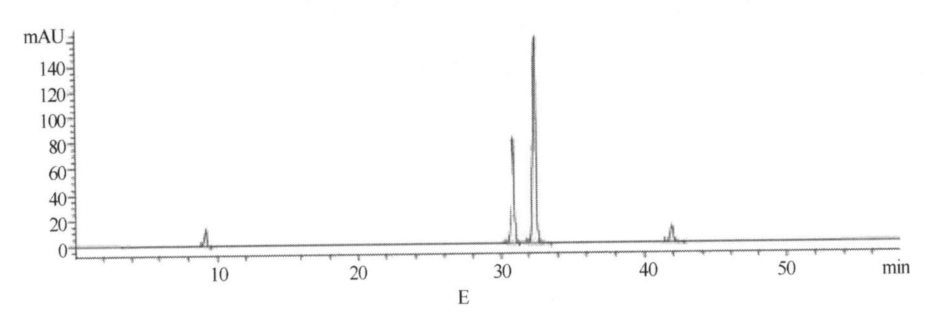

图 7-2-15 连翘检测的标准品色谱图

A.连翘酯苷 A；B.连翘酯苷 B；C.连翘酯苷 E；D.连翘苷；E.混合对照品溶液

7.6 方法学考察

精密度考察：取 YC-23 供试品溶液，连续进样 6 次，以连翘酯苷 A（9 号峰）为参照峰，考察各共有峰的相对保留时间及相对面积的 RSD 值，结果见表 7-2-21、表 7-2-22。

表 7-2-21 仪器精密度试验相对保留时间

共有峰号	样品编号						均值	RSD（%）
	1	2	3	4	5	6		
1	0.1706	0.1702	0.1698	0.1701	0.1700	0.1702	0.1701	0.17
2	0.2158	0.2155	0.2151	0.2154	0.2153	0.2154	0.2154	0.12
3	0.2652	0.2651	0.2646	0.2652	0.2652	0.2656	0.2652	0.15
4	0.3066	0.3068	0.3073	0.3073	0.3077	0.3078	0.3073	0.18
5	0.8015	0.8020	0.8050	0.8037	0.8048	0.8049	0.8037	0.22
6	0.8828	0.8831	0.8850	0.8841	0.8847	0.8848	0.8841	0.12
7	0.9733	0.9734	0.9731	0.9733	0.9733	0.9734	0.9733	0.02
8	1.0000	1.0000	1.0000	1.0000	1.0000	1.0000	1.0000	0.00
9	1.0445	1.0444	1.0435	1.0440	1.0437	1.0438	1.0440	0.04
10	1.0971	1.0970	1.0980	1.0974	1.0976	1.0976	1.0974	0.04
11	1.2942	1.2940	1.2914	1.2926	1.2917	1.2920	1.2926	0.10
12	1.3107	1.3106	1.3081	1.3093	1.3084	1.3084	1.3093	0.10
13	1.6677	1.6674	1.6636	1.6654	1.6641	1.6642	1.6654	0.12

表 7-2-22 仪器精密度试验相对峰面积

共有峰号	样品编号						均值	RSD（%）
	1	2	3	4	5	6		
1	0.3231	0.3316	0.3316	0.3316	0.3319	0.3315	0.3300	1.16
2	0.0859	0.0888	0.0902	0.0915	0.0926	0.0897	0.0898	2.90
3	0.2544	0.2596	0.2588	0.2583	0.2572	0.2578	0.2577	0.78
4	0.1088	0.1090	0.1098	0.1102	0.1101	0.1094	0.1096	0.59
5	0.1058	0.1064	0.1059	0.1066	0.1086	0.1064	0.1067	1.06

续表

共有峰号	样品编号						均值	RSD（%）
	1	2	3	4	5	6		
6	0.0332	0.0333	0.0331	0.0331	0.0329	0.0330	0.0331	0.45
7	0.1568	0.1569	0.1563	0.1566	0.1569	0.1568	0.1567	0.16
8	1.0000	1.0000	1.0000	1.0000	1.0000	1.0000	1.0000	0.00
9	0.0144	0.0144	0.0140	0.0141	0.0150	0.0145	0.0144	2.71
10	0.0729	0.0720	0.0722	0.0729	0.0733	0.0726	0.0727	0.74
11	0.1495	0.1495	0.1506	0.1508	0.1508	0.1503	0.1502	0.45
12	0.1050	0.1050	0.1057	0.1057	0.1056	0.1052	0.1054	0.35
13	0.1193	0.1209	0.1196	0.1194	0.1193	0.1196	0.1197	0.57

精密度试验结果显示各共有峰的相对保留时间及相对峰面积的 RSD 值均小于 3%，说明仪器的精密度良好。

重复性考察：分别精密称取同一样品 6 份，按照色谱条件进行测定，记录共有峰面积和保留时间，以连翘酯苷 A（9 号峰）为参照峰，考察各共有峰的相对保留时间和相对峰面积的 RSD 值，结果见表 7-2-23、表 7-2-24。

表 7-2-23 仪器重复性试验相对保留时间计算结果

共有峰号	样品编号						均值	RSD（%）
	1	2	3	4	5	6		
1	0.1697	0.1702	0.1697	0.1700	0.1700	0.1698	0.1699	0.12
2	0.2153	0.2155	0.2149	0.2155	0.2152	0.2154	0.2153	0.11
3	0.2651	0.2659	0.2654	0.2659	0.2655	0.2655	0.2656	0.12
4	0.3077	0.3079	0.3077	0.3079	0.3077	0.3077	0.3078	0.04
5	0.8055	0.8060	0.8055	0.8052	0.8048	0.8056	0.8054	0.06
6	0.8853	0.8855	0.8852	0.8848	0.8846	0.8850	0.8851	0.04
7	0.9741	0.9734	0.9739	0.9740	0.9742	0.9737	0.9739	0.03
8	1.0000	1.0000	1.0000	1.0000	1.0000	1.0000	1.0000	0.00
9	1.0443	1.0436	1.0442	1.0444	1.0447	1.0441	1.0442	0.04
10	1.0982	1.1010	1.0997	1.0989	1.0986	1.0992	1.0993	0.10
11	1.2924	1.2909	1.2918	1.2924	1.2930	1.2923	1.2921	0.06
12	1.3093	1.3087	1.3093	1.3097	1.3103	1.3096	1.3095	0.04
13	1.6652	1.6634	1.6646	1.6656	1.6665	1.6652	1.6651	0.07

表 7-2-24 仪器重复性试验相对峰面积计算结果

共有峰号	样品编号						均值	RSD（%）
	1	2	3	4	5	6		
1	0.3320	0.3329	0.3326	0.3293	0.3303	0.3316	0.3314	0.42

续表

共有峰号	样品编号						均值	RSD（%）
	1	2	3	4	5	6		
2	0.0935	0.0935	0.0902	0.0898	0.0908	0.0914	0.0916	1.86
3	0.2518	0.2511	0.2558	0.2573	0.2576	0.2548	0.2547	1.09
4	0.1090	0.1075	0.1068	0.1047	0.1066	0.1070	0.1069	1.29
5	0.1077	0.1085	0.1072	0.1074	0.1082	0.1077	0.1078	0.46
6	0.0333	0.0336	0.0337	0.0336	0.0338	0.0337	0.0336	0.57
7	0.1575	0.1554	0.1559	0.1549	0.1561	0.1561	0.1560	0.57
8	1.0000	1.0000	1.0000	1.0000	1.0000	1.0000	1.0000	0.00
9	0.0149	0.0140	0.0139	0.0146	0.0144	0.0145	0.0144	2.72
10	0.0733	0.0724	0.0728	0.0729	0.0736	0.0731	0.0730	0.54
11	0.1502	0.1488	0.1506	0.1477	0.1491	0.1492	0.1493	0.68
12	0.1053	0.1038	0.1049	0.1045	0.1051	0.1048	0.1047	0.51
13	0.1189	0.1211	0.1211	0.1179	0.1194	0.1199	0.1197	1.04

重复性试验结果显示各共有峰的相对保留时间及相对峰面积的 RSD 值均小于 3%，说明方法的重复性良好。

稳定性考察：取同一批供试品溶液，分别在 0h、2h、4h、8h、12h、24h 测定结果，以 9 号峰的保留时间和峰面积为参照，结果见表 7-2-25、表 7-2-26。

表 7-2-25 仪器稳定性试验相对保留时间计算结果

共有峰号	样品编号						均值	RSD（%）
	1	2	3	4	5	6		
1	0.1702	0.1699	0.1700	0.1702	0.1706	0.1712	0.1703	0.29
2	0.2158	0.2159	0.2159	0.2161	0.2161	0.2167	0.2161	0.17
3	0.2659	0.2660	0.2659	0.2660	0.2661	0.2671	0.2662	0.19
4	0.3082	0.3083	0.3082	0.3083	0.3084	0.3093	0.3084	0.13
5	0.8031	0.7880	0.8034	0.8037	0.8038	0.8044	0.8011	0.80
6	0.8824	0.8822	0.8824	0.8827	0.8826	0.8823	0.8824	0.02
7	0.9740	0.9740	0.9739	0.9738	0.9738	0.9741	0.9739	0.01
8	1.0000	1.0000	1.0000	1.0000	1.0000	1.0000	1.0000	0.00
9	1.0791	1.0793	1.0792	1.0792	1.0793	1.0797	1.0793	0.02
10	1.0978	1.0979	1.0983	1.0990	1.0989	1.0988	1.0984	0.05
11	1.2923	1.2925	1.2922	1.2918	1.2917	1.2917	1.2920	0.03
12	1.3104	1.3107	1.3106	1.3104	1.3104	1.3109	1.3106	0.01
13	1.6675	1.6679	1.6675	1.6670	1.6669	1.6673	1.6673	0.02

表 7-2-26 仪器稳定性试验相对峰面积计算结果

共有峰号	样品编号						均值	RSD（%）
	1	2	3	4	5	6		
1	0.3792	0.3770	0.3770	0.3676	0.3696	0.3528	0.3705	2.65
2	0.0674	0.0672	0.0672	0.0667	0.0664	0.0690	0.0673	1.43
3	0.2561	0.2558	0.2558	0.2550	0.2547	0.2578	0.2559	0.44
4	0.1047	0.1043	0.1043	0.1045	0.1046	0.1047	0.1045	0.22
5	0.1115	0.1092	0.1092	0.1097	0.1099	0.1093	0.1098	0.81
6	0.0347	0.0346	0.0346	0.0344	0.0348	0.0352	0.0347	0.62
7	0.1548	0.1547	0.1547	0.1539	0.1532	0.1536	0.1542	0.44
8	1.0000	1.0000	1.0000	1.0000	1.0000	1.0000	1.0000	0.00
9	0.0184	0.0187	0.0187	0.0187	0.0185	0.0196	0.0188	2.02
10	0.0755	0.0764	0.0764	0.0789	0.0806	0.0778	0.0776	2.44
11	0.1474	0.1467	0.1467	0.1466	0.1463	0.1474	0.1469	0.32
12	0.1041	0.1036	0.1036	0.1035	0.1033	0.1042	0.1037	0.31
13	0.1174	0.1165	0.1165	0.1172	0.1170	0.1175	0.1170	0.37

稳定性试验结果表明共有峰的相对保留时间和相对峰面积 RSD 值均小于 3%，符合指纹图谱要求，表明样品在 24h 内保持稳定。

7.7 样品 HPLC 指纹图谱建立

分别取 10μl 样品溶液依次注入 HPLC 仪进行分析，记录其色谱图，利用中药色谱指纹图谱相似度评价系统 2004A 版对 30 批药材和 30 批饮片进行了相似度评价，相似度均在 90%以上，色谱叠加图见图 7-2-16、图 7-2-17。

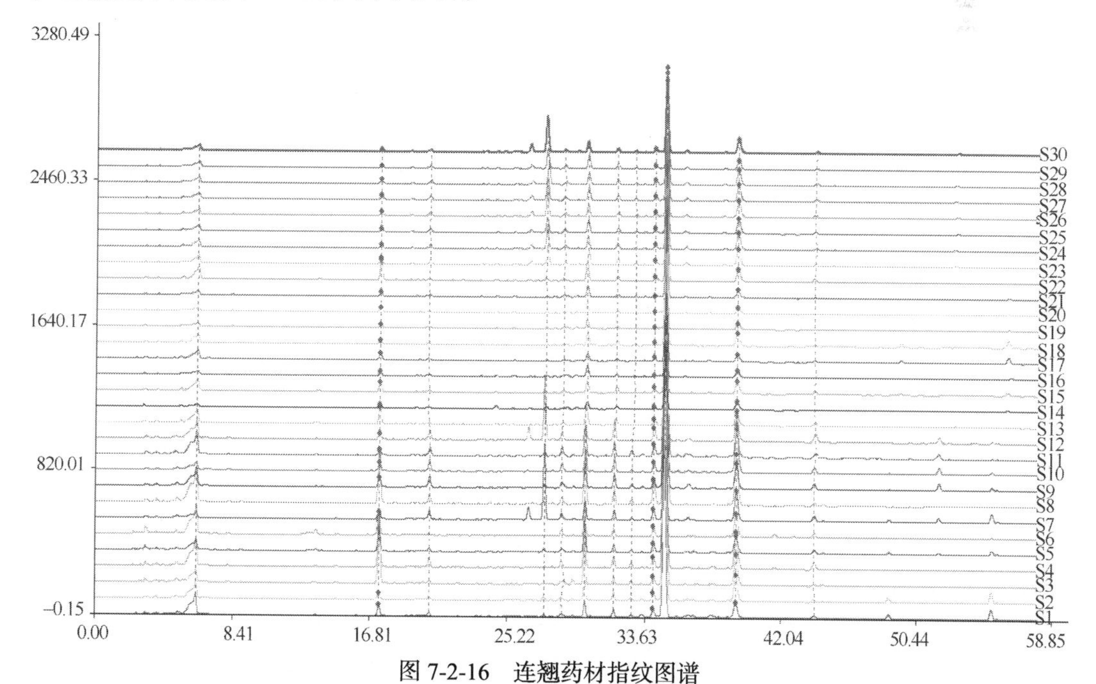

图 7-2-16 连翘药材指纹图谱

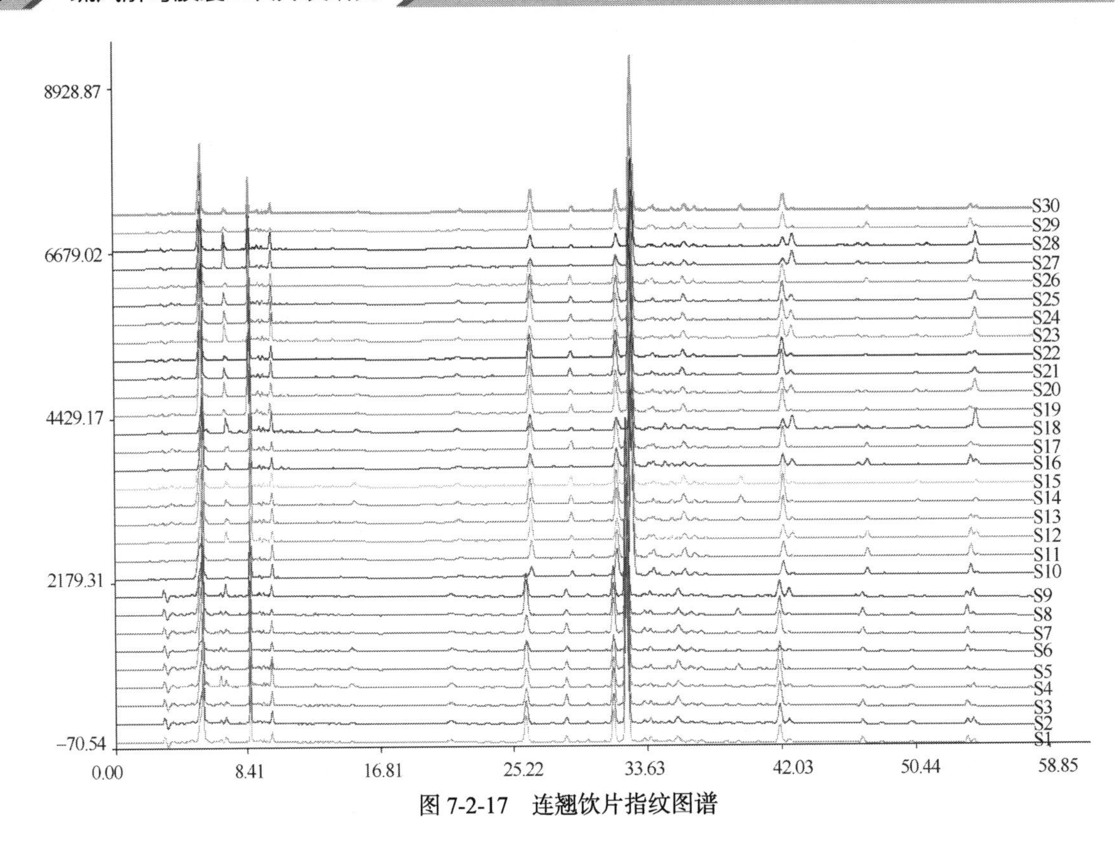

图 7-2-17 连翘饮片指纹图谱

30 批药材的相似度结果见表 7-2-27。

表 7-2-27 药材相似度结果

样品编号	相似度	样品编号	相似度
YC-1	0.988	YC-16	0.994
YC-2	0.995	YC-17	0.991
YC-3	0.990	YC-18	0.994
YC-4	0.995	YC-19	0.995
YC-5	0.995	YC-20	0.995
YC-6	0.973	YC-21	0.995
YC-7	0.961	YC-22	0.994
YC-8	0.993	YC-23	0.994
YC-9	0.996	YC-24	0.991
YC-10	0.992	YC-25	0.994
YC-11	0.993	YC-26	0.983
YC-12	0.978	YC-27	0.988
YC-13	0.994	YC-28	0.991
YC-14	0.994	YC-29	0.990
YC-15	0.996	YC-30	0.945

由表 7-2-27 相似度结果看出，不同产地的青翘药材相似度均在 0.9 以上，相似度较高，各产地青翘整体化学成分差异不大。

30 批饮片的相似度结果见表 7-2-28。

表 7-2-28　连翘饮片相似度结果

样品编号	相似度	样品编号	相似度
YP-1	0.995	YP-16	0.976
YP-2	0.997	YP-17	0.998
YP-3	0.996	YP-18	0.987
YP-4	0.992	YP-19	0.999
YP-5	0.998	YP-20	0.994
YP-6	0.987	YP-21	0.998
YP-7	0.996	YP-22	0.999
YP-8	0.991	YP-23	0.995
YP-9	0.997	YP-24	0.995
YP-10	0.992	YP-25	0.997
YP-11	0.994	YP-26	0.999
YP-12	0.996	YP-27	0.971
YP-13	0.999	YP-28	0.983
YP-14	0.999	YP-29	0.995
YP-15	0.998	YP-30	0.998

由表 7-2-28 相似度结果看出，不同市场的青翘饮片相似度均在 0.9 以上，相似度很高，不同市场的青翘饮片化学成分差异很小。

小结：青翘的 HPLC 指纹图谱方法学结果良好，该方法准确可靠，适用于青翘药材或饮片的指纹图谱研究。不论药材还是饮片，不同产地或市场的差异性均不大，说明整个青翘从药材产区到饮片市场，质量传递稳定，便于整体控制和监管。

二、老翘饮片的质量研究报告

根据采收期不同，9～10 月连翘果实成熟后采摘的称为老翘，或“黄翘”。2015 年版《中国药典》仅仅在浸出物项下对青翘和老翘分开规定限量，为了更全面地研究连翘的质量，针对老翘展开质量标准的研究。

1. 性状鉴别

多呈长卵形或卵形，稍扁，长 1.5～2.5cm，直径 0.5～1.3cm。表面有不规则的纵皱纹及多数凸起的小斑点，两面各有 1 条明显的纵沟。顶端尖锐，基部有小果柄或已脱落。老翘多开裂，表面黄褐色，凸起的灰白色小斑点较多；质脆；种子少数，黑褐色，细长，一侧有翅。气微香，味苦。

从国内的三大药材市场（亳州、安国、成都）一共收购老翘饮片 30 批，见表 7-2-29，图 7-2-18。

表 7-2-29 老翘收集信息

序号	收购地点	序号	收购地点
lQ-1	亳州药材市场	lQ-16	安国药材市场
lQ-2	亳州药材市场	lQ-17	安国药材市场
lQ-3	亳州药材市场	lQ-18	安国药材市场
lQ-4	安国药材市场	lQ-19	安国药材市场
lQ-5	山西省张店乡	lQ-20	亳州药材市场
lQ-6	陕西省澄城县	lQ-21	亳州药材市场
lQ-7	安国药材市场	lQ-22	亳州药材市场
lQ-8	安国药材市场	lQ-23	亳州药材市场
lQ-9	亳州药材市场	lQ-24	亳州药材市场
lQ-10	山西省鹅屋乡	lQ-25	亳州药材市场
lQ-11	山西省高平市	lQ-26	亳州药材市场
lQ-12	成都药材市场	lQ-27	亳州药材市场
lQ-13	成都药材市场	lQ-28	亳州药材市场
lQ-14	成都药材市场	lQ-29	亳州药材市场
lQ-15	成都药材市场	lQ-30	亳州药材市场

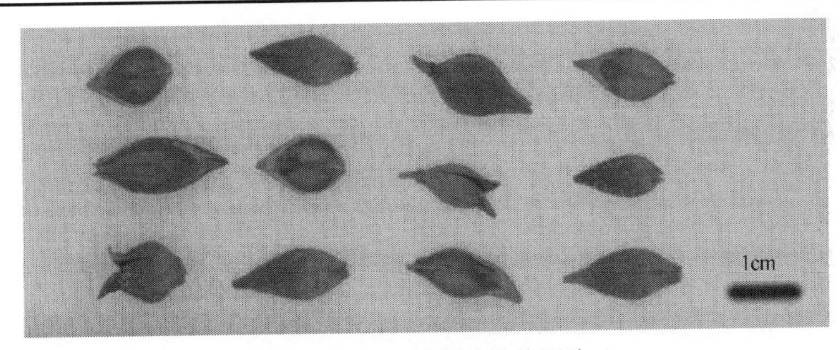

图 7-2-18 老翘饮片性状照片

2. 显微鉴别

按第二节项下“一、青翘质量标准提升研究”中“2. 显微鉴别”操作，对 30 批老翘样品进行显微拍摄，结果见图 7-2-19、图 7-2-20。

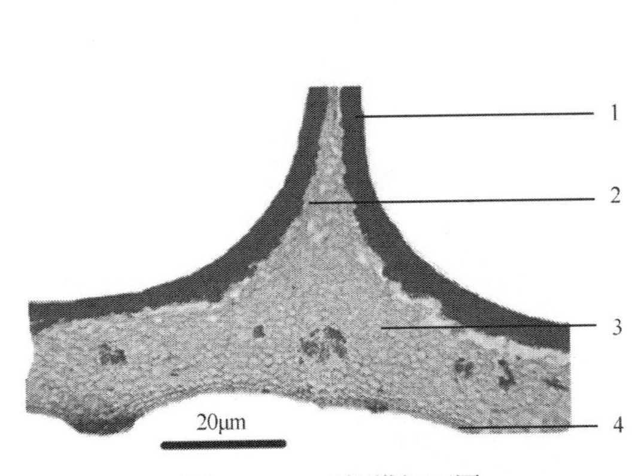

图 7-2-19 老翘横切面图

1. 质层；2. 外果皮细胞；3. 中果皮细胞；4. 内果皮细胞

（扫文末二维码获取彩图）

图 7-2-20 老翘粉末鉴别图

1. 纤维；2. 石细胞；3. 外果皮细胞；4. 中果皮细胞

（扫文末二维码获取彩图）

粉末呈深棕褐色。显微镜下纤维呈短梭状，稍弯曲或不规则状，纤维束上下层纵横排列，壁不均匀增厚，具壁沟；石细胞甚多，长方形或多角形，直径 30～50μm，有的三面壁较厚，一面较薄，层纹及纹孔明显；外果皮细胞表面呈多角形，有不规则或网状角质纹理，断面观呈类方形，直径 24～30μm，有角质层，厚 8～14μm；中果皮细胞类圆形，壁略念珠状增厚。

3. 薄层鉴别

按第二节项下“一、青翘质量标准提升研究”中“3.0 薄层鉴别”方法操作，结果见图 7-2-21。

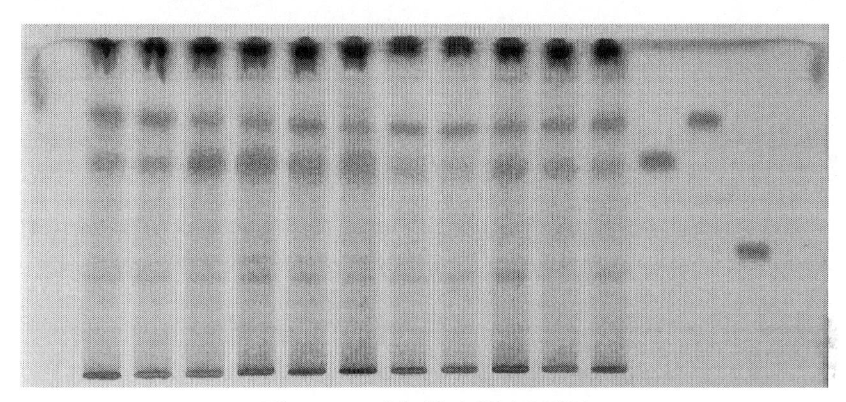

图 7-2-21 老翘饮片薄层鉴别图

从左至右分别为 YP1～10、对照药材、连翘苷、连翘酯苷 A、连翘酯苷 E

4. 一般检查

4.1 水分

按第二节项下“一、青翘质量标准提升研究”中“4.3 水分”操作，测定结果见表 7-2-30。

表 7-2-30 老翘饮片水分含量

样品编号	水分含量（%）	样品编号	水分含量（%）
YP-1	9.43	YP-16	8.70
YP-2	9.64	YP-17	9.07
YP-3	8.73	YP-18	9.01
YP-4	8.59	YP-19	9.14
YP-5	9.33	YP-20	8.80
YP-6	8.70	YP-21	8.38
YP-7	9.41	YP-22	9.98
YP-8	7.61	YP-23	9.82
YP-9	9.15	YP-24	9.71
YP-10	9.07	YP-25	9.75
YP-11	9.06	YP-26	8.59
YP-12	9.36	YP-27	8.86
YP-13	9.23	YP-28	9.64
YP-14	9.13	YP-29	9.21
YP-15	7.70	YP-30	9.04

结论：水分均不大于 10%。

4.2 总灰分

按第二节项下“一、青翘质量标准提升研究”中“4.4 总灰分”操作，测定了30批饮片，结果见表7-2-31。

表7-2-31 老翘饮片总灰分含量

样品编号	总灰分含量（%）	样品编号	总灰分含量（%）
YP-1	3.27	YP-16	4.18
YP-2	4.00	YP-17	2.93
YP-3	3.20	YP-18	3.79
YP-4	2.82	YP-19	2.36
YP-5	3.68	YP-20	2.66
YP-6	3.42	YP-21	3.83
YP-7	3.19	YP-22	2.47
YP-8	4.24	YP-23	2.42
YP-9	2.57	YP-24	2.53
YP-10	3.26	YP-25	2.58
YP-11	4.04	YP-26	4.21
YP-12	3.02	YP-27	4.18
YP-13	4.48	YP-28	2.52
YP-14	2.46	YP-29	2.60
YP-15	2.85	YP-30	3.14

结论：按2015年版《中国药典》规定，总灰分不得过4%，老翘部分样品不合格。

4.3 浸出物

按第二节项下“一、青翘质量标准提升研究”中“4.5 浸出物”操作，测定了30批饮片，结果见表7-2-32。

表7-2-32 醇溶性浸出物含量

样品编号	醇溶性浸出物含量（%）	样品编号	醇溶性浸出物含量（%）
YP-1	17.38	YP-16	17.55
YP-2	16.99	YP-17	17.11
YP-3	18.45	YP-18	21.63
YP-4	17.27	YP-19	21.44
YP-5	16.29	YP-20	16.46
YP-6	14.04	YP-21	13.45
YP-7	18.53	YP-22	14.33
YP-8	14.18	YP-23	14.24
YP-9	16.22	YP-24	15.60
YP-10	15.91	YP-25	17.09
YP-11	16.95	YP-26	14.68
YP-12	17.01	YP-27	19.36
YP-13	16.99	YP-28	34.63
YP-14	14.89	YP-29	45.28
YP-15	17.38	YP-30	36.74

结论：2015 年版《中国药典》规定青翘浸出物含量均不小于 30%，疏风解毒胶囊投料检验报告也要求不低于 30%，所以老翘的浸出物含量基本不符合疏风解毒胶囊的投料标准。

5. 安全性检查

按第二节项下“一、青翘质量标准提升研究”中 5.1、5.3 检测老翘饮片的重金属和黄曲霉毒素。随机抽取 10 批，进行分析，具体结果见表 7-2-33。

表 7-2-33　老翘重金属检查结果（单位：μg/kg）

样品编号	铬	砷	镉	汞	铅
lQ-SJ-1	1.12	0.03	0.10	0.07	3.00
lQ-SJ-2	1.04	0.10	0.12	0.05	3.33
lQ-SJ-3	1.59	0.15	0.08	0.05	2.73
lQ-SJ-4	1.43	0.17	0.07	0.03	2.33
lQ-SJ-5	2.14	0.04	0.07	0.02	2.33
lQ-SJ-6	0.76	0.05	0.12	0.02	1.81
lQ-SJ-7	1.52	0.12	0.07	0.02	2.57
lQ-SJ-8	1.41	0.09	0.06	0.01	1.58
lQ-SJ-9	1.04	0.00	0.03	0.01	0.81
lQ-SJ-10	0.60	0.04	0.03	0.01	1.05

结论：所测的 10 批老翘样品关于铬、砷、镉、汞、铅的重金属检测均未超标。
由黄曲霉毒素结果看出，10 批样品均未检测到黄曲霉毒素（图 7-2-22）。

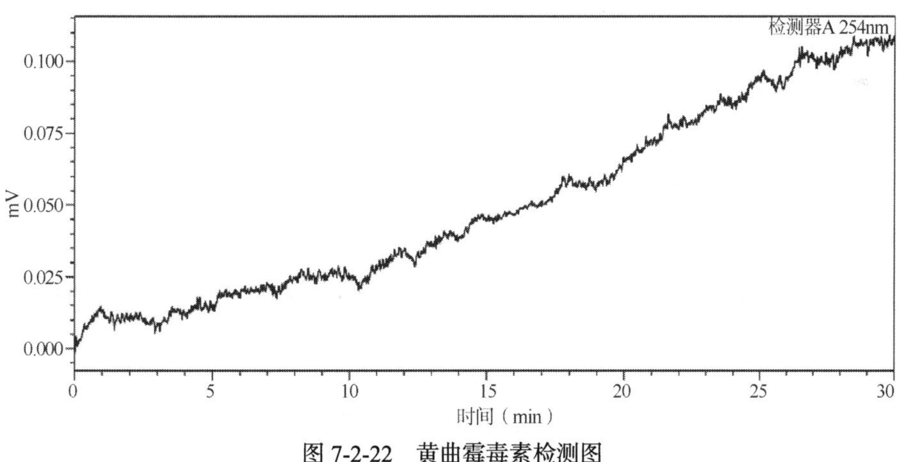

图 7-2-22　黄曲霉毒素检测图

5.1　实验材料和仪器

赛默飞 Trace 1300 气相色谱仪，超声清洗器，多功能高速中药粉碎机，电子天平，氮吹仪，娃哈哈纯净水，石油醚（60～90℃），丙酮，氯化钠，二氯甲烷，无水硫酸钠。

5.2　实验操作

色谱条件与系统适用性试验：以（14%-氰丙基-苯基）-甲基聚硅氧烷或（5%苯基）-甲基聚硅氧烷为固定液的弹性石英毛细管柱（30m×0.32mm×0.25μm），^{63}Ni-ECD 电子捕获检测器。

进样口温度 230℃，检测器温度 300℃，不分流进样。程序升温：初始 100℃，每分钟 10℃升至 220℃，每分钟 8℃升至 250℃，保持 10 分钟。两个相邻色谱峰的分离度应大于 1.5。

对照品溶液制备：精密称取六六六（BHC）（*α*-BHC、*β*-BHC、*γ*-BHC、*δ*-BHC）、滴滴涕（DDT）（*p*，*p*′-DDE、*p*，*p*′-DDD、*o*，*p*′-DDT、*p*，*p*′-DDT）及五氯硝基苯（PCNB）农药对照品适量，用石油醚（60～90℃）分别制成每 1ml 含 4～5μg 的溶液，即得。

混合对照品贮备溶液的制备：精密量取上述各对照品贮备液 0.5ml，置 10ml 容量瓶中，用石油醚（60～90℃）稀释至刻度，摇匀，即得。

混合对照品溶液的制备：精密量取上述混合对照品贮备液，用石油醚（60～90℃）制成每 1L 分别含 0μg、1μg、5μg、10μg、50μg、100μg、250μg 的溶液，即得。

供试品溶液制备：取供试品，粉碎成粉末（过 3 号筛），取约 2g，精密称定，置 100ml 具塞锥形瓶中，加水 20ml 浸泡过夜，精密加丙酮 40ml，称定重量，超声处理 30min，放冷，再称定重量，用丙酮补足减失的重量，再加氯化钠约 6g，精密加二氯甲烷 30ml，称定重量，超声 15min，再称定重量，用二氯甲烷补足减失的重量，静置使分层，将有机相迅速移装有适量无水硫酸钠的 100ml 具塞锥形瓶中，放置 4h。精密量取 35ml，于 40℃水浴上减压浓缩至近干，加少量石油（60～90℃）如前反复操作至二氯甲烷及丙酮除净，用石油醚（60～90℃）溶解并转移至 10ml 具塞刻度离心管中，加石油醚（60～90℃）精密稀释至 5ml，小心加入硫酸 1ml，振摇 1min，离心（3000r/min）10min，精密量取上清液 2ml，置具刻度的浓缩瓶中，连接氮吹仪将溶液浓缩至适量，精密稀释至 1ml，即得。

5.3 实验结果（图 7-2-23、图 7-2-24）

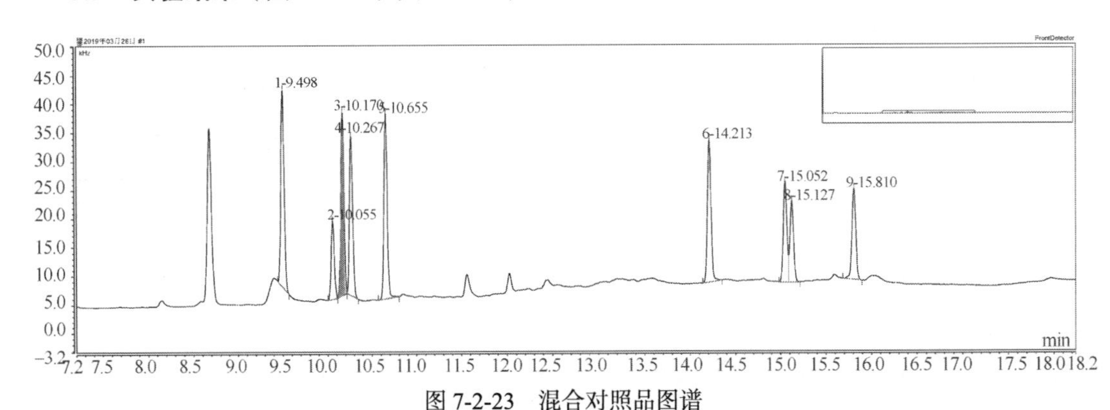

图 7-2-23 混合对照品图谱

1～9 分别为 *α*-BHC、PCNB、*β*-BHC、*γ*-BHC、*δ*-BHC、*p*，*p*′-DDE、*o*，*p*′-DDT、*p*，*p*′-DDD、*p*，*p*′-DDT

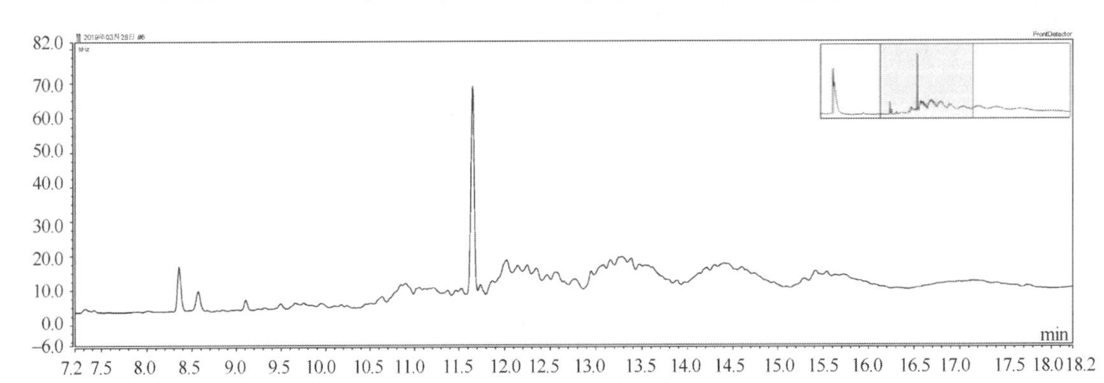

图 7-2-24 老翘样品农药残留检测图

结论：10 份样品均不含此 9 种有机氯类农药残留。

6. 含量测定

色谱条件同第二节“一、青翘质量标准提升研究”中含量测定项下 6.2。方法学考察结果见表 7-2-34～表 7-2-36。

表 7-2-34　精密度试验计算结果

保留时间	连翘酯苷 A						RSD (%)	连翘苷						RSD (%)
	1	2	3	4	5	6		1	2	3	4	5	6	
保留峰面积	6041.3	6060.3	6063.9	6072.6	6081.9	6103	0.22	252	251.4	250.1	249.2	249.2	248.8	0.50

结果表明连翘酯苷 A、连翘苷的峰面积 RSD 值分别为 0.22%和 0.50%，提示仪器精密度良好。

表 7-2-35　重复性试验结果

保留时间	连翘酯苷 A 含量（%）						RSD (%)	连翘苷含量（%）						RSD (%)
	1	2	3	4	5	6		1	2	3	4	5	6	
保留峰面积	2.26	2.26	2.29	2.27	2.26	2.24	0.72	0.81	0.79	0.80	0.78	0.78	0.77	1.87

结果表明，连翘酯苷 A 及连翘苷含量 RSD 值分别为 0.72%和 1.87%，提示重复性良好。

表 7-2-36　稳定性试验计算结果

保留时间	连翘酯苷 A						RSD (%)	连翘苷						RSD (%)
	1	2	3	4	5	6		1	2	3	4	5	6	
保留峰面积	5626.8	5670.3	5680.7	5674.1	5654.5	5683.9	0.38	258.9	258.4	257.3	254.8	253.8	251.2	1.17

结果表明连翘酯苷 A、连翘苷的峰面积 RSD 值分别为 0.38%和 1.17%，说明样品在 24h 内稳定。

加样回收率：连翘苷加样回收率为 96.2%～99.4%（平均值回收率为 97.8%，RSD 为 1.2%）；连翘酯苷 A 加样回收率为 97.1%～99.8%（平均值为 98.2%，RSD 为 1.4%）。

老翘含量测定结果见表 7-2-37。

表 7-2-37　老翘含量测定

样品编号	连翘酯苷 A（%）	连翘苷（%）	样品编号	连翘酯苷 A（%）	连翘苷（%）
YC-1	0.49	0.062	YC-7	0.007	0.104
YC-2	0.45	0.058	YC-8	0.25	0.079
YC-3	0.45	0.057	YC-9	0.34	0.082
YC-4	0.49	0.130	YC-10	0.43	0.089
YC-5	0.38	0.064	YC-11	0.49	0.089
YC-6	0.24	0.082	YC-12	0.63	0.117

续表

样品编号	连翘酯苷 A（%）	连翘苷（%）	样品编号	连翘酯苷 A（%）	连翘苷（%）
YC-13	0.55	0.081	YC-22	0.26	0.066
YC-14	0.31	0.081	YC-23	0.33	0.078
YC-15	0.56	0.101	YC-24	0.53	0.111
YC-16	0.54	0.151	YC-25	0.56	0.131
YC-17	0.55	0.080	YC-26	0.36	0.104
YC-18	0.91	0.100	YC-27	1.13	0.101
YC-19	1.02	0.104	YC-28	0.56	0.126
YC-20	0.53	0.083	YC-29	0.66	0.136
YC-21	0.41	0.145	YC-30	0.68	0.091

由老翘的含量测定结果可以看出，连翘酯苷 A 或连翘苷的含量均有部分样品达不到药典要求，因此实际生产中疏风解毒胶囊投料使用青翘，按照现有的质量研究，青翘的质量优于老翘。

第三节　板蓝根质量标准研究

板蓝根为十字花科植物菘蓝 *Isatis indigotica* Fort.的干燥根。秋季采挖，除去泥沙，晒干。分布于内蒙古、陕西、甘肃、河北、山东、江苏、浙江、安徽、贵州等地，常为栽培。已报道的板蓝根化学成分有有机酸类、木脂素类、生物碱类、甾醇类、芥子苷类、含硫类化合物、多种氨基酸、核苷和多糖类。所含生物碱类化合物包括吲哚类生物碱，如羟基靛玉红、依靛蓝酮等；喹唑酮类生物碱及其他类型生物碱。板蓝根具有清热解毒、凉血利咽的功效，用于温疫时毒，发热咽痛，温毒发斑，痄腮，烂喉丹痧，大头瘟疫，丹毒，痈肿。现代研究表明板蓝根具有抗菌、抗病毒、抗炎、调节免疫等作用，其抗病毒、抗炎活性成分为氨基酸，抗菌、抗内毒素活性成分为有机酸类。

2015 年版《中国药典》一部中收载的板蓝根存在的不足之处有精氨酸薄层鉴别中展开剂的比例影响展开效果、（*R*，*S*）-告依春薄层鉴别中以 80%甲醇提取斑点在薄层板上不能够很好地显现；无农药残留、重金属含量限定的要求；含量测定项中仅以（*R*，*S*）-告依春作为评价指标，而板蓝根作为传统的抗病毒中药之一，与其中的生物碱类、核苷类、有机酸类成分密切相关，（*R*，*S*）-告依春作为板蓝根中已知明确的抗病毒成分，被作为板蓝根含量测定项，而腺苷通过参与干扰细菌和病毒的基因表达过程，发挥抗病毒疗效；缺乏建立的指纹图谱方法，而指纹图谱作为能够较为全面地反映中药整体质量的技术手段，方法亟需建立。

本研究拟通过优化板蓝根薄层鉴别的条件；建立农药残留、重金属的检测指标；板蓝根 HPLC 指纹图谱；（*R*，*S*）-告依春、腺苷同时测定的方法，并结合统计学方法，针对不同加工工艺板蓝根样品质量进行全面的评价。

1. 性状鉴别

性状鉴别作为研究中药材的最基本环节，也是制定中药质量标准的关键部分，性状的好坏会在很大程度上影响药材品种问题，它是中药鉴定过程中评价药材最直观、简便的鉴定技术。

板蓝根药材性状特征：本品呈圆柱形，稍扭曲，长10～20cm，直径0.5～1cm。表面淡灰黄色或淡棕黄色，有纵皱纹、横长皮孔样突起及支根痕。根头略膨大，可见暗绿色或暗棕色轮状排列的叶柄残基和密集的疣状突起。体实，质略软，断面皮部黄白色，木部黄色。气微，味微甜后苦涩（图7-3-1）。

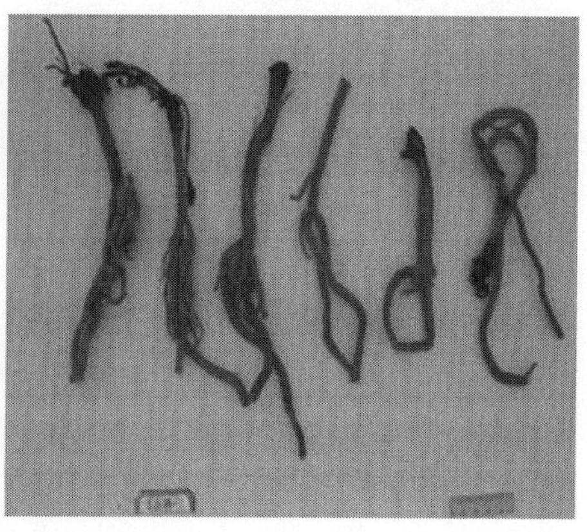

图7-3-1　板蓝根药材性状图

2. 薄层色谱鉴别

2.1　板蓝根中精氨酸的薄层色谱鉴别

2.1.1　仪器、试剂及药材

（1）仪器：BSA224S万分之一分析天平[赛多利斯科学仪器（北京）有限公司]，Jk-300DB型数控超声波清洗器（合肥金尼克机械制造有限公司），快速定性滤纸（泰州金奥纸业有限公司）。

（2）试剂：硅胶G薄层板（青岛海洋化工有限公司制造，批号20171010），无水乙醇（国药集团化学试剂有限公司，批号20171229），板蓝根对照药材（中国食品药品检定研究院，批号121177-201608），精氨酸对照品（中国食品药品检定研究院，批号140685-200802），水合茚三酮（天津市永大化学试剂有限公司，AR，批号20140905），正丁醇（天津市永大化学试剂有限公司，AR，批号20160513），冰醋酸（天津市光复科技发展有限公司，批号20160912），娃哈哈纯净水。

（3）药材板蓝根新鲜样品采样信息见表7-3-1。

表7-3-1　板蓝根鲜品采样信息

编号	地址	编号	地址
1	黑龙江大庆新华电厂1号地	8	黑龙江大庆新华电厂8号地
2	黑龙江大庆新华电厂2号地	9	黑龙江大庆新华电厂9号地
3	黑龙江大庆新华电厂3号地	10	河北安国河西村1号地
4	黑龙江大庆新华电厂4号地	11	河北安国河西村2号地
5	黑龙江大庆新华电厂5号地	12	河北安国河西村3号地
6	黑龙江大庆新华电厂6号地	13	河北安国河西村4号地
7	黑龙江大庆新华电厂7号地	14	安徽亳州

2.1.2 药典法考察

按照2015年版《中国药典》一部板蓝根下精氨酸鉴别要求，做精氨酸薄层鉴别，结果见图7-3-2。

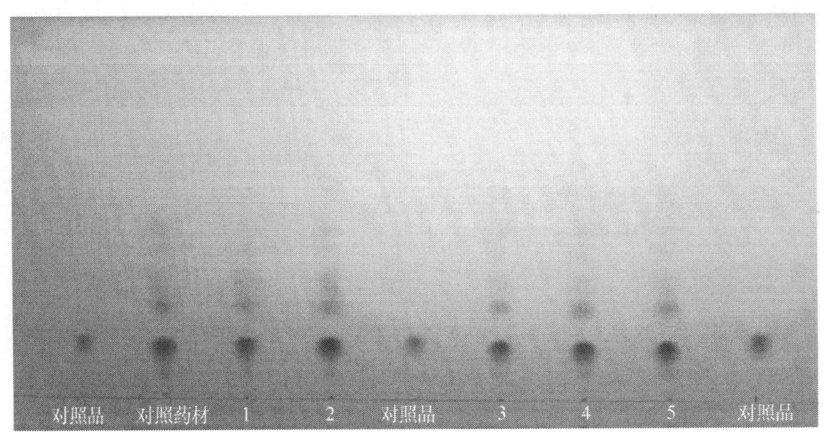

图7-3-2 药典比例（正丁醇：冰醋酸：水=19：5：5）

对照品：精氨酸；对照药材：板蓝根对照药材；1～5：板蓝根药材

2.1.3 展开剂比例条件的优化（图7-3-3、图7-3-4）

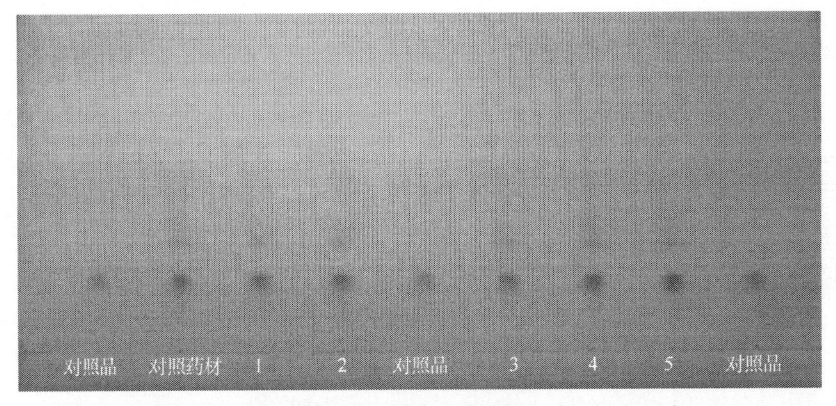

图7-3-3 试验比例（正丁醇：冰醋酸：水=3：1：1）

对照品：精氨酸；对照药材：板蓝根对照药材；1～5：板蓝根药材

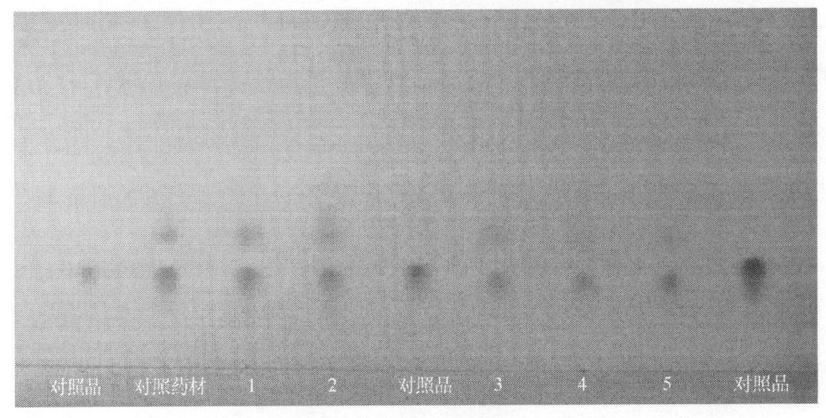

图7-3-4 试验比例（正丁醇：冰醋酸：水=2.5：1：1）

对照品：精氨酸；对照药材：板蓝根对照药材；1～5：板蓝根药材

总结：实验过程发现，精氨酸属于酸碱两性氨基酸，在溶液内部分电离，当展开时有离子和分子两种存在形式，用中性展开剂展开时会显现两种层析，导致拖尾严重，影响展开效果。因此，为了避免出现此种情况，在注意点样量的同时，拟将药典中正丁醇：冰醋酸：水=19：5：5 修改为正丁醇：冰醋酸：水=3：1：1。

2.1.4　不同加工工艺的板蓝根样品精氨酸薄层鉴别

选择不同加工工艺的板蓝根样品，依据本章节优选的薄层条件，进行下列实验，结果见图 7-3-5～图 7-3-8。

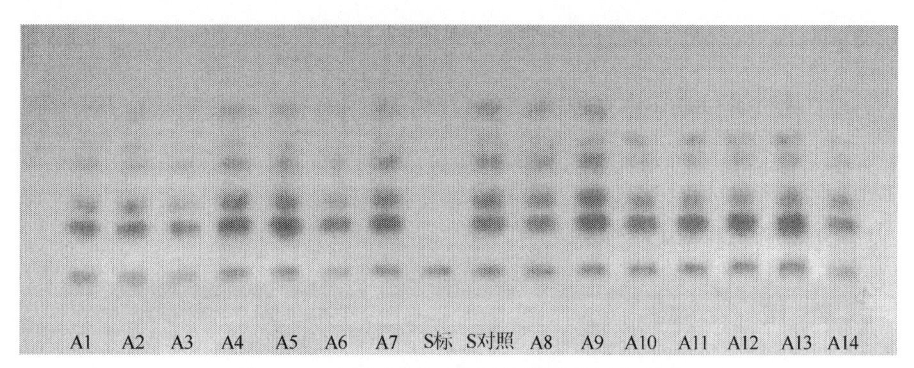

图 7-3-5　板蓝根晒干药材精氨酸薄层色谱图

S 标：精氨酸对照品；S 对照：板蓝根对照药材；A1～A14：不同产地板蓝根晒干药材样品

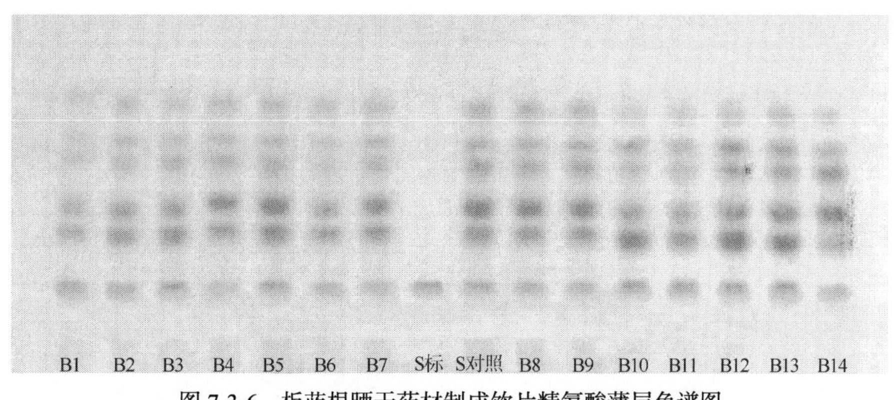

图 7-3-6　板蓝根晒干药材制成饮片精氨酸薄层色谱图

S 标：精氨酸对照品；S 对照：板蓝根对照药材；B1～B14：不同产地晒干药材制成饮片样品

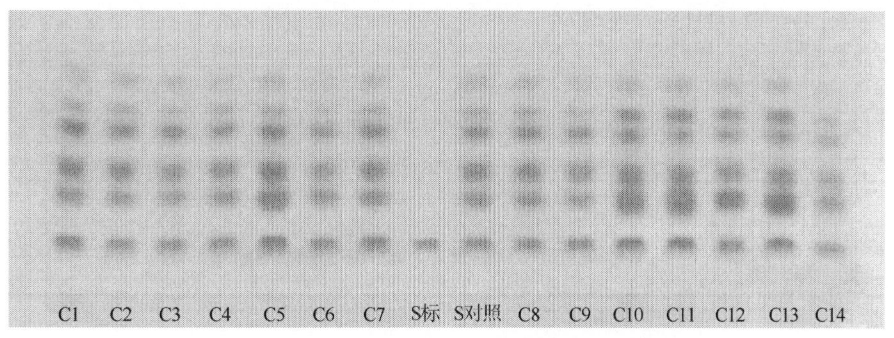

图 7-3-7　板蓝根烘干药材精氨酸薄层色谱图

S 标：精氨酸对照品；S 对照：板蓝根对照药材；C1～C14：不同产地板蓝根烘干药材样品

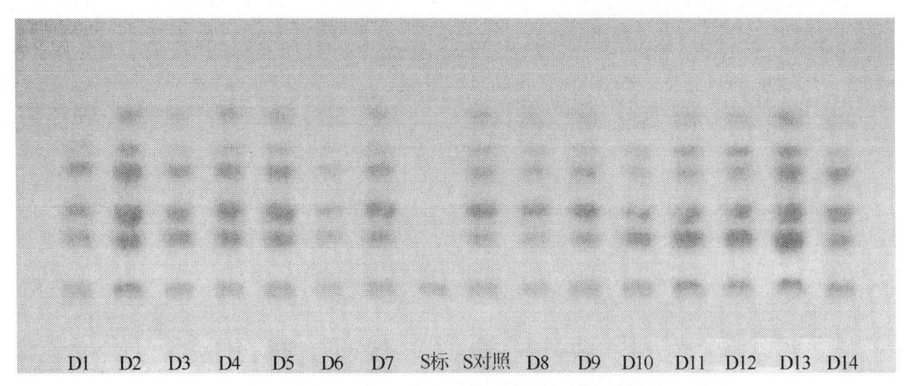

图 7-3-8　板蓝根烘干药材制成饮片精氨酸薄层色谱图

S 标：精氨酸对照品；S 对照：板蓝根对照药材；D1～D14：不同产地烘干药材制成饮片样品

结论：由图 7-3-5～图 7-3-8 可以看出，优化后的薄层条件适宜作为板蓝根精氨酸薄层的鉴别条件。

2.2　板蓝根中（*R*，*S*）-告依春的薄层色谱鉴别

2.2.1　仪器、试剂及药材

（1）仪器：BSA224S 万分之一分析天平[赛多利斯科学仪器（北京）有限公司]，Jk-300DB 型数控超声波清洗器（合肥金尼克机械制造有限公司），快速定性滤纸（泰州金奥纸业有限公司），照相机，四孔电热恒温水浴锅（上海科恒实业发展有限公司）。

（2）试剂：板蓝根对照药材（中国食品药品检定研究院，批号 121177-201608），（*R*，*S*）-告依春对照品（中国食品药品检定研究院，批号 111753-201103），娃哈哈纯净水。

（3）药材：见 2.1 板蓝根新鲜样品采样信息表（表 7-3-1）。

2.2.2　药典法考察

按照 2015 年版《中国药典》（一部）板蓝根下（*R*，*S*）-告依春鉴别要求，作（*R*，*S*）-告依春薄层鉴别，结果见图 7-3-9。

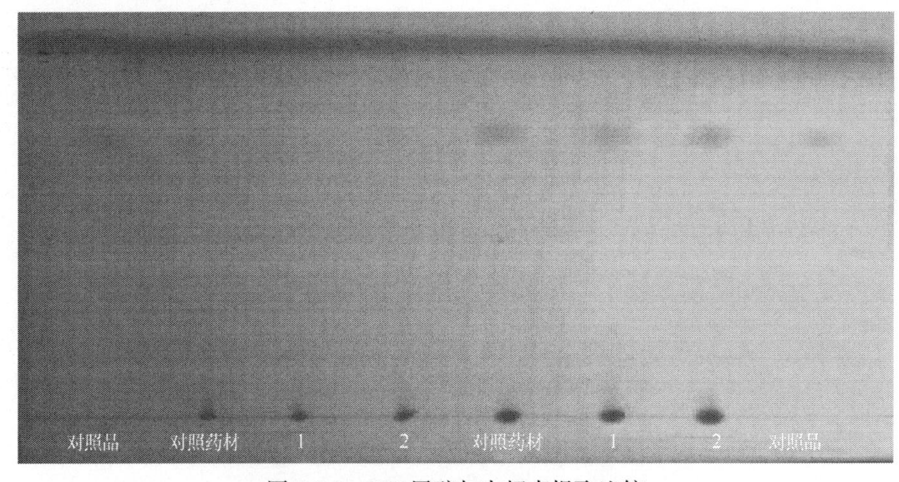

图 7-3-9　80%甲醇与水超声提取比较

对照品：（*R*，*S*）-告依春；对照药材：板蓝根对照药材；1，2：板蓝根药材

（扫文末二维码获取彩图）

综上所述，2015 年版《中国药典》（一部）中板蓝根（*R*，*S*）-告依春薄层鉴别项规定其提取溶剂为 80%甲醇，但在点样后发现有的样品采用 80%甲醇提取不出来或者提取不完全，不能真实地反映药材中是否含有（*R*，*S*）-告依春。因此，结合（*R*，*S*）-告依春含量测定项下提取溶剂，使用水为溶剂进行提取，并用甲醇溶解，结果发现点样效果清晰，方法合适。

2.2.3　最佳点样量的确定

方法：按照优化后的（*R*，*S*）-告依春薄层条件，选择点样量 2μl、4μl、6μl、8μl、10μl、12μl、14μl 进行薄层点样量的确定。由图 7-3-10 可知，点样量在 6～10μl 时，斑点均能呈现，为最佳点样量。

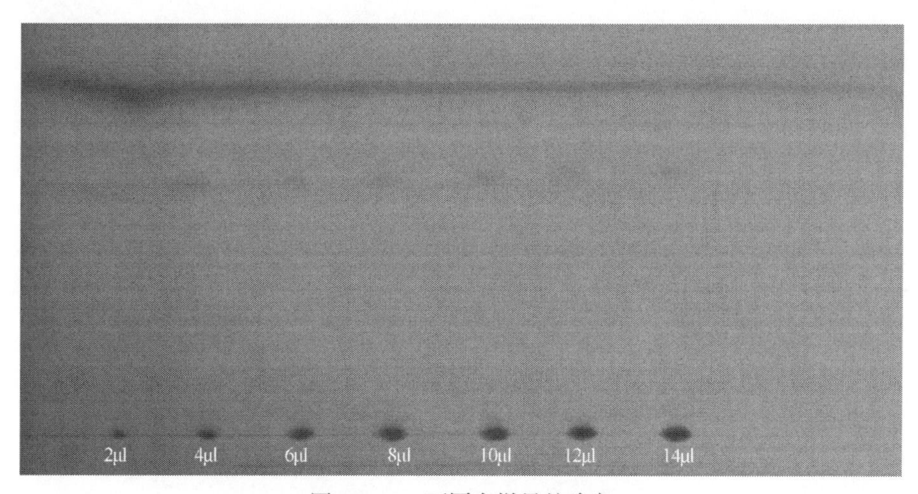

图 7-3-10　不同点样量的确定

2.2.4　不同加工工艺的板蓝根样品（*R*，*S*）-告依春薄层鉴别

选择不同加工工艺的板蓝根样品，依据本章节优选的薄层条件，进行下列实验，结果见图 7-3-11～图 7-3-14。

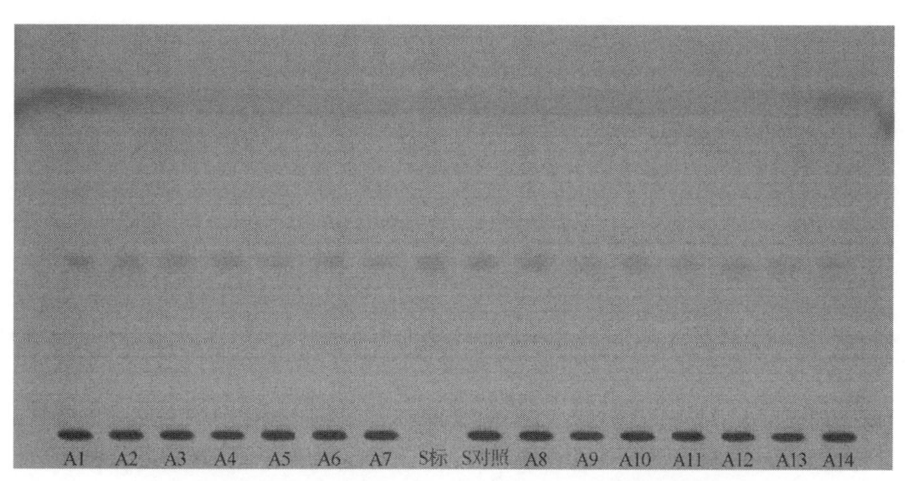

图 7-3-11　板蓝根晒干药材（*R*，*S*）-告依春薄层色谱图

S 标：（*R*，*S*）-告依春对照品；S 对照：板蓝根对照药材；A1～A14：不同产地晒干药材样品

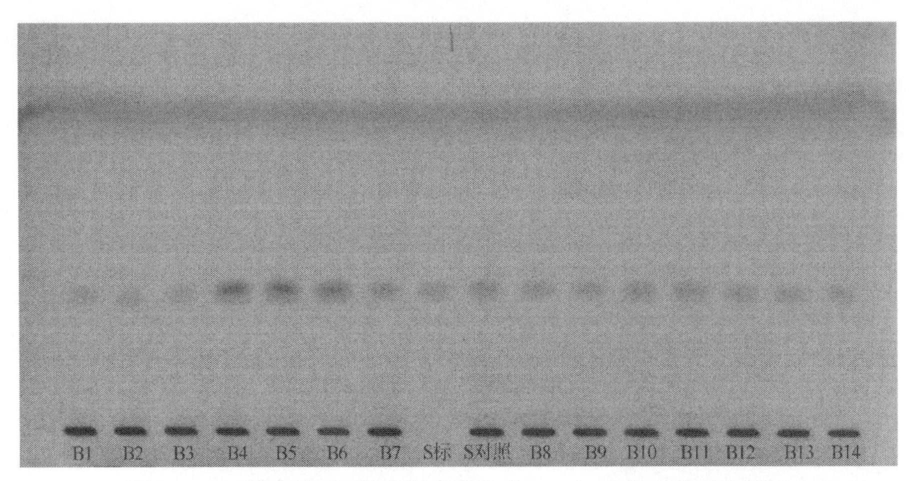

图 7-3-12 板蓝根晒干药材制成饮片（*R*，*S*）-告依春薄层色谱图

S 标：（*R*，*S*）-告依春对照品；S 对照：板蓝根对照药材；B1～B14：不同产地晒干药材制成饮片样品

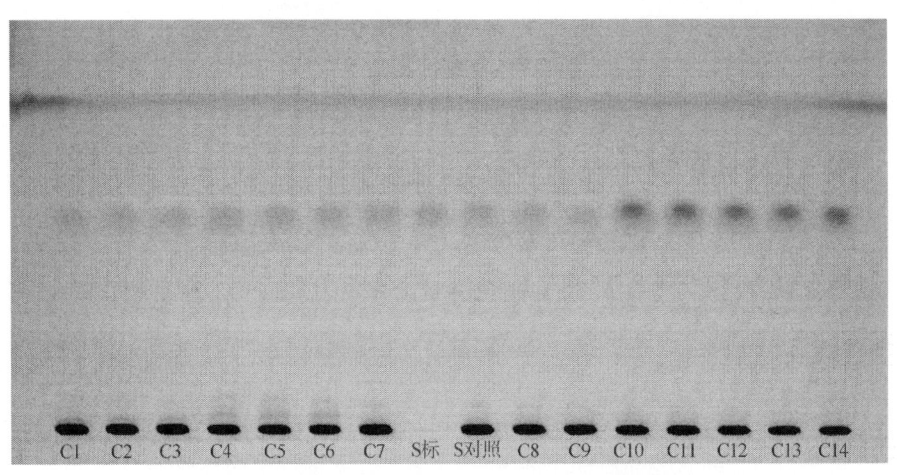

图 7-3-13 板蓝根烘干药材（*R*，*S*）-告依春薄层色谱图

S 标：（*R*，*S*）-告依春对照品；S 对照：板蓝根对照药材；C1～C14：不同产地烘干药材样品

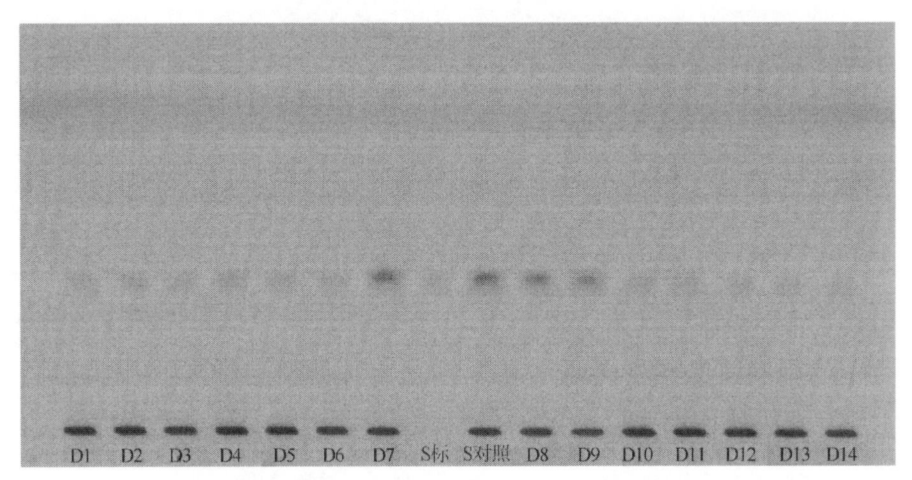

图 7-3-14 板蓝根烘干药材制成饮片（*R*，*S*）-告依春薄层色谱图

S 标：（*R*，*S*）-告依春对照品；S 对照：板蓝根对照药材；D1～D14：不同产地烘干药材制成饮片样品

由图 7-3-11～图 7-3-14 可以看出，优化后的薄层条件适宜作为板蓝根（*R*，*S*）-告依春薄层的鉴别条件。

3. 检查

3.1　水分测定

烘干法：取供试品 2～5g，平铺于干燥至恒重的扁形称量瓶中，厚度不超过 5mm，疏松供试品不超过 10mm，精密称定，开启瓶盖在 100～105℃干燥 5h，将瓶盖盖好，移置干燥器中，放冷 30min，精密称定，再在上述温度干燥 1h，放冷，称重，至连续两次称重的差异不超过 5mg 为止。根据减失的重量，计算供试品中含水量（%）。本法适用于不含或少含挥发性成分的药品。结果见表 7-3-2。

表 7-3-2　不同加工工艺板蓝根样品水分含量测定

编号	含量（%）	编号	含量（%）	编号	含量（%）	编号	含量（%）
A1	13.43	B1	8.36	C1	11.92	D1	6.47
A2	11.96	B2	8.18	C2	7.57	D2	7.71
A3	12.25	B3	7.14	C3	11.60	D3	8.65
A4	10.69	B4	12.46	C4	8.07	D4	14.75
A5	9.02	B5	14.29	C5	8.87	D5	12.37
A6	9.28	B6	13.79	C6	8.07	D6	14.12
A7	9.48	B7	13.25	C7	8.27	D7	12.77
A8	9.26	B8	14.40	C8	7.38	D8	15.06
A9	10.34	B9	13.17	C9	8.13	D9	13.64
A10	12.27	B10	8.36	C10	10.51	D10	11.01
A11	14.25	B11	12.14	C11	11.41	D11	10.65
A12	12.43	B12	7.60	C12	9.79	D12	9.96
A13	14.92	B13	8.68	C13	9.44	D13	11.41
A14	10.83	B14	9.45	C14	10.53	D14	9.57
平均值	11.46	平均值	10.81	平均值	9.40	平均值	11.3

3.2　总灰分

测定用的供试品粉碎，使能通过 2 号筛，混合均匀后，取供试品 2～3g（如测定酸不溶性灰分，可取供试品 3～5g），置炽灼至恒重的坩埚中，称定重量（准确至 0.01g），缓缓炽热，注意避免燃烧，至完全炭化时，逐渐升高温度至 500～600℃，使完全灰化并至恒重。根据残渣重量，计算供试品中总灰分的含量（%）。如供试品不易灰化，可将坩埚放冷，加热水或 10% 硝酸铵溶液 2ml，使残渣湿润，然后置水浴上蒸干，残渣照前法炽灼，至坩埚内容物完全灰化。结果见表 7-3-3。

3.3　酸不溶性灰分

取上项所得的灰分，在坩埚中小心加入稀盐酸约 10ml，用表面皿覆盖坩埚，置水浴上加热 10min，表面皿用热水 5ml 冲洗，洗液并入坩埚中，用无灰滤纸滤过，坩埚内的残渣用水洗于滤纸上，并洗涤至洗液不显氯化物反应为止。滤渣连同滤纸移置同一坩埚中，干燥，炽灼至恒重。根据残渣重量，计算供试品中酸不溶性灰分。结果见表 7-3-3。

表 7-3-3 不同加工工艺板蓝根样品总灰分和酸不溶性灰分含量测定

编号	总灰分（%）	酸不溶性灰分（%）	编号	总灰分（%）	酸不溶性灰分（%）	编号	总灰分（%）	酸不溶性灰分（%）	编号	总灰分（%）	酸不溶性灰分（%）
A1	4.35	0.69	B1	4.31	0.66	C1	4.37	0.61	D1	4.29	0.59
A2	4.26	0.23	B2	4.28	0.28	C2	4.31	0.25	D2	4.28	0.21
A3	4.78	0.34	B3	4.61	0.31	C3	4.81	0.33	D3	4.73	0.38
A4	4.23	0.17	B4	4.37	0.18	C4	4.32	0.20	D4	4.23	0.16
A5	5.23	0.27	B5	5.36	0.26	C5	5.27	0.23	D5	5.16	0.27
A6	3.68	0.04	B6	3.87	0.08	C6	3.78	0.06	D6	3.67	0.05
A7	4.51	0.37	B7	4.70	0.40	C7	4.44	0.35	D7	4.53	0.33
A8	4.89	0.05	B8	4.80	0.06	C8	4.76	0.04	D8	4.96	0.08
A9	3.56	0.46	B9	3.75	0.41	C9	3.47	0.37	D9	3.66	0.45
A10	4.34	0.57	B10	4.25	0.55	C10	4.41	0.58	D10	4.28	0.51
A11	3.38	0.49	B11	3.57	0.48	C11	3.54	0.44	D11	3.45	0.41
A12	4.56	0.69	B12	4.37	0.66	C12	4.45	0.70	D12	4.51	0.62
A13	3.70	0.40	B13	3.81	0.44	C13	3.85	0.41	D13	3.71	0.45
A14	3.92	0.40	B14	3.87	0.42	C14	3.89	0.44	D14	3.87	0.41
平均值	4.24	0.37	平均值	4.28	0.37	平均值	4.26	0.36	平均值	4.24	0.35

3.4 农药残留含量检测

3.4.1 板蓝根药材农药残留量检测

3.4.1.1 仪器与试药

（1）仪器：TDZ4-WS 台式低速自动平衡离心机（长沙湘智离心机仪器有限公司），IKA RV10 Basic 旋转蒸发仪（广州仪科实验室技术有限公司），隔膜真空泵（天津市津腾实验设备有限公司），ZHP-Y2102F 双层恒温摇床（金坛市盛蓝仪器制造有限公司），安捷伦 GC 7890A（美国安捷伦），电子天平（上海浦春计量仪器有限公司，千分之一）。

（2）试剂：丙酮（国药集团化学试剂有限公司，AR，批号 20170411），氯化钠（天津市科密欧化学试剂有限公司，AR，批号 20160527），硫酸（洛阳市化学试剂有限公司，AR，批号 160503），正己烷（色谱纯），娃哈哈纯净水，艾氏剂（批号 GSB05-2320-2016，中国食品药品检定研究院），*α*-BHC（批号 GSB05-2276-2016，中国食品药品检定研究院），*β*-BHC（批号 GSB05-2277-2016，中国食品药品检定研究院），γ-BHC（批号 GSB05-2278-2016，中国食品药品检定研究院），*δ*-BHC（批号 GSB05-2279-2016，中国食品药品检定研究院），*p*，*p*′-DDE（批号 GSB05-2280-2016，中国食品药品检定研究院），*p*，*p*′-DDD（批号 GSB05-2282-2016，中国食品药品检定研究院），*o*，*p*′-DDT（批号 GSB05-2281-2016，中国食品药品检定研究院），*p*，*p*′-DDT（批号 GSB05-2283-2016，中国食品药品检定研究院），五氯硝基苯（批号 GSB05-1845-2016，中国食品药品检定研究院），六氯苯（批号 GSB05-1846-2016，中国食品药品检定研究院），七氯（批号 GSB05-2316-2016，中国食品药品检定研究院），环氧七氯（批号

GSB05-380-2017，中国食品药品检定研究院），顺式氯丹（批号 SB05-064-2008，中国食品药品检定研究院），反式氯丹（批号 SB05-065-2008，中国食品药品检定研究院），氧化氯丹（批号 SB05-380-2017，中国食品药品检定研究院）。

（3）药材样本信息（表 7-3-4）。

表 7-3-4 板蓝根药材农药残留样本信息

编号	来源	户主姓名	重量（kg）	收集时间	产地
1	大庆新华电厂	刘新民	1	2017.10	黑龙江
2	大庆新华电厂	毛海芝	1	2017.10	黑龙江
3	大庆新华电厂	张玉山	1	2017.10	黑龙江
4	齐齐哈尔时雨村	徐广全	1	2017.10	黑龙江
5	齐齐哈尔时雨村	王刚	1	2017.10	黑龙江
6	大庆民强村	王金祥	1	2017.10	黑龙江
7	大庆民强村	李宝林	1	2017.10	黑龙江
8	大庆民强村	高文军	1	2017.10	黑龙江
9	安徽济人药业	180103	1	2018.3	黑龙江
10	安徽济人药业	171103	1	2018.3	黑龙江
11	安徽济人药业	171203	1	2018.3	黑龙江

3.4.1.2 方法

（1）色谱条件：柱温 70℃持续 1min，然后以 6℃/min 持续升温，直到 240℃保持 11min，进样口温度 270℃，压力 4.455Psi，流速 53.80ml/min，隔垫吹扫流量：3.0ml/min，前检测器（ECD）温度 300℃，尾吹流量 30.00ml/min，后检测器（FPD）温度 39℃，燃气流量 0.017ml/min；实用气流量 0.255ml/min；尾吹流量 30.00ml/min。

（2）对照品贮备溶液的制备：精密称取六六六（BHC）（*α*-BHC，*β*-BHC，*γ*-BHC，*δ*-BHC）、滴滴涕（DDT）（*p*，*p*′-DDE，*p*，*p*′-DDD，*o*，*p*′-DDT，*p*，*p*′-DDT）、五氯硝基苯（PCNB）、六氯苯、七氯（七氯、环氧七氯）、艾氏剂及氯丹（顺式氯丹、反式氯丹、氧化氯丹）农药对照品适量，用正己烷分别制成每 1ml 约含 10μg/ml 的溶液，即得。

混合对照品贮备溶液的制备：精密量取上述各对照品贮备液 1.0ml，置 10ml 量瓶中，用正己烷稀释至刻度，摇匀，即得。

混合对照品溶液的制备：精密量取上述混合对照品贮备液，用正己烷制成每 1L 分别含 10μg、20μg、40μg、60μg、80μg 的溶液，即得。

（3）供试品溶液的制备：取 500～600g 药材粉碎，使之尽量成粉状。称取试样约 20.0g，加水约 17ml（视其水分含量加水，使总水量约 20ml），加丙酮 40ml，振荡 30min，加氯化钠 6g，摇匀。再加正己烷 30ml，振荡 30min，静置分层后，取上清液 7ml 于旋转蒸发瓶中浓缩至近干，以正己烷定容成 5ml，加浓硫酸 0.5ml 净化，振摇 0.5min，若液体不清继续磺化。最后于 3000r/min 离心 5min，取上清液进行 GC 分析。

（4）线性关系（表 7-3-5、图 7-3-15）。

表 7-3-5 各标准品线性关系一览表

成分	线性关系	相关系数 R
六氯苯	Y=380.26333X–309.22065	0.99972
α-BHC	Y=469.02410X–969.19349	0.99894
β-BHC	Y=175.48232X–160.68075	0.99956
γ-BHC	Y=441.52182X–777.58479	0.99917
δ-BHC	Y=413.85237X–812.69618	0.99905
p，p'-DDE	Y=344.51424X–901.23884	0.99692
p，p'-DDD	Y=236.44256X–448.17084	0.99878
o，p'-DDT	Y=206.04555X–218.37560	0.99955
p，p'-DDT	Y=224.00357X–420.59624	0.99863
五氯硝基苯	Y=348.41671X–244.57111	0.99971
六氯苯	Y=380.26333X–309.22065	0.99972
七氯	Y=398.99897X–556.33343	0.99932
艾氏剂	Y=393.57741X–671.42147	0.99928
氧化氯丹	Y=268.37482X–214.06965	0.99980
环氧七氯	Y=374.91746X–551.76987	0.99838
反氯丹	Y=347.64750X–545.75433	0.99920
顺氯丹	Y=340.35358X–450.67779	0.99942

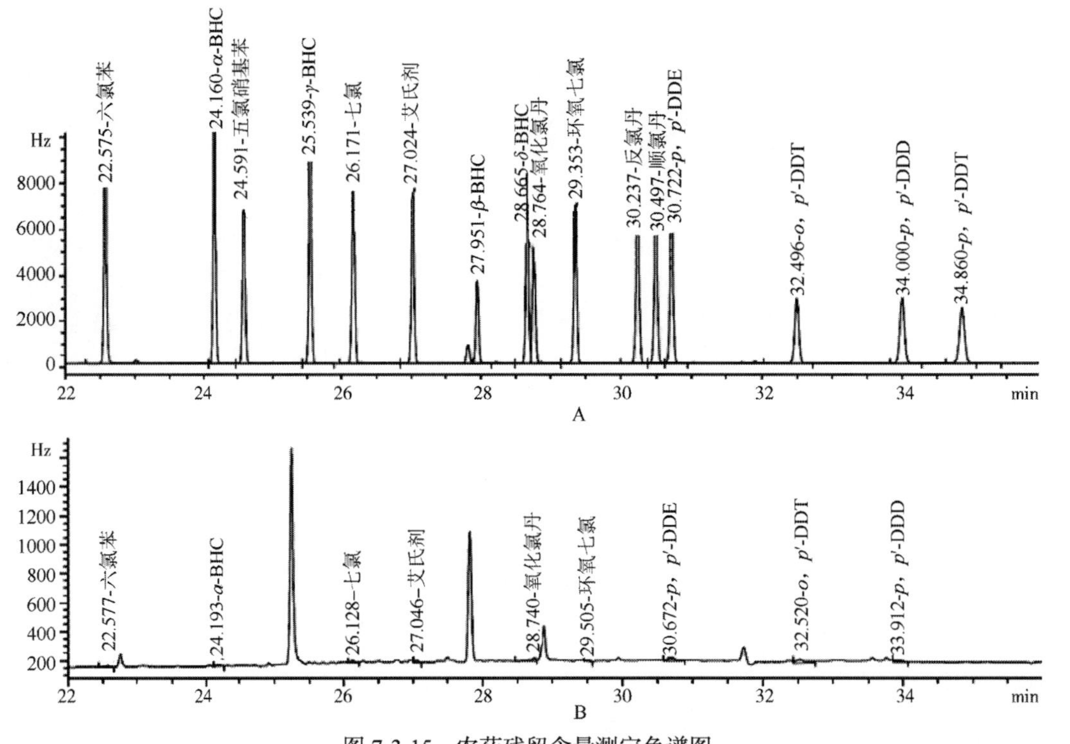

图 7-3-15 农药残留含量测定色谱图

A. 不同标准品气相色谱图；B. 样品气相色谱图

3.4.1.3 板蓝根药材农药残留线性关系结果（表 7-3-6）

表 7-3-6　板蓝根药材农药残留线性关系结果

编号	称样量（g）	α-BHC（mg/kg）	β-BHC（mg/kg）	γ-BHC（mg/kg）	δ-BHC（mg/kg）	p，p'-DDE（mg/kg）	p，p'-DDD（mg/kg）	o，p'-DDT（mg/kg）	p，p'-DDT（mg/kg）	五氯硝基苯（mg/kg）	六氯苯（mg/kg）	七氯（mg/kg）	环氧七氯（mg/kg）	艾氏剂（mg/kg）	顺式氯丹（mg/kg）	反式氯丹（mg/kg）	氧化氯丹（mg/kg）
1	20.03	0.0055	0.0029	0	0	0.0078	0	0.0055	0	0.0026	0.0024	0	0.004	0.0055	0	0	0.0029
2	20.071	0.0062	0.0029	0.0047	0	0.0086	0	0.0036	0	0	0.003	0.0038	0.0043	0.0049	0.0041	0	0.003
3	20.049	0.0059	0	0.0046	0	0.0085	0.0063	0.0079	0	0.0026	0.0028	0.0037	0.0042	0.0046	0.004	0	0.003
4	20.094	0.006	0	0	0	0.0082	0	0.0059	0	0	0	0.0047	0.004	0.005	0.004	0	0.0028
5	20.101	0	0	0.0049	0	0.0076	0	0.0044	0	0.0025	0	0.0039	0	0.005	0	0	0.0029
6	20.082	0	0	0.0048	0	0.0074	0	0.0052	0	0	0	0	0.004	0.0049	0	0	0.0025
7	20.075	0	0	0	0	0.0076	0	0.0043	0	0	0.0032	0.004	0.0042	0.005	0	0	0.0026
8	20.142	0.0056	0.0031	0	0	0.0077	0	0.0072	0	0.0026	0.0024	0.0041	0.0041	0.005	0	0	0.0028
9	20.036	0	0	0	0	0.0077	0	0.0087	0	0.0023	0	0.0052	0.0042	0.0049	0	0	0.003
10	20.031	0	0	0	0	0.0074	0	0.0057	0	0	0.003	0.005	0.004	0.0048	0	0	0.0025
11	20.073	0.0054	0.0029	0	0	0.0076	0.0058	0.0041	0	0	0.003	0.0056	0	0.0049	0	0	0.0026

通过对数据进行分析，初步规定：每 1kg 板蓝根药材中含总六六六（α-BHC，β-BHC，γ-BHC，δ-BHC 之和）不得过 0.2mg；总滴滴涕（p，p'-DDE，p，p'-DDD，o，p'-DDT，p，p'-DDT 之和）不得过 0.2mg；五氯硝基苯不得过 0.1mg；六氯苯不得过 0.1mg；艾氏剂不得过 0.02mg；七氯不得过 0.006mg；环氧七氯不得过 0.05mg；顺式氯丹不得过 0.005mg；反式氯丹不得过 0.001mg；氧化氯丹不得过 0.004mg。

3.4.2 饮片农药残留量检测

3.4.2.1 饮片样本信息（表 7-3-7）

表 7-3-7 板蓝根饮片样本信息

编号	来源	户主姓名	重量（kg）	收集时间	产地
1	大庆市新华电厂	刘新民	0.5	2018.3	黑龙江
2	大庆市新华电厂	毛海芝	0.5	2018.3	黑龙江
3	大庆市新华电厂	张玉山	0.5	2018.3	黑龙江
4	齐齐哈尔时雨村	徐广全	0.5	2018.3	黑龙江
5	齐齐哈尔时雨村	王刚	0.5	2018.3	黑龙江
6	大庆市民强村	王金祥	0.5	2018.3	黑龙江
7	大庆市民强村	李宝林	0.5	2018.3	黑龙江
8	大庆市民强村	高文军	0.5	2018.3	黑龙江

3.4.2.2 板蓝根饮片农药残留含量检测结果

板蓝根饮片农药残留含量检测结果见表 7-3-8。

通过对数据进行分析，初步规定：每 1kg 板蓝根饮片中含总六六六（α-BHC，β-BHC，γ-BHC，δ-BHC 之和）不得过 0.2mg；总滴滴涕（p，p'-DDE，p，p'-DDD，o，p'-DDT，p，p'-DDT 之和）不得过 0.2mg；五氯硝基苯不得过 0.1mg；六氯苯不得过 0.1mg；艾氏剂不得过 0.02mg；七氯不得过 0.006mg；环氧七氯不得过 0.05mg；顺式氯丹不得过 0.005mg；反式氯丹不得过 0.001mg；氧化氯丹不得过 0.004mg。

3.5 重金属含量测定

3.5.1 板蓝根药材重金属含量测定

3.5.1.1 仪器与试药

（1）仪器：VB24PLus 智能样品处理器（LabTech），MA093 微波消解仪（MILESTONE），sartorius 电子天平（BSA224S），AgiLent TechnoLogies GTA 原子吸收分光光度计（240FS AA&240Z AA）。

（2）试剂：30%过氧化氢（上海沃凯生物技术有限公司，AR，批号 20170804），浓硝酸（上海沃凯生物技术有限公司，GR，批号 20171130），硫脲试剂（AR，国药集团），硼氢化钾（AR，国药集团），铜（批号 GSB04-1725-2004，中国食品药品检定研究院），汞（批号 GSB04-1729-2004，中国食品药品检定研究院），镉（批号 GSB04-1721-2004，中国食品药品检定研究院），砷（批号 GSB04-1714-2004，中国食品药品检定研究院），铅（批号 GSB04-1725-2004，中国食品药品检定研究院），娃哈哈纯净水。

表 7-3-8　板蓝根饮片农药残留含量检测结果

编号	称样量（g）	α-BHC（mg/kg）	β-BHC（mg/kg）	γ-BHC（mg/kg）	δ-BHC（mg/kg）	p，p′-DDE（mg/kg）	p，p′-DDD（mg/kg）	o，p′-DDT（mg/kg）	p，p′-DDT（mg/kg）	五氯硝基苯（mg/kg）	六氯苯（mg/kg）	七氯（mg/kg）	环氧七氯（mg/kg）	艾氏剂（mg/kg）	顺式氯丹（mg/kg）	反式氯丹（mg/kg）	氧化氯丹（mg/kg）
1	20.022	0.0068	0.0031	0.0047	0	0.0073	0.0062	0.0080	0	0	0.0027	0.0044	0.0040	0.0050	0	0	0.0027
2	20.016	0.0062	0.0029	0.0047	0	0.0086	0	0.0036	0	0	0.0030	0.0038	0.0044	0.0049	0.0041	0	0.0030
3	20.046	0.0059	0	0.0046	0	0.0085	0.0064	0.0079	0	0.0026	0.0028	0.0037	0.0042	0.0046	0.0040	0	0.0030
4	20.088	0.0055	0	0	0	0.0079	0	0	0	0	0.0028	0.0041	0	0.0051	0	0	0.0026
5	20.085	0.0080	0	0.0051	0	0.0086	0.0058	0.0139	0	0.0036	0.0029	0.0042	0.0040	0.0046	0.0042	0	0.0028
6	20.022	0.0056	0	0.0046	0	0.0088	0.00065	0.0081	0	0.0027	0.0029	0.0039	0.0041	0.0046	0.0042	0	0.0034
7	20.015	0.0057	0	0.0046	0	0.0085	0.0059	0.0049	0	0	0.0030	0	0	0.0050	0.0046	0	0.0028
8	20.015	0.0058	0	0.0054	0.0053	0.0086	0.0087	0.0037	0	0.0025	0.0031	0.0040	0	0.0046	0.0045	0	0.0040

（3）板蓝根药材样本信息（表 7-3-9）。

表 7-3-9　板蓝根药材样本信息

编号	来源	户主姓名	重量（kg）	收集时间	产地
1	大庆新华电厂	刘新民	1	2017.10	黑龙江
2	大庆新华电厂	毛海芝	1	2017.10	黑龙江
3	大庆新华电厂	张玉山	1	2017.10	黑龙江
4	齐齐哈尔时雨村	徐广全	1	2017.10	黑龙江
5	齐齐哈尔时雨村	王刚	1	2017.10	黑龙江
6	大庆民强村	王金祥	1	2017.10	黑龙江
7	大庆民强村	李宝林	1	2017.10	黑龙江
8	大庆民强村	高文军	1	2017.10	黑龙江
9	安徽济人药业	180103	1	2018.3	黑龙江
10	安徽济人药业	171103	1	2018.3	黑龙江
11	安徽济人药业	171203	1	2018.3	黑龙江

3.5.1.2　供试品溶液的制备

称取 0.5g 试样于消解罐内罐中，加入浓硝酸 8ml，30%过氧化氢 2ml，盖上盖子，放置过夜。次日将装有供试品的内罐套上外罐，放入微波消解仪中，按照微波消解仪的操作过程消解完毕后取出，将消解罐内罐放电热板上加热驱酸，至无黄烟溢出，取下，放凉。用 2%硝酸定量转移并定容至 25ml，同时做空白对照。

（1）铜标准试液制备：吸取 1.0ml 铜标准溶液，置于 1000ml 容量瓶中，加 2%硝酸稀释至刻度。如此多次稀释成每毫升含 0.2μg、0.4μg、0.6μg、0.8μg、1.0μg 铜的标准吸收液。

仪器条件：波长 324.7nm，狭缝 0.2nm，灯电流 4mA，火焰检测器检测。

标准曲线绘制：吸取上面配制的铜标准试液 0.2μg/ml、0.4μg/ml、0.6μg/ml、0.8μg/ml、1.0μg/ml，注入火焰检测器，测得吸光度值并求得吸光度值与浓度的一元线性回归方程。

试样测定：分别吸取试样液和空白液注入火焰检测器，测得其吸光度值，代入标准系列的一元线性回归方程中求得试样液中铜的含量。

（2）汞标准使用液的制备：吸取 1.0ml 汞标准溶液，置于 1000ml 容量瓶中，加 2%硝酸稀释至刻度。如此多次稀释成每毫升含 2.0ng、4.0ng、6.0ng、8.0ng、10.0ng 汞的标准吸收液。

仪器条件：波长 253.6nm，狭缝 0.5nm，灯电流 4mA，氢化物发生装置。

标准曲线绘制：吸取上面配制的汞标准使用液 2.0μg/L、4.0μg/L、6.0μg/L、8.0μg/L、10.0μg/L，注入氢化物发生装置，测得吸光度值并求得吸光度值与浓度关系的一元线性回归方程。

试样测定：分别吸取试样液和空白液注入火焰检测器，测得其吸光度值，代入标准系列的一元线性回归方程中求得试样液中汞的含量。

（3）镉标准使用液的制备：吸取 1.0ml 镉标准溶液，置于 1000ml 容量瓶中，加 2%硝酸稀释至刻度。如此多次稀释成每毫升含 2.0μg、4.0μg、6.0μg、8.0μg、10.0μg 镉的标准吸收液。

仪器条件：波长 228.8nm，狭缝 0.5nm，灯电流 4mA，干燥温度 100℃持续 10s，灰化温度 600℃持续 20s，原子化温度 1800℃持续 3s，背景校正为氘灯。

标准曲线绘制：吸取上面配制的镉标准吸收液 2.0μg/ml、4.0μg/ml、6.0μg/ml、8.0μg/ml、10.0μg/ml，注入石墨炉，测得吸光度值并求得吸光度值与浓度关系的一元线性回归方程。

试样测定：分别吸取供试样液和空白液各 10μl，注入石墨炉，测得其吸光度值，代入标准系列的一元线性回归方程中求得试样液中镉的含量。

（4）砷标准使用液的制备：吸取 1.0ml 砷标准溶液，置于 1000ml 容量瓶中，加 2%硝酸稀释至刻度，如此多次稀释成每毫升含 5.0ng、10.0ng、15.0ng、20.0ng、25.0ng 砷的标准吸收液。

仪器条件：波长 193.7nm，狭缝 0.5nm，灯电流 10mA，氢化物发生装置。

标准曲线绘制：吸取上面配制的砷标准使用液 5.0μg/L、10.0μg/L、15.0μg/L、20.0μg/L、25.0μg/L，注入氢化物发生装置，测得吸光度值并求得吸光度值与浓度关系的一元线性回归方程。

试样测定：分别吸取试样液和空白液注入氢化物发生装置，测得其吸光度值，代入标准系列的一元线性回归方程中求得试样液中砷的含量。

（5）铅标准使用液的制备：吸取 1.0ml 砷标准溶液，置于 1000ml 容量瓶中，加 2%硝酸稀释至刻度。如此多次稀释成每毫升含 10.0ng、20.0ng、30.0ng、40.0ng、50.0ng 铅的标准吸收液。

仪器条件：波长 283.3nm，狭缝 0.5nm，灯电流 10mA，干燥温度 100℃持续 10s，灰化温度 600℃持续 20s，原子化温度 2100℃持续 3s，背景校正为氘灯。

标准曲线绘制：吸取上面配制的铅标准使用液 10.0ng/ml、20.0ng/ml、30.0ng/ml、40.0ng/ml、50.0ng/ml 各 10μl，注入石墨炉，测得吸光度值并求得吸光度值与浓度关系的一元线性回归方程。

试样测定：分别吸取试样液和空白液各 10μl，注入石墨炉，测得其吸光度值，代入标准系列的一元线性回归方程中求得试样液中铅的含量（表 7-3-10）。

表 7-3-10 各成分线性关系

成分	线性关系	相关系数 R
铜	Y=0.0853X+0.0006	1
汞	Y=0.012X–0.0042	0.9973
镉	Y=0.1533X+0.0201	0.9989
砷	Y=0.0138X+0.0499	0.9958
铅	Y=0.009X+0.0044	0.9992

3.5.1.3 板蓝根药材重金属含量测定结果

不同产地板蓝根药材重金属含量测定结果见表 7-3-11。

表 7-3-11 不同产地板蓝根药材重金属含量测定

样品	铜（mg/kg）	汞（mg/kg）	镉（mg/kg）	砷（mg/kg）	铅（mg/kg）
1	5.495	0.007	0.096	0.028	0.450
2	5.542	0.006	0.052	0.049	0.523
3	3.281	0.006	0.061	0.027	0.318
4	4.280	0.004	0.083	0.010	0.303
5	4.527	0.003	0.157	0.037	0.457
6	5.306	0.004	0.110	0.035	0.536
7	6.233	0.007	0.056	0.080	0.668
8	5.763	0.004	0.074	0.071	0.662
9	5.404	0.002	0.054	0.073	0.542
10	5.219	0.004	0.115	0.061	0.525
11	5.455	0.002	0.072	0.081	0.501

通过对数据进行分析，规定：铜（Cu）含量不得过 20mg/kg；汞（Hg）含量不得过 0.2mg/kg；镉（Cd）含量不得过 0.3mg/kg；砷（As）含量不得过 2mg/kg；铅（Pb）含量不得过 5mg/kg。

3.5.2 板蓝根饮片重金属含量测定

3.5.2.1 板蓝根饮片采集信息

板蓝根饮片信息见表 7-3-12。

表 7-3-12 板蓝根饮片样本信息

编号	来源	户主姓名	重量（kg）	收集时间	产地
1	大庆新华电厂	刘新民	0.5	2018.3	黑龙江
2	大庆新华电厂	毛海芝	0.5	2018.3	黑龙江
3	大庆新华电厂	张玉山	0.5	2018.3	黑龙江
4	齐齐哈尔时雨村	徐广全	0.5	2018.3	黑龙江
5	齐齐哈尔时雨村	王刚	0.5	2018.3	黑龙江
6	大庆民强村	王金祥	0.5	2018.3	黑龙江
7	大庆民强村	李宝林	0.5	2018.3	黑龙江
8	大庆民强村	高文军	0.5	2018.3	黑龙江

3.5.2.2 板蓝根饮片重金属含量检测结果

板蓝根饮片重金属含量检测结果见表 7-3-13。

通过对数据进行分析，规定板蓝根饮片重金属：铜（Cu）含量不得过 20mg/kg；汞（Hg）含量不得过 0.2mg/kg；镉（Cd）含量不得过 0.3mg/kg；砷（As）含量不得过 2mg/kg；铅（Pb）含量不得过 5mg/kg。

表 7-3-13 板蓝根饮片重金属含量检测结果

样品	铜（mg/kg）	汞（mg/kg）	镉（mg/kg）	砷（mg/kg）	铅（mg/kg）
1	4.645	0.001	0.082	0.042	0.39
2	4.523	0.004	0.05	0.039	0.443
3	4.182	0.003	0.062	0.026	0.321
4	3.396	0.005	0.15	0.051	0.306
5	3.055	0.004	0.106	0.018	0.357
6	4.036	0.005	0.091	0.054	0.436
7	4.02	0.003	0.056	0.063	0.517
8	4.919	0.005	0.069	0.078	0.491

4. 浸出物测定

测定用的供试品需粉碎，使能通过 2 号筛，并混合均匀。取供试品 2～4g，精密称定，置 100～250ml 锥形瓶中，精密加乙醇 50～100ml，密塞，称定重量，静置 1h 后，连接回流冷凝管，加热至沸腾，并保持微沸 1h。放冷后，取下锥形瓶，密塞，再称定重量，用乙醇补足减失的重量，摇匀，用干燥滤器滤过，精密量取滤液 25ml，置已干燥至恒重的蒸发皿中，在水浴上蒸干后，于 105℃干燥 3h，置干燥器中冷却 30min，迅速精密称定重量。除另有规定外，以干燥品计算供试品中醇溶性浸出物的含量（%）（表 7-3-14）。

表 7-3-14　不同加工工艺板蓝根样品浸出物含量测定

编号	浸出物含量（%）	编号	浸出物含量(%）	编号	浸出物含量（%）	编号	浸出物含量（%）
A1	37.06	B1	35.02	C1	32.22	D1	29.07
A2	35.20	B2	32.56	C2	28.80	D2	31.39
A3	30.82	B3	28.40	C3	23.35	D3	25.43
A4	38.05	B4	31.42	C4	35.37	D4	32.76
A5	42.89	B5	33.87	C5	37.67	D5	36.16
A6	36.98	B6	31.76	C6	36.24	D6	27.86
A7	37.60	B7	31.68	C7	37.65	D7	22.51
A8	32.16	B8	28.34	C8	33.16	D8	27.22
A9	35.25	B9	30.52	C9	32.58	D9	30.61
A10	44.90	B10	42.61	C10	47.56	D10	43.26
A11	47.64	B11	48.01	C11	49.89	D11	44.16
A12	51.62	B12	40.63	C12	44.19	D12	41.55
A13	37.78	B13	43.50	C13	50.82	D13	47.90
A14	46.06	B14	43.98	C14	44.99	D14	32.08
平均值	39.57	平均值	35.88	平均值	38.18	平均值	33.71

5. 指纹图谱

5.1　仪器与试药

5.1.1　仪器

赛默飞戴安 U3000(LPG-3400SDN 二元泵，DAD-3000 检测器），可调可用电炉单联 1000W（沪兴电热电器厂），Sartorius BSA224S 万分之一电子天平[赛多利斯科学仪器（北京）有限公司]，Sartorius ME5 百万分之一电子天平（德国 Sartorius 公司）。

5.1.2　试剂

乙腈（色谱级）；磷酸（分析纯）；水为娃哈哈纯净水。

5.1.3　药材

样品见表 7-3-1。

5.2　方法与结果

5.2.1　供试品制备

取本品粉末（过 4 号筛）约 1g，精密称定，置圆底烧瓶中，精密加入水 50ml，称定重量，沸水浴回流提取 2h，放冷，再称定重量，用水补足减失的重量，摇匀，滤过，取续滤液，即得。

5.2.2 色谱条件优化

板蓝根指纹图谱的建立是在结合文献的基础上，选择乙腈和0.02%磷酸水作为流动相，在此基础上，通过改变流动相的比例及柱温、波长等条件，从而建立板蓝根指纹图谱。

5.2.2.1 流动相比例的确定

（1）流速0.8ml/min，柱温30℃，进样量10μl，波长220nm（表7-3-15、图7-3-16）。

表7-3-15 梯度洗脱程序（1）

时间（min）	乙腈（%）	0.02%磷酸水（%）
0	0	100
40	10	90
60	40	60
90	70	30
120	70	30

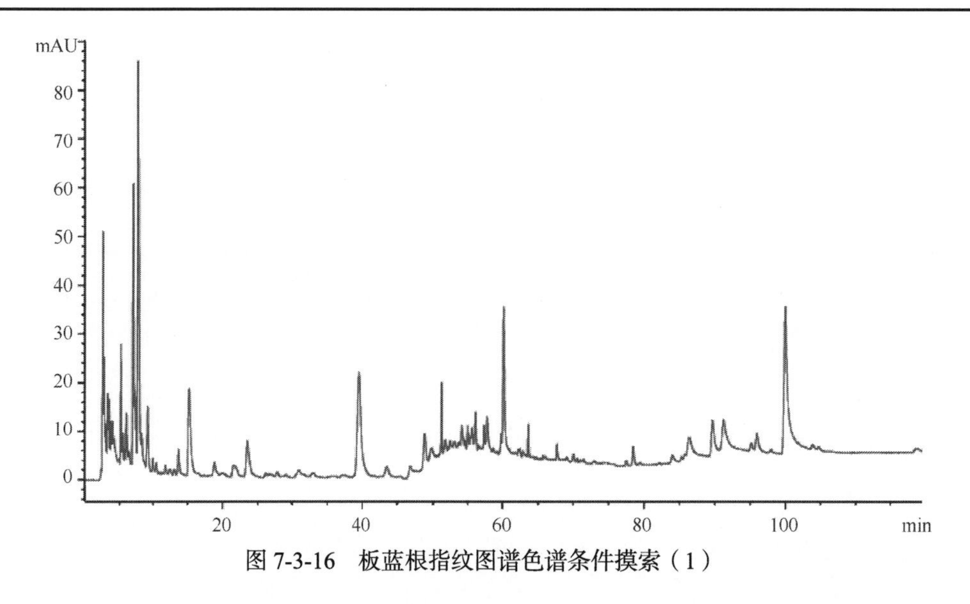

图7-3-16 板蓝根指纹图谱色谱条件摸索（1）

（2）流速0.8ml/min，柱温30℃，进样量10μl，波长220nm（表7-3-16、图7-3-17）。

表7-3-16 梯度洗脱程序（2）

时间（min）	乙腈（%）	0.02%磷酸水（%）
0	0	100
5	0	100
35	20	80
50	40	60
90	70	30
120	70	30

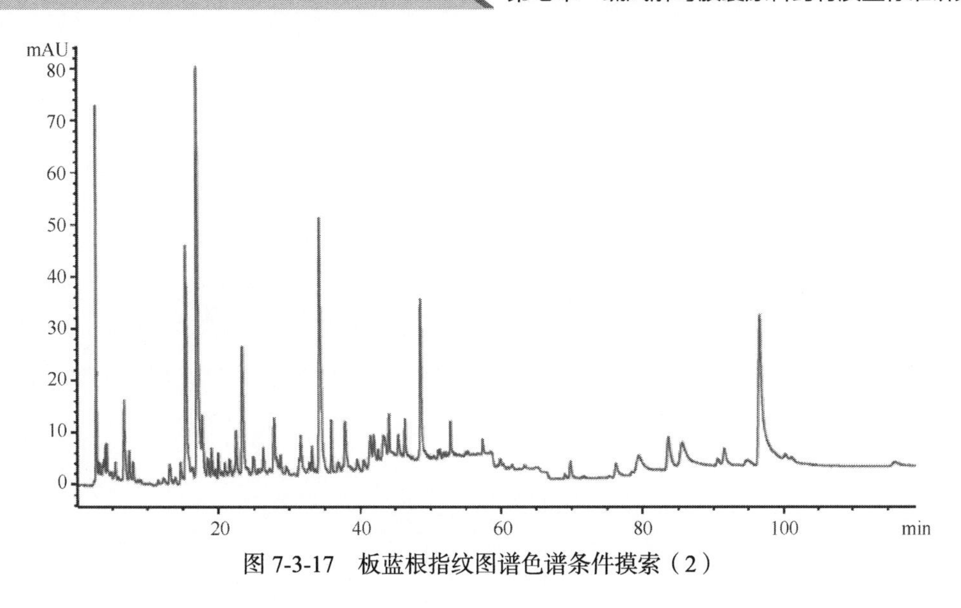

图 7-3-17　板蓝根指纹图谱色谱条件摸索（2）

（3）流速 0.8ml/min，柱温 30℃，进样量 10μl，波长 220nm（表 7-3-17、图 7-3-18）。

表 7-3-17　梯度洗脱程序（3）

时间（min）	乙腈（%）	0.02%磷酸水（%）
0	2	98
35	20	80
50	40	60
75	73	27
100	73	27

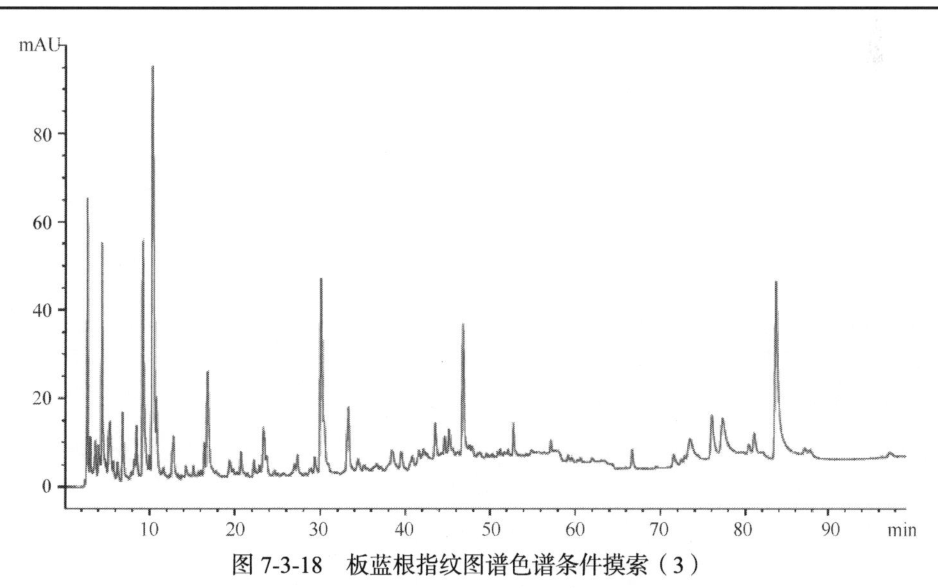

图 7-3-18　板蓝根指纹图谱色谱条件摸索（3）

（4）流速 0.8ml/min，柱温 35℃，进样量 10μl，波长 220nm（表 7-3-18、图 7-3-19）。

表 7-3-18　梯度洗脱程序（4）

时间（min）	乙腈（%）	0.02%磷酸水（%）
0	2	98
35	20	80
50	40	60
75	73	27
100	73	27

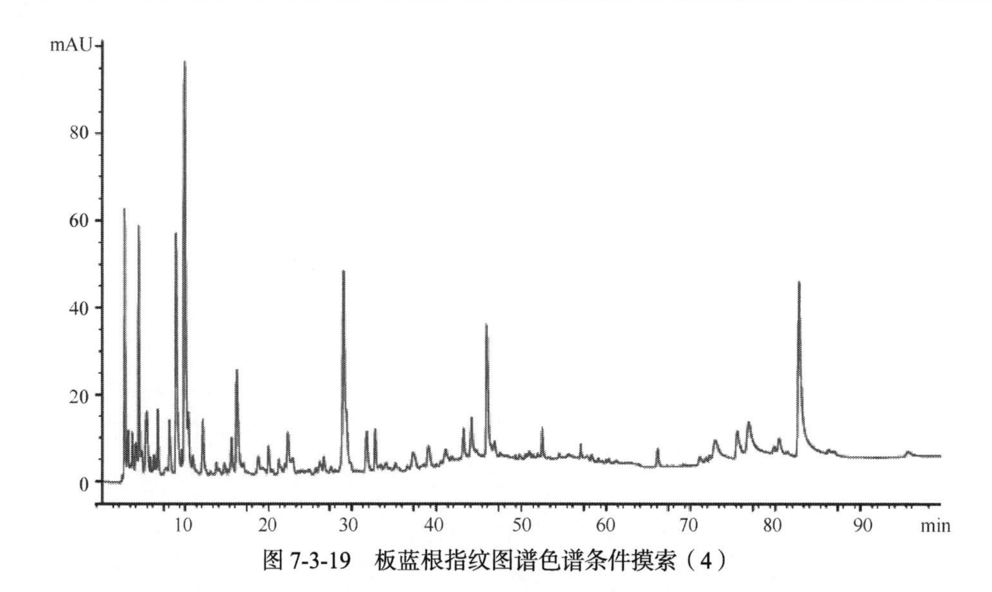

图 7-3-19　板蓝根指纹图谱色谱条件摸索（4）

总结：根据峰数量的多少，选择出峰数量最多的（4）的液相色谱条件。

5.2.2.2　最佳波长的确定

（1）220nm 波长下（图 7-3-20）。

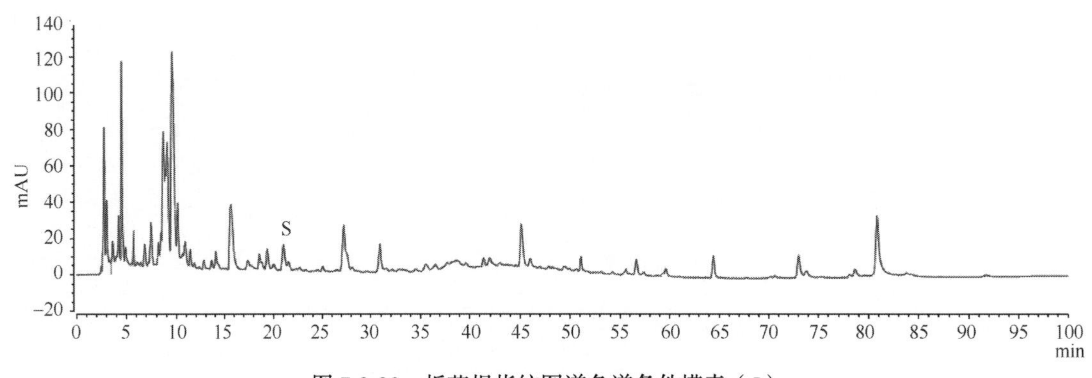

图 7-3-20　板蓝根指纹图谱色谱条件摸索（5）

（2）230nm 波长下（图 7-3-21）。

（3）245nm 波长下（图 7-3-22）。

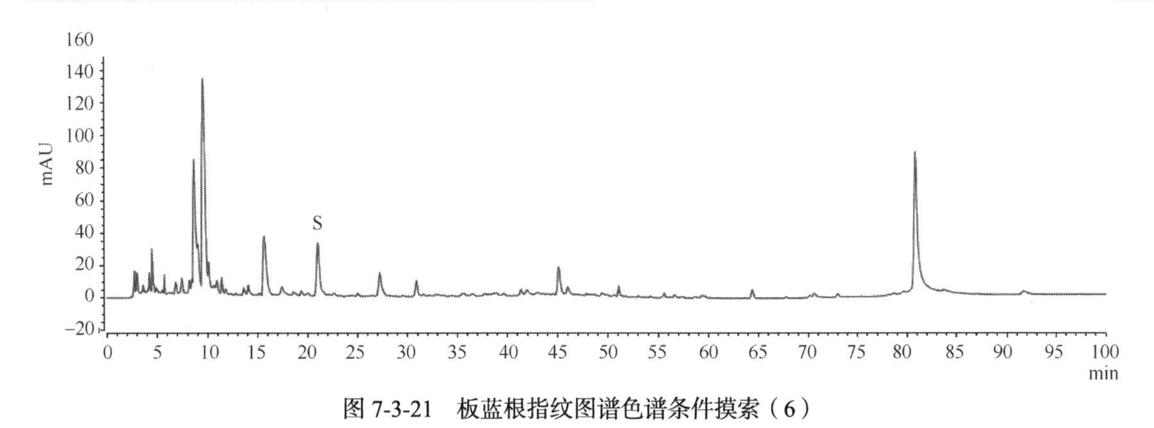

图 7-3-21　板蓝根指纹图谱色谱条件摸索（6）

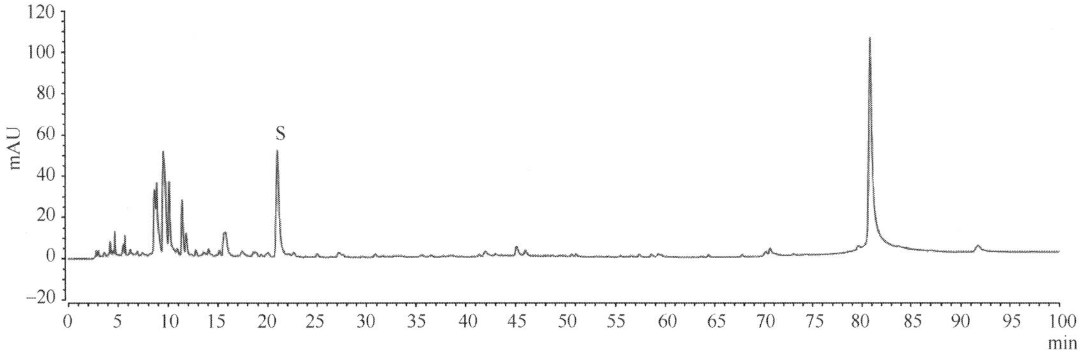

图 7-3-22　板蓝根指纹图谱色谱条件摸索（7）

总结：根据目标峰（S）的峰形及出峰数量的多少，选择波长为 230nm。

5.2.3　色谱条件确定

Venusi MP C_{18}（250mm×4.6mm，5μm）色谱柱，流动相为乙腈和 0.02%磷酸水，梯度洗脱程序见表 7-3-19，流速 0.8ml/min，检测波长 230nm，柱温 35℃，进样量 10μl。

表 7-3-19　梯度洗脱程序（5）

时间（min）	乙腈（%）	0.02%磷酸水（%）
0	2	98
35	20	80
50	40	60
75	73	27
100	73	27

5.2.4　方法学考察

5.2.4.1　精密度考察

取板蓝根药材，按“5.2.1”制备供试液，连续进样 6 次，按“5.2.3”色谱条件检测，测定色谱图，以 3 号峰的保留时间和色谱峰面积为参照，计算各色谱峰的相对保留时间和相对峰面积（表 7-3-20、表 7-3-21、图 7-2-23）。

表 7-3-20 精密度试验—相对保留时间（n=6）

峰号	编号						RSD（%）
	1	2	3	4	5	6	
峰 1	0.1754	0.1753	0.1754	0.1752	0.1754	0.1752	0.0452
峰 2	0.6014	0.6014	0.6010	0.6016	0.6015	0.6015	0.0339
峰 3	1.0000	1.0000	1.0000	1.0000	1.0000	1.0000	0.0000
峰 4	1.2899	1.2899	1.2900	1.2899	1.2896	1.2899	0.0106
峰 5	1.4709	1.4707	1.4708	1.4706	1.4701	1.4702	0.0227
峰 6	1.8525	1.8525	1.8525	1.8519	1.8519	1.8524	0.0184
峰 7	2.1994	2.2032	2.2023	2.2026	2.2021	2.2009	0.0639
峰 8	3.3809	3.3801	3.3809	3.3814	3.3803	3.3808	0.0139
峰 9	3.8130	3.8114	3.8130	3.8134	3.8118	3.8119	0.0217
峰 10	3.9876	3.9857	3.9866	3.9955	3.9935	3.9954	0.1148
峰 11	4.3695	4.3696	4.3691	4.3699	4.3681	4.3686	0.0154

表 7-3-21 精密度试验—相对峰面积（n=6）

峰号	编号						RSD（%）
	1	2	3	4	5	6	
峰 1	0.1562	0.1544	0.1556	0.1571	0.1681	0.1558	3.2236
峰 2	0.1418	0.1510	0.1404	0.1424	0.1483	0.1445	2.8473
峰 3	1.0000	1.0000	1.0000	1.0000	1.0000	1.0000	0.0000
峰 4	2.2686	2.2361	2.2866	2.1137	2.1509	2.2940	3.3907
峰 5	0.5467	0.5475	0.4912	0.5287	0.5252	0.5646	4.7502
峰 6	0.1414	0.1436	0.1348	0.1419	0.1393	0.1443	2.4556
峰 7	0.0996	0.0915	0.0959	0.0917	0.0999	0.0964	3.8184
峰 8	0.2159	0.2401	0.2173	0.2240	0.2165	0.2104	4.7327
峰 9	0.4722	0.5148	0.4728	0.4895	0.4710	0.4462	4.7790
峰 10	0.1146	0.1145	0.1254	0.1124	0.1192	0.1186	3.9906
峰 11	0.2918	0.3087	0.2951	0.3006	0.2906	0.2935	2.302

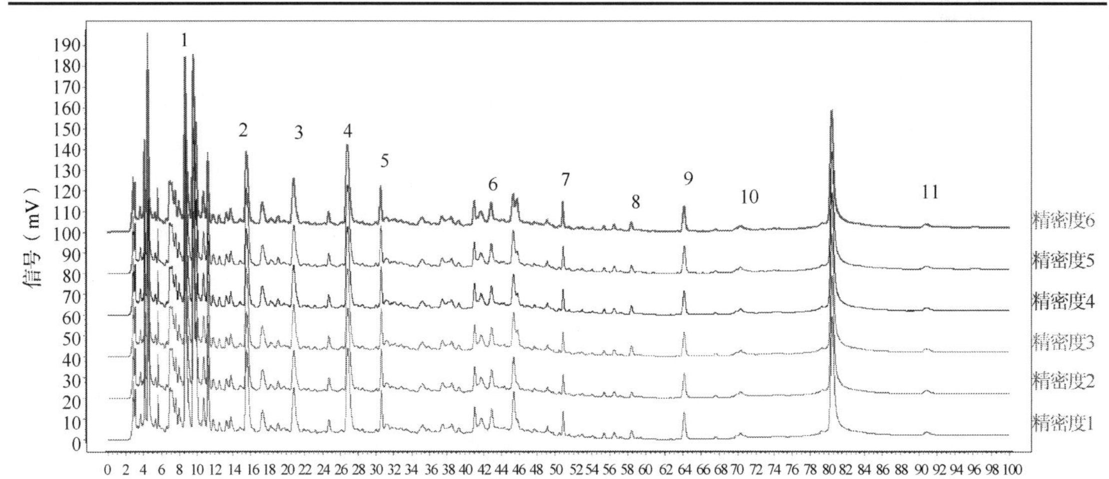

图 7-3-23 精密度指纹图谱匹配图

5.2.4.2 重复性考察

取板蓝根药材 6 份，按“5.2.1”制备供试液，分别进样 1 次，按“5.2.3”色谱条件检测，以 3 号峰的保留时间和色谱峰面积为参照，计算各色谱峰的相对保留时间和相对峰面积（表 7-2-22、表 7-2-23、图 7-2-24）。

表 7-3-22 重复性试验—相对保留时间（n=6）

峰号	编号						RSD（%）
	1	2	3	4	5	6	
峰 1	0.1754	0.1754	0.1754	0.1754	0.1753	0.1753	0.0188
峰 2	0.6017	0.6013	0.6013	0.6019	0.6018	0.6014	0.0422
峰 3	1.0000	1.0000	1.0000	1.0000	1.0000	1.0000	0.0000
峰 4	1.2898	1.2902	1.2899	1.2901	1.2901	1.2898	0.0144
峰 5	1.4705	1.4705	1.4707	1.4709	1.4708	1.4705	0.0102
峰 6	1.8532	1.8527	1.8527	1.8532	1.8528	1.8529	0.0117
峰 7	2.2043	2.2041	2.2040	2.2038	2.2032	2.2035	0.0185
峰 8	3.3808	3.3811	3.3809	3.3808	3.3798	3.3806	0.0134
峰 9	3.8122	3.8120	3.8122	3.8124	3.8110	3.8124	0.0140
峰 10	3.9959	3.9901	3.9875	3.9985	3.9880	3.9952	0.1148
峰 11	4.3700	4.3689	4.3710	4.3703	4.3686	4.3694	0.0210

表 7-3-23 重复性试验—相对峰面积（n=6）

峰号	编号						RSD（%）
	1	2	3	4	5	6	
峰 1	0.1852	0.1821	0.1836	0.1844	0.1850	0.1814	0.8524
峰 2	0.1378	0.1363	0.1385	0.1395	0.1374	0.1311	2.1754
峰 3	1.0000	1.0000	1.0000	1.0000	1.0000	1.0000	0.0000
峰 4	1.6289	1.6203	1.6670	1.6223	1.6189	1.6761	1.5664
峰 5	0.3639	0.3655	0.4022	0.3625	0.3604	0.3670	4.2722
峰 6	0.1373	0.1387	0.1304	0.1347	0.1397	0.1346	2.4982
峰 7	0.2506	0.2536	0.2521	0.2565	0.2543	0.2509	0.8889
峰 8	0.1875	0.1876	0.1851	0.1856	0.1855	0.1870	0.595
峰 9	0.2619	0.2650	0.2688	0.2735	0.2667	0.2770	2.0766
峰 10	0.1186	0.1143	0.1184	0.1136	0.1157	0.1154	1.7922
峰 11	0.2538	0.2520	0.2563	0.2547	0.2436	0.2551	1.8325

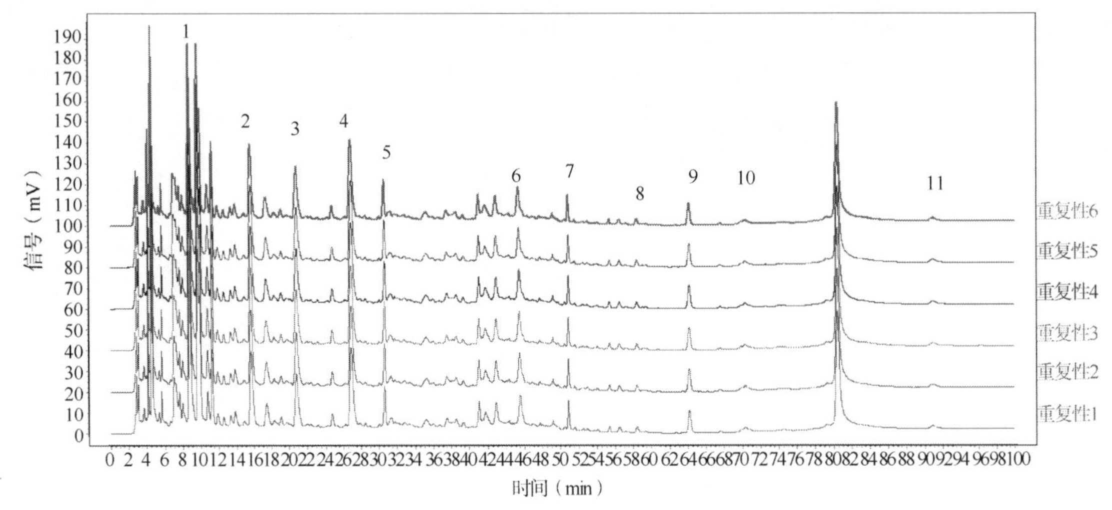

图 7-3-24　重复性指纹图谱匹配图

5.2.4.3　稳定性考察

取板蓝根药材，按“5.2.1”制备供试液，分别于 0h、2h、4h、8h、12h、24h 分别进样，按“5.2.3”色谱条件检测，以 3 号峰的保留时间和色谱峰面积为参照，计算各色谱峰的相对保留时间和相对峰面积（表 7-3-24、表 7-3-25、图 7-3-25）。

表 7-3-24　稳定性试验—相对保留时间（n=6）

峰号	编号						RSD（%）
	1	2	3	4	5	6	
峰 1	0.1750	0.1754	0.1754	0.1754	0.1753	0.1753	0.0860
峰 2	0.6023	0.6013	0.6013	0.6019	0.6018	0.6014	0.0634
峰 3	1.0000	1.0000	1.0000	1.0000	1.0000	1.0000	0.0000
峰 4	1.2898	1.2902	1.2899	1.2901	1.2901	1.2898	0.0143
峰 5	1.4705	1.4705	1.4707	1.4709	1.4708	1.4705	0.0105
峰 6	1.8530	1.8527	1.8527	1.8532	1.8528	1.8529	0.0103
峰 7	2.2037	2.2041	2.2040	2.2038	2.2032	2.2035	0.0150
峰 8	3.3803	3.3811	3.3809	3.3808	3.3798	3.3806	0.0140
峰 9	3.8119	3.8120	3.8122	3.8124	3.8110	3.8124	0.0138
峰 10	3.9973	3.9901	3.9875	3.9985	3.9880	3.9952	0.1205
峰 11	4.3700	4.3689	4.3710	4.3703	4.3686	4.3694	0.0211

表 7-3-25　稳定性试验—相对峰面积（n=6）

峰号	编号						RSD（%）
	1	2	3	4	5	6	
峰 1	0.1502	0.1521	0.1536	0.1544	0.1550	0.1514	1.2153
峰 2	0.1088	0.1063	0.1085	0.1095	0.1074	0.1011	2.8737
峰 3	1.0000	1.0000	1.0000	1.0000	1.0000	1.0000	0.0000
峰 4	1.6690	1.7203	1.6670	1.6223	1.6189	1.6761	2.2677
峰 5	0.4000	0.4055	0.4022	0.3825	0.3804	0.3970	2.6809
峰 6	0.0850	0.0887	0.0804	0.0847	0.0897	0.0846	3.8994
峰 7	0.0730	0.0736	0.0721	0.0765	0.0743	0.0709	2.6253
峰 8	0.1852	0.1676	0.1851	0.1856	0.1855	0.1870	4.0575
峰 9	0.2658	0.2650	0.2688	0.2735	0.2667	0.2770	1.7759
峰 10	0.1148	0.1143	0.1184	0.1136	0.1157	0.1154	1.4445
峰 11	0.2500	0.2520	0.2563	0.2547	0.2436	0.2551	1.8615

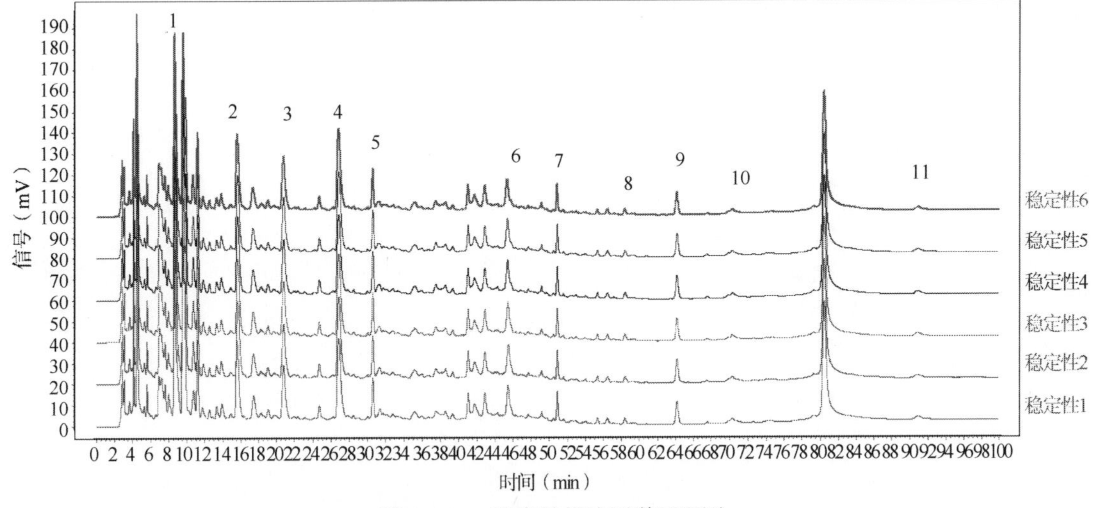

图 7-3-25 稳定性指纹图谱匹配图

5.3 不同加工方式板蓝根样品指纹图谱的建立

5.3.1 板蓝根晒干药材指纹图谱

将板蓝根晒干药材 A1～A14 按“5.2.1”制备供试品溶液，并分别按照“5.2.3”色谱条件进行检测，得到 A1～A14 供试品的 HPLC 色谱图，将 14 批 HPLC 色谱图导入“中药指纹图谱相似度评价系统”，以 A1 为参照图谱，时间宽度为 1min，选取单个峰面积大于全部峰面积 0.2%的色谱峰，以平均数法进行匹配，生成对照图谱，对照图谱记为 AR，匹配图谱见图 7-3-26，并对图谱进行相似度计算，相似度见表 7-3-26。板蓝根晒干药材共有峰 11 个，依据图 7-3-27 混合对照品的保留时间，指认其中的 2 个成分。由于 81min 左右产生一个溶剂峰，将其舍去，特征共有峰 10 个。

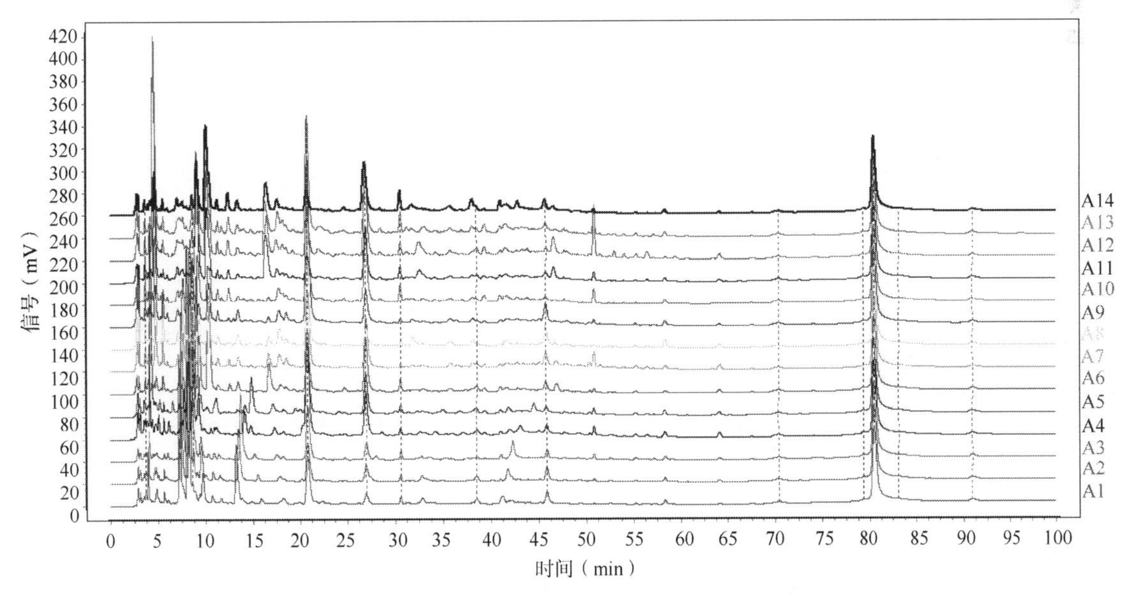

图 7-3-26 A1～A14 板蓝根晒干药材 HPLC 色谱匹配图

表 7-3-26 板蓝根晒干药材指纹图谱相似度

板蓝根晒干药材	相似度
A1	0.956
A2	0.921
A3	0.987
A4	0.943
A5	0.902
A6	0.948
A7	0.909
A8	0.904
A9	0.967
A10	0.917
A11	0.940
A12	0.973
A13	0.951
A14	0.933

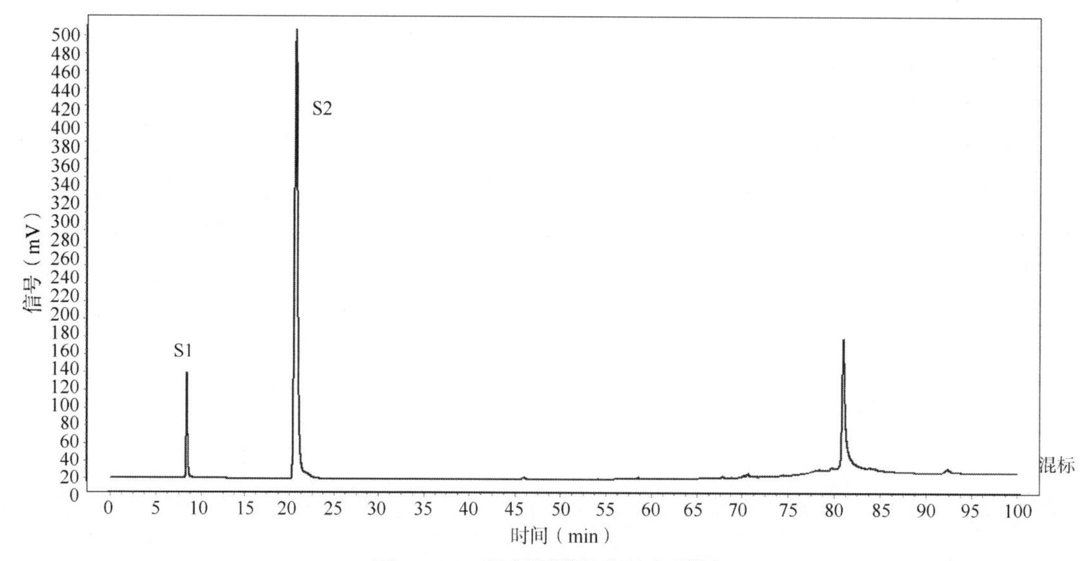

图 7-3-27 特征图谱的指认色谱图

注：S1. 腺苷；S2.（*R*，*S*）-告依春

5.3.2 板蓝根晒干药材切制饮片指纹图谱

将板蓝根晒干药材切制饮片 B1～B14 按“5.2.1”制备供试品溶液，并分别按照“5.2.3”色谱条件进行检测，得到 B1～B14 供试品的 HPLC 色谱图，将 14 批 HPLC 色谱图导入“中药指纹图谱相似度评价系统”，以 B1 为参照图谱，时间宽度为 1min，选取单个峰面积大于全部峰面积 0.2%的色谱峰，以平均数法进行匹配，生成对照图谱，对照图谱记为 AR，匹配图谱见图 7-3-28，并对图谱进行相似度计算，相似度见表 7-3-27。板蓝根晒干药材切制成饮片共有峰 24 个，依据图 7-3-27 混合对照品的保留时间，指认其中的 2 个成分。由于 81min 左右产生一个溶剂峰，将其舍去，共故特征共有峰 23 个。

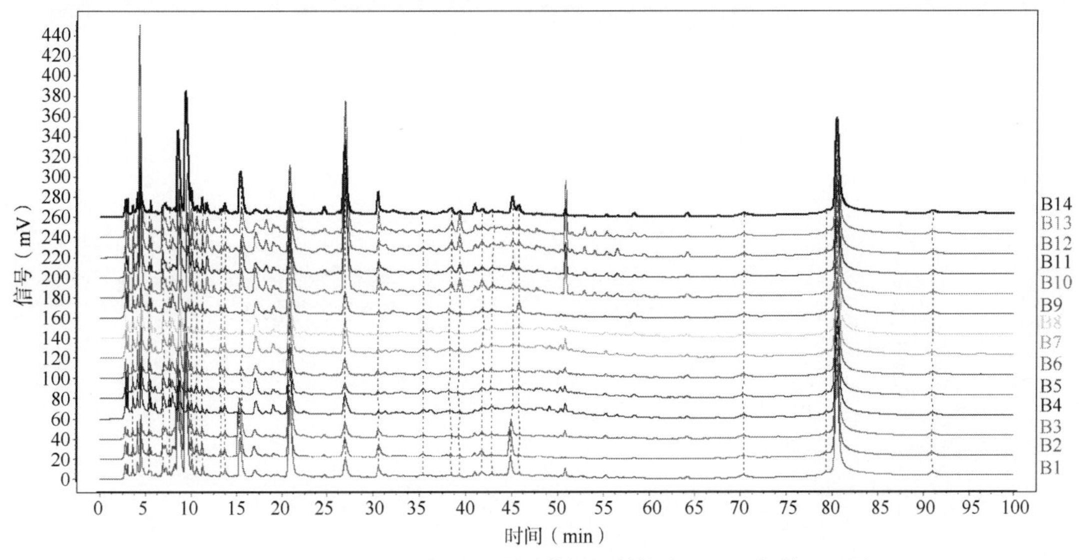

图 7-3-28　B1～B14 板蓝根晒干药材切制饮片 HPLC 色谱匹配图

表 7-3-27　板蓝根晒干药材切制饮片指纹图谱相似度

板蓝根晒干药材切制成饮片	相似度
B1	0.993
B2	0.964
B3	0.979
B4	0.942
B5	0.931
B6	0.932
B7	0.929
B8	0.915
B9	0.934
B10	0.996
B11	0.995
B12	0.948
B13	0.943
B14	0.909

5.3.3　板蓝根烘干药材指纹图谱

将板蓝根烘干药材 C1～C14 按“5.2.1”制备供试品溶液，并分别按照“5.2.3”色谱条件进行检测，得到 C1～C14 的 HPLC 色谱图，将 14 批 HPLC 色谱图导入“中药指纹图谱相似度评价系统”，以 C1 为参照图谱，时间宽度为 1min，选取单个峰面积大于全部峰面积 0.2%的色谱峰，以平均数法进行匹配，生成对照图谱，对照图谱记为 AR，匹配图谱见图 7-3-29，并对图谱进行相似度计算，相似度见表 7-3-28。板蓝根烘干药材共有峰 37 个，依据图 2-25 混合对照品的保留时间，指认其中的 2 个成分。由于 81min 左右产生一个溶剂峰，将其舍去，共故特征共有峰 36 个。

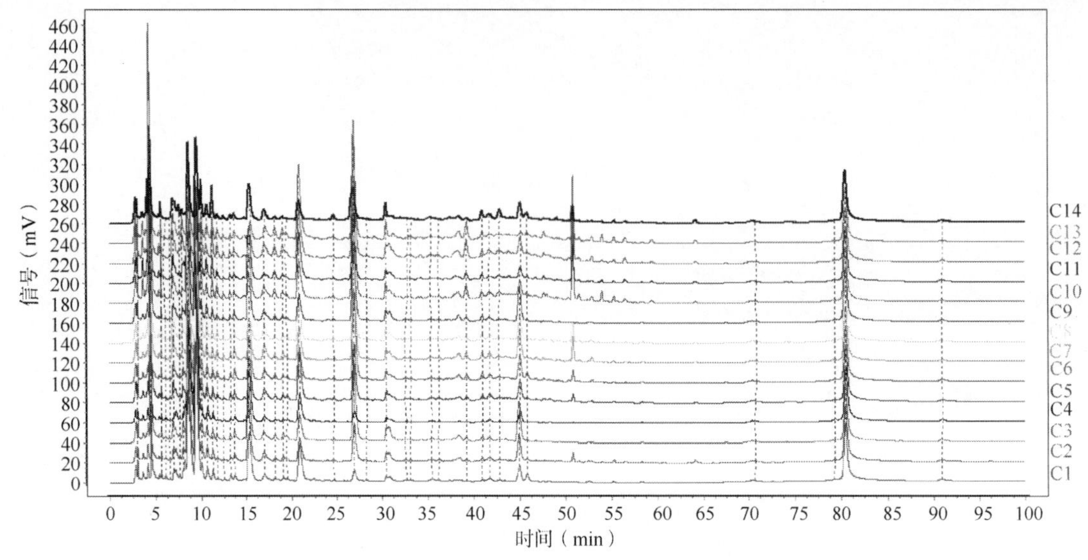

图 7-3-29　C1～C14 板蓝根烘干药材 HPLC 色谱图匹配图

表 7-3-28　板蓝根烘干药材指纹图谱相似度

板蓝根烘干药材	相似度
C1	0.910
C2	0.906
C3	0.943
C4	0.985
C5	0.934
C6	0.947
C7	0.951
C8	0.968
C9	0.935
C10	0.940
C11	0.949
C12	0.981
C13	0.900
C14	0.926

5.3.4　板蓝根烘干药材切制成饮片指纹图谱

将板蓝根烘干药材制成饮片 D1～D14 按“5.2.1”制备供试品溶液，并分别按照“5.2.3”色谱条件进行检测，得到 D1～D14 的 HPLC 色谱图，将 14 批 HPLC 色谱图导入“中药指纹图谱相似度评价系统”，以 D1 为参照图谱，时间宽度为 1min，选取单个峰面积大于全部峰面积 0.2%的色谱峰，以平均数法进行匹配，生成对照图谱，对照图谱记为 AR，匹配图谱见图 7-3-30，并对图谱进行相似度计算，相似度见表 7-3-29。

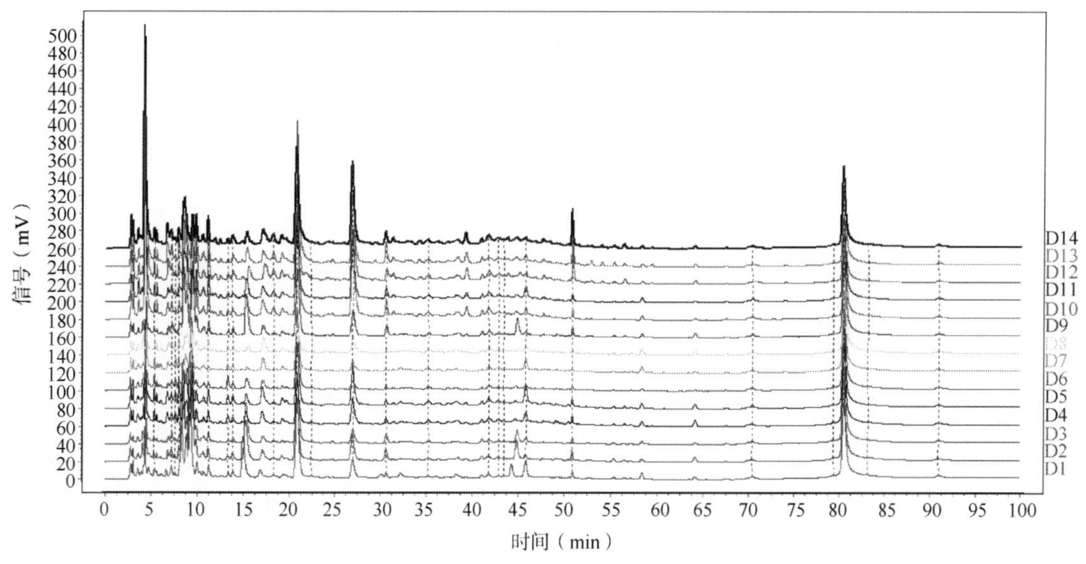

图 7-3-30　D1～D14 板蓝根烘干药材切制成饮片 HPLC 色谱图匹配图

表 7-3-29　板蓝根烘干药材切制成饮片指纹图谱相似度

板蓝根烘干药材切制成饮片	相似度
D1	0.967
D2	0.941
D3	0.923
D4	0.952
D5	0.957
D6	0.925
D7	0.922
D8	0.914
D9	0.947
D10	0.949
D11	0.958
D12	0.965
D13	0.906
D14	0.993

5.3.5　不同加工方式对板蓝根样品指纹图谱影响

本实验将晒干药材作为标杆，将 B1～B14、C1～C14 及 D1～D14 HPLC 指纹图谱与 A1～A14 的对照图谱 AR 进行相似度比较，并将此相似度与 A1～A14 相对于 AR 的相似度进行比较，并进行统计学分析（表 7-3-30）。

表 7-3-30　不同加工方式板蓝根样品指纹图谱相似度

晒干药材	相似度	晒干药材切制成饮片	相似度	烘干药材	相似度	烘干药材切制成饮片	相似度
A1	0.956	B1	0.992	C1	0.903	D1	0.966
A2	0.921	B2	0.967	C2	0.932	D2	0.943
A3	0.987	B3	0.979	C3	0.954	D3	0.928
A4	0.943	B4	0.942	C4	0..979	D4	0.943
A5	0.902	B5	0.932	C5	0.957	D5	0.946
A6	0.948	B6	0.933	C6	0.972	D6	0.934
A7	0.909	B7	0.929	C7	0.972	D7	0.926
A8	0.904	B8	0.915	C8	0.980	D8	0.918
A9	0.967	B9	0.935	C9	0.962	D9	0.950
A10	0.917	B10	0.997	C10	0.934	D10	0.928
A11	0.940	B11	0.995	C11	0.945	D11	0.934
A12	0.973	B12	0.947	C12	0.905	D12	0.911
A13	0.951	B13	0.942	C13	0.972	D13	0.956
A14	0.933	B14	0.988	C14	0.931	D14	0.904

以不同加工方式（1：晒干药材；2：晒干药材切制成饮片；3：烘干药材；4：烘干药材切制成饮片）、不同产地（1：黑龙江大庆；2：河北安国；3：安徽亳州）为影响因素，采用析因设计方差分析法，考察不同加工方法及产地对板蓝根样品指纹图谱的影响（表 7-3-31、表 7-3-32）。

表 7-3-31　不同加工方式的板蓝根样品指纹图谱差异

（I）加工方式	（J）加工方式	平均值差值（I–J）	标准误差	显著性	95%置信区间	
					下限	上限
1	2	–0.09586*	0.025491	0	–0.14706	–0.04466
	3	–0.11907*	0.025491	0	–0.17027	–0.06787
	4	–0.07400*	0.025491	0.005	–0.1252	–0.0228
2	1	0.09586*	0.025491	0	0.04466	0.14706
	3	–0.02321	0.025491	0.367	–0.07441	0.02798
	4	0.02186	0.025491	0.395	–0.02934	0.07306
3	1	0.11907*	0.025491	0	0.06787	0.17027
	2	0.02321	0.025491	0.367	–0.02798	0.07441
	4	0.04507	0.025491	0.083	–0.00613	0.09627
4	1	0.07400*	0.025491	0.005	0.0228	0.1252
	2	–0.02186	0.025491	0.395	–0.07306	0.02934
	3	–0.04507	0.025491	0.083	–0.09627	0.00613

1：晒干药材；2：晒干药材切制成饮片；3：烘干药材；4：烘干药材切制成饮片

表 7-3-32　不同产地的板蓝根样品指纹图谱差异

（I）产地	（J）产地	平均值差值（I–J）	标准误差	显著性	95%置信区间	
					下限	上限
1	2	0.02362	0.020264	0.249	–0.01708	0.06432
	3	0.02006	0.035545	0.575	–0.05134	0.09145
2	1	–0.02362	0.020264	0.249	–0.06432	0.01708
	3	–0.00356	0.037701	0.925	–0.07929	0.07216
3	1	–0.02006	0.035545	0.575	–0.09145	0.05134
	2	0.00356	0.037701	0.925	–0.07216	0.07929

1：黑龙江大庆；2：河北安国；3：安徽亳州

由表 7-3-31 中可知，在不同加工方式中，晒干药材组的指纹图谱相似度与晒干药材切制成饮片组、烘干药材组及烘干药材切制成饮片组指纹图谱相似度具有显著性差异（$P=0<0.05$，$P=0<0.05$，$P=0.005<0.05$）。晒干药材切制成饮片组、烘干药材组及烘干药材切制成饮片组之间则没有统计学差异，说明产地加工及炮制工艺对板蓝根样品质量有较大影响。

由表 7-3-32 中可知，在不同产地的板蓝根样品指纹图谱相似度比较中，不同产地的因素，对指纹图谱的影响较小，没有显著性差异，说明产地对板蓝根样品质量没有较大影响。

6. 板蓝根中（*R*，*S*）-告依春、腺苷含量同时测定方法的建立

6.1　供试品制备

同本节“5.2.1”制备供试品溶液。

6.2　对照品溶液的制备

精密称取（*R*，*S*）-告依春、腺苷对照品各 1.322mg、1.254mg 分别置于 5ml、10ml 容量瓶中，加色谱级甲醇定容至刻度，制成（*R*，*S*）-告依春、腺苷的对照品溶液。

6.3　色谱条件

色谱柱：Agilent Eclipse XDB-C_{18}（250mm×4.6mm，5μm）色谱柱；流动相：甲醇-水溶液（15∶85）；检测波长：245nm，柱温：30℃，进样量：10μl（图 7-3-31）。

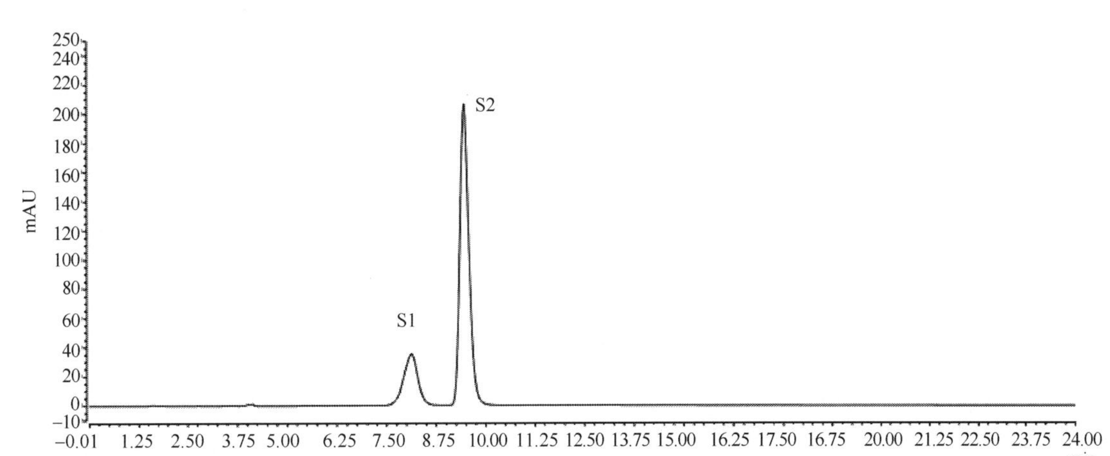

A

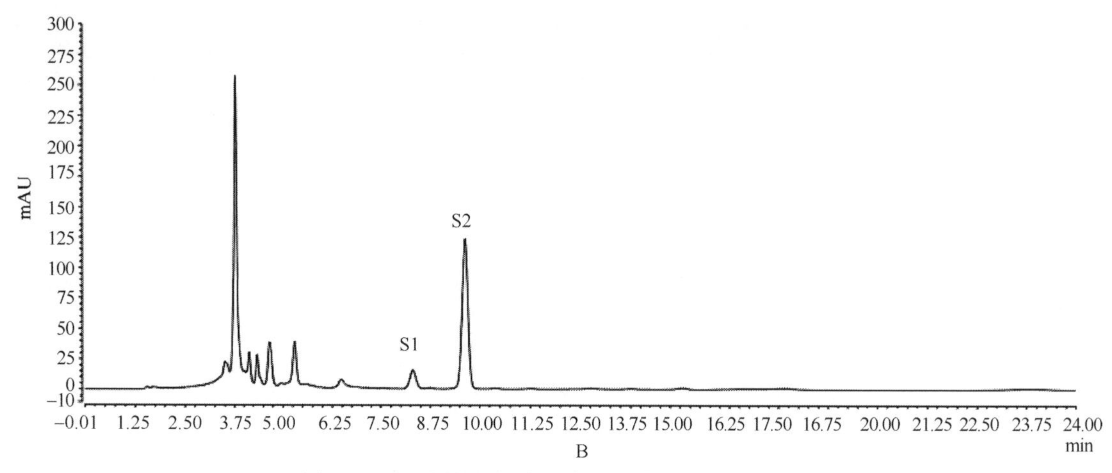

图 7-3-31 对照品（A）和板蓝根样品（B）色谱图

S1：腺苷；S2：（*R*，*S*）-告依春

6.4 方法学考察

6.4.1 线性关系考察

精密称取（*R*，*S*）-告依春、腺苷对照品适量，用甲醇溶解并定容。从储备液中依次将（*R*，*S*）-告依春、腺苷稀释制成浓度分别为 132.2μg/ml、62.7μg/ml，95.4μg/ml、43.89μg/ml，64.778μg/ml、30.6446μg/ml，32.389μg/ml、15.3223μg/ml，4.047μg/ml、1.915μg/ml。以对照品浓度为横坐标，峰面积为纵坐标，绘制标准曲线图，计算回归方程，（*R*，*S*）-告依春：Y=62.77X–104.3，R=0.9994。腺苷：Y=17.676X–7.0089，R=0.9995。结果显示，（*R*，*S*）-告依春、腺苷的浓度分别在 4.047～132.2μg/ml，1.915～62.7μg/ml 时与峰面积呈良好的线性关系（表 7-3-33、图 7-3-32、表 7-3-34、图 7-3-33）。

表 7-3-33 （*R*，*S*）-告依春标准曲线的制作

浓度（μg/ml）	4.047	32.389	64.778	95.4	132.2
峰面积	229.1	1922.8	3890.6	5747	8321.6

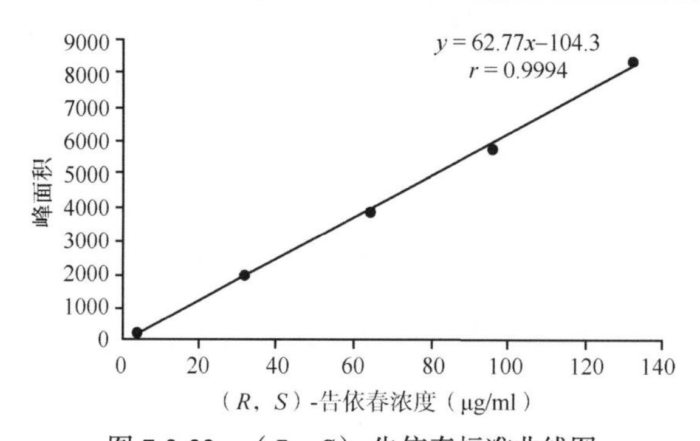

图 7-3-32 （*R*，*S*）-告依春标准曲线图

表 7-3-34 腺苷标准曲线的制作

浓度（μg/ml）	1.915	15.3223	30.6446	43.89	62.7
峰面积	36.5	265.1	513.7	770.1	1110

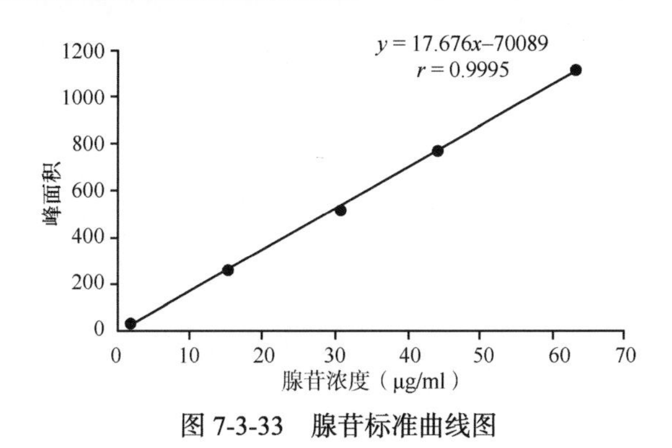

图 7-3-33 腺苷标准曲线图

6.4.2 精密度试验

精密吸取上述混合对照品，在上述色谱条件下，连续进样 6 次，每次 10μl，分别测定峰面积。结果显示，（*R*，*S*）-告依春、腺苷峰面积 RSD 分别为 1.29%、1.31%，表明仪器精密度良好（表 7-3-35）。

表 7-3-35 精密度试验结果

编号	（*R*，*S*）-告依春峰面积	腺苷峰面积
1	3966.4	538.8
2	3874.5	524.7
3	3967.7	538.6
4	3991.9	541.1
5	3884.6	527.3
6	3895.2	529.3
RSD（%）	1.29	1.31

6.4.3 重复性试验

精密称取同一批粉末 6 份，按上述供试品制备的方式进行制备，在上述色谱条件下，进行分析，计算（*R*，*S*）-告依春、腺苷含量的 RSD 值。结果显示，（*R*，*S*）-告依春、腺苷含量 RSD 分别为 1.2%、1.3%，表明该法重复性良好（表 7-3-36）。

表 7-3-36 重复性试验

编号	称样量（g）	（*R*，*S*）-告依春峰面积	（*R*，*S*）-告依春含量（%）	腺苷峰面积	腺苷含量（%）
1	1.0048	1872.8	0.157	519.8	0.148
2	1.0036	1870	0.157	515.9	0.148
3	1.0038	1898.4	0.159	519.0	0.148
4	1.0037	1897.9	0.159	530.9	0.152
5	1.0035	1836.5	0.154	522.4	0.149
6	1.0026	1856.9	0.156	531.7	0.152
RSD（%）			1.2		1.3

6.4.4 稳定性试验

精密吸取同一批板蓝根供试品溶液，室温下放置，分别于 0h，2h，4h，8h，12h，24h 测定，分别记录峰面积。(*R*，*S*) -告依春、腺苷峰面积 RSD 分别为 0.2%、0.7%，表明供试品溶液在 24h 内稳定（表 7-3-37）。

表 7-3-37 稳定性试验

时间（h）	(*R*，*S*) -告依春峰面积	腺苷峰面积
0	2198.7	491
2	2193.8	489.2
4	2192.5	490
8	2194.5	491
12	2199.6	496.4
24	2187.9	497.2
RSD（%）	0.2	0.7

6.4.5 加样回收率试验

精密称取已知含量的板蓝根饮片粉末 0.5g，平行 6 份，按 1∶1 分别加入 (*R*，*S*) -告依春、腺苷对照品，混匀，按上述供试品制备方法进行样品提取，参照上述色谱条件下进行测定，记录峰面积，计算回收率，测定结果显示其 RSD 均小于 3.00%（表 7-3-38）。

表 7-3-38 加样回收率试验

成分	称样量（g）	样品含量（mg）	加入量（mg）	测得量（mg）	回收率（%）	平均加样回收率（%）	RSD（%）
(*R*，*S*) -告依春	0.5002	0.795	0.780	1.585	101.28	98.69	1.65
	0.5001	0.795	0.790	1.578	99.11		
	0.5000	0.795	0.813	1.590	97.79		
	0.5002	0.795	0.792	1.577	98.74		
	0.5002	0.795	0.796	1.582	98.87		
	0.4999	0.795	0.819	1.584	96.34		
腺苷	0.5002	0.765	0.755	1.516	99.47	99.67	1.61
	0.5001	0.765	0.746	1.493	97.59		
	0.5000	0.765	0.742	1.524	102.29		
	0.5002	0.765	0.762	1.516	98.56		
	0.5002	0.765	0.751	1.515	99.87		
	0.4999	0.765	0.748	1.515	100.27		

6.5 不同提取溶剂对板蓝根中（*R*，*S*）-告依春、腺苷含量的影响研究

在企业调研时了解到，疏风解毒胶囊-板蓝根原料药在提取时是采用 70%乙醇进行提取的，而 2015 年版《中国药典》则采用以水为提取溶剂，为比较两种提取溶剂的差别，设计本实验加以说明，具体结果如下所示。

6.5.1 以水作为提取溶剂

6.5.1.1 供试品制备

同本节“6.1”制备方法制备供试品溶液。

6.5.1.2 色谱条件

根据本节“6.3”色谱条件进样。

6.5.1.3 结果

得出不同加工方式板蓝根样品中（*R*，*S*）-告依春和腺苷含量，结果见表 7-3-39。

表 7-3-39 板蓝根水提方式（*R*，*S*）-告依春、腺苷含量结果（*n*=3）

编号	（*R*，*S*）-告依春含量（%）	腺苷（%）	编号	（*R*，*S*）-告依春含量（%）	腺苷（%）	编号	（*R*，*S*）-告依春含量（%）	腺苷（%）	编号	（*R*，*S*）-告依春含量（%）	腺苷（%）
A1	0.074	0.096	B1	0.133	0.105	C1	0.078	0.086	D1	0.136	0.109
A2	0.049	0.106	B2	0.090	0.123	C2	0.086	0.092	D2	0.100	0.119
A3	0.063	0.086	B3	0.103	0.087	C3	0.079	0.074	D3	0.103	0.084
A4	0.060	0.153	B4	0.127	0.098	C4	0.133	0.109	D4	0.128	0.159
A5	0.071	0.143	B5	0.128	0.073	C5	0.098	0.120	D5	0.121	0.158
A6	0.051	0.145	B6	0.125	0.108	C6	0.088	0.102	D6	0.156	0.085
A7	0.059	0.143	B7	0.120	0.093	C7	0.095	0.097	D7	0.116	0.048
A8	0.053	0.155	B8	0.102	0.069	C8	0.104	0.115	D8	0.095	0.106
A9	0.048	0.112	B9	0.135	0.092	C9	0.127	0.106	D9	0.144	0.113
A10	0.175	0.635	B10	0.308	0.283	C10	0.311	0.483	D10	0.227	0.495
A11	0.086	0.501	B11	0.068	0.499	C11	0.227	0.388	D11	0.155	0.543
A12	0.216	0.354	B12	0.129	0.386	C12	0.288	0.228	D12	0.197	0.283
A13	0.286	0.262	B13	0.354	0.245	C13	0.348	0.174	D13	0.297	0.250
A14	0.042	0.295	B14	0.142	0.192	C14	0.146	0.327	D14	0.147	0.172

6.5.1.4 讨论

以不同加工方式（1：晒干药材；2：晒干药材切制成饮片；3：烘干药材；4：烘干药材切制成饮片）、不同产地（1：黑龙江大庆；2：河北安国；3：安徽亳州）为影响因素，采用析因设计方差分析法，考察不同加工方法及产地对板蓝根水提物中（*R*，*S*）-告依春腺苷含量是否具有差异。

由表 7-3-40 可知，在晒干药材组、烘干药材组、晒干药材切制成饮片组、烘干药材切制成饮片组各组差异比较中，腺苷含量的差异并没有显著性差异，故而说明以水作为提取溶剂，不同的加工工艺对板蓝根中腺苷含量的影响并不大。

表 7-3-40 不同加工工艺的板蓝根水提物中腺苷含量差异

（I）不同加工工艺	（J）不同加工工艺	平均差异（I—J）	标准误	显著性系数	95%置信区间	
					下限	上限
1	2	0.05236	0.029097	0.078	–0.00609	0.11080
	3	0.04893	0.029097	0.099	–0.00951	0.10737
	4	0.03300	0.029097	0.262	–0.02544	0.09144
2	1	–0.05236	0.029097	0.078	–0.11080	0.00609

续表

（I）不同加工工艺	（J）不同加工工艺	平均差异（I–J）	标准误	显著性系数	95%置信区间	
					下限	上限
2	3	–0.00343	0.029097	0.907	–0.06187	0.05501
	4	–0.01936	0.029097	0.509	–0.07780	0.03909
3	1	–0.04893	0.029097	0.099	–0.10737	0.00951
	2	0.00343	0.029097	0.907	–0.05501	0.06187
	4	–0.01593	0.029097	0.587	–0.07437	0.04251
4	1	–0.03300	0.029097	0.262	–0.09144	0.02544
	2	0.01936	0.029097	0.509	–0.03909	0.07780
	3	0.01593	0.029097	0.587	–0.04251	0.07437

1：晒干药材；2：晒干药材切制成饮片；3：烘干药材；4：烘干药材切制成饮片

由表 7-3-41 可知，不同产地对板蓝根中腺苷含量有一定的影响，其中河北安国与黑龙江大庆、安徽亳州产的板蓝根中腺苷含量差异具有统计学意义（$P<0.0$），并且黑龙江大庆与安徽亳州产的板蓝根中腺苷的含量也有显著性影响。本实验可以说明，产地因素对板蓝根中腺苷含量的影响还是比较大的，结合表 7-3-39 中的数据可知，河北安国产板蓝根中腺苷含量高于其他两个产地。

表 7-3-41　不同产地的板蓝根水提物中腺苷含量差异

（I）产地	（J）产地	平均差异（I–J）	标准误	显著性系数	95%置信区间	
					下限	上限
1	2	–0.26809*	0.023131	0.000	–0.31455	–0.22163
	3	–0.13903*	0.040574	0.001	–0.22052	–0.05753
2	1	0.26809*	0.023131	0.000	0.22163	0.31455
	3	0.12906*	0.043035	0.004	0.04262	0.21550
3	1	0.13903*	0.040574	0.001	0.05753	0.22052
	2	–0.12906*	0.043035	0.004	–0.21550	–0.04262

1：黑龙江大庆；2：河北安国；3：安徽亳州。*表示有显著性差异

由表 7-3-42 中可知，从不同加工方式制得板蓝根样品（*R*，*S*）-告依春含量的比较中，可以看出烘干药材组、晒干药材切制成饮片组、烘干药材切制成饮片组高于晒干药材组，晒干药材组与其他加工工艺制得的板蓝根样品组中（*R*, *S*）-告依春含量差异有统计学意义（$P<0.05$），烘干药材组、晒干药材切制成饮片组及烘干药材切制成饮片组中（*R*，*S*）-告依春含量之间并没有显著性差异，故本实验说明以水作为提取溶剂，烘干及软化切制工艺能够提升板蓝根中（*R*，*S*）-告依春的含量。

表 7-3-42　不同加工工艺的板蓝根中（*R*，*S*）-告依春含量差异

（I）不同加工工艺	（J）不同加工工艺	平均差异（I–J）	标准误	显著性系数	95%置信区间	
					下限	上限
1	2	–0.05221*	0.018912	0.008	–0.09020	–0.01423
	3	–0.06250*	0.018912	0.002	–0.10049	–0.02451

续表

（I）不同加工工艺	（J）不同加工工艺	平均差异（I–J）	标准误	显著性系数	95%置信区间	
					下限	上限
1	4	–0.05636*	0.018912	0.004	–0.09434	–0.01837
2	1	0.05221*	0.018912	0.008	0.01423	0.09020
	3	–0.01029	0.018912	0.589	–0.04827	0.02770
	4	–0.00414	0.018912	0.827	–0.04213	0.03384
3	1	0.06250*	0.018912	0.002	0.02451	0.10049
	2	0.01029	0.018912	0.589	–0.02770	0.04827
	4	0.00614	0.018912	0.747	–0.03184	0.04413
4	1	0.05636*	0.018912	0.004	0.01837	0.09434
	2	0.00414	0.018912	0.827	–0.03384	0.04213
	3	–0.00614	0.018912	0.747	–0.04413	0.03184

1：晒干药材；2：晒干药材切制成饮片；3：烘干药材；4：烘干药材切制成饮片；*表示有显著性差异

由表 7-3-43 中可知，不同产地对板蓝根中（*R*，*S*）-告依春含量也有影响，其中河北安国与黑龙江大庆、安徽亳州产的板蓝根中（*R*，*S*）-告依春含量差异具有统计学意义（$P<0.05$），而黑龙江大庆和安徽亳州产的板蓝根中（*R*，*S*）-告依春含量没有显著性差异。

表 7-3-43　不同产地的板蓝根中（*R*，*S*）-告依春含量差异

（I）产地	（J）产地	平均差异（I–J）	标准误	显著性系数	95% 置信区间	
					下限	上限
1	2	–0.13011*	0.015034	0.000	–0.16031	–0.09991
	3	–0.01986	0.026372	0.455	–0.07283	0.03311
2	1	0.13011*	0.015034	0.000	0.09991	0.16031
	3	0.11025*	0.027972	0.000	0.05407	0.16643
3	1	0.01986	0.026372	0.455	–0.03311	0.07283
	2	–0.11025*	0.027972	0.000	–0.16643	–0.05407

1：黑龙江大庆；2：河北安国；3：安徽亳州；*表示有显著性差异

6.5.2　*以 70%乙醇作为提取溶剂*

6.5.2.1　供试品的制备

取本品粉末（过 4 号筛）约 1g，精密称定，置圆底烧瓶中，精密加入 70%乙醇 50ml，称定重量，85℃水浴回流提取 2h，放冷，再称定重量，用 70%乙醇补足减失的重量，摇匀，滤过，取续滤液蒸干，残渣用同等体积纯水溶解，即得。

6.5.2.2　色谱条件

根据本节“5.3”色谱条件进样（*R*，*S*）-告依春含量见表 7-3-44。

表 7-3-44 板蓝根醇提（*R*，*S*）-告依春含量结果（*n*=2）

编号	（*R*，*S*）-告依春（%）	编号	（*R*，*S*）-告依春（%）	编号	（*R*，*S*）-告依春（%）	编号	（*R*，*S*）-告依春（%）
A1	0.019	B1	0.076	C1	0.035	D1	0.081
A2	0.013	B2	0.062	C2	0.030	D2	0.076
A3	0.026	B3	0.067	C3	0.027	D3	0.072
A4	0.012	B4	0.09	C4	0.088	D4	0.062
A5	0.024	B5	0.070	C5	0.061	D5	0.081
A6	0.012	B6	0.076	C6	0.045	D6	0.103
A7	0.011	B7	0.072	C7	0.075	D7	0.085
A8	0.017	B8	0.065	C8	0.050	D8	0.086
A9	0.014	B9	0.100	C9	0.166	D9	0.098
A10	0.016	B10	0.082	C10	0.024	D10	0.141
A11	0.019	B11	0.036	C11	0.037	D11	0.095
A12	0.050	B12	0.058	C12	0.090	D12	0.128
A13	0.018	B13	0.04	C13	0.068	D13	0.197
A14	0.007	B14	0.01	C14	0.016	D14	0.012

6.5.2.3 结果

得出不同加工方式板蓝根样品 70%乙醇提取液中（*R*，*S*）-告依春含量，结果见表 7-3-44。（*R*，*S*）-告依春含量的比较可以看出烘干药材组、晒干药材切制成饮片组、烘干药材切制成饮片组高于晒干药材组，并且由表 7-3-45 可知，晒干药材组与其他加工工艺制得的板蓝根样品组中（*R*，*S*）-告依春含量差异有统计学意义（$P<0.05$），烘干药材与烘干药材切制成饮片之间（*R*，*S*）-告依春含量间存在着统计学差异（$P<0.05$），晒干药材切制成饮片组及烘干药材组中（*R*，*S*）-告依春含量之间并没有显著性的差异，故本实验证明了以 70%乙醇作为提取溶剂，烘干及软化切制工艺能够提升板蓝根中（*R*，*S*）-告依春的含量；但在醇提中板蓝根中（*R*，*S*）-告依春含量普遍低于水提液，这与（*R*，*S*）-告依春是水溶性成分有关，其更适合用水进行提取。

6.5.2.4 讨论

以不同加工方式（1：晒干药材；2：晒干药材切制成饮片；3：烘干药材；4：烘干药材切制成饮片）、不同产地（1：黑龙江大庆；2：河北安国；3：安徽亳州）为影响因素，采用析因设计方差分析法，考察不同加工方法及产地板蓝根醇提物中（*R*，*S*）-告依春和腺苷含量是否具有差异。

表 7-3-45 不同加工工艺的板蓝根醇提物中（*R*，*S*）-告依春含量差异

（I）不同加工工艺	（J）不同加工工艺	平均差异（I—J）	标准误	显著性系数	95% 置信区间	
					下限	上限
1	2	–0.04614*	0.010790	0.000	–0.06782	–0.02447
	3	–0.03957*	0.010790	0.001	–0.06124	–0.01790

续表

（I）不同加工工艺	（J）不同加工工艺	平均差异（I—J）	标准误	显著性系数	95% 置信区间	
					下限	上限
1	4	–0.07564*	0.010790	0.000	–0.09732	–0.05397
2	1	0.04614*	0.010790	0.000	0.02447	0.06782
	3	0.00657	0.010790	0.545	–0.01510	0.02824
	4	–0.02950*	0.010790	0.009	–0.05117	–0.00783
3	1	0.03957*	0.010790	0.001	0.01790	0.06124
	2	–0.00657	0.010790	0.545	–0.02824	0.01510
	4	–0.03607*	0.010790	0.002	–0.05774	–0.01440
4	1	0.07564*	0.010790	0.000	0.05397	0.09732
	2	0.02950*	0.010790	0.009	0.00783	0.05117
	3	0.03607*	0.010790	0.002	0.01440	0.05774

1：晒干药材；2：晒干药材切制成饮片；3：烘干药材；4：烘干药材切制成饮片。*表示有显著性差异

由表 7-3-46 中可知，不同产地对板蓝根中（*R*，*S*）-告依春含量也有影响，其中，黑龙江大庆与安徽亳州产的板蓝根中（*R*，*S*）-告依春含量差异具有统计学意义（$P<0.05$），安徽亳州与河北安国产的板蓝根中（*R*，*S*）-告依春含量差异具有统计学意义（$P<0.05$），而黑龙江大庆和河北安国产的板蓝根中（*R*，*S*）-告依春含量没有显著性差异。

表 7-3-46　不同产地的板蓝根醇提物中（*R*，*S*）-告依春含量差异

（I）产地	（J）产地	平均差异（I–J）	标准误	显著性系数	95%置信区间	
					下限	上限
1	2	–0.00905	0.008577	0.297	–0.02628	0.00818
	3	0.04839*	0.015046	0.002	0.01817	0.07861
2	1	0.00905	0.008577	0.297	–0.00818	0.02628
	3	0.05744*	0.015959	0.001	0.02538	0.08949
3	1	–0.04839*	0.015046	0.002	–0.07861	–0.01817
	2	–0.05744*	0.015959	0.001	–0.08949	–0.02538

1：黑龙江大庆；2：河北安国；3：安徽亳州。*表示有显著性差异

不同加工方式板蓝根样品中腺苷含量，结果见表 7-3-47。

表 7-3-47　板蓝根醇提方式腺苷含量结果（*n*=3）

编号	腺苷（%）	编号	腺苷（%）	编号	腺苷（%）	编号	腺苷（%）
A1	0.063	B1	0.116	C1	0.062	D1	0.130
A2	0.090	B2	0.100	C2	0.061	D2	0.135
A3	0.071	B3	0.084	C3	0.054	D3	0.090
A4	0.108	B4	0.099	C4	0.104	D4	0.169

续表

编号	腺苷（%）	编号	腺苷（%）	编号	腺苷（%）	编号	腺苷（%）
A5	0.124	B5	0.087	C5	0.093	D5	0.210
A6	0.097	B6	0.091	C6	0.089	D6	0.085
A7	0.066	B7	0.107	C7	0.084	D7	0.066
A8	0.102	B8	0.065	C8	0.124	D8	0.087
A9	0.086	B9	0.126	C9	0.101	D9	0.107
A10	0.150	B10	0.163	C10	0.032	D10	0.242
A11	0.036	B11	0.117	C11	0.176	D11	0.221
A12	0.234	B12	0.199	C12	0.131	D12	0.280
A13	0.094	B13	0.127	C13	0.200	D13	0.260
A14	0.082	B14	0.141	C14	0.294	D14	0.143

由表 7-3-48 中可知，在晒干药材组、烘干药材组、晒干药材切制成饮片组、烘干药材切制成饮片组各组差异比较中，烘干药材切制成饮片与晒干药材组、烘干药材组、晒干药材切制成饮片组的腺苷含量存在统计学差异（P<0.05），而其他各组间并没有统计学上的差异。结合表 7-3-47 中的数据，说明在醇提液中，烘干药材在经过软化切制形成饮片的过程能够对腺苷含量产生影响。

表 7-3-48　不同加工工艺的板蓝根醇提物中腺苷含量差异

（I）不同加工工艺	（J）不同加工工艺	平均差异(I－J)	标准误	显著性系数	95% 置信区间	
					下限	上限
1	2	−0.01564	0.018073	0.391	−0.05194	0.02066
	3	−0.01443	0.018073	0.428	−0.05073	0.02187
	4	−0.05871*	0.018073	0.002	−0.09501	−0.02241
2	1	0.01564	0.018073	0.391	−0.02066	0.05194
	3	0.00121	0.018073	0.947	−0.03509	0.03751
	4	−0.04307*	0.018073	0.021	−0.07937	−0.00677
3	1	0.01443	0.018073	0.428	−0.02187	0.05073
	2	−0.00121	0.018073	0.947	−0.03751	0.03509
	4	−0.04429*	0.018073	0.018	−0.08059	−0.00799
4	1	0.05871*	0.018073	0.002	0.02241	0.09501
	2	0.04307*	0.018073	0.021	0.00677	0.07937
	3	0.04429*	0.018073	0.018	0.00799	0.08059

1：晒干药材；2：晒干药材切制成饮片；3：烘干药材；4：烘干药材切制成饮片。*表示有显著性差异

由表 7-3-49 中可知，不同产地对板蓝根中腺苷含量也有影响，其中黑龙江大庆与和河北安国、安徽亳州产的板蓝根中腺苷含量差异具有统计学意义（P<0.05），河北安国与安徽亳州产的板蓝根中腺苷的含量则无统计学差异，故本实验可以说明，产地因素对板蓝根中腺苷含量的影响还是比较大的，结合表 7-3-47 中的数据可知，在 70%乙醇提取液中，河北安国产板蓝根中腺苷含量高于其他两个产地。

表 7-3-49 不同产地的板蓝根醇提物中腺苷含量差异

(I)产地	(J)产地	平均差异(I–J)	标准误	显著性系数	95% 置信区间	
					下限	上限
1	2	–0.06824*	0.014367	0.000	–0.09709	–0.03938
	3	–0.06686*	0.025201	0.011	–0.11748	–0.01624
2	1	0.06824*	0.014367	0.000	0.03938	0.09709
	3	0.00138	0.026730	0.959	–0.05231	0.05506
3	1	0.06686*	0.025201	0.011	0.01624	0.11748
	2	–0.00138	0.026730	0.959	–0.05506	0.05231

1：黑龙江大庆；2：河北安国；3：安徽亳州。*表示有显著性差异

总结：

（1）在板蓝根产地加工及炮制工艺研究中，主要是基于 2015 年版《中国药典》（一部）板蓝根含量测定项下（*R*，*S*）-告依春含量为评价指标，通过采用烘干技术提升板蓝根中（*R*，*S*）-告依春含量，改进了板蓝根药材过去以晒干等自然干燥方式为主的产地加工工艺；通过软化切制工艺优选，提升板蓝根中（*R*，*S*）-告依春含量，建立了板蓝根饮片炮制工艺，固定生产过程中的关键参数。

（2）建立板蓝根药材及饮片的指纹图谱、药材及饮片的（*R*，*S*）-告依春、腺苷含量测定方法，研究不同工艺形成的板蓝根药材、饮片的质量传递性，结果表明以晒干药材切制成饮片、烘干药材、烘干药材切制成饮片质量均优于晒干药材。从而建议企业：如果以药材直接破碎成粗颗粒投料，则需要选择在产地进行烘干的药材进行投料；如果是产地晒干的药材，则需要经过软化切制工艺制成饮片再进行投料，确保原料药以最佳质量形式投料。

（3）在比较不同提取溶剂对板蓝根中（*R*，*S*）-告依春、腺苷含量的影响中发现，水提液中（*R*，*S*）-告依春含量明显高于 70%乙醇提取液；而腺苷在这两种提取溶剂中含量无明显差异，从而说明以这两种成分为评价指标，水为提取溶剂优于醇提液。

（4）在精氨酸薄层鉴别中发现，精氨酸属于酸碱两性氨基酸，在溶液内部分电离，当展开时有离子和分子两种存在形式，用中性展开剂展开时会显现两种层析，导致严重拖尾而影响展开效果。因此，为了避免此种情况出现，注意点样量的同时，拟将药典中正丁醇：冰醋酸：水=19：5：5 修改为正丁醇：冰醋酸：水=3：1：1。

（5）2015 年版《中国药典》（一部）中板蓝根（*R*，*S*）-告依春薄层鉴别项规定其提取溶剂为 80%甲醇，但在点样后发现有的样品采用 80%甲醇提取不出来或者不完全，不能真实反映药材中是否含有（*R*，*S*）-告依春。因此结合（*R*，*S*）-告依春含量测定项下提取溶剂，使用水为溶剂进行提取，并用甲醇溶解，结果发现点样效果清晰。

第四节 柴胡质量标准研究

柴胡为伞形科植物柴胡 *Bupleurum chinense* DC.或狭叶柴胡 *Bupleurum scorzonerifolium* Willd.的干燥根。按性状不同，分别习称“北柴胡”和“南柴胡”。春、秋二季采挖，除去茎叶和泥沙，干燥。北柴胡主产于辽宁、甘肃、河北、河南、陕西、内蒙古、山东等地；南柴胡主

产于湖北、江苏、四川、安徽、黑龙江、吉林等地。柴胡主要有效成分为柴胡皂苷，迄今已从柴胡属植物中分离出 90 多种齐墩果烷成分，其中柴胡皂苷 a 和 d 的活性较强，具有疏散退热，疏肝解郁，升举阳气的功效。用于感冒发热，寒热往来，胸胁胀痛，月经不调，子宫脱垂，脱肛。现代药理学研究证明柴胡具有抗炎、保肝、解热、镇痛等作用。其主要成分为挥发油类、柴胡皂苷类，其次含有黄酮类、木脂素类、香豆素类。柴胡皂苷类主要为柴胡皂苷 a、b、c、d，尚含 3-*O*-乙酰基柴胡皂苷 a、6-*O*-乙酰基柴胡皂苷 a、柴胡皂苷 e 等。

2015 年版《中国药典》中对柴胡的性状、薄层鉴别、水分、灰分、浸出物、含量测定等进行了规定，未见对柴胡的安全性检查进行记载。本研究基于药典中柴胡质量控制指标，新增显微鉴别、特征图谱及安全性检查，对北柴胡样品质量进行全面的评价。

1. 仪器与材料

1.1 仪器与试剂

Agilent 1260 型高效液相色谱仪（美国，G1311X 四元梯度泵，G1329 自动进样器，G1316A 柱温箱）、CP225D 型十万分之一电子天平（德国 Sartorius 公司）、AS30600BT 系列超声波清洗仪（天津奥特赛恩斯仪器有限公司）、竑力 HL-200A 型高速多功能打粉机（上海赛耐机械有限公司）、Milli-Q Gradient A10 超纯水仪[密理博（上海）贸易有限公司]、GZX-9140 MBE 数显鼓风干燥箱（上海博迅实业有限公司医疗设备厂）、CAMAG TLC 自动点样机（瑞士卡玛公司）。

柴胡皂苷 a（批号：C1202204）纯度≥98%、柴胡皂苷 c（批号：H1419038）纯度＞98%、柴胡皂苷 d（批号：G1211012）纯度≥98%（均购买于成都德思特生物技术有限公司）。乙腈（瑞典 Oceanpak，批号：AC-10841124，色谱纯）；甲醇（瑞典 Oceanpak，批号：Me-00040203，色谱纯）；蒸馏水（自制），磷酸（天津永大化学试剂有限公司，分析纯）、氨水及其余试剂均为分析纯。

1.2 样品材料

本实验样品收集自甘肃省、陕西省、山西省三个柴胡主产区，以及安徽亳州、四川成都、河北安国三个药材市场，共收集到北柴胡药材样品 29 批，经安徽中医药大学俞年军教授鉴定均为伞形科柴胡 *B. chinense* DC.的干燥根（表 7-4-1）。

表 7-4-1 北柴胡样品产地来源信息

编号	产地	收集时间	收集人	备注
YC-CH-001	陕西省渭南市澄城县	2017.10.29	张威	栽培
YC-CH-002	陕西省渭南市澄城县	2017.10.29	张威	栽培
YC-CH-003	陕西省渭南市澄城县	2017.10.29	张威	野生
YC-CH-004	甘肃省陇南市	2017.10.30	张威	野生
YC-CH-005	甘肃省平凉市	2017.10.30	张威	栽培
YC-CH-006	甘肃省天水市	2017.10.30	张威	野生
YC-CH-007	甘肃省临夏市康乐县	2017.10.30	张威	栽培
YC-CH-008	甘肃省甘南州卓尼县	2017.10.30	张威	栽培

续表

编号	产地	收集时间	收集人	备注
YC-CH-009	甘肃省定西市漳县	2017.10.30	张威	栽培
YC-CH-010	山西省运城市平陆县张店	2017.10.29	张威	野生
YC-CH-011	山西省运城市平陆县张店	2017.10.29	张威	野生
YC-CH-012	山西省运城市平陆县张店	2017.10.29	张威	野生
YC-CH-013	甘肃省定西市陇西县	2017.12.29	张承忠	栽培
YC-CH-014	甘肃省陇南市宕昌县	2017.12.29	张承忠	野生
YC-CH-015	甘肃省武都市	2017.12.29	张承忠	野生
YC-CH-016	甘肃省甘南市卓尼县	2017.12.29	张承忠	栽培
YC-CH-017	甘肃省天水市甘谷县	2017.12.29	张承忠	栽培
YC-CH-018	甘肃省陇南市礼县	2017.12.29	张承忠	野生
YC-CH-019	甘肃省临夏市康乐县	2017.12.29	张承忠	栽培
YC-CH-020	甘肃	2018.01.08	张威	栽培
YC-CH-021	山西	2018.01.08	张威	栽培
YC-CH-022	四川	2018.01.08	张威	野生
YC-CH-023	山西	2018.01.08	张威	栽培
YC-CH-024	山西省运城市万荣县谢店镇北牛池村	2018.01.21	张威	栽培
YC-CH-025	山西省运城市万荣县谢店镇南牛池村	2018.01.21	张威	栽培
YC-CH-026	山西省运城市万荣县西村乡望嘱村	2018.01.21	张威	栽培
YC-CH-027	山西省运城市万荣县西村乡	2018.01.21	张威	栽培
YC-CH-028	山西省运城市万荣县西村乡龙行村	2018.01.21	张威	栽培
YC-CH-029	山西省运城市万荣县西村乡聚善村	2018.01.21	张威	栽培

2. 鉴别

2.1　性状鉴别

采用性状观察与测定，对各批药材样品通过感官记录药材的形状、表面颜色、表面特征及质地、气味；使用直尺进行长度、直径测量，使用相机拍照进行记录，均符合药典中性状特征描述。

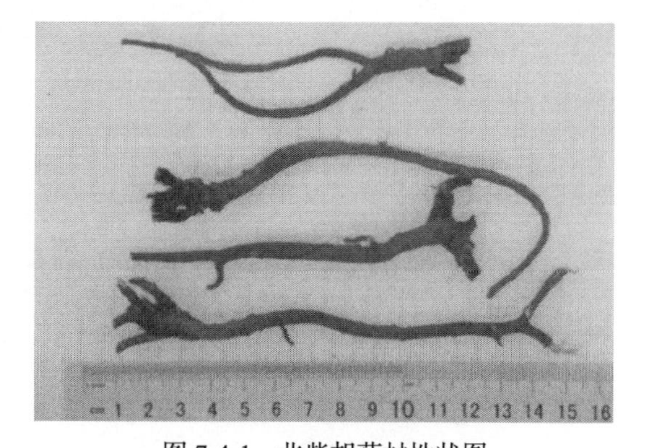

图 7-4-1　北柴胡药材性状图

性状特征：北柴胡呈圆柱形或长圆柱形，长 6～15cm，直径 0.3～0.8cm。根头膨大，顶端残留 3～15 个茎基或短纤维状叶基，下部分枝，表面黑褐色或浅棕色，具纵皱纹、支根痕及皮孔。质硬而韧，不易折断，断面显纤维性，皮部浅棕色，木部黄白色（图 7-4-1）。

2.2 显微鉴别

2.2.1 组织结构

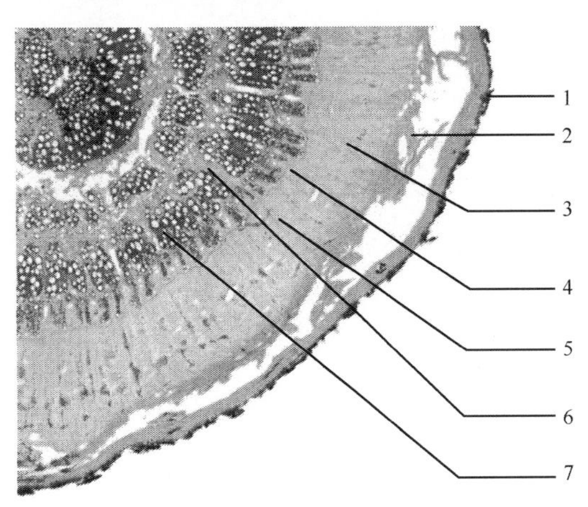

图 7-4-2 柴胡横切面图

1. 木栓层；2.皮层；3. 韧皮部；4. 形成层；5. 韧皮射线；6. 木射线；7. 木质部

（扫文末二维码获取彩图）

样品组织结构切片由河南省洛阳市子甲生物制片厂制作，将各批次样品组织结构切片置于显微镜下观察，拍照。结果见图 7-4-2。

由图 7-4-2 可见，北柴胡组织结构：栓层为数列细胞，其下为 7～8 层栓内层细胞；皮层散有油管及裂隙；韧皮部有油管，射线宽，筛管不明显；形成层成环；木质部导管稀疏而分散，在其中间部位木纤维束排列成断续的环形，纤维多角形，壁厚，木化。

2.2.2 粉末鉴别

供试品粉末过 4 号筛，用牙签挑取少许置载玻片上，滴加入水合氯醛试液透化，加入适量稀甘油试液，盖上盖玻片，置于显微镜下观察。粉末鉴别以网纹导管、螺纹导管、木栓细胞、油管及木纤维作为鉴别特征。

由图 7-4-3 可见，北柴胡导管多为网纹、双螺纹，直径 7～43μm；木纤维成束或散在，无色或淡黄色。呈长梭形，直径 8～17μm；油管多碎裂，管道中含黄棕色分泌物；木栓细胞黄棕色，常数层重叠。

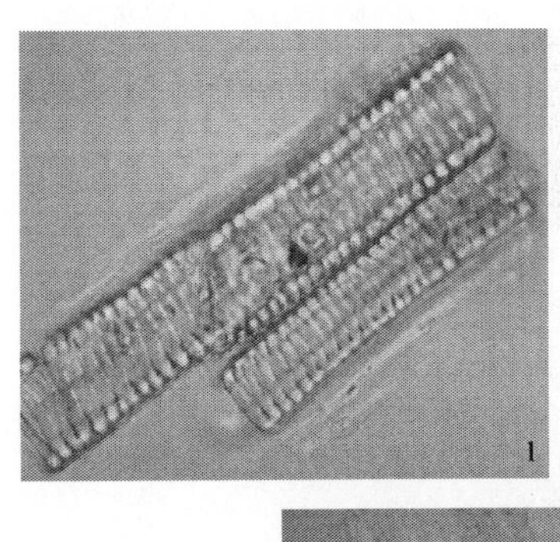

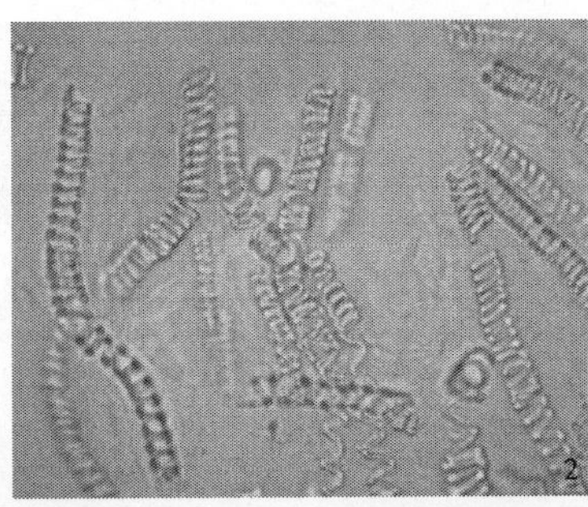

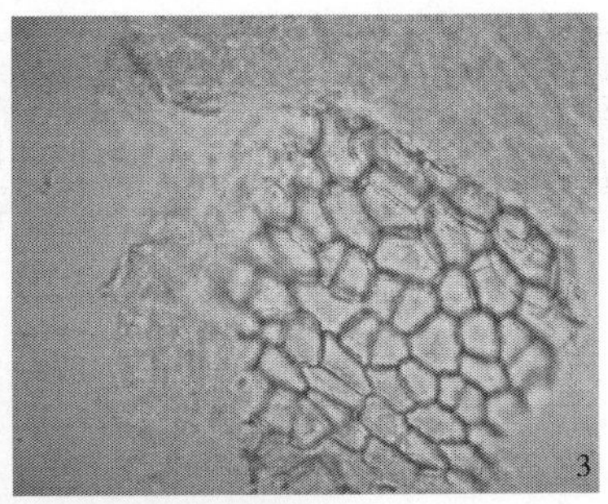

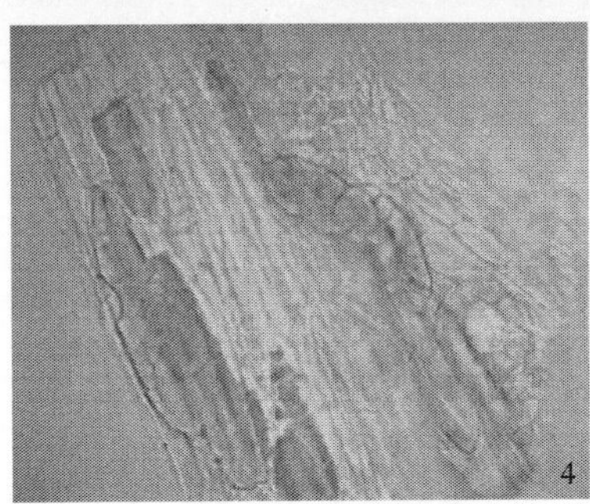

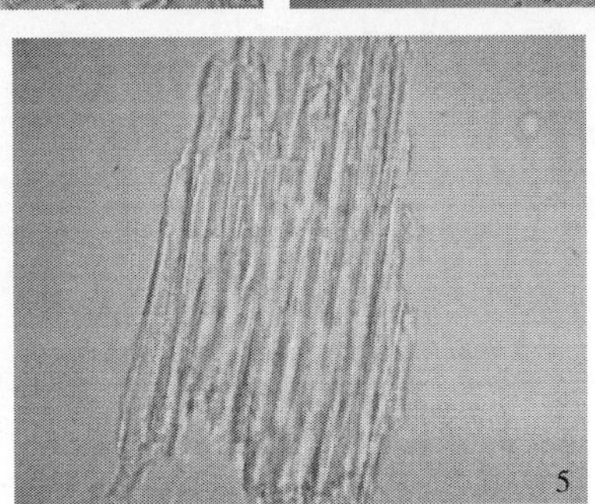

图 7-4-3 柴胡粉末显微特征图

1.网纹导管；2.螺纹导管；3. 木栓细胞；4. 油管碎片；5. 木纤维

（扫文末二维码获取彩图）

2.3 薄层鉴别

2.3.1 供试品溶液的制备

取本品粉末 0.5g，加甲醇 20ml，超声处理 10min，滤过，滤液浓缩至 5ml，作为供试品溶液。另取北柴胡对照药材 0.5g，同法制成对照药材溶液。

2.3.2 对照品溶液的制备

取柴胡皂苷 a 对照品、柴胡皂苷 d 对照品，加甲醇制成每 1ml 各含 0.5mg 的混合溶液，作为对照品溶液。

2.3.3 薄层条件的摸索

根据《中国药典》2015 年版一部方法，对收集到的柴胡药材进行了薄层鉴别，前期对展开剂进行摸索，分别采用乙酸乙酯-乙醇-水（8∶3∶1）、乙酸乙酯-乙醇-水（8∶1∶1）、乙酸乙酯-乙醇-水（8∶2∶1），结果见图 7-4-4。

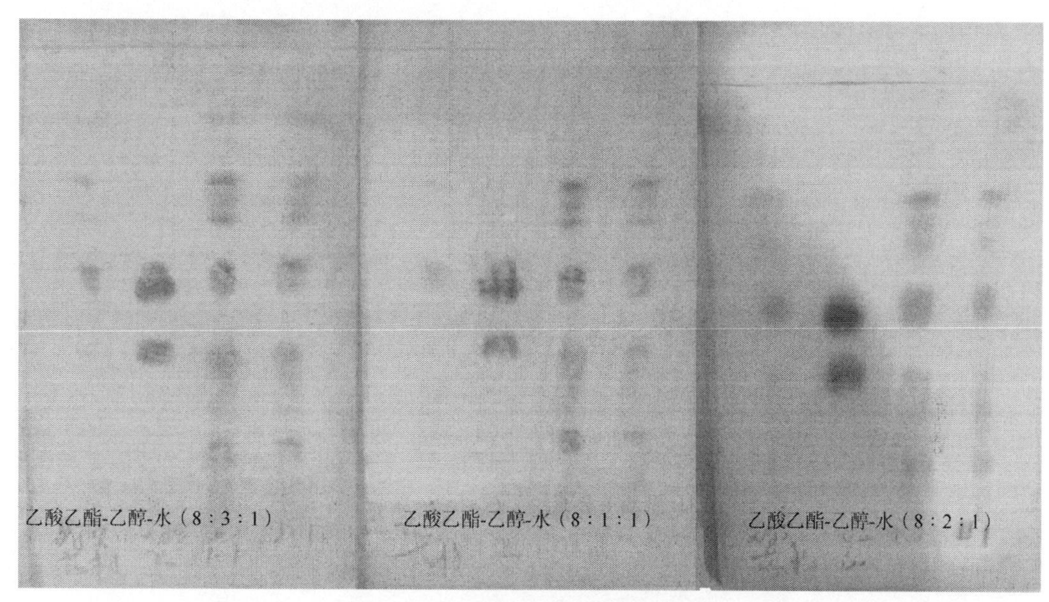

图 7-4-4 柴胡薄层条件摸索薄层图
（扫文末二维码获取彩图）

通过对比发现，采用《中国药典》2015 年版一部方法，乙酸乙酯-乙醇-水为 8∶1∶1 时柴胡皂苷 a、柴胡皂苷 d 的分离度较好，而且实验发现温度对薄层分离度有较大的影响，温度较低时柴胡成分之间的分离度较差，故应控制实验温度在 25℃左右。因此本实验采用乙酸乙酯-乙醇-水（8∶2∶1）作为展开剂。

2.3.4 薄层条件

吸取上述三种溶液各 5μl，分别点于同一硅胶 G 薄层板上，以乙酸乙酯-乙醇-水（8∶2∶1）为展开剂，展开，取出，晾干，喷以 2%对二甲氨基苯甲醛的 40%硫酸溶液，在 60℃加热至斑点显色清晰，分别置日光和紫外光灯（365nm）下检视。供试品色谱中，在与对照药材色谱和对照品色谱相应的位置上，显相同颜色的斑点或荧光斑点（图 7-4-5～图 7-4-8）。

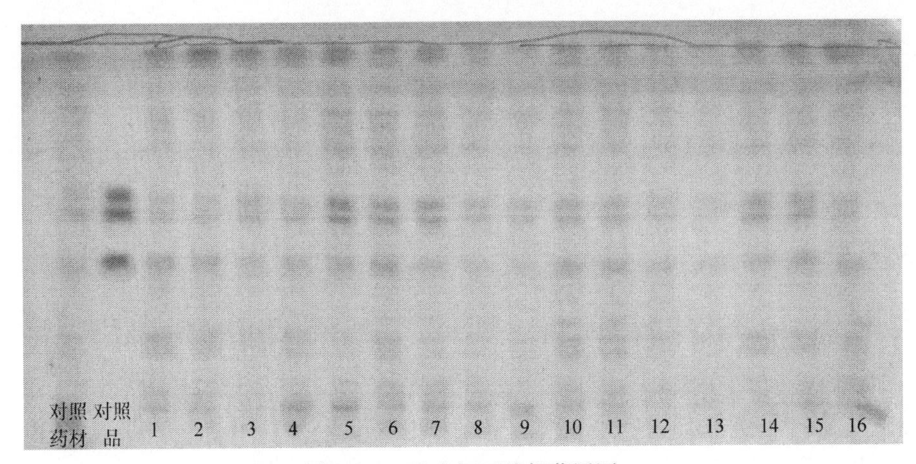

图 7-4-5 日光灯下柴胡薄层图

对照品从上到下：柴胡皂苷 c、柴胡皂苷 a、柴胡皂苷 d；对照药材：北柴胡；1～16：柴胡药材

（扫文末二维码获取彩图）

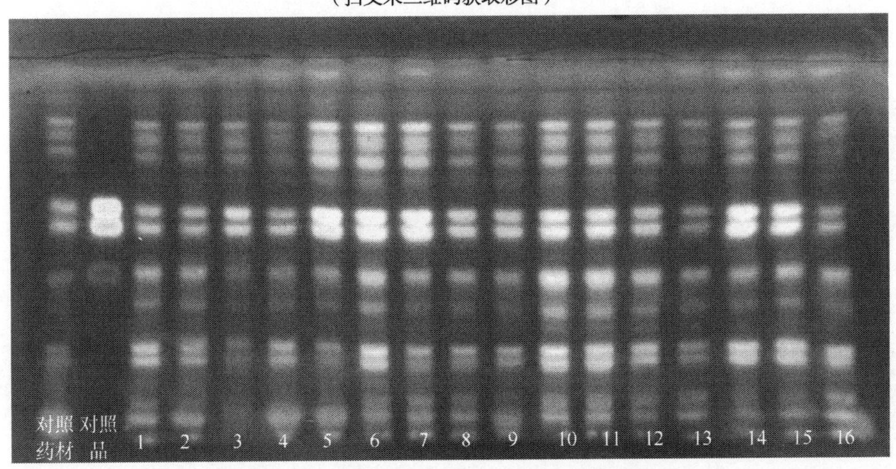

图 7-4-6 紫外灯（365nm）下柴胡薄层图

对照品从上到下：柴胡皂苷 d、柴胡皂苷 a、柴胡皂苷 c；对照药材：北柴胡；1～16：柴胡药材

（扫文末二维码获取彩图）

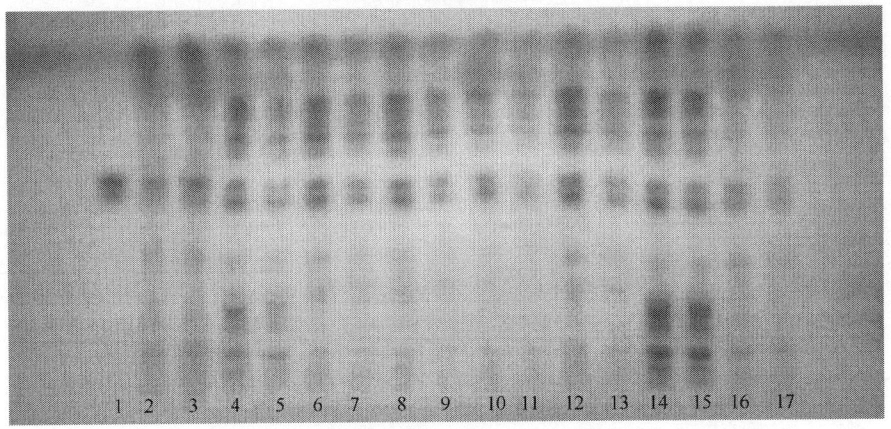

图 7-4-7 不同种柴胡薄层图（日光下）

1 对照品：从上至下为柴胡皂苷 d、柴胡皂苷 a；2～3 北柴胡对照药材；4～5、14～15 藏柴胡”。薄层鉴别中 4～5 及 14～15 均为藏柴胡，两者性状一致，区别为不同市场购买。4～5 为成都荷花池市场购买，14～15 为河北安国市场购买，从薄层图谱上来看，二者斑点一致，仅斑点颜色深浅不一，可能与药材成分含量多少有关。6～9 黑柴胡；10～13 竹叶柴胡； 16～17 北柴胡样品

（扫文末二维码获取彩图）

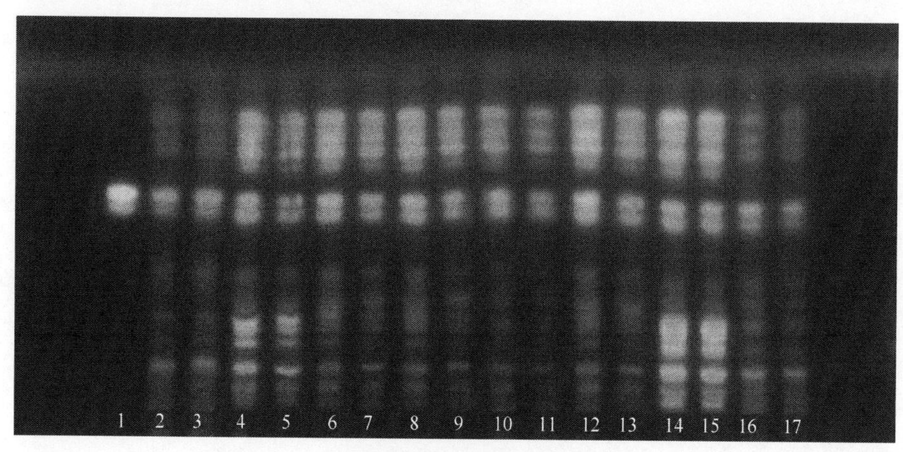

图 7-4-8 不同种柴胡薄层图[紫外（365）nm]

1 对照品：从上至下为柴胡皂苷 d、柴胡皂苷 a；2～3 北柴胡对照药材；4～5 藏柴胡；6～9 黑柴胡；10～13 竹叶柴胡；14～15 藏柴胡；16～17 北柴胡样品

（扫文末二维码获取彩图）

由薄层色谱图可以看出，各批次样品薄层图均与北柴胡对照药材一致，不同种北柴胡间，薄层斑点无明显不同，仅存在斑点亮度的差异。

3. 检查

3.1 常规检查

3.1.1 水分

按《中国药典》2015 年版通则 0832 第二法，取供试品 2～5g，平铺于干燥至恒重的扁形称量瓶中，厚度不超过 5mm，疏松供试品不超过 10mm，精密称定，开启瓶盖在 100～105℃干燥 5h，将瓶盖盖好，移置干燥器中，冷却 30min，精密称定，再在上述温度干燥 1h，放冷，称重，至连续两次称重的差异不超过 5mg 为止。根据减失的重量，计算供试品水分。结果见表 7-4-2。

表 7-4-2 水分测定结果（n=3）

编号	含量（%）	编号	含量（%）
YC-CH-001	5.08	YC-CH-016	8.06
YC-CH-002	5.22	YC-CH-017	9.17
YC-CH-003	5.23	YC-CH-018	8.10
YC-CH-004	4.24	YC-CH-019	9.24
YC-CH-005	4.31	YC-CH-020	6.23
YC-CH-006	5.46	YC-CH-021	5.24
YC-CH-007	5.38	YC-CH-022	5.77
YC-CH-008	6.03	YC-CH-023	7.50
YC-CH-009	5.13	YC-CH-024	5.59
YC-CH-010	6.99	YC-CH-025	6.68
YC-CH-011	7.12	YC-CH-026	6.42
YC-CH-012	6.93	YC-CH-027	6.70
YC-CH-013	6.35	YC-CH-028	5.79
YC-CH-014	7.61	YC-CH-029	5.71
YC-CH-015	6.33		

由表 7-4-2 可见，不同批次北柴胡样品水分位于 4.24%～9.24%，均符合药典规定（不得过 10%）。

3.1.2 灰分

照 2015 年版《中国药典》通则 2302（总灰分测定法、酸不溶性灰分测定法）测定。

3.1.2.1 总灰分

柴胡样品粉碎，过 2 号筛，混合均匀后，取供试品 2～3g（如须测定酸不溶性灰分，可取供试品 3～5g），置炽灼至恒重的坩埚中，称定重量（准确至 0.01g），缓缓炽热，注意避免燃烧，至完全炭化时，逐渐升高温度至 500～600℃，使完全灰化并至恒重。根据残渣重量，计算供试品中总灰分的含量。

3.1.2.2 酸不溶性灰分

取上项所得的灰分，在坩埚中小心加入稀盐酸约 10ml，用表面皿覆盖坩埚，置水浴上加热 10min，表面皿用热水 5ml 冲洗，洗液并入坩埚中，用无灰滤纸滤过，坩埚内的残渣用水洗于滤纸上，并洗涤至洗液不显氯化物反应为止。滤渣连同滤纸移置同一坩埚中，干燥，炽灼至恒重。根据残渣重量，计算供试品中酸不溶性灰分，结果见表 7-4-3。

表 7-4-3 柴胡药材总灰分、酸不溶性灰分测定结果（n=3）

编号	总灰分（%）	酸不溶性灰分（%）	编号	总灰分（%）	酸不溶性灰分（%）
YC-CH-001	6.00	0.68	YC-CH-016	4.33	0.74
YC-CH-002	6.07	0.83	YC-CH-017	4.41	0.86
YC-CH-003	6.32	0.96	YC-CH-018	5.28	1.15
YC-CH-004	5.60	0.65	YC-CH-019	4.33	0.88
YC-CH-005	4.86	0.20	YC-CH-020	4.37	1.78
YC-CH-006	6.16	0.82	YC-CH-021	6.72	1.53
YC-CH-007	6.21	0.75	YC-CH-022	6.95	1.92
YC-CH-008	5.88	0.86	YC-CH-023	5.57	1.72
YC-CH-009	5.23	1.09	YC-CH-024	5.12	1.36
YC-CH-010	7.30	1.50	YC-CH-025	5.57	1.75
YC-CH-011	7.47	1.60	YC-CH-026	6.66	1.68
YC-CH-012	7.48	1.46	YC-CH-027	5.65	1.51
YC-CH-013	4.84	1.03	YC-CH-028	4.85	1.06
YC-CH-014	5.84	1.69	YC-CH-029	5.44	1.43
YC-CH-015	6.01	1.36			

由表 7-4-3 可见，不同批次北柴胡样品总灰分位于 4.33%～7.48%，酸不溶性灰分位于 0.20%～1.92%，均符合药典规定（总灰分不得过 8%，酸不溶性灰分不得过 3%）。

3.2 安全性检查

3.2.1 重金属检查

供试品溶液的制备：取柴胡药材，用蒸馏水洗去表面泥土，淋洗，置 60℃烘箱中烘干。

用陶瓷研钵研碎，过 60 目塑料筛，密封备用。制备供试品溶液前，样品粉末于 60℃的烘箱中烘干至恒重。精密称取样品粉末 0.1g 于聚四氟乙烯消解罐中，加入 6ml 硝酸，密封消解罐，按设定程序（表 7-4-4）进行微波消解。消解程序结束后，冷却至 60℃，打开微波消解仪，取出消解罐，冷却至室温，转移到 50ml 量瓶中，用少量超纯水多次洗涤消解罐，洗液合并于量瓶中，用超纯水定容至刻度，摇匀，即为待测供试品溶液。同法制备空白对照溶液。

表 7-4-4 微波消解程序

步骤	温度（℃）	时间（min）	功率（W）
1	120	5	800
2	150	10	800
3	180	10	800

标准品溶液的制备：精密吸取铬（Cr）、砷（As）、镉（Cd）、汞（Hg）、铅（Pb）标准品原液（浓度为 1000μg/ml）50μl，置于 50ml 量瓶中，用 2%硝酸定容，配制成一系列浓度为 1μg/ml 的标准品储备液。精密吸取一定量的各标准品储备液，用 2%硝酸定容于 50ml 量瓶中，配制成不同浓度的标准品待测液（表 7-4-5）。铬、砷、铅、镉、汞分别为 0.0μg/L，0.5μg/L，1.0μg/L，5.0μg/L，10.0μg/L，20.0μg/L。

内标溶液的制备：精密吸取内标原液（浓度为 1000μg/ml）铟、锗、铋各 50μl，钪 100μl 置于 50ml 量瓶中，定容，摇匀，得到铟、锗、铋浓度为 1μg/ml、钪浓度为 2μg/ml 混合内标溶液，再取一定量的混合内标溶液，制成铟、锗、铋浓度为 5μg/L、钪浓度为 10μg/L 混合内标溶液。

表 7-4-5 柴胡中 5 种重金属元素的标准曲线

重金属元素	标准曲线	R^2
Cr	Y=0.992X+0.1115	0.9996
As	Y=0.9956X+0.0605	0.9998
Cd	Y=0.999X+0.0138	0.9998
Hg	Y=1.0409X–0.682	0.9873
Pb	Y=0.9892X+0.1505	0.9999

样品测定：取柴胡粉末 16 批次，按本节 3.2.1 项下制备供试品，进样，测定。结果见表 7-4-6。

表 7-4-6 柴胡中 5 种重金属元素含量

编号	Cr（μg/g）	As（μg/g）	Cd（μg/g）	Hg（μg/g）	Pb（μg/g）
YC-CH-001	10.1976	0.0026	0.0063	0.6203	0.0397
YC-CH-002	7.8399	0.0042	0.0041	0.4757	0.0952
YC-CH-003	11.5048	0.0031	0.0068	0.2266	0.3672
YC-CH-004	11.3013	0.0025	0.0160	0.1114	0.0869
YC-CH-005	10.3988	0.0016	0.0039	0.7388	0.0713
YC-CH-006	15.3755	0.0018	0.0045	0.3802	0.0970
YC-CH-007	12.7943	0.0021	0.0058	0.3081	0.0825

续表

编号	Cr（μg/g）	As（μg/g）	Cd（μg/g）	Hg（μg/g）	Pb（μg/g）
YC-CH-008	10.1284	0.0019	0.0029	0.8036	0.0472
YC-CH-009	15.9378	0.0022	0.0034	0.3455	0.1544
YC-CH-010	24.2520	0.0013	0.0119	0.1150	0.1729
YC-CH-011	22.2368	0.0015	0.0116	0.1136	0.2259
YC-CH-012	10.5970	0.0030	0.0165	0.0840	0.2842
YC-CH-013	12.4281	0.0013	0.0099	0.2562	0.1223
YC-CH-014	16.8577	0.0026	0.0076	0.1301	0.1571
YC-CH-015	13.2362	0.0032	0.0152	0.0646	0.1369
YC-CH-016	11.1723	0.0017	0.0038	0.6095	0.0835

由表7-4-6可见，16批北柴胡样品重金属结果铬不超过24.2520 μg/g，砷不超过0.0042μg/g，镉不超过0.0165μg/g，汞不超过0.8036μg/g，铅不超过0.3672μg/g。2015年版《中国药典》中对山楂药材重金属规定为镉含量不得过 0.3mg/kg；铅含量不得过 5mg/kg；汞含量不得过 0.2mg/kg；砷含量不得过 2mg/kg，除未对铬有规定外，其余实验结果均符合药典规定。

3.2.2 黄曲霉素检查

样品处理：样品通过ROMER Seris Ⅱ型研磨机研磨，并分样，75%的样品应通过20目筛网；称取5.0g±0.1g研磨好的固体样品加入20ml 84∶16乙腈/去离子水中；振荡1h，过滤样品萃取液。取6ml样品萃取液至MycoSep226净化柱配套试管中；推动MycoSep226净化柱，使其液体通过净化柱纯化；取净化后的样品溶液2ml，氮气吹干，选用初始流动相复溶。

标准溶液的配制：①毒素标准品：黄曲霉毒素B_1（$AFTB_1$）、黄曲霉毒素G_1（$AFTG_1$）为2μg/ml，黄曲霉毒素B_2（$AFTB_2$）、黄曲霉毒素G_2（$AFTG_2$）为0.5μg/ml，黄曲霉素同位素内标为（U-[13C17]-$AFTB_1$）0.5μg/ml（内标上级检测浓度 2ng/ml）；②标准品浓度（$AFTB_1$、$AFTG_1$）：0.1ng/ml、0.5ng/ml、1ng/ml、2ng/ml、5ng/ml、10ng/ml、20ng/ml；③标准品浓度（$AFTB_2$、$AFTG_2$）：0.025ng/ml、0.125ng/ml、0.25ng/ml、0.5ng/ml、1.25ng/ml、2.5ng/ml、5ng/ml、10ng/ml。

液相条件：流动相为0.1%乙酸铵溶液（A）-乙腈（B）；梯度洗脱：0～3min，95%A；3～3.5min，95%～15%A；3.5～5min，15%A；5～6min，15%～95%A；6～9min：95%A；流速：0.3ml/min；柱温：40℃；进样体积：5μl。

质谱条件：电离模式为正离子电喷雾（ESI+），多反应离子检测（MRM）模式（表7-4-7、表7-4-8）。

表7-4-7 质谱参数

化合物	母离子（*m/z*）	定量离子（*m/z*）	碰撞能（定量离子）（V）	定性离子（*m/z*）	碰撞能（定性离子）（V）
$AFTB_1$	313.2	285.2	30	241.1	50
$AFTG_1$	315.1	287.1	34	259.1	38
$AFTB_2$	329	243.1	38	283	33
$AFTG_2$	331.2	244.9	40	257.2	43
U-[13C17]-$AFTB_1$	330.2	301.1	30	255	23

表 7-4-8　离子源参数

名称	参数
解簇电压（DP）	120V
入口电压（EP）	10.0V
出口电压（CXP）	13.0V
碰撞气压力（CAD）	Medium
气帘气压力（CUR）	35.0psi
雾化压力（GS1）	45.0psi
辅助加热器压力（GS2）	50.0psi
离子喷雾电压（IS）	5500V
离子源温度（TEM）	500.0℃

测定结果：取北柴胡样品 10 批，按本节 3.2.2 项下制备供试品，进样，结果见表 7-4-9。

表 7-4-9　黄曲霉素检测结果

批次	$AFTB_1$（μg/kg）	$AFTB_2$（μg/kg）	$AFTG_1$（μg/kg）	$AFTG_2$（μg/kg）
QY-CH-001	0.318	0.158	—	—
QY-CH-002	0.298	0.348	—	—
QY-CH-003	0.166	0.288	—	—
QY-CH-004	0.17	0.042	—	—
YC-CH-001	—	0.236	—	—
YC-CH-002	0.222	0.194	—	—
YC-CH-003	—	0.53	—	—
YC-CH-004	—	0.234	—	—
YC-CH-005	—	0.462	—	—
YC-CH-006	—	0.296	—	—

注：—代表未检出

由表 7-4-9 可见，黄曲霉毒素 B_1 含量不超过 0.318μg/kg，黄曲霉毒素 B_2 含量不超过 0.462μg/kg，其余两种均未检出。2015 年版《中国药典》未对柴胡中黄曲霉毒素含量进行规定，参照酸枣仁黄曲霉毒素规定：每 1000g 含黄曲霉毒素 B_1 不得过 5μg，含黄曲霉毒素 G_2、黄曲霉毒素 G_1、黄曲霉毒素 B_2 和黄曲霉毒素 B_1 的总量不得过 10μg，本实验结果均符合药典规定。

3.2.3　*农药残留*

从项目承担单位收集的北柴胡样品及收集到的样品中，抽样 10 批，委托青岛恒信检测技术服务有限公司进行 218 项农药残留检测。检测方法参照 US FDA PAM：1999 美国食品药品管理局农药残留分析手册；GB/T 23204-2008《茶叶中 519 种农药及相关化学品残留量的测定　气相色谱-质谱法》；GB/T 23205-2008《茶叶中 448 种农药及相关化学品残留量的测定　液相色谱-串联质谱》。在送检的 10 批样品中，218 项农药残留检测项中，检测出 1 项，其他 217 项均未检出。

检出的 1 项农药残留结果见表 7-4-10。

表 7-4-10　农药残留检测结果

序号	样品	联苯菊酯（mg/kg）
1	QYYP-CH-002	—
2	QYYP-CH-007	—
3	QYYP-CH-013	—
4	YC-CH-002	0.11
5	YC-CH-008	—
6	YC-CH-010	0.08
7	YC-CH-014	—
8	YC-CH-021	0.05
9	YC-CH-026	0.06
10	YC-CH-030	0.08

注：一代表未检出

由表 7-4-10 可见，送检 10 批样品中，5 个样品检测出联苯菊酯，含量在 0.05～0.11mg/kg。

2015 年版《中国药典》对柴胡的农药残留检测未做规定，参照人参农药残留检测规定：人参农药残留检测 16 项，其中总六六六不得过 0.2mg/kg；总滴滴涕不得过 0.2mg/kg；五氯硝基苯不得过 0.1mg/kg，六氯苯不得过 0.1mg/kg，七氯不得过 0.05mg/kg，艾氏剂不得过 0.05mg/kg，氯丹不得过 0.1mg/kg。在送检的 10 批样品中，2015 年版《中国药典》规定的农药残留检测项 16 项均未检测出，本实验结果符合药典规定。

4. 浸出物

照 2015 年版《中国药典》进行测定。

将柴胡样品粉碎，过 2 号筛，混合均匀。取供试品 2～4g，精密称定，置 100～250ml 的锥形瓶中，精密加乙醇 50～100ml，密塞，称定重量，静置 1h 后，连接回流冷凝管，加热至沸腾，并保持微沸 1h。放冷后，取下锥形瓶，密塞，再称定重量，用乙醇补足减失的重量，摇匀，用干燥滤器滤过，精密量取滤液 25ml，置已干燥至恒重的蒸发皿中，在水浴上蒸干后，于 105℃干燥 3h，置干燥器中冷却 30min，迅速精密称定重量。以干燥品计算供试品中醇溶性浸出物的含量。结果见表 7-4-11。

表 7-4-11　柴胡药材中醇溶性浸出物的测定（n=3）

编号	浸出物（%）	编号	浸出物（%）
YC-CH-001	17.66	YC-CH-007	17.93
YC-CH-002	18.77	YC-CH-008	17.49
YC-CH-003	15.27	YC-CH-009	24.19
YC-CH-004	20.96	YC-CH-010	16.29
YC-CH-005	20.80	YC-CH-011	16.86
YC-CH-006	20.43	YC-CH-012	16.18

续表

编号	浸出物（%）	编号	浸出物（%）
YC-CH-013	19.21	YC-CH-022	16.12
YC-CH-014	16.02	YC-CH-023	17.79
YC-CH-015	18.67	YC-CH-024	14.50
YC-CH-016	22.55	YC-CH-025	17.11
YC-CH-017	23.25	YC-CH-026	14.81
YC-CH-018	15.10	YC-CH-027	18.68
YC-CH-019	19.85	YC-CH-028	17.78
YC-CH-020	20.84	YC-CH-029	17.61
YC-CH-021	16.63		

由表 7-4-11 可以看出，北柴胡药材浸出物含量位于 14.50%～24.19%，均符合药典规定（不低于 11%）。

5. 含量测定

北柴胡药材因产地、生长年限及采收时间的不同而质量存在差异。参考 2015 年版《中国药典》对柴胡含量测定的方法，对北柴胡的质量标准进行系统全面提升研究。

5.1 仪器与试药

同本节“1.1 仪器与试剂”项下。

5.2 色谱条件的优化

根据柴胡药材的化学成分及文献研究，参考 2015 年版《中国药典》获取尽可能多的特征峰，在尽量短的分析时间内得到较好分离度的液相条件。

5.2.1 不同提取溶剂的考察

称取 0.5g 柴胡粉末，分别采用 100%甲醇、100%乙醇、70%甲醇、70%乙醇、含 5%氨水的甲醇、含 10%氨水的甲醇对柴胡药材进行提取，超声 30min，过滤浓缩，定容至 5ml，按药典方法进样 20μl，结果见图 7-4-9。

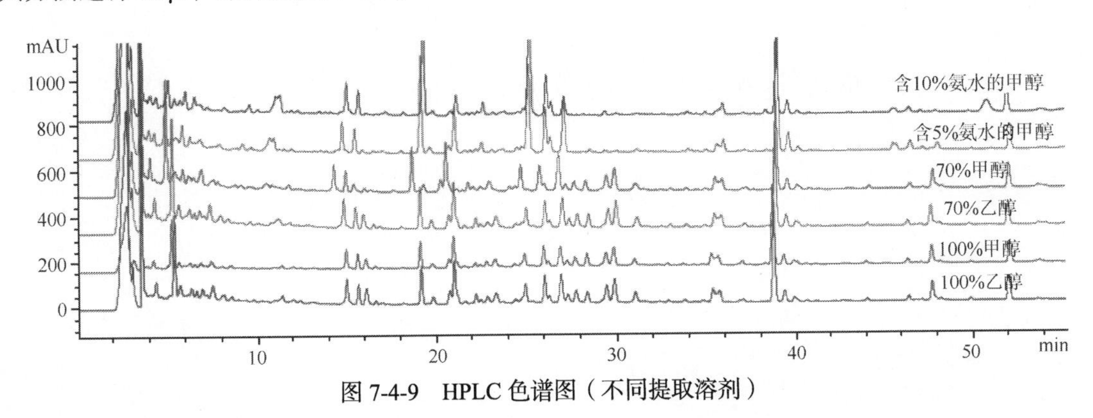

图 7-4-9 HPLC 色谱图（不同提取溶剂）

通过比较发现，含 5%氨水的甲醇溶液的图谱分离度、峰形更好，因此选择含 5%氨水的甲醇作为提取溶剂。

5.2.2 不同提取方式的考察

称取 0.5g 柴胡粉末，采用含 5%氨水的甲醇对柴胡药材进行提取，超声 30min 或者加入回流 1h，过滤浓缩，定容至 5ml，按药典方法进样 20μl，结果见图 7-4-10。

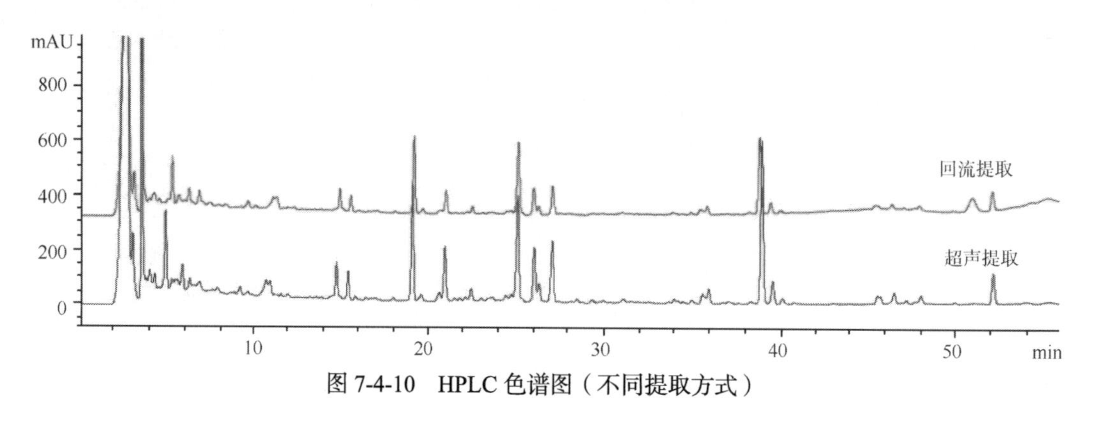

图 7-4-10 HPLC 色谱图（不同提取方式）

通过比较发现，超声提取的图谱分离度、峰形更好，因此选择超声提取作为提取方式。

5.2.3 不同超声时间的考察

称取 0.5g 柴胡粉末，采用含 5%氨水的甲醇对柴胡药材进行提取，分别超声 20min、30min、45min、60min。过滤浓缩，定容至 5ml，按药典方法进样 20μl，结果见图 7-4-11。

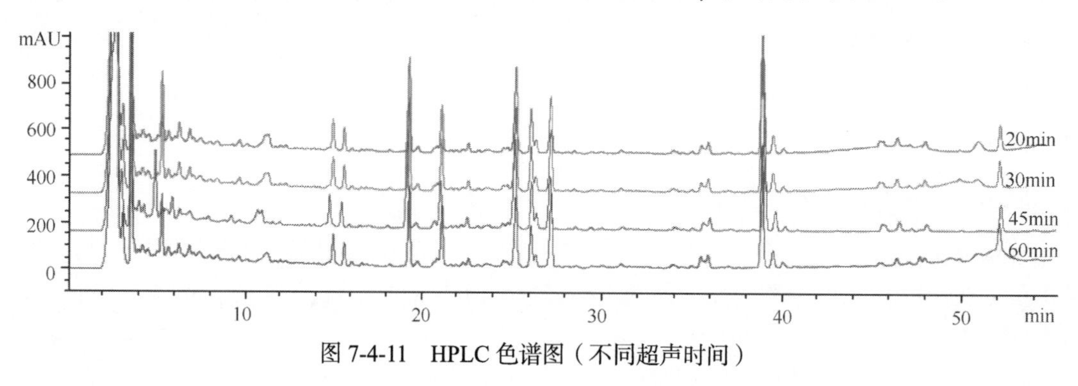

图 7-4-11 HPLC 色谱图（不同超声时间）

通过比较发现，超声 30min 时，样品的图谱分离度、峰形更好，因此选择超声时间为 30min。

5.2.4 不同流动相考察

称取 0.5g 柴胡粉末，5%氨水的甲醇溶液对柴胡药材进行提取，过滤浓缩，定容至 5ml。用甲醇-水、甲醇-0.1%磷酸水、乙腈-水、乙腈-0.1%磷酸水对样品进行洗脱，结果见图 7-4-12。

对比可发现，采用乙腈-0.1%磷酸水洗脱时，基线、峰形、分离度较好，故采用乙腈-0.1%磷酸水作为流动相。

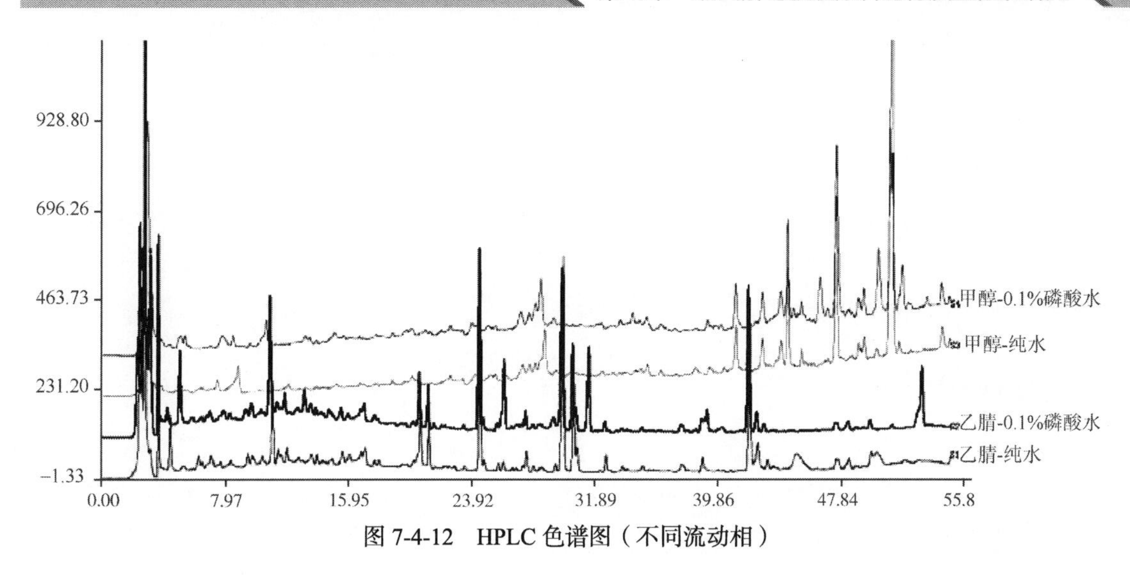

图 7-4-12 HPLC 色谱图（不同流动相）

5.3 方法与结果

5.3.1 色谱条件

色谱柱：Topsil HPLC C_{18} 色谱柱（4.6mm×250mm，5μm）；流动相：乙腈（A）-0.1%磷酸水（B）；梯度洗脱：0～50min，25%～90% A；50～55min，90% A；柱温为 30℃；流速：1.0ml/min；检测波长为 208nm；进样量：20μl。色谱图见 7-4-13。

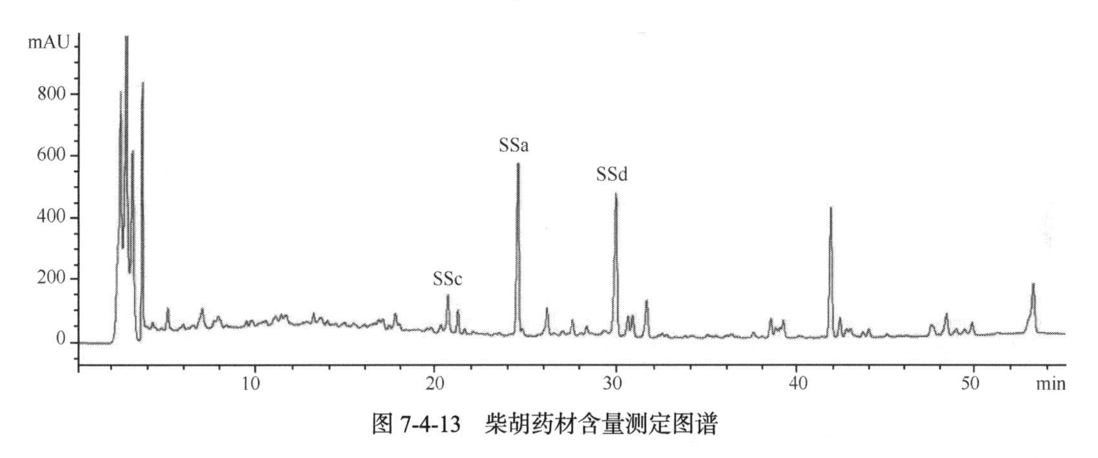

图 7-4-13 柴胡药材含量测定图谱

5.3.2 对照品溶液的制备

取柴胡皂苷 a（SSa）对照品、柴胡皂苷 c（SSc）、柴胡皂苷 d（SSd）对照品适量，精密称定，加甲醇制成每 1ml 含柴胡皂苷 a 2.2mg、柴胡皂苷 c 2.3mg、柴胡皂苷 d 2.2mg 的溶液，摇匀。取上述不同体积标准品溶液，制备成含 SSa 0.8000mg/ml，SSd 1.0000mg/ml，SSc 0.3833mg/ml 的混合对照品溶液，即得。

5.3.3 供试品溶液的制备

取本品粉末（过 4 号筛）约 0.5g，精密称定，置具塞锥形瓶中，加入含 5%氨水试液的甲醇溶液 25ml，密塞，30℃水温超声处理（功率 200 W，频率 40kHz）30min，滤过，用甲醇 20ml 分 2 次洗涤容器及药渣，洗液与滤液合并，回收溶剂至干。残渣加甲醇溶解，转移至 5ml 量瓶中，加甲醇至刻度，摇匀，滤过，取续滤液，即得。分别精密吸取对照品溶液 20μl 与供试品溶液 20μl 注入液相色谱仪测定，即得。

5.3.4 标准曲线的制备

精密吸取配制好的 SSa、SSc、SSd 混合对照品溶液各 1μl、3μl、5μl、7μl、10μl、15μl、20μl、25μl、30μl 注入高效液相色谱仪，测定峰面积。以进样量为横坐标，峰面积为纵坐标，绘制标准曲线，计算回归方程，结果见表 7-4-12。

表 7-4-12 线性回归方程

成分	线性方程	线性范围	R^2
SSc	Y=255.32X–14.148	0.3833～11.4990	0.9999
SSa	Y=374.84X+10.489	0.8000～24.0000	0.9998
SSd	Y=248.62X–44.97	1.0000～24.0000	0.9997

5.3.5 精密度试验

取供试品溶液 YC-CH-001，按上述色谱条件，连续进样 6 次，计算峰面积 RSD。结果发现 SSc、SSa、SSd 峰面积 RSD 均小于 3%，表明仪器精密度良好（表 7-4-13）。

表 7-4-13 精密度试验（n=6）

编号	1	2	3	4	5	6	RSD（%）
SSa	4664.659	4688.153	4714.732	4771.465	4739.835	4730.653	0.81
SSc	1377.274	1381.917	1413.772	1392.792	1420.529	1420.014	1.39
SSd	5272.602	5297.841	5316.374	5352.32	5367.66	5362.865	0.73

5.3.6 稳定性试验

取供试品溶液 YC-CH-001，按上述色谱条件，在 0h、2h、4h、8h、12h、24h 分别进样分析，记录色谱峰面积。结果发现 SSc、SSa、SSd 峰面积 RSD 均小于 3%，表明样品在 24h 内稳定（表 7-4-14）。

表 7-4-14 稳定性试验（n=6）

编号	1	2	3	4	5	6	RSD（%）
SSa	4664.659	4688.153	4714.732	4771.465	4739.835	4730.653	0.81
SSc	1377.274	1381.917	1413.772	1392.792	1420.529	1420.014	1.39
SSd	5272.602	5297.841	5316.374	5352.32	5367.66	5362.865	0.73

5.3.7 重复性试验

取同一批柴胡样品 6 份，制备供试品溶液，分别进样 20μl，记录色谱峰面积计算各成分含量。结果发现 SSc、SSa、SSd 含量 RSD 均小于 3%，表明方法重复性良好（表 7-4-15）。

表 7-4-15　重复性试验（n=6）

编号	1	2	3	4	5	6	RSD（%）
SSa	0.62	0.59	0.61	0.60	0.59	0.60	1.79
SSc	0.27	0.26	0.27	0.26	0.26	0.26	2.20
SSd	1.07	1.01	1.03	1.00	1.04	1.03	2.29

5.3.8　加样回收率试验

取已知含量的柴胡药材粉末，分别加入等量的 SSa、SSc、SSd 对照品，按上述条件提取，按上述色谱条件测定，计算回收率（表 7-4-16）。

表 7-4-16　加样回收率试验（n=6）

化合物	称取量（g）	样品中的量（μg）	加入量（μg）	测得量（μg）	加样回收率（%）	平均加样回收率（%）	RSD（%）
SSa	0.5004	316.50	316.50	623.93	97.1	97.7	0.67
	0.5001	316.31	316.50	627.31	98.3		
	0.5002	316.38	316.50	623.24	97.0		
	0.5001	316.31	316.50	626.64	98.0		
	0.5005	316.57	316.50	628.36	98.5		
	0.5002	316.38	316.50	624.29	97.3		
SSc	0.5004	62.40	62.40	124.61	99.7	98.7	1.15
	0.5001	62.36	62.40	123.34	97.7		
	0.5002	62.37	62.40	123.76	98.4		
	0.5001	62.36	62.40	125.01	100.4		
	0.5005	62.41	62.40	123.22	97.4		
	0.5002	62.37	62.40	123.97	98.7		
SSd	0.5004	363.24	363.20	721.37	98.6	99.0	1.27
	0.5001	363.02	363.20	724.78	99.6		
	0.5002	363.10	363.20	719.35	98.1		
	0.5001	363.02	363.20	724.03	99.4		
	0.5005	363.31	363.20	729.67	100.9		
	0.5002	363.10	363.20	716.54	97.3		

由表 7-4-16 可知，柴胡皂苷 a 加样回收率在 97.1%～98.5%，柴胡皂苷 c 在 97.4%～100.4%，柴胡皂苷 d 在 97.3%～100.9%，RSD 均小于 3%。

5.3.9　样品测定

取不同产地柴胡粉末，按本节 5.3.3 项下制备供试品溶液，按本节 5.3.1 项下色谱条件进样。含量测定结果见表 7-4-17。

表 7-4-17　不同产地柴胡样品含量测定结果（n=3）

编号	SSc（%）	SSa（%）	SSd（%）
YC-CH-001	0.47	1.00	1.72
YC-CH-002	0.29	0.60	1.37
YC-CH-003	0.27	0.81	1.60
YC-CH-004	0.33	0.70	1.03
YC-CH-005	0.48	1.47	2.47
YC-CH-006	0.52	1.27	2.05
YC-CH-007	0.23	1.13	1.75
YC-CH-008	0.25	0.64	1.09
YC-CH-009	0.22	0.62	0.89
YC-CH-010	0.44	0.88	1.46
YC-CH-011	0.43	0.87	1.45
YC-CH-012	0.43	0.87	1.45
YC-CH-013	0.38	1.04	2.11
YC-CH-014	0.36	1.26	1.81
YC-CH-015	0.38	1.10	1.72
YC-CH-016	0.20	0.55	1.03
YC-CH-017	0.20	0.48	0.85
YC-CH-018	0.40	1.20	1.93
YC-CH-019	0.21	0.64	1.05
YC-CH-020	0.43	1.27	2.27
YC-CH-021	0.23	0.62	1.27
YC-CH-022	0.38	1.04	1.46
YC-CH-023	0.38	1.17	2.03
YC-CH-024	0.40	—	—
YC-CH-025	0.21	0.42	0.95
YC-CH-026	0.14	0.28	0.68
YC-CH-027	0.31	1.35	2.35
YC-CH-028	0.17	0.29	0.71
YC-CH-029	0.21	0.44	0.93

注：—为本样品峰面积较大，超出标准曲线定量范围

2015 年版《中国药典》规定柴胡皂苷 a 和柴胡皂苷 d 的总量不低于 0.3%，由表 7-4-17 可以看出，样品含量均高于药典。

6. 特征图谱

北柴胡特征图谱的建立是在文献研究的基础上，选择乙腈和 0.1%磷酸水作为流动相，在此基础上，通过改变流动相的比例，建立北柴胡特征图谱。

6.1　仪器与试剂

同本节“1.1 仪器与试剂”项下。

6.2　洗脱程序筛选

取供试品溶液，对不同比例流动相的方法进行筛选，A：B=乙腈：0.1%磷酸水，洗脱程序见表 7-4-18。

表 7-4-18　梯度洗脱程序 4

时间（min）	流动相 B（%）
0～5	85～75
5～40	75～45
40～50	45～40
50～65	40～25
65～75	25～15
75～85	15～10

结果发现，梯度洗脱程序 4 色谱峰分离度、峰形较好，更能全面反映柴胡的特性，因此选择梯度洗脱程序 4 作为柴胡特征图谱的方法（图 7-4-14）。

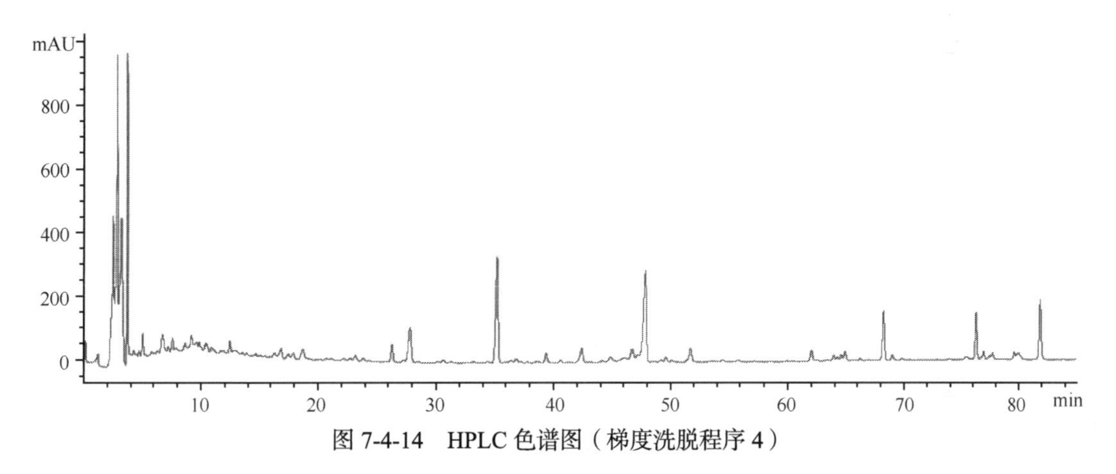

图 7-4-14　HPLC 色谱图（梯度洗脱程序 4）

6.3　方法与结果

6.3.1　色谱条件

色谱柱：Topsil HPLC C_{18} 色谱柱（4.6mm×250mm，5μm）；以乙腈为流动相 A，以 0. 1%磷酸水为流动相 B，按表 7-4-19 中的程序进行梯度洗脱；检测波长为 210nm；进样量为 20μl。

表 7-4-19　洗脱程序

时间（min）	流动相 A（%）	流动相 B（%）
0～5	15～25	85～75
5～40	25～55	75～45
40～50	55～60	45～40
50～65	60～75	40～25
65～75	75～85	25～15
75～85	85～90	15～10

6.3.2 对照品溶液的制备

取柴胡皂苷 a、柴胡皂苷 c、柴胡皂苷 d 对照品适量，精密称定，加甲醇制成每 1ml 含柴胡皂苷 a 0.8333mg、柴胡皂苷 c 0.8667mg、柴胡皂苷 d 0.8333mg 的混合对照溶液，摇匀，即得。

6.3.3 供试品溶液的制备

取本品粉末（过 4 号筛）约 0.5g，精密称定，置具塞锥形瓶中，加入含 5%氨水试液的甲醇溶液 25ml，密塞，30℃水温超声处理（功率 200W，频率 40kHz）30min，滤过，用甲醇 20ml 分 2 次洗涤容器及药渣，洗液与滤液合并，回收溶剂至干。残渣加甲醇溶解，转移至 5ml 容量瓶中，加甲醇至刻度，摇匀，滤过，取续滤液，即得。

6.3.4 精密度试验

取供试品溶液 1 份，在本节“6.3.1”色谱条件下连续进样 6 次，每次 20μl，计算共有峰相对保留时间及相对峰面积 RSD。结果示相对保留时间及相对峰面积 RSD 均小于 3%，表明仪器精密度良好（表 7-4-20、表 7-4-21）。

表 7-4-20 北柴胡药材精密度试验共有峰相对保留时间（n=6）

编号	S1	S2	S3	S4	S5	S6	RSD（%）
1	0.1340	0.1339	0.1334	0.1330	0.1332	0.1336	0.27
2	0.6207	0.6196	0.6194	0.6199	0.6184	0.6193	0.11
3	0.6485	0.6473	0.6472	0.6477	0.6460	0.6469	0.12
4	0.7827	0.7809	0.7810	0.7810	0.7802	0.7811	0.10
5	0.8526	0.8514	0.8515	0.8509	0.8492	0.8506	0.12
6	1.0000	1.0000	1.0000	1.0000	1.0000	1.0000	0.00
7	1.0729	1.0727	1.0726	1.0711	1.0696	1.0708	0.12
8	1.5275	1.5257	1.5252	1.5232	1.5223	1.5195	0.17
9	1.8734	1.8694	1.8689	1.8651	1.8666	1.8641	0.17
10	2.0293	2.0235	2.0232	2.0194	2.0203	2.0208	0.16

表 7-4-21 北柴胡药材精密度试验共有峰相对峰面积（n=6）

编号	S1	S2	S3	S4	S5	S6	RSD（%）
1	0.3111	0.3096	0.3055	0.2934	0.2917	0.2914	2.82
2	0.2371	0.2349	0.2353	0.2227	0.2217	0.2276	2.69
3	0.2059	0.2040	0.2054	0.1912	0.1940	0.2041	2.93
4	0.6113	0.6257	0.6137	0.5827	0.5793	0.5882	2.92
5	0.5394	0.5348	0.5298	0.5081	0.5020	0.5189	2.63
6	1.0000	1.0000	1.0000	1.0000	1.0000	1.0000	0.00
7	0.6854	0.6932	0.6775	0.6497	0.6609	0.6685	2.18
8	0.6837	0.6816	0.6949	0.6627	0.6543	0.6600	2.18
9	0.1000	0.1016	0.1003	0.0949	0.0954	0.0995	2.57
10	0.4019	0.4055	0.4057	0.3871	0.3835	0.4074	2.39

6.3.5 稳定性试验

精密吸取柴胡1号样品提取物的供试品20μl，在“6.3.1”色谱条件下，0h、2h、4h、6h、8h、12h、24h分别进样分析，计算共有峰相对保留时间及相对峰面积RSD。结果示相对保留时间及相对峰面积RSD均小于3%，表明样品在24h内稳定（表7-4-22、表7-4-23）。

表 7-4-22 北柴胡稳定性试验共有峰相对保留时间（n=6）

编号	0h	2h	4h	6h	8h	12h	RSD（%）
1	0.1340	0.1339	0.1334	0.1330	0.1324	0.1327	0.44
2	0.6207	0.6196	0.6194	0.6199	0.6184	0.6193	0.11
3	0.6485	0.6473	0.6472	0.6477	0.6460	0.6470	0.12
4	0.7827	0.7809	0.7810	0.7810	0.7802	0.7807	0.10
5	0.8526	0.8514	0.8515	0.8509	0.8492	0.8514	0.12
6	1.0000	1.0000	1.0000	1.0000	1.0000	1.0000	0.00
7	1.0729	1.0727	1.0726	1.0711	1.0696	1.0728	0.11
8	1.5275	1.5257	1.5252	1.5232	1.5223	1.5253	0.11
9	1.8734	1.8694	1.8689	1.8651	1.8666	1.8692	0.14
10	2.0293	2.0235	2.0232	2.0194	2.0203	2.0239	0.16

表 7-4-23 北柴胡稳定性试验共有峰相对峰面积（n=6）

编号	0h	2h	4h	6h	8h	12h	RSD（%）
1	0.3111	0.3081	0.3054	0.2938	0.2953	0.3000	2.13
2	0.2214	0.2207	0.2198	0.2211	0.2217	0.2255	0.83
3	0.2059	0.2059	0.2054	0.1912	0.1940	0.2025	2.98
4	0.6499	0.6511	0.6524	0.6199	0.6707	0.6557	2.33
5	0.5433	0.5348	0.5298	0.5081	0.5150	0.5009	2.89
6	1.0000	1.0000	1.0000	1.0000	1.0000	1.0000	0.00
7	0.6854	0.6932	0.6775	0.6497	0.6609	0.6471	2.62
8	0.7231	0.7206	0.7142	0.6813	0.6728	0.7035	2.74
9	0.1000	0.0979	0.0965	0.0930	0.0924	0.0947	2.78
10	0.4019	0.4055	0.4057	0.3871	0.3910	0.4022	1.81

6.3.6 重复性试验

取同一批柴胡样品6份，按照本节“6.3.3”制备供试品溶液，在“6.3.1”色谱条件下分别进样20μl，计算共有峰性对保留时间及相对峰面积RSD。结果示共有峰相对保留时间及相对峰面积RSD均小于3%，表明方法的重复性良好（表7-4-24、表7-4-25）。

表 7-4-24 北柴胡重复性试验共有峰相对保留时间（n=6）

编号	S1	S2	S3	S4	S5	S6	RSD（%）
1	0.1340	0.1339	0.1324	0.1326	0.1334	0.1328	0.45
2	0.6207	0.6196	0.6184	0.6193	0.6199	0.6202	0.11
3	0.6485	0.6473	0.6460	0.6469	0.6475	0.6479	0.12

续表

编号	S1	S2	S3	S4	S5	S6	RSD（%）
4	0.7827	0.7809	0.7802	0.7811	0.7805	0.7812	0.10
5	0.8526	0.8514	0.8492	0.8506	0.8512	0.8518	0.13
6	1.0000	1.0000	1.0000	1.0000	1.0000	1.0000	0
7	1.0729	1.0727	1.0696	1.0708	1.0727	1.0725	0.12
8	1.5275	1.5257	1.5223	1.5195	1.5549	1.5255	0.77
9	1.8734	1.8694	1.8666	1.8641	1.8701	1.8695	0.16
10	2.0293	2.0235	2.0203	2.0208	2.0252	2.0240	0.15

表 7-4-25　北柴胡重复性试验共有峰相对峰面积（n=6）

编号	S1	S2	S3	S4	S5	S6	RSD（%）
1	0.2911	0.2996	0.2897	0.2895	0.2751	0.2786	2.85
2	0.2411	0.2402	0.2369	0.2333	0.2250	0.2304	2.40
3	0.1199	0.1219	0.1209	0.1208	0.1209	0.1214	0.51
4	0.8943	0.9415	0.8789	0.9368	0.9160	0.8718	2.97
5	0.2962	0.2896	0.2854	0.2967	0.2941	0.2982	1.53
6	1.0000	1.0000	1.0000	1.0000	1.0000	1.0000	0.00
7	0.5954	0.6132	0.6017	0.6155	0.6012	0.6077	1.17
8	0.7201	0.7206	0.7024	0.7378	0.6988	0.6870	2.36
9	0.1000	0.1016	0.1024	0.1014	0.0981	0.1048	2.03
10	0.3716	0.3855	0.3782	0.3886	0.3812	0.3747	1.55

6.3.7　样品测定

取不同产地柴胡粉末，按本节“6.3.3”项下制备供试品溶液，按“6.3.1”项下色谱条件进样。任取 15 批样品，结果见图 7-4-15 及表 7-4-26。

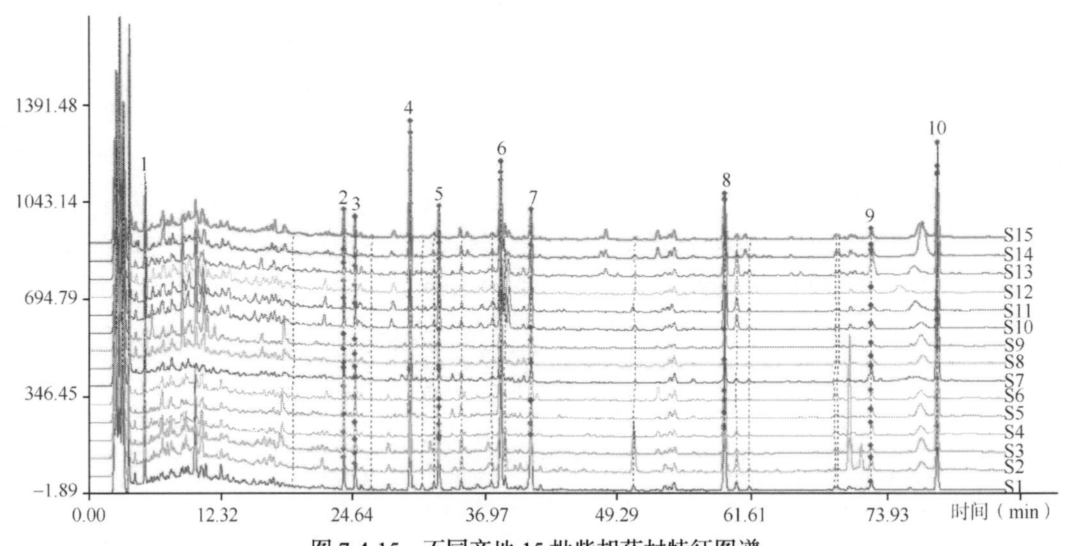

图 7-4-15　不同产地 15 批柴胡药材特征图谱

表 7-4-26　不同产地 15 批柴胡药材特征图谱相似度

编号	S1	S2	S3	S4	S5	S6	S7	S8	S9	S10	S11	S12	S13	S14	S15
相似度	0.92	0.91914	0.947	0.979	0.917	0.965	0.867	0.964	0.912	0.970	0.961	0.964	0.954	0.945	0.978

由表 7-4-26 可以看出，不同产地北柴胡样品相似度均高于 0.9。

第五节　马鞭草质量标准研究

马鞭草为马鞭草科植物马鞭草 *Verbena officinalis* L.的干燥地上部分，具有清热凉血、散瘀活血、消肿解毒之功效。马鞭草广泛分布于中南、西南以及甘肃、新疆、安徽等地，主产于大别山西部、贵州、河南。已有的产区调查和药材市场调查发现，供药用的马鞭草主要为野生资源，产区、采收、用药部位等均会对马鞭草药材及饮片的品质造成一定的影响。

疏风解毒胶囊原料药之一马鞭草品种的采购地主要集中在贵州及河南等地区,其质量的优劣直接影响中成药的质量。因此基于采样紧扣采购的原则，选择主产地贵州、河南及其周边地区马鞭草为研究对象，开展相关研究。

2015 年版《中国药典》一部中收载的马鞭草存在的不足之处：①性状鉴别项下缺少“茎多具绒毛”。②显微鉴别项下缺少“石细胞、纤维及导管”。③薄层鉴别中马鞭草的提取方式、展开剂的类型及比例、对照品的选择影响展开效果，使斑点在薄层板上不能很好显现。④无浸出物及重金属含量限定的要求。⑤含量测定项下仅以齐墩果酸及熊果酸作为评价指标，而大多数植物中均含有齐墩果酸及熊果酸，其并非马鞭草中特征性成分，依据香港中药材标准及文献研究，马鞭草苷及戟叶马鞭草苷是马鞭草发挥抗病毒、抗炎止痛及镇咳的药理药效作用的物质基础，同时由于毛蕊花糖苷在马鞭草中含量丰富且具有抗病毒作用，因此选择马鞭草苷、戟叶马鞭草苷和毛蕊花糖苷 3 种指标性成分作为评价指标。⑥指纹图谱作为能够较为全面地反映中药整体质量的技术手段，方法亟需建立。

本研究拟通过优化马鞭草薄层鉴别条件，建立浸出物、重金属检测指标，建立马鞭草 HPLC 指纹图谱，并对马鞭草苷、戟叶马鞭草苷和毛蕊花糖苷同时进行测定，对马鞭草样品质量进行全面评价。

1. 仪器与试剂

1.1　仪器

生物显微镜（E5 系列）[舜宇光学科技（集团）有限公司]；硅胶 G 薄层板（10cm×10cm）（20150825）（青岛海洋化工厂分厂），电子分析天平（XS104 型十万分之一）（德国梅特勒-托利多公司）；电热恒温鼓风干燥箱（DHG-9240A）（上海精宏实验设备有限公司）；马弗炉（20070123）（上海圣欣科学仪器有限公司）；万用电炉（DL-1）（上海科恒实业发展有限公司）；微波消解仪（BZYJ-78）（北京莱伯泰科仪器股份有限公司），赶酸器（BZYJ-57）[安捷伦科技（中国）有限公司]；原子吸收器（240FS-AA/240Z-AA）[安捷伦科技（中国）有限公司]；原子吸收分光光度计（BZYJ-106）[安捷伦科技（中国）有限公司]；数显恒温水浴锅（SYG-6 型）（常州朗越仪器制造有限公司）；循环水式多用真空泵（SHB-3S 型）（郑州长城科工贸有限公司）。Shimadzu LC-10A 高效液相色谱仪，Agilent C_{18} 色谱柱（250mm×4.6mm），超声仪

JK-100 型（合肥金克尼机械制造有限公司，100W，40kHz）。

1.2 试剂

三氯乙醛（水合）（上海润捷化学试剂有限公司）；铜汞砷铅镉母液（国家有色金属及电子材料分析测试中心）；戟叶马鞭草苷对照品（CFS201701）（武汉天植生物技术有限公司）；马鞭草苷对照品（CFS201701）（武汉天植生物技术有限公司）；毛蕊花糖苷对照品（CFS201602）（武汉天植生物技术有限公司），对照品均为供含量测定用。

2. 药材样品来源

收集安徽六安市金寨县胜利村、贵州黔南龙里县湾滩河镇、贵州黔西县索风湖、贵州黔西县中山镇猕猴村、河南桐柏县雷庄村等地区的样品（表 7-5-1）。

表 7-5-1 马鞭草药材采样信息

编号	批号	产地
M1	JZ-M0-20170630	安徽六安市金寨县胜利村
M2	TH-M0-20170707	贵州黔南龙里县湾滩河镇
M3	SFH-M0-20170626	贵州黔西县索风湖
M4	SFH-M01-20170715	贵州黔西县索风湖
M5	SFH-M03-20170715	贵州黔西县索风湖
M6	SFH-M04-20170715	贵州黔西县索风湖
M7	SFH-M05-20170715	贵州黔西县索风湖
M8	ZS-M0-20170626-1	贵州黔西县中山镇猕猴村
M9	ZS-M0-20170626-2	贵州黔西县中山镇猕猴村
M10	ZS-M0-20170626-3	贵州黔西县中山镇猕猴村
M11	HN-M01-20170626	河南桐柏县雷庄村
M12	HN-M02-20170626	河南桐柏县雷庄村
M13	HN-M03-20170626	河南桐柏县雷庄村
M14	HN-M04-20170626	河南桐柏县雷庄村
M15	HN-M05-20170626	河南桐柏县雷庄村
M16	HN-M06-20170626	河南桐柏县雷庄村

3. 鉴别研究

3.1 性状鉴别

参照 2015 年版《中国药典》一部马鞭草项下描述药材的形状、表面颜色、表面特征及质地、气味。药材茎呈方柱形，多分枝，具细小绒毛，四面有纵沟，长 0.5～1m；表面绿褐色，粗糙；质硬而脆，断面有髓或中空。叶对生，皱缩，多破碎，绿褐色，完整者展平后叶片 3 深裂，边缘有锯齿。穗状花序细长，有小花多数，气微，味苦。马鞭草原植物及药材见图 7-5-1。

图 7-5-1　马鞭草植物及药材图

3.2　显微鉴别

参照 2015 年版《中国药典》一部马鞭草项下的规定，取马鞭草药材粉末（80 目筛）适量于载玻片上，滴加 1～2 滴水合氯醛加热透化 1～2 次，再滴加 1～2 滴稀甘油，盖上盖玻片，置于生物显微镜下观察马鞭草药材粉末特征。

马鞭草药材：粉末绿褐色或棕黄色。茎表皮细胞呈长多角形，叶表皮细胞类圆形或类长方形；气孔圆形或椭圆形，常见为不定式或不等式；石细胞较多，一般成群存在，类方形或类圆形，纹孔明显；花粉粒单个散在或成簇排列，类圆形或类椭圆形，有时具萌发孔；腺毛少数，短柄，多细胞组成；较多单细胞非腺毛；具腺鳞；韧皮纤维长梭形，胞腔较大，纹孔较少；导管为螺纹导管、具缘纹孔导管和梯纹导管（图 7-5-2、图 7-5-3）。

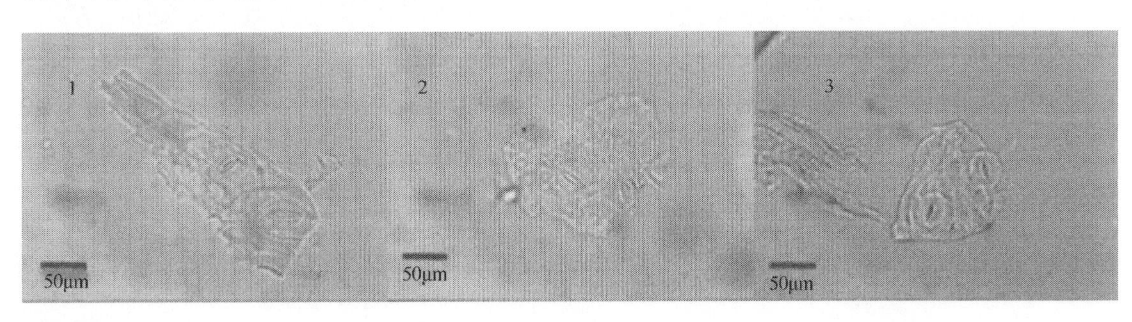

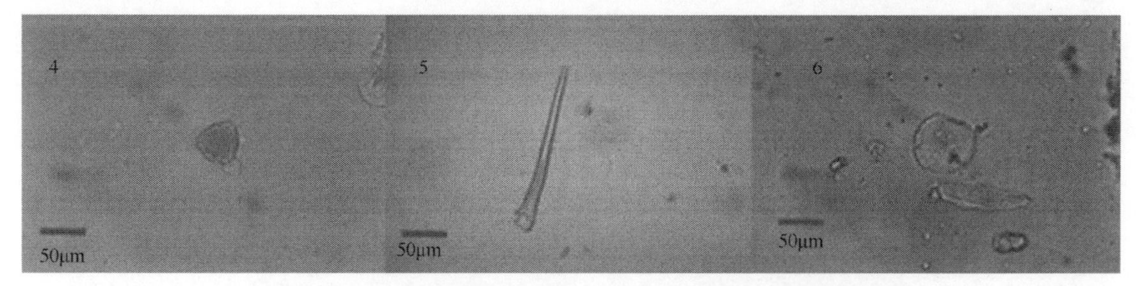

图 7-5-2　马鞭草药材粉末鉴别图 1（《中国药典》项下特征）

1. 茎表皮细胞；2. 叶表皮细胞；3. 气孔；4. 花粉粒；5. 非腺毛单细胞；6. 腺鳞

（扫文末二维码获取彩图）

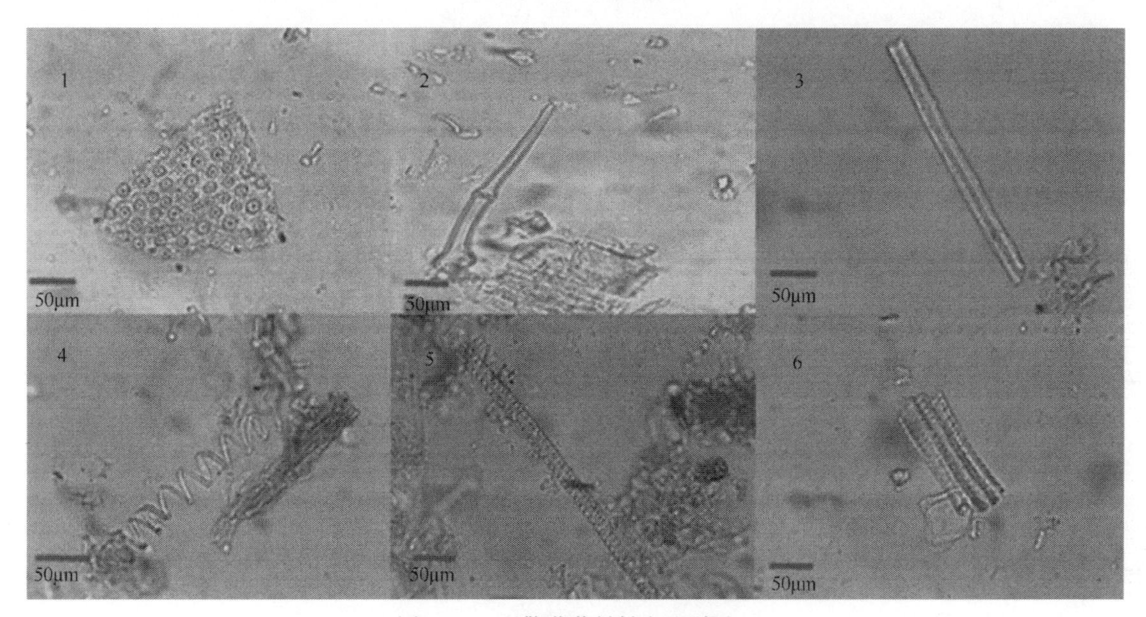

图 7-5-3　马鞭草药材粉末鉴别图 2

1. 石细胞；2. 腺毛；3. 纤维；4. 螺纹导管；5. 具缘纹孔导管；6. 梯纹导管

（扫文末二维码获取彩图）

3.3　薄层鉴别

基于 2015 年版《中国药典》规定的 TLC 检测方法，改进了提取方法及展开剂的选择，见图 7-5-4。取本品粉末 1.0g，置 50ml 锥形瓶中，加甲醇 10ml，超声（350 W）处理 30min，用 0.45μm 微孔滤膜滤过，滤液浓缩至 5ml，作为供试品溶液。另取毛蕊花糖苷对照品、马鞭草苷对照品、戟叶马鞭草苷对照品，分别加甲醇制成每 1ml 各 1.0mg 的溶液，作为对照品溶液。照薄层色谱法（通则 0502）试验，吸取上述三种溶液各 5μl，分别点于同一硅胶 G 薄层板上，以乙酸乙酯-水-甲酸-冰醋酸（8∶2∶1∶1，*V*/*V*）为展开剂，展开，取出，晾干，喷以 5%硫酸乙醇-香草醛溶液（取硫酸 5ml，缓缓加至 95ml 乙醇中，再溶解香草醛 1g），在 105℃加热至斑点显色清晰。供试品色谱中，在与对照品色谱相应的位置上显相同颜色的斑点。

3.3.1　对照品的选择

2015 年版《中国药典》一部项下规定马鞭草薄层色谱对照品为熊果酸，由于其不具有代表性，根据香港中药材标准，选择马鞭草苷、戟叶马鞭草苷和毛蕊花糖苷作为对照品。

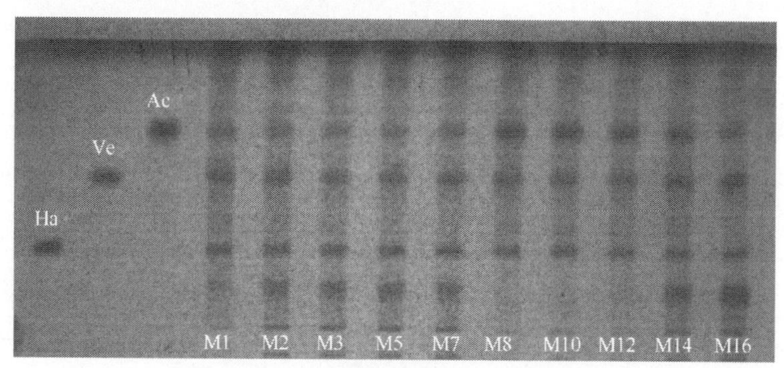

图 7-5-4　马鞭草原药材 TLC 图谱

Ha. 戟叶马鞭草苷；Ve. 马鞭草苷；Ac. 毛蕊花糖苷

3.3.2　供试品与对照品的制备

供试品制备：取本品粉末 1.0g，置 50ml 锥形瓶中，加甲醇 10ml，超声（350W）处理 30min，用 0.45μm 微孔滤膜滤过，滤液浓缩至 5ml，作为供试品溶液。

对照品制备：取毛蕊花糖苷对照品、马鞭草苷对照品、戟叶马鞭草苷对照品，分别加甲醇制成每 1ml 各 1.0mg 的溶液，作为对照品溶液。

3.3.3　方法学考察

（1）展开剂与显色剂的选择：展开剂以乙酸乙酯-水-甲酸-冰醋酸（8∶2∶1∶1）与乙酸乙酯-甲醇-水（9∶2∶1）进行比较，显色剂以 5%硫酸乙醇-香草醛溶液与 10%硫酸乙醇-香草醛溶液进行比较。最终证明展开剂为乙酸乙酯-水-甲酸-冰醋酸（8∶2∶1∶1），显色剂为 5%硫酸乙醇-香草醛溶液时具有更高的清晰度与分离效果。

（2）提取方法选择：提取时间均为 30min，提取方式采用加热回流及超声（350W）提取处理，通过比较，确定超声（350W）提取方便且提取效果较好。

（3）提取时间选择：提取方式均采用超声（350W）提取，提取时间分别控制在 15min、30min 及 45min，通过比较，确定超声提取 30min 效果更好。

（4）不同展开板材选择：其他条件不变，板材分别选择硅胶 G 板及硅胶 GF_{254} 板，通过比较，确定采用硅胶 G 板具有更高的分辨率与清晰度。

4. 水分、灰分、浸出物测定

依据 2015 年版《中国药典》项下规定，对马鞭草水分含量、灰分含量进行测定，由于浸出物测定也属于一般检查项的范畴，而《中国药典》未对其进行说明，因此新增浸出物测定检查项。

水分：测定采取的方法为烘干法。取马鞭草药材，粉碎，精密称取马鞭草粉末 4g 置干燥至恒重的扁形称量瓶中，放入 105℃烘箱中干燥 5h 后，置干燥器中晾凉约 30min，称定重量。再放入 105℃烘箱中干燥 1h，晾凉后称定重量，重复 105℃烘箱中干燥 1h 的步骤直至称量瓶恒重，即得。平行进行 2 份，计算每份样品的平均含水量，不得超过 10.0%。

灰分：精密称定马鞭草粉末 4g，置洁净的 50ml 坩埚中，放置在加热板上炭化至无火星，然后放进 500℃马弗炉中灰化 2h，取出，置干燥器中放冷，称定重量，即得。平行进行 2 份，计算各样品的平均灰分，不得超过 12.0%。

酸不溶性灰分：取上项所得的灰分，在坩埚中小心加入稀盐酸约 10ml，用表面皿覆盖坩埚，置水浴上加热 10min，表面皿用热水 5ml 冲洗，洗液并入坩埚中，用无灰滤纸滤过，坩埚内的残渣用水洗于滤纸上，并洗涤至洗液不显氯化物反应为止。滤渣连同滤纸移至同一坩埚中，干燥，炽灼至恒重。根据残渣重量，计算供试品中酸不溶性灰分，不得超过 4.0%。

浸出物：①水溶性浸出物测定法。水溶性浸出物的测定采取的方法为热浸法。取供试品约 4g，精密称定，置 300ml 的锥形瓶中，精密加水 100ml，密塞，称定重量，静置 1h 后，连接回流冷凝管，加热至沸腾，并保持微沸 1h。放冷后，取下锥形瓶，密塞，再称定重量，用水补充减失的重量，摇匀，用干燥滤器滤过。精密量取续滤液 20ml，置已干燥至恒重的蒸发皿中，在水浴上蒸干后，于 105℃干燥 3h，移置干燥器中冷却 30min，迅速精密称定重量。除另有规定外，以干燥品计算供试品中水溶性浸出物的含量（%）。②醇溶性浸出物测定法。照水溶性浸出物测定法测定。以规定浓度的乙醇代替水为溶剂。除另有规定外，以干燥品计算供试品中醇溶性浸出物的含量（%）。

水分、灰分、浸出物测定结果见表 7-5-2。

表 7-5-2 马鞭草药材水分、灰分及浸出物测定结果（n=3）

编号	含量（%）				
	水分	总灰分	酸不溶性灰分	水溶性浸出物	醇溶性浸出物
M1	7.86	10.58	2.57	17.58	19.12
M2	6.54	10.69	2.60	16.24	19.89
M3	9.00	10.47	2.41	19.15	21.32
M4	6.28	10.67	2.63	17.51	23.07
M5	8.41	10.35	2.35	21.75	19.45
M6	8.48	10.00	2.17	18.18	17.44
M7	9.73	9.63	1.98	20.89	19.79
M8	7.63	11.12	3.14	18.86	19.86
M9	8.74	11.36	3.22	17.66	18.88
M10	8.31	10.98	3.03	18.75	19.99
M11	6.95	10.57	2.46	15.27	17.90
M12	9.89	10.22	2.22	23.81	24.03
M13	5.26	9.14	1.69	22.78	22.46
M14	9.66	10.12	3.17	15.37	22.53
M15	9.47	10.63	3.69	24.43	22.48
M16	9.58	9.78	3.86	22.52	22.18

5. 重金属测定

照 2015 年版《中国药典》四部通则 2321 分别对铜、镉、砷、汞、铅进行测定。铅不得过 2mg/kg；镉不得过 0.1mg/kg；砷不得过 2mg/kg；汞不得过 0.05mg/kg；铜不得过 20mg/kg。

5.1 铜标准试液制备

吸取 1.0ml 铜标准溶液，置于 1000ml 容量瓶中，加 2%硝酸稀释至刻度。如此多次稀释成每毫升含 0.2μg、0.4μg、0.6μg、0.8μg、1.0μg 铜的标准吸收液。

仪器条件：波长 324.7 nm，狭缝 0.2 nm，灯电流 4mA，火焰检测器检测。

标准曲线绘制：吸取上面配制的铜标准试液 0.2μg/ml、0.4μg/ml、0.6μg/ml、0.8μg/ml、1.0μg/ml，注入火焰检测器，测得吸光度值并求得吸光度值与浓度的一元线性回归方程。

试样测定：分别吸取样液和空白液注入火焰检测器，测得其吸光度值，代入标准系列的一元线性回归方程中求得样液中铜的含量（图 7-5-5）。

5.2 汞标准使用液的制备

吸取 1.0ml 汞标准溶液，置于 1000ml 容量瓶中，加 2%硝酸稀释至刻度。如此多次稀释成每毫升含 2.0ng、4.0ng、6.0ng、8.0ng、10.0ng 汞的标准吸收液。

仪器条件：波长 253.6nm，狭缝 0.5nm，灯电流 4mA，氢化物发生装置。

标准曲线绘制：吸取上面配制的汞标准使用液 2.0μg/L、4.0μg/L、6.0μg/L、8.0μg/L、10.0μg/L，注入氢化物发生装置，测得吸光度值并求得吸光度值与浓度关系的一元线性回归方程。

试样测定：分别吸取样液和空白液注入火焰检测器，测得其吸光度值，代入标准系列的一元线性回归方程中求得样液中汞的含量（图 7-5-5）。

5.3 镉标准使用液的制备

吸取 1.0ml 镉标准溶液，置于 1000ml 容量瓶中，加 2%硝酸稀释至刻度。如此多次稀释成每毫升含 2.0μg、4.0μg、6.0μg、8.0μg、10.0μg 镉的标准吸收液。

仪器条件：波长 228.8nm，狭缝 0.5nm，灯电流 4mA，干燥温度 100℃持续 10s，灰化温度 600℃持续 20s，原子化温度 1800℃持续 3s，背景校正为氘灯。

标准曲线绘制：分别精密吸取不同浓度的镉标准溶液 1ml，精密加入含 1%磷酸二氢铵和 0.2%硝酸镁的溶液 0.5ml，混匀，精密吸取 20μl 注入石墨炉，测定吸光度，以吸光度为纵坐标，浓度为横坐标，绘制标准曲线。

试样测定：分别吸取供试液和空白液各 10μl，注入石墨炉，测得其吸光度值，代入标准系列的一元线性回归方程中求得样液中镉的含量（图 7-5-5）。

5.4 砷标准使用液的制备

吸取 1.0ml 砷标准溶液，置于 1000ml 容量瓶中，加 2%硝酸稀释至刻度。如此多次稀释成每毫升含 5.0ng、10.0ng、15.0ng、20.0ng、25.0ng 砷的标准吸收液。

仪器条件：波长 193.7nm，狭缝 0.5nm，灯电流 10mA，氢化物发生装置。

标准曲线绘制：吸取上面配制的砷标准使用液 5.0μg/L、10.0μg/L、15.0μg/L、20.0μg/L、25.0μg/L，注入氢化物发生装置，测得吸光度值并求得吸光度值与浓度关系的一元线性回归方程。

试样测定：分别吸取样液和空白液注入氢化物发生装置，测得其吸光度值，代入标准系列的一元线性回归方程中求得样液中砷的含量（图 7-5-5）。

5.5 铅标准使用液的制备

吸取 1.0ml 砷标准溶液，置于 1000ml 容量瓶中，加 2%硝酸稀释至刻度。如此多次稀释成每毫升含 10.0ng、20.0ng、30.0ng、40.0ng、50.0ng 铅的标准吸收液。

仪器条件：波长 283.3nm，狭缝 0.5nm，灯电流 10mA，干燥温度 100℃持续 10s，灰化温度 600℃持续 20s，原子化温度 2100℃持续 3s，背景校正为氘灯。

标准曲线绘制：吸取上面配制的铅标准使用液 10.0μg/L、20.0μg/L、30.0μg/L、40.0μg/L、50.0μg/L 各 10μl，注入石墨炉，测得吸光度值并求得吸光度值与浓度关系的一元线性回归方程。

试样测定：分别吸取试样液和空白液各 10μl，注入石墨炉，测得其吸光度值，代入标准系列的一元线性回归方程中求得样液中铅的含量。

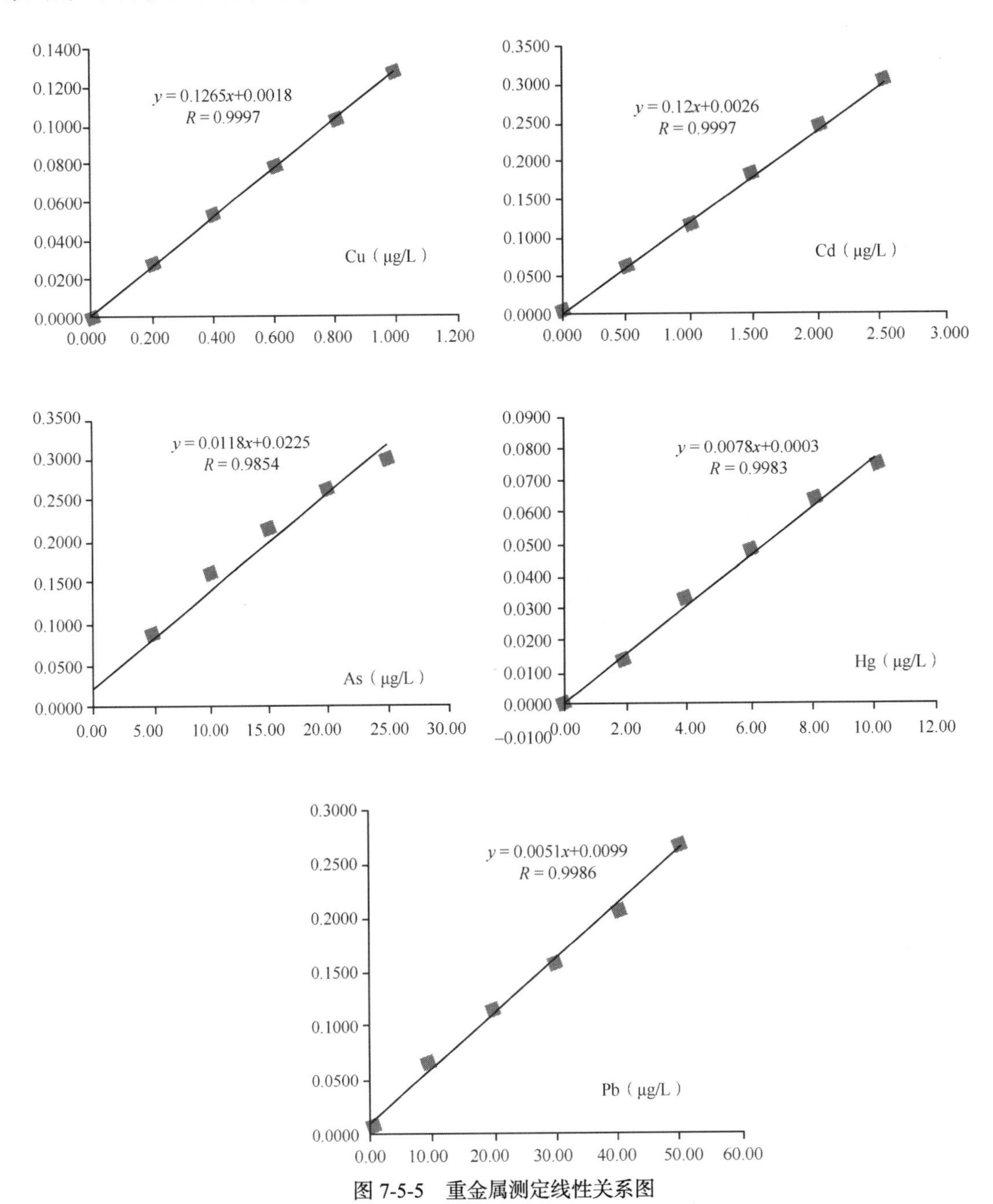

图 7-5-5 重金属测定线性关系图

不同样品重金属含量测定结果见表 7-5-3。

表 7-5-3　重金属测定结果

编号	铜含量（mg/kg）	镉含量（mg/kg）	砷含量（mg/kg）	汞含量（mg/kg）	铅含量（mg/kg）
M1	12.66	0.10	0.05	0.01	1.77
M2	18.92	0.14	0.01	0.01	0.69
M3	14.16	0.12	0.01	—	0.77
M4	16.19	0.12	0.06	—	0.71
M5	11.53	0.05	—	—	0.59
M6	13.91	0.12	0.03	—	0.71
M7	19.30	0.18	0.08	—	0.89
M8	14.98	0.09	—	—	0.46
M9	16.09	—	—	—	0.25
M10	15.38	0.08	—	—	0.36
M11	13.23	0.11	0.06	0.01	1.42
M12	16.64	0.10	0.22	0.09	1.32
M13	17.62	0.19	0.23	0.04	1.29
M14	14.19	0.06	0.05	—	0.92
M15	15.74	0.09	0.08	0.01	1.98
M16	13.51	0.11	0.05	0.01	0.78

注：—表示低于检测限，未检出

6. 指纹图谱

2015 年版《中国药典》未载入马鞭草指纹图谱相关研究，而指纹图谱能够较为全面地反映中药整体质量，因此这里在天津药物研究院提供的马鞭草药材指纹图谱方法学来源的基础上，优化了色谱条件，建立马鞭草药材指纹图谱方法。

6.1　色谱条件考察

6.1.1　色谱柱选择

分别考察色谱柱 Agilent C_{18} 和 Kromasil C_{18} 分离效果，2 根柱子没有明显差异。因考虑柱压承受范围，选择 Agilent C_{18} 色谱柱进行研究。

6.1.2　洗脱条件优化

观察供试品溶液的 HPLC 色谱图，发现部分主要峰与干扰峰未能基线分离，其分离度未达到要求。通过调整梯度洗脱比例、洗脱时间等对洗脱条件进行优化。

最后确定马鞭草 HPLC 特征图谱的洗脱程序。

6.1.3　提取溶剂考察与优化

对甲醇和乙醇作为溶剂分别进行研究，并亦对其各自稀释溶剂进行了考察。记录色谱图。比较发现，纯甲醇、50%甲醇稀释的色谱图中峰数量较少，一些峰未表达出来，而 50%乙醇稀释的色谱图中部分色谱峰的峰型较差，分离度低，特征峰表达不完全。各成分峰型以 80%甲醇稀释较为良好，峰数量较多，信息量较大。综合考虑，选用 80%甲醇进行稀释定容。

6.1.4 色谱条件确定

供试品溶液的制备：药材粉碎，过 80 目筛，取粉末约 0.5g，精密称定，与 80%甲醇 25ml 加入具塞锥形瓶中，称定重量，超声（100W）提取 30min，放冷至室温，称定重量，补充减失的重量，振摇使混合均匀，再用 0.45μm 微孔滤膜过滤，取续滤液，即得。

对照品溶液的制备：精密称取 3 种对照品粉末，加 80%甲醇适量，制成每 1ml 含 0.0716mg 戟叶马鞭草苷、0.1162mg 马鞭草苷和 0.1547mg 毛蕊花糖苷的混合对照品储备液。

色谱条件：采用 Shimadzu LC-10A 高效液相色谱仪，以十八烷基硅烷键合硅胶为填充剂，Agilent C_{18} 色谱柱（250mm×4.6mm），流动相 B 为 0.1%磷酸-水，流动相 A 为乙腈，梯度洗脱程序见表 7-5-4；流速为 1ml/min，柱温 25℃，检测波长为 230 nm，进样量 10μl。

表 7-5-4 梯度洗脱程序表

时间（min）	流动相 A（%）	流动相 B（%）
0	5	95
25	20	80
45	25	75
75	45	55

6.2 方法学考察

选取马鞭草药材（M9），进样分析，结果见图 7-5-6。

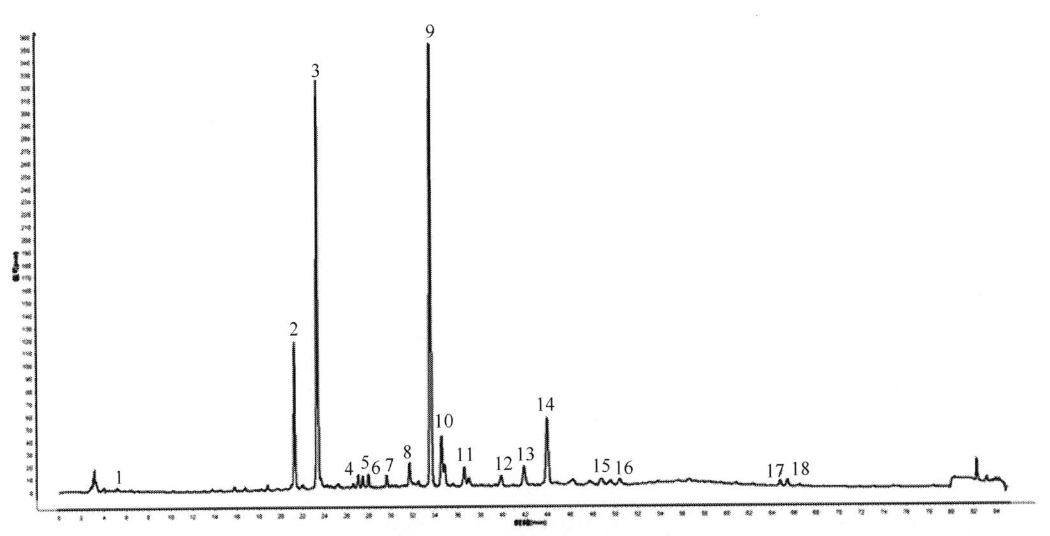

图 7-5-6 药材样品指纹图谱

2. 戟叶马鞭草苷；3. 马鞭草苷；9. 毛蕊花糖苷

通过上述色谱图，筛选出峰型较好、分离度符合要求的 18 个主要指纹峰进行方法学考察。因马鞭草苷为马鞭草中指标性成分之一，且峰面积较大，分离度及峰型较好，所以选择马鞭草苷作为参照峰，利用“中药色谱指纹图谱相似度评价系统软件”计算相似度。

6.2.1 精密度试验

取药材粉末（M9）约 0.5g，精密称定，按本节“6.1.4”项下色谱条件连续进样 6 次，测定色谱图，以 3 号峰的保留时间和色谱峰面积为参照，计算各色谱峰的相对保留时间和相对峰面积（表 7-5-5、表 7-5-6）。

表 7-5-5 精密度试验—相对保留时间（n=6）

峰号	编号						平均值	RSD（%）
	1	2	3	4	5	6		
2	0.909	0.909	0.909	0.909	0.909	0.909	0.909	0.00
3（S）	1.000	1.000	1.000	1.000	1.000	1.000	1.000	0.00
9	1.442	1.442	1.441	1.442	1.441	1.441	1.442	0.04
13	1.802	1.802	1.802	1.803	1.803	1.803	1.803	0.03
14	1.889	1.888	1.888	1.889	1.889	1.889	1.889	0.03

表 7-5-6 精密度试验—相对峰面积（n=6）

峰号	编号						平均值	RSD（%）
	1	2	3	4	5	6		
2	0.791	0.789	0.792	0.792	0.790	0.781	0.789	0.53
3（S）	1.000	1.000	1.000	1.000	1.000	1.000	1.000	0.00
9	0.591	0.584	0.592	0.590	0.588	0.585	0.588	0.56
13	0.064	0.064	0.064	0.064	0.063	0.063	0.063	0.81
14	0.159	0.159	0.160	0.158	0.157	0.156	0.158	0.93

6.2.2 稳定性试验

取药材粉末（M9）约 0.5g，精密称定，按本节“6.1.4”项下色谱条件测定，密闭，放置于室温，分别在 0h、2h、4h、6h、8h、10h、12h、24h 不同时间点检测，测定色谱图，以 3 号峰的保留时间和色谱峰面积为参照，计算各色谱峰的相对保留时间和相对峰面积（表 7-5-7、表 7-5-8）。

表 7-5-7 稳定性试验—相对保留时间（n=8）

峰号	编号								平均	RSD（%）
	1	2	3	4	5	6	7	8		
2	0.909	0.909	0.908	0.909	0.909	0.908	0.908	0.909	0.909	0.06
3（S）	1.000	1.000	1.000	1.000	1.000	1.000	1.000	1.000	1.000	0.00
9	1.440	1.442	1.442	1.442	1.442	1.443	1.442	1.440	1.442	0.07
13	1.815	1.818	1.820	1.820	1.820	1.821	1.821	1.817	1.819	0.12
14	1.896	1.899	1.900	1.900	1.900	1.901	1.900	1.897	1.899	0.09

表 7-5-8 稳定性试验—相对峰面积（n=8）

峰号	编号								平均	RSD（%）
	1	2	3	4	5	6	7	8		
2	0.782	0.796	0.791	0.779	0.780	0.781	0.779	0.787	0.784	0.81
3（S）	1.000	1.000	1.000	1.000	1.000	1.000	1.000	1.000	1.000	0.00
9	0.588	0.599	0.589	0.582	0.584	0.584	0.588	0.578	0.587	1.06
13	0.084	0.086	0.084	0.083	0.083	0.083	0.080	0.084	0.083	2.02
14	0.165	0.166	0.165	0.162	0.163	0.161	0.160	0.162	0.163	1.31

6.2.3 重复性试验

取药材粉末（M9）约 0.5g，精密称定，平行 6 份，按本节“6.1.4”项下色谱条件测定，测定色谱图，以 3 号峰的保留时间和色谱峰面积为参照，计算各色谱峰的相对保留时间和相对峰面积（表 7-5-9、表 7-5-10）

表 7-5-9 重复性试验—相对保留时间（n=6）

峰号	编号						平均值	RSD（%）
	1	2	3	4	5	6		
2	0.908	0.906	0.908	0.908	0.908	0.908	0.908	0.09
3（S）	1.000	1.000	1.000	1.000	1.000	1.000	1.000	0.00
9	1.442	1.443	1.442	1.443	1.443	1.443	1.443	0.04
13	1.819	1.820	1.820	1.821	1.821	1.821	1.820	0.04
14	1.899	1.900	1.900	1.901	1.900	1.901	1.900	0.04

表 7-5-10 重复性试验—相对峰面积（n=6）

峰号	编号						平均值	RSD（%）
	1	2	3	4	5	6		
2	0.848	0.819	0.810	0.797	0.792	0.802	0.811	2.51
3（S）	1.000	1.000	1.000	1.000	1.000	1.000	1.000	0.00
9	0.612	0.607	0.601	0.580	0.608	0.606	0.602	1.91
13	0.079	0.079	0.080	0.084	0.083	0.080	0.080	2.64
14	0.178	0.174	0.166	0.173	0.176	0.168	0.173	2.69

6.3 不同产地药材指纹图谱分析比较

6.3.1 指纹图谱的建立与分析

按本节“6.1.4”项下色谱条件，测定不同批次药材色谱图（图 7-5-7），以马鞭草药材（M9）的色谱图作为参照图谱进行分析，得到 18 个共有峰（图 7-5-8）。用混合对照品色谱图定位，得知 2 号峰为戟叶马鞭草苷，3 号峰为马鞭草苷，9 号峰为毛蕊花糖苷（图 7-5-9）。通过比较，3 号峰峰面积较大，分离度及峰型较好，因而选择 3 号峰（马鞭草苷）作为参照峰，标号 S，各特征峰依照出峰顺序标号为 1～18。

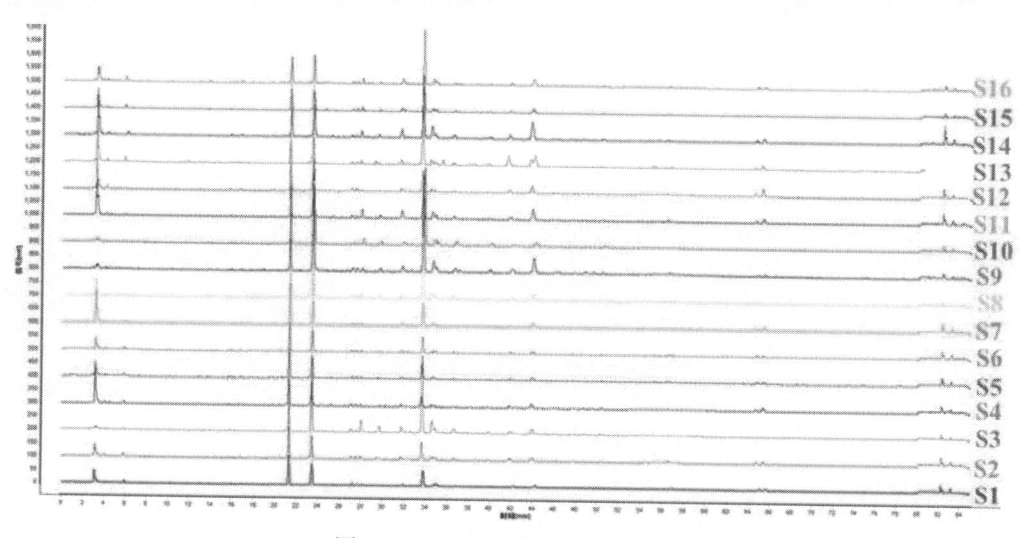

图 7-5-7　16 批马鞭草药材指纹图谱

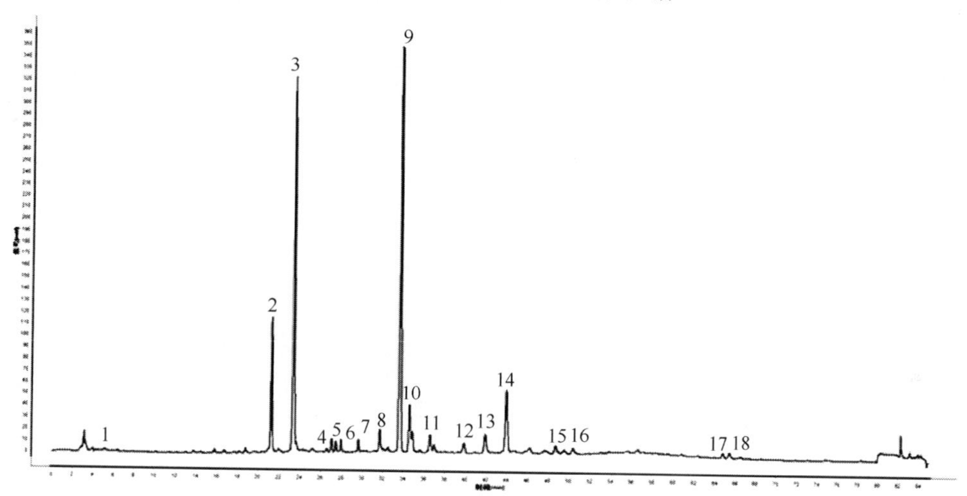

图 7-5-8　参照药材（M9）色谱图

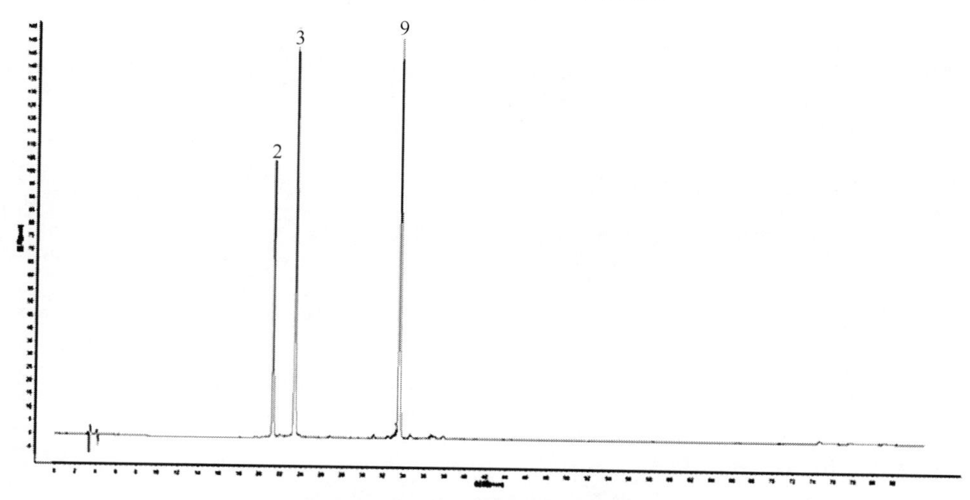

图 7-5-9　混合对照品色谱图

2. 戟叶马鞭草苷；3. 马鞭草苷；9. 毛蕊花糖苷

6.3.2 相似度评价分析

对 16 批马鞭草药材色谱图进行相似度评价，其相似度大部分在 0.9 以上，说明马鞭草药材的化学组成一致性较好（图 7-5-7、表 7-5-11）。

利用相关软件分析，确定了 16 批马鞭草特征图谱的共有模式，以马鞭草苷为参照峰，计算共有峰的相对保留值并确定其检测值；同时计算了 16 批马鞭草特征图谱的相似度，整体相似度较高，表明所建立的特征图谱方法稳定，重复性好，操作方便，可以作为马鞭草质量评价与控制的主要依据之一。

表 7-5-11 相似度计算结果表

编号	相似度
M1	0.898
M2	0.935
M3	0.952
M4	0.873
M5	0.927
M6	0.942
M7	0.928
M8	0.973
M9	0.956
M10	0.954
M11	0.963
M12	0.884
M13	0.872
M14	0.873
M15	0.957
M16	0.962

7. 含量测定

7.1 实验方法

色谱条件除洗脱程序外（表 7-5-12），其余同本节“6.1.4”。

表 7-5-12 梯度洗脱程序

时间（min）	流动相 B（%）	流动相 A（%）
0	14	86
20	30	70

7.2 系统适用性试验

精密吸取对照品混合溶液，连续进样 5 次，按本节“7.1”项下色谱条件测定，按马鞭草苷和戟叶马鞭草苷计算理论板数均不低于 2000，毛蕊花糖苷理论板数不低于 5000，与相邻峰之间分离度均大于 1.5，对称因子均在 0.95～1.05（表 7-5-13、图 7-5-10 和图 7-5-11）。

表 7-5-13　系统适用性试验表

对照品	峰面积（S）	保留时间（t）	理论板数（n）
戟叶马鞭草苷	894 267	7.850	16412
马鞭草苷	1 622 285	9.702	25724
毛蕊花糖苷	1 483 396	16.454	8822

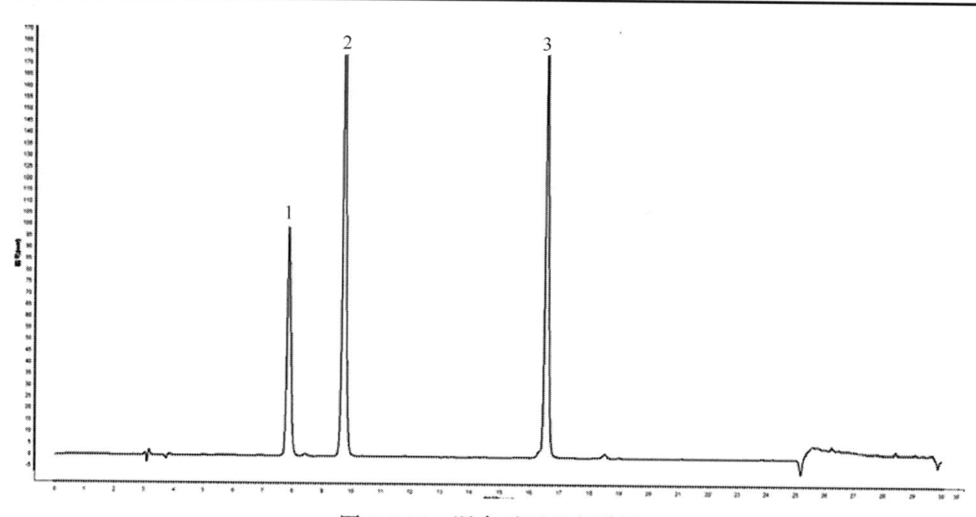

图 7-5-10　混合对照品色谱图

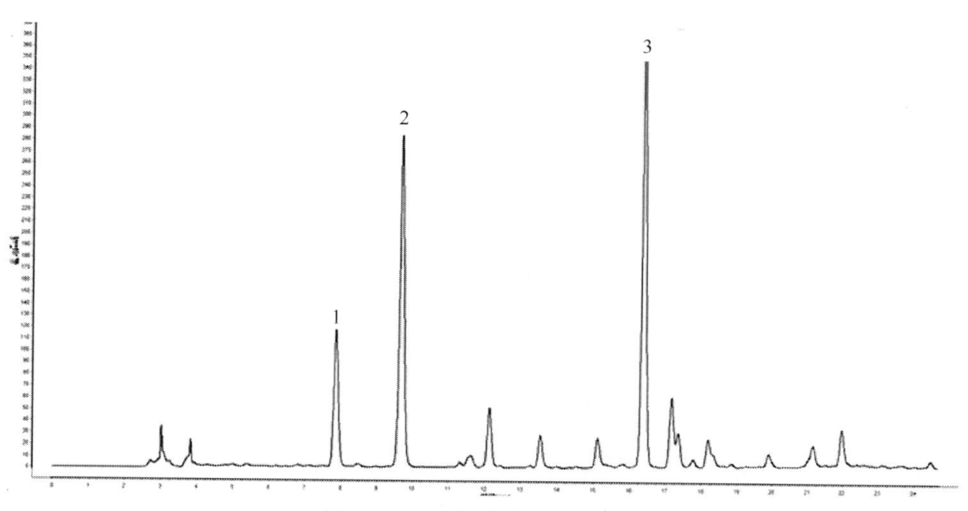

图 7-5-11　马鞭草供试品色谱图

1. 戟叶马鞭草苷；2. 马鞭草苷；3. 毛蕊花糖苷

7.3　线性关系考察

精密吸取混合对照品溶液 2μl、4μl、10μl、20μl、50μl，按本节“7.1”项下色谱条件注入液相色谱仪，记录峰面积，以进样量为横坐标（X），峰面积为纵坐标（Y），绘制标准曲线并进行回归计算。戟叶马鞭草苷、马鞭草苷和毛蕊花糖苷回归方程分别为 Y=1.0×10^6X+925.81，R=0.9998；Y=1.0×10^6X+18 654，R=0.9996；Y=956 465X+28 464，R=0.9995。结果表明，戟叶马鞭草苷在 0.143～3.580μg、马鞭草苷在 0.232～5.810μg、毛蕊花糖苷在 0.309～7.735μg 范围内的进样量，与峰面积呈现良好的线性关系（图 7-5-12）。

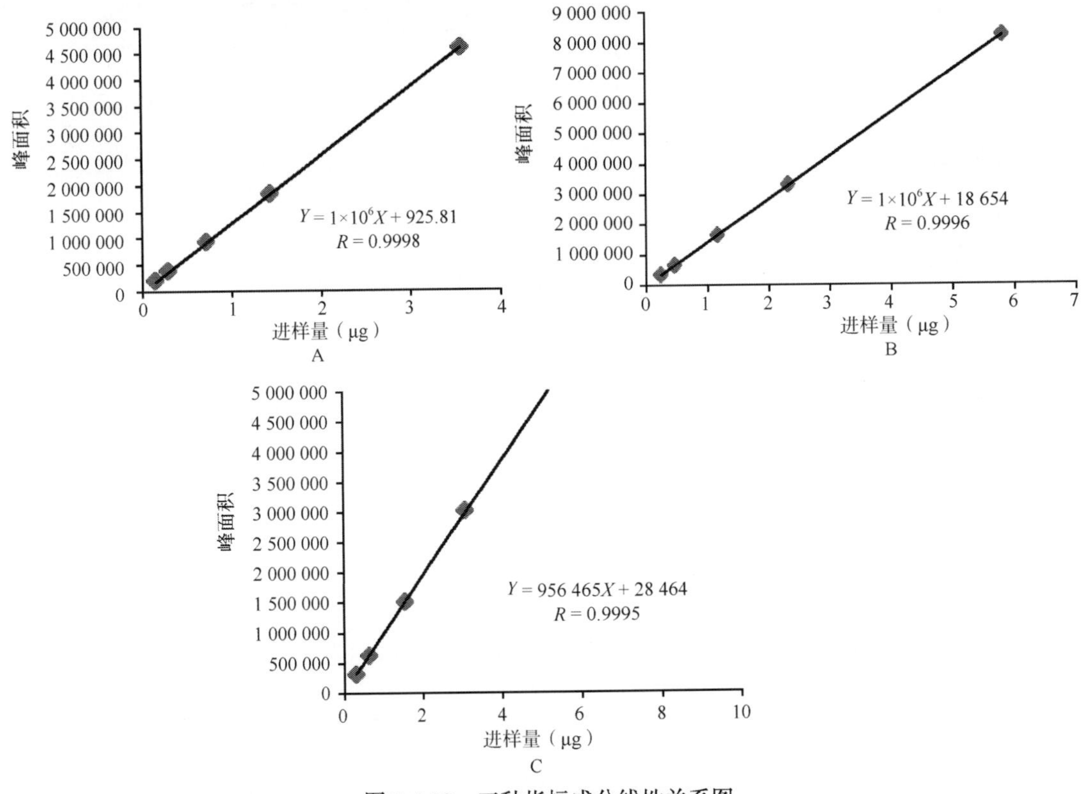

图 7-5-12 三种指标成分线性关系图

A. 戟叶马鞭草苷；B. 马鞭草苷；C. 毛蕊花糖苷

7.3.1 精密度试验

取药材粉末（M3）约 0.5g，精密称定，按本节“7.1”项下色谱条件测定，连续进样 6 次，测得峰面积，计算峰面积 RSD 值分别为 1.16%、1.22%和 1.03%（表 7-5-14），说明精密度良好。

表 7-5-14 精密度试验

序号	供试品峰面积		
	戟叶马鞭草苷	马鞭草苷	毛蕊花糖苷
S1	426 514	1 026 098	685 875
S2	413 697	990 246	663 082
S3	419 833	1 006 048	672 590
S4	417 391	1 001 235	667 795
S5	416 815	995 966	668 158
S6	418 384	1 002 100	669 945
平均值	418 772	1 003 616	671 241
RSD（%）	1.16	1.22	1.03

7.3.2　稳定性试验

精密吸取混合对照品溶液适量，密闭，分别于 0h、2h、4h、6h、8h、10h、12h 按本节“7.1”项下色谱条件测定，测得峰面积并计算其 RSD 值，结果 RSD 值分别为 0.51%、0.50% 和 0.64%（表 7-5-15），说明混合对照品溶液在 12h 内稳定。

表 7-5-15　3 种指标性成分混合溶液稳定性试验

序号	对照品峰面积		
	戟叶马鞭草苷	马鞭草苷	毛蕊花糖苷
1	905 204	1 643 904	1 489 741
2	916 485	1 669 142	1 514 544
3	916 918	1 657 655	1 512 388
4	917 628	1 662 458	1 510 904
5	913 597	1 658 642	1 504 429
6	914 914	1 662 462	1 504 226
7	919 279	1 667 161	1 519 528
RSD（%）	0.51	0.50	0.64

取药材（M3）粉末约 0.5g，精密称定，按本节“7.1.3”项下制备供试品溶液，按“7.1”项下色谱条件测定，测得峰面积并计算其 RSD 值，结果 RSD 值分别为 1.00%、0.63%和 1.11%（表 7-5-16），说明供试品溶液在 12h 内稳定。

表 7-5-16　供试品稳定性试验

序号	供试品峰面积		
	戟叶马鞭草苷	马鞭草苷	毛蕊花糖苷
1	679 723	982 331	419 684
2	663 751	985 663	422 939
3	670 861	995 605	423 137
4	668 781	986 408	427 607
5	660 094	995 043	426 621
6	673 975	998678	414 526
7	674 665	986 427	426 770
RSD（%）	1.00	0.63	1.11

7.3.3　重复性试验

取药材（M3）粉末约 0.5g，精密称定，按本节“7.1.3”项下制备供试品溶液 6 份，并按“7.1”项下色谱条件测定。采用外标法计算其质量分数，结果 3 种对照品质量分数的 RSD 值分别为 1.70%、1.12%和 1.71%（表 7-5-17）。

表 7-5-17　重复性试验

序号	3 种指标性成分的含量（%）		
	戟叶马鞭草苷	马鞭草苷	毛蕊花糖苷
1	0.24	0.35	0.21

续表

序号	3 种指标性成分的含量（%）		
	戟叶马鞭草苷	马鞭草苷	毛蕊花糖苷
2	0.25	0.34	0.21
3	0.24	0.35	0.21
4	0.25	0.35	0.21
5	0.25	0.35	0.21
6	0.25	0.34	0.22
平均值	0.25	0.35	0.21
RSD（%）	1.70	1.12	1.71

7.3.4 加样回收率试验

精密称取已知质量分数的药材粉末 6 份，每份约 0.25g，置具塞锥形瓶中，分别加入戟叶马鞭草苷（0.628mg/ml）、马鞭草苷（0.828mg/ml）及毛蕊花糖苷（0.518mg/ml）3 种对照品溶液各 1ml，按本节“7.1”项色谱条件测定，结果平均回收率分别为 97.66%、98.67%和 98.09%，其 RSD 值分别为 0.97%、0.87%和 0.89%（表 7-5-18）。

表 7-5-18 加样回收率试验

序号	回收率（%）		
	戟叶马鞭草苷	马鞭草苷	毛蕊花糖苷
1	97.13	97.15	98.87
2	98.15	99.55	97.56
3	97.75	98.48	97.42
4	98.40	98.61	97.23
5	96.02	98.82	98.52
6	98.52	99.42	98.93
平均值	97.66	98.67	98.09
RSD（%）	0.97	0.87	0.89

7.4 含量测定

取药材（M3）粉末约 0.5g，精密称定，依照本节“7.1.3”项下制备供试品溶液并测定，按外标法计算样品中各成分的质量分数（表 7-5-19）。

表 7-5-19 马鞭草药材中各成分含量测定结果

编号	含量（%）		
	戟叶马鞭草苷	马鞭草苷	毛蕊花糖苷
M1	0.43	0.34	0.30
M2	0.33	1.14	0.47
M3	0.41	0.90	1.49
M4	0.42	0.25	0.18
M5	0.44	0.35	0.30

续表

编号	含量（%）		
	戟叶马鞭草苷	马鞭草苷	毛蕊花糖苷
M6	0.39	0.32	0.26
M7	0.57	0.37	0.40
M8	0.50	1.36	1.06
M9	0.63	1.89	2.40
M10	0.45	0.90	1.25
M11	0.45	0.89	0.62
M12	0.41	0.31	0.42
M13	0.32	0.39	0.93
M14	0.39	0.50	1.11
M15	0.59	0.63	0.81
M16	0.50	0.62	0.99

马鞭草药材 3 种指标性成分中戟叶马鞭草苷含量在 0.32%～0.63%；马鞭草苷含量在 0.25%～1.89%；毛蕊花糖苷含量在 0.26%～2.40%。研究结果表明，不同产地不同批次马鞭草药材中各成分含量差异明显。

8. 一测多评法测定药材中 3 种指标性成分的含量

一测多评法可作为中药材、中药饮片、中成药等质量控制的有效手段，将一测多评法应用于马鞭草药材的质量评价体系中，具有快速、简便、低成本的优点，可有效应对大量分离纯化难度较高的化学对照品稀缺及价格昂贵的局面，为马鞭草药材本身及疏风解毒胶囊质量标准的研究提供有力的理论依据和数据支撑。

8.1 相对校正因子的确定

8.1.1 相对校正因子的计算

在线性范围内，各成分的量与峰面积成正比关系，即 $W=fA$，相对校正因子 $f_{(k/m)}=f_k/f_m=(W_m \times A_k)/(W_k \times A_m)$，其中 A_k 为内参物峰面积，W_k 为内参物的质量或浓度，A_m 为组分 m 的峰面积，W_m 为组分 m 的质量或浓度。以马鞭草苷为内参物，根据本节“3.2.2”项下的测定结果计算得 $f_{马鞭草苷/戟叶马鞭草苷}=1.11$，$f_{马鞭草苷/毛蕊花糖苷}=1.22$，RSD 分别为 0.88%，2.68%，见表 7-5-20。

表 7-5-20　3 种成分的相对校正因子

序号	$f_{马鞭草苷/戟叶马鞭草苷}$	$f_{马鞭草苷/毛蕊花糖苷}$
1	1.12	1.21
2	1.12	1.22
3	1.11	1.28
4	1.12	1.21
5	1.10	1.20
6	1.10	1.19
平均数	1.11	1.22
RSD（%）	0.88	2.68

8.1.2 相对校正因子重复性考察

精密吸取混合对照品溶液 2μl、4μl、10μl、20μl、50μl，在确定的色谱条件下进样测定，计算得$f_{\text{马鞭草苷/戟叶马鞭草苷}}$=1.15，$f_{\text{马鞭草苷/毛蕊花糖苷}}$=1.44，RSD 分别为 2.69%，1.10%，结果显示，各成分的f值重复性良好。

8.1.3 不同色谱仪和色谱柱的考察

取混合对照品溶液，选择 Shimadzu LC-10A 型和 Agilent 1200 型高效液相色谱仪，选定色谱柱 Agilent C_{18}（250mm×4.6mm，5μm）、Kromasil C_{18}（250mm×4.6mm，5μm）进行色谱分析，计算f值（表 7-5-21）。结果表明，不同高效液相色谱仪和色谱柱对马鞭草 3 种指标性成分f值的影响无显著性差异。

表 7-5-21 仪器和色谱柱对相对校正因子的影响

仪器	色谱柱	$f_{\text{马鞭草苷/戟叶马鞭草苷}}$	$f_{\text{马鞭草苷/毛蕊花糖苷}}$
Shimadzu LC-10A 型	Agilent C_{18} 色谱柱	1.08	1.43
	Kromasil C_{18} 色谱柱	1.07	1.47
Agilent 1200 型	Agilent C_{18} 色谱柱	1.06	1.45
	Kromasil C_{18} 色谱柱	1.09	1.48
平均值		1.08	1.46
RSD（%）		1.20	1.52

8.1.4 不同流速的考察

同等色谱条件下，分别设定流速为 0.8ml/min、0.9ml/min、1.0ml/min，取混合对照品溶液进样测定，计算f值，结果 RSD 分别为 0.53%，0.40%。表明流速对各成分f值的影响无显著性差异（表 7-5-22）。

表 7-5-22 不同流速对相对校正因子的影响

流速（ml/min）	$f_{\text{马鞭草苷/戟叶马鞭草苷}}$	$f_{\text{马鞭草苷/毛蕊花糖苷}}$
0.8	1.10	1.43
0.9	1.10	1.42
1.0	1.09	1.43
平均值	1.10	1.43
RSD（%）	0.53	0.40

8.1.5 不同柱温的考察

在同等色谱条件下，分别设定柱温为 25℃、30℃、35℃，取混合对照品溶液进样测定并计算f值，结果 RSD 为 0.92%、0.40%。表明柱温对各成分f值的影响无显著性差异（表 7-5-23）。

表 7-5-23　不同柱温对相对校正因子的影响

温度（℃）	$f_{马鞭草苷/戟叶马鞭草苷}$	$f_{马鞭草苷/毛蕊花糖苷}$
25	1.08	1.43
30	1.10	1.43
35	1.09	1.44
平均值	1.09	1.43
RSD（%）	0.92	0.40

8.1.6　待测成分色谱峰的定位

以马鞭草苷为内参物，定位标准设置为保留时间差和相对保留值。由表 7-5-24 结果可知，保留时间差波动较大，RSD 大于 3%。相对保留值波动较小，RSD 均小于 3%，无显著性差异。因此，选择相对保留值作为最终定位标准。

表 7-5-24　相对保留值考察

仪器	色谱柱	$t_{马鞭草苷/戟叶马鞭草苷}$	$t_{马鞭草苷/毛蕊花糖苷}$
Shimadzu LC-10A 型	Agilent C_{18} 色谱柱	0.75	0.80
	Kromasil C_{18} 色谱柱	0.77	0.79
Agilent 1200 型	Agilent C_{18} 色谱柱	0.73	0.81
	Kromasil C_{18} 色谱柱	0.74	0.80
平均值		0.75	0.80
RSD（%）		2.28	1.02

8.2　一测多评法与外标法的比较

取药材粉末 0.5g，制备供试品溶液进行测定，分别采用外标法和一测多评法计算各成分的含量。将计算结果进行 t 检验，发现两种方法所得结果无显著性差异，说明相对校正因子真实可靠，一测多评法可作为马鞭草药材质量控制的一种手段。

由实验结果可知，戟叶马鞭草苷、毛蕊花糖苷对马鞭草苷的保留时间相对校正因子平均值分别为 0.75、0.80。因此戟叶马鞭草苷保留时间 $t_1=0.75\times t_s$，毛蕊花糖苷保留时间 $t_2=0.80\times t_s$，其中 t_s 为马鞭草苷的保留时间。

戟叶马鞭草苷、毛蕊花糖苷对马鞭草苷的相对校正因子为 1.11 和 1.22。根据研究结果得出：

戟叶马鞭草苷含量计算公式为 $\lg C_i=1.11\times(\lg C_s\times\lg A_i)/\lg A_s$

毛蕊花糖苷含量计算公式为 $\lg C_i=1.22\times(\lg C_s\times\lg A_{ii})/\lg A_s$

其中 A_s 为内标物马鞭草苷的峰面积，C_s 为内标物马鞭草苷的浓度，A_i 和 A_{ii} 分别为戟叶马鞭草苷、毛蕊花糖苷的实测峰面积。测定结果见表 7-5-25。

表 7-5-25 外标法和一测多评法测定马鞭草中 3 种指标性成分的含量（%）

样品	马鞭草苷（mg/g）		戟叶马鞭草苷（mg/g）		毛蕊花糖苷(mg/g)	
	一测多评法	外标法	一测多评法	外标法	一测多评法	外标法
M1	0.36	0.34	0.45	0.43	0.35	0.30
M2	1.13	1.14	0.31	0.33	0.45	0.47
M3	0.92	0.90	0.42	0.41	1.52	1.50
M4	0.27	0.25	0.42	0.42	0.16	0.18
M5	0.36	0.35	0.41	0.44	0.30	0.30
M6	0.34	0.32	0.38	0.40	0.24	0.26
M7	0.35	0.37	0.55	0.57	0.42	0.40
M8	1.34	1.36	0.52	0.50	1.05	1.06
M9	0.66	0.63	1.92	1.90	2.46	2.40
M10	0.89	0.90	0.44	0.45	1.24	1.25
M11	0.88	0.89	0.44	0.45	0.60	0.62
M12	0.33	0.31	0.45	0.41	0.41	0.42
M13	0.40	0.39	0.33	0.32	0.94	0.93
M14	0.52	0.50	0.42	0.39	1.12	1.11
M15	0.62	0.63	0.58	0.59	0.82	0.81
M16	0.64	0.62	0.52	0.50	0.98	0.99
平均值	0.63	0.62	0.54	0.53	0.82	0.81

建立一测多评法同时测定马鞭草药材中 3 种指标性成分的方法简单准确。对 16 批马鞭草药材 3 种指标性成分进行含量测定发现，不同批次间戟叶马鞭草苷、马鞭草苷及毛蕊花糖苷的含量差异不大。所建立的一测多评法可以通过马鞭草苷实现对其余两种指标性成分的定量，可节省大量对照品，经济实用，具有一定的推广价值。

总结：

（1）性状鉴定发现，新鲜采摘的马鞭草药材表面为鲜绿色，经过一段时间自然晾干后逐渐显绿褐色；药材茎及叶部位多细小绒毛，少数不具绒毛，可能和生长环境及不同发育时期有关。通过与 2015 年版《中国药典》比较，在性状鉴别项下增添了“茎、叶表面多具有绒毛。”

（2）显微鉴定发现，粉末不宜取得过多，否则会抱团结块，难以透化与观察；加热透化过程只能微热，不可使其温度过高；在药材粉末中，可观察到石细胞，通过与 2015 年版《中国药典》比较，在显微鉴别项下增添了“粉末石细胞成群存在。”

（3）薄层鉴别，完善 TLC 条件，以戟叶马鞭草苷、马鞭草苷和毛蕊花糖苷为对照品，供试品采用超声提取的方式，展开剂选择乙酸乙酯-水-甲酸-冰醋酸（8∶2∶1∶1），显色剂为 5% 硫酸乙醇溶液，与 2015 年版《中国药典》比较，斑点更为清晰且鉴别更具代表性。

（4）特征图谱及含量测定：完善高效液相色谱法指纹图谱条件，改善流动相比例及其洗脱程序，比较不同波长、柱温下指纹图谱的出峰情况，以戟叶马鞭草苷、马鞭草苷及毛蕊花糖苷为对照品，所得到的指纹图谱特征更明显，定位更准确。马鞭草药材三种指标性成分戟叶马鞭草苷含量在 0.32%～0.63%；马鞭草苷含量在 0.25%～1.89%；毛蕊花糖苷含量在 0.26%～2.40%。结果表明，不同产地不同批次马鞭草药材中各成分含量差异明显，其中不同产地中以贵州黔西县中山镇猕猴村（M8、M9、M10）含量相对最高，同一产地（贵州黔西县中山镇猕猴村）不同批次中以 M9 含量为最高。

第六节 败酱草质量标准研究

败酱草为败酱科植物黄花败酱 *Patrinia scabiossefolia* Fisch.的干燥全草。夏季开花前采挖，晒至半干，扎成束，阴干。药用资源丰富，主要分布在长江以南地区，四川、湖南、广西等地。其性凉，味辛、苦，具有清热解毒、祛痈排脓之功，善除痈肿、结热，多用于治疗消化道炎症、呼吸道炎症（咽炎、扁桃体炎等）、妇科炎症等。现代研究表明其具有抗炎镇痛、抗菌、抗病毒、抗肿瘤等活性，化学成分有皂苷类、黄酮类、萜类、有机酸类、香豆素类及挥发油类等，其中以三萜皂苷和黄酮类为其主要活性成分，其次为环烯醚萜类、香豆素和黄酮类化合物，此外也含有少量挥发油和有机酸等，其中萜类、黄酮类、β-谷甾醇和异戊酸为各属所共有。

本研究在《中国药典》1977年版一部、《中华本草》及各省炮制规范中败酱草（黄花败酱）质量标准的基础上，增加了水分、灰分（包括总灰分和酸不溶性灰分）、浸出物、横切面和粉末鉴别、薄层鉴别，并增加了熊果酸和齐墩果酸的薄层鉴别、败酱苷的含量测定及指纹图谱。现将新增内容说明如下。

1. 样品收集

1.1 黄花败酱药材样品收集

由于安徽济人药业所产疏风解毒胶囊中黄花败酱样品均采购于河南、湖北和贵州三个省份，因此本实验样品收集于河南、湖北和贵州三个黄花败酱主产区，以及江苏盱眙县和安徽亳州药材市场，共收集到黄花败酱药材样品32批（表7-6-1）。

表7-6-1 黄花败酱药材样品信息

编号	批号	产地	采集人	采集时间	备注
YC-1	161003	安徽	杨青山	20161003	野生
YC-2	161119	亳州	杨青山	20161119	野生
YC-3	170410	安徽	杨青山	20170410	野生
YC-4	170625	贵州	相英龙	20170625	野生
YC-5	170804	岳西鹞落坪	相英龙	20170804	野生
YC-6	170817	湖北天堂寨	杨青山	20170817	野生
YC-7	180201	安徽	相英龙	20180201	野生
YC-8	180302	安徽	相英龙	20180302	野生
YC-9	180801	安徽	相英龙	20180801	野生
YC-10	170628	河南	相英龙	20170628	种植
YC-11	170826	金寨	相英龙	20170826	种植
YC-12	180601	南京中医药大学	杨青山	20180601	种植
YC-13	181122-1	江苏	杨青山	20181122	种植
YC-14	181122-10	江苏	杨青山	20181122	种植
YC-15	181122-2	江苏	杨青山	20181122	种植
YC-16	181122-3	江苏	杨青山	20181122	种植

续表

编号	批号	产地	采集人	采集时间	备注
YC-17	181122-4	江苏	杨青山	20181122	种植
YC-18	181122-5	江苏	杨青山	20181122	种植
YC-19	181122-6	江苏	杨青山	20181122	种植
YC-20	181122-7	江苏	杨青山	20181122	种植
YC-21	181122-8	江苏	杨青山	20181122	种植
YC-22	181122-9	江苏	杨青山	20181122	种植
YC-23	171001	湖北	芮大帅	20171028	野生
YC-24	171101	湖北	芮大帅	20171129	野生
YC-25	171102	湖北	刘欢迎	20171129	野生
YC-26	171201	枣阳	芮大帅	20171111	野生
YC-27	171202	湖北	芮大帅	20171214	野生
YC-28	171203	湖北	芮大帅	20171215	野生
YC-29	180802	安徽	相英龙	20180802	野生
YC-30	180101	湖北	芮大帅	20180113	野生
YC-31	180102	湖北	刘欢迎	20180114	野生
YC-32	180103	湖北	芮大帅	20180115	野生

1.2 黄花败酱饮片样品收集

黄花败酱饮片样品主要由安徽济人药业和江苏盱眙县华康药业提供，共收集饮片样品38批（表7-6-2）。

表7-6-2 黄花败酱饮片样品信息

编号	批号	产地	采集人	采集时间	备注
YP-1	181122-1	江苏	杨青山	20181122	种植
YP-2	181122-2	江苏	杨青山	20181122	种植
YP-3	181122-3	江苏	杨青山	20181122	种植
YP-4	181122-4	江苏	杨青山	20181122	种植
YP-5	181122-5	江苏	杨青山	20181122	种植
YP-6	181122-6	江苏	杨青山	20181122	种植
YP-7	181122-7	江苏	杨青山	20181122	种植
YP-8	181122-8	江苏	杨青山	20181122	种植
YP-9	181122-9	江苏	杨青山	20181122	种植
YP-10	181122-10	江苏	杨青山	20181122	种植
YP-11	181122-11	江苏	杨青山	20181122	种植
YP-12	181122-12	江苏	杨青山	20181122	种植
YP-13	Q180234A	湖北	安徽济人药业	20180226	种植
YP-14	Q180234B	湖北	安徽济人药业	20180226	种植
YP-15	Q180235A	湖北	安徽济人药业	20180226	种植
YP-16	Q180235B	湖北	安徽济人药业	20180226	种植

续表

编号	批号	产地	采集人	采集时间	备注
YP-17	Q180236	湖北	安徽济人药业	20180227	种植
YP-18	Q180237A	湖北	安徽济人药业	20180113	种植
YP-19	Q180237B	湖北	安徽济人药业	20180113	种植
YP-20	Q180238	湖北	安徽济人药业	20180228	种植
YP-21	Q180239	湖北	安徽济人药业	20180318	种植
YP-22	Q180304	湖北	安徽济人药业	20180325	种植
YP-23	Q180305	湖北	安徽济人药业	20180325	种植
YP-24	Q180307	湖北	安徽济人药业	20180326	种植
YP-25	Q180308	湖北	安徽济人药业	20180327	种植
YP-26	Q180309	湖北	安徽济人药业	20180327	种植
YP-27	Q180310	湖北	安徽济人药业	20180328	种植
YP-28	Q180311	湖北	安徽济人药业	20180328	种植
YP-29	Q180312	湖北	安徽济人药业	20180329	种植
YP-30	Q180313	湖北	安徽济人药业	20180329	种植
YP-31	Q180314	湖北	安徽济人药业	20180330	种植
YP-32	Q180315	湖北	安徽济人药业	20180330	种植
YP-33	Q180316	湖北	安徽济人药业	20180331	种植
YP-34	Q180317	湖北	安徽济人药业	20180114	种植
YP-35	Q180318	湖北	安徽济人药业	20180401	种植
YP-36	Q180401	湖北	安徽济人药业	20180401	种植
YP-37	Q180402	湖北	安徽济人药业	20180402	种植
YP-38	Q180403	湖北	安徽济人药业	20180402	种植

2. 鉴别研究

2.1　性状鉴别

参照 2015 年版《中国药典》四部通则 0212，采用性状观察与测定，对各批药材样品通过感官记录药材的形状、表面颜色、表面特征及质地、气味；使用直尺进行长度、直径测量，使用相机拍照进行记录。

药材性状特征：本品茎圆柱形，具多条纵棱及节，结节处略膨大，表面黄绿色或黄棕色，若暴晒过久可呈灰黑色，直径 0.3～1.0cm，通常被粗糙毛，下部较稀疏，中上部较浓密；茎基部常带有少许根茎，多向一侧弯曲，根茎节间短，结节密生，表面被须根痕；质脆，具一定纤维性，断面中心具髓或有时中空；叶皱缩，黄绿色或黄色，质脆，完整者披针状卵形，羽状深裂或全裂，裂片通常 2 对左右，顶端裂片较大，边缘有粗锯齿；上表面淡黄棕色，下表面颜色较浅，两面被粗糙毛；叶柄较短；有时可见顶生的伞房状圆锥花序。具败豆酱气味，味微苦。

饮片性状特征：本品呈不规则的段。茎圆柱形，表面黄绿色或黄棕色，被粗糙毛。切面有髓或中空。叶多破碎，黄绿色或黄色，完整者披针状卵形，羽状深裂或全裂，裂片通常 2 对左右，顶端裂片较大，边缘有粗锯齿。伞房状圆锥花序，有小花多数。具败豆酱气味，味微苦（图 7-6-1）。

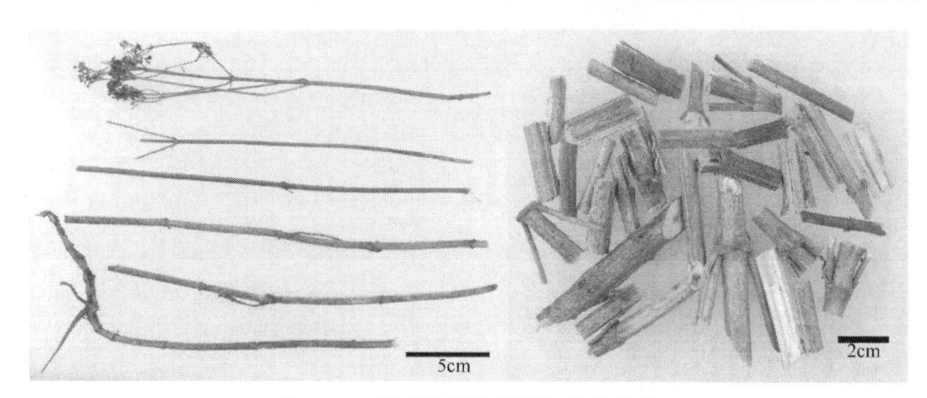

图 7-6-1 黄花败酱草药材和饮片性状

2.2 显微鉴别

2.2.1 茎横切面鉴别

石蜡切片：将采集的黄花败酱（如不是新鲜的需用稀甘油软化）经 FAA（70%乙醇：甲醛：冰醋酸=90：5：5）固定后，实验前一天晚上用 70%乙醇浸泡过夜，第二天用 70%、80%、90%、100%乙醇脱水（每 1.5h 更换不同浓度的乙醇），再经无水乙醇，1/2 无水乙醇+1/2 二甲苯，直至透明，然后用石蜡包埋—修块—切片—粘片—烘片。烘片 24h 后，将粘有蜡条的载玻片取出，经过二甲苯、无水乙醇等脱蜡后用 70%番红溶液和 90%固绿溶液染色，中性树胶封片，切片烘干后，放置显微镜下观察（装片由河南省洛阳市子甲生物制片厂制作）。

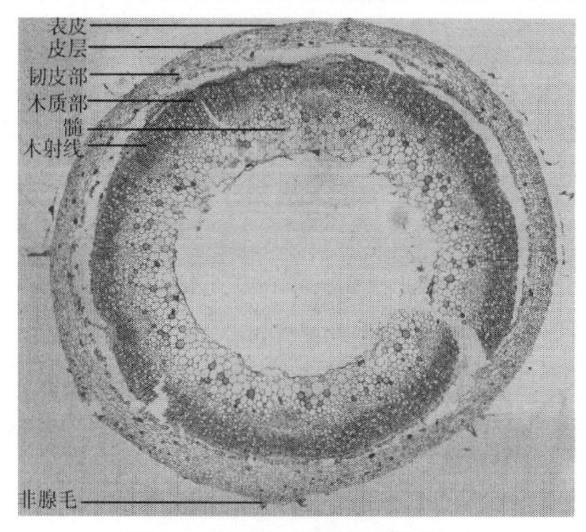

图 7-6-2 黄花败酱草茎横切面
（扫文末二维码获取彩图）

徒手切片：将收集的黄花败酱药材或饮片用稀甘油软化，使用单面锋利硬刀片徒手切成厚约 0.2mm 的超薄片，将其置于载玻片上，滴 1～2 滴水合氯醛，置酒精灯上加热，反复此步骤 2～3 次，放冷，滴 1～2 滴稀甘油，盖上盖玻片，置显微镜下观察。

表皮细胞一层或数层，长方形或类方形，排列紧密，上面具伸出的非腺毛；皮层细胞排列疏松，有较多间隙，形态多样且大小不等，内含草酸钙簇晶；韧皮部细胞小，壁薄；木质部宽广，细胞小且壁厚，排列整齐且紧密，中间有十余列细胞形成明显的环带；髓部中空。结果见图 7-6-2。

2.2.2 粉末鉴别

取干燥的败酱草药材，按 2015 年版《中国药典》四部通则 2001 的显微鉴别法用显微镜对药材的切片、粉末、解离组织或表面制片及含饮片粉末的制剂中饮片的组织、细胞或内含物等特征进行鉴别。

水合氯醛装片（主要观察纤维、晶体、石细胞等）：取粉末适量置载玻片上，滴 1～2 滴水合氯醛，置酒精灯上加热，反复此步骤 2～3 次，放冷，滴 1～2 滴稀甘油，盖上盖玻片，置显微镜下观察，并拍照。

水装片（主要观察淀粉粒）：取粉末适量置载玻片上，滴 1～2 滴蒸馏水，盖上盖玻片，置显微镜下观察，并拍照。

本品粉末呈淡黄棕色或黄棕色。具螺纹、梯纹、网纹和孔纹导管；草酸钙簇晶，排列成行或单个存在，直径 10～50μm；木纤维破碎或成束；石细胞无色或淡黄色，类圆形或长方形，细胞壁增厚明显；非腺毛，壁厚，单细胞，表面有微细疣状突起；腺毛极少见，头部倒圆锥形、类圆形，4～8 个细胞；薄壁细胞散在，壁薄，有时链珠状增厚，内含淀粉粒和草酸钙簇晶；木栓细胞多边形，排列整齐，淡黄色或棕黄色；花粉粒黄色，类圆形，表面具微细疣状突起，具 3 孔沟。部分结果见图 7-6-3。

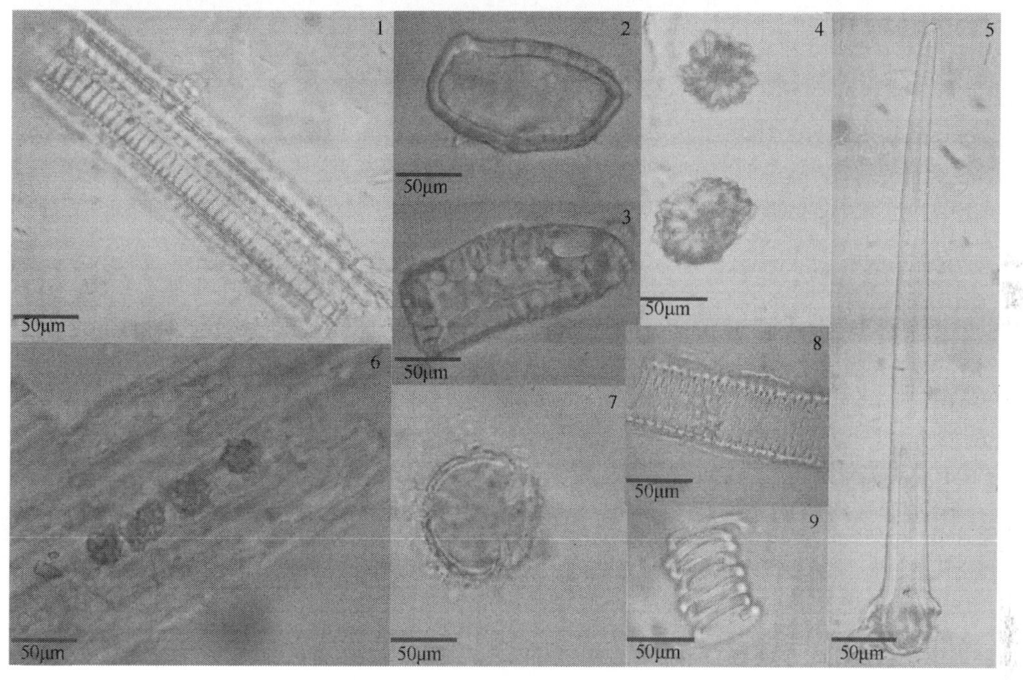

图 7-6-3　黄花败酱草粉末显微

1、8、9. 导管；2、3. 石细胞；4、6. 草酸钙簇晶；5. 非腺毛；7. 花粉粒

（扫文末二维码获取彩图）

2.3　薄层鉴别

2.3.1　仪器、试剂及药材

仪器：BSA224S 万分之一分析天平[赛多利斯科学仪器（北京）有限公司]，Jk-300DB 型数控超声波清洗器（合肥金尼克机械制造有限公司），快速定性滤纸（泰州金奥纸业有限公司），照相机，四孔电热恒温水浴锅（上海科恒实业发展有限公司）。

试剂：硅胶 GF_{254} 薄层板（青岛海洋化工有限公司），无水乙醇（国药集团化学试剂有限公司），黄花败酱对照药材（中国食品药品检定研究院），熊果酸、齐墩果酸对照品（中国食品药品检定研究院），败酱苷对照品，二氯甲烷，乙酸乙酯，甲酸，甲醇，娃哈哈纯净水。

2.3.2　薄层鉴别实验

对不同展开剂条件乙酸乙酯-甲醇-水（8∶2∶1）、二氯甲烷-乙酸乙酯-甲酸（5∶1∶0.1、8∶1∶0.1、10∶1∶0.1、14∶1∶0.1）、不同显色条件（10%硫酸-乙醇溶液、硫酸-香草醛溶液）

和检视条件（紫外 254nm 和 365nm）进行了考察，最终确定了试验条件。

取黄花败酱草粉末 2.0g（过 2 号筛），加甲醇 20ml，超声处理 30min，滤过，滤液蒸干，残渣加甲醇 1ml 使溶解，作为供试品溶液。另分别称取熊果酸、齐墩果酸、败酱苷对照品 1.00mg，加入 1ml 甲醇溶解，作为对照品溶液。吸取上述两种溶液各 4μl，分别点于同一硅胶 GF_{254} 薄层板上，以二氯甲烷-乙酸乙酯-甲酸（14：1：0.1）为展开剂，展开，取出，晾干，喷以硫酸-香草醛溶液，在 105℃加热至斑点清晰。供试品色谱中，在与对照品色谱相应的位置上，显相同颜色的斑点，结果见图 7-6-4。

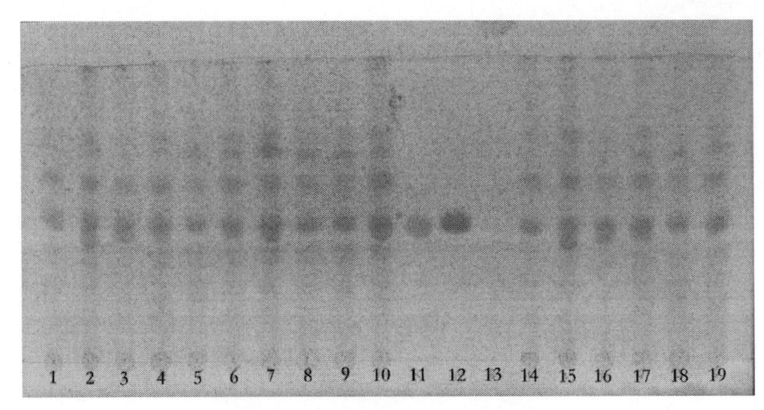

图 7-6-4 黄花败酱 TLC 色谱图

1-10、14-19. 黄花败酱，11. 熊果酸，12. 齐墩果酸，13. 败酱苷

3. 检查

3.1 常规检查

3.1.1 水分检测

按《中国药典》2015 年版四部通则 0832 第二法，取供试品 2～5g，平铺于干燥至恒重的扁形称量瓶中，厚度不超过 5mm，疏松供试品不超过 10mm，精密称定，开启瓶盖在 100～105℃干燥 5h，将瓶盖盖好，移置干燥器中，冷却 30min，精密称定，再在上述温度干燥 1h，放冷，称重，至连续两次称重的差异不超过 5mg 为止。根据减失的重量，计算供试品中含水量（%）。

由表 7-6-3 可知，黄花败酱不同批次药材含水量差异较大，最高为 13.31%，最低为 9.47%。

表 7-6-3 黄花败酱药材含水量

编号	水分（%）		平均值（%）
	1	2	
YC-1	9.69	9.59	9.64
YC-2	11.61	11.81	11.71
YC-3	9.81	9.85	9.83
YC-4	10.80	10.93	10.87
YC-5	10.22	10.51	10.36
YC-6	10.53	10.61	10.57
YC-7	11.47	11.46	11.46

续表

编号	水分（%）		平均值（%）
	1	2	
YC-8	10.72	10.66	10.69
YC-9	10.40	10.33	10.37
YC-10	10.02	10.01	10.02
YC-11	10.17	10.20	10.18
YC-12	10.93	10.71	10.82
YC-13	11.12	11.00	11.06
YC-14	12.51	12.40	12.45
YC-15	12.48	12.37	12.43
YC-16	12.30	12.14	12.22
YC-17	12.56	12.47	12.51
YC-18	13.30	13.06	13.18
YC-19	12.71	12.56	12.64
YC-20	12.98	12.85	12.91
YC-21	12.12	12.07	12.09
YC-22	10.99	10.85	10.92
YC-23	11.62	11.84	11.73
YC-24	11.10	11.22	11.16
YC-25	11.00	11.10	11.05
YC-26	15.78	10.84	13.31
YC-27	11.06	11.06	11.06
YC-28	10.77	11.08	10.92
YC-29	9.53	9.40	9.47
YC-30	9.48	9.70	9.59
YC-31	11.43	11.73	11.58
YC-32	10.62	10.74	10.68

由表 7-6-4 可知，黄花败酱不同批次饮片含水量差异较大，最高为 13.09%，最低为 9.26%。

表 7-6-4　黄花败酱饮片含水量

编号	水分（%）		平均值（%）
	1	2	
YP-1	10.99	10.84	10.92
YP-2	11.94	11.85	11.90
YP-3	12.15	12.24	12.20
YP-4	12.60	12.51	12.56
YP-5	12.94	13.00	12.97
YP-6	12.47	12.17	12.32
YP-7	12.97	13.20	13.09

续表

编号	水分（%）		平均值（%）
	1	2	
YP-8	12.18	12.26	12.22
YP-9	10.91	10.75	10.83
YP-10	12.86	12.75	12.80
YP-11	11.04	10.96	11.00
YP-12	11.01	10.91	10.96
YP-13	10.06	10.00	10.03
YP-14	11.22	11.10	11.16
YP-15	9.27	9.32	9.29
YP-16	9.95	9.94	9.95
YP-17	9.87	9.81	9.84
YP-18	9.54	9.60	9.57
YP-19	9.85	9.87	9.86
YP-20	9.29	9.24	9.26
YP-21	9.54	9.58	9.56
YP-22	10.02	10.04	10.03
YP-23	9.74	9.62	9.68
YP-24	10.36	10.41	10.38
YP-25	9.47	9.41	9.44
YP-26	10.13	10.14	10.13
YP-27	9.47	9.43	9.45
YP-28	9.50	9.41	9.46
YP-29	9.60	9.64	9.62
YP-30	10.59	10.57	10.58
YP-31	11.74	11.67	11.71
YP-32	11.48	11.50	11.49
YP-33	9.96	9.93	9.95
YP-34	10.83	10.74	10.79
YP-35	10.00	10.05	10.02
YP-36	10.43	10.38	10.41
YP-37	11.30	11.14	11.22
YP-38	11.13	11.03	11.08

3.1.2 灰分测定

照 2015 年版《中国药典》通则 2302（总灰分测定法、酸不溶性灰分测定法）测定。

总灰分：黄花败酱草样品粉碎，过 2 号筛，混合均匀后，取供试品 3～5g，置炽灼至恒重的坩埚中，称定重量（准确至 0.01g），缓缓炽热，注意避免燃烧，至完全炭化时，逐渐升高温度至 500～600℃，使完全灰化并至恒重。根据残渣重量，计算供试品中总灰分的含量。

酸不溶性灰分：取上项所得的灰分，在坩埚中小心加入稀盐酸约 10ml，用表面皿覆盖坩埚，置水浴上加热 10min，表面皿用热水 5ml 冲洗，洗液并入坩埚中，用无灰滤纸滤过，坩埚内的残渣用水洗于滤纸上，并洗涤至洗液不显氯化物反应为止。滤渣连同滤纸移置同一坩埚中，干燥，炽灼至恒重。根据残渣重量，计算供试品中酸不溶性灰分。

由表 7-6-5 可知，不同批次黄花败酱药材总灰分含量差异较大，最高为 6.63%，最低为 1.42%；酸不溶性灰分最高为 0.83%，最低为 0.07%。

表 7-6-5　黄花败酱药材总灰分、酸不溶性灰分含量

编号	总灰分（%）		总灰分平均值（%）	酸不溶性灰分（%）		酸不溶性灰分平均值（%）
	1	2		1	2	
YC-1	4.27	5.67	4.97	0.20	0.37	0.28
YC-2	6.29	6.96	6.63	0.60	0.90	0.75
YC-3	3.73	4.24	3.98	0.20	0.23	0.22
YC-4	4.47	4.67	4.57	0.30	0.37	0.33
YC-5	5.60	5.80	5.70	0.77	0.90	0.83
YC-6	4.63	4.77	4.70	0.43	0.47	0.45
YC-7	3.40	4.13	3.76	0.27	0.50	0.38
YC-8	2.80	2.77	2.78	0.07	0.13	0.10
YC-9	2.40	2.30	2.35	0.03	0.10	0.07
YC-10	2.97	2.87	2.92	0.20	0.23	0.22
YC-11	1.57	1.63	1.60	0.03	0.13	0.08
YC-12	3.66	3.57	3.62	0.13	0.17	0.15
YC-13	4.13	3.90	4.02	0.10	0.20	0.15
YC-14	1.43	1.40	1.42	0.07	0.13	0.10
YC-15	3.10	2.90	3.00	0.30	0.33	0.32
YC-16	3.90	3.83	3.87	0.10	0.23	0.17
YC-17	2.40	2.50	2.45	0.20	0.20	0.20
YC-18	4.07	4.13	4.10	0.37	0.20	0.28
YC-19	2.87	3.97	2.45	0.17	0.13	0.15
YC-20	3.93	3.67	4.10	0.30	0.23	0.27
YC-21	2.43	2.57	2.45	0.17	0.20	0.18

由表 7-6-6 可知，不同批次黄花败酱饮片灰分含量差异较大，最高为 5.61%，最低为 2.22%；酸不溶性灰分最高为 0.54%，最低为 0.10%。

表 7-6-6　黄花败酱饮片总灰分、酸不溶性灰分含量

编号	总灰分（%）		总灰分平均值（%）	酸不溶性灰分（%）		酸不溶性灰分平均值（%）
	1	2		1	2	
YP-1	3.97	3.90	3.93	0.23	0.57	0.40
YP-2	3.40	3.63	3.52	0.23	0.33	0.28
YP-3	3.63	3.57	3.60	0.30	0.23	0.27
YP-4	5.24	5.97	5.61	0.67	0.40	0.54
YP-5	2.10	2.33	2.22	0.07	0.13	0.10
YP-6	3.57	3.73	3.65	0.27	0.23	0.25

续表

编号	总灰分（%）		总灰分平均值（%）	酸不溶性灰分（%）		酸不溶性灰分平均值（%）
	1	2		1	2	
YP-7	5.07	5.06	5.07	0.37	0.50	0.43
YP-8	4.73	4.97	4.85	0.53	0.53	0.53
YP-9	3.00	3.40	3.20	0.43	0.33	0.38
YP-10	3.03	3.33	3.18	0.53	0.53	0.53
YP-11	4.27	4.50	4.38	0.40	0.47	0.43
YP-12	5.33	5.27	5.30	0.37	0.43	0.40
YP-13	3.73	3.73	3.73	0.37	0.33	0.35
YP-14	3.50	3.47	3.48	0.30	0.33	0.32
YP-15	3.53	3.60	3.57	0.27	0.30	0.28
YP-16	4.07	4.07	4.07	0.27	0.30	0.28
YP-17	3.73	3.80	3.77	0.23	0.30	0.27
YP-18	4.17	4.10	4.13	0.47	0.40	0.43
YP-19	2.87	2.87	2.87	0.20	0.23	0.22
YP-20	4.10	4.13	4.12	0.33	0.30	0.32
YP-21	2.87	2.80	2.83	0.33	0.37	0.35
YP-22	3.60	3.63	3.62	0.43	0.53	0.48
YP-23	3.90	3.70	3.80	0.27	0.33	0.30
YP-24	2.93	2.93	2.93	0.27	0.20	0.23
YP-25	4.13	4.00	4.07	0.47	0.53	0.50
YP-26	3.53	3.67	3.60	0.37	0.53	0.45

3.2 重金属检查

供试品溶液的制备：取黄花败酱草药材，用蒸馏水洗去表面泥土，淋洗，置 60℃烘箱中烘干。用陶瓷研钵研碎，过 60 目塑料筛，密封备用。制备供试品溶液前，样品粉末于 60℃的烘箱中烘干至恒重。精密称取样品粉末 0.1g 于聚四氟乙烯消解罐中，加入 6ml 硝酸，密封消解罐，按设定程序（表 7-6-7）进行微波消解。消解程序结束后，冷却至 60℃，打开微波消解仪，取出消解罐，冷却至室温，转移到 50ml 容量瓶中，用少量超纯水多次洗涤消解罐，洗液合并于容量瓶中，用超纯水定容至刻度，摇匀，即为待测供试品溶液。同法制备空白对照溶液。

表 7-6-7 微波消解程序

步骤	温度（℃）	时间（min）	功率（W）
1	120	5	800
2	150	10	800
3	180	10	800

标准品溶液的制备：精密吸取铜（Cu）、砷（As）、镉（Cd）、汞（Hg）、铅（Pb）标准品原液（浓度为 1000μg/ml）50μl，置于 50ml 容量瓶中，用 2%硝酸定容，配制成一系列浓度为 1μg/ml 的标准品储备液。精密吸取一定量的各标准品储备液，用 2%硝酸定容于 50ml 容量瓶

中，配制成不同浓度的标准品待测液。铜、砷、铅、镉、汞：0.0μg/L，0.5μg/L，1.0μg/L，5.0μg/L，10.0μg/L，20.0μg/L。

内标溶液的制备：精密吸取内标原液（浓度为1000μg/ml）铟、锗、铋各50μl，钪100μl置于50ml容量瓶中，定容，摇匀，得到铟、锗、铋浓度为1μg/ml、钪浓度为2μg/ml混合内标溶液，再取一定量的混合内标溶液，制成铟、锗、铋浓度为5μg/L、钪浓度为10μg/L混合内标溶液。

通过对表7-6-8、表7-6-9数据进行分析，规定：铜含量不得过0.00500g/kg；镉含量不得过0.00250g/kg；铅含量不得过0.00150g/kg；砷含量不得过0.00055g/kg。

表7-6-8　线性回归方程

重金属元素	标准曲线	R^2
Cu	Y=1.001X–0.0165	0.9999
As	Y=0.9986X+0.0762	0.9999
Cd	Y=0.9967X+0.0504	1
Pb	Y=0.9954X+0.1505	0.9999
Hg	Y=1.0445X+0.6842	0.9967

表7-6-9　重金属测定结果

批号	Cu（g/kg）	As（g/kg）	Cd（g/kg）	Pb（g/kg）
180103	0.00248	0.00011	0.00083	0.00016
171102	0.00214	0.00010	0.00046	0.00013
171203	0.00381	0.00014	0.00032	0.00003
170625	0.00384	0.00054	0.00033	0.00125
171101	0.00297	0.00011	0.00123	0.00059
170628	0.00487	0.00012	0.00220	0.00083
171202	0.00246	0.00009	0.00121	0.00021
170410	0.00295	0.00017	0.00130	0.00070
171201	0.00204	0.00015	0.00134	0.00104
180101	0.00239	0.00010	0.00057	0.00052
170817	0.00336	0.00014	0.00108	0.00126
161119	0.00290	0.00028	0.00151	0.00178
171001	0.00265	0.00008	0.00095	0.00041
170826	0.00410	0.00010	0.00103	0.00035
180102	0.00293	0.00020	0.00055	0.00066
170804	0.00309	0.00014	0.00046	0.00085

4. 浸出物

照2015年版《中国药典》测定。因历版《中国药典》中对黄花败酱草的浸出物无相关规定，因此对所收集的黄花败酱草进行了热浸、冷浸和醇浓度的考察，进行醇溶性浸出物测定、水溶性浸出物测定。具体操作如下。

4.1 热浸法

取灰分项供试品2～4g，精密称定，置100～250ml的锥形瓶中，精密加乙醇50～100ml，密塞，称定重量，静置1h后，连接回流冷凝管，加热至沸腾，并保持微沸1h。放冷后，取下锥形瓶，密塞，再称定重量，用乙醇补足减失的重量，摇匀，用干燥滤器滤过，精密量取滤液25ml，置已干燥至恒重的蒸发皿中，在水浴上蒸干后，于105℃干燥3h，置干燥器中冷却30min，迅速精密称定重量。以干燥品计算供试品中醇溶性浸出物的含量。结果见表7-6-10。

4.2 冷浸法

取灰分项供试品约4g，精密称定，置250～300ml的锥形瓶中，精密加水100ml，密塞，冷浸，前6h内时时振摇，再静置18h，用干燥滤器迅速滤过，精密量取续滤液20ml，置已干燥至恒重的蒸发皿中，在水浴上蒸干后，于105℃干燥3h，置干燥器中冷却30min，迅速精密称定重量。除另有规定外，以干燥品计算供试品中水溶性浸出物的含量(%)。结果见表7-6-10。

表7-6-10 热浸法和冷浸法测定结果

样品171201	1	2	3	平均值
热浸法	3.99%	3.13%	3.48%	3.53%
冷浸法	4.87%	4.12%	3.84%	4.28%

从测定结果发现冷浸法的测定结果相对热浸法高，故黄花败酱草的浸出物采用冷浸法进行测定。

由表7-6-11可知，黄花败酱药材水溶性浸出物含量差异较大，最高为13.06%，最低为3.67%。

表7-6-11 黄花败酱药材水溶性浸出物含量

编号	水溶性浸出物含量（%）		平均值（%）
	1	2	
YC-1	8.62	7.00	7.81
YC-2	12.50	13.62	13.06
YC-3	11.87	10.37	11.12
YC-4	6.25	6.25	6.25
YC-5	5.25	5.12	5.19
YC-6	8.63	6.87	7.75
YC-7	5.00	2.87	3.94
YC-8	12.00	10.37	11.19
YC-9	6.25	6.62	6.44
YC-10	5.75	4.37	5.06
YC-11	7.75	5.25	6.50
YC-12	9.87	8.87	9.37
YC-13	3.13	4.21	3.67
YC-14	8.63	7.61	8.12
YC-15	5.50	6.37	5.94

续表

编号	水溶性浸出物含量（%）		平均值（%）
	1	2	
YC-16	4.25	5.52	4.89
YC-17	3.62	7.63	6.81
YC-18	6.00	10.62	11.81
YC-19	13.00	10.75	10.56
YC-20	10.37	11.87	11.06
YC-21	10.25	10.37	10.31

由 7-6-12 可知，黄花败酱饮片水溶性浸出物含量差异较大，最高为 11.00%，最低为 4.11%。

表 7-6-12　黄花败酱饮片水溶性浸出物含量

编号	水溶性浸出物含量（%）		平均值（%）
	1	2	
YP-1	5.50	5.25	5.37
YP-2	7.25	8.64	7.94
YP-3	11.75	9.63	10.69
YP-4	10.62	9.76	10.19
YP-5	8.00	7.50	7.75
YP-6	10.13	10.77	10.45
YP-7	11.75	10.25	11.00
YP-8	11.38	9.50	10.44
YP-9	7.38	7.66	7.52
YP-10	8.50	9.32	8.91
YP-11	8.37	9.57	8.97
YP-12	9.00	8.25	8.63
YP-13	8.63	8.00	8.31
YP-14	8.25	7.63	7.94
YP-15	7.87	7.12	7.50
YP-16	9.38	8.89	9.13
YP-17	8.25	7.63	7.94
YP-18	3.87	4.35	4.11
YP-19	5.63	4.37	5.00
YP-20	5.88	4.75	5.31
YP-21	6.75	5.37	6.06
YP-22	8.00	7.13	7.56
YP-23	7.62	7.00	7.31
YP-24	7.13	6.00	6.56
YP-25	3.62	5.13	4.38
YP-26	7.62	6.73	7.18

5. 指纹图谱

5.1 仪器与材料

高效液相色谱仪：安捷伦 1260（配四元梯度泵、自动进样器、二极管阵列检测器）（美国安捷伦科技有限公司）；电子天平：AUW220D 电子天平（AHZMADZU 公司）；超声波清洗器：KQ-500E 型超声波清洗器（昆山市超声仪器有限公司）。

5.2 试剂

败酱苷：自提；甲醇（分析纯）：天津基准化学试剂有限公司（BENCHMARK）；乙腈（色谱纯）：迈瑞达科技有限公司（MERDA TECHNOLOGY INC）；磷酸（色谱纯）：天津市科密欧化学试剂有限公司；屈臣氏蒸馏水：广州屈臣氏食品饮料有限公司。

5.3 色谱条件

色谱柱：Agilent HC-C_{18}（5μm，4.6mm×250mm）；流动相：乙腈（A），0.065%磷酸水（B）；洗脱程序：0～10min，10%～15%A；10～35min，15%～20%A；35～55min，20%～25%A；55～75min，25%～40%A；75～90min，40%～98%A；90～100min，98%A；检测波长：205nm；流速：1.0ml/min；柱温：25℃；进样量：20μl。

图 7-6-5 为黄花败酱草指纹图谱色谱图。

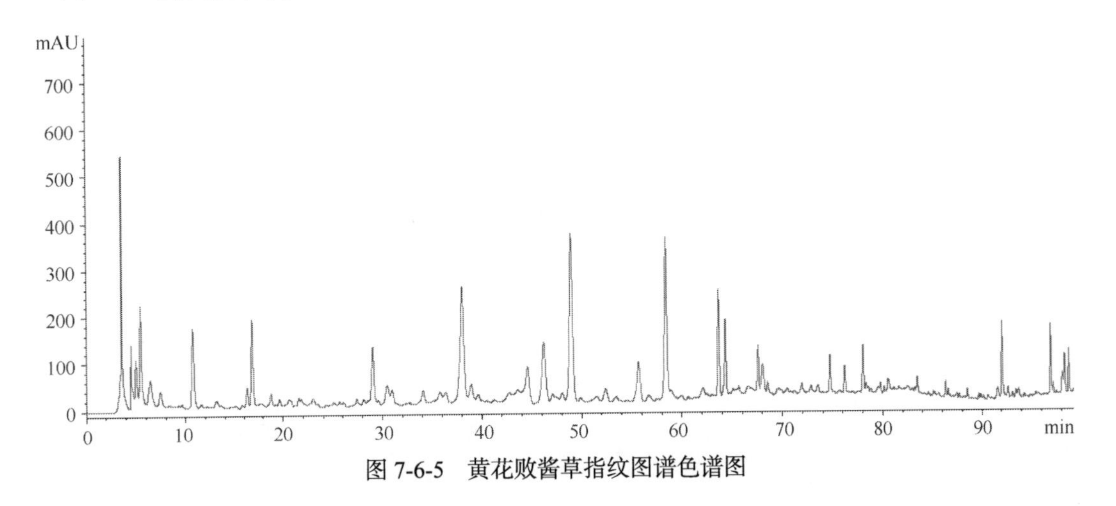

图 7-6-5　黄花败酱草指纹图谱色谱图

5.4 方法学考察

5.4.1 提取溶剂的考察

本研究主要测量败酱草中所含有机酸类、环烯醚萜类和黄酮类等极性相对较大的化学成分，结合前期提取溶剂的考察及文献报道，本研究主要考察了 100%甲醇、90%甲醇、80%甲醇、70%甲醇及 60%甲醇等分别作为药材的提取溶剂时，各药材不同提取溶剂的对照品指认色谱峰的峰面积、分离度和理论塔板数，通过比较以上参数发现：选择 70%甲醇提取时，对照品指认峰的峰面积较高，而分离度和理论塔板数则无明显差别。因此，本研究选择 70%甲醇作为提取溶剂。相同色谱条件下，不同提取溶剂提取样品色谱图见图 7-6-6。

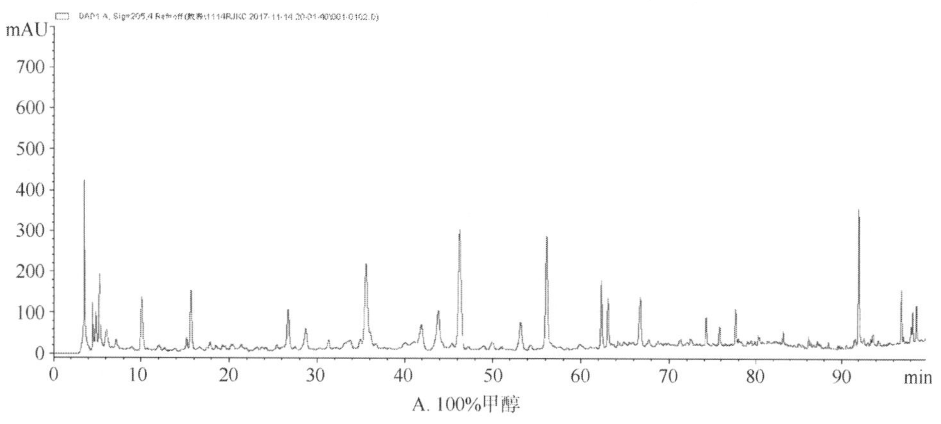

A. 100%甲醇

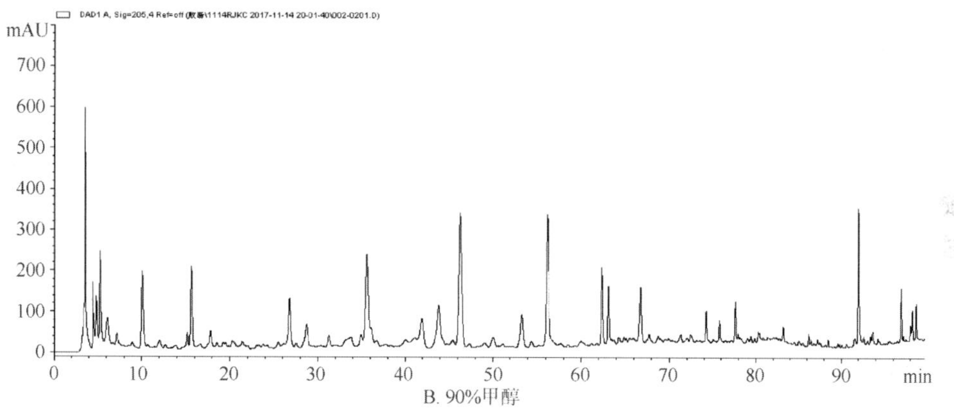

B. 90%甲醇

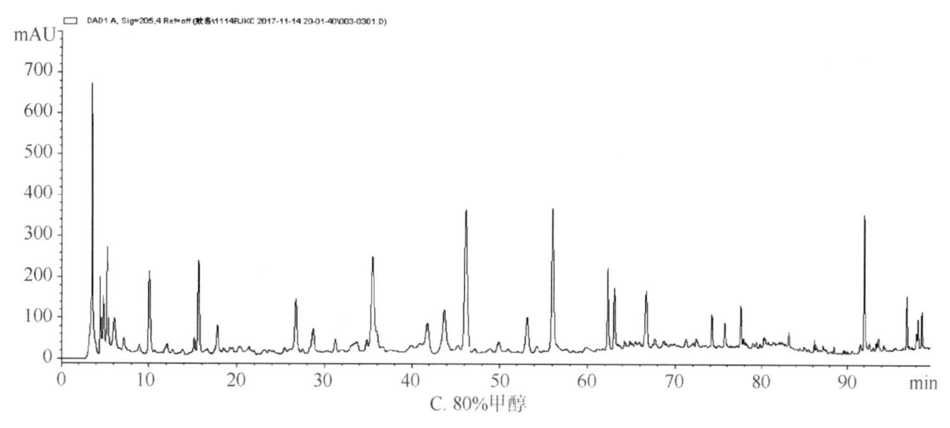

C. 80%甲醇

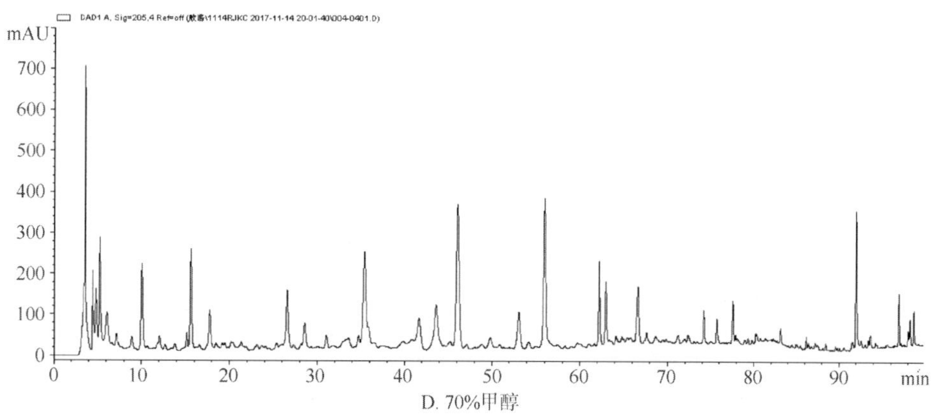

D. 70%甲醇

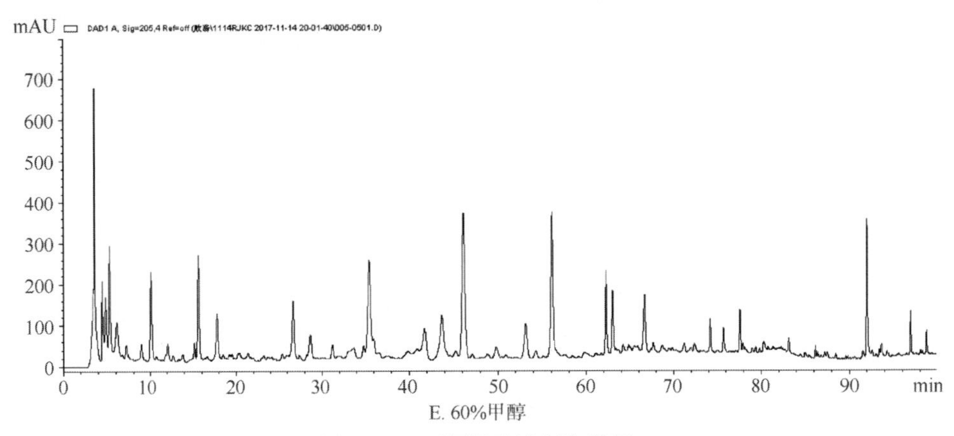

E. 60%甲醇

图 7-6-6 不同提取溶剂色谱图

5.4.2 柱温的考察

研究中考察了设定柱温 25℃、30℃、35℃时，同一供试品的色谱分离效果。结果表明：柱温对峰群的分离情况有一定的影响，30℃时，色谱峰的整体分离情况及峰面积较优。因此，本研究所用柱温为 30℃（图 7-6-7）。

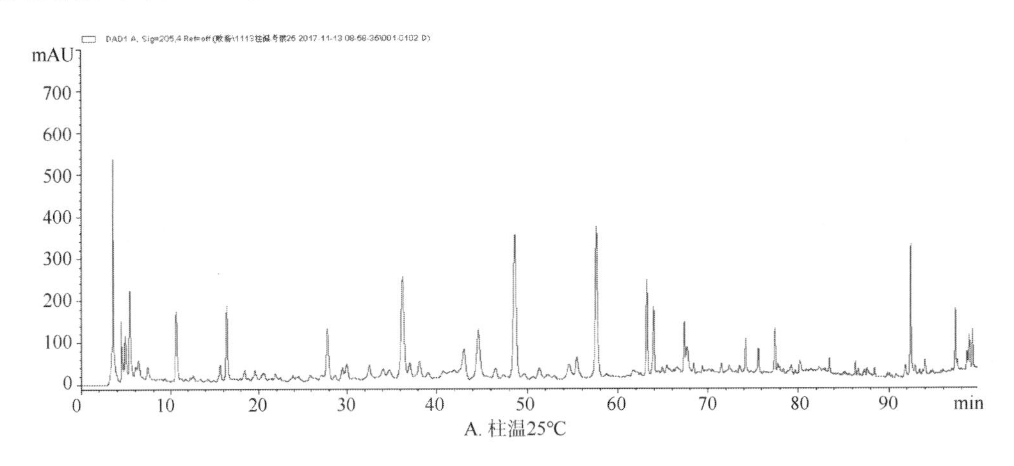

A. 柱温25℃

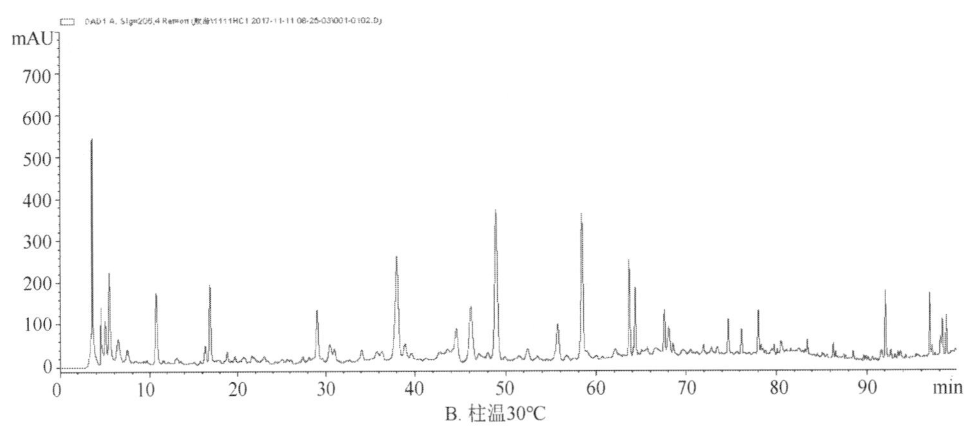

B. 柱温30℃

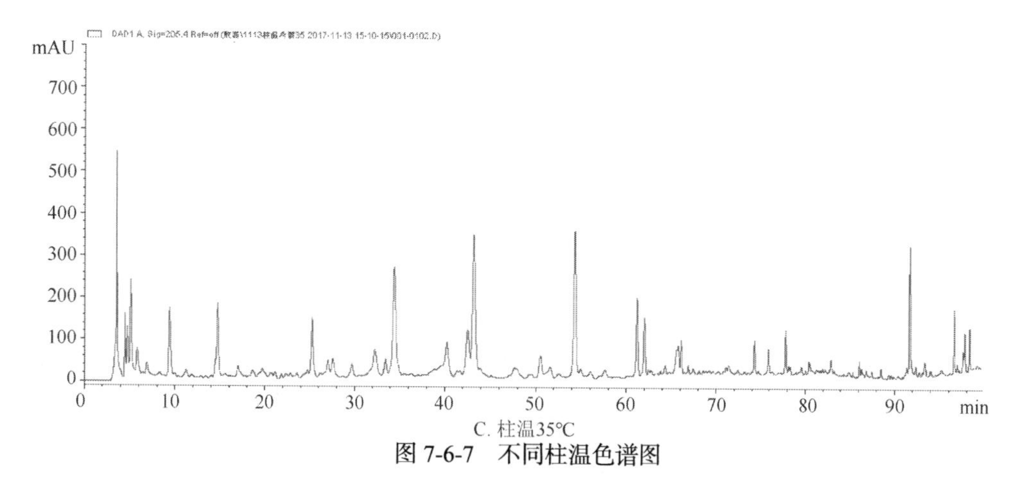

C. 柱温35℃

图 7-6-7 不同柱温色谱图

5.4.3 检测波长的选择

本研究主要测量败酱草中有机酸类、环烯醚萜类和黄酮类 5 个化学成分。因此，为能较全面准确地反映样品中各化学成分的含量信息，研究中分析不同检测波长条件下，检测器在对供试品中各成分的扫描图谱，并结合三维图谱，发现各指标成分在波长 205nm 时吸收和分离度最优，且在 205nm 波长处色谱峰信息亦有较好的体现，因此本研究确定 205nm 作为检测波长（图 7-6-8）。

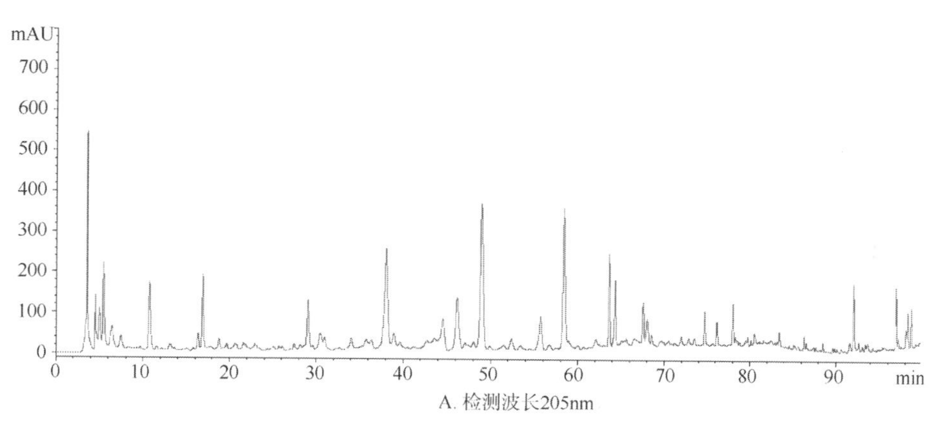

A. 检测波长205nm

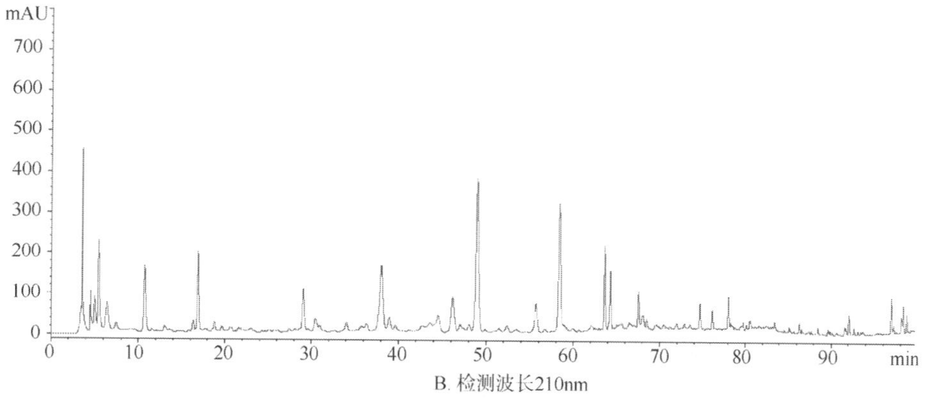

B. 检测波长210nm

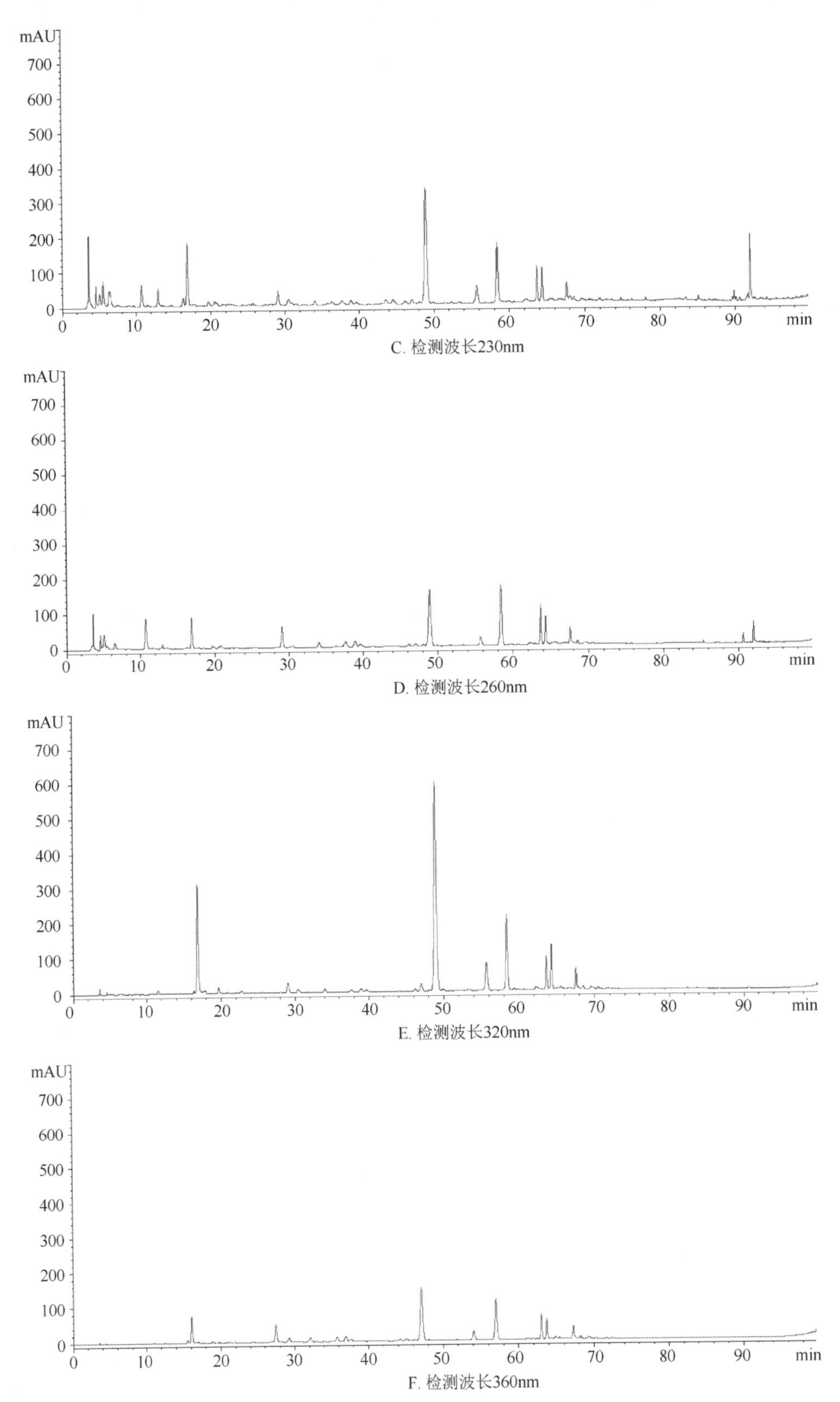

图 7-6-8　不同波长色谱图

6. 化学成分的提取分离和结构鉴定

项目组在黄花败酱化合物研究过程中，提取得到一个环烯醚萜类化合物败酱苷patrinoside，并解析了该化合物的结构。故项目组决定将其作为黄花败酱样品含量测定的指标性成分。

6.1　仪器与材料

Bruker AVANCE-Ⅲ（400 MHz）型核磁共振波谱仪；中压液相色谱仪（MPLC，Grace，美国）；岛津高效液相色谱仪（岛津，日本）；Sephadex LH-20（25～100μm，通用电器医疗集团，美国）；柱层析硅胶（100～200 目，200～300 目，青岛海洋化工厂分厂，中国）；薄层层析 $HSGF_{254}$ 硅胶板（烟台江友硅胶开发有限公司，中国）；高效液相色谱用乙腈；二氯甲烷、乙酸乙酯、甲醇（分析纯，国药集团，中国）。

6.2　黄花败酱对照品 patrinoside 的分离制备流程（图 7-6-9）

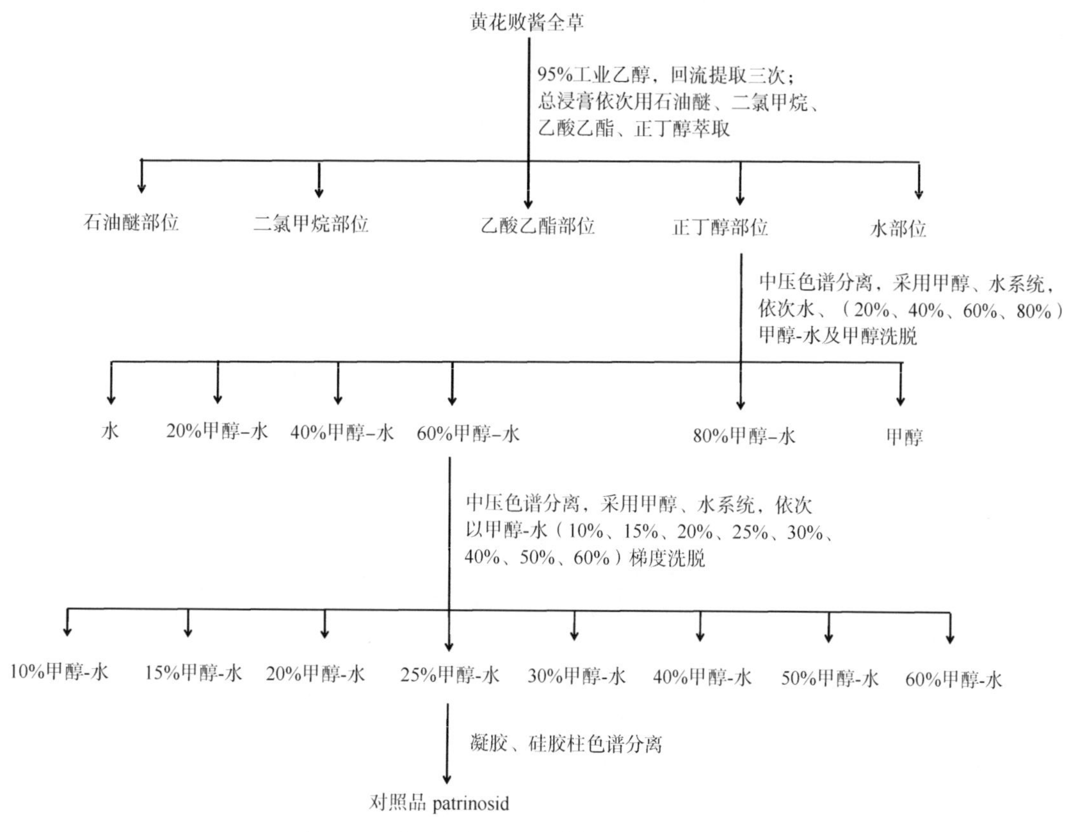

图 7-6-9　黄花败酱对照品的提取分离制备流程图

6.3　黄花败酱对照品 patrinoside 的结构鉴定

根据 patrinoside 氢谱、碳谱（图 7-6-10、图 7-6-11），鉴定其结构为：

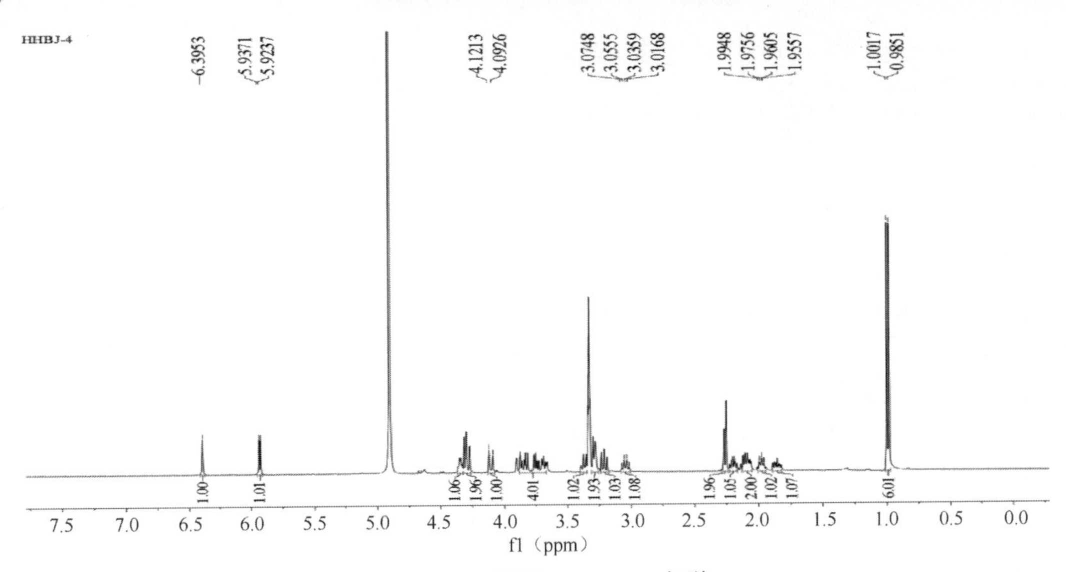

图 7-6-10　对照品 patrinoside 氢谱

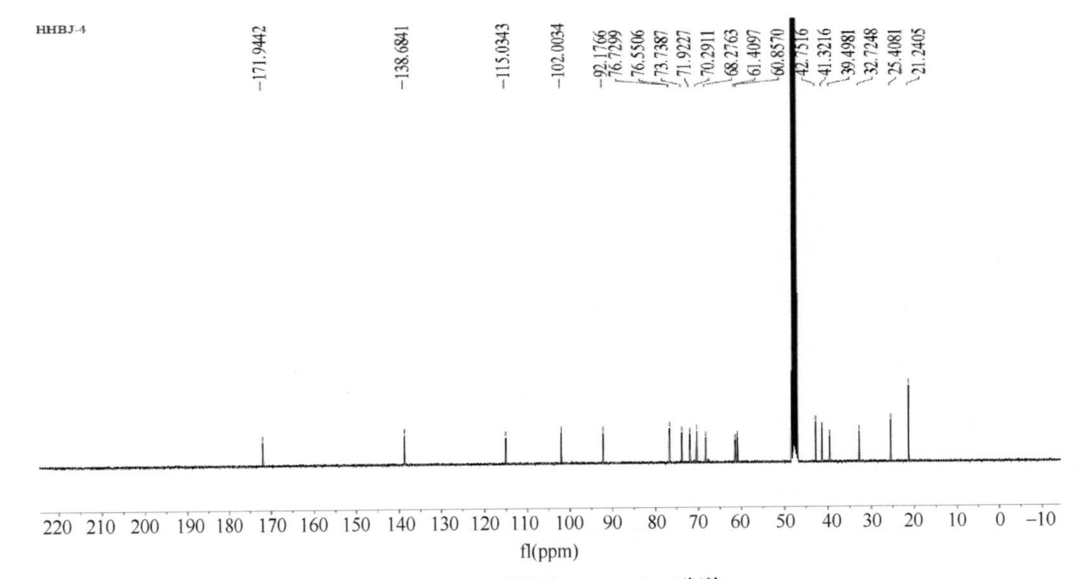

图 7-6-11　对照品 patrinoside 碳谱

相关核磁数据见表 7-6-13。

表 7-6-13　败酱苷的氢谱和碳-13 核磁共振谱信息

位置	δ_C	δ_H（J in Hz）
1	92.1，CH	5.93，d（5.4）
3	138.6，CH	6.40，s
4	115.0，C	
5	32.7，CH	3.05，q（7.7）
6	39.5，CH_2	1.86，m
		2.09，ov.
7	71.9，CH	4.35，d（3.1）
8	41.3，CH	2.20，m
9	47.6，CH	1.97，dd（10.8，4.8）
10	60.8，CH_2	3.71，m
11	68.2，CH_2	4.30，ov.
		4.11，m
1″	171.9，C	
2″	42.7，CH_2	2.27，m
3″	25.4，CH	2.09，ov.
4″，5″	21.2，CH_3	0.99，d（6.6）
1'	102.0，CH	4.30，ov.
2'	73.7，CH	3.21，dd（9.0，7.9）
3'	76.7，CH	3.37，m
4'	70.2，CH	3.28，ov.
5'	76.5，CH	
6'	61.4，CH_2	3.85，m

注：400MHz 条件下氢谱和 100MHz 条件下碳-13 核磁共振谱；化学位移单位为 ppm；重叠信号

7. 含量测定

7.1　仪器与材料

高效液相色谱仪：安捷伦 1260（配四元梯度泵、自动进样器、二极管阵列检测器）（美国安捷伦科技有限公司）；电子天平：AUW220D 电子天平（AHZMADZU 公司）；超声波清洗器：KQ-500E 型超声波清洗器（昆山市超声仪器有限公司）。

败酱苷：自提；甲醇（分析纯）：天津基准化学试剂有限公司（BENCHMARK）；乙腈（色谱纯）：迈瑞达科技有限公司（MERDA TECHNOLOGY INC）；磷酸（色谱纯）：天津市科密欧化学试剂有限公司；屈臣氏蒸馏水：广州屈臣氏食品饮料有限公司。

7.2　色谱条件

色谱柱：Agilent HC-C_{18}（5μm，4.6mm×250mm）；流动相：乙腈（A），0.065%磷酸水（B）；洗脱程序：0～25min，10%～17% A；25～50min，17%～20% A；50～60min，20%～100% A；检测波长：205nm；流速：1.0ml/min；柱温：25℃；进样量：20μl。

在上述条件下，原儿茶酸、绿原酸及败酱苷与其他杂质峰达到了基线分离，与相邻色谱峰的分离度均大于 1.7，理论塔板数均不低于 9000（图 7-6-12）。

对照品溶液的配制：分别精密称取对照品原儿茶酸 2.5mg、绿原酸 10mg、败酱苷 30mg，分别加色谱纯甲醇超声溶解并转移至 10ml 容量瓶中，并定容，即得对照品母液。

供试品溶液的制备：精密称定败酱草药材粉末 1g（过 3 号筛），置 25ml 锥形瓶中容量瓶中，加 70%的甲醇溶液 20ml，并精密称定重量，常温超声提取 30min，取出冷却至室温，用 70%甲醇补足损失重量，摇匀，0.45μm 微孔滤膜滤过，取续滤液即得。

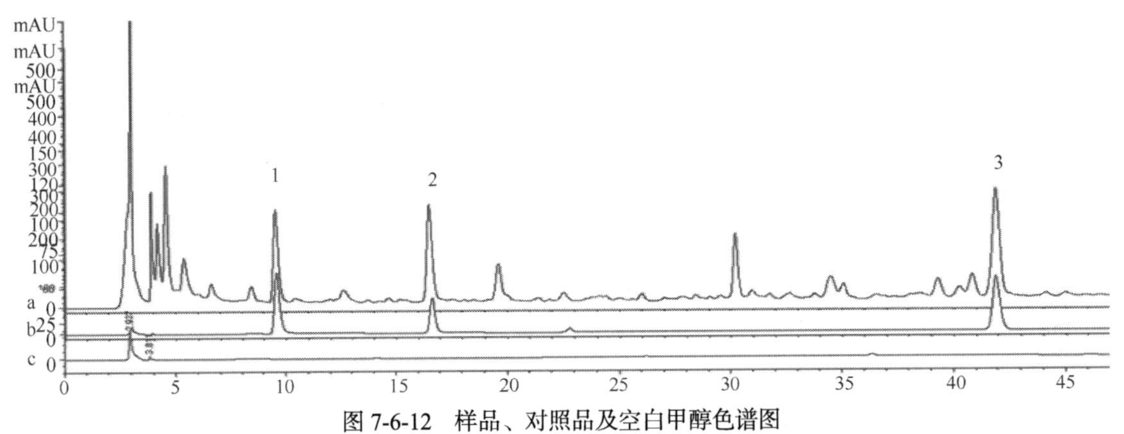

图 7-6-12 样品、对照品及空白甲醇色谱图

1. 原儿茶酸；2. 绿原酸；3. 败酱苷；a. 样品；b. 对照品；c. 空白甲醇

7.3 线性关系考察

精密移取原儿茶酸对照品母液，分别稀释为 0.06mg/ml、0.05001mg/ml、0.04002mg/ml、0.03003mg/ml、0.02004mg/ml、0.01005mg/ml、0.00006mg/ml；精密移取绿原酸对照品母液，分别稀释为 0.75mg/ml、0.6251mg/ml、0.5002mg/ml、0.3753mg/ml、0.2504mg/ml、0.1255mg/ml、0.0006mg/ml；精密移取败酱苷对照品母液，分别稀释为 2.8mg/ml、2.334mg/ml、1.868mg/ml、1.402mg/ml、0.936mg/ml、0.47mg/ml、0.006mg/ml，注入高效液相色谱仪，记录峰面积。以峰面积为纵坐标，对照品浓度为横坐标，进行线性回归，得到回归方程（图 7-6-13～图 7-6-15）。

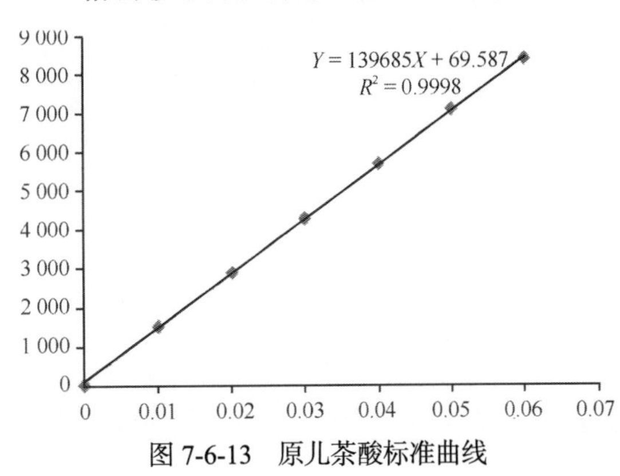

图 7-6-13 原儿茶酸标准曲线

图 7-6-14 绿原酸标准曲线

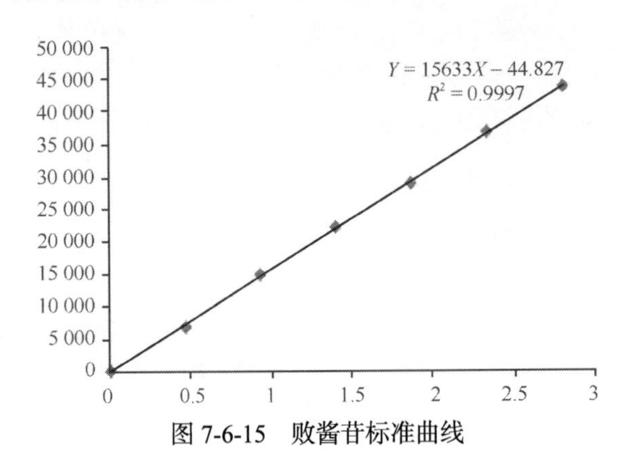

图 7-6-15 败酱苷标准曲线

7.4 精密度试验

精密吸取原儿茶酸、绿原酸和败酱苷混合对照品溶液，按本节 7.2 项下色谱条件连续进样 6 次，记录峰面积值。结果原儿茶酸峰面积的 RSD 为 2.89%，绿原酸峰面积的 RSD 为 2.83%，败酱苷峰面积的 RSD 为 3.00%，表明仪器精密度良好。结果见表 7-6-14。

表 7-6-14 精密度试验结果（n=6）

序号	进样量（μl）	原儿茶酸峰面积	RSD（%）	绿原酸峰面积	RSD（%）	败酱苷峰面积	RSD（%）
1	20	4453.3	2.89	859.1	2.83	2159.3	3.00
2	20	4169.3		808.1		2032.8	
3	20	4206.1		816.8		2041.7	
4	20	4373.5		846.0		2170.2	
5	20	4447.1		860.6		2166.9	
6	20	4244.7		815.7		2096.4	

7.5 稳定性试验

精密吸取同一供试品溶液，按含量测定色谱条件分别放置 0h、4h、8h、12h、16h、20h、24h 进样，记录原儿茶酸、绿原酸和败酱苷的峰面积，结果示原儿茶酸峰面积的 RSD 为 0.48%，绿原酸峰面积的 RSD 为 2.86%，败酱苷峰面积的 RSD 为 2.89%，表明供试品溶液在 24h 内稳定。结果见表 7-6-15。

表 7-6-15 稳定性试验结果（n=7）

序号	时间（h）	原儿茶酸峰面积	RSD（%）	绿原酸峰面积	RSD（%）	败酱苷峰面积	RSD（%）
1	0	3112.5	0.48	3109.0	2.86	6872.7	2.89
2	4	3104.5		3103.3		6626.5	
3	8	3106.6		3301.8		6670.2	
4	12	3098.0		3200.6		6749.2	
5	16	3092.3		3200.1		6252.6	
6	20	3094.0		3076.3		6697.0	
7	24	3067.2		3290.9		6676.4	

7.6 重复性试验

精密称取同一批药材粉末，按本节 7.2 项下方法平行制备 6 份供试品溶液，注入高效液相色谱仪，按 7.2 项下色谱条件进行含量测定。结果示原儿茶酸含量的 RSD 为 2.24%，绿原酸含量的 RSD 为 1.95%，败酱苷含量的 RSD 为 1.72%，表明本方法重复性良好。结果见表 7-6-16。

表 7-6-16 重复性试验结果（n=6）

指标成分	含量（%）						平均含量（%）	RSD（%）
	1	2	3	4	5	6		
原儿茶酸	0.043	0.045	0.043	0.044	0.043	0.045	0.044	2.24
绿原酸	0.185	0.191	0.192	0.186	0.183	0.190	0.188	1.95
败酱苷	0.654	0.665	0.647	0.648	0.667	0.675	0.659	1.72

7.7 加样回收率试验

精密称取已知含量的同一批败酱草样品 1g，共 6 份，分别精密加入原儿茶酸、绿原酸、败酱苷对照品储备液 0.5ml，按 7.2 项下方法制备样品，按 7.2 项下色谱条件进行含量测定，计算回收率。加样回收率的平均值及 RSD 值见表 7-6-17。

表 7-6-17 加样回收率试验结果（n=6）

成分	序号	样品含量（μg/L）	加入量（μg/L）	测得量（μg/L）	回收率（%）	平均回收率	RSD（%）
原儿茶酸	1	0.0432	0.0525	0.0915	92.00	96.00	3.22
	2	0.0568	0.0525	0.1072	96.00		
	3	0.0472	0.0525	0.0965	93.90		
	4	0.0531	0.0525	0.1062	101.14		
	5	0.0563	0.0525	0.1067	96.00		
	6	0.0481	0.0525	0.0990	96.95		
绿原酸	1	0.187	0.182	0.348	88.46	94.87	5.11
	2	0.181	0.182	0.352	93.95		
	3	0.196	0.182	0.383	102.74		
	4	0.178	0.182	0.352	95.60		
	5	0.191	0.182	0.358	91.76		
	6	0.175	0.182	0.351	96.70		
败酱苷	1	0.829	0.858	1.635	93.94	96.08	3.86
	2	0.841	0.858	1.712	101.51		
	3	0.852	0.858	1.684	96.07		
	4	0.848	0.858	1.697	98.95		
	5	0.863	0.858	1.644	91.03		
	6	0.857	0.858	1.672	94.99		

7.8 样品含量测定

对 21 批黄花败酱药材，10 批黄花败酱饮片进行含量测定，结果见表 7-6-18、表 7-6-19，药材中原儿茶酸的含量为 0.001%～0.078%，绿原酸含量为 0.005%～0.745%，败酱苷含量为 0.106%～1.808%。饮片中原儿茶酸的含量为 0.006%～0.024%，绿原酸含量为 0.027%～0.098%，败酱苷含量为 0.233%～0.784%。

表 7-6-18 黄花败酱药材原儿茶酸、绿原酸、败酱苷的含量

编号	原儿茶酸（%）	绿原酸（%）	败酱苷（%）
YC-1	0.040	0.163	0.689
YC-2	0.016	0.745	1.808
YC-3	0.011	0.129	1.331
YC-4	0.008	0.223	1.043
YC-5	0.033	0.128	0.668
YC-6	0.078	0.198	0.406

续表

编号	原儿茶酸（%）	绿原酸（%）	败酱苷（%）
YC-7	0.008	0.105	1.093
YC-8	0.001	0.005	0.172
YC-9	0.005	0.071	0.679
YC-10	0.014	0.097	0.822
YC-11	0.005	0.091	0.901
YC-12	0.001	0.088	1.229
YC-13	0.020	0.559	0.927
YC-14	0.012	0.111	0.524
YC-15	0.037	0.170	0.677
YC-16	0.047	0.126	0.170
YC-17	0.035	0.253	0.324
YC-18	0.041	0.257	0.323
YC-19	0.033	0.046	0.351
YC-20	0.019	0.016	0.106
YC-21	0.021	0.329	0.337

表 7-6-19　黄花败酱饮片原儿茶酸、绿原酸、败酱苷的含量

编号	原儿茶酸（%）	绿原酸（%）	败酱苷（%）
YP-1	0.011	0.085	0.420
YP-2	0.011	0.085	0.420
YP-3	0.006	0.090	0.227
YP-4	0.006	0.087	0.244
YP-5	0.024	0.027	0.249
YP-6	0.024	0.027	0.233
YP-7	0.018	0.098	0.509
YP-8	0.014	0.034	0.294
YP-9	0.013	0.089	0.784
YP-10	0.018	0.096	0.583

第七节　芦根质量标准研究

芦根为禾本科植物芦苇 *Phragmites communis* Trin.的新鲜或干燥根茎，芦根其性甘、寒，归肺、胃经，具有清热泻火，生津止渴，除烦，止呕，利尿之功效，用于热病烦渴，肺热咳嗽，肺痈吐脓，胃热呕哕，热淋涩痛。2015 年版《中国药典》没有芦根的含量测定项，其主要发挥临床药效的成分也未确定。文献报道，芦根的化学成分较为复杂，多糖类在芦根中所占的比例最大，此外还有黄酮类、甾体类、蒽醌类、生物碱类、挥发性成分、小分子类等多种成分，其酚酸类化合物主要有对香豆酸和阿魏酸等，本研究对香豆酸和阿魏酸进行详细研究。

2015 年版《中国药典》一部中收载的芦根存在的不足之处：所用的薄层色谱鉴别方法在

薄层板上不能很好显现；无含量测定项评价指标；缺乏指纹图谱方法的建立。指纹图谱作为能够较为全面地反映中药整体质量的技术手段，方法亟待建立，故开展优化芦根薄层鉴别的条件，建立芦根 HPLC 指纹图谱，对香豆酸和阿魏酸进行同时测定的相关研究。

1. 仪器、试剂与材料

Linomal 5 半自动采样仪（瑞士）；TLC Visualizer 2 薄层成像仪（瑞士）；GF_{254} 薄层板（Merck 德国）；AX324ZH 型电子天平[奥豪斯仪器（常州）有限公司]。

对香豆酸（批号 501-98-4，质量分数＞98%）对照品购于北京中科质检生物技术有限公司，阿魏酸（批号 1135-24-6，质量分数≥98%）对照品购于合肥博美生物科技有限责任公司。乙腈（OCEANPAK）；芦根样品经安徽中医药大学刘守金教授鉴定为禾本科植物芦苇 *Phragmites communis* Trin.的新鲜或干燥根茎。芦根样品的产地信息见表 7-7-1、表 7-7-2。

表 7-7-1　芦根样品产地信息

编号	采集地点	采集时间	编号	采集地点	采集时间
S1	新疆和静县乌拉斯台	2017.9	S16	山东聊城	2017.11
S2	新疆和静县乌拉斯台	2017.9	S17	河北廊坊	2017.11
S3	新疆和静县乌拉斯台	2017.9	S18	河北廊坊	2017.11
S4	新疆和静县拉布润林场	2017.9	S19	河北廊坊	2017.11
S5	新疆和静县拉布润林场	2017.9	S20	河南濮阳	2017.11
S6	新疆和静县拉布润林场	2017.9	S21	河南濮阳	2017.11
S7	新疆和静县拉布润林场	2017.9	S22	河南濮阳	2017.11
S8	新疆和静县拉布润林场	2017.9	S23	新疆博湖县	2017.9
S9	新疆和静县拉布润林场	2017.9	S24	新疆博湖县	2017.9
S10	新疆和静县乌拉斯台	2017.9	S25	新疆博湖县	2017.9
S11	新疆和静县乌拉斯台	2017.9	S26	新疆焉耆县	2017.9
S12	新疆和田县	2017.4	S27	新疆焉耆县	2017.9
S13	新疆和田县	2017.4	S28	河北	2017.12
S14	新疆和田县	2017.4	S29	河北	2018.1
S15	山东聊城	2017.11			

表 7-7-2　芦根饮片采集信息表

编号	采集地点	采集时间
LP1	库尔勒 博湖县	2017.9.13
LP2	库尔勒 博湖县	2017.9.13
LP3	库尔勒 博湖县	2017.9.13
LP4	库尔勒 焉耆县	2017.9.12
LP5	库尔勒 焉耆县	2017.9.12
LP6	（河北 安国）诚友荆芥农村合作社	2017.11.21
LP7	（河北 安国）诚友荆芥农村合作社	2017.11.21

续表

编号	采集地点	采集时间
LP8	（河北 安国）诚友荆芥农村合作社	2017.11.21
LP9	（安国市场）玉丞中药材有限公司	2017.11.21
LP10	（安国市场）玉丞中药材有限公司	2017.11.21
LP11	（安国市场）玉丞中药材有限公司	2017.11.21
LP12	（安国市场）陈达草药大全	2017.11.21
LP13	（安国市场）陈达草药大全	2017.11.21
LP14	（安国市场）陈达草药大全	2017.11.21
LP15	（安国市场）个人经营	2017.11.21
LP16	（安国市场）个人经营	2017.11.21
LP17	（安国市场）安国市东方药城隆化药材行草药大全	2017.11.21
LP18	（安国市场）安国市汇诚中药材有限公司	2017.11.21
LP19	（安国市场）安国市汇诚中药材有限公司	2017.11.21
LP20	（安国市场）安国市汇诚中药材有限公司	2017.11.21
LP21	（河北 安国）	2017.11.22
LP22	（河北 白洋淀）	2017.11.23
LP23	亳州市沪谯药业有限公司	2017.11.10
LP24	河北济鑫堂药业有限公司	2018.1.10
LP25	安徽省和县西埠镇娘娘庙村	2017.4.29
LP26	无	2017.10.28
LP27	无	2017.11.29
LP28	河北	2017.12.11
LP29	河北	2018.1.15
LP30	无	2018.4.17
LP31	无	2018.4.17
LP32	饮片（安徽济人药业提供）	2017.3.31
LP33	饮片（安徽济人药业提供）	2018.7.13
LP34	饮片（安徽济人药业提供）	2018.3.24
LP35	饮片（安徽济人药业提供）	2017.4.11
LP36	饮片（安徽济人药业提供）	2018.1.21
LP37	饮片（安徽济人药业提供）	2017.10.13
LP38	饮片（安徽济人药业提供）	2017.11.24
LP39	饮片（安徽济人药业提供）	2018.7.26
LP40	饮片（安徽济人药业提供）	2017.12.13
LP41	饮片（安徽济人药业提供）	2017.7.26
LP42	饮片（安徽济人药业提供）	2018.1.15
LP43	饮片（安徽济人药业提供）	2017.4.13
LP44	饮片（安徽济人药业提供）	2017.9.13

续表

编号	采集地点	采集时间
LP45	饮片（安徽济人药业提供）	2018.7.5
LP46	饮片（安徽济人药业提供）	2018.2.25
LP47	饮片（安徽济人药业提供）	2017.2.17
LP48	饮片（安徽济人药业提供）	2017.5.4
LP49	饮片（安徽济人药业提供）	2017.1.17
LP50	饮片（安徽济人药业提供）	2017.4.12

2. 鉴别

2.1 性状鉴别

参照2015年版《中国药典》描述。芦根药材呈长圆柱形，有的略扁，长短不一，直径1～2cm。表面黄白色，有光泽，外皮疏松可剥离，节呈环状，有残根和芽痕。体轻，质韧，不易折断。切断面黄白色，中空，壁厚1～2mm，有小孔排列成环。气微，味甘。芦根饮片呈扁圆柱形。节处较硬，节间有纵皱纹（图7-7-1、图7-7-2）。

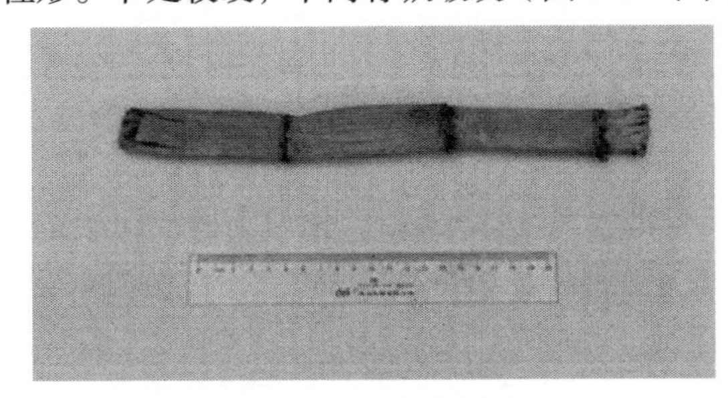

图7-7-1 芦根药材图

图7-7-2 芦根饮片图

2.2 显微鉴别

粉末鉴别（参照2015年版《中国药典》描述）：本品粉末浅灰棕色。表皮细胞表面观有长细胞与两个短细胞（一个栓质细胞、一个硅质细胞）相间排列；长细胞长条形，壁厚并波状弯曲，纹孔细小；栓质细胞新月形，硅质细胞较栓质细胞小，扁圆形。纤维成束或单根散在，直径6～30μm，壁厚不均，有的一边厚一边薄，孔沟较密。石细胞多单个散在，形状不规则，有的作纤维状，有的具短分支，大小悬殊，直径5～40μm，壁厚薄不等。厚壁细胞类长方形或长圆形，壁较厚，孔沟和纹孔较密（图7-7-3）。

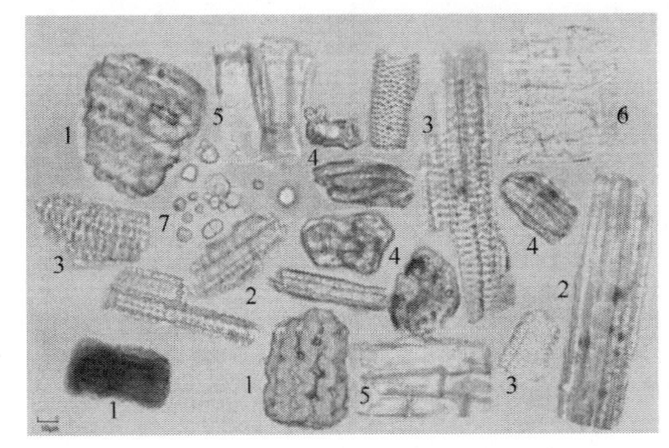

图7-7-3 芦根粉末显微特征图

1. 表皮细胞；2. 纤维束；3. 导管；4. 硅质块；5. 厚壁细胞；6. 薄壁细胞；7. 淀粉粒

（扫文末二维码获取彩图）

切片特征（参照文献描述）：表皮细胞1层，下皮纤维3～4层，微木化。皮层宽广，均为薄壁细胞并有类方形的大气腔。束间纤维两束，外侧为4层排成波状环，壁微木化，其间有小型维管束，内侧纤维束位于大型维管束内侧。

维管束大形，两轮，每个维管束具有 2 个大导管和 1 个韧皮部束，周围有木化的纤维束鞘环绕，髓部中空（图 7-7-4）。

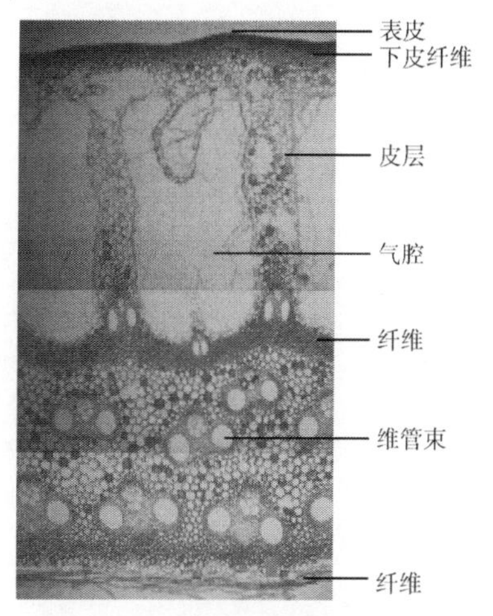

图 7-7-4　芦根切片显微特征图
（扫文末二维码获取彩图）

2.3　薄层鉴别

称取药材粉末 2g，加 5%碳酸钠溶液 20ml，超声提取 40min，滤过，滤液用稀盐酸调 pH 至 1～2，用乙酸乙酯提取 3 次，每次 20ml，合并乙酸乙酯液，挥干，残渣加甲醇 1ml 溶解，得供试液。

另取香豆酸对照品、阿魏酸对照品各 1mg，分别加甲醇 1ml 溶解，作为对照品溶液。

照《中国药典》2015 年版薄层色谱法（通则 0502）试验，吸取上述供试品溶液，分别吸取供试品溶液 8μl，对照品溶液 2μl，点于同一硅胶 GF_{254} 薄层板上，以三氯甲烷-丙酮-冰醋酸（13∶2∶0.2）为展开剂，展开，取出，晾干，置紫外光灯（254 nm）下检视。供试品色谱中，在与对照药材色谱和对照品色谱相应的位置上，显相同颜色的斑点。结果见图 7-7-5。

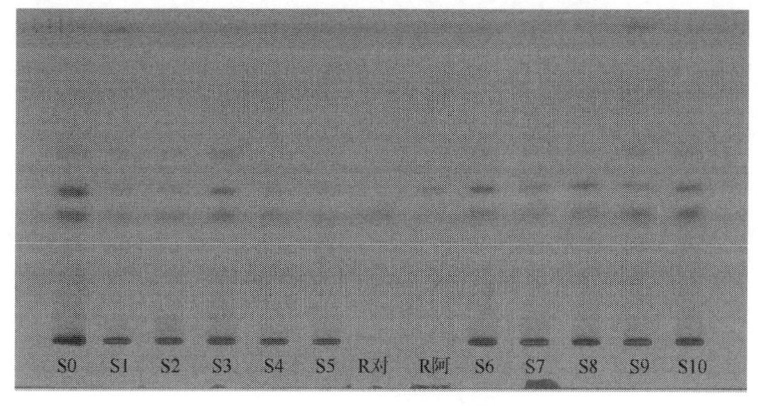

图 7-7-5　芦根薄层色谱图
S0. 芦根对照药材；S1～S10. 芦根供试品；R 对. 对香豆酸对照品；R 阿. 阿魏酸对照品
（扫文末二维码获取彩图）

3. 检查

3.1　水分检查

为了进一步提高药材品质，减少药材发霉、变色、变质的可能，需规定药材的含水量，此外，可通过限制药材中的泥沙等无机杂质和污染的泥沙及药材中原来存在的微量氧化硅等物质来更好地规范药材品质。

2015 年版《中国药典》四部通则 0832 第二法：取供试品 2～5g，平铺于干燥至恒重的扁形称量瓶中，厚度不超过 5mm，疏松供试品不超过 10mm，精密称定，开启瓶盖在 100～105℃干燥 5h，将瓶盖盖好，移置干燥器中，放冷 30min，精密称定，再在上述温度干燥 1h，放冷，称重，至连续两次称重的差异不超过 5mg 为止。根据减失的重量，计算供试品中含水量（%）。

由表 7-7-3 可知，24 批药材水分含量范围为 7.06%～8.95%，均符合药典规定，未超过 12.0%。

表 7-7-3 芦根药材水分测定结果

编号	水分含量（%）	编号	水分含量（%）
LC1	8.34	LC13	8.69
LC2	8.52	LC14	8.89
LC3	8.78	LC15	8.76
LC4	8.30	LC16	8.53
LC5	8.45	LC17	8.47
LC6	7.06	LC18	8.41
LC7	8.41	LC19	8.58
LC8	7.87	LC20	8.53
LC9	7.95	LC21	8.82
LC10	7.91	LC22	8.67
LC11	8.95	LC23	8.61
LC12	8.66	LC24	8.42

由表 7-7-4 可知，31 批饮片水分含量范围为 7.00%～9.36%，均符合药典规定，未超过 12.0%。

表 7-7-4 芦根饮片水分测定结果

编号	水分含量（%）	编号	水分含量（%）
LP1	7.78	LP17	7.00
LP2	7.85	LP18	8.89
LP3	7.84	LP19	8.66
LP4	8.69	LP20	7.28
LP5	8.52	LP21	7.95
LP6	7.76	LP22	7.84
LP7	7.47	LP23	7.89
LP8	8.88	LP24	8.48
LP9	8.26	LP25	8.82
LP10	8.10	LP26	8.37
LP11	8.48	LP27	8.21
LP12	8.22	LP28	9.36
LP13	8.13	LP29	8.64
LP14	7.20	LP30	8.27
LP15	8.00	LP31	8.67
LP16	7.44		

3.2 总灰分检查

按照 2015 年版《中国药典》四部通则 2302：取能通过 2 号筛的供试品 3～5g，置炽灼至恒重的坩埚中，称定重量，缓缓炽热，注意避免燃烧，至完全炭化时，逐渐升高温度至600℃，使完全灰化并至恒重。根据残渣重量，计算供试品中总灰分的含量（%）。

由表 7-7-5 可知，24 批药材总灰分含量范围为 4.16%～7.23%，均符合药典规定，未超过11.0%。

表 7-7-5　芦根药材总灰分测定结果

编号	总灰分含量（%）	编号	总灰分含量（%）
LC1	6.36	LC13	5.81
LC2	7.19	LC14	5.63
LC3	6.75	LC15	7.23
LC4	7.13	LC16	5.46
LC5	6.16	LC17	5.65
LC6	4.16	LC18	4.77
LC7	5.97	LC19	4.61
LC8	4.67	LC20	5.41
LC9	4.62	LC21	5.56
LC10	5.24	LC22	6.17
LC11	4.63	LC23	6.15
LC12	5.01	LC24	6.31

由表 7-7-6 可知，31 批芦根饮片总灰分中其中 30 批含量范围为 4.38%～10.01%，均符合药典规定，未超过 11.0%；其中 LP26 为 12.39%。

表 7-7-6　芦根饮片总灰分测定结果

编号	总灰分含量（%）	编号	总灰分含量（%）
LP1	5.76	LP17	7.64
LP2	7.16	LP18	6.39
LP3	8.30	LP19	4.45
LP4	5.54	LP20	7.44
LP5	5.79	LP21	7.21
LP6	8.15	LP22	4.99
LP7	6.52	LP23	7.25
LP8	5.73	LP24	4.38
LP9	8.33	LP25	6.74
LP10	6.56	LP26	12.39
LP11	5.71	LP27	8.98
LP12	9.40	LP28	9.41
LP13	6.67	LP29	5.82
LP14	5.52	LP30	10.01
LP15	8.20	LP31	8.14
LP16	6.32		

3.3 酸不溶性灰分检查

2015 年版《中国药典》四部通则 2302：取上述所得的灰分，在坩埚中加入稀盐酸约 10ml，用表面皿覆盖坩埚，置水浴上加热 10min，表面皿用热水 5ml 冲洗，洗液并入坩埚中，用无灰滤纸滤过，坩埚内的残渣用水洗于滤纸上，并洗涤至洗液不显氯化物反应为止。滤渣连同滤纸移置同一坩埚中，干燥，炽灼至恒重。根据残渣重量，计算供试品中酸不溶性灰分的含量（%）。

由表 7-7-7 可知，24 批芦根药材的酸不溶性灰分含量范围为 2.04%～5.82%，均符合药典规定，未超过 8.0%。

表 7-7-7　芦根药材酸不溶性灰分测定结果

编号	酸不溶性灰分含量（%）	编号	酸不溶性灰分含量（%）
LC1	3.38	LC13	3.70
LC2	4.88	LC14	3.57
LC3	3.74	LC15	5.82
LC4	4.48	LC16	3.61
LC5	5.2	LC17	3.68
LC6	2.99	LC18	2.39
LC7	3.74	LC19	2.04
LC8	2.05	LC20	2.9
LC9	3.15	LC21	3.64
LC10	3.92	LC22	4.07
LC11	3.15	LC23	4.45
LC12	3.99	LC24	4.47

由表 7-7-8 可知，29 批芦根饮片的酸不溶性灰分测定结果中，有 28 批符合药典规定（1.55%～7.19%），未超过 8.0%，其中 LP26 超出药典规定范围为 9.90%。

表 7-7-8　芦根饮片酸不溶性灰分测定结果

编号	酸不溶性灰分含量（%）	编号	酸不溶性灰分含量（%）
LP1	4.09	LP16	3.87
LP2	5.27	LP17	4.84
LP3	6.48	LP18	4.44
LP4	3.30	LP19	2.39
LP5	4.05	LP20	5.29
LP6	5.71	LP21	4.37
LP7	4.20	LP22	1.97
LP8	4.02	LP23	4.78
LP9	6.42	LP24	1.55
LP10	4.56	LP25	1.69
LP11	3.61	LP26	9.90
LP12	7.19	LP27	6.50
LP13	4.38	LP28	7.17
LP14	3.87	LP29	3.01
LP15	5.81		

3.4 浸出物

照2015年版《中国药典》水溶性浸出物测定法（通则2201）项下的热浸法测定：取供试品2～4g，精密称定，置100～250ml的锥形瓶中，精密加水50～100ml，密塞，称定重量，静置1h后，连接回流冷凝管，加热至沸腾，并保持微沸1h。放冷后，取下锥形瓶，密塞，再称定重量，用水补足减失的重量，摇匀，用干燥滤器滤过，精密量取滤液25ml，置已干燥至恒重的蒸发皿中，在水浴上蒸干后，于105℃干燥3h，置干燥器中冷却30min，迅速精密称定重量。除另有规定外，以干燥品计算供试品中水溶性浸出物的含量（%）。

由表7-7-9可知，24批芦根药材的浸出物含量范围为14.30%～30.26%，均符合药典规定，不低于12.0%。

表7-7-9 芦根药材浸出物测定结果（n=3）

编号	浸出物含量（%）	编号	浸出物含量（%）
LC1	20.23	LC13	17.36
LC2	22.73	LC14	17.49
LC3	22.06	LC15	14.30
LC4	17.03	LC16	26.18
LC5	22.37	LC17	22.30
LC6	23.40	LC18	19.93
LC7	20.77	LC19	27.06
LC8	24.81	LC20	21.29
LC9	25.77	LC21	25.67
LC10	23.75	LC22	25.32
LC11	30.26	LC23	25.85
LC12	27.07	LC24	25.93

由表7-7-10可知，31批芦根饮片的浸出物含量中有29批的含量范围为12.71%～24.94%，均符合药典规定，不低于12.0%。其中LP22和LP10的含量分别为9.82%和11.73%。

表7-7-10 芦根饮片浸出物测定结果（n=3）

编号	浸出物含量（%）	编号	浸出物含量（%）
LP1	17.58	LP17	20.24
LP2	16.06	LP18	14.64
LP3	13.20	LP19	20.96
LP4	16.32	LP20	21.59
LP5	12.71	LP21	22.06
LP6	16.40	LP22	9.82
LP7	18.37	LP23	16.22
LP8	13.18	LP24	14.39
LP9	14.39	LP25	23.17
LP10	11.73	LP26	13.01
LP11	13.15	LP27	14.54
LP12	16.78	LP28	14.95
LP13	21.89	LP29	14.90
LP14	17.21	LP30	13.22
LP15	16.85	LP31	14.31
LP16	24.94		

3.5 重金属检测

根据2015年版《中国药典》四部通则2321。相关检测委托中华人民共和国安徽出入境检验局化学技术分中心完成，其中药材随机抽样送检7批，饮片13批，结果见表7-7-11、表7-7-12。

表7-7-11 芦根药材重金属测定结果

样品编号	检测项目	含量（mg/kg）	样品编号	检测项目	含量（mg/kg）
LC3	铅	0.21	LC18	铅	0.31
	铜	4.62		铜	5.15
	砷	0.08		砷	0.2
	镉	<0.04		镉	<0.04
	汞	<0.01		汞	<0.01
LC5	铅	0.15	LC21	铅	0.21
	铜	2.87		铜	3.15
	砷	0.084		砷	0.099
	镉	<0.04		镉	<0.04
	汞	<0.01		汞	<0.01
LC12	铅	0.15	LC22	铅	0.39
	铜	2.98		铜	3.71
	砷	0.081		砷	0.24
	镉	<0.04		镉	<0.04
	汞	<0.01		汞	<0.01
LC13	铅	0.14			
	铜	3.27			
	砷	0.095			
	镉	<0.04			
	汞	<0.01			

表7-7-12 芦根饮片重金属测定结果

样品编号	检测项目	含量（mg/kg）	样品编号	检测项目	含量（mg/kg）
LP1	铅	0.096	LP12	铅	0.3
	铜	3.77		铜	2.79
	砷	0.068		砷	0.12
	镉	<0.04		镉	<0.04
	汞	<0.01		汞	<0.01
LP4	铅	0.28	LP17	铅	0.59
	铜	4.17		铜	4.81
	砷	0.12		砷	0.3
	镉	<0.04		镉	<0.04
	汞	<0.01		汞	<0.01
LP10	铅	0.13	LP18	铅	0.12
	铜	3.48		铜	4.39
	砷	0.072		砷	0.093
	镉	<0.04		镉	<0.04
	汞	<0.01		汞	<0.01

续表

样品编号	检测项目	含量（mg/kg）	样品编号	检测项目	含量（mg/kg）
LP22	铅	0.38	LP27	铅	0.31
	铜	6.49		铜	4.31
	砷	0.39		砷	0.14
	镉	＜0.04		镉	＜0.04
	汞	＜0.01		汞	＜0.01
LP23	铅	0.2	LP28	铅	0.26
	铜	4.72		铜	21.5
	砷	0.12		砷	0.17
	镉	＜0.04		镉	＜0.04
	汞	＜0.01		汞	＜0.01
LP24	铅	0.27	LP29	铅	0.3
	铜	4.59		铜	5.02
	砷	0.1		砷	0.88
	镉	＜0.04		镉	＜0.04
	汞	＜0.01		汞	＜0.01
LP26	铅	0.28			
	铜	20.5			
	砷	0.17			
	镉	＜0.04			
	汞	＜0.01			

由结果可知，芦根药材及饮片中的铅、铜、砷、镉、汞均未超过药典要求。铅含量不得过5mg/kg；铜含量不得过 20mg/kg；砷含量不得过 2mg/kg；镉含量不得过 0.3mg/kg；汞含量不得过 0.2mg/kg。

4. 含量测定

4.1 仪器、试剂与材料

安捷伦色谱柱（荷兰），乙腈（OCEANPAK）；对香豆酸（批号 501-98-4，质量分数＞98%）对照品购于北京中科质检生物技术有限公司，阿魏酸（批号 1135-24-6，质量分数≥98%）对照品购于合肥博美生物科技有限责任公司。芦根样品经安徽中医药大学刘守金教授鉴定为禾本科植物芦苇 *Phragmites communis* Trin.的新鲜或干燥根茎。具体采样信息见表 7-7-1。

4.2 色谱条件

安捷伦 TC-C_{18}（4.6mm×250mm，5μm）色谱柱；乙腈-0.3%醋酸水溶液（5∶95）为流动相 A，乙腈-0.3%醋酸水溶液（20∶80）为流动相 B；流速为 1.0ml/min；柱温为 40℃；进样量为 10μl；检测波长为 310nm；分析时间为 43min。梯度洗脱程序：0～30min，100%～0% A；30～36min，0%～100% A；36～38min；100%～0% A；38～43min，0%～100% A。

4.3 对照品溶液的制备

取对香豆酸对照品、阿魏酸对照品适量，精密称定，加适量甲醇溶解，并用初始比例流动相稀释，制成每 1ml 含对香豆酸 80.8μg、阿魏酸 84μg 的混合溶液，即得。

4.4 供试品溶液的制备

取本品粉末（过 40 目筛）约 0.25g，精密称定，置具塞锥形瓶中，精密加入含 0.3mol/L 氢氧化钠的 70%乙醇溶液 25ml，精密称定总重量后，加热回流 1h，放冷，再称定重量，用 70%乙醇补足减失的重量，摇匀，滤过。精密量取续滤液与等量的含 0.3mol/L 盐酸的 70%乙醇溶液混合均匀后，经 0.22μm 有机微孔滤膜滤过，取续滤液，即得。

4.5 线性关系考察

精密称取对香豆酸、阿魏酸对照品适量，配成质量浓度分别为 80.8μg/L 和 84μg/L 的对照品储备液，依次稀释成原浓度的 4/5、3/5、1/5、1/20、1/50、1/100、1/200、1/1000，在色谱条件 4.2 项下，分别进样 10μl，记录各色谱峰的面积值，以平均峰面积值（Y）对质量浓度（X）进行线性回归，并计算回归方程，结果见表 7-7-13。

表 7-7-13 芦根中 2 个对照品的标准曲线

对照品	回归方程	R	线性范围（μg/ml）
对香豆酸	Y=176 114X–96 500	0.999 5	0.08～64.64
阿魏酸	Y=101 671X–43 171	0.999 6	0.08～67.20

4.6 精密度试验

取同一供试品溶液，连续进样 6 次，进样量 10μl，结果所得对香豆酸峰面积的 RSD 为 0.16%，阿魏酸峰面积的 RSD 为 0.17%，表明仪器的精密度良好（表 7-7-14）。

表 7-7-14 精密度试验结果

成分	峰面积 1	峰面积 2	峰面积 3	峰面积 4	峰面积 5	峰面积 6	RSD（%）
对香豆酸	3 757 644	3 773 118	3 759 899	3 759 972	3 764 122	3 768 305	0.16
阿魏酸	806 400	809 106	806 390	806 653	808 996	808 652	0.17

4.7 稳定性试验

同一供试品溶液，分别于 0h、3h、6h、9h、12h、24h 连续进样 6 次，进样 10μl，测得的对香豆酸峰面积的 RSD 为 0.46%，阿魏酸峰面积的 RSD 为 0.70%，表明供试品溶液在 24h 内稳定性良好（表 7-7-15）。

表 7-7-15 稳定性试验结果

成分	1	2	3	4	5	6	RSD（%）
对香豆酸	3 779 724	3 782 464	3 7882 46	3 792 867	3 819 782	3 819 197	0.46
阿魏酸	802 523	806 091	808 397	809 454	815 616	817 485	0.70

4.8 重复性试验

取同一批样品 6 份，制备成供试品溶液，分别进样 10μl，所得对香豆酸含量的 RSD 为 0.47%，阿魏酸含量的 RSD 为 1.25%，实验结果表明该方法重现性良好（表 7-7-16）。

表 7-7-16　重复性试验结果

成分	含量（%）						平均含量（%）	RSD（%）
	1	2	3	4	5	6		
对香豆酸	0.312	0.315	0.316	0.315	0.315	0.316	0.315	0.47
阿魏酸	0.159	0.163	0.165	0.164	0.163	0.163	0.163	1.25

4.9　加样回收率试验

取已知含量的同批样品 6 份，分别制备成供试品溶液，精密加入混合对照品溶液适量，计算加样回收率，结果见表 7-7-17。

表 7-7-17　加样回收率试验结果（n=6）

成分	含量（μg）	加入量（μg）	测得量（μg）	回收率（%）	平均回收率（%）	RSD（%）
对香豆酸	433.14	398.02	839.08	101.99	100.65	2.23
	433.13	398.02	819.25	97.01		
	432.14	398.02	825.98	98.95		
	430.83	398.02	832.91	101.02		
	431.75	398.02	837.57	101.96		
	430.42	398.02	840.26	102.97		
阿魏酸	230.12	260.03	490.46	100.12	100.36	1.22
	221.16	260.03	478.51	98.97		
	226.86	260.03	484.32	99.01		
	225.21	260.03	488.00	101.06		
	225.25	260.03	490.56	102.03		
	228.46	260.03	491.06	100.99		

4.10　样品含量测定

取上述 30 批次的芦根药材及 50 批饮片，制备所需溶液，进行含量测定，结果见表 7-7-18、表 7-7-19。

表 7-7-18　芦根药材中 2 种成分的含量

编号	对香豆酸含量（%）	阿魏酸含量（%）	编号	对香豆酸含量（%）	阿魏酸含量（%）
LC1	0.35	0.18	LC8	0.44	0.18
LC2	0.39	0.2	LC9	0.36	0.15
LC3	0.409	0.17	LC10	0.36	0.13
LC4	0.419	0.2	LC11	0.19	0.07
LC5	0.44	0.17	LC12	0.21	0.1
LC6	0.42	0.18	LC13	0.35	0.21
LC7	0.43	0.19	LC14	0.34	0.19

续表

编号	对香豆酸含量（%）	阿魏酸含量（%）	编号	对香豆酸含量（%）	阿魏酸含量（%）
LC15	0.29	0.15	LC23	0.24	0.12
LC16	0.32	0.15	LC24	0.24	0.12
LC17	0.31	0.14	LC25	0.34	0.17
LC18	0.36	0.18	LC26	0.32	0.17
LC19	0.32	0.19	LC27	0.32	0.16
LC20	0.37	0.2	LC28	0.32	0.16
LC21	0.29	0.17	LC29	0.35	0.2
LC22	0.27	0.13	LC30	0.41	0.2

表 7-7-19 芦根饮片中 2 种成分的含量

编号	对香豆酸含量（%）	阿魏酸含量（%）	编号	对香豆酸含量（%）	阿魏酸含量（%）
LP1	0.38	0.19	LP26	0.35	0.19
LP2	0.36	0.19	LP27	0.37	0.20
LP3	0.29	0.15	LP28	0.42	0.17
LP4	0.36	0.14	LP29	0.36	0.19
LP5	0.33	0.17	LP30	0.37	0.17
LP6	0.25	0.10	LP31	0.43	0.18
LP7	0.30	0.16	LP32	0.42	0.19
LP8	0.30	0.15	LP33	0.42	0.21
LP9	0.35	0.17	LP34	0.34	0.18
LP10	0.40	0.21	LP35	0.40	0.20
LP11	0.37	0.18	LP36	0.42	0.20
LP12	0.37	0.17	LP37	0.42	0.20
LP13	0.33	0.16	LP38	0.42	0.20
LP14	0.35	0.18	LP39	0.44	0.21
LP15	0.37	0.20	LP40	0.38	0.18
LP16	0.33	0.16	LP41	0.31	0.15
LP17	0.35	0.17	LP42	0.42	0.20
LP18	0.43	0.19	LP43	0.40	0.19
LP19	0.32	0.14	LP44	0.38	0.20
LP20	0.35	0.18	LP45	0.40	0.19
LP21	0.33	0.16	LP46	0.38	0.17
LP22	0.48	0.18	LP47	0.42	0.21
LP23	0.36	0.17	LP48	0.43	0.21
LP24	0.32	0.19	LP49	0.44	0.20
LP25	0.51	0.22	LP50	0.44	0.20

4.11　小结

24 批药材水分含量范围为 7.06%～8.95%，均符合药典规定，未超过 12.0%；31 批饮片水分含量范围为 7.00%～9.36%，均符合药典规定，未超过 12.0%。24 批药材总灰分含量范围为 4.16%～7.23%，均符合药典规定，未超过 11.0%；31 批芦根饮片总灰分中其中 30 批含量范围为 4.38%～10.01%，均符合药典规定，未超过 11.0%，其中 LP26 为 12.39%。24 批芦根药材的酸不溶性灰分范围为 2.04%～5.82%，均符合药典规定，未超过 8.0%；29 批芦根饮片的酸不溶性灰分测定结果中，有 28 批符合药典规定（1.55%～7.19%），未超过 8.0%，其中 LP26 超出药典规定范围为 9.90%。24 批芦根药材的浸出物含量范围为 14.3%～30.26%，均符合药典规定，不低于 12.0%；31 批芦根饮片的浸出物含量中有 29 批的含量范围为 12.71%～24.94%，均符合药典规定，不低于 12.0%。其中有 LP22 和 LP10 的含量分别为 9.82%和 11.73%。

本研究在 2015 年版《中国药典》基础上，新增了含量测定，根据 30 批芦根药材及 50 批芦根饮片含量检测结果，暂定芦根药材中对香豆酸含量不得少于 0.27%，阿魏酸含量不得少于 0.13%。

第八节　甘草质量标准研究

甘草为豆科植物甘草 *Glycyrrhiza uralensis* Fisch.、胀果甘草 *Glycyrrhiza inflata* Bat.或光果甘草 *Glycyrrhiza glabra* L.的干燥根和根茎。春、秋二季采挖，除去须根，晒干。主要分布于内蒙古、宁夏、新疆、甘肃等地。具有补脾益气，清热解毒，祛痰止咳，缓急止痛，调和诸药的功效，用于脾胃虚弱，倦怠乏力，心悸气短，咳嗽痰多，脘腹、四肢挛急疼痛，痈肿疮毒，缓解药物毒性、烈性。现代药理研究表明，甘草具有肾上腺皮质激素样作用及抗消化性溃疡、解痉、抗炎、免疫抑制、解毒、抗病毒、镇咳祛痰、抑菌、防治肝损害、抗肿瘤、抗衰老、抑制气道平滑肌细胞增生等作用。其主要活性成分为甘草酸等三萜皂苷和以甘草苷、甘草苷元（liquiritigenin）、异甘草苷（isoliquiritin）等为主的甘草黄酮类化合物。

甘草是一种大宗药材，也是疏风解毒胶囊中的原料药之一，甘草的品质对制剂的质量有显著影响。因此，为了更好地控制制剂的质量，对甘草原药材的质量进行了提升研究。与 2015 年版《中国药典》相比较，除了常规检测外，对安全性指标也进行了检测，其中农药残留检测了 218 项指标，并增加了黄曲霉毒素的检测，优化了药典中有效成分含量测定的方法，进一步对其指纹图谱进行了研究，具体内容如下：

1. 药材样品来源

研究共收集了新疆库尔勒、新疆尉犁县、新疆焉耆县、新疆轮台、新疆喀什、甘肃兰州、甘肃小陇山、内蒙古赤峰 8 个地区的药材样品，经安徽中医药大学俞年军教授鉴定为豆科植物甘草 *Glycyrrhiza uralensis* Fisch.的干燥根和根茎（表 7-8-1）。

表 7-8-1　药材样品信息表

编号	名称	产地	生长环境	采集人	采集日期	备注
YC-1	甲夏 1	新疆	野生	彭灿	20170814	
YC-2	甲夏 2	新疆	野生	彭灿	20170814	
YC-3	甲冬 1	新疆	野生	彭灿	20170814	

续表

编号	名称	产地	生长环境	采集人	采集日期	备注
YC-4	甲冬 2	新疆	野生	彭灿	20170814	
YC-5	乙夏 1	新疆	野生	彭灿	20170814	
YC-6	乙夏 2	新疆	野生	彭灿	20170814	
YC-7	乙冬 1	新疆	野生	彭灿	20170814	
YC-8	乙冬 2	新疆	野生	彭灿	20170814	
YC-9	丙夏 1	新疆	野生	彭灿	20170814	
YC-10	丙夏 2	新疆	野生	彭灿	20170814	
YC-11	丙冬 1	新疆	野生	彭灿	20170814	
YC-12	丙冬 2	新疆	野生	彭灿	20170814	
YC-13	丁级 1	新疆	野生	彭灿	20170814	
YC-14	尉犁	新疆	家种	彭灿	20170814	
YC-15	喀什	新疆	家种	彭灿	20170814	
YC-16	且末-1	新疆	家种	彭灿	20170814	
YC-17	且末-2	新疆	家种	彭灿	20170814	
YC-18	焉耆	新疆	家种	彭灿	20170814	
YC-19	轮台	新疆	家种	彭灿	20170814	
YC-20	小陇山	甘肃	家种	采购	20170814	
YC-21	2 年生-1	甘肃	家种	金佑康	20171201	企业提供
YC-22	2 年生-2	甘肃	家种	金佑康	20171201	企业提供
YC-23	2 年生-3	甘肃	家种	金佑康	20171201	企业提供
YC-24	3 年生-1	甘肃	家种	金佑康	20171201	企业提供
YC-25	3 年生-2	甘肃	家种	金佑康	20171201	企业提供
YC-26	3 年生-3	甘肃	家种	金佑康	20171201	企业提供
YC-27	赤峰	内蒙古	家种	彭灿	20171011	
YC-28	红皮	内蒙古	家种	采购	20180303	
YC-29	3 年生	内蒙古	家种	采购	20180303	
YC-30	内（宁）	内蒙古	家种	采购	20180303	

2. 鉴别研究

2.1 性状鉴别

2.1.1 方法

参照 2015 年版《中国药典》四部通则 0212，采用性状观察与测定，对于各批药材样品通过感官记录药材的形状、表面颜色、表面特征及质地、气味；使用直尺进行长度、直径测量，使用相机拍照进行记录。

2.1.2 结果

30 批药材的性状描述均符合《中国药典》项下描述（图 7-8-1）。根呈圆柱形，直径 0.6～

3.5cm。外皮松紧不一，表面红棕色或灰棕色，有明显的纵皱纹、沟纹、皮孔及稀疏的细根痕。质坚实，断面略显纤维性，黄白色，有粉性，具有明显的形成层环纹及放射状纹理，有的有裂隙。根茎呈圆柱形，表面有牙痕，断面中央有髓。气微，味甜而特殊。

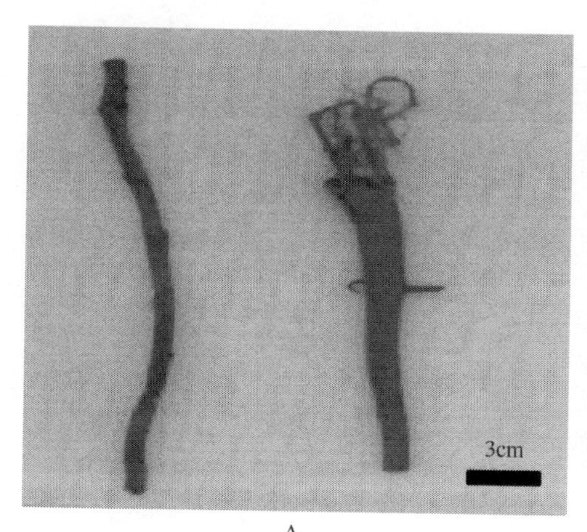

A

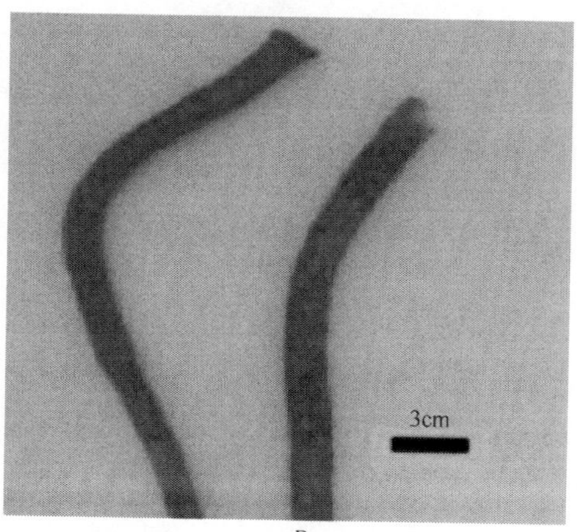

B

图 7-8-1　甘草药材性状

A：甘肃产；B：新疆产

2.2　显微鉴别

2.2.1　*方法*

按 2015 年版《中国药典》四部通则 2001 的显微鉴别法用显微镜对药材的切片、粉末、解离组织或表面制片及含饮片粉末的制剂中饮片的组织、细胞或内含物等特征进行鉴别。

2.2.2　*结果*

结果与药典中描述一致。粉末：淡棕黄色。纤维成束，直径 8～14μm，晶鞘纤维易见，草酸钙方晶大至 30μm；具缘纹孔较大，直径至 130μm，稀有网纹导管。木栓细胞多角形或长方形，红棕色；淀粉粒多为单粒，卵圆形或椭圆形，长 3～12（20）μm，脐点点状；棕色块状物，形态不一。横切面：木栓层为数列红棕色细胞，栓内层狭窄。韧皮部及木质部中均有纤维束，其周围薄壁细胞中常含草酸钙方晶，形成晶鞘纤维。束内形成层明显。导管常单个或 2～3 个成群。射线明显，韧皮部射线常弯曲，有裂隙。薄壁细胞含淀粉粒，少数细胞含棕色块。根中心无髓，根茎中心有髓（图 7-8-2）。

2.3　薄层鉴别

2.3.1　*方法*

参照 2015 年版《中国药典》，取本品粉末 1g，加乙醚 40ml，加热回流 1h，滤过，弃醚液，药渣加甲醇 30ml，加热回流 1h，滤过，滤液蒸干，残渣加水 40ml 使溶解，用正丁醇提取 3 次，每次 20ml，合并正丁醇液，用水洗涤 3 次，弃去水液，正丁醇液蒸干，残渣加甲醇 5ml 使溶解，作为供试品溶液。另取甘草对照药材 1g，同法制成对照药材溶液。再取甘草酸单铵盐对照品，加甲醇制成每 1ml 含 2mg 的溶液，作为对照品溶液。照薄层色谱法（通则 0502）

图 7-8-2 甘草药材显微图

A：切面显微图；B：粉末显微图（1：晶纤维；2：导管；3：薄壁细胞；4：木栓细胞；5：棕色块；6：淀粉粒）

（扫文末二维码获取彩图）

试验，吸取上述三种溶液各 5μl，分别点于同一硅胶 G 薄层板上，以乙酸乙酯-甲酸-冰醋酸-水（15∶1∶1∶2）为展开剂，展开（单槽展开）约 40min，取出，晾干，喷以 10%硫酸乙醇溶液，105℃加热至斑点显色清晰，紫外 365nm 下显橙黄色荧光斑点。

分别考察了硅胶 G 薄层板和 0.1%NaOH 硅胶 G 薄层板点板情况，发现 0.1%NaOH 硅胶 G 薄层板点板效果更好，能看到橙黄色斑点（图 7-8-3）。

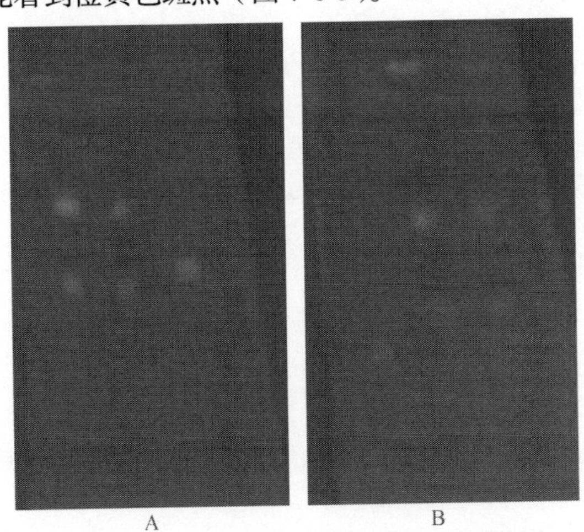

图 7-8-3 不同类型硅胶薄层板色谱图

A：硅胶 G 薄层板；B：0.1%NaOH 硅胶 G 薄层板

（扫文末二维码获取彩图）

2.3.2 结果

选用 0.1%NaOH 硅胶 G 薄层板点板，发现结果与药典描述一致（图 7-8-4）。

3. 检查

3.1 水分

甘草粉末（过 2 号筛），称量瓶（40mm×25mm），十万分之一分析天平 XS104（METTLER TOLEDO 公司），DHG-9240A 型电热恒温鼓风干燥箱（上海精宏实验设备有限公司）。

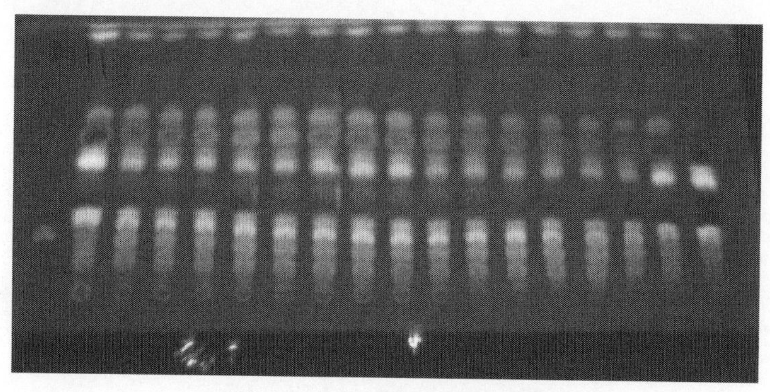

图 7-8-4　样品薄层鉴别图谱

从左向右依次为对照品、对照药材、甲夏 1、甲夏 2、甲冬 1、甲冬 2、乙夏 1、乙夏 2、乙冬 1、乙冬 2、丙夏 1、丙夏 2、丙冬 1、丙冬 2、丁 1、且末-2、内蒙古 3 年家种、内蒙古赤峰

（扫文末二维码获取彩图）

参照 2015 年版《中国药典》四部通则 0832 第二法进行。取供试品（先破碎成直径不超过 3mm 的颗粒或碎片，直径和长度在 3mm 以下的可不破碎）2～5g，平铺于干燥至恒重的扁形称量瓶中，厚度不超过 5mm（疏松的不超过 10mm），精密称定，打开瓶盖在 100～105℃干燥 5h，将瓶盖盖好，移至干燥器，冷却 30min，精密称定，再在上述温度干燥 1h，冷却，称重，至连续两次称重的差异不超过 5mg 为止。根据减失的重量，计算供试品中含水量（%）。

结果见表 7-8-2。

3.2　总灰分和酸不溶性灰分

甘草粉末（过 2 号筛），50ml 坩埚，ER-30F 加热板（上海慧泰仪器制造有限公司），马弗炉（上海圣欣科学仪器有限公司），十万分之一分析天平 XS104（METTLER TOLEDO 公司）。

参照 2015 年版《中国药典》通则 2302 进行。精密称定甘草粉末（过 2 号筛），置洁净的 50ml 坩埚中，放置在加热板上炭化至无火星，然后放进 500℃马弗炉中灰化 2h，取出，置干燥器中放冷，称定重量，即得。平行测定 3 份，计算各样品的平均灰分。

取上项所得的灰分，在坩埚中小心加入稀盐酸约 10ml，用表面皿覆盖坩埚，置水浴上加热 10min，表面皿用热水 5ml 冲洗，洗液并入坩埚中，用无灰滤纸滤过，坩埚内的残渣用水洗于滤纸上，并洗涤至洗液不显氯化物反应为止。滤渣连同滤纸移置同一坩埚中干燥，炽灼至恒重。根据残渣重量，计算供试品中酸不溶性灰分的含量（%）。结果见表 7-8-2。

表 7-8-2　样品常规检测结果

编号	水分含量（%）	灰分含量（%）	酸不溶性灰分含量（%）
YC-1	9.42	5.84	1.52
YC-2	9.05	5.62	1.39
YC-3	10.02	6.43	1.35
YC-4	9.15	5.15	1.36
YC-5	9.23	5.31	1.51
YC-6	9.25	5.32	1.11
YC-7	7.97	5.32	1.39
YC-8	7.27	5.94	1.28
YC-9	8.05	6.44	1.09
YC-10	8.17	6.32	1.19

续表

编号	水分含量（%）	灰分含量（%）	酸不溶性灰分含量（%）
YC-11	9.96	7.09	1.29
YC-12	10.22	6.97	1.28
YC-13	9.83	6.77	1.03
YC-14	9.60	5.27	1.03
YC-15	10.38	3.32	1.10
YC-16	10.11	3.09	1.08
YC-17	10.34	3.12	1.53
YC-18	10.16	4.51	1.72
YC-19	9.12	5.03	1.22
YC-20	6.91	6.58	1.25
YC-21	3.05	3.46	1.33
YC-22	2.93	3.41	1.31
YC-23	3.39	3.85	1.43
YC-24	8.99	5.35	1.20
YC-25	9.13	5.58	1.27
YC-26	9.12	5.00	1.08
YC-27	10.35	4.57	0.90
YC-28	5.71	5.34	1.25
YC-29	8.55	6.17	1.32
YC-30	9.18	5.31	1.26

4. 含量测定

4.1 实验材料

不同来源甘草药材（编号为 YC1～YC30）。甘草酸、甘草苷对照品。实验用水为超纯水。高效液相色谱仪 LC-16C（日本岛津仪器公司），SinoChrom ODS-BP C_{18} 色谱柱（250mm×4.6mm），十万分之一分析天平 XS104（METTLER TOLEDO 公司），超声仪 S120H（Elmasonic 公司），离心机 3K15（SIGMA 公司）。

4.2 色谱条件

参照 2015 年版《中国药典》方法，对有效成分甘草苷、甘草酸含量进行测定。采用高效液相色谱仪 LC-16C（日本岛津仪器公司），以十八烷基硅烷键合硅胶为填充剂，SinoChrom ODS-BP C_{18} 色谱柱（250mm×4.6mm），流动相 A 为乙腈，流动相 B 为 0.05%磷酸水。梯度洗脱程序：0～8min，19% A；8～35min，19%～50% A，35～36min，50%～100% A；36～40min，100%～19% A。流速为 1ml/min，柱温为 30℃，检测波长为 237 nm，进样量 20μl。

通过对色谱图分析，发现按药典方法的检测结果分离度较低（图 7-8-5）。

对药典方法进行优化：将流动相改为乙腈-0.1%磷酸水，结果显示分离度较好（图 7-8-6）。

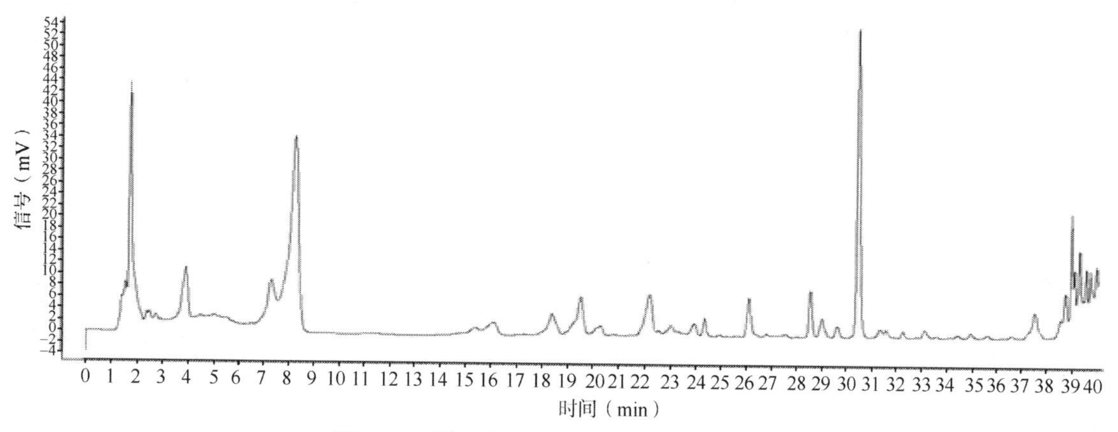

图 7-8-5　样品含量测定色谱图（药典方法）

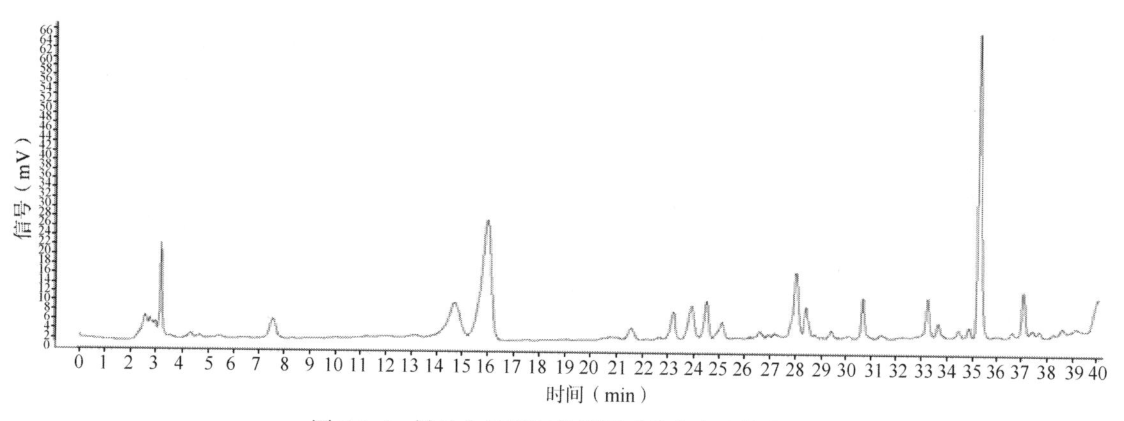

图 7-8-6　样品含量测定色谱图（药典方法优化）

4.3　溶液制备

对照品溶液的制备：取甘草苷、甘草酸对照品适量，精密称定，加入 70%乙醇分别制成每 1ml 含甘草苷 20μg、含甘草酸 0.2mg 的溶液，即得。

供试品溶液的制备：取本品粉末（过 3 号筛）约 0.2g，精密称定，置具塞锥形瓶中，精密加入 70%乙醇 100ml，密塞，称定重量，超声（250W，40kHz）处理，放冷，再称定重量，用 70%乙醇补足减失的重量，摇匀，滤过，取续滤液，即得；另取本品粉末（过 3 号筛）约 0.2g，精密称定，精密加入 70%乙醇 100ml，回流提取 2h，过滤即得。

按优化后的药典方法测定，考察不同提取方式测得的甘草苷、甘草酸含量发现含量测定无较大差异，为了便于操作，选择超声提取方式。精密吸取供试品溶液 20μl，按优化色谱条件进样分析，记录色谱峰的积分面积，计算。

4.4　实验结果

4.4.1　线性关系考察

绘制标准曲线并进行回归计算。甘草酸、甘草苷回归方程分别为 Y=6515.8X+205.14，R^2=0.999 9；Y=60 452X+29 202，R^2=0.999 6；结果表明甘草酸、甘草苷在 0.5～500μg/ml、0.1～100μg/ml 线性范围内与峰面积呈良好的线性关系（图 7-8-7）。

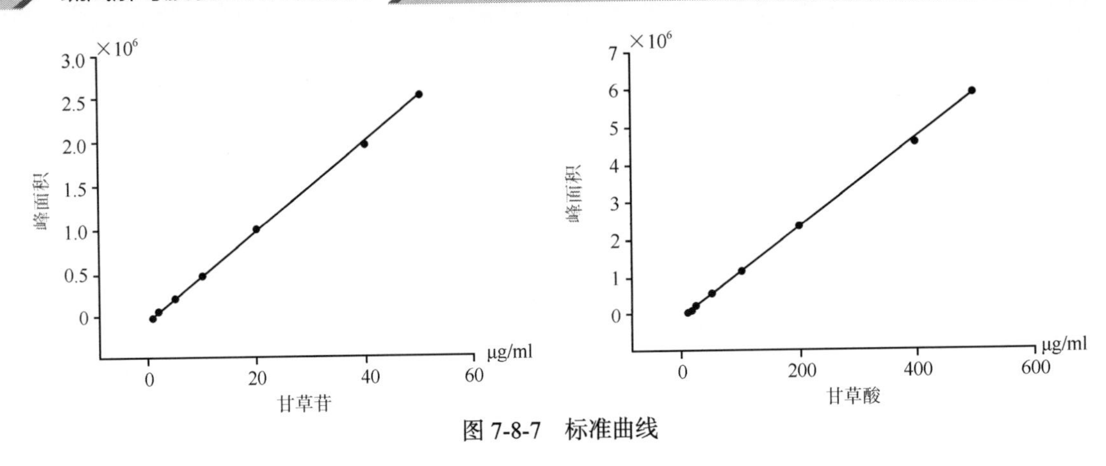

图 7-8-7　标准曲线

4.4.2　重复性考察

取甘草粉末（编号 YC20）6 份，精密称定，按正常方法制备供试品溶液，按“4.2”项下色谱条件测定，结果如下：甘草苷、甘草酸的 RSD 值分别为 1.34%、1.83%，说明方法重复性良好（表 7-8-3）。

表 7-8-3　重复性试验（*n*=6）

序号	甘草苷	甘草酸
1	1 755 109	1 544 241
2	1 793 910	1 561 704
3	1 781 252	1 535 994
4	1 764 456	1 587 588
5	1 734 363	1 504 016
6	1 794 753	1 562 311
平均值	1 770 640.5	1 549 309
RSD（%）	1.34	1.83

4.4.3　精密度考察

取甘草粉末（编号 YC20）1 份，精密称定，按正常方法制备供试品溶液，按“4.2”项下色谱条件测定 6 次，结果如下：甘草苷、甘草酸的 RSD 值分别为 2.27%、1.88%，精密度良好（表 7-8-4）。

表 7-8-4　精密度试验（*n*=6）

序号	甘草苷	甘草酸
1	2 916 412	3 505 709
2	2 916 412	3 477 825
3	3 047 885	3 347 054
4	3048 730	3 513 562
5	3 047 885	3 425 968
6	3 048 730	3 406 122
平均值	3 004 342.3	3 446 040
RSD（%）	2.27	1.88

4.4.4　稳定性考察

取甘草粉末（编号 YC20）1 份，精密称定，按正常方法制备供试品溶液，按“4.2”项下色谱条件在 0h，2h，4h，8h，12h，24h 测定，结果如下：甘草苷、甘草酸的 RSD 值分别为 2.14%、2.20%，稳定性较好（表 7-8-5）。

表 7-8-5　稳定性试验（n=6）

序号	甘草苷	甘草酸
1	911 464	499 124
2	875 082	477 948
3	893 161	489 474
4	880 693	477 701
5	865 951	479 396
6	858 877	473 991
平均值	878 228	480 657
RSD（%）	2.14	2.20

4.4.5　加样回收率

采用加样回收法，测得甘草苷、甘草酸的回收率分别为 95.67%、95.42%（表 7-8-6）。

表 7-8-6　加样回收率试验（n=6）

对照品	样品含量（mg）	加入量（mg）	测定量（mg）	回收率（%）	平均回收率（%）	RSD（%）
甘草苷	1.46	1.50	2.79	94.28	95.67	1.14
	1.44	1.50	2.83	96.28		
	1.45	1.50	2.83	96.04		
	1.46	1.50	2.85	96.44		
	1.44	1.50	2.84	96.67		
	1.46	1.50	2.79	94.28		
甘草酸	9.08	9.48	17.39	93.70	95.42	5.85
	9.06	9.48	16.69	90.00		
	9.07	9.48	16.44	88.60		
	9.08	9.48	18.86	101.60		
	9.07	9.48	18.81	101.40		
	9.05	9.48	18.01	97.20		

4.4.6　样品的含量测定

对 30 批样品进行甘草苷、甘草酸含量测定，结果如表 7-8-7 所示。

表 7-8-7　甘草药材中甘草苷、甘草酸含量

编号	甘草苷含量（%）	甘草酸含量（%）
YC-1	0.62	6.74
YC-2	0.79	5.67
YC-3	0.68	4.14
YC-4	0.15	3.17

续表

编号	甘草苷含量（%）	甘草酸含量（%）
YC-5	0.60	7.55
YC-6	0.14	3.03
YC-7	0.81	6.15
YC-8	0.38	4.37
YC-9	0.60	6.55
YC-10	0.21	4.11
YC-11	0.75	6.10
YC-12	0.73	4.11
YC-13	0.69	4.36
YC-14	0.40	4.03
YC-15	0.63	2.39
YC-16	0.75	6.10
YC-17	0.65	6.09
YC-18	0.38	8.34
YC-19	0.38	3.88
YC-20	1.34	10.63
YC-21	0.82	1.79
YC-22	1.28	2.27
YC-23	0.60	1.79
YC-24	0.39	1.77
YC-25	0.57	2.03
YC-26	0.36	1.49
YC-27	2.08	7.90
YC-28	0.55	3.23
YC-29	1.17	9.13
YC-30	0.32	3.01

综上，所采集 3 个不同产地的甘草药材，部分样品甘草酸、甘草苷含量不满足药典要求，提示甘草药材选用过程中应加强产地筛选，注重批次含量检测，以确保原料药符合要求。

5. 指纹图谱

5.1 实验材料

不同来源甘草药材（编号为 YC1～YC30）。甘草酸、甘草苷对照品。实验用水为超纯水。高效液相色谱仪 LC-16C（日本岛津仪器公司），SinoChrom ODS-BP C_{18} 色谱柱（250mm×4.6mm），十万分之一分析天平 XS104（METTLER TOLEDO 公司），超声仪 S120H（Elmasonic 公司），离心机 3K15（Sigma 公司）。

5.2　色谱条件

采用高效液相色谱仪 LC-16C（日本岛津仪器公司），以十八烷基硅烷键合硅胶为填充剂，SinoChrom ODS-BP C_{18} 色谱柱（250mm×4.6mm），流动相 A 为乙腈，流动相 B 为 0.05%磷酸水，梯度洗脱程序见表 7-8-8；流速为 1ml/min，柱温为 30℃，检测波长为 230nm，进样量 20μl（图 7-8-8）。

表 7-8-8　指纹图谱梯度洗脱程序

时间（min）	乙腈（%）	0.05%磷酸水（%）
0	15	85
11	22	78
23	24	76
26	27	73
29	27	73
37	30	70
60	46	54
66	50	50

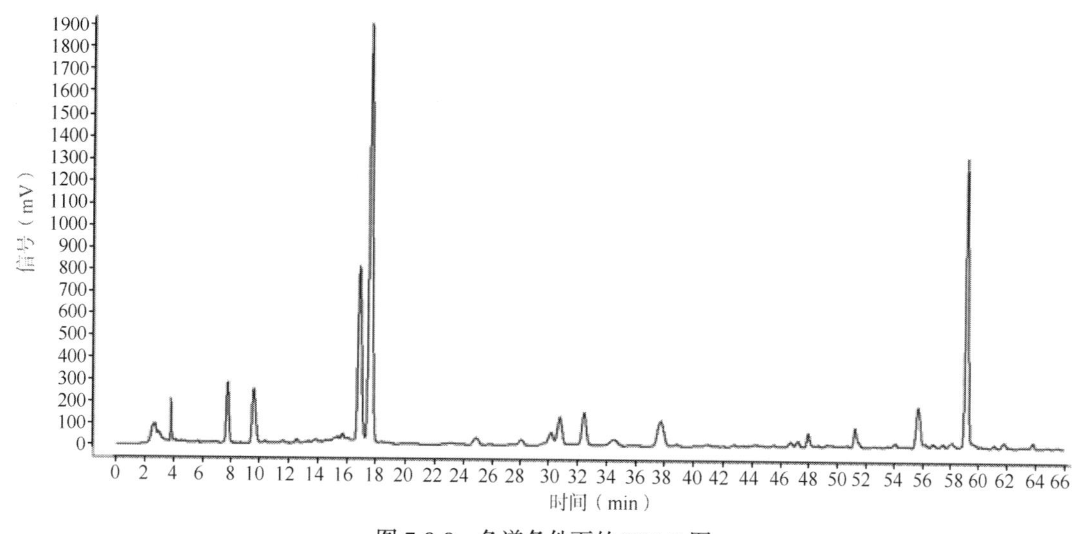

图 7-8-8　色谱条件下的 HPLC 图

5.3　供试品溶液的制备

取甘草粉末约 25g，精密称定，精密加入 10 倍量水，煎煮 60min，煎煮 2 次，冷却至室温，滤过，取续滤液，即得。

5.4　方法学考察

5.4.1　精密度试验

取甘草药材粉末约 25g，精密称定，按供试品制备方法制备供试品溶液，在“5.2”确定的色谱条件下，连续进样 6 次，测定色谱图，以 1 号峰的保留时间和色谱峰面积为参照，计算各色谱峰的相对保留时间和相对峰面积（表 7-8-9 和表 7-8-10；图 7-8-9）。

表 7-8-9　精密度试验—相对保留时间（n=6）

峰号	编号						平均值	RSD（%）
	1	2	3	4	5	6		
1（S）	1.000	1.000	1.000	1.000	1.000	1.000	1.000	0.00
2	1.232	1.233	1.232	1.231	1.232	1.227	1.231	0.17
3	1.622	1.613	1.624	1.615	1.621	1.622	1.620	0.27
4	2.061	2.062	2.070	2.063	2.071	2.064	2.065	0.21
5	2.182	2.175	2.181	2.177	2.183	2.183	2.180	0.15
6	2.275	2.276	2.283	2.279	2.281	2.276	2.278	0.14
7	3.235	3.228	3.241	3.211	3.241	3.225	3.230	0.35
8	3.901	3.892	3.913	3.887	3.922	3.923	3.906	0.39
9	4.201	4.195	4.222	4.183	4.225	4.219	4.208	0.40
10	4.441	4.434	4.465	4.436	4.471	4.453	4.450	0.35
11	4.891	4.875	4.902	4.865	4.911	4.882	4.888	0.35
12	6.191	6.182	6.222	6.175	6.232	6.256	6.210	0.51
13	6.621	6.602	6.651	6.601	6.652	6.611	6.623	0.35
14	7.191	7.172	7.222	7.172	7.235	7.184	7.196	0.37
15	7.641	7.622	7.682	7.623	7.683	7.641	7.649	0.36
16	7.992	7.971	8.032	7.972	8.031	7.991	7.998	0.34

表 7-8-10　精密度试验—相对峰面积（n=6）

峰号	编号						平均值	RSD（%）
	1	2	3	4	5	6		
1（S）	1.000	1.000	1.000	1.000	1.000	1.000	1.000	0.00
2	2.331	2.309	2.322	2.338	2.292	2.348	2.323	0.87
3	0.552	0.558	0.560	0.560	0.560	0.560	0.558	0.57
4	1.561	1.565	1.571	1.573	1.571	1.572	1.569	0.30
5	6.585	6.561	6.570	6.572	6.599	6.618	6.584	0.32
6	10.880	10.840	10.840	10.860	10.890	10.950	10.877	0.38
7	0.711	0.712	0.723	0.722	0.728	0.717	0.719	0.93
8	0.825	0.818	0.821	0.817	0.834	0.822	0.823	0.75
9	1.501	1.483	1.479	1.482	1.501	1.477	1.487	0.73
10	0.809	0.801	0.802	0.803	0.811	0.802	0.805	0.53
11	1.010	0.989	0.990	0.991	1.010	0.991	0.997	1.03
12	0.382	0.390	0.393	0.392	0.404	0.392	0.392	1.80
13	0.958	0.962	0.970	0.945	0.963	0.964	0.960	0.88
14	1.042	1.031	1.072	1.064	1.071	1.072	1.059	1.68
15	5.783	5.682	6.058	6.081	6.125	6.122	5.975	3.22
16	0.792	0.774	0.781	0.783	0.801	0.789	0.787	1.20

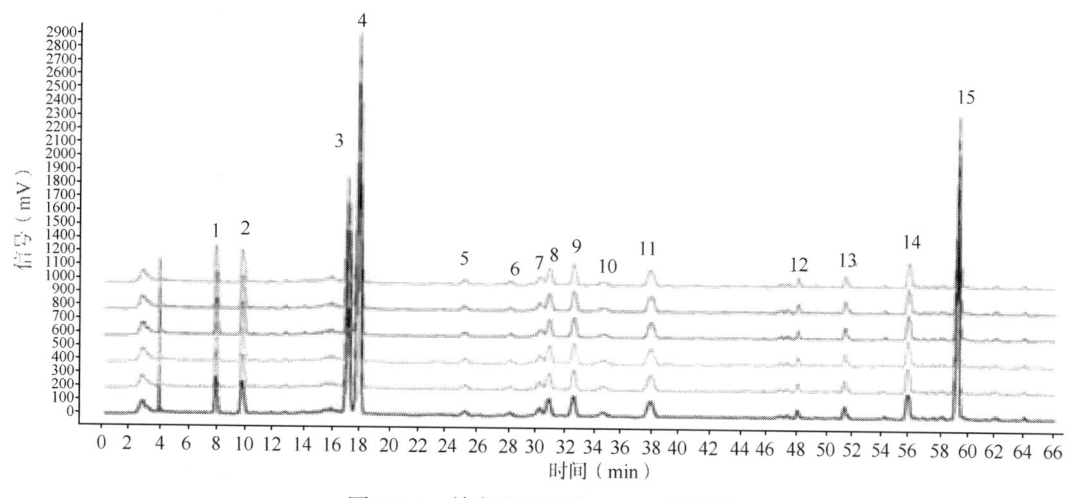

图 7-8-9　精密度试验的 HPLC 色谱图

5.4.2　稳定性试验

取精密度下的供试品溶液，密闭，室温放置，分别在 0h，2h，6h，12h，24h，48h 时间间隔下检测指纹图谱，以 1 号峰的保留时间和色谱峰面积为参照，计算各色谱峰的相对保留时间和相对峰面积（表 7-8-11 和表 7-8-12；图 7-8-10）。

表 7-8-11　稳定性试验—相对保留时间（n=6）

峰号	编号						平均值	RSD（%）
	1	2	3	4	5	6		
1（S）	1.000	1.000	1.000	1.000	1.000	1.000	1.000	0.00
2	1.242	1.233	1.231	1.230	1.237	1.231	1.234	0.38
3	2.188	2.173	2.165	2.171	2.180	2.172	2.175	0.37
4	2.256	2.267	2.256	2.273	2.282	2.273	2.268	0.46
5	3.222	3.212	3.212	3.224	3.233	3.214	3.220	0.26
6	3.893	3.884	3.878	3.892	3.907	3.889	3.891	0.25
7	3.989	3.967	3.956	3.970	3.991	3.973	3.974	0.34
8	4.202	4.182	4.184	4.192	4.214	4.191	4.194	0.29
9	4.445	4.444	4.433	4.439	4.456	4.435	4.442	0.19
10	4.898	4.864	4.856	4.873	4.899	4.871	4.877	0.36
11	6.183	6.188	6.178	6.192	6.233	6.192	6.194	0.32
12	6.620	6.602	6.601	6.622	6.664	6.619	6.621	0.35
13	7.179	7.181	7.184	7.189	7.235	7.201	7.195	0.29
14	7.635	7.621	7.622	7.644	7.682	7.644	7.641	0.29

表 7-8-12　稳定性试验—相对峰面积（n=6）

峰号	编号						平均值	RSD（%）
	1	2	3	4	5	6		
1（S）	1.000	1.000	1.000	1.000	1.000	1.000	1.000	0.00
2	1.111	1.092	1.103	1.104	1.113	1.109	1.105	0.69

续表

峰号	编号						平均值	RSD（%）
	1	2	3	4	5	6		
3	3.445	3.433	3.444	3.442	3.456	3.454	3.446	0.24
4	7.333	7.322	7.334	7.343	7.389	7.378	7.350	0.37
5	0.282	0.281	0.274	0.273	0.271	0.270	0.275	1.86
6	0.478	0.489	0.467	0.472	0.471	0.467	0.474	1.77
7	0.772	0.771	0.756	0.756	0.767	0.764	0.764	0.92
8	0.860	0.862	0.854	0.857	0.845	0.851	0.855	0.73
9	0.392	0.401	0.378	0.388	0.382	0.374	0.386	2.56
10	0.933	0.932	0.909	0.908	0.911	0.913	0.918	1.27
11	0.267	0.267	0.266	0.263	0.261	0.256	0.263	1.64
12	0.422	0.423	0.414	0.404	0.401	0.402	0.411	2.44
13	0.920	0.913	0.915	0.899	0.903	0.900	0.908	0.97
14	4.545	4.567	4.542	4.521	4.565	4.522	4.544	0.44

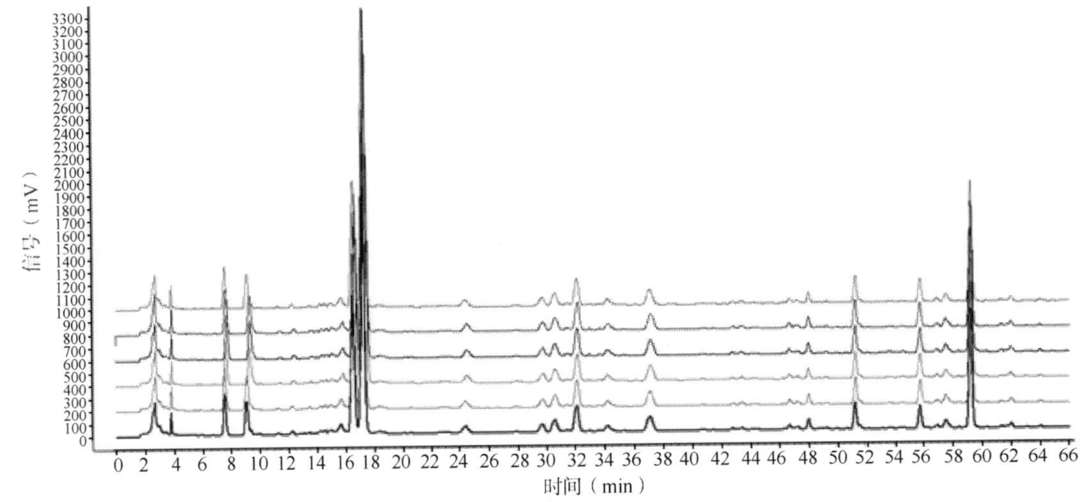

图 7-8-10　稳定性试验 HPLC 色谱图

5.4.3　重复性试验

取甘草药材粉末约 25g，精密称定，平行 6 份，按供试品制备方法制备供试品溶液，在确定的色谱条件下，测定色谱图，以 1 号峰的保留时间和色谱峰面积为参照，计算各色谱峰的相对保留时间和相对峰面积（表 7-8-13 和表 7-8-14；图 7-8-11）。

表 7-8-13　重复性试验—相对保留时间（n=6）

峰号	编号						平均值	RSD（%）
	1	2	3	4	5	6		
1（S）	1.000	1.000	1.000	1.000	1.000	1.000	1.000	0.00
2	0.812	0.822	0.821	0.823	0.814	0.822	0.819	0.58
3	1.681	1.692	1.694	1.689	1.688	1.678	1.687	0.37
4	1.777	1.798	1.783	1.788	1.778	1.767	1.782	0.59
5	1.845	1.856	1.886	1.866	1.865	1.845	1.861	0.83
6	2.611	2.633	2.622	2.633	2.622	2.611	2.622	0.38

续表

峰号	编号						平均值	RSD（%）
	1	2	3	4	5	6		
7	3.171	3.182	3.181	3.178	3.167	3.156	3.173	0.31
8	3.245	3.266	3.286	3.277	3.256	3.252	3.264	0.48
9	3.422	3.433	3.433	3.444	3.433	3.413	3.430	0.31
10	3.621	3.644	3.642	3.655	3.642	3.622	3.638	0.37
11	3.952	3.697	3.987	3.988	3.967	3.945	3.923	2.85
12	5.111	5.109	5.111	5.122	5.101	5.081	5.106	0.27
13	5.433	5.475	5.466	5.473	5.444	5.433	5.454	0.36
14	5.924	5.921	5.942	5.954	5.922	5.899	5.927	0.32
15	6.287	6.291	6.311	6.324	6.290	6.267	6.295	0.32

表 7-8-14　重复性试验—相对峰面积（n=6）

峰号	编号						平均值	RSD（%）
	1	2	3	4	5	6		
1（S）	1.000	1.000	1.000	1.000	1.000	1.000	1.000	0.00
2	0.941	0.940	0.952	0.944	0.945	0.951	0.946	0.53
3	0.589	0.591	0.604	0.592	0.600	0.602	0.596	1.07
4	2.845	2.833	2.860	2.845	2.856	2.889	2.855	0.68
5	5.920	5.889	6.060	6.044	6.051	6.133	6.016	1.54
6	0.234	0.243	0.242	0.233	0.243	0.242	0.240	1.95
7	0.314	0.322	0.321	0.311	0.314	0.322	0.317	1.54
8	0.580	0.567	0.581	0.571	0.571	0.581	0.575	1.08
9	0.642	0.644	0.645	0.643	0.643	0.663	0.647	1.25
10	0.231	0.233	0.242	0.233	0.222	0.234	0.233	2.76
11	0.511	0.532	0.524	0.502	0.512	0.522	0.517	2.09
12	0.210	0.213	0.222	0.211	0.222	0.222	0.217	2.73
13	0.522	0.530	0.541	0.521	0.531	0.533	0.530	1.40
14	0.567	0.578	0.578	0.567	0.567	0.588	0.574	1.51
15	2.452	2.331	2.467	2.430	2.433	2.482	2.433	2.20

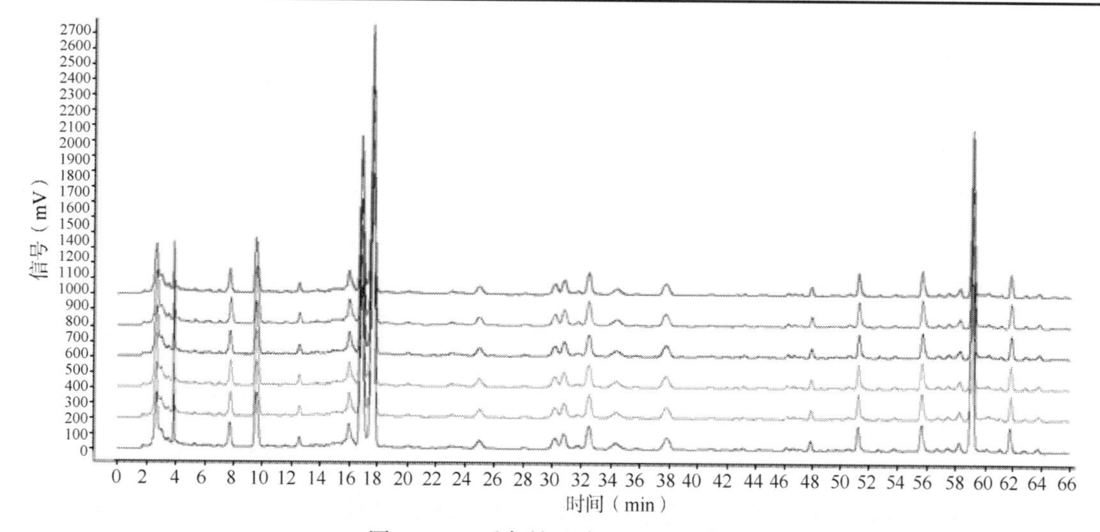

图 7-8-11　重复性试验 HPLC 色谱图

5.5 指纹图谱建立

采用 2012 A 版“中药色谱指纹图谱相似度评价系统”对甘草药材样品 HPLC 指纹图谱进行分析，生成对照图谱 *R*，并评价样品图谱的相似度。采用 SPASS23.0 软件进行指纹图谱聚类分析，发现内蒙古甘草药材与新疆、甘肃甘草药材分为了Ⅰ类和Ⅱ类，结果见表 7-8-15 和图 7-8-12。

表 7-8-15 10 批样品的指纹图谱相似度

	S1	S2	S3	S4	S5	S6	S7	S8	S9	S10
S1	1									
S2	0.959	1								
S3	0.967	0.981	1							
S4	0.918	0.890	0.936	1						
S5	0.357	0.404	0.327	0.255	1					
S6	0.953	0.954	0.963	0.954	0.374	1				
S7	0.034	0.029	0.025	0.016	0.643	0.024	1			
S8	0.208	0.220	0.177	0.137	0.888	0.197	0.815	1		
S9	0.915	0.884	0.930	0.876	0.232	0.904	0.033	0.127	1	
S10	0.035	0.030	0.025	0.016	0.640	0.024	0.999	0.813	0.033	1
R	0.823	0.823	0.777	0.709	0.709	0.823	0.554	0.663	0.786	0.554

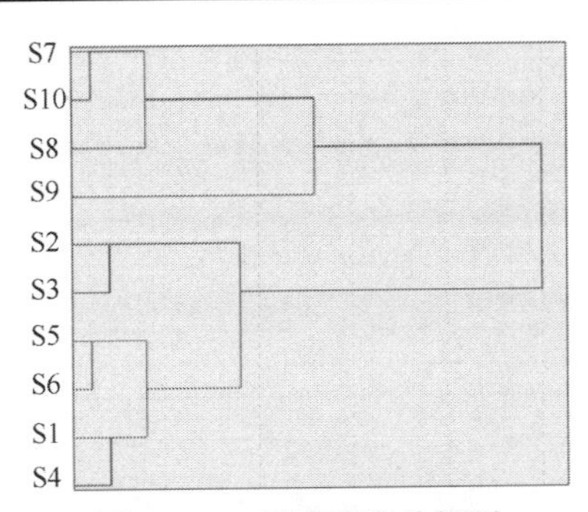

图 7-8-12 层次聚类分析图

根据临床上甘草用药方法建立了甘草水煎液的指纹图谱并进行了指纹图谱分析，比较了 10 批甘草样品的相似度后发现，内蒙古与新疆、甘肃的甘草药材相似度低于 0.9，层次聚类分析结果显示，内蒙古甘草药材可归为Ⅰ类，而新疆、甘肃甘草药材可归为Ⅱ类，表明了内蒙古甘草药材与其他两地区差异较大。

6. 安全性检查

6.1 重金属检测

实验中使用到的所有玻璃器皿（包括容量瓶、移液管、量筒、烧杯、胶头滴管等）均用 30%硝酸溶液（聚四氟乙烯消解罐用 10%～20%硝酸溶液）浸泡 24h 以上，然后用超纯水清洗干净备用。精密称取样品粉末 0.1g，置于聚四氟乙烯消解罐内，加 6ml 优级纯硝酸浸泡样品 30min，再加入 2ml 30%过氧化氢，封罐，置于微波消解仪内，按一定的消解程序进行消解。消解程序结束后，将消解罐取出置于微机控温加热板上赶酸，赶酸过程中加入 1ml H_2O_2，继续赶酸至罐中液体剩余1ml左右时，冷却转移至25ml容量瓶内，用超纯水少量多次润洗消解罐内壁，再用超纯水定容。同法制备对应的空白对照溶液。精密吸取标准品原液50μl置于50ml容量瓶，用1%优级纯硝酸定容。配制一系列1μg/ml的标准品储备液。内标元素和待测元素储备液均按此法稀释制备。交于第三方检测。检测结果见表7-8-16。

表7-8-16 重金属检测结果

药材	铅（mg/kg）	镉（mg/kg）	砷（mg/kg）	铜（mg/kg）	汞（mg/kg）
YC-1	0.24	0.011	0.14	8.48	—
YC-2	0.72	0.028	0.23	9.96	—
YC-3	0.64	0.021	0.33	9.35	—
YC-4	0.54	0.015	0.21	7.86	—
YC-5	0.49	0.026	0.20	8.90	—
YC-6	0.61	0.048	0.24	9.68	—
YC-7	0.60	0.017	0.38	11.23	—
YC-8	0.41	0.012	0.22	12.47	—
YC-9	0.40	0.018	0.17	8.10	—
YC-10	0.51	0.020	0.24	10.19	—
YC-11	0.52	0.025	0.28	7.19	—
YC-12	0.45	0.028	0.21	10.62	—
YC-13	0.71	0.031	0.36	9.16	—
YC-14	0.56	0.037	0.22	9.73	—
YC-15	0.71	0.045	0.33	8.87	—
YC-16	0.67	0.050	0.16	7.06	—
YC-17	0.34	0.021	0.12	6.37	—
YC-18	0.48	0.017	0.31	8.42	—
YC-19	0.67	0.037	0.30	8.20	—
YC-20	0.72	0.048	0.33	9.05	—
YC-21	1.22	0.032	0.87	6.99	—
YC-22	0.92	0.022	0.83	6.68	—
YC-23	1.24	0.026	1.01	9.16	—
YC-24	1.03	0.037	0.65	10.27	—
YC-25	1.12	0.035	0.73	7.82	—
YC-26	1.09	0.035	0.78	9.49	—
YC-27	0.83	0.052	0.34	6.27	—
YC-28	0.39	0.019	0.23	8.90	—
YC-29	0.57	0.043	0.14	7.95	—
YC-30	0.60	0.019	0.43	7.67	—

注："—"表示未检测到

6.2 农药残留检测

任选10批样品交于第三方检测。实验结果见表7-8-17。

表 7-8-17　农药残留检测结果

药材	联苯菊酯（mg/kg）
YC-1	0.07
YC-2	0.06
YC-3	0.08
YC-4	—
YC-5	0.04
YC-6	—
YC-7	—
YC-8	0.06
YC-9	0.04
YC-10	—

注："—" 表示未检测到

对甘草样品农药残留共检测了 218 项指标，仅部分样品检出联苯菊酯，其余 217 项在 10 份样品中均未检出。

6.3　黄曲霉毒素检测

任选 10 批样品交于第三方检测。实验结果见表 7-8-18。

表 7-8-18　黄曲霉毒素检测结果

药材	黄曲霉毒素（μg/kg）
YC-1	0.628
YC-2	0.688
YC-3	0.332
YC-4	—
YC-5	0.512
YC-6	0.532
YC-7	0.322
YC-8	0.448
YC-9	0.518
YC-10	0.340

注："—" 表示未检测到

综上：本研究在 2015 年版《中国药典》基础上，除了常规检测以外，优化了药典中甘草苷、甘草酸含量测定的方法，并对指纹图谱进行了初步研究，在研究安全性指标的同时，增加了黄曲霉毒素的检测。

参照 2015 年版《中国药典》甘草项下含量测定方法对样品中甘草苷、甘草酸含量检测，发现甘草苷分离度较差，根据文献报道对其方法进行优化，改变流动相，发现分离度提高，并达到要求。根据实验结果，确定了最终 HPLC 测定的条件。根据 30 批药材样品含量检测结果，暂定甘草药材甘草苷（$C_{21}H_{22}O_9$）含量不得少于 0.50%，甘草酸（$C_{42}H_{62}O_{16}$）含量不得少于 2.0%。

第八章 疏风解毒胶囊质量标准研究

疏风解毒胶囊是安徽济人药业有限公司的独家品种，处方由虎杖、连翘、败酱草、柴胡、马鞭草、板蓝根、芦根、甘草8味药材组成，该品种于2009年获得药品注册批件（药品批准文号：国药准字Z20090047）。

该品种现行标准为国家药品监督管理局标准（YBZ00652009），检验项目包括：性状，马鞭草、连翘及柴胡TLC法鉴别，胶囊剂通则检查及TLCS法测定大黄素含量，该标准一直沿用至今。由于方法较为简单，难以全面控制产品的质量，为了更好地保证产品质量，提升产品的控制水平，有必要对现行标准进行提升研究。

通过开展中成药疏风解毒胶囊的质量标准研究，对其处方、制法、性状、薄层鉴别、水分、装量差异、微生物限度、重金属及有害元素、有机氯农药残留、黄曲霉毒素、有效成分含量和指纹/特征图谱进行研究，本研究优化了原标准中大黄素的TLC鉴别，新增了重金属及有害元素测定，新建了HPLC同时测定虎杖苷、大黄素、连翘酯苷A、戟叶马鞭草苷、马鞭草苷和甘草酸6个成分含量的方法，并建立了HPLC指纹/特征图谱的分析方法。

1. 样品收集

1.1 疏风解毒胶囊样品

疏风解毒胶囊为安徽济人药业有限公司的独家中药品种，本研究收集了15批疏风解毒胶囊，具体信息见表8-1-1和表8-1-2。

表 8-1-1 15批疏风解毒胶囊信息表

成品批号	报关单编号	入库日期	仓储条件	出库日期	有效期
3180214	C-4-018-3181214	2018年2月1日	温度10～30℃，湿度35%～75%	2018年2月1日	2020年1月
3180611	C-4-018-3180611	2018年7月18日	温度10～30℃，湿度35%～76%	2018年8月20日	2020年5月
3180710	C-4-018-3180710	2018年7月26日	温度10～30℃，湿度35%～77%	2018年9月14日	2020年6月
3180713	C-4-018-3180713	2018年7月31日	温度10～30℃，湿度35%～78%	2018年9月25日	2020年6月
3180908	C-4-018-3180908	2018年10月16日	温度10～30℃，湿度35%～79%	2018年11月7日	2020年8月
3181014	C-4-018-3181014	2018年11月1日	温度10～30℃，湿度35%～80%	2018年11月23日	2020年9月
3181108	C-4-018-3181108	2018年11月26日	温度10～30℃，湿度35%～81%	2018年12月18日	2020年10月
3181121	C-4-018-3181121	2018年12月10日	温度10～30℃，湿度35%～82%	2019年1月2日	2020年10月
3181205	C-4-018-3181205	2018年12月24日	温度10～30℃，湿度35%～83%	2019年1月4日	2020年11月
3181215	C-4-018-3181215	2018年12月30日	温度10～30℃，湿度35%～84%	2019年1月8日	2020年11月
3180706	C-4-018-3180706	2018年7月23日	温度10～30℃，湿度35%～85%	2018年9月7日	2020年6月
2180501	C-4-018-2180501	2018年6月11日	温度10～30℃，湿度35%～86%	2018年8月14日	2020年4月
2180701	C-4-018-2180701	2018年7月18日	温度10～30℃，湿度35%～87%	2018年8月22日	2020年6月
2181001	C-4-018-2181001	2018年11月7日	温度10～30℃，湿度35%～88%	2018年11月27日	2020年9月
2181006	C-4-018-2181006	2018年11月13日	温度10～30℃，湿度35%～89%	2018年12月4日	2020年9月

表 8-1-2 15 批疏风解毒胶囊所用药材/饮片信息

成品批号	药材/饮片	批号	报告单编号
2180214	虎杖	171204	C-0-01024-171204
	连翘	171202	C-0-02008-171202
	芦根	171201	C-W-0-01030-171201
	马鞭草	180101	C-0-03006-180101
	板蓝根	171204	C-0-01005-171204
	败酱草	171203	C-0-03001-171203
	甘草	171201/180102	C-W-0-01019-171201/C-W-0-01019-180102
	柴胡	171202	C-0-01007-171202
2180501	虎杖	180301	C-0-01024-180301
	连翘	180301/180302	C-0-02008-180301/C-0-02008-180302
	芦根	180201	C-W-0-01030-180201
	马鞭草	180201	C-0-03006-180201
	板蓝根	180105	C-0-01005-180105
	败酱草	180201	C-0-03001-180201
	甘草	180302	C-W-0-01019-180302
	柴胡	180301	C-0-01007-180301
3180610	虎杖	180301	C-0-01024-180301
	连翘	180302	C-0-02008-180302
	芦根	180301	C-W-0-01030-180301
	马鞭草	180401	C-0-03006-180401
	板蓝根	180105	C-0-01005-180105
	败酱草	180201	C-0-03001-180201
	甘草	180302	C-W-0-01019-180302
	柴胡	180301	C-0-01007-180301
2180701	虎杖	180301	C-0-01024-180301
	连翘	180302	C-0-02008-180302
	芦根	180301	C-W-0-01030-180301
	马鞭草	180401	C-0-03006-180401
	板蓝根	180105	C-0-01005-180105
	败酱草	180201	C-0-03001-180201
	甘草	180302	C-W-0-01019-180302
	柴胡	180301	C-0-01007-180301
3180706	虎杖	180302	C-0-01024-180302
	连翘	180302	C-0-02008-180302
	芦根	180301	C-W-0-01030-180301
	马鞭草	180401	C-0-03006-180401
	板蓝根	180105	C-0-01005-180105
	败酱草	180301	C-0-03001-180301
	甘草	180302	C-W-0-01019-180302
	柴胡	180302	C-0-01007-180302

续表

成品批号	药材/饮片	批号	报告单编号
3180710	虎杖	180302	C-0-01024-180302
	连翘	180302	C-0-02008-180302
	芦根	180301	C-W-0-01030-180301
	马鞭草	180401	C-0-03006-180401
	板蓝根	180105/180301	C-0-01005-180105/C-0-01005-180301
	败酱草	180301	C-0-03001-180301
	甘草	180302	C-W-0-01019-180302
	柴胡	180302	C-0-01007-180302
3180713	虎杖	180302	C-0-01024-180302
	连翘	180302	C-0-02008-180302
	芦根	180301	C-W-0-01030-180301
	马鞭草	180401/180501	C-0-03006-180401/C-0-03006-180501
	板蓝根	180301	C-0-01005-180301
	败酱草	180301	C-0-03001-180301
	甘草	180302	C-W-0-01019-180302
	柴胡	180302	C-0-01007-180302
3180908	虎杖	180601	C-0-01024-180601
	连翘	180303/180304	C-0-02008-180303/C-0-02008-180304
	芦根	180301	C-W-0-01030-180301
	马鞭草	180701	C-0-03006-180701
	板蓝根	180302	C-0-01005-180302
	败酱草	180302	C-0-03001-180302
	甘草	180701	C-W-0-01019-180701
	柴胡	180303	C-0-01007-180303
3181014	虎杖	180701	C-0-01024-180701
	连翘	180304	C-0-02008-180304
	芦根	180702	C-W-0-01030-180702
	马鞭草	180702	C-0-03006-180702
	板蓝根	180303	C-0-01005-180303
	败酱草	180301	C-0-03001-180301
	甘草	180701	C-W-0-01019-180701
	柴胡	180303	C-0-01007-180303
3181108	虎杖	180701/180901	C-0-01024-180701/C-0-01024-180901
	连翘	180304/180901	C-0-02008-180304/C-0-02008-180901
	芦根	180901	C-W-0-01030-180901
	马鞭草	180901	C-0-03006-180901
	板蓝根	180303/180304	C-0-01005-180303/C-0-01005-180304
	败酱草	180302	C-0-03001-180302
	甘草	180901	C-W-0-01019-180901
	柴胡	180303/180304	C-0-01007-180303/C-0-01007-180304

续表

成品批号	药材/饮片	批号	报告单编号
2181006	虎杖	180901/180902	C-0-01024-180901/C-0-01024-180902
	连翘	180304/180901	C-0-02008-180304/C-0-02008-180901
	芦根	180901	C-W-0-01030-180901
	马鞭草	180901	C-0-03006-180901
	板蓝根	180304	C-0-01005-180304
	败酱草	180901	C-0-03001-180901
	甘草	180901	C-W-0-01019-180901
	柴胡	180304	C-0-01007-180304
3181108	虎杖	180902	C-0-01024-180902
	连翘	180901/181001	C-0-02008-180901/C-0-02008-181001
	芦根	180901	C-W-0-01030-180901
	马鞭草	180902	C-0-03006-180902
	板蓝根	180305	C-0-01005-180305
	败酱草	180901	C-0-03001-180901
	甘草	180901	C-W-0-01019-180901
	柴胡	180901	C-0-01007-180901
3181121	虎杖	181001	C-0-01024-181001
	连翘	181001	C-0-02008-181001
	芦根	181001	C-W-0-01030-181001
	马鞭草	181001	C-0-03006-181001
	板蓝根	180305	C-0-01005-180305
	败酱草	181001	C-0-03001-181001
	甘草	181001	C-W-0-01019-181001
	柴胡	181001	C-0-01007-181001
3181205	虎杖	181002	C-0-01024-181002
	连翘	181001/181002	C-0-02008-181001/C-0-02008-181002
	芦根	181001	C-W-0-01030-181001
	马鞭草	181002	C-0-03006-181002
	板蓝根	181001	C-0-01005-181001
	败酱草	181002	C-0-03001-181002
	甘草	181001	C-W-0-01019-181001
	柴胡	181001	C-0-01007-181001
3181215	虎杖	181002	C-0-01024-181002
	连翘	181002	C-0-02008-181002
	芦根	181001	C-W-0-01030-181001
	马鞭草	181003	C-0-03006-181003
	板蓝根	181001	C-0-01005-181001
	败酱草	181002	C-0-03001-181002
	甘草	181001	C-W-0-01019-181001
	柴胡	181001	C-0-01007-181001

1.2 阴性制剂样品制备

1.2.1 缺虎杖阴性样品制备

称取连翘 36g、板蓝根 36g、柴胡 36g、败酱草 36g、马鞭草 36g、芦根 27g、甘草 18g，板蓝根粉碎成粗颗粒，加 5 倍量 70%乙醇加热回流 2h，滤过；药渣再加 3 倍量 70%乙醇加热回流 1h，滤过，滤液合并，回收乙醇并减压浓缩至相对密度为 1.35～1.40（60℃）的稠膏，备用。连翘、柴胡加水，提取挥发油 4h，分取挥发油，备用。滤过，滤液和药渣备用。其余败酱草等与柴胡、连翘提取挥发油后药渣合并，加水煎煮两次，第一次 2h，第二次 1h，滤过，滤液与上述备用滤液合并，减压浓缩至相对密度为 1.35～1.40（60℃）的稠膏，备用。取糊精、微粉硅胶各 5g，加入上述醇提与水提稠膏中，搅匀，真空干燥，粉碎，即得。

1.2.2 缺连翘阴性样品制备

称取虎杖 45g、板蓝根 36g、柴胡 36g、败酱草 36g、马鞭草 36g、芦根 27g、甘草 18g，虎杖、板蓝根粉碎成粗颗粒，加 5 倍量 70%乙醇加热回流 2h，滤过；药渣再加 3 倍量 70%乙醇加热回流 1h，滤过，滤液合并，回收乙醇并减压浓缩至相对密度为 1.35～1.40（60℃）的稠膏，备用。柴胡加水，提取挥发油 4h，分取挥发油，备用。滤过，滤液和药渣备用。其余败酱草等与柴胡提取挥发油后药渣合并，加水煎煮两次，第一次 2h，第二次 1h，滤过，滤液与上述备用滤液合并，减压浓缩至相对密度为 1.35～1.40（60℃）的稠膏，备用。取糊精、微粉硅胶各 5g，加入上述醇提与水提稠膏中，搅匀，真空干燥，粉碎，即得。

1.2.3 缺柴胡阴性样品制备

称取虎杖 45g、连翘 36g、板蓝根 36g、败酱草 36g、马鞭草 36g、芦根 27g、甘草 18g，虎杖、板蓝根粉碎成粗颗粒，加 5 倍量 70%乙醇加热回流 2h，滤过；药渣再加 3 倍量 70%乙醇加热回流 1h，滤过，滤液合并，回收乙醇并减压浓缩至相对密度为 1.35～1.40（60℃）的稠膏，备用。连翘加水，提取挥发油 4h，分取挥发油，备用。滤过，滤液和药渣备用。其余败酱草等与连翘提取挥发油后药渣合并，加水煎煮两次，第一次 2h，第二次 1h，滤过，滤液与上述备用滤液合并，减压浓缩至相对密度为 1.35～1.40（60℃）的稠膏，备用。取糊精、微粉硅胶各 5g，加入上述醇提与水提稠膏中，搅匀，真空干燥，粉碎，即得。

1.2.4 缺马鞭草阴性样品制备

称取虎杖 45g、连翘 36g、板蓝根 36g、柴胡 36g、败酱草 36g、芦根 27g、甘草 18g，虎杖、板蓝根粉碎成粗颗粒，加 5 倍量 70%乙醇加热回流 2h，滤过；药渣再加 3 倍量 70%乙醇加热回流 1h，滤过，滤液合并，回收乙醇并减压浓缩至相对密度为 1.35～1.40（60℃）的稠膏，备用。连翘、柴胡加水，提取挥发油 4h，分取挥发油，备用。滤过，滤液和药渣备用。其余败酱草等与柴胡、连翘提取挥发油后药渣合并，加水煎煮两次，第一次 2h，第二次 1h，滤过，滤液与上述备用滤液合并，减压浓缩至相对密度为 1.35～1.40（60℃）的稠膏，备用。取糊精、微粉硅胶各 5g，加入上述醇提与水提稠膏中，搅匀，真空干燥，粉碎，即得。

1.2.5 缺败酱草阴性样品制备

称取虎杖 45g、连翘 36g、板蓝根 36g、柴胡 36g、马鞭草 36g、芦根 27g、甘草 18g，虎杖、板蓝根粉碎成粗颗粒，加 5 倍量 70%乙醇加热回流 2h，滤过；药渣再加 3 倍量 70%乙醇加热回流 1h，滤过，滤液合并，回收乙醇并减压浓缩至相对密度为 1.35～1.40（60℃）的稠膏，备用。连翘、柴胡加水，提取挥发油 4h，分取挥发油，备用。滤过，滤液和药渣备用。其余马鞭草等与柴胡、连翘提取挥发油后药渣合并，加水煎煮两次，第一次 2h，第二次 1h，滤过，滤液与上述备用滤液合并，减压浓缩至相对密度为 1.35～1.40（60℃）的稠膏，备用。取糊精、微粉硅胶各 5g，加入上述醇提与水提稠膏中，搅匀，真空干燥，粉碎，即得。

1.2.6 缺甘草阴性样品制备

称取虎杖 45g、连翘 36g、板蓝根 36g、柴胡 36g、败酱草 36g、马鞭草 36g、芦根 27g，虎杖、板蓝根粉碎成粗颗粒，加 5 倍量 70%乙醇加热回流 2h，滤过；药渣再加 3 倍量 70%乙醇加热回流 1h，滤过，滤液合并，回收乙醇并减压浓缩至相对密度为 1.35～1.40（60℃）的稠膏，备用。连翘、柴胡加水，提取挥发油 4h，分取挥发油，备用。滤过，滤液和药渣备用。其余败酱草等与柴胡、连翘提取挥发油后药渣合并，加水煎煮两次，第一次 2h，第二次 1h，滤过，滤液与上述备用滤液合并，减压浓缩至相对密度为 1.35～1.40（60℃）的稠膏，备用。取糊精、微粉硅胶各 5g，加入上述醇提与水提稠膏中，搅匀，真空干燥，粉碎，即得。

1.2.7 缺板蓝根阴性样品制备

称取虎杖 45g、连翘 36g、柴胡 36g、败酱草 36g、马鞭草 36g、芦根 27g、甘草 18g，虎杖粉碎成粗颗粒，加 5 倍量 70%乙醇加热回流 2h，滤过；药渣再加 3 倍量 70%乙醇加热回流 1h，滤过，滤液合并，回收乙醇并减压浓缩至相对密度为 1.35～1.40（60℃）的稠膏，备用。连翘、柴胡加水，提取挥发油 4h，分取挥发油，备用。滤过，滤液和药渣备用。其余败酱草等与柴胡、连翘提取挥发油后药渣合并，加水煎煮两次，第一次 2h，第二次 1h，滤过，滤液与上述备用滤液合并，减压浓缩至相对密度为 1.35～1.40（60℃）的稠膏，备用。取糊精、微粉硅胶各 5g，加入上述醇提与水提稠膏中，搅匀，真空干燥，粉碎，即得。

1.2.8 缺芦根阴性样品制备

称取虎杖 45g、连翘 36g、板蓝根 36g、柴胡 36g、败酱草 36g、马鞭草 36g、甘草 18g，虎杖、板蓝根粉碎成粗颗粒，加 5 倍量 70%乙醇加热回流 2h，滤过；药渣再加 3 倍量 70%乙醇加热回流 1h，滤过，滤液合并，回收乙醇并减压浓缩至相对密度为 1.35～1.40（60℃）的稠膏，备用。连翘、柴胡加水，提取挥发油 4h，分取挥发油，备用。滤过，滤液和药渣备用。其余败酱草等与柴胡、连翘提取挥发油后药渣合并，加水煎煮两次，第一次 2h，第二次 1h，滤过，滤液与上述备用滤液合并，减压浓缩至相对密度为 1.35～1.40（60℃）的稠膏，备用。取糊精、微粉硅胶各 5g，加入上述醇提与水提稠膏中，搅匀，真空干燥，粉碎，即得。

2. 处方

2.1 处方组成和处方量

虎杖 450g	连翘 360g	板蓝根 360g	柴胡 360g
败酱草 360g	马鞭草 360g	芦根 270g	甘草 180g

2.2 处方药味品种来源

虎杖为蓼科植物虎杖 *Polygonum cuspidatum* Sieb.et Zucc.的干燥根及根茎。

连翘为木犀科植物连翘 *Forsythia suspensa*（Thunb.）Vahl 的干燥果实。

板蓝根为十字花科植物菘蓝 *Isatis indigotica* Fort.的干燥根。

柴胡为伞形科植物柴胡 *Bupleurum chinense* DC.的干燥根，习称为“北柴胡”。

败酱草为败酱科植物黄花败酱 *Patrinia scabiosaefolia* Fisch. ex Trev.的干燥全草。

马鞭草为马鞭草科植物马鞭草 *Verbena officinalis* L.的干燥地上部分。

芦根为禾本科植物芦苇 *Phragmites communis* Trin.的干燥根茎。

甘草为豆科植物甘草 *Glycyrrhiza uralensis* Fisch.干燥的根及根茎。

2.3　选定优质药材依据

对不同产地、不同批次的原料药材开展了性状、总灰分浸出物等常规项目、重金属及有害元素、农药残留、含量测定等方面研究，各产地药材在含量上差异较大。根据以上研究结果，结合产地药材种植情况，确定了优质药材选择依据及产区，如表 8-1-3 和表 8-1-4 所示。

表 8-1-3　药材主要优选产地

药材名	含量测定指标成分	不同产地多成分含量比较	优选产地	备注
虎杖	虎杖苷、白藜芦醇、大黄素、大黄素甲醚	安徽金寨、湖北英山等大别山区＞皖南山区＞江西地区	安徽金寨、湖北英山等大别山区	江西地区虎杖中白藜芦醇和大黄素甲醚含量偏低
黄花败酱	原儿茶酸、绿原酸、败酱苷	河南～安徽及湖北等大别山区＞江苏	河南桐柏及安徽、湖北大别山脉	河南桐柏种植量大
连翘	连翘酯苷、连翘苷	陕西＞山西～河南	陕西	—
柴胡	柴胡皂苷 c、柴胡皂苷 a、柴胡皂苷 d	陕西渭南＞＞甘肃～山西	陕西渭南	—
板蓝根	（*R*，*S*）-告依春、腺苷	河北安国＞黑龙江大庆＞其他	黑龙江大庆	黑龙江大庆产量充足，能保证供应
芦根	对香豆酸、阿魏酸	河北～新疆	新疆、河北	新疆产量大，饮片含量稍高于河北产区
马鞭草	马鞭草苷、戟叶马鞭草苷、毛蕊花糖苷	河南桐柏等大别山区～贵州	河南、贵州	河南为药材主产区，贵州野生资源丰富，但产地量小，贵州产戟叶马鞭草苷、毛蕊花糖苷稍高于河南
甘草	甘草苷、甘草酸	内蒙古＞甘肃＞新疆	内蒙古、甘肃	—

表 8-1-4　药材主要优选产地含量范围

药材名	优选产地	样品测定结果范围
虎杖	安徽金寨、湖北英山等大别山区	安徽金寨：虎杖苷 2.946%～5.867%；白藜芦醇 0.362%～0.899%；大黄素 0.584%～1.682%；大黄素甲醚 0.857%～3.292%
		湖北英山：虎杖苷 2.382%～7.152%；白藜芦醇 0.123%～0.597%；大黄素 0.328%～1.229%；大黄素甲醚 0.456%～3.292%
黄花败酱	河南桐柏及安徽、湖北大别山脉	原儿茶酸 0.001%～0.078%；绿原酸 0.005%～0.745%；败酱苷 0.406%～1.808%
连翘	陕西	连翘酯苷 A 0.89%～3.33%；连翘苷 0.01%～0.88%
柴胡	陕西渭南	柴胡皂苷 c 0.27%～0.47%；柴胡皂苷 a 0.60%～1.00%；柴胡皂苷 d 1.37%～1.72%
板蓝根	黑龙江大庆	（*R*，*S*）-告依春 0.048%～0.156%；腺苷 0.048%～0.159%

续表

药材名	优选产地	样品测定结果范围
芦根	新疆、河北	新疆：对香豆酸 0.19～0.44μg/g；阿魏酸 0.07～0.21μg/g
		河北：对香豆酸 0.24～0.37μg/g；阿魏酸 0.12～0.20μg/g
马鞭草	河南、贵州	河南：马鞭草苷 0.31%～0.63%；戟叶马鞭草苷 0.32%～0.59%；毛蕊花糖苷 0.30%～1.11%
		贵州：马鞭草苷 0.33%～0.63%；戟叶马鞭草苷 0.32%～1.90%；毛蕊花糖苷 0.18%～2.40%
甘草	内蒙古、甘肃	内蒙古：甘草苷 0.32%～2.08%，甘草酸 3.01%～9.13%
		甘肃：甘草苷 0.36%～1.34%，甘草酸 1.49%～10.63%

3. 制法

3.1 疏风解毒胶囊工艺研究确定的标准化生产规范

按照处方称取 8 味药材，虎杖、板蓝根粉碎成粗颗粒，加 5 倍量 70%乙醇加热回流提取 2h，滤过；药渣再加 3 倍量 70%乙醇加热回流提取 1h，滤过，滤液合并，回收乙醇并减压浓缩（真空度 0.06～0.07MPa）至相对密度 1.35～1.40（60℃）的稠膏，备用。连翘、柴胡加 7 倍量的水，加热回流提取挥发油 4h，分取分层的挥发油约 1ml，备用。药渣和药液粗滤，滤液离心分离，上清液和药渣分别保存备用。其余败酱草等四味与柴胡、连翘提取挥发油后的药渣合并，加水煎煮提取两次，第一次加 18 倍量水提取 2h，第二次加 12 倍量水提取 1h，粗滤，滤液离心分离，两次提取的上清液与柴胡、连翘提取挥发油后的上清液合并，减压浓缩（真空度 0.06～0.07MPa）至相对密度 1.35～1.40（60℃）的稠膏，备用。取糊精、二氧化硅各 50g，混匀，加入上述水提浓缩稠膏与醇提浓缩稠膏中，充分搅拌均匀，真空干燥（真空度 0.08～0.09MPa，温度 70～80℃），粉碎，加入适量糊精调整重量至 520g，喷入挥发油（用适量无水乙醇稀释），过筛，混匀，装入胶囊，制成 1000 粒，即得。

3.2 疏风解毒胶囊工艺研究结果

3.2.1 提取工艺

疏风解毒胶囊提取工艺主要工段过程有：配料称量、提取、浓缩收膏、乙醇精馏、干燥、粉碎过筛、总混。其中关键控制参数有投料量即处方，提取溶剂量及浓度，提取浓缩的温度、时间、蒸汽压力及相对密度，干燥的温度、真空度、加浆泵频率，粉碎的目数及总混的时间等。

通过采用工艺验证的方式，结合产品前期研究资料及注册材料，开展了三批疏风解毒胶囊提取产品的生产（批号 T190101、T190102、T190103），对生产过程关键生产点的相关参数进行了控制及记录，并制定了取样计划，开展验证检验。确定主要工艺参数范围及检验结果见表 8-1-5 和表 8-1-6。

表 8-1-5 提取关键生产控制点

工序	关键生产控制点		标准
醇提浸膏	醇提	投料量	与生产指令相符
		乙醇浓度	70%
		第一次加醇量	投入量的 5 倍量
		煎煮时间	2h
		第二次加醇量	投入量的 3 倍量

续表

工序		关键生产控制点		标准
醇提浸膏		醇提	煎煮时间	1h
			温度	80.0℃±5.0℃
			罐内压力	≤0.03MPa
		浓缩	真空度	–0.06～–0.07MPa
			蒸汽压力	≤0.1MPa
			温度	60℃±5℃
			相对密度	1.35～1.40（60℃）
混合浸膏	提取	柴胡连翘提取油	投料量	与生产指令相符
			第一次加水量	投料量的 7 倍量
			煎煮时间	4h
		混合提取	第一次加水量	投料量的 18 倍量
			煎煮时间	2h
			第二次加水量	投料量的 12 倍量
			煎煮时间	1h
			温度	100.0℃±2.0℃（100℃±2℃）
			蒸汽压力	≤0.25MPa
			罐内压力	≤0.03MPa
	浓缩		真空度	–0.06～–0.07MPa
			蒸汽压力	≤0.1MPa
			温度	75℃±5℃
			相对密度	1.35～1.40（60℃）
酒精精馏			分流温度	78～79℃
			蒸汽压力	≤0.1MPa
干燥			辅料混合时间	5min
			辅料、浸膏混合时间	10min
			干燥温度	70～80℃
			原料保温区温度	50～55℃
			各区温度	一至三区温度 70～80℃，四区温度 20～80℃
			传动电机频率	20Hz
			加浆泵频率	20～35Hz
			真空度	–0.08～–0.09MPa
粉碎过筛			细度	24 目
总混			总混时间	30min

表 8-1-6 提取产品检验结果

检验项目 \ 批号			T190101	T190102	T190103
疏风解毒胶囊提取物	性状		符合规定	符合规定	符合规定
	鉴别（1）		符合规定	符合规定	符合规定
	鉴别（2）		符合规定	符合规定	符合规定
	鉴别（3）		符合规定	符合规定	符合规定
	水分		3.7%	3.5%	3.1%
	微生物	需氧菌总数	100cfu/g	＜10cfu/g	10cfu/g
		霉菌和酵母菌总数	40cfu/g	＜10cfu/g	＜10cfu/g
		大肠埃希菌	未检出	未检出	未检出
	含量[大黄素（$C_{15}H_{10}O_5$）]		7.2mg/g	7.3mg/g	7.3mg/g
	含量[虎杖苷（$C_{20}H_{22}O_8$）]		6.8mg/g	6.8mg/g	6.8mg/g

3.2.2 制剂工艺

疏风解毒胶囊制剂工艺主要工段过程有：配料称量、整理总混、胶囊充填抛光、铝塑分装、包装。其中关键控制参数有投料量即处方，整粒目数及总混的时间等。

通过采用工艺验证的方式，结合产品前期研究资料及注册材料，开展了三批疏风解毒胶囊产品的生产（批号 3190101、3190102、3190103），对生产过程关键生产点的相关参数进行了控制及记录，并制定了取样计划，开展验证检验。确定主要工艺参数范围及检验结果见表 8-1-7 和表 8-1-8。

表 8-1-7 制剂关键生产控制点

工序	关键生产控制点	标准
整粒	筛网目数及材质	不锈钢筛网 24 目
混合	混合时间	15min
	设备转速	5r/min
	筛网完好性	筛网完好，无破损
	金属颗粒	不得检到任何金属颗粒
胶囊充填	转速	2600～3500 粒/min
	频率	34.21～46.05 Hz
	真空度	−0.02～−0.06MPa
铝塑分装	温度	成型温度控制在 105～135℃，热封一温度 155～175℃，热封二温度 155～175℃，热封三温度 155～175℃
	压缩空气（总进气压力）	0.5～0.8MPa
	频率	23～32Hz
包装	动态检重秤剔废	上下限±1.2g
	透明纸裹包热封参数	底封温度 PV：85～120℃，侧封温度 PV：90～130℃，上美容器 PV：85～110℃，下美容器 PV：85～110℃
	速度	25～30 组/min

表 8-1-8 制剂产品检验结果

检验项目 \ 产品批号		2190101	2190102	2190103
性状		符合规定	符合规定	符合规定
鉴别（1）		符合规定	符合规定	符合规定
鉴别（2）		符合规定	符合规定	符合规定
鉴别（3）		符合规定	符合规定	符合规定
鉴别（4）		符合规定	符合规定	符合规定
鉴别（5）		符合规定	符合规定	符合规定
鉴别（6）		符合规定	符合规定	符合规定
水分		4.7%	4.6%	4.6%
装量差异		符合规定	符合规定	符合规定
崩解时限		15min	15min	15min
微生物限度	需氧菌总数	＜10cfu/g	20cfu/g	＜10cfu/g
	霉菌和酵母菌总数	＜10cfu/g	＜10cfu/g	20cfu/g
	大肠埃希菌	未检出	未检出	未检出
含量[大黄素（$C_{15}H_{10}O_5$）]		5.2mg/粒	4.8mg/粒	4.7mg/粒
含量[虎杖苷（$C_{20}H_{22}O_8$）]		4.4mg/粒	4.4mg/粒	4.5mg/粒
含量[连翘苷（$C_{27}H_{34}O_{11}$）]		1.54mg/粒	1.52mg/粒	1.52mg/粒

3.2.3 结论

通过上述工艺研究，确定了疏风解毒胶囊生产过程各参数详细信息。通过对这些参数的控制，能够生产出质量稳定、符合注册要求的产品。

4. 性状

观察 15 批疏风解毒胶囊性状，结果见表 8-1-9。

表 8-1-9 15 批疏风解毒胶囊性状实验结果

序号	批号	性状
1	2180501	本品为硬胶囊，内容物为深棕色至棕褐色的颗粒或粉末；气香，味苦
2	2180701	本品为硬胶囊，内容物为深棕色至棕褐色的颗粒或粉末；气香，味苦
3	2181001	本品为硬胶囊，内容物为深棕色至棕褐色的颗粒或粉末；气香，味苦
4	2181006	本品为硬胶囊，内容物为深棕色至棕褐色的颗粒或粉末；气香，味苦
5	3180214	本品为硬胶囊，内容物为深棕色至棕褐色的颗粒或粉末；气香，味苦
6	3180611	本品为硬胶囊，内容物为深棕色至棕褐色的颗粒或粉末；气香，味苦
7	3180706	本品为硬胶囊，内容物为深棕色至棕褐色的颗粒或粉末；气香，味苦
8	3180710	本品为硬胶囊，内容物为深棕色至棕褐色的颗粒或粉末；气香，味苦
9	3180713	本品为硬胶囊，内容物为深棕色至棕褐色的颗粒或粉末；气香，味苦
10	3180908	本品为硬胶囊，内容物为深棕色至棕褐色的颗粒或粉末；气香，味苦
11	3181014	本品为硬胶囊，内容物为深棕色至棕褐色的颗粒或粉末；气香，味苦

续表

序号	批号	性状
12	3181108	本品为硬胶囊，内容物为深棕色至棕褐色的颗粒或粉末；气香，味苦
13	3181121	本品为硬胶囊，内容物为深棕色至棕褐色的颗粒或粉末；气香，味苦
14	3181205	本品为硬胶囊，内容物为深棕色至棕褐色的颗粒或粉末；气香，味苦
15	3181215	本品为硬胶囊，内容物为深棕色至棕褐色的颗粒或粉末；气香，味苦

5. 鉴别

疏风解毒胶囊由虎杖、连翘、板蓝根、柴胡、马鞭草、败酱草、芦根、甘草 8 味药组成，为了体现中药整体质量控制原则，本部分采用 TLC 和 HPLC 法，对疏风解毒胶囊的 8 味药材开展鉴别研究，具体研究内容如下：

5.1 虎杖的 TLC 鉴别研究

5.1.1 设备与材料

AR1140 型万分之一天平[奥豪斯国际贸易（上海）有限公司]；AR5120 型百分之一天平[奥豪斯国际贸易（上海）有限公司]；HH 型数显恒温水浴锅（江苏省金坛金诚国胜实验仪器厂）；UP250H 型超声波清洗器（南京垒君达超声电子设备有限公司）；BGZ-76 型电热鼓风干燥箱（上海博讯实业有限公司）；UV-8 三用紫外光分析仪（无锡科达仪器厂）。

虎杖对照药材（批号 120980-201005，中国食品药品检定研究院）；大黄素对照品（批号 110756-200110，中国食品药品检定研究院）；硅胶 G 薄层板、硅胶 H 薄层板（青岛海洋化工有限公司）；甲醇、95%乙醇、盐酸、三氯甲烷、硫酸、甲酸、氨水、二氯甲烷（均为分析纯）；纯化水自制；疏风解毒胶囊样品、缺虎杖药味阴性样品（安徽济人药业有限公司中试车间提供）。

5.1.2 鉴别指标选择依据

虎杖为疏风解毒胶囊的君药，其主要含大黄素、大黄酚、大黄素-8-*O*-葡萄糖苷等蒽醌类成分和虎杖苷等二苯乙烯类成分。前期化学物质基础研究结果表明，大黄素为疏风解毒胶囊主要抗炎有效成分之一，因此采用 TLC 法对虎杖中的大黄素进行鉴别，同时采用大黄素对照品和虎杖对照药材，可以有效地控制产品质量。

5.1.3 鉴别条件确定

取本品 1 粒的内容物，加甲醇 10ml，超声处理 15min，滤过，滤液蒸干，残渣加 8%盐酸溶液 10ml，超声处理 2min，加二氯甲烷 10ml，加热回流 30min，取出，放冷，分取二氯甲烷液，挥干溶剂，残渣加二氯甲烷 1ml 使溶解，作为供试品溶液。另取虎杖对照药材 0.5g，同法制成对照药材溶液。再取大黄素对照品，加甲醇制成每 1ml 含 0.5mg 的溶液，作为对照品溶液。照薄层色谱法（通则 0502）试验，吸取上述三种溶液各 5μl，分别点于同一硅胶 G 薄层板上，以石油醚（30～60℃）–甲酸乙酯–甲酸（15：5：1）的上层溶液为展开剂，展开，取出，晾干，在紫外光灯（365nm）下检视。供试品色谱中，在与对照药材色谱和对照品色谱相应的位置上，显相同颜色的荧光斑点；置氨蒸气中熏后，斑点变为红色。

结论：结果表明，供试品色谱中，在与对照品相应的位置上，显相同颜色的斑点；在与对照药材相应的位置上，显相同颜色的主斑点；阴性对照无干扰。该 TLC 鉴定方法建议列入质量标准。

5.2　柴胡的 TLC 鉴别研究

5.2.1　设备与材料

设备同虎杖鉴别项下。

柴胡对照药材（批号 120992-201509，中国食品药品检定研究院）；柴胡皂苷 a（批号 110777-201309，中国食品药品检定研究院）和柴胡皂苷 d 对照品（批号 110778-201208，中国食品药品检定研究院）；硅胶 G 薄层板（青岛海洋化工有限公司）；甲醇、乙醚、正丁醇、氨水、乙醇、硫酸、乙腈、对二甲氨基苯甲醛（均为分析纯）；纯化水自制；疏风解毒胶囊样品；缺柴胡药味疏风解毒胶囊阴性对照样品（安徽济人药业中试车间提供 Z170303）。

5.2.2　鉴别指标选择的依据

柴胡为疏风解毒胶囊的佐药，其主要含柴胡皂苷 a、d 等三萜类成分。前期化学物质基础研究结果表明，柴胡皂苷 a、d 均为疏风解毒胶囊主要抗炎有效成分，因此采用 TLC 法对柴胡中的皂苷类成分进行鉴别。

5.2.3　鉴别条件确定

取柴胡对照药材 5g，同供试品溶液的制备，制成对照药材溶液。取本品内容物 10g，加甲醇 50ml，加热回流 1h，滤过，滤液蒸干。残渣加水 20ml 使溶解，用乙醚振摇提取 2 次，每次 20ml，弃去乙醚液，再用水饱和正丁醇振摇提取 3 次，每次 20ml，合并正丁醇液，加等体积氨试液，振摇，放置分层，取正丁醇层，减压回收溶剂至干，残渣加甲醇 1ml 使溶解，作为供试品溶液。以三氯甲烷-甲醇-水（13∶7∶2）10℃以下放置的下层溶液为展开剂，照薄层色谱法（《中国药典》2015 年版四部通则 0502）试验，吸取上述 3 种溶液各 5μl，分别点于同一硅胶 G 薄层板上，展开，取出，晾干，喷以 1%对二甲氨基苯甲醛硫酸乙醇溶液（1→10），热风吹至斑点显色清晰。分别置日光及紫外光灯（365nm）下检视。

结论：结果表明，供试品色谱中，在与对照药材相应的位置上，显相同颜色的主斑点；阴性对照无干扰。该 TLC 鉴定方法建议列入质量标准。

5.3　马鞭草 TLC 鉴别研究

5.3.1　设备与材料

设备同虎杖鉴别项下。

马鞭草对照药材（批号 121002-201004，中国药品生物制品鉴定所）；硅胶 G 薄层板；D101 大孔树脂；疏风解毒胶囊样品、缺马鞭草药味阴性样品（安徽济人药业中试车间提供，Z170304）。

5.3.2　鉴别指标选择的依据

马鞭草为疏风解毒胶囊的佐药，其主要含戟叶马鞭草苷和马鞭草苷等环烯醚萜类成分。前期化学物质基础研究结果表明，马鞭草苷为疏风解毒胶囊主要抗炎有效成分之一，因此采用 TLC 法对疏风解毒胶囊中的马鞭草进行鉴别。

5.3.3　鉴别条件确定

取本品 8g，加甲醇 50ml，超声处理 20min，滤过，滤液蒸干，残渣以水 5ml 溶解，上聚酰胺柱（内径 1.8cm，聚酰胺 5g），先用乙醇 50ml 预洗，再用水 50ml 预洗，以水 60ml 洗脱，收集水洗脱液，蒸干，残渣用甲醇 2ml 溶解，作为供试品溶液。另取马鞭草对照药材粗粉 2g，加甲醇 40ml，超声处理 20min，滤过，滤液蒸干，残渣加甲醇 2ml 溶解，作为对照药材溶液。照薄层色谱法（《中国药典》2015 年版通则 0502）试验，吸取上述两种溶液各 5μl，分别点于同一硅胶 G 薄层板上，以三氯甲烷–甲醇–乙酸乙酯（16：3：1）为展开剂，展开，取出，晾干，喷以 10%的硫酸乙醇溶液与 5%磷钼酸无水乙醇溶液等量混合的溶液，热风吹至斑点显色清晰。

结论：结果表明，供试品色谱中，在与对照药材相应的位置上，显相同颜色的主斑点；阴性对照无干扰。该 TLC 鉴定方法建议列入质量标准。

5.4 甘草的 TLC 鉴别研究

5.4.1 设备与材料

设备同虎杖鉴别项下。

甘草对照药材（批号 120904-201318，中国食品药品检定研究院）；甘草苷对照品（批号 111610-200604，中国食品药品检定研究院生物制品检定所）；硅胶 G 薄层板、硅胶 H 薄层板（青岛海洋化工有限公司）、硅胶 H 薄层板（上海亨代劳生物科技有限公司）；无水乙醇、甲醇、正丁醇、盐酸、三氯甲烷、冰醋酸、硫酸、甲酸、磷钼酸（均为分析纯）；纯化水自制；D101 大孔树脂；疏风解毒胶囊样品、缺甘草药味阴性样品（安徽济人药业中试车间提供，Z170305）。

5.4.2 鉴别指标选择的依据

甘草为疏风解毒胶囊的使药，其主要含甘草酸等三萜类成分和甘草苷等黄酮类成分。前期化学物质基础研究结果表明，甘草酸和甘草苷均为疏风解毒胶囊主要抗炎有效成分，因此采用 TLC 法对甘草中的甘草苷进行鉴别，同时采用甘草苷对照品和甘草对照药材，可以有效地控制产品质量。

5.4.3 鉴别条件确定

取本品内容物适量，研细，称取约 6g，加甲醇 50ml，超声处理 20min，放冷，滤过，滤液蒸干，残渣加水 20ml 使溶解，置分液漏斗中，用三氯甲烷提取 2 次，每次 20ml，分取水液，再用乙酸乙酯提取 3 次，每次 20ml，乙酸乙酯提取液蒸干，残渣加甲醇 1ml 使溶解，作为供试品溶液。取甘草对照药材 1g，加甲醇 20ml，超声处理 20min，放冷，同法制成对照药材溶液。取甘草苷对照品，加甲醇制成每 1ml 含 1mg 的溶液，作为对照品溶液，照薄层色谱法（《中国药典》2015 年版通则 0502）试验，分别吸取上述溶液各 2μl，点于同一硅胶 H 薄层板上，以三氯甲烷-甲醇-乙酸乙酯-甲酸-水（18：6：3：0.4：0.15）为展开剂，展开，取出，晾干。喷以 10%硫酸乙醇溶液，105℃烘至斑点显色清晰。

结论：结果表明，供试品色谱中，在与对照品相应的位置上，显相同颜色的斑点；在与对照药材相应的位置上，显相同颜色的主斑点；阴性对照无干扰。该 TLC 鉴定方法建议列入质量标准。

5.5　连翘的 HPLC 鉴别研究

5.5.1　设备与材料

戴安 U3000 型高效液相色谱仪；U1700 型紫外-可见分光光度计；AR1140 型电子分析天平、BS323S 型电子分析天平、XP-26 型电子分析天平；JK-300DB、JK-300DVB 超声仪；HH 型数显恒温水浴锅。

连翘苷对照品（批号：110821-201514），购于中国食品药品检定研究院。其他试剂均为分析纯。

5.5.2　鉴别指标选择的依据

连翘为疏风解毒胶囊的臣药，其主要含连翘苷等木脂素类成分和连翘酯苷 A 等苯乙醇苷类成分。前期化学物质基础研究结果表明，连翘苷和连翘酯苷 A 均为疏风解毒胶囊主要抗炎有效成分，原标准采用 TLC 法对疏风解毒胶囊中连翘苷进行鉴别，然而，由于连翘苷含量太少，采用 TLC 法鉴别重现性不好，因此，拟采用建立 HPLC 法对疏风解毒胶囊中连翘苷进行鉴别。

5.5.3　HPLC 鉴别方法的建立

（1）检测波长确定：精密称取连翘苷对照品适量，加甲醇溶解，制成每 1ml 含 0.0514mg 的溶液，以甲醇为空白，在紫外-可见分光光度计上进行紫外扫描，确定最大吸收波长。

结果，连翘苷对照品溶液在 277nm 处有最大吸收。参照《中国药典》2015 年版一部，连翘中连翘苷的 HPLC 测定波长为 277nm，故确定 277nm 作为本品中连翘苷 HPLC 含量测定的吸收波长。

（2）供试品溶液的制备方法的确定：取疏风解毒胶囊适量，研细，取约 2g，精密称定，精密加入甲醇 50ml，称定重量，超声处理 20min、30min、40min，取出放冷，称定重量，用甲醇补足减失的重量，摇匀，滤过，精密量取续滤液 25ml 加在中性氧化铝柱（100～200 目，15g，1.5cm）上，用甲醇 25ml 洗脱，弃去洗脱液，继用分别用 70%乙醇、80%甲醇 100ml 洗脱，收集洗脱液，蒸干，残渣加流动相溶液适量，超声处理 2min 使其溶解，转移至 10ml 量瓶中，加流动相溶液至刻度，滤过，取续滤液，即得。

（3）对照品溶液的制备：取连翘苷对照品适量，精密称定，加流动相制成每 1ml 含 40μg 的溶液，即得。

（4）阴性样品溶液制备：取缺连翘阴性样品溶液，按照供试品制备方法制得缺连翘阴性样品溶液。

（5）色谱条件与系统适用性试验：试验过程中，先对乙腈-水、甲醇-水为主要组分的流动相系统进行试验，结果显示分离效果达不到标准要求，又进行了以乙腈-三乙胺为主要组分的流动相的摸索试验，确定了最佳流动相组分及比例为：乙腈-0.1%三乙胺溶液（19∶81）。试验条件为：用岛津 ODS-3 色谱柱（4.6mm×250mm，5μm）；以乙腈-0.1%三乙胺溶液（19∶81）为流动相；检测波长为 277nm。理论板数按连翘苷峰计算应不低于 3000。

（6）专属性考察：分别精密吸取对照品溶液、供试品溶液和阴性样品溶液各 10μl，注入液相色谱仪，测定，即得。结果见图 8-1-1。

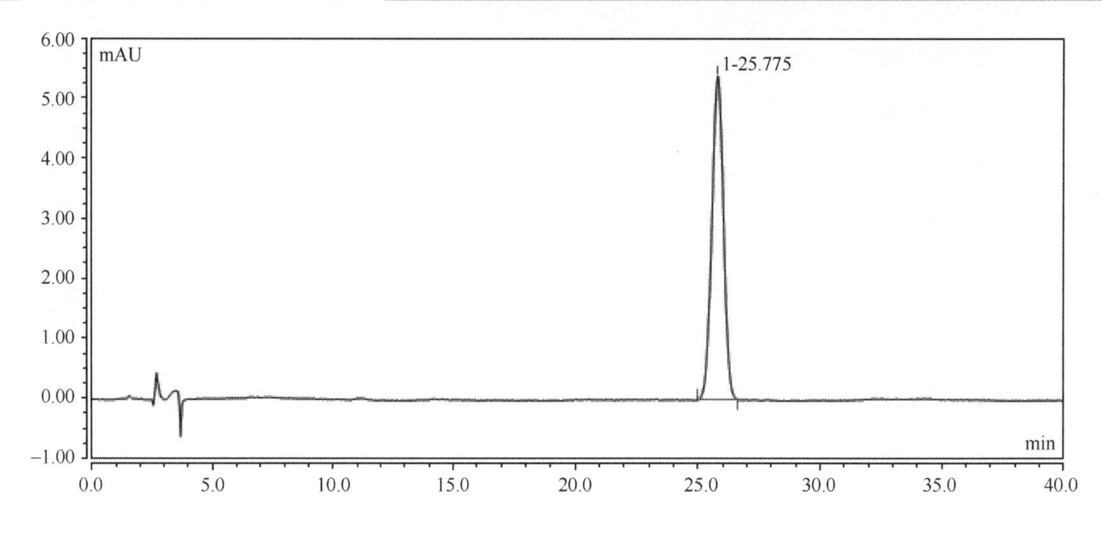

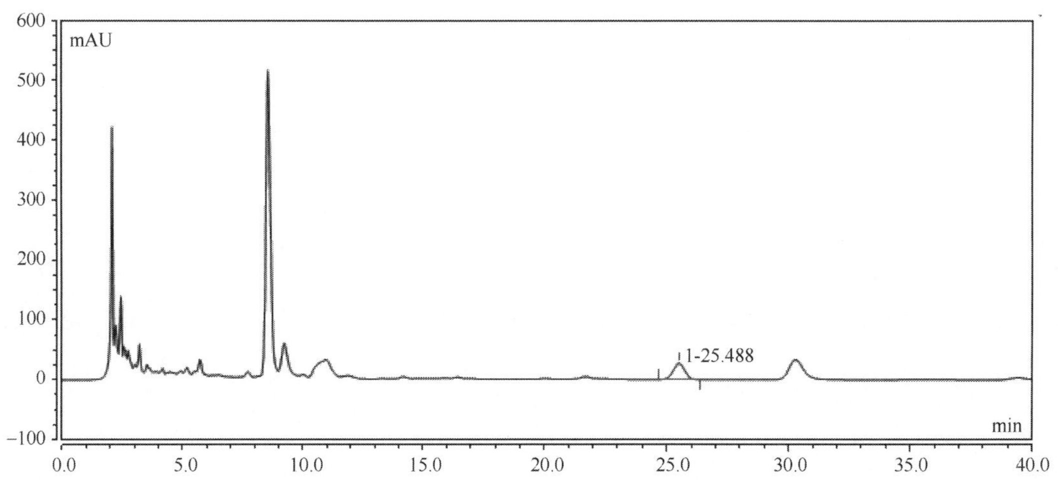

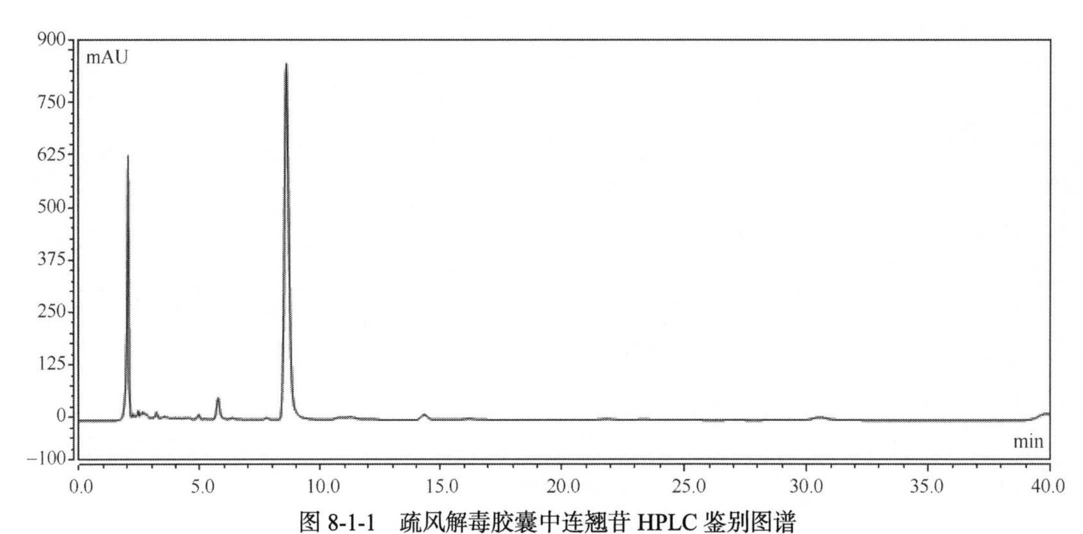

图 8-1-1 疏风解毒胶囊中连翘苷 HPLC 鉴别图谱

从上至下：连翘苷对照品、疏风解毒胶囊供试品、缺连翘苷阴性供试品

5.5.4　15批制剂液相色谱鉴别

取15批疏风解毒胶囊样品，按供试品溶液制备方法制得供试品溶液，进行液相色谱法鉴别，结果见图8-1-2。

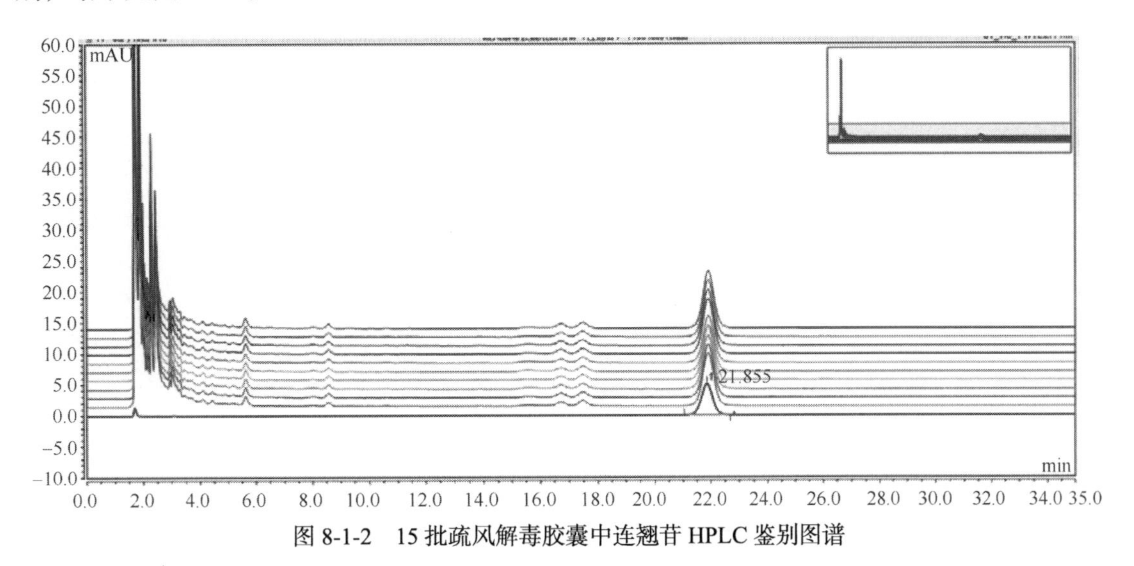

图8-1-2　15批疏风解毒胶囊中连翘苷HPLC鉴别图谱

6. 检查

疏风解毒胶囊中水分、装量差异、崩解时限、微生物限度检查同原标准内容，不做修订。在此基础上，新增了重金属及有害元素、有机氯农药残留量和黄曲霉毒素检查研究，实验结果如下：

6.1　水分

照（2015年版《中国药典》四部通则0832）水分测定第二法，测定15批疏风解毒胶囊的含水量，结果见表8-1-10。

6.2　装量差异

照（2015年版《中国药典》四部通则0103）装量差异检查法，取本品10粒，分别精密称定重量，倾出内容物（不得损失囊壳），用小刷或其他适宜的用具拭净，再分别精密称定囊壳重量，求出每粒内容物的装量。每粒装量应不得过0.52g±10%，超出装量差异限度的不得多于2粒，并不得有1粒超出限度1倍。对15批疏风解毒胶囊的装量差异进行检查，结果见表8-1-10。

6.3　崩解时限

照（2015年版《中国药典》四部通则0921）崩解时限检查法，对15批疏风解毒胶囊的装量差异进行检查，结果见表8-1-10。

表8-1-10　15批疏风解毒胶囊水分、崩解时限和装量差异检查结果

序号	批号	水分（%）	崩解时限（min）	装量差异
1	2180501	5.0	14	符合规定
2	2180701	3.9	15	符合规定
3	2181001	4.4	16	符合规定

续表

序号	批号	水分（%）	崩解时限（min）	装量差异
4	2181006	4.6	15	符合规定
5	3180214	4.5	15	符合规定
6	3180611	4.2	16	符合规定
7	3180706	5.0	15	符合规定
8	3180710	5.1	14	符合规定
9	3180713	4.2	14	符合规定
10	3180908	4.3	15	符合规定
11	3181014	4.6	15	符合规定
12	3181108	3.9	15	符合规定
13	3181121	5.2	15	符合规定
14	3181205	4.4	15	符合规定
15	3181215	4.0	16	符合规定

6.4 微生物限度

照非无菌产品微生物限度检查：微生物计数法（2015 年版《中国药典》四部通则 1105）和控制菌检查法（2015 年版《中国药典》四部通则 1106）及非无菌药品微生物限度标准（2015 年版《中国药典》四部通则 1107）检查，每 1g 需氧菌总数不得过 10^3cfu，霉菌和酵母菌总数不得过 10^2cfu，大肠埃希菌不得检出。对 15 批疏风解毒胶囊的进行微生物限度检查，结果见表 8-1-11。

表 8-1-11　15 批疏风解毒胶囊微生物限度检查结果

序号	批号	需氧菌总数	霉菌和酵母菌总数	大肠埃希菌
1	2180501	＜10cfu/g	＜10cfu/g	未检出
2	2180701	＜10cfu/g	＜10cfu/g	未检出
3	2181001	＜10cfu/g	＜10cfu/g	未检出
4	2181006	＜10cfu/g	＜10cfu/g	未检出
5	3180214	＜10cfu/g	＜10cfu/g	未检出
6	3180611	＜10cfu/g	＜10cfu/g	未检出
7	3180706	＜10cfu/g	＜10cfu/g	未检出
8	3180710	＜10cfu/g	＜10cfu/g	未检出
9	3180713	＜10cfu/g	＜10cfu/g	未检出
10	3180908	＜10cfu/g	＜10cfu/g	未检出
11	3181014	＜10cfu/g	＜10cfu/g	未检出
12	3181108	＜10cfu/g	＜10cfu/g	未检出
13	3181121	＜10cfu/g	＜10cfu/g	未检出
14	3181205	＜10cfu/g	＜10cfu/g	未检出
15	3181215	＜10cfu/g	＜10cfu/g	未检出

6.5　重金属及有害元素

照铅、镉、砷、汞、铜测定法（通则 2321 原子吸收分光光度法），检测了随机抽取的 5 批疏风解毒胶囊中铅、镉、砷、汞、铜的含量，检测结果如表 8-1-12 所示。

表 8-1-12　5 批疏风解毒胶囊重金属及有害元素检测结果

批号	铅（mg/kg）	镉（mg/kg）	砷（mg/kg）	铜（mg/kg）	汞（mg/kg）
2180501	0.96	0.096	0.74	2.2	0.0120
3180214	0.36	0.054	0.65	2.5	0.0063
3180706	0.92	0.100	0.75	2.6	0.0120
3180908	0.42	0.060	0.64	2.5	0.0085
3181215	0.46	0.068	0.73	3.3	0.0069

根据检测结果，暂定本品铅不得过 5mg/kg；镉不得过 0.3mg/kg；砷不得过 2mg/kg；铜不得过 20mg/kg；汞不得过 0.2mg/kg。

6.6　有机氯农药残留量

照农药残留量测定法（2015 年版《中国药典》四部通则 2341 有机氯类农药残留量测定法第一法）。抽取 5 批疏风解毒胶囊，检测含总六六六、总滴滴涕和五氯硝基苯含量，检测结果如表 8-1-13 所示。

表 8-1-13　5 批疏风解毒胶囊有机氯农药残留量检测结果

批号	总六六六（mg/kg）		总滴滴涕（mg/kg）		五氯硝基苯（mg/kg）	
	最低检出浓度	实测结果	最低检出浓度	实测结果	最低检出浓度	实测结果
2180501	0.0008	未检出	0.003	未检出	0.0008	未检出
3180214	0.0008	未检出	0.003	未检出	0.0008	未检出
3180706	0.0008	未检出	0.003	未检出	0.0008	未检出
3180908	0.0008	未检出	0.003	未检出	0.0008	未检出
3181215	0.0008	未检出	0.003	未检出	0.0008	未检出

检测结果表明，随机抽取 5 批疏风解毒胶囊中未检出总六六六、总滴滴涕和五氯硝基苯残留，鉴于本品中有机氯农药残留量远低于《中国药典》规定（含总六六六不得过 0.2mg/kg；总滴滴涕不得过 0.2mg/kg；五氯硝基苯不得过 0.1mg/kg），暂不将有机氯农药残留量检查列入疏风解毒胶囊质量标准。

6.7　黄曲霉毒素检查

按照 2015 年版《中国药典》四部通则 0512 高效液相色谱法测定，抽取 5 批疏风解毒胶囊，测定黄曲霉毒素含量（以黄曲霉毒素 B_1、黄曲霉毒素 B_2、黄曲霉毒素 G_1 和黄曲霉毒素 G_2 总量计），检测结果如表 8-1-14 所示。

表 8-1-14　5 批疏风解毒胶囊黄曲霉毒素检测结果

批号	黄曲霉毒素 B_1（μg/kg）		黄曲霉毒素 B_2（μg/kg）		黄曲霉毒素 G_1（μg/kg）		黄曲霉毒素 G_2（μg/kg）	
	最低检出浓度	实测结果	最低检出浓度	实测结果	最低检出浓度	实测结果	最低检出浓度	实测结果
2180501	0.3	未检出	0.3	未检出	0.3	未检出	0.3	未检出
3180214	0.3	未检出	0.3	未检出	0.3	未检出	0.3	未检出
3180706	0.3	未检出	0.3	未检出	0.3	未检出	0.3	未检出
3180908	0.3	未检出	0.3	未检出	0.3	未检出	0.3	未检出
3181215	0.3	未检出	0.3	未检出	0.3	未检出	0.3	未检出

检测结果表明，随机抽取 5 批疏风解毒胶囊中未检出黄曲霉毒素，因此，暂不将黄曲霉毒素检查列入疏风解毒胶囊质量标准。

7. 指纹图谱

7.1　仪器与材料

Agilent1260 高效液相色谱仪；Unitary C_{18} 色谱柱（4.6mm×250mm，5μm）；AB204-N 电子天平（METTLER TOLEDO）；Autoscience AS3120 超声仪。

虎杖苷（111575-201603）、连翘酯苷 A（111810-201707）、甘草酸铵（110731-201720）、大黄素（110756-201512）对照品均购自中国食品药品检定研究院，戟叶马鞭草苷（ZQ17120408）购自上海再启生物技术有限公司，马鞭草苷（JL20160828001）购自上海将来试剂，纯度均大于 98%（供含量测定用）。

乙腈（色谱纯，天津市康科德科技有限公司）；乙醇（分析纯，天津市凯信化学工业有限公司）；甲酸（分析纯，天津市光复科技发展有限公司）；其他试剂均为分析纯。

29 批疏风解毒胶囊，由安徽济人药业有限公司提供，批号：140201、140202、140203、140204、140105、140206、140207、140208、140209、140210、140211、140212、140213、140214、140215、2180501、2180701、2181001、2181006、3180214、3180611、3180706、3180710、3180713、3180908、3181014、3181108、3181121、3181205。

7.2　方法与结果

7.2.1　色谱条件

色谱柱：Unitary C_{18} 柱（4.6mm×250nm，5μm）；流动相：乙腈（A）-0.1%甲酸溶液（B），梯度洗脱程序见表 8-1-15；检测波长 250nm；流速 1ml/min；柱温 30℃。

表 8-1-15　流动相梯度

时间（min）	乙腈（%）	0.1%甲酸（%）
0	10	90
65	30	70
105	80	20
107	10	90
120	10	90

7.2.2 供试品制备方法

以样品色谱图中各主要色谱峰相对峰面积为考察指标，通过对不同提取方式（超声、回流、索氏提取）、不同提取溶剂（50%乙醇、70%乙醇、90%乙醇）、不同提取时间（0.5h、1h、1.5h）的考察，确定供试品溶液制备方法。

取疏风解毒胶囊内容物，称取约 1.0g，精密称定，置于 100ml 圆底烧瓶中，加入 25ml 70%乙醇水溶液，称重，回流提取 1h，冷却后称重，用 70%乙醇溶液补足失重，经 0.22μm 微孔滤膜滤过，取续滤液作为供试品溶液。

7.2.3 方法学考察

（1）精密度试验：取疏风解毒胶囊内容物，称取约 1.0g，精密称定，按法制备供试品溶液，按确定的色谱条件进行测定。结果表明，各共有峰相对保留时间、相对峰面积的 RSD 值均小于 5%，说明该方法的精密度良好。

（2）重现性试验：取批号为 140201 的疏风解毒胶囊，称取其内容物约 1.0g，精密称定，共计 5 份，按方法制备供试品溶液，按确定的色谱条件进行测定。结果表明，各共有峰相对保留时间、相对峰面积的 RSD 值均小于 5%，说明该方法的重现性较好。

（3）稳定性试验：取重复性试验中 1 号供试品溶液，密闭，室温放置，在不同放置时间分别取样测定。结果表明，各共有峰相对保留时间、相对峰面积的 RSD 值均小于 5%，说明该方法的稳定性良好。

7.2.4 指纹图谱及技术参数

7.2.4.1 标准指纹图谱

取 29 批疏风解毒胶囊，分别按本章“7.2.2”项下所述方法制备供试品溶液，按“7.2.1”项下所述色谱条件测定，用“中药色谱图的指纹图谱评价系统”软件（2004A）进行色谱峰的匹配，确定 22 个主要色谱峰为共有峰，制定了以第 21 号色谱峰为参照峰的标准指纹图谱，见图 8-1-3，各批次样品的叠加图见图 8-1-4。

7.2.4.2 相似度计算

用“中药色谱图的指纹图谱评价系统”软件（2004A）进行色谱峰的匹配，计算各批次疏风解毒胶囊的相似度，结果见表 8-1-16。

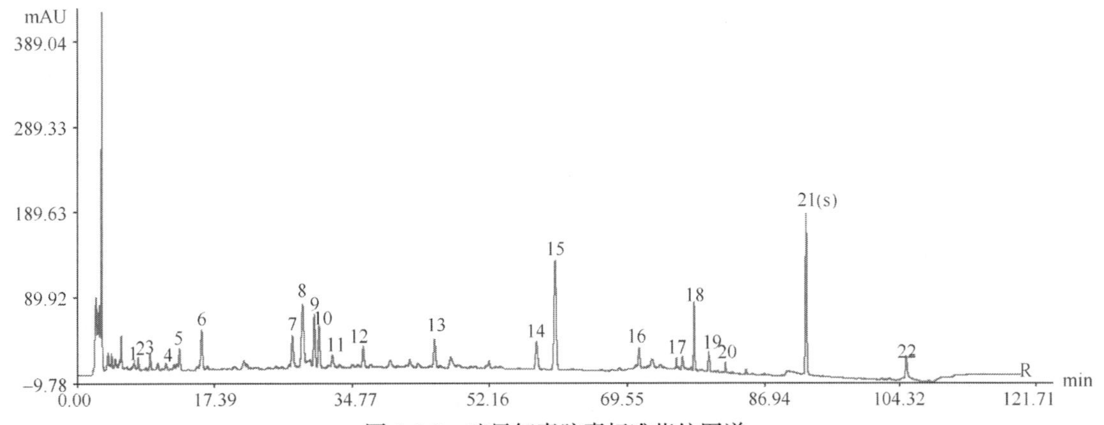

图 8-1-3 疏风解毒胶囊标准指纹图谱

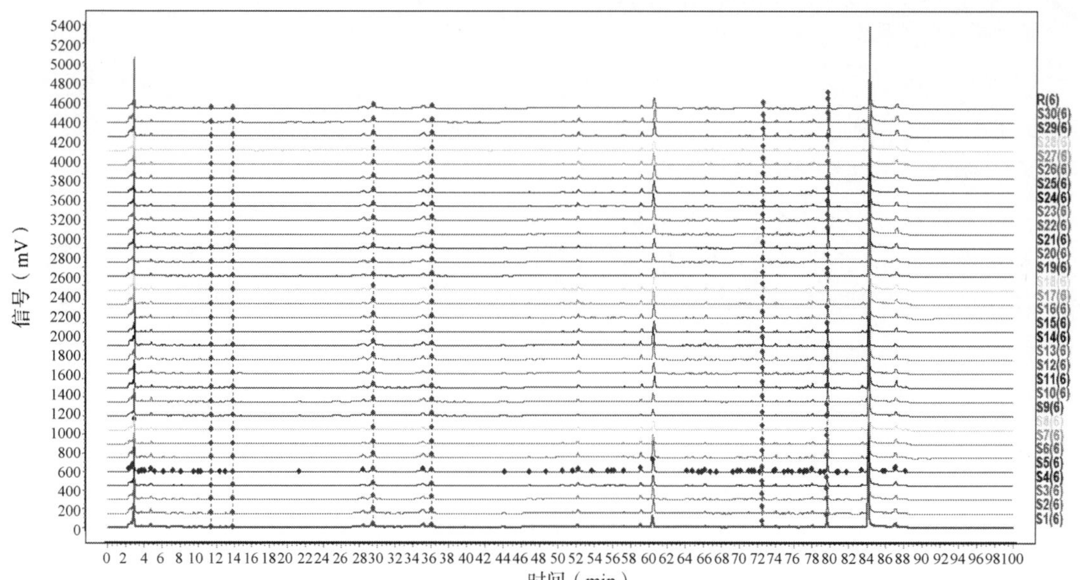

图 8-1-4　29 批次样品 HPLC 色谱图叠加

表 8-1-16　29 批次疏风解毒胶囊样品相似度评价结果

批次	相似度	批次	相似度
S1	0.986	S16	0.967
S2	0.993	S17	0.991
S3	0.99	S18	0.991
S4	0.983	S19	0.973
S5	0.998	S20	0.976
S6	0.988	S21	0.972
S7	0.986	S22	0.973
S8	0.987	S23	0.994
S9	0.998	S24	0.993
S10	0.996	S25	0.998
S11	0.992	S26	0.996
S12	0.993	S27	0.984
S13	0.966	S28	0.983
S14	0.965	S29	0.995
S15	0.984		

由相似度结果可以看出，29 批疏风解毒胶囊样品与对照图谱的相似度在 0.96 以上，均超过 0.90，表明疏风解毒胶囊一致性很好。

7.2.5　疏风解毒胶囊指纹图谱的归属分析与色谱峰指认

将疏风解毒胶囊和 8 味原料药材进行 HPLC 色谱分析，比较它们的色谱图，结果表明，疏风解毒胶囊指纹图谱 22 个共有峰中，有 20 个峰可以确定药材归属，疏风解毒胶囊指纹图谱共有峰与药材关系见表 8-1-17。

表 8-1-17　疏风解毒胶囊中共有峰与药材的关系

峰号	保留时间（min）	虎杖	连翘	马鞭草	败酱草	甘草
1	7.281		+			
2	7.800		+			
3	9.291		+			
4	11.361				+	
5	13.040			+		
6	15.848			+		
7	27.324		+			
8	28.659	+				
9	30.060		+			
10	30.648		+			
11	32.343			+		
12	36.230	+				
13	45.268	+				
14	58.174	+				
15	60.562	+				
16	71.053	+				
17	75.752					
18	78.012					+
19	79.813					+
20	81.931					
21	92.305	+				
22	105.207	+				

7.2.6　疏风解毒胶囊成品指纹图谱的色谱峰指认

采用液质联用方法对疏风解毒胶囊指纹图谱中主要色谱峰进行了指认。

实验仪器：仪器为 Thermo Fishier LCQ Advantage Max 离子阱液质联用仪。

液相条件：色谱柱 Unitary C_{18} 柱（4.6mm×250mm，5μm）；流动相为乙腈（A）-0.1%甲酸溶液（B）；检测波长 250nm；流速 1ml/min；柱温 30℃；进样体积 5μl。流动相梯度为 0～65min，10%～30%A；65～105min，30%～80%A；105～107min，80%～10%A；107～120min，10%～10%A。

质谱条件：离子化模式为 ESI；离子检测模式为全扫描；分析模式为正离子模式；采集范围为 m/z100～1000；毛细管温度为 250℃；喷雾电压为 4.5kV；毛细管电压为 25V；鞘气流速为 35arb；辅助气流速为 20arb。

采用液质联用及对照品对照的方法对疏风解毒胶囊指纹图谱中主要色谱峰进行了指认和结构鉴定，实验数据见表 8-1-18 和图 8-1-5。

表 8-1-18 疏风解毒胶囊指纹图谱主要色谱峰的指认结果

峰号	t_R（min）	分子量（m/z）	质谱数据	分子式	分子质量（Da）	鉴定结果	来源药材
1	7.281	254.0771	253[M–H]$^-$	$C_{15}H_{10}O_4$	254.230	大黄酚	虎杖
2	7.800	432.1105	431[M–H]$^-$	$C_{21}H_{20}O_{20}$	432.110	大黄素-8-*O*-葡萄糖苷	虎杖
3	9.291	284.0765	285[M+H]$^+$	$C_{15}H_8O_6$	284.210	大黄酸	虎杖
4	11.361	461.1628	315[M–H–Rham]$^-$，135[M–H–Rham–Glu]$^-$	$C_{20}H_{30}O_{12}$	462.451	连翘酯苷 E	连翘
5	13.040	405.1388	243[M+H–Glu]$^+$，225[M+H–Glu–H_2O]$^+$，207[M+H–Glu–$2H_2O$]$^+$，193[M+H–Glu–H_2O–CH_4O]$^+$	$C_{17}H_{24}O_{11}$	404.371	戟马鞭草苷	马鞭草
6	15.848	389.1407	227[M+H–Glu]$^+$，195[M+H–Glu–CH_4O]$^+$，177[M+H–Glu–CH_4O–H_2O]$^+$	$C_{17}H_{24}O_{10}$	388.372	马鞭草苷	马鞭草
7	27.324	390.1386	391[M+H]$^+$，389[M–H]$^-$	$C_{20}H_{22}O_8$	390.400	虎杖苷	虎杖
8	28.659	418.1999	417[M–H]$^-$	$C_{21}H_{22}O_9$	418.394	甘草苷	甘草
9	30.060	623.2007	623[M–H]$^-$，461[M–H–caffeoyl]$^-$，161[M–2H–461]$^-$	$C_{29}H_{36}O_{15}$	624.596	连翘酯苷 A	连翘
10	30.648	640.2080	639[M–H]$^-$	$C_{29}H_{36}O_{16}$	640.196	羟基化连翘酯苷 A	连翘
11	32.343	623.1971	623[M–H]$^-$，461[M–H–caffeoyl]$^-$，161[M–2H–461]$^-$	$C_{29}H_{36}O_{15}$	624.596	毛蕊花糖苷	连翘
12	36.230	623.1978	623[M–H]$^-$，461[M–H–caffeoyl]$^-$，161[M–2H–461]$^-$	$C_{29}H_{36}O_{15}$	624.596	异连翘酯苷A	连翘
13	45.268	228.0990	229[M+H]$^+$	$C_{14}H_{12}O_3$	228.240	白藜芦醇	虎杖
14	58.174	407.1294	407[M–H]$^-$，245[M–H–$2C_5H_7$–CO]$^-$	$C_{25}H_{28}O_5$	408.494	3-羟基光甘草酚	甘草
15	60.562	431.0843	269[M–H–Glu]$^-$，225[M–H–Glu–CO_2]$^-$	$C_{21}H_{20}O_{10}$	432.384	牡荆苷	板蓝根
16	71.053	352.1018	353[M+H]$^+$，351[M–H]$^-$	$C_{21}H_{20}O_5$	352.380	GancaoninG	甘草
17	75.752	417.1999	417[M–H]$^-$	$C_{21}H_{22}O_9$	418.390	异甘草苷	甘草
18	78.012	256.0807	257[M+H]$^+$	$C_{15}H_{12}O_4$	256.253	甘草素	甘草
19	79.813	268.0815	269[M+H]$^+$	$C_{16}H_{12}O_4$	268.264	芒柄花素	虎杖
20	81.931	370.1826	369[M–H]$^-$	$C_{20}H_{18}O_7$	370.355	uralenol	甘草
21	92.305	269.0423	269[M+H]$^+$，241[M+H–CO]$^+$，225[M+H–CO_2]$^+$	$C_{15}H_{10}O_5$	270.241	大黄素	虎杖
22	105.207	270.0606	271[M+H]$^+$	$C_{15}H_{10}O_5$	270.230	芦荟大黄素	虎杖

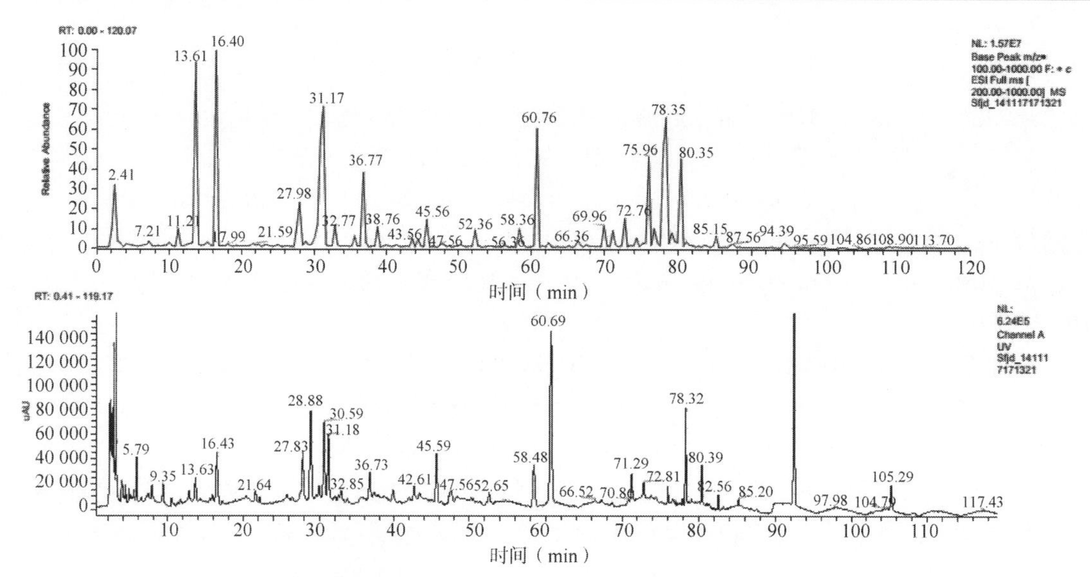

图 8-1-5 疏风解毒胶囊供试品 HPLC-TOF-MS 正离子流图及 HPLC/UV 色谱图

8. 多指标成分含量测定

根据前期筛选结果确定的 10 个抗炎活性成分，选择虎杖苷、连翘酯苷 A、甘草酸铵、大黄素、戟叶马鞭草苷和马鞭草苷 6 个为代表性成分，建立了疏风解毒胶囊多指标成分含量测定方法，并应用该方法对 29 批疏风解毒胶囊样品进行了多指标成分含量测定。

8.1 仪器与材料

Dionex 高效液相色谱仪，Chromeleon 色谱工作站；Unitary C_{18} 色谱柱（4.6mm×250mm，5μm）。AUTOSCIENCE（AS3120）超声仪。Sartorius BT25S（十万分之一）电子天平；METTLER TOLEDO AB204-N（万分之一）电子天平。

虎杖苷（111575-201603）、连翘酯苷 A（111810-201707）、甘草酸铵（110731-201720）、大黄素（110756-201512）对照品均购自中国食品药品检定研究院，戟叶马鞭草苷（ZQ17120408）购自上海再启生物技术有限公司，马鞭草苷（JL20160828001）购自上海将来试剂，纯度均大于 98%（供含量测定用）。

乙腈（色谱纯，天津市康科德科技有限公司）；乙醇（分析纯，天津市凯信化学工业有限公司）；甲酸（分析纯，天津市光复科技发展有限公司）；其他试剂均为分析纯。

29 批疏风解毒胶囊，由安徽济人药业有限公司提供，批号：140201、140203、140204、140105、140206、140207、140208、140209、140210、140211、140212、140213、140214、140215、2180501、2180701、2181001、2181006、3180214、3180611、3180706、3180710、3180713、3180908、3181014、3181108、3181121、3181205。

8.2 方法与结果

8.2.1 色谱条件

采用 Unitary C_{18} 色谱柱（4.6mm×250mm，5μm）；流动相为乙腈（A）-0.1%甲酸溶液（B），梯度洗脱程序（0～65min，10%～30%A；65～85min，30%～80%A；85～87min，80%～10%A；87～100min，10%A）；检测波长 250nm；流速为 1ml/min；柱温 30℃。

8.2.2 混合对照品溶液的制备

取戟叶马鞭草苷、马鞭草苷、虎杖苷、连翘酯苷 A、甘草酸铵、大黄素对照品适量，精密称定，置于 25ml 容量瓶中，加适量甲醇使溶解，并稀释至刻度，摇匀，即得对照品混合溶液，每 1ml 含戟叶马鞭草苷 96μg，马鞭草苷 89.2μg，虎杖苷 119.2μg，连翘酯苷 A 58.8μg，甘草酸铵 206ug，大黄素 53.2μg。

8.2.3 供试品溶液制备

取疏风解毒胶囊内容物 1.0g，精密称定，置于 100ml 具塞圆底烧瓶中，准确加入 50ml 70%乙醇，称定重量，回流提取 1h，冷却至室温，称定重量并用 70%乙醇补足减失的重量，摇匀，用 0.22μm 微孔滤膜滤过，取续滤液作为供试品溶液。

8.2.4 阴性对照溶液的制备

根据确定含测指标的药材归属关系，按疏风解毒胶囊制备工艺分别制备缺失虎杖、连翘、马鞭草、甘草的阴性样品。按供试品溶液制备方法分别制备缺虎杖、连翘、马鞭草和甘草药材阴性供试品溶液。

8.2.5 方法学研究

（1）专属性考察：精密吸取混合对照品溶液 10μl、供试品溶液 5μl 和阴性对照溶液 5μl，按确定的色谱条件进样检测，结果 6 种被测成分均能达到基线分离，与相邻色谱峰的分离度均大于 1.5，以各成分色谱峰计算理论塔板数均大于 10 000，阴性对照无干扰，HPLC 色谱图见图 8-1-6～图 8-1-8。

（2）线性关系考察：精密吸取上述对照品混合溶液 1μl、5μl、10μl、15μl、20μl、30μl、40μl，按上述色谱条件进样检测分析。以峰面积 Y 为纵坐标，进样量 X（μl）为横坐标，绘制标准曲线并进行回归计算，标准曲线图见图 8-1-9。

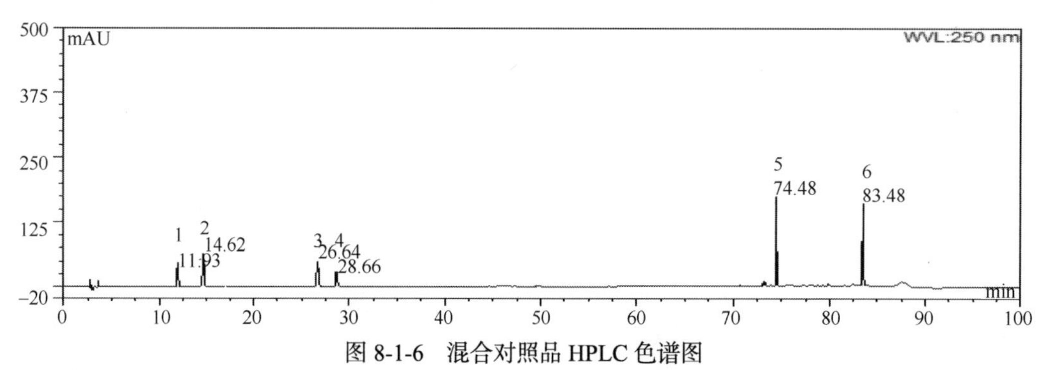

图 8-1-6　混合对照品 HPLC 色谱图

1. 戟叶马鞭草苷；2. 马鞭草苷；3. 虎杖苷；4. 连翘酯苷 A；5. 甘草酸铵；6. 大黄素

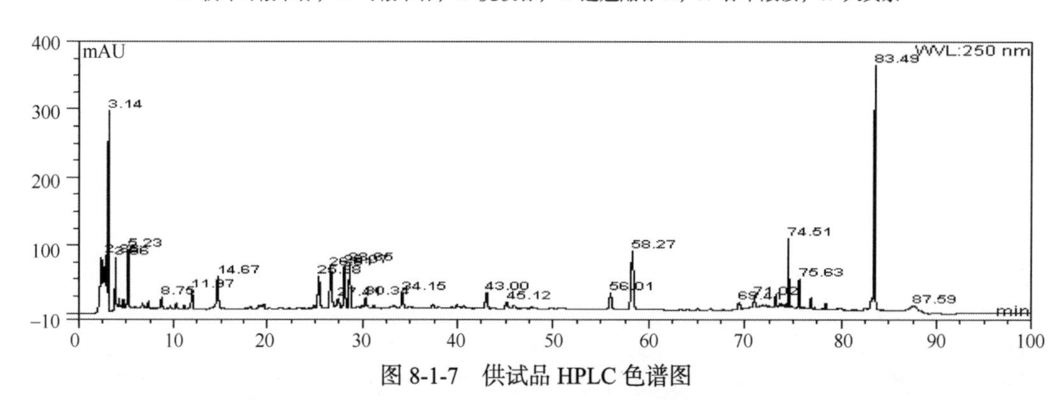

图 8-1-7　供试品 HPLC 色谱图

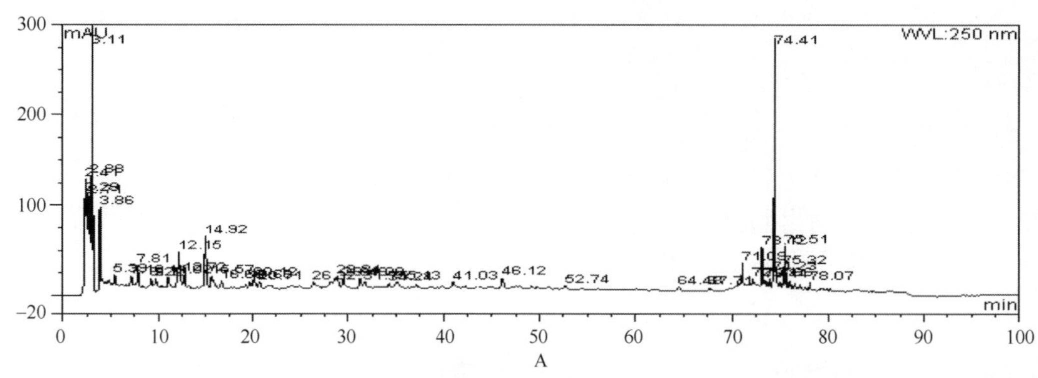

A

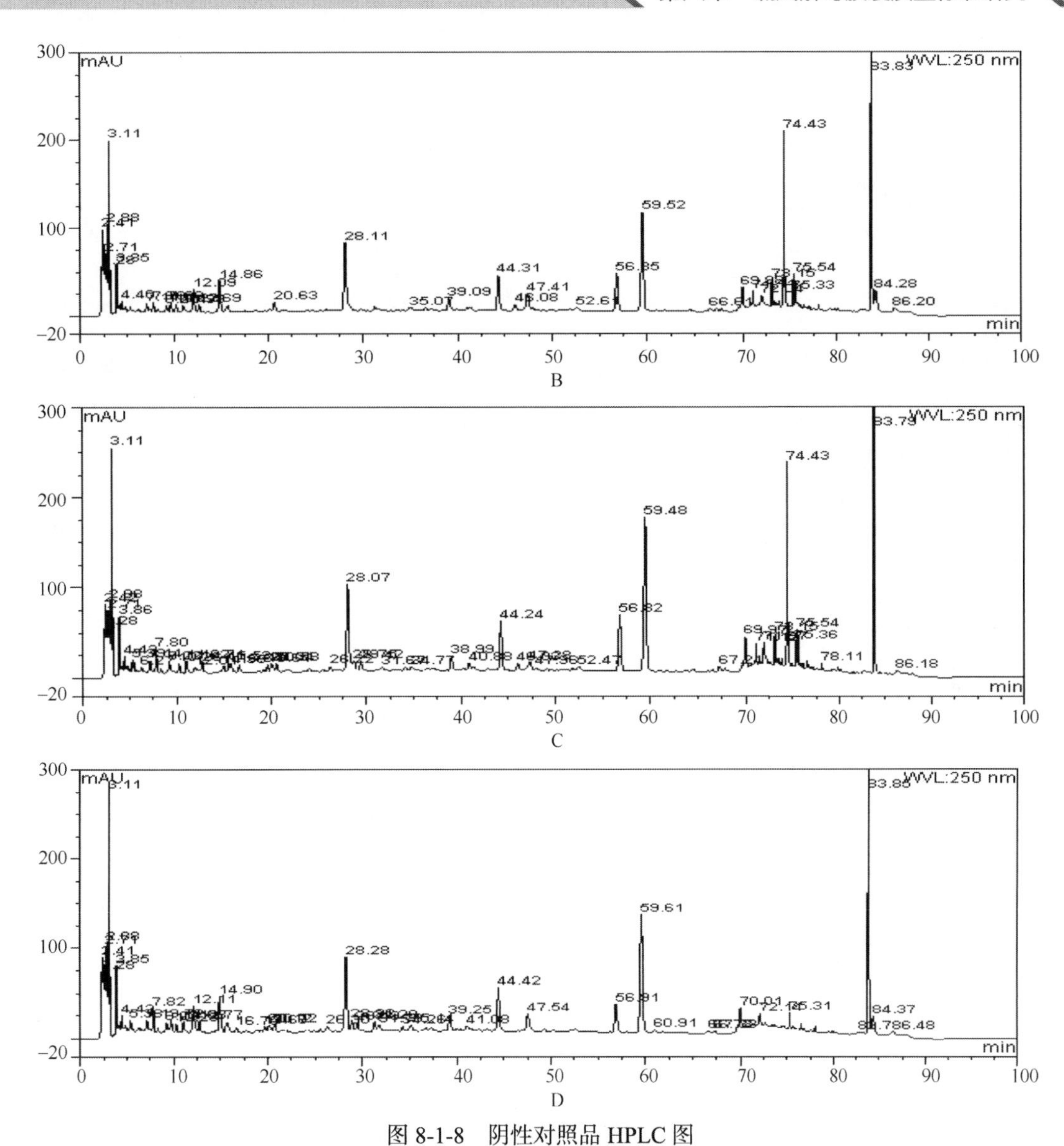

图 8-1-8 阴性对照品 HPLC 图

A. 虎杖阴性；B. 连翘阴性；C. 马鞭草阴性；D. 甘草阴性

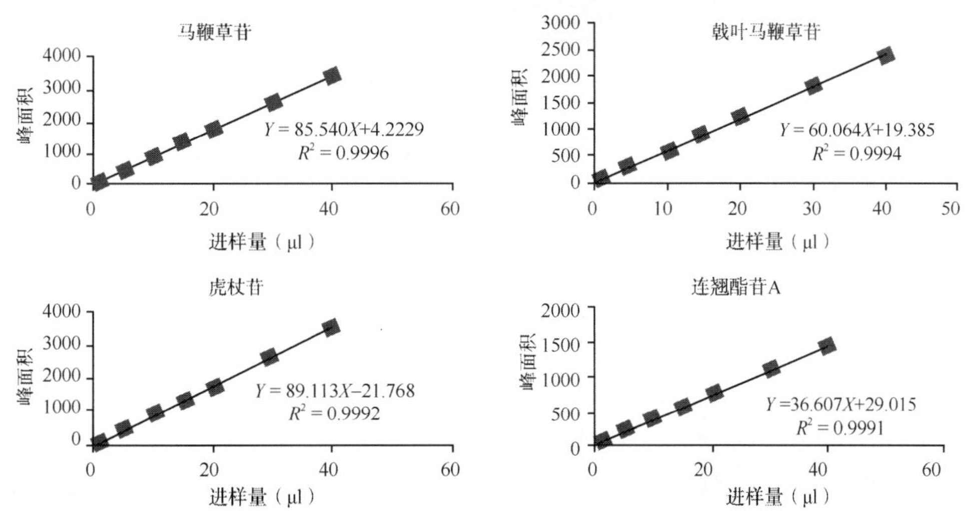

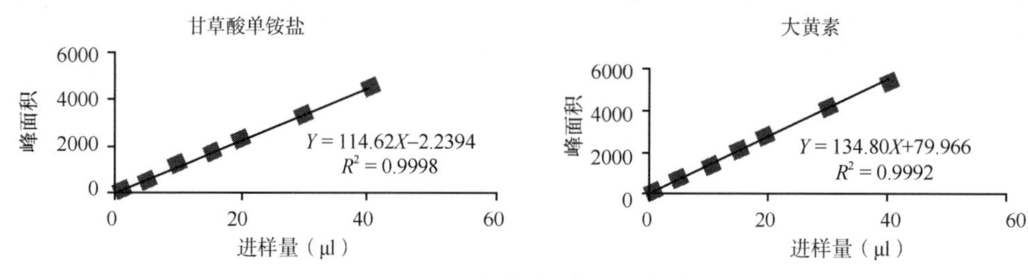

图 8-1-9　各成分的标准曲线图

（3）精密度试验：取 140201 批疏风解毒胶囊和混合对照品溶液，分别连续进样 5 次，按确定的色谱条件测定 6 个成分峰面积。结果表明，6 个成分峰面积的 RSD 值均小于 3%，说明该方法的精密度良好。

（4）重复性试验：取批号为 140209 的疏风解毒胶囊，取约 1.0g，精密称定，共计 6 份，按本章 8.2.3 项下方法制备供试品溶液，按 8.2.1 色谱条件进行测定，按外标法计算 6 个成分含量。结果表明，6 个成分含量的 RSD 值均小于 5%，本方法重现性良好。

（5）稳定性试验：取重复性试验中 1 号供试品溶液，密闭，室温放置，分别在放置 0h、2h、4h、6h、8h 和 12h 后取样，按 8.2.3 项下制备供试品溶液，按 8.2.1 色谱条件测定 6 个成分峰面积。结果表明，6 个成分峰面积的 RSD 值均小于 5%，供试品溶液室温放置 12h 内稳定。

（6）加样回收率试验：取批号为 140201 的疏风解毒胶囊内容物，取约 0.5g，精密称定，共 9 份，置于 100ml 圆底烧瓶中，加入制得的对照品溶液（依次按照供试品样品相应成分的 80%、100%和 120%各三个平行试验加入相应对照品溶液）分成三组，按 8.2.3 项下制备供试品溶液，按 8.2.1 色谱条件进行分析，进行含量测定并计算相应成分的加样回收率（n=9）。由结果可以看出，虎杖苷、大黄素、马鞭草苷等 6 个主要化学成分的加样回收率均在 95%～105%，且各成分的加样回收率 RSD 值均在 3%以内，说明加样回收率满足相关要求。

8.2.6　样品的测定

取各批次的疏风解毒胶囊内容物，依照供试品溶液制备方法，制备 29 批供试品溶液，按上述色谱条件测定，计算样品中各成分含量，结果见表 8-1-19。

表 8-1-19　疏风解毒胶囊中各成分含量测定结果（mg/g）

批号	虎杖（君药）		连翘（臣药）	马鞭草（佐药）		甘草（使药）	含量合计
	虎杖苷	大黄素	连翘酯苷 A	戟叶马鞭草苷	马鞭草苷	甘草酸铵	
140201	5.41	6.21	1.41	3.07	3.56	5.77	25.43
140203	9.87	4.05	5.14	3.15	4.20	5.98	32.39
140204	7.89	5.30	4.15	2.80	3.60	6.11	29.85
140105	8.93	7.30	2.77	3.69	4.21	7.68	34.58
140206	8.93	4.44	4.50	3.11	3.64	6.08	30.70
140207	11.51	5.65	5.56	3.97	4.59	7.76	39.04
120208	8.99	4.43	4.70	3.21	3.95	6.67	31.95
140209	12.06	6.11	5.53	3.58	4.20	7.37	38.85
140210	10.53	2.91	5.49	3.68	4.45	6.93	33.99

续表

批号	虎杖（君药）		连翘（臣药）	马鞭草（佐药）		甘草（使药）	含量合计
	虎杖苷	大黄素	连翘酯苷 A	戟叶马鞭草苷	马鞭草苷	甘草酸铵	
140211	10.06	4.84	5.27	3.55	4.12	7.36	35.20
140212	7.26	3.97	3.99	2.64	3.24	5.96	27.06
140213	7.92	4.64	4.76	2.95	3.57	6.87	30.71
140214	7.03	4.29	3.16	2.78	3.37	6.25	26.88
140215	6.51	5.38	1.23	2.66	3.19	4.76	23.73
2180501	9.61	2.31	6.91	1.12	1.16	5.64	26.75
2180701	7.53	1.70	4.72	1.17	1.25	4.89	21.26
2181001	7.81	3.22	6.76	1.38	1.47	4.97	25.61
2181006	7.81	3.22	6.76	1.38	1.47	4.97	25.61
3180214	6.97	2.41	5.75	0.92	1.20	3.84	21.09
3180611	8.79	2.64	3.93	1.41	2.17	4.92	23.86
3180706	12.14	2.32	7.13	1.86	2.94	8.69	35.08
3180710	9.87	1.93	5.12	1.12	0.92	4.78	23.74
3180713	9.99	2.69	4.53	1.24	1.65	5.52	25.62
3180908	4.09	1.29	4.94	0.78	0.74	3.06	14.90
3181014	6.61	3.34	3.19	1.24	3.06	5.00	22.44
3181108	7.52	3.12	7.51	1.26	1.44	4.58	25.43
3181121	7.27	2.80	5.53	1.06	1.49	3.98	22.13
3181205	4.84	2.65	5.24	0.93	1.05	4.48	19.19
3181215	8.91	3.84	7.19	1.42	2.41	6.06	29.83

9. 结论

本研究通过开展中成药疏风解毒胶囊的质量标准研究，对其处方、制法、性状、薄层鉴别、水分、装量差异、微生物限度、重金属及有害元素、有效成分含量和指纹/特征图谱进行研究，在疏风解毒胶囊原标准的基础上，新增了虎杖（大黄素、对照药材）、甘草（甘草苷、对照药材）TLC 鉴别，新建了 HPLC 同时测定虎杖苷、大黄素、连翘酯苷 A、戟叶马鞭草苷、马鞭草苷和甘草酸 6 个成分含量的测定方法，并建立了 HPLC 指纹图谱的分析方法，为疏风解毒胶囊全过程质量控制体系和质量标准化建设提供了方法研究基础（表 8-1-20）。

表 8-1-20　质量研究提升情况表

项目	原标准	新标准	新增内容
性状	本品为硬胶囊，内容物为深棕色至棕褐色的颗粒或粉末；气香，味苦	同原标准内容	
薄层鉴别	连翘（连翘苷）、马鞭草（对照药材）、柴胡（对照药材）	连翘（连翘苷）、马鞭草（对照药材）、柴胡（对照药材）、虎杖（大黄素、对照药材）、甘草（甘草苷、对照药材）	虎杖（大黄素、对照药材）、甘草（甘草苷、对照药材）
水分	水分不得过 9.0%	同原标准内容	
装量差异	每粒装量应不得过 0.52g±10%，超出装量差异限度的不得多于 2 粒，并不得有 1 粒超出限度 1 倍	同原标准内容	

续表

项目	原标准	新标准	新增内容
崩解时限	应在 30min 内崩解	同原标准内容	
微生物限度	每 1g 需氧菌总数不得过 10^3cfu，霉菌和酵母菌总数不得过 10^2cfu，大肠埃希菌不得检出	同原标准内容	
重金属		铅、镉、砷、汞、铜	铅、镉、砷、汞、铜
农药残留		未检出，暂不列入标准	
黄曲霉毒素		未检出，暂不列入标准	
含量测定	大黄素	虎杖苷、连翘酯苷 A、甘草酸铵、大黄素、戟叶马鞭草苷、马鞭草苷	虎杖苷、连翘酯苷 A、甘草酸铵、戟叶马鞭草苷、马鞭草苷
指纹图谱		HPLC 指纹图谱	HPLC 指纹图谱

彩图二维码